Josef Trölß

Angewandte Mathematik mit Mathcad

Lehr- und Arbeitsbuch

Band 1

Einführung in Mathcad

Dritte, aktualisierte Auflage

SpringerWienNewYork

Mag. Josef Trölß
Asten/Linz, Österreich

SpringerWien New York ist ein Unternehmen von
Springer Science + Business Media
springer.at

Korrektorat: Mag. Eva-Maria Oberhauser/Springer-Verlag
Satz: Reproduktionsfertige Vorlage des Autors

Gedruckt auf säurefreiem, chlorfrei gebleichtem Papier – TCF
SPIN: 12174416

Mit zahlreichen Abbildungen

Bibliografische Informationen der Deutschen Nationalbibliothek
Die Deutsche Nationalbibliothek verzeichnet diese Publikation in der Deutschen Nationalbibliografie; detaillierte bibliografische Daten sind im Internet über http://dnb.d-nb.de abrufbar.

ISBN 978-3-211-76742-9 SpringerWienNewYork
ISBN 978-3-211-71178-1 2. Aufl. SpringerWienNewYork

Vorwort

Dieses Lehr- und Arbeitsbuch aus dem vierbändigen Werk "Angewandte Mathematik mit Mathcad" richtet sich vor allem an Schülerinnen und Schüler höherer Schulen, Studentinnen und Studenten, Naturwissenschaftlerinnen und Naturwissenschaftler sowie Anwenderinnen und Anwender, speziell im technischen Bereich, die sich über eine computerorientierte Umsetzung mathematischer Probleme informieren wollen und dabei die Vorzüge von Mathcad möglichst effektiv nützen möchten.
Das vierbändige Werk wird noch ergänzt durch das Lehr- und Arbeitsbuch "Einführung in die Statistik und Wahrscheinlichkeitsrechnung und in die Qualitätssicherung mithilfe von Mathcad".

Computer-Algebra-Systeme (CAS) und **computerorientierte numerische Verfahren (CNV)** vereinfachen den praktischen Umgang mit der Mathematik ganz entscheidend und erfahren heute eine weitreichende Anwendung. Bei ingenieurmäßigen Anwendungen kommen CAS und CNV nicht nur für anspruchsvolle mathematische Aufgabenstellungen und Herleitungen in Betracht, sondern auch als Engineering Desktop Software für alle Berechnungen.

Mathcad stellt eine Vielfalt an Werkzeugen zur Verfügung. Die laufenden Neuerscheinungen heben sich dank zahlreicher Verbesserungen und Erweiterungen deutlich von den Vorgängerversionen ab. Konsistent mit älteren Versionen verbindet Mathcad **mathematische Formeln, Berechnungen, Texte, Grafiken usw.** in einem einzigen Arbeitsblatt. So lassen sich Berechnungen und ihre Resultate besonders einfach **illustrieren, visualisieren und kommentieren**. Werden dabei einzelne Parameter variiert, passt die Software umgehend alle betroffenen Formeln und Diagramme des Arbeitsblattes an diese Veränderungen an. Spielerisch lässt sich so das "Was wäre wenn" untersuchen. Damit eignet sich diese Software in hervorragender Weise zur **Simulation** vieler Probleme. Auch die Visualisierung durch **Animation** kommt nicht zu kurz. Ein weiterer Vorteil besteht auch darin, dass die meisten **mathematischen Ausdrücke** mit modernen Editierfunktionen **in gewohnter standardisierter mathematischer Schreibweise** dargestellt werden können. Zusätzliche Erleichterung schaffen übersichtliche Symbolleisten, welche die vorhandenen Symbole zur Auswahl anbieten. In der Seitengestaltung rückt Mathcad weitere Schritte näher an professionelle Textverarbeitungen heran. Mithilfe eines Lineals lassen sich Tabulatoren platzieren, an denen Textabschnitte, mathematische Formeln oder Grafiken exakt ausgerichtet werden können. Die frei gestaltbaren Arbeitsblätter können aber auch mit verschiedenen Schriften und Farben versehen werden, sodass sich letztendlich ein schönes druckbares Gesamtbild ergibt.
Mithilfe neuer Werkzeuge lassen sich Arbeitsblätter mit Hyperlinks versehen und über Hyperlinks zu "elektronischen Büchern" samt Inhaltsverzeichnis und Index zusammenfassen. Thematisch sortiert stellt die Firma PTC bereits mit der Software in der Ressourcen-Symbolleiste solche elektronische Bücher zur Verfügung. In ihr sind Lernprogramme, QuickSheets und Verweistabellen zusammengestellt, die vom Anwender mit wenigen Handgriffen an die eigene Aufgabenstellung angepasst werden können. Über die Ressourcen-Symbolleiste Lernprogramme können auch noch ein Benutzerhandbuch und Versionshinweise aufgerufen werden. Außerdem unterstützt Mathcad den Microsoft-Standard OLE 2 (Object Linking and Embedding) für die Zusammenarbeit mit anderen Programmen. Damit werden Drag & Drop sowie die Inplace-Aktivierung sowohl auf dem Client als auch auf dem Server möglich. Dass sich Daten, wie ASCII-Dateien und Daten gängiger Programme, wie Excel, Matlab, SmartSketch, SolidWorks, Labview u. a. m., ohne Probleme importieren und weiterverarbeiten lassen, ist für Mathcad-Anwender daher inzwischen eine Selbstverständlichkeit. Mathcad verarbeitet aber auch Daten aus anderen Anwendungen und stellt auch eigene Resultate für eine Weiterverarbeitung zur Verfügung. So können u. a. Mathcad-Arbeitsblätter als OLE-Objekt in Visual Basic oder in C++ Programmen eingebettet werden. Außerdem lässt sich ein Add-In für Excel aus dem Internet herunterladen. Es macht das gesamte Mathematik- und Grafik-Potential von Mathcad innerhalb von Excel nutzbar. Ein Arbeitsblatt kann auch als Internetseite gespeichert werden. Durch die offene Anwendungsarchitektur, die Unterstützung für **.NET Framework** und das **programm-eigene XML-Format** kann Mathcad auf einfache Weise in andere technische Anwendungen und Strukturen eingebunden werden.
Noch einen Schritt weiter geht die Integration von Mathcad in Pro/ENGINEER und das Produktentwicklungssystem von PTC. Darüber hinaus können Mathcad-Arbeitsblätter in der PTC Windchill® gespeichert und verwaltet werden, wodurch die zentrale Verfügbarkeit, gemeinsame Nutzung und Wiederverwendung von wichtigen Berechnungen sichergestellt wird. Zusätzlich steht für die Veröffentlichung von Mathcad-Arbeitsblätter der **Mathcad Calculation (Application) Server** zur Verfügung. Der Mathcad Calculation Server ermöglicht interaktive Mathcad-Arbeitsblätter über das Internet und über Intranets zu verteilen. Damit können verschiedene Personen über standardisierte Web-Browser sofort auf die Arbeitsblätter zugreifen und interaktiv damit arbeiten.

Gliederung des ersten Bandes

In diesem Band sollen die Funktionalitäten des heute weitverbreiteten CAS- und CNV-Systems Mathcad vorgestellt und anhand theoretischer und allgemein verständlicher praktischer Berechnungen erläutert werden. Dieses Buch wurde weitgehend mit Mathcad 14 (M011) erstellt, sodass die vielen angeführten Beispiele leicht nachvollzogen werden können. Sehr viele Aufgaben können aber auch mit älteren Versionen von Mathcad gelöst werden. Die einzelnen Themen werden für das Verständnis möglichst kurz gefasst, sodass sich der Leser schnell einarbeiten kann. Natürlich kann nicht immer auf alle Details und alle verfügbaren Funktionen eingegangen werden, denn dies würde den Umfang dieses Buches bei weitem sprengen.

Die Themen wurden im Wesentlichen in 19 Kapitel eingeteilt. Die ersten 8 Kapitel sollte vor allem der Anfänger zuerst durcharbeiten. Aber auch der fortgeschrittene Anwender wird vielleicht in diesen Kapiteln einige Anregungen finden. In Kapitel 20 wurden die derzeit verfügbaren Funktionen in Kurzform zusammengefasst.

Kapitel 1:
In einer verkürztem Darstellungsform wird hier die Oberfläche von Mathcad beschrieben. Dazu werden die wesentlichen Fenster, Symbolleisten und Kontextmenüs aufgezeigt.
Kapitel 2:
Hier findet sich eine Einführung über die Darstellung und Handhabung der Variablen.
Kapitel 3:
Dieses Kapitel behandelt das Rechnen mit beliebigen Zahlen und die Handhabung der SI-Einheiten.
Kapitel 4:
Wie mit Termen und allgemeinen Ausdrücken symbolisch gerechnet werden kann, wird in diesem Kapitel aufgezeigt.
Kapitel 5:
Das numerische und symbolische Rechnen mit Summen und Produkten wird hier kurz abgehandelt.
Kapitel 6:
In diesem Kapitel wird auf das Wesentliche der sehr wichtigen Vektor- und Matrizenrechnung eingegangen.
Kapitel 7:
Dieses Kapitel zeigt den Umgang mit den wesentlichen 2D- und 3D-Grafiken. Auch auf die Video-Animation wird hier kurz eingegangen.
Kapitel 8:
Wie Gleichungen, Ungleichungen, Gleichungssysteme und Ungleichungssysteme gelöst werden können, wird hier anhand von zahlreichen Beispielen aufgezeigt.
Kapitel 9:
Der Einstieg in die höhere Mathematik beginnt hier mit der Behandlung von Folgen, Reihen und Grenzwerten.
Kapitel 10:
Die numerische und symbolische Differentiation von Funktionen mit einer und mehreren Variablen sind Inhalt dieses Kapitels.
Kapitel 11:
Verschiedene Integrale und ihre numerische und symbolische Auswertungsmöglichkeit sollen hier aufgezeigt werden.
Kapitel 12:
Hier wird auf die Taylor- und Laurentreihen Bezug genommen.
Kapitel 13:
Ein umfangreiches Kapitel stellen die Fourierreihen und das Fourierintegral dar.
Kapitel 14:
Laplace- und z-Transformation sind bei vielen Anwendungen sehr nützlich und stellen daher eine wichtige Grundlage dar.
Kapitel 15:
Auf die Beschreibung dynamischer Systeme mithilfe von Differentialgleichungen und deren Lösungsmöglichkeiten wird hier eingegangen.
Kapitel 16:
Bei vielen Datenauswertungen ist die Fehler- und Ausgleichsrechnung sowie die Interpolation ein wichtiges Hilfsmittel.

Kapitel 17:
In Mathcad können auch Operatoren selbst erstellt werden.
Kapitel 18:
In diesem Kapitel wird der Umgang mit logischen Ausdrücken und logischen Verknüpfungen sowie das Programmieren von selbsterstellten Funktionen erklärt.
Kapitel 19:
Dieses sehr umfangreiche Kapitel befasst sich mit den zahlreichen Schnittstellen in Mathcad.

Seit den letzten Mathcad-Versionen stehen neue Funktionen aus dem Finanz- und Geschäftsbereich zur Verfügung. Diese Werkzeuge eignen sich sehr gut zu Kredit- oder Cashflow-Berechnungen sowie zur Bestimmung von Investitionskosten. Auf diese Funktionen wird hier jedoch nicht weiter eingegangen. Im angefügten Literaturverzeichnis finden sich Hinweise darauf.
Darüber hinaus stehen noch viele statistische Verteilungen, die in der Praxis häufig benötigt werden, samt ihren Umkehrungen zur Verfügung. Näheres dazu kann meinem **Statistik-Buch** (siehe Literaturverzeichnis) entnommen werden.

Spezielle Hinweise

Beim Erstellen eines Mathcad-Dokuments ist es hilfreich, viele mathematische Sonderzeichen verwenden zu können. Ein recht umfangreicher Zeichensatz ist die **Unicode-Schriftart "Arial". Eine neue Mathematik-schriftart (Unicode-Schriftart "Mathcad UniMath") von Mathcad erweitert die verfügbaren mathematischen Symbole (wie z. B. griechische Buchstaben, mathematische Operatoren, Symbole und Pfeile) beträchtlich.** Einige **Sonderzeichen** aus der **Unicode-Schriftart "Arial"** stehen auch im **"Ressourcen-Menü"** von Mathcad zu Verfügung (**QuickSheets-Gesonderte Rechensymbole**).
Spezielle Zeichen finden sich auch in anderen Zeichensätzen wie z. B. **Bookshelf Symbol 2, Bookshelf Symbol 4, Bookshelf Symbol 5, MT Extra, UniversalMath1 PT, Castellar und CommercialScript BT. Empfohlen wird aber der Einsatz von reinen Unicode-Schriftarten.**
Zum **Einfügen verschiedener Zeichen** aus **verschiedenen Zeichensätzen** ist das **Programm Charmap.exe** sehr nützlich. Dieses Programm finden Sie unter **Zubehör-Zeichentabelle** in **Microsoft-Betriebssystemen. Es gibt aber auch andere nützliche Zeichentabellen-Programme.**
Viele **Zeichen** können aber auch mithilfe des **ASCII-Codes** (siehe Zeichentabelle) eingefügt werden (Eingabe mit Alt-Taste und Ziffencode mit dem numerischen Rechenblock der Tastatur).

Damit Variable zur Darstellung von **Vektoren und Matrizen** von normalen Variablen unterschieden werden können, werden diese hier in **Fettschreibweise** dargestellt. Die Darstellung von Vektoren mit Vektorpfeilen als Variablen ist in Mathcad **nur dann möglich, wenn z. B. die Schriftart "Tvector"** installiert wird. Der Vektorpfeil über mathematische Ausdrücke (in der Symbolleiste-Matrix) stellt einen Vektorisierungsoperator dar.

Zur Darstellung von **komplexen Variablen** wird hier die **Fettschreibweise mit Unterstreichung** gewählt.

Texte und Variable werden in diesem Buch in der Schriftart Arial dargestellt.

Damit Variable, denen bereits ein Wert zugewiesen wurde, wertunabhängig auch für nachfolgende symbolische Berechnungen mit den Symboloperatoren (live symbolic) verwendet werden können, werden diese einfach redefiniert (z. B. **x:=x**). Davon wird öfters Gebrauch gemacht.

Tasten und Tastenkombinationen werden in spitzen Klammern dargestellt z.B. bei **<Strg>+<c>** wird die Strg-Taste gedrückt gehalten und dann die c-Taste gedrückt.
Angaben wie **<Alt>+stf** bedeuten, dass bei gedrückt gehaltener Alt-Taste die Tasten s, t und f hintereinander gedrückt werden müssen.

Systemvoraussetzungen

Hardware:

- Pentium-kompatibler 32-Bit- (x86) oder 64-Bit-Prozessor (x86-64, EM64T), 400 MHz oder höher; 700 MHz oder höher empfohlen
- 256 MB Arbeitsspeicher; mindestens 512 MB empfohlen
- 550 MB freier Speicherplatz auf der Festplatte (250 MB für Mathcad, 100 MB für die erforderlichen Komponenten, 200 MB temporärer Speicher während der Installation)
- CD-ROM- oder DVD-Laufwerk (nur bei Installation von CD)
- Mindestens SVGA-Grafikkarte und -Bildschirm
- Maus oder kompatibles Zeigegerät

Software:

- Windows 2000 SP4, Windows XP SP2, Windows XP Professional x64, Windows 2003, Windows Vista
- Microsoft .NET Framework® 2.0 (*)
- MSXML 4.0 SP2 oder höher (*)
- Microsoft Data Access Components 2.6 oder höher (*)
- Internet Explorer 6.0 oder höher (*)
- Adobe Acrobat Reader 5.0 oder höher (*)

Die mit (*) gekennzeichnete Software kann wärend der Installation von Mathcad optional automatisch mitinstalliert werden.

Der Internet Explorer 6.0 oder höher ist zur Unterstützung des Hilfesystems, für den Zugriff auf HTML-Inhalte im Ressourcenfenster, das Öffnen und Speichern Webbasierter Dateien und die automatische Produktaktivierung erforderlich. Sie müssen den Internet Explorer nicht als Standard-Browser definieren, um diese Funktionalitäten nutzen zu können.

Versionshinweise

Versionshinweise für Mathcad 14 finden Sie in der **Ressourcen-Symbolleiste-Lernprogramme** oder **-QuickSheets** unter **Anmerkungen zur Version**. Diese Datei namens **Relnotes.htm** befindet sich im Verzeichnis **Programme\Mathcad\Mathcad14\doc.**
Dieses Dokument enthält die neuesten Informationen zu Mathcad 14:
1. Neue Funktionen in Mathcad
2. Informationen zur Installation
3. Bekannte Einschränkungen
4. Behobene Probleme
5. Weitere Hilfe zu Mathcad

Versionshinweise und andere Hinweise zu Mathcad 14 finden sich auf der Webseite www.ptc.com unter PRODUKTE-Mathcad.

Danksagung

Eine große Hilfe waren beim Erstellen dieses Buches die vielen Beiträge im Internet und einige im Anhang angeführte Bücher, von denen ich viel gelernt habe, und deren Ideen und Vorschläge sich in einigen Bereichen dieser Arbeit widerspiegeln.
Mein außerordentlicher Dank gebührt meinen geschätzten Kollegen Reinhard Scheiblhofer, Reinhard Leitner und Bernhard Roiss für ihre Hilfestellungen bei der Herstellung des Manuskriptes, für wertvolle Hinweise und zahlreiche Korrekturen.

Hinweise, Anregungen und Verbesserungsvorschläge sind jederzeit willkommen.

Linz, im Februar 2008 **Josef Trölß**

Inhaltsverzeichnis

1. Beschreibung der Oberfläche und Bearbeitung eines Arbeitsblattes 1 ... 48

1.1 Mathcad-Oberfläche 1

1.2 Menüleiste 2

1.3 Standard-Symbolleiste 11

1.4 Formatierungsleiste 11

1.5 Arbeitsblatt erstellen 12

1.6 Bearbeiten von Arbeitsblättern 17

1.6.1 Texteingabe und Formatierung 18

1.6.2 Eingabe von mathematischen Ausdrücken und Formatierung 21

1.6.3 Einfügen von Diagrammen und Grafiken 23

1.6.4 Region einfügen, sperren und ausblenden 25

1.6.5 Hyperlink einfügen und bearbeiten 26

1.6.6 Verweis auf eine Datei einfügen 28

1.6.7 Komponente einfügen 29

1.6.8 Objekt einfügen 30

1.6.9 Speichern und schützen von Mathcad-Arbeitsblättern 32

1.7 Allgemeine Hinweise 38

2. Variablen, Operatoren und Funktionen 49 ... 73

2.1 Gültige und ungültige Variablennamen 49

2.1.1 Gültige Variablennamen 49

2.1.2 Ungültige Variablennamen 55

2.2 Operatoren 55

2.3 Variablendefinitionen 57

2.3.1 Lokale Variablen 58

2.3.2 Globale Variablen 59

2.3.3 Indizierte Variablen (Vektoren und Matrizen) 60

2.3.4 Bereichsvariablen 63

2.4 Funktionen 64

2.4.1 Einige nützliche vordefinierte Funktionen 65

2.4.2 Selbstdefinierte Funktionen 67

3. Rechnen mit beliebigen Zahlen und Einheiten 74 ... 104

3.1 Numerisches Rechnen 74

3.2 Numerische und symbolische Auswertung 81

Inhaltsverzeichnis

3.3 Rechnen mit Einheiten 86

3.3.1 Winkelmaße 95

3.3.2 Vordefinierte und nicht vordefinierte Einheiten 99

4. Umformen von Termen 105 ... 131

4.1 Polynome 108

4.1.1 Multiplikation und Summe von Polynomen 108

4.1.2 Potenzgesetze und Potenzen von Polynomen 112

4.2 Bruchterme (ganzrationale Terme) 116

4.2.1 Addition, Subtraktion und Division 116

4.3 Logarithmische Ausdrücke 119

4.4 Trigonometrische und hyperbolische Ausdrücke 120

4.5 Andere Umformungen 123

5. Summen und Produkte 132 ... 139

5.1 Numerische Auswertung von Summen und Produkten 133

5.2 Symbolische Auswertung von Summen und Produkten 135

5.3 Funktionen mit Summen und Produkten 137

6. Vektoren und Matrizen 140 ... 160

6.1 Erstellen von Vektoren und Matrizen 141

6.1.1 Erstellen mithilfe von Bereichsvariablen 141

6.1.2 Erstellen mit der Symbolleiste Matrix 142

6.2 Vektor- und Matrizenoperationen 142

6.2.1 Vektor- und Matrizenoperatoren 142

6.2.2 Vektor- und Matrizenfunktionen 150

6.2.3 Verschachtelte Datenfelder 159

7. Funktionsdarstellungen 161 ... 238

7.1 X-Y-Diagramm (Kartesisches Koordinatensystem) 161

7.2 Logarithmisches Koordinatensystem 194

7.3 Ebenes Polarkoordinatensystem 203

7.4 X-Y-Z-Diagramm (Räumliches Koordinatensystem) 211

Inhaltsverzeichnis

7.5 Flächen in Parameterform 228

7.6 Animation 232

8. Gleichungen, Ungleichungen und Systeme 239 ... 299

8.1 Allgemeines 239

8.2 Gleichungen und Ungleichungen 242

8.3 Lösen eines linearen Gleichungssystems 264

8.4 Lösen eines nichtlinearen Gleichungssystems mit und ohne Nebenbedingungen 277

8.5 Numerisches Suchen von Minima und Maxima einer Funktion 287

8.6 Numerisches Lösen von linearen Optimierungsaufgaben 295

8.7 Numerisches Lösen von Differenzengleichungen 298

9. Folgen-Reihen-Grenzwerte 300 ... 314

9.1 Folgen 300

9.2 Endliche Reihen 302

9.3 Unendliche Reihen 303

9.4 Grenzwerte 305

9.5 Grenzwerte und Stetigkeit von reellwertigen Funktionen 308

10. Ableitungen von Funktionen 315... 349

10.1 Ableitungen von Funktionen in einer Variablen 317

10.1.1 Symbolische Ableitungen 317

10.1.2 Ableitung von Funktionen in Parameterdarstellung 319

10.1.3 Numerische Ableitungen 320

10.2 Ableitungen von Funktionen in impliziter Form 334

10.3 Ableitungen von Funktionen in mehreren Variablen 336

10.3.1 Symbolische Ableitungen in mehreren Variablen 336

10.3.2 Numerische Ableitungen in mehreren Variablen 345

11. Bestimmtes und unbestimmtes Integral 350 ... 379

11.1 Einfache Integrale 352

11.1.1 Symbolische Integration 352

11.1.2 Numerische Integration 362

11.2 Uneigentliche Integrale 367

Inhaltsverzeichnis

11.3 Linien- oder Kurvenintegrale 371

11.4 Mehrfachintegrale 374

12. Potenzreihen, Taylorreihen und Laurentreihen 380 ... 392

12.1 Potenzreihen 381

12.2 Taylorreihen 381

12.3 Laurentreihen 391

13. Fourierreihen und Fourierintegral 393 ... 434

13.1 Darstellung von periodischen Signalen 394

13.2 Fourierreihen 406

13.3 Fast-Fourier-Transformation und inverse Transformation 414

13.4 Fouriertransformation 423

14. Laplace- und z-Transformation 435 ... 471

14.1 Laplacetransformation 436

14.1.1 Laplacetransformationen elementarer Funktionen 437

14.1.2 Allgemeines Prinzip zum Lösen von Differentialgleichungen 445

14.2 z-Transformation 455

14.2.1 z-Transformationen elementarer Funktionen 456

14.2.2 Allgemeines Prinzip zum Lösen von Differenzengleichungen 461

15. Differentialgleichungen 472 ... 546

15.1 Differentialgleichungen 1. Ordnung 481

15.1.1 Integration der linearen Differentialgleichungen 1. Ordnung 482

15.2 Differentialgleichung 2. Ordnung 494

15.2.1 Lineare Differentialgleichungen 2. Ordnung mit konstanten Koeffizienten 494

15.2.2 Lineare Differentialgleichungen 2. Ordnung mit nicht konstanten Koeffizienten 508

15.3 Differentialgleichungen höherer Ordnung 510

15.3.1 Lineare Differentialgleichungen höherer Ordnung mit konstanten Koeffizienten 510

15.4 Lineare Differentialgleichungssysteme mit konstanten Koeffizienten 519

15.5 Nichtlineare Differentialgleichungen und Differentialgleichungssysteme 527

15.6 Partielle Differentialgleichungen 535

Inhaltsverzeichnis

16. Fehler- und Ausgleichsrechnung 547 ... 581

16.1 Auswertung und Beurteilung einer Messreihe 547
16.2 Untersuchung der Fortpflanzung von zufälligen Messabweichungen 555
16.3 Bestimmung einer Ausgleichs- oder Regressionskurve 558
16.4 Interpolation und Prognose 576

17. Operatoren 582 ... 587

18. Programmieren 588 ... 622

18.1 Boolesche Ausdrücke und Funktionen 588
18.2 Unterprogramme 595
18.2.1 Sequenz (Abfolge) 597
18.2.2 Auswahlstruktur (Verzweigung) 600
18.2.3 Bedingte Schleifen 604
18.2.4 Zählerschleifen 608
18.3 Debugging 621

19. Schnittstellenbeschreibung 623 ... 689

19.1 Allgemeines 623
19.2 OLE-Objekte in Mathcad 625
19.2.1 Bildverarbeitung 625
19.2.2 Benutzerdefiniertes Objekt 626
19.2.3 Spezielle Objekte (Komponenten) in Mathcad 629
19.2.3.1 Datenimport-Assistent 634
19.2.3.2 MATLAB-Komponente 636
19.2.3.3 Excel-Komponente 637
19.2.3.4 ODBC-Komponente (Open Database Connectivity) 642
19.2.3.5 Skriptobjekt-Komponente 645
19.2.3.6 SmartSketch-Komponente 660
19.2.4 Mathcad als OLE-Automatisierungsserver (OLE Automation Interface) 661
19.2.5 Weitere spezielle Objekte (Komponenten) in Mathcad 666
19.2.5.1 Eingabetabelle-Komponente 666
19.2.5.2 Datendatei lesen- bzw. Datendatei schreiben-Komponente 669

19.3 Dateizugriffsfunktionen 674

19.3.1 ASCII-Dateien bearbeiten 674

19.3.2 Binär-Dateien bearbeiten 677

19.3.3 WAV-Dateien bearbeiten 678

19.4 Mathcad-Arbeitsblätter für das Web 681

19.5 Programmpakete von Mathcad 684

20. Mathcadfunktionen 690 ... 714

20.1 Rundungsfunktion 690

20.2 Abbruchfunktionen 690

20.3 Modulo- und Winkelberechnungsfunktion, ggT und kGV 690

20.4 Exponential- und Logarithmusfunktionen 691

20.5 Trigonometrische- und Arcusfunktionen 691

20.6 Hyperbolische- und Areafunktionen 691

20.7 Funktionen für komplexe Zahlen 692

20.8 Bedingte (unstetige) Funktionen 692

20.9 Zeichenfolgefunktionen 692

20.10 Ausdruckstypfunktionen 693

20.11 Vektor- und Matrixfunktionen 693

20.12 Sortierfunktionen 694

20.13 Funktionen zur Lösung von Gleichungen 695

20.14 Funktionen zur Funktionsoptimierung 695

20.15 Kombinatorische Funktionen 695

20.16 Statistische Funktionen 695

20.16.1 Datenanalysefunktionen 695

20.16.2 Dichtefunktionen, Verteilungsfunktionen und Zufallszahlen 697

20.16.3 Interpolation und Prognosefunktionen 701

20.16.4 Datenglättungsfunktionen 704

20.16.5 Kurvenanpassungsfunktionen 704

20.17 Lösungsfunktionen für Differentialgleichungen 705

20.18 Besselfunktionen 706

20.19 Fouriertransformationsfunktionen 707

20.20 Dateizugriffsfunktionen 708

20.21 Spezielle Funktionen 710

20.22 Finanzmathematische Funktionen 711

20.23 Spezielle Funktionen für symbolische Auswertungen 713

Anhang 715 ... 727

Literaturverzeichnis 715
Tastaturbefehle 716 ... 720
Sachwortverzeichnis 721 ... 729

1. Beschreibung der Oberfläche und Bearbeitung eines Arbeitsblattes

1.1 Mathcad-Oberfläche

Die **Mathcad-Oberfläche** beinhaltet die **Menüleiste**, die **Standard-Symbolleiste**, die **Formatierungsleiste** die **Statusleiste** und **andere Symbolleisten**. Bei allen Symbolleisten geben **Tooltips** Hinweise auf die Funktionalität. Auf einem Mathcad-Arbeitsblatt kann an jeder Stelle eine **Text-Region**, eine **Mathematik-Region** in gewohnter Notation und eine **Grafik-Region** platziert werden.

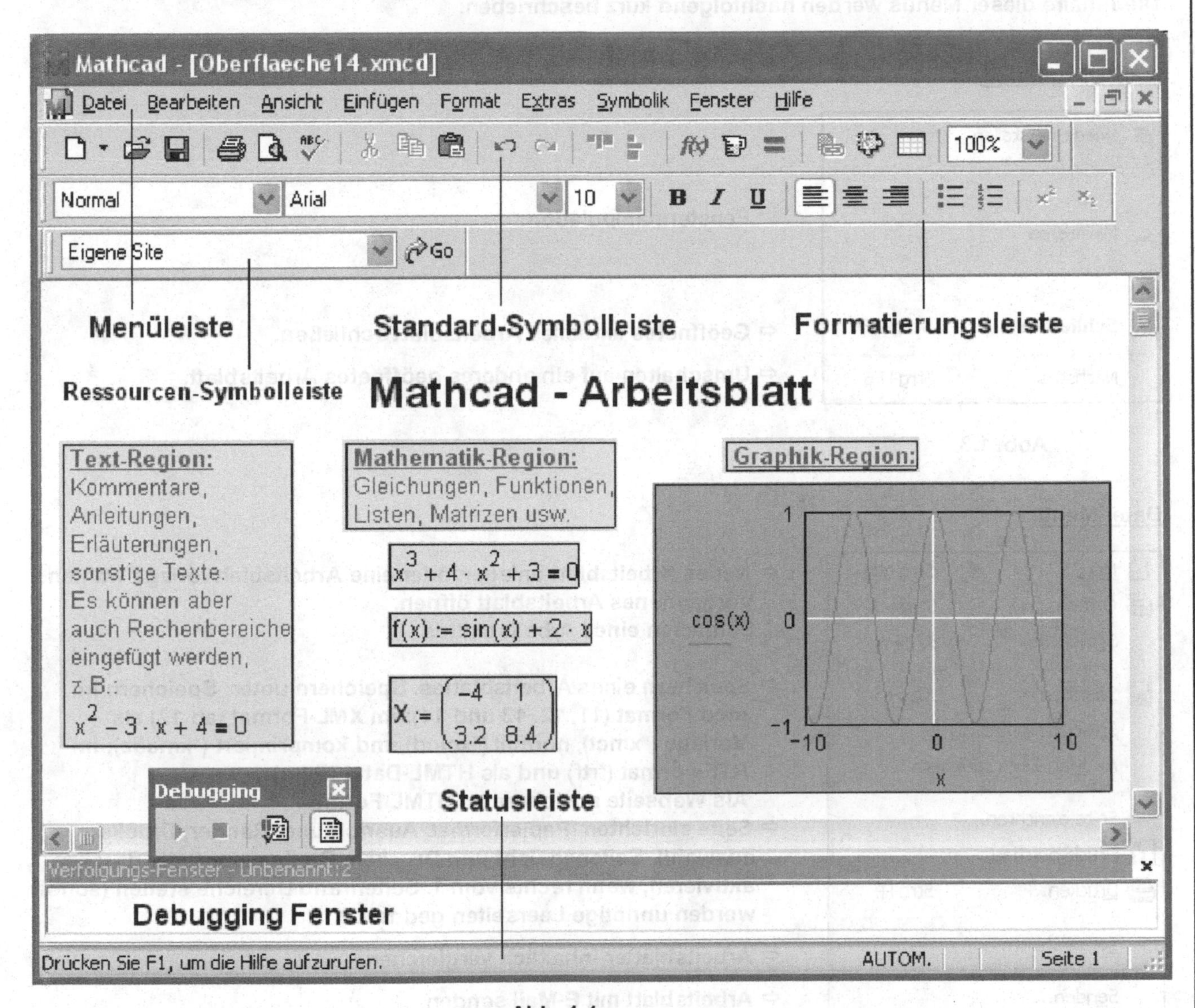

Abb. 1.1

1.2 Menüleiste

Über die Menüleiste können Sie auf die einzelnen Mathcad-Menüs zugreifen.

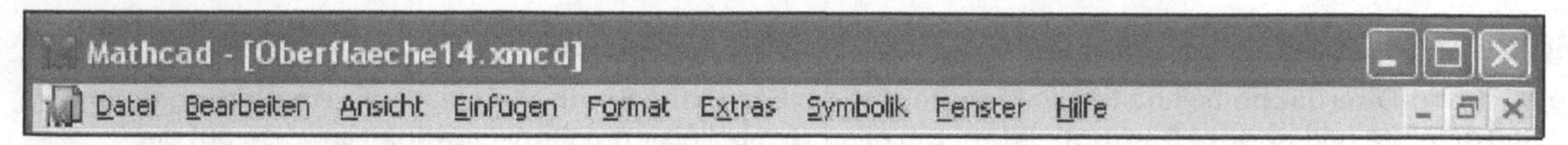

Abb. 1.2

Die Inhalte dieser Menüs werden nachfolgend kurz beschrieben:

Menü-Symbol M:

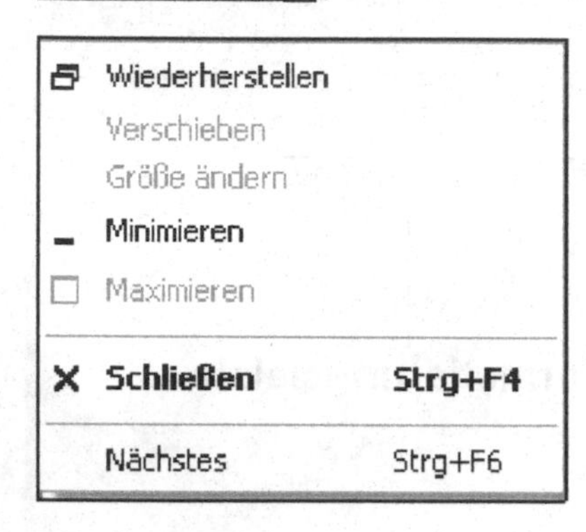

Abb. 1.3

⇦ **Fenstermanipulation.**

⇦ **Geöffnetes aktuelles Arbeitsblatt schließen.**

⇦ **Umschalten auf ein anderes geöffnetes Arbeitsblatt.**

Datei-Menü:

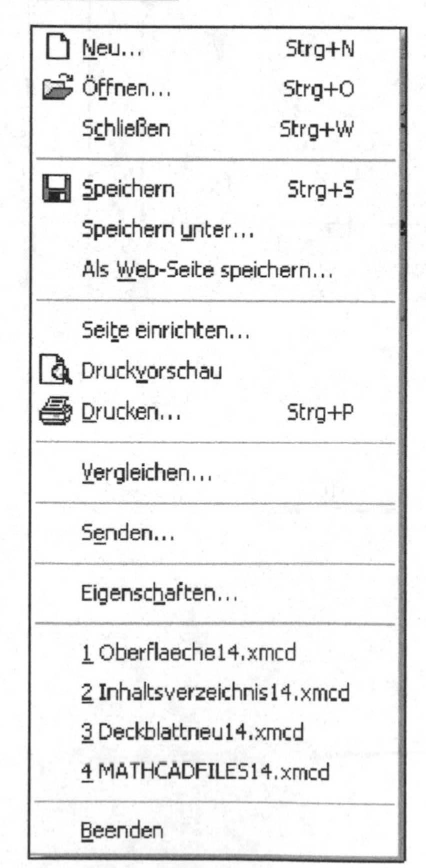

Abb. 1.4

⇦ **Neues Arbeitsblatt anlegen oder eine Arbeitsblattvorlage wählen. Vorhandenes Arbeitsblatt öffnen. Schließen eines Arbeitsblattes.**

⇦ **Speichern eines Arbeitsblattes. Speichern unter: Speichern im mcd-Format (11, 12, 13 und 14); im XML-Format (ab 12) als Vorlage (*xmct), normal (*xmcd) und komprimiert (*xmcdz); im RTF-Format (*rtf) und als HTML-Datei (*htm). Als Webseite speichern im HTML Format.**

⇦ **Seite einrichten (Papierformat, Ausrichtung, Ränder, Drucker-auswahl). Seitenansicht und Drucken. Breite einer Seite drucken aktivieren, wenn rechts vom 1. Seitenrand Bereiche stehen (sonst werden unnötige Leerseiten gedruckt).**

⇦ **Arbeitsblätter inhaltlich vergleichen.**

⇦ **Arbeitsblatt mit E-Mail senden.**

⇦ **Arbeitsblatteigenschaften festlegen.**

⇦ **Anzeige der zuletzt bearbeiteten Arbeitsblätter.**

⇦ **Mathcad beenden.**

Bearbeiten-Menü:

Abb. 1.5

⇦ **Änderungen im Arbeitsblatt rückgängig machen oder wiederherstellen.**

⇦ **Vergleichen Sie auch die unten abgebildeten Dialogfelder (Abb. 1.6 und Abb. 1.7).**

⇦ **Löschen eines markierten Bereichs.**
⇦ **Markieren aller Bereiche des Arbeitsblattes.**

⇦ **Suchen und Ersetzen in Text- und Rechenbereichen.**
⇦ **Seitenauswahl.**

⇦ **Verknüpfungen.**

⇦ **Objekt bearbeiten.**

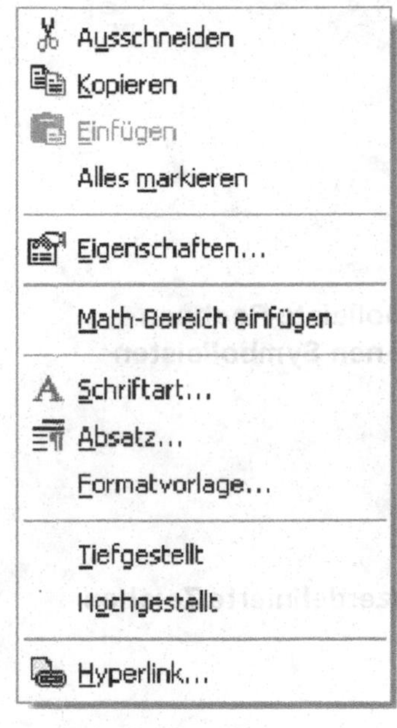

Abb. 1.6

⇦ **Dialogfeld, das sich mit der rechten Maustaste aufrufen lässt (Cursor steht in einem Text).**

⇦ **Eigenschaften für Text festlegen (Farbe, Rahmen usw.).**

⇦ **Mathematik-Bereich in den Text einfügen.**

⇦ **Schriftart ändern.**
⇦ **Absatzformat ändern.**
⇦ **Textformatvorlage erzeugen oder ändern.**

⇦ **Tief- oder Hochstellen von markierten Textteilen.**

⇦ **Hyperlink einfügen.**

Abb. 1.7

⇦ **Dialogfeld, das sich mit der rechten Maustaste aufrufen lässt (Cursor steht auf einem leeren Platz im Arbeitsblatt).**

⇦ **Einfügen von Komponenten, Tabellen, Dateien, Regionen und Seitenumbrüchen (Abb. 1.14).**
⇦ **Zeilen im Arbeitsblatt einfügen.**
⇦ **Zeilen im Arbeitsblatt löschen.**

Ansicht-Menü:

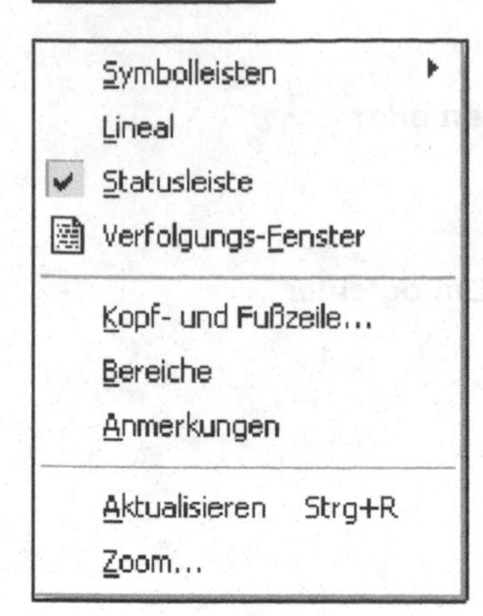

⇦ **Siehe Abb. 1.9.**

⇦ **Lineal und Statusleiste.**

⇦ **Debugging-Fenster.**

⇦ **Kopf- und Fußzeile bearbeiten.**

⇦ **Bereiche (Text-, Rechen- und Grafikbereiche) im Arbeitsblatt hervorheben. Arbeitsblatthintergrund wird grau gefärbt.**

⇦ **Anmerkungen bei mathematischen Ausdrücken anzeigen.**

⇦ **Neuaufbau des Bildschirms.**

⇦ **Arbeitsblatt zoomen (siehe auch Standard Symbolleiste).**

Abb. 1.8

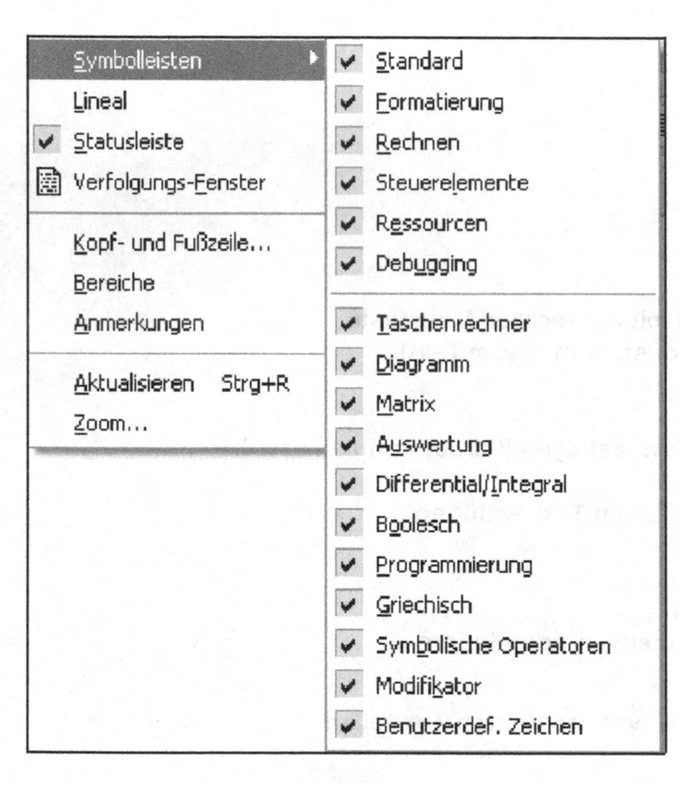

⇦ **Symbolleisten ein- oder ausblenden.**

⇦ **Die auch aus der Symbolleiste-Rechnen aufrufbaren verschiedenen Symbolleisten (Abb. 1.10 und 1.11).**

⇦ **Symbolleiste für benutzerdefinierte Zeichen (°F, °C, /°F, /°C usw.)**

Abb. 1.9

⇦ **Symbolleiste Rechnen**

Abb. 1.10

Die in Abb. 1.10 (bzw. Abb. 1.9) dargestellten Symbolleisten werden nachfolgend in Abb. 1.11 aufgeführt.

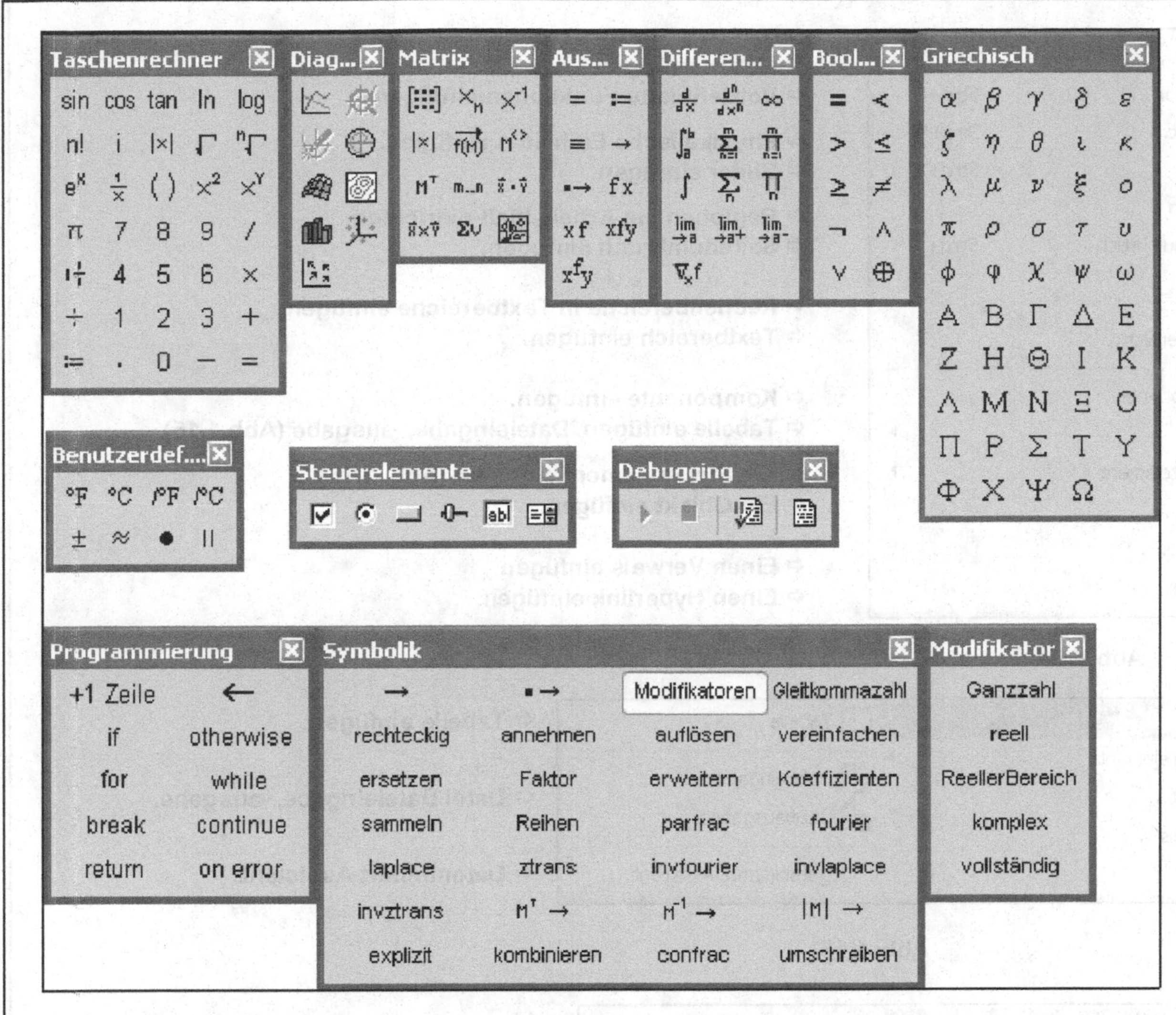

Abb. 1.11

Einfügen-Menü:

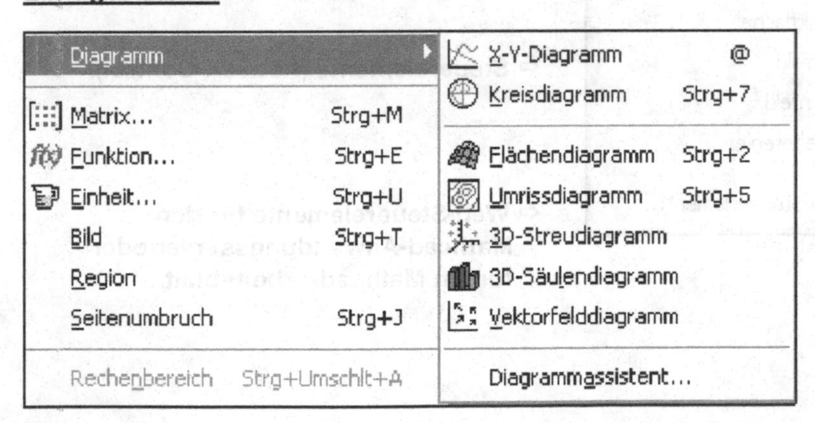

⇦ **Verschiedene Diagramme einfügen. Vergleiche auch die aus der Symbolleiste-Rechnen-Diagramme aufrufbaren verschiedenen Diagramme (Abb. 1.13).**

Abb. 1.12

⇦ **Diagramm-Symbolleiste**

Abb. 1.13

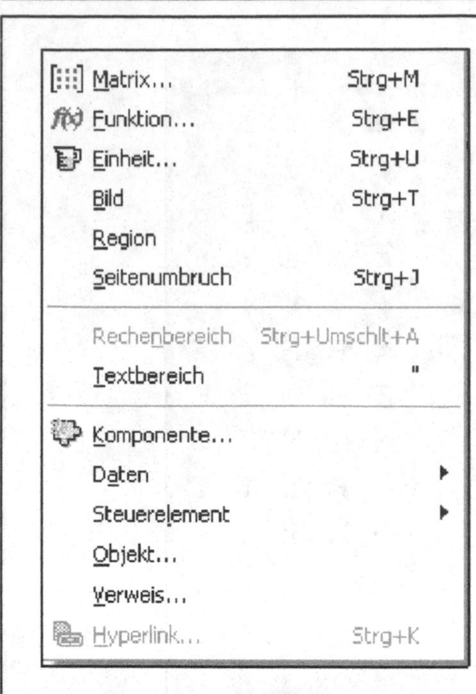

⇦ **Matrix einfügen.**
⇦ **Vordefinierte Funktionen einfügen.**
⇦ **Physikalische Einheiten einfügen.**
⇦ **Bilder einfügen.**
⇦ **Regionen am Arbeitsblatt einrichten.**
⇦ **Seitenumbruch einfügen.**
⇦ **Rechenbereiche in Textbereiche einfügen.**
⇦ **Textbereich einfügen.**
⇦ **Komponente einfügen.**
⇦ **Tabelle einfügen. Dateieingabe, -ausgabe (Abb.1.15).**
⇦ **Ein Steuerelement einfügen (Abb. 1.16).**
⇦ **Ein Objekt einfügen.**
⇦ **Einen Verweis einfügen.**
⇦ **Einen Hyperlink einfügen.**

Abb. 1.14

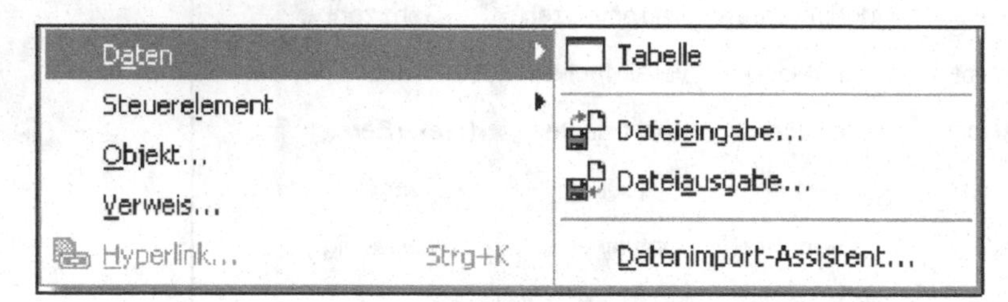

⇦ **Tabelle einfügen.**
⇦ **Datei Dateieingabe, -ausgabe.**
⇦ **Datenimport-Assistent.**

Abb. 1.15

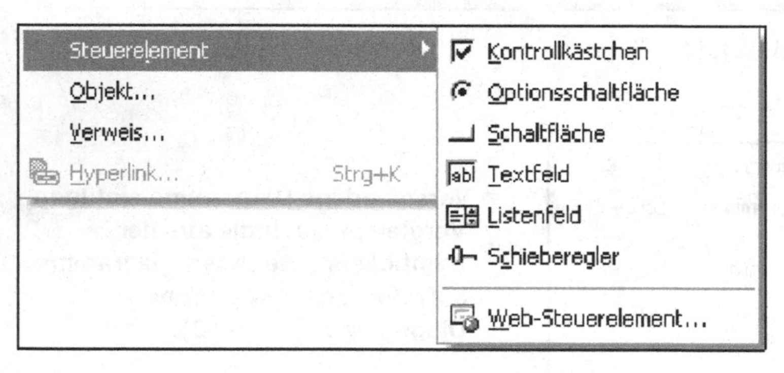

⇦ **Steuerelemente (ActiveX-Control).**

⇦ **Web-Steuerelemente für den Mathcad-Anwendungsserver oder für ein Mathcad-Arbeitsblatt.**

Abb. 1.16

Format-Menü:

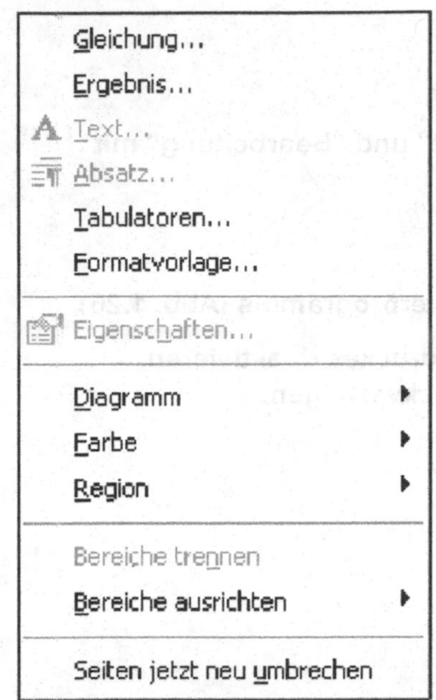

⇦ Gleichungsformatvorlagen ändern, Farbe der Gleichungen wählen.
⇦ Numerische Ergebnisformate ändern.
⇦ Textformat ändern.
⇦ Absatzformat in einem Text wählen.
⇦ Tabulatorposition festlegen.
⇦ Textformatvorlagen erstellen, ändern und löschen.
⇦ Bereichseigenschaften vergeben (Rahmen, Hintergrundfarbe usw.).
⇦ Diagrammformate ändern (Abb.1.18).
⇦ Hintergrundfarbe etc. ändern (Abb. 1.19).
⇦ Region sperren/freigeben, ausblenden und erweitern (Abb. 1.20).
⇦ Überlappende Bereiche trennen.
⇦ Bereiche horizontal bzw. vertikal ausrichten (Abb. 1.21).
⇦ Seiten automatisch umbrechen (z. B. bei überlappenden Bereichen).

Abb. 1.17

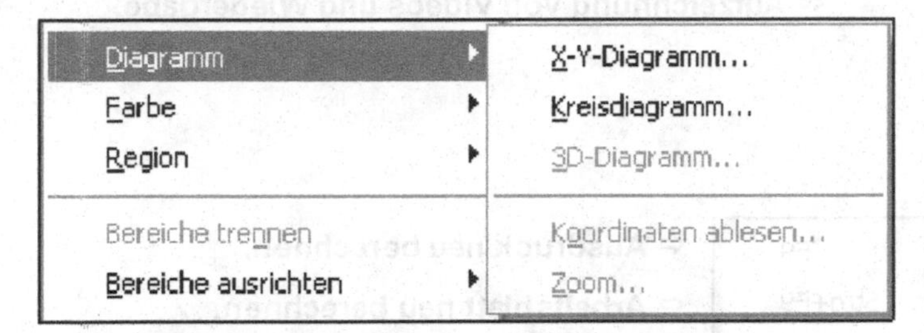

⇦ Standardformate für X-Y-Diagramme, Kreisdiagramme und 3D-Diagramme ändern, Koordinaten ablesen und zoomen.

Abb. 1.18

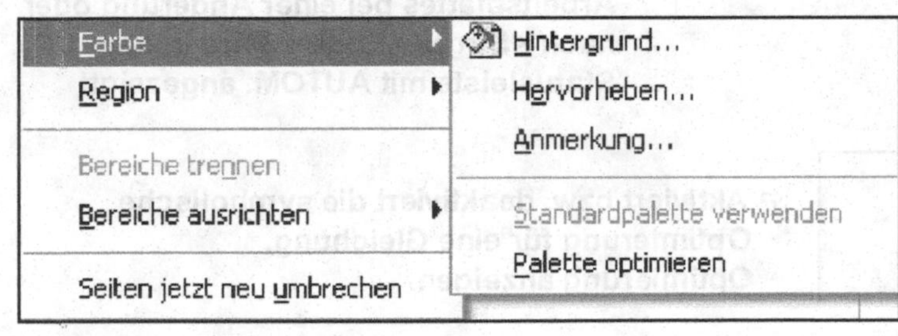

⇦ Hintergrundfarbe für ein Arbeitsblatt.
⇦ Bereichsfarbe aller hervorgehobenen Bereiche ändern.
⇦ Farbe der Anmerkungen ändern.

⇦ Optimiert die Standardpalette, sodass alle Bitmaps im Arbeitsblatt mit der bestmöglichen 256-Farben-Palette dargestellt werden.

Abb. 1.19

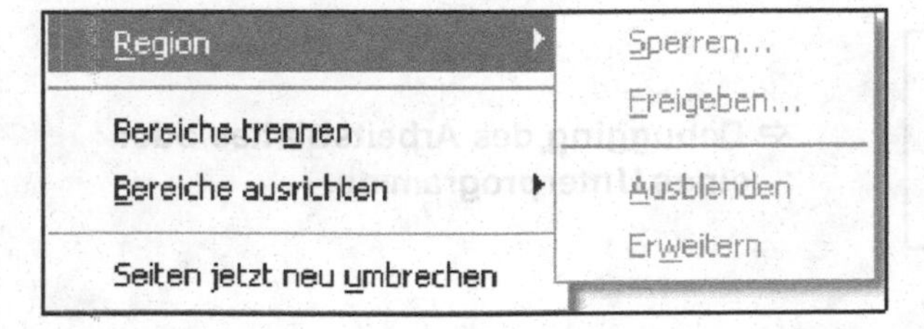

⇦ Region sperren, freigeben, ausblenden und erweitern.

Abb. 1.20

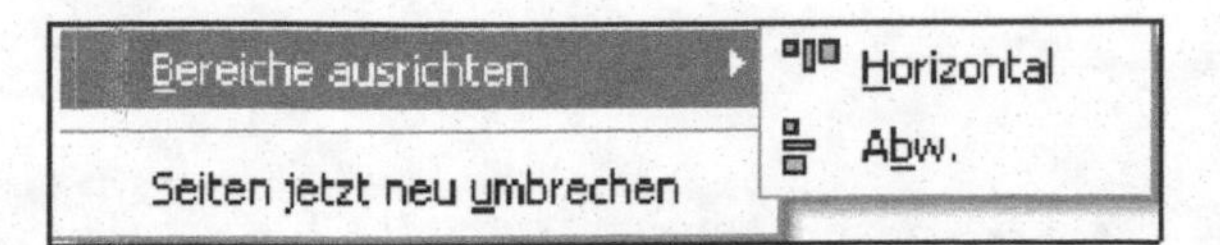

⇦ Markierte Bereiche horizontal und vertikal ausrichten.

Abb. 1.21

Extras-Menü:

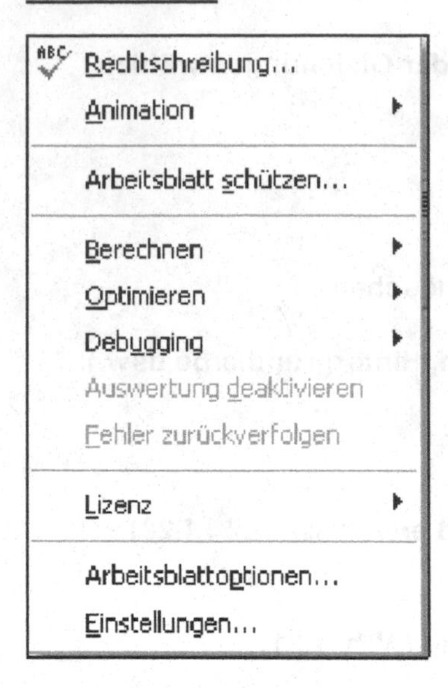

⇦ **Rechtschreibprüfung.**

⇦ **Animation und Einstellungen (Abb. 1.23).**

⇦ **Das Arbeitsblatt kann für "Datei", "Inhalt" und "Bearbeitung" mit Kennwort geschützt werden.**

⇦ **Berechnungsoptionen (Abb. 1.24).**

⇦ **Gleichung optimieren (Abb. 1.25).**

⇦ **Debugging eines Arbeitsblattes oder Unterprogramms (Abb. 1.26).**

⇦ **Auswertung eines mathematischen Ausdruckes deaktivieren.**

⇦ **Auftretenden Fehler im Arbeitsblatt zurückverfolgen.**

⇦ **Lizenz borgen.**

⇦ **Arbeitsblattoptionen.**

⇦ **Allgemeine Einstellungen.**

Abb. 1.22

⇦ **Aufzeichnung von Videos und Wiedergabe.**

Abb. 1.23

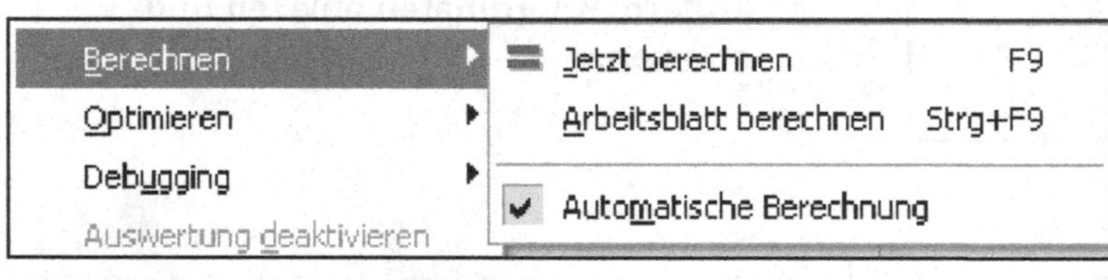

⇦ **Ausdruck neu berechnen.**

⇦ **Arbeitsblatt neu berechnen.**

⇦ **Automatische Berechnung des Arbeitsblattes bei einer Änderung oder nach <Strg>+<Ende>. Wird in der Statusleiste mit AUTOM. angezeigt!**

Abb. 1.24

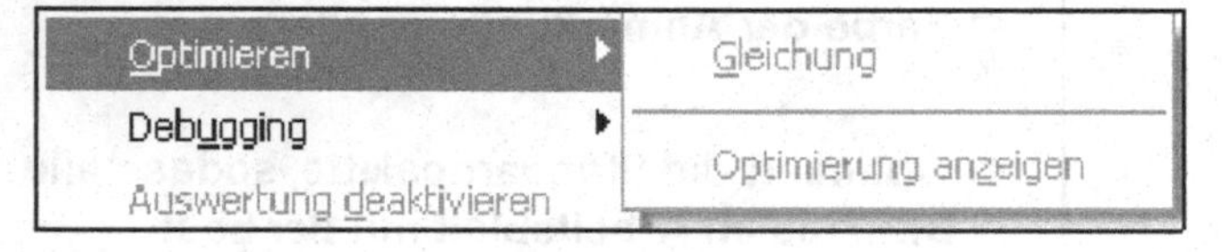

⇦ **Aktiviert bzw. deaktiviert die symbolische Optimierung für eine Gleichung. Optimierung anzeigen.**

Abb. 1.25

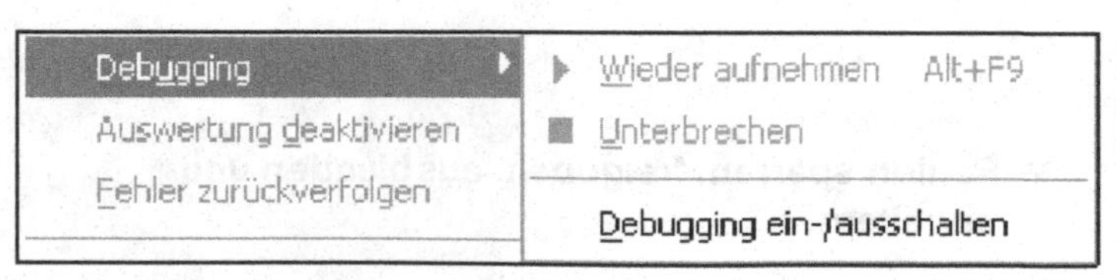

⇦ **Debugging des Arbeitsblattes oder eines Unterprogramms.**

Abb. 1.26

Symbolik-Menü:

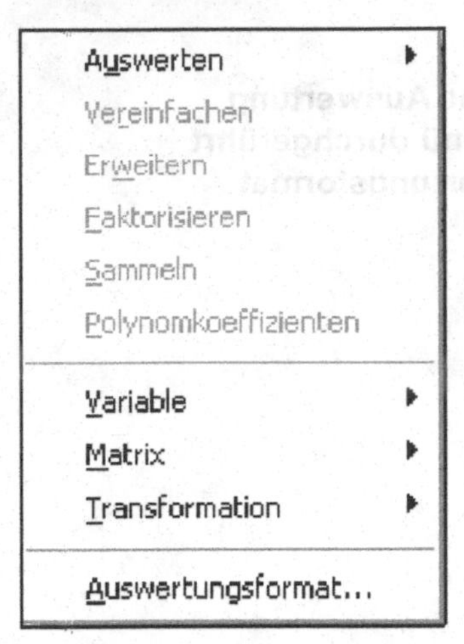

⇦ **Auswerten-Symbolisch, -Gleitkomma, -Komplex (Abb. 1.28).**
⇦ **Symbolisches Vereinfachen von Ausdrücken.**
⇦ **Symbolisches Erweitern von Ausdrücken.**
⇦ **Symbolisches Faktorisieren von Ausdrücken.**
⇦ **Symbolisches Zusammenfassen von Ausdrücken.**
⇦ **Ermittelt die Koeffizienten eines Polynoms.**
⇦ **Ausdruck nach einer Variablen Auflösen usw. (Abb. 1.29).**
⇦ **Matrix Transponieren, Invertieren, Bilden der Determinante (Abb. 1.30).**
⇦ **Fourier-, Laplace- und z-Transformation (Abb. 1.31).**
⇦ **Symbolisches Auswertungsformat festlegen (Abb. 1.32).**

Abb. 1.27

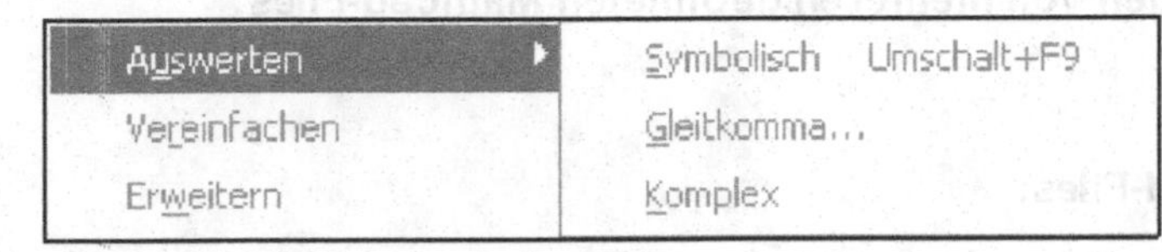

⇦ **Auswerten-Symbolisch, -Gleitkomma, -Komplex.**

Abb. 1.28

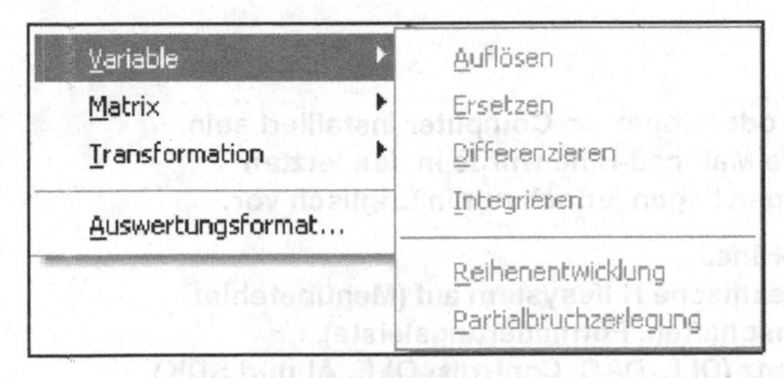

⇦ **Gleichung nach Variable Auflösen.**
⇦ **Variable in einer Gleichung durch einen Ausdruck Ersetzen.**
⇦ **Funktion nach einer Variable Differenzieren.**
⇦ **Funktion nach einer Variable Integrieren.**
⇦ **Reihenentwicklung einer Funktion.**
⇦ **Partialbruchzerlegung eines Bruchterms.**

Abb. 1.29

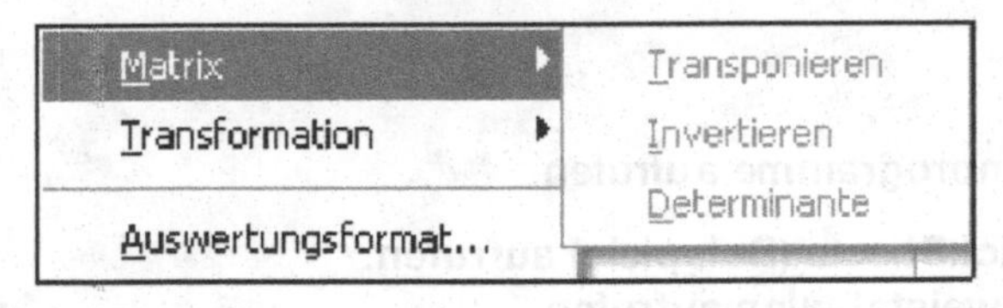

⇦ **Matrix Transponieren.**
⇦ **Matrix Invertieren.**
⇦ **Determinante einer Matrix berechnen.**

Abb. 1.30

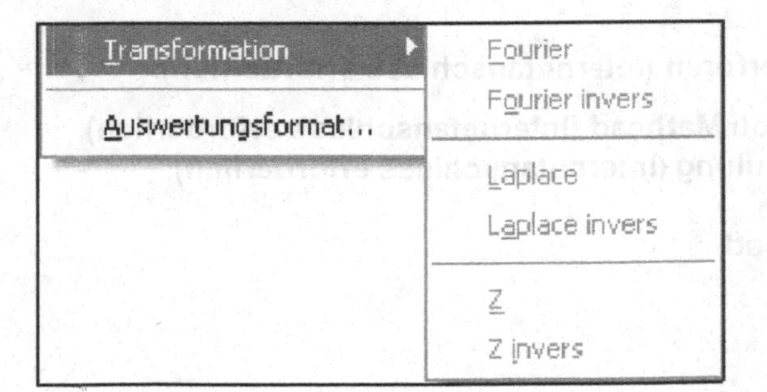

⇦ **Fourier-, Laplace, und z-Transformation und die dazugehörigen inversen Transformationen.**

Abb. 1.31

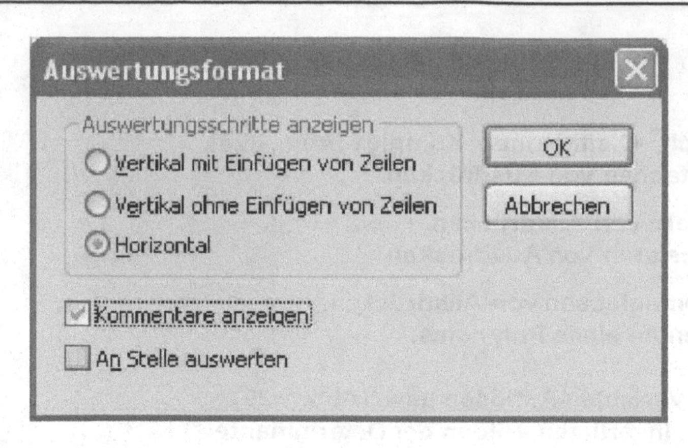

⇦ **Bevor eine symbolische Auswertung über das Symbolik-Menü durchgeführt wird, sollte das Auswertungsformat eingestellt werden.**

Abb. 1.32

Fenster-Menü:

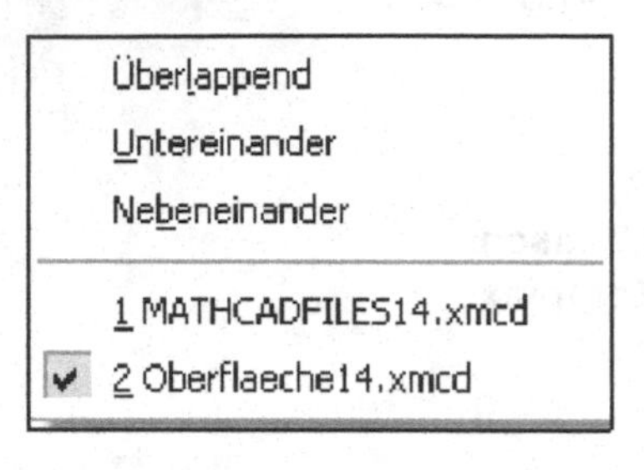

⇦ **Fenstereinstellungen von mehreren geöffneten Mathcad-Files.**

⇦ **Geöffnete Mathcad-Files.**

Abb. 1.33

Hilfe-Menü:

Zur Aktivierung der Hilfe muss der Internet Explorer 6 oder höher am Computer installiert sein. Dieser muss aber nicht der Standard-Browser sein. Die Mathcad-Hilfe wurde in den letzten Versionen erheblich ausgebaut. Manche Beschreibungen liegen jedoch nur in Englisch vor.

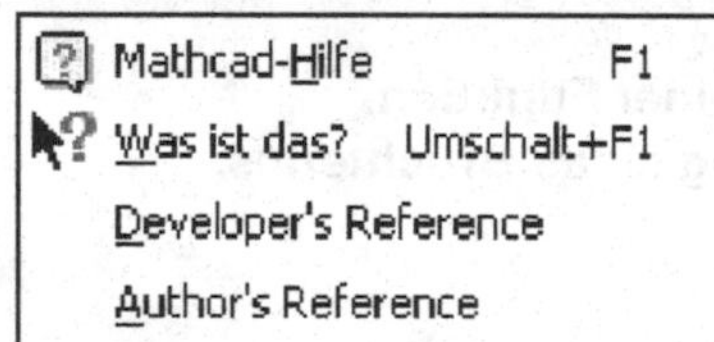

⇦ **Allgemeine Online-Hilfe.**
⇦ **Ruft das kontextspezifische Hilfesystem auf (Menübefehle, Symbolleisteneigenschaften, Formatierungsleiste).**
⇦ **Entwicklungsreferenz (DLL, DAC, Controls, OLE, AI und SDK).**
⇦ **Referenz zur Erstellung eines Elektronikbuches. Erstellen einer HTML-Webseite.**

Abb. 1.34

⇦ **Elektronisches Buch Lernprogramme aufrufen.**
⇦ **Elektronisches Buch QuickSheets (Beispiele) aufrufen.**
⇦ **Elektronisches Buch Verweistabellen aufrufen.**
⇦ **Andere elektronische Bücher aufrufen.**
⇦ **Zugang zu den Benutzerforen (Internetanschluss erforderlich).**
⇦ **Zugang zur Webseite von Mathcad (Internetanschluss erforderlich).**
⇦ **Zugang zur Internetschulung (Internetanschluss erforderlich).**
⇦ **Information über Mathcad.**

Abb. 1.35

Kontextbezogene Hilfe z. B. für eine Funktion:
Funktionsname anklicken und < F1 > Taste oder ? in der Symbolleiste anklicken.

1.3 Standard-Symbolleiste

Die Symbolleiste bietet einen schnellen Zugriff zu vielen verschiedenen Anwendungen, die bereits in den Menüs aufgezählt wurden. Zur Zeit **nicht verfügbare Funktionen** werden **grau gefärbt** dargestellt. Wird der **Mauszeiger auf ein Symbol** gestellt, so gibt ein **Tooltip** einen Hinweis auf die Funktionalität.

Abb. 1.36

Die **Standard-Symbolleiste** ist **benutzerdefinierbar**. Mit der **rechten Maustaste auf die Symbolleiste** klicken und aus der **Symbolleiste anpassen** wählen (Schaltflächen-Hinzufügen).

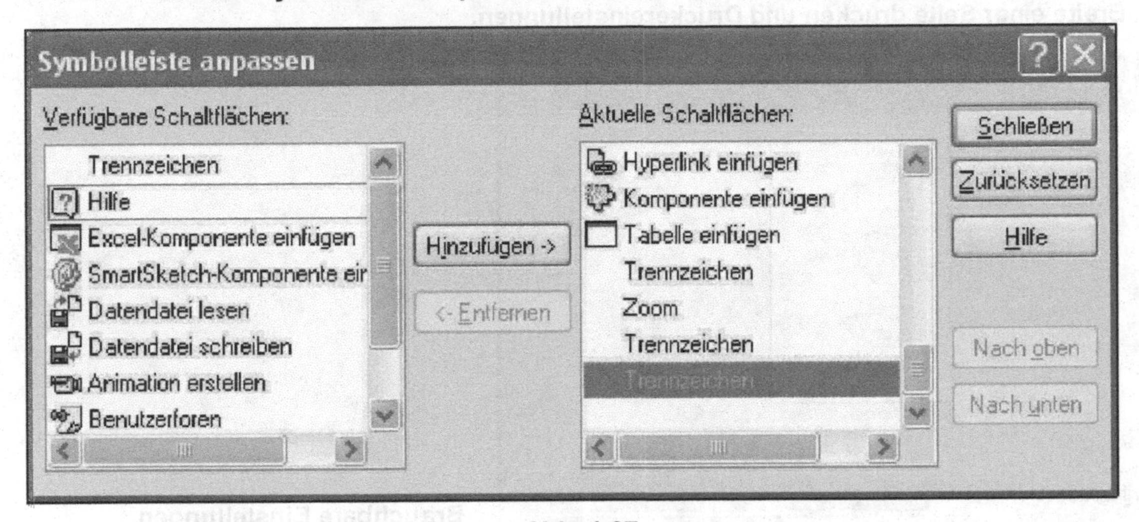

Abb. 1.37

1.4 Formatierungsleiste

Die Formatierungsleiste zeigt die **Eigenschaften des verwendeten Textes oder Variablen** an. Mit ihr können **Schriftart**, **Größe**, **Stil**, **Positionierung**, **Aufzählung** sowie **Hoch- und Tiefstellen** festgelegt werden. Das Tiefstellen bei Variablen hat aber in Mathcad zwei Bedeutungen. Die **Formatierung-Symbolleiste** ist, analog wie vorher in Abschnitt 1.3 beschrieben, **benutzerdefinierbar**.

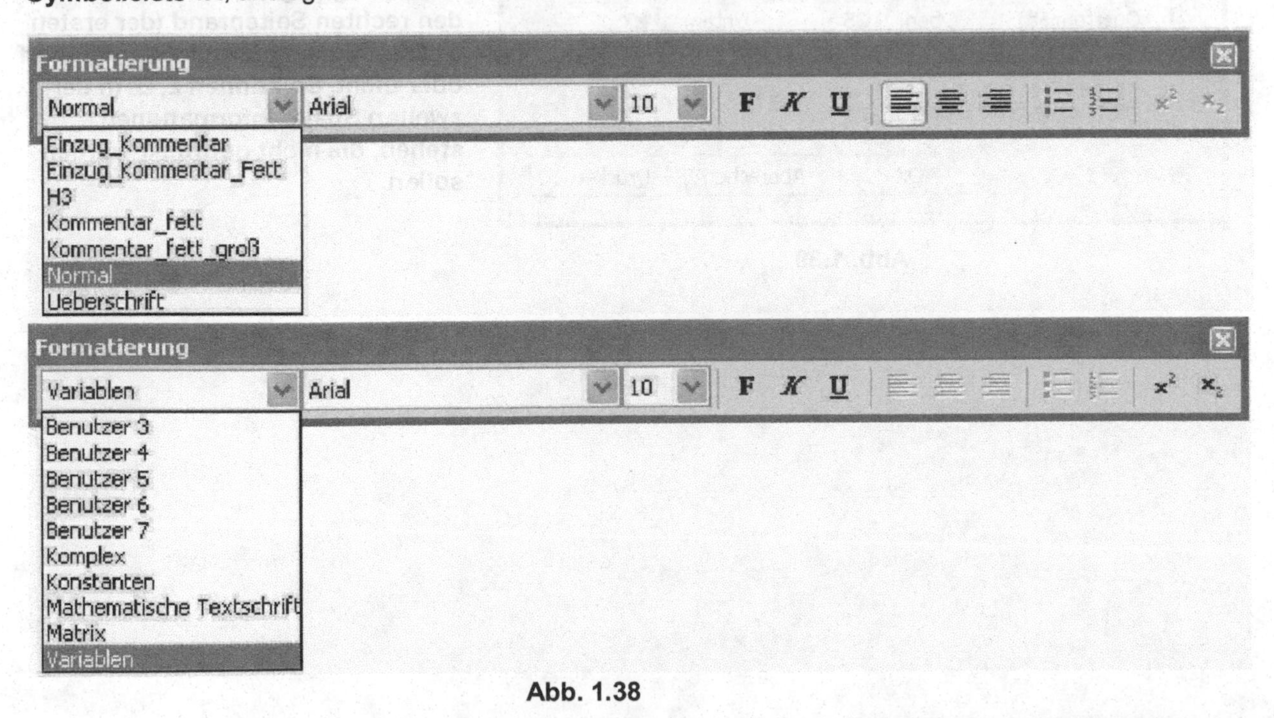

Abb. 1.38

1.5 Arbeitsblatt erstellen

Ein neues **Arbeitsblatt,** basierend auf der Standardvorlage **NORMAL.XMCT**, kann über **Menü-Datei-Neu** bzw. über das **Arbeitsblattsymbol in der Symbolleiste** gewählt werden. Hier kann über das Kontextmenü auch ein Arbeitsblatt gewählt werden, das auf einer anderen vorgegebenen Vorlage als **NORMAL.XMCT** beruht.
Meist werden Sie sich jedoch eine **eigene Vorlage** erstellen. Nachfolgend soll kurz gezeigt werden, wie z. B. dabei vorzugehen ist:

1. **Zuerst wird ein leeres Arbeitsblatt, basierend auf der Vorlage NORMAL, geöffnet.**
2. **Seite einrichten (Menü-Datei):**
   Hier können folgende Einstellungen vorgenommen werden: Papierformat, Ausrichtung, Ränder, Breite einer Seite drucken und Druckereinstellungen.

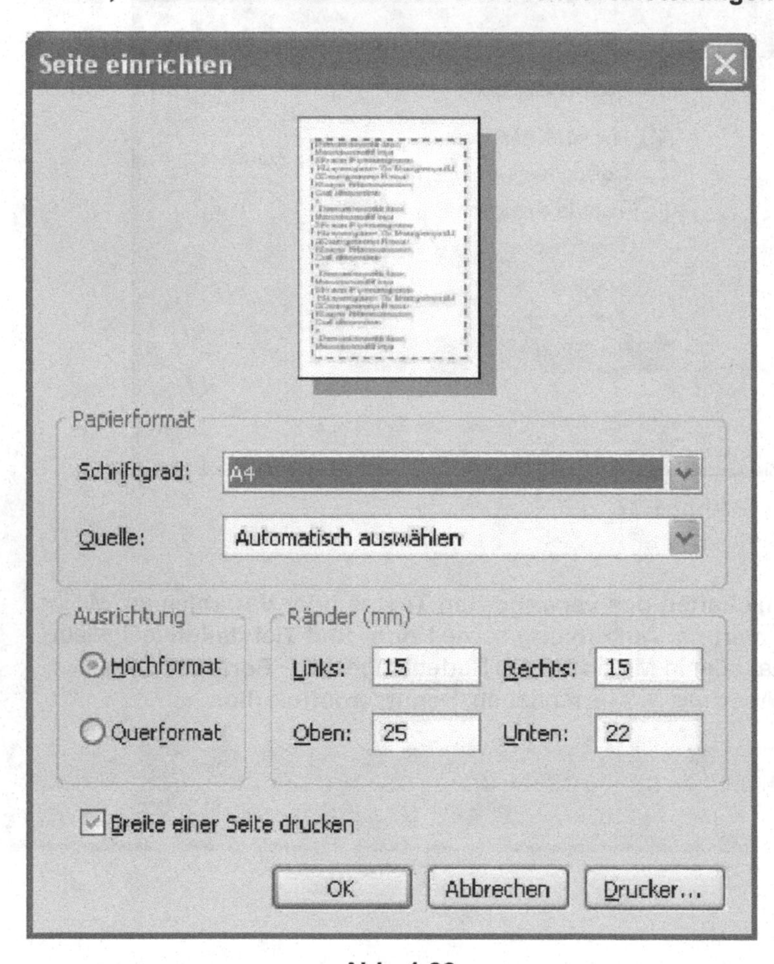

Brauchbare Einstellungen, wie hier angezeigt.

Mit "Breite einer Seite drucken" kann festgelegt werden, ob über den rechten Seitenrand (der ersten Spalte) hinausgedruckt werden darf oder nicht. So können z. B. in der zweiten Spalte Informationen stehen, die nicht gedruckt werden sollen.

Abb. 1.39

3. Kopf- und Fußzeile einrichten (Menü-Ansicht):

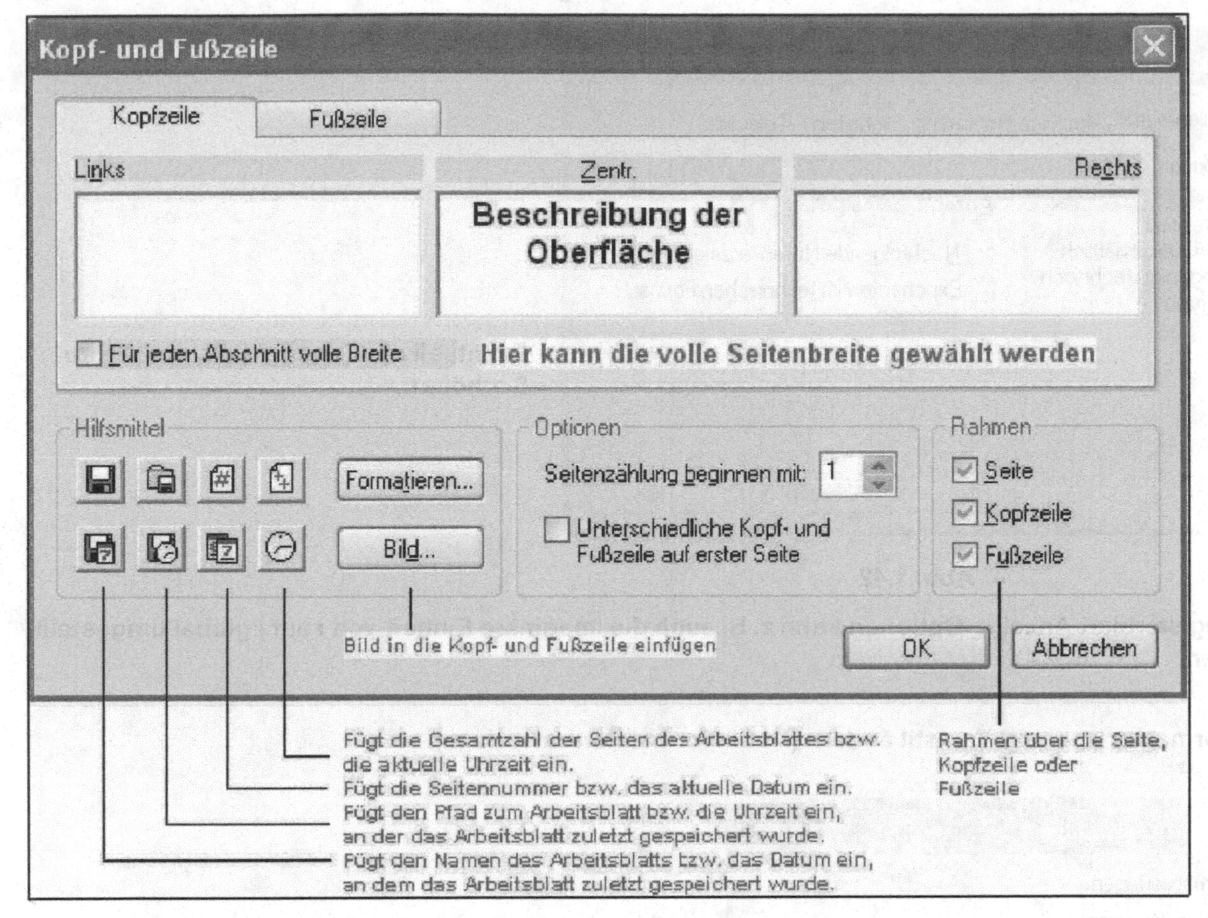

Abb. 1.40

Ein **Bild** in einer **Kopf- oder Fußzeile** muss ein **Bitmap** (*bmp) **-File** sein. Wird **"Unterschiedliche Kopf- und Fußzeile auf erster Seite"** aktiviert, erscheinen noch **zwei Registerblätter**, die Einträge für die erste Seite ermöglichen.

4. Gleichungsformat einrichten (Menü-Format):

Variable und Konstanten auf Schrift-Arial ändern.
Es stehen 7 freie Benutzerformate zur Verfügung. Siehe Abbildung 1.38.
Benutzer 1 auf Arial und Fettschrift ändern. Neuer Name der Vorlage: Vektor oder Matrix.
Benutzer 2 auf Arial und Fettschrift und Unterstreichen ändern.
Neuer Name der Vorlage: Komplex.

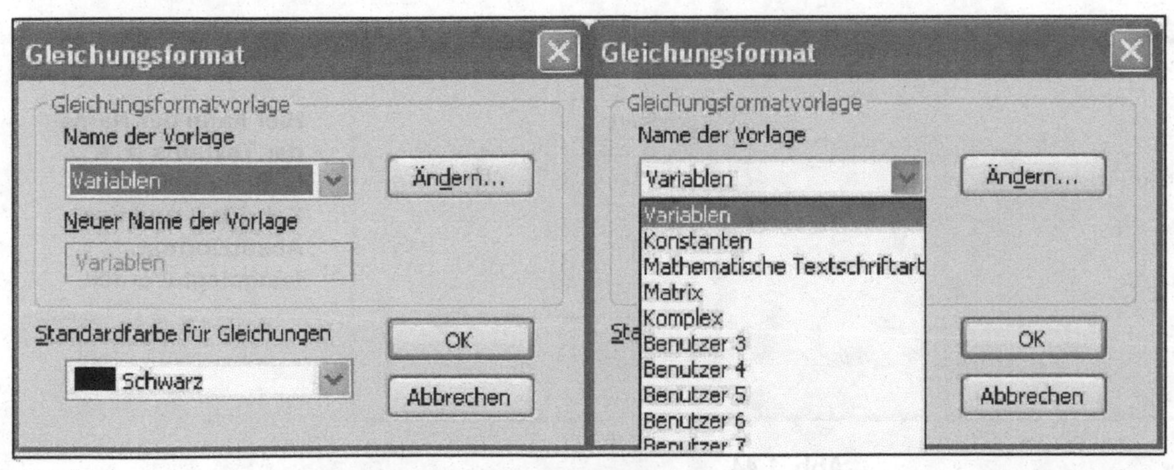

Abb. 1.41

5. Numerisches Ergebnisformat einrichten (Menü-Format-Ergebnis):

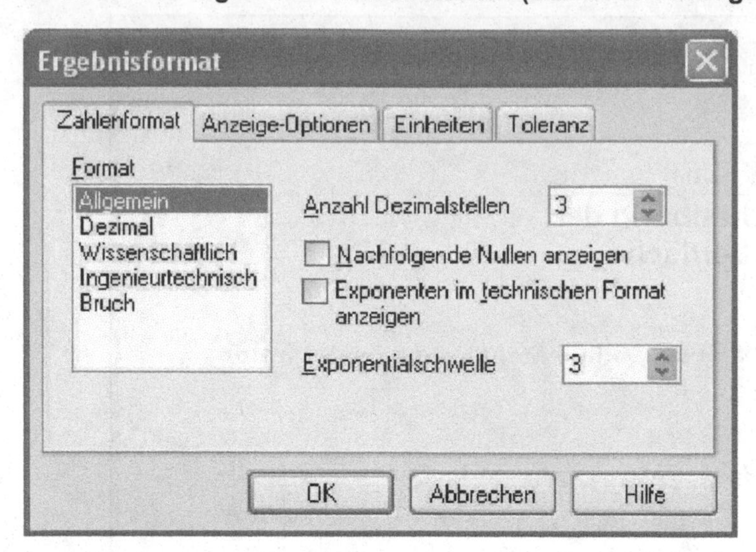

Eventuell die Exponentialschwelle auf 6 erhöhen.

Abb. 1.42

Im Registerblatt Anzeige-Optionen kann z. B. auch die imaginäre Einheit von i auf j global umgestellt werden.

6. Textformatvorlage und Textstil ändern (Menü-Format-Formatvorlage):

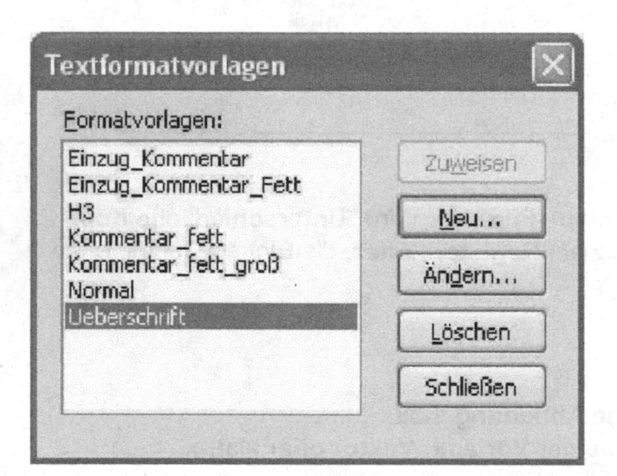

Neuen Textstil festlegen (z. B. Ueberschrift, Abb. 1.44).

Zum Beispiel bei der Textformatvorlage Normal (dies ist die Standardvorlage) die Schriftart auf Marineblau ändern.

Abb. 1.43

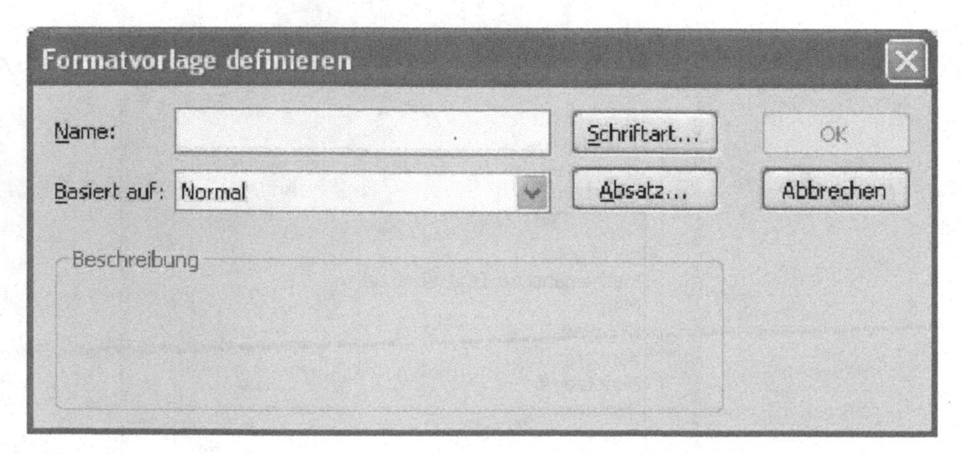

Hier kann der Name der Textstils (z. B. Ueberschrift), die Schriftart und das Absatzformat festgelegt werden.

Abb. 1.44

7. Einheitensystem, Anzeige und Berechnung ändern (Menü-Extras-Arbeitsblattoptionen):

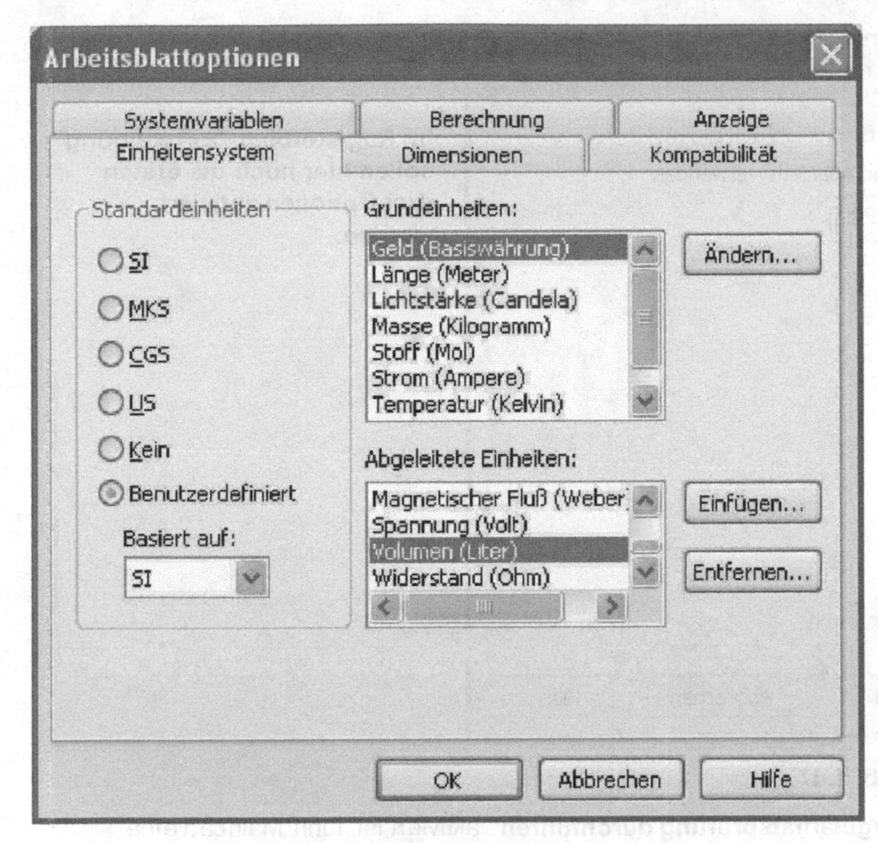

Hier soll auch noch im Registerblatt-Einheitensystem das SI-System gewählt werden. Benutzerdefiniert SI und im Fenster "Abgeleitete Einheiten" soll der Eintrag Volumen (Liter) gelöscht werden.

Abb. 1.45

Arbeitsblattoptionen

Einheitensystem | Dimensionen | Kompatibilität

Systemvariablen | Berechnung | Anzeige

Darstellung der Operatoren

	Anzeigen als
Multiplikation	Punkt
Ableitung	Ableitung
Tiefgest Buchstabenindex	Großer tiefgestellter Index
Definition	Doppelpunkt Gleichheitszeichen
Globale Definition	Dreier-Gleichheitszeichen
Lokale Definition	Pfeil nach links
Gleichheit	Fettes Gleichheitszeichen
Symbolische Auswertung	Rechtspfeil
Währungssymbol	¤

OK | Abbrechen | Hilfe

Im Registerblatt "Anzeige" kann hier auch noch das Erscheinungsbild folgender Operatoren eingestellt werden:

- **Multiplikation (Punkt,** kleiner Punkt, großer Punkt, x, kleiner Abstand, kein Abstand)
- **Ableitung (regulär** oder partiell)
- **Tiefgestellter Index (groß** oder klein)
- **Definition (:=** oder =)
- **Globale Definition (≡** oder =)
- **Lokale Definition (←** oder =)
- **Gleichheit (=** oder =)
- **Symbolische Auswertung (→** oder =)
- **Währungssymbol (¤** und andere)

Abb. 1.46

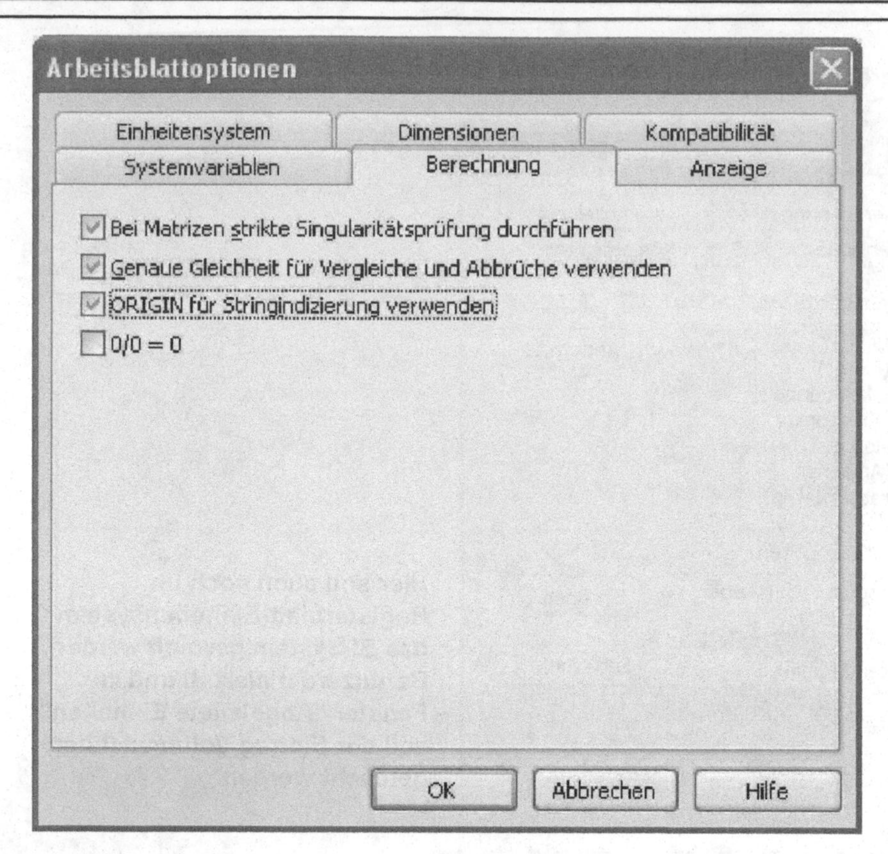

Im Registerblatt "Berechnung" sollen hier noch die ersten drei Optionen aktiviert werden.

Abb. 1.47

- Wenn **"Bei Matrizen strikte Singularitätsprüfung durchführen"** aktiviert ist, führt Mathcad eine strenge Prüfung auf Matrixsingularitäten durch.
- Wenn **"Genaue Gleichheit für Vergleiche und Abbrüche verwenden"** aktiviert ist, dürfen zwei Zahlen nur um weniger als die maximale Genauigkeit des Gleitkommaprozessors voneinander abweichen, um als gleich zu gelten (Zahlen zwischen -10^{-307} und 10^{-307} gelten als 0). Wenn diese Option nicht aktiviert ist, muss der Betrag der Differenz zwischen zwei Zahlen geteilt durch ihren Durchschnitt kleiner 10^{-12} sein, damit sie als gleich gelten. Beim Runden bzw. Abschneiden von Stellen werden dann nur die ersten 12 Dezimalstellen berücksichtigt.
- Wenn **"ORIGIN für Stringindizierung verwenden"** aktiviert ist, legen Sie fest, welcher Startwert für das erste Zeichen einer Zeichenfolge (String) in den Zeichenfolgefunktionen (siehe Anhang und Mathcad-Hilfe) verwendet wird.
- Wenn **"0/0 = 0"** aktiviert ist, ist das Ergebnis von 0/0 oder einem Ausdruck, der zu 0/0 ausgewertet wird, immer gleich null. Andernfalls wird für solche Ausdrücke ein Fehler zurückgegeben.

8. Lineal einrichten (Menü-Ansicht-Lineal):

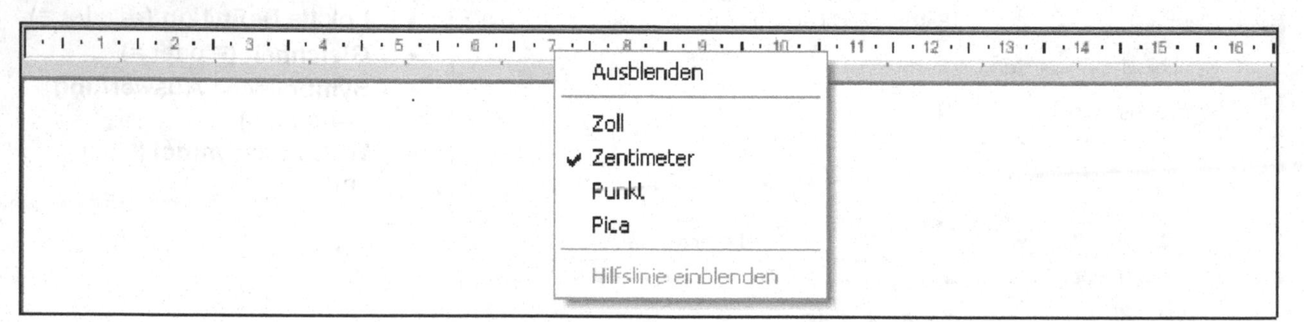

Abb. 1.48

Nach einem Klick mit der rechten Maustaste auf das Lineal kann das Lineal auf Zentimeter eingestellt werden. Klicken wir mit der linken Maustaste auf das Lineal, so erhalten wir ein Symbol für einen linksbündigen Tabstopp (L). Klicken wir mit der rechten Maustaste auf den Tabstopp und wählen aus dem Kontextmenü den Punkt Hilfslinie einblenden, so wird eine grüne Linie senkrecht durch das gesamte Arbeitsblatt eingeblendet. Mit der linken Maustaste kann durch Ziehen aus dem Lineal ein Tabstopp wieder entfernt werden. Die Tabulatorpositionen können auch über Menü-Format-Tabulatoren gesetzt, gelöscht oder genau positioniert werden.

9. **Speichern als Mathcad-Vorlage:**
Menü-Datei-Speichern unter wählen, dann im erscheinenden Fenster den Dateinamen (z. B. VL-Mathematik) und Dateityp "Mathcad-XML-Vorlage (*.xmct) festlegen und anschließend im Mathcad-Unterverzeichnis TEMPLATE speichern. Das Unterverzeichnis TEMPLATE befindet sich im Mathcad-Installationsverzeichnis (C:\Programme\Mathcad\Mathcad14\Tamplate).

Um eine selbsdefinierte Vorlage als Standardvorlage verwenden zu können, sind folgende Schritte zu beachten: Im Verzeichnis TEMPLATE die Vorlage Normal.xmct umbenennen (z. B. in NormalAlt.xmct). Die selbstdefinierte Vorlage in Normal.xmct umbenennen. Diese Änderung sollte gut überlegt sein, speziell dann, wenn verschiedene Personen an einem Projekt arbeiten.

1.6 Bearbeitung von Arbeitsblättern

Ausführliche Hinweise zum **Bearbeiten von Arbeitsblättern** finden sich im **Hilfe-Menü-Lernprogramme** oder im **"Ressourcen Fenster" unter Lernprogramme**. Hier sollen nur einige wichtige Hinweise zum Bearbeiten von Arbeitsblättern gegeben werden.
Für die **Bearbeitung** von **Texten, Mathematischen Ausdrücken** etc. gelten im Wesentlichen die **Tasten** und **Tastenkombinationen wie bei Windows Softwareprodukten**, wenn das Kästchen im **Menü-Extras-Einstellungen Standardmäßige Windows-Tastaturbefehle** markiert ist.
Nachfolgend einige Beispiele von Windows-Tastaturbefehle und andere Tastenkombinationen (Näheres siehe dazu im Anhang dieses Buches):

Einfügen: <Strg>+<v>; **Bereich löschen: <Strg>+<d>;**
Rückgängig: <Strg>+<z>; **Wiederholen: <Strg>+<y>;**
Alles markieren: <Strg>+<a>; **Suchen: <Strg>+<f>;**
Ersetzen: <Strg>+<h>; **Funktion einfügen: <Strg>+<e>;**
Drucken: <Strg>+<p>; **π: <Strg>+<Umschalt>+<P>;**
∞: <Strg>+<Umschalt>+<Z>;
Rechenbereiche in Text einfügen: <Strg>+<Umschalt>+<A>;
Chemischer Modus: <Strg>+<Umschalt>+<J>;
Seitenumbruch einfügen: <Strg>+<Eingabe>;
Neue Zeile in einem Textabsatz: <Umschalt>+<Eingabe>;
Verlassen eines Textbereichs: <Strg>+<Umschalt>+<Eingabe>;
Umschalten in den Textmodus zum Eingeben von Symbolen in eine Variable: <Strg>+<Umschalt>+<K> usw.
Wir gehen davon aus, dass immer die Windows-Tastatur (Menü-Extras-Einstellungen) aktiviert ist.

Auf einem Mathcad-Arbeitsblatt stehen zur **Positionierung, Eingabe und Bearbeitung** folgende **Cursor** zur Verfügung:

Der **rote Kreuzcursor** (**Fadenkreuz**) dient zur Positionierung eines Textes, eines Mathematik-Ausdruckes, einer Grafik oder eines anderen Objektes.

Der **senkrechte rote Strichcursor** ist für die Texteingabe und Textmanipulation vorgesehen.

Der **blaue L-förmige Cursor** ist Bestandteil des grafischen Editors zur Eingabe und Bearbeitung von mathematischen Ausdrücken. Er kann mit der **<Einf>-Taste** links- oder rechtsbündig gesteuert werden.

Eine Aktion auf einem Mathcad-Arbeitsblatt kann bis zu 200-mal (Einstellung im **Menü-Extras-Einstellungen-Allgemein**) **rückgängig (<Strg>+<z>) gemacht oder wiederholt** (**<Strg>+<y>**) werden:

Symbole in der Symbolleiste

Regionen (Bereiche) wie **Text**, **mathematische Ausdrücke, Grafiken** u. a. können nach einer Auswahl mit einer gepunkteten Linie **ausgerichtet**, **verschoben** oder **gelöscht** werden:
Die **Auswahl der gepunkteten Linie** erreichen Sie wie folgt:

- **Einzelne Bereiche:** Um ein Auswahlfeld mit einer gepunkteten Linie zu erhalten, drücken Sie zuerst die Taste **<Strg>** oder die **<Umschalttaste>** und klicken Sie anschließend mit der linken Maustaste jeweils auf den Bereich; oder mit gedrückter linker Maustaste den Mauszeiger auf den Bereich ziehen.

- **Mehrere Bereiche:** Um mehrere Bereiche mit einer gepunkteten Linie auszuwählen, drücken Sie zuerst die Taste **<Strg>** oder die **<Umschalttaste>** und klicken Sie anschließend mit der linken Maustaste jeweils auf die Bereiche; oder Sie halten die linke Maustaste gedrückt und ziehen Sie den Mauszeiger über mehrere Bereiche.

Einmal **ausgewählte Bereiche** können **mithilfe der Pfeiltasten** der Tastatur beliebige Schrittweiten **nach oben <↑>, unten <↓>, rechts <→> oder links <←> verschoben** werden.
Wird der Mauszeiger an den Rand der ausgewählten Bereiche verschoben, ändert sich der Mauszeiger in eine **greifende schwarze Hand**. Durch Drücken und Halten der linken Maustaste können die **Bereiche frei über das Arbeitsblatt gezogen** werden.

Zum **senkrechten und waagrechten Ausrichten** von ausgewählten Bereichen benützen Sie die folgenden Symbole in der Symbolleiste:

Ausgewählte Bereiche können mit der Taste **<Entf>** oder mit der **Rückwärtstaste gelöscht** werden.

1.6.1 Texteingabe und Formatierung

Textbereiche können **an jeder Stelle in ein Mathcad-Dokument** eingefügt werden.
Es gibt **mehrere Möglichkeiten**, um einen Textbereich anzulegen:

- **Menü-Einfügen-Textbereich**,
- durch Drücken der **Taste < " >**,
- durch **Schreiben einer Variable (ohne Operatoren)** und anschließendes **Drücken** der **<Leertaste>** .

Das **Editieren eines Textes** erfolgt wie gewohnt mit **<Rücktaste>**, **<Entf>**, **<Einfg>** etc.
Bei **gedrückter rechter Maustaste** auf einen Text öffnet sich ein **Kontextmenü**, in dem auch eine Reihe von Textmanipulationen vorgenommen werden können.

Um eine bestimmte **Breite eines Textbereichs** festzulegen, schreiben Sie zuerst die erste Zeile auf die gewünschte Breite, geben dann ein **Leerzeichen** ein und drücken die Tasten **<Strg>+<Eingabetaste>**.
Eine Ausrichtung mit dem **aktivierten Lineal** (**Menü-Ansicht**) ist ebenfalls möglich (Abb.1.48). Die **Maßeinheiten** des **Lineals** können durch **Anklicken des Lineals mit der rechten Maustaste** eingestellt werden.

Eine **neue Zeile** im Textbereich erhalten Sie durch Drücken der **<Umschalt>+<Eingabetaste>**. Die **<Eingabetaste>** sollte nicht zum Festlegen der Textbreite benützt werden, sondern nur zum Hinzufügen eines neuen Absatzes in einem Textfeld!

Ein **Absatz** kann mit **Menü-Format-Absatz** oder aus dem **Kontextmenü (rechte Maustaste) Absatz** formatiert werden. Zur Formatierung eines Absatzes kann aber auch eine andere Textformatvorlage (automatisch wird immer das **Format Normal** benutzt) verwendet (**Menü-Format-Formatvorlage**) oder selbst definiert werden (siehe Abb.1.44).
Mithilfe des Absatzformat-Fensters können verschiedene Absatzformate gewählt werden:

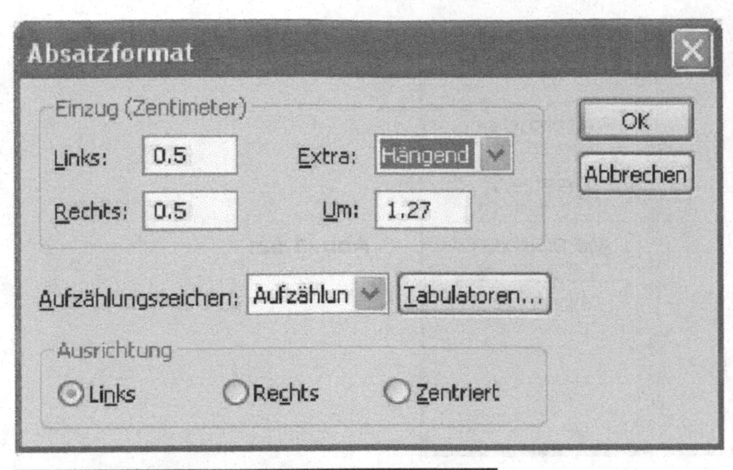

Abb. 1.49

- Diese Zeile wird hängend um 1.27 cm dargestellt

Tabulatoren für eine Textregion können im Lineal eingestellt werden.

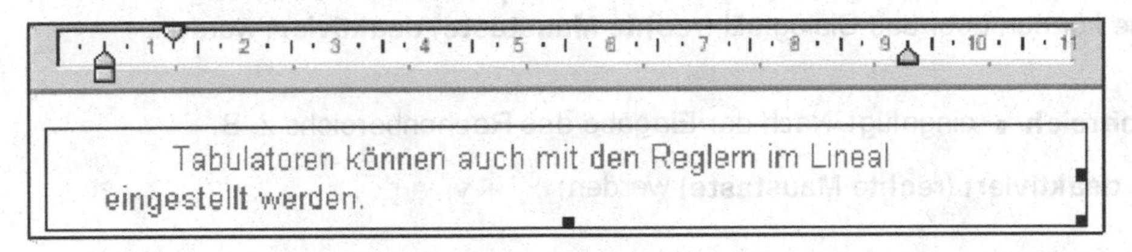

Abb. 1.50

Zu große Textregionen können andere Textregionen überlappen. Dies kann vermieden werden, wenn im **Kontextmenü (rechte Maustaste auf dem Text)** über **Eigenschaften-Registerblatt Text** "Bereiche bei Eingabe nach unten verschieben" aktiviert wird.

Zeichensätze: In einem **Text werden die gewählten Zeichen markiert** und der **zugehörige Zeichensatz** in der **Formatierungsleiste** gewählt.

Griechische Buchstaben können mithilfe der **Griechisch-Symbolleiste** eingegeben werden. Schreiben wir einen lateinischen Buchstaben, so kann dieser mithilfe der Tastenkombination **<Strg> + <g>** in einen griechischen Buchstaben umgewandelt werden.

Suchen und Ersetzen (**Menü-Bearbeiten-Suchen bzw. Ersetzen**) kann auf **Text- und Rechenbereiche** und **ausgeblendeten Bereichen** angewandt werden (z. B. griechische Sonderzeichen: lateinischen Buchstaben eingeben und dann mit <Strg> + <g> in griechischen umwandeln).
Es können auch **Sonderzeichen in Texten gesucht und ersetzt** werden:
für Tabulator: ^t ; Absatzzeichen: ^p ; Zeilenumbruch: ^| ; Backslash: ^\ .

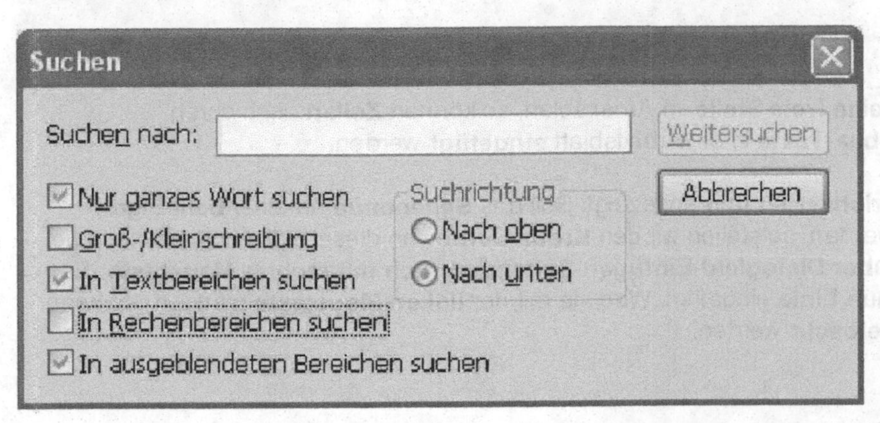

Abb. 1.51

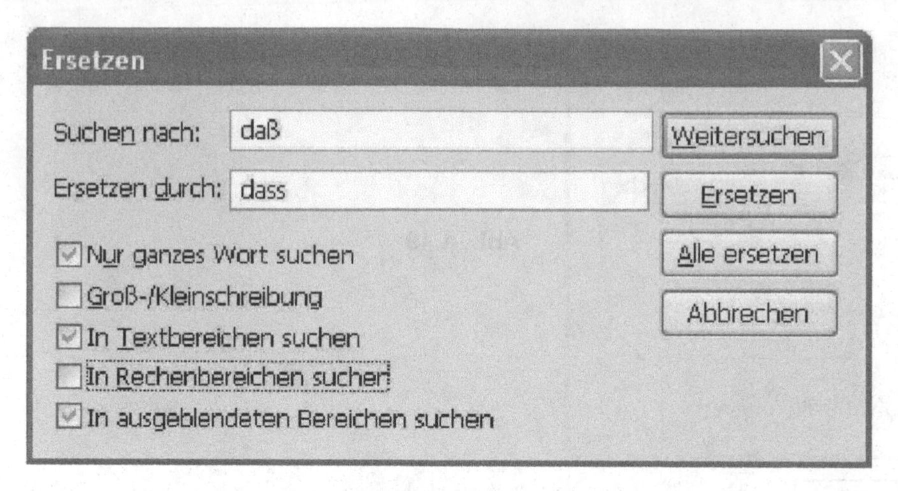

Abb. 1.52

Beim Ersetzen in Textbereichen und Rechenbereichen ist Vorsicht geboten!

In jedem **Text** können **Rechenbereiche** eingefügt werden (**Menü-Einfügen-Rechenbereich** bzw. mit **<Strg>+<Umschalt>+<A>**) oder aus dem **Dialogfeld (rechte Maustaste) Math-Bereich einfügen**. Eingebettete **Rechenbereiche** können über das Dialogfeld (**rechte Maustaste**) **deaktiviert** werden.

In disem Text ist ein **Rechenbereich** ▪ eingefügt. Nach der Eingabe des Rechenbereichs z. B. $x^2 + y^2 = r^2$ kann dieser z. B. **deaktiviert** (**rechte Maustaste**) werden: $x^2 + y^2 = r^2$.

Das Dialogfeld Zeilen einfügen bzw. Zeilen löschen (mit der rechten Maustaste auf eine freie Stelle im Arbeitsblatt klicken) ermöglicht das **Einfügen und Löschen von Zeilen im Arbeitsblatt**.

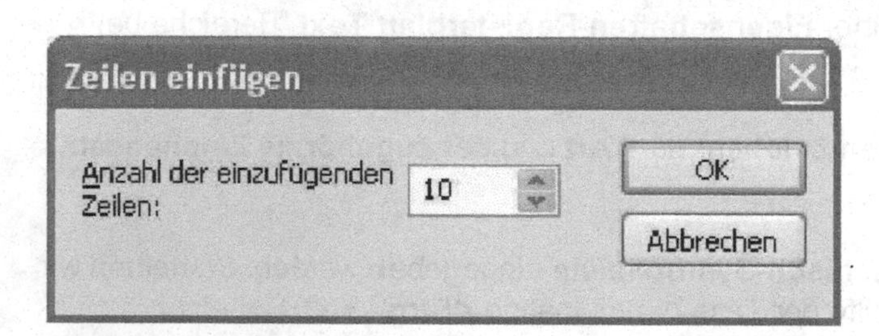

Abb. 1.53

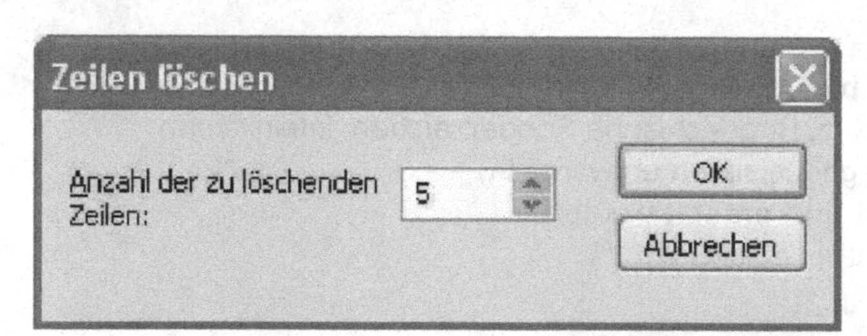

Abb. 1.54

Stellen wir den **Kreuz-Cursor auf eine freie Stelle** im Arbeitsblatt, so können **Zeilen** auch durch **mehrfaches Drücken der <Eingabe>-Taste** in ein Arbeitsblatt **eingefügt** werden.

Ein **Seitenende** wird durch eine **strichlierte Linie** angezeigt. Soll das **Seitenende** an einer **beliebigen Stelle im Arbeitsblatt** festgelegt werden, so stellen wir den **Kreuz-Cursor** an diese Stelle und drücken die Tasten **<Strg>+<Eingabe> oder über Dialogfeld-Einfügen-Seitenumbruch mit rechter Maustaste**. Es wird dann an dieser Stelle eine **graue Linie** eingefügt. Wird sie mit der **linken Maustaste** markiert, so kann sie mit der **<Entf>-Taste wieder gelöscht** werden.

1.6.2 Eingabe von mathematischen Ausdrücken und Formatierung

Wie bei Textbereichen können auch **Rechenbereiche an jeder Stelle in ein Arbeitsblatt** eingefügt werden. Die Eingabe von mathematischen Ausdrücken ist mit dem grafischen Editor sehr einfach. Wird ein Ausdruck in das Mathcad-Arbeitsblatt eingegeben, so befindet man sich sogleich im Mathematik-Modus. Es erscheint ein spezieller **blauer Cursor**, der mit der **Einfügetaste oder den Pfeiltasten rechts- und linksbündig gesteuert** werden kann. Die **Größe** des blauen **Eingabe-Cursors** kann mit der **Leertaste** gesteuert werden.

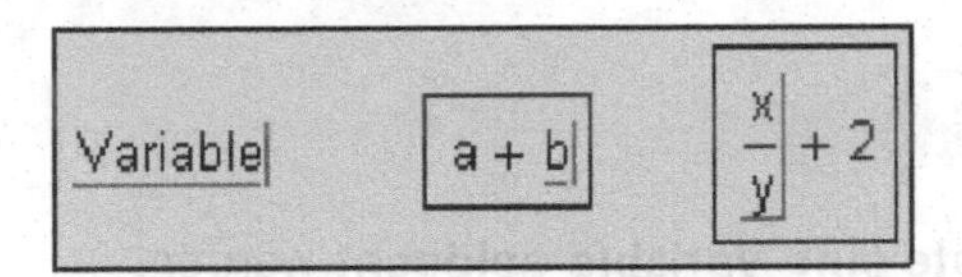

Abb. 1.55

In der **Formatierungsleiste** können die **Standardformate Variable, Mathematische Textschrift, Konstanten**, **Benutzer 1** bis **Benutzer 7** (**Abb. 1.38**) ausgewählt werden. Die **Namen** der **Formate Benutzer 1 bis Benutzer 7** können im **Menü-Format-Gleichung geändert** (**Abb. 1.41**) werden.

In Mathcad stehen eine Reihe von **Operatoren** zur Verfügung. **Arithmetische Operatoren** (**+, - , *, /**) können auch mit der **Tastatur** oder über die **Symbolleiste-Rechnen-Taschenrechner** eingegeben werden. Die **Vergleichsoperatoren** finden Sie in der **Symbolleiste-Rechnen-Boolesche Operatoren**. Andere Operatoren finden sich in den verschiedenen Symbolleisten in der **Symbolleiste-Rechnen.**

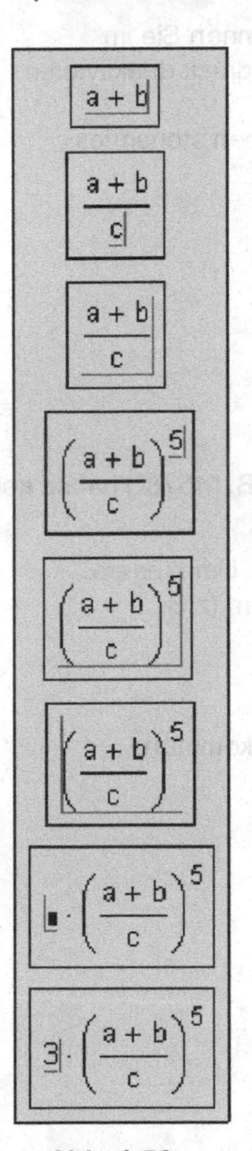

a und b eingeben und mit **<Leertaste>** Cursor vergrößern

dividieren mit der Taste **< / >** und c eingeben

mit **<Leertaste>** Cursor vergrößern

mit der Taste **< ^ >** oder **< x^y >** (Symbolleiste Taschenrechner) potenzieren und Ziffer 5 eingeben

mit **<Leertaste>** Cursor vergrößern

mit der **<Einf>**-Taste Cursor nach links steuern

Operator **< * >** eingeben

Ziffer (Operand) 3 in den Platzhalter eingeben

Abb. 1.56

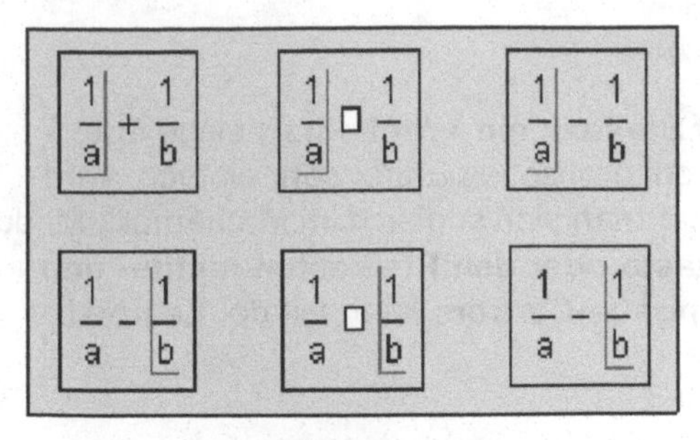

Cursor (**rechts gesteuert**) auf 1/a stellen, mit der **<Entf>-Taste Operator löschen**, neuen Operator eingeben.

Cursor (**links gesteuert**) auf 1/b stellen, mit der **<Rückwärts>-Taste Operator löschen**, neuen Operator eingeben.

Abb. 1.57

Ist der **Cursor rechts gesteuert**, kann mit der **<Rückwärts>-Taste eine Variable gelöscht** werden.
Ist der **Cursor links gesteuert**, so kann mit der **<Entf>-Taste die Variable gelöscht** werden.

Austausch einer Variable in einem mathematischen Ausdruck:
Kopieren Sie a, doppelklicken Sie zur Markierung auf b (die Variable b wird daraufhin schwarz markiert) und fügen Sie dann den Inhalt ein.

$a \cdot x^2 + b \cdot y^2 = 0 \quad \Rightarrow \quad a \cdot x^2 + a \cdot y^2 = 0$

Mathematische Ausdrücke können deaktiviert werden:
Wenn Sie mit der rechten Maustaste auf einen mathematischen Ausdruck klicken, können Sie im erscheinenden Dialogfeld mit **"Auswertung deaktivieren"** den mathematischen Ausdruck deaktivieren.

$g(x) := x^2$ ■ Ein deaktivierter mathematischer Ausdruck wird durch ein rechts oben stehendes schwarzes Quadrat angezeigt.

Bei der **Zuweisung von Zeichenfolgen (Strings) auf eine Variable** muss **vor der Texteingabe** ein **Anführungszeichen < " >** eingegeben werden:

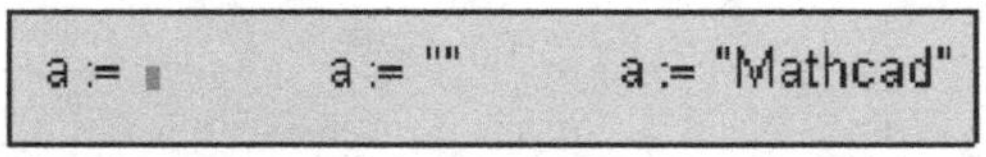

a := ▮   a := ""   a := "Mathcad"

Abb. 1.58

Zeichenfolgen aus beliebigen Zeichen (z. B. "forHelp74rt") oder aus Ziffernfolgen (z. B. "4578") haben keinen numerischen Wert. Sie können aber in Unicode bzw. Zahlen konvertiert werden.
Manuell eingegebene Zeichenfolgen können nur bis zu 2^{10} = 1024 Zeichen enthalten. Um längere Zeichenfolgen zu erstellen, müssen zwei oder mehrere Zeichenfolgen verkettet werden (z.B. verkett(str1,str2,",")).

Wenn in einem **mathematischen Ausdruck keine Operatoren oder Klammern** vorkommen, so kann dieser durch **Drücken der Leertaste in einen Text umgewandelt** werden.

Variable   nach gedrückter **<Leertaste>** erhalten wir den Text: Variable

1.6.3 Einfügen von Diagrammen und Grafiken

Auch **Diagramme und Grafiken** können an jeder Stelle in ein Arbeitsblatt eingefügt werden.

Zweidimensionale Diagramme:

Menü-Einfügen-Diagramm-(X-Y)-Diagramm bzw. Kreisdiagramm
oder Symbolleiste-Rechnen-Diagramm
oder <@> bzw. <Strg>+<7>.

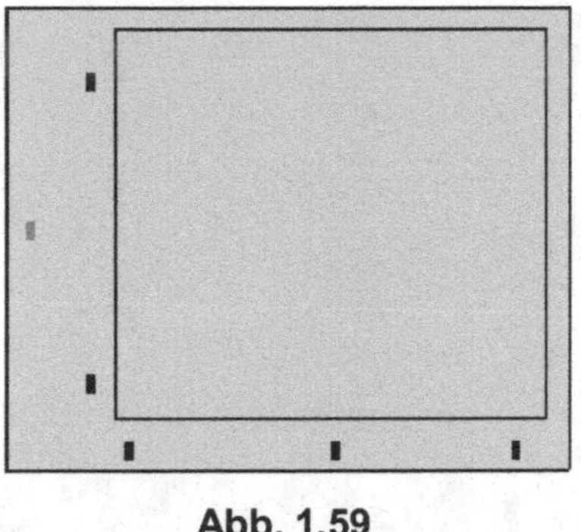

Abb. 1.59

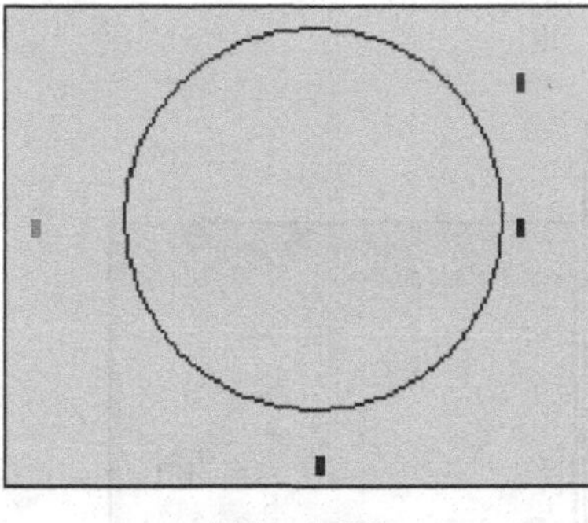

Abb. 1.60

Das **Formatierungsfenster** erhalten Sie auch durch **Doppelklick auf die Grafik.** Ein **Farbhintergrund** kann mit der **rechten Maustaste-Eigenschaften-Farbe** ausgewählt bzw. mit **Menü-Format-Eigenschaften** gesetzt werden.

Dreidimensionale Diagramme:

Menü-Einfügen-Diagramm-Flächendiagramm usw.
oder Symbolleiste-Rechnen-Diagramm
oder <Strg>+<2>.

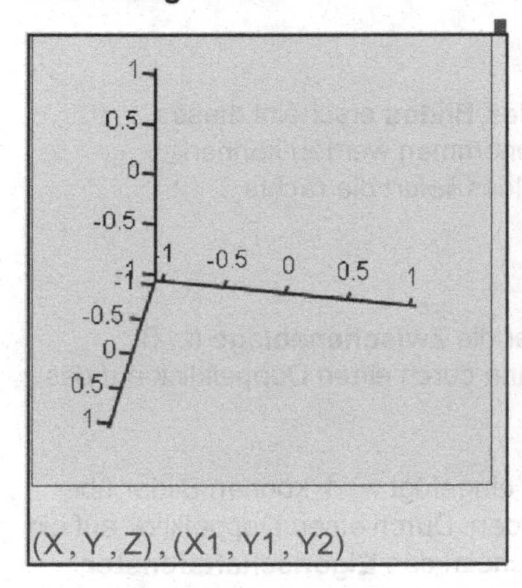

Abb. 1.61

Das **Formatierungsfenster** erhalten Sie auch durch **Doppelklick auf die Grafik.**
Ein **Farbhintergrund** kann mit der **rechten Maustaste-Eigenschaften-Farbe** ausgewählt bzw. mit **Menü-Format-Eigenschaften** gesetzt werden.
Es können gleichzeitig **mehrere 3D-Diagramme** in einem Koordinatensystem dargestellt werden. Die Argumente für jedes einzelne 3D-Diagramm muss aber in Klammer stehen (siehe Abb. 1.61).
Ein Vektorfelddiagramm und andere 3D-Diagramme können ebenfalls gleichzeitig dargestellt werden, jedoch nicht mehrere Vektorfelddiagramme in einem einzelnen Graf.

Bilder einfügen:

Menü-Einfügen-Bild oder Symbolleiste-Rechnen-Matrix oder <Strg>+<t>.
Am Platzhalter kann der Name einer Bitmap-Datei "Baum.BMP" , JPEG-, GIF-, PCX- und TGA-Datei oder eine Matrix eingegeben werden.

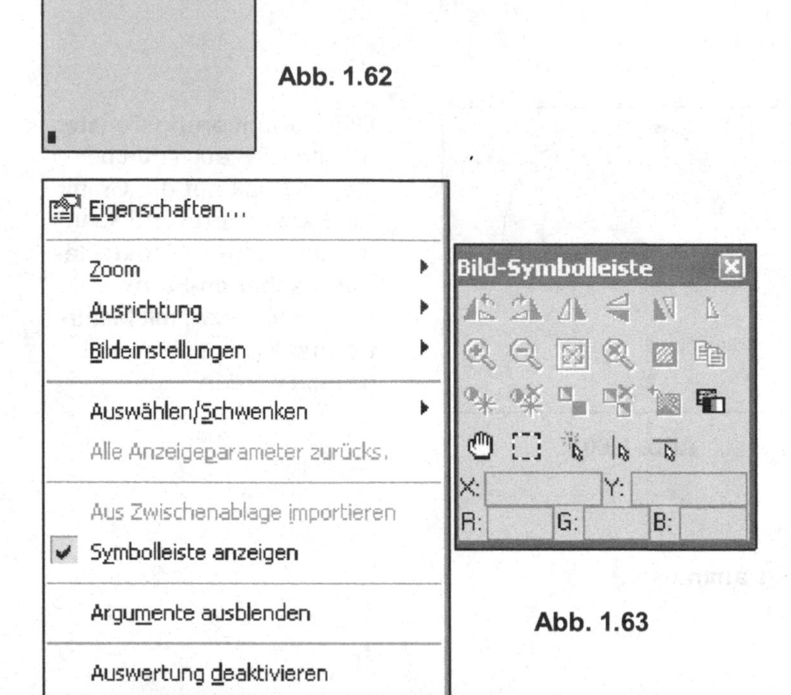

Abb. 1.62

Abb. 1.63

Durch einen Klick mit der **rechten Maustaste in den oberen Teil des Bildes** erscheint dieses Dialogfenster **(Abb. 1.63)**, mit dem zahlreiche Manipulationen vorgenommen werden können.
Ein **Klick mit der linken Maustaste in den oberen Bereich** des Bildes liefert die rechts abgebildete **Bild-Symbolleiste (Abb. 1.63)**.

Bilder, die **direkt mit einer Windows-Applikation** erzeugt und über die **Zwischenablage** (z. B. **<Strg> + <v>**) eingefügt werden, sind **OLE-Objekte**. Sie können dann durch einen Doppelklick auf das Bild mit der Originalsoftware in Mathcad geöffnet werden.

Wenn ein **Bild über "Inhalte einfügen ..."** (Abb. 1.5 bzw. Abb. 1.7) eingefügt wird, können Bilder über **Einfügen** als **Bild-Meta-Datei** und als **Bitmap-Datei** eingefügt werden. Durch einen Doppelklick auf ein solches Bild wird nicht die Originalsoftware aktiviert, sondern es erscheint das **Eigenschaftsfenster** (Abb. 1.68). Wird dagegen eine **Grafik aus einer Mathcad-Datei** kopiert und **Verknüpfen als Mathcad-Dokument** gewählt, so wird der Inhalt der Zwischenablage mit Mathcadbezug eingefügt. Durch einen Doppelklick auf ein solches Bild wird die Quelldatei in Mathcad geöffnet und kann bearbeitet werden.

Über **Menü-Einfügen-Objekt** können ebenfalls Bilder (wie z.B. Bitmap, Paintbrush-Bild, Word-Bild, Videoclip u.a.m.) eingefügt werden.

1.6.4 Region einfügen, sperren und ausblenden

Menü-Einfügen-Region bzw. Dialogfeld-Einfügen-Region über rechte Maustaste fügt **zwei Linien** ein. Sie werden bei einem Ausdruck des Arbeitsblattes nicht über den Seitenrand hinaus gedruckt! Die **Begrenzungslinien** lassen sich durch **Anklicken verschieben**.

Dies ist eine Region

Die **Region kann nach Anklicken** einer Linie über **Menü-Format-Region gesperrt, freigegeben, ausgeblendet** oder **erweitert** werden (Sperren und Ausblenden ist auch durch einen Klick mit der **rechten Maustaste** auf eine Linie möglich).

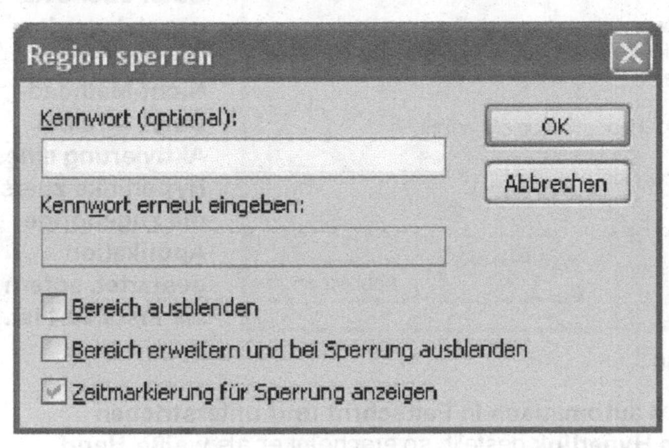

Abb. 1.64

Eine **nicht gesperrte Region** kann durch einen **Doppeklick auf eine Linie ausgblendet** bzw. **erweitert** werden!

Di Mrz 06 11:37:31 2007

Dies ist eine gesperrte Region

Di Mrz 06 11:37:31 2007

Eine gesperrte Region kann zwar nicht mehr gelöscht, jedoch der Inhalt (durch Ziehen mit gedrückter linken Maustaste) kopiert werden!
Vergessen Sie beim Sperren eines Bereichs mit Kennwort niemals das Kennwort!

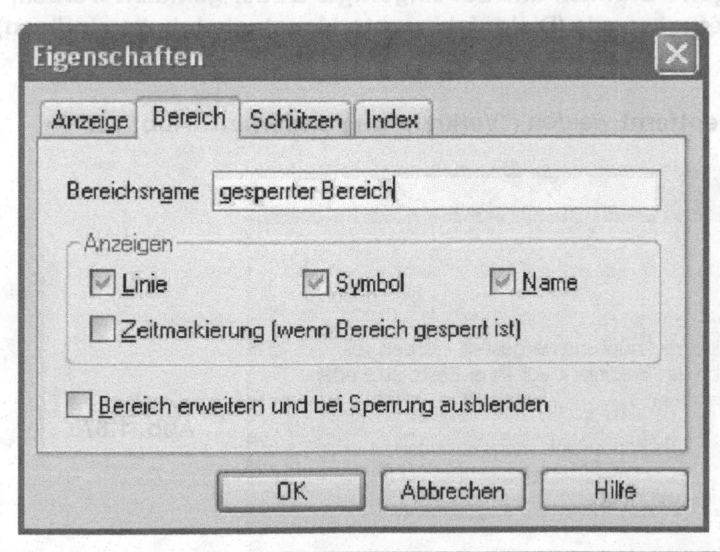

Einer Region können ein Name oder andere Anzeigeattribute zugewiesen werden.
Eine Linie der Region mit der rechten Maustaste anklicken und dann aus dem Dialogfeld Eigenschaften auswählen (bzw. über Menü-Format-Eigenschaften).

Abb. 1.65

gesperrter Bereich

gesperrter Bereich

1.6.5 Hyperlink einfügen und bearbeiten

Hyperlink einfügen auf einen markierten Text:

Menü-Einfügen-Hyperlink, <Strg>+<k>, oder über das Dialogfeld (Klick mit rechter Maustaste auf den Text).

Eine weitere Möglichkeit bietet das Symbol "Hyperlink einfügen" in der Symbolleiste: 

Hyperlinktext

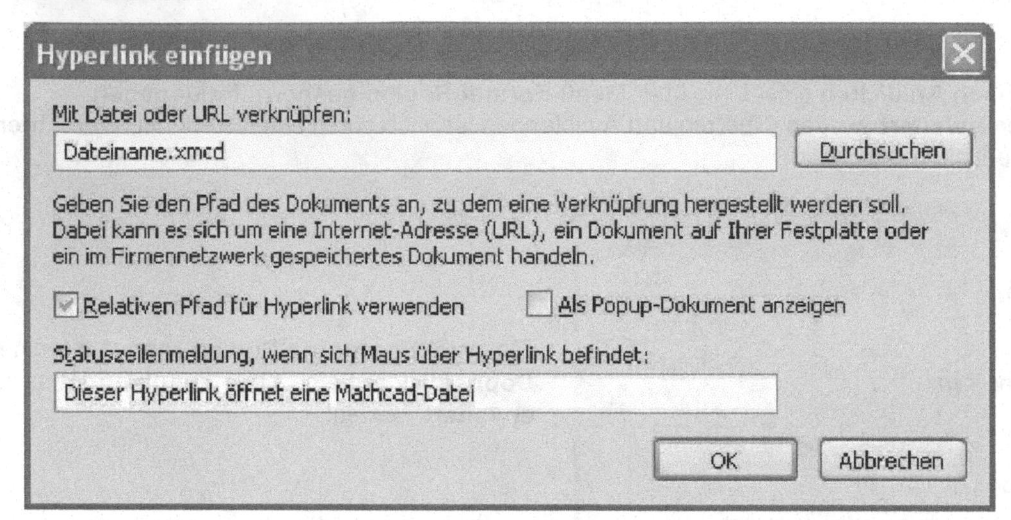

Ein Hyperlink kann auf jede beliebige Datei oder URL gesetzt werden. Bei einer Nicht-Mathcad-Datei wird bei Aktivierung eines Hyperlinks zuerst die zugehörige Applikation gestartet, sofern sie installiert ist.

Abb. 1.66

Nach dem Einfügen des Hyperlinks wird der Text **automatisch in Fettschrift und unterstrichen** dargestellt. Wird nun der **Mauszeiger auf einen Hyperlink** gestellt, so erscheint er als **weiße Hand** und in diesem Falle der Text **"Dieser Hyperlink öffnet eine Mathcad-Datei"** in der **Statuszeile**.
Durch einen **Doppelklick** kann der Hyperlink aktiviert werden.
Das durch einen Hyperlink aufgerufene Dokument kann auch als **Popup-Dokument** angezeigt werden (**siehe Abb. 1.66**).

Beim **Kopieren eines Textes mit Hyperlinks** in einen anderen **bereits existierenden Textbereich** werden **Hyperlinks nicht kopiert**. Wenn Sie jedoch den **Text eines Hyperlinks** in einen **neuen leeren Bereich** kopieren, wird der **Link beibehalten**.
Ein Hyperlink kann auch auf Mathcad eigene Grafiken und auf eingefügte Bilder gemacht werden, wenn das Bild als Picture (Metafile) eingefügt wurde (Dialogfeld rechte Maustaste-Inhalte einfügen).

Eine **Hyperlink-Verknüpfung** kann wieder **entfernt** werden (**"Verknüpfung entfernen" Abb. 1.67**).

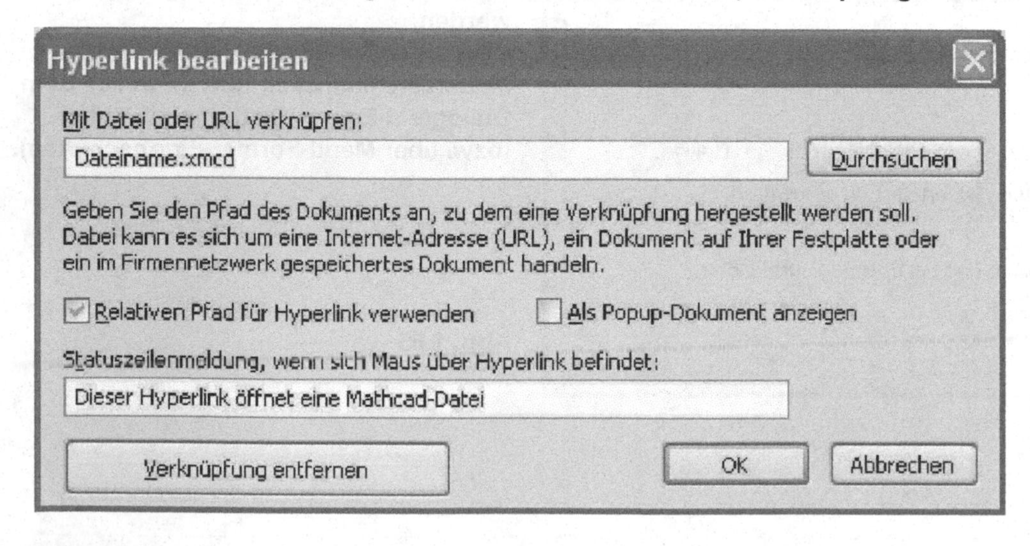

Abb. 1.67

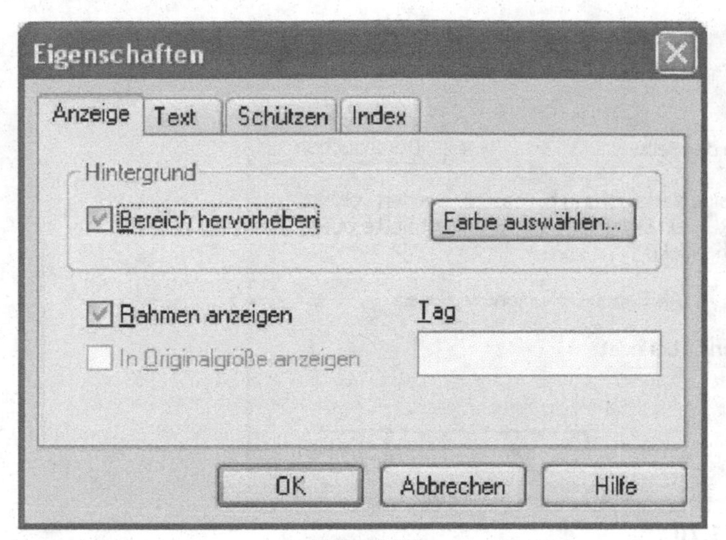

Abb. 1.68

Ein **Farbhintergrund** und ein **Rahmen auf einen Hyperlinktext** kann über das **Kontextmenü** (Eigenschaften siehe Abb. 1.68) mit **rechter Maustaste** auf den Bereich bzw. mit **Menü-Format-Eigenschaften** gewählt werden.

Mithilfe von Bereichs-Tags besteht auch die Möglichkeit, Hyperlinks zu bestimmten Bereichen von Arbeitsblättern zu erstellen. So kann ein Hyperlink, mit dem auf einen bestimmten Bereich in einem Arbeitsblatt verwiesen wird, z. B. wie folgt aussehen:

Am **Ende einer Seite** eines Arbeitsblattes wird auf einen **Text "Ende der Seite"** ein **Bereichs-Tag** gesetzt:

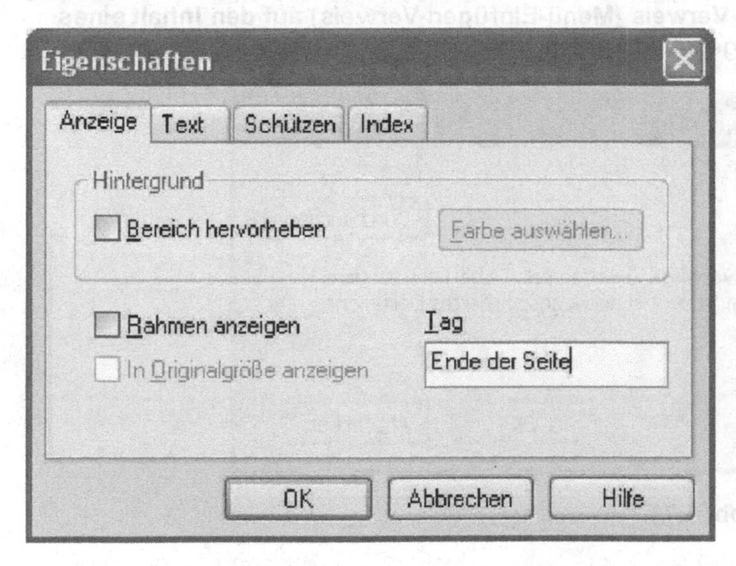

Abb. 1.69

Mit der rechten Maustaste auf den markierten Text erhalten Sie das bereits bekannte Kontextmenü Eigenschaften. Hier wird z. B. der Bereichs-Tag "Ende der Seite" eingegeben. Ein Tag kann aus mehreren Worten, Zahlen oder Leerzeichen bestehen, jedoch nicht aus Symbolen! Ein Tag darf keinen Trennungspunkt in einem Text enthalten!

Am **Seitenanfang** wird nun z. B. auf einen Text <u>**Seitenende**</u> ein **Hyperlink** gesetzt. **Nach dem Dateinamen** ist nach **Eingabe einer Raute** der **Tag "Ende der Seite" (Abb. 1.70)** einzugeben. Wenn Sie sich **innerhalb eines einzelnen Arbeitsblattes** befinden, ist **keine Pfadangabe** erforderlich. Es können natürlich auch **verschiedene Bereichs-Tags für verschiedene Abschnitte** in einem Dokument festgelegt werden. Außerdem kann natürlich auch auf **einem Bereichs-Tag in einem anderen Dokument** verwiesen werden.

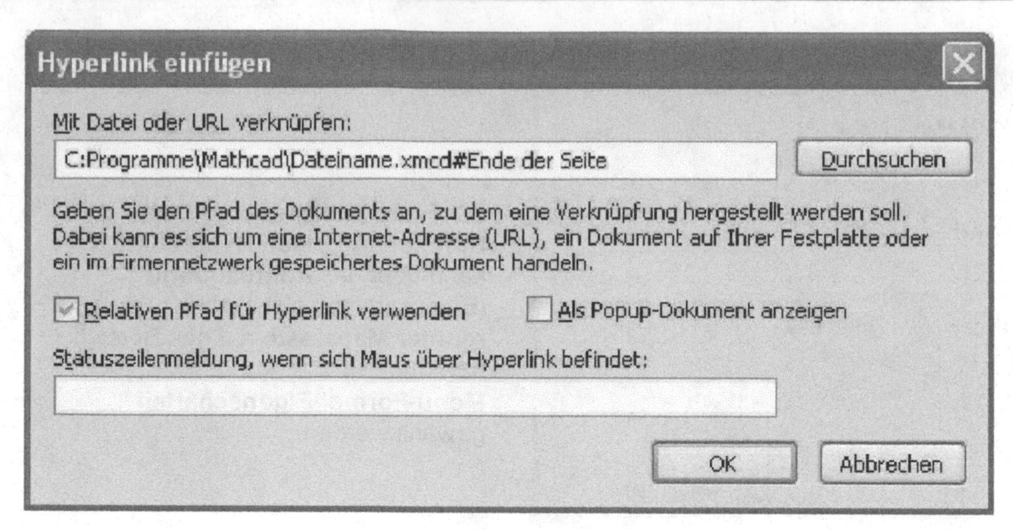

Abb. 1.70

Mit Hyperlinks können schöne Hyperlink-Inhaltsverzeichnisse angelegt werden, die z. B. das Aufinden und Öffnen von Dateien wesentlich erleichtern. So können z. B. alle die zu einem Projekt gehörigen Dateien schnell aufgefunden werden.

1.6.6 Verweis auf eine Datei einfügen

Von **einem Arbeitsblatt** kann durch einen **Verweis** (**Menü-Einfügen-Verweis) auf den Inhalt eines ungeöffneten anderen Arbeitsblattes** zugegriffen werden.

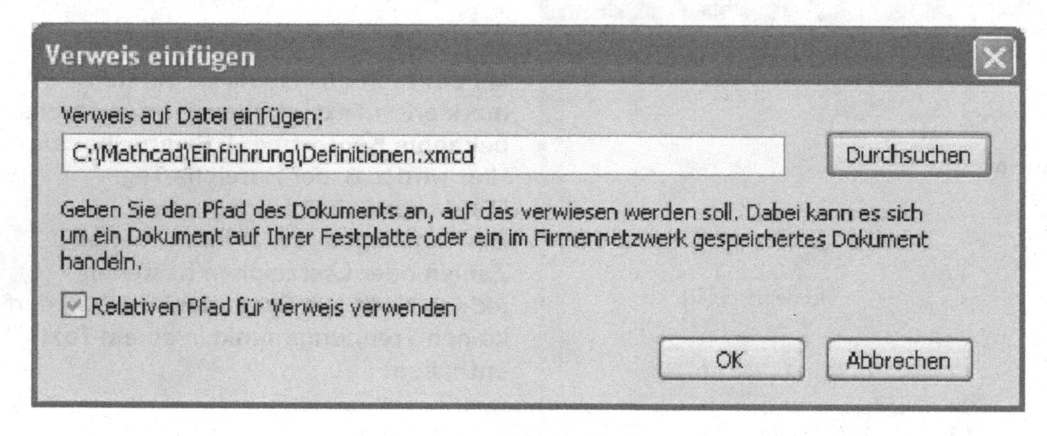

Abb. 1.71

Verweis:C:\Mathcad\Einführung\Definitionen.xmcd(R)

Die **Datei Definitionen.xmcd** kann durch einen **Doppelklick auf den Verweis (wie ein Hyperlink) geöffnet** werden. **Nach diesem Verweis** kann nun **auf gespeicherte Funktionen etc.** im **Arbeitsblatt Definitionen.xmcd direkt zugegriffen werden.**
Durch einen Klick mit der **rechten Maustaste** auf den **Verweis** kann über das **Dialogfeld-Eigenschaften** das **Eigenschaftsfenster** geöffnet und im **Registerblatt-Verweis** der **Pfad auf eine andere Datei** geändert werden.

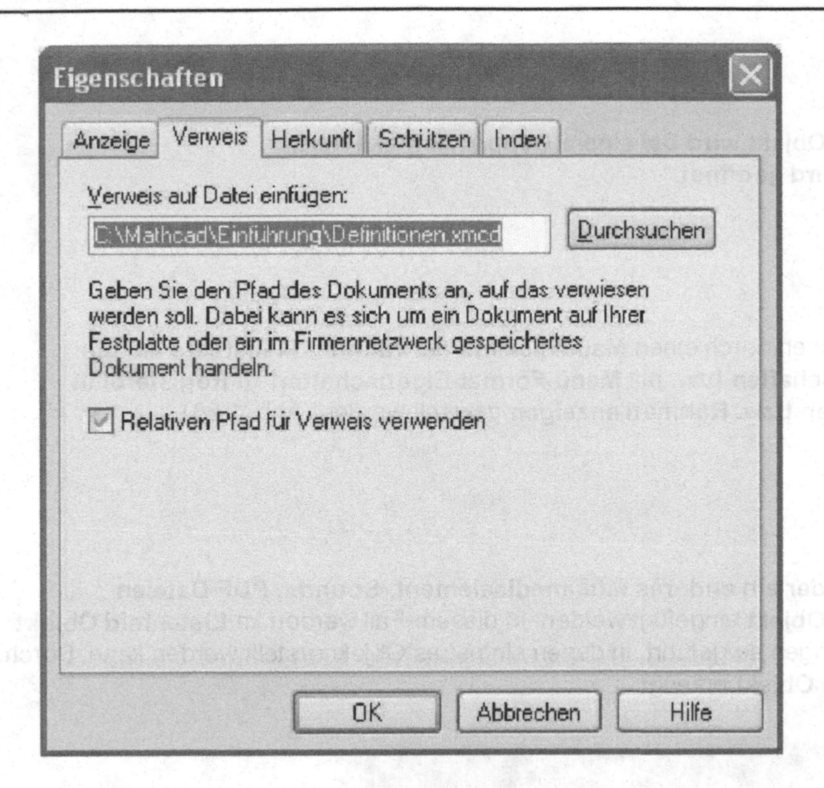

Abb. 1.72

1.6.7 Komponente einfügen

Eine Komponente kann über **Menü-Einfügen-Komponente oder Dialogfeld-Einfügen-Komponente (rechte Maustaste) oder mit dem "Komponente einfügen-Symbol in der Symbolleiste**  eingefügt werden.

Hier können verschiedene Schnittstellen zu installierten Softwareprodukten bzw. Dateien hergestellt werden. Näheres siehe dazu Kapitel 19.

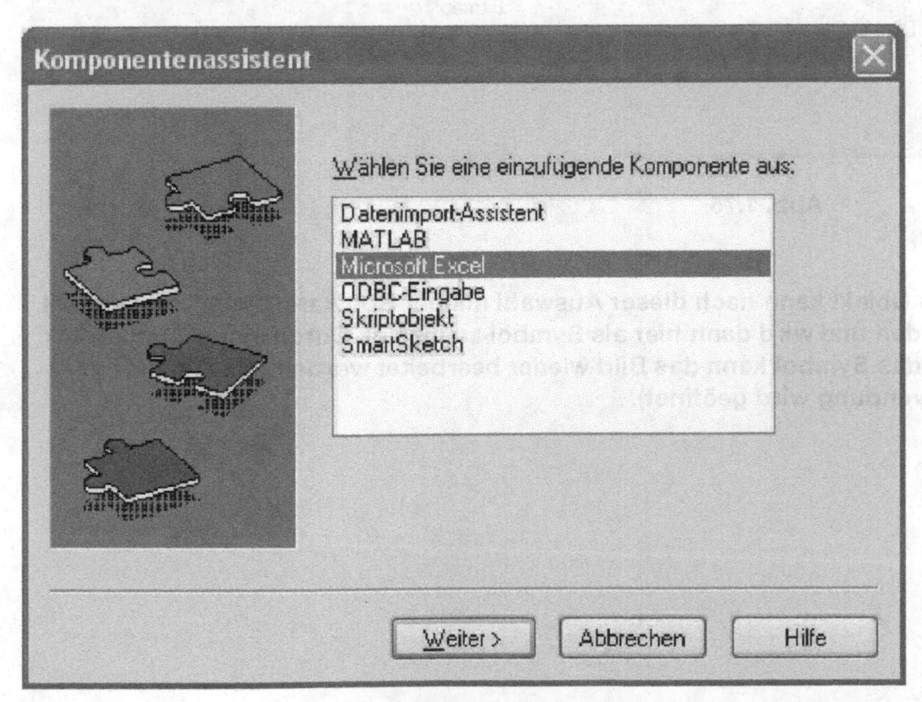

Abb. 1.73

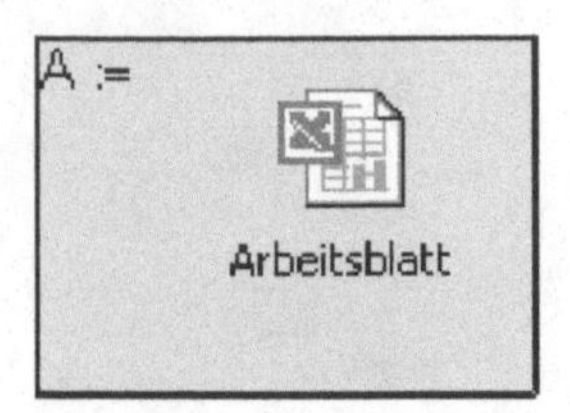

Dieses Objekt wird bei einem Doppelklick aktiviert. Excel wird geöffnet.

Abb. 1.74

Farbhintergrund und Rahmen können durch einen **Mausklick mit der rechten Maustaste auf ein Objekt** über das **Dialogfeld-Eigenschaften** bzw. mit **Menü-Format-Eigenschaften** im **Registerblatt Anzeige** durch **Bereich hervorheben bzw. Rahmen anzeigen** gewählt werden (Abb. 1.68).

1.6.8 Objekt einfügen

Ein **Objekt (Grafik, Filmsequenz oder ein anderes Multimediaelement, Sounds, PDF-Dateien u.a.m.)** kann über **Menü-Einfügen-Objekt** eingefügt werden. In diesem Fall werden im **Listenfeld Objekt einfügen** die verfügbaren Anwendungen aufgeführt, in denen ein neues Objekt erstellt werden kann. Durch diese Option wird ein **eingebettetes Objekt** erzeugt.

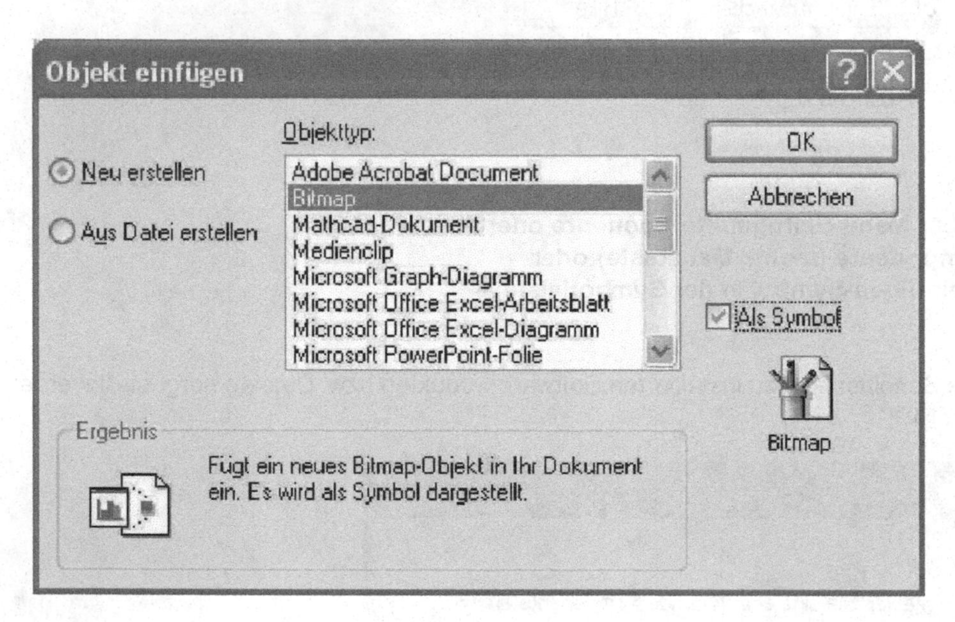

Die angezeigten Objekte sind abhängig von der am Computer installierten Software.

Abb. 1.75

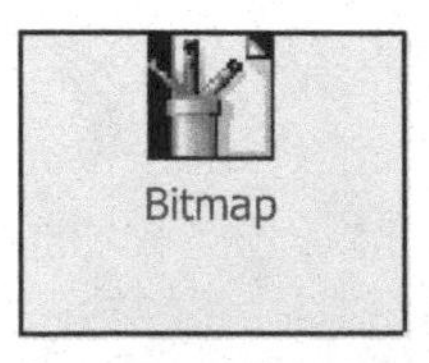

Das Objekt kann nach dieser Auswahl mit der Software "Paint" neu erstellt werden und wird dann hier als Symbol angezeigt. Durch einen Doppelklick auf das Symbol kann das Bild wieder bearbeitet werden (die zugehörige Anwendung wird geöffnet).

Abb. 1.76

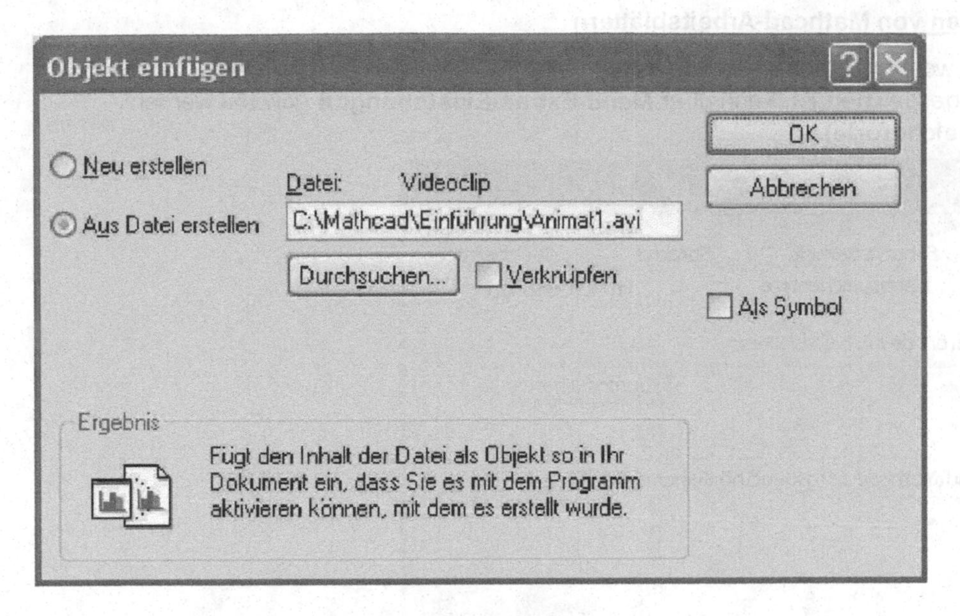

Abb. 1.77

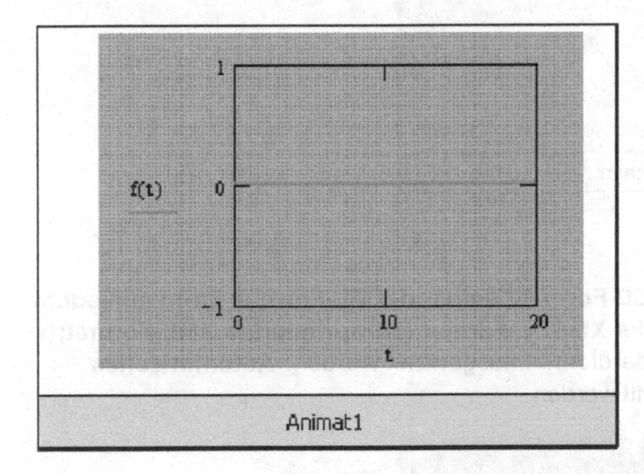

Durch einen Doppelklick wird hier der Video-Player inplace aktiviert.

Abb. 1.78

Bemerkung:
Bereiche aus Mathcad können, im Gegensatz zum einfachen kopieren über die Zwischenablage, als Mathcad Objekt in andere Anwendungen eingefügt werden. In Word können z.B. über Menü-Bearbeiten, Inhalte einfügen und Mathcad-Dokument-Objekt beliebige Mathcad Bereiche mit allen Mathcad Eigenschaften eingebettet werden. Nach einen Doppelklick auf das Objekt ändern sich die Menüleisten, und die Mathcad-Bereiche könne dann innerhalb der anderen Anwendung bearbeitet werden.

1.6.9 Speichern und schützen von Mathcad-Arbeitsblättern

Die **Dateispeicherorte**, wo ein Mathcad-Arbeitsblatt standardmäßig gespeichert werden soll bzw. die eigene HTML-Seite gespeichert ist, kann über **Menü-Extras-Einstellungen** gewählt werden (**Registerkarte Dateispeicherorte**).

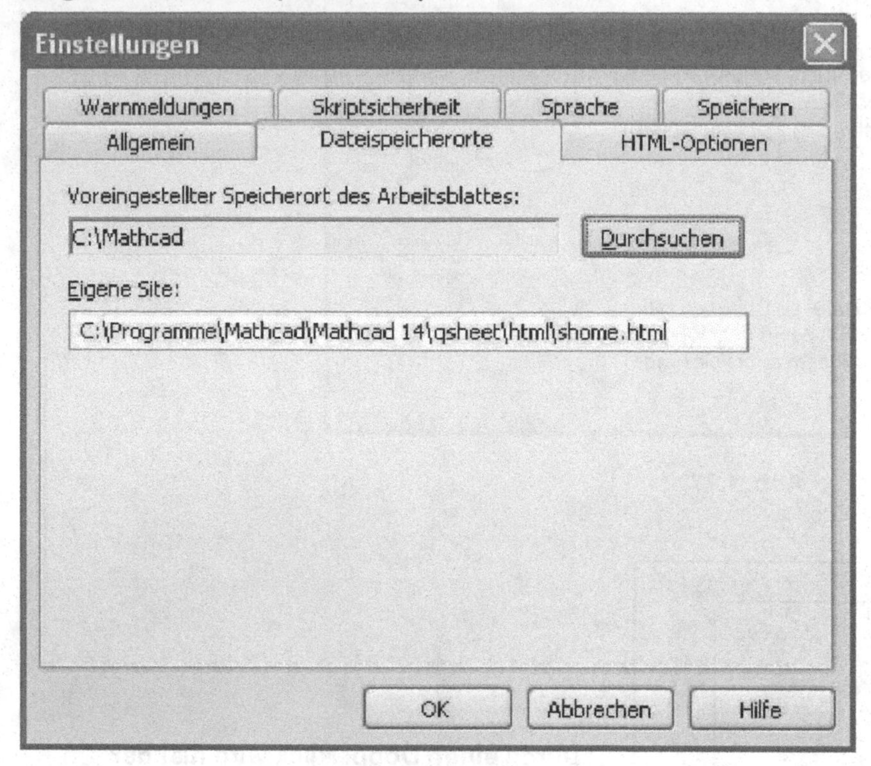

Abb. 1.79

Auf der **Registerkarte Speichern** können das **XMCD-Format (Mathcad-XML-Format; kann mit jedem Text-Editor oder XML-Editor gelesen werden)** oder **XMCDZ-Format (komprimiertes XML-Format; kann nur mit Mathcad gelesen werden)** als Standardformat ausgewählt werden. **Automatisches Speichern** einer Datei kann ebenfalls hier eingestellt werden.

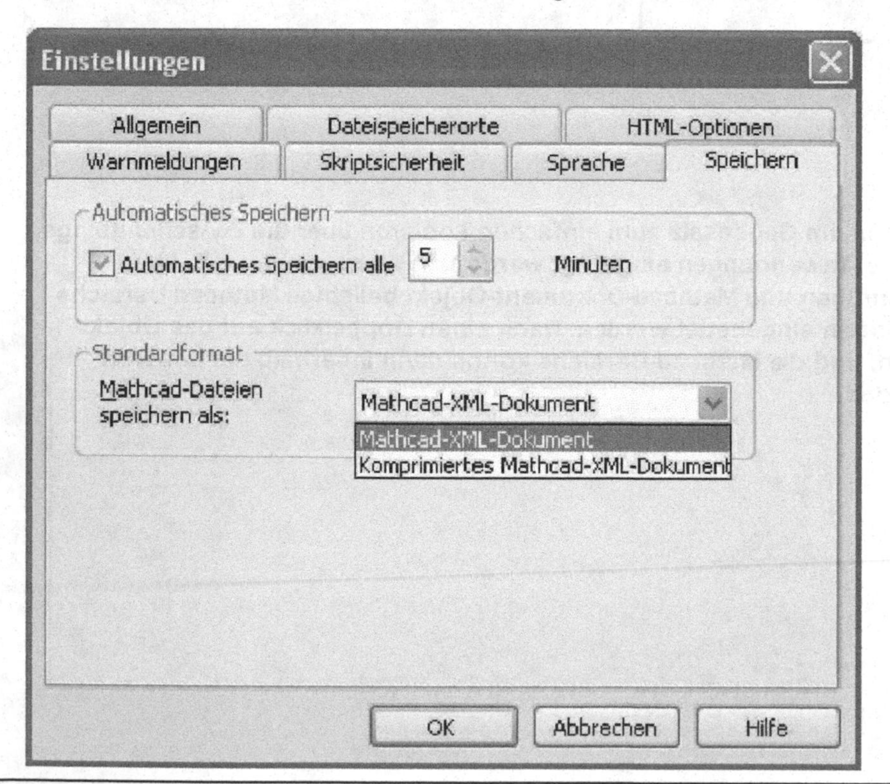

Abb. 1.80

Ein **Mathcad-Arbeitsblatt** wird über **Menü-Datei-Speichern** oder über das **Diskettensymbol** in der **Symbolleiste** in der in Abb.1.80 gezeigten Form gespeichert.

Wählen Sie dagegen **Menü-Datei-Speichern unter**, so ergeben sich nach **Auswahl von Dateityp verschiedene Speichermöglichkeiten**:

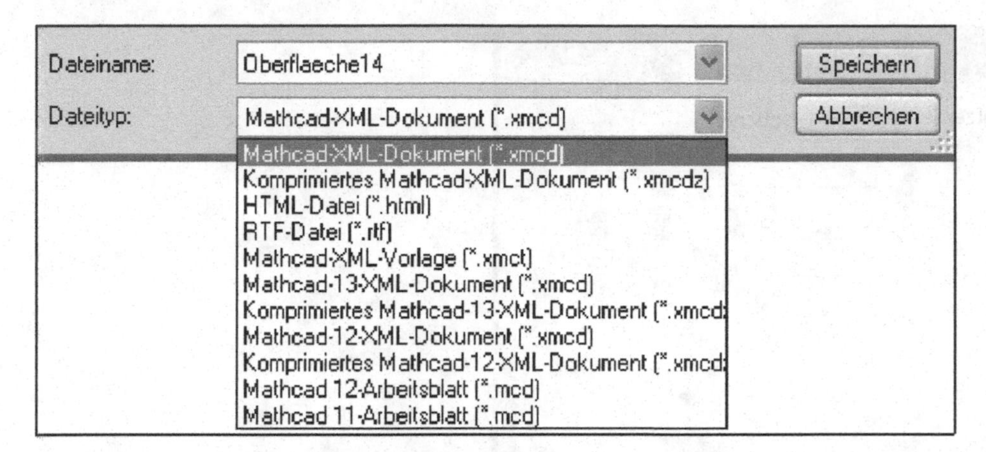

Abb. 1.81

Zusammengefasste- und Benutzerdefinierte-Dateieigenschaften sowie XML-Optionen können zusätzlich über Menü-Datei-Eigenschaften in den Registerblättern angegeben werden:

Diese Informationen werden von Mathcad automatisch gesteuert und im Dialogfeld angezeigt.

Abb. 1.82

Über die **Registerkarte Benutzerdefiniert** können Sie Ihre eigenen benutzerdefinierten Metadaten von Dokumenten festlegen. Geben Sie einen Namen (z. B. Einführung in Mathcad) für Ihre Metadaten ein, oder wählen Sie einen Standardnamen aus. Legen Sie den Typ fest, und geben Sie einen entsprechenden Wert ein. Klicken Sie anschließend auf Hinzufügen, um den Eintrag zu speichern. Die gespeicherten Metadaten werden in einer Liste mit Bildlaufleiste in der unteren Hälfte des Dialogfelds angezeigt.

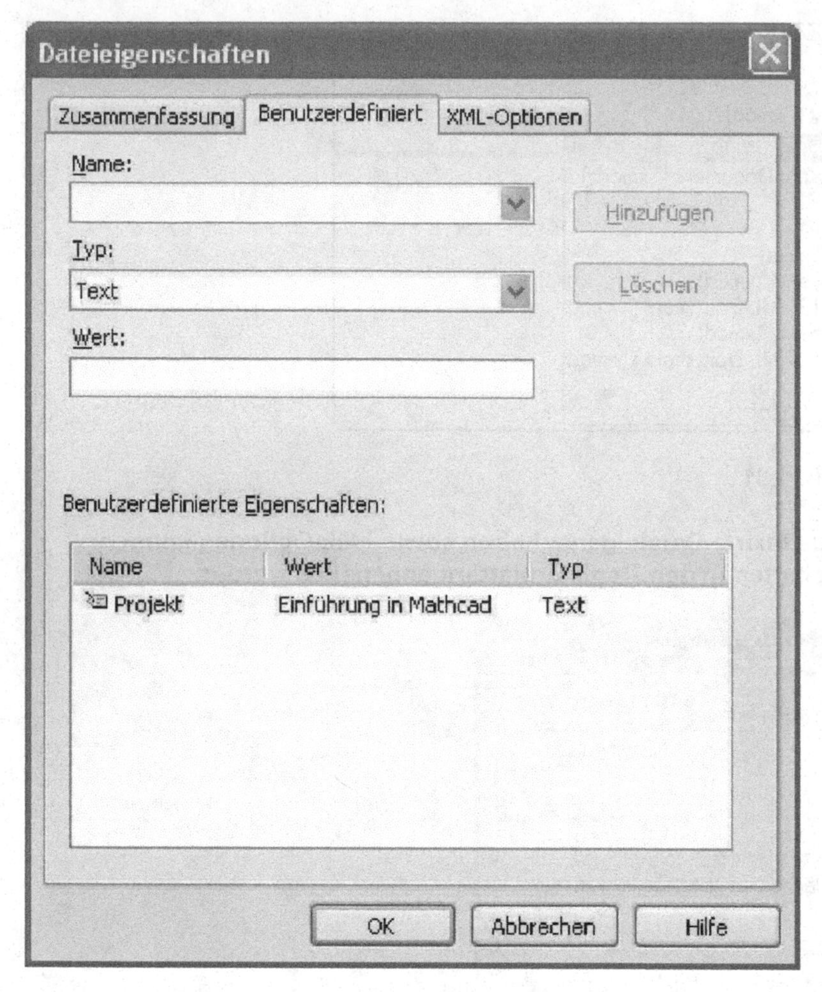

Abb. 1.83

Die Dateigröße kann, wie bereits oben angeführt, reduziert werden, indem das **reduzierte Dateiformat XMCDZ** gewählt wird.
Optionen der **Registerkarte XML-Optionen** haben nur Auswirkungen auf Arbeitsblätter, die als XML-Dokumente gespeichert werden.
In dieser Registerkarte können Sie zur Reduktion der Dateigröße ebenfalls Einstellungen vornehmen:

- Ist **"Große Auswertungsergebnisse nicht speichern"** aktiviert, so kann die Speichergröße von Arbeitsblättern reduziert werden.
- Sie können aber auch die Größe der Bilder verringern, indem Sie unter **"Renderoptionen für Bildbereich"** die Option "JPEG-Format" wählen und dadurch die Bildqualität verringern. Bei einer zu starken Verringerung wird das Bild aber verfälscht.

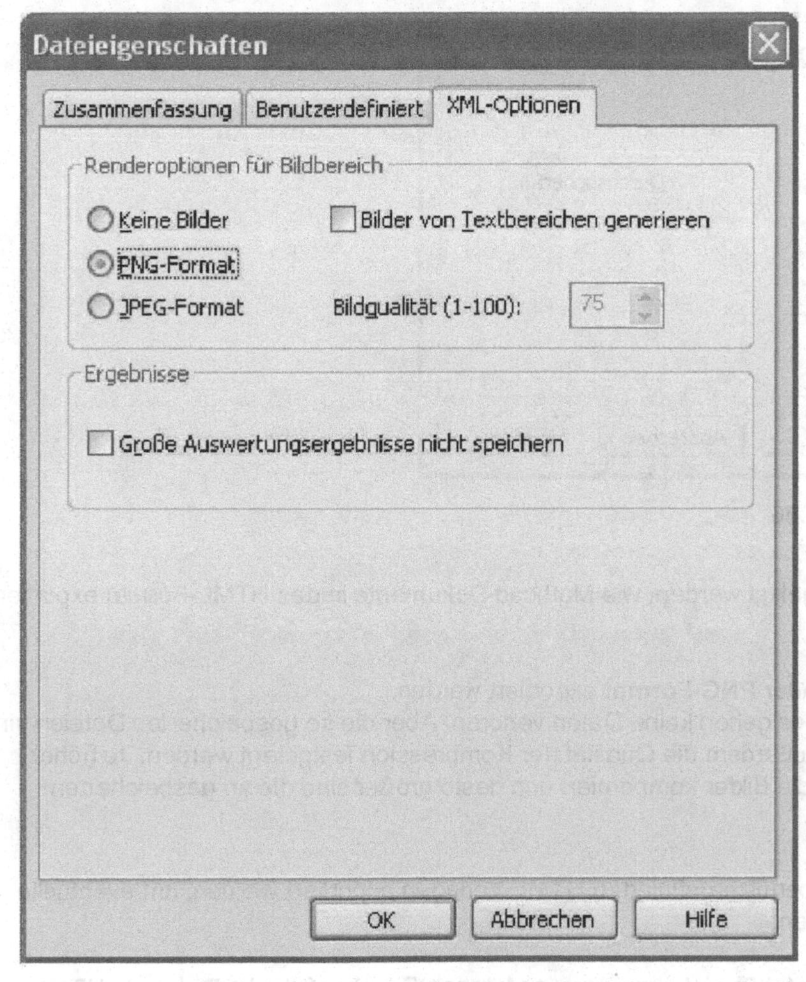

Abb. 1.84

Über Menü-Datei kann ein Mathcad-Arbeitsblatt auch direkt als Webseite gespeichert werden:

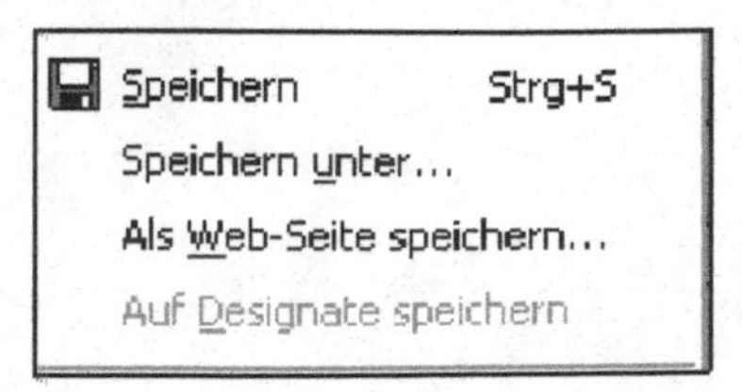

Abb. 1.85

Vor der **Speicherung als Webseite** sollen die **Einstellungen, Menü-Extras-Einstellungen, im Registerblatt HTML-Optionen** überprüft werden:

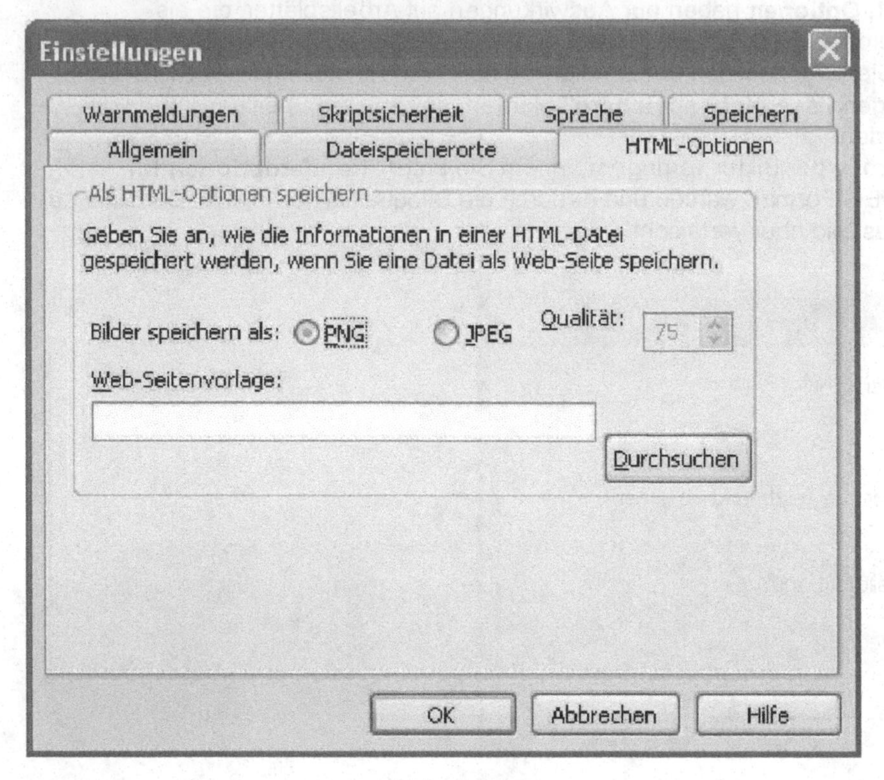

Abb. 1.86

Mithilfe dieser Registerkarte kann festgelegt werden, wie Mathcad-Dokumente in das HTML-Format exportiert werden sollen:

Bilder speichern als:

Grafiken können entweder im **JPEG- oder PNG-Format** exportiert werden.

PNG ist ein verlustfreies Format, d. h., es gehen keine Daten verloren. Aber die so gespeicherten Dateien sind größer. Bei Auswahl von **JPEG** kann außerdem die Qualität der Kompression festgelegt werden. Je höher dieser Wert ist, desto weniger werden die Bilder komprimiert und desto größer sind die so gespeicherten Bilddateien.

Webseiten-Vorlage:

Die Arbeitsblätter können mithilfe von benutzerdefinierten HTML-Vorlagen exportiert werden, um eventuelle Formatanforderungen erfüllen zu können.

Speichern Sie die **Datei über Menü-Datei Speichern unter**, so können Sie ebenfalls die **Datei als HTML-**Datei speichern (Abb. 1.81).

Schutz eines Arbeitsblattes:
Anstatt einen Bereich lediglich zu sperren, kann auch das ganze Arbeitsblatt geschützt werden. Wenn der Dateischutz aktiviert ist, kann das Arbeitsblatt nur in einem der folgenden Formate gespeichert werden: Reine Binärformate XMCDZ-Dateien Mathcad 14 oder MCD-Dateien Mathcad 11 und Ausgabeformate RTF und HTML.

Menü-Extras-Arbeitsblatt schützen:

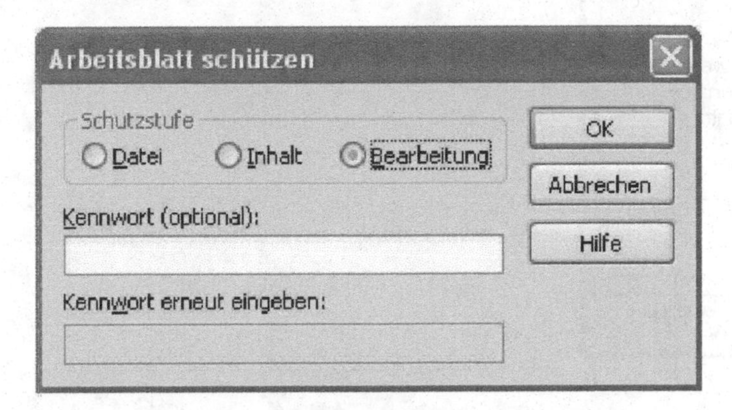

Abb. 1.87

Zum Schutz eines Arbeitsblattes stehen drei Sicherheitsebenen zur Verfügung:
Datei
Bei aktiviertem Dateischutz können Sie nur den Inhalt eines Arbeitsblattes in Mathcad ändern. In einem Arbeitsblatt ohne Einschränkungen können Sie Bereiche erstellen, bearbeiten und löschen.
Inhalt
Zusätzlich zu den bereits unter **Datei** aufgeführten Einschränkungen können vorhandene Bereiche nicht geändert werden. Es ist möglich, neue Bereiche zu erstellen und geschützte Bereiche zu kopieren. Dies ist die beste Einstellung, um ein Arbeitsblatt zu schützen.
Bearbeiten
Zusätzlich zu den bereits unter **Datei** und **Inhalt** aufgeführten Einschränkungen können geschützte Bereiche nicht bearbeitet oder kopiert werden. Im Arbeitsblatt können keine neuen Bereiche angelegt werden.
Kennwort
Die Eingabe eines Kennworts ist optional. **Vergessen Sie niemals das Kennwort, falls Sie eines benützen!**

In einem geschützten Arbeitsblatt ist es nicht möglich, geschützte Regionen zu erweitern, auszublenden oder zu sperren.
Ist ein Arbeitsblatt auf Inhaltsebene geschützt, müssen Sie zunächst den Schutz des Arbeitsblattes aufheben, um neu hinzugefügte Bereiche als geschützt kennzeichnen zu können.

Ebenso kann ein markierter Bereich geschützt werden. Kontextmenü-Eigenschaften, Registerblatt-Schützen (mit rechter Maustaste):

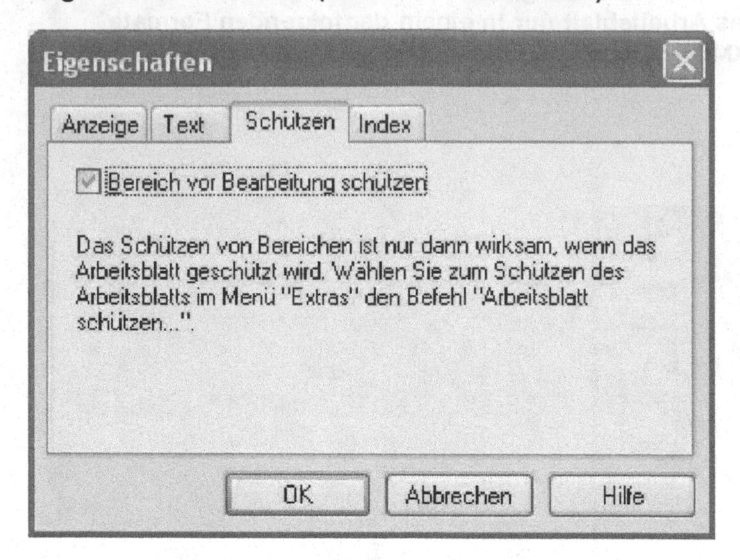

Abb. 1.88

Sobald das **Arbeitsblatt auf Inhalts- oder Bearbeitungsebene geschützt** ist, können Bereiche, für die dieses Kontrollkästchen markiert ist (Abb. 1.88), nicht mehr bearbeitet werden.

1.7 Allgemeine Hinweise

Automatische Berechnung einer Mathcad-Datei:

Nach dem **Öffnen eines Mathcad-Dokuments** wird zuerst **keine neue Berechnung** durchgeführt. Erst wenn wir im Dokument den Cursor oder die Laufleiste hinunterbewegen, wird der gerade angezeigte Bereich neu berechnet.
Wenn im **Menü-Extras-Berechnen "Automatische Berechnung"** aktiviert ist (dies wird in der **Statuszeile** durch **Autom.** angezeigt - Abb 1.1), so wird bei einer **Änderung eines Mathematik Ausdrucks** sofort eine **Neuberechnung des angezteigten Fensters** durchgeführt.

Ist die **"Automatische Berechnung" nicht aktiviert**, so erscheint in der **Statuszeile** der Hinweis **Rechner F9**. Dies bedeutet, dass bei gedrückter Taste **<F9>** (oder dem **= Symbol** in der **Symbolleiste**) eine **Neuberechnung des angezeigten Fensters** durchgeführt wird.

Bei gedrückten Tasten **<Strg>+<F9>** wird **das gesamte Arbeitsblatt neu berechnet**.

Die Tasten **<Strg>+<Ende>** stellen den Cursor an das **Ende des Arbeitsblattes**. Ist dabei die **"Automatische Berechnung" aktiviert,** so wird sofort eine **Neuberechnung des Arbeitsblattes** durchgeführt.

Vor dem **Drucken eines Dokuments** sollte in jedem Falle die **"Automatische Berechnung"** aktiviert sein!

Eine **zeitaufwendige Berechnung eines Mathematischen Ausdrucks** kann im Arbeitsblatt **jederzeit** mit der **Taste <ESC> unterbrochen** werden. In diesem Fall kennzeichnet Mathcad den Ausdruck mit einer Fehlermeldung. Um den gekennzeichneten Ausdruck neu zu berechnen, setzen Sie den Cursor auf den Ausdruck und drücken die Taste **<F9>** (oder das **= Symbol** in der **Symbolleiste**). Siehe dazu auch **Menü-Extras-Berechnen. Mit der Taste <ESC> kann nicht nur die Berechnung eines Arbeitsblattes unterbrochen werden, sondern auch das Speichern, Drucken und die Druckvorschau abgebrochen werden.**

Globale Einstellungen in Mathcad:

Eine Reihe von globalen Einstellungen können im **Dialogfeld Menü-Extras-Einstellungen** in den verschiedenen Registerblättern vorgenommen werden:

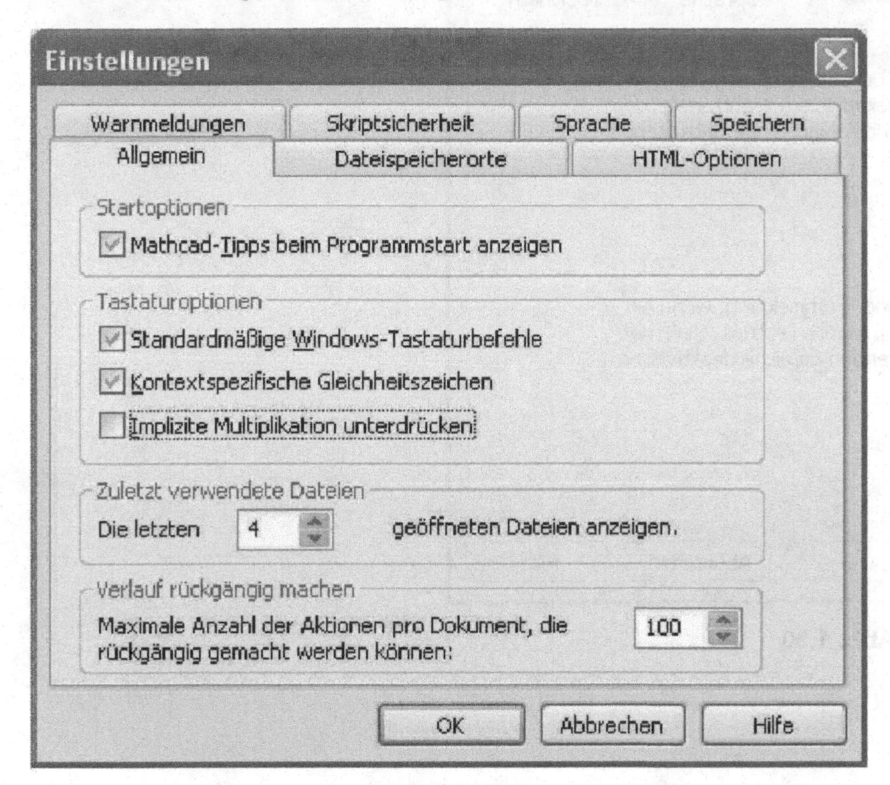

Abb. 1.89

Registerblatt Allgemein:

Startoptionen:

- Bei einer Aktivierung wird beim Programmstart von Mathcad ein Hinweisfenster angezeigt.

Tastaturoptionen:

- Die Windows Tastaturbefehle sollten immer aktiviert sein, außer es werden die Mathcad eigenen Tastaturbefehle bevorzugt.
- Ermöglicht das Einfügen des Auswertungsgleichheitszeichens über die **Taste < = >**, wenn sich der Cursor hinter einer definierten Variablen befindet, bzw. das Einfügen eines Definitionssymbols (:=), wenn sich der Cursor hinter einer nicht definierten Variable befindet.
- Deaktiviert das automatische Einfügen eines unsichtbaren Multiplikationszeichens zwischen Zahlen und Buchstaben.

Zuletzt verwendete Dateien:

- Bestimmt, wie viele der zuletzt geöffneten Arbeitsblätter im **Menü-Datei** angezeigt werden.

Verlauf rückgängig machen:

- Bestimmt, wie viele Aktionen Sie rückgängig machen können. Zulässig ist jede beliebige Zahl zwischen 20 und 200, der Standardwert ist 100. Je höher die Zahl, desto mehr System-Speicher wird benötigt!

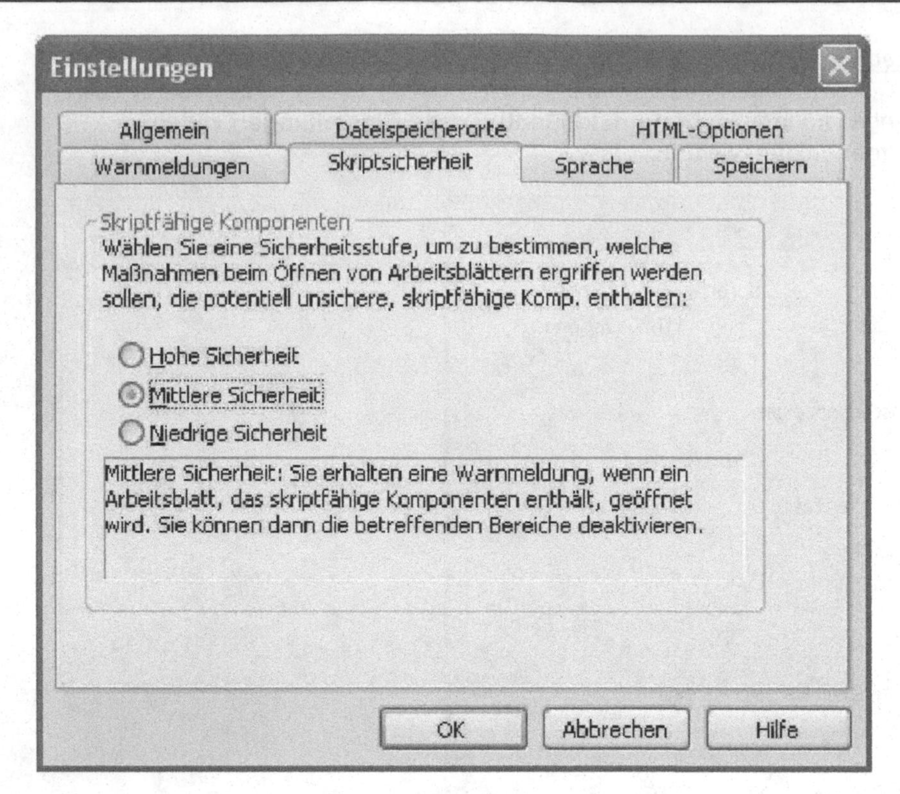

Abb. 1.90

Registerblatt Skriptsicherheit:

Mithilfe der Registerkarte Skriptsicherheit können Sie festlegen, wie in Mathcad skriptfähige Komponenten behandelt werden sollen. Skriptfähige Komponenten können zur Steuerung der Interaktion zwischen Mathcad und der zugrunde liegenden Anwendung verwendet werden. Sie werden mit einer Skriptsprache, wie z. B. VBScript oder JScript, programmiert und können unter Umständen gefährlichen Code enthalten.

Hohe Sicherheit:

- Deaktiviert automatisch alle skriptfähigen Komponenten im Arbeitsblatt, wenn das Arbeitsblatt geöffnet wird. Wenn Sie eine Komponente aktivieren bzw. wieder deaktivieren möchten, klicken Sie mit der rechten Maustaste auf die Komponente und wählen Sie dann Auswertung aktivieren.

Mittlere Sicherheit:

- Sie werden beim Öffnen von Arbeitsblättern, die eine skriptfähige Komponente enthalten, gefragt, ob die skriptfähigen Komponenten deaktiviert werden sollen. Durch **Klicken auf Ja** werden alle skriptfähigen Komponenten im Arbeitsblatt **deaktiviert**. Mit **Nein** werden **Sie nicht deaktiviert!**

Niedrige Sicherheit:

- Öffnet das Arbeitsblatt, ohne die skriptfähigen Komponenten zu deaktivieren.

Abb. 1.91

Registerkarte Sprache:

Auf der Registerkarte Sprache wird festgelegt, wie Mathcad Einstellungen bezüglich Sprache und Region behandelt.

Sprache der Benutzeroberfläche:

- Gibt die Sprache für Menüs und Dialogfelder vor.

Mathematische Sprache:

- Gibt die Sprache für Funktionen und Einheiten vor.

Rechtschreibprüfung-Sprache:

- Gibt die Sprache für die Rechtschreibprüfung an. Sie können zwischen verschiedenen Sprachen oder keiner Sprache wählen.

Rechtschreibprüfung-Dialekt:

- Gibt die sprachlichen regionalen Besonderheiten der für die Rechtschreibprüfung vorgegebenen Sprache vor (neue oder alte Deutsche Rechtschreibprüfung).

Dokumentinformationen (Metadaten):

Die **Arbeitsblätter** können, wie bereits erwähnt, im **XML-Format** gespeichert werden. Dieses **Datei-Format** ist ein **textbasiertes Format**, das es erlaubt, **Informationen innerhalb einer Mathcad-Datei hinzuzufügen.** Diese Daten werden **Metadaten** genannt und können einem ganzen **Mathcad-Dokument**, einem **Bereich** oder **Teile eines Bereichs (z. B. einzelnen Zahlen) hinzugefügt** werden.

Über **Menü-Datei-Eigenschaften** können Informationen über ein Dokument (Metadaten), z. B. Autor, Organisation usw., eingesehen und bearbeitet werden.

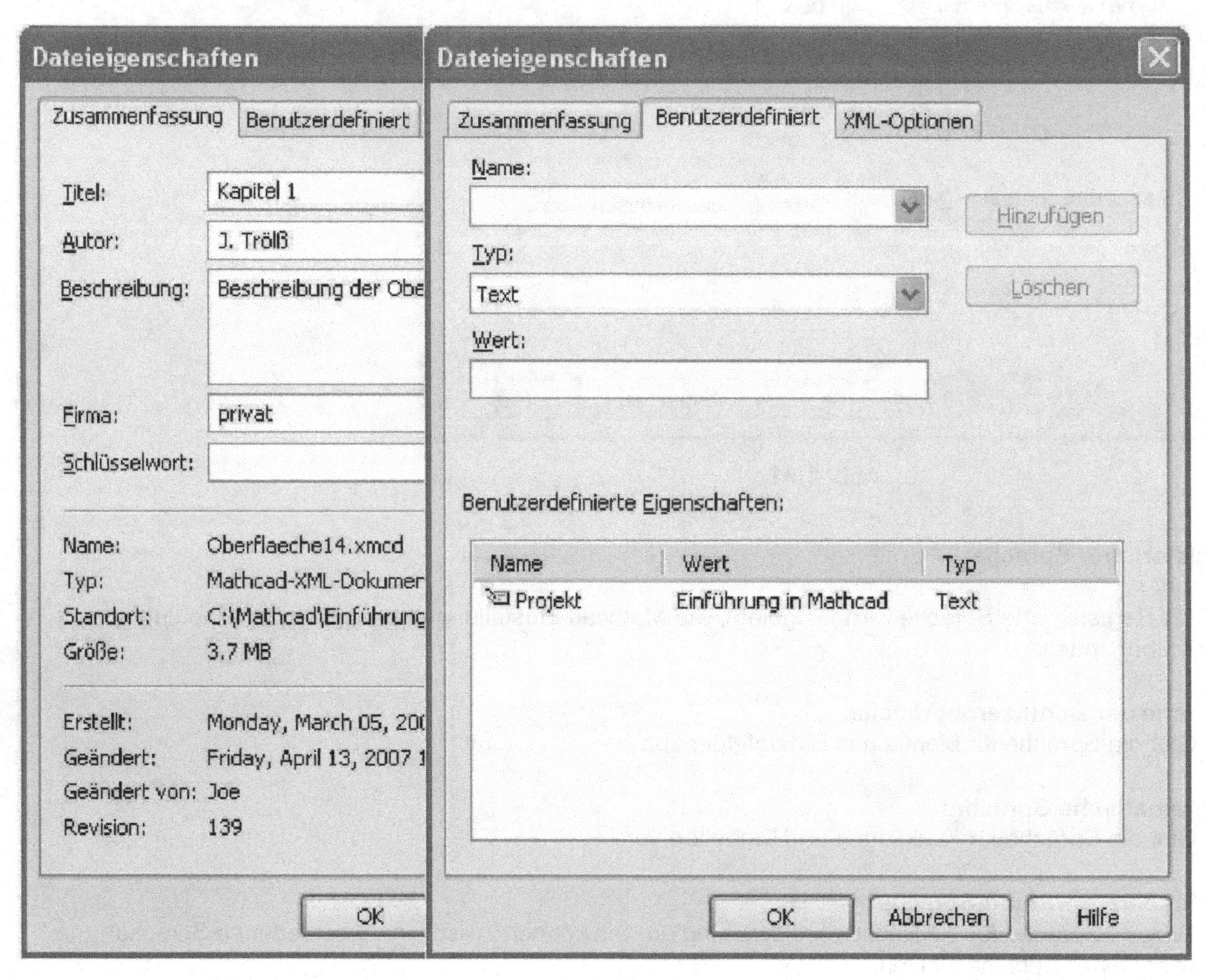

Abb. 1.92

Ist **Menü-Ansicht-Anmerkungen** aktiviert, dann können **Bereiche im Arbeitsblatt** eingesehen werden, die **Anmerkungen (Metadaten)** enthalten. Anmerkungen können erstellt und eingesehen werden, wenn Sie mit der **rechten Maustaste** auf einen **Rechenbereich**, einen **Teilausdruck eines Rechenbereichs**, eine **einzelne Variable** oder **Konstante** klicken und **Anmerkung anzeigen/bearbeiten** wählen.

Abb. 1.93

Abb. 1.94

a := (3)

Wenn **Menü-Ansicht-Anmerkungen** aktiviert ist, weisen **alle Bereiche und Teilausdrücke** mit **Anmerkungen** eine **farbige Klammer** auf. Ist diese Option nicht aktiviert, erscheinen die Klammern nur dann, wenn der Ausdruck ausgewählt ist (z. B. mit linker Maustaste). Die **Farbe der Klammern** kann über **Menü-Format-Farbe-Anmerkung** gewählt werden.

Wenn ein **Bereich von einem Dokument in ein anderes Dokument kopiert wird** (**nicht bei drag & drop!**), fügt die **automatische Nachverfolgung** die **Quellinformationen** und die **Anmerkungen** eines Mathcad-Bereichs automatisch hinzu:

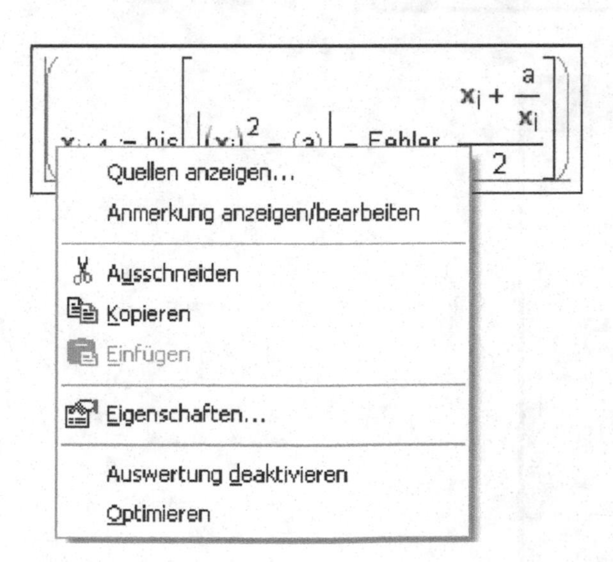

Kopie aus einem anderen Dokument.

Durch Anklicken des kopierten Ausdrucks mit der rechten Maustaste erscheint dieses Kontextmenü.

Abb. 1.95

Mit **Quellen anzeigen** bzw. **Anmerkung anzeigen/bearbeiten** erhalten wir die nachfolgend angegebenen Dialogfenster:

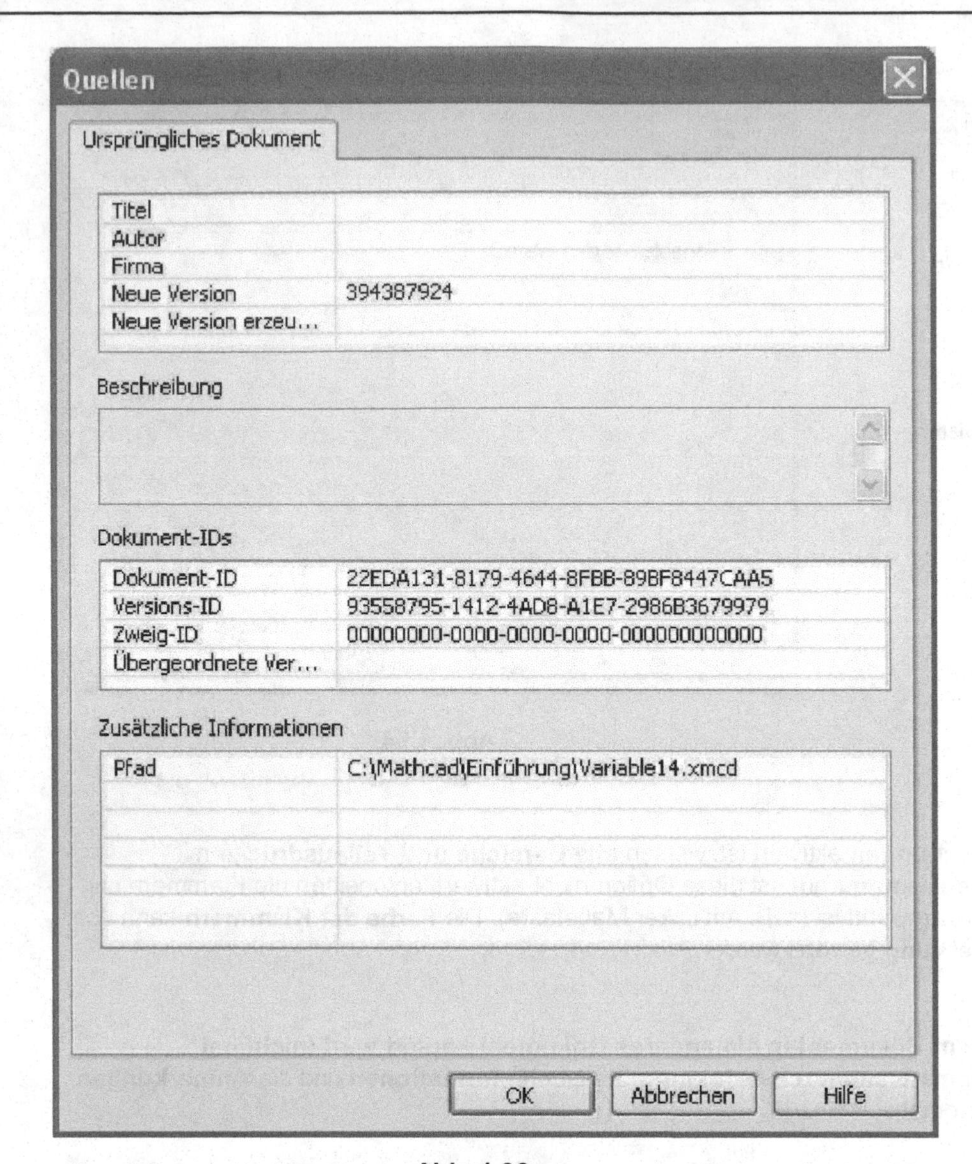

Abb. 1.96

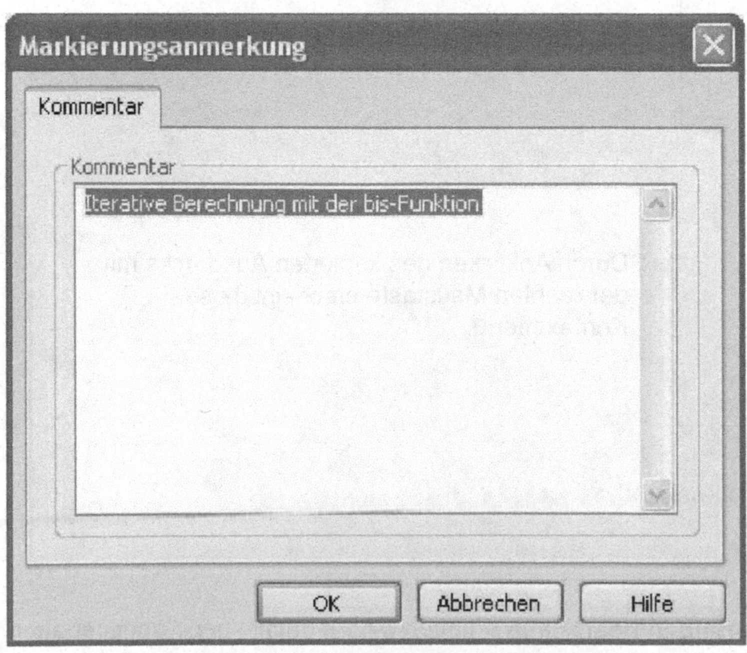

Abb. 1.97

Arbeitsblattanalyse:

Neue Vergleichsfunktionen im Arbeitsblatt ermöglichen es den Anwendern, zwei gespeicherte Arbeitsblätter visuell zu vergleichen und hinzugefügte, geänderte oder entfernte Bereiche schnell zu identifizieren.

Menü-Datei-Vergleichen:
Mathcad nimmt automatisch das geöffnete Arbeitsblatt (falls gespeichert) als das erste Arbeitsblatt.

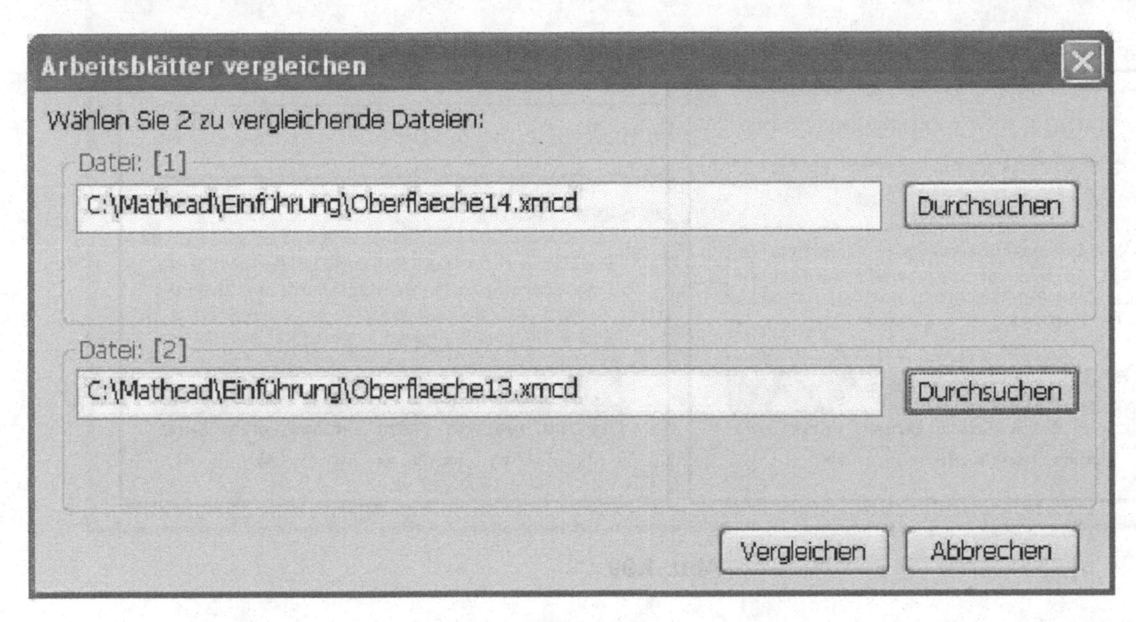

Abb. 1.98

Die Ergebnisse des Vergleichs werden im nachfolgend gezeigten Fenster (Abb. 1.99) angezeigt, wobei die **Änderungen zwischen den Arbeitsblättern durch rechteckige Rahmen** hervorgehoben sind. Die Art des Unterschieds wird durch die **Farbe des Rechtecks** angezeigt:

- Ein **rotes** Rechteck entspricht einer Region, die nur im ersten und nicht im zweiten Arbeitsblatt vorhanden ist.
- Ein **grünes** Rechteck entspricht einer Region, die nur im zweiten und nicht im ersten Arbeitsblatt vorhanden ist.
- Ein **gelbes** Rechteck entspricht einer Region, die in beiden Arbeitsblättern vorhanden ist, aber deren Inhalt sich geändert hat.

Sie können nur zwei Dateien im Vergleichsfenster miteinander vergleichen. Es können aber mehrere Vergleiche nebeneinander durchführt werden.

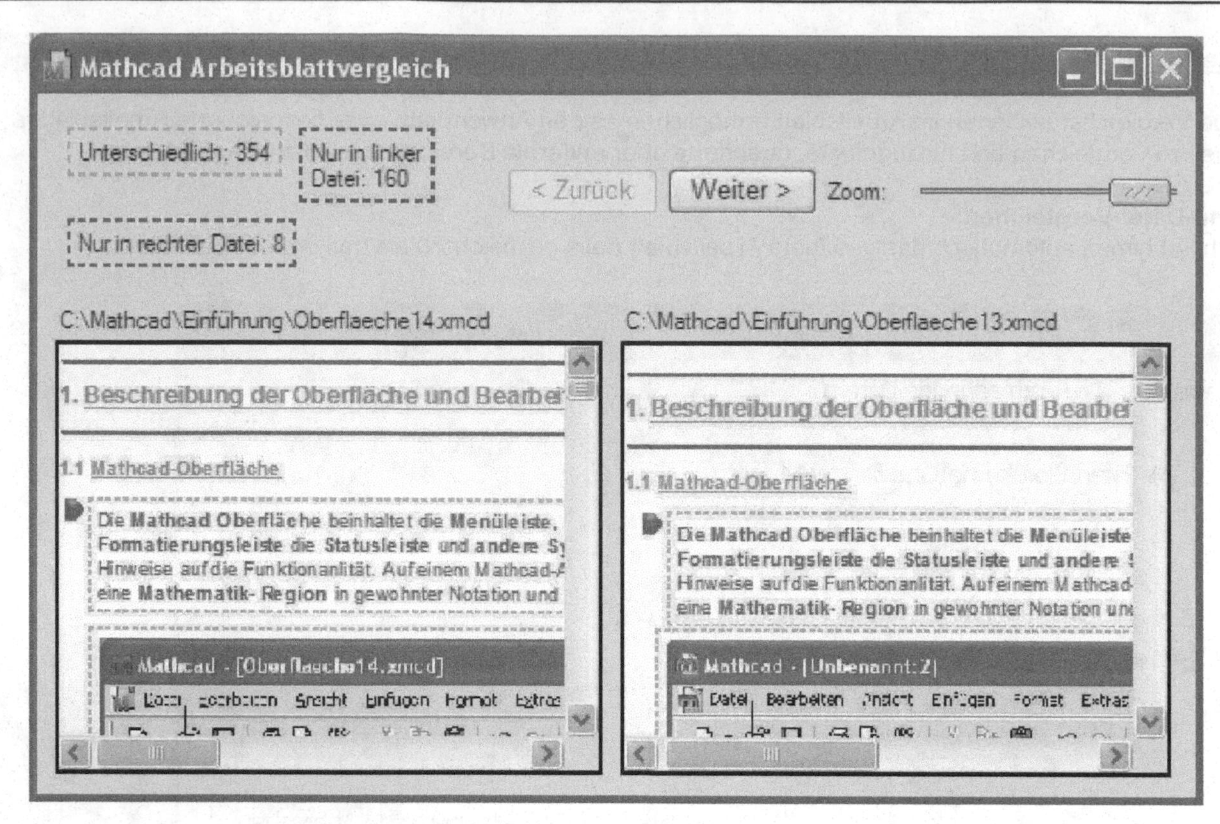

Abb. 1.99

<u>Mathcad-Ressourcen-Center:</u>

Über die **Ressourcen-Symbolleiste** erhalten Sie **zahlreiche Informationen**. Über **"Eigene Site"** und der **Pfeiltaste Go** in der **Ressourcen-Symbolleiste** kann das **Mathcad-Ressourcen-Center** eingeblendet werden (Abb. 1.101). Weiters kann zwischen **Lernprogramme**, **QuickSheets** und **Verweistabellen** sowie aus **elektronischen Büchern** und **Erweiterungspaketen** gewählt werden. Siehe dazu auch **Menü-Hilfe**.

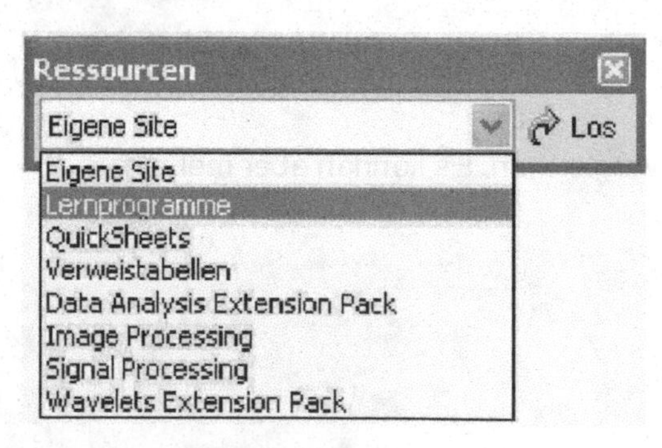

Abb. 1.100

Die "Eigene Site" kann auch im Menü-Extras-Einstellungen, Registerblatt-Dateispeicherorte geändert werden!

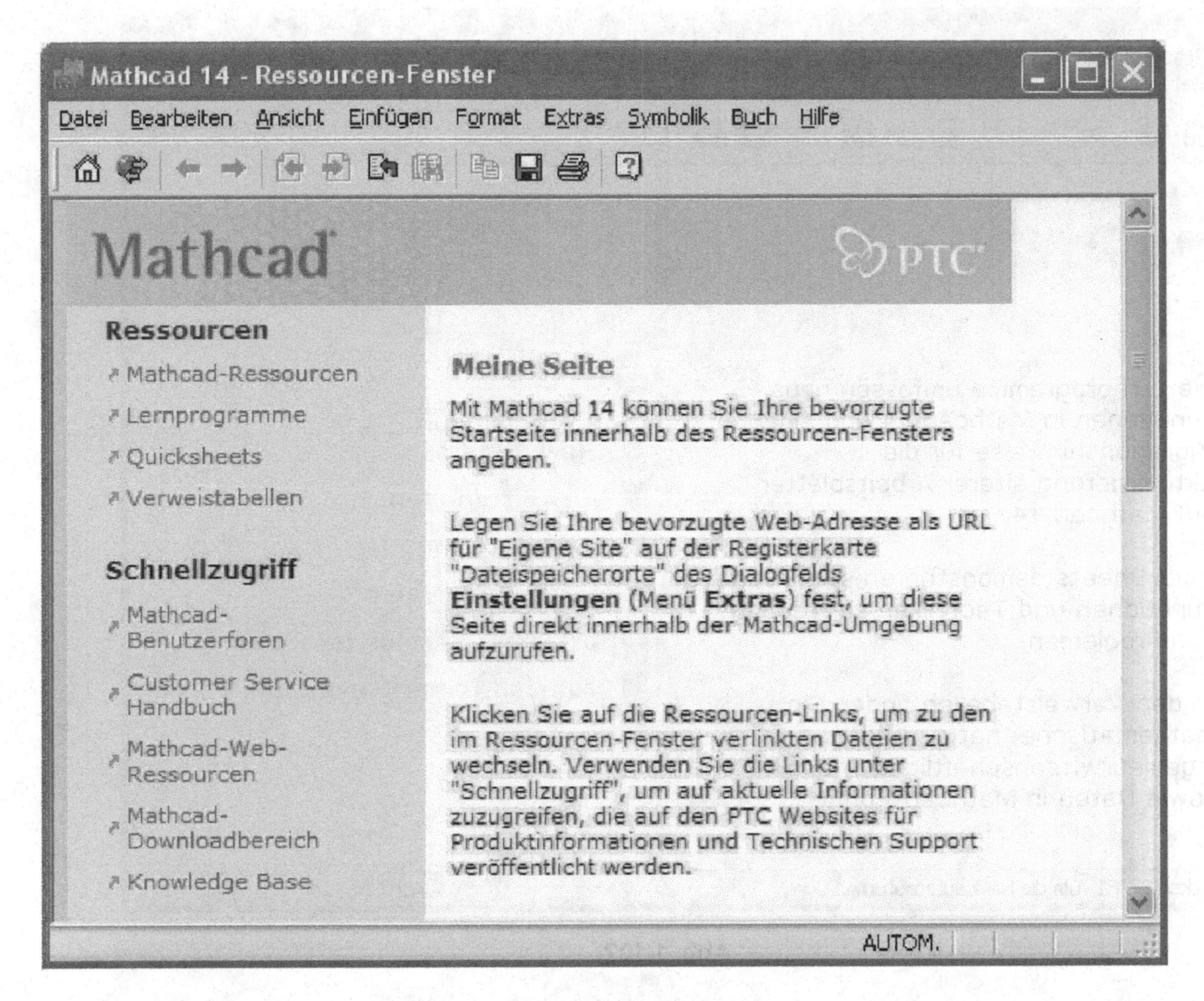

Abb. 1.101

Das **Mathcad-Ressourcen-Center** (Abb. 1.101) stellt ein **elektronisches Buch** dar.
Es handelt sich hier um das Online-Informationszentrum in Mathcad, das über **Ressourcen** einen Zugriff auf **Mathcad-Ressourcen** (Abb. 1.102) eine Reihe von **Lernprogrammen**, **Beispielen (Quicksheets)** und **Verweistabellen** sowie ein **Benutzerhandbuch** (Adobe Acrobat Reader erforderlich), **Versionshinweise**, **Customer Service Handbuch** und **Mathcad Tastenkombinationen** enthält.
Darüber hinaus erhalten Sie über **Schnellzugriff** einen interaktiven **World-Wide-Web-Dienst**, über den Sie Kontakt mit den **Mathcad-Benutzerforen**, einen Zugriff auf das **Customer Service Handbuch**, einen Zugriff auf die **Mathcad-Web-Ressourcen**, einen Zugriff auf den **Mathcad-Downloadbereich** und einen Zugriff auf die **Knowledge Base** erhalten.

Auf den verschiedenen Internetseiten von PTC finden Sie Mathcad-Beispieldateien, mathematisches Referenzmaterial und Hinweise über Produkte für Mathcad und andere Anwendungen.
Für das Web-Browsing in Mathcad benötigen Sie den Microsoft Internet Explorer 6 oder höher. Dieser muss aber nicht der Standard-Browser sein.

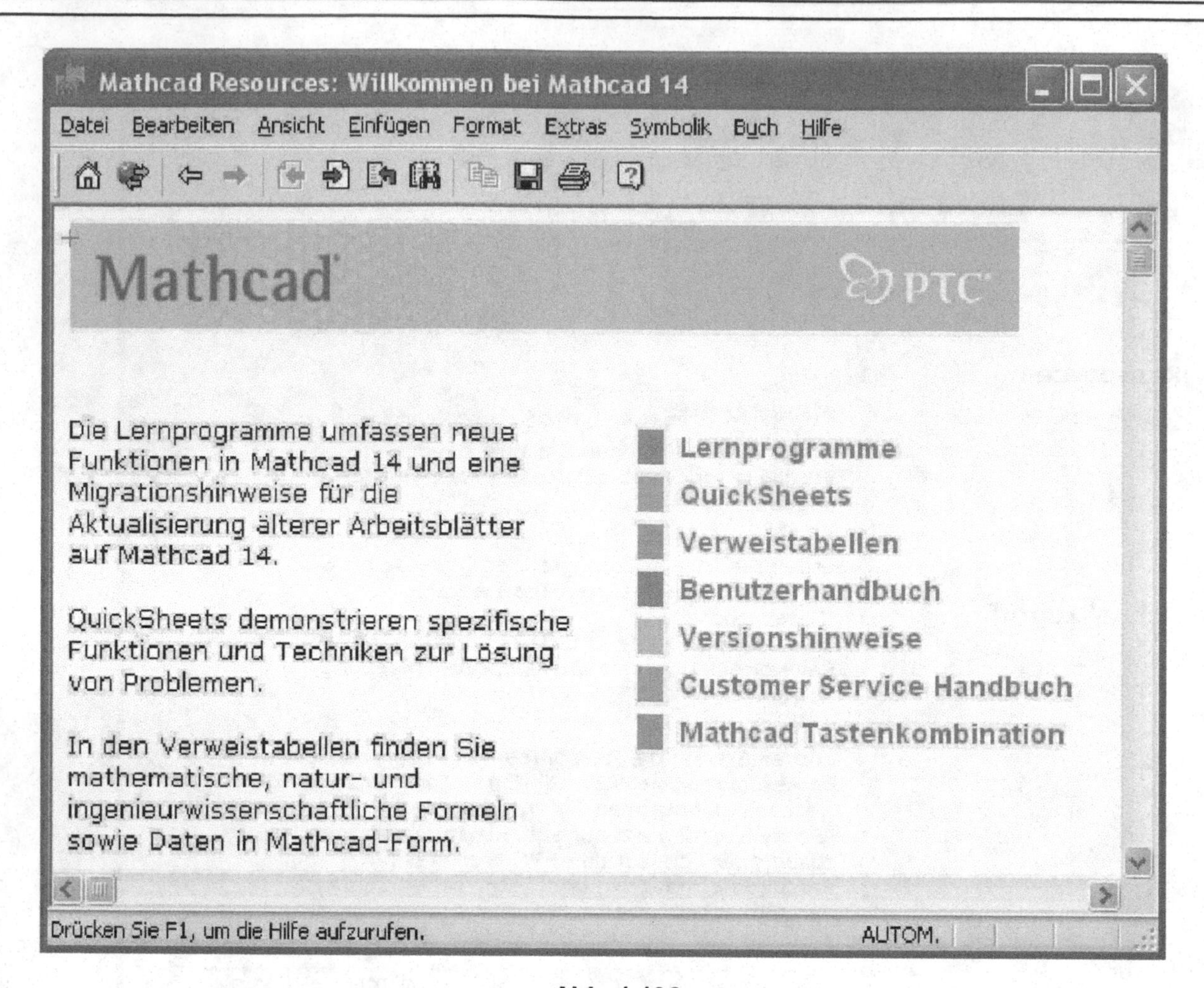
Mathcad Resources: Willkommen bei Mathcad 14
Datei Bearbeiten Ansicht Einfügen Format Extras Symbolik Buch Hilfe
Mathcad
PTC
Die Lernprogramme umfassen neue Funktionen in Mathcad 14 und eine Migrationshinweise für die Aktualisierung älterer Arbeitsblätter auf Mathcad 14.
QuickSheets demonstrieren spezifische Funktionen und Techniken zur Lösung von Problemen.
In den Verweistabellen finden Sie mathematische, natur- und ingenieurwissenschaftliche Formeln sowie Daten in Mathcad-Form.
Lernprogramme
QuickSheets
Verweistabellen
Benutzerhandbuch
Versionshinweise
Customer Service Handbuch
Mathcad Tastenkombination
Drücken Sie F1, um die Hilfe aufzurufen.
AUTOM.

Abb. 1.102

2. Variablen, Operatoren und Funktionen

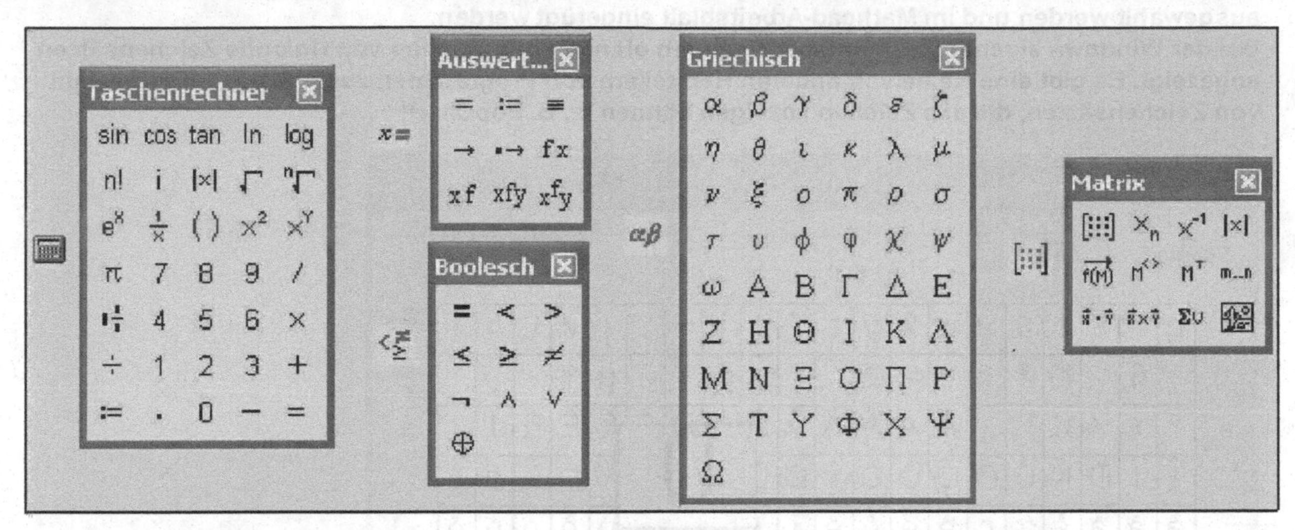

Abb. 2.1

2.1 Gültige und ungültige Variablennamen

2.1.1 Gültige Variablennamen

In Mathcad kann jeder Unicode in verschiedenen Sprachen für Texte, Variablen, Konstante und Diagrammtiteln eingefügt werden. Unicode ermöglicht unabhängig vom Betriebssystem und von der Länder- und Spracheinstellung eine einheitliche Anzeige von Arbeitsblättern. Werden dagegen auch andere Schriftarten als Unicode-Schriftarten verwendet, so ist bei der Weitergabe von Dokumenten darauf zu achten, dass auch diese Schriftarten auf anderen Computern zur Verfügung stehen müssen! Nicht-Unicode-Schriftarten, wie z. B. Symbol-Schriftart, können beim Speichern von Arbeitsblättern zu Problemen führen, vor allem bei Doppelbyte-Betriebssystemen.

Für **Variablen** können Sie **in der Formatierungsleiste ein geeignetes Benutzerformat** für den **gewünschten Zeichensatz (Benutzer 1 bis 7**) wählen. Siehe dazu auch **Abschnitt 1.4 und 1.5.**

Es sollten **keine bereits vordefinierten Namen für Variablen, Konstanten und Funktionen** verwendet werden. **Sie verlieren sonst ihre Bedeutung!**

Mathcad **unterscheidet nicht** zwischen **Variablennamen und Funktionsnamen.** Wird z. B. f(x) und später auf dem gleichen Arbeitsblatt f als Variable definiert, so funktioniert die Funktion f(x) nachher nicht mehr.

Mathcad prüft die Formate und nicht die Schriften! So sind **a** bzw. a verschiedene Variablen und **f(x)** bzw. f(x) verschiedene Funktionen.

Mathcad unterscheidet zwischen **Klein- und Großschreibung.**

Um gewisse Konflikte auszuschließen, können Warnmeldungen über Menü-Extras-Einstellungen-Warnmeldungen aktiviert werden! Es erscheint dann bei fehlerhaften Variablen- oder Funktionsnamen eine grüne Wellenlinie und nach einem Klick mit der Maus eine sensitive Fehlermeldung.

Viele Zeichen sind in der Unicode-Schriftart "Arial" verfügbar. Zur Ansicht einer Schriftart wird die Zeichentabelle (Charmap.exe) geöffnet (Abb. 2.2). Dieses Programm ist unter WINDOWS\SYSTEM32 oder unter START-Programme-Zubehör zu finden. Aus dieser Tabelle können dann die Zeichen ausgewählt werden und im Mathcad-Arbeitsblatt eingefügt werden.
Bei der Windows eigenen Zeichentabelle werden oft nicht alle Zeichen von Unicode-Zeichensätzen angezeigt. Es gibt eine Reihe von anderen Herstellern von Programmen zur Anzeige und Auswahl von Zeichensätzen, die alle Zeichen anzeigen können (z. B. PopChar)!

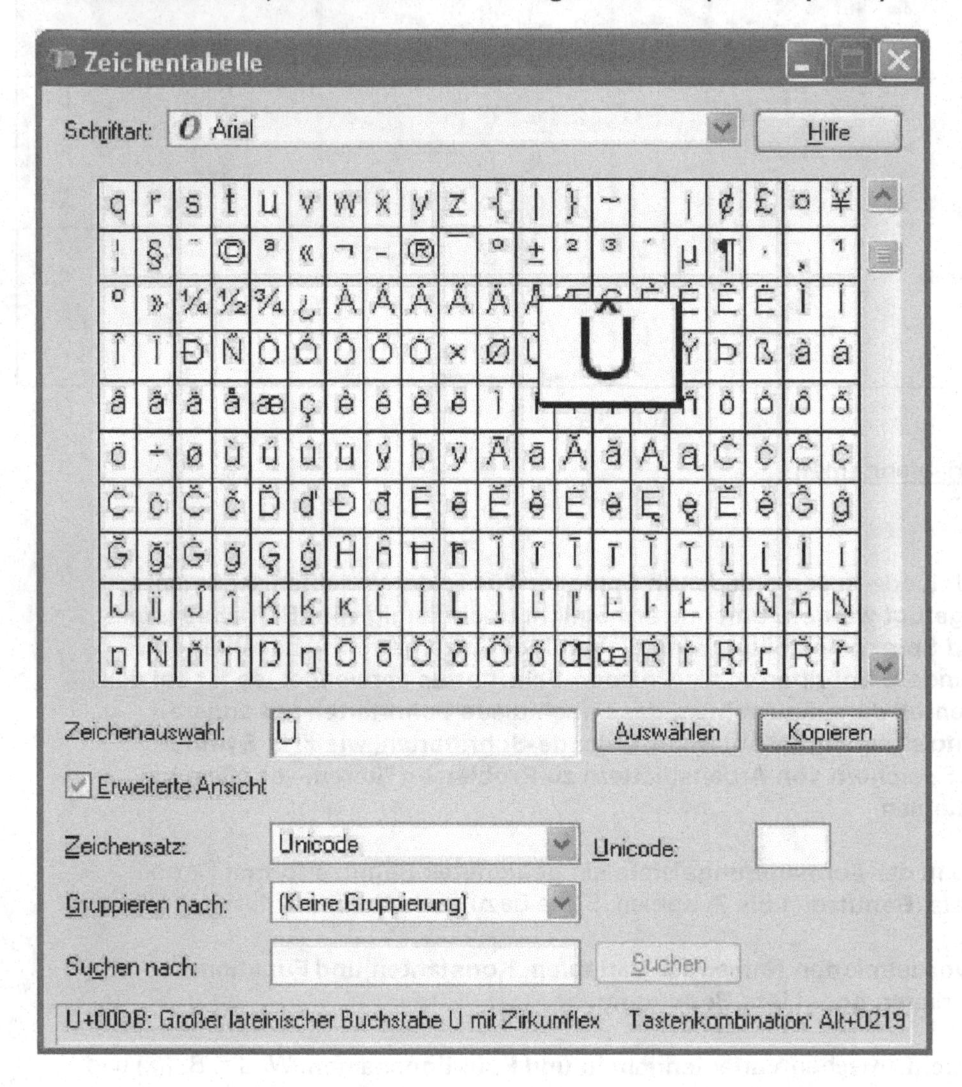

Abb. 2.2

Auswahl des Zeichens Û und Kopieren.

- **Über Menü-Bearbeiten-Einfügen oder Symbolleiste Symbol-Einfügen oder über das Dialogfeld (Klick mit rechter Maustaste auf das Arbeitsblatt) und Einfügen kann das Zeichen als Textzeichen eingefügt werden.**
- **Über Menü-Bearbeiten-Inhalte einfügen oder über das Dialogfeld (Klick mit rechter Maustaste auf das Arbeitsblatt) und Inhalte einfügen kann das Zeichen als "Unformatierter Text als Math" als Mathematikzeichen eingefügt werden (Abb. 2.3).**

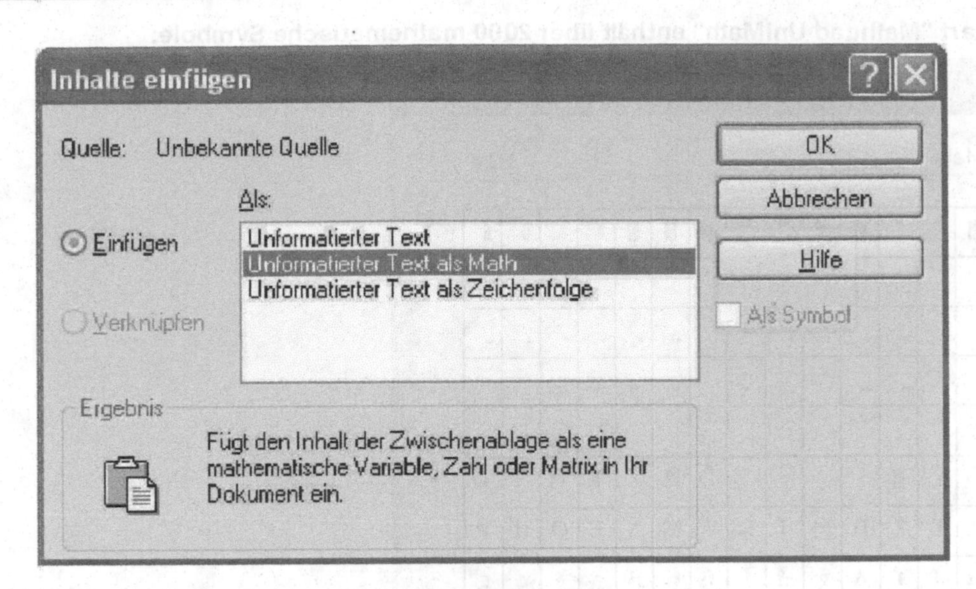

Abb. 2.3

Einige Sonderzeichen in der **Unicode-Schriftart "Arial"** finden Sie auch im **Ressourcen-Fenster** unter **QuickSheet "Gesonderte Rechensymbole". Diese Zeichen können aber auch direkt wie oben beschrieben (Abb. 2.3) ausgewählt und eingefügt werden.**

°C °F || /°F /°C ∑ ∏ ↔ ↚ ↛ ↛ ↚ ↤ ↦

∀ ∃ ℒ Å ∝ ø ƒ È Æ ℘ ℑ ℜ ö ð

⊆ ⊂ ∩ ∪ ⊃ ⊇ ∈ ℵ Þ Đ ϒ Œ ℤ ℧

∉ × ∝ ⊄ ≈ ÷ ± ♣ ♥ ♠ ♦ ¹ ² ³

∟ ⊲ ∠ ∡ ⊗ ⊕ ⊙ ▬ ↻ ↶ ∂ • √ :

£ ¥ $ € ¢ ¤ ₩ ₭ ∓ ∐ ∉ ∈ ∋ ∎

↔ ← → ↑ ↓ ⇔ ⇐ ⊣ ⊤ ⊥ ⊦ ⊨ ⊪ ⊫

⇒ ⇑ ⇓ ↲ ‡ ↨ ↡ ◁ ▷ ⊶ ⊷ ∻ ⊿ ⊾

Darstellung von Zeichen wie z. B.: f^{-1} F^{-1} g^{-1} G^{-1}

Zeichen eingeben, in den Textmodus wechseln (<Strg>+<Umschalt>+<K>), Hebräisches Satzzeichen (-) aus der Zeichentabelle eingeben, Leerzeichen, Lateinische Ergänzung (hochgestellete 1) eingeben, zurück in den Mathematikmodus (<Strg>+<Umschalt>+<K>).

Über 2000 mathematische Zeichen finden sich in der Unicode-Schriftart "Mathcad UniMath" (Abb.2.4). Aus dieser Schriftart können wie oben beschrieben (Abb. 2.3) die Zeichen ausgewählt, als mathematische Zeichen eingefügt und dann verwendet werden.
Z. B.:

∆ ∇ ∮(∎) ∯(∎) ∰(∎) ∲ ∳ ∫ ∬ ∭

Z. B. Zeichen mit Querstrich oder andere Zeichen (siehe Abb. 2.4):
Nach **Eingabe eines Zeichens** (z. B. a usw.) kann über die Zeichentabelle das "Verbindungszeichen **Überstrich" oder andere Zeichen (Diakritische Zeichen) nach "Kopieren"** eingefügt werden:

$\bar{a}$ $\bar{b}$ $\bar{c}$ $\bar{x}$ $\bar{y}$ $\bar{z}$ $\bar{A}$ $\bar{B}$ $\bar{C}$ $\bar{X}$ $\bar{Y}$ $\bar{x}_g$ $\bar{x}_h$ $\tilde{x}$ $\hat{x}$ $\mathring{y}$ $\check{z}$

Die neue Unicode-Schriftart "Mathcad UniMath" enthält über 2000 mathematische Symbole:

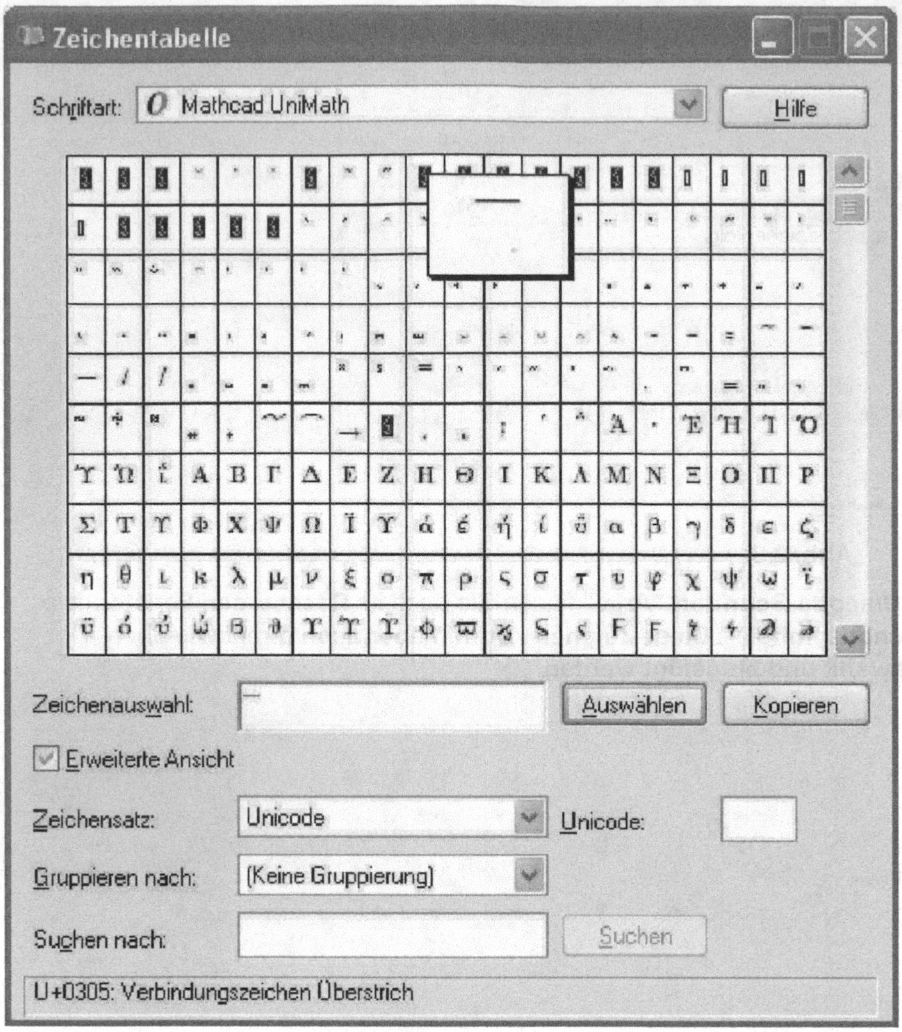

Zeichentabelle

Schriftart: Mathcad UniMath
Hilfe

Zeichenauswahl:
Auswählen
Kopieren

Erweiterte Ansicht

Zeichensatz: Unicode
Unicode:

Gruppieren nach: (Keine Gruppierung)

Suchen nach:
Suchen

U+0305: Verbindungszeichen Überstrich

Abb. 2.4

Ein **griechischer Buchstabe** kann in einem Rechen- oder Textbereich mithilfe der **Symbolleiste-Griechisch** oder auch durch Eingabe eines **lateinischen Buchstabens** und Drücken der Tasten **<Strg> + <g>** eingefügt werden z. B.:

f <Strg> + <g> ergibt φ bzw. **J <Strg> + <g> ergibt ϑ ;**
p <Strg> + <g> oder **<Strg> + <Umschalt> + <P> ergibt π**

α	a	η	h	ο	o	ϖ	v
β	b	ι	i	π	p	ω	w
χ	c	ϕ	j	θ	q	ξ	x
δ	d	κ	k	ρ	r	ψ	y
ε	e	λ	l	σ	s	ζ	z
φ	f	μ	m	τ	t		
γ	g	ν	n	υ	u		
Α	A	Η	H	Ο	O	ς	V
Β	B	Ι	I	Π	P	Ω	W
Χ	C	ϑ	J	Θ	Q	Ξ	X
Δ	D	Κ	K	Ρ	R	Ψ	Y
Ε	E	Λ	L	Σ	S	Ζ	Z
Φ	F	Μ	M	Τ	T		
Γ	G	Ν	N	Υ	U		

Alle griechischen Zeichen werden in der Schriftart "Mathcad UniMath" dargestellt, auch wenn z.B. "Times New Roman" oder "Arial" für die Formatvorlage "Variablen" verwendet wurde!

Abb. 2.5

Andere **Zeichen** können auch von anderen Zeichensätzen aus der **Zeichentabelle** (z. B. **Charmap.exe**) ausgewählt und wie oben beschrieben in Mathcad eingefügt werden. Bei Variablen wird nach dem Einfügen z. B. in der Formatierungsleiste ein Benutzerformat (**Benutzer 1 bis 7**) auf den Zeichensatz **Bookshelf Symbol 4** gesetzt:

$\bar{x}$ ñ $\bar{B}$ $\bar{F}$

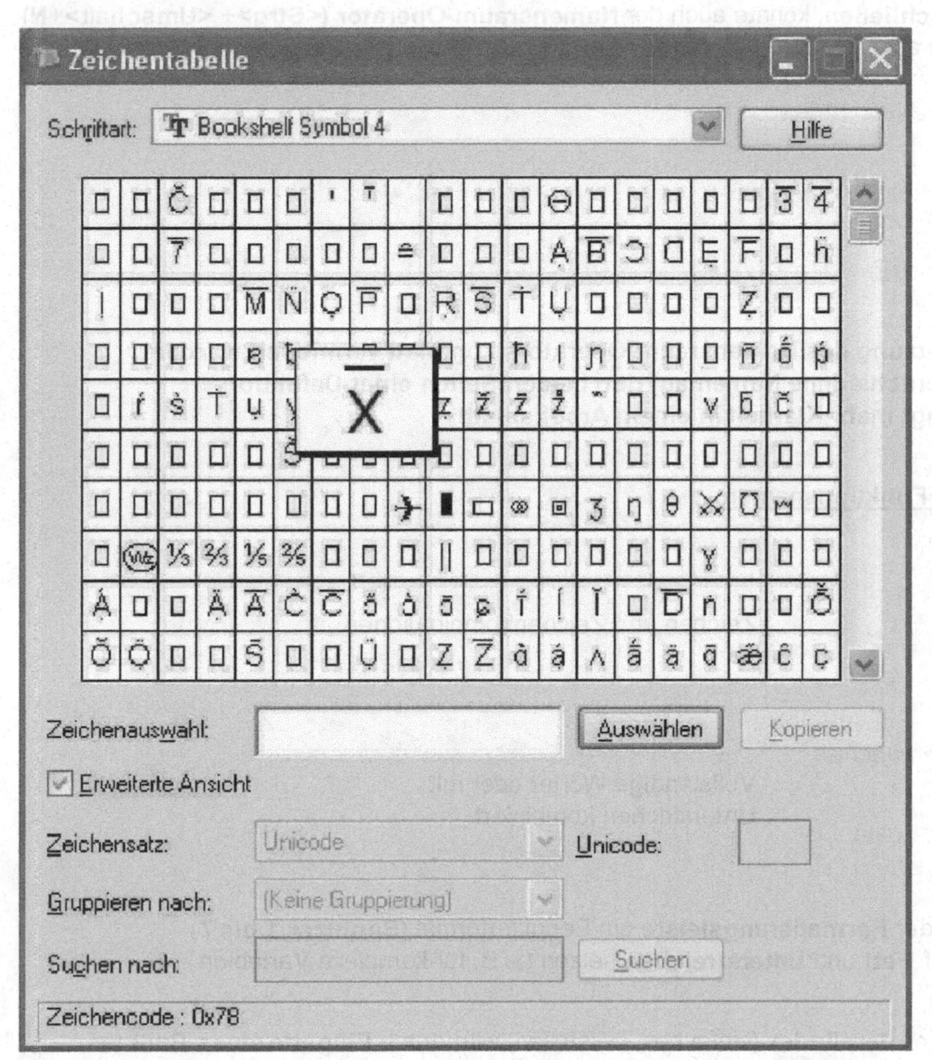

Abb. 2.6

Manche Zeichen können auch **über** die **numerische Tastatur** eingegeben werden. In der letzten Zeile der Zeichentabelle (Abb. 2.6) erscheint der **HEX-Code** für das gewählte Zeichen. Dieser kann **mit Mathcad** in den **Dezimal-Code** folgendermaßen umgerechnet werden:

078h = 120

Halten Sie nun die **Taste <Alt>** gedrückt und geben mit den **Zifferntasten** der **numerischen Tastatur** die **Ziffer 0** und den **Dezimalcode** ein, so erhalten Sie **nach dem Loslassen der Taste <Alt>** das gewünschte Zeichen (**<Alt> 0120**). Hier ist dann nur noch ein Benutzerformat (**Benutzer 1 bis 7**) auf den Zeichensatz **Bookshelf Symbol 4** zu setzen.

Bemerkung:

Beim **Rechnen mit Einheiten** ist bei der Definition von Variablen **darauf zu achten**, dass die **Variablennamen nicht mit vordefinierten Einheitennamen des SI-Systems** übereinstimmen (z. B. **N, A, s, usw.**)! **In Mathcad sind nämlich die Einheiten selbst als Variablen definiert!**

Um **Namenskonflikte auszuschließen**, könnte auch der **Namensraum-Operator (<Strg>+ <Umschalt>+N)** verwendet werden (siehe dazu auch die Mathcad-Hilfe):

$W := 10.5 \cdot W_{[unit]}$ $\qquad$ $W = 10.5W$

$\sin(x) := \sin_{[mc]}\left(x \cdot \frac{\pi}{180}\right)$ $\qquad$ $\sin(60) = 0.866$

$f(x) := e^{-x}$ $\qquad$ $f(0) = 1$ $\qquad$ $f(x) := f_{[doc]}(x) + 1$ $\qquad$ $f(0) = 2$

Beachten Sie, dass die Benutzung des Namensraum-Operators komplett vermieden werden kann, wenn grundsätzlich verschiedene Namen auf den beiden Seiten einer Definition verwendet werden! Dies bringt mehr Klarheit in einem Arbeitsblatt!

Beispiele für Variablen- und Funktionsnamen:

a a1 C C1 α α1

Δ Δ1 ab C° a%b

Zeichen und Zeichenkombinationen

_oben Length Oberfläche

Quadratische_Funktion α_winkel

Vollständige Wörter oder mit Unterstrichen kombiniert

z **z**$_1$ **Z** **U**

In der **Formatierungsleiste** ein Benutzerformat (**Benutzer 1 bis 7**) auf **Fett** und **Unterstreichen** setzen (z. B. für komplexe Variablen).

a_1 α_s Γ_1 F_{ab}

$F_{\pm}$ F_1 M_1 F_{γ}

Der **Literalindex** (einfaches Tiefstellen) wird durch **Eingabe eines Punktes < . >** nach dem Zeichen erzeugt.

s' s" y' y"

Das **Primsymbol " ' "** wird am einfachsten nach Eingabe der Variablen mit **<Strg>+<F7>** eingegeben.

a' a" b' b"

Das **Primsymbol " ' "** kann auch mit **<Umschalt>+<`>** eingegeben werden (die Taste **<`>** zweimal drücken).

c$ a& a^2 B&f

Zuerst ein Zeichen eingeben und dann in den **Textmodus wechseln** mit **<Strg>+<Umschalt>+<K>** (Es erscheint der **rote Textcursor**). Das $-Zeichen etc. kann dann eingegeben werden. Abschließend wieder **mit derselben Tastenkombination in den Mathematikmodus** wechseln.

$y_{1,2}$ $A_{1,2,3}$ $C_{a,b,c}$

Zuerst ein Zeichen und z. B. **Literalindex 1** eingeben, dann in den **Textmodus** wechseln mit **<Strg>+<Umschalt>+<K>** und weitere Zeichen eingeben. Abschließend wieder **mit derselben Tastenkombination** in den **Mathematikmodus** wechseln.

$[H_2O]$ $[H_2SO_4]$ — Zuerst mit **<Strg>+<Umschalt>+<J>** Klammern erzeugen. Der Index kann mit den Tasten **<Alt Gr>+<[>** erzeugt werden.

a▮ **A▮,▮** — Darstellung von **Vektoren und Matrizen** (z. B. **Benutzerformat Fett**) als **indizierte Variable (Feldindex, kein Literalindex!)**.
Eingabe mit dem Symbol **x_n** aus der **Symbolleiste-Matrix** bzw. mit dem Symbol **x_2** aus der **Formatierungsleiste** oder mit eckiger Klammer (**[**).

a▮ — Der **Feldindex** kann auch durch die vorhergehende Eingabe eines Punktes noch etwas tiefergestellt werden.

$\vec{a}$ $\vec{b}$ $\vec{c}$ — **Bei installierter Schriftart "Tvector" können auch Variablen mit Vektorpfeilen dargestellt werden!** In der **Formatierungsleiste** ein Benutzerformat (**Benutzer 1 bis 7**) auf die Schriftart **"Tvector"** setzen.

2.1.2 Ungültige Variablennamen

Ein **Variablenname darf nicht mit einer Ziffer, einem Punkt oder dem Unendlich-Zeichen** beginnen. Eine **Zuweisung auf eine Variable mit Vektorpfeil** (Vektorisierungsoperator in der Symbolleiste Matrix) ist ebenfalls **nicht erlaubt, außer Sie haben die Schriftart "Tvector" installiert und wählen ein eigenes Format**.

1 5 .a .Höhe 4a 9AB ∞A $\vec{x}$

2.2 Operatoren

Einige wichtige Operatoren sind aus der oben angegebenen Übersicht (**Symbolleiste-Rechnen-Auswertung und Boolesch**) zu entnehmen. Fünf wichtige Operatoren seien hier jedoch speziell erwähnt:

▮ := ▮	z. B.	$a := 3$	**Lokaler Zuweisungsoperator (Tastatureingabe mit < : >).** Der rechts stehende Ausdruck wird auf die links stehende Variable zugewiesen.
▮ ≡ ▮	z. B.	$b \equiv 25$	**Globaler Zuweisungsoperator (< Alt Gr> + < ~ >).** Der rechts stehende Ausdruck wird auf die links stehende Variable zugewiesen.
▮ **=** ▮	z. B.	$3 \cdot x = 5 + 2 \cdot x$	**Logischer Vergleichsoperator (< Strg > + < + >)**
▮ = ▮	z. B.	$a = 3$	**Numerischer Auswertungsoperator (< = >)**
▮ →	z. B.	$3 \cdot a \rightarrow 9$	**Symbolischer Auswertungsoperator (< Strg > + < . >)**

Operatoren können aber auch selbst definiert werden (siehe dazu auch Kapitel 17).

Die Darstellung verschiedener Operatoren kann über Menü-Extras-Arbeitsblattoptionen im Registerblatt-Anzeige gewählt werden! Eine Reihe von **Operatoren** kann hier **global im Arbeitsblatt umgestellt** werden **(Abb. 2.7)**:

Abb. 2.7

Einige **Operatoren** können auch **lokal umgestellt** werden. Eine lokale Umstellung erreichen Sie über das **Dialogfeld**, das mit der **rechten Maustaste** aufgerufen werden kann:

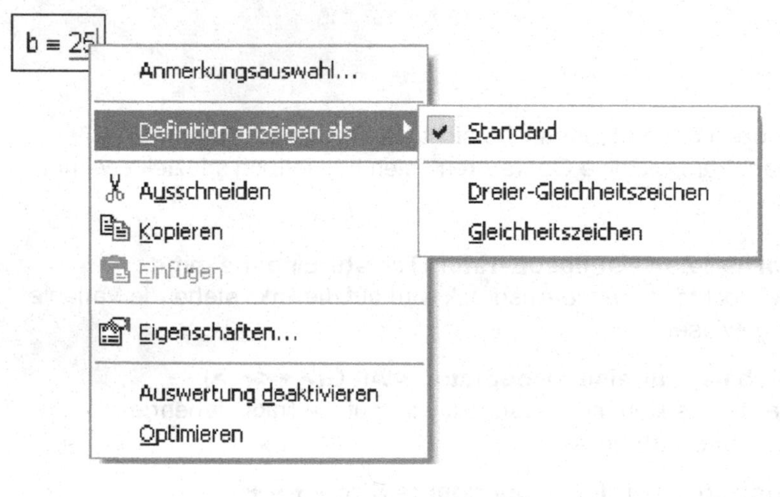

Abb. 2.8

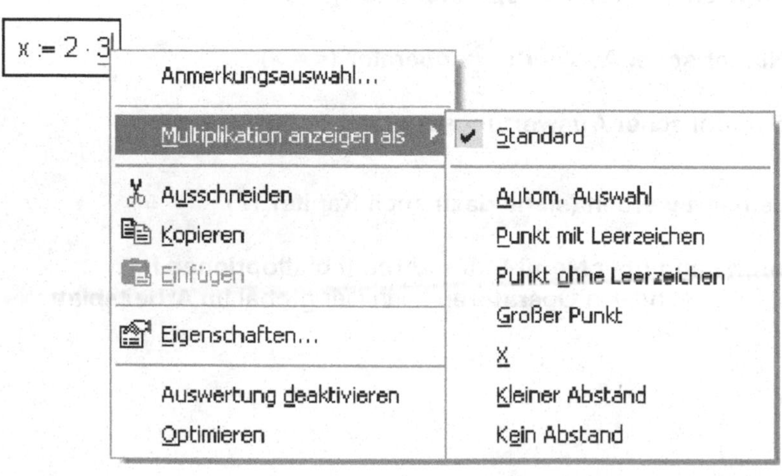

Abb. 2.9

2.3 Variablendefinitionen

Verschiedene Variable und Konstanten sind in Mathcad bereits mit einem festen Wert **global vordefiniert** bzw. als **Systemvariable** über **Menü-Extras-Arbeitsblattoptionen** veränderbar (**Abb. 2.10**):

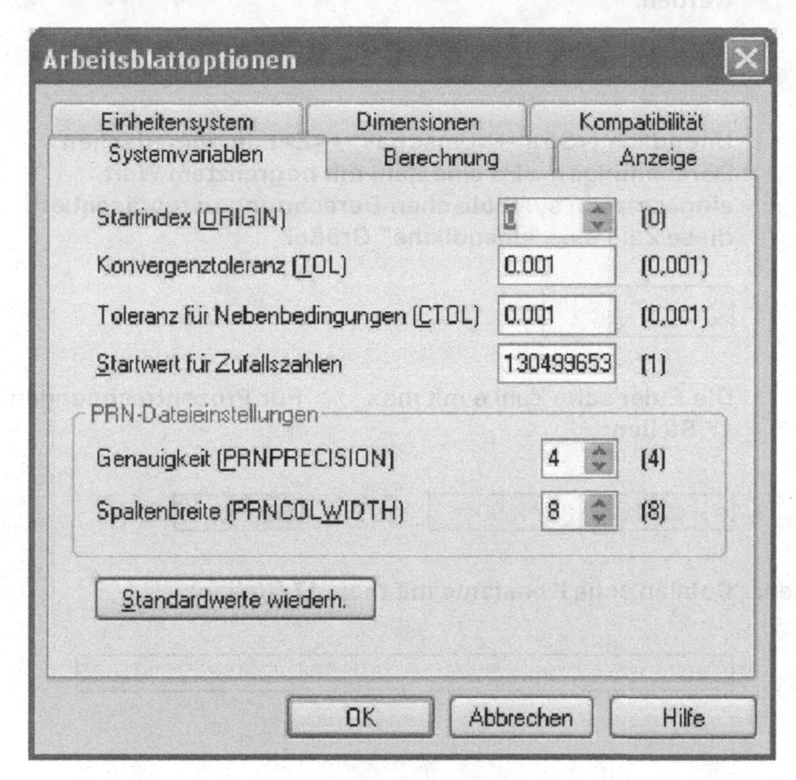

Abb. 2.10

Index des ersten Elementes eines Vektors oder einer Matrix bzw. eines Strings (kann auch lokal neu festgelegt werden):

$ORIGIN = 0$

Numerische Toleranz TOL bei Näherungsberechnungen (kann auch lokal neu festgelegt werden):

$TOL = 1 \times 10^{-3}$

Numerische Toleranz CTOL bei Näherungsberechnungen mit Nebenbedingungen (kann auch lokal neu festgelegt werden):

$CTOL = 1 \times 10^{-3}$

TOL bestimmt, wie genau Integrale und Ableitungen ausgewertet werden. TOL kontrolliert auch die Länge der Iterationen beim Lösungsblock (Vorgabe ... suchen) und in der "wurzel"-Funktion. CTOL steuert die Konvergenztoleranz in Lösungsblöcken. Zahlen, die kleiner als TOL bzw. CTOL sind, werden von Mathcad als null dargestellt!

Dezimalstellen, wenn Daten in eine ASCII-Datei geschrieben werden (kann lokal neu festgelegt werden):

$PRNPRECISION = 4$

Spaltenbreite, wenn Daten in eine ASCII-Datei geschrieben werden (kann lokal neu festgelegt werden):

$PRNCOLWIDTH = 8$

Zählvariable zur Steuerung von Animationen:

FRAME = 0

Eine Stringvariable, die das Verzeichnis des Arbeitsblattes angibt (Current Working Directory). Kann auch als Variable in einer Funktion benutzt werden.

CWD = "C:\Mathcad\Einführung\"

Die Systemvariable ERR gibt die Größe des Fehlervektors für Näherungslösungen an:

ERR

Unendlich (<Strg>+<Umschalt>+<Z>). In numerischen Berechnungen wird eine Zahl mit begrenztem Wert eingesetzt. In symbolischen Berechnungen repräsentiert diese Zahl eine "unendliche" Größe!

$\infty = 1 \times 10^{307}$

Die Zahl π mit max. 17 Stellen: <Strg>+<Umschalt>+<P> oder p <Strg>+<g>

$\pi = 3.141592653589793$

Die Euler'sche Zahl e mit max. 17 Stellen:

$e = 2.718281828459045$

Für Prozentrechnungen:

% = 0.01

Euler-Konstante γ mit max. 17 Stellen: g <Strg>+<g>

$\gamma = 0.5772156649015329$

γ Gleitkommazahl , 3 $\rightarrow 0.577$

Catalan'sche Konstante mit max. 17 Stellen:

Catalan Gleitkommazahl $\rightarrow 0.91596559417721901505$

Keine Zahl (Not a Number):

NaN

Imaginäre Einheit:

$i = j = \sqrt{-1}$ $\quad \sqrt{-1} = i$ $\quad \sqrt{-1} = j$

Die nachfolgenden Variablen legen im SI-System die Basis-Dimensionen fest:

1L = 1 m $\quad$ 1M = 1 kg

1Q = 1 A $\quad$ 1K = 1 K

1C = 1 cd $\quad$ 1S = 1 mol

2.3.1 Lokale Variablen

Beispiel 2.1:

$a := 2 \quad b := 10 \cdot a \quad b = 20$

$b := 10 \cdot d$

$d := 4 \quad d = 4$

Die Auswertung wird im Dokument von oben nach unten und in jeder Zeile von links nach rechts durchgeführt. **Eine lokale Variable ist also erst ab der Zeile, in der sie festgelegt wurde, gültig!**

$x := a + d \quad x = 6$

Bisherige Auswertungsmöglichkeit.

$x := a + d = 6$

$a := e = 2.718$

Neue verkürzte Auswertungsmöglichkeit!

Beispiel 2.2:

f := 10 · k   k := 4

Diese Variable ist nicht definiert.

Die Variable k wurde erst nachher definiert.

Beispiel 2.3:

h := 2 · x

Diese Variable ist nicht definiert.

Die Variable x wurde vorher nicht definiert.

y := 3   y = 3

Zuweisung auf die Variable y.

$y(x) := x^2$ y(2) = 4

Redefinition von y als Funktion.

y = f(any1) → any1^2

Mathcad zeigt, dass y jetzt eine Funktion in einer Variablen ist!

Beispiel 2.4:

Pfad := "c:\Name\Name1\Dat.prn"

Fehlermeldung := "Temperatur > 1000 °C"

Zeichenketten oder Strings (zuerst **<">** eingeben).
Für die Verarbeitung von Zeichenketten stehen zahlreiche Zeichenkettenfunktionen (Stringfunktionen) **zur Verfügung (siehe Anhang Funktionen).**

2.3.2 Globale Variablen

Beispiel 2.5:

s1 := 20 · t

s1 = 60

t ≡ 3

Die Definition der globalen Variablen t erfolgt erst unterhalb des Ausdrucks, der s1 definiert.

t := 10

s1 = 60

Die lokale Redefinition von t hat keine Auswirkungen auf s1!

s1 := 20 · t

s1 = 200

Der Wert t = 3 der globalen Variablen wird durch die lokale Neudefinition des Wertes t = 10 "abgeschattet"!
Die lokale Zuweisung ist daher meist die bessere Wahl!

2.3.3 Indizierte Variablen (Vektoren und Matrizen)

Indizierte Variablen können erzeugt werden mit: **< Alt Gr > + < [>** oder mit X_n oder mit x_2

Allgemeiner **Bereich** der Variablen **ORIGIN: ..., -5, -4, -3, -2, -1, 0, 1, 2, 3, 4, 5, ...**

Beispiel 2.6:

ORIGIN := 0

Der Index beginnt nach dieser Festlegung bei null (**lokale Zuweisung**).
Eine **globale Festlegung** erfolgt über **Menü-Extras-Arbeitsblattoptionen**.

$i := 2 \qquad a_i := i$

$a_0 = 0 \qquad a_1 = 0 \qquad a_2 = 2 \qquad \mathbf{a} = \begin{pmatrix} 0 \\ 0 \\ 2 \end{pmatrix}$

a =

	0
0	0
1	0
2	2

Ausgabe des Vektors in Matrixform oder mit Spalten- und Zeilenbeschriftungen.

Die **Darstellungsform eines Vektors** kann über das **Ergebnisformat Anzeige-Option und Matrix-Anzeigeformat** (Abb. 2.11) geändert werden (**Doppelklick auf das Ergebnis oder Menü-Format-Ergebnis**): Eine **Umstellung eines Vektors** in gewohnter Matrixform (Vektorform) auf die **Form mit Zeilen- und Spaltenbeschriftung** ist erst dann möglich, wenn zuerst das **Matrix-Anzeigeformat** auf **Tabelle** umgestellt wird!

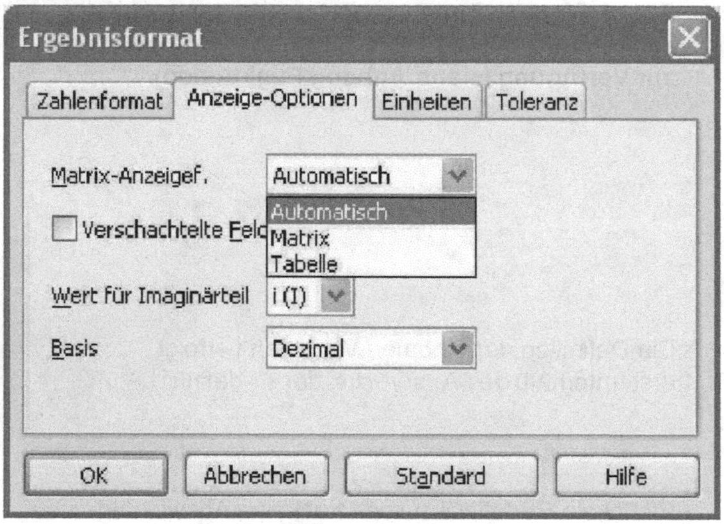

Abb. 2.11

Die **Komponenteneigenschaften** können über **Eigenschaften in diesem Dialogfeld** (Abb. 2.12) gewählt werden. Die **Zeilen- und Spaltenbeschriftung** (Abb. 2.13) ist davon **abhängig**, auf welchen Wert der **ORIGIN** gesetzt ist.

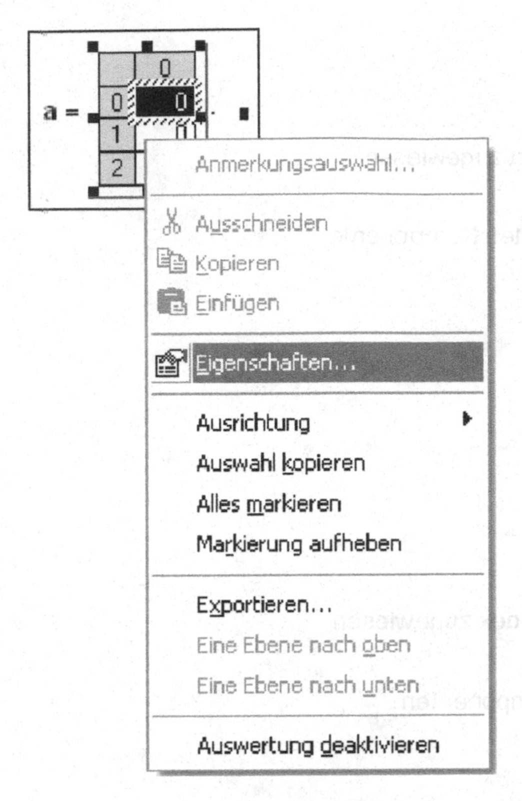

Abb. 2.12

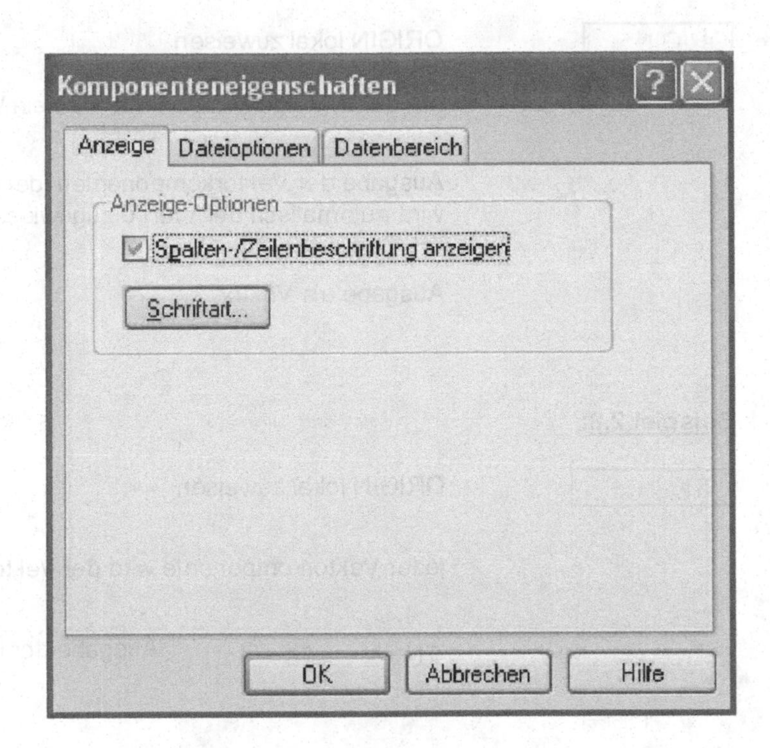

Abb. 2.13

Jede Darstellung als **Tabelle** kann **nachträglich noch bearbeitet** werden (**Dialogfeld-rechte Maustaste**). Dabei kann die **Ausrichtung** (Abb. 2.14) eingestellt und **Teile der Tabelle kopiert** oder in eine **Datei exportiert** werden.

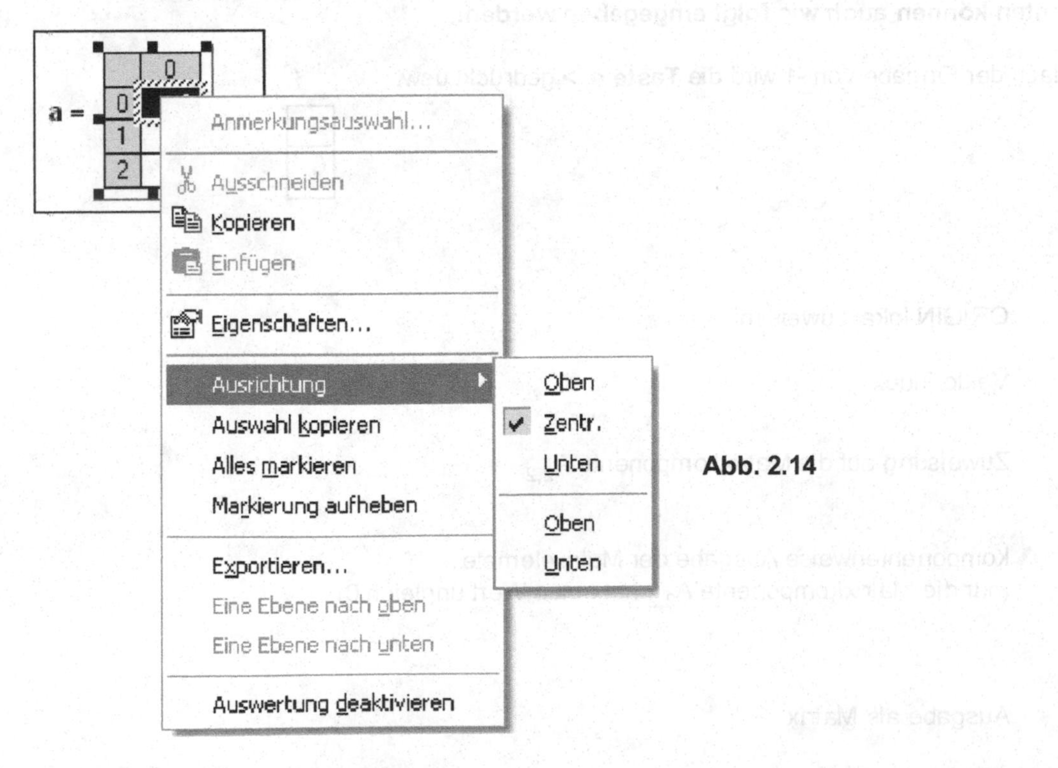

Abb. 2.14

Beispiel 2.7:

$ORIGIN := 1$ ORIGIN lokal zuweisen

$i := 2$ $b_i := i$ nur der 2. Vektorkomponente wird ein Wert zugewiesen

$b_1 = 0$ $b_2 = 2$ Ausgabe der Vektorkomponenten (der ersten Komponente wird automatisch der Wert 0 zugewiesen)

$$b = \begin{pmatrix} 0 \\ 2 \end{pmatrix}$$ Ausgabe als Vektor

Beispiel 2.8:

$ORIGIN := -1$ ORIGIN lokal zuweisen

$i := -1 .. 2$ $c_i := i$ jeder Vektorkomponente wird der Vektorindex zugewiesen

$c_{-1} = -1$ $c_0 = 0$ $c_1 = 1$ $c_2 = 2$ Ausgabe der Komponenten

$$c = \begin{pmatrix} -1 \\ 0 \\ 1 \\ 2 \end{pmatrix}$$ Ausgabe als Vektor

Die Vektorkomponenten können auch wie folgt eingegeben werden:

$c_i := -1$ Nach der Eingabe von -1 wird die **Taste <, >** gedrückt usw.

$c_i :=$

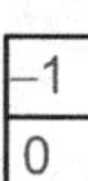

Beispiel 2.9:

$ORIGIN := 1$ ORIGIN lokal zuweisen

$i := 2$ $j := 2$ Vektorindex

$A_{i,j} := i + j$ Zuweisung auf die Matrixkomponente $A_{2,2}$

$A_{1,1} = 0$ $A_{1,2} = 0$

$A_{2,1} = 0$ $A_{2,2} = 4$

komponentenweise Ausgabe der Matrixelemete (nur die Matrixkomponente $A_{2,2}$ hat einen Wert ungleich 0)

$$A = \begin{pmatrix} 0 & 0 \\ 0 & 4 \end{pmatrix}$$ Ausgabe als Matrix

2.3.4 Bereichsvariablen

Bereichsvariablen (Laufvariable) sind Variablen, deren Werte mit konstanter **Schrittweite Δx = 1 oder Δx ≠ 1** in einem vorgegebenen Intervall variieren.

Sie können erzeugt werden durch **< ; >** oder mit [m..n] aus der **Symbolleiste Matrix**.

Beispiel 2.10:

Bereichsvariable mit Schrittweite Δx = 1:

i := 1 .. 4

Beispiel 2.11:

Bereichsvariable mit Variablen definiert:

a := 1 b := 4 k := a .. b

Die **Ausgabe von "i =" bzw. "k=" erzeugt** eine **Tabelle (Liste)**. Es handelt sich hier aber **nicht um einen Vektor!** Die Darstellungsform kann, wie oben beschrieben (**Abb. 2.13, 2.14**), geändert werden.

i =

	1
1	1
2	2
3	3
4	4

Tabelle mit Spalten- und Zeilenbeschriftung

k =

1
2
3
4

ohne Spalten- und Zeilenbeschriftung

Beispiel 2.12:

i := −1 .. 2.5

i =

	1
1	-1
2	0
3	1
4	2

Beispiel 2.13:

j := 2.5 .. −1

j =

	1
1	2.5
2	1.5
3	0.5
4	-0.5

Beispiel 2.14:

k := 1.5 .. −1.5

k =

	1
1	1.5
2	0.5
3	-0.5
4	-1.5

Beispiel 2.15:

n := 1 .. 4

n^2 =

	1
1	1
2	4
3	9
4	16

Beispiel 2.16:

Bereichsvariable mit Schrittweite **Δx ≠ 1**:

x := −1, −0.5 .. 1 aufsteigend

x1 := 1, 0.5 .. −1 absteigend

x =

	1
1	-1
2	-0.5
3	0
4	0.5
5	1

x1 =

	1
1	1
2	0.5
3	0
4	-0.5
5	-1

Beispiel 2.17:

Bereichsvariable mit Variablen definiert:

a := −1 b := 1 Δx := 0.5

y := a, a + Δx .. b

y =

	1
1	-1
2	-0.5
3	0
4	0.5
5	1

Unterschied zwischen Bereichsvariable und Vektorvariable:

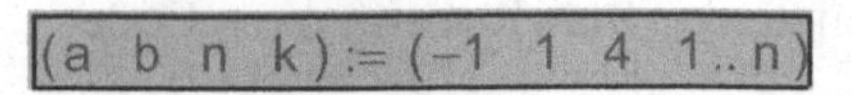

Daten zu einem Zeilenvektor zusammengefaßt.

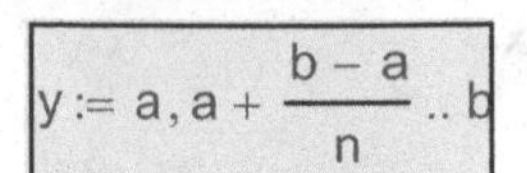

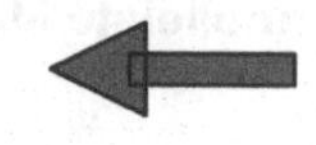

Bereichsvariable

$$y_k := a + \frac{k}{n} \cdot (b - a)$$

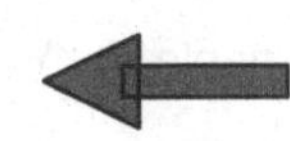

Vektorvariable

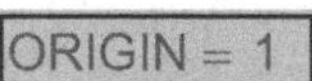

Beispiel 2.18:

Unterschied zwischen globaler und lokaler Bereichsvariable:

global =

	1
1	-1
2	0
3	1
4	2

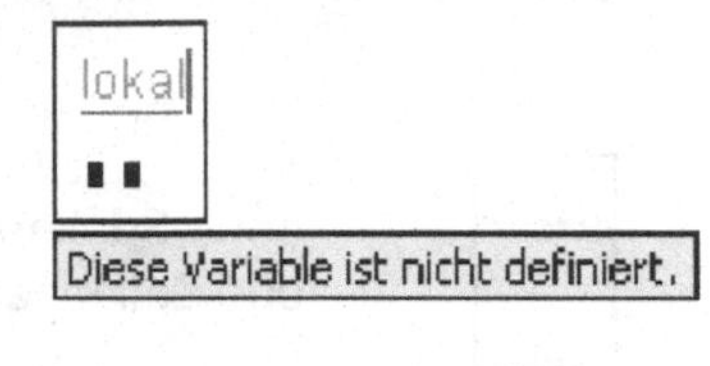

Lokale Variablen können oberhalb einer lokalen Zuweisung nicht ausgewertet werden!

global ≡ −1 .. 2 lokal := −1 .. 2

2.4 Funktionen

In Mathcad sind bereits viele Funktionen vordefiniert. Sie können über den **Menüpunkt Einfügen-Funktion** (oder mit **<Strg>+ <e>** bzw. mit **f(x)** in der **Symbolleiste**) oder **händisch** eingefügt werden.
Viele Funktionen können **reelle**, **komplexe**, **Vektor-** oder **Matrixargumente** bzw. **Stringargumente** annehmen. Siehe dazu die **Mathcad-Hilfe** und im **Anhang dieses Buches**.
Funktionen können aber auch **selbst definiert** werden, wie nachfolgend gezeigt wird.

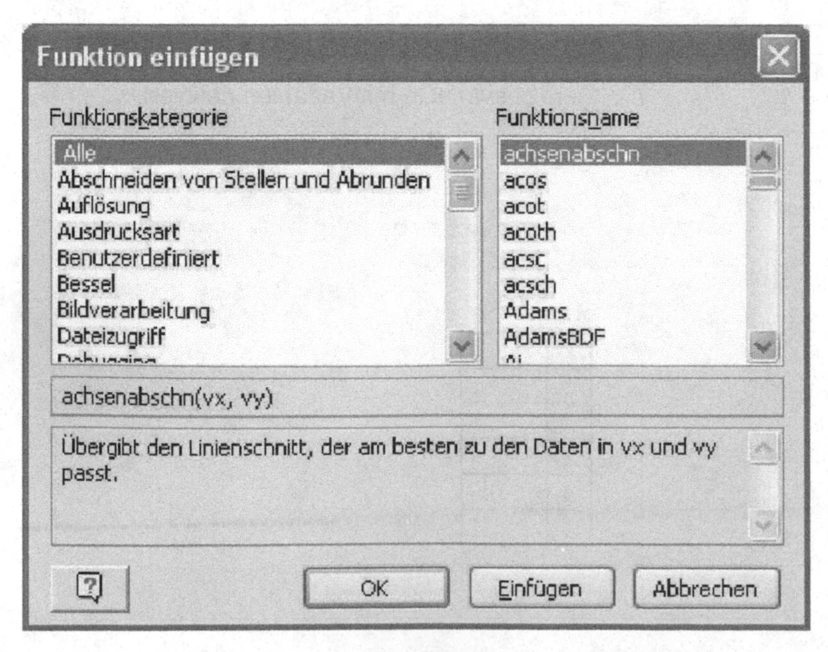

Funktionskategorie und Funktionsname

Argumente der Funktion

Beschreibung der Funktion

Abb. 2.15

2.4.1 Einige nützliche vordefinierte Funktionen:

wenn(**Bed**, **A1**, **A2**)

Bedingte Bewertung: Diese Funktion liefert als Ergebnis den Ausdruck **A1**, wenn die **logische Bedingung Bed wahr ist** und **sonst A2.**

$f(x) := \text{wenn}(x < 0, -1, 1)$ $\quad f(-2) = -1 \quad f(3) = 1$

bis(**iBed**, x)

Berechnet eine neue Näherung, basierend auf dem zweiten Argument x der bis-Funktion. **bis** übergibt **x** bis **iBed** negativ ist. **iBed** ist ein Ausdruck, der eine Bereichsvariable enthält.

Zum Beispiel Berechnung von $\sqrt{1000}$ näherungsweise:

ORIGIN := 0 — ORIGIN festlegen

$\text{Fehler} := 10^{-5}$ — Fehlergrenze

$a := 1000$ — Radikand

$\mathbf{x}_0 := 10$ — Startwert

$n := 20 \quad i := 0..n$ — Bereichsvariable

$$\mathbf{x}_{i+1} := \text{bis}\left[\left|(\mathbf{x}_i)^2 - a\right| - \text{Fehler}, \frac{\mathbf{x}_i + \frac{a}{\mathbf{x}_i}}{2}\right]$$

Näherung mit der bis-Funktion.
Abbruch der bis-Funktion, wenn $\left|(\mathbf{x}_i)^2 - a\right| - \text{Fehler}$ negativ ist.

$$\mathbf{x} = \begin{pmatrix} 10 \\ 55 \\ 36.591 \\ 31.96 \\ 31.625 \\ 31.623 \end{pmatrix}$$

$$\left|(\mathbf{x}_5)^2 - a\right| - \text{Fehler} = -6.833 \times 10^{-6}$$

$\sqrt{1000} = 31.623$ — direkte Berechnung

ceil(x)

Gibt die **kleinste ganze Zahl** zurück, die **größer gleich x** (reell) ist. Das Argument darf keine Einheiten enthalten. Siehe auch **Ceil(x,y)**.

floor(x)

Gibt die **größte ganze Zahl** zurück, die **kleiner gleich x** (reell) ist. Das Argument darf keine Einheiten enthalten. Siehe auch **Floor(x,y)**.

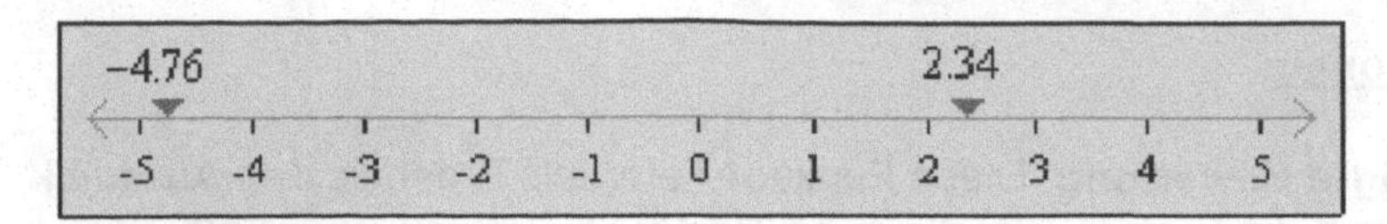

Abb. 2.16

ceil(–4.76) = –4 ceil(2.34) = 3 floor(–4.76) = –5 floor(2.34) = 2

trunc(x)

Liefert den **ganzzahligen Anteil einer reellen Zahl x**.
Das Argument darf keine Einheiten enthalten. Siehe auch **Trunc(x,y)**.

trunc(–2.13) = –2 trunc(12.0043) = 12

rund(x, n)

Rundet eine **reelle Zahl x auf n Stellen**.
Das Argument darf keine Einheiten enthalten. Siehe auch **Rund(x,y)**.

rund(3.12451, 3) = 3.125 rund(3.12451, 4) = 3.1245 rund(3.12451, 2) = 3.12

rund(3.12451, 0) = 3 rund(3.12451) = 3 rund(3.612) = 4

sign(x)

Vorzeichenfunktion: Liefert **0 für x = 0**, **1** für **x > 0** und **sonst -1**.

sign(–1) = –1 sign(0) = 0 sign(3) = 1

mod(x, y)

Modulus von x durch y (wobei das Ergebnis das Vorzeichen wie x hat). **Liefert den Rest der Division**, wenn der **Zähler größer als der Nenner ist**. Ist der **Zähler kleiner als der Nenner**, so ist das **Ergebnis gleich** dem **Zähler. Bei einer symbolischen Auswertung müssen x und y ganze Zahlen sein und mod übergibt immer eine positive Zahl!**

mod(–4, 2) = 0 mod(–4, 3) = –1 mod(3, 16) = 3 mod(3.45, 2.15) = 1.3

Φ(x)

Heaviside-Sprungfunktion (**Φ(x) = wenn(x < 0, 0 , wenn(x = 0, 0.5, 1))**).

Φ(–0.2) = 0 Φ(–1) = 0 Φ(0) = 0.5 Φ(0.2) = 1

δ(m, n)

Kronecker-Delta- oder Stoßfunktion (**δ(m,n) = wenn(m = n , 1, 0)**).

δ(5, 2) = 0 δ(2, 4) = 0 δ(3, 3) = 1

rnd(x)

Liefert **gleichverteilte Zufallszahlen zwischen 0 und x**.

rnd(3) = 2.35 rnd(3) = 1.56

Setzen Sie den **Cursor auf rnd** und drückt die **F9-Taste**, so erhalten Sie eine **neue Zufallszahl!**

gcd(x, y, ...)

Liefert den **größten gemeinsamen Teiler von x, y, ...** (greatest common divisor).

$$\mathrm{gcd}\left[306, \begin{pmatrix} 1071 & 816 \\ 765 & 2703 \end{pmatrix}, 1275\right] = 51$$

lcm(x, y, ...)

Liefert das **kleinste gemeinsame Vielfach von x, y, ...** (least common multiple).

$$\mathrm{lcm}\left(\begin{pmatrix} 56 \\ 72 \\ 100 \end{pmatrix}\right) = 12600$$

a := 72 b := 4 gcd(a, b) · lcm(a, b) = 288 a · b = 288

2.4.2 Selbstdefinierte Funktionen

Beispiel 2.19:

Bestimmung des Dezimalanteils einer positiven reellen Zahl:

$\text{mantisse}(x) := x - \text{floor}(x)$

$\text{mantisse}(1.13) = 0.13$ $\text{mantisse}(8.34) = 0.34$

Beispiel 2.20:

Runden einer positiven reellen Zahl:

$\text{runden}(x) := \text{wenn}(\text{mantisse}(x) < 0.5, \text{floor}(x), \text{ceil}(x))$

$\text{runden1}(x) := \text{wenn}(x - \text{floor}(x) \geq 0.5, \text{ceil}(x), \text{floor}(x))$

$\text{runden}(-5.53) = -6$ $\text{runden}(9.13) = 9$ $\text{runden}(9.51) = 10$

$\text{runden1}(-5.53) = -6$ $\text{runden1}(9.13) = 9$ $\text{runden1}(9.51) = 10$

Beispiel 2.21:

Definition einer quadratischen Funktion (lokal):

$f(x) := 2 \cdot x^2 + 2$ Die Werte der Argumente einer Funktion müssen vor der Definition einer Funktion noch nicht festgelegt werden.

$a := 1$ Anfangswert des Intervalls [a, b]

$b := 5$ Endwert des Intervalls [a, b]

$n := 8$ Anzahl der Schritte im Intervall [a, b]

$\Delta x := \frac{b - a}{n}$ $\Delta x = 0.5$ Schrittweite

$x := a, a + \Delta x .. b$ Bereichsvariable (Laufvariable)

ORIGIN := 1 ORIGIN für den Beginn der Zeilen- und Spaltenbeschriftung festlegen

x =

	1
1	1
2	1.5
3	2
4	2.5
5	3
6	3.5
7	4
8	4.5
9	5

f(x) =

	1
1	4
2	6.5
3	10
4	14.5
5	20
6	26.5
7	34
8	42.5
9	52

Tabellenausgabe

Beispiel 2.22:

Definition einer Funktion mit Fehlermeldung (lokal):

Fehlermeldung := "Der Logarithmus ist für x <= 0 nicht definiert !"

Eine Zeichenkette (String) ist zwischen Anführungszeichen einzuschließen!

$g(x) := \text{wenn}(x > 0, \ln(x), \text{Fehlermeldung})$

g(−1) = "Der Logarithmus ist für x <= 0 nicht definiert !"

$g(1) = 0$

g(0) = "Der Logarithmus ist für x <= 0 nicht definiert !"

$g(e) = 1$

Beispiel 2.23:

Definition der Funktion h und f als Funktion mit 2 bzw. 3 Argumenten (lokal):

$h(f, x, y) := f(x, y) + 5 \cdot f(x, y)$ Definition einer verketteten Funktion h(f(x,y))

$h1(f, x, y, z) := f(x, y) + f(x, y, z)$ **Achtung! Diese Definition ist nicht zulässig. Jede als Argument übergebene Funktion muss bei jeder Referenzierung mit der gleichen Anzahl von Argumenten verwendet werden.**

$f(x, y) := \sqrt{x^2 + y^2}$ Definition einer Funktion f

$h(f, 2, 6) = 37.947$ Funktionswertberechnung durch direktes Einsetzen der Argumente

$f(2, 6) = 6.325$ Funktionswertberechnung durch direktes Einsetzen der Argumente

Beispiel 2.24:

Definition der Funktion R(ϑ) global (**Lineare Temperaturabhängigkeit eines Widerstandes**):

$ORIGIN := 1$ ORIGIN für den Beginn der Zeilen- und Spaltenbeschriftung festlegen

$R_{20} := 100 \cdot \Omega$ Widerstand bei 20° Celsius oder 293.15 K

Das **Symbol °C** (keine SI-Einheit!) kann über die **Symbolleiste-Benutzerdefinierte Zeichen** im Platzhalter rechts von der angezeigten Einheit eingefügt werden. Analoges gilt auch für die **Temperaturdifferenz °C**. Zuerst eingeben und nachfolgend **°C**.

$293.15 \cdot K = 293.15 \cdot K$ **Rechts von 293.15 K im Platzhalter °C eingeben!** $293.15 \cdot K = 20 \cdot °C$

$\alpha := 0.0011 \cdot K^{-1}$ Temperaturkoeffizient in $°C^{-1}$

$\Delta\vartheta := 0 \cdot K, 4 \cdot K .. 40 \cdot K$ Temperaturbereich (in °C oder K wegen $\Delta\vartheta = \Delta T$)

Bemerkung:

Eine Temperatureinheit könnte auch wie folgt definiert werden:

$°C := 1$ Definition der Temperatureinheit °C (Einheitenlose Definition)

$\Delta\vartheta := 0 \cdot °C, 0 \cdot °C + 4 \cdot °C .. 40 \cdot °C$ Temperaturbereich in °C

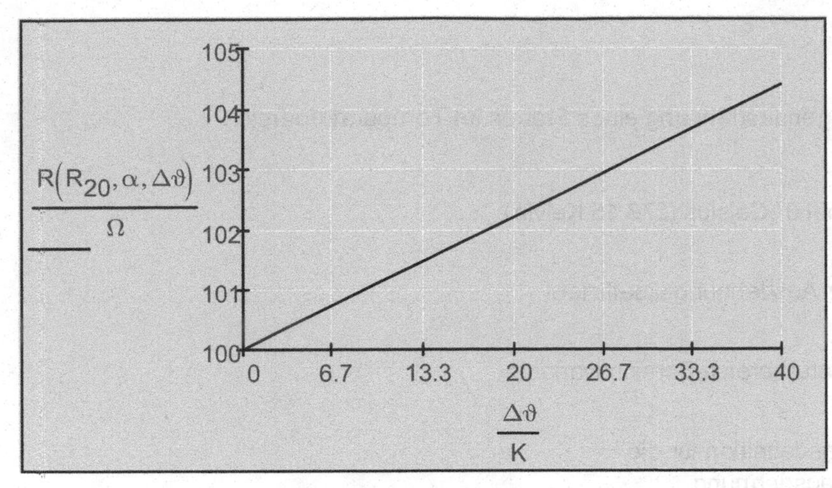

Achsenbeschränkung:
y-Achse von 100 bis 105
X-Y-Achsen:
Gitterlinien
Nummeriert
Automatische Skalierung
Anzahl der Gitterlinien:
x-Achse: 6 und y-Achse: 5
Achsenkreuz
Spuren:
Typ Linien
Zahlenformat:
Anzahl Dezimalstellen: 1

Abb. 2.17

Durch einen Doppelklick auf die Grafik öffnet sich das Dialogfeld für die Formatierung der Grafik. Näheres siehe dazu Kapitel 7.

Nachträgliche Definition der Funktion global:

$$R(R_{20}, \alpha, \Delta\vartheta) \equiv R_{20} \cdot (1 + \alpha \cdot \Delta\vartheta)$$

$\Delta\vartheta =$ (in $\cdot\ \Delta°C$)

	1
1	0
2	4
3	8
4	12
5	16
6	20
7	24
8	28
9	32
10	36
11	40

$R(R_{20}, \alpha, \Delta\vartheta) =$ (in Ω)

	1
1	100
2	100.44
3	100.88
4	101.32
5	101.76
6	102.2
7	102.64
8	103.08
9	103.52
10	103.96
11	104.4

Beispiel 2.25:

Funktionsdefinition:

Definieren Sie eine Funktion für die Längenausdehnung eines Stabes im Temperaturbereich $\Delta T = 0$ K, $\Delta T = 5$ K, ..., $\Delta T = 30$ K.

$l_0 := 2 \cdot m$ Länge bei 0° Celsius (273.15 Kelvin)

$\alpha := 0.0012 \cdot K^{-1}$ Linearer Ausdehnungskoeffizient

$\Delta T := 0 \cdot K, 5 \cdot K .. 30 \cdot K$ Temperaturbereich-Bereichsvariable

$l(\Delta T) := l_0 \cdot (1 + \alpha \cdot \Delta T)$ Funktionsdefinition für die Längenausdehnung

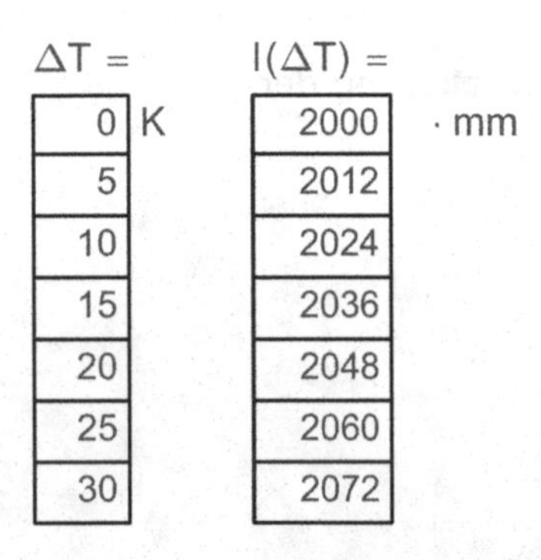

$\Delta T =$ (K)	$l(\Delta T) =$ (· mm)
0	2000
5	2012
10	2024
15	2036
20	2048
25	2060
30	2072

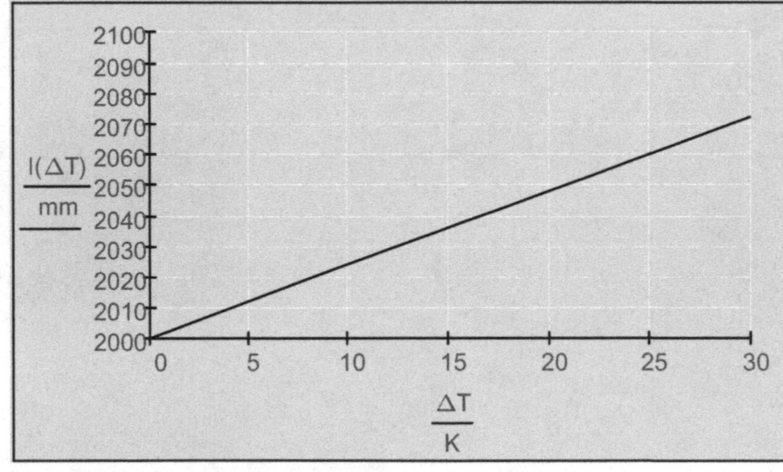

Abb. 2.18

Achsenbeschränkung:
y-Achse von 2000 bis 2100
X-Y-Achsen:
Gitterlinien
Nummeriert
Automatische Skalierung
Anzahl der Gitterlinien:
x-Achse: 6 und y-Achse: 10
Achsenkreuz
Spuren:
Typ Linien
Zahlenformat:
Format Dezimal
Anzahl Dezimalstellen: 1

Durch einen Doppelklick auf die Grafik öffnet sich das Dialogfeld für die Formatierung der Grafik. Näheres siehe dazu Kapitel 7.

Beispiel 2.26:

Definition einer Funktion, die gleichverteilte ganzzahlige Zufallszahlen im Bereich von 0, 1, 2, ..., n liefert.
Definition einer Funktion, mit der entschieden werden kann, ob eine natürliche Zahl ungerade oder gerade ist.

$\text{rndganz}(n) := \text{floor}(\text{rnd}(n+1))$ — ganzzahlige Zufallszahlen im Bereich von 0 ... n

$i := 0..3$ $\quad$ $\text{rndganz}(i) =$

0
1
1
1

Setzen Sie den Cursor auf rndganz oder floor bzw. rnd und drücken Sie **< F9 >**, so erhalten Sie hier verschiedene Zufallszahlenreihen!

$\text{ungerade}(n) := \text{mod}(n,2) > 0$

oder

$\text{ungerade}(n) := \text{mod}(|n|,2) = 1$

Entscheidungsfunktion, ob eine natürliche Zahl ungerade oder gerade ist.

$\text{gerade}(n) := \text{mod}(n,2) = 0$

$n := 3$ $\quad$ $n1 := 4$ — gewählte Werte

$\text{ungerade}(n) = 1$

$\text{ungerade}(n1) = 0$

$\text{gerade}(4) = 1$

1 steht für wahr und 0 für falsch!

Beispiel 2.27:

Definition einer Logarithmusfunktion mit den Basen a bzw. b.

$\text{lb}(x) := \frac{\ln(x)}{\ln(2)}$ $\quad$ $a := 2$ $\quad$ $\log_a(x) := \frac{\ln(x)}{\ln(a)}$ $\quad$ $\log_a(10) = 3.322$

$\text{lb}(10) = 3.322$ $\quad$ oder $\quad$ $b := 2$ $\quad$ $\log_b(x) := \log(x,b)$ $\quad$ $\log_b(10) = 3.322$

$\text{lb}(x) := \log(x,2)$ $\quad$ $\text{lg}(x) := \log(x)$ $\quad$ oder $\quad$ $\text{lg}(x) := \log(x,10)$

$\text{lb}(10) = 3.322$ $\quad$ $\text{lg}(10) = 1$

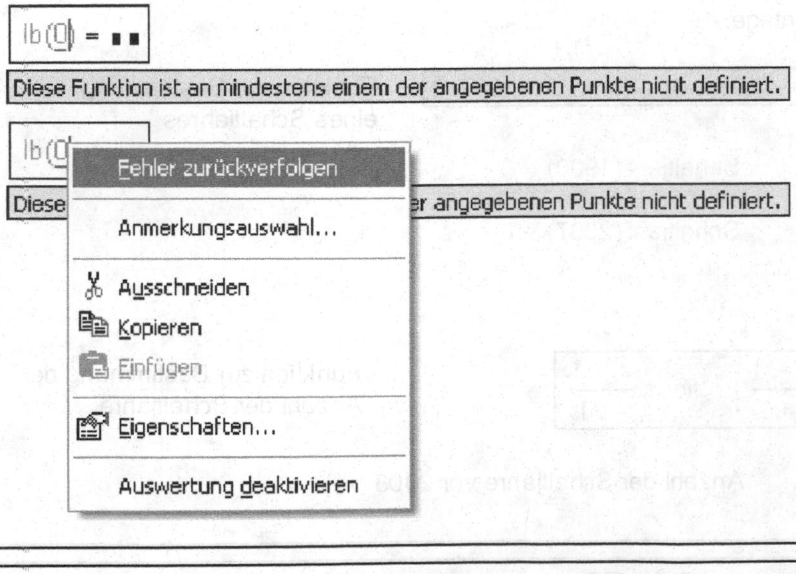

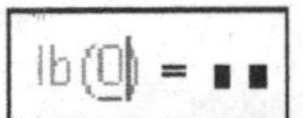

Diese Funktion ist an mindestens einem der angegebenen Punkte nicht definiert.

Tritt ein Fehler bei der Auswertung auf, so wird dieser angezeigt.

lb(0)

Fehler zurückverfolgen
Anmerkungsauswahl...
Ausschneiden
Kopieren
Einfügen
Eigenschaften...
Auswertung deaktivieren

Diese ... er angegebenen Punkte nicht definiert.

Ein auftretender Fehler kann zurückverfolgt werden (den Cursor mit der rechten Maustaste auf den fehlerhaften Bereich setzen - Abb. 2.19). Die Rückverfolgung (Abb. 2.20) ist nicht immer möglich!

Abb. 2.19

Abb. 2.20

Beispiel 2.28:

Definition von Temperaturfunktionen.

$°C := 1$ Definition von °C (Einheitenlose Definition)

$T(\vartheta) := (\vartheta + 273.15) \cdot K$ $T(100 \cdot °C) = 373.15\,K$ Temperatur in Kelvin

$\vartheta(T) := \left(\frac{T}{K} - 273.15\right)$ $\vartheta(100 \cdot K) = -173.15 \cdot °C$ Temperatur in °C

Beispiel 2.29:

Vorkomma- und Nachkommazahlen.

$int(x) := wenn(x \geq 0, floor(x), ceil(x))$ bestimmt die Vorkommazahl einer Dezimalzahl

$dec(x) := mod(x, 1)$ bestimmt die Nachkommazahl einer Dezimalzahl

$int(12.37847) = 12$ $dec(12.37847) = 0.37847$

$int(0.001673) = 0$ $dec(0.001673) = 0.00167$

$x = int(x) + dec(x)$ $int(12) + dec(0.37847) = 12.37847$

$int(-45634) = -4.563 \times 10^4$ $dec(-45634) = 0$

$int(-34.4567) = -34$ $dec(-34.4567) = -0.4567$

Beispiel 2.30:

Schaltjahre, Anzahl der Tage und Wochentage.

$Schaltjahr(J) := (mod(J, 4) = 0) \cdot (mod(J, 100) \neq 0) + (mod(J, 400) = 0)$ Funktion zur Bestimmung eines Schaltjahres

$Schaltjahr(1600) = 1$ $Schaltjahr(1900) = 0$

$Schaltjahr(2000) = 1$ $Schaltjahr(2007) = 0$

$Schaltjahr(2008) = 1$

$ASchaltjahr(J) := floor\left(\frac{J-1}{4}\right) + floor\left(\frac{J-1}{400}\right) - floor\left(\frac{J-1}{100}\right)$ Funktion zur Bestimmung der Anzahl der Schaltjahre

$ASchaltjahr(2008) = 486$ Anzahl der Schaltjahre vor 2008

$ORIGIN := 0$ ORIGIN festlegen

$\mathbf{Tage} := (0\ \ 31\ \ 59\ \ 90\ \ 120\ \ 151\ \ 181\ \ 212\ \ 243\ \ 273\ \ 304\ \ 334)^T$ $\mathbf{Tage}_i$ ist die Anzahl von Tagen in einem typischen Jahr (365 Tage) vor dem Monat i.

$AnzahlTage(M, T, J) := 365 \cdot (J - 1) + ASchaltjahr(J) + \mathbf{Tage}_{M-1} \ldots + T + (M > 2) \cdot Schaltjahr(J)$ Anzahl der Tage seit 31. 12. 0000

$AnzahlTage(12, 31, 0) = 0$ 12/31/0000

$AnzahlTage(1, 13, 1) = 13$ 1/13/0001

$AnzahlTage(5, 2, 1900) = 693717$ 5/2/1900

$AnzahlTage(12, 31, 2000) = 730485$ 12/31/2000

$AnzahlTage(1, 12, 2007) = 732688$ 1/12/2007

$Wochentag(M, T, J) := mod(AnzahlTage(M, T, J), 7) + 1$ Funktion zur Wochentagsbestimmung. Sonntag = 1, Montag = 2, Dienstag = 3, Mittwoch = 4, Donnerstag = 5, Freitag = 6, Samstag = 7.

$Wochentag(7, 20, 1969) = 1$ Sonntag, erster Mensch auf den Mond

$Wochentag(6, 27, 1986) = 6$ Freitag, Mathcad 1.0 erscheint

$Wochentag(1, 1, 2007) = 2$ Montag, erster Tag im Jahre 2007

3. Rechnen mit beliebigen Zahlen und Einheiten

Das **Numerische-Ergebnisformat** ist über **Menü-Format-Ergebnis** wählbar. Durch **Doppelklicken auf ein numerisches Ergebnis** kann ebenfalls das **Ergebnisformat** geändert werden.

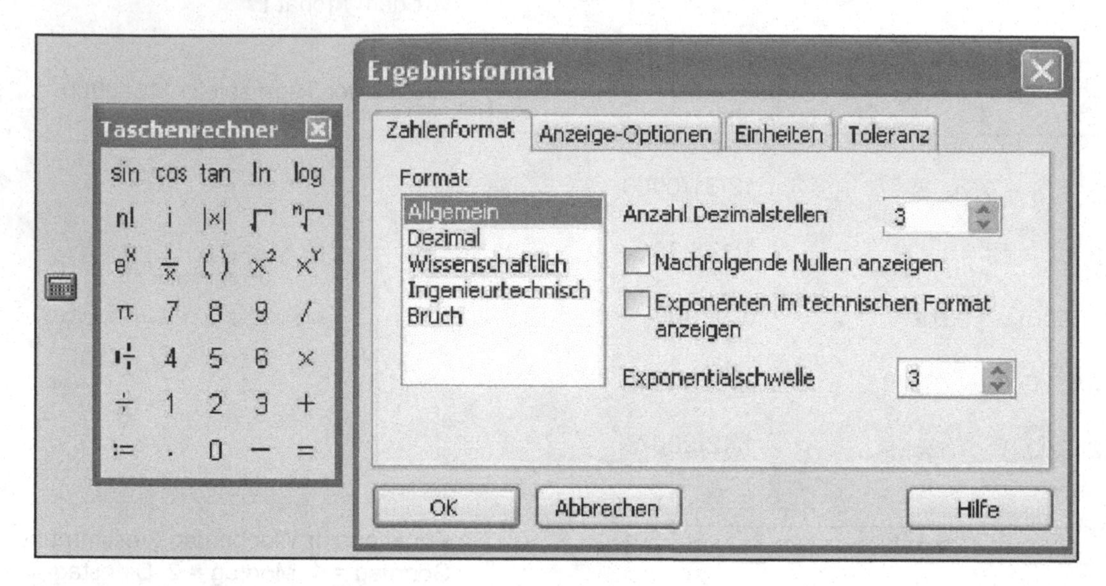

Abb. 3.1

3.1 Numerisches Rechnen

Rechnen mit reellen Zahlen:

Die **Anzahl der Dezimalstellen** im Dialogfeld **Ergebnisformat** erlaubt einen **Maximalwert von 17**.

Beispiel 3.1:

$10^{-17} = 0.00000000000000001$ **Die Anzahl der Dezimalstellen ist hier numerisch maximal 17!**

Die kleinste bzw. die größte reele darstellbare Zahl nach IEEE 754: $\pm 2^{-1022}$ bzw. $\pm((1-(1/2)^{53})*2^{1024})$.

$$\left[1-\left(\frac{1}{2}\right)^{53}\right]\cdot 2^{1023} = 8.988 \times 10^{307}$$

$$a1 := \frac{10^{307}}{10^{321}}$$

Hier wird im Nenner die **größtmögliche Zahl 10^{307}** in Mathcad überschritten!

$$a1 := \frac{10^{307}}{10^{321}} \; *$$

Optimieren Sie diesen Ausdruck (**Kontextmenü über rechte Maustaste (Optimieren) bzw. Menü-Extras-Optimieren**), so erscheint ein Sternchen. Dieses Sternchen gibt an, dass eine exakte Lösung gefunden wurde.

$$a1 = 1 \times 10^{-14}$$

Nach zweifachem Anklicken des rechten Ausdrucks (mit Sternchen) erscheint eine Dialogbox (Abb. 3.2), in der das exakte Ergebnis angezeigt wird (oder Klick der rechten Maustaste auf den auszuwertenden Ausdruck - Optimierung anzeigen)!

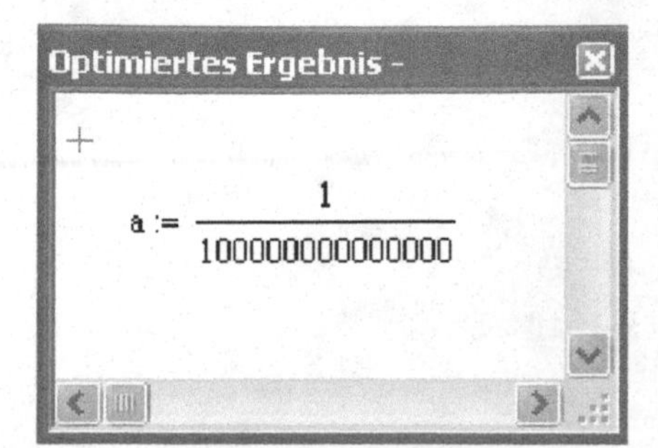

Abb. 3.2

$3 \div 4 = 0.75$ — ein anderer Divisionsoperator (siehe Taschenrechner)

$a := 3.25$ $\quad a = \frac{13}{4}$ — Ergebnisformat Bruch (Abb. 3.1 Taschenrechner)

$3\frac{1}{5} = 3.2$ — gemischtzahlige Darstellung (siehe Taschenrechner)

$7 + \frac{5}{4} - 1 = 7.25$ $\quad 5^{-1} \cdot 8^2 - \frac{7^2}{5^{-1}} = -232.2$ $\quad \sqrt{56 - 5 \cdot 3} = 6.403$ $\quad \sqrt[4]{456.125 - 12.36} = 4.59$

$4.2^{3.75} = 217.363$ $\quad |-56| = 56$ $\quad \pi = 3.142$ $\quad 6! = 720$

$\sin\left(\frac{\pi}{2}\right) = 1$ $\quad \cos(0) = 1$ $\quad \tan(\pi) = -1.225 \times 10^{-16}$ $\quad \ln(5.76) = 1.751$

$\sqrt[3]{-1} = -1$ $\quad 5! = 120$ $\quad e = 2.718$ $\quad \log(100) = 2$

$3 \cdot e^{10} = 6.608 \times 10^4$ $\quad 3 \cdot e^{10} = 66079.397$

Durch einen **Doppelklick auf ein Ergebnis** können im **Dialogfenster Ergebnisformat verschiedene Zahlenformate** gewählt werden (Abb. 3.3):

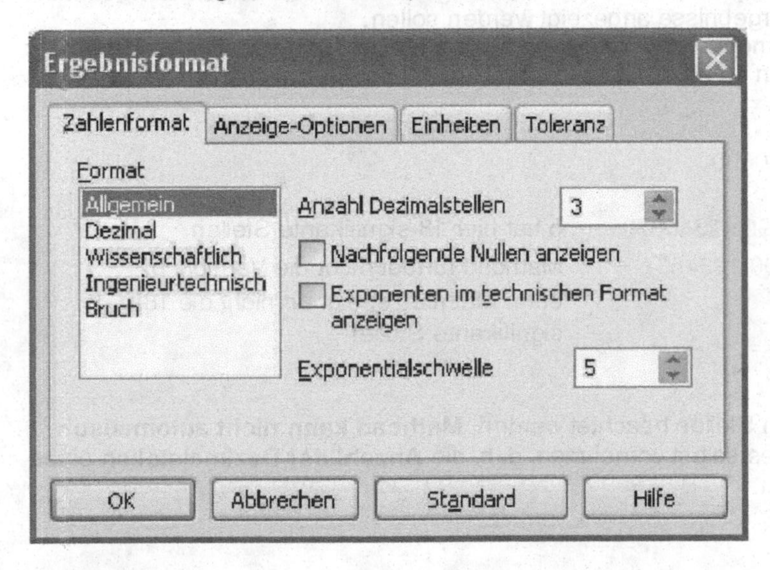

Abb. 3.3

Allgemein:
Ergebnisse werden in Exponentialschreibweise angegeben, sobald die Exponentialschwelle überschritten ist.

$10372.12 = 1.037 \times 10^4$ (die Exponentialschwelle ist 3)

Um eine **reine Dezimalausgabe** zu erhalten, muss die **Exponentialschwelle** (maximal 15) um **einen Wert höher** (hier auf 5) gesetzt werden.

$10372.12 = 10372.12$ (die Exponentialschwelle ist 5)

Dezimal:
Die Ergebnisse werden nie in Exponentialschreibweise angegeben.

$10372.12 = 10372.12$

Wissenschaftlich:
Die Ergebnisse werden immer in Exponentialschreibweise angegeben.

$10372.12 = 1.037 \times 10^{4}$ $10372.12 = 1.037E+004$ **Exponent als E±000 anzeigen**

Ingenieurtechnisch:
Das Ergebnis wird immer in Exponentialschreibweise angegeben. Die Exponenten sind Vielfache von 3.

$10372.12 = 10.372 \times 10^{3}$ $10372.12 = 10.372E+003$ **Exponent als E±000 anzeigen**

Bruch:
Die Ergebnisse werden als Bruch angezeigt. Sie können auch festlegen, ob ein gemischtes Zahlenformat verwendet werden soll.

$10372.12 = \frac{518375751984127}{49977801258}$ $10372.12 = 10372\frac{5997336151}{49977801258}$ **Gemischtes Zahlenformat**

Anzahl Dezimalstellen:
Bestimmt die Anzahl der angezeigten Stellen rechts neben dem Dezimaltrennzeichen. Die Anzahl entspricht dem Kleineren der beiden Werte ("angezeigte Genauigkeit" und "17 minus die Anzahl der Stellen, die vor dem Dezimaltrennzeichen angezeigt werden"). Diese Option betrifft nur die Anzeige. Die Berechnungen erfolgen mit voller Genauigkeit, unabhängig davon, wie die Ergebnisse angezeigt werden sollen.
Befinden sich links neben dem Dezimalzeichen mehr als 17 Ziffern, so zeigt Mathcad für die restlichen Ziffern Nullen an. Bitte beachten Sie, dass nur die ersten 16 Ziffern korrekt sind (Anzahl der Dezimalstellen 17 und die letzte Ziffer wird gerundet):

$98765432101234567890 = 98765432101234570000$

$d := 1234567890.1234567$ $b := 1234567890.12345678$ b hat hier 18 signifikante Stellen

$d = 1234567890.1234567$ $b = 1234567890.1234567$ Mathcad rundet nicht die Variable b, denn Mathcad speichert nicht die 18te signifikante Stelle!

$d - b = 0$

Signifikante Stellen:
Bei Berechnungen müssen oft auch signifikanten Stellen beachtet werden. **Mathcad kann nicht automatisch signifikante Stellen** handhaben. Sie müssen dies selbst vornehmen, d. h. die **Anzahl der Dezimalstellen** eines Ergebnisses im **Ergebnisformat-Fenster** ändern.

Bemerkung:
Wenn Sie ein **Ergebnis kopieren**, so werden nur die **angezeigten Nachkommastellen kopiert**:

$a := 123.45678$ $a = 123.457$ Standardeinstellung 3 Nachkommastellen

$123.457 = 123.4570$ kopiertes und ausgewertetes Ergebnis (4 Nachkommastellen und nachfolgende Nullen anzeigen)

Darstellung von reellen Zahlen x im Binär (b)-, Oktal (o)- oder Hexadezimalsystem (h) :

Alle Zahlen müssen **$|x| < 2^{31}$** sein. Die **Basis für das System** kann im **Ergebnisformat-Fenster Anzeige-Optionen** geändert werden (Abb.3.4). Die Standardeinstellung ist Dezimal.

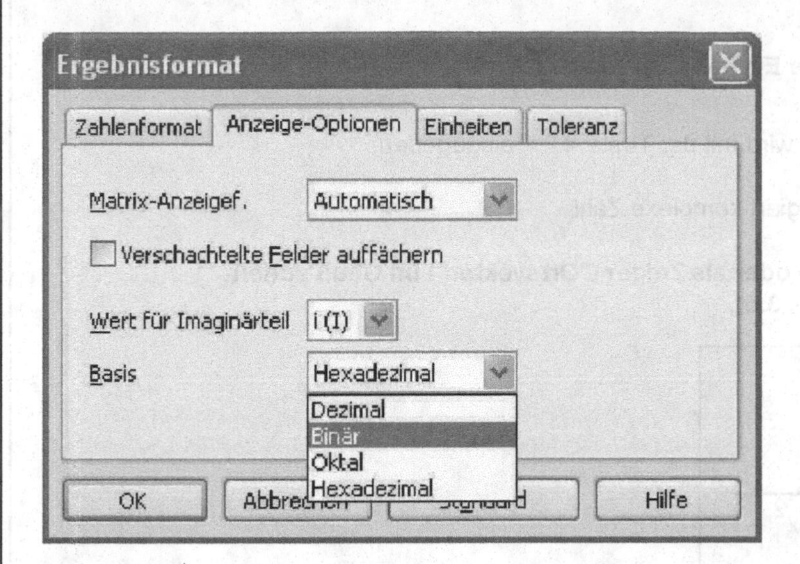

Abb. 3.4

Beispiel 3.2:

x := 11110000b x = 360o x = 0f0h x = 240

x := 360o x = 0f0h x = 11110000b x = 240

235 = 0ebh 235 = 353o **bzw. umgekehrt** 0ebh = 235 353o = 235

c := 255 c = 0ffh $c = 0f.fh \times 10h^{1h}$ **Achtung auf die Exponentialschwelle!**

Bei der Eingabe einer Hex-Zahl, z. B. 5AB, fügt der Editor von Mathcad nach der Ziffer 5 einen Multiplikationsoperator ein. Dieser muss nach der Eingabe der Hex-Zahl gelöscht werden, bevor sie mit "=" ausgewertet werden kann! Der Multiplikationsoperator kann unterdrückt werden, wenn im Menü-Extras-Einstellungen im Registerblatt-Allgemein "Implizite Multiplikation unterdrücken" aktiviert ist. Hex-Zahlen, die mit einem Buchstaben beginnen, müssen mit einer führenden 0 eingegeben werden.

5ABh = 1451 0AB3h = 2739

Rechnen mit komplexen Zahlen:

Für die **imaginäre Einheit wird hier j** verwendet (**global oder lokal auf i oder j einstellbar - siehe Ergebnisformat-Anzeige-Optionen, Abb. 3.4**). Zu beachten ist, dass **j immer als 1j** (ohne Malpunkt) eingegeben wird!

$\sqrt{-1} = j$ $\qquad \sqrt{-1} \rightarrow j$ $\qquad$ **imaginäre Einheit**

Eine **konjugiert komplexe Variable** oder **Zahl** wird mit der Taste **< " >** eingegeben:

$\underline{z}$ komplexe Variable $\qquad \overline{\underline{z}}$ konjugiert komplexe Zahl

Eine komplexe Zahl kann als Punkt, Strecke oder als Zeiger ("Ortsvektor") im Gauß'schen Koordinatensystem dargestellt werden (Abb. 3.5).

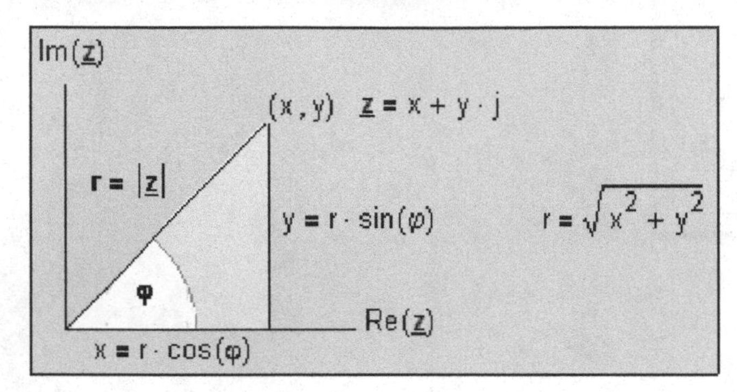

Abb. 3.5

Mit den Funktionen xyinpol(x, y) **und** polinxy(r, φ) **kann von kartesischen Koordinaten in Polarkoordinaten und umgekehrt umgerechnet werden. Ein Vektor wird mithilfe der Symbolleiste Rechnen-Matrix eingegeben.**

$x := 2 \qquad y := 3$ gewählte Werte

$\begin{pmatrix} r \\ \varphi \end{pmatrix} := \text{xyinpol}(x, y) \qquad \begin{pmatrix} r \\ \varphi \end{pmatrix} = \begin{pmatrix} 3.606 \\ 0.983 \end{pmatrix} \qquad \varphi = 56.31 \cdot \text{Grad}$ Im Platzhalter Grad eingeben!

$\begin{pmatrix} x \\ y \end{pmatrix} := \text{polinxy}(r, \varphi) \qquad \begin{pmatrix} x \\ y \end{pmatrix} = \begin{pmatrix} 2 \\ 3 \end{pmatrix}$

Beispiel 3.3:

$x := 23.5 \qquad y := 16.6$ Real- und Imaginärteil einer komplexen Zahl

$\underline{z} := x + y \cdot j \qquad \underline{z} = 23.5 + 16.6j$ **Komplexe Zahl in Komponentenform (Benutzerformat Fett und Unterstreichen)**

$\overline{\underline{z}} = 23.5 - 16.6j$ **Konjugierte komplexe Zahl** in Komponentenform. $\underline{z}$ eingeben und mit Cursor markieren, dann die Anführungszeichentaste **<">** drücken.

$^*(\underline{z}) := \overline{\underline{z}}$ **Konjugierte komplexe Zahl (siehe Kapitel 17) in Funktionsdarstellung Eingabe: a und <Umschalt>+<Strg>+<K>, < * >, <Umschalt>+<Strg>+<K>, (z) eingeben und dann a löschen.**

$\underline{z}^* = 23.5 - 16.6j$ **Ausgabe mit dem Postfix-Operator (Symbolleiste-Auswertung) (siehe Kapitel 17)**

$r := |\underline{z}|$ **Betrag der komplexen Zahl** (Länge des Zeigers)

$r = 28.772$

$\mathrm{Re}(\underline{z}) = 23.5$ $\mathrm{Im}(\underline{z}) = 16.6$ **Real- und Imaginärteil von $\underline{z}$**

Der Winkel zwischen reeller Achse und Zeiger kann auf verschiedene Art und Weise berechnet werden:

$\varphi := \arg(\underline{z})$ $-\pi < \arg(\underline{z}) \le \pi$

$\varphi = 0.615$ Winkel in Radiant $\varphi = 35.237 \cdot \mathrm{Grad}$ Winkel in ° (**Grad** im Platzhalter nach der Dezimalzahl eingeben)

$\varphi_1 := \mathrm{atan2}(x, y)$ $\varphi_1 = 0.615$ **atan2 im Bereich $-\pi < \varphi_2 \le \pi$ Es gilt: atan2(x,y) = arg(x + y . j)**

$\varphi_2 := \mathrm{atan}\left(\frac{y}{x}\right)$ $\varphi_2 = 0.615$ **atan im Bereich $-\pi/2 \le \varphi_1 \le \pi/2$**

$\varphi_3 := \mathrm{winkel}(x, y)$ $\varphi_3 = 0.615$ **Winkel im Bereich $0 \le \varphi_3 < 2\pi$**

$\underline{z} := r \cdot (\cos(\varphi) + j \cdot \sin(\varphi))$ **komplexe Zahl in Polarkoordinatenform**

$\underline{z} = 23.5 + 16.6j$ Ausgabe in Komponentenform

$|\underline{z}| \cdot \cos(\arg(\underline{z})) + |\underline{z}| \cdot \sin(\arg(\underline{z})) \cdot j = 23.5 + 16.6j$

$\angle(r, \varphi) := r \cdot (\cos(\varphi) + j \cdot \sin(\varphi))$ **Versor-Darstellung einer komplexen Zahl (siehe Kapitel 17) in Funktionsdarstellung**

$\underline{z1} := r \angle \varphi$ **Eingabe mit dem Infix-Operator (Symbolleiste-Rechen-Auswertung)**

$\underline{z1} = 23.5 + 16.6j$ $\angle(r, \varphi) = 23.5 + 16.6j$ Auswertung in Komponentenform

Mithilfe der Euler'schen Beziehungen erhalten Sie die Exponentialform:

$e^{j \cdot \varphi} = \cos(\varphi) + j \cdot \sin(\varphi)$ $e^{-j \cdot \varphi} = \cos(\varphi) - j \cdot \sin(\varphi)$

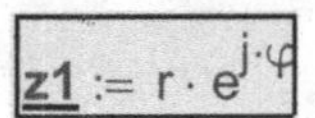

$\underline{z1} := r \cdot e^{j \cdot \varphi}$ $\underline{z2} := r \cdot e^{-j \cdot \varphi}$ **komplexe Zahlen in Exponentialform**

$\underline{z1} = 23.5 + 16.6j$ $\underline{z2} = 23.5 - 16.6j$ Ausgabe in Komponentenform

Beispiel 3.4:

$\underline{z}_1 := 5.3451 + 0.000781 \cdot j$

$\underline{z}_1 = 5.3451 + 7.81i \times 10^{-4}$ komplexe Toleranzschwelle 4 (**siehe Ergebnisformat-Dialogfenster, Registerblatt-Toleranz)**

$\underline{z}_1 = 5.3451$ komplexe Toleranzschwelle 3 **(unterdrückt bzw. setzt Im($\underline{z}$) = 0!)**

$\underline{z}_2 := 3 + 4 \cdot j$ $\quad \underline{z}_3 := -1 - j$

$\underline{z}_1 + \underline{z}_2 = 8.345 + 4.001j$ $\quad \underline{z}_2 - \underline{z}_3 = 4 + 5j$

$\underline{z}_2 \cdot \underline{z}_3 = 1 - 7j$

Summe, Differenz und Produkt zweier komplexer Zahlen

$\frac{\underline{z}_2}{\underline{z}_3} = -3.5 - 0.5j$ $\quad \frac{\underline{z}_2}{\underline{z}_3} \rightarrow -\frac{7}{2} - \frac{1}{2} \cdot j$ numerische und symbolische Auswertung eines Quotienten

${\underline{z}_2}^2 = -7 + 24j$ $\quad {\underline{z}_3}^3 = 2 - 2j$ Potenzen komplexer Zahlen

$\sqrt{\underline{z}_2} = 2 + j$ $\quad \sqrt[3]{\underline{z}_3} = 0.794 - 0.794j$ **Die Wurzeln liefern natürlich nur den Hauptwert! Auch bei der 3. Wurzel wird nur der Hauptwert berechnet!**

$\varphi := \arg(\underline{z}_2)$ $\quad \varphi = 53.13 \cdot \text{Grad}$ Winkel

$$\sqrt[n]{\underline{z}} = \left(|\underline{z}|\right)^{\frac{1}{n}} \cdot e^{j \cdot \frac{\arg(\underline{z}) + 2 \cdot k \cdot \pi}{n}}$$

n-te Wurzel für k = 0, 1, 2, ..., n -1

$k := 0 .. 1$ $\quad k1 := 0 .. 2$ Bereichsvariable

$$\underline{z}_k := \sqrt{|\underline{z}_2|} \cdot e^{j \cdot \left(\frac{\varphi + 2 \cdot k \cdot \pi}{2}\right)} \qquad \underline{z} = \begin{pmatrix} 2 + j \\ -2 - j \end{pmatrix}$$

Haupt- und Nebenwert!

$$\underline{z}_{k1} := \sqrt[3]{|\underline{z}_2|} \cdot e^{j \cdot \left(\frac{\varphi + 2 \cdot k1 \cdot \pi}{3}\right)} \qquad \underline{z} = \begin{pmatrix} 1.629 + 0.52j \\ -1.265 + 1.151j \\ -0.364 - 1.671j \end{pmatrix}$$

Haupt- und Nebenwerte!

oder:

$n := 3$ $\quad k := 0 .. n - 1$

$$\underline{z}_k := \left(|\underline{z}_2|\right)^{\frac{1}{n}} \cdot e^{i \cdot \frac{\arg(\underline{z}_2) + 2 \cdot k \cdot \pi}{n}} \qquad \underline{z} = \begin{pmatrix} 1.629 + 0.52j \\ -1.265 + 1.151j \\ -0.364 - 1.671j \end{pmatrix}$$

Bemerkung:

Komplexe Schwelle und Nullschwelle:

Die komplexe Schwelle und Nullschwelle können über das **Registerblatt "Toleranz" (Abb. 3.2)** eingestellt werden:
Komplexe Schwelle:
Hiermit wird festgelegt, um wie viel größer der reelle oder imaginäre Teil einer Zahl sein muss, bevor die Anzeige des kleineren Teils unterdrückt wird. Komplexe Schwellen müssen eine ganze Zahl zwischen 0 und 307 sein.
Der Standardwert ist 10. Dies bedeutet:
$\underline{z}$ wird als reine reelle Zahl dargestellt, wenn gilt: $Re(\underline{z})/Im(\underline{z}) > 10^{10}$
$\underline{z}$ wird als reine imaginäre Zahl dargestellt, wenn gilt: $Im(\underline{z})/Re(\underline{z}) > 10^{10}$
Nullschwelle:
Mit dieser Option legen Sie fest, wie nah ein Ergebnis an null liegen muss, bevor es als Null angezeigt wird. So wird die Zahl 0.00136 bei unterschiedlichen Werten für die Nullschwelle folgendermaßen angezeigt:

Null-Toleranz	Angezeigtes Ergebnis
2	0
3	0.00136

Die **Null-Toleranz** kann zwischen 0 und 307 liegen. **Die Standardeinstellung von 15 beispielsweise besagt, dass jede Zahl kleiner als 10^{-15} als Null dargestellt wird.** Sie können die Nullschwelle nur festlegen, wenn kein bestimmtes Ergebnis markiert ist. Klicken Sie im Arbeitsblatt auf eine leere Stelle und wählen Sie Ergebnis im Menü Format.

3.2 Numerische und symbolische Auswertung

Es gibt zwei Arten der symbolischen Auswertung von mathematischen Ausdrücken:

- **Menügesteuerte Auswertung** über **Menü-Symbolik**. Das **Auswertungsformat** kann für die **menügesteuerte Auswertung** im **Menü-Symbolik-Auswertungsformat** eingestellt werden (Abb. 3.6).
- **Live-symbolische Auswertung** mithilfe der **Symbolleiste "Symbolische Operatoren"** (Abb. 3.7) bzw. mit dem **symbolischen Gleichheitszeichen (Operator "→" aus der Symbolleiste-Auswertung oder <Strg>+<.>).**

Die symbolische Auswertung erfolgt mit einem eingeschränkten MuPad Kern. Es kann daher nicht erwartet werden, dass im Vergleich zum vollständigen MuPad-Kern, ein symbolisches Ergebnis gefunden werden kann!

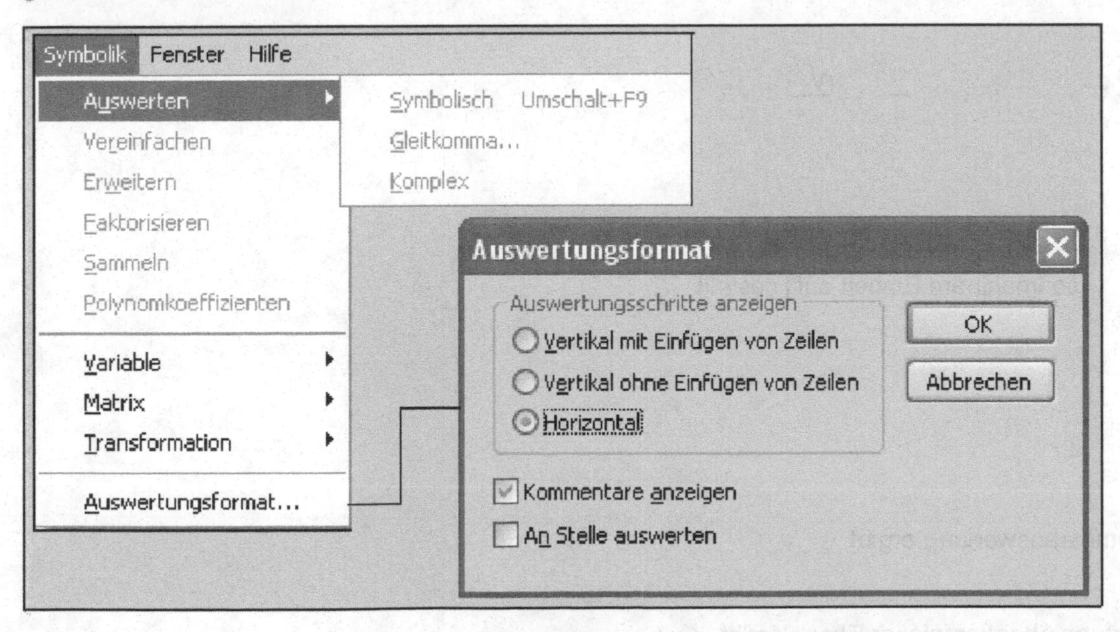

Abb. 3.6

Beispiel 3.5:

$\frac{1}{13}+\frac{1}{10}-\frac{1}{11}=0.086$ numerische Auswertung mit **< = >**

$\frac{1}{13}+\frac{1}{10}-\frac{1}{11}=\frac{123}{1430}$

Das **Ergebnis** kann über das **Ergebnisformat-Fenster Registerblatt-Zahlenformat** auf Bruchdarstellung umgestellt werden. Hier ist jedoch **Vorsicht** geboten, denn Mathcad arbeitet natürlich mit **Maschinenzahlen**. So lässt sich demnach eine **irrationale Zahl** auch **als Bruch** darstellen!

$\frac{1}{13}+\frac{1}{10}-\frac{1}{11}\rightarrow\frac{123}{1430}$ symbolische Auswertung mit Operator **"→"**

$\frac{1}{13}+\frac{1}{10}-\frac{1}{11}$ ergibt $\frac{123}{1430}$

Menügesteuerte symbolische Auswertung:
Auswertungsformat: "Horizontal" und "Kommentare anzeigen".
Menü-Symbolik Auswerten-Symbolisch
(Liefert das gleiche Ergebnis wie der Symbol-Operator "→").

$\frac{1}{13}+\frac{1}{10}-\frac{1}{11}$ Gleitkommaauswertung ergibt .086013986013986013986

Menü-Symbolik-Auswerten-Gleitkomma. Die **Nachkommastellen** können **bei der Auswertung eingestellt** werden. Die **Standardeinstellung** ist **20**. Bis zu **4000 Nachkommastellen** können hier eingestellt werden. Bei zu **hoher Anzahl** von **Nachkommastellen** werden Sie jedoch aufgefordert, das **Ergebnis über die Zwischenablage als Textregion** einzufügen.

Beispiel 3.6:

$\sqrt{3}=1.732$

$\sqrt{3}\rightarrow\sqrt{3}$

$\sqrt{3}$ Gleitkommaauswertung ergibt 1.7320508075688772935

$\sin\left(\frac{\pi}{3}\right)\rightarrow\frac{\sqrt{3}}{2}$ $\cos\left(\frac{\pi}{4}\right)\rightarrow\frac{\sqrt{2}}{2}$

Beispiel 3.7:

$\sqrt{-4}=2j$ Im **Ergebnisformatfenster** wurde die imaginäre Einheit auf j gestellt.

$\sqrt{-4}\rightarrow 2j$

$\sqrt{-4}$ ergibt 2j

$\sqrt{-4}$ Gleitkommaauswertung ergibt 2.0j

$\sqrt{-4}$ Auswertung über komplexer Ebene ergibt 2j

Beispiel 3.8:

$$\frac{2-3j}{-1+2j} = -1.6 - 0.2j$$

$$\frac{2-3j}{-1+2j} \to -\frac{8}{5} - \frac{1}{5} \cdot j$$

$\frac{2-3j}{-1+2j}$ ergibt $\frac{-8}{5} - \frac{1}{5} \cdot i$

$\frac{2-3j}{-1+2j}$ Gleitkommaauswertung ergibt $-1.6 - .20 \cdot i$

$$\frac{2-3j}{-1+2j}$$

Auswertung über komplexer Ebene ergibt

$$\frac{-8}{5} - \frac{1}{5} \cdot i$$

Beispiel 3.9:

$$|2+2j| = 2.828$$

$$|2+2j| \to \sqrt{8}$$

$|2+2j|$ ergibt $2 \cdot 2^{\frac{1}{2}}$

$|2+2j|$ Gleitkommaauswertung ergibt 2.828

$$|2+2j|$$

Auswertung über komplexer Ebene ergibt

$$2 \cdot \sqrt{2}$$

Zur symbolischen Auswertung mit der "live symbolic" (Symbolleiste "Symbolische Operatoren") stellt Mathcad auch eine Reihe von Schlüsselwörtern zur Verfügung (Abb. 3.7).

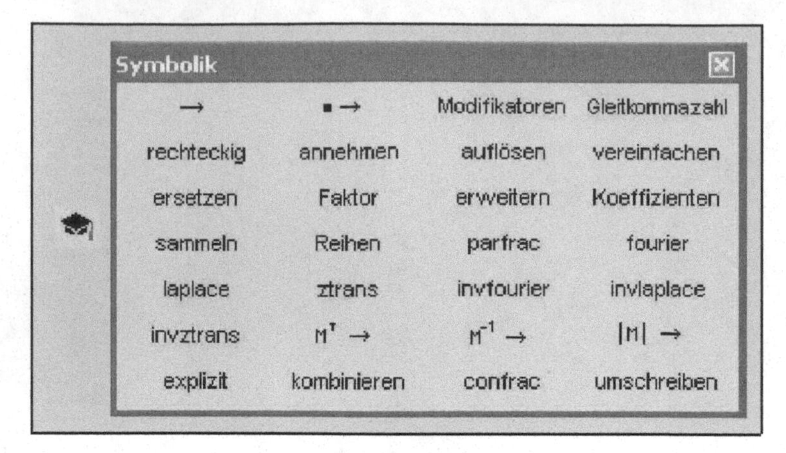

Abb. 3.7

Beispiel 3.10:

$$\frac{26}{10}+\frac{1}{13}+\frac{5}{29}\ \text{Gleitkommazahl} \rightarrow 2.8493368700265251989$$

$$\frac{26}{10}+\frac{1}{13}+\frac{5}{29}\ \text{Gleitkommazahl},4 \rightarrow 2.849$$

$$\frac{26}{10}+\frac{1}{13}+\frac{5}{29}\ \text{vereinfachen} \rightarrow \frac{5371}{1885}$$

Ausdruck markieren und in der **Symbolleiste "Symbolische Operatoren" (Abb. 3.7) gleit** wählen bzw. zuerst den symbolischen Auswertungsoperator mit **<Strg>+<Umschalt> <.>** erzeugen. **Nach "gleit" steht nach dem Beistrich eine Zahl zwischen 0 und 250. Wird diese Zahl nicht angegeben, so werden standardmäßig 20 Stellen ausgegeben.**

Beispiel 3.11:

$$20!\ \text{vereinfachen} \rightarrow 2432902008176640000$$

$$70!\ \text{Gleitkommazahl},50 \rightarrow 1.1978571669969891796072783721689098736458938142546e100$$

$$\cos(0.5)\ \text{Gleitkommazahl},30 \rightarrow 0.877582561890372716116281582604$$

$$\cos\left(\frac{1}{2}\right)\ \text{Gleitkommazahl},30 \rightarrow 0.877582561890372716116281582604$$

Beispiel 3.12:

$n := 21 \qquad p := 2^n - 1 \qquad p\ \text{Faktor} \rightarrow 7^2 \cdot 127 \cdot 337$

Beispiel 3.13:

$$3.0005 \cdot j^3 + (2.22 + j)^2\ \text{komplex} \rightarrow 3.9284 + 1.4395j$$

$$3.0005 \cdot j^3 + (2.22 + j)^2\ \text{Gleitkommazahl},3 \rightarrow 3.93 + 1.44j$$

Beispiel 3.14:

$\ln(2 + 2 \cdot j)$ komplex $\rightarrow \frac{3 \cdot \ln(2)}{2} + \frac{\pi}{4} \cdot j$ **Mathcad berechnet nur den Hauptwert!**

Beispiel 3.15:

$r1 \cdot e^{j \cdot \varphi 1}$ komplex $\rightarrow r1 \cdot \cos(\varphi 1) + r1 \cdot \sin(\varphi 1) \cdot j$

Durch einen **Klick mit der rechten Maustaste auf ein Produkt** erhalten Sie ein Kontextmenü (Abb. 3.8), in dem die **Multiplikation** auf verschiedene Art und Weise dargestellt werden kann:

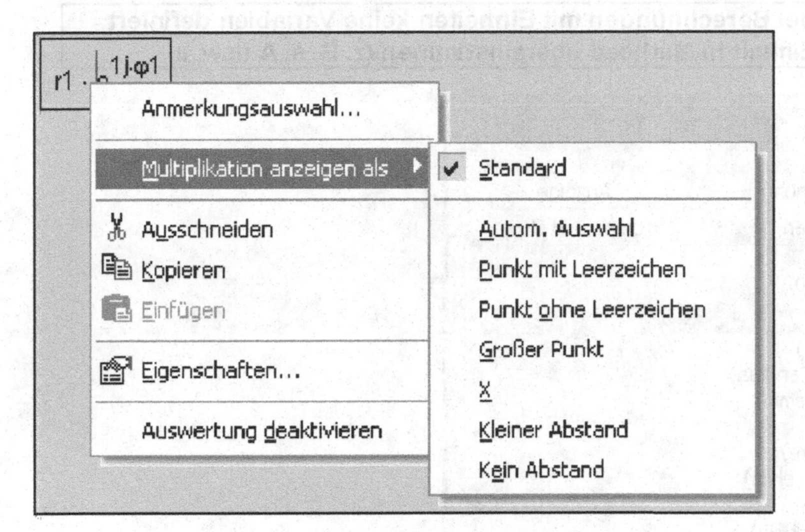

$r1\, e^{j \cdot \varphi 1}$

$r1 \cdot e^{j \cdot \varphi 1}$

$r1 {\cdot} e^{j \cdot \varphi 1}$

$r1 \bullet e^{j \cdot \varphi 1}$

$r1 \times e^{j \cdot \varphi 1}$

$r1\, e^{j \cdot \varphi 1}$

$r1\ e^{j \cdot \varphi 1}$

Abb. 3.8

3.3 Rechnen mit Einheiten

Über die Menüoption **Extras-Arbeitsblattoptionen Registerblatt-Einheitensystem** können Sie das gewünschte **Einheitensystem** wählen:
SI, MKS, CGS, US, keine Einheiten oder **Benutzerdefiniert**.

Im **Registerblatt-Dimensionen** können die **Dimensionsnamen angezeigt und geändert** werden. Es sind dafür bereits **in Mathcad die Konstanten 1M, 1L, 1T, 1Q, 1K, 1C und 1S** festgelegt.

Für das **SI-System** gelten die **7 Basiseinheiten**: Kilogramm (**kg**), Meter (**m**), Sekunde (**s**), Ampere (**A**), Kelvin (**K**), Candela (**cd**) und Mol (**mol**).

Es ist immer darauf zu achten, dass bei Berechnungen mit Einheiten keine Variablen definiert werden, die mit einer vordefinierten Einheit in Mathcad übereinstimmen (z. B. s, A usw.)!

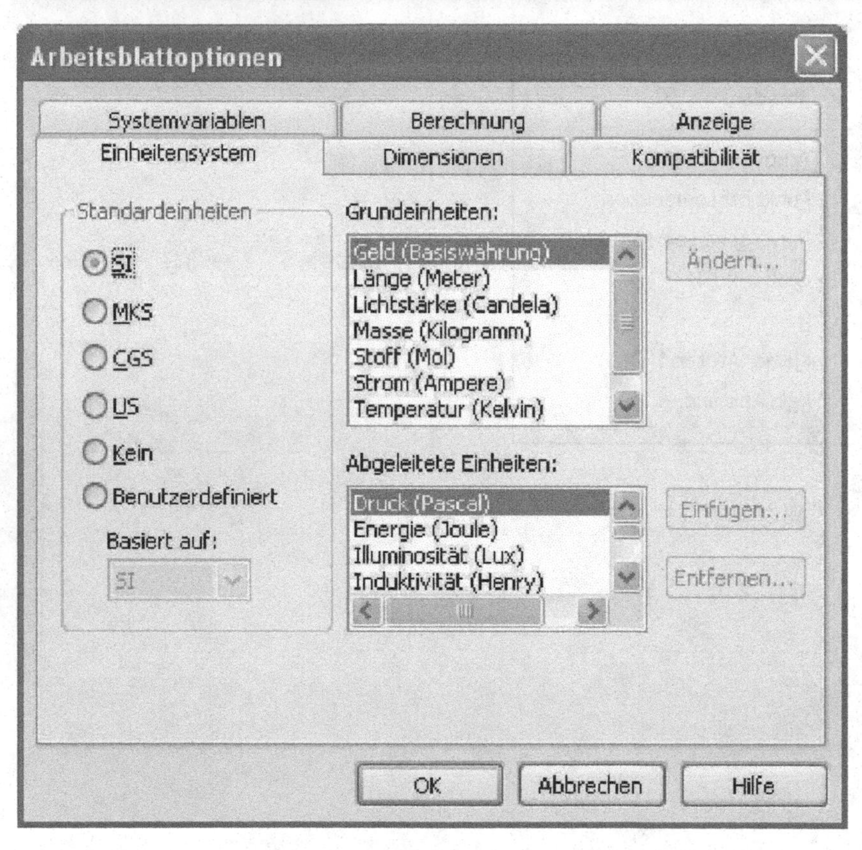

Abb. 3.9

Nach der **Auswahl des Einheitensystems** (Abb. 3.9) können die **vordefinierten Einheiten** bei Berechnungen direkt **über die Tastatur** eingegeben oder über den Menüpunkt **Einfügen-Einheit** oder mit **<Strg>+<u>** bzw. über das **Bechersymbol** in der Symbolleiste **ausgewählt** und **eingefügt** werden (Abb.3.10). **Zu den Einheiten wurde noch eine Basiswährung hinzugefügt.**

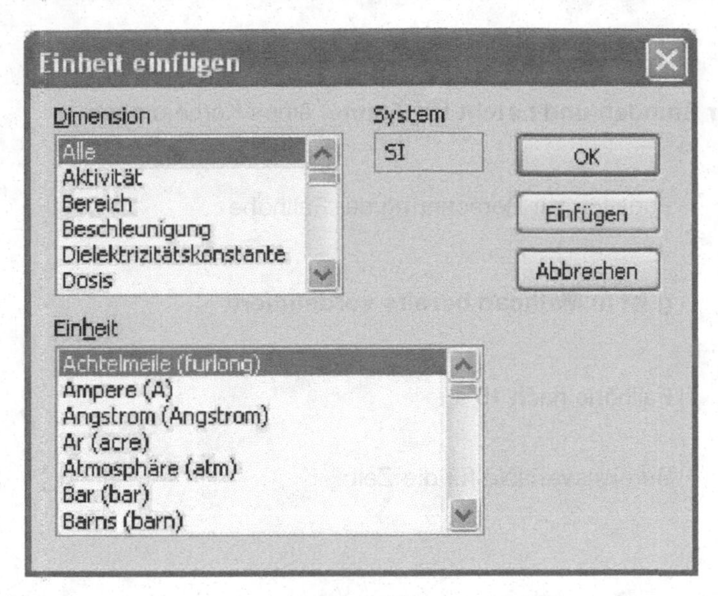

Abb. 3.10

Einige abgeleitete Einheiten sind bereits vordefiniert oder können direkt im Mathcad-Arbeitsblatt definiert (lokal oder global) **werden.**

Werden öfters **mehrere abgeleitete Einheiten** in einem Arbeitsblatt verwendet, so ist es zweckmäßig, diese in einem **eigenen Arbeitsblatt zusammenzufassen** und dieses dann jeweils mit einem **Verweis (Menüpunkt Einfügen-Verweis)** in das jeweilige Arbeitsblatt einzubeziehen (siehe dazu Kapitel 1).

Durch Eingabe der gewünschten Einheit in den **rechts von einer Einheit stehenden Einheitenplatzhalter**, kann die Einheit **händisch geändert** werden (Abb. 3.11).

$a := 5 \cdot m \quad \Rightarrow \quad a = 5 \cdot m \,\blacksquare \quad \Rightarrow \quad a = \blacksquare \cdot mm \quad \Rightarrow \quad a = 5 \times 10^{3}\, mm$

Abb. 3.11

Mittels **Doppelklick auf den Platzhalter** öffnet sich das **Dialogfenster Einheit einfügen** (Abb. 3.10). Die Einheit kann dann daraus ausgewählt werden. Das **Ergebnis** eines Ausdruckes mit Einheiten wird immer in **Basiseinheiten** angezeigt.

Beispiel 3.16:

Normdarstellung (**normierte Gleitkommadarstellung**) von Zahlen:

Jede Zahl x lässt sich in genormter Gleitkommadarstellung, d. h. als Produkt einer Zahl zwischen 1 und 10 und einer Zehnerpotenz, schreiben: $\mathbf{x \in \mathbb{R}}$ **und** $\mathbf{x = \pm\, a.10^k}$ **mit** $\mathbf{1 \le a < 10}$.

$510000000 \cdot km^2 = 5.1 \times 10^{14}\, m^2$

$510000000 \cdot km^2 = 5.1 \times 10^{8} \cdot km^2$

Oberfläche der Erde (rechts neben der Einheit m^2 im Einheiten-Platzhalter km^2 eingeben)

$0.000000000056357 \cdot m = 5.6357 \times 10^{-11}\, m$

Durchmesser eines Elektrons

$\frac{60000^3 \cdot 0.0002^4}{72000000 \cdot 0.0012^5} = 1.92901 \times 10^{6}$

Bruchberechnung

Beispiel 3.17:

Berechnung der **Fallhöhe h1** (**h ist die Einheit für Stunden und t steht für Tonne**) eines Körpers ohne Luftwiderstand:

$h1(t_1) := \frac{g}{2} \cdot t_1^2$ Funktion zur Berechnung der Fallhöhe

$g = 9.807 \frac{m}{s^2}$ **g ist in Mathcad bereits vordefiniert!**

$h1(10 \cdot s) = 490.332 m$ Fallhöhe nach 10 s

$t_1 := 0 \cdot s, 1 \cdot s .. 5 \cdot s$ Bereichsvariable für die Zeit

$t_1 =$

0 s
1
2
3
4
5

$h1(t_1) =$

0.000 m
4.903
19.613
44.130
78.453
122.583

bzw:

$\frac{h1(t_1)}{m} =$

0.000
4.903
19.613
44.130
78.453
122.583

Verschiedene Ausgabemöglichkeiten für Tabellen mit Einheiten (siehe auch Kapitel 2)

Beispiel 3.18:

Berechnung der **Gravitationskraft** zweier Körper:

$m_1 := 5000 \cdot kg \quad m_2 := 100000 \cdot kg$ Masse der Körper

$r := 0.5 \cdot m$ Abstand der Körper

$\gamma := 6.67 \cdot 10^{-11} \cdot \frac{m^3}{kg \cdot s^2}$ Gravitationskonstante

$F_G(r) := \gamma \cdot \frac{m_1 \cdot m_2}{r^2}$ Gravitationskraft als Funktion definiert

$F_G(r) = 0.133 \cdot N$ Berechnung der Kraft für verschiedene Abstände

$F_G(5 \cdot m) = 0.001 \cdot N$

$r := 0.1 \cdot m, 0.1 \cdot m + 0.1 \cdot m .. 0.6 \cdot m$ Bereichsvariable für verschiedene Abstände r =

	0
0	0.1
1	0.2
2	0.3
3	0.4
4	0.5
5	0.6

m

$F_G(r) =$

	0
0	0.0183
1	0.0046
2	0.002
3	0.0011
4	0.0007
5	0.0005

N

bzw.

$\frac{F_G(r)}{N} =$

	0
0	0.0183
1	0.0046
2	0.002
3	0.0011
4	0.0007
5	0.0005

Verschiedene Ausgabemöglichkeiten für Tabellen mit Einheiten (siehe auch Kapitel 2).

Beispiel 3.19:

Berechnung der **Coloumbkraft** zweier Ladungen:

$Q_1 := 300 \cdot 1.602 \cdot 10^{-19} \cdot C \qquad Q_2 := -10^{-13} \cdot C$ Ladungen

$r := 10^{-10} \cdot m$ Abstand der Körper

$\varepsilon_0 := 8.854 \cdot \frac{pF}{m}$ elektrische Feldkonstante

$F_C(r) := \frac{1}{4 \cdot \pi \cdot \varepsilon_0} \cdot \frac{Q_1 \cdot Q_2}{r^2}$ Coloumbkraft als Funktion definiert

$F_C(r) = -4.320 \cdot N$

Berechnung der Kraft für verschiedene Abstände

$F_C(5 \cdot r) = -0.173 \cdot N$

$r := 10^{-10} \cdot m, 2 \cdot 10^{-10} \cdot m .. 5 \cdot 10^{-10} \cdot m$ Bereichsvariable für verschiedene Abstände

r =

r (m)
1·10-10
2·10-10
3·10-10
4·10-10
5·10-10

$F_C(r) =$

$F_C(r)$ (N)
-4.3195
-1.0799
-0.4799
-0.27
-0.1728

bzw.

$\frac{F_C(r)}{N} =$

$F_C(r)/N$
-4.3195
-1.0799
-0.4799
-0.27
-0.1728

Verschiedene Ausgabemöglichkeiten für Tabellen mit Einheiten (siehe auch Kapitel 2)

Beispiel 3.20:

Berechnen Sie die kinetische Energie in J einer Masse m_0 = 10 kg für v = 10 m/s, 5 v, und v = 0 m/s, 5 m/s, ... 30 m/s.

$v := 10 \cdot \frac{m}{s}$ Geschwindigkeit

$m_0 := 10 \cdot kg$ Masse

$E_k(v) := \frac{m_0}{2} \cdot v^2$ Energiefunktion (Kinetische Energie)

$E_k(v) = 500\,J$ $E_k(v)$ in J

$E_k(5 \cdot v) = 12500\,J$ $E_k(5\ v)$ in J

$E_k\left(5 \cdot \frac{m}{s}\right) = 125\,J$ $E_k\left(\frac{v}{2}\right) = 125\,J$

$v := 0 \cdot \frac{m}{s}, 5 \cdot \frac{m}{s} .. 30 \cdot \frac{m}{s}$ Bereichsvariable für verschiedene Geschwindigkeiten

$kJ := 10^3 \cdot J$ Definition von kJ

Kinetische Energie für 0, 5, 10, ..., 30 m/s

$v =$ ($\frac{m}{s}$)	$E_k(v) =$ ($\cdot kJ$)
0	0
5	0.125
10	0.5
15	1.125
20	2
25	3.125
30	4.5

$\frac{v}{\frac{m}{s}} =$	$\frac{E_k(v)}{kJ} =$
0	0
5	0.125
10	0.5
15	1.125
20	2
25	3.125
30	4.5

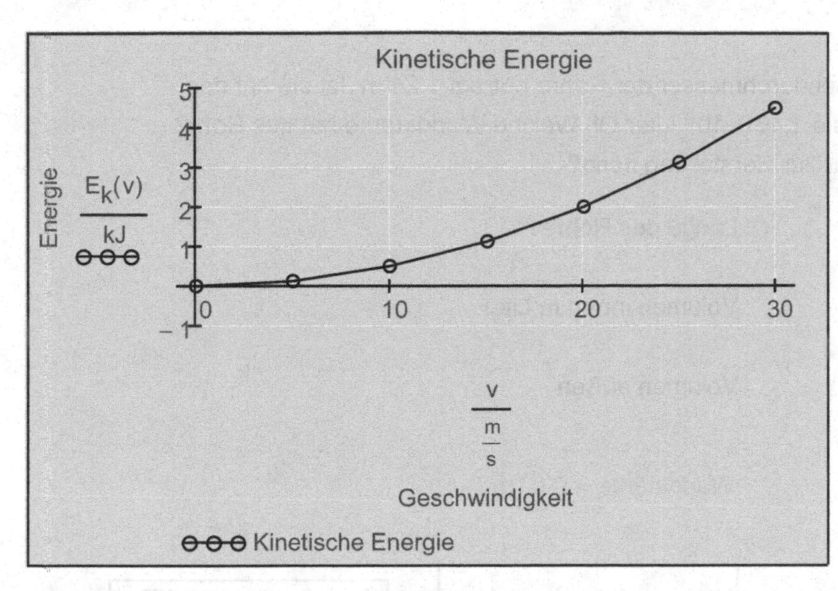

Achsenbeschränkung:
x-Achse: -1 bis 31 und
y-Achse: von -1 bis 5
X-Y-Achsen:
Gitterlinien
Nummeriert
Automatische Skalierung
Automatische Gitterweite,
Anzahl der Gitterlinien:
y-Achse: 6
Achsenkreuz
Spuren:
Legendenname: Kinetische Energie
Symbol Kreis, Typ Linien
Legende unten
Beschriftungen:
Titel oben
Achsenbeschriftungen

Abb. 3.12

Durch einen Doppelklick auf die Grafik öffnet sich das Dialogfeld für die Formatierung der Grafik. Siehe dazu Kapitel 7.

Beispiel 3.21:

Berechnung von Funktionswerten, wenn die **Einheiten bereits in der Funktionsgleichung** auftreten:

$f(t_1) := t_1^{\,2} \cdot \text{min}$ Funktionsgleichung mit Einheiten

$t_1 := 0 .. 3$ Bereichsvariable

$\text{Tage} := \text{Tag}$ Definition von Tage (Tag ist als Einheit bereits vordefiniert).

$\frac{f(t_1)}{s} =$

	0
0	0
1	60
2	240
3	540

$\frac{f(t_1)}{\text{min}} =$

	0
0	0
1	1
2	4
3	9

$\frac{f(t_1)}{h} =$

	0
0	0
1	0.017
2	0.067
3	0.15

$\frac{f(t_1)}{\text{Tage}} =$

	0
0	0
1	0.001
2	0.003
3	0.006

Beispiel 3.22:

Eine Pipeline ist 1250 km lang. Der Außendurchmesser der Rohre beträgt 1.24 m. Ist sie auf der ganzen Länge mit Öl gefüllt, so enthält sie 1.460 .10^9 Liter Öl. Welche Wandstärke hat das Rohr? Wie viel Stahl der Dichte 7.70 g cm^{-3} war zur Herstellung nötig?

$L_1 := 1250 \cdot km$ Länge des Rohres

$V_i := 1.46 \cdot 10^9 \cdot l$ Volumen innen in Liter

$V_a := (0.62m)^2 \cdot \pi \cdot L_1$ Volumen außen

$\text{Wandstärke} := 0.64 \cdot m - \sqrt{\frac{V_i}{\pi \cdot L_1}}$ $\text{Wandstärke} = 0.03\,m$

$\text{Masse} := \left(V_a - V_i\right) \cdot 7.7 \cdot t \cdot m^{-3}$ $\text{Masse} = 3.814 \times 10^8\,kg$ $\text{Masse} = 381421.579 \cdot t$

$t = 1 \times 10^3\,kg$ **t ist als Einheit für Tonne definiert!**

Bemerkung:

Wenn bei einer Potenzfunktion x^y die Basis x eine Einheit besitzt, so muss y eine Konstante und ein Vielfaches von 1/60000 sein!

Beispiel 3.23:

Die Sonne ist näherungsweise eine Kugel mit dem Radius 6.96 . 10^5 km und der mittleren Dichte 1.41 g cm^{-3}. Welche Masse hat die Sonne?

$R_s := 6.96 \cdot 10^5 \cdot km$ Sonnenradius

$\rho_s := 1.41 \cdot gm \cdot cm^{-3}$ mittlere Dichte

Für Gramm g wird in Mathcad gm verwendet!

$M_s := \frac{4}{3} \cdot \pi \cdot {R_s}^3 \cdot \rho_s$ $M_s = 1.991 \times 10^{30}\,kg$ Masse der Sonne

Beispiel 3.24:

In 131 g radioaktivem Jod befinden sich 6.02.10^{23} Atome. Wie viel radioaktive Jod-Atome entfielen auf einen Quadratmeter Erdoberfläche (Gesamtoberfläche 5.1 . 10^8 km^2), wenn man sich 65.5 g radioaktives Jod gleichmäßig darauf verteilt denkt?

$\frac{6.02 \cdot 10^{23} \cdot 65.5 \cdot gm}{131 \cdot gm \cdot 5.1 \cdot 10^8 \cdot km^2} = 5.902 \times 10^8 \frac{1}{m^2}$ $5.9 \cdot 10^8$ Atome pro Quadratmeter

Beispiel 3.25:

Der in der Deutschland bis heute angefallene radioaktive Abfall füllt einen Würfel mit der Kantenlänge von 50 m. Die mittlere Dichte des Abfalls betrage 6 g/cm³. Wie viele Lastwagen mit 7 t Nutzlast braucht man zum Transport des Abfalls?

Wie lang wird die Reihe, wenn man sich alle Lastwagen hintereinandergestellt denkt, wobei jeder 10 m Platz braucht?

$M := 50^3 \cdot m^3 \cdot 6 \cdot gm \cdot cm^{-3}$ $\quad M = 7.5 \times 10^8\,kg$ Masse M der Abfallmenge

$\frac{M}{7 \cdot t} = 1.071 \times 10^5$ Zahl der Lastwagen

$\frac{M}{7 \cdot t} \cdot 10m = 1.071 \times 10^3 \cdot km$ Länge der Reihe der Lastwagen

Beispiel 3.26:

Welche Masse hat ein Wasserstoffatom?

$m_p := 1.6726231 \cdot 10^{-27} \cdot kg$ Masse des Protons

$m_e := 9.1093897 \cdot 10^{-31} \cdot kg$ Masse des Elektrons

$m_{atH} := 1.007825 \cdot \frac{gm}{mol}$ Atomgewicht vom Wasserstoff **(für Gramm g wird in Mathcad gm verwendet)**

$N_A := 6.0221367 \cdot 10^{23} \cdot mol^{-1}$ Avogadro Konstante

$m_h := m_p + m_e$ $\quad m_h \rightarrow 1.6726231e\text{-}27 \cdot kg + 9.1093897e\text{-}31 \cdot kg$ Masse des Wasserstoffs

$m_h = 1.674 \times 10^{-27}\,kg$ **Menü-Format-Ergebnis Registerblatt Toleranz:** die **Nullschwelle** z. B. auf **27** stellen.

$\frac{m_{atH}}{N_A} \rightarrow 1.6735339136356702099e\text{-}24 \cdot gm$

oder

$\frac{m_{atH}}{N_A}$ Gleitkommazahl , 5 $\rightarrow 1.6735e\text{-}24 \cdot gm$

$\frac{\frac{m_{atH}}{N_A}}{m_h} = 1$

Beispiel 3.27:

Der in einem Land bis heute angefallene radioaktive Abfall füllt einen Würfel mit der Kantenlänge 50 m. Die mittlere Dichte des Abfalls betrage 6 g cm^{-3}. Wie viele Lastwagen mit 7 t Nutzlast sind zum Transport des Abfalls notwendig? Wie lang wird die Reihe, wenn alle Lastwagen hintereinandergestellt werden, wobei jeder 10 m Platz braucht?

$m_0 := 50^3 m^3 \cdot 6 \cdot gm \cdot cm^{-3}$ $\quad m_0 = 7.5 \times 10^8 \, kg$ $\quad$ Masse M der Abfallmenge

$\text{ceil}\left(\frac{m_0}{7t}\right) = 107143$ $\quad$ Anzahl der Lastwagen $\quad \frac{m_0}{7t} \cdot 10m = 1071.43 \cdot km$ $\quad$ Länge der Lastwagenkette

Beispiel 3.28:

Berechnen Sie das Volumen des nachfolgend gegebenen Trichters.

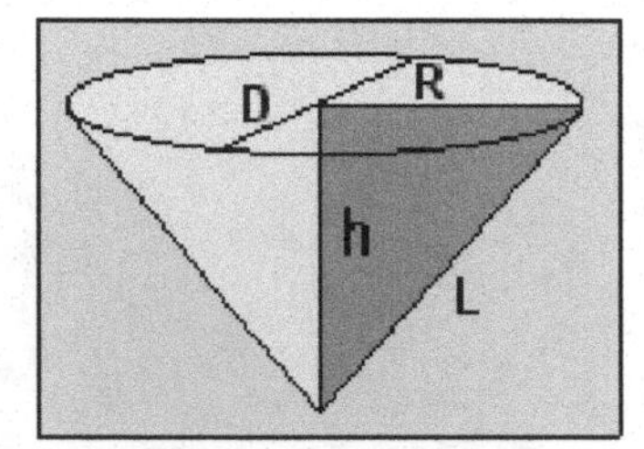

$L_0 := 17 \cdot m \qquad D := 10 \cdot m$ $\qquad$ gegebene Daten

Abb. 3.13

Das nachfolgend angegebene Unterprogramm wird mithilfe der **Symbolleiste Programmierung** erstellt (siehe dazu **Kapitel 18**).

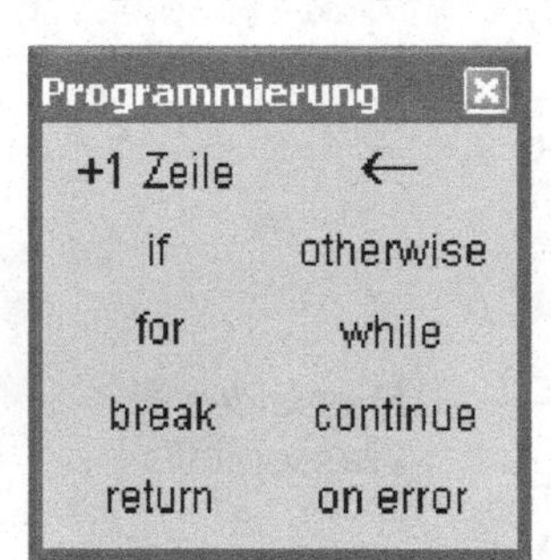

Abb. 3.14

$$\text{Vol}(L, D) := \left| \begin{array}{l} \text{"Volumen eines Trichters"} \\ \text{"Seitenlänge L, R - Radius der Grundfläche"} \\ R \leftarrow \frac{D}{2} \\ h \leftarrow \sqrt{L^2 - R^2} \\ A \leftarrow \pi \cdot R^2 \\ V \leftarrow \frac{1}{3} \cdot A \cdot h \end{array} \right.$$

$\text{Vol}(L_0, D) = 425.374 \cdot m^3$ oder $\text{Vol}(17 \cdot m, 10 \cdot m) = 425.374 \cdot m^3$ $\quad$ In den Platzhalter m^3 eingeben (L steht für Liter)

3.3.1 Winkelmaße

Beispiel 3.29:

Winkelmaße werden standardmäßig in **Radiant (rad)** angegeben. Multiplizieren Sie mit **Grad**, so erhalten Sie das Gradmaß.

$\varphi := 3.31$ $\sin(\varphi) = -0.168$ $\sin(\varphi \cdot \text{rad}) = -0.168$

$\varphi := 30 \cdot \text{Grad}$ $\sin(\varphi) = 0.5$ $\sin(30 \cdot \text{Grad}) = 0.5$

$° := \frac{\pi}{180}$ Definition von Grad $\sin(30\ °) = 0.5$

$° := \text{Grad}$ Definition von Grad $\sin(30°) = 0.5$

Beispiel 3.30:

Winkelangaben in Grad, Minuten und Sekunden in Radiant umwandeln:

$\text{uwf}(gr, mi, se) := \frac{\pi}{180}\left(gr + \frac{mi}{60} + \frac{se}{60^2}\right)$ Definition einer Umwandlungsfunktion

Umwandlung von φ = 25°18'10.2":

$gr := 25$ $mi := 18$ $se := 10.2$ Die Anzahl der Dezimalstellen wird nachfolgend auf 10 gestellt.

$\text{uwf}(gr, mi, se) = 0.4416177518$ Winkel in Radiant

$\text{uwf}(gr, mi, se) = 25.3028333333 \cdot \text{Grad}$ Winkel in Dezimalgrad (Grad im Platzhalter neben der Zahl eingeben)

$\text{DMS}\left(\begin{pmatrix} gr \\ mi \\ se \end{pmatrix}\right) = 0.4416177518$ Mathcad-eigene Funktion

Eingaben des Vektors mithilfe der **Symbolleiste-Rechnen-Matrix**:

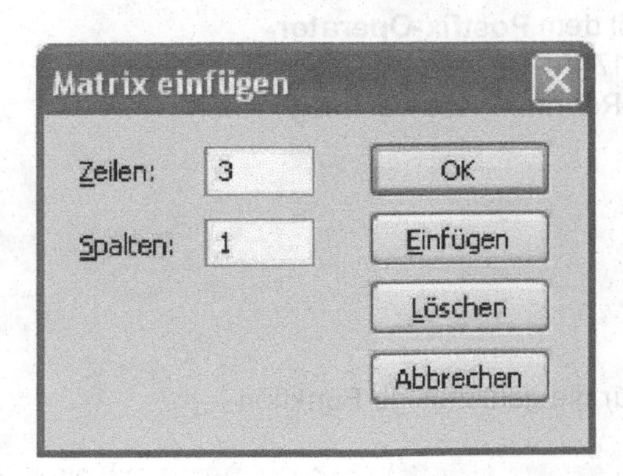

Abb. 3.15

$\begin{pmatrix} gr \\ mi \\ se \end{pmatrix} \text{DMS} = 0.4416177518$ Auswertung mithilfe des **Posfix-Operators** (siehe Kapitel 17) **Symbolleiste-Rechnen-Auswertung**

$/DMS(0.4416177518) = \begin{pmatrix} 25 \\ 18 \\ 10.2 \end{pmatrix}$

Mathcad-eigene Umkehrfunktion (nach der Eingabe von DMS "/" mit <Strg>+<Umschalt>+<K> eingeben)

$/DMS\ 0.4416177518 = \begin{pmatrix} 25 \\ 18 \\ 10.2 \end{pmatrix}$

Auswertung mithilfe des **Präfix-Operators** (siehe Kapitel 17)
Symbolleiste-Rechnen-Auswertung

$0.4416177518 = \begin{pmatrix} 25 \\ 18 \\ 10.2 \end{pmatrix} \cdot DMS$

in den Platzhalter DMS eingeben

$25.3028333333\ Grad = \begin{pmatrix} 25 \\ 18 \\ 10.2 \end{pmatrix} \cdot DMS$

Bemerkung:

Zur Umrechnung von Stunden, Minuten und Sekunden steht in Mathcad die Funktion hhmmss("h:m:s") zur Verfügung.

hhmmss("11:30:12") = 41412 s

hhmmss("11:30:12") = 690.2 · min

hhmmss("11:30:12") = 11.503 · h

690.2 min = "11:30:12" · hhmmss

Eingabe im Einheitenplatzhalter von hhmmss

1 · h + 5.6 · min = "1:5:36" · hhmmss

"00:01:05" hhmmss = 65 s

Auswertung mit dem **Postfix-Operator** (siehe Kapitel 17)
Symbolleiste-Rechnen-Auswertung

Beispiel 3.31:

Umrechnung von Dezimalgrad in Grad, Minuten und Sekunden.

$DIV(a, b) := floor\left(\frac{a}{b}\right)$

Funktion für die ganzzahlige Funktion

DIV(5, 2) = 2

DIV(5, 3) = 1

$\varphi := 25.3028333333\ Grad$

Winkel in Dezimalgrad

$\varphi_{Grad} := DIV(\varphi, 1 \cdot Grad)$ $\qquad \varphi_{Grad} = 25$ Grad

$\varphi_{Min} := DIV\left(mod(\varphi, 1 \cdot Grad), \frac{1}{60} \cdot Grad\right)$ $\qquad \varphi_{Min} = 18$ Minuten

$$mod(\varphi, 1 \cdot Grad) = 18.17 \cdot \frac{Grad}{60}$$

$\varphi_{Sek} := mod\left(mod(\varphi, 1 \cdot Grad), \frac{1}{60} \cdot Grad\right) \cdot \frac{3600}{Grad}$ $\qquad \varphi_{Sek} = 10.2$ Sekunden

$$mod\left(mod(\varphi, 1 \cdot Grad), \frac{1}{60} \cdot Grad\right) = 10.2 \cdot \frac{Grad}{3600}$$

Winkel in Stringdarstellung mithilfe der Mathcad-eigenen Stringfunktionen:

$\varphi_S := verkett(zahlinzf(\varphi_{Grad}), ":", zahlinzf(\varphi_{Min}), ":", zahlinzf(rund(\varphi_{Sek}, 2)))$

$\varphi_S =$ "25:18:10.2"

Beispiel 3.32:

Umwandlung von rechtwinkligen kartesischen Koordinaten eines Punktes P(x, y, z) in sphärische Koordinaten (räumliche Polarkoordinaten) P(r, φ, θ) und umgekehrt:

$x := 3 \qquad y := 5 \qquad z := 9$ **Koordinaten x, y und z**

Mathcad-eigene Funktionen:

$\begin{pmatrix} r \\ \varphi \\ \theta \end{pmatrix} := xyzinsph(x, y, z) \qquad \begin{pmatrix} r \\ \varphi \\ \theta \end{pmatrix} = \begin{pmatrix} 10.724 \\ 1.03 \\ 0.575 \end{pmatrix}$ $\qquad \varphi = 59.036 \cdot Grad$, $\theta = 32.939 \cdot Grad$ oder $xyzinsph(x, y, z) = \begin{pmatrix} 10.724 \\ 1.03 \\ 0.575 \end{pmatrix}$

$\begin{pmatrix} r \\ \varphi \\ \theta \end{pmatrix} := xyzinsph\left(\begin{pmatrix} x \\ y \\ z \end{pmatrix}\right) \qquad \begin{pmatrix} r \\ \varphi \\ \theta \end{pmatrix} = \begin{pmatrix} 10.724 \\ 1.03 \\ 0.575 \end{pmatrix}$ oder $xyzinsph\left(\begin{pmatrix} x \\ y \\ z \end{pmatrix}\right) = \begin{pmatrix} 10.724 \\ 1.03 \\ 0.575 \end{pmatrix}$

$\begin{pmatrix} x \\ y \\ z \end{pmatrix} := sphinxyz(r, \varphi, \theta) \qquad \begin{pmatrix} x \\ y \\ z \end{pmatrix} = \begin{pmatrix} 3 \\ 5 \\ 9 \end{pmatrix}$ oder $sphinxyz(r, \varphi, \theta) = \begin{pmatrix} 3 \\ 5 \\ 9 \end{pmatrix}$

$\begin{pmatrix} x \\ y \\ z \end{pmatrix} := sphinxyz\left(\begin{pmatrix} r \\ \varphi \\ \theta \end{pmatrix}\right) \qquad \begin{pmatrix} x \\ y \\ z \end{pmatrix} = \begin{pmatrix} 3 \\ 5 \\ 9 \end{pmatrix}$ oder $sphinxyz\left(\begin{pmatrix} r \\ \varphi \\ \theta \end{pmatrix}\right) = \begin{pmatrix} 3 \\ 5 \\ 9 \end{pmatrix}$

Beispiel 3.33:

Umwandlung von rechtwinkligen kartesischen Koordinaten eines Punktes P(x, y, z) in Zylinderkoordinaten P(r, θ, z) und umgekehrt:

$x := 8$ $y := 7$ $z := 6$ **Koordinaten x, y und z**

Mathcad-eigene Funktionen:

$$\begin{pmatrix} r \\ \theta \\ z \end{pmatrix} := \text{xyzincyl}(x, y, z) \qquad \begin{pmatrix} r \\ \theta \\ z \end{pmatrix} = \begin{pmatrix} 10.63 \\ 0.719 \\ 6 \end{pmatrix} \qquad \theta = 41.186 \cdot \text{Grad}$$

$$\begin{pmatrix} r \\ \theta \\ z \end{pmatrix} := \text{xyzincyl}\left(\begin{pmatrix} x \\ y \\ z \end{pmatrix}\right) \qquad \begin{pmatrix} r \\ \theta \\ z \end{pmatrix} = \begin{pmatrix} 10.63 \\ 0.719 \\ 6 \end{pmatrix}$$

$$\begin{pmatrix} x \\ y \\ z \end{pmatrix} := \text{zylinxyz}(r, \theta, z) \qquad \begin{pmatrix} x \\ y \\ z \end{pmatrix} = \begin{pmatrix} 8 \\ 7 \\ 6 \end{pmatrix}$$

$$\begin{pmatrix} x \\ y \\ z \end{pmatrix} := \text{zylinxyz}\left(\begin{pmatrix} r \\ \theta \\ z \end{pmatrix}\right) \qquad \begin{pmatrix} x \\ y \\ z \end{pmatrix} = \begin{pmatrix} 8 \\ 7 \\ 6 \end{pmatrix}$$

3.3.2 Vordefinierte und nicht vordefinierte Einheiten

Sieben vordefinierte Basiseinheiten:

$m = 1\,m$ $kg = 1\,kg$ $s = 1\,s$ $A = 1 \cdot A$ $K = 1\,K$ $cd = 1\,cd$ $mol = 1\,mol$ $Mol = 1\,mol$

Zusätzlich sind noch das **ebene** und **räumliche Winkelmaß rad** und **steradiant** und das **Grad** definiert:

$rad = 1 \cdot rad$ $str = 1$ $° = 0.017$ $° = 1 \cdot Grad$

Einige vordefinierte abgeleitete Einheiten:

$\mu m = 1 \times 10^{-6}\,m$ $mm = 0.001\,m$ $cm = 0.01\,m$ $km = 1000\,m$ $3.6 \cdot \frac{km}{h} = 1\frac{m}{s}$

$\mu s = 1 \times 10^{-6}\,s$ $ms = 0.001\,s$ $min = 60\,s$ $h = 3600\,s$ $Tag = 8.64 \times 10^{4}\,s$

$gm = 1 \times 10^{-3}\,kg$ $t = 1000\,kg$ $kN = 1 \times 10^{3}\,N$ $MN = 1 \times 10^{6}\,N$ $GN = 1 \times 10^{9}\,N$

$TN = 1 \times 10^{12}\,N$ $bar = 1 \times 10^{5}\,Pa$ $Pa = 1\,Pa$ $MPa = 1 \times 10^{6}\,Pa$ $GPa = 1 \times 10^{9}\,Pa$

$mW = 1 \times 10^{-3}\,W$ $MW = 1 \times 10^{6}\,W$

Eingabe von nicht SI-konformen Temperatureinheiten:

°C bzw. /°C aus der Symbolleiste (Abb. 3.17)
oder °C bzw. Δ°C aus dem Dialogfeld Einheit einfügen (Abb. 3.10)
oder das Grad-Zeichen " ° " mit der numerischen Tastatur <Alt>+0176 und Eingabe von C
oder °C bzw. Δ°C über die Tastatur

/°C kann wie folgt eingegeben werden:

a eingeben, in den Textmodus wechseln <Strg>+<Umschalt>+<K>, Schrägstrich eingeben

°C eingeben und a löschen, zurück in den Mathematikmodus wechseln <Strg>+<Umschalt>+<K>

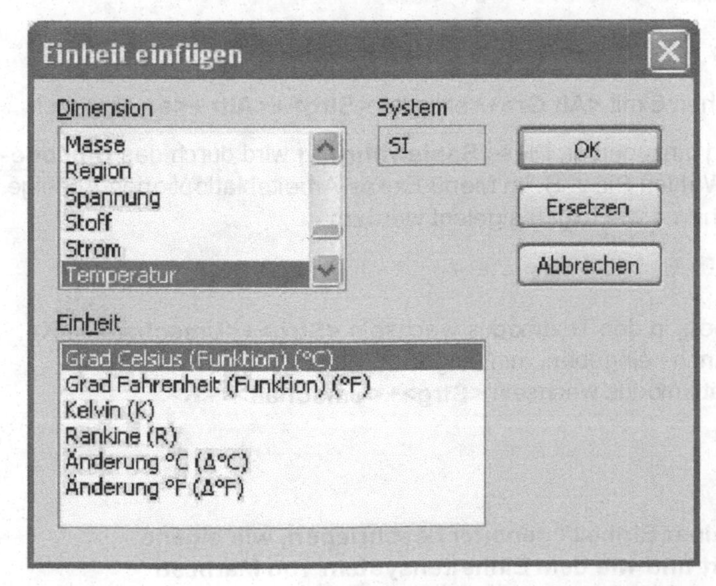

Abb. 3.16

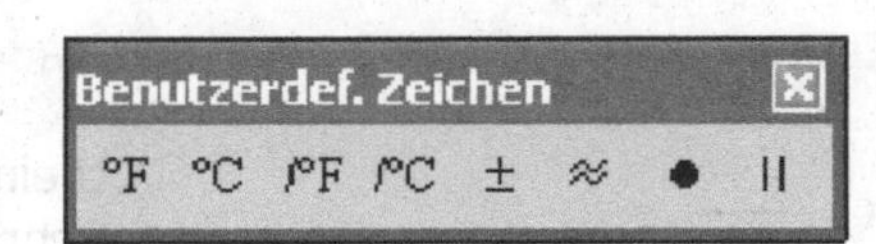

Abb. 3.17

$283.15 \cdot K = 10 \cdot °C$ — in den Einheitenplatzhalter °C eingeben

$\Delta°C = 1K$ — Temperaturdifferenz

$10\ °C - 10\ °C = 0K$ — Temperaturdifferenz

$10\ °C - 10\ °C = 0 \cdot \Delta°C$ — Temperaturdifferenz

$°C(10) = 283.15K$ — Auswertung als Funktion

$10\ °C = 283.15K$ — Auswertung mit **Postfix-Operator** (siehe Kapitel 17) **Symbolleiste-Rechnen-Auswertung**

$/°C(283.15 \cdot K) = 10$ — Auswertung mit der Umkehrfunktion

$(283.15 \cdot K)\ /°C = 10$ — Auswertung mit **Postfix-Operator** (siehe Kapitel 17) **Symbolleiste-Rechnen-Auswertung**

Selbstdefinierte Einheiten:

$Tage := Tag$ — $48 \cdot h = 2 \cdot Tage$

$Woche := 7 \cdot Tag$ — $Woche = 168 \cdot h$

$Monat := \frac{1}{12} \cdot Jahr$ — $242 \cdot Tag = 7.951 \cdot Monat$

$G\Omega := 10^9 \cdot \Omega$ — $\frac{100000 \cdot V}{2.8 \cdot A} = 3.571 \times 10^{-5} \cdot G\Omega$

$TW := 10^{12} \cdot W$ — $10472335900200 \cdot W = 10.472 \cdot TW$

$ps := 10^{-12} \cdot s$ — $0.002576304 \cdot s = 2.576 \times 10^9 \cdot ps$

Nicht SI-gerechte Definitionen:

$€ := 1$ $K_0 := 200 \cdot €$ — Eurozeichen € mit **<Alt Gr>+<e>** oder **<Strg>+<Alt>+<e>** eingeben.

Dem Einheitensystem wurde eine Basiswährung hinzugefügt. Diese **Basiswährung** wird durch das **Unicode-Zeichen für** die **Basiswährung** dargestellt: ¤. Wählen Sie z. B. im Menü Extras-Arbeitsblattoptionen-Anzeige das **Währungssymbol EUR**, so könnte die Währung wie folgt festgelegt werden:

$€ := EUR$ $€ = 1¤$ $K_0 := 200 \cdot €$ $K_0 = 200¤$ $K_0 = 200 \cdot EUR$

$U/min := \frac{1}{60s}$ — U eingeben, in den Textmodus wechseln **<Strg>+<Umschalt>+<K>**, Schrägstrich / eingeben, min eingeben, zurück in den Mathematikmodus wechseln **<Strg>+<Umschalt>+<K>**.

$n := 30 \cdot \frac{1}{s}$ $n = 1800 \cdot U/min$

In der Mathcad-Hilfe wird unter "Definieren einer Einheit" genauer beschrieben, wie eigene Einheiten oder Einheiten-Funktionen definiert und wie dem Einheitensystem von Mathcad vordefinierte Einheiten hinzugefügt werden können.

Einheitenvereinfachung:

$$\frac{3 \cdot kg \cdot 6 \cdot m}{18 \cdot s^2} = 1\,N$$

$$\frac{3 \cdot kg \cdot 6 \cdot m^2}{18 \cdot s^2} = 1\,J$$

Die Einheiten werden durch die Einstellungen, wie in Abb. 3.17 abgebildet, vereinfacht.

Ein Doppelklick mit der Maustaste auf das Ergebnis oder Menü-Format-Ergebnis "Einheiten" und "Einheiten soweit wie möglich vereinfachen" aktivieren.

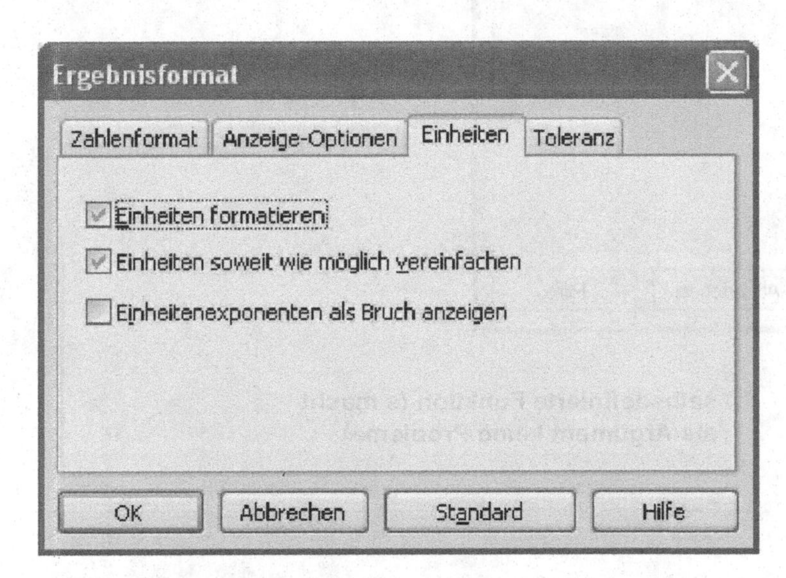

Abb. 3.18

Hinweise auf Variable und Funktionen mit Einheiten:

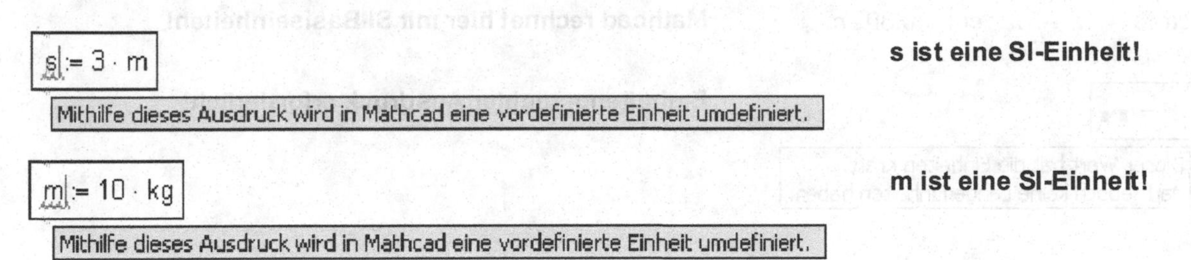

s ist eine SI-Einheit!

m ist eine SI-Einheit!

Wenn eine SI-Einheit als Variable für andere Zuweisungen verwendet wird, so wird dadurch das SI-System eingeschränkt und die Auswertungen werden nachfolgend falsche Ergebnisse liefern! Für Anfänger ist es sehr vorteilhaft im Menü-Extras-Einstellungen und Registerblatt-Warnmeldungen die Warnmeldungen zu aktivieren (Abb. 3.19)! Es erscheint dann bei vordefinierten und benutzer-definierten Größen eine grüne Welle! Wird ein solcher Ausdruck mit der Maus angeklickt, so erscheint eine Fehlermeldung.

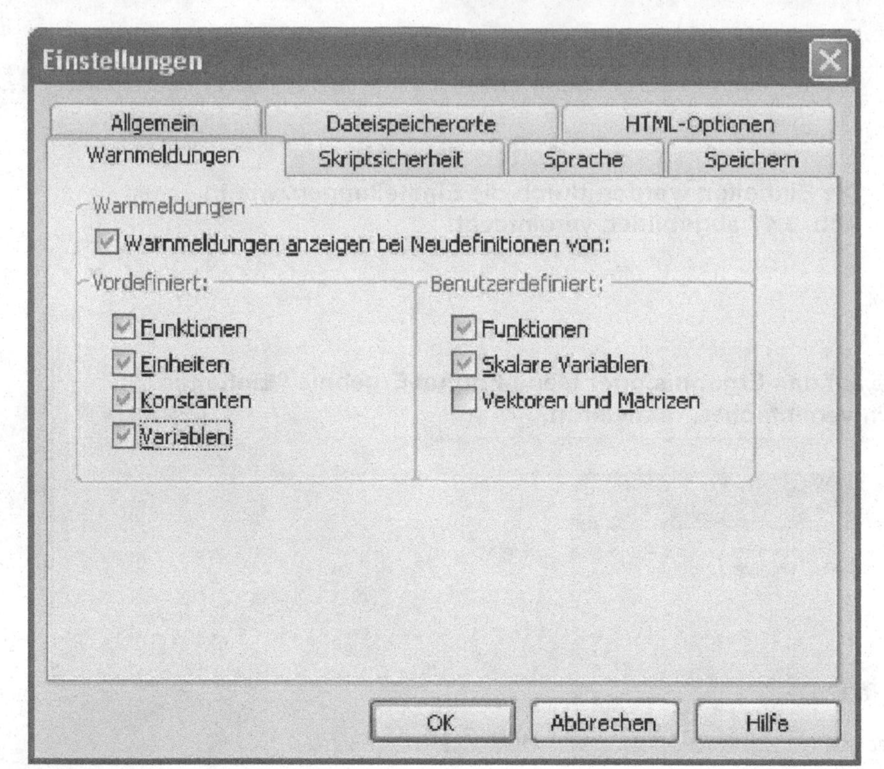

Abb. 3.19

$v(v_0, a, s) := \sqrt{v_0^{\,2} + 2 \cdot a \cdot s}$ **selbsdefinierte Funktion (s macht als Argument keine Probleme)**

$v\left(20 \cdot \frac{m}{s}, 0.5 \cdot \frac{m}{s^2}, 100 \cdot m\right) = 22.361 \frac{m}{s}$

$z := 30 \cdot cm$ $z + 0.2 \cdot cm = 0.302\,m$ **Mathcad rechnet hier mit SI-Basiseinheiten!**

$z + 0.2 \cdot N = \blacksquare\blacksquare$ **Einheitengerechter Ausdruck erforderlich!**

Dieser Wert hat die Einheiten Kraft, darf jedoch keine Länge Einheiten haben.

$ceil(z + 0.2 \cdot cm) = \blacksquare\blacksquare$ **Achtung beim Rechnen mit Einheiten in Argumenten von Funktionen!**

Dieser Wert hat die Einheiten Länge, darf jedoch keine Unitless Einheiten haben.

$ceil\left(\frac{z}{cm} + 0.2\right) \cdot cm = 31 \cdot cm$ **Liefert hier das richtige Ergebnis!**

$a := 2 \cdot m$ $SIEinhVon(a) = 1\,m$ **Mit dieser Funktion kann die Einheit ermittelt werden.**

Der Potenzierungsoperator ist nicht in der Lage, auf die Dimensionen in Berechnungen zu schließen. Der Exponent muss eine Konstante und ein Vielfaches von 1/60000 sein! Der Exponent kann als Bruch dargestellt werden, wenn im Registerblatt Ergebnisformat-Einheiten (Abb. 3.20) Einheitenexponenten als Bruch anzeigen aktiviert ist. Diese Option kann nur für das gesamte Arbeitsblatt eingestellt werden.

$a := 3 \cdot m$ $\qquad x := 3$

$a^x = ▪$ aber $a^3 = 27 \cdot m^3$

$a^{0.67777} = ▪$ aber $a^{0.666} = 2.079\,m^{0.666}$

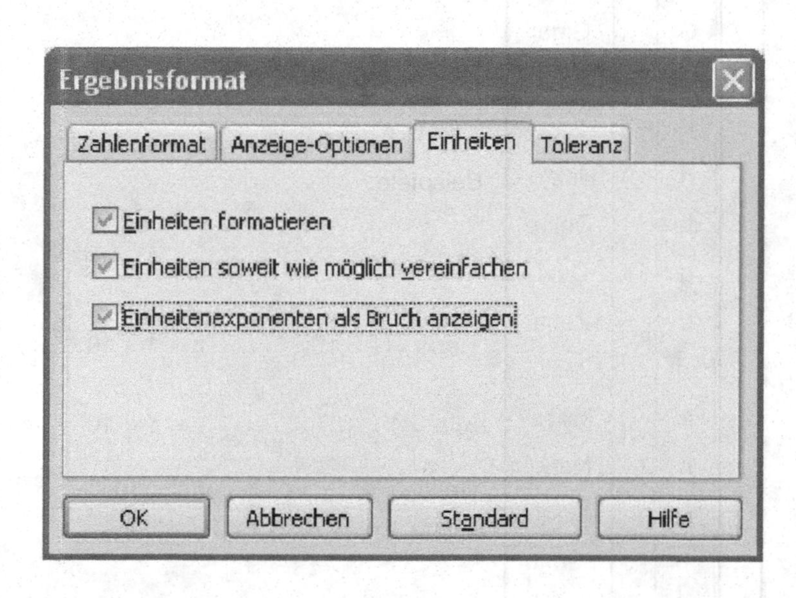

Abb. 3.20

$D := 0.60 \cdot m$ $\qquad h := 27 \cdot m$ $\qquad L := 305 \cdot m$

$$v := 145 \cdot \left(\frac{\frac{D^2 \cdot \pi}{4}}{D \cdot \pi}\right)^{0.63} \cdot \left(\frac{h}{L}\right)^{0.54} \qquad v = 11.85\,m^{\frac{63}{100}}$$

Dieses Ergebnis ist nicht zufriedenstellend!

$$v := 145 \cdot \left[\frac{\frac{\left(\frac{D}{m}\right)^2 \cdot \pi}{4}}{\frac{D}{m} \cdot \pi}\right]^{0.63} \cdot \left(\frac{h}{L}\right)^{0.54} \cdot \frac{m}{s} \qquad v = 11.85\,\frac{m}{s}$$

Dieses Ergebnis ist brauchbar!

<u>Anzeige des Multiplikationsoperators in Ergebnissen ändern:</u>

$2 \cdot kg \cdot \frac{m}{s} = 2 \cdot N \times s$ **Die Einheit kann durch Eingabe in den Platzhalter geändert werden. Klicken wir dann mit der rechten Maustaste auf die Einheit, so können wir über "Multiplikation anzeigen als" die Darstellungsweise des Multiplikations-operators ändern.**

Vorsilben und Einheiten (zusammengefasst in einer Matrix bzw. in Vektoren):

Yotta	Y	10^{24}
Zetta	Z	10^{21}
Exa	E	10^{18}
Peta	P	10^{15}
Tera	T	10^{12}
Giga	G	10^{9}
Mega	M	10^{6}
Kilo	k	10^{3}
Hekto	h	100
Deka	da	10
Dezi	d	10^{-1}
Zenti	c	10^{-2}
Milli	m	10^{-3}
Mikro	μ	10^{-6}
Nano	n	10^{-9}
Piko	p	10^{-12}
Femto	f	10^{-15}
Atto	a	10^{-18}
Zepto	z	10^{-21}
Yocto	y	10^{-24}

$$\begin{pmatrix} Yotta \\ Zetta \\ Exa \\ Peta \\ Tera \\ Giga \\ Mega \\ Kilo \\ Hekto \\ Deka \\ Dezi \\ Zenti \\ Milli \\ Mikro \\ Nano \\ Piko \\ Femto \\ Atto \\ Zepto \\ Yocto \end{pmatrix} := \begin{pmatrix} 10^{24} \\ 10^{21} \\ 10^{18} \\ 10^{15} \\ 10^{12} \\ 10^{9} \\ 10^{6} \\ 10^{3} \\ 100 \\ 10 \\ 10^{-1} \\ 10^{-2} \\ 10^{-3} \\ 10^{-6} \\ 10^{-9} \\ 10^{-12} \\ 10^{-15} \\ 10^{-18} \\ 10^{-21} \\ 10^{-24} \end{pmatrix}$$

$$\begin{pmatrix} Y \\ Z \\ E \\ P \\ T \\ G \\ M \\ k \\ h \\ da \\ d \\ c \\ m \\ \mu \\ n \\ p \\ f \\ a \\ z \\ y \end{pmatrix} := \begin{pmatrix} Yotta \\ Zetta \\ Exa \\ Peta \\ Tera \\ Giga \\ Mega \\ Kilo \\ Hekto \\ Deka \\ Dezi \\ Zenti \\ Milli \\ Mikro \\ Nano \\ Piko \\ Femto \\ Atto \\ Zepto \\ Yocto \end{pmatrix}$$

Beispiele:

$Mikro = 1 \times 10^{-6}$ $\quad$ $\mu = 1 \times 10^{-6}$

$Nano = 1 \times 10^{-9}$ $\quad$ $n = 1 \times 10^{-9}$

$Kilo = 1 \times 10^{3}$ $\quad$ $k = 1 \times 10^{3}$

$Deka = 10$ $\quad$ $da = 10$

4. Umformen von Termen

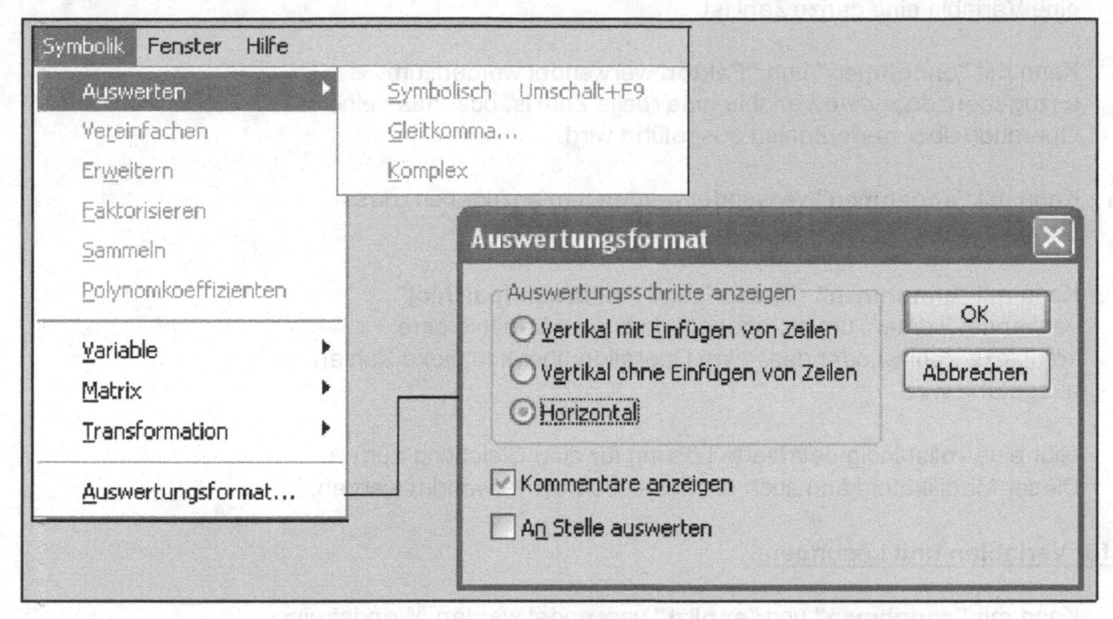

Abb. 4.1

Vor einer **Auswertung** über das **Symbolik-Menü** sollte zuerst das **Auswertungsformat** eingestellt werden (Abb. 4.1).

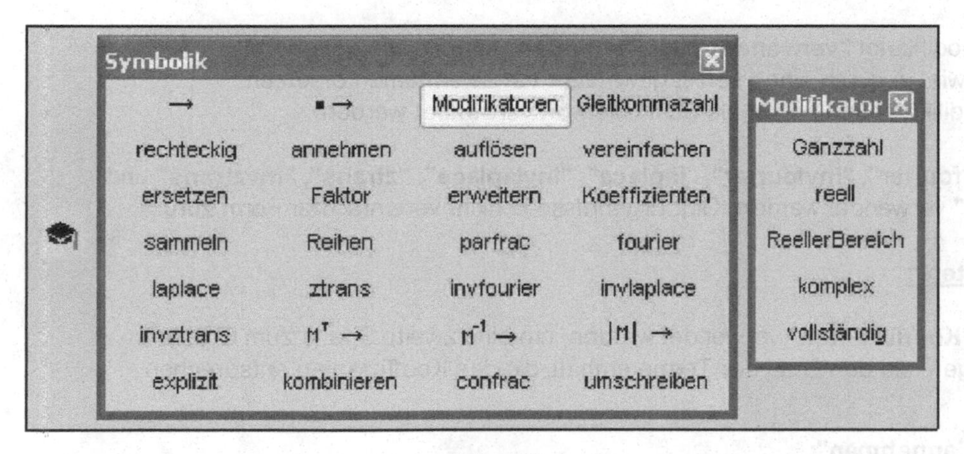

Abb. 4.2

Symbolleiste Symbolische Operatoren:

Hier stehen zahlreiche Operatoren (Schlüsselwörter) und einige Modifikatoren für die symbolische Auswertungen zur Verfügung. Jeder Operator kann entweder im Platzhalter des symbolischen Operators (■ →) (**<Strg>+<Umschalt> <.>**) manuell eingegeben oder direkt nach Markierung des Ausdruckes per Mausklick aufgerufen werden (Abb. 4.2).
Nachfolgend werden alle zur Verfügung stehenden Modifikatoren angeführt.

Modifikatoren aus der Symbolleiste Modifikator (Abb. 4.2):

Ganzzahl Kann mit **"annehmen"** verwendet werden, um anzugeben, dass eine Variable eine ganze Zahl ist.

reell Kann mit **"annehmen"** und **"Faktor"** verwendet werden, um anzugeben, dass eine Variable eine reelle Zahl ist oder dass eine Operation über reelle Zahlen ausgeführt wird.

ReellerBereich Kann mit **"annehmen"** verwendet werden, um anzugeben, dass sich eine Variable im Bereich reeller Zahlen befindet.

komplex Kann mit **"annehmen"**, **"Faktor"** und **"teilbruch (parfrac)"** verwendet werden, um anzugeben, dass eine Variable eine komplexe Zahl ist oder dass eine Operation über komplexe Zahlen ausgeführt wird.

vollständig Gibt eine vollständig detaillierte Lösung für eine Gleichung zurück. Dieser Modifikator kann auch als Schlüsselwort verwendet werden.

Modifikatoren für Variablen und Lösungen:

ALL (ALLE(S)) Kann mit **"annehmen"** und **"explizt"** verwendet werden. Wendet eine Bedingung auf alle Variablen in einem Ausdruck an.

Domäne Kann mit **"Faktor"** oder **"teilbruch (parfrac)"** verwendet werden, um die Domäne anzugeben, über die die Faktorisierung oder Partialbruchzerlegung durchgeführt werden soll.

verwende Mit dem Modifikator **"verwende"** nach **"auflösen"** können Sie generierte Variablen wie _n durch einen selbst gewählten Variablennamen ersetzen. Dieser Modifikator kann auch als Schlüsselwort verwendet werden.

roh Kann mit **"fourier", "invfourier", "laplace", "invlaplace", "ztrans", "invztrans"** und **"ersetzen"** verwendet werden. Gibt Ergebnisse in nicht vereinfachter Form zurück.

Modifikator für "Koeffizienten":

degree (Grad) Kann mit **"Koeffizienten"** verwendet werden, um eine zweite Spalte zum Ergebnis hinzuzufügen, die den Grad der Terme enthält, die den Koeffizienten entsprechen.

Weitere Modifikatoren für "annehmen":

gerade Gibt an, dass eine Variable eine durch zwei teilbare Zahl (gerade Zahl) ist.

ungerade Gibt an, dass eine Variable eine nicht durch zwei teilbare Zahl (ungerade Zahl) ist.

Andere Modifikatoren:

cauchy Gibt den Cauchy-Hauptwert bei der symbolischen Auswertung eines Integrals zurück.

Bruch Kann mit **"confrac"** verwendet werden und gibt einen Kettenbruch als Bruch zurück.

matrix Kann mit **"confrac"** verwendet werden und gibt einen Kettenbruch in Feldform zurück.

max Kann mit **"vereinfachen"** verwendet werden und führt zusätzliche Schritte zur weiteren Vereinfachung aus.

Modifikatoren für "kombinieren" und "umschreiben":

sin, cos, tan, cot — Kann mit **"umschreiben"** verwendet werden, um Ausdrücke von Sinus-, Kosinus-, Tangens- und Kotangensfunktion zu umschreiben.

asin, acos, atan, acot — Kann mit **"umschreiben"** verwendet werden, um Ausdrücke von **inversen** Sinus-, Kosinus-, Tangens- und Kotangensfunktion zu umschreiben.

sinh, cosh, tanh, coth — Kann mit **"umschreiben"** verwendet werden, um Ausdrücke von **hyperbolischen** Sinus-, Kosinus-, Tangens- und Kotangensfunktion zu umschreiben.

signum — Kann mit **"umschreiben"** verwendet werden, um Ausdrücke mit der Heaviside-Funktion in eine Signum-Funktion umzuformen, die das Vorzeichen einer Zahl ausgibt.

Gamma — Kann mit **"umschreiben"** verwendet werden, um Ausdrücke mithilfe von Fakultäten in Bezug auf die Gammafunktion zu umschreiben.

exp — Kann mit **"kombinieren"** verwendet werden, um Ausdrücke mit Exponentialidentitäten zu kombinieren, oder mit **"umschreiben"**, um Ausdrücke in Exponentialfunktionen umzuformen.

ln — Kann mit **"kombinieren"** verwendet werden, um Ausdrücke mit Identitäten für den natürlichen Logarithmus zu kombinieren, oder mit **"umschreiben"**, um Ausdrücke in natürliche Logarithmen umzuformen.

log — Kann mit **"kombinieren"** verwendet werden, um Ausdrücke mit Identitäten für Logarithmen zur Basis a zu kombinieren, oder mit **"umschreiben"**, um Ausdrücke in Logarithmen zur Basis a umzuformen.

sincos — Kann mit **"kombinieren"** verwendet werden, um Ausdrücke mit Identitäten für Sinus- und Kosinusfunktionen zu kombinieren, oder mit **"umschreiben"**, um Ausdrücke in Sinus- oder Kosinusfunktionen umzuformen.

sinhcosh — Kann mit **"kombinieren"** verwendet werden, um Ausdrücke mit Identitäten für **hyperbolische** Sinus- und Kosinusfunktionen zu kombinieren, oder mit **"umschreiben"**, um Ausdrücke in hyperbolische Sinus- oder Kosinusfunktionen umzuformen.

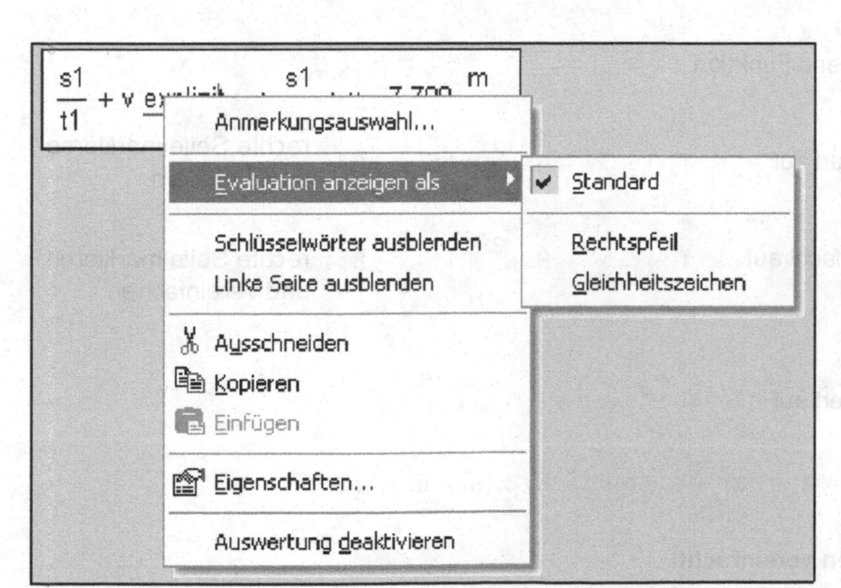

Bei allen Schlüsselwörtern kann der Auswertungsoperator geändert werden. Es können auch die Schlüsselwörter und die Linke Seite des Ausdruckes ausgeblendet werden (Abb. 4.3).

Abb. 4.3

4.1 Polynome

Bei den nachfolgenden Beispielen wird jeweils von verschiedenen Umformungsmöglichkeiten (**Symbolische Auswertung (Menü-Symbolik) und die Auswertung mit Symbolischen Operatoren)** Gebrauch gemacht. Dazu werden noch **verschiedene Modifikatoren** angewendet.
Auch das **Auswertungsformat** wurde voreingestellt (z. B. **Horizontal und Kommentare anzeigen**).

4.1.1 Multiplikation und Summe von Polynomen

Auswerten:	**Symbolische und komplexe Auswertung.**
Vereinfachen:	**Vereinfachung eines Ausdrucks.**
Erweitern:	**Ausmultiplizieren von Potenzen und Produkten.**
Faktorisieren:	**Herausheben von Faktoren und Zusammenfassen von Ausdrücken.**
Sammeln:	**Nach gleichen (meist fallenden) Potenzen ordnen.**

Beispiel 4.1:

$\frac{1}{5} \cdot (2 \cdot x + 1) \cdot (3 \cdot x - 1)$ erweitert auf $\frac{6}{5} \cdot x^2 + \frac{1}{5} \cdot x - \frac{1}{5}$

Andere Auswertung: Binom markieren und <Alt> + sw

$\frac{6}{5} \cdot x^2 + \frac{1}{5} \cdot x - \frac{1}{5}$ durch Faktorisierung, ergibt $\frac{(2 \cdot x + 1) \cdot (3 \cdot x - 1)}{5}$

Andere Auswertung: Binom markieren und <Alt> + sf

Beispiel 4.2:

$x^2 + \frac{1}{6} \cdot x - \frac{1}{6}$ Faktor $\rightarrow \frac{(2 \cdot x + 1) \cdot (3 \cdot x - 1)}{6}$

5399108 Faktor $\rightarrow 2^2 \cdot 11 \cdot 13 \cdot 9439$

$x^2 - 5$ Faktor, $\sqrt{5} \rightarrow \left(x - \sqrt{5}\right) \cdot \left(x + \sqrt{5}\right)$

1001 Faktor $\rightarrow 7 \cdot 11 \cdot 13$

Beispiel 4.3:

$f(x) := (x-2)^3 - x$ gegebene Funktion

$f(x) := (x-2)^3 - x$ erweitert auf $f(x) := x^3 - 6 \cdot x^2 + 11 \cdot x - 8$ rechte Seite markieren und erweitern

$f(x) := (x-2)^3 - x$ vereinfacht auf $f(x) := x^3 - 6 \cdot x^2 + 11 \cdot x - 8$ rechte Seite markieren und vereinfachen

Beispiel 4.4:

$(a + b) \cdot (c + d)$ erweitert auf $a \cdot c + a \cdot d + b \cdot c + b \cdot d$

$(a \cdot cm + b \cdot m) \cdot (c + d)$ erweitern $\rightarrow a \cdot c \cdot cm + a \cdot cm \cdot d + b \cdot c \cdot m + b \cdot d \cdot m$

Symbolisch werden keine Einheiten vereinfacht!

Beispiel 4.5:

$(a+b)\cdot(a-b)$ erweitert auf $a^2 - b^2$

$(a+b)\cdot(a-b)$ erweitern $\rightarrow a^2 - b^2$

$a^2 - b^2$ durch Faktorisierung, ergibt $(a-b)\cdot(a+b)$

$a^2 - b^2$ Faktor $\rightarrow (a-b)\cdot(a+b)$

Beispiel 4.6:

$\left(7\cdot x^3 - 6\cdot x^2 + 5\cdot x\right)\cdot\left(4\cdot x^2 + 3\cdot x - 5\right)$ erweitert auf $28\cdot x^5 - 3\cdot x^4 - 33\cdot x^3 + 45\cdot x^2 - 25\cdot x$

$\left(7\cdot x^3 - 6\cdot x^2 + 5\cdot x\right)\cdot\left(4\cdot x^2 + 3\cdot x - 5\right)$ erweitern, x $\rightarrow 28\cdot x^5 - 3\cdot x^4 - 33\cdot x^3 + 45\cdot x^2 - 25\cdot x$

$28\cdot x^5 - 3\cdot x^4 - 33\cdot x^3 + 45\cdot x^2 - 25\cdot x$ durch Faktorisierung, ergibt $x\cdot\left(7\cdot x^2 - 6\cdot x + 5\right)\cdot\left(4\cdot x^2 + 3\cdot x - 5\right)$

$28\cdot x^5 - 3\cdot x^4 - 33\cdot x^3 + 45\cdot x^2 - 25\cdot x$ Faktor $\rightarrow x\cdot\left(7\cdot x^2 - 6\cdot x + 5\right)\cdot\left(4\cdot x^2 + 3\cdot x - 5\right)$

Beispiel 4.7:

$(x-2)\cdot\left(x-\sqrt{2}\right)\cdot\left(x+\sqrt{2}\right)$ erweitert auf $x^3 - 2\cdot x - 2\cdot x^2 + 4$

$(x-2)\cdot\left(x-\sqrt{2}\right)\cdot\left(x+\sqrt{2}\right)$ erweitern $\rightarrow x^3 - 2\cdot x^2 - 2\cdot x + 4$

$x^3 - 2\cdot x - 2\cdot x^2 + 4$ durch Faktorisierung, ergibt $(x-2)\left(x^2 - 2\right)$

$x^3 - 2\cdot x - 2\cdot x^2 + 4$ Faktor $\rightarrow (x-2)\cdot\left(x^2 - 2\right)$

Beispiel 4.8:

$(x-1)\cdot\left(x^2 + 4\cdot x + 1\right)$ erweitert auf $x^3 + 3\cdot x^2 - 3\cdot x - 1$

$(x-1)\cdot\left(x^2 + 4\cdot x + 1\right)$ erweitern $\rightarrow x^3 + 3\cdot x^2 - 3\cdot x - 1$

$x^3 + 3\cdot x^2 - 3\cdot x - 1$ durch Faktorisierung, ergibt $(x-1)\cdot\left(x^2 + 4\cdot x + 1\right)$

$x^3 + 3\cdot x^2 - 3\cdot x - 1$ Faktor $\rightarrow (x-1)\cdot\left(x^2 + 4\cdot x + 1\right)$

Beispiel 4.9:

$x^3 - 3 \cdot x^2 - 2 \cdot x - 1$ Faktor $\rightarrow x^3 - 3 \cdot x^2 - 2 \cdot x - 1$

$x^3 - 3 \cdot x^2 - 2 \cdot x - 1$ | Faktor, Domäne = komplex, Gleitkommazahl, 3 $\rightarrow (x - 3.63) \cdot (x + 0.314 - 0.421j) \cdot (x + 0.314 + 0.421j)$

$x^2 - 3$ Faktor $\rightarrow x^2 - 3$

$x^2 - 3$ Faktor, $\sqrt{3}$ $\rightarrow \left(x - \sqrt{3}\right) \cdot \left(x + \sqrt{3}\right)$

$x^2 - 3$ | Faktor, Domäne = reell, Gleitkommazahl, 3 $\rightarrow (x - 1.73) \cdot (x + 1.73)$

Drücken Sie nach der Eingabe des 1. Schlüsselwortes und Modifikators <Strg>+<Umschalt>+<.>, so kann das nächste Schlüsselwort eingegeben werden!

$x^3 - 2$ Faktor $\rightarrow x^3 - 2$

$x^3 - 2$ | Faktor, Domäne = komplex, Gleitkommazahl, 3 $\rightarrow (x - 1.26) \cdot (x + 0.63 - 1.09j) \cdot (x + 0.63 + 1.09j)$

Beispiel 4.10:

$(x + 2 \cdot y) \cdot (x + y) \cdot (x + 4 \cdot y)$ erweitert auf $x^3 + 7 \cdot x^2 \cdot y + 14 \cdot x \cdot y^2 + 8 \cdot y^3$

$(x + 2 \cdot y) \cdot (x + y) \cdot (x + 4 \cdot y)$ erweitern $\rightarrow x^3 + 7 \cdot x^2 \cdot y + 14 \cdot x \cdot y^2 + 8 \cdot y^3$

$x^3 + 7 \cdot x^2 \cdot y + 14 \cdot x \cdot y^2 + 8 \cdot y^3$ durch Faktorisierung, ergibt $(x + 4 \cdot y) \cdot (x + 2 \cdot y) \cdot (x + y)$

$x^3 + 7 \cdot x^2 \cdot y + 14 \cdot x \cdot y^2 + 8 \cdot y^3$ Faktor $\rightarrow (x + 4 \cdot y) \cdot (x + 2 \cdot y) \cdot (x + y)$

Beispiel 4.11:

$x^4 \cdot \left(x + y^3\right) + y^5 \cdot \left[8 \cdot x \cdot y^2 + (1 - y)^2\right]$ erweitert auf $x^5 + y^3 \cdot x^4 + 8 \cdot y^7 \cdot x + y^5 - 2 \cdot y^6 + y^7$

Bei den nachfolgenden Beispielen zuerst x bzw. y mit Cursor markieren und "Sammeln" wählen:

$x^5 + y^3 \cdot x^4 + 8 \cdot y^7 \cdot x + y^5 - 2 \cdot y^6 + y^7$ durch Zusammenfassen von Ausdrücken, ergibt

$$x^5 + y^3 \cdot x^4 + 8 \cdot y^7 \cdot x + y^7 - 2 \cdot y^6 + y^5$$

$x^5 + y^3 \cdot x^4 + 8 \cdot y^7 \cdot x + y^5 - 2 \cdot y^6 + y^7$ sammeln, x $\rightarrow x^5 + y^3 \cdot x^4 + 8 \cdot y^7 \cdot x + y^7 - 2 \cdot y^6 + y^5$

$x^5 + y^3 \cdot x^4 + 8 \cdot y^7 \cdot x + y^5 - 2 \cdot y^6 + y^7$ durch Zusammenfassen von Ausdrücken, ergibt

$$(8 \cdot x + 1) \cdot y^7 - 2 \cdot y^6 + y^5 + x^4 \cdot y^3 + x^5$$

$x^5 + y^3 \cdot x^4 + 8 \cdot y^7 \cdot x + y^5 - 2 \cdot y^6 + y^7$ sammeln, y $\rightarrow (8 \cdot x + 1) \cdot y^7 - 2 \cdot y^6 + y^5 + x^4 \cdot y^3 + x^5$

Beispiel 4.12:

$(3\cdot x - 4\cdot y\cdot j)\cdot(5\cdot x + 2\cdot j)$ Auswertung über komplexer Ebene ergibt $15\cdot x^2 + 8\cdot y + (6\cdot x - 20\cdot x\cdot y)\cdot j$

Andere Auswertung: Ausdruck markieren und <Alt> + suk

$(3\cdot x - 4\cdot y\cdot j)\cdot(5\cdot x + 2\cdot j)$ erweitert auf $8\cdot y + 15\cdot x^2 - 20\cdot x\cdot y\cdot j + 6\cdot x\cdot j$

$(3\cdot x - 4\cdot y\cdot j)\cdot(5\cdot x + 2\cdot j)$ erweitern $\rightarrow 8\cdot y + 15\cdot x^2 - 20j\cdot x\cdot y + 6j\cdot x$

$8\cdot y + 15\cdot x^2 - 20\cdot x\cdot y\cdot j + 6\cdot x\cdot j$ Faktor $\rightarrow 5\cdot\left(x + \frac{2}{5}\cdot j\right)\cdot(3\cdot x - 4j\cdot y)$

Beispiel 4.13:

$(x + 2\cdot y\cdot j)\cdot(x + y\cdot j)\cdot(x + 4\cdot y\cdot j)$ erweitert auf $x^3 - 14\cdot x\cdot y^2 - 8j\cdot y^3 + 7\cdot x^2\cdot y\cdot j$

$(x + 2\cdot y\cdot j)\cdot(x + y\cdot j)\cdot(x + 4\cdot y\cdot j)$ erweitern $\rightarrow x^3 - 14\cdot x\cdot y^2 - 8j\cdot y^3 + 7j\cdot x^2\cdot y$

$x^3 - 14\cdot x\cdot y^2 - 8j\cdot y^3 + 7\cdot x^2\cdot y\cdot j$ durch Faktorisierung, ergibt $(x + y\cdot j)\cdot(x + 4\cdot y\cdot j)\cdot(x + 2\cdot y\cdot j)$

$x^3 - 14\cdot x\cdot y^2 - 8j\cdot y^3 + 7\cdot x^2\cdot y\cdot j$ Faktor $\rightarrow (x + 4j\cdot y)\cdot(x + 2j\cdot y)\cdot(x + y\cdot j)$

4.1.2 Potenzgesetze und Potenzen von Polynomen

Auswerten:	**Symbolische und komplexe Auswertung.**
Vereinfachen:	**Vereinfachung eines Ausdrucks.**
Erweitern:	**Ausmultiplizieren von Potenzen und Produkten.**
Faktorisieren:	**Herausheben von Faktoren und Zusammenfassen von Ausdrücken.**
Sammeln:	**Nach gleichen (meist fallenden) Potenzen ordnen.**

Beispiel 4.14:

Potenzgesetze (Alle Gesetze gelten für positive und negative ganze und rationale Exponenten):

$x^n \cdot x^m$ vereinfacht auf x^{n+m} $\qquad$ $x^n \cdot x^m$ vereinfachen $\rightarrow x^{m+n}$

x^{m+n} erweitern $\rightarrow x^m \cdot x^n$ $\qquad$ $x^n \cdot x^m$ kombinieren $\rightarrow x^{m+n}$

$x^n \cdot y^n$ vereinfacht auf $x^n \cdot y^n$ $\qquad$ $(x \cdot y)^n$ | annehmen, n = Ganzzahl, vereinfachen $\rightarrow x^n \cdot y^n$

$\left(x^n\right)^m$ vereinfacht auf $\left(x^n\right)^m$ $\qquad$ $\left(x^n\right)^m$ | annehmen, n = Ganzzahl, m = Ganzzahl, vereinfachen $\rightarrow x^{m \cdot n}$

$\frac{1}{x^n}$ vereinfacht auf $\frac{1}{x^n}$ $\qquad$ x^{-n} vereinfachen $\rightarrow \frac{1}{x^n}$

$\frac{x^n}{x^m}$ vereinfacht auf x^{n-m} $\qquad$ $\frac{x^n}{x^m}$ vereinfachen $\rightarrow x^{n-m}$

$\left(\frac{a}{b}\right)^n$ vereinfacht auf $\left(\frac{a}{b}\right)^n$ $\qquad$ $\left(\frac{a}{b}\right)^n$ | annehmen, n = Ganzzahl, vereinfachen $\rightarrow \frac{a^n}{b^n}$

$\left(2^b\right)^c$ vereinfacht auf $\left(2^b\right)^c$ $\qquad$ $\left(2^b\right)^c$ | vereinfachen, annehmen, b = reell $\rightarrow 2^{b \cdot c}$

Beispiel 4.15:

$e^{4 \cdot x} \cdot e^{3 \cdot y}$ kombinieren, exp $\rightarrow e^{4 \cdot x + 3 \cdot y}$

$\dfrac{x^2 \cdot x^{\frac{1}{2}}}{\frac{x^2}{3}}$ kombinieren $\rightarrow 3 \cdot \sqrt{x}$

$\dfrac{(a-b)^3 \cdot (a-b)}{a^2 - b^2}$ | kombinieren, Faktor $\rightarrow \dfrac{(a-b)^3}{a+b}$

Drücken Sie nach der Eingabe des 1. Schlüsselwortes <Strg>+<Umschalt>+<.>, so kann das nächste Schlüsselwort eingegeben werden!

Beispiel 4.16:

$(a+b)^2$ erweitert auf $a^2+2\cdot a\cdot b+b^2$

$(a+b)^2$ erweitern $\rightarrow a^2+2\cdot a\cdot b+b^2$

$a^2+2\cdot a\cdot b+b^2$ Faktor $\rightarrow (a+b)^2$

Beispiel 4.17:

$(a-b)^2$ erweitert auf $a^2-2\cdot a\cdot b+b^2$

$(a-b)^2$ erweitern $\rightarrow a^2-2\cdot a\cdot b+b^2$

$a^2-2\cdot a\cdot b+b^2$ durch Faktorisierung, ergibt $(a-b)^2$

Beispiel 4.18:

$(a+b)^3$ erweitert auf $a^3+3\cdot a^2\cdot b+3\cdot a\cdot b^2+b^3$

$(a+b)^3$ erweitern $\rightarrow a^3+3\cdot a^2\cdot b+3\cdot a\cdot b^2+b^3$

$(a-b)^3$ erweitert auf $a^3-3\cdot a^2\cdot b+3\cdot a\cdot b^2-b^3$

$(a-b)^3$ erweitern $\rightarrow a^3-3\cdot a^2\cdot b+3\cdot a\cdot b^2-b^3$

Beispiel 4.19:

$(a+b)^4$ erweitert auf $a^4+4\cdot a^3\cdot b+6\cdot a^2\cdot b^2+4\cdot a\cdot b^3+b^4$

$(a-b)^4$ erweitert auf $a^4-4\cdot a^3\cdot b+6\cdot a^2\cdot b^2-4\cdot a\cdot b^3+b^4$

Beispiel 4.20:

$(x+y)^8$ erweitert auf

$x^8+8\cdot x^7\cdot y+28\cdot x^6\cdot y^2+56\cdot y^3\cdot x^5+70\cdot x^4\cdot y^4+56\cdot x^3\cdot y^5+28\cdot x^2\cdot y^6+8\cdot y^7\cdot x+y^8$

durch Faktorisierung, ergibt $(x+y)^8$

Beispiel 4.21:

Zeilenumbruch von langen Ausdrücken:

1. Cursor vor oder nach dem Operator " + " (oder " - ") setzen, an dem umgebrochen werden soll.
2. Mit der Tastenkombination <Strg>+<Eingabe> umbrechen.
3. Den sich daraus ergebenden Platzhalter löschen.

$(x+y)^{10}$ erweitert auf

$$x^{10} + 10 \cdot x^9 \cdot y + 45 \cdot x^8 \cdot y^2 + 120 \cdot y^3 \cdot x^7 + 210 \cdot x^6 \cdot y^4 + 252 \cdot x^5 \cdot y^5 + 210 \cdot x^4 \cdot y^6 \ldots$$
$$+ 120 \cdot y^7 \cdot x^3 + 45 \cdot x^2 \cdot y^8 + 10 \cdot x \cdot y^9 + y^{10}$$

$(a1 + b1)^{10}$ erweitert auf

$$a1^{10} + 10 \cdot a1^9 \cdot b1 + 45 \cdot a1^8 \cdot b1^2 + 120 \cdot a1^7 \cdot b1^3 + 210 \cdot a1^6 \cdot b1^4 + 252 \cdot a1^5 \cdot b1^5 \ldots$$
$$+ 210 \cdot a1^4 \cdot b1^6 + 120 \cdot a1^3 \cdot b1^7 + 45 \cdot a1^2 \cdot b1^8 + 10 \cdot a1 \cdot b1^9 + b1^{10}$$

Numerische Auswertung nach Zeilenumbruch:

$a1 := 2 \qquad b1 := 3$

$$a1^{10} + 10 \cdot a1^9 \cdot b1 + 45 \cdot a1^8 \cdot b1^2 + 120 \cdot a1^7 \cdot b1^3 + 210 \cdot a1^6 \cdot b1^4 + 252 \cdot a1^5 \cdot b1^5 \ldots = 9.766 \times 10^6$$
$$+ 210 \cdot a1^4 \cdot b1^6 + 120 \cdot a1^3 \cdot b1^7 + 45 \cdot a1^2 \cdot b1^8 + 10 \cdot a1 \cdot b1^9 + b1^{10}$$

Beispiel 4.22:

Zeilenumbruch von langen Ausdrücken:

Nach einem symbolischen Operator ist ein Zeilenumbruch nicht möglich! (Ändern Sie in diesem Beispiel z. B. den Exponenten auf 10, so kann der Ausdruck, der über den Seitenrand hinausgeht, nicht mehr umgebrochen werden.)

$n := 6$ Exponent des Binoms

$f(x,y) = (x+y)^n$ Binom

$$f(x,y) := \sum_{k=0}^{n} \left[\frac{n!}{(n-k)! \cdot k!} \cdot x^{n-k} \cdot y^k \right]$$

$f(x,y)$ erweitern $\rightarrow x^6 + 6 \cdot x^5 \cdot y + 15 \cdot x^4 \cdot y^2 + 20 \cdot x^3 \cdot y^3 + 15 \cdot x^2 \cdot y^4 + 6 \cdot x \cdot y^5 + y^6$

$(x+y)^n$ erweitern $\rightarrow x^6 + 6 \cdot x^5 \cdot y + 15 \cdot x^4 \cdot y^2 + 20 \cdot x^3 \cdot y^3 + 15 \cdot x^2 \cdot y^4 + 6 \cdot x \cdot y^5 + y^6$

Beispiel 4.23:

$(a+b+c)^2$ erweitert auf $a^2+2\cdot a\cdot b+2\cdot a\cdot c+b^2+2\cdot b\cdot c+c^2$

$(a+b+c)^2$ erweitern $\rightarrow a^2+2\cdot a\cdot b+2\cdot a\cdot c+b^2+2\cdot b\cdot c+c^2$

$(a+b+c)^2$ sammeln, a $\rightarrow a^2+(2\cdot b+2\cdot c)\cdot a+(b+c)^2$

$a^2+2\cdot a\cdot b+2\cdot a\cdot c+b^2+2\cdot b\cdot c+c^2$ durch Faktorisierung, ergibt $(a+b+c)^2$

Beispiel 4.24:

$\left(3\cdot x^2-5\cdot x+4\right)^2$ erweitert auf $9\cdot x^4-30\cdot x^3+49\cdot x^2-40\cdot x+16$

$\left(3\cdot x^2-5\cdot x+4\right)^2$ erweitern $\rightarrow 9\cdot x^4-30\cdot x^3+49\cdot x^2-40\cdot x+16$

$9\cdot x^4-30\cdot x^3+49\cdot x^2-40\cdot x+16$ durch Faktorisierung, ergibt $\left(3\cdot x^2-5\cdot x+4\right)^2$

Beispiel 4.25:

Bei den nachfolgenden Beispielen zuerst x bzw. y mit dem Cursor markieren und "Sammeln" wählen:

$\left(x-y+z^2\right)^2+\left(x+2y-z^2\right)$ durch Zusammenfassen von Ausdrücken, ergibt

$$x^2+\left(2\cdot z^2-2\cdot y+1\right)\cdot x+2\cdot y+\left(y-z^2\right)^2-z^2$$

$\left(x-y+z^2\right)^2+\left(x+2y-z^2\right)$ sammeln, x $\rightarrow x^2+\left(2\cdot z^2-2\cdot y+1\right)\cdot x+2\cdot y+\left(y-z^2\right)^2-z^2$

$\left(x-y+z^2\right)^2+\left(x+2y-z^2\right)$ durch Zusammenfassen von Ausdrücken, ergibt

$$y^2+\left(2-2\cdot x-2\cdot z^2\right)\cdot y+x-z^2+\left(z^2+x\right)^2$$

$\left(x-y+z^2\right)^2+\left(x+2y-z^2\right)$ sammeln, y $\rightarrow y^2+\left(2-2\cdot x-2\cdot z^2\right)\cdot y+x-z^2+\left(z^2+x\right)^2$

Beispiel 4.26:

$(5+6j)^3$ Auswertung über komplexer Ebene ergibt $-415+234j$

$(5+6j)^3 \rightarrow -415+234j$ $(5+6j)^3$ rechteckig $\rightarrow -415+234j$

$(5+6j)^3$ erweitert auf $-415+234j$

$(5+6j)^3$ erweitern $\rightarrow -415+234j$

4.2 Bruchterme (ganzrationale Terme)

Auswerten:	**Symbolische und komplexe Auswertung.**
Vereinfachen:	**Vereinfachung eines Ausdrucks.**
Erweitern:	**Ausmultiplizieren von Potenzen und Produkten.**
Faktorisieren:	**Herausheben von Faktoren und Zusammenfassen von Ausdrücken.**
Sammeln:	**Nach gleichen (meist fallenden) Potenzen ordnen.**
Teilbruchzerlegung:	**Variable-Partialbruchzerlegung**

4.2.1 Addition, Subtraktion und Division

Beispiel 4.27:

$\frac{3x-2y+4}{5} - \frac{2x+3y-6}{5} + \frac{5x-3y+2}{5}$ ergibt $\frac{6\cdot x}{5} - \frac{8\cdot y}{5} + \frac{12}{5}$

$\frac{3x-2y+4}{5} - \frac{2x+3y-6}{5} + \frac{5x-3y+2}{5}$ vereinfacht auf $\frac{6\cdot x}{5} - \frac{8\cdot y}{5} + \frac{12}{5}$

$\frac{3x-2y+4}{5} - \frac{2x+3y-6}{5} + \frac{5x-3y+2}{5}$ vereinfachen $\rightarrow \frac{6\cdot x}{5} - \frac{8\cdot y}{5} + \frac{12}{5}$

Beispiel 4.28:

$\frac{3x-1}{3x-3} - \frac{4x-1}{4x+4} - \frac{11x+5}{12x^2-12}$ vereinfacht auf $\frac{1}{x+1}$

$\frac{3x-1}{3x-3} - \frac{4x-1}{4x+4} - \frac{11x+5}{12x^2-12}$ vereinfachen $\rightarrow \frac{1}{x+1}$

Beispiel 4.29:

$\frac{4\cdot x^2 - 2\cdot x - 1}{(x+1)\cdot(x-1)}$ erweitert auf $\frac{4\cdot x^2 - 2\cdot x - 1}{\left(x^2-1\right)}$

Vor der Auswertung wurde nur der Nenner mit dem Cursor markiert!

Beispiel 4.30:

$\frac{x^3 - 6\cdot x^2 + 11\cdot x - 6}{x^2 - 5\cdot x + 6}$ vereinfacht auf $x - 1$

$\frac{x^3 - 6\cdot x^2 + 11\cdot x - 7}{x^2 - 5\cdot x + 6}$ vereinfacht auf $x + \frac{1}{x-2} - \frac{1}{x-3} - 1$

Die Polynomdivision wird nur dann durchgeführt, wenn die Division ohne Rest möglich ist! Sonst muss die Division durch Partialbruchzerlegung durchgeführt werden.

$\frac{x^3 - 6\cdot x^2 + 11\cdot x - 7}{x^2 - 5\cdot x + 6}$ in Partialbrüche zerlegt, ergibt $x + \frac{1}{x-2} - \frac{1}{x-3} - 1$

Division durch Partialbruchzerlegung:
x markieren, Menü-Symbolik-Variable-Partialbruchzerlegung.

Beispiel 4.31:

$\frac{54 \cdot x^5 + 27 \cdot x^4 - 39 \cdot x^2 - 5 \cdot x - 12}{6 \cdot x^2 + 3 \cdot x + 2}$ in Partialbrüche zerlegt, ergibt $9 \cdot x^3 - 3 \cdot x + \frac{16 \cdot x - 2}{6 \cdot x^2 + 3 \cdot x + 2} - 5$

$$\frac{54 \cdot x^5 + 27 \cdot x^4 - 39 \cdot x^2 - 5 \cdot x - 12}{6 \cdot x^2 + 3 \cdot x + 2} \text{ parfrac } \to 9 \cdot x^3 - 3 \cdot x + \frac{16 \cdot x - 2}{6 \cdot x^2 + 3 \cdot x + 2} - 5$$

Beispiel 4.32:

$$\frac{1}{3x^2 + 3} \text{ parfrac}, j \to -\frac{j}{6 \cdot (x - j)} + \frac{j}{6 \cdot (x + j)}$$

$$\frac{1}{3x^2 + 3} \text{ parfrac}, \text{Domäne} = \text{komplex} \to -\frac{j}{6 \cdot (x - j)} + \frac{j}{6 \cdot (x + j)}$$

vollständige Partialbruchzerlegung einer rationalen Funktion über die komplexen Zahlen

$$\frac{1}{x^2 + 2} \text{ parfrac}, j \to -\frac{\sqrt{2} \cdot j}{4 \cdot \left(x - \sqrt{2} \cdot j\right)} + \frac{\sqrt{2} \cdot j}{4 \cdot \left(x + \sqrt{2} \cdot j\right)}$$

$$\frac{1}{x^2 + 2} \text{ parfrac}, j, \text{Domäne} = \text{komplex} \to -\frac{\sqrt{2} \cdot j}{4 \cdot \left(x - \sqrt{2} \cdot j\right)} + \frac{\sqrt{2} \cdot j}{4 \cdot \left(x + \sqrt{2} \cdot j\right)}$$

Beispiel 4.33:

$\frac{2j + 3}{2j - 3} \cdot \left(\frac{4 - 3j}{5 + 2j}\right)^5$ ergibt $\frac{127862974}{266644937} - \left(\frac{132296893}{266644937}\right) \cdot j$

Andere Auswertung: Ausdruck markieren und <Alt> + sus

$\frac{2j + 3}{2j - 3} \cdot \left(\frac{4 - 3j}{5 + 2j}\right)^5$ Auswertung über komplexer Ebene ergibt $\frac{127862974}{266644937} - \frac{132296893j}{266644937}$

$\frac{2j + 3}{2j - 3} \cdot \left(\frac{4 - 3j}{5 + 2j}\right)^5$ vereinfacht auf $\frac{127862974}{266644937} - \left(\frac{132296893}{266644937}\right) \cdot j$

$$\frac{2j + 3}{2j - 3} \cdot \left(\frac{4 - 3j}{5 + 2j}\right)^5 \to \frac{127862974}{266644937} - \frac{132296893}{266644937} \cdot j = 0.48 - 0.496j$$

symbolische und numerische Auswertung

$$\frac{2j + 3}{2j - 3} \cdot \left(\frac{4 - 3j}{5 + 2j}\right)^5 \text{ rechteckig } \to \frac{127862974}{266644937} - \frac{132296893j}{266644937} = 0.48 - 0.496j$$

Beispiel 4.34:

$\underline{Z_1} = R + \frac{1}{j \cdot \omega \cdot C}$ vereinfacht auf $\underline{Z_1} = R - \left(\frac{1}{C \cdot \omega}\right) \cdot j$

$\frac{1}{\underline{Z_2}} = \frac{1}{R} + \frac{1}{\frac{1}{j \cdot \omega \cdot C}}$ vereinfacht auf $\frac{1}{\underline{Z_2}} = \frac{1}{R} + C \cdot \omega \cdot j$

$\frac{1}{\underline{Z_2}} = \frac{1 + i \cdot \omega \cdot C \cdot R}{R}$ hat als Lösung(en) $\frac{R}{1 + C \cdot R \cdot \omega \cdot j}$ Nach $\underline{Z_2}$ Variable auflösen

$\underline{Z_2}$ Variable ersetzen: $\underline{Z_2}$ kopieren, Menü-Symbolik-Variable-Ersetzen

$\frac{\underline{Z_2}}{\underline{Z_1} + \underline{Z_2}}$ durch Ersetzen, ergibt $\frac{R}{R + \underline{Z_1} + C \cdot R \cdot \underline{Z_1} \cdot \omega \cdot j}$

$\underline{Z_1}$ Variable ersetzen: $\underline{Z_1}$ kopieren, Menü-Symbolik-Variable-Ersetzen

$\frac{R}{R + \underline{Z_1} + C \cdot R \cdot \underline{Z_1} \cdot \omega \cdot j}$ durch Ersetzen, ergibt $\frac{C \cdot R \cdot \omega}{3 \cdot C \cdot R \cdot \omega - j + C^2 \cdot R^2 \cdot \omega^2 \cdot j}$

Auswertung über komplexer Ebene ergibt

$$\frac{3 \cdot C^2 \cdot R^2 \cdot \omega^2}{C^4 \cdot R^4 \cdot \omega^4 + 7 \cdot C^2 \cdot R^2 \cdot \omega^2 + 1} - \left(\frac{C^3 \cdot R^3 \cdot \omega^3 - C \cdot R \cdot \omega}{C^4 \cdot R^4 \cdot \omega^4 + 7 \cdot C^2 \cdot R^2 \cdot \omega^2 + 1}\right) \cdot j$$

Mehrere Operatoren werden nacheinander per Mausklick eingefügt:

$$\frac{\underline{Z_2}}{\underline{Z_1} + \underline{Z_2}} \left| \begin{array}{l} \text{ersetzen}, \underline{Z_1} = R + \frac{1}{j \cdot \omega \cdot C} \\ \text{ersetzen}, \underline{Z_2} = \frac{R}{1 + i \cdot \omega \cdot C \cdot R} \end{array} \right. \rightarrow \frac{C \cdot R \cdot \omega}{3 \cdot C \cdot R \cdot \omega - j + C^2 \cdot R^2 \cdot \omega^2 \cdot j}$$

Dieser Ausdruck könnte noch mit dem Operator "rechteckig" weiter vereinfacht werden.

4.3 Logarithmische Ausdrücke

Auswerten: Komplexwertige Auswertung.
Vereinfachen: Vereinfachung eines Ausdrucks.
Erweitern: Zerlegen in eine Summe.
In Mathcad ist neben dem natürlichen Logarithmus zur Basis e (ln(x)) auch der Logarithmus zur Basis 10 (log(x)) oder der Logarithmus zu einer beliebigen Basis a (log(x,a)) vordefiniert.

Beispiel 4.35:

$\ln(e) = 1$ $\qquad \log(10) = 1$ $\qquad \log(2,2) = 1$

$e^{3\cdot\ln(a)}$ vereinfacht auf a^3

$e^{\ln(x)}$ vereinfachen $\to x$

Beispiel 4.36:

$\ln(x)$ rechteckig $\to \ln(|x|) - \frac{\pi\cdot(\mathrm{signum}(x,0)-1)}{2}\cdot j$

$\log(x)$ rechteckig $\to \frac{\ln(|x|)}{\ln(10)} - \frac{\pi\cdot(\mathrm{signum}(x,0)-1)}{2\cdot\ln(10)}\cdot j$

$\log(x,2)$ rechteckig $\to \frac{\ln(|x|)}{\ln(2)} - \frac{\pi\cdot(\mathrm{signum}(x,0)-1)}{2\cdot\ln(2)}\cdot j$

Beispiel 4.37:

$\ln(2\cdot x\cdot y) - \ln\left(\frac{x}{z}\right) + \ln(y)$ | annehmen, $x > 0, y > 0, z > 0$; kombinieren, ln $\to \ln\left(2\cdot y^2\cdot z\right)$

$\ln(x) + \ln(5) + 3\ln\left(\frac{7}{2}\right)$ kombinieren, ln $\to \ln\left(\frac{1715\cdot x}{8}\right)$

$2\log(5,a) - 3\log(7,a)$ kombinieren, log $\to \frac{\log\left(\frac{25}{343}\right)}{\log(a)}$

Beispiel 4.38:

$\ln\left(\frac{5\cdot a\cdot b\cdot c}{3\cdot x\cdot y}\right)$ erweitern $\to \ln(5) - \ln(3) + \ln\left(\frac{a\cdot b\cdot c}{x\cdot y}\right)$

$\log\left(\frac{5\cdot a\cdot b\cdot c}{3\cdot x\cdot y}\right)$ erweitert auf $\frac{\ln(5)}{\ln(10)} - \frac{\ln(3)}{\ln(10)} + \frac{\ln\left(\frac{a\cdot b\cdot c}{x\cdot y}\right)}{\ln(10)}$

4.4 Trigonometrische und hyperbolische Ausdrücke

Auswerten:	**Komplexwertige Auswertung.**
Vereinfachen:	**Vereinfachung eines Ausdrucks.**
Erweitern:	**Zerlegen in eine Summe.**
Faktorisieren:	**Herausheben von Faktoren und Zusammenfassen von Ausdrücken.**

Beispiel 4.39:

$\sin(\varphi)^2 + \cos(\varphi)^2$ vereinfacht auf 1

$\sin(\varphi)^2 + \cos(\varphi)^2$ vereinfachen $\rightarrow 1$

Beispiel 4.40:

$\sin(x + y)$ erweitert auf $\cos(x) \cdot \sin(y) + \sin(x) \cdot \cos(y)$

$\sin(x - y)$ erweitert auf $\sin(x) \cdot \cos(y) - \cos(x) \cdot \sin(y)$

Summensätze 1. Art

$\cos(x + y)$ erweitert auf $\cos(x) \cdot \cos(y) - \sin(x) \cdot \sin(y)$

$\cos(x - y)$ erweitert auf $\cos(x) \cdot \cos(y) + \sin(x) \cdot \sin(y)$

$\tan(\alpha + \beta)$ erweitert auf $-\dfrac{\tan(\beta) + \tan(\alpha)}{\tan(\beta) \cdot \tan(\alpha) - 1}$

$\tan(\alpha - \beta)$ erweitert auf $-\dfrac{\tan(\beta) - \tan(\alpha)}{\tan(\beta) \cdot \tan(\alpha) + 1}$

Beispiel 4.41:

$\sin(2 \cdot x)$ erweitert auf $2 \cdot \cos(x) \cdot \sin(x)$

$\sin(2 \cdot x)$ erweitern $\rightarrow 2 \cdot \cos(x) \cdot \sin(x)$

$2\sin(x) \cdot \cos(x)$ kombinieren, sincos $\rightarrow \sin(2 \cdot x)$

$\cos(2 \cdot x)$ erweitert auf $\cos(x)^2 - \sin(x)^2$

$\cos(2 \cdot x)$ erweitern $\rightarrow \cos(x)^2 - \sin(x)^2$

$\cos(x)^2 - \sin(x)^2$ kombinieren, sincos $\rightarrow \cos(2 \cdot x)$

Beispiel 4.42:

$\frac{1}{2} \cdot (1 - \cos(2 \cdot t))$ vereinfacht auf $\sin(t)^2$

$\frac{1}{2} \cdot (1 - \cos(2 \cdot t))$ vereinfachen $\rightarrow \sin(t)^2$

$\frac{1}{2} \cdot (1 + \cos(2 \cdot t))$ vereinfacht auf $\cos(t)^2$

$\frac{1}{2} \cdot (1 + \cos(2 \cdot t))$ vereinfachen $\rightarrow \cos(t)^2$

Beispiel 4.43:

$\sin(2 \cdot x + y)$ erweitern $\rightarrow \sin(y) \cdot \cos(x)^2 + 2 \cdot \cos(y) \cdot \cos(x) \cdot \sin(x) - \sin(y) \cdot \sin(x)^2$

$\sin(6 \cdot x)$ erweitern $\rightarrow 6 \cdot \cos(x)^5 \cdot \sin(x) - 20 \cdot \cos(x)^3 \cdot \sin(x)^3 + 6 \cdot \cos(x) \cdot \sin(x)^5$

Beispiel 4.44:

$\cos(x) + \sin(x) \cdot \cos(x)$ durch Faktorisierung, ergibt $\cos(x) \cdot (1 + \sin(x))$

Beispiel 4.45:

$e^{j \cdot n \cdot \varphi}$ Auswertung über komplexer Ebene ergibt $\cos(\varphi \cdot n) + \sin(\varphi \cdot n) \cdot j$

$e^{-j \cdot n \cdot \varphi}$ umschreiben, sincos $\rightarrow \cos(6 \cdot \varphi) - \sin(6 \cdot \varphi) \cdot j$

$e^{-j \cdot n \cdot \varphi}$ rechteckig $\rightarrow \cos(6 \cdot \varphi) - \sin(6 \cdot \varphi) \cdot j$

Beispiel 4.46:

$\sin(x)$ | umschreiben, exp | Faktor $\rightarrow \frac{-e^{x \cdot j} \cdot j + e^{-x \cdot j} \cdot j}{2}$

Drücken Sie nach der Eingabe des 1. Schlüsselwortes und Modifikators <Strg>+<Umschalt>+<.>, so kann das nächste Schlüsselwort eingegeben werden!

$\frac{-e^{x \cdot j} \cdot j + e^{x \cdot (-j)} \cdot j}{2}$ umschreiben, sincos $\rightarrow \sin(x)$

Beispiel 4.47:

$\text{atan}(x) + \text{atan}(y)$ kombinieren, atan $\rightarrow -\text{atan}\left[\frac{1}{x \cdot y - 1} \cdot (x + y)\right]$

$\text{atan}(x) + \text{atan}\left(\frac{x}{2}\right)$ kombinieren, atan $\rightarrow -\text{atan}\left(\frac{3 \cdot x}{x^2 - 2}\right)$

Beispiel 4.48:

$f(t) := \sqrt{1 - x^2}$ | ersetzen, $x = \sin(t)$ | vereinfachen $\rightarrow \dfrac{\sqrt{4 \cdot \cos(t)^2}}{2}$

$f(45 \cdot Grad) = 0.707$

Drücken Sie nach der Eingabe des 1. Schlüsselwortes und Ausdrucks <Strg>+<Umschalt>+<.>, so kann das nächste Schlüsselwort eingegeben werden!

Beispiel 4.49:

$\sqrt{x^2 + y^2}$ ersetzen, $x = r \cdot \cos(\varphi), y = r \cdot \sin(\varphi) \rightarrow \sqrt{r^2}$

$\sqrt{x^2 + y^2}$ | ersetzen, $x = r \cdot \cos(\varphi), y = r \cdot \sin(\varphi)$ | annehmen, $r > 0$ | vereinfachen $\rightarrow r$

Drücken Sie nach der Eingabe des 1. Schlüsselwortes und Ausdrucks <Strg>+<Umschalt>+<.>, so kann das nächste Schlüsselwort eingegeben werden!

$\sqrt{x^2 - y^2}$ | ersetzen, $x = \sin(t), y = \cos(t)$ | vereinfachen $\rightarrow \sqrt{-\cos(2 \cdot t)}$

Beispiel 4.50:

e^x umschreiben, sinhcosh $\rightarrow \cosh(x) + \sinh(x)$

$\sinh(x) \cdot \sinh(y)$ kombinieren, sinhcosh $\rightarrow \dfrac{\cosh(x+y)}{2} - \dfrac{\cosh(x-y)}{2}$

$\operatorname{arsinh}(x)$ umschreiben, ln $\rightarrow \ln\left(x + \sqrt{x^2 + 1}\right)$

$\operatorname{arcosh}(x)$ umschreiben, ln $\rightarrow \ln\left(x + \sqrt{x^2 - 1}\right)$

$\operatorname{artanh}(x)$ umschreiben, ln $\rightarrow \dfrac{\ln(x+1)}{2} - \dfrac{\ln(1-x)}{2}$

$\operatorname{acoth}(x)$ umschreiben, ln $\rightarrow \dfrac{\ln\left(\frac{1}{x} + 1\right)}{2} - \dfrac{\ln\left(1 - \frac{1}{x}\right)}{2}$

$\sin(x)$ umschreiben, sinhcosh $\rightarrow \sinh(-x \cdot j) \cdot j$

$\sin(x)$ umschreiben, exp $\rightarrow -\dfrac{e^{x \cdot j} \cdot j}{2} + \dfrac{e^{-x \cdot j} \cdot j}{2}$

$\cos(x)$ umschreiben, sinhcosh $\rightarrow \cosh(-x \cdot j)$

$-\dfrac{e^{x \cdot j} \cdot j}{2} + \dfrac{e^{-x \cdot j} \cdot j}{2}$ umschreiben, sincos $\rightarrow \sin(x)$

$\sin(x)^2$ umschreiben, cos $\rightarrow 1 - \cos(x)^2$

e^x umschreiben, sinh $\rightarrow 2 \cdot \sinh\left(\frac{x}{2}\right)^2 + \sinh(x) + 1$

4.5 Andere Umformungen

Vereinfachen:	**Vereinfachung eines Ausdrucks.**
Faktorisieren:	**Primfaktorzerlegung.**
Ersetzen:	**Ersetzen von Ausdrücken.**
Polynom-Koeffizienten:	**Polynom-Koeffizienten ermitteln.**
Annehmen:	**Eingeschränkte Auswertung (unter der Annahme ...).**
Auflösen:	**Gleichung nach Variable auflösen.**
Gleitkommazahl:	**Gleitkommadarstellung angeben.**
Confrac:	**Kettelbruchentwicklung**
Explizit:	**Variablenersetzung ohne Auswertung.**
Reihen:	**Reihenentwicklung.**
Fourier und Invfourier:	**Fourier-Transformation.**
Laplace und Invlaplace:	**Laplace-Transformation.**
Ztrans und Invztrans:	**Z-Transformation.**

Beispiel 4.51:

$\sqrt{x^2}$ vereinfachen $\rightarrow x \cdot \mathrm{csgn}(x)$

csgn(z) liefert 0 wenn z = 0
und 1 wenn Re(z) >0 oder (Re(z) = 0 und Im(z) > 0)
sonst -1

$\sqrt{x^2}$ | annehmen , x > 0 / vereinfachen $\rightarrow x$

$\sqrt{x^2}$ | vereinfachen / annehmen , x = reell $\rightarrow |x|$

$\sqrt{x^2}$ | annehmen , x < 0 / vereinfachen $\rightarrow -x$

$\sqrt{x^2}$ vereinfachen , annehmen = ReellerBereich $(-10, -5)$ $\rightarrow -x$

$\sqrt{x^2}$ | vereinfachen / annehmen , (x = ReellerBereich $(0, \infty)$) $\rightarrow x$

Beispiel 4.52:

IsPrime(10037) $\rightarrow 1$

IsPrime(1001) $\rightarrow 0$

Gibt 1 zurück, falls die ganze Zahl eine Primzahl ist, oder 0, falls nicht.

$\mathrm{numer}\left(\frac{a+b+c}{x^2+y^2}\right) \rightarrow a+b+c$

Zähler oder Nenner ausgeben

$\mathrm{denom}\left(\frac{a+b+c}{x^2+y^2}\right) \rightarrow x^2+y^2$

$n := n$ Redefinition

n! umschreiben , gamma $\rightarrow \Gamma(n+1)$

$3! = 6$ $\Gamma(3+1) = 6$

Beispiel 4.53:

$I_1 = I_2 + I_3$ hat als Lösung(en) $I_1 - I_3$ Nach I_2 auflösen

$I_1 = I_2 + I_3$ auflösen, $I_2 \rightarrow I_1 - I_3$

$I_2 \cdot R_2 = I_3 \cdot R_3$ durch Ersetzen, ergibt $(I_1 - I_3) \cdot R_2 = I_3 \cdot R_3$ I_2 ersetzen

$I_2 \cdot R_2 = I_3 \cdot R_3$ ersetzen, $I_2 = I_1 - I_3 \rightarrow I_1 \cdot R_2 - I_3 \cdot R_2 = I_3 \cdot R_3$

$f(x, y) := 3 \cdot x^2 + 2 \cdot x \cdot y = 2 \cdot y - 1$ $g(x, y) := y = 3 \cdot x + 2$

$f(x, y)$ ersetzen, $g(x, y) \rightarrow x \cdot (9 \cdot x + 4) = 6 \cdot x + 3$

Beispiel 4.54:

$3 \cdot x^2 + 2 \cdot x + 1$ hat Koeffizienten $\begin{pmatrix} 1 \\ 2 \\ 3 \end{pmatrix}$

Zuerst x mit dem Cursor markieren und Menü-Symbolik-Polynomkoeffizienten wählen.

Andere Auswertung: Binom markieren und <Alt> + sp

$\mathbf{a} := 3 \cdot x^2 + 2 \cdot x + 1$ Koeffizienten, $x \rightarrow \begin{pmatrix} 1 \\ 2 \\ 3 \end{pmatrix}$ $\mathbf{a} = \begin{pmatrix} 1 \\ 2 \\ 3 \end{pmatrix}$

$\mathbf{a} := 3 \cdot x^2 + 2 \cdot x + 1$ Koeffizienten, Grad $\rightarrow \begin{pmatrix} 1 & 0 \\ 2 & 1 \\ 3 & 2 \end{pmatrix}$

Mit dem Modifikator Grad erhalten wir eine 2. Spalte mit dem Grad der Terme.

Beispiel 4.55:

$2 \cdot \cos(x)^3 + \cos(x)$ hat Koeffizienten $\begin{pmatrix} 0 \\ 1 \\ 0 \\ 2 \end{pmatrix}$

Zuerst cos(x) mit dem Cursor markieren und Menü-Symbolik-Polynomkoeffizienten wählen.

$2 \cdot \cos(x)^3 + \cos(x)$ Koeffizienten, $\cos(x) \rightarrow \begin{pmatrix} 0 \\ 1 \\ 0 \\ 2 \end{pmatrix}$

$2 \cdot \cos(x)^3 + \cos(x)$ Koeffizienten, $\cos(x)$, Grad $\rightarrow \begin{pmatrix} 0 & 0 \\ 1 & 1 \\ 0 & 2 \\ 2 & 3 \end{pmatrix}$

Mit dem Modifikator Grad erhalten wir eine 2. Spalte mit dem Grad der Terme.

Beispiel 4.56:

$(x^3 - 1) \cdot (x^2 - 2) = 0$ hat als Lösung(en) $\begin{bmatrix} -\frac{1}{2} - \left(\frac{\sqrt{3}}{2}\right) \cdot j \\ -\frac{1}{2} + \frac{1}{2} \cdot \sqrt{3} \cdot j \\ 1 \\ -\sqrt{2} \\ \sqrt{2} \end{bmatrix}$

Zuerst x mit dem Cursor markieren und Menü-Symbolik-Variable-Auflösen wählen.

$(x^3 - 1) \cdot (x^2 - 2) \left| \begin{array}{l} \text{auflösen} \\ \text{annehmen}, x = \text{reell} \end{array} \right. \rightarrow \begin{pmatrix} 1 \\ \sqrt{2} \\ -\sqrt{2} \end{pmatrix}$

$x^2 + y^2 = 1 \left| \begin{array}{l} \text{auflösen}, y \\ \text{vereinfachen} \\ \text{annehmen}, x = \text{ReellerBereich}(-1, 1) \end{array} \right. \rightarrow \begin{pmatrix} -\sqrt{1 - x^2} \\ \sqrt{1 - x^2} \end{pmatrix}$

Beispiel 4.57:

$c \cdot x = 1$ auflösen, x, vollständig $\rightarrow \left| \begin{array}{ll} \frac{1}{c} & \text{if} \quad c \neq 0 \\ \text{undefined} & \text{if} \quad c = 0 \end{array} \right.$ vollständige Lösung der Gleichung

$c \cdot x = 1$ auflösen, x $\rightarrow \frac{1}{c}$

Beispiel 4.58:

$\sin(x) = 0$ auflösen, vollständig $\rightarrow \left| \begin{array}{l} \pi \cdot \_n \quad \text{if} \quad \_n \in \mathbb{Z} \\ \text{undefined} \quad \text{otherwise} \end{array} \right.$ vollständige Lösung der Gleichung

$\sin(x) = 0 \left| \begin{array}{l} \text{auflösen, vollständig} \\ \text{verwende}, \_n = k \end{array} \right. \rightarrow \left| \begin{array}{l} \pi \cdot k \quad \text{if} \quad k \in \mathbb{Z} \\ \text{undefined} \quad \text{otherwise} \end{array} \right.$ _n durch k ersetzen

Beispiel 4.59:

$\frac{d}{dx}\left(x^2 + y(x)^2 - 4\right) \left| \begin{array}{l} \text{auflösen}, \frac{d}{dx}y(x) \\ \text{ersetzen}, y(x) = y \end{array} \right. \rightarrow -\frac{x}{y}$

$f(x, y) := \frac{d}{dx}\left(5 \cdot y(x)^2 + \sin(y(x)) - x^2\right) \left| \begin{array}{l} \text{auflösen}, \frac{d}{dx}y(x) \\ \text{ersetzen}, y(x) = y \end{array} \right. \rightarrow \frac{2 \cdot x}{10 \cdot y + \cos(y)}$

$f(2, 3) = 0.138$

Beispiel 4.60:

$\sqrt{x^2} + \sqrt{y^2} + \sqrt{z^2}$ annehmen, ALLE(S) > 0 $\rightarrow x + y + z$

$a := 5 \qquad b := 8 \qquad c := 2$

$\frac{a^2 + 5 \cdot b}{10 + 3 \cdot c}$ explizit, ALLE(S) $\rightarrow \frac{5^2 + 5 \cdot 8}{10 + 3 \cdot 2}$ $\qquad$ $\frac{a^2 + 5 \cdot b}{10 + 3 \cdot c}$ explizit, ALLE(S) $\rightarrow \frac{5^2 + 5 \cdot 8}{10 + 3 \cdot 2}$

Beispiel 4.61:

Anstatt "Gleitkommazahl" kann auch das Schlüsselwort "float" eingegeben werden.

e Gleitkommazahl, 10 $\rightarrow 2.718281828$ $\qquad$ oder $\qquad$ e Gleitkommazahl, 10 $\rightarrow 2.718281828$

π Gleitkommazahl, 5 $\rightarrow 3.1416$ $\qquad$ π Gleitkommazahl, 5 $\rightarrow 3.1416$

$\sqrt{2}$ Gleitkommazahl $\rightarrow 1.4142135623730950488$ $\qquad$ $\sqrt{2}$ Gleitkommazahl $\rightarrow 1.4142135623730950488$

Beispiel 4.62:

$|x - 1| \cdot |2 - x|$ annehmen, x = ReellerBereich(1, 2) $\rightarrow -(x-1) \cdot (x-2)$ $\qquad$ reeller Zahlenbereich für x von 1 bis 2

$|1 - x| + |y - 1|$ annehmen, x = ReellerBereich(0, 1) $\rightarrow |y - 1| - x + 1$ $\qquad$ reeller Zahlenbereich für x von 0 bis 1

$|x + y \cdot j|$ | vereinfachen
annehmen, x = reell, y = reell $\rightarrow \sqrt{x^2 + y^2}$

Beispiel 4.63:

$$\frac{10 + \sqrt{2}}{6} \text{ confrac} \rightarrow \begin{pmatrix} 1 \\ 1 \\ 9 \\ 4 \\ 8 \\ 4 \\ 8 \\ 4 \end{pmatrix}$$

Vektor mit den Termen des Kettenbruchs

$$\frac{10 + \sqrt{2}}{6} \text{ confrac, bruch} \rightarrow 1 + \cfrac{1}{1 + \cfrac{1}{9 + \cfrac{1}{4 + \cfrac{1}{8 + \cfrac{1}{4 + \cfrac{1}{8 + \frac{1}{4}}}}}}}$$

tatsächlicher Kettenbruch mit Modifikator "bruch"

$$\frac{10+\sqrt{2}}{6} = 1.9023689271$$

$$1+\cfrac{1}{\left[1+\cfrac{1}{\left[9+\cfrac{1}{\left[4+\cfrac{1}{\left[8+\cfrac{1}{\left[4+\cfrac{1}{\left(8+\frac{1}{4}\right)}\right]}\right]}\right]}\right]}\right]} = 1.9023689271$$

10-stellige Genauigkeit

$$\frac{10+\sqrt{2}}{6}\ \text{confrac}, 4 \rightarrow \begin{pmatrix} 1 \\ 1 \\ 9 \\ 4 \end{pmatrix}$$

$$\frac{10+\sqrt{2}}{6}\ \text{confrac}, 4, \text{bruch} \rightarrow 1+\cfrac{1}{1+\cfrac{1}{9+\cfrac{1}{4}}}$$

$$1+\cfrac{1}{\left[1+\cfrac{1}{\left(9+\frac{1}{4}\right)}\right]} = 1.902439$$

3-stellige Genauigkeit

$$\cos(x)\ \text{confrac}, 7 \rightarrow \begin{pmatrix} 1 & x^2 \\ -2 & x^2 \\ -6 & x^2 \\ \frac{10}{3} & 0 \end{pmatrix}$$

Wenn Sie eine Funktion als Kettenbruch erweitern, gibt Mathcad eine zweite Spalte mit den Potenzen von x zurück, die den Termen entsprechen.

$$\cos(x)\ \text{confrac}, 7, \text{bruch} \rightarrow 1+\cfrac{x^2}{-2+\cfrac{x^2}{-6+\cfrac{x^2}{\frac{10}{3}}}}$$

Beispiel 4.64:

$s1 := 20.25 \cdot m \quad t1 := 4.3 \cdot s \qquad v := 3.1 \cdot \frac{m}{s}$ **gewählte Werte**

$\frac{s1}{t1} + v \text{ explizit}, s1, t1, v \rightarrow \frac{20.25 \cdot m}{4.3 \cdot s} + 3.1 \cdot \frac{m}{s}$ **alle Zwischenergebnisse anzeigen**

$\frac{s1}{t1} + v \left| \begin{array}{l} \text{explizit}, s1, t1, v \\ \text{Gleitkommazahl}, 2 \end{array} \right. \rightarrow \frac{7.8 \cdot m}{s}$

$\frac{s1}{t1} + v \text{ explizit}, s1, t1, v \rightarrow \frac{20.25 \cdot m}{4.3 \cdot s} + 3.1 \cdot \frac{m}{s} = 7.809 \frac{m}{s}$ **symbolische und numerische Auswertung**

$\frac{s1}{t1} + v \text{ explizit}, s1 \rightarrow \frac{20.25 \cdot m}{t1} + v$ **nur ein Zwischenergebnis anzeigen**

$\frac{s1}{t1} + v \text{ explizit} \rightarrow \frac{s1}{t1} + v = 7.809 \frac{m}{s}$ **Nur die numerische Auswertung mit <=> nach der symbolischen Auswertung zeigt den berechneten Wert!**

$\frac{s1}{t1} + v \text{ explizit} = \frac{s1}{t1} + v = 7.809 \frac{m}{s}$ **Auswertungsoperator als Gleichheitszeichen (Abb. 4.3)**

$\frac{s1}{t1} + v \rightarrow \frac{s1}{t1} + v = 7.809 \frac{m}{s}$ **Schlüsselwörter ausblenden (die ausgeblendeten Schlüsselwörter werden erst nach dem Anklicken des Ausdruckes sichtbar (Abb. 4.3))**

$\text{explizit} \rightarrow \frac{s1}{t1} + v = 7.809 \frac{m}{s}$ **Linke Seite ausblenden (der ausgeblendete Ausdruck wird erst nach dem Anklicken des Ausdruckes sichtbar (Abb. 4.3))**

$\frac{s1}{t1} + v = \frac{20.25 \cdot m}{4.3 \cdot s} + 3.1 \cdot \frac{m}{s}$ **Auswertungsoperator als Gleichheitszeichen Schlüsselwörter ausblenden**

$= \frac{20.25 \cdot m}{4.3 \cdot s} + 3.1 \cdot \frac{m}{s}$ **Linke Seite ausblenden Schlüsselwörter ausblenden**

$= \frac{20.25 \cdot m}{4.3 \cdot s} + 3.1 \cdot \frac{m}{s} = 7.809 \frac{m}{s}$ **Linke Seite ausblenden Schlüsselwörter ausblenden Numerische Auswertung**

Beispiel 4.65:

$s_1(t, v_0, g) := v_0 \cdot t + \frac{1}{2} \cdot g \cdot t^2$ Funktion

$t := 2 \cdot s$ $v_0 := 90 \cdot \frac{cm}{s}$ $g = 9.807 \frac{m}{s^2}$

$s_1(t, v_0, g)$ explizit, t, v_0 $\rightarrow s_1\left(2 \cdot s, 90 \cdot \frac{cm}{s}, g\right)$

$v_0 \cdot t + \frac{1}{2} \cdot g \cdot t^2$ explizit, t, v_0 $\rightarrow 90 \cdot \frac{cm}{s} \cdot 2 \cdot s + \frac{1}{2} \cdot g \cdot (2 \cdot s)^2$

$s_1(t, v_0, g) = 21.413\,m$ numerische Auswertung

$s_1\left(2 \cdot s, 90 \cdot \frac{N}{s}, 9.81 \cdot \frac{m}{s^2}\right) \rightarrow 180 \cdot N + 19.62 \cdot m$

$s_1\left(2 \cdot s, 90 \cdot \frac{cm}{s}, 9.81 \cdot \frac{m}{s^2}\right) \rightarrow 180 \cdot cm + 19.62 \cdot m$

Keine Vereinfachung der Einheiten mit dem Symbolprozessor! Auch die falschen Einheiten werden nicht registriert!

Beispiel 4.66:

$a := 2 \cdot m$ $b := 5 \cdot m$ **Zuweisungen**

$d := \sqrt{a^2 + b^2}$ | vereinfachen, annehmen, $m > 0$, Gleitkommazahl, 5 $\rightarrow 5.3852 \cdot m$ **Auswertung mit 3 Schlüsselwörtern**

$a + b + d$ explizit, a, b, d $\rightarrow 2 \cdot m + 5 \cdot m + 5.3852 \cdot m$

$d := \sqrt{a^2 + b^2} = 5.385\,m$ **Zuweisung und numerische Auswertung**

Beispiel 4.67:

Mit "explizit" werden keine Werte eingesetzt! Eine Redefinition ist daher nicht notwendig!

$x := 1$ $y := 4$ $z := 6$

$f(x, y, z) := 5 \cdot \tan(z) + \frac{x^2}{y}$

$f(x, y, z)$ explizit, f $\rightarrow 5 \cdot \tan(z) + \frac{x^2}{y}$ $f(x, y, z) = -1.205$

$x \cdot (x + 2)^2$ | explizit, erweitern $\rightarrow x^3 + 4 \cdot x^2 + 4 \cdot x$

$x \cdot (x + 2)^2$ explizit, x $\rightarrow (1 + 2)^2 = 9$

Beispiel 4.68:

$x := x$ Redefinition

e^x Reihen, $x \rightarrow 1 + x + \frac{x^2}{2} + \frac{x^3}{6} + \frac{x^4}{24} + \frac{x^5}{120}$

e^x Reihen, $x = 1, 4 \rightarrow e + e \cdot (x-1) + \frac{e \cdot (x-1)^2}{2} + \frac{e \cdot (x-1)^3}{6}$

$\sqrt{1+x^2}$ Reihen, $x \rightarrow 1 + \frac{x^2}{2} - \frac{x^4}{8}$

$\sqrt{1+x^2}$ Reihen, $x, 12 \rightarrow 1 + \frac{x^2}{2} - \frac{x^4}{8} + \frac{x^6}{16} - \frac{5 \cdot x^8}{128} + \frac{7 \cdot x^{10}}{256}$

$t := t$ Redefinition

$\sin(t)$ Reihen, $t \rightarrow t - \frac{t^3}{6} + \frac{t^5}{120}$

$x := x$ $y := y$ Redefinitionen

$e^x + y^2$ Reihen, $x = 1, y = 0, 5 \rightarrow e + y^2 + e \cdot (x-1) + \frac{e \cdot (x-1)^2}{2} + \frac{e \cdot (x-1)^3}{6} + \frac{e \cdot (x-1)^4}{24}$

Beispiel 4.69:

$t := t$ Redefinition

$\sin(t)$ fourier, $t \rightarrow \pi \cdot (\Delta(\omega - 1) - \Delta(\omega + 1)) \cdot j$

$\pi \cdot (\Delta(\omega - 1) - \Delta(\omega + 1)) \cdot j$ | invfourier, ω / vereinfachen $\rightarrow \sin(t)$

$\Delta(t)$ fourier, $t \rightarrow 1$

1 invfourier, $\omega \rightarrow \Delta(t)$

$\Delta(1) = ∎$ $\Delta(1) \rightarrow 0$ **Dirac-Delta-Funktion (ist überall 0, ausgenommen bei t = 0 ist sie "∞". Sie kann nur symbolisch ausgewertet werden!**

Beispiel 4.70:

$$\int_0^{\infty} e^{-\alpha \cdot t} \cdot e^{-s \cdot t}\,dt \;\Big|\; \begin{array}{l}\text{annehmen}, \alpha > 0 \\ \text{vereinfachen}\end{array} \rightarrow \frac{1}{\alpha + s}$$

$$e^{-\alpha \cdot t} \text{ laplace}, t \rightarrow \frac{1}{\alpha + s}$$

$$\frac{e^{-\frac{t}{4}} \cdot \cos\left(\frac{\sqrt{7} \cdot t}{4}\right)}{2} - \frac{\sqrt{7} \cdot e^{-\frac{t}{4}} \cdot \sin\left(\frac{\sqrt{7} \cdot t}{4}\right)}{14} \;\Big|\; \begin{array}{l}\text{laplace}, t \\ \text{vereinfachen}\end{array} \rightarrow \frac{s}{2 \cdot s^2 + s + 1}$$

$$\frac{s}{2 \cdot s^2 + s + 1} \text{ invlaplace}, s \rightarrow \frac{e^{-\frac{t}{4}} \cdot \cos\left(\frac{\sqrt{7} \cdot t}{4}\right)}{2} - \frac{\sqrt{7} \cdot e^{-\frac{t}{4}} \cdot \sin\left(\frac{\sqrt{7} \cdot t}{4}\right)}{14}$$

Beispiel 4.71:

$z := z$ Redefinition

$$1 \text{ ztrans}, z1 \rightarrow \frac{z}{z - 1}$$

$$\frac{z}{z - 1} \text{ invztrans}, z \rightarrow 1$$

$n := n$ Redefinition

$$\delta(n - 1, 0) \text{ ztrans}, n \rightarrow \frac{1}{z}$$

$$\frac{1}{z} \text{ invztrans}, z \rightarrow \delta(n - 1, 0)$$

$$n^2 + 3n \text{ ztrans}, n \rightarrow \frac{2 \cdot z \cdot (2 \cdot z - 1)}{(z - 1)^3}$$

$$n^2 + 3 \cdot n \text{ ztrans}, n, \text{roh} \rightarrow \frac{z^2 + z}{(z - 1)^3} + \frac{3 \cdot z}{(z - 1)^2}$$ liefert einen vereinfachten Ausdruck

5. Summen und Produkte

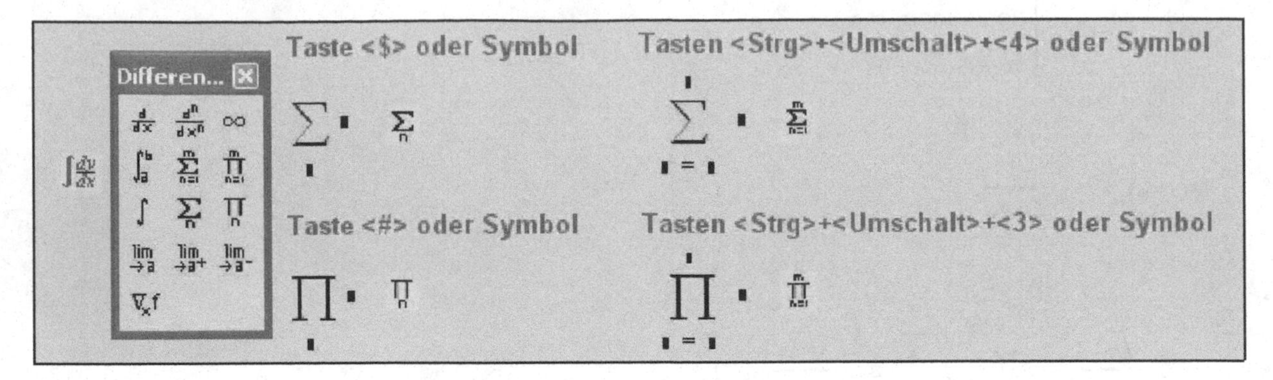

Abb. 5.1

Die symbolischen Auswertungen erfolgen wie im Kapitel 4 beschrieben.

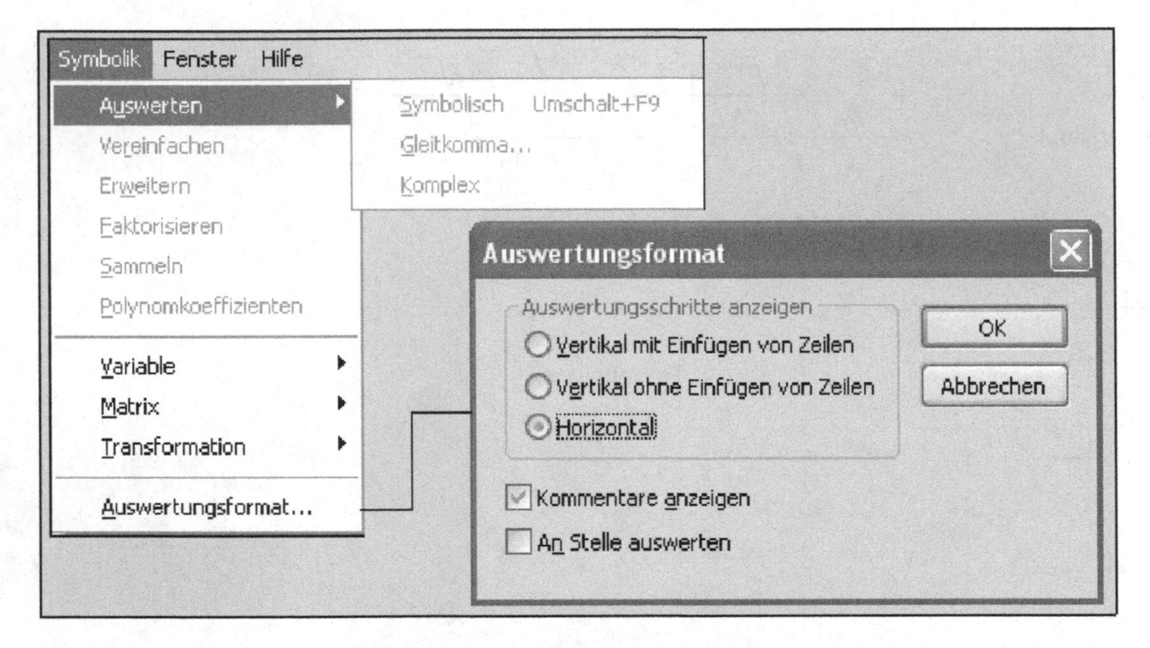

Abb. 5.2

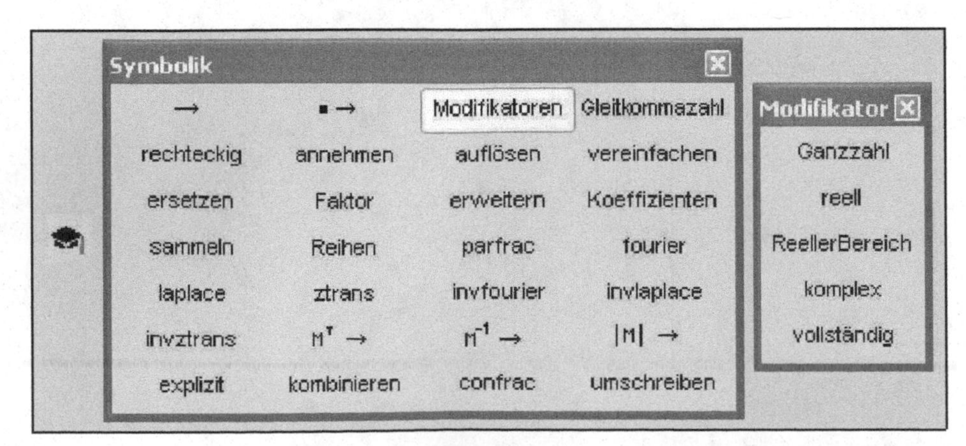

Abb. 5.3

5.1 Numerische Auswertung von Summen und Produkten

Die Summation und die Produktbildung wird normalerweise über ganze Zahlen mit der Schrittweite 1 ausgeführt. Mit einer Bereichsvariablen mit Schrittweite ungleich 1 kann aber auch eine Summation oder Produktbildung ausgeführt werden.

Beispiel 5.1:

$k := 0 .. 5$ Bereichsvariable

$$\sum_{k} \frac{1}{2^k} = 1.969$$

$$\sum_{k=0}^{5} \frac{1}{2^k} = 1.969$$

$n := 3, 3.5 .. 6$ Bereichsvariable mit der Schrittweite von 0.5

$$\sum_{n} n = 31.5$$

Beispiel 5.2:

$m := 20 \quad j := 1 .. m$ Bereichsvariable

$$\sum_{j} \ln\left(1 + \frac{j}{m}\right) = 8.07$$

$$\sum_{j=1}^{20} \ln\left(1 + \frac{j}{20}\right) = 8.07$$

Beispiel 5.3:

Produkt von 2 bis 4 (bzw. n) über (1 - 1/k)

$$\left(1 - \frac{1}{2}\right) \cdot \left(1 - \frac{1}{3}\right) \cdot \left(1 - \frac{1}{4}\right) = 0.25$$

$k := 2 .. 4$ Bereichsvariable

$$\prod_{k} \left(1 - \frac{1}{k}\right) = 0.25$$

$$\prod_{k=2}^{4} \left(1 - \frac{1}{k}\right) = 0.25$$

Beispiel 5.4:

$m := 10 \quad j := 2..m$ Bereichsvariable

$$\prod_{j}\left(1-\frac{1}{j}\right) = 0.1$$

$$\prod_{j=2}^{m}\left(1-\frac{1}{j}\right) = 0.1$$

$n := 0.5, 1..3.5$ Bereichsvariable mit der Schrittweite von 0.5

$$\prod_{n} n = 39.375$$

Beispiel 5.5:

$j := 1, 3..5$ Bereichsvariable

$$\sum_{i=1}^{3}\sum_{j}(i+j) = 45$$

$$\sum_{j}\sum_{i=1}^{3}(i+j) = 45$$

5.2 Symbolische Auswertung von Summen und Produkten

Auswerten:	**Symbolische Auswertung.**
Vereinfachen:	**Vereinfachung eines Ausdrucks.**
Erweitern:	**Ausmultiplizieren von Potenzen und Produkten.**
Faktorisieren:	**Herausheben von Faktoren und Zusammenfassen von Ausdrücken.**
Zusammenfassen:	**Nach gleichen (meist fallenden) Potenzen ordnen.**

Beispiel 5.6:

$\sum_{k=1}^{5} \frac{1}{2^k}$ ergibt $\frac{31}{32}$ $\qquad$ $\sum_{k=1}^{5} \frac{1}{2^k}$ vereinfacht auf $\frac{31}{32}$

Beispiel 5.7:

$\prod_{k=2}^{10} \left(1 - \frac{1}{k}\right)$ ergibt $\frac{1}{10} = 0.1$ $\qquad$ $\prod_{k=2}^{10} \left(1 - \frac{1}{k}\right)$ vereinfacht auf $\frac{1}{10}$

$\prod_{k=2}^{10} \left(1 - \frac{1}{k}\right) \rightarrow \frac{1}{10}$ $\qquad$ $\prod_{k=2}^{10} \left(1 - \frac{1}{k}\right)$ vereinfachen $\rightarrow \frac{1}{10}$

$\prod_{k=2}^{n} \left(1 - \frac{1}{k}\right)$ ergibt $\frac{1}{n}$ $\qquad$ $n := n$ $\qquad$ $\prod_{k=2}^{n} \left(1 - \frac{1}{k}\right) \rightarrow \frac{1}{n}$

Beispiel 5.8:

$\sum_{k=1}^{n-1} k^2$ ergibt $\frac{n \cdot (n-1) \cdot (2 \cdot n - 1)}{6}$

Beispiel 5.9:

Unendliche Reihen.

$\sum_{n=1}^{\infty} q^n$ annehmen, $|q| < 1 \rightarrow -\frac{q}{q-1}$ $\qquad$ $\sum_{n=1}^{\infty} \frac{1}{n^2} \rightarrow \frac{\pi^2}{6}$ $\qquad$ $\sum_{n=0}^{\infty} \frac{\left[(-1)^n \cdot x^{2n+1}\right]}{(2n+1)!} \rightarrow \sin(x)$

$\sum_{n=1}^{\infty} \frac{1}{3^n} \rightarrow \frac{1}{2}$ $\qquad$ $\sum_{n=1}^{\infty} \frac{1}{n} \rightarrow \infty$ $\qquad$ $\sum_{n=0}^{\infty} \frac{\left[(-1)^n \cdot x^{2n}\right]}{(2n)!} \rightarrow \cos(x)$

$\sum_{n=1}^{\infty} \frac{(-1)^{n-1}}{n} \rightarrow \ln(2)$ $\qquad$ $\sum_{n=0}^{\infty} \frac{x^n}{n!} \rightarrow e^x$ $\qquad$ $\sum_{n=0}^{\infty} \frac{x^{2 \cdot n}}{n!} \rightarrow e^{x^2}$

Beispiel 5.10:

$\sum_{k=1}^{n} \frac{1}{2^k}$ ergibt $1-\left(\frac{1}{2}\right)^n$ $\qquad \sum_{k=1}^{n} \frac{1}{2^k} \rightarrow 1-\left(\frac{1}{2}\right)^n$

Beispiel 5.11:

Binomischer Lehrsatz und Pascal'sches Dreieck:

$\sum_{k=0}^{n} \left[\frac{n!}{k! \cdot (n-k)!} \cdot a^k \cdot b^{n-k}\right]$ umschreiben , $\Gamma \rightarrow (a+b)^n$

$\text{binom}(n,a,b) := \sum_{k=0}^{n} \left[\frac{n!}{k!\,(n-1k)!} a^k \cdot b^{n-k}\right]$

$\text{binom}(0,a,b) \rightarrow 1$

$\text{binom}(1,a,b) \rightarrow a+b$

$\text{binom}(2,a,b) \rightarrow a^2 + 2 \cdot a \cdot b + b^2$

$\text{binom}(3,a,b) \rightarrow a^3 + 3 \cdot a^2 \cdot b + 3 \cdot a \cdot b^2 + b^3$

Beispiel 5.12:

Auswertung von Doppelsummen:

$k := k \qquad n := n$ $\qquad$ Redefinitionen

$\sum_{k=1}^{n-1} \sum_{m=1}^{p-1} (k+m)$ ergibt $\frac{n \cdot (n-1) \cdot (p-1)}{2} + \frac{p \cdot (n-1) \cdot (p-1)}{2}$

$\sum_{k=1}^{n-1} \sum_{m=1}^{p-1} (k+m)$ vereinfacht auf $\frac{(n-1) \cdot (p-1) \cdot (n+p)}{2}$

$\sum_{k=1}^{n-1} \sum_{m=1}^{p-1} (k+m)$ Faktor $\rightarrow \frac{(p-1) \cdot (n-1) \cdot (n+p)}{2}$

$m := 10$

$\sum_{k=n}^{m} \sum_{n=m}^{n} (k+n)$ vereinfachen $\rightarrow -(n-9) \cdot (n+10) \cdot (n-11)$

5.3 Funktionen mit Summen und Produkten

Beispiel 5.13:

Binomischer Lehrsatz für $(x + 1)^n$:

$$Bin(n, x) := \sum_{k=0}^{n} \left[\frac{n!}{k!\,(n-k)!} x^{n-k} \right]$$

$Bin(3, x) \rightarrow x^3 + 3 \cdot x^2 + 3 \cdot x + 1$

$Bin(4, x) \rightarrow x^4 + 4 \cdot x^3 + 6 \cdot x^2 + 4 \cdot x + 1$

$n1 := 4$ höchster Grad der Polynome

```
p(x) := | k ← 0
        | for  i ∈ 0..n1
        |   | out_k ← Bin(i, x)
        |   | k ← k + 1
        | out
```

Unterprogramm zur Erzeugung der Polynome.
Siehe Kapitel 18.

$$p(x) \text{ erweitern}, x \rightarrow \begin{pmatrix} 1 \\ x + 1 \\ x^2 + 2 \cdot x + 1 \\ x^3 + 3 \cdot x^2 + 3 \cdot x + 1 \\ x^4 + 4 \cdot x^3 + 6 \cdot x^2 + 4 \cdot x + 1 \end{pmatrix}$$

$n := 3$ Grad des Polynoms

$$C(n, k) := \frac{n!}{k! \cdot (n-k)!}$$ Binomialkoeffizient n über k

$p(x) := (x + 1)^n$ $p(x) \text{ erweitern}, x \rightarrow x^3 + 3 \cdot x^2 + 3 \cdot x + 1$

$$b(x) := \sum_{k=0}^{n} \left(C(n, k) \cdot x^{n-k} \right)$$ $b(x) \rightarrow x^3 + 3 \cdot x^2 + 3 \cdot x + 1$

Beispiel 5.14:

Bedingte Summation (mit einer logischen UND-Verknüpfung):

$x := 0 .. 2$ Bereichsvariable

$g(x) := \sum_{k=0}^{5} \left[k^2 \cdot (k \le x)\right]$ bedingte Funktion (**$k \le x$ liefert 1 für wahr und 0 für falsch!**)

$g(x) =$

	0
0	0
1	1
2	5

Beispiel 5.15:

Binomialkoeffizient n über k (n > 0, k > 0, n ≥ k):

$$\binom{n}{k} = \frac{n}{1} \cdot \frac{n-1}{2} \cdot \frac{n-2}{3} .. \frac{n-k+1}{k}$$

$$C_1(n,k) := \prod_{i=1}^{k} \frac{n-i+1}{i}$$ $C_1(10,3) = 120$ $C_1(1,1) = 1$

$$C_2(n,k) := \frac{n!}{k! \cdot (n-k)!}$$ $C_2(10,3) = 120$ $C_2(1,1) = 1$

Damit können auch Binomialkoeffizienten mit höheren n dargestellt werden.

Für n > 170 ist n! numerisch nicht mehr auswertbar!

$C_1(150,50) = 2.013 \times 10^{40}$

$C_1(150,50) \rightarrow 20128660909731932294240234380929315748140$

$C_2(150,50) = 2.013 \times 10^{40}$

$C_2(150,50) \rightarrow 20128660909731932294240234380929315748140$

$C_1(300,90) = 1.947 \times 10^{78}$

$C_1(300,90) \rightarrow 1946635498490378393024696802826000981225950718515399657284768616301601314834800$

$C_2(300,90) = ■■$

Beim Versuch, diesen Ausdruck auszuwerten,
wurde eine Zahl mit einem Betrag größer als 10^307 gefunden.

$C_2(300, 90) \rightarrow 194663549849037839302469680282600098122595071851539965728476861630160131483480 0$

$x_1 := 1946635498490378393024696802826000981225950718515399657284768616301601314834800$

$x_1 = 1.9466354984903784 \times 10^{78}$ maximal 16 Nachkommastellen

Beispiel 5.16:

Funktionsdefinition durch Produktbildung.

$$P(x) := \prod_{k=1}^{x} e^k$$

$$e^1 \cdot e^2 \cdot e^3 \cdot e^4 \cdot e^5 = 3.269 \times 10^6$$

$$P(5) \rightarrow e^{15} = 3.269 \times 10^6$$

$x := x$ Redefinition

$P(x) \rightarrow e^{\frac{x^2}{2}+\frac{x}{2}}$ $P(5) = 3.269 \times 10^6$

$$e^{\frac{5^2}{2}+\frac{5}{2}} = 3.269 \times 10^6$$

Beispiel 5.17:

$p := p$ $n := n$ Redefinitionen

$$\sum_{k=0}^{n} \left[\frac{n!}{k! \cdot (n-k)!} \cdot p^k \cdot (1-p)^{n-k}\right] \text{ vereinfachen } \rightarrow \frac{n!}{\Gamma(n+1)}$$

$n! \text{ umschreiben}, \Gamma \rightarrow \Gamma(n+1)$

$$\Gamma(n+1) \left| \begin{array}{l} \text{annehmen}, n = \text{Ganzzahl} \\ \text{umschreiben}, \text{fact} \end{array} \right. \rightarrow n!$$

$$\sum_{k=0}^{n} \left[\frac{n!}{k! \cdot (n-k)!} \cdot p^k \cdot (1-p)^{n-k}\right] \text{ umschreiben}, \Gamma \rightarrow 1$$

$$\sum_{k=0}^{n} \left[\frac{n!}{k! \cdot (n-k)!} \cdot p^k \cdot (1-p)^{n-k}\right] \left| \begin{array}{l} \text{annehmen}, n = \text{Ganzzahl} \\ \text{umschreiben}, \text{fact} \end{array} \right. \rightarrow 1$$

6. Vektoren und Matrizen

Eine **Matrix oder ein Vektor** kann über **Menü-Einfügen-Matrix**, **Symbolleiste-Matrix einfügen** oder mit **<Strg>+<M>** eingefügt werden. Wird eine **Variable** mit dem **Cursor markiert**, so kann sie mit der **Taste < [>** oder **x_n-Taste** aus der **Symbolleiste-Matrix** bzw. mit der **Taste x_2** aus der **Formatierungsleiste indiziert** werden.

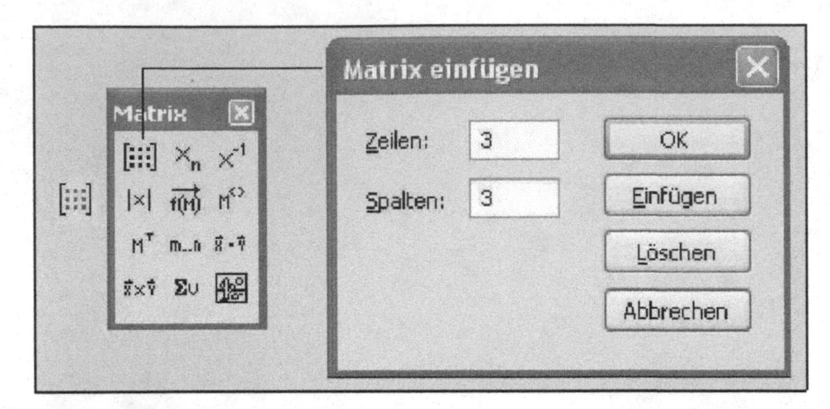

Abb. 6.1

Die symbolischen Auswertungen erfolgen wie in Kapitel 4 und 5 beschrieben.

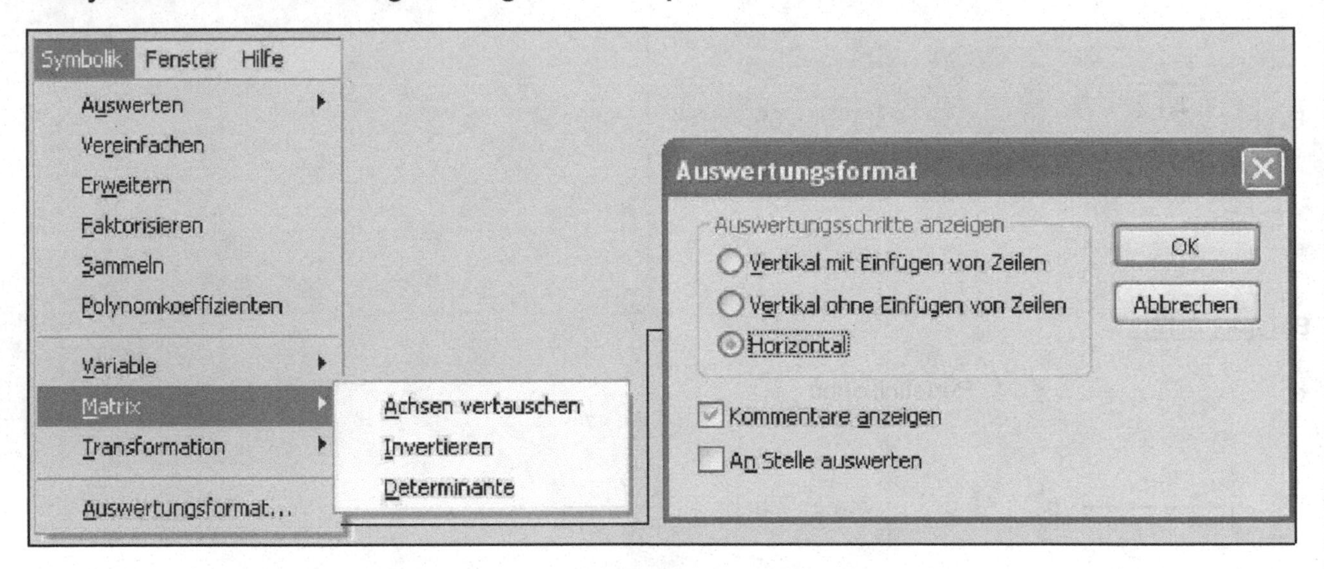

Abb. 6.2

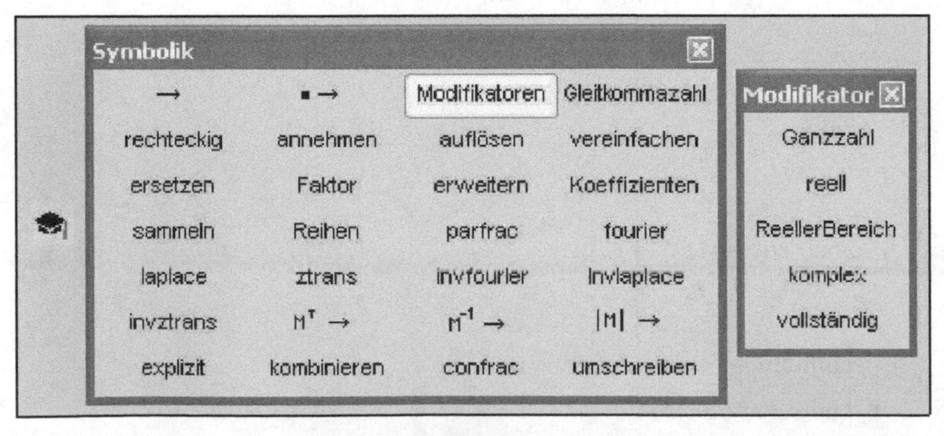

Abb. 6.3

6.1 Erstellen von Vektoren und Matrizen

Beim Arbeiten mit Vektoren oder Matrizen (Datenfelder) erweist es sich manchmal als günstig, den global voreingestellten ORIGIN-Wert (ORIGIN = 0) im Menü Extras-Arbeitsblattoptionen auf 1 umzustellen oder diesen Wert lokal im Dokument neu festzulegen.
Um eine bessere Unterscheidung zu anderen Variablen zu erreichen, werden im Folgenden Vektoren und Matrizen in Fettschreibweise dargestellt (Menü-Format-Gleichung, Gleichungsformat z. B. von Benutzer1 ... auf "Fettschrift" ändern).

In einem Mathcad-Arbeitsblatt können mithilfe von Matrix einfügen (Abb. 6.1) normalerweise keine Vektoren und Matrizen mit mehr als 600 Elementen erzeugt werden. Sie können nur dann größere Datenfelder erhalten, wenn Sie Bereichsvariable verwenden, Datenfelder mithilfe der Funktionen "erweitern" bzw. "stapeln" zusammenfügen oder Tabellen mit Zahlenwerten aus einer Datei einlesen (die Größe ist hier nur vom Systemspeicher abhängig). Datenfelder (auch Tabellen-Listen) mit mehr als 10 Zeilen oder 10 Spalten werden von Mathcad als rollbare Ausgabetabellen dargestellt.

6.1.1 Erstellen mithilfe von Bereichsvariablen

Beispiel 6.1:

$ORIGIN := 1$ ORIGIN festlegen

$i := 1..2$ $j := 1..2$ Indexlaufbereich (Bereichsvariablen)

Der Index muss ganzzahlig sein und darf keine Einheiten aufweisen!

$\mathbf{a}_i := i^3$ $\mathbf{b}_j := 1$ $\mathbf{c}_1 := 2$ $\mathbf{A}_{i,j} := i \cdot j^2$ $\mathbf{B}_{2,2} := 5$

Ausgabe eines Vektors oder Matrix wie bei einer Liste (Tabelle):

a =

	1
1	1
2	8

b =

	1
1	1
2	1

c = (2) **Matrix mit einem Element**

A =

	1	2
1	1	4
2	2	8

B =

	1	2
1	0	0
2	0	5

Mit einem Doppelklick auf das Ergebnis kann das Ergebnisformat-Dialogfenster aufgerufen werden und im Registerblatt Anzeige-Optionen das Matrix-Anzeigeformat geändert werden (siehe Kapitel 2). Die Spalten- und Zeilenbeschriftung kann über den Menüpunkt Eigenschaften (rechter Mausklick auf die Tabelle) aktiviert werden. Die Ausrichtung (Oben, Zentriert, Unten) kann ebenfalls in diesem Dialogfenster gewählt werden.

Ausgabe als Vektor bzw. als Matrix in gewohnter Schreibweise:

$\mathbf{a} = \begin{pmatrix} 1 \\ 8 \end{pmatrix}$ $\mathbf{b} = \begin{pmatrix} 1 \\ 1 \end{pmatrix}$ $\mathbf{A} = \begin{pmatrix} 1 & 4 \\ 2 & 8 \end{pmatrix}$ $\mathbf{B} = \begin{pmatrix} 0 & 0 \\ 0 & 5 \end{pmatrix}$

6.1.2 Erstellen mit der Symbolleiste Matrix

Beispiel 6.2:

$$\mathbf{A} := \begin{pmatrix} \blacksquare & \blacksquare & \blacksquare \\ \blacksquare & \blacksquare & \blacksquare \\ \blacksquare & \blacksquare & \blacksquare \end{pmatrix}$$

Die Platzhalter können mit der Taste <Tab> oder dem **Mauszeiger** besetzt werden.

$$\mathbf{A} := \begin{pmatrix} 3 & 8 & 9 \\ 5 & 2 & 9 \\ 1 & -2 & 3 \end{pmatrix}$$

Beispiel 6.3:

$$\mathbf{A} := \begin{pmatrix} 3 & 8 & 9 \\ 5 & 2 & 9 \\ 1 & -2 & 3 \end{pmatrix} \qquad \mathbf{A} := \begin{pmatrix} 8 & 9 \\ 2 & 9 \end{pmatrix}$$

Rechts steht das Ergebnis nach dem **Löschen** bzw. **Einfügen von einer Zeile und einer Spalte (Symbolleiste Matrix-Matrix einfügen)**, wobei vorher der Cursor auf die Zahl 1 in der Matrix **A** gesetzt wurde (Abb. 6.1).

$$\mathbf{A} := \begin{pmatrix} 3 & 8 & 9 \\ 5 & 2 & 9 \\ 1 & -2 & 3 \end{pmatrix} \qquad \mathbf{A} := \begin{pmatrix} 3 & \blacksquare & 8 & 9 \\ 5 & \blacksquare & 2 & 9 \\ 1 & \blacksquare & -2 & 3 \\ \blacksquare & \blacksquare & \blacksquare & \blacksquare \end{pmatrix}$$

6.2 Vektor- und Matrizenoperationen

Für Matrizenoperationen stellt Mathcad viele Operatoren (Symbolleiste Matrix) und Funktionen zur Verfügung. Nachfolgend wird davon eine Auswahl getroffen.

6.2.1 Vektor- und Matrizenoperatoren

Beispiel 6.4:

Ändern und Ausgeben von Werten:

$$\mathbf{a} := \begin{pmatrix} 1 \\ -1 \\ 3 \end{pmatrix} \qquad \mathbf{A} := \begin{pmatrix} -4 & 8 & 6 \\ 5 & 2 & 9 \\ 1 & -2 & 3 \end{pmatrix}$$

$\mathbf{a}_2 := 5 \quad \mathbf{a}_3 := 7 \quad \mathbf{A}_{2,2} := 10 \quad \mathbf{A}_{3,3} := 15$

Einige Werte ändern (ORIGIN ist oben auf 1 gesetzt)

$$\mathbf{a} = \begin{pmatrix} 1 \\ 5 \\ 7 \end{pmatrix} \qquad \mathbf{A} = \begin{pmatrix} -4 & 8 & 6 \\ 5 & 10 & 9 \\ 1 & -2 & 15 \end{pmatrix}$$

Beispiel 6.5:

Hochgestellte Indices - Selektieren von Spalten und Zeilen:

$$\mathbf{A} := \begin{pmatrix} -4 & 8 & 6 \\ 5 & 2 & 9 \\ 1 & -2 & 3 \end{pmatrix} \quad \mathbf{A}^{\langle 1 \rangle} = \begin{pmatrix} -4 \\ 5 \\ 1 \end{pmatrix} \quad \mathbf{A}^{\langle 2 \rangle} = \begin{pmatrix} 8 \\ 2 \\ -2 \end{pmatrix} \quad \left(\mathbf{A}^{T}\right)^{\langle 1 \rangle} = \begin{pmatrix} -4 \\ 8 \\ 6 \end{pmatrix}$$

Tasten <Strg>+<6> bzw. mit $\mathbf{M}^{< >}$ bzw. $\mathbf{M}^{T}$ aus der **Symbolleiste Matrix**

Beispiel 6.6:

Addition und Subtraktion:

$\mathbf{a} := \begin{pmatrix} 1 \cdot m \\ -2 \cdot cm \end{pmatrix}$ $\mathbf{b} := \begin{pmatrix} 2 \\ -3 \end{pmatrix} \cdot cm$ $\mathbf{A} := \begin{pmatrix} -4 & 6 \\ 5 & 9 \end{pmatrix}$ $\mathbf{B} := \begin{pmatrix} 1 & -4 \\ 9 & 5 \end{pmatrix}$

Vektoren und Matrizen müssen kompatible Einheiten aufweisen!

$\underline{\mathbf{Z1}} := \begin{pmatrix} 2+j & j \\ 2-4j & 1-2j \end{pmatrix}$ $\underline{\mathbf{Z2}} := \begin{pmatrix} j & 4 \\ 1-2j & -2+3j \end{pmatrix}$

Numerische und symbolische Auswertung:

$\mathbf{a}+\mathbf{b} = \begin{pmatrix} 1.02 \\ -0.05 \end{pmatrix} m$ $\mathbf{a}+\mathbf{b} \rightarrow \begin{pmatrix} 2 \cdot cm + m \\ -5 \cdot cm \end{pmatrix}$ $\mathbf{a}-\mathbf{b} = \begin{pmatrix} 0.98 \\ 0.01 \end{pmatrix} m$ $\mathbf{a}-\mathbf{b} \rightarrow \begin{pmatrix} m - 2 \cdot cm \\ cm \end{pmatrix}$

$\mathbf{A}+\mathbf{B} = \begin{pmatrix} -3 & 2 \\ 14 & 14 \end{pmatrix}$ $\mathbf{A}+\mathbf{B} \rightarrow \begin{pmatrix} -3 & 2 \\ 14 & 14 \end{pmatrix}$ $\mathbf{A}-\mathbf{B} = \begin{pmatrix} -5 & 10 \\ -4 & 4 \end{pmatrix}$ $\mathbf{A}-\mathbf{B} \rightarrow \begin{pmatrix} -5 & 10 \\ -4 & 4 \end{pmatrix}$

$\underline{\mathbf{Z1}}+\underline{\mathbf{Z2}} = \begin{pmatrix} 2+2j & 4+j \\ 3-6j & -1+j \end{pmatrix}$ $\underline{\mathbf{Z1}}+\underline{\mathbf{Z2}} \rightarrow \begin{pmatrix} 2+2j & 4+j \\ 3-6j & -1+j \end{pmatrix}$

$\underline{\mathbf{Z1}}-\underline{\mathbf{Z2}} = \begin{pmatrix} 2 & -4+j \\ 1-2j & 3-5j \end{pmatrix}$ $\underline{\mathbf{Z1}}-\underline{\mathbf{Z2}} \rightarrow \begin{pmatrix} 2 & -4+j \\ 1-2j & 3-5j \end{pmatrix}$

$i := 1..2$ $k := 1..2$ Bereichsvariablen

$\mathbf{C}_{i,k} := \mathbf{A}_{i,k} + \mathbf{B}_{i,k}$ $\mathbf{C} = \begin{pmatrix} -3 & 2 \\ 14 & 14 \end{pmatrix}$

Beispiel 6.7:

Multiplikation:

$\mathbf{a} := \begin{pmatrix} 1 \\ -2 \end{pmatrix}$ $\mathbf{b} := \begin{pmatrix} 2 \\ -3 \end{pmatrix}$ $\mathbf{A} := \begin{pmatrix} -4 & 6 \\ 5 & 9 \end{pmatrix}$ $\mathbf{B} := \begin{pmatrix} 1 & -4 \\ 9 & 5 \end{pmatrix}$

$\underline{\mathbf{Z1}} := \begin{pmatrix} 2+j & j \\ 2-4j & 1-2j \end{pmatrix}$ $\underline{\mathbf{Z2}} := \begin{pmatrix} j & 4 \\ 1-2j & -2+3j \end{pmatrix}$

Numerische und symbolische Auswertung:

$3 \cdot \mathbf{a} = \begin{pmatrix} 3 \\ -6 \end{pmatrix}$ $3 \cdot \mathbf{a} \rightarrow \begin{pmatrix} 3 \\ -6 \end{pmatrix}$ $4 \cdot \mathbf{A} = \begin{pmatrix} -16 & 24 \\ 20 & 36 \end{pmatrix}$ $4 \cdot \mathbf{A} \rightarrow \begin{pmatrix} -16 & 24 \\ 20 & 36 \end{pmatrix}$ Skalare Multiplikation

$-\mathbf{a} = \begin{pmatrix} -1 \\ 2 \end{pmatrix}$ $-\mathbf{A} = \begin{pmatrix} 4 & -6 \\ -5 & -9 \end{pmatrix}$ Negation (Multiplikation mit -1)

$\begin{pmatrix} a \\ b \end{pmatrix} \cdot \begin{pmatrix} x \\ y \end{pmatrix} \rightarrow a \cdot \overline{x} + b \cdot \overline{y}$ $\begin{pmatrix} a \\ b \end{pmatrix} \cdot \begin{pmatrix} x \\ y \end{pmatrix}$ annehmen , x = reell , y = reell $\rightarrow a \cdot x + b \cdot y$

$\mathbf{a} \cdot \mathbf{b} = 8$ $\quad \mathbf{a} \cdot \mathbf{b} \rightarrow 8$ Skalarprodukt $\quad \mathbf{A} \cdot \mathbf{B} = \begin{pmatrix} 50 & 46 \\ 86 & 25 \end{pmatrix}$ $\quad \mathbf{A} \cdot \mathbf{B} \rightarrow \begin{pmatrix} 50 & 46 \\ 86 & 25 \end{pmatrix}$ Matrizen-multiplikation

$\underline{\mathbf{Z1}} \cdot \underline{\mathbf{Z2}} = \begin{pmatrix} 1+3j & 5+2j \\ 1-2j & 12-9j \end{pmatrix}$ $\quad \underline{\mathbf{Z1}} \cdot \underline{\mathbf{Z2}} \rightarrow \begin{pmatrix} 1+3j & 5+2j \\ 1-2j & 12-9j \end{pmatrix}$ Matrizen-multiplikation

$\mathbf{a} := \begin{pmatrix} 1 \\ 2 \\ 4 \end{pmatrix}$ $\quad \mathbf{b} := \begin{pmatrix} -2 \\ 1 \\ 5 \end{pmatrix}$

$\mathbf{a} \times \mathbf{b} = \begin{pmatrix} 6 \\ -13 \\ 5 \end{pmatrix}$ $\quad \mathbf{a} \times \mathbf{b} \rightarrow \begin{pmatrix} 6 \\ -13 \\ 5 \end{pmatrix}$

Kreuzprodukt oder Vektorprodukt
Tasten <Strg>+<8> bzw. mit dem **Vektorproduktsymbol** aus der **Symbolleiste Matrix**

Beispiel 6.8:

Potenz einer Matrix (Matrizenmultiplikation):

$\mathbf{A} := \begin{pmatrix} -4 & 6 \\ 5 & 9 \end{pmatrix}$ $\quad \mathbf{M}(\lambda) := \begin{pmatrix} \lambda & 1-\lambda \\ 1 & 2 \cdot \lambda \end{pmatrix}$ $\quad \underline{\mathbf{Z}} := \begin{pmatrix} 2+j & j \\ 2-4j & 1-2j \end{pmatrix}$ $\quad \mathbf{a} := \begin{pmatrix} 1 \\ 2 \\ 4 \end{pmatrix}$

Numerische und symbolische Auswertung:

$\mathbf{A}^2 = \begin{pmatrix} 46 & 30 \\ 25 & 111 \end{pmatrix}$ $\quad \mathbf{A} \cdot \mathbf{A} = \begin{pmatrix} 46 & 30 \\ 25 & 111 \end{pmatrix}$ $\quad \mathbf{A}^2 \rightarrow \begin{pmatrix} 46 & 30 \\ 25 & 111 \end{pmatrix}$

Taste < ^> oder mit dem **Symbol x²** aus der **Standard Symbolleiste**

$i := 1..2 \quad k := 1..2$ Bereichsvariablen

$\mathbf{D}_{i,k} := \sum_{j=1}^{2} \left(\mathbf{A}_{i,j} \cdot \mathbf{A}_{j,k} \right)$ $\quad \mathbf{D} = \begin{pmatrix} 46 & 30 \\ 25 & 111 \end{pmatrix}$

$\begin{pmatrix} \lambda & 1-\lambda \\ 1 & 2 \cdot \lambda \end{pmatrix}^2$ ergibt $\begin{bmatrix} \lambda^2 + 1 - \lambda & -3 \cdot \lambda \cdot (-1+\lambda) \\ 3 \cdot \lambda & 1 - \lambda + 4 \cdot \lambda^2 \end{bmatrix}$ $\quad \mathbf{M}(\lambda)^2 \rightarrow \begin{bmatrix} \lambda^2 - \lambda + 1 & -3 \cdot \lambda \cdot (\lambda - 1) \\ 3 \cdot \lambda & 4 \cdot \lambda^2 - \lambda + 1 \end{bmatrix}$

$\underline{\mathbf{Z}}^2 = \begin{pmatrix} 7+6j & 1+3j \\ 2-14j & 1-2j \end{pmatrix}$ $\quad \underline{\mathbf{Z}}^2 \rightarrow \begin{pmatrix} 7+6j & 1+3j \\ 2-14j & 1-2j \end{pmatrix}$

Inverse Matrix und Potenz der inversen Matrix:

Die **inverse Matrix erzeugen** Sie mit der **Taste < ^>**, mit dem **Symbol x^2** in der Standard-Symbolleiste und mit x^{-1} aus der **Symbolleiste Matrix**. Die **Auswertung** kann auch über **Menü-Matrix-Invertieren** und über M^{-1} aus der **Symbolleiste Symbolische Operatoren** durchgeführt werden.

$$\mathbf{A}^{-1} = \begin{pmatrix} -0.136 & 0.091 \\ 0.076 & 0.061 \end{pmatrix} \qquad \mathbf{A}^{-1} \rightarrow \begin{pmatrix} -\frac{3}{22} & \frac{1}{11} \\ \frac{5}{66} & \frac{2}{33} \end{pmatrix}$$

$\begin{pmatrix} -4 & 6 \\ 5 & 9 \end{pmatrix}$ durch Matrixinvertierung, ergibt $\begin{pmatrix} \frac{-3}{22} & \frac{1}{11} \\ \frac{5}{66} & \frac{2}{33} \end{pmatrix}$ $\qquad \begin{pmatrix} -4 & 6 \\ 5 & 9 \end{pmatrix}^{-1} \rightarrow \begin{pmatrix} -\frac{3}{22} & \frac{1}{11} \\ \frac{5}{66} & \frac{2}{33} \end{pmatrix}$

$$\begin{pmatrix} \lambda & 1-\lambda \\ 1 & 2\cdot\lambda \end{pmatrix}^{-1} \rightarrow \begin{pmatrix} \frac{2\cdot\lambda}{2\cdot\lambda^2+\lambda-1} & \frac{\lambda-1}{2\cdot\lambda^2+\lambda-1} \\ -\frac{1}{2\cdot\lambda^2+\lambda-1} & \frac{\lambda}{2\cdot\lambda^2+\lambda-1} \end{pmatrix} \qquad \mathbf{M}(\lambda)^{-1} \rightarrow \begin{pmatrix} \frac{2\cdot\lambda}{2\cdot\lambda^2+\lambda-1} & \frac{\lambda-1}{2\cdot\lambda^2+\lambda-1} \\ -\frac{1}{2\cdot\lambda^2+\lambda-1} & \frac{\lambda}{2\cdot\lambda^2+\lambda-1} \end{pmatrix}$$

$$\underline{\mathbf{Z}}^{-1} = \begin{pmatrix} 0.4+0.2j & 0.2 \\ -0.8-0.4j & -0.2+0.4j \end{pmatrix} \qquad \underline{\mathbf{Z}}^{-1} \rightarrow \begin{pmatrix} \frac{2}{5}+\frac{1}{5}\cdot j & \frac{1}{5} \\ -\frac{4}{5}-\frac{2}{5}\cdot j & -\frac{1}{5}+\frac{2}{5}\cdot j \end{pmatrix}$$

$\mathbf{E} := \mathbf{A}\cdot\mathbf{A}^{-1} \qquad \mathbf{E} = \begin{pmatrix} 1 & 0 \\ 0 & 1 \end{pmatrix}$ Einheitsmatrix $\qquad \underline{\mathbf{Z}}_{\underline{\mathbf{E}}} := \underline{\mathbf{Z}}\cdot\underline{\mathbf{Z}}^{-1} \qquad \underline{\mathbf{Z}}_{\underline{\mathbf{E}}} = \begin{pmatrix} 1 & 0 \\ 0 & 1 \end{pmatrix}$ Einheitsmatrix

$\mathbf{A}^{-2} = \begin{pmatrix} 0.025 & -0.007 \\ -0.006 & 0.011 \end{pmatrix} \qquad \mathbf{A}^{-2}$ erweitern $\rightarrow \begin{pmatrix} \frac{37}{1452} & -\frac{5}{726} \\ -\frac{25}{4356} & \frac{23}{2178} \end{pmatrix}$ Potenz der inversen Matrix

$\underline{\mathbf{Z}}^{-2} = \begin{pmatrix} -0.04+0.08j & 0.04+0.12j \\ 0.08-0.56j & -0.28-0.24j \end{pmatrix} \qquad \underline{\mathbf{Z}}^{-2} \rightarrow \begin{pmatrix} -\frac{1}{25}+\frac{2}{25}\cdot j & \frac{1}{25}+\frac{3}{25}\cdot j \\ \frac{2}{25}-\frac{14}{25}\cdot j & -\frac{7}{25}-\frac{6}{25}\cdot j \end{pmatrix}$ Potenz der inversen Matrix

$$\frac{1}{\mathbf{a}} = \begin{pmatrix} 1 \\ 0.5 \\ 0.25 \end{pmatrix} \qquad \mathbf{a}^{-1} = \begin{pmatrix} 1 \\ 0.5 \\ 0.25 \end{pmatrix}$$

Bei der Kehrwertbildung eines Vektors erzeugt Mathcad einen Vektor mit den Kehrwerten der Komponenten!

Bemerkung: Mathcad wertet eine Division der Form X/Y wie folgt aus:
Sind X und Y quadratische Matrizen, dann ergibt die Division X/Y = X Y^{-1}.
Ist X oder Y ein Skalar, dann wird X/Y elementweise durchgeführt.
Sind X und Y keine quadratischen Matrizen (aber gleich Groß), so wird X/Y elementweise durchgeführt.
Sind X und Y quadratische Matrizen und soll die Division X/Y elementweise durchgeführt werden, so muss der Vektorisierungsoperator verwendet werden (siehe Beispiel 6.13).

Beispiel 6.9:

Transponieren eines Vektors oder einer Matrix:

$\mathbf{a} := \begin{pmatrix} 1 \\ -2 \end{pmatrix}$ $\quad \mathbf{b} := (5 \;\; 7)^T$ $\quad \mathbf{A} := \begin{pmatrix} -4 & 6 \\ 5 & 9 \end{pmatrix}$ $\quad \mathbf{M}(\lambda) := \begin{pmatrix} \lambda & 1-\lambda \\ 1 & 2\cdot\lambda \end{pmatrix}$ $\quad \underline{\mathbf{Z}} := \begin{pmatrix} 2+j & j \\ 2-4j & 1-2j \end{pmatrix}$

Numerische und symbolische Auswertung:

Die **transponierte Matrix erzeugen Sie** mit den Tasten **<Strg>+<1>** oder **M^T** aus der **Symbolleiste Matrix**. Die **Auswertung** kann auch über **Menü-Matrix-Transponieren** und über **M^T** aus der **Symbolleiste Symbolische Operatoren** durchgeführt werden.

$\mathbf{a}^T = (1 \;\; -2)$ $\quad \mathbf{a}^T \to (1 \;\; -2)$ $\quad \mathbf{b} = \begin{pmatrix} 5 \\ 7 \end{pmatrix}$ $\quad \mathbf{b} \to \begin{pmatrix} 5 \\ 7 \end{pmatrix}$

$\mathbf{A}^T = \begin{pmatrix} -4 & 5 \\ 6 & 9 \end{pmatrix}$ $\quad \mathbf{A}^T \to \begin{pmatrix} -4 & 5 \\ 6 & 9 \end{pmatrix}$ $\quad \begin{pmatrix} -4 & 6 \\ 5 & 9 \end{pmatrix}$ durch Matrixtransponierung, ergibt $\begin{pmatrix} -4 & 5 \\ 6 & 9 \end{pmatrix}$

$\begin{pmatrix} \lambda & 1-\lambda \\ 1 & 2\cdot\lambda \end{pmatrix}^T \to \begin{pmatrix} \lambda & 1 \\ 1-\lambda & 2\cdot\lambda \end{pmatrix}$ $\quad \mathbf{M}(\lambda)^T \to \begin{pmatrix} \lambda & 1 \\ 1-\lambda & 2\cdot\lambda \end{pmatrix}$

$\underline{\mathbf{Z}}^T = \begin{pmatrix} 2+j & 2-4j \\ j & 1-2j \end{pmatrix}$ $\quad \underline{\mathbf{Z}}^T \to \begin{pmatrix} 2+j & 2-4j \\ j & 1-2j \end{pmatrix}$

Beispiel 6.10:

Betrag eines Vektors und Determinante einer Matrix:

$\mathbf{a} := \begin{pmatrix} 1 \\ -2 \end{pmatrix}$ $\quad \mathbf{A} := \begin{pmatrix} -4 & 6 \\ 5 & 9 \end{pmatrix}$ $\quad \mathbf{B} := \begin{pmatrix} -4\cdot cm & 6\cdot m \\ 5\cdot mm & 9\cdot m \end{pmatrix}$ $\quad \mathbf{M}(\lambda) := \begin{pmatrix} \lambda & 1-\lambda \\ 1 & 2\cdot\lambda \end{pmatrix}$ $\quad \underline{\mathbf{Z}} := \begin{pmatrix} 2+j & j \\ 2-4j & 1-2j \end{pmatrix}$

Numerische und symbolische Auswertung:

Den **Betrag eines Vektors bzw. die Determinante** einer Matrix erzeugen Sie mit dem **Symbol |x|** aus der **Symbolleiste Taschenrechner bzw. Symbolleiste Matrix**. Klicken Sie mit der **rechten Maustaste** auf den **Operator mit den vertikalen Absolutstrichen**, so kann aus dem **Kontextmenü (Abb. 6.4)** zwischen **absolutem Wert** und **quadratische Matrix-Determinante** gewählt werden. Die **Determinante** einer Matrix **kann nicht mit Einheiten** bestimmt werden.

Die **Auswertung** kann auch über **Menü-Matrix-Determinante** und über **M^T** aus der **Symbolleiste Symbolische Opreratoren** durchgeführt werden.

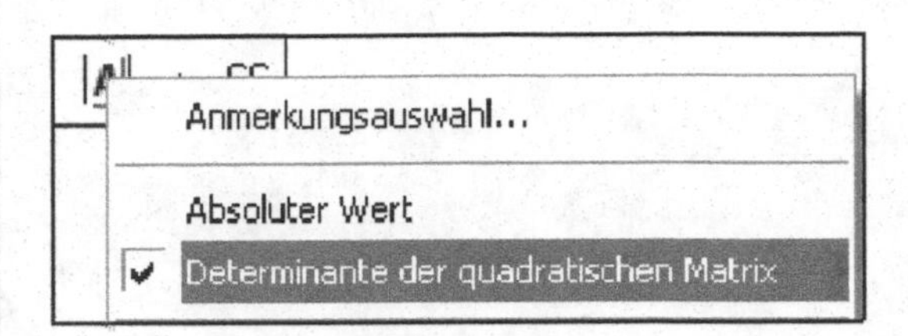

Abb. 6.4

$|\mathbf{a}| = 2.236$ $\quad |\mathbf{a}| \rightarrow \sqrt{5}$ Betrag (Absoluter Wert) des Vektors

$|\mathbf{A}| = -66$ $\quad |\mathbf{A}| \rightarrow -66$ Determinante der Matrix

$\left|\frac{\mathbf{B}}{m}\right| = -0.39$ $\quad \left|\frac{\mathbf{B}}{m}\right| \rightarrow -\frac{36 \cdot cm + 30 \cdot mm}{m} = -0.39$ Determinante der Matrix (Einheiten werden gekürzt)

$\begin{pmatrix} -4 & 6 \\ 5 & 9 \end{pmatrix}$ besitzt die Determinante -66

$\left|\begin{pmatrix} \lambda & 1-\lambda \\ 1 & 2 \cdot \lambda \end{pmatrix}\right| \rightarrow 2 \cdot \lambda^2 + \lambda - 1$ $\quad \begin{pmatrix} \lambda & 1-\lambda \\ 1 & 2 \cdot \lambda \end{pmatrix}$ besitzt die Determinante $2 \cdot \lambda^2 - 1 + \lambda$

$|\mathbf{M}(\lambda)| \rightarrow 2 \cdot \lambda^2 + \lambda - 1$

$|\underline{\mathbf{Z}}| = -5j$ $\quad |\underline{\mathbf{Z}}| \rightarrow -5j$ $\quad \begin{pmatrix} 2+j & j \\ 2-4j & 1-2j \end{pmatrix}$ besitzt die Determinante $-5 \cdot j$

Beispiel 6.11:

Konjugiert komplexe Matrix:

$$\underline{\mathbf{Z1}} := \begin{pmatrix} 2+j & j \\ 2-4j & 1-2j \end{pmatrix}$$

Numerische und symbolische Auswertung:

Eine konjugiert komplexe Matrix erzeugen Sie mit der **Taste < " >.**

$\overline{\underline{\mathbf{Z1}}} = \begin{pmatrix} 2-j & -j \\ 2+4j & 1+2j \end{pmatrix}$ $\quad \overline{\underline{\mathbf{Z1}}} \rightarrow \begin{pmatrix} 2-j & -j \\ 2+4j & 1+2j \end{pmatrix}$

Beispiel 6.12:

Aufsummieren von Vektorelementen:

$\mathbf{a} := (1\ \ 6\ \ -2\ \ 10\ \ -9\ \ 8\ \ 6\ \ 0.5\ \ 2\ \ 7)^T$

Numerische und symbolische Auswertung:

$\sum \mathbf{a} = 29.5$ $\qquad$ $\sum \mathbf{a} \rightarrow 29.5$

Das Summenzeichen **Σv** erhalten Sie mit den **Tasten <Strg>+<4>** oder aus der **Symbolleiste Matrix.**

ORIGIN := 1 $\qquad$ ORIGIN festlegen

$$\sum_{k=1}^{10} a_k = 29.5$$

die Summe über den Index gebildet

Beispiel 6.13:

Vektorisieren eines Ausdrucks:

Zwei quadratische Gleichungen $x^2 + 2\,x + 1 = 0$ und $-2\,x^2 + 2\,x - 1 = 0$ sollen gelöst werden:

$\mathbf{a} := \begin{pmatrix} 1 \\ -2 \end{pmatrix} \quad \mathbf{b} := \begin{pmatrix} 2 \\ 2 \end{pmatrix} \quad \mathbf{c} := \begin{pmatrix} 1 \\ -1 \end{pmatrix}$

Koeffizienten der Gleichungen

$$x_1 := \overrightarrow{\frac{-\mathbf{b} + \sqrt{\mathbf{b}^2 - 4 \cdot \mathbf{a} \cdot \mathbf{c}}}{2 \cdot \mathbf{a}}}$$

$$x_2 := \overrightarrow{\frac{-\mathbf{b} - \sqrt{\mathbf{b}^2 - 4 \cdot \mathbf{a} \cdot \mathbf{c}}}{2 \cdot \mathbf{a}}}$$

Vektorisieren mit den **Tasten <Strg>+< - >** oder mit dem **Symbol** aus der **Symbolleiste Matrix. Entfernen des Vektorpfeils:** Ausdruck unterhalb des Vektorpfeils mit Eingabecursor markieren und dann mit der **Taste <Entf>** entfernen.

$x_1 = \begin{pmatrix} -1 \\ 0.5 - 0.5j \end{pmatrix} \qquad x_2 = \begin{pmatrix} -1 \\ 0.5 + 0.5j \end{pmatrix}$

Lösungen

$\overrightarrow{\left(\mathbf{a} \cdot x_1^{\,2} + \mathbf{b} \cdot x_1 + \mathbf{c}\right)} = \begin{pmatrix} 0 \\ 0 \end{pmatrix} \qquad \overrightarrow{\left(\mathbf{a} \cdot x_2^{\,2} + \mathbf{b} \cdot x_2 + \mathbf{c}\right)} = \begin{pmatrix} 0 \\ 0 \end{pmatrix}$

Probe

Achtung bei Verwendung der Funktion "erweitern" und des Vektorisierungsoperators:

$\overrightarrow{\text{erweitern}(\mathbf{a}, \mathbf{b})} = \begin{pmatrix} 1 & 2 \\ -2 & 2 \end{pmatrix} \qquad \overrightarrow{\text{erweitern}(2, \mathbf{b})} = \blacksquare$

Keine Auswertung möglich!

$f(x, y) := \text{erweitern}(x, y)$

$\overrightarrow{f(\mathbf{a}, \mathbf{b})} = \begin{bmatrix} (1\ \ 2) \\ (-2\ \ 2) \end{bmatrix} \qquad \overrightarrow{f(2, \mathbf{b})} = \begin{bmatrix} (2\ \ 2) \\ (2\ \ 2) \end{bmatrix}$

$\overrightarrow{f(\mathbf{a}, \mathbf{b})} \rightarrow \begin{pmatrix} \{1,2\} \\ \{1,2\} \end{pmatrix} \qquad \overrightarrow{f(2, \mathbf{b})} \rightarrow \begin{pmatrix} \{1,2\} \\ \{1,2\} \end{pmatrix}$

Mit selbstdefinierter Funktion ist eine Auswertung problemlos möglich!

Beispiel 6.14:

Winkel zwischen zwei Vektoren:

$$\mathbf{u} := \begin{pmatrix} -4 \\ 5 \\ -2 \end{pmatrix} \quad \mathbf{v} := \begin{pmatrix} -4 \\ -3 \\ 7 \end{pmatrix}$$

$$cos\_\alpha := \left| \frac{\vec{\mathbf{u}} \cdot \vec{\mathbf{v}}}{\left|\vec{\mathbf{u}}\right| \cdot \left|\vec{\mathbf{v}}\right|} \right| \qquad \alpha := \mathrm{acos}(cos\_\alpha) \qquad \alpha = 76.981 \cdot \mathrm{Grad}$$

Achtung:
Auf eine Speichervariable darf kein Vektorpfeil gesetzt werden, außer es ist ein Zeichensatz "Tvector" installiert!
Zur Auswertung könnten aber sehr wohl Vektorpfeile verwendet werden.

Beispiel 6.15:

$$\overrightarrow{\sin\left(\begin{pmatrix} \pi & \frac{\pi}{2} \\ \frac{\pi}{3} & \frac{\pi}{4} \end{pmatrix}\right)} = \begin{pmatrix} 0 & 1 \\ 0.866 & 0.707 \end{pmatrix} \qquad \overrightarrow{\sqrt{\begin{pmatrix} 4 & 16 \\ 36 & 25 \end{pmatrix}}} = \begin{pmatrix} 2 & 4 \\ 6 & 5 \end{pmatrix}$$

elementweise Auswertung mit dem Vektorisierungsoperator

$$\overrightarrow{\sin\left(\begin{pmatrix} \pi & \frac{\pi}{2} \\ \frac{\pi}{3} & \frac{\pi}{4} \end{pmatrix}\right)} \rightarrow \begin{pmatrix} 0 & 1 \\ \frac{\sqrt{3}}{2} & \frac{\sqrt{2}}{2} \end{pmatrix} \qquad \overrightarrow{\sqrt{\begin{pmatrix} 4 & 16 \\ 36 & 25 \end{pmatrix}}} \rightarrow \begin{pmatrix} 2 & 4 \\ 6 & 5 \end{pmatrix}$$

$$\mathbf{A}(x) := \begin{pmatrix} x^2 & 2 & \sin(x) \\ x^3 & \frac{x}{2} & 1 \\ x & 2 \cdot x & \frac{x}{4} \end{pmatrix} \qquad \mathbf{A}(2) = \begin{pmatrix} 4 & 2 & 0.909 \\ 8 & 1 & 1 \\ 2 & 4 & 0.5 \end{pmatrix}$$

Matrixfunktion

Beispiel 6.16:

$$\mathbf{S} := \begin{pmatrix} -1.2 \\ 0 \\ 3.5 \\ 6.04 \\ 0 \\ 5.1 \end{pmatrix} \qquad \sum \overrightarrow{(\mathbf{S} = 0)} = 2$$

Wie oft kommt die Zahl 0 im Vektor S vor?

6.2.2 Vektor- und Matrixfunktionen

Beispiel 6.17:

Funktionswerte mit beliebigen Argumenten:

$\mathbf{x} := (-1.2 \;\; 0 \;\; 2.4 \;\; 4.7 \;\; 10.5)^T$ vorgegebene x-Werte

$i := 1..5$ $\quad k := 1, 3..5$ Bereichsvariablen

$f(x) := x^2 - 2 \cdot x + 4$ Funktion definieren

$\mathbf{y}_i := f(\mathbf{x}_i)$ oder $\mathbf{y1} := \overrightarrow{f(\mathbf{x})}$ Funktionswerte berechnen und in einem Vektor speichern

$$\mathbf{x} = \begin{pmatrix} -1.2 \\ 0 \\ 2.4 \\ 4.7 \\ 10.5 \end{pmatrix} \quad f(\mathbf{x}_i) = \begin{array}{|r|} \hline 7.84 \\ \hline 4 \\ \hline 4.96 \\ \hline 16.69 \\ \hline 93.25 \\ \hline \end{array} \quad f(\mathbf{x}_k) = \begin{array}{|r|} \hline 7.84 \\ \hline 4.96 \\ \hline 93.25 \\ \hline \end{array} \quad \mathbf{y} = \begin{pmatrix} 7.84 \\ 4 \\ 4.96 \\ 16.69 \\ 93.25 \end{pmatrix} \quad \mathbf{y1} = \begin{pmatrix} 7.84 \\ 4 \\ 4.96 \\ 16.69 \\ 93.25 \end{pmatrix}$$

Beispiel 6.18:

Funktionswerte mit beliebigen Argumenten:

$$\varphi := \left(0 \;\; \frac{\pi}{4} \;\; \frac{\pi}{3} \;\; \frac{\pi}{2} \;\; \frac{2\cdot\pi}{3} \;\; \frac{3\cdot\pi}{4} \;\; \pi \;\; \frac{3\cdot\pi}{2} \;\; 2\cdot\pi\right)^T \qquad \begin{pmatrix} \alpha \\ \beta \\ \gamma \end{pmatrix} := \begin{pmatrix} 45 \\ 60 \\ 90 \end{pmatrix} \cdot \text{Grad}$$ vorgegebene Winkel

$i := 1..9$ Bereichsvariable

$f(x) := \sin(x)$ Funktion definieren

$\mathbf{y}_i := f(\varphi_i)$ Funktionswerte berechnen und in einem Vektor speichern

$\varphi =$

	1
1	0
2	0.785
3	1.047
4	1.571
5	2.094
6	2.356
7	3.142
8	4.712
9	6.283

$f(\varphi) =$

	1
1	0
2	0.707
3	0.866
4	1
5	0.866
6	0.707
7	0
8	-1
9	0

$$\mathbf{y} = \begin{pmatrix} 0 \\ 0.707 \\ 0.866 \\ 1 \\ 0.866 \\ 0.707 \\ 0 \\ -1 \\ 0 \end{pmatrix} \quad \overrightarrow{f(\varphi)} = \begin{pmatrix} 0 \\ 0.707 \\ 0.866 \\ 1 \\ 0.866 \\ 0.707 \\ 0 \\ -1 \\ 0 \end{pmatrix}$$

$$f\left(\begin{pmatrix} \alpha \\ \beta \\ \gamma \end{pmatrix}\right) = \begin{pmatrix} 0.707 \\ 0.866 \\ 1 \end{pmatrix}$$

$$\overrightarrow{f\left(\begin{pmatrix} \alpha \\ \beta \\ \gamma \end{pmatrix}\right)} \rightarrow \begin{pmatrix} \sin(45 \cdot \text{Grad}) \\ \sin(60 \cdot \text{Grad}) \\ \sin(90 \cdot \text{Grad}) \end{pmatrix}$$

Beispiel 6.19:

Verschiedene Funktionen, angewandt auf nachfolgende Vektoren und Matrizen:

$$\mathbf{a} := \begin{pmatrix} 1 \\ 3 \\ 9 \\ -2 \\ 5 \end{pmatrix} \quad \mathbf{b} := \begin{pmatrix} 2 \\ 20 \\ 40 \end{pmatrix} \quad \mathbf{c} := \begin{pmatrix} \text{"A"} \\ \text{"B"} \\ \text{"C"} \end{pmatrix} \quad \mathbf{A} := \begin{pmatrix} 10 & 2 & 3 & 4 & 5 & 6 \\ -1 & -9 & 8 & 2 & 1 & 9 \\ 4 & 7 & 2 & 5 & 1 & -5 \\ 0 & 13 & 7 & 4 & 2 & 6 \\ 8 & 5 & 6 & 3 & 2 & 7 \end{pmatrix} \quad \mathbf{B} := \begin{pmatrix} 20 & 16 \\ 14 & 13 \end{pmatrix} \quad \underline{\mathbf{Z}} := \begin{pmatrix} 2+2j & 6 \cdot 3j \\ 4-0.2j & 5 \end{pmatrix}$$

ORIGIN := 1 ORIGIN festlegen

Mit dem Zufallsgenerator erzeugte 5x5-Matrix mit ganzen Zahlen im Bereich $-12 \le \mathbf{C}_{i,j} \le 12$
.

$i := 1..5$ $j := 1..5$ Bereichsvariablen

$\mathbf{C}_{i,j} := \text{floor}(\text{rnd}(25) - 12)$

$$\mathbf{C} = \begin{pmatrix} 11 & 10 & -7 & -2 & 3 \\ -1 & 2 & 9 & 3 & 2 \\ -8 & 1 & -6 & 3 & 2 \\ 0 & 6 & 3 & 8 & 2 \\ 10 & 6 & 4 & -5 & -5 \end{pmatrix}$$

C =

	1	2	3	4	5
1	11	10	-7	-2	3
2	-1	2	9	3	2
3	-8	1	-6	3	2
4	0	6	3	8	2
5	10	6	4	-5	-5

Ergebnisformat: Matrix bzw. Tabelle.

$a_{max} := \max(\mathbf{a})$ $a_{max} = 9$

$a_{min} := \min(\mathbf{a})$ $a_{min} = -2$

$A_{max} := \max(\mathbf{A})$ $A_{max} = 13$

$A_{min} := \min(\mathbf{A})$ $A_{min} = -9$

maximaler und minimaler Wert eines Vektors bzw. einer Matrix

$\max(45, \mathbf{B}, 15, \mathbf{b}) = 45$ $\min(45, \mathbf{B}, 15, \mathbf{b}) = 2$

$\max(\mathbf{c}) = \text{"C"}$ $\min(\mathbf{c}) = \text{"A"}$

$\max(\underline{\mathbf{Z}}) = 5 + 18j$ $\min(\underline{\mathbf{Z}}) = -0.2j$

maximaler und minimaler Wert von Zahlen, Vektoren und Matrizen

$az := \text{länge}(\mathbf{a})$ $az = 5$ Anzahl der Elemente des Vektors

$id := \text{letzte}(\mathbf{a})$ $id = 5$ Index des letzten Elements des Vektors

$zeil := \text{zeilen}(\mathbf{A})$ $zeil = 5$

$spa := \text{spalten}(\mathbf{A})$ $spa = 6$

Anzahl der Zeilen und Spalten der Matrix

$\text{einheit}(3) = \begin{pmatrix} 1 & 0 & 0 \\ 0 & 1 & 0 \\ 0 & 0 & 1 \end{pmatrix}$ Einheitsmatrix

$\mathbf{e}(k, n) := \text{einheit}(n)^{\langle k \rangle}$ $\mathbf{e}(2, 3) = \begin{pmatrix} 0 \\ 1 \\ 0 \end{pmatrix}$ liefert einen Basisvektor der Länge n, der an der k-ten Position eine 1 hat, sonst 0

$\mathbf{L} := \text{geninv}(\mathbf{B})$ $\mathbf{L} \cdot \mathbf{B} = \begin{pmatrix} 1 & 0 \\ 0 & 1 \end{pmatrix}$ linke inverse Matrix

$\text{eigenvektoren}(\mathbf{B}) = \begin{pmatrix} 0.803 & -0.647 \\ 0.596 & 0.763 \end{pmatrix}$ Eigenvektoren einer Matrix

$\text{eigenwerte}(\mathbf{B}) = \begin{pmatrix} 31.87 \\ 1.13 \end{pmatrix}$ Eigenwerte einer Matrix

$\text{Re}(\underline{\mathbf{Z}}) = \begin{pmatrix} 2 & 0 \\ 4 & 5 \end{pmatrix}$ $\text{Im}(\underline{\mathbf{Z}}) = \begin{pmatrix} 2 & 18 \\ -0.2 & 0 \end{pmatrix}$ Realteile und Imaginärteile

$\mathbf{a_s} := \text{sort}(\mathbf{a})$ $\mathbf{a_s} = \begin{pmatrix} -2 \\ 1 \\ 3 \\ 5 \\ 9 \end{pmatrix}$ Vektorelemente aufsteigend sortieren. Siehe dazu auch spsort(**A**, n) und zsort(**A**, n).

$v := \text{var}(\mathbf{a})$ $v = 13.76$ Varianz

$v \rightarrow \text{var}\left(\begin{pmatrix} 1 \\ 3 \\ 9 \\ -2 \\ 5 \end{pmatrix}\right)$ **keine symbolische Berechnung möglich**

$v := \text{var}(\mathbf{a}) = 13.76$ **Varianz in verkürzter numerischen Ausgabe!**

$v \rightarrow 13.76$ **symbolische Berechnung**

$\mathbf{a_s} := \text{umkehren}(\text{sort}(\mathbf{a}))$ $\quad \mathbf{a_s} = \begin{pmatrix} 9 \\ 5 \\ 3 \\ 1 \\ -2 \end{pmatrix}$

Vektorelemente absteigend sortieren

$\mathbf{B} = \begin{pmatrix} 20 & 16 \\ 14 & 13 \end{pmatrix}$ $\quad \text{umkehren}(\mathbf{B})^T = \begin{pmatrix} 14 & 20 \\ 13 & 16 \end{pmatrix}$

Zeilen vertauschen und dann transponieren

$\mathbf{A_{ssp}} := \text{spsort}(\mathbf{A}, 1)$ $\quad \mathbf{A_{ssp}} =$

	1	2	3	4	5	6
1	-1	-9	8	2	1	9
2	0	13	7	4	2	6
3	4	7	2	5	1	-5
4	8	5	6	3	2	7
5	10	2	3	4	5	6

Matrix nach der 1. Spalte sortieren

$\mathbf{A_{sz}} := \text{zsort}(\mathbf{A}, 1)$ $\quad \mathbf{A_{sz}} = \begin{pmatrix} 2 & 3 & 4 & 5 & 6 & 10 \\ -9 & 8 & 2 & 1 & 9 & -1 \\ 7 & 2 & 5 & 1 & -5 & 4 \\ 13 & 7 & 4 & 2 & 6 & 0 \\ 5 & 6 & 3 & 2 & 7 & 8 \end{pmatrix}$

Matrix nach der 1. Zeile sortieren

$\text{sp}(\mathbf{B}) = 33$

$\text{sp}\left(\begin{pmatrix} 20 & 16 \\ 14 & 13 \end{pmatrix}\right) = 33$

Spur der quadratischen Matrix B (Summe der Hauptdiagonalelemente)

$\text{rg}(\mathbf{B}) = 2$

$\text{rg}\left(\begin{pmatrix} 20 & 16 \\ 14 & 13 \end{pmatrix}\right) = 2$

Rang der Matrix B (Anzahl der linear unabhängigen Zeilen bzw. Spalten)

$\mathbf{U} := \text{submatrix}(\mathbf{A}, 1, 3, 1, 2)$ $\quad \mathbf{U} = \begin{pmatrix} 10 & 2 \\ -1 & -9 \\ 4 & 7 \end{pmatrix}$

Untermatrix mit Zeilen 1 bis 3 und Spalten 1 bis 2

$\text{Zeile}(\mathbf{M}, m) := \text{submatrix}(\mathbf{M}, m, m, 1, \text{spalten}(\mathbf{M}))$

$\text{Zeile}(\mathbf{B}, 1) = (20 \quad 16)$

selbstdefinierte Zeilen- und Spaltenextrahierungsfunktion

$\text{Spalte}(\mathbf{M}, n) := \text{submatrix}(\mathbf{M}, 1, \text{zeilen}(\mathbf{M}), n, n)$

$\text{Spalte}(\mathbf{B}, 2) = \begin{pmatrix} 16 \\ 13 \end{pmatrix}$

Weitere gegebene Matrizen und Matrixfunktionen:

$\mathbf{A1} := \begin{pmatrix} 4 & 2 \\ 1 & 3 \end{pmatrix}$ $\quad \mathbf{B1} := \begin{pmatrix} 3 & 5 \\ 4 & 6 \end{pmatrix}$ $\quad \mathbf{f}(x) := \begin{pmatrix} 1 & x \\ x^2 & \sin(x) \end{pmatrix}$ $\quad \mathbf{g}(x) := \begin{pmatrix} x & x^2 \\ x^3 & x^4 \end{pmatrix}$

$\text{erweitern}(\mathbf{A1}, \mathbf{B1}) = \begin{pmatrix} 4 & 2 & 3 & 5 \\ 1 & 3 & 4 & 6 \end{pmatrix}$

Die Funktion **erweitern(A,B) fügt** zwei oder mehr **Matrizen** bzw. **Matrixfunktionen** gleicher Zeilenzahl **zu einer Matrix zusammen**.

$\text{erweitern}(\mathbf{A1}, \text{erweitern}(\mathbf{A1}, \mathbf{B1})) = \begin{pmatrix} 4 & 2 & 4 & 2 & 3 & 5 \\ 1 & 3 & 1 & 3 & 4 & 6 \end{pmatrix}$

$\mathbf{h}(x) := \text{erweitern}(\mathbf{f}(x), \mathbf{g}(x))$ $\quad \mathbf{h}(x) \rightarrow \begin{pmatrix} 1 & x & x & x^2 \\ x^2 & \sin(x) & x^3 & x^4 \end{pmatrix}$ $\quad \mathbf{h}(2) = \begin{pmatrix} 1 & 2 & 2 & 4 \\ 4 & 0.909 & 8 & 16 \end{pmatrix}$

$\text{stapeln}(\mathbf{A1}, \mathbf{B1}) = \begin{pmatrix} 4 & 2 \\ 1 & 3 \\ 3 & 5 \\ 4 & 6 \end{pmatrix}$

Die Funktion **stapeln(A,B) stapelt** zwei oder mehr **Matrizen** bzw. **Matrixfunktionen** gleicher Spaltenzahl übereinander.

$\text{stapeln}\left[0, \begin{pmatrix} 2 \\ 20 \\ 40 \end{pmatrix}, -9\right] = \begin{pmatrix} 0 \\ 2 \\ 20 \\ 40 \\ -9 \end{pmatrix}$

$\mathbf{h}(x) := \text{stapeln}(\mathbf{f}(x), \mathbf{g}(x))$ $\quad \mathbf{h}(x) \rightarrow \begin{pmatrix} 1 & x \\ x^2 & \sin(x) \\ x & x^2 \\ x^3 & x^4 \end{pmatrix}$ $\quad \mathbf{h}(2) = \begin{pmatrix} 1 & 2 \\ 4 & 0.909 \\ 2 & 4 \\ 8 & 16 \end{pmatrix}$

$\mathbf{a} := \begin{pmatrix} 10 \\ 80 \\ 5 \\ 3 \end{pmatrix}$ $\quad i := 1 .. \text{letzte}(\mathbf{a})$ $\quad \text{letzte}(\mathbf{a}) = 4$ Vektor und Bereichsvariable

$\text{index}(x, \mathbf{v}) := \sum_i \left[i \cdot (v_i = x)\right]$ selbstdefinierte Index-Funktion mithilfe einer **UND-Verknüpfung**

$\text{index}(5, \mathbf{a}) = 3$ das Element 3 besitzt den Wert 5

$\text{index}(\max(\mathbf{a}), \mathbf{a}) = 2$ den größten Wert besitzt Element 2

$\text{istinvektor}(x, \mathbf{v}) := \sum \overrightarrow{(\mathbf{v} = x)} > 0$ delbstdefinierte Prüffunktion, ob ein Element in einem Vektor enthalten ist

$\text{istinvektor}(3, \mathbf{a}) = 1$ Element 3 ist im Vektor **a** enthalten

$i := 1..15$ — Bereichsvariable

$\mathbf{a}_i := \text{ceil}(\text{rnd}(4))$

Erzeugung von 2 Vektoren mithilfe des **Zufallsgenerators "rnd"**

$\mathbf{b}_i := \text{ceil}(\text{rnd}(4))$

$\mathbf{a}^T =$

	1	2	3	4	5	6	7	8	9	10	11	12	13	14	15
1	1	4	1	1	3	3	2	2	1	3	4	4	2	1	4

$\mathbf{b}^T =$

	1	2	3	4	5	6	7	8	9	10	11	12	13	14	15
1	3	1	3	1	1	4	3	2	2	3	3	3	1	1	4

$\sum_i \delta(\mathbf{a}_i, \mathbf{b}_i) = 5$

Berechnet, wie oft in den Vektoren **a** und **b** zwei Elemente mit dem gleichen Index gleich sind (mithilfe des **Kronecker-Symbols δ(m,n)**).

Spalten- und zeilenweise Anordnung von Matrixelementen:

$\text{ORIGIN} := 0$

$i := 0..4 \qquad j := 0..2$ — Bereichsvariablen

$\mathbf{A1}_{i,j} := 10 \cdot (i+1) + j$ — Erzeugen einer Matrix

$$\mathbf{A1} = \begin{pmatrix} 10 & 11 & 12 \\ 20 & 21 & 22 \\ 30 & 31 & 32 \\ 40 & 41 & 42 \\ 50 & 51 & 52 \end{pmatrix}$$

$ze := \text{zeilen}(\mathbf{A1}) \qquad ze = 5 \qquad sp := \text{spalten}(\mathbf{A1}) \qquad sp = 3$ — Zeilen- und Spaltenanzahl

$n := ze \cdot sp \qquad n = 15 \qquad k := 0..n-1$ — Bereichsvariable

$$\mathbf{vs}_k := \mathbf{A1}_{\text{floor}\left(\frac{k}{sp}\right), \text{mod}(k, sp)}$$

$\mathbf{vs}^T =$

	0	1	2	3	4	5	6	7	8	9	10	11	12	13	14
0	10	11	12	20	21	22	30	31	32	40	41	42	50	51	52

$$\mathbf{vz}_k := \mathbf{A1}_{\text{mod}(k, ze), \text{floor}\left(\frac{k}{ze}\right)}$$

Bei größeren Vektoren erscheint nach dem Anklicken der Vektoren mit der Maus ein Rollbalken.

$\mathbf{vz}^T =$

	0	1	2	3	4	5	6	7	8	9	10	11	12	13	14
0	10	20	30	40	50	11	21	31	41	51	12	22	32	42	52

$i := 0..\text{zeilen}(\mathbf{A1}) - 1 \qquad j := 0..\text{spalten}(\mathbf{A1}) - 1$ Bereichsvariablen

$\sum_i \sum_j \mathbf{A1}_{i,j} = 465$ Summe aller Matrixelemente

Beispiel 6.20:

Berechnungen mit Einheiten.

$\mathbf{m_1} := \begin{pmatrix} 1 \\ 4 \\ 10 \\ 2 \end{pmatrix} \cdot \text{kg}$ Massenvektor $\quad \mathbf{a} := \begin{pmatrix} 0.5 \\ 1 \\ 3 \\ 6 \end{pmatrix} \cdot \frac{\text{m}}{\text{s}^2}$ Beschleunigungsvektor

$\mathbf{F} := \mathbf{m_1} \cdot \mathbf{a}$ dynamisches Grundgesetz

$\mathbf{F} = 46.5\,\text{N}$ **Ergibt das Skalarprodukt!**

$\mathbf{F} := \overrightarrow{(\mathbf{m_1} \cdot \mathbf{a})}$ dynamisches Grundgesetz mit Vektorisierungsoperator

$\mathbf{F} = \begin{pmatrix} 0.5 \\ 4 \\ 30 \\ 12 \end{pmatrix} \text{N}$ ergibt die gewünschte Lösung

$\mathbf{m_1} := \begin{pmatrix} 3 \cdot \text{kg} & 1 \cdot \text{kg} \\ 200 \cdot \text{gm} & 600 \cdot \text{gm} \end{pmatrix}$ Matrix mit Massen $\quad \mathbf{a} := \begin{pmatrix} 1 \cdot \frac{\text{m}}{\text{s}^2} & 50 \cdot \frac{\text{cm}}{\text{s}^2} \\ 4 \cdot \frac{\text{m}}{\text{s}^2} & -3.5 \cdot \frac{\text{m}}{\text{s}^2} \end{pmatrix}$ Matrix mit Beschleunigungen

$\mathbf{F} := \mathbf{m_1} \cdot \mathbf{a}$ dynamisches Grundgesetz

$\mathbf{F} = \begin{pmatrix} 7 & -2 \\ 2.6 & -2 \end{pmatrix} \text{N}$ **Ergibt falsche Ergebnisse!**

$\mathbf{F} := \overrightarrow{(\mathbf{m_1} \cdot \mathbf{a})}$ dynamisches Grundgesetz mit Vektorisierungsoperator

$\mathbf{F} = \begin{pmatrix} 3 & 0.5 \\ 0.8 & -2.1 \end{pmatrix} \text{N}$ **richtige Kraftmatrix**

Beispiel 6.21:

Wie viele Goldatome erhält man für einen Euro, wenn man pro Unze 320 € bezahlt ?

$$\begin{pmatrix} Unze \leftarrow 31.1\ gm \\ Preis_{Au} \leftarrow 320\ \frac{€}{Unze} \\ Atommasse_{Au} \leftarrow 196.9665\ \frac{gm}{mol} \\ N_A \leftarrow 6.0221367 \cdot 10^{23}\ \frac{Atome}{mol} \\ \frac{N_A}{Preis_{Au} \cdot Atommasse_{Au}} \end{pmatrix} \rightarrow \begin{pmatrix} 31.1 \cdot gm \\ \frac{10.28938906752411575 6 \cdot €}{gm} \\ \frac{196.9665 \cdot gm}{mol} \\ \frac{6.0221367e23 \cdot Atome}{mol} \\ \frac{2.971451543949097 9429e20 \cdot Atome}{€} \end{pmatrix}$$

Beispiel 6.22:

In einem geraden Leiter fließt ein Strom von I = 5 A. Der Leiter verlaufe in der xy-Ebene eines Koordinatensystems mit einer Steigung von φ = 30° zur x-Achse. Welche Kraft F_L, zerlegt nach Betrag und Einheitsvektor, wirkt auf eine Länge von L_0 = 8 cm, wenn im Raum eine Flußdichte B = (1, 2, -3) T herrscht?

$$F_L = I \cdot (\mathbf{l} \times \mathbf{B}) = I \cdot \left[\begin{pmatrix} l_x \\ l_y \\ l_z \end{pmatrix} \times \begin{pmatrix} B_x \\ B_y \\ B_z \end{pmatrix}\right] = I \cdot L_0 \cdot \left|\begin{pmatrix} \cos(\varphi) & B_x & \vec{e_x} \\ \sin(\varphi) & B_y & \vec{e_y} \\ 0 & B_z & \vec{e_z} \end{pmatrix}\right|$$

$$F_L = I \cdot L_0 \cdot \begin{pmatrix} \cos(\varphi) \\ \sin(\varphi) \\ 0 \end{pmatrix} \times \begin{pmatrix} B_x \\ B_y \\ B_z \end{pmatrix} \qquad \text{ergibt} \qquad F_L = \begin{pmatrix} I \cdot L_0 \cdot B_z \cdot \sin(\varphi) \\ -I \cdot L_0 \cdot B_z \cdot \cos(\varphi) \\ I \cdot L_0 \cdot B_y \cdot \cos(\varphi) - I \cdot L_0 \cdot B_x \cdot \sin(\varphi) \end{pmatrix}$$

$\varphi := 30 \cdot Grad$ Winkel (Leiter in der xy-Ebene)

$I := 5 \cdot A$ Strom durch den Leiter

$L_0 := 8 \cdot cm$ Länge des Leiters

$\begin{pmatrix} B_x & B_y & B_z \end{pmatrix} := (1\ \ 2\ \ -3) \cdot T$ Flußdichte

$$\mathbf{F_L} := \begin{pmatrix} \sin(\varphi)\cdot I\cdot L_0\cdot \mathbf{B_z} \\ -\cos(\varphi)\cdot I\cdot L_0\cdot \mathbf{B_z} \\ \cos(\varphi)\cdot I\cdot L_0\cdot \mathbf{B_y} - \sin(\varphi)\cdot I\cdot L_0\cdot \mathbf{B_x} \end{pmatrix}$$

$$\mathbf{F_L} = \begin{pmatrix} -0.6 \\ 1.039 \\ 0.493 \end{pmatrix}\cdot N$$ Kraftvektor

$F_L := |\mathbf{F_L}|$ $F_L = 1.297\,N$ Betrag des Kraftvektors

$$\mathbf{e} := \frac{\mathbf{F_L}}{|\mathbf{F_L}|} \qquad \mathbf{e} = \begin{pmatrix} -0.463 \\ 0.801 \\ 0.38 \end{pmatrix}$$ Einheitsvektor mit der Länge $|\mathbf{e}| = 1$

6.2.3 Verschachtelte Datenfelder

Ein Feldelement muss nicht unbedingt eine skalare Größe, sondern jedes Feldelement kann selbst wieder ein Datenfeld sein. Die meisten Operatoren und Funktionen für Matrizen können dabei, weil sie auch keinen Sinn machen, nicht angewendet werden (erlaubt sind: transponieren; zeilen; spalten; länge; letzte; submatrix; erweitern; stapeln).

Beispiel 6.23:

Verschachtelte Datenfelder (Matrizen) mithilfe von Bereichsvariablen erstellen:

ORIGIN := 1 — ORIGIN festlegen

$i := 1..3 \quad j := 1..3$ — Bereichsvariablen

$\mathbf{A2}_{i,j} := \mathrm{einheit}(i)$ — Datenfeld

$$\mathbf{A2} = \begin{pmatrix} \{1,1\} & \{1,1\} & \{1,1\} \\ \{2,2\} & \{2,2\} & \{2,2\} \\ \{3,3\} & \{3,3\} & \{3,3\} \end{pmatrix}$$

$$\mathbf{A2}_{1,1} = (1) \qquad \mathbf{A2}_{2,2} = \begin{pmatrix} 1 & 0 \\ 0 & 1 \end{pmatrix} \qquad \mathbf{A2}_{3,2} = \begin{pmatrix} 1 & 0 & 0 \\ 0 & 1 & 0 \\ 0 & 0 & 1 \end{pmatrix}$$

Die **vollständige Anzeige** der verschachtelten Felder kann im **Menü-Format-Ergebnis** (**oder Doppelklick auf die Matrix**), im **Registerblatt Anzeige-Optionen** mit **Verschachtelte Felder auffächern (Abb. 6.5)**, aktiviert werden (nicht für beliebige Größen).

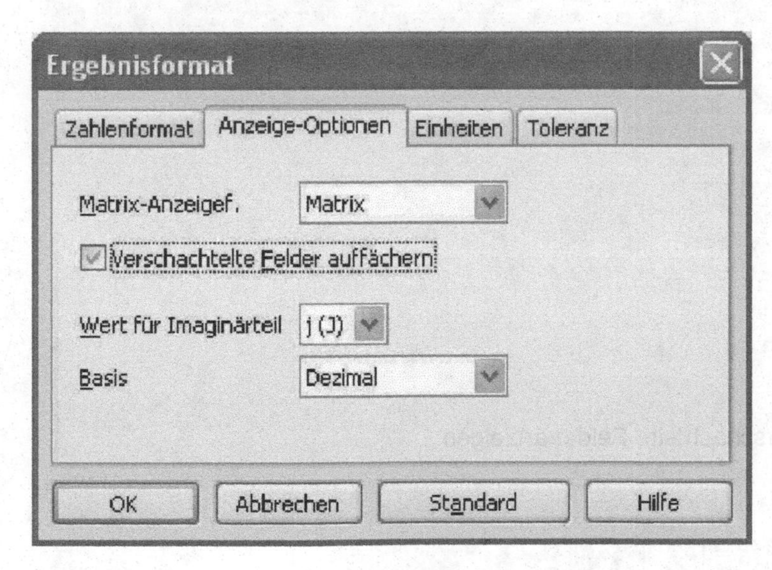

Abb. 6.5

$$\mathbf{A2} = \begin{bmatrix} (1) & (1) & (1) \\ \begin{pmatrix} 1 & 0 \\ 0 & 1 \end{pmatrix} & \begin{pmatrix} 1 & 0 \\ 0 & 1 \end{pmatrix} & \begin{pmatrix} 1 & 0 \\ 0 & 1 \end{pmatrix} \\ \begin{pmatrix} 1 & 0 & 0 \\ 0 & 1 & 0 \\ 0 & 0 & 1 \end{pmatrix} & \begin{pmatrix} 1 & 0 & 0 \\ 0 & 1 & 0 \\ 0 & 0 & 1 \end{pmatrix} & \begin{pmatrix} 1 & 0 & 0 \\ 0 & 1 & 0 \\ 0 & 0 & 1 \end{pmatrix} \end{bmatrix}$$

Mithilfe einer Matrixeingabe:

$\mathbf{a} := \begin{pmatrix} 2 \\ 3 \end{pmatrix} \cdot m \qquad \mathbf{b} := \begin{pmatrix} 4 \\ 5 \end{pmatrix} \cdot m$

$\mathbf{X} := \begin{pmatrix} \mathbf{a} \\ \mathbf{b}^T \end{pmatrix}$

Einheiten müssen immer zuerst den Untermatrizen zugeordnet werden!

$\mathbf{X} = \begin{pmatrix} \{2,1\} \\ \{1,2\} \end{pmatrix} m$

$\mathbf{X} = \begin{bmatrix} \begin{pmatrix} 2 \\ 3 \end{pmatrix} \\ (4 \quad 5) \end{bmatrix} m$

verschachtelte Felder anzeigen

$\mathbf{X}_1 = \begin{pmatrix} 2 \\ 3 \end{pmatrix} m \qquad \mathbf{X}_2 = (4 \quad 5)\, m$

Elementweise Eingabe:

$\mathbf{c}_1 := (3 \quad 4) \qquad \mathbf{c}_2 := 1 \qquad \mathbf{d} := \begin{pmatrix} 10 \\ 11 \end{pmatrix}$

$\mathbf{M} := \left(\mathbf{c}_1 \quad \mathbf{c}_2 \quad \mathbf{d}\right)$

$\mathbf{M} = (\{1,2\} \quad 1 \quad \{2,1\})$

$\mathbf{M} = \begin{bmatrix} (3 \quad 4) & 1 & \begin{pmatrix} 10 \\ 11 \end{pmatrix} \end{bmatrix}$

verschachtelte Felder anzeigen

$\mathbf{M}_{1,1} = (3 \quad 4) \qquad \mathbf{M}_{1,2} = 1 \qquad \mathbf{M}_{1,3} = \begin{pmatrix} 10 \\ 11 \end{pmatrix}$

7. Funktionsdarstellungen

In Mathcad sind bereits sehr **viele Funktionen vordefiniert (Menü-Einfügen-Funktion oder <Strg>+<e>)** bzw. **Funktionssymbol f(x)** in der **Standard-Symbolleiste.**
Zahlreiche **Diagramme** können aus **Menü-Einfügen-Diagramm** oder aus **Symbolleiste-Rechnen-Diagramm** ausgewählt werden:

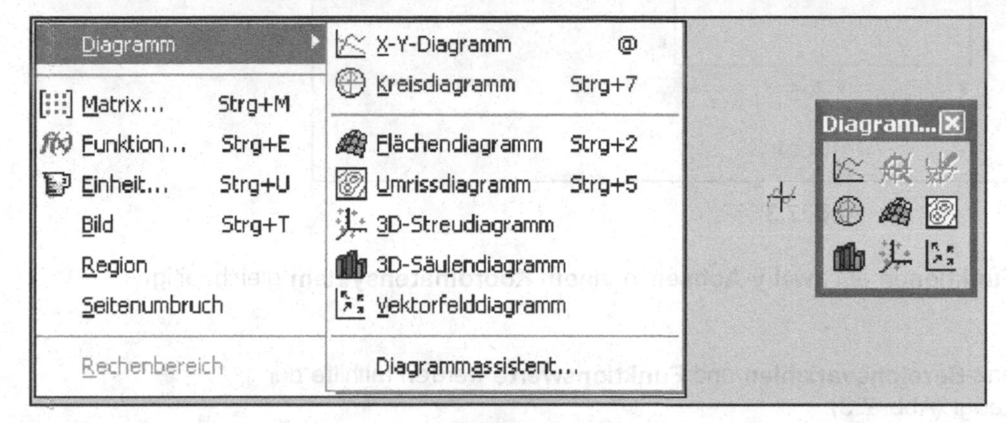

Abb. 7.1

7.1 X-Y-Diagramm (Kartesisches Koordinatensystem)

Ein **X-Y-Diagramm** wird mit den oben **angezeigten Möglichkeiten (Abb 7.1)** oder mit den **Tasten <AltGr> + <@>** erzeugt.
Vergrößern und verkleinern können Sie das Diagramm, wenn Sie zuerst auf das **Diagramm klicken** und an den vorgesehenen **schwarzen Randquadraten** das **Diagramm mit der Maus anfassen und ziehen.**

Das Diagramm zeigt nach dem Einfügen, wenn die zweite y-Achse aktiviert ist, folgende Platzhalter:

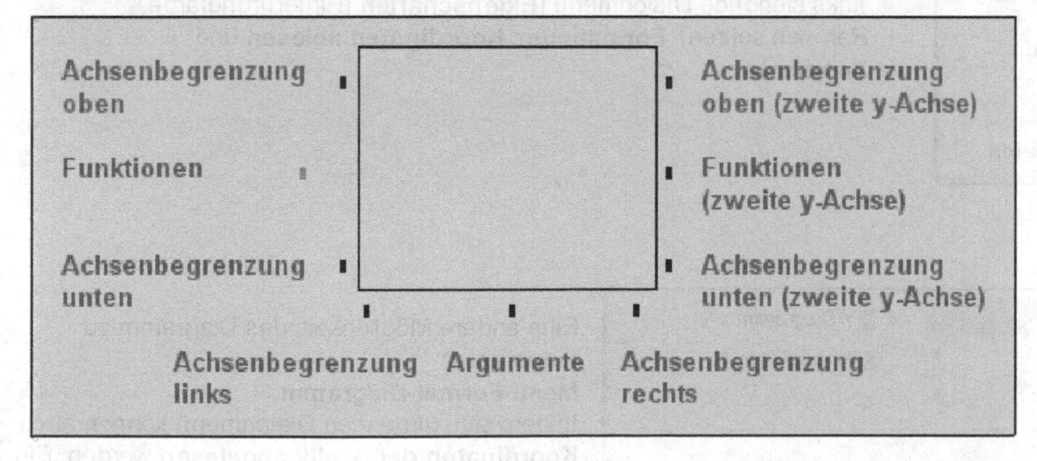

Abb. 7.2

Die **Achsengrenzen** können nachträglich individuell **direkt im Diagramm geändert** werden (Abb. 7.2).

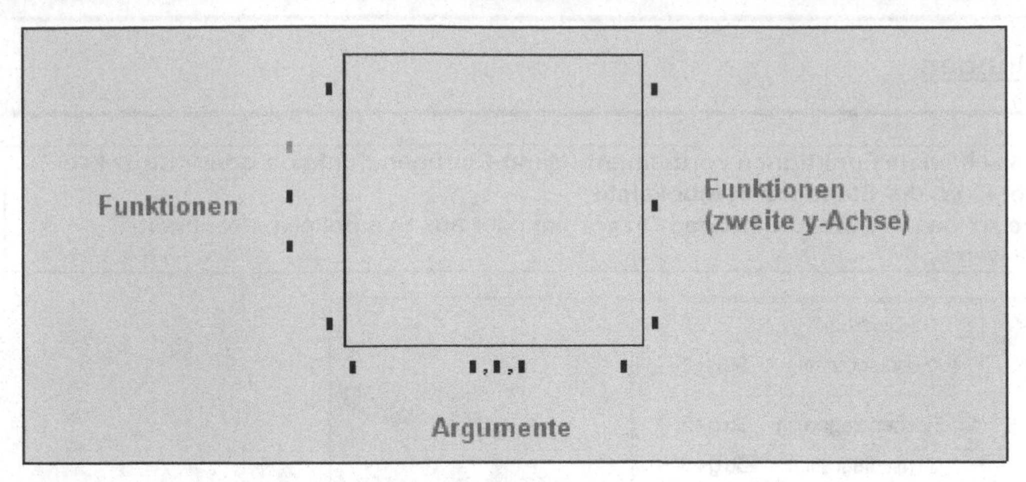

Abb. 7.3

Es können **maximal 16 Funktionen** auf **zwei y-Achsen** in **einem Koordinatensystem** gleichzeitig dargestellt werden.

Platzhalter für verschiedene **Bereichsvariablen** und **Funktionswerte** werden mithilfe der **Beistrich-Taste < , >** erzeugt (Abb. 7.3).

Die Formatierung der Grafik erreichen Sie durch Öffnen des Dialogfensters für die Formatierung:

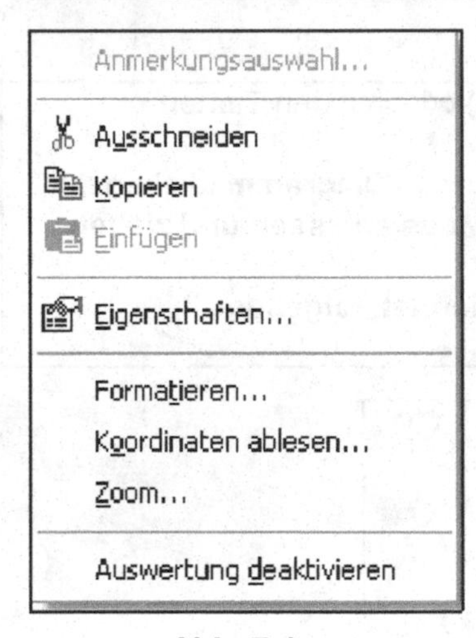

Abb. 7.4

Es gibt mehrere Möglichkeiten, das Dialogfenster zu öffnen:

- Ein **Doppelklick auf die Grafik.**
- Ein **Klick mit der rechten Maustaste auf die Grafik** öffnet das links stehende Dialogmenü (**Eigenschaften** (Hintergrundfarbe, Rahmen setzen), **Formatieren**, **Koordinaten ablesen** und **Zoomen**).

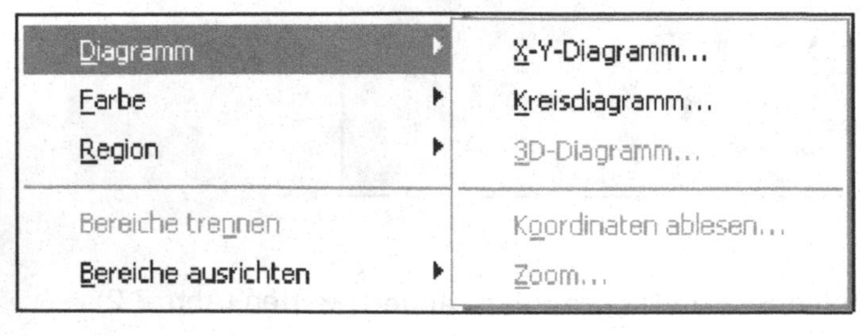

Abb. 7.5

Eine andere Möglichkeit, das Diagramm zu formatieren:
Menü-Format-Diagramm.
In dem sich öffnenden Dialogmenü können auch **Koordinaten der Grafik abgelesen** werden. Ein **Zoomen der Grafik** ist ebenfalls möglich.

Das Dialogfenster "Formatierung" bietet in den Registerblättern eine Reihe von Einstellungsmöglichkeiten, wie die nachfolgenden Abbildungen zeigen:

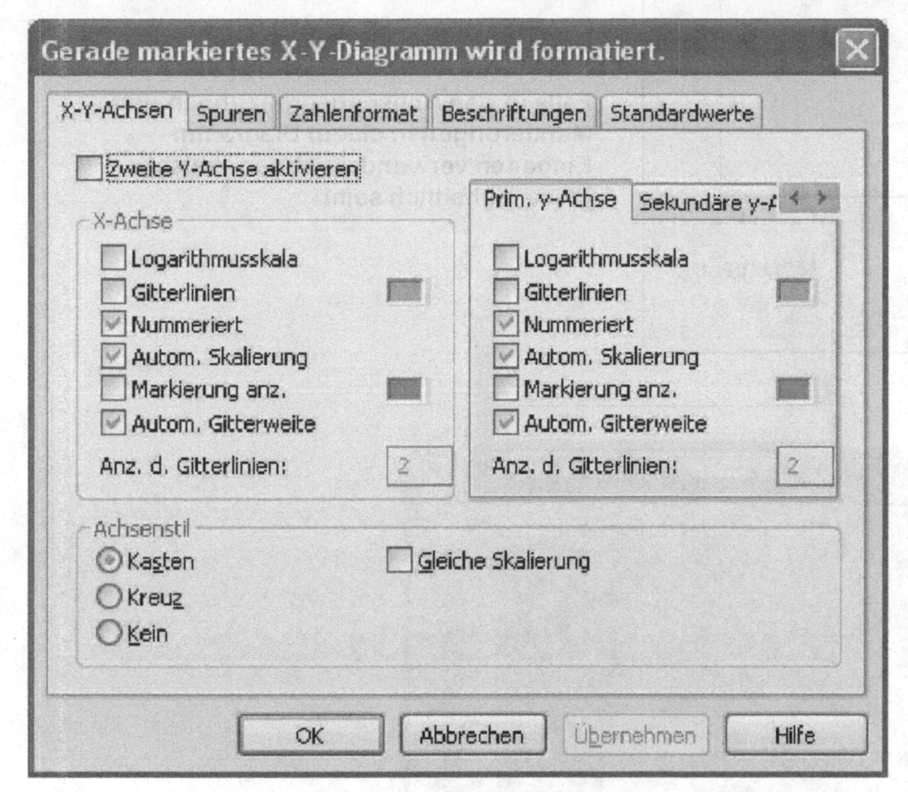

Abb. 7.6

<u>Registerblatt X-Y-Achsen:</u>

<u>X-Achse und primäre bzw. sekundäre Y-Achse:</u>

- **Benutzerangepasste Aktivierung einer zweiten y-Achse**
- **Logarithmusskala (für X- und Y-Achse)**
- **Gitterlinien (mit verschiedener Farbauswahl Abb. 7.8)**
- **Nummerierte Achsen**
- **Automatische Skalierung der Achsen**
- **Markierungen anzeigen (Einblendung von zwei Platzhaltern auf der x- und y-Achse und Farbauswahl (Abb. 7.8) für die senkrechten und waagrechten Linien, die nach der Eingabe einer Zahl oder Variablen dargestellt werden, Abb. 7.7)**
- **Automatische Gitterweite (bei Nichtaktivierung können die Anzahl der Gitterlinien eingegeben werden)**

<u>Achsenstil:</u>

- **Kasten (Rechteck ohne Achsen, aber mit Nummerierungen)**
- **Kreuz (senkrecht aufeinanderstehendes Achsenkreuz)**
- **Kein (Rechteck ohne Achsen, aber ohne Nummerierungen)**
- **Gleiche Skalierung (für beide Achsen)**

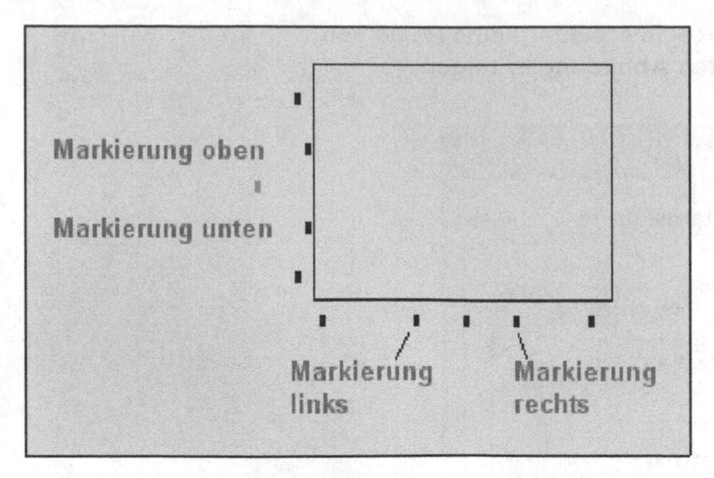

Abb. 7.7

Falls in den Achsenbegrenzungen und Markierungen in einem Diagramm Einheiten verwendet werden, müssen diese einheitlich sein!

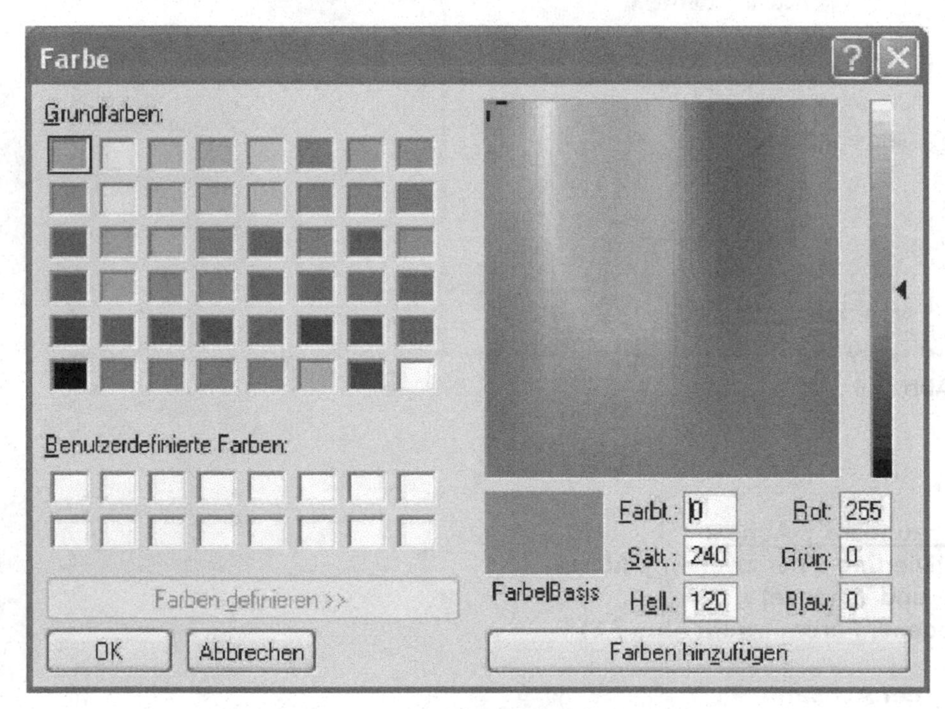

Abb. 7.8

Registerblatt Spuren:

- **Legendenname (Der Name Spur 1 bis Spur 16 kann hier geändert werden. Es können auch beliebige Zeichen aus der Zeichentabelle über die Zwischenablage hierher kopiert werden.)**
- **Symbol Häufigkeit (Anzahl der Symbole auf den Kurven)**
- **Symbol (Auswahl von 10 Symbolen, Abb. 7.10)**
- **Symbolstärke (Auswahl von 10 Symbolstärken, Abb. 7.10)**
- **Linie (Auswahl von 4 verschiedenen Linienarten, Abb. 7.10)**
- **Linienstärke (Auswahl von 10 Linienstärken, Abb. 7.10)**
- **Farbe (Farbauswahl für die Linien, Abb. 7.8)**
- **Typ (Linien, Punkte usw., Abb. 7.10)**
- **Y-Achse (Anzeige Y-Achse oder Y2-Achse)**
- **Argumente ausblenden (x- und y-Werte auf den Achsen ausblenden)**
- **Legende ausblenden (Legendennamen können hier an verschiedenen Stellen ein- und ausgeblendet werden)**

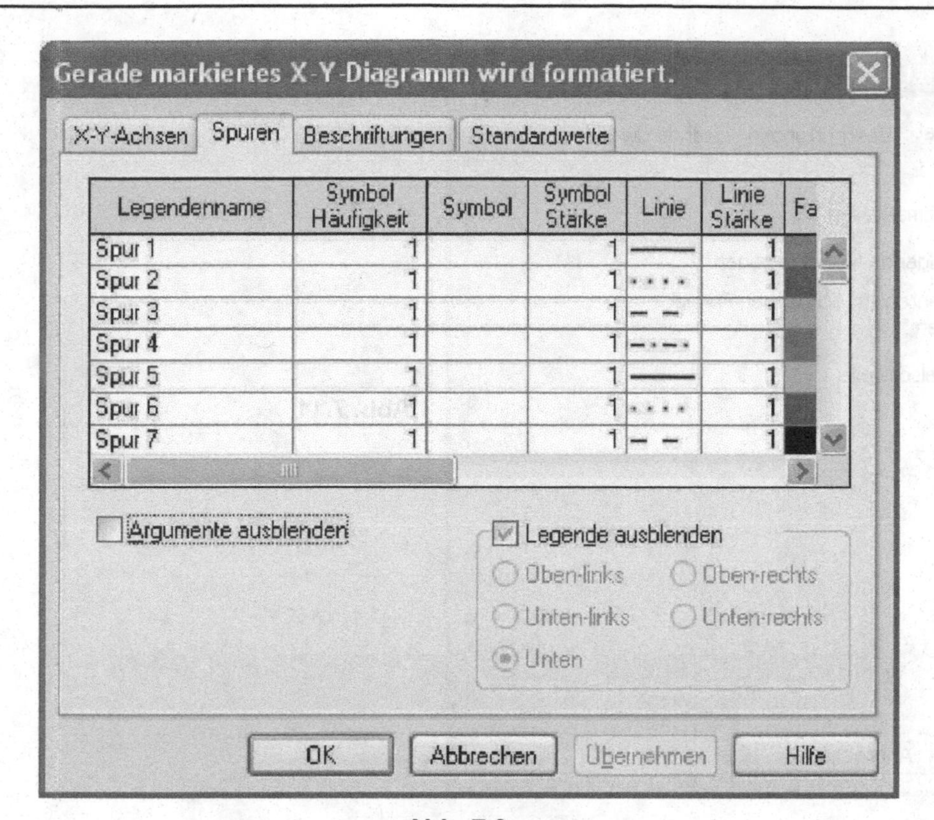

Abb. 7.9

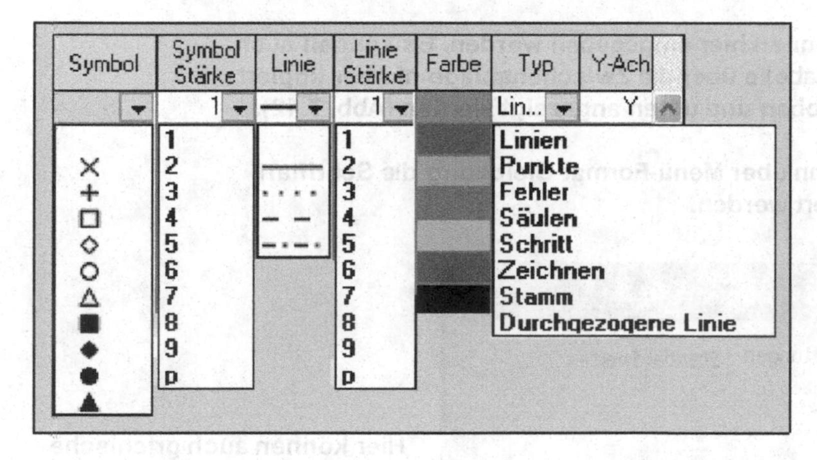

Abb. 7.10

Registerblatt Zahlenformat:

- **Damit lassen sich die Dezimalstellen der Teilstriche für Ergebnisse festlegen, die von Mathcad generiert werden (Abb. 7.11). So wird die Anzeigegenauigkeit von Diagrammen verbessert. Wie bei allen anderen Diagrammformatierungsfunktionen wirken sich diese Einstellungen nur auf das 2D-Diagramm aus, auf das sie angewendet werden, sofern sie nicht als Standardeinstellungen gespeichert wurden.**

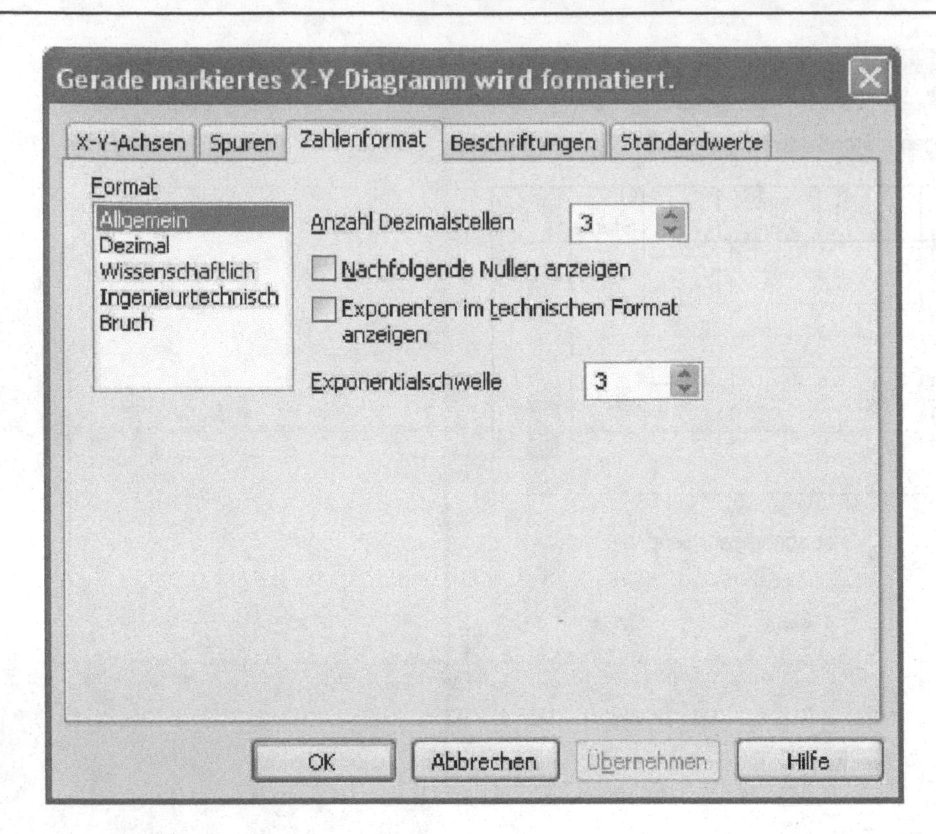

Abb. 7.11

Registerblatt Beschriftungen:

- **Titel und Achsenbeschriftungen können hier eingegeben werden. Es können auch beliebige Zeichen aus der Zeichentabelle über die Zwischenablage hierher kopiert werden. Titel können in der Grafik oben und unten angezeigt werden (Abb. 7.12).**

Für die Beschriftungen einer Grafik kann über Menü-Format-Gleichung die Schriftart "Mathematische Textschriftart" geändert werden.

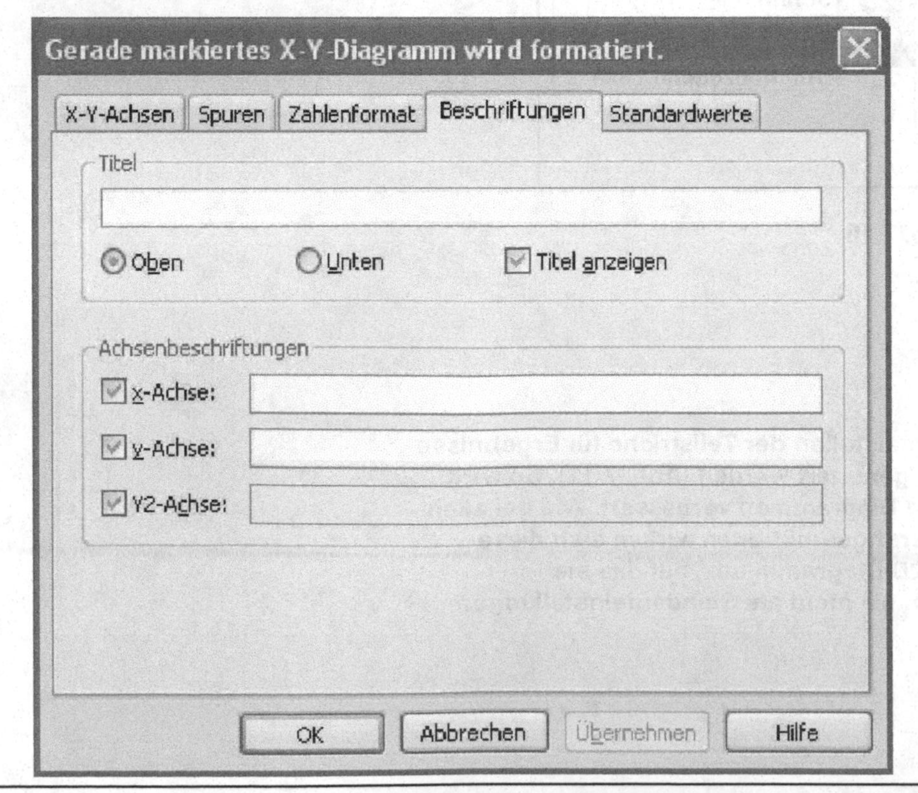

Hier können auch grichische Buchstaben eingegben werden (z.B. a <Strg>+<g> ⇒ α)

Abb. 7.12

Registerblatt Standardwerte:

- **In diesem Registerblatt können die Standardwerte festgelegt oder wiederhergestellt werden (Abb. 7.13).**

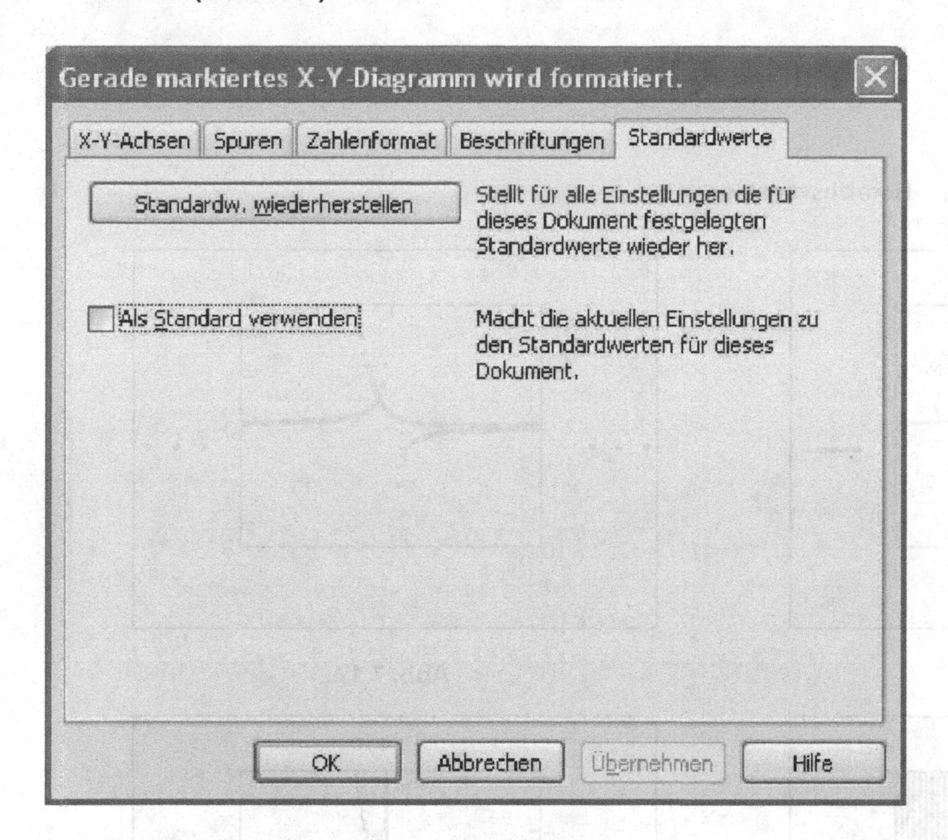

Abb. 7.13

Durch einen Klick mit der rechten Maustaste auf die Grafik oder mithilfe Menü-Format-Diagramm, wie aus Abb. 7.14 und 7.15 ersichtlich ist, können in der Grafik die Koordinaten abgelesen oder mit dem Zoom ein Ausschnitt hervorgehoben werden.

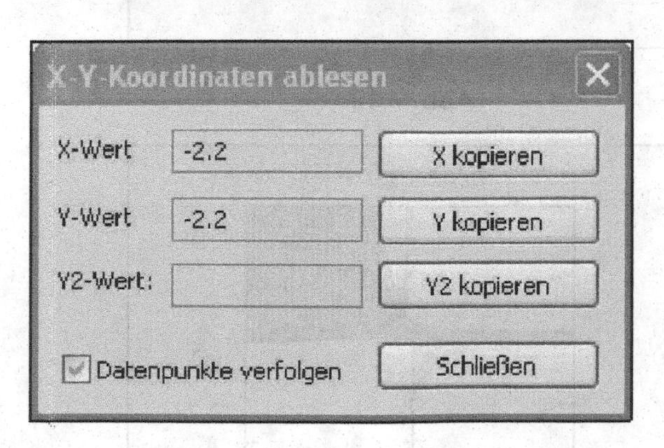

Abb. 7.14

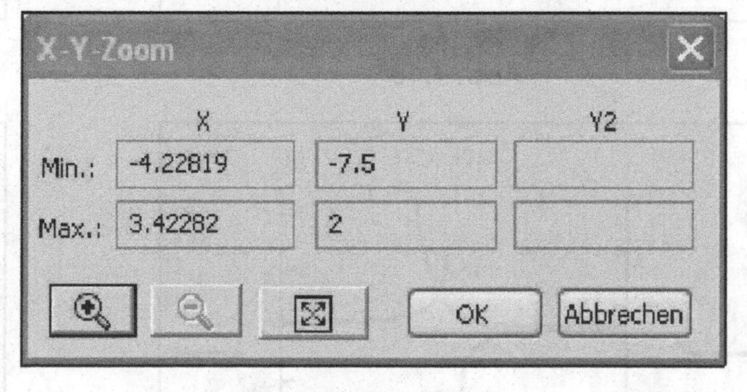

Abb. 7.15

Beispiel 7.1:

Darstellung von Funktionen mit verschiedenen Formatierungen:

$f(x) := e^x$

$f1(x) := \frac{1}{x}$ Funktionen

$x := -10, -10 + 0.2 .. 10$ Bereichsvariable

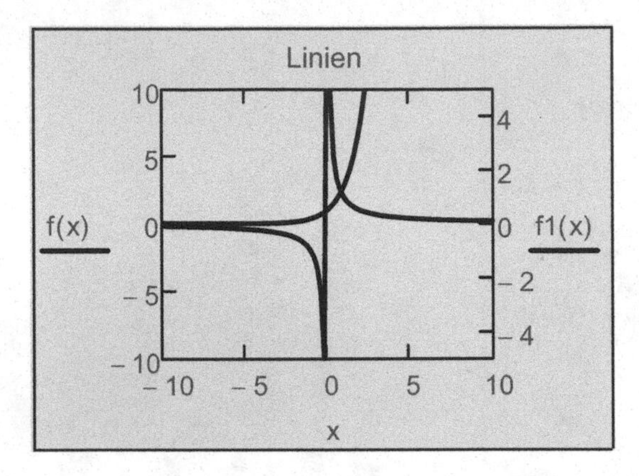

Abb. 7.16

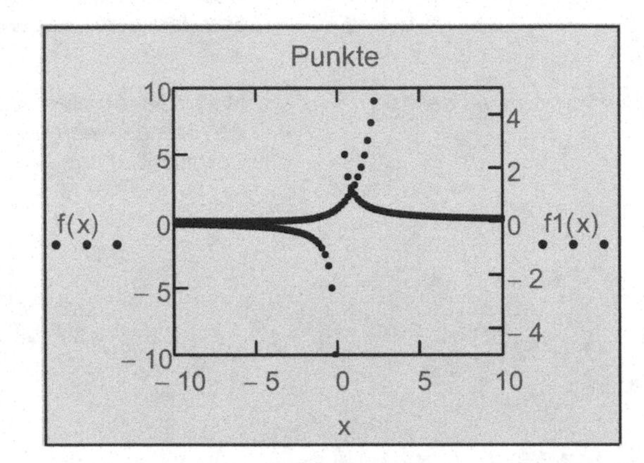

Abb. 7.17

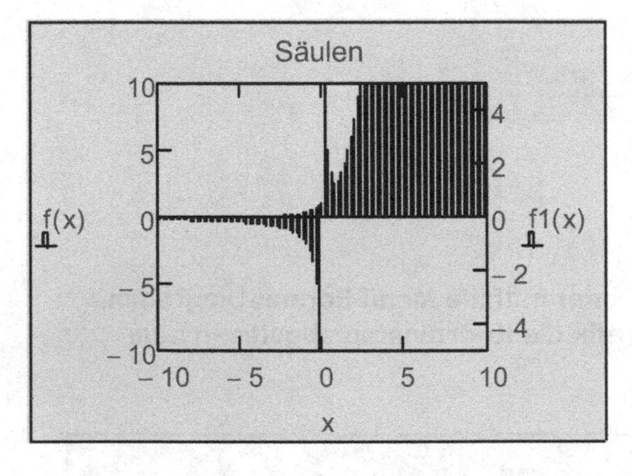

Abb. 7.18

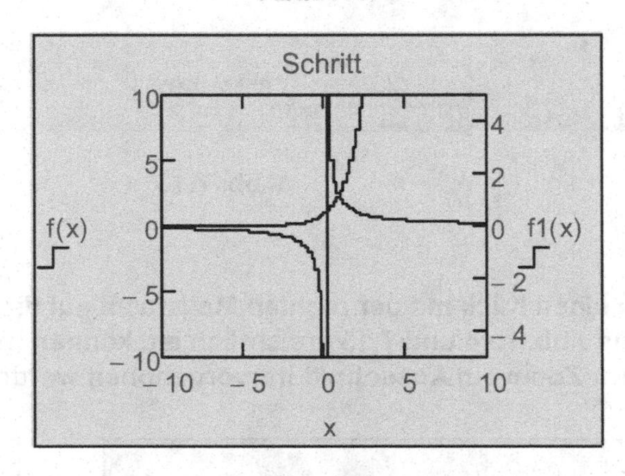

Abb. 7.19

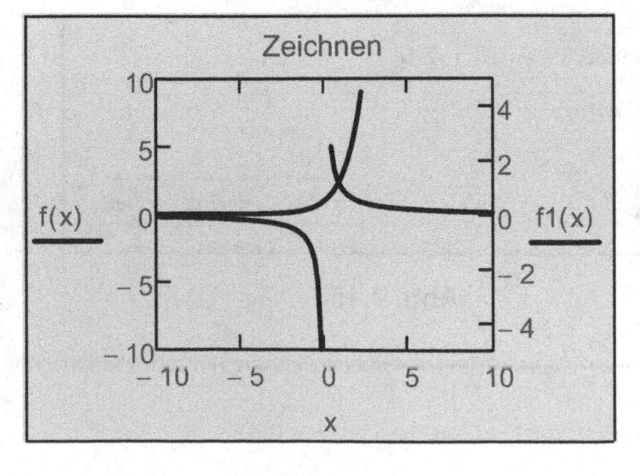

Abb. 7.20

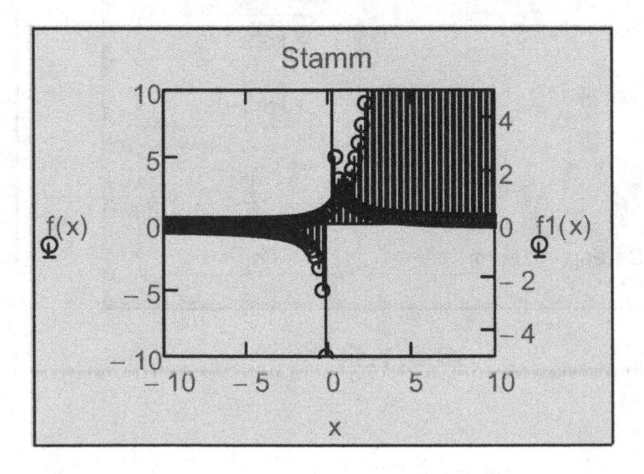

Abb. 7.21

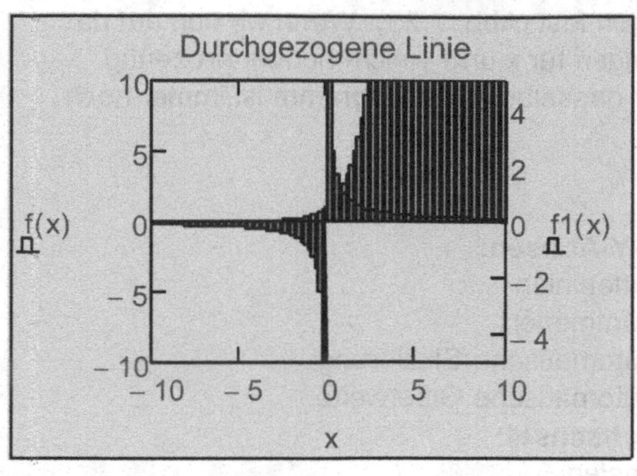

Abb. 7.22

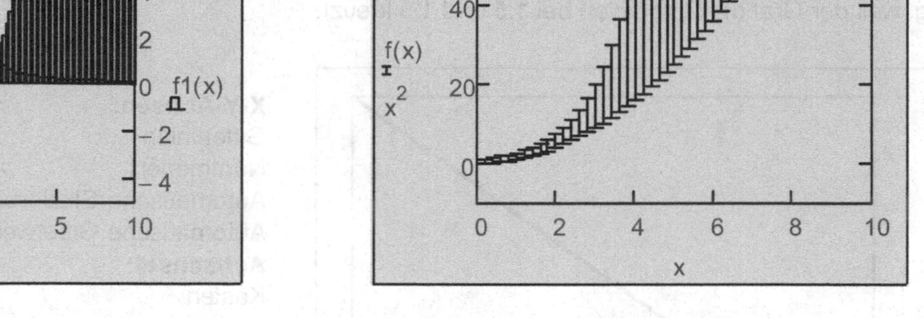

Abb. 7.23

Abb. 7.16 bis Abb. 7.22:
Achsenbeschränkung: x- und y-Achse: -10 bis 10
X-Y-Achsen:
Nummeriert
Automatische Skalierung
Automatische Gitterweite
Achsenstil:
Kasten
Spuren:
Spur 1
Symbol Kreis, Typ verschieden
Beschriftungen:
Titel oben

Abb. 7.23:
Achsenbeschränkung: x-Achse von 0 bis 10 und y-Achse -10 bis 50
X-Y-Achsen:
Nummeriert
Automatische Skalierung
Automatische Gitterweite
Achsenstil:
Kasten
Spuren:
Spur 1 und Spur 2
Typ Fehler
Beschriftungen:
Titel oben

Beispiel 7.2:

Dezimalstellen für Teilstriche auf den Achsen festlegen (Registerblatt Zahlenformat).

$f(x) := x$ Funktion

$x := 0, 0.01 .. 2$ Bereichsvariable

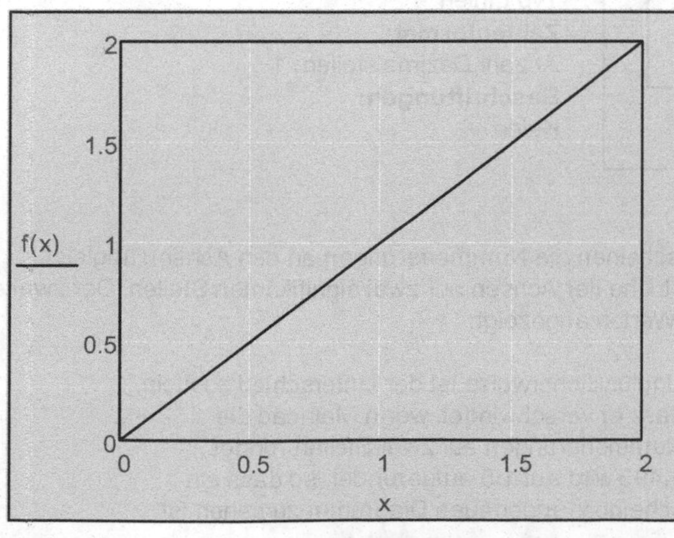

Abb. 7.24

X-Y-Achsen:
Gitterlinien
Nummeriert
Automatische Skalierung
Automatische Gitterweite
Achsenstil:
Kasten
Spuren:
Spur 1
Typ Linien
Zahlenformat:
Anzahl Dezimalstellen: 1
Beschriftungen:
Keine

Legen wir nun in der Grafik (Abb. 7.24) neue Achsenbegrenzungen fest (Abb. 7.25). Wenn wir nun auf das Diagramm klicken, so stellen wir fest, dass die Achsenbegrenzungen für x und y nicht hundertprozentig identisch sind. Das Achsenlimit der x- und y-Achse ist nicht mehr dasselbe. Das Diagramm ist immer noch richtig, weil der Graf die Gitterlinien bei 1.5 und 1.5 kreuzt.

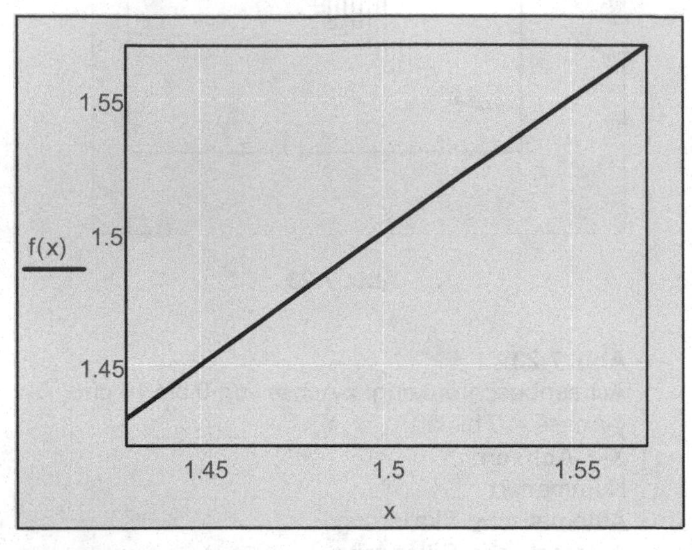

X-Y-Achsen:
Gitterlinien
Nummeriert
Automatische Skalierung
Automatische Gitterweite
Achsenstil:
Kasten
Spuren:
Spur 1
Typ Linien
Zahlenformat:
Anzahl Dezimalstellen: 1
Beschriftungen:
Keine

Abb. 7.25

Schalten wir nun die automatische Gitterweite aus und setzen die Anzahl der Gitterlinien auf 4, so wird der Graf nicht korrekt wiedergegeben (Abb. 7.26). Bei x = 1.5 sollte der y-Wert weiterhin bei 1.5 liegen. Das Diagramm erscheint jetzt nicht mehr richtig!

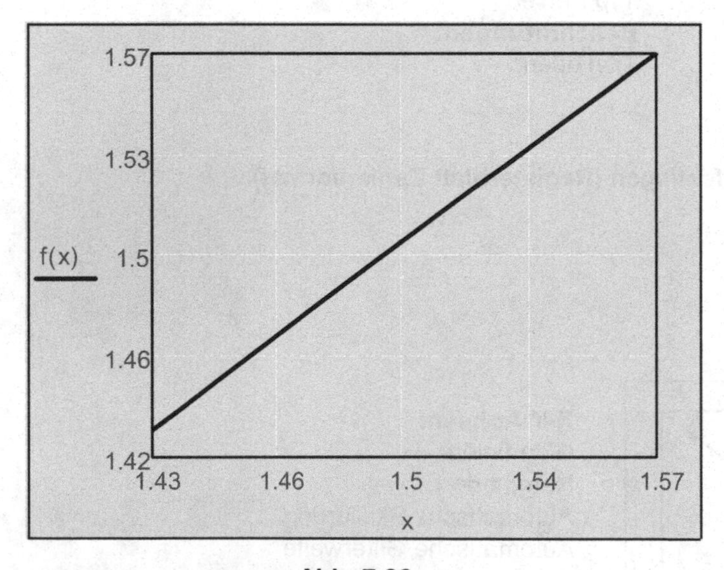

X-Y-Achsen:
Gitterlinien
Nummeriert
Automatische Skalierung
Automatische Gitterweite
Achsenstil:
Kasten
Spuren:
Spur 1
Typ Linien
Zahlenformat:
Anzahl Dezimalstellen: 1
Beschriftungen:
Keine

Abb. 7.26

Während Mathcad jede Achse in 4 Intervalle teilt, erscheinen die Nummerierungen an den Achsen ungleich platziert. Der Grund hierfür ist die Rundung der Teilstriche der Achsen auf zwei signifikanten Stellen. Der zweite Teilstrich wird auf den Achsen genau bei folgenden Werten angezeigt:

x-Achse: $(1.57 - 1.43) \cdot \frac{2}{4} + 1.43 = 1.5$

y-Achse: $(1.57 - 1.42) \cdot \frac{2}{4} + 1.42 = 1.495$

Unglücklicherweise ist der Unterschied so klein, dass er verschwindet, wenn Mathcad die Nummerierungen auf zwei Stellen rundet. 1.495 wird auf 1.5 aufgerundet, so dass ein scheinbar ungenaues Diagramm zu sehen ist.

Über die Registerkarte **Zahlenformat** können die Teilstriche genauer festgelegt werden. Wir wählen für die Anzahl der Dezimalstellen, wie standardmäßig angezeigt, genau 3. Wenn Mathcad das Diagramm neu zeichnet, verschieben sich die Gitterlinien nicht, aber ihre Werte werden genauer angezeigt (Abb. 7.27).

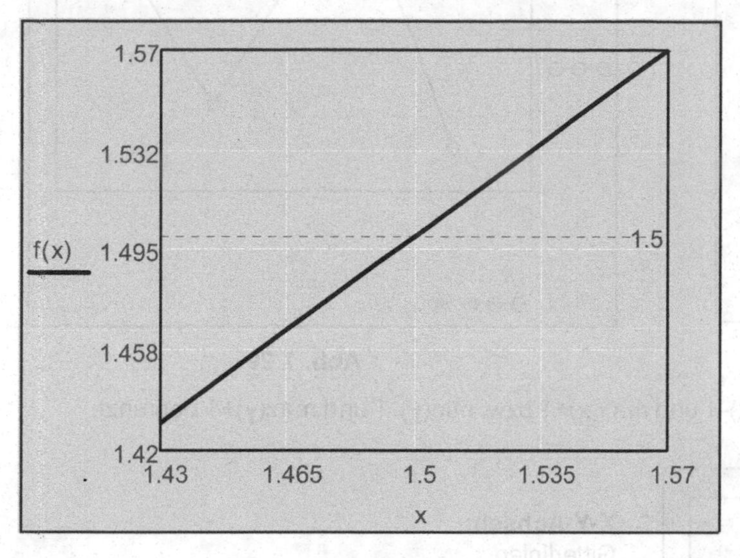

X-Y-Achsen:
Gitterlinien
Nummeriert
Automatische Skalierung
Automatische Gitterweite
Achsenstil:
Kasten
Spuren:
Spur 1
Typ Linien
Zahlenformat:
Anzahl Dezimalstellen: 3
Beschriftungen:
Keine

Abb. 7.27

Beispiel 7.3:

Offenes Polygon:

$\mathbf{x} := (1\ \ 2\ \ 3\ \ 4\ \ 5)^T$ x-Koordinaten für die Punkte

$\mathbf{y} := (1\ \ 6\ \ 5\ \ 2\ \ 5)^T$ y-Koordinaten für die Punkte

$\mathbf{P} := \text{erweitern}(\mathbf{x}, \mathbf{y})$ Vektor **x** und **y** zu einer Matrix zusammenfassen

P =

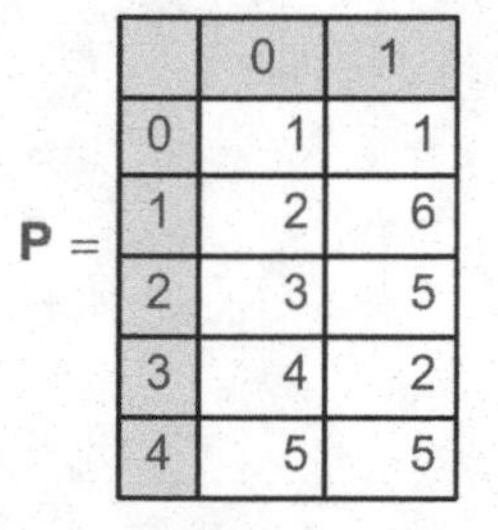

	0	1
0	1	1
1	2	6
2	3	5
3	4	2
4	5	5

jede Zeile der Matrix **P** enthält die Koordinaten eines Punktes

$n := 0..4$ Bereichsvariable für die Vektoren

$i := 0..4$ Bereichsvariable für die Zeilen von **P**

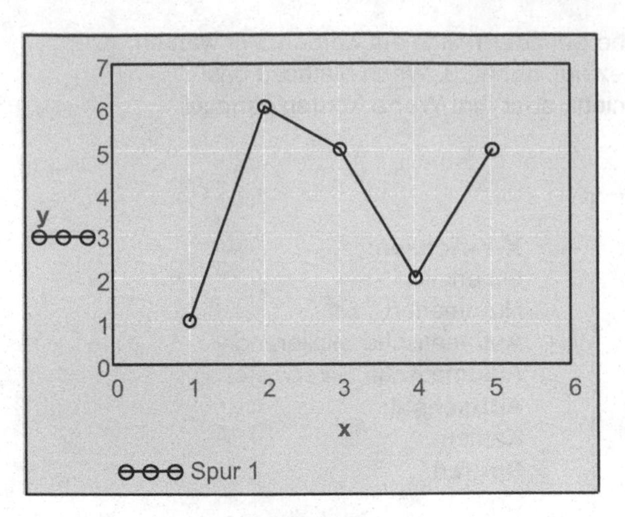

Abb. 7.28

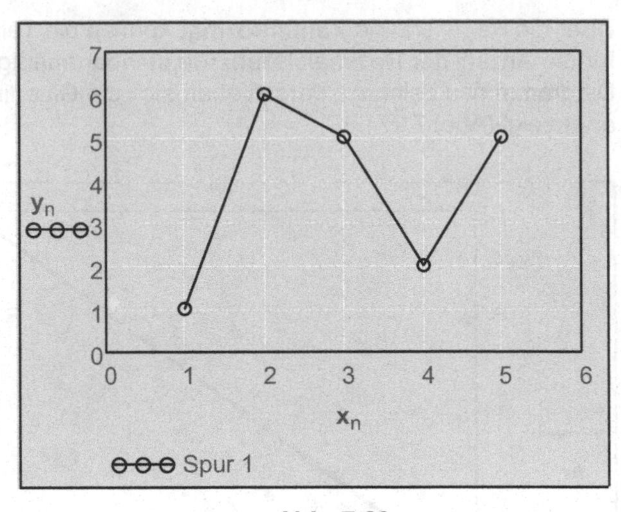

Abb. 7.29

Die x-Achse bzw. y-Achse wird hier durch min(**x**)-1 und max(**x**)+1 bzw. min(**y**)-1 und max(**y**)+1 begrenzt.

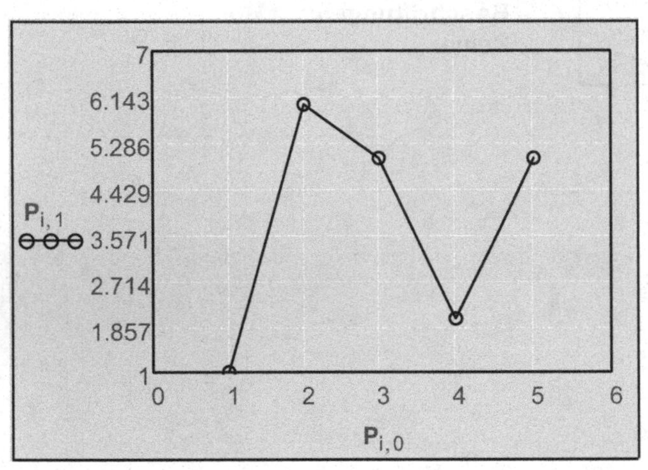

Abb. 7.30

X-Y-Achsen:
Gitterlinien
Nummeriert
Automatische Skalierung
Anzahl der Gitterlinien 6 bzw. 7
Achsenstil:
Kasten
Spuren:
Spur 1
Symbol Kreis, Typ Linien
Beschriftungen:
Keine

Die x-Achse bzw. y-Achse wird hier durch 0 und 6 bzw. 0 und 7 begrenzt.

Beispiel 7.4:

Darstellung eines Ortsvektors und eines komplexen Zeigers:

$x_1 := 4$
$y_1 := 3$ x- und y-Koordinate für einen Punkt

$\underline{z} := x_1 + j \cdot y_1$ komplexer Zeiger in Komponentendarstellung

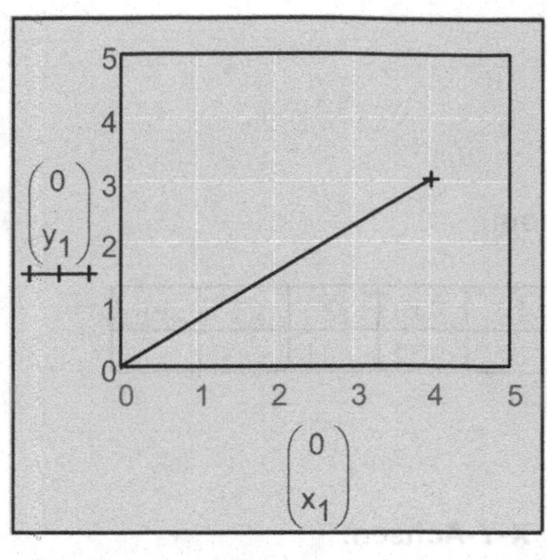

Abb. 7.31

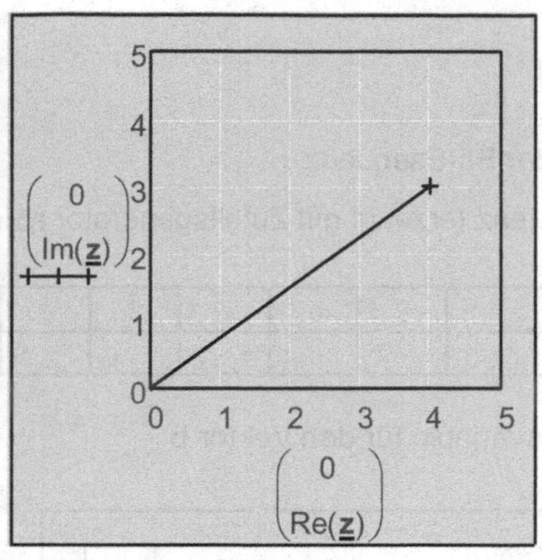

Abb. 7.32

X-Y-Achsen:
Gitterlinien
Nummeriert
Automatische Skalierung
Anzahl der Gitterlinien: 5 bzw. 5
Achsenstil:
Kasten
Spuren:
Spur 1
Symbol +, Typ Linien
Beschriftungen:
Keine

Die x-Achse und die y-Achse wird hier durch 0 und 5 begrenzt.

Beispiel 7.5:

Punkt, waagrechte und senkrechte Linie:

$\begin{pmatrix} x_1 & y_1 \end{pmatrix} := \begin{pmatrix} 5 & 6 \end{pmatrix}$ Punkt festlegen

$x_w := \begin{pmatrix} 0 & x_1 & x_1 \end{pmatrix}^T$

Koordinaten der Punkte für die waagrechte und senkrechte Linie

$y_s := \begin{pmatrix} 0 & 0 & y_1 \end{pmatrix}^T$

$x_d := \begin{pmatrix} 0 & x_1 \end{pmatrix}^T$

Koordinaten der Punkte (Ursprung und ein Punkt) für die Linie vom Ursprung zu einem Punkt

$y_d := \begin{pmatrix} 0 & y_1 \end{pmatrix}^T$

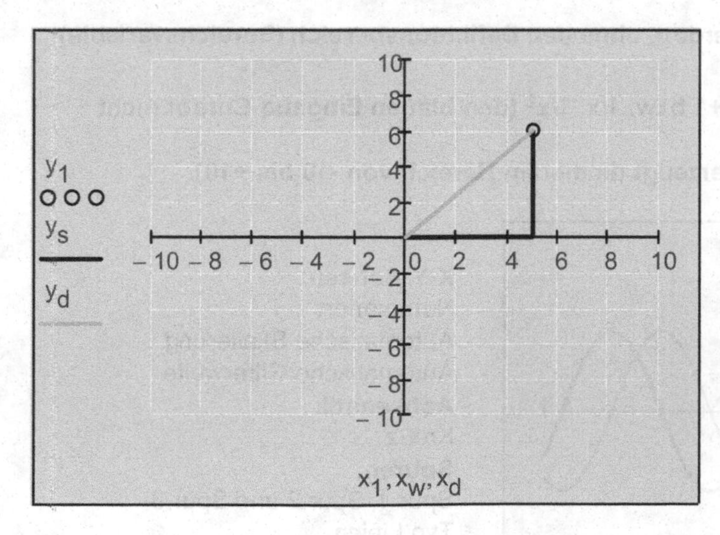

Abb. 7.33

X-Y-Achsen:
Gitterlinien
Nummeriert
Automatische Skalierung
Anzahl der Gitterlinien: 5 bzw. 5
Achsenstil:
Kreuz
Spuren:
Spur 1
Symbol Kreis, Typ Punkte
Spur 2 und Spur 3
Typ Linien
Beschriftungen:
Keine

Die x-Achse und y-Achse wird hier durch -10 und 10 begrenzt.

Beispiel 7.6:

Zufallserzeugte Bit-Sequenz:

$N := 20$ Länge der Bit-Ssequenz

$\mathbf{b} := \text{rbinom}(N, 1, 0.5)$ Bit-Sequenz (erzeugt mit Zufallsgenerator **rbinom**)

$\mathbf{b}^T =$

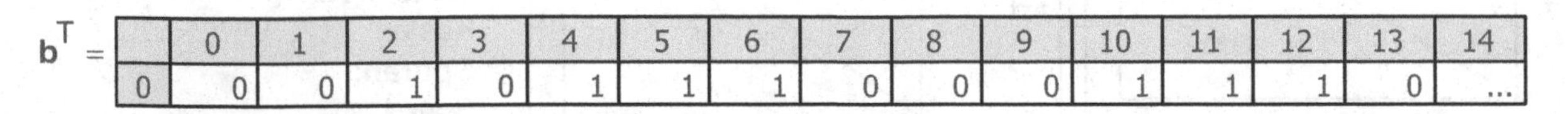

	0	1	2	3	4	5	6	7	8	9	10	11	12	13	14
0	0	0	1	0	1	1	1	0	0	0	1	1	1	0	...

$i := 0 .. N - 1$ Bereichsvariable für den Vektor **b**

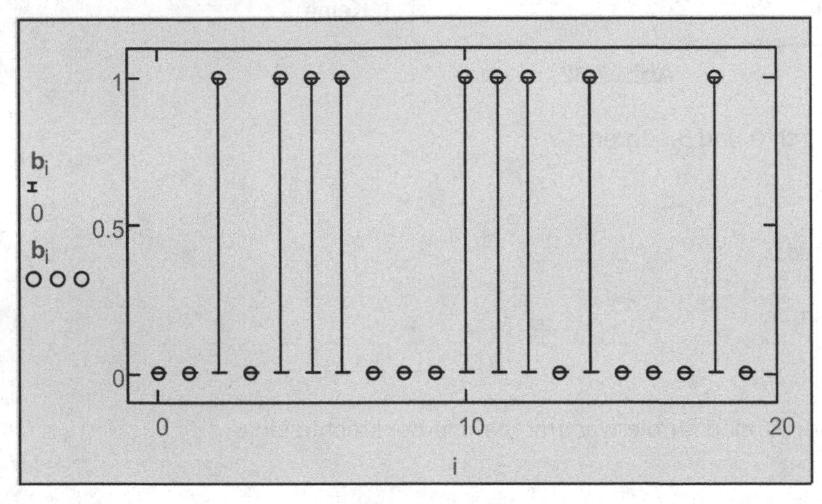

X-Y-Achsen:
Gitterlinien
Nummeriert
Automatische Skalierung
Anzahl der Gitterlinien: 5 bzw. 5
Achsenstil:
Kasten
Spuren:
Spur 1und Spur 2
Typ Fehler
Spur 3
Symbol Kreis, Typ Punkte
Beschriftungen:
Keine

Abb. 7.34

Die x-Achse bzw. y-Achse wird hier durch -1 und 20 bzw. -0.1 und 1.1 begrenzt.

Beispiel 7.7:

Es können so genannte Quick-Plots erzeugt werden, ohne den Definitionsbereich (Bereichsvariable) explizit angeben zu müssen.
Zum Beispiel Eingabe von: sin(x), cos(x), 1/2 x+1 bzw. 1/x, 1/x^2 (den blauen Eingabe-Cursor nicht verlassen) und Diagramm wählen.
Es wird dann eine Grafik für diese Funktionen erzeugt (immer im Bereich von -10 bis +10).

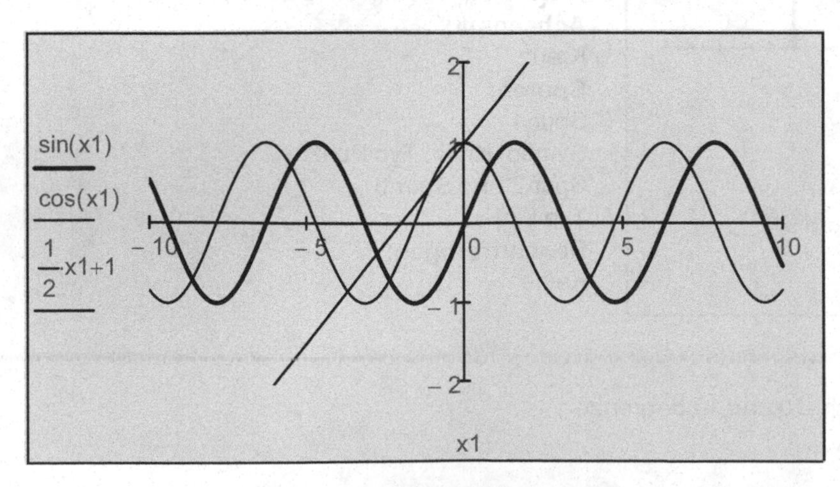

X-Y-Achsen:
Nummeriert
Automatische Skalierung
Automatische Gitterweite
Achsenstil:
Kreuz
Spuren:
Spur 1, Spur 2 und Spur 3
Typ Linien
Beschriftungen:
Keine

Abb. 7.35

Die y-Achse wird hier durch -2 und 2 begrenzt.

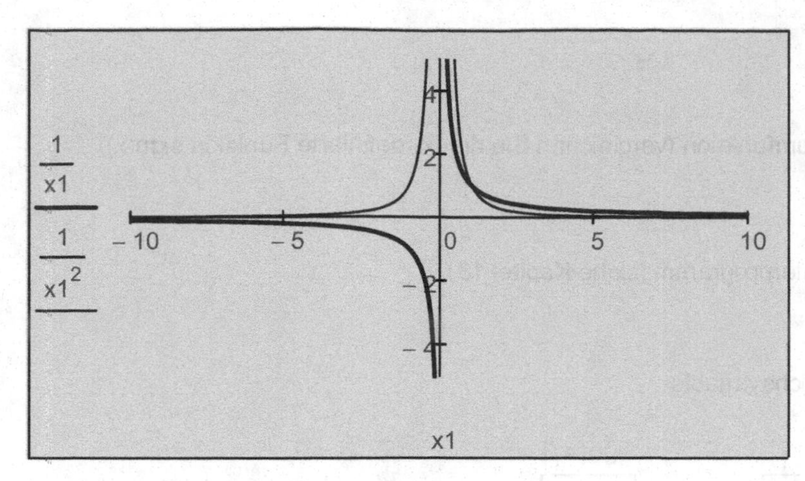

X-Y-Achsen:
Nummeriert
Automatische Skalierung
Automatische Gitterweite
Achsenstil:
Kreuz
Spuren:
Spur 1und Spur 2
Typ Linien
Beschriftungen:
Keine

Abb. 7.36

Die y-Achse wird hier durch -5 und 5 begrenzt.

Beispiel 7.8:

Funktion und Asymptoten (Quick-Plot):

$f(x) := \frac{x}{1+x}$ gegebene Funktion (Pol an der Stelle x = -1 mit Asymptotengleichung x = -1 und einer weiteren Asymptote bei y = 1)

$x_{min} := -4 \qquad x_{max} := 4$

$y_{min} := -10 \qquad y_{max} := 10$ Bereiche der x- und y-Achsen

$\mathbf{x\_Asy} := \begin{pmatrix} x_{min} \\ x_{max} \end{pmatrix} \qquad \mathbf{x\_Asy} = \begin{pmatrix} -4 \\ 4 \end{pmatrix}$

Bereiche der Asymptoten in Vektorform

$\mathbf{y\_Asy} := \begin{pmatrix} y_{min} \\ y_{max} \end{pmatrix} \qquad \mathbf{y\_Asy} = \begin{pmatrix} -10 \\ 10 \end{pmatrix}$

$k := 0..1$ Bereichsvariable

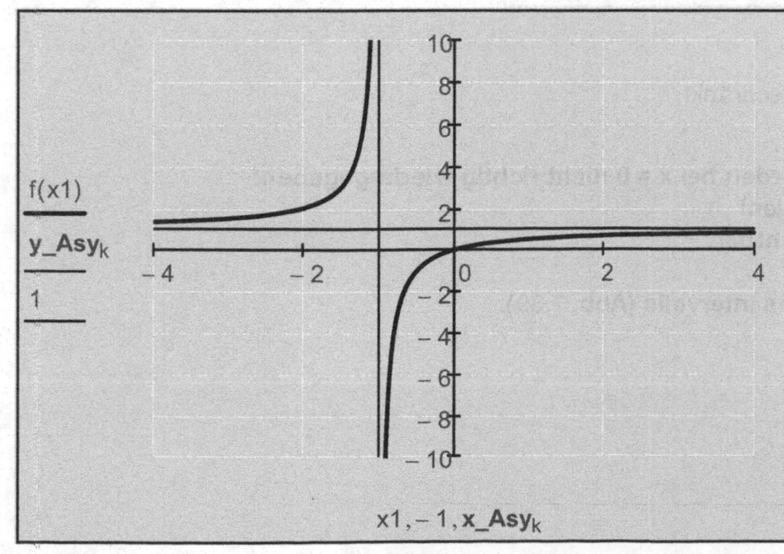

X-Y-Achsen:
Gitterlinien
Nummeriert
Automatische Skalierung
Anzahl der Gitterlinien y-Achse 10
Achsenstil:
Kreuz
Spuren:
Spur 1, Spur 2 und Spur 3
Typ Linien
Beschriftungen:
Keine

Die x-Achse bzw. y-Achse wird hier durch x_{min} und x_{max} bzw. y_{min} und y_{max} begrenzt.

Abb. 7.37

Beispiel 7.9:

Stückweise stetige Funktion:

$\text{sgn}(x) := \text{wenn}\left(x = 0, 0, \frac{x}{|x|}\right)$ Signumfunktion (vergleichen Sie die vordefinierte Funktion sign(x))

$$\text{sgn1}(x) := \begin{vmatrix} 1 \text{ if } x > 0 \\ -1 \text{ if } x < 0 \\ 0 \text{ otherwise} \end{vmatrix}$$

C-Unterprogramm (siehe Kapitel 18)

$x_1 := -1, -0.5 .. 1$ Bereichsvariable

$x_1 =$

	0
0	-1
1	-0.5
2	0
3	0.5
4	1

$\text{sgn}(x_1) =$

	0
0	-1
1	-1
2	0
3	1
4	1

$\text{sgn}(x_1) =$

	0
0	-1
1	-1
2	0
3	1
4	1

$\text{sign}(x_1) =$

	0
0	-1
1	-1
2	0
3	1
4	1

$x := -4, -4 + 0.01 .. 4$ Bereichsvariable

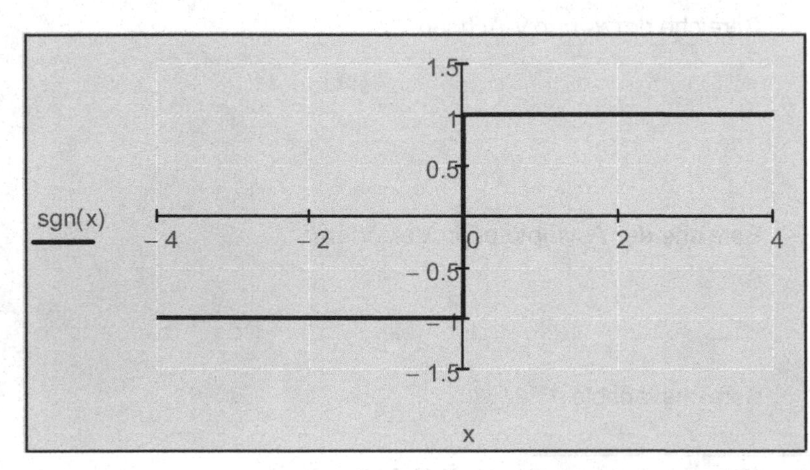

X-Y-Achsen:
Gitterlinien
Nummeriert
Automatische Skalierung
Automatische Gitterweite
Anzahl der Gitterlinien: 6
Achsenstil:
Kreuz
Spuren:
Spur 1
Typ Linien
Beschriftungen:
Keine

Abb. 7.38

Die y-Achse wird hier durch -1.5 und 1.5 beschränkt.

Die genauen Verhältnisse (Abb. 7.38) werden bei x = 0 nicht richtig wiedergegeben!
Daher Format Spuren auf Punkte umstellen!
Der Punkt bei x = 0 ist trotzdem nicht sichtbar.

Abhilfe: z. B. gleichmäßige Aufteilung des Intervalls (Abb. 7.39).

$x_1 := -1, -1 + \frac{2}{32} .. 1$ Bereichsvariable

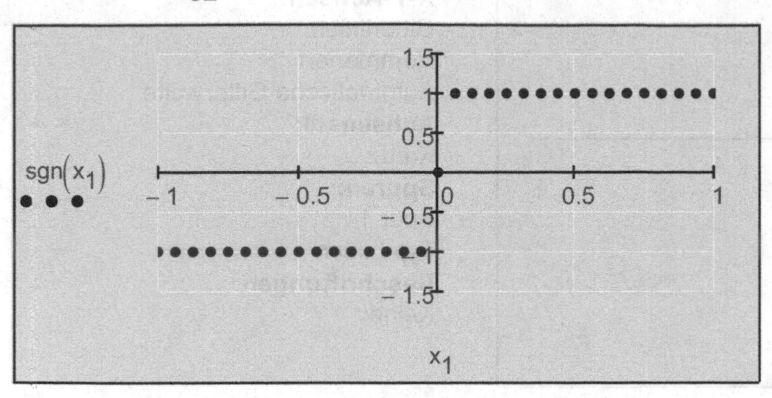

Abb. 7.39

X-Y-Achsen:
Gitterlinien
Nummeriert
Automatische Skalierung
Automatische Gitterweite
Anzahl der Gitterlinien: 6
Achsenstil:
Kreuz
Spuren:
Spur 1
Symbolstärke 3, Typ Punkte
Beschriftungen:
Keine

Die y-Achse wird hier durch -1.5 und 1.5 beschränkt.

Beispiel 7.10:

Ausblenden von Funktionsteilen mithilfe der Heaviside-Funktion Φ(x):

$t_1 := -2 \qquad t_2 := 4$ Intervallrandwerte von $[t_1, t_2]$

$\Delta t := \frac{t_2 - t_1}{100}$ Schrittweite

$t := t_1, t_1 + \Delta t .. t_2$ Bereichsvariable

$f(t) := 1 - e^{-t}$ explizite Funktionsgleichungen

$f1(t) := (1 - \exp(-t)) \cdot \Phi(t)$

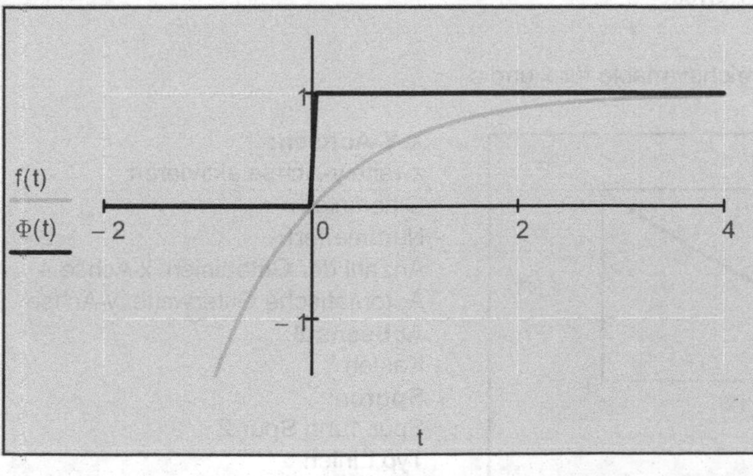

Abb. 7.40

X-Y-Achsen:
Gitterlinien
Nummeriert
Automatische Gitterweite
Achsenstil:
Kreuz
Spuren:
Spur 1 und Spur 2
Typ Linien (**entspricht hier nicht der Realität**)
Beschriftungen:
Keine

Die t-Achse und die f(t)-Achse wird hier durch -2 und 4 bzw. durch -1.5 und 1.5 beschränkt.

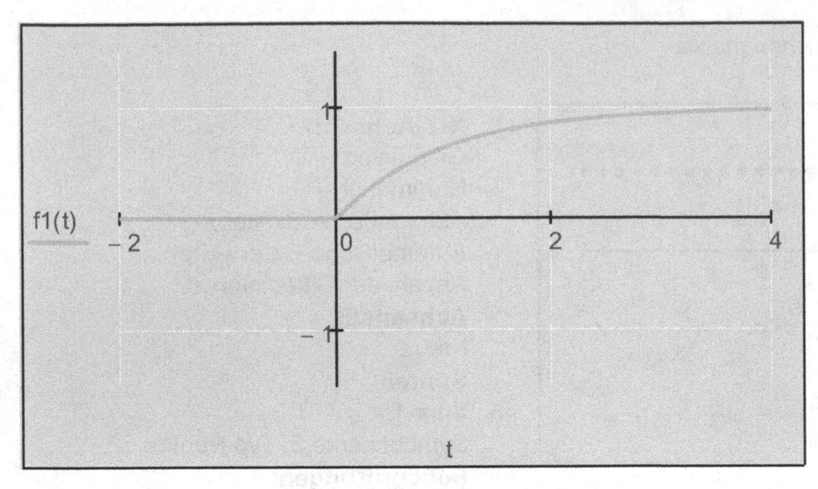

X-Y-Achsen:
Gitterlinien
Nummeriert
Automatische Gitterweite
Achsenstil:
Kreuz
Spuren:
Spur 1
Typ Linien
Beschriftungen:
Keine

Abb. 7.41

Die t-Achse und die f(t)-Achse wird hier durch -2 und 4 bzw. durch -1.5 und 1.5 beschränkt.

Beispiel 7.11:

Explizite Funktionsdarstellung:

$f(x) := x^2$ Funktion

$f_u(x) := \sqrt{x}$ Umkehrfunktion

$f1(x, c) := x^2 - c$ Funktion mit Parameter

$a := 0 \qquad b := 2$ linkes und rechtes Intervallende von [a, b]

$n := 50$ Anzahl der Intervallschritte

$\Delta x := \frac{b - a}{n}$ Schrittweite

$x := a, a + \Delta x .. b \qquad c := 0 .. 5$ Bereichsvariable für x und c

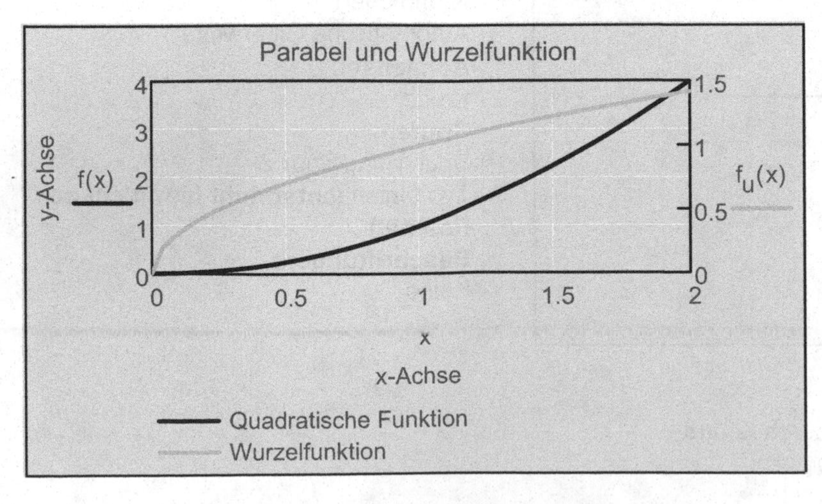

X-Y-Achsen:
zweite y-Achse aktivieren
Gitterlinien
Nummeriert
Anzahl der Gitterlinien: x-Achse 4
Automatische Gitterweite: y-Achse
Achsenstil:
Kasten
Spuren:
Spur 1und Spur 2
Typ Linien
Legende unten einblenden
Beschriftungen:
Titel oben, x- und y-Achse

Abb. 7.42

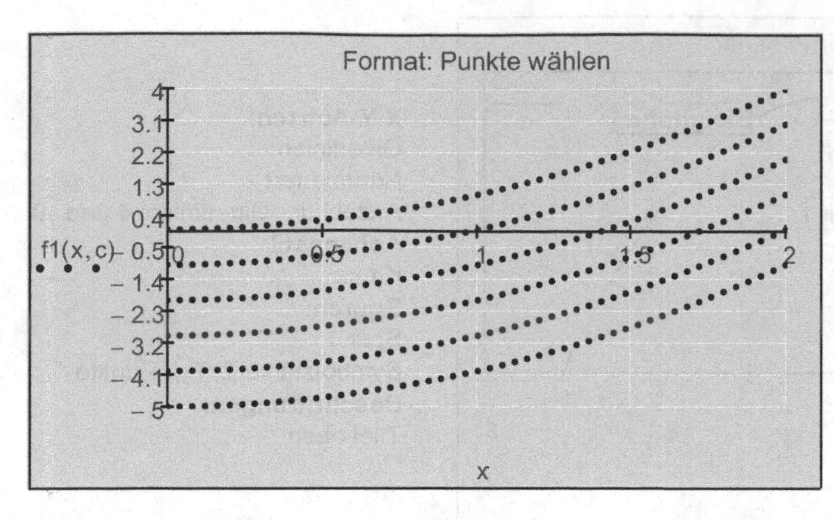

X-Y-Achsen:
Gitterlinien
Nummeriert
Anzahl der Gitterlinien: 4 und 10
Achsenstil:
Kreuz
Spuren:
Spur 1
Symbolstärke 2, Typ Punkte
Beschriftungen:
Titel oben

Abb. 7.43

Beispiel 7.12:

Angewandte Funktionen mit Einheiten. Senkrechter Wurf nach oben ohne Luftwiderstand.

$v_0 := 30\,\frac{m}{s}$ Anfangsgeschwindigkeit

$s_1(t) := v_0 \cdot t - \frac{g}{2} \cdot t^2$ $g = 9.807\,\frac{m}{s^2}$ Funktionsdefinition (**g ist in Mathcad bereits vordefiniert**)

$t_s := \frac{v_0}{g}$ $t_s = 3.059\,s$ Steigzeit

$s_{max} := \frac{v_0^{\,2}}{2 \cdot g}$ $s_{max} = 45.887\,m$ maximale Steighöhe

$t_1 := 0 \cdot s$ Anfangszeitpunkt

$t_2 := 2 \cdot t_s$ Endzeitpunkt

$n := 100$ Anzahl der Schritte

$\Delta t := \frac{t_2 - t_1}{n}$ Schrittweite

$t := t_1, t_1 + \Delta t .. t_2$ Bereichsvariable für die Zeit

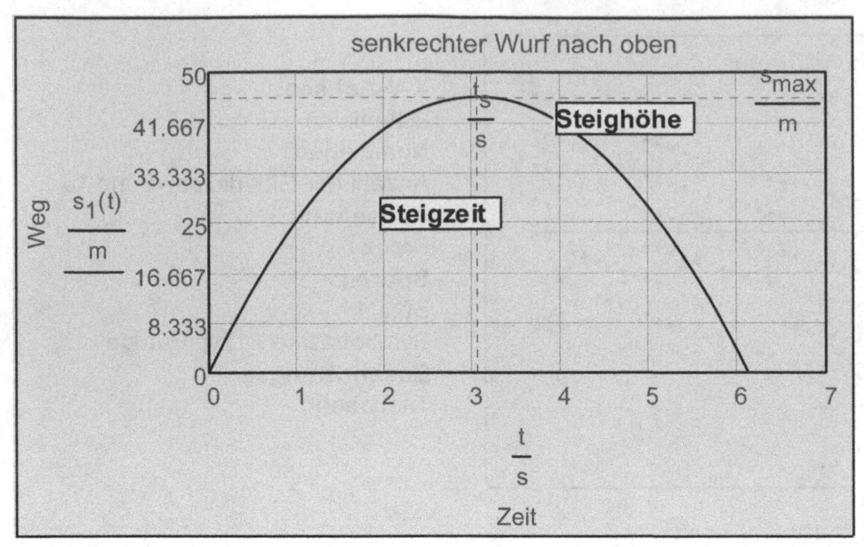

X-Y-Achsen:
Gitterlinien
Nummeriert
Anzahl der Gitterlinien: 4 und 10
Achsenstil:
Kreuz
Spuren:
Spur 1
Symbolstärke 2, Typ Punkte
Beschriftungen:
Titel oben

Abb. 7.44

Die t-Achse wird hier durch 0 und 7 beschränkt.

Die Größen werden hier durch Division der Einheiten einheitenfrei gemacht. Dies ist insbesondere bei der Darstellung von mehreren Funktionen mit verschiedenen Einheiten in einem Koordinatensystem notwendig und entspricht auch der gängigen Norm.
Es können bis zu 16 Funktionen in einem Koordinatensystem dargestellt werden.

Objekte, wie **Texte (Abb. 7.44)**, **Rechenbereiche** und **Grafiken**, können mit **Drag & Drop auf eine Mathcad-Grafik** gezogen werden. Damit können auf der Grafik zusätzliche Hinweise angebracht werden.

Beispiel 7.13:

Gedämpfte Schwingung:

Für ein gedämpftes schwingungsfähiges System mit der Amplitude A_0 = 10 cm bei t = 0 s, einer Eigenfrequenz $\omega_0 = 2\,\pi\ s^{-1}$ und einem Dämpfungsfaktor δ soll die Schwingfrequenz $\omega = (\omega_0{}^2 - \delta^2)^{1/2}$, die Periodendauer T und das Amplitudenverhältnis $s(i+1) / s(i) = e^{-2\,\pi\,\delta / \omega}$ berechnet werden. Gesucht ist auch das s-t-Diagramm im Zeitbereich zwischen 0 s und 5 s.
Die Funktionsgleichung lautet: $s = A_0\ e^{-\delta\,t}\ (\cos(\omega t) + \delta / \omega\ \sin(\omega t))$.

$A_0 := 10 \cdot cm$ Amplitude bei t = 0 s

$\omega_0 := 2 \cdot \pi \cdot s^{-1}$ $\quad \omega_0{}^2 = 39.478 \frac{1}{s^2}$ Kreisfrequenz der ungedämpften Schwingung (Eigenkreisfrequenz)

Dämpfungsfaktor:

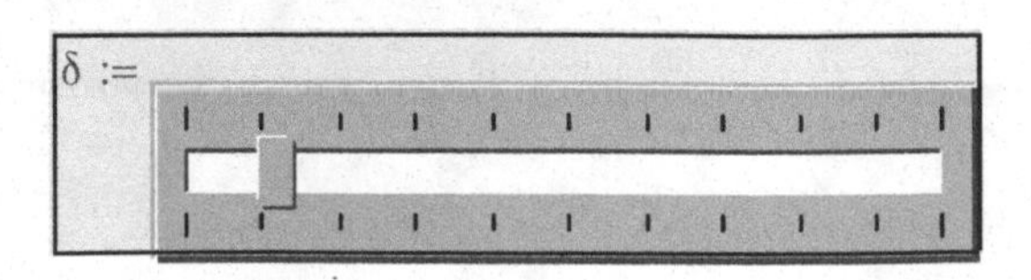

Mit rechter Maustaste auf das Objekt klicken:
Mathsoft Slider Control-Objekt
Eigenschaften:
Minimum -1, Maximum 50
Teilstrichfähigkeit 5
Siehe dazu Kapitel 19.

$\delta := \delta \cdot s^{-1}$ $\quad \delta = 0.7 \cdot s^{-1}$

Skript bearbeiten:

```
Sub SliderEvent_Start()
 Rem TODO: Add your code here
End Sub

Sub SliderEvent_Exec(Inputs,Outputs)
 Outputs(0).Value = Slider.Position/10
End Sub

Sub SliderEvent_Stop()
 Rem TODO: Add your code here
 MsgBox "Sie haben den Wert " & slider.position/10 & "ausgewählt", vbInformation, "Dämpfungsfaktor"
End Sub

Sub Slider_ValueChanged()
 Slider.Recalculate()
End Sub
```

Wählen wir mit dem Schieberegler einen Wert aus, so erscheint das hier abgebildete Dialogfenster:

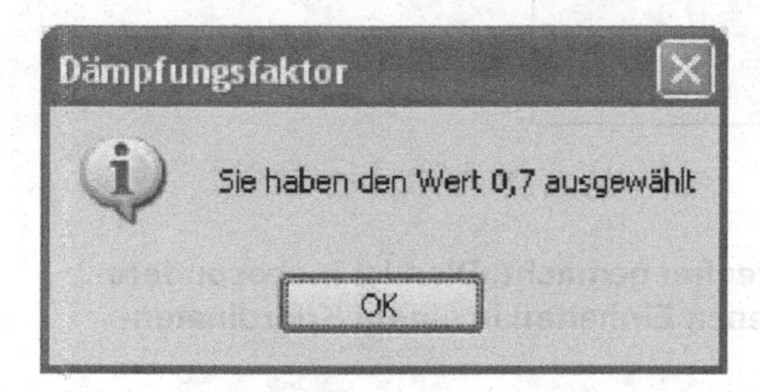

Abb. 7.45

$\omega := \sqrt{\omega_0^2 - \delta^2}$ $\omega = 6.244 \cdot s^{-1}$ Kreisfrequenz der gedämpften Schwingung

$T := \frac{2 \cdot \pi}{\omega}$ $T = 1.006\, s$ Schwingungsdauer der gedämpften Schwingung

$\exp(-\delta \cdot T) = 0.4944$ $e^{-\delta \cdot T} = 0.4944$ Amplitudenverhältnis wegen $\frac{A_0 \cdot e^{-\delta \cdot T}}{A_0 \cdot e^{-\delta \cdot 0}}$

$t := 0 \cdot s, 0.001 \cdot s .. 5 \cdot s$ Zeitbereich

$s_g(t) := A_0 \cdot \exp(-\delta \cdot t) \cdot \left(\cos(\omega \cdot t) + \frac{\delta}{\omega} \cdot \sin(\omega \cdot t)\right)$ Schwingungsgleichung

$s_o(t) := A_0 \cdot \exp(-\delta \cdot t)$

$s_u(t) := -A_0 \cdot \exp(-\delta \cdot t)$

obere und untere einhüllende zeitabhängige Amplitude

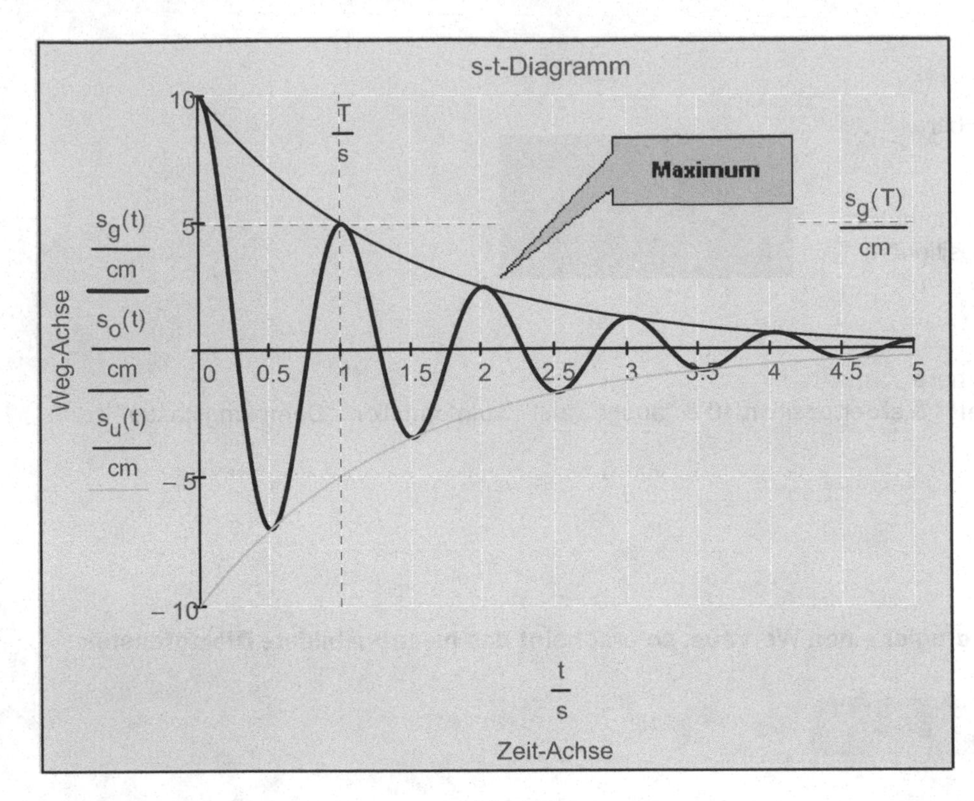

X-Y-Achsen:
Gitterlinien
Nummeriert
Anzahl der Gitterlinien:
10 und 4
Achsenstil:
Kreuz
Spuren:
Spur 1
Typ Linien
Beschriftungen:
Titel oben, x- und y-Achse

Abb. 7.46

Die Größen werden hier durch Division der Einheiten einheitenfrei gemacht. Dies ist insbesondere bei der Darstellung von mehreren Funktionen mit verschiedenen Einheiten in einem Koordinaten-system notwendig!
Es können bis zu 16 Funktionen in einem Koordinatensystem dargestellt werden.

Objekte, wie **Texte**, **Rechenbereiche** und **Grafiken (Abb. 7.46)**, können mit **Drag & Drop auf eine Mathcad-Grafik** gezogen werden. Damit können auf der Grafik zusätzliche Hinweise angebracht werden.

Beispiel 7.14:

Ladekurve $u_L(t) = U_e\ (1 - e^{-t/\tau})$ und Entladekurve $u_E(t) = U_e\ e^{-t/\tau}$ des Kondensators im Zeitbereich von 0 s bis 5 τ :

$R := 5 \cdot k\Omega$ — Ohm'scher Widerstand

$C := 1 \cdot \mu F$ — Kapazität des Kondensators

$\tau := R \cdot C \qquad \tau = 5 \cdot ms$ — Zeitkonstante

$U_e := 1 \cdot V$ — Effektivwert der Spannung

$n := 500$ — Anzahl der Schritte

$\Delta t := \frac{5 \cdot \tau}{n} \qquad \Delta t = 5 \times 10^{-5} s$ — Schrittweite

$t := 0 \cdot s, 0 \cdot s + \Delta t .. 5 \cdot \tau$ — Zeitbereich für die Kurven

$u_L(t) := U_e \cdot \left(1 - e^{-\frac{t}{\tau}}\right)$ Ladekurve des Kondensators

$u_E(t) := U_e \cdot e^{-\frac{t}{\tau}}$ Entladekurve des Kondensators

$t_0 := 0 \cdot s + \frac{FRAME}{10000} \cdot s \quad t_0 = 0$ Stelle t_0 (für die Tangente) mit **FRAME von 0 bis 100 (siehe Abschnitt 7.6)**

$k(t) := \frac{d}{dt} u_L(t)$ Steigungen der Tangenten

$T1(t, t_0) := k(t_0) \cdot (t - t_0) + u_L(t_0)$ Tangentengleichung (Anlauftangente; $y - y_1 = k \cdot (x - x_1)$)

$t_1 := 0 \cdot s, 0.001 \cdot s .. 5 \cdot \tau$ Zeitbereich für die Tangente

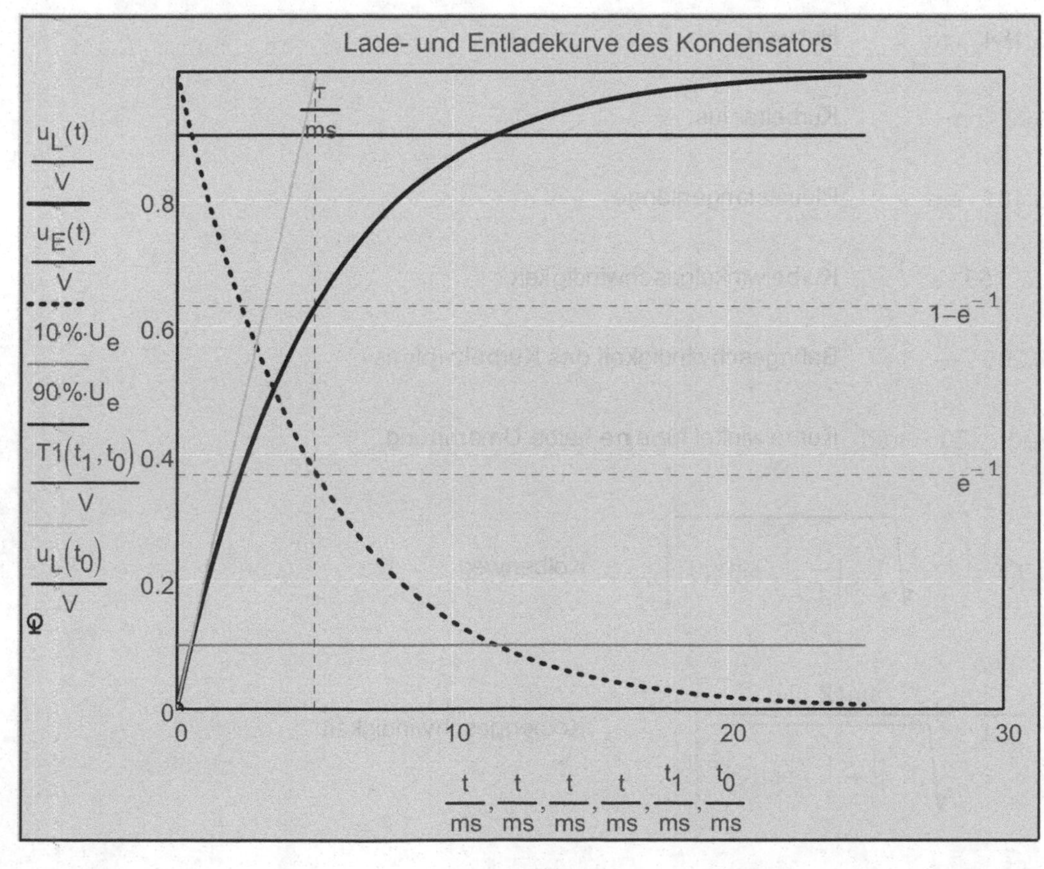

X-Y-Achsen:
Gitterlinien
Nummeriert
Automatische Skalierung
Markierung anzeigen: τ/ms, e^{-1}, $1-e^{-1}$
Automatische Gitterweite
Achsenstil:
Kasten
Spuren:
Spur 1 bis Spur 5
Typ Linien
Spur 6
Symbol Kreis, Typ Stamm
Beschriftungen:
Titel oben

Abb. 7.47

Die y-Achse wird hier durch 0 und 1 beschränkt.

Beispiel 7.15:

Kurbeltrieb. Grafische Darstellung der Beschleunigung und der Geschwindigkeit in Abhängigkeit des Kurbelwinkels.

$V_h := 11900 \cdot cm^3$ Hubvolumen

$z := 8$ Anzahl der Zylinder

$n := 8000 \cdot s^{-1}$ Kurbeldrehzahl

$V_1 := \frac{V_h}{z}$ $V_1 = 1487.5 \cdot cm^3$ Hubvolumen für einen Zylinder

$d := \sqrt[3]{\frac{V_1 \cdot 4}{1.1 \cdot \pi}}$ $d = 11.986 \cdot cm$ Kurbeldurchmesser

$h := d \cdot 1.1$ $h = 13.184 \cdot cm$ Hubweg

$r := \frac{d}{2}$ $r = 5.993 \cdot cm$ Kurbelradius

$L := 2.2 \cdot r$ $L = 13.184 \cdot cm$ Pleuelstangenlänge

$\omega := \frac{n \cdot \pi}{30}$ $\omega = 837.758 \cdot s^{-1}$ Kurbelwinkelgeschwindigkeit

$u := r \cdot \omega$ $u = 50.205 \cdot \frac{m}{s}$ Bahngeschwindigkeit des Kurbelzapfens

$\varphi := 0 \cdot Grad, 0.01 \cdot Grad .. 180 \cdot Grad$ Kurbelwinkel für eine halbe Umdrehung

$$x(\varphi) := r \cdot (1 - \cos(\varphi)) + L \cdot \left[1 - \sqrt{1 - \left(\frac{r}{L}\right)^2 \cdot \sin(\varphi)^2}\right]$$ Kolbenweg

$$v(\varphi) := \omega \cdot r \cdot \left[\sin(\varphi) + \frac{r}{2 \cdot L} \cdot \frac{\sin(2 \cdot \varphi)}{\sqrt{1 - \left(\frac{r}{L}\right)^2 \cdot \sin(\varphi)^2}}\right]$$ Kolbengeschwindigkeit

$$a(\varphi) := \left[\frac{2 \cdot \cos(2 \cdot \varphi) \cdot \left[1 - \left(\frac{r}{L}\right)^2 \cdot \sin(\varphi)^2\right] + \frac{\sin(2 \cdot \varphi)^2}{2} \cdot \left(\frac{r}{L}\right)^2}{\left[1 - \left(\frac{r}{L}\right)^2 \cdot \sin(\varphi)^2\right]^{\frac{3}{2}}} \cdot \frac{r}{2 \cdot L} + \cos(\varphi)\right] \cdot r \cdot \omega^2$$ Kolbenbeschleunigung

Verlauf von v(φ) und a(φ) bei einer halben Umdrehung:

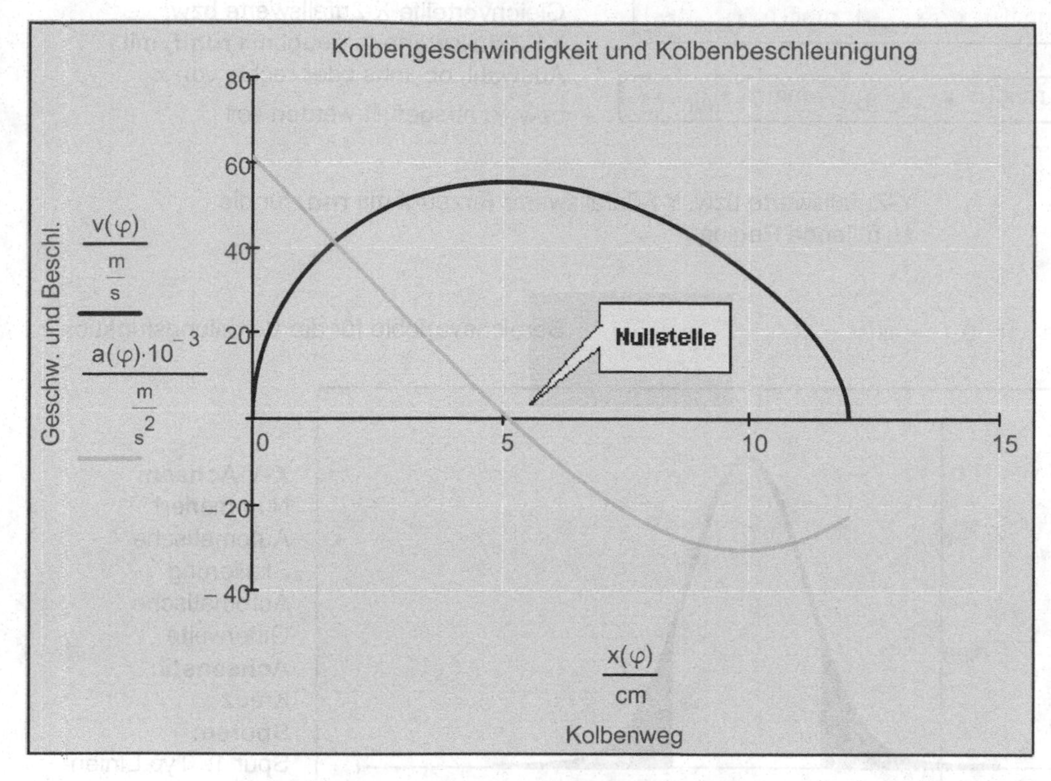

X-Y-Achsen:
Gitterlinien
Nummeriert
Automatische Skalierung
Automatische Gitterweite
Achsenstil:
Kreuz
Spuren:
Spur 1 und Spur 2
Typ Linien
Beschriftungen:
Titel oben, x- und y-Achse

Abb. 7.48

Objekte, wie **Texte**, **Rechenbereiche** und **Grafiken (Abb. 7.48)**, können mit **Drag & Drop auf eine Mathcad-Grafik** gezogen werden. Damit können auf der Grafik zusätzliche Hinweise angebracht werden.

Beispiel 7.16:

Flächenfüllungen am Beispiel einer Normalverteilung:

$n := 30000$ Anzahl der Punkte, die eine Region füllen sollen

$\mu := 10 \quad \sigma := 3$ Mittelwert und Standardabweichung

$x_0 := \mu - 4$

Begrenzungsstellen der kritischen Region

$x_1 := \mu + 4$

$Rx_0 :=$ "L"

Richtung von x_0 bzw. x1, welche die Region beschreibt (R für rechts von x_0 bzw. x_1, L für links von x_0 bzw. x_1), die ausgefüllt werden soll.

$Rx_1 :=$ "R"

$x_{min} := \text{qnorm}(0.00001, \mu, \sigma)$ $x_{min} = -2.795$

Bereich für die Verteilungsfunktion

$x_{max} := \text{qnorm}(0.99999, \mu, \sigma)$ $x_{max} = 22.795$

$f(x) := \text{dnorm}(x, \mu, \sigma)$ Normalverteilung (nach Gauß)

$i := 0..n-1$ Bereichsvariable

$\mathbf{X} := \text{wenn}(Rx_0 = \text{"R"}, \text{runif}(n, x_0, x_{max}), \text{runif}(n, x_{min}, x_0))$

$\mathbf{X1} := \text{wenn}(Rx_1 = \text{"R"}, \text{runif}(n, x_1, x_{max}), \text{runif}(n, x_{min}, x_1))$

Gleichverteilte X-Zufallswerte bzw. X1-Zufallswerte (erzeugt mit **runif**) mit Auswahl, ob links oder rechts von x_0 bzw. x_1 ausgefüllt werden soll.

$\mathbf{Y}_i := \text{rnd}(f(\mathbf{X}_i))$

$\mathbf{Y1}_i := \text{rnd}(f(\mathbf{X1}_i))$

Y-Zufallswerte bzw. Y1-Zufallswerte (erzeugt mit **rnd**) für die zu füllende Region.

$x := \text{floor}(x_{min}), \text{floor}(x_{min}) + 0.1 .. \text{ceil}(x_{max})$ Bereichsvariable für die Verteilungsfunktion

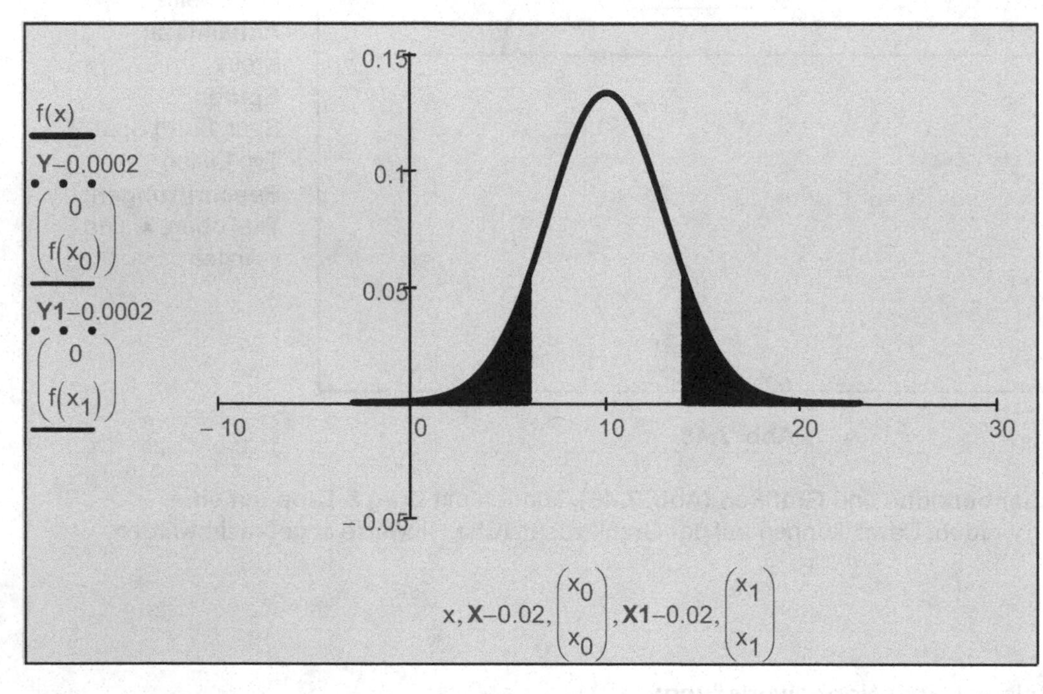

X-Y-Achsen:
Nummeriert
Automatische Skalierung
Automatische Gitterweite
Achsenstil:
Kreuz
Spuren:
Spur 1: Typ Linien
Spur 2: Typ Punkte
Spur 3: Typ Linien
Spur 4: Typ Punkte
Beschriftungen:
Keine

Abb. 7.49

Der oben in den Grafiken angegebene Korrekturfaktor dient einzig und alleine dafür, um keine Füllpunkte auf die Kurven zu zeichnen.

$\begin{pmatrix} x_0 \\ x_0 \end{pmatrix} = \begin{pmatrix} 6 \\ 6 \end{pmatrix}$ $\begin{pmatrix} 0 \\ f(x_0) \end{pmatrix} = \begin{pmatrix} 0 \\ 0.055 \end{pmatrix}$ Begrenzungspunkte für die senkrechte Gerade bei x_0

$\begin{pmatrix} 0 \\ f(x_0) \end{pmatrix}_0 = 0$ $\begin{pmatrix} 0 \\ f(x_0) \end{pmatrix}_1 = 0.055$

$\begin{pmatrix} x_1 \\ x_1 \end{pmatrix} = \begin{pmatrix} 14 \\ 14 \end{pmatrix}$ $\begin{pmatrix} 0 \\ f(x_1) \end{pmatrix} = \begin{pmatrix} 0 \\ 0.055 \end{pmatrix}$ Begrenzungspunkte für die senkrechte Gerade bei x_1

$\begin{pmatrix} 0 \\ f(x_1) \end{pmatrix}_0 = 0$ $\begin{pmatrix} 0 \\ f(x_1) \end{pmatrix}_1 = 0.055$

$Rx_0 := \text{"R"}$ Richtung von x_0, welche die Region beschreibt (R für rechts von x_0), die ausgefüllt werden soll.

$\mathbf{X} := \text{wenn}\left(Rx_0 = \text{"R"}, \text{runif}(n, x_0, x_{max}), \text{runif}(n, x_{min}, x_0)\right)$

Gleichverteilte X-Zufallswerte (erzeugt mit runif) mit Auswahl, ob links oder rechts von x_0 ausgefüllt werden soll.

$\mathbf{Y}_i := \text{rnd}(f(\mathbf{X}_i))$ Y-Zufallswerte (erzeugt mit **rnd**) für die zu füllende Region

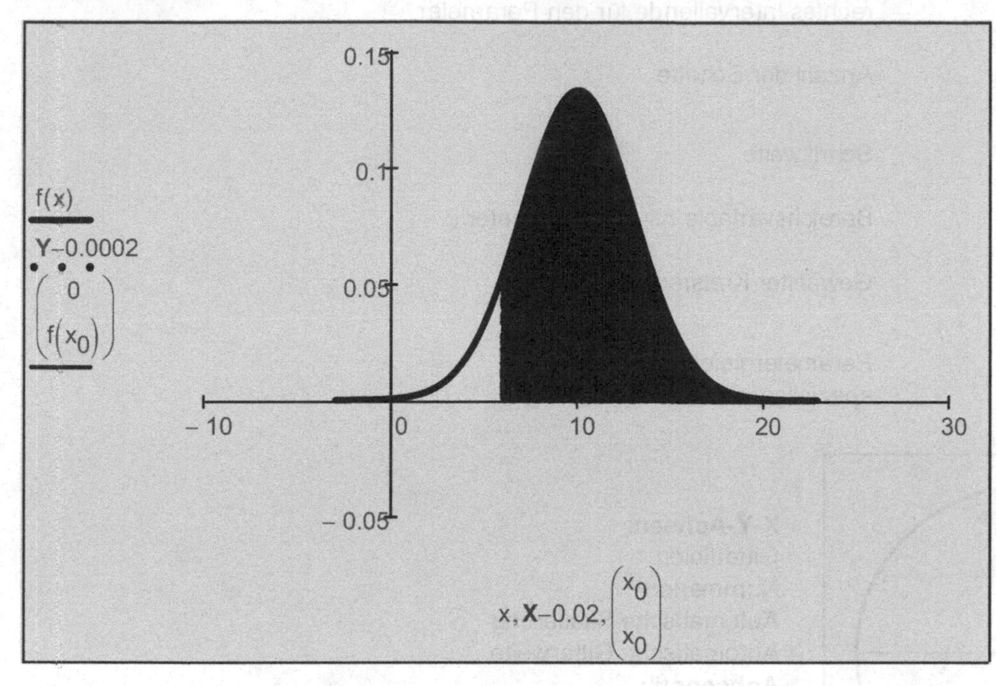

X-Y-Achsen:
Nummeriert
Automatische Skalierung
Automatische Gitterweite
Achsenstil:
Kreuz
Spuren:
Spur 1: Typ Linien
Spur 2: Typ Punkte
Spur 3: Typ Linien
Beschriftungen:
Keine

Abb. 7.50

Der oben in den Grafiken angegebene Korrekturfaktor dient einzig und alleine dafür, um keine Füllpunkte auf die Kurven zu zeichnen.

Um eine Fläche, wie in Abb. 7.50 gezeigt, zwischen x-Achse und einer Kurve zu füllen, könnten Sie einfacher auch wie folgt vorgehen:

1. **Die Funktion f(x) wird nochmals in Abhängigkeit eines neuen Bereichs im Diagramm dargestellt.**
2. **Im Formatierungsfenster wird dann im Registerblatt-Spuren der Typ auf "Säule" gestellt.**

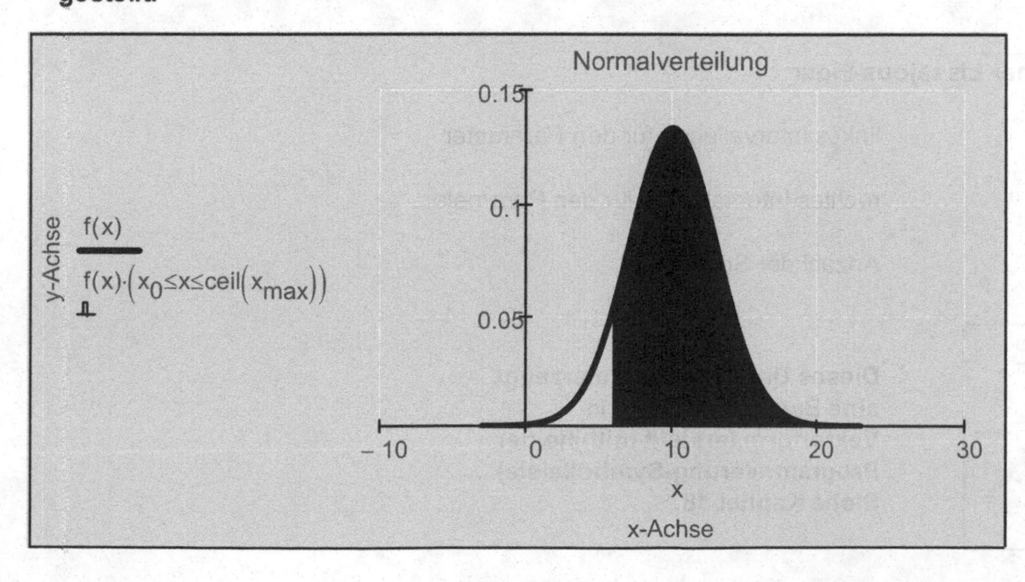

X-Y-Achsen:
Nummeriert
Automatische Skalierung
Automatische Gitterweite
Achsenstil:
Kreuz
Spuren:
Spur 1: Typ Linien
Spur 2: Säulen
Beschriftungen:
Titel oben
x- und y-Achse

Abb. 7.51

Beispiel 7.17:

Parameterdarstellung eines Kreises:

$\varphi_1 := 0$ linkes Intervallende für den Parameter

$\varphi_2 := 2 \cdot \pi$ rechtes Intervallende für den Parameter

$n := 300$ Anzahl der Schritte

$\Delta\varphi := \frac{\varphi_2 - \varphi_1}{n}$ Schrittweite

$\varphi := \varphi_1, \varphi_1 + \Delta\varphi .. \varphi_2$ Bereichsvariable für den Parameter φ

$r := 4$ Gewählter Kreisradius

$x(\varphi) := r \cdot \cos(\varphi)$

$y(\varphi) := r \cdot \sin(\varphi)$

Parametergleichungen eines speziellen Kreises in Hauptlage

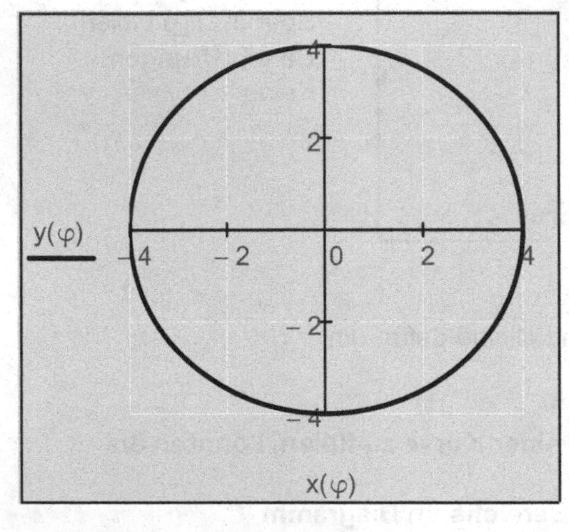

Abb. 7.52

X-Y-Achsen:
Gitterlinien
Nummeriert
Automatische Skalierung
Automatische Gitterweite
Achsenstil:
Kreuz
Spuren:
Spur 1: Typ Linien
Beschriftungen:
Keine

Beispiel 7.18:

Parameterdarstellung einer Lissajous-Figur:

$t_1 := 0$ linkes Intervallende für den Parameter

$t_2 := 2 \cdot \pi$ rechtes Intervallende für den Parameter

$n := 500$ Anzahl der Schritte

$$Lw(a, b, n) := \left| \begin{array}{l} h \leftarrow \frac{b - a}{n} \\ \text{for } i \in 0 .. n \\ \quad \mathbf{x}_i \leftarrow a + i \cdot h \\ \mathbf{x} \end{array} \right.$$

Dieses Unterprogramm erzeugt eine Bereichsvariable in Vektorform (erstellt mithilfe der Programmierung-Symbolleiste). Siehe Kapitel 18.

$\mathbf{t} := Lw(t_1, t_2, n)$ Bereichsvariable in Vektorform

oder

$i = 0 .. n$

$t_i = t_1 + \frac{i}{n} \cdot (t_2 - t_1)$ Bereichsvariable in Vektorform

$x(t) := \cos(3 \cdot t)$

Parametergleichungen einer Funktion (Lissajous-Figur)

$y(t) := \sin(2 \cdot t)$

$\mathbf{X}(t) := \begin{pmatrix} \cos(3 \cdot t) \\ \sin(2 \cdot t) \end{pmatrix}$ Darstellung der Funktion als Vektorfunktion

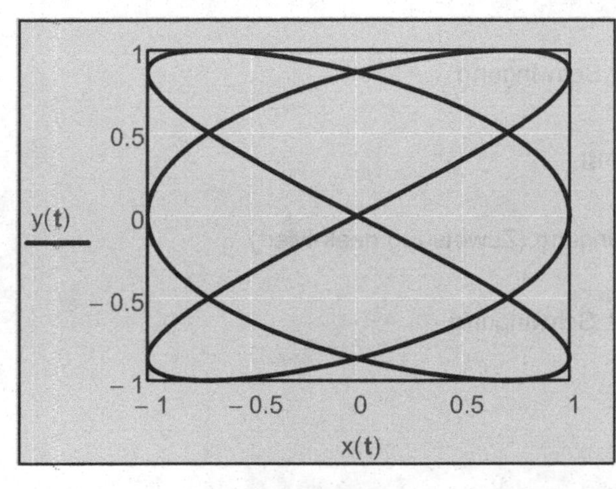

X-Y-Achsen:
Gitterlinien
Nummeriert
Automatische Skalierung
Automatische Gitterweite
Achsenstil:
Kasten
Spuren:
Spur 1: Typ Linien
Beschriftungen:
Keine

Abb. 7.53

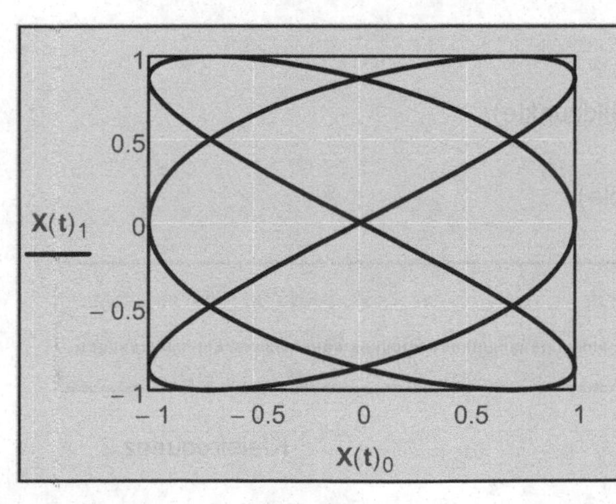

X-Y-Achsen:
Gitterlinien
Nummeriert
Automatische Skalierung
Automatische Gitterweite
Achsenstil:
Kasten
Spuren:
Spur 1: Typ Linien
Beschriftungen:
Keine

Abb. 7.54

Beispiel 7.19:

Lissajous-Figuren:

Schwingung in x-Richtung: Amplitude A_1 = 5 cm, Kreisfrequenz ω_1 = 4 s^{-1}, Phasenverschiebung $\varphi_1 = \pi/2$, $x = A_1 \cos(\omega_1 t + \varphi_1)$.

Schwingung in y-Richtung: Amplitude A_2 = 5 cm, Kreisfrequenz ω_2 = 4 s^{-1}, Phasenverschiebung $\varphi_2 = 0$, $y = A_2 \cos(\omega_2 t + \varphi_2)$.

$A_1 := 5 \cdot cm$ Amplitude der 1. Schwingung

$\omega_1 := 4 \cdot s^{-1}$ Kreisfrequenz der 1. Schwingung (Zuweisung deaktiviert)

$\varphi_1 := \frac{\pi}{2}$ Phasenverschiebung der 1.Schwingung

$A_2 := 5 \cdot cm$ Amplitude der 2. Schwingung

$\omega_2 := 4 \cdot s^{-1}$ Kreisfrequenz der 2. Schwingung (Zuweisung deaktiviert)

$\varphi_2 := 0$ Phasenverschiebung der 2. Schwingung

$t_1 := 0 \cdot s$ linkes Intervallende

$t_2 := 5 \cdot s$ rechtes Intervallende

$n := 800$ Anzahl der Schritte

$\Delta t := \frac{t_2 - t_1}{n}$ Schrittweite (Abstand der Bildpunkte)

$t := t_1, t_1 + \Delta t .. t_2$ Zeitbereich (Bereichsvariable)

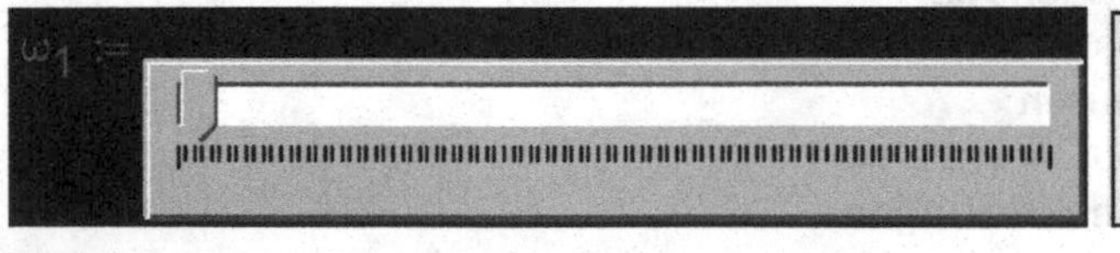

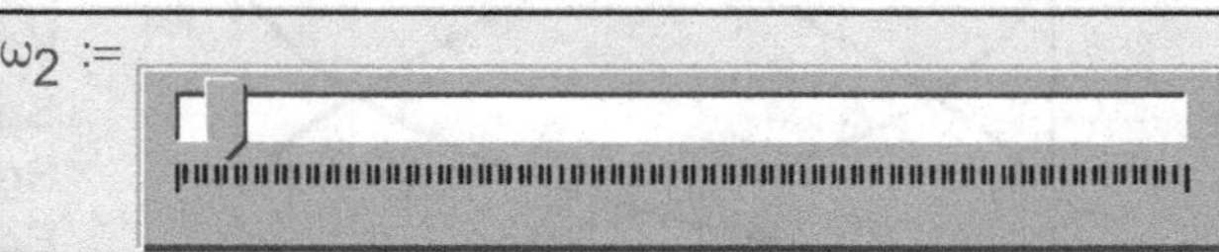

$\omega_1 := \omega_1 \cdot s^{-1}$ $\omega_1 = 25 \cdot s^{-1}$ Kreisfrequenz 1 $\omega_2 := \omega_2 \cdot s^{-1}$ $\omega_2 = 51 \cdot s^{-1}$ Kreisfrequenz 2

Mit rechter Maustaste auf das Objekt klicken:
Mathsoft Slider Control-Objekt
Eigenschaften:
Minimum 0, Maximum 1000
Teilstrichfähigkeit 10
Siehe dazu Kapitel 19.

$x(t) := A_1 \cdot \cos(\omega_1 \cdot t + \varphi_1)$ Schwingung in x-Richtung

Parametergleichungen einer Funktion

$y(t) := A_2 \cdot \cos(\omega_2 \cdot t + \varphi_2)$ Schwingung in y-Richtung

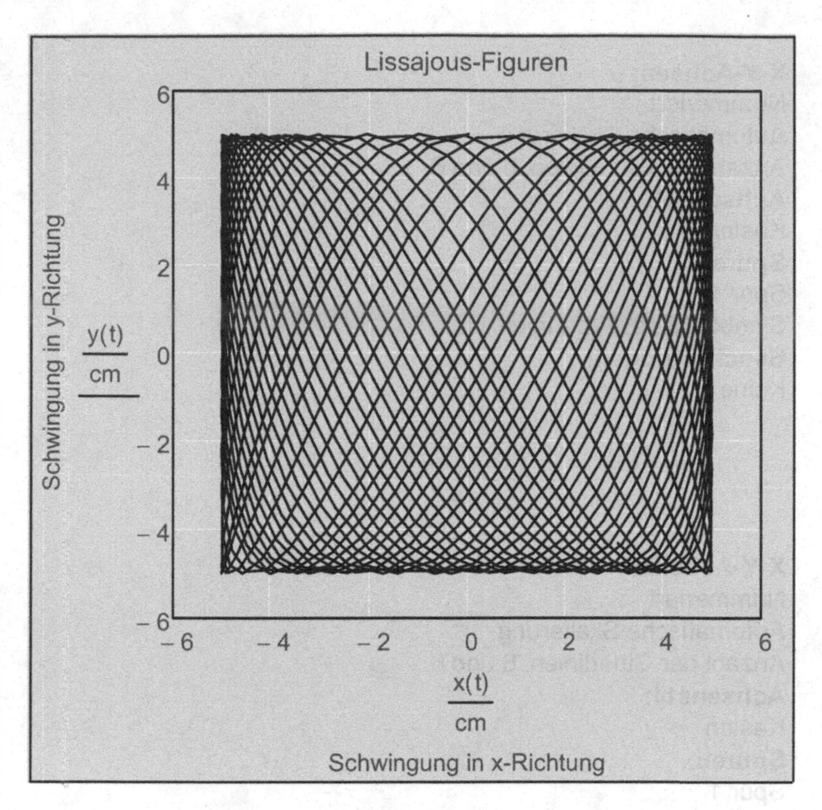

X-Y-Achsen:
Gitterlinien
Nummeriert
Automatische Skalierung
Anzahl der Gitterlinien: 6 und 6
Achsenstil:
Kasten
Spuren:
Spur 1: Typ Linien
Beschriftungen:
Titel oben, x- und y-Achse

Abb. 7.55

Beispiel 7.20:

Darstellung von Vektordaten:

$f(x) := x^3$ Funktionsdefinition

$a := 0$ linkes Intervallende

$b := 10$ rechtes Intervallende

$n := 20$ Anzahl der Schritte

$i := 0 .. n$ Bereichsvariable für die Vektorindices

$h := \frac{b - a}{n}$ Schrittweite (Abstand zwischen den Argumentwerten)

$\mathbf{x}_i := a + i \cdot h$ Vektor der Argumentwerte

$\mathbf{y}_i := f(\mathbf{x}_i)$ Vektor der Funktionswerte

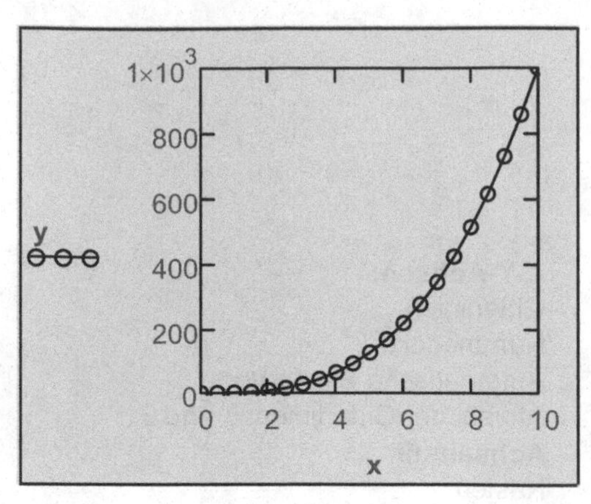

Abb. 7.56

X-Y-Achsen:
Nummeriert
Automatische Skalierung
Anzahl der Gitterlinien: 6 und 6
Achsenstil:
Kasten
Spuren:
Spur 1
Symbol Kreis, Typ Linien
Beschriftungen:
Keine

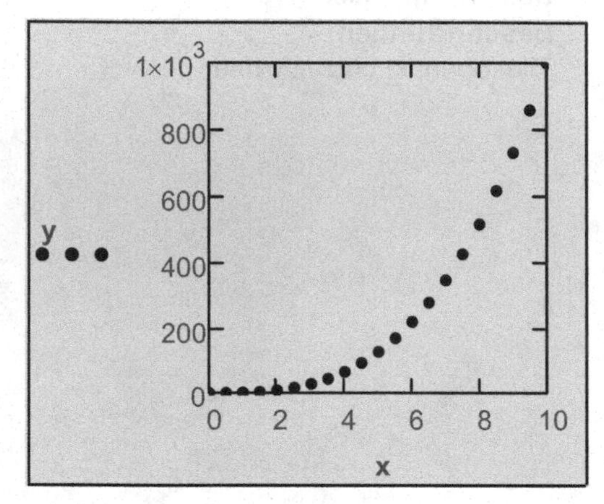

Abb. 7.57

X-Y-Achsen:
Nummeriert
Automatische Skalierung
Anzahl der Gitterlinien: 6 und 6
Achsenstil:
Kasten
Spuren:
Spur 1
Symbolstärke 3, Typ Punkte
Beschriftungen:
Keine

Beispiel 7.21:

Reguläres Polygon mit n Seiten:

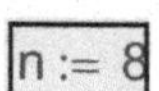

Seitenanzahl

$k := 0 .. n$ Bereichsvariable

$$\mathbf{x1}_k := \mathrm{Re}\left(e^{\frac{2\cdot\pi\cdot k\cdot j}{n}}\right)$$

Eckpunkte (Koordinaten aus Real- und Imaginärteil)

$$\mathbf{y1}_k := \mathrm{Im}\left(e^{\frac{2\cdot\pi\cdot k\cdot j}{n}}\right)$$

$$\mathbf{P} := \text{stapeln}\left(\mathbf{x1}^T, \mathbf{y1}^T\right) \qquad \mathbf{P}^T = \begin{pmatrix} 1 & 0 \\ 0.707 & 0.707 \\ 0 & 1 \\ -0.707 & 0.707 \\ -1 & 0 \\ -0.707 & -0.707 \\ 0 & -1 \\ 0.707 & -0.707 \\ 1 & 0 \end{pmatrix}$$

Koordinaten der Eckpunkte

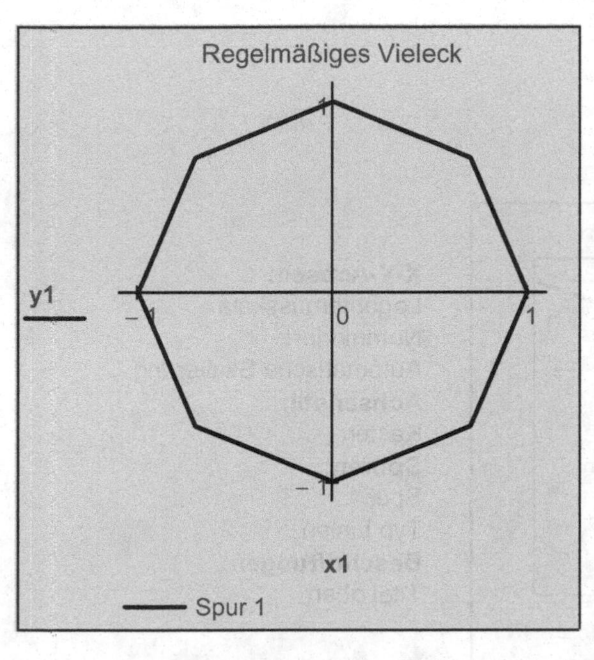

X-Y-Achsen:
Nummeriert
Automatische Skalierung
Anzahl der Gitterlinien: 6 und 6
Achsenstil:
Kasten
Spuren:
Spur 1
Symbolstärke 3, Typ Punkte
Beschriftungen:
Keine

Abb. 7.58

Die x- und y-Achse wird hier durch -1.1 und 1.1 beschränkt.

7.2 Logarithmisches Koordinatensystem

Beispiel 7.22:

Doppelt-logarithmisches Papier oder Potenzpapier. Die x-Achse und die y-Achse werden logarithmiert, die Potenzfunktion y = a * x ^{n} wird zur Geraden.

$f(x) := 2 \cdot \sqrt{x}$ Funktionsdefinition

$a := 0.1$ linkes Intervallende

$b := 1000$ rechtes Intervallende

$n := 200$ Anzahl der Schritte

$\Delta x := \frac{b - a}{n}$ Schrittweite

$x := a, a + \Delta x .. b$ Bereichsvariable x

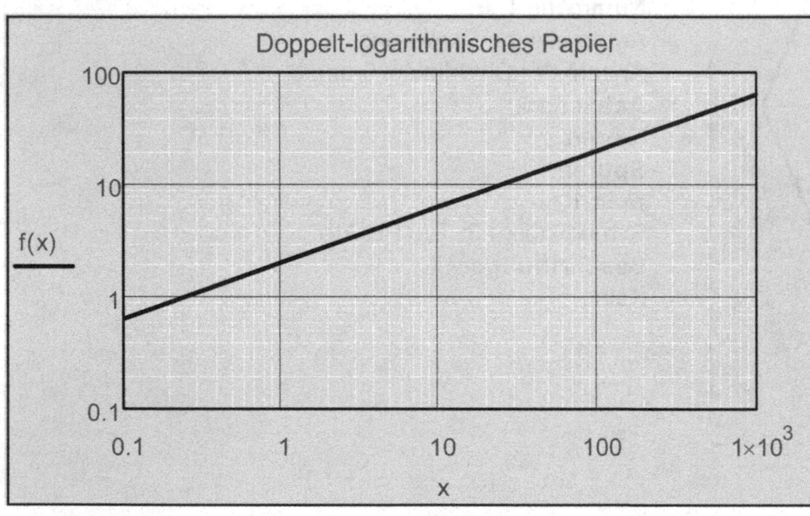

X-Y-Achsen:
Logarithmusskala
Nummeriert
Automatische Skalierung
Achsenstil:
Kasten
Spuren:
Spur 1
Typ Linien
Beschriftungen:
Titel oben

Abb. 7.59

Punkte in logarithmischen Abständen können mit der Funktion **logspace(min, max, Punkteanzahl)** erzeugt werden. Siehe dazu auch die Funktion **logpts(Min_Exponent, Dekaden, Punkte_pro_Dekade)**.

$\mathbf{x} := \text{logspace}(0.1, 1000, 50)$ $\mathbf{x} =$

	0
0	0.1
1	0.121
2	0.146
3	0.176
4	0.212
5	0.256
6	0.309
7	0.373
8	0.45
9	0.543
10	0.655
11	0.791
12	...

Oder eine Zusammensetzung von zwei Anteilen mit unterschiedlicher Punkteanzahl:

x1 := stapeln(logspace(0.1 , 1 , 5) , logspace(1 , 1000 , 50))

x1 =

	0
0	0.1
1	0.178
2	0.316
3	0.562
4	1
5	1
6	1.151
7	1.326
8	1.526
9	1.758
10	2.024
11	2.33
12	...

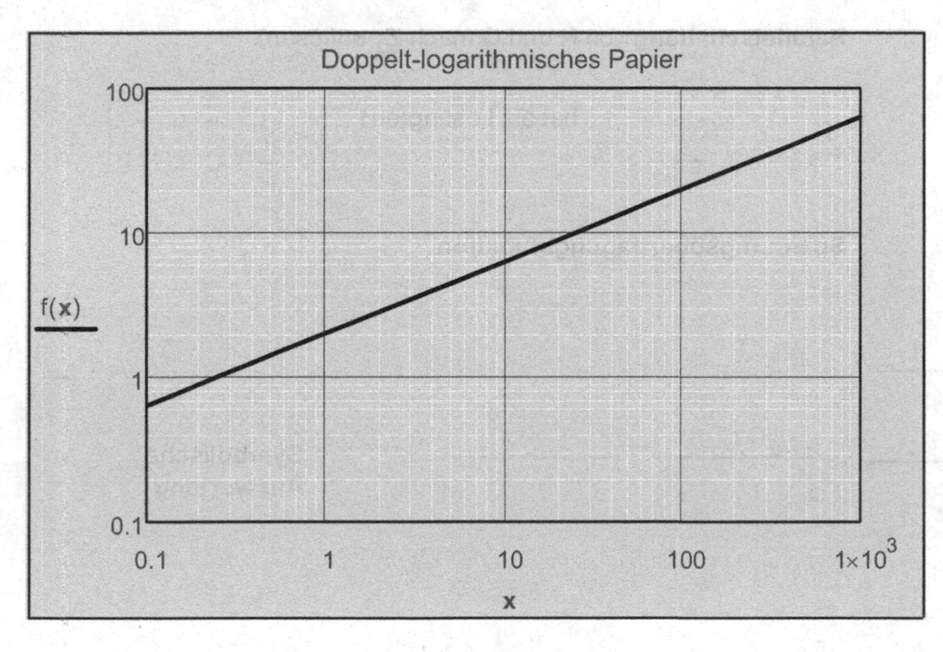

X-Y-Achsen:
Logarithmusskala
Nummeriert
Automatische Skalierung
Achsenstil:
Kasten
Spuren:
Spur 1
Typ Linien
Beschriftungen:
Titel oben

Abb. 7.60

Beispiel 7.23:

Spannungsübertagungsfunktion des Bandpasses (Wiengliedes):
Es soll der Amplitudengang, der Phasengang und die Ortskurve (Nyquist) dargestellt werden.

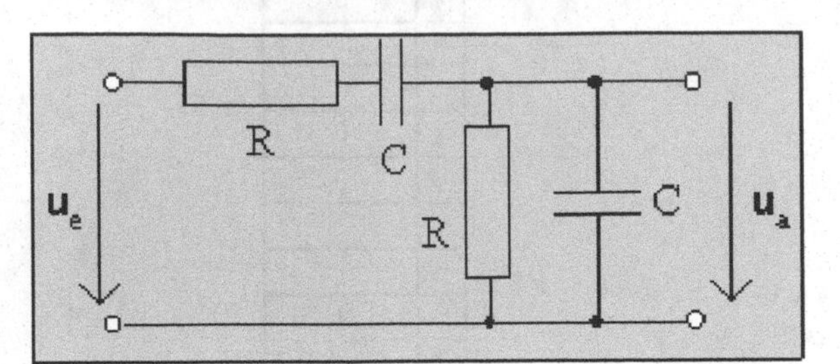

Abb. 7.61

Angenommene Werte für die Kapazität C =1 μF und dem Widerstand R = 1 kΩ.

$\omega := \omega$ Redefinitionen

$R := 1 \quad C := 1$ Werte ohne Einheiten

Serienschaltung von R und C :

$$\underline{Z_1} = R + \frac{1}{j \cdot \omega \cdot C}$$

Parallelschaltung von R und C (nach $\underline{Z_2}$ auflösen):

$$\frac{1}{\underline{Z_2}} = \frac{1}{R} + \frac{1}{\frac{1}{j \cdot \omega \cdot C}} \quad \text{hat als Lösung(en)} \quad \frac{1}{\frac{1}{R} + C \cdot \omega \cdot j}$$

Spannungsübertragungsfunktion

$$\underline{G}(\omega) = \frac{\underline{U_a}}{\underline{U_e}} = \frac{\underline{Z_2}}{\underline{Z_1} + \underline{Z_2}}$$

$$\frac{\underline{Z_2}}{\underline{Z_1} + \underline{Z_2}} \left| \begin{array}{l} \text{ersetzen}, \underline{Z_1} = R + \frac{1}{j \cdot \omega \cdot C} \\ \text{ersetzen}, \underline{Z_2} = \frac{1}{\frac{1}{R} + C \cdot \omega \cdot j} \\ \text{rechteckig} \end{array} \right. \rightarrow \frac{3 \cdot \omega^2}{\omega^4 + 7 \cdot \omega^2 + 1} + \frac{\omega - \omega^3}{\omega^4 + 7 \cdot \omega^2 + 1} \cdot j$$

Symbolische Auswertung

$$RE(\omega, R, C) := \frac{3 \cdot \omega^2}{\omega^4 + 7 \cdot \omega^2 + 1}$$

$$IM(\omega, R, C) := \frac{\omega - \omega^3}{\omega^4 + 7 \cdot \omega^2 + 1}$$

Realteil und Imaginärteil als Funktion mit drei Parametern definiert

$$\left|\frac{3\cdot\omega^2}{\omega^4+7\cdot\omega^2+1}+\left(\frac{\omega-\omega^3}{\omega^4+7\cdot\omega^2+1}\right)\cdot j\right| \;\begin{vmatrix}\text{rechteckig}\\ \text{vereinfachen}\end{matrix} \rightarrow \frac{\sqrt{\omega^6+7\cdot\omega^4+\omega^2}}{\omega^4+7\cdot\omega^2+1}$$

Betrag von **G**(ω) symbolisch ausgewertet

$$A(\omega,R,C) := \frac{\sqrt{\left(\omega-\omega^3\right)^2+9\cdot\omega^4}}{\omega^4+7\cdot\omega^2+1}$$

Amplitudengang

$$\arg\left[\frac{3\cdot\omega^2}{\omega^4+7\cdot\omega^2+1}+\left(\frac{\omega-\omega^3}{\omega^4+7\cdot\omega^2+1}\right)\cdot j\right] \;\begin{vmatrix}\text{rechteckig}\\ \text{vereinfachen}\end{matrix} \rightarrow \arg\left[\omega\cdot\left(3\cdot\omega-\omega^2\cdot j+j\right)\right]$$

$$\varphi(\omega,R,C) := \arg\left[\frac{3\cdot\omega^2}{\omega^4+7\cdot\omega^2+1}+\left(\frac{\omega-\omega^3}{\omega^4+7\cdot\omega^2+1}\right)\cdot j\right]$$

Phasengang $-\pi < \mathbf{arg}(\underline{\mathbf{z}}) \le \pi$

oder

$$\varphi(\omega,R,C) := \operatorname{atan2}\left(\frac{3\cdot\omega^2}{\omega^4+7\cdot\omega^2+1},\frac{\omega-\omega^3}{\omega^4+7\cdot\omega^2+1}\right)$$

Hinweise:

Die Funktion "atan2" steht zu den Funktionen "atan" und "arg" wie folgt in Beziehung:
atan2(x,y) = atan(y/x) ("atan=arctan" gibt nur Werte zwischen -π/2 und π/2 zurück!)
atan2(x,y) = arg(x + j y). Die zurückgegebenen Werte liegen stets zwischen $-\pi < \varphi \le \pi$.
Wird ein positives Ergebnis zurückgegeben, wird der Winkel von der x-Achse aus entgegen dem Uhrzeigersinn gemessen.
Wird ein negatives Ergebnis zurückgegeben, wird der Winkel von der x-Achse aus im Uhrzeigersinn gemessen.
x und y müssen reell sein. Siehe dazu auch Kapitel 3.

Der Amplituden- und der Phasengang wird halblogarithmisch mit der Variablen ω dargestellt:

$N1 := 4$ — Anzahl der Dekaden

$\omega_{min} := 10^{-N1}$ $\quad\omega_{max} := 10^{N1}$ — Frequenzbereich

$n := 40\cdot N1$ — Anzahl der Schritte

$$\Delta\omega := \frac{\ln(\omega_{max})-\ln(\omega_{min})}{n}$$ Schrittweite

$k := 1..n$ — Anzahl der Vektorkomponenten

$\omega_k := \omega_{min}\cdot e^{k\cdot\Delta\omega}$ — Bereichsvariable der ω-Werte (Vektorkomponenten)
Oder mit: **ω** := logspace(ω_{min}, ω_{max}, 40 N1)

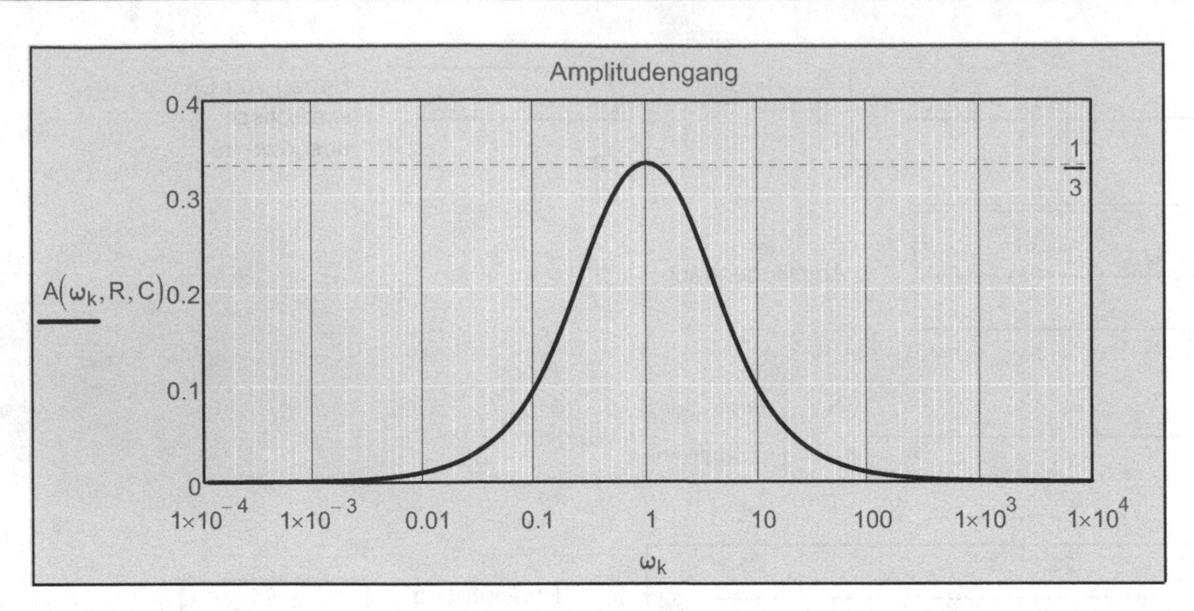

Abb. 7.62

Die x-Achse wird logarithmiert, die Potenzfunktion A = f(ω) wird geglättet.

X-Y-Achsen:
Logarithmusskala
Nummeriert
Automatische Skalierung
Markierung anzeigen
y-Achse: 1/3

Achsenstil:
Kasten
Spuren:
Spur 1
Typ Linien
Beschriftungen:
Titel oben

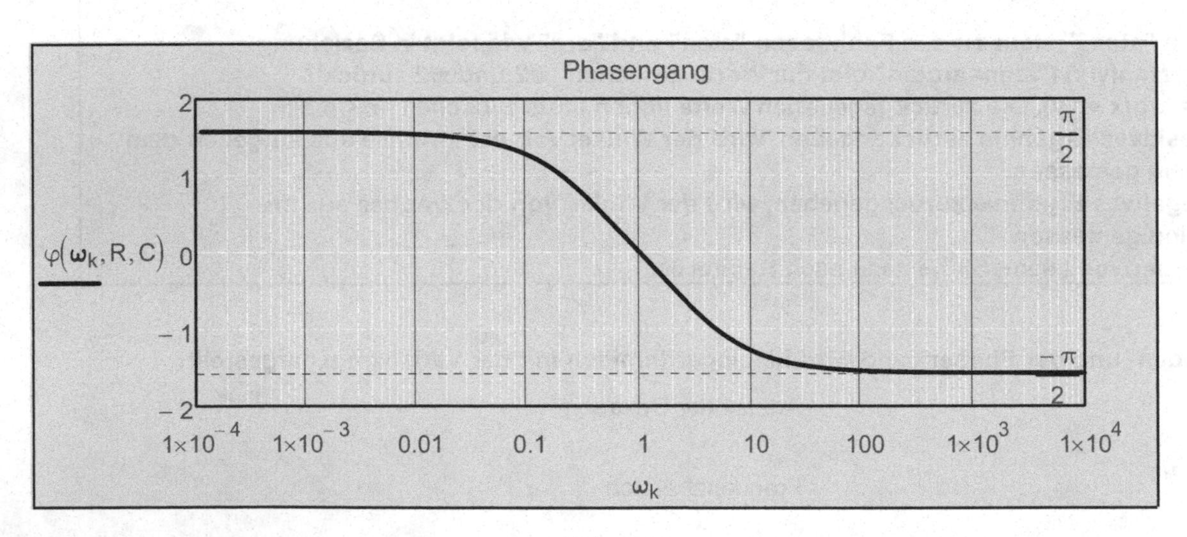

Abb. 7.63

Die x-Achse wird logarithmiert, die arctan-Funktion φ = f(ω) wird geglättet.

X-Y-Achsen:
Logarithmusskala
Nummeriert
Automatische Skalierung
Markierung anzeigen
y-Achse: -π/2 und π/2

Achsenstil:
Kasten
Spuren:
Spur 1
Typ Linien
Beschriftungen:
Titel oben

k1 := 0.. 1 Bereichsvariable

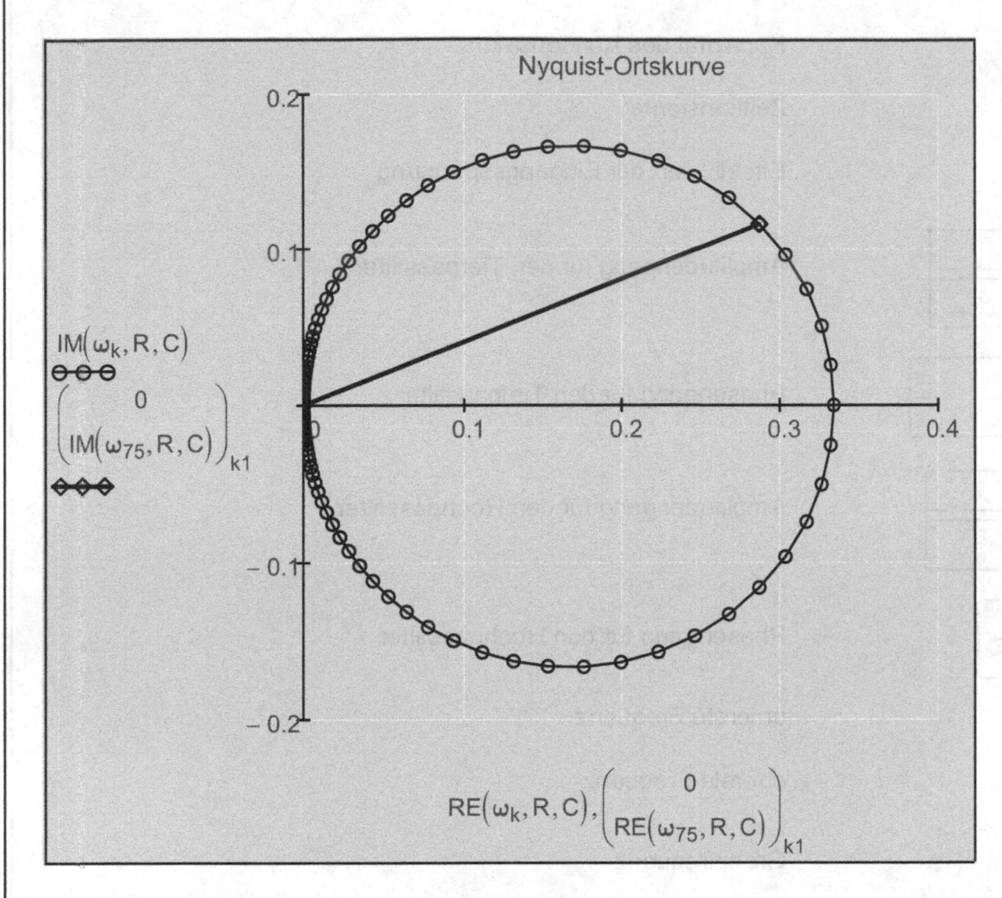

X-Y-Achsen:
Gitterlinien
Nummeriert
Automatische Skalierung
Automatische Gitterweite
Achsenstil:
Kreuz
Spuren:
Spur 1
Symbol Kreis, Typ Linien
Spur 2
Symbol Raute, Typ Linien
Beschriftungen:
Titel oben

Abb. 7.64

Die komplexen Zeiger liegen hier auf einem Kreis.

Beispiel 7.24:

Tief- und Hochpassfilter:

Für den Tiefpassfilter und dem Hochpassfilter sollen auch jeweils der Amplitudengang und der Phasengang im Bereich von f = 0.01 Hz und f = 10 MHz dargestellt werden.
Da der Amplituden- und der Phasengang normalerweise halblogarithmisch mit der Variablen f dargestellt werden, empfiehlt es sich, die Variable f exponentiell laufen zu lassen, damit sie im Grafen äquidistante Werte annimmt (siehe auch Funktion "logspace"). Für den Amplitudengang ist zusätzlich noch eine doppelt-logarithmische Darstellung zu verwenden. Außerdem ist die Grenzfrequenz $f_g = 1/(2\pi RC)$ zu berechnen und in die Grafen einzutragen.

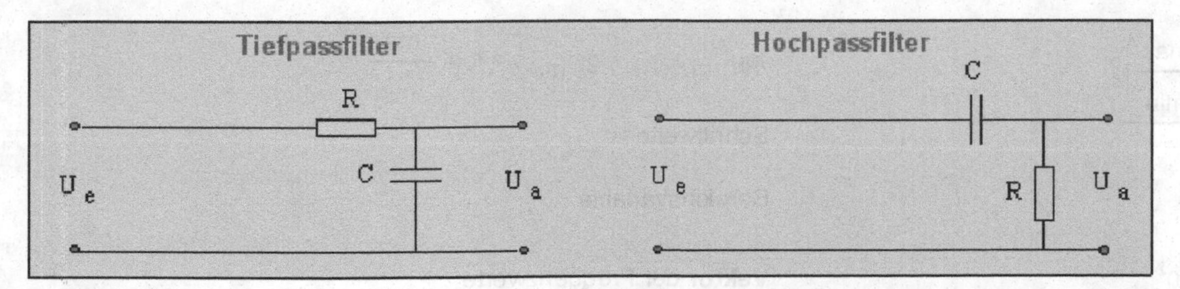

Abb. 7.65

$R := 5 \cdot k\Omega$ — Ohm'scher Widerstand

$C := 1 \cdot \mu F$ — Kapazität des Kondensators

$\tau := R \cdot C$ — Zeitkonstante

$U_e := 1 \cdot V$ — Effektivwert der Eingangsspannung

$$A_{Tp}(f) := \frac{1}{\sqrt{(2 \cdot \pi \cdot f)^2 \cdot R^2 \cdot C^2 + 1}}$$ Amplitudengang für den Tiefpassfilter

$$\varphi_{Tp}(f) := -\operatorname{atan}\left(\frac{-1}{2 \cdot \pi \cdot f \cdot R \cdot C}\right) - \frac{\pi}{2}$$ Phasengang für den Tiefpassfilter

$$A_{Hp}(f) := \frac{2 \cdot \pi \cdot f \cdot R \cdot C}{\sqrt{(2 \cdot \pi \cdot f)^2 \cdot R^2 \cdot C^2 + 1}}$$ Amplitudengang für den Hochpassfilter

$$\varphi_{Hp}(f) := \operatorname{atan}\left(\frac{1}{2 \cdot \pi \cdot f \cdot R \cdot C}\right)$$ Phasengang für den Hochpassfilter

$f_{min} := 0.01 \cdot Hz$ — unterste Frequenz

$f_{max} := 10 \cdot MHz$ — oberste Frequenz

$$f_g := \frac{1}{2 \cdot \pi \cdot R \cdot C} \qquad f_g = 31.831 \cdot Hz$$ Grenzfrequenz

$$A_{Tp}(f_g) \rightarrow \frac{\sqrt{2}}{2} \qquad A_{Hp}(f_g) \rightarrow \frac{\sqrt{2}}{2}$$ Amplituden an der Grenzfrequenz

$f := f$ — Redefinition

$$f_{g1} := A_{Tp}(f) = A_{Hp}(f) \text{ auflösen}, f \rightarrow \frac{1}{10 \cdot \pi \cdot \mu F \cdot k\Omega} \qquad f_{g1} = 31.831 \cdot Hz$$ Berechnung der Grenzfrequenz

$n := 500$ — Anzahl der Schritte

$ORIGIN := 0$ — ORIGIN festlegen

$$\log(f_{max}) - \log(f_{min}) = \log\left(\frac{f_{max}}{f_{min}}\right)$$

$$\Delta f := \frac{\log\left(\frac{f_{max}}{f_{min}}\right)}{n}$$ Schrittweite

$k := 0 .. n$ — Bereichsvariable

$f_k := f_{min} \cdot 10^{k \cdot \Delta f}$ — **Vektor** der Frequenzwerte
Oder mit: $\mathbf{f} := \text{logspace}(f_{min}, f_{max}, 500)$

Bode-Diagramme:

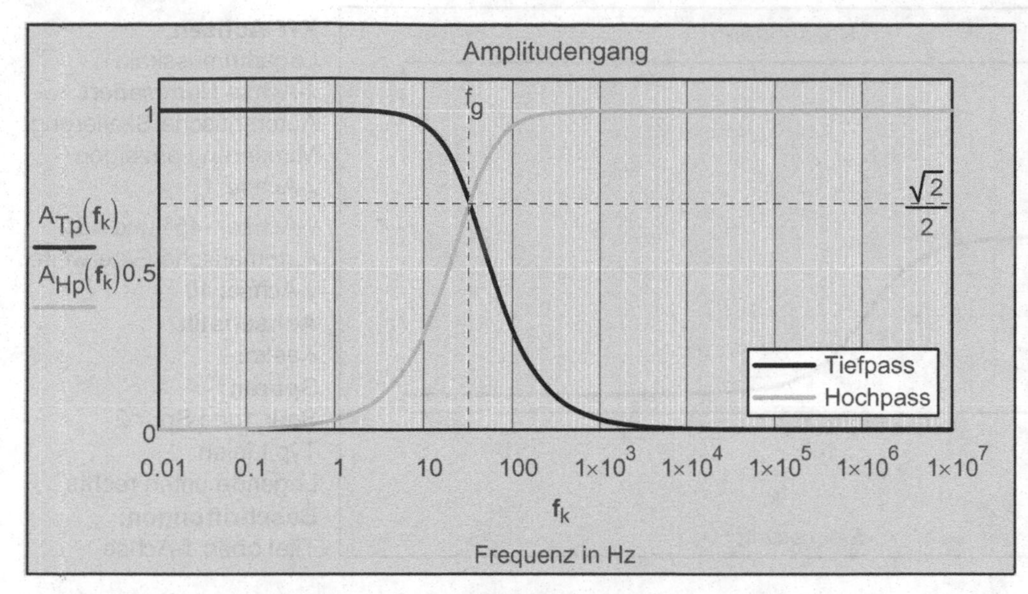

Abb. 7.66

X-Y-Achsen:
Logarithmusskala
x-Achse
Nummeriert
Automatische Skalierung
Markierung anzeigen
x-Achse: f_g
y-Achse: $\sqrt{2}/2$
Achsenstil:
Kasten
Spuren:
Spur 1und Spur 2
Typ Linien
Legende unten rechts
Beschriftungen:
Titel oben, f-Achse

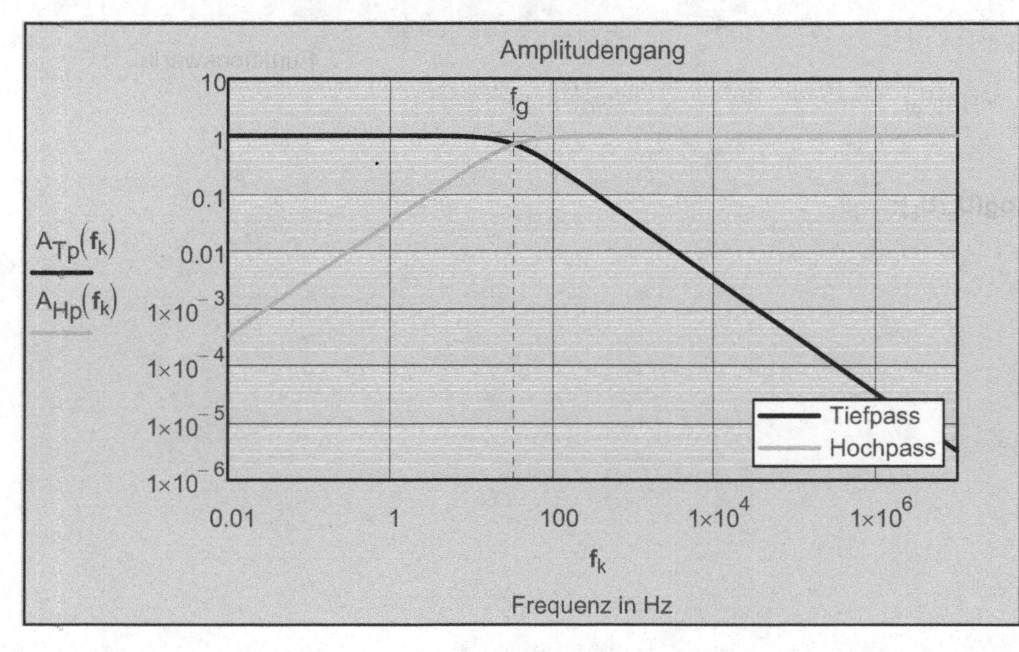

Abb. 7.67

X-Y-Achsen:
Logarithmusskala
x-Achse und y-Achse
Nummeriert
Automatische Skalierung
Markierung anzeigen
x-Achse: f_g
Achsenstil:
Kasten
Spuren:
Spur 1und Spur 2
Typ Linien
Legende unten rechts
Beschriftungen:
Titel oben, f-Achse
Achsenbeschränkung:
y-Achse: oben 1.1

$° := 1$ Definition von Grad

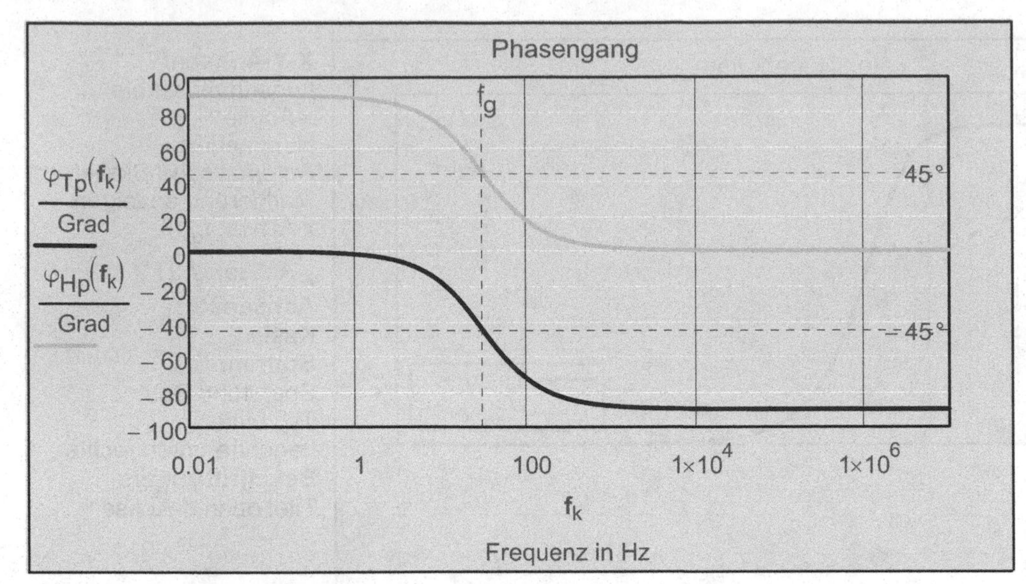

X-Y-Achsen:
Logarithmusskala
x-Achse Nummeriert
Automatische Skalierung
Markierung anzeigen
x-Achse: f_g
y-Achse: -45° und 45°
Automatische Gitterweite
y-Achse: 10
Achsenstil:
Kasten
Spuren:
Spur 1und Spur 2
Typ Linien
Legende unten rechts
Beschriftungen:
Titel oben, f-Achse

Abb. 7.68

$A_{Tp}(f_g) = 0.707$ $\varphi_{Tp}(f_g) = -0.25 \cdot \pi \cdot \mathrm{rad}$ $\varphi_{Tp}(f_g) = -45 \cdot \mathrm{Grad}$

$A_{Hp}(f_g) = 0.707$ $\varphi_{Hp}(f_g) = 0.25 \cdot \pi \cdot \mathrm{rad}$ $\varphi_{Hp}(f_g) = 45 \cdot \mathrm{Grad}$

Funktionswerte

Dämpfung in dB: a = 20 log(U_a/U_e):

$dB(x) := 20 \cdot \log(x)$

$dB(A_{Tp}(f_g)) = -3.01$

$dB(A_{Hp}(f_g)) = -3.01$

7.3 Ebenes Polarkoordinatensystem

Ein **Kreisdiagramm** wird mit den **oben angezeigten Möglichkeiten** oder mit den **Tasten <Strg> + <7>** erzeugt.

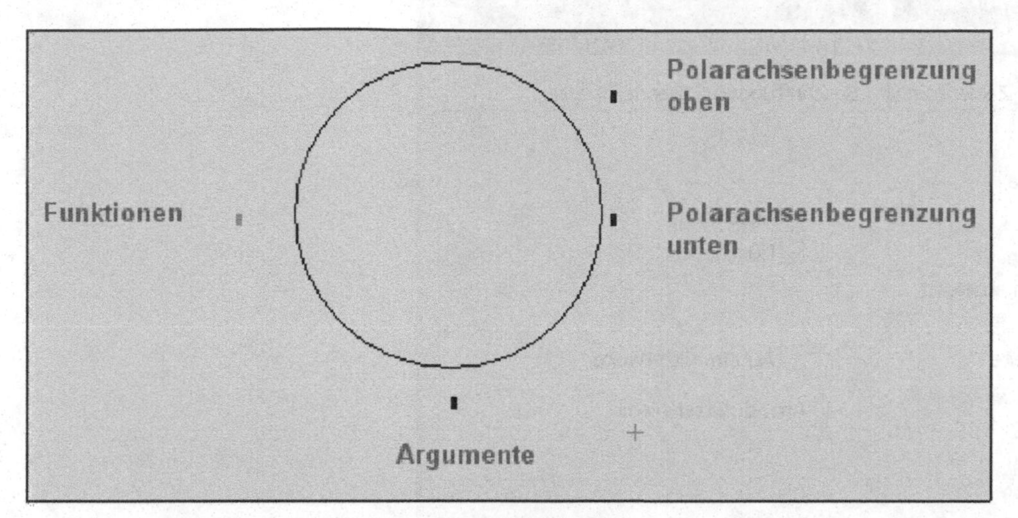

Abb. 7.69

Die **Polarachsenbegrenzung** kann nachträglich individuell **direkt im Diagramm geändert** werden (Abb. 7.69).

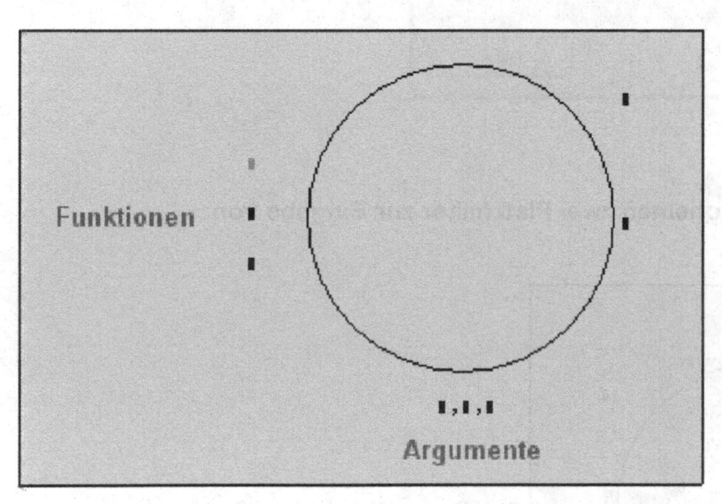

Abb. 7.70

Es können **maximal 16 Funktionen** in **einem Koordinatensystem** gleichzeitig dargestellt werden.

Platzhalter für verschiedene **Bereichsvariablen** und **Funktionswerte** werden mithilfe der **Beistrich-Taste** erzeugt (Abb. 7.70).

Die Formatierung der Grafik erreichen Sie auch hier in analoger Weise wie unter Abschnitt 7.1 beschrieben.
Ein Koordinatenablesen und das Zoomen von Funktionsteilen ist ebenso möglich.

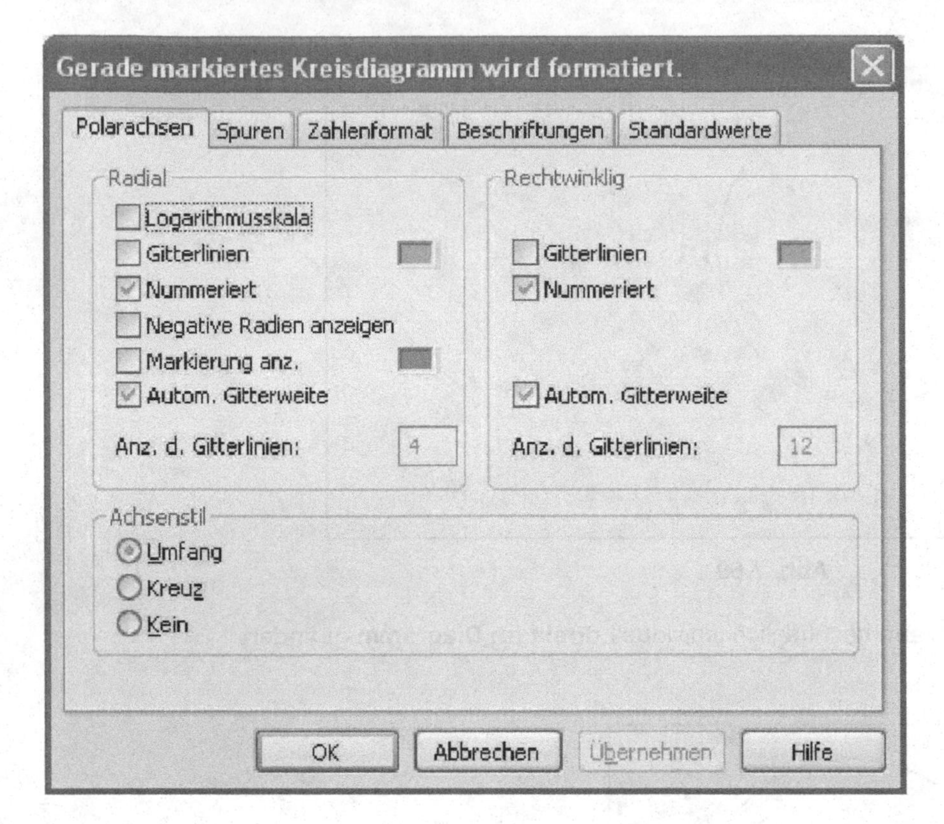

Abb. 7.71

Wird "Markierung anzeigen" aktiviert, so erscheinen zwei Platzhalter zur Eingabe von Radial-Markierungen:

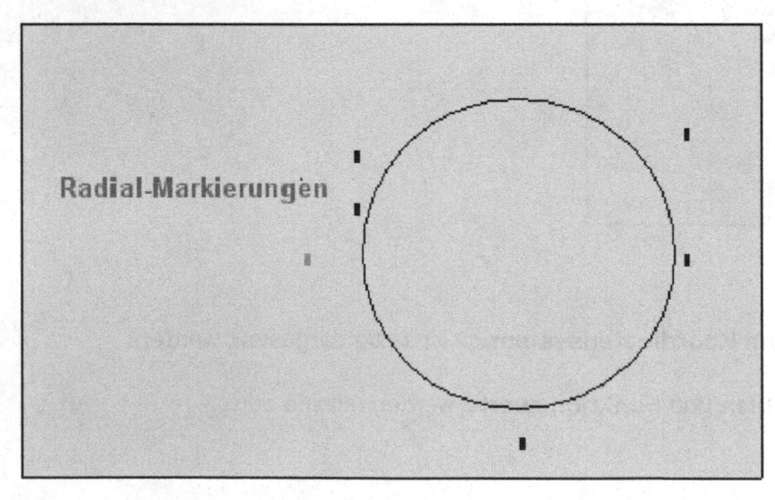

Abb. 7.72

Beispiel 7.25:

Es können auch beim Kreisdiagramm so genannte Quick-Plots erzeugt werden, ohne den Definitionsbereich (Bereichsvariable) explizit angeben zu müssen.

Polarkoordinatendarstellung eines Kreises:

$r(\theta) := 5$ Kreis mit Radius 5.

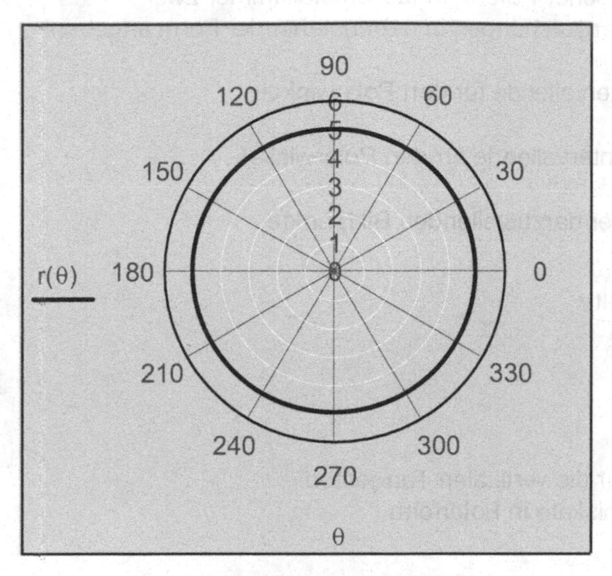

Polarachsen:
Gitterlinien
Nummeriert
Anzahl der Gitterlinien
Radial: 6
Umfang
Spuren:
Spur 1
Typ Linien
Beschriftungen:
Keine

Abb. 7.73

Polarachsenbegrenzung 1 und 6.

Direkte Eingabe der Kreisgleichung r(t1) = 2 sin(t1).

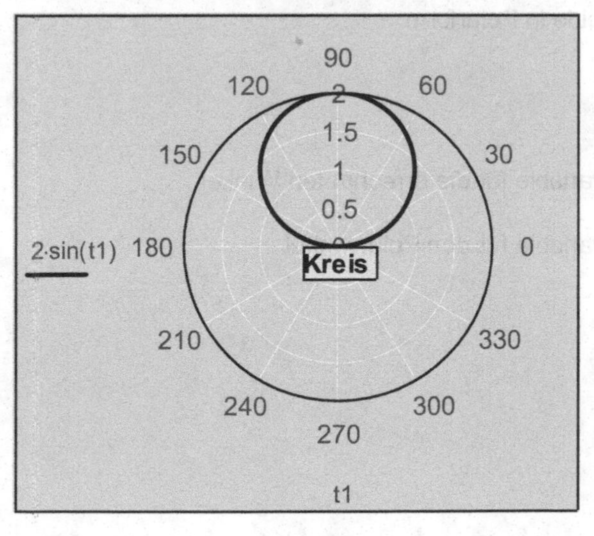

Polarachsen:
Gitterlinien
Nummeriert
Automatische Gitterweite
Umfang
Spuren:
Spur 1
Typ Linien
Beschriftungen:
Keine

Abb. 7.74

Objekte, wie **Texte (Abb. 7.74)**, **Rechenbereiche** und **Grafiken**, können mit **Drag & Drop auf eine Mathcad-Grafik** gezogen werden. Damit können auf der Grafik zusätzliche Hinweise angebracht werden.

Beispiel 7.26:

Polarkoordinatendarstellung einer Lemniskate:

$\varphi := \varphi$ Redefinition von φ

$r(\varphi) := \sqrt{4\cos(2 \cdot \varphi)}$ Funktionsdefinition für eine Lemniskate in Polarkoordinatenform

$x(\varphi) := r(\varphi) \cdot \cos(\varphi)$

Bei gegebener Polarform lassen sich immer zwei Parametergleichungen in nebenstehender Form angeben!

$y(\varphi) := r(\varphi) \cdot \sin(\varphi)$

$\varphi_1 := 0$ linkes Intervallende für den Polarwinkel

$\varphi_2 := 2 \cdot \pi$ rechtes Intervallende für den Polarwinkel

$n := 10000$ Anzahl der darzustellenden Bildpunkte

$\Delta\varphi := \frac{\varphi_2 - \varphi_1}{n}$ Schrittweite

$\alpha := \frac{d}{d\varphi 1} x(\varphi 1) = 0 \text{ auflösen}, \varphi 1 \rightarrow \begin{pmatrix} 0 \\ \frac{\pi}{3} \\ \frac{2 \cdot \pi}{3} \end{pmatrix}$ Winkel für die vertikalen Tangenten der Lemniskate in Polarform

$\beta := \frac{d}{d\varphi} y(\varphi) = 0 \text{ auflösen}, \varphi \rightarrow \begin{pmatrix} \frac{\pi}{2} \\ \frac{\pi}{6} \\ \frac{5 \cdot \pi}{6} \end{pmatrix}$ Winkel für die horizontalen Tangenten der Kardioide in Polarform

$k := 0 .. 5$ Bereichsvariable für die errechneten Winkel

$\varphi := \varphi_1, \varphi_1 + \Delta\varphi .. \varphi_2$ Bereichsvariable für den Polarwinkel

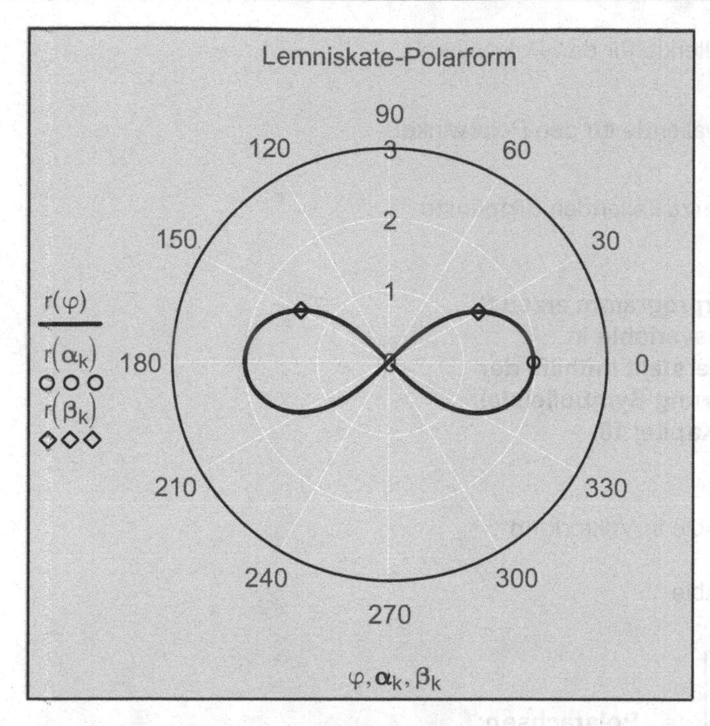

Polarachsen:
Gitterlinien
Nummeriert
Automatische Gitterweite
Umfang
Spuren:
Spur 1
Typ Linien
Spur 2
Symbol Kreis, Typ Punkte
Spur 3
Symbol Raute, Typ Punkte
Beschriftungen:
Titel oben

Abb. 7.75

Polarachsenbegrenzung 0 und 3.

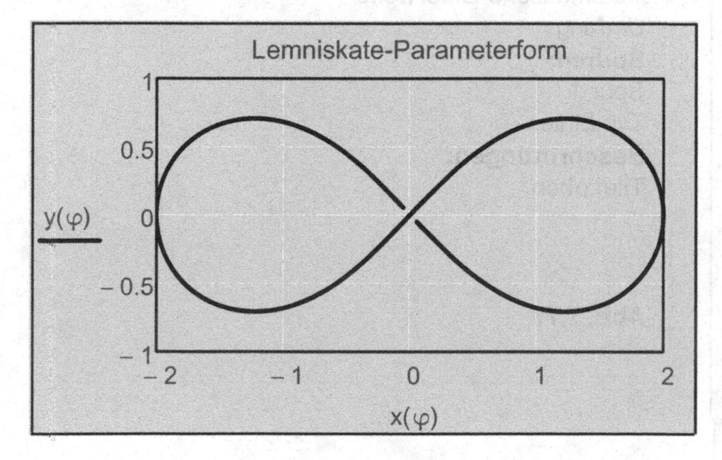

X-Y-Achsen:
Gitterlinien
Nummeriert
Automatische Skalierung
Automatische Gitterweite
Achsenstil:
Kasten
Spuren:
Spur 1
Typ Linien
Beschriftungen:
Titel oben

Abb. 7.76

Beispiel 7.27:

Polarkoordinatendarstellung einer Kardioide:

$f(t) := 1 - \cos(t)$ Funktionsdefinition für eine Kardioide in Polarkoordinatenform

$x = f(t) \cdot \cos(t)$

$y = f(t) \cdot \sin(t)$

Bei gegebener Polarform lassen sich immer zwei Parametergleichungen in nebenstehender Form angeben!

$\underline{\mathbf{Z}}(f, t) := f(t) \cdot e^{j \cdot t}$

Bei gegebener Polarform kann auch eine komplexe Darstellung gewählt werden!

$\mathbf{X}(f, t) := \begin{pmatrix} f(t) \cdot \cos(t) \\ f(t) \cdot \sin(t) \end{pmatrix}$ Darstellung der Funktion als Vektorfunktion

$t_1 := 0$ linkes Intervallende für den Polarwinkel

$t_2 := 2 \cdot \pi$ rechtes Intervallende für den Polarwinkel

$n := 200$ Anzahl der darzustellenden Bildpunkte

$$Bw(a,b,n) := \left| \begin{array}{l} h \leftarrow \dfrac{b-a}{n} \\ \text{for } i \in 0..n \\ \quad x_i \leftarrow a + i \cdot h \\ x \end{array} \right.$$

Dieses Unterprogramm erzeugt eine Bereichsvariable in Vektorform (erstellt mithilfe der Programmierung-Symbolleiste). Siehe dazu Kapitel 18.

$\mathbf{t} := Bw(t_1, t_2, n)$ Bereichsvariable in Vektorform

$k := 0..n$ Bereichsvariable

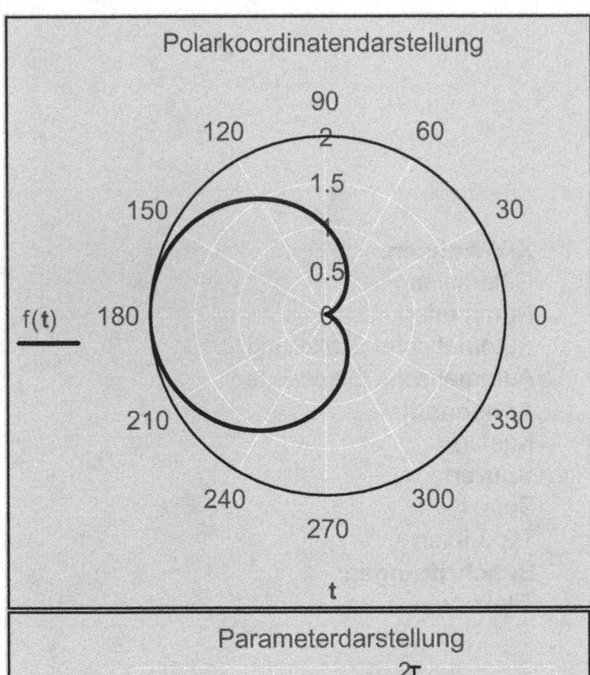

Polarachsen:
Gitterlinien
Nummeriert
Automatische Gitterweite
Umfang
Spuren:
Spur 1
Typ Linien
Beschriftungen:
Titel oben

Abb. 7.77

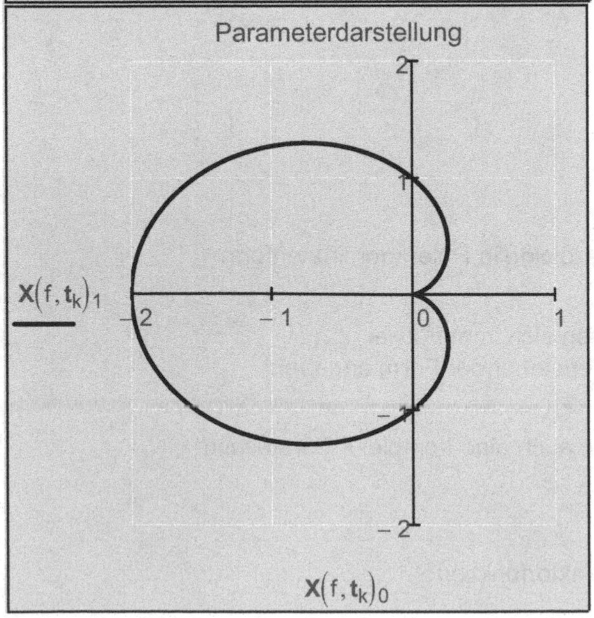

X-Y-Achsen:
Gitterlinien
Nummeriert
Automatische Skalierung
Automatische Gitterweite
Achsenstil:
Kreuz
Spuren:
Spur 1
Typ Linien
Beschriftungen:
Titel oben

Abb. 7.78

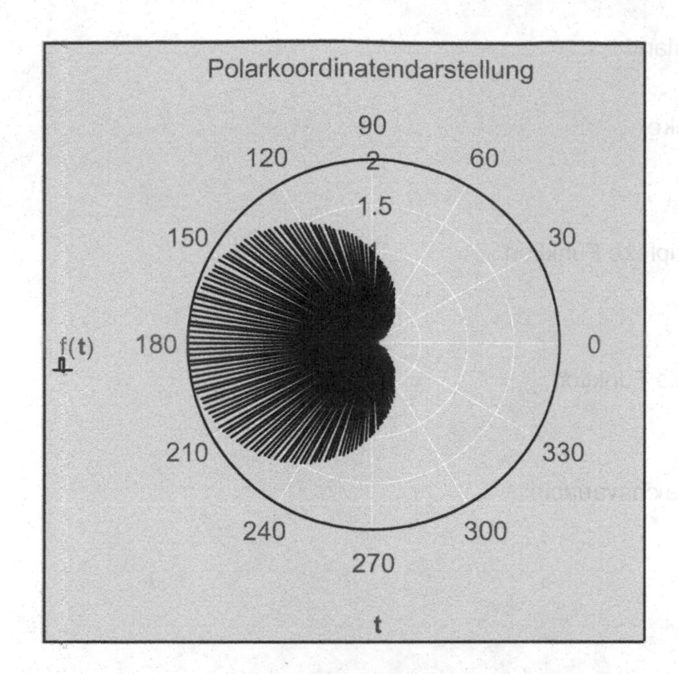

Abb. 7.79

Polarachsen:
Gitterlinien
Nummeriert
Automatische Gitterweite
Umfang
Spuren:
Spur 1
Typ Säulen
Beschriftungen:
Titel oben

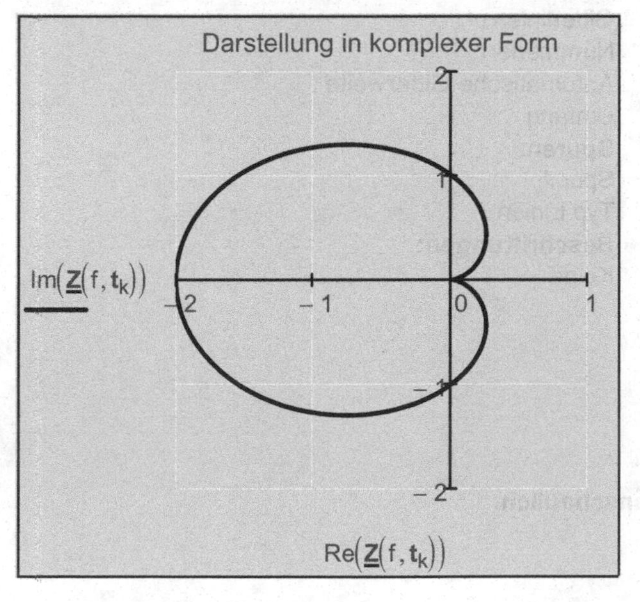

Abb. 7.80

X-Y-Achsen:
Gitterlinien
Nummeriert
Automatische Skalierung
Automatische Gitterweite
Achsenstil:
Kreuz
Spuren:
Spur 1
Typ Linien
Beschriftungen:
Titel oben

Beispiel 7.28:

Polarkoordinatendarstellung (z. B. Antennencharakteristik).
Darstellung von negativen Radien.

$N1 := 4$ Konstante

$f := 3 \cdot MHz$ Frequenz

$n := 0..\, N1 - 1$ Bereichsvariable

$c := 2.998 \cdot 10^{8} \cdot \frac{m}{s}$ Lichtgeschwindigkeit

$d := 50 \cdot m$ Abstand

$\alpha := 30 \cdot Grad$ Winkel

$$\underline{r}(\varphi) := \frac{5.8}{N1} \cdot \left[\sum_n e^{-\left(j \cdot n \cdot d \cdot \frac{2 \cdot \pi \cdot f}{c} \cdot \cos(\varphi) + j \cdot n \cdot \alpha \right)} \right]$$ komplexe Funktion

$$r_{dB}(\varphi) := 10 \cdot \log\left(\left| \underline{r}(\varphi) \right| \right)$$ reelle Funktion

$\varphi := 0, 0.01 .. 2 \cdot \pi$ Bereichsvariable

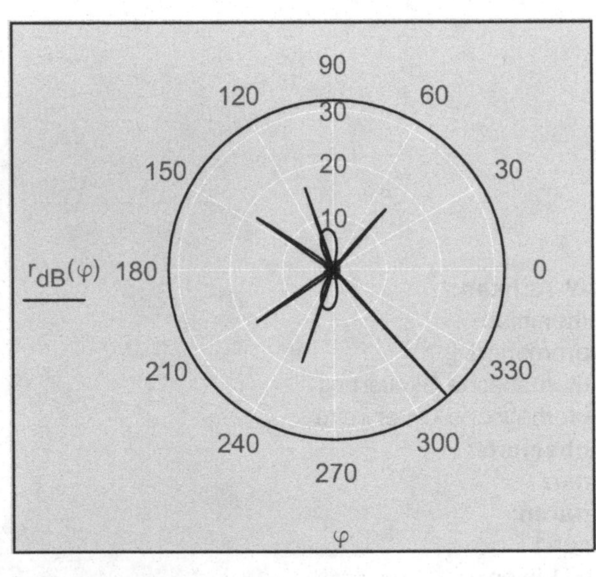

Abb. 7.81

Polarachsen:
Gitterlinien
Nummeriert
Automatische Gitterweite
Umfang
Spuren:
Spur 1
Typ Linien
Beschriftungen:
Keine

Inder Standard-Einstellung ist die Grafik nicht sehr anschaulich.

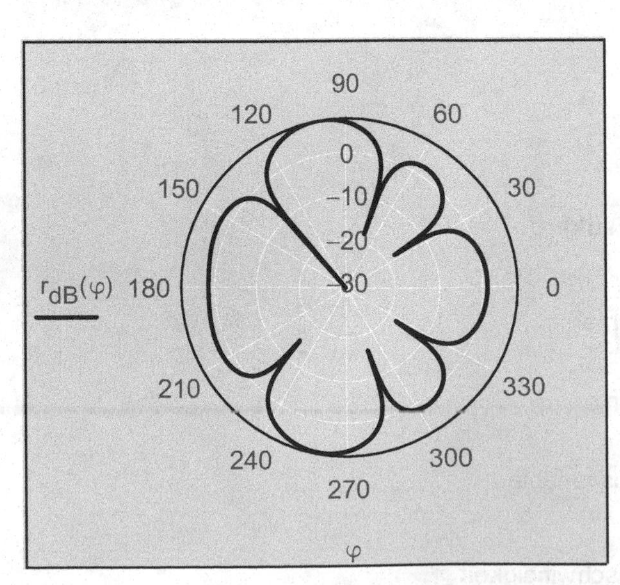

Abb. 7.82

Polarachsen:
Gitterlinien
Nummeriert
Negative Radien anzeigen
Automatische Gitterweite
Umfang
Spuren:
Spur 1
Typ Linien
Beschriftungen:
Keine

7.4 X-Y-Z-Diagramm (Räumliches kartesisches Koordinatensystem)

Ein **3D-Diagramm** wird mit den **oben angezeigten Möglichkeiten** oder mit den **Tasten <Strg> + <2>** erzeugt.

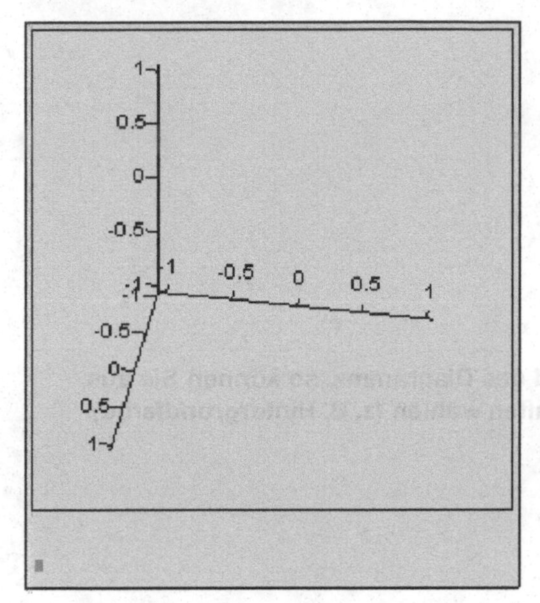

Abb. 7.83

Zusätzlich steht auch noch ein **3D-Diagrammassistent** zur Verfügung (**Menü-Einfügen-Diagramm**).
Vergrößern und **verkleinern** können Sie das Diagramm, wenn Sie zuerst auf das **Diagramm klicken** und an den vorgesehenen **schwarzen Randquadraten** das Diagramm mit der Maus **anfassen und ziehen**.

Mit **gedrückter linker Maustaste** kann mit dem Mauszeiger das Diagramm beliebig **perspektivisch gedreht** werden.

Mit **gedrückt gehaltener <Strg>-Taste** und linker Maustaste kann mit dem **Mauszeiger** das Diagramm beliebig **vergrößert** oder **verkleinert** werden.

Halten Sie die **<Umschalt>-Taste gedrückt**, so können Sie durch **langsames oder schnelles Ziehen mit der linken Maustaste** über das Diagramm und anschließendes Loslassen der Maustaste das Diagramm in **ständige Rotation** bringen.

Zur **Darstellung** einer **Fläche oder Raumkurve müssen** in Mathcad **Matrizen bzw. Vektoren** erzeugt werden. Bei **mehreren 3D-Diagrammen in einem Koordinatensystem müssen die Matrizen bzw. Vektoren in Klammer** gesetzt und durch einen **Beistrich getrennt** werden (z. B. Abb. 7.84).

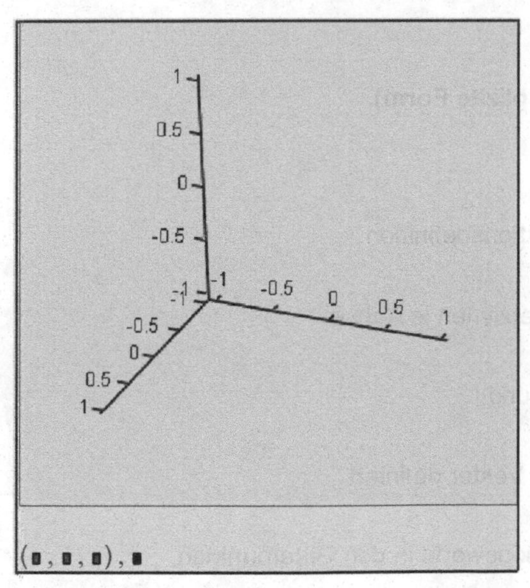

Abb. 7.84

Die **Formatierung der Grafik** erreichen Sie durch Öffnen des **3D-Diagrammformat-Dialogfensters:** ein **Doppelklick auf die Grafik (Abb. 7.88)** oder ein **Klick mit der rechten Maustaste auf die Grafik (Abb. 7.86)** (Formatieren u. a. m.) bzw. über das **Menü-Format-Diagramm**.

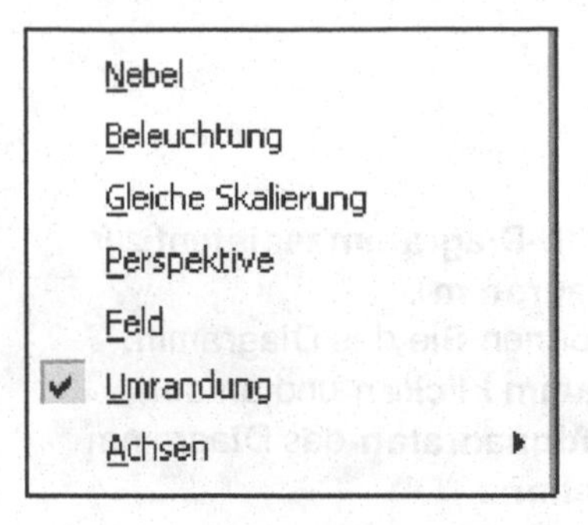

Abb. 7.86

Klicken Sie mit der rechten Maustaste auf den unteren Rand des Diagramms, so können Sie aus dem sich öffnenden Kontextmenü (Abb. 7.87) die Eigenschaften wählen (z. B. Hintergrundfarbe).

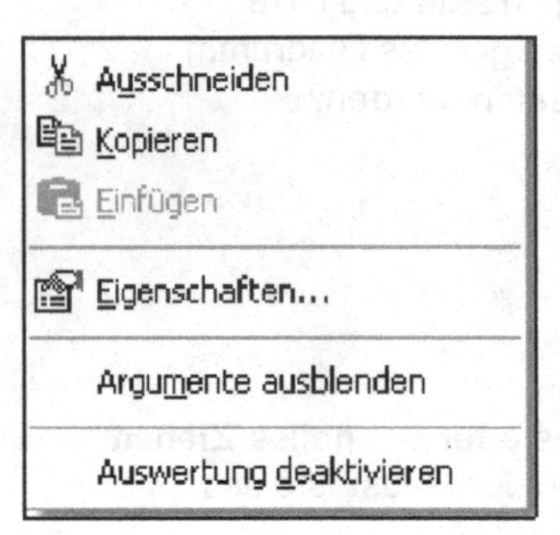

Abb. 7.87

Beispiel 7.29:

Hyperbolisches Paraboloid (Sattelfläche):

Funktion $z = f(x, y) = x^2 - y^2$ in kartesischen Koordinaten (explizite Form).

$ORIGIN := 0$	ORIGIN festlegen
$f(x, y) := x^2 - y^2$	skalarwertige Funktionsdefinition
$n := 10$	Anzahl der Gitternetzlinien je Achse
$i := 0 .. n - 1 \quad j := 0 .. n - 1$	Bereichsvariable i und j
$\mathbf{x}_i := -1 + 0.2 \cdot i \quad \mathbf{y}_j := -1 + 0.2 \cdot j$	**x**- und **y**-Werte als Vektor definiert
$\mathbf{Z}_{i,j} := f(\mathbf{x}_i, \mathbf{y}_j)$	Matrix **Z** der Funktionswerte in den Gitterpunkten

1
0.5
0
-0.5
-1
Z
0
2
4
6
8
X
2
4
Z

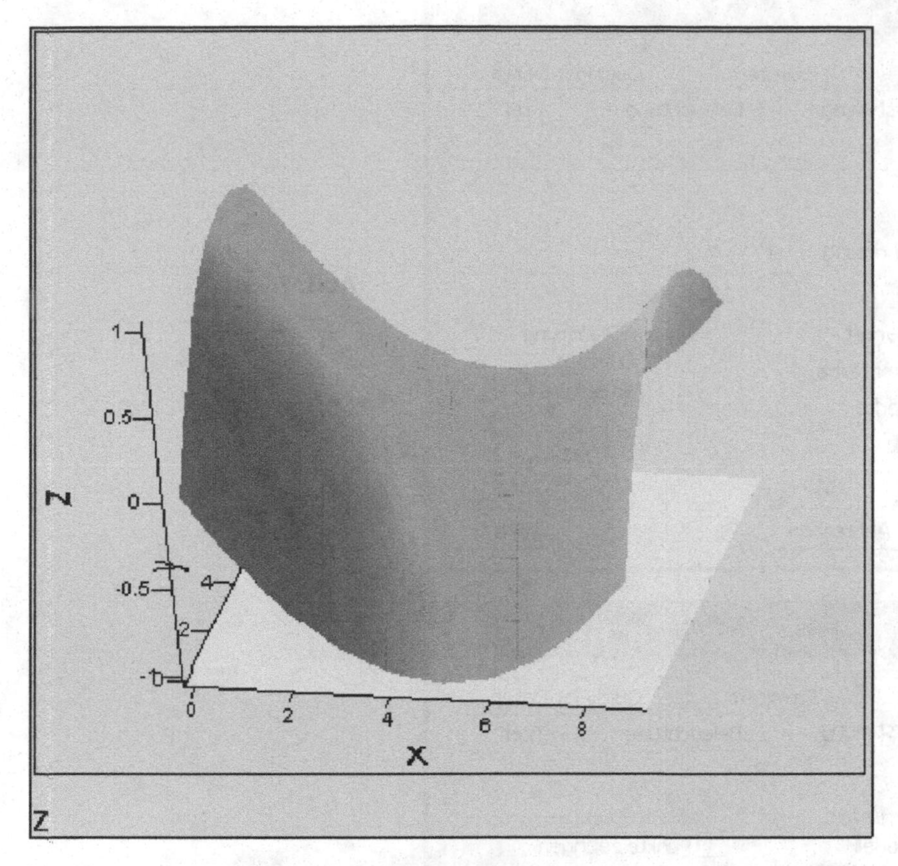

Abb. 7.85

Die Formatierung dieses Diagramms ist in den Abbildungen 7.88 bis 7.95 ersichtlich.

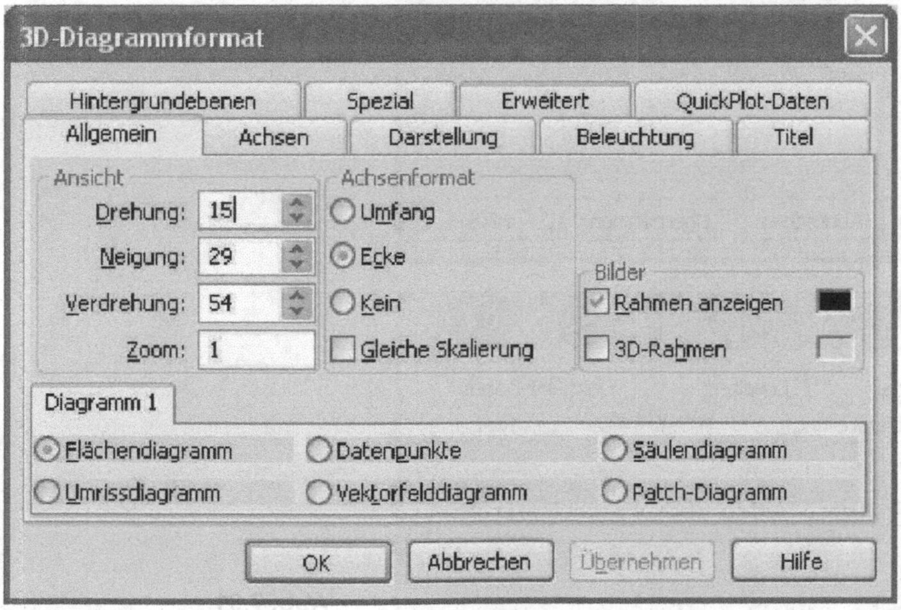

3D-Diagrammformat
Hintergrundebenen
Spezial
Erweitert
QuickPlot-Daten
Allgemein
Achsen
Darstellung
Beleuchtung
Titel
Ansicht
Drehung: 15
Neigung: 29
Verdrehung: 54
Zoom: 1
Achsenformat
Umfang
Ecke
Kein
Gleiche Skalierung
Bilder
Rahmen anzeigen
3D-Rahmen
Diagramm 1
Flächendiagramm
Datenpunkte
Säulendiagramm
Umrissdiagramm
Vektorfelddiagramm
Patch-Diagramm
OK
Abbrechen
Übernehmen
Hilfe

Abb. 7.88

Unter "Darstellungsart" können 6 verschiedene 3D-Diagramme gewählt werden. Es können, mit Ausnahme eines Vektorfeld-Diagramms, verschiedene Darstellungsarten in einem Diagramm ausgewählt werden.

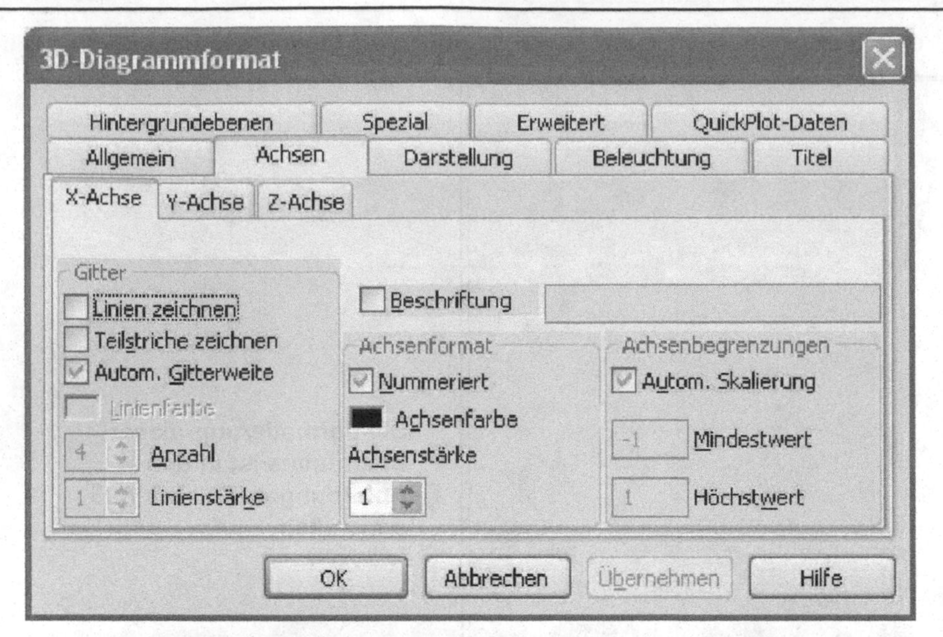

Abb. 7.89

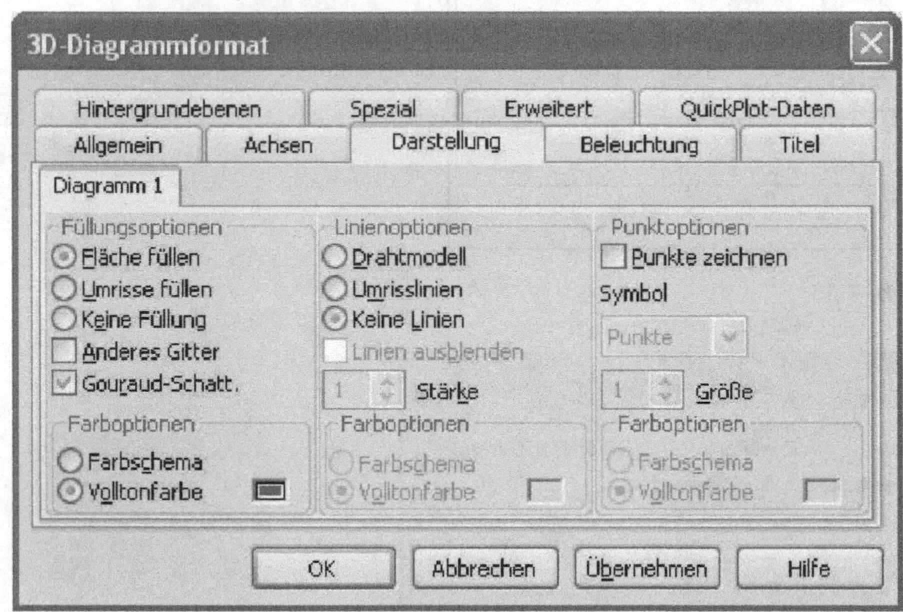

Abb. 7.90

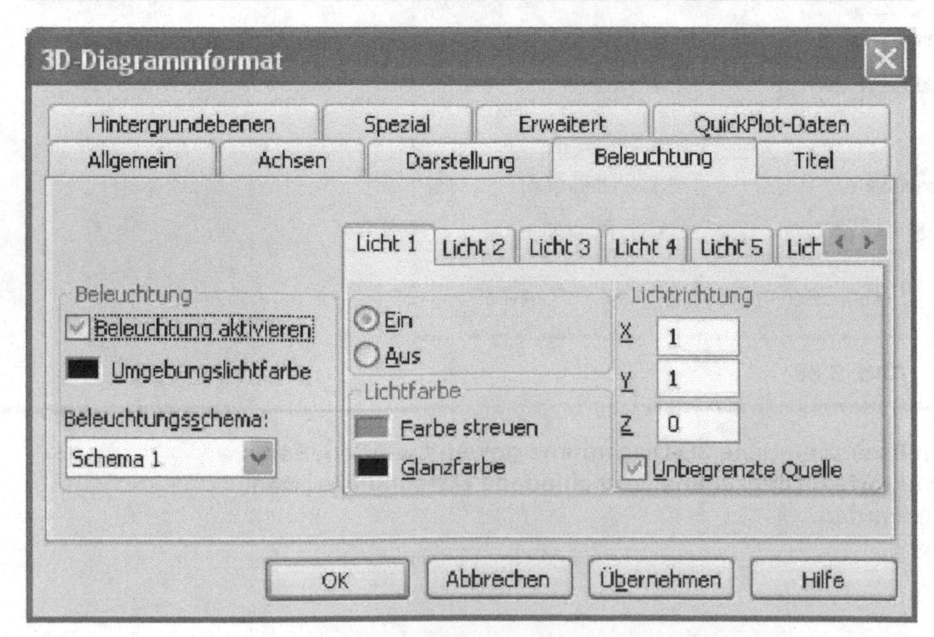

Abb. 7.91

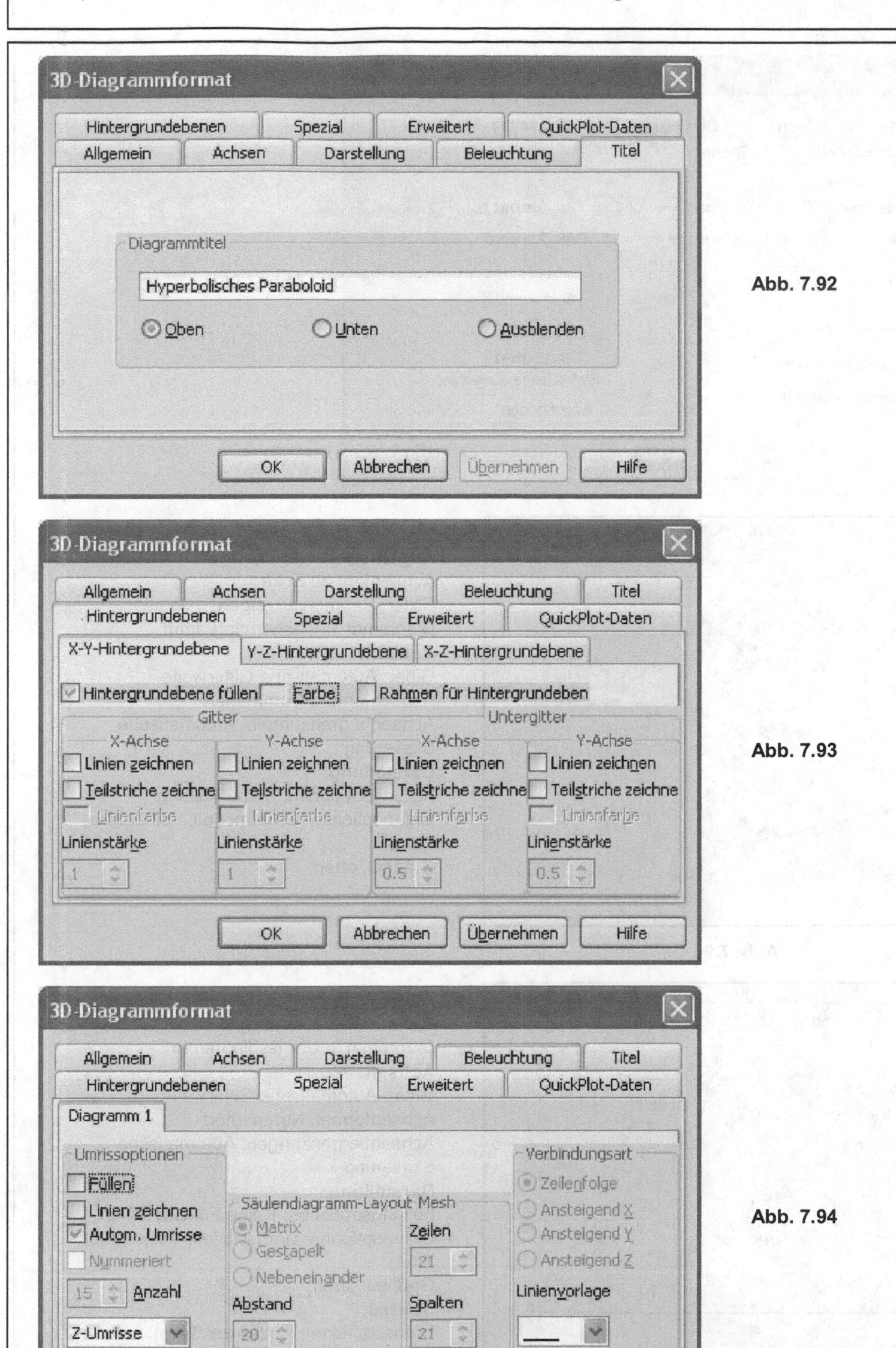

Abb. 7.92

Abb. 7.93

Abb. 7.94

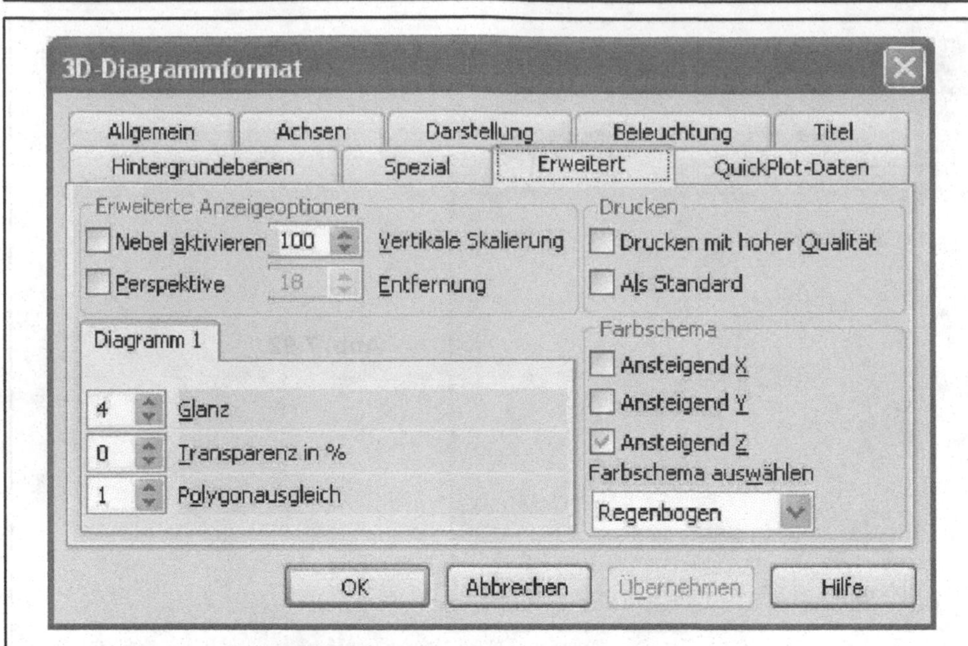

Abb. 7.95

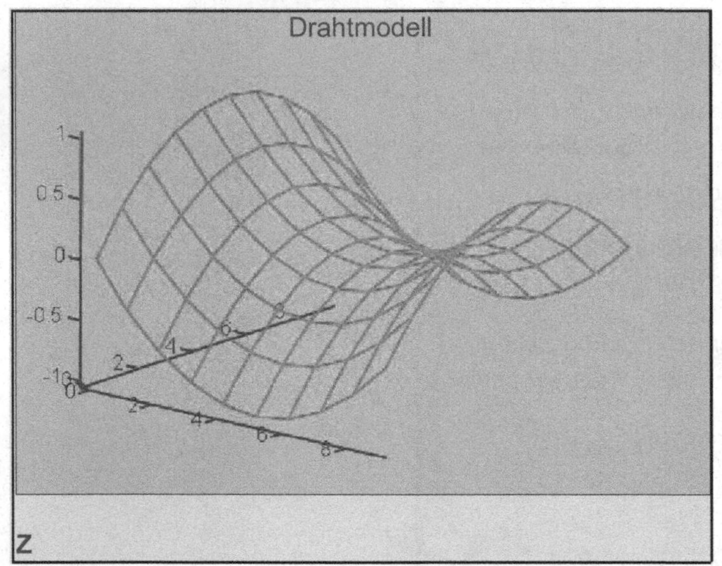

Abb. 7.96

Allgemein:
Achsenformat: Ecke
Bilder: Rahmen anzeigen
Diagramm 1: Flächendiagramm
Achsen:
Gitter: Automatische Gitterweite
Achsenformat: Nummeriert
Achsenbegrenzungen: Automatische Skalierung
Darstellung:
Füllungsoptionen: Keine Füllung
Linienoptionen: Drahtmodell, Volltonfarbe
Titel:
Graftitel: oben

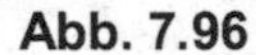

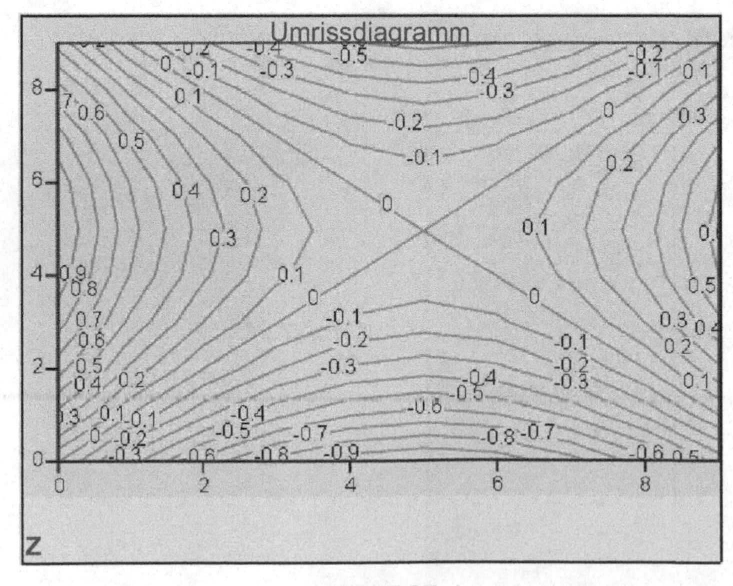

Abb. 7.97

Allgemein:
Bilder: Rahmen anzeigen
Diagramm 1: Umrissdiagramm
Achsen:
Gitter: Automatische Gitterweite
Achsenformat: Nummeriert
Achsenbegrenzungen: Automatische Skalierung
Darstellung:
Füllungsoptionen: Keine Füllung
Linienoptionen: Umrisslinien, Volltonfarbe
Titel:
Graftitel: oben
Spezial:
Umrissoptionen: Linien zeichnen, Automatische Umrisse, Nummeriert
Umrissdiagramm mit beschrifteten Niveaulinien (Höhenschichtlinien).

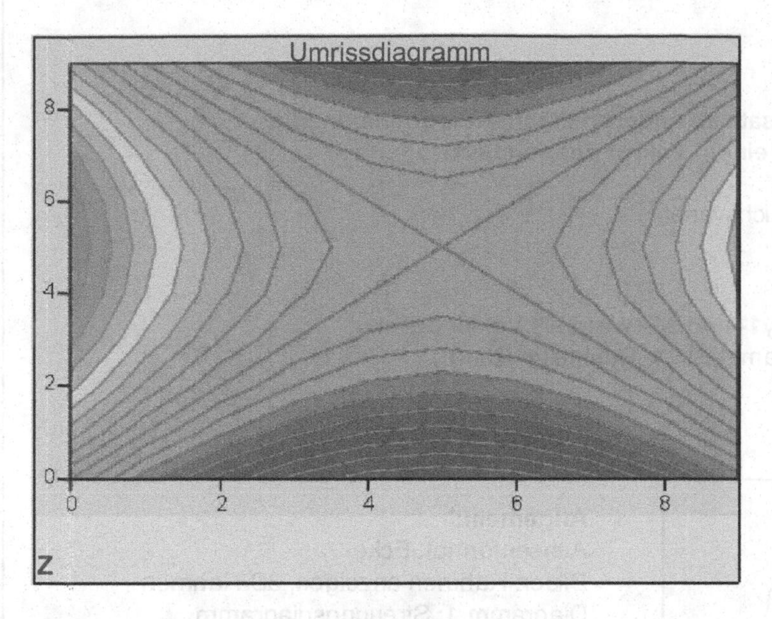

Abb. 7.98

Allgemein:
Bilder: Rahmen anzeigen
Diagramm 1: Umrissdiagramm
Achsen:
Gitter: Automatische Gitterweite
Achsenformat: Nummeriert
Achsenbegrenzungen: Automatische Skalierung
Darstellung:
Füllungsoptionen: Umrisse füllen
Linienoptionen: Umrisslinien, Volltonfarbe
Titel:
Graftitel: oben
Spezial:
Umrissoptionen: Füllen, Linien zeichnen, Automatische Umrisse
Umrissdiagramm mit Niveaulinien (Höhenschichtlinien).

<u>Bemerkung:</u>
Jedes 3D-Diagramm kann mithilfe der Option Darstellungsart in ein anderes 3D-Diagramm umgewandelt werden (Diagrammtyp anwählen und auf Übernehmen oder OK klicken).

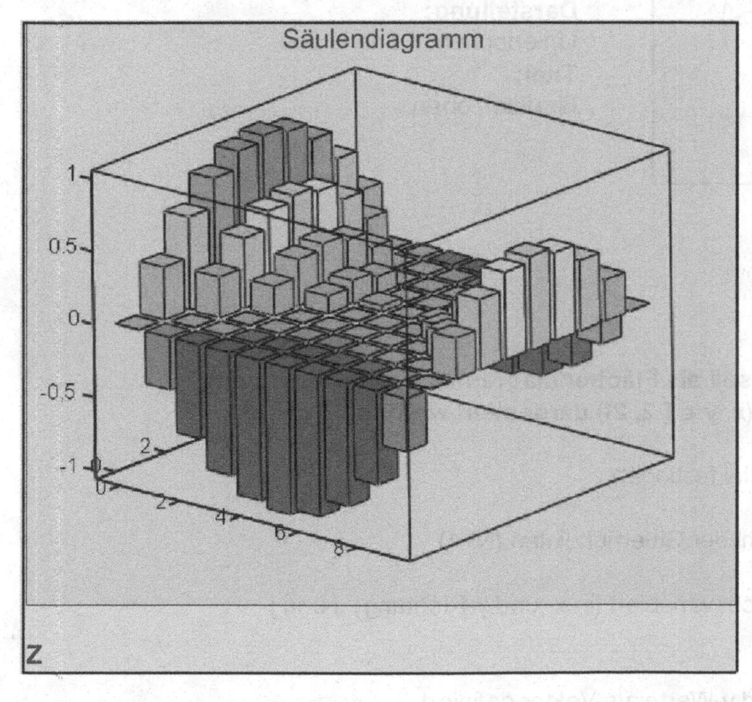

Abb. 7.99

Allgemein:
Achsenformat: Ecke
Bilder: Rahmen anzeigen, 3D-Rahmen
Diagramm 1: Säulendiagramm
Achsen:
Gitter: Automatische Gitterweite
Achsenformat: Nummeriert
Achsenbegrenzungen: Automatische Skalierung
Darstellung:
Füllungsoptionen: Säulen füllen, Gouraud Schattierung, Farbschema
Linienoption: Drahtsäulen, Volltonfarbe
Titel:
Graftitel: oben
Spezial:
Säulendiagramm-Layout: Matrix, Abstand 20

Beispiel 7.30:

3D-Datenpunkte:
In Datenpunktdiagrammen werden, im Gegensatz zu anderen Flächendiagrammen, die Koordinaten (x,y,z) eines Punktes getrennt in einem Vektor gespeichert!

$i := 0, 2 .. 40$ Bereichsvariable

$x2_i := i \cdot \sin(i)$

$y2_i := \cos(i)$ **x1-, y1- und z1-Werte** als Vektor definiert (Parametrisierte Punkte im Raum)

$z2_i := x2_i + y2_i$

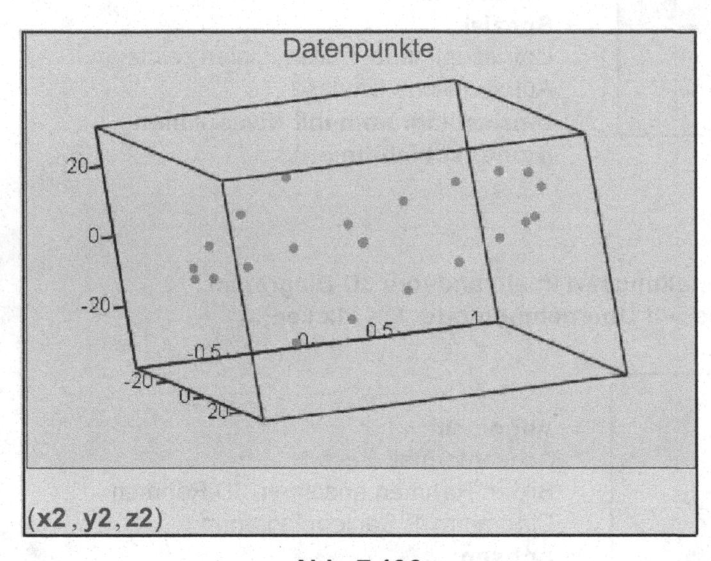

Allgemein:
Achsenformat: Ecke
Bilder: Rahmen anzeigen, 3D-Rahmen
Diagramm 1: Streuungsdiagramm
Achsen:
Gitter: Automatische Gitterweite
Achsenformat: Nummeriert
Achsenbegrenzungen: Automatische Skalierung
Darstellung:
Linienoption: Keine Linien
Titel:
Graftitel: oben

Abb. 7.100

Beispiel 7.31:

Die Funktion f(x,y) = cos(x + π/2) * exp(-x² - y²) soll als Flächendiagramm, Umrissdiagramm, Datenpunkte-Diagramm und Säulendiagramm (x, y ∈ [-2, 2]) dargestellt werden.

$ORIGIN := 0$ ORIGIN festlegen

$N := 20$ Anzahl der Gitternetzlinien (N+1)

$i := 0 .. N \quad j := 0 .. N$ Bereichsvariablen (in x- und y-Richtung) i und j

$x_i := -2 + 0.2 \cdot i$

x- und **y**-Werte als Vektor definiert

$y_j := -2 + 0.2 \cdot j$

$f(x, y) := \cos\left(x + \frac{\pi}{2}\right) \cdot \exp\left(-x^2 - y^2\right)$ Funktionsdefinition

$Z_{i,j} := f(x_i, y_j)$ Funktionswertematrix

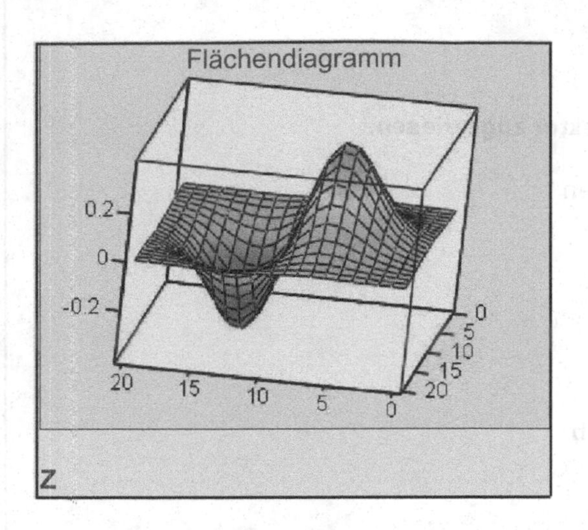

Abb. 7.101

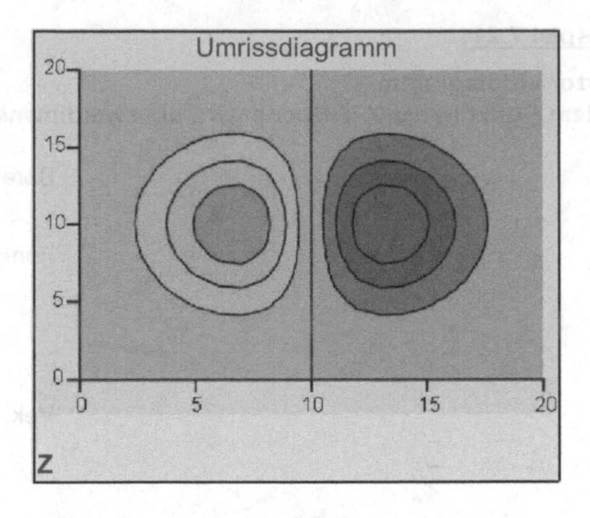

Abb. 7.102

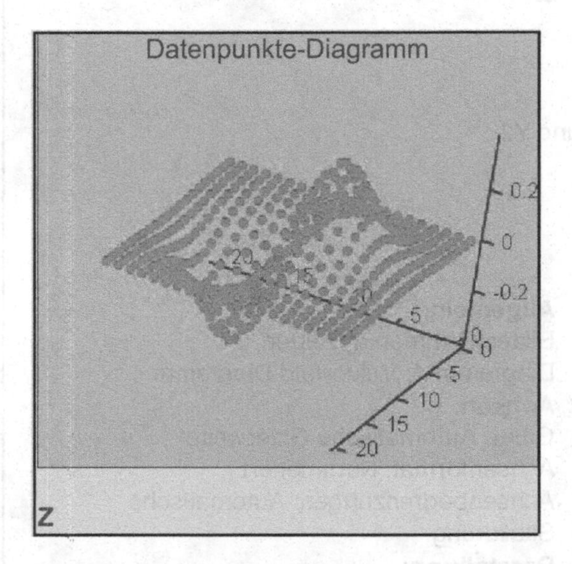

Abb. 7.103

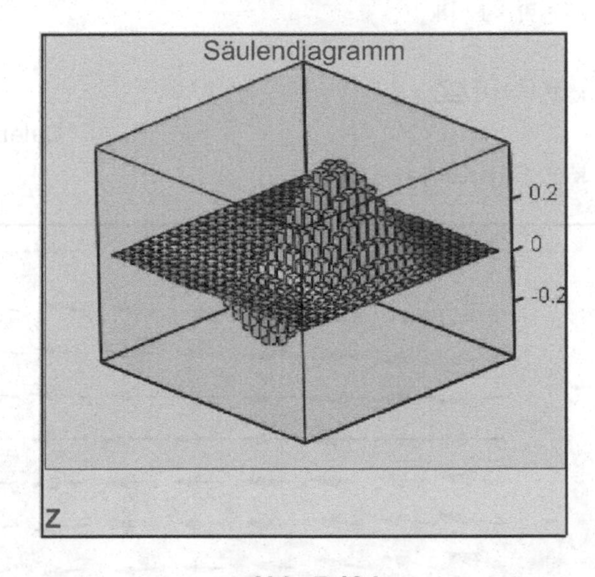

Abb. 7.104

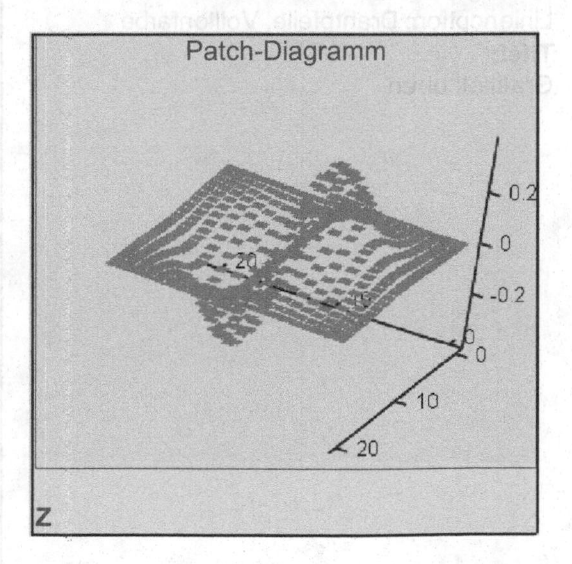

Abb. 7.105

Die Abb. 7.101 bis Abb.7.105 sind wie im Beispiel 7.29 beschrieben formatiert.

Beispiel 7.21:

Vektorfelddiagramm:
Jedem Punkt in der X-Y-Ebene wird ein zweidimensionaler Vektor zugewiesen.

$n := 8 \quad i := 0..n-1 \quad k := 0..n-1$ Bereichsvariablen

$f(z) := z^2 + \frac{1}{2}$ Funktion

$\mathbf{a}_i := 0.1 \cdot \left(i - \frac{n}{2}\right)$

Vektoren **a** und **b**

$\mathbf{b}_k := 0.1 \cdot \left(k - \frac{n}{2}\right)$

$\underline{\mathbf{Z2}}_{i,k} := \mathbf{a}_i + j \cdot \mathbf{b}_k$ komplexe Matrix $\underline{\mathbf{Z2}}$

$\mathbf{X2}_{i,k} := \mathrm{Re}\left(f\left(\underline{\mathbf{Z2}}_{i,k}\right)\right)$

Datenfelder **X2** und **Y2**

$\mathbf{Y2}_{i,k} := \mathrm{Im}\left(f\left(\underline{\mathbf{Z2}}_{i,k}\right)\right)$

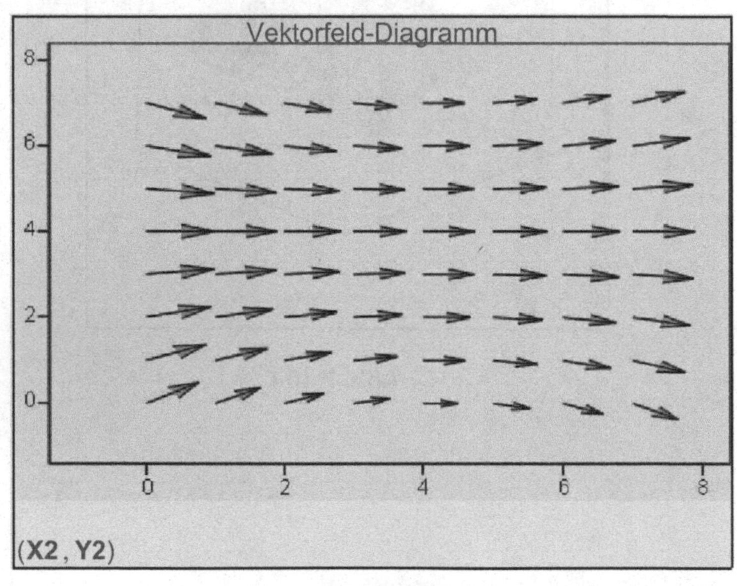

Allgemein:
Bilder: Rahmen anzeigen
Diagramm 1: Vektorfeld-Diagramm
Achsen:
Gitter: Automatische Gitterweite
Achsenformat: Nummeriert
Achsenbegrenzungen: Automatische Skalierung
Darstellung:
Füllungsoptionen: Pfeile füllen
Linienoption: Drahtpfeile, Volltonfarbe
Titel:
Graftitel: oben

Abb. 7.106

Beispiel 7.22:

Es können auch 3D-Quick-Plots in kartesischen Koordinaten erzeugt werden, ohne den Definitionsbereich (Bereichsvariable) explizit angeben zu müssen.

$M(x,y) := \sin(x) + \cos(y)$ skalarwertige Funktionsdefinition

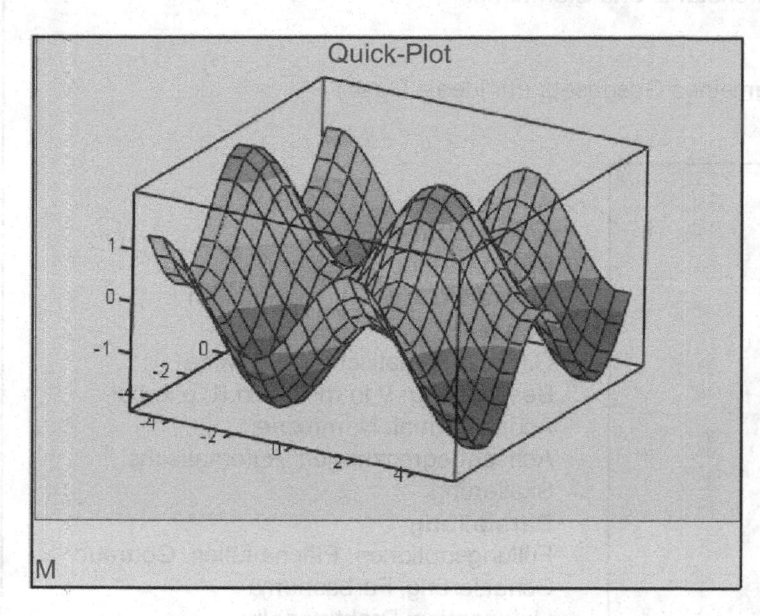

Allgemein:
Achsenformat: Ecke
Bilder: Rahmen anzeigen, 3D-Rahmen
Diagramm 1: Flächendiagramm
Achsen:
Gitter: Automatische Gitterweite
Achsenformat: Nummeriert
Achsenbegrenzungen: Automatische Skalierung
Darstellung:
Füllungsoptionen: Umrisse füllen,
Linienoption: Drahtmodell, Volltonfarbe
Titel:
Graftitel: oben
QickPlot-Daten:
Siehe Abb. 7.108

Abb. 7.107

Die Quickplot-Daten (Bereich der x- und y-Achse und das Koordinatensystem) sind im Registerblatt QuickPlot-Daten einzugeben bzw. auszuwählen (siehe Abb. 7.108). Hier können auch verschiedene 3D-Koordinatensysteme gewählt werden.

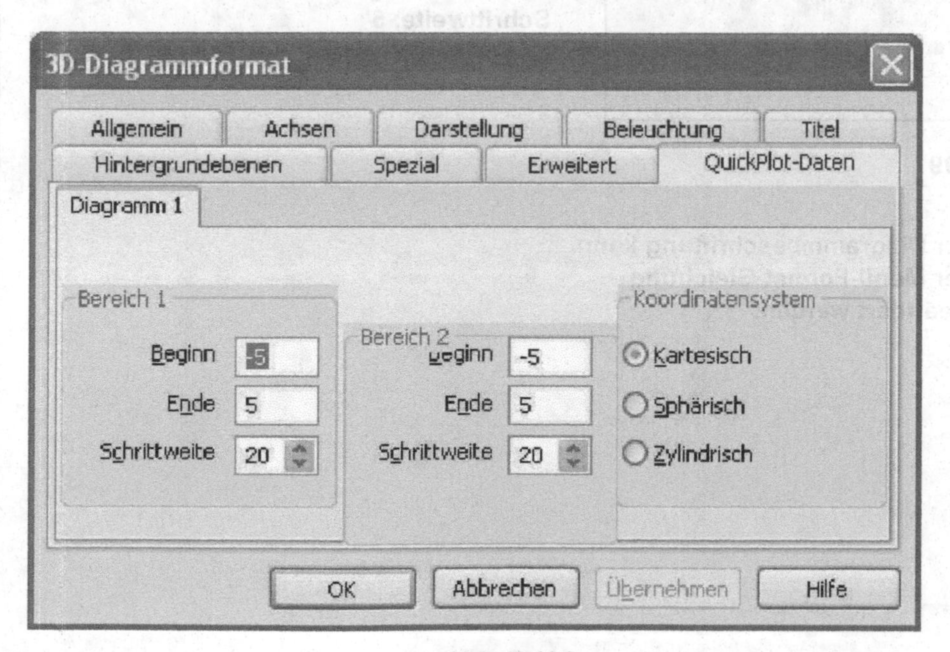

Abb. 7.108

Beispiel 7.23:

p-V-T-Diagramm (Qick-Plot):

$R := 8.314 \frac{J}{mol \cdot K}$ $\quad n := 1mol$ Gaskonstante und Stoffmenge

$p(V, T) := \frac{n \cdot R \cdot T}{V}$ allgemeines Gasgesetz (für ideale Gase)

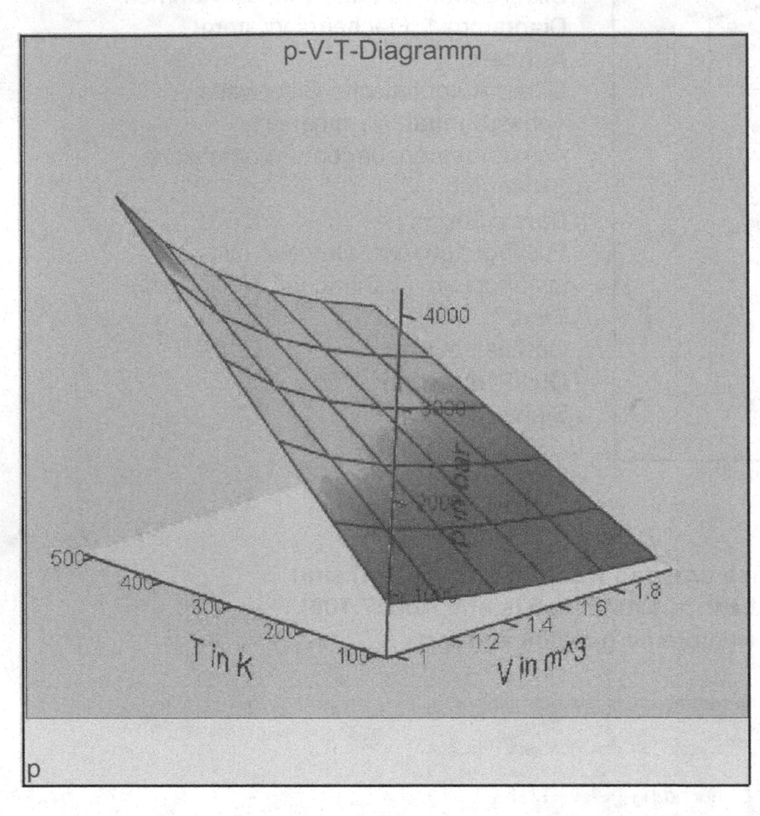

Allgemein:
Achsenformat: Ecke
Bilder: Rahmen anzeigen
Diagramm 1: Flächendiagramm
Achsen:
Gitter: Automatische Gitterweite
Beschriftung: V in m^3, T in K, p in bar
Achsenformat: Nummeriert
Achsenbegrenzungen: Automatische Skalierung
Darstellung:
Füllungsoptionen: Fläche füllen, Gouraud Schattierung, Farbschema
Linienoption: Drahtmodell
Titel:
Graftitel: oben
QickPlot-Daten:
Bereich 1: Beginn 1; Ende 2
Bereich 2: Beginn 100; Ende 500
Schrittweite: 5
Koordinatensystem: Kartesisch

Abb. 7.109

Die Schriftart und die Größe der Diagrammbeschriftung kann in 2D- und 3D-Diagrammen über Menü-Format-Gleichung "Mathematische Textschrift" geändert werden.

Beispiel 7.24:

3D-Fläche eines hyperpolischen Paraboloids und Umrissdiagramm (Quick-Plot):

$\frac{z}{c} = \frac{x^2}{a^2} - \frac{y^2}{b^2}$ hyperpolisches Paraboloid

$a := 2$ $b := 2$ $c := 2$ Parameter

$HParaboloid(x, y) := c \cdot \left(\frac{x^2}{a^2} - \frac{y^2}{b^2} \right)$ Funktionsdefinition

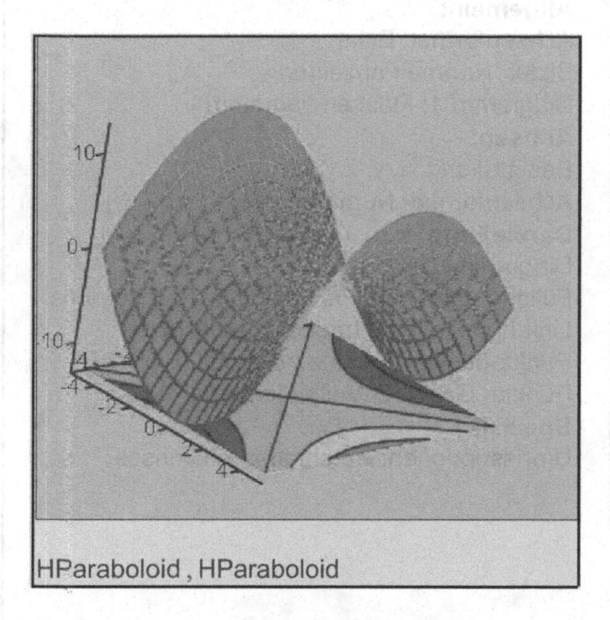

Abb. 7.110

Allgemein:
Achsenformat: Ecke
Bilder: Rahmen anzeigen
Diagramm 1: Flächendiagramm
Diagramm 2: Umrissdiagramm
Achsen:
Gitter: Automatische Gitterweite
Achsenformat: Nummeriert
Achsenbegrenzungen: Automatische Skalierung
Darstellung:
Diagramm 1:
Füllungsoptionen: Fläche füllen, Gouraud Schattierung, Volltonfarbe
Linienoption: Drahtmodell, Farbschema
Diagramm 2:
Füllungsoptionen: Umrisse füllen
Linienoption: Umrisslinien, Volltonfarbe
QickPlot-Daten:
Bereich 1: Beginn -5; Ende 5
Bereich 2: Beginn -5; Ende 5
Schrittweite: 20
Koordinatensystem: Kartesisch

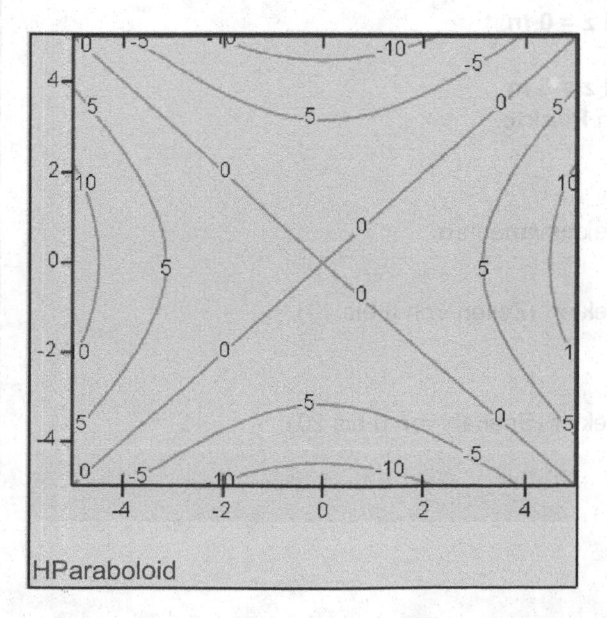

Abb. 7.111

Allgemein:
Bilder: Rahmen anzeigen
Diagramm 1: Umrissdiagramm
Achsen:
Gitter: Teilstriche zeichnen, Automatische Gitterweite
Achsenformat: Nummeriert
Achsenbegrenzungen: Automatische Skalierung
Darstellung:
Diagramm 1:
Füllungsoptionen: Keine Füllung
Linienoption: Umrisslinien, Volltonfarbe
Spezial:
Umrissoptionen: Linien zeichnen, Automatische Umrisse, Nummeriert
QickPlot-Daten:
Bereich 1: Beginn -5; Ende 5
Bereich 2: Beginn -5; Ende 5
Schrittweite: 20
Koordinatensystem: Kartesisch

Beispiel 7.25:

Darstellung einer Ebene, von der die z-Werte einiger Punkte in einer Matrix Z gespeichert werden.

ORIGIN := 0 ORIGIN festlegen

$\mathbf{Z} := \begin{pmatrix} 0 & 1 & 2 \\ 3 & 4 & 5 \end{pmatrix}$ gegebene Matrix mit den z-Werten von 6 Punkten im Raum

zeilen(**Z**) = 2 spalten(**Z**) = 3 Anzahl der Zeilen und Spalten

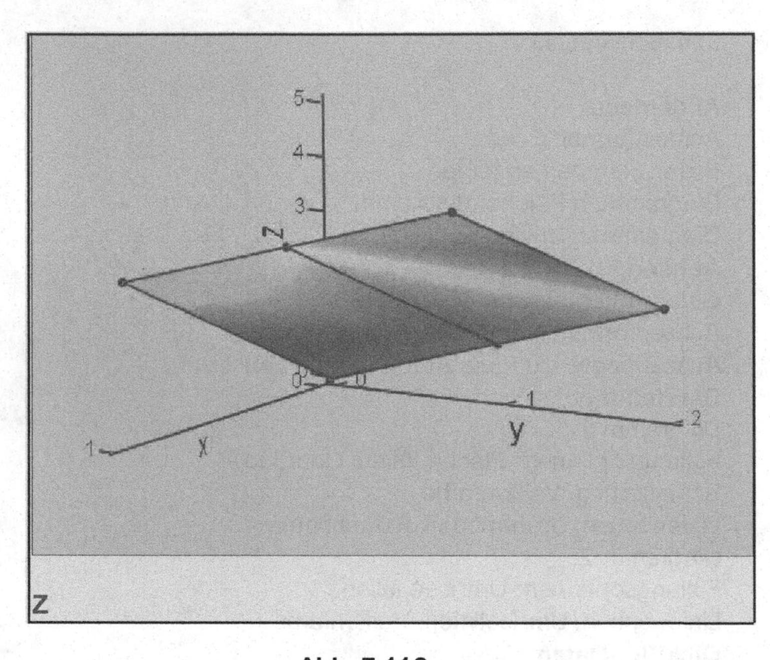

Allgemein:
Achsenformat: Ecke
Bilder: Rahmen anzeigen
Diagramm 1: Flächendiagramm
Achsen:
Beschriftung: x, y, z
Achsenformat: Nummeriert
Darstellung:
Diagramm 1:
Füllungsoptionen: Fläche füllen, Farbschema
Linienoption: Drahtmodell, Farbschema
Punktoptionen: Punkte zeichnen, Symbol Punkte, Größe 2, Volltonfarbe
Spezial:
Umrissoptionen: Automatische Umrisse

Abb. 7.112

Die x-Achse reicht von 0 bis 1, weil die Z-Matrix zwei Zeilen besitzt (ORIGIN = 0 also Index 0 und 1). Die y-Achse reicht von 0 bis 2, weil die Z-Matrix 3 Spalten besitzt (Index 0, 1, 2).
Der Punkt mit z = 0 wird für x = 0 und y = 0 gezeichnet, weil z = 0 in der Zeile 0 und Spalte 0 der Matrix Z liegt.
Der Punkt mit z = 5 wird für x = 1 und y = 2 gezeichnet, weil z = 5 in der 1. Zeile und 2. Spalte liegt. Analoges gilt für die anderen Punkte.

$i := 0 .. \text{zeilen}(\mathbf{Z}) - 1$ $j := 0 .. \text{spalten}(\mathbf{Z}) - 1$ Bereichsvariablen

$\mathbf{x1}_{i,j} := 10 \cdot i$ $\mathbf{x1} = \begin{pmatrix} 0 & 0 & 0 \\ 10 & 10 & 10 \end{pmatrix}$ **x**-Vektor (Zeilen von 0 bis 10)

$\mathbf{y1}_{i,j} := 10 \cdot j$ $\mathbf{y1} = \begin{pmatrix} 0 & 10 & 20 \\ 0 & 10 & 20 \end{pmatrix}$ **y**-Vektor (Spalten von 0 bis 20)

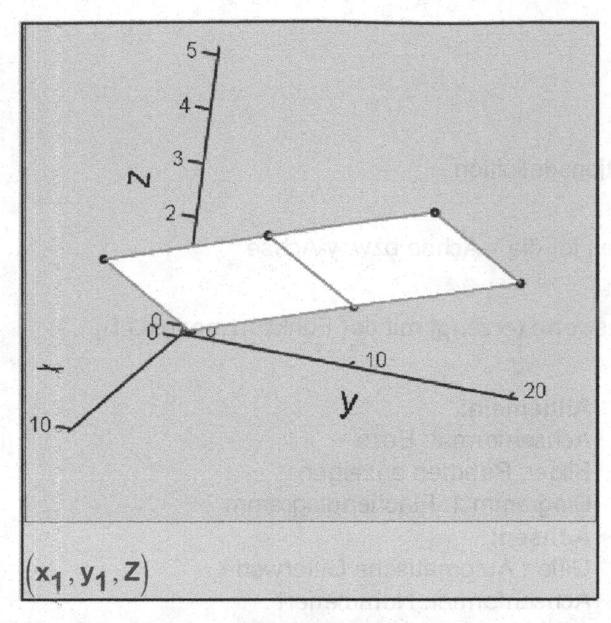

Allgemein:
Achsenformat: Ecke
Bilder: Rahmen anzeigen
Diagramm 1: Flächendiagramm
Achsen:
Beschriftung: x, y, z
Achsenformat: Nummeriert
Darstellung:
Diagramm 1:
Füllungsoptionen: Fläche füllen, Volltonfarbe
Linienoption: Drahtmodell, Volltonfarbe
Punktoptionen: Punkte zeichnen, Symbol Punkte, Größe 2, Volltonfarbe
Spezial:
Umrissoptionen: Automatische Umrisse

Abb. 7.113

Eine **einzelne Fläche** (die Matrizen in Klammer gesetzt).

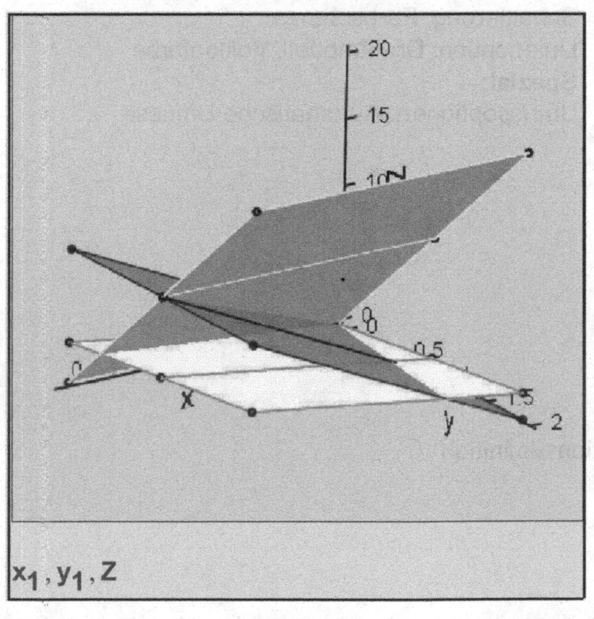

Allgemein:
Achsenformat: Ecke
Bilder: Rahmen anzeigen
Diagramm 1, 2, 3: Flächendiagramm
Achsen:
Gitter: Automatische Gitterwerte
Beschriftung: x, y, z
Achsenformat: Nummeriert
Darstellung:
Diagramm 1:
Füllungsoptionen: Fläche füllen, Gouraud Schattierung, Volltonfarbe
Linienoption: Drahtmodell, Volltonfarbe
Punktoptionen: Punkte zeichnen, Symbol Punkte, Größe 2.1, Volltonfarbe
Spezial:
Umrissoptionen: Automatische Umrisse

Abb. 7.114

Drei verschiedene Flächen (keine Klammer gesetzt).

Beispiel 7.26:

$ORIGIN := 0$ — ORIGIN festlegen

$f(x, y) := 500 \cdot \left(-x^2 - y^2\right)$ — skalarwertige Funktionsdefinition

$i := 30 \qquad j := 30$ — obere Begrenzungen für die x-Achse bzw. y-Achse

$\mathbf{Z} := \text{matrix}(i, j, f)$ — Matrix der Funktionswerte (erzeugt mit der Funktion matrix(i,j,f))

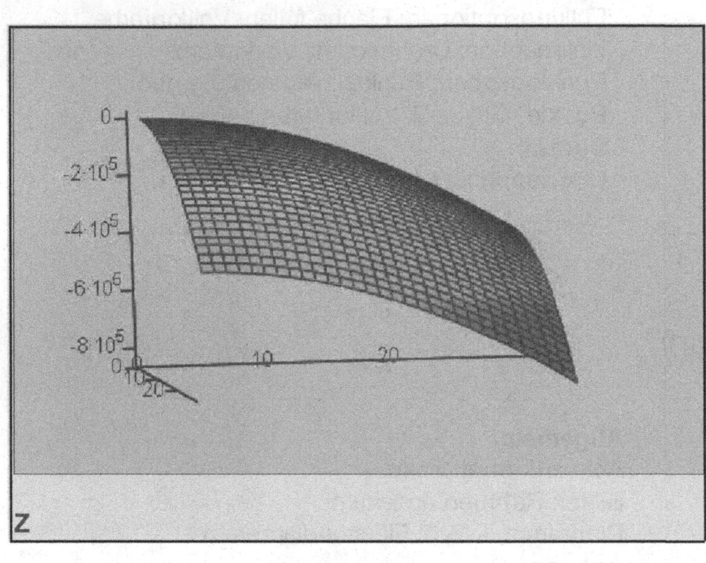

Abb. 7.115

Allgemein:
Achsenformat: Ecke
Bilder: Rahmen anzeigen
Diagramm 1: Flächendiagramm
Achsen:
Gitter: Automatische Gitterwerte
Achsenformat: Nummeriert
Achsenbegrenzungen: Automatische Skalierung
Darstellung:
Diagramm 1:
Füllungsoptionen: Fläche füllen, Gouraud Schattierung, Farbschema
Linienoption: Drahtmodell, Volltonfarbe
Spezial:
Umrissoptionen: Automatische Umrisse

Beispiel 7.27:

3D-Sattelfläche und Umrissdiagramm:

$g1(x, y) := x^2 - 2y^2 + 10$ — skalarwertige Funktionsdefinition

$i := 0..30 \qquad j := 0..30$ — Bereichsvariable

$\mathbf{X2}_{i,j} := \frac{i-15}{3} \qquad \mathbf{Y2}_{i,j} := \frac{j-15}{3}$ — **X2** und **Y2** Variable als Matrix

$\mathbf{Z2} := \overrightarrow{g1(\mathbf{X2}, \mathbf{Y2})}$ — **Z2** Variable als Matrix

$\mathbf{M} := \begin{pmatrix} \mathbf{X2} \\ \mathbf{Y2} \\ \mathbf{Z2} \end{pmatrix}$ — verschachtelte Matrizen

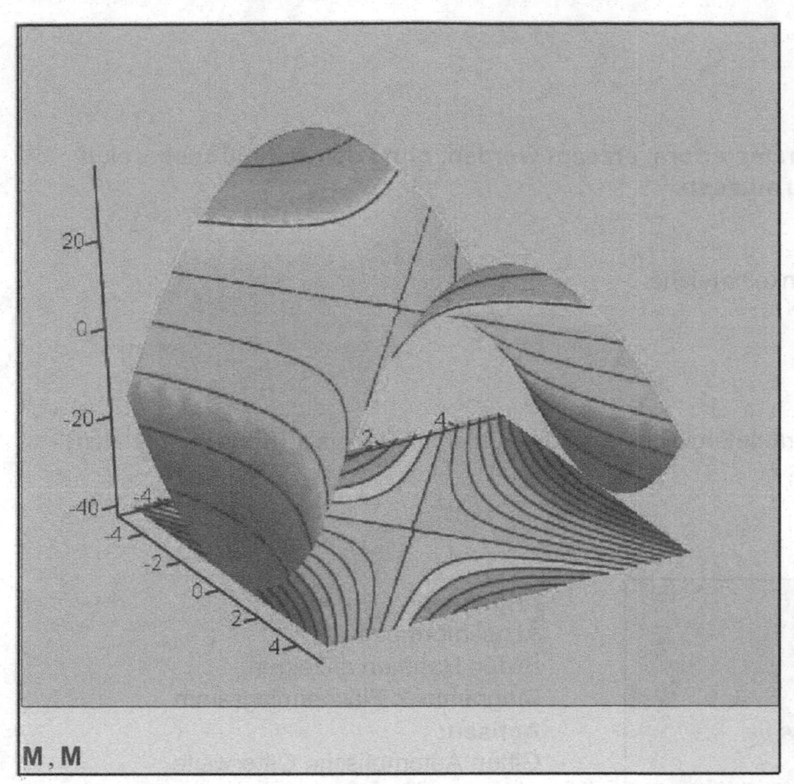

Abb. 7.116

Allgemein:
Achsenformat: Ecke
Bilder: Rahmen anzeigen
Diagramm 1: Flächendiagramm
Diagramm 2: Umrissdiagramm
Achsen:
Gitter: Automatische Gitterwerte
Achsenformat: Nummeriert
Achsenbegrenzungen: Automatische Skalierung
Darstellung:
Diagramm 1:
Füllungsoptionen: Fläche füllen, Gouraud Schattierung, Farbschema
Linienoption: Umrisslinien, Volltonfarbe
Diagramm 2:
Füllungsoptionen: Umrisse füllen
Linienoption: Umrisslinien, Volltonfarbe
Spezial:
Diagramm 1:
Umrissoptionen: Linien zeichnen, Automatische Umrisse
Diagramm 2:
Umrissoptionen: Füllen, Linien zeichnen, Anzahl 14

7.5 Flächen in Parameterform

Beispiel 7.28:

Es können auch 3D-Quick-Plots in Parameterform erzeugt werden, ohne den Definitionsbereich (Bereichsvariable) explizit angeben zu müssen.

$0 \le \varphi \le \pi$ $\quad 0 \le \theta \le 2 \cdot \pi$ Winkelbereiche

$\mathbf{X}(\varphi, \theta) := \sin(\varphi) \cdot \cos(\theta)$

$\mathbf{Y}(\varphi, \theta) := \sin(\varphi) \cdot \sin(\theta)$ Parametergleichungen der Kugel mit Radius 1 (Kugelkoordinaten)

$\mathbf{Z}(\varphi, \theta) := \cos(\varphi)$

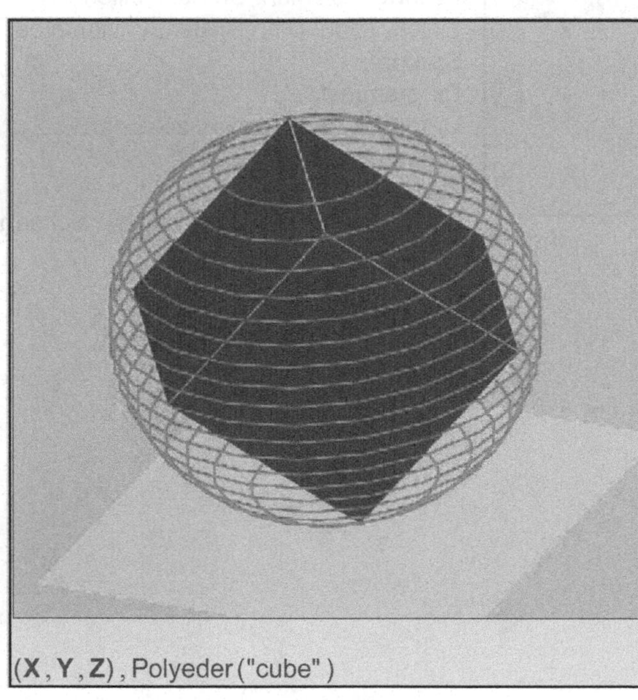

Abb. 7.117

Allgemein:
Achsenformat: Kein
Bilder: Rahmen anzeigen
Diagramm 1: Flächendiagramm
Achsen:
Gitter: Automatische Gitterweite
Achsenbegrenzungen: Automatische Skalierung
Darstellung:
Füllungsoptionen: Keine Füllung
Linienoption: Umrisslinien, Volltonfarbe
Hintergrundebenen:
XY-Hintergrundebene
Spezial:
Umrissoptionen: Linien Zeichnen, Automatische Umrisse
QickPlot-Daten:
Diagramm 1:
Bereich 1: Beginn 0; Ende 3.2
Bereich 2: Beginn 0; Ende 6.3
Schrittweite: 20
Koordinatensystem: Kartesisch

Mit der Funktion Polyeder können bis zu 180 verschiedene 3D-Abbildungen erzeugt werden.

Beispiel 7.29:

Spiralfeder und Zylinder:

$ORIGIN := 0$ — ORIGIN festlegen

$m1 := 120 \quad n := 60 \qquad i := 0..m1-1 \quad j := 0..n-1$ — Indexlaufbereiche für die Spiralfeder

$R := 6 \qquad r := 0.5$ — Spiralfederradien

$x(u,v) := (R + r \cdot \sin(v)) \cdot \cos(u)$

$y(u,v) := (R + r \cdot \sin(v)) \cdot \sin(u)$ — Parametergleichungen für die Spiralfeder

$z(u,v) := r \cdot \cos(v) + \frac{4}{\pi} \cdot u$

$\mathbf{u}_i := 13 \cdot \pi \cdot \frac{i}{m1-1} \qquad \mathbf{v}_j := 2 \cdot \pi \cdot \frac{j}{n-1}$ — Parameterlaufbereiche (Vektoren)

$\mathbf{XS}_{i,j} := x(\mathbf{u}_i, \mathbf{v}_j) \qquad \mathbf{YS}_{i,j} := y(\mathbf{u}_i, \mathbf{v}_j) \qquad \mathbf{ZS}_{i,j} := z(\mathbf{u}_i, \mathbf{v}_j)$ — **XS**, **YS** und **ZS** müssen für die Parametergleichungen als Matrizen definiert werden

$n1 := 40 \qquad i := 0..n1-1 \quad j := 0..n1-1$ — Indexlaufbereiche für den Zylinder

$R1 := 8$ — Radius des Zylinders

$\varphi_i := 2 \cdot \pi \cdot \frac{i}{n1-1} \qquad \mathbf{z}_j := 50 \cdot \frac{j}{n1-1}$ — Parameterlaufbereiche für den **Winkel φ** und für die **z-Komponente** (Vektoren)

$\mathbf{XZ}_{i,j} := R1 \cdot \cos(\varphi_i)$

$\mathbf{YZ}_{i,j} := R1 \cdot \sin(\varphi_i)$

$\mathbf{ZZ}_{i,j} := \mathbf{z}_j$

XZ, **YZ** und **ZZ** müssen für die Zylinderkoordinaten als Matrizen definiert werden

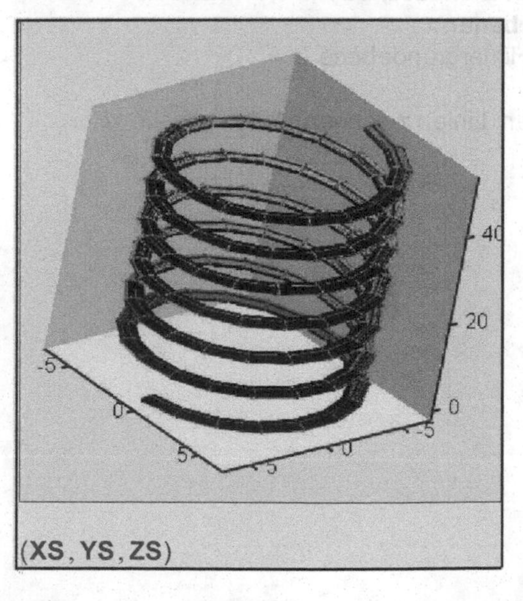

Abb. 7.118

Allgemein:
Achsenformat: Rundum
Bilder: Rahmen anzeigen
Diagramm 1: Flächendiagramm
Achsen:
Gitter: Automatische Gitterweite
Achsenformat: Nummeriert
Achsenbegrenzungen: Automatische Skalierung
Darstellung:
Füllungsoptionen: Umrisse füllen
Linienoption: Drahtmodell, Volltonfarbe
Hintergrundebenen:
XY-, YZ-, XZ-Hintergrundebene
Spezial:
Umrissoptionen: Füllen, Automatische Umrisse

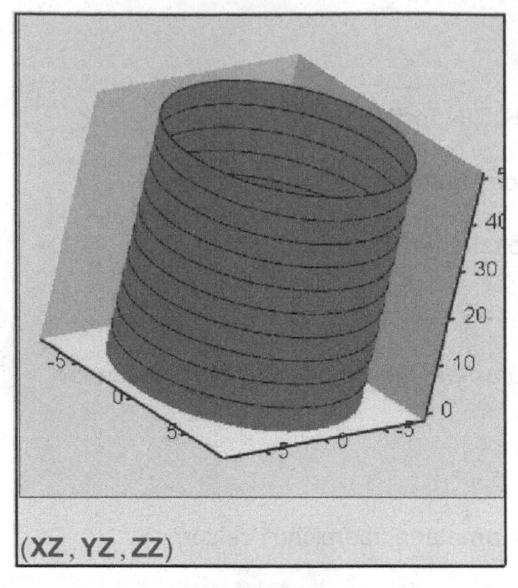

Abb. 7.119

Allgemein:
Achsenformat: Rundum
Bilder: Rahmen anzeigen
Diagramm 1: Flächendiagramm
Achsen:
Gitter: Automatische Gitterweite
Achsenformat: Nummeriert
Achsenbegrenzungen: Automatische Skalierung
Darstellung:
Füllungsoptionen: Fläche füllen, Gouraud Schattierung, Volltonfarbe
Linienoption: Umrisslinien, Volltonfarbe
Hintergrundebenen:
XY-, YZ-, XZ-Hintergrundebene
Spezial:
Umrissoptionen: Linien zeichnen, Automatische Umrisse

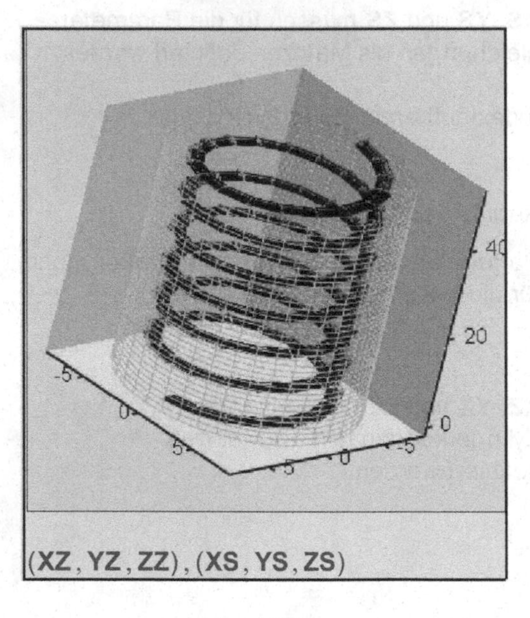

Abb. 7.120

Bei mehreren Flächendiagrammen werden die in Klammer gesetzten Matrizen durch einen Beistrich getrennt.

Allgemein:
Achsenformat: Rundum
Bilder: Rahmen anzeigen
Diagramm 1, 2: Flächendiagramm
Achsen:
Gitter: Automatische Gitterweite
Achsenformat: Nummeriert
Achsenbegrenzungen: Automatische Skalierung
Darstellung:
Diagramm 1:
Füllungsoptionen: Keine Füllung
Linienoption: Drahtmodell, Stärke 0.1, Volltonfarbe
Diagramm 2:
Füllungsoptionen: Keine Füllung
Linienoption: Drahtmodell, Stärke 1, Volltonfarbe
Hintergrundebenen:
XY-, YZ-, XZ-Hintergrundebene
Spezial:
Umrissoptionen: Linien zeichnen, Automatische Umrisse

Beispiel 7.30:

Parametrisierte 3D-Fläche:

$N := 30$ Anzahl der Parameterwerte (N+1)

$i := 0 .. N \quad j := 0 .. N$ Bereichsvariablen i und j

$\alpha_i := 6 \cdot \pi \cdot \frac{i}{N} \qquad \beta_j := 3 \cdot \pi \cdot \frac{j}{N}$ Parameterwerte α_i und β_j

$R(\alpha) := 10 \cdot e^{-2 \cdot \frac{\alpha}{10}} \qquad r(\alpha) := 5 \cdot e^{\frac{-\alpha}{10}}$ Radien

$\mathbf{X}_{i,j} := R(\alpha_i) + r(\alpha_i) \cdot \cos(\beta_j)$

Parametergleichungen **X**, **Y** und **Z** müssen als Matrizen definiert werden.

$\mathbf{Y}_{i,j} := R(\alpha_i) + r(\alpha_i) \cdot \sin(\beta_j)$

$\mathbf{X}_{i,j}$, $\mathbf{Y}_{i,j}$ und $\mathbf{Z}_{i,j}$ hängen dabei von den Parametern α_i und β_j ab.

$\mathbf{Z}_{i,j} := r(\alpha_i) \cdot \cos(\beta_j)$

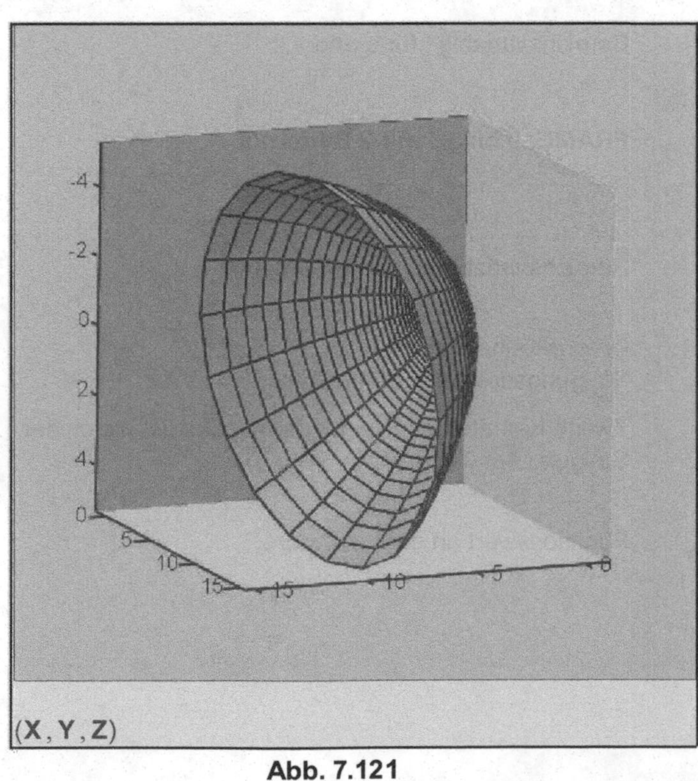

Abb. 7.121

Allgemein:
Achsenformat: Rundum
Bilder: Rahmen anzeigen
Diagramm 1: Flächendiagramm
Achsen:
Gitter: Automatische Gitterweite
Achsenformat: Nummeriert
Achsenbegrenzungen: Automatische Skalierung
Darstellung:
Füllungsoptionen: Fläche füllen, Gouraud Schattierung, Volltonfarbe
Linienoption: Drahtmodell, Volltonfarbe
Hintergrundebenen:
XY-, YZ-, XZ-Hintergrundebene
Spezial:
Umrissoptionen: Automatische Umrisse

7.6 Animation

Bei Animationen kann ein Parameter FRAME in ganzzahligen Schritten von einem Minimalwert bis zu einem Maximalwert variiert werden.

Beispiel 7.31:

Gleichmäßig beschleunigte Bewegung (Wurf nach unten):

$v_0 := 30 \cdot \frac{m}{s}$ Anfangsgeschwindigkeit

$s1(t) := v_0 \cdot t + \frac{g}{2} \cdot t^2$ Weg-Zeit-Gesetz

$t := t$ Redefinition für die symbolische Auswertung

$v(t) := \frac{d}{dt} s1(t) \qquad v(t) \rightarrow \frac{30 \cdot m}{s} + g \cdot t$ Geschwindigkeit-Zeit-Gesetz

$s_t(t_1, t) := s1(t_1) + v(t_1) \cdot (t - t_1)$ Tangentengleichung an der Stelle t_1

$t := 0 \cdot s, 0.01 \cdot s .. 10 \cdot s$ Bereichsvariable t für s und v

$t_1 := 3 \cdot s + \frac{FRAME}{5} \cdot s$ **FRAME: 0 bis 25 mit 2 Bildern/s**

$t_t := t_1 - 2 \cdot s, t_1 - 1.99 \cdot s .. t_1 + 2 \cdot s$ Bereichsvariable t_t für die Tangente

$c(t_2) := s_t(t_1, t_1 - 1 \cdot s) \qquad t_2 := t_1 - 1 \cdot s, t_1 .. t_1$ Untere Kathete des Steigungsdreiecks (Länge 1)

$k := c(t_1), c(t_1) + 1 \cdot m .. s_t(t_1, t_1)$ Zweite Kathete des Steigungsdreiecks (ist gleich der Steigung der Tangente)

$k_1 := 0 \cdot \frac{m}{s}, 1 \cdot \frac{m}{s} .. v(t_1)$ Funktionswert an der v(t)-Kurve

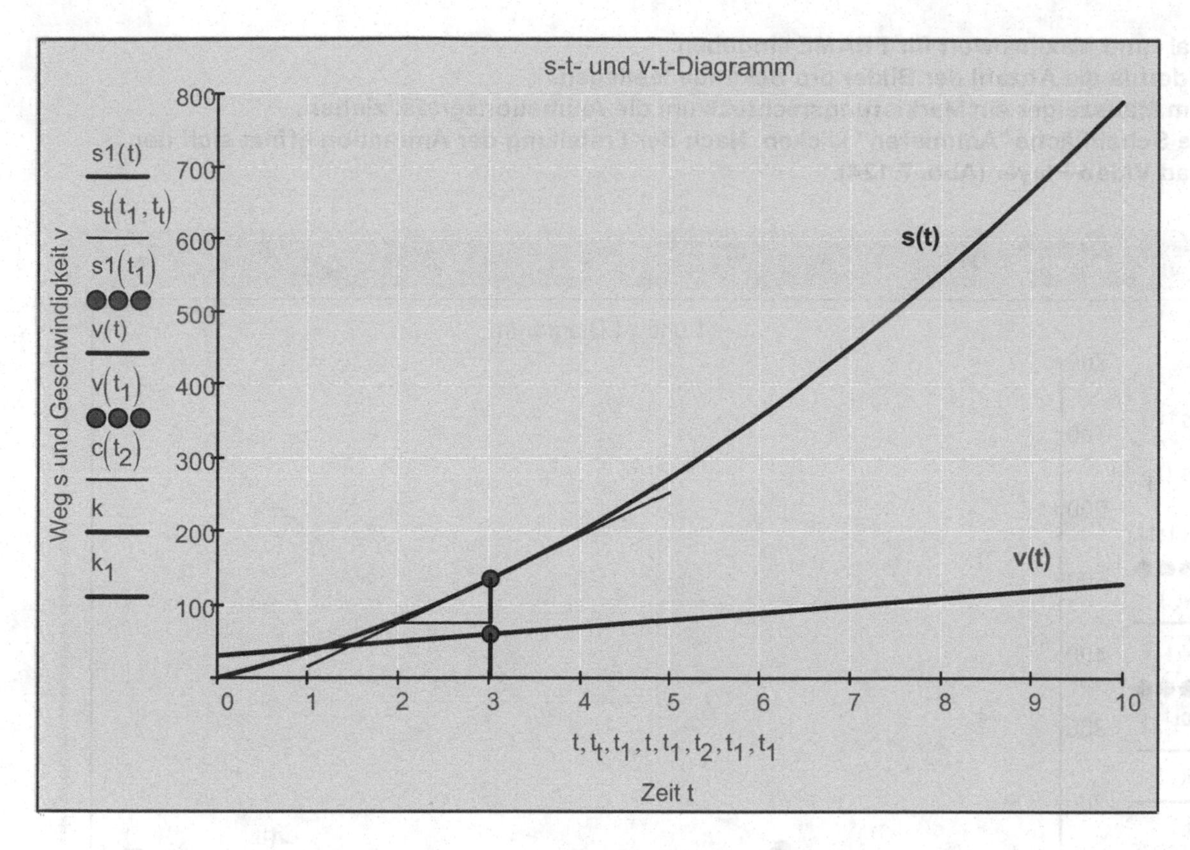

Abb. 7.122

X-Y-Achsen:
Gitterlinien
Nummeriert
Automatische Skalierung
Anzahl der Gitterlinien: x-Achse: 10 und y-Achse: 8
Achsenstil:
Kreuz

Spuren:
Spur 1, Spur 2, Spur 4, Spur 6, Spur 7 und 8
Typ Linien
Spur 3, Spur 5
Symbol Punkt, Typ Punkte
Beschriftungen:
Titel oben, Zeit- und Weg- bzw. Geschwindigkeits-Achse

Erstellen einer Animation:

1. Menü-Extras-Animation-Aufzeichnen wählen.

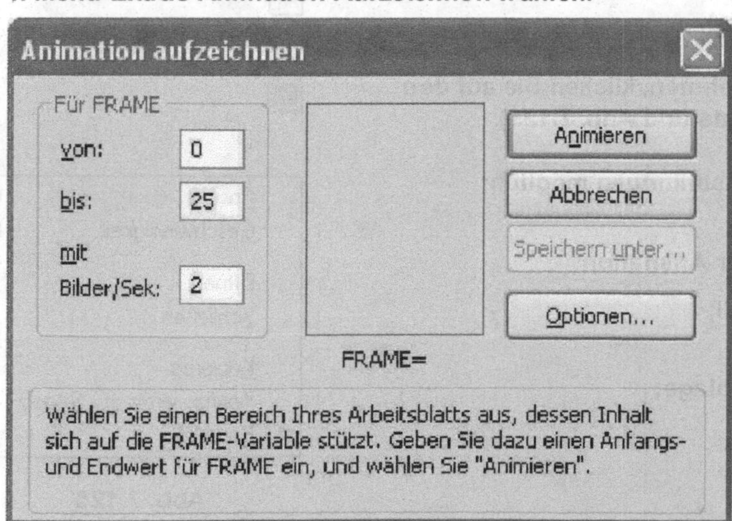

Abb. 7.123

2. Minimal- und Maximalwert für FRAME eingeben.
3. Mit Bildern/s die Anzahl der Bilder pro Sekunde festlegen.
4. Mit dem Mauszeiger ein Markierungsrechteck um die Animationsgrafik ziehen.
5. Auf die Schaltfläche "Animieren" klicken. Nach der Erstellung der Animation öffnet sich der Mathcad Video-Player (Abb. 7.124).

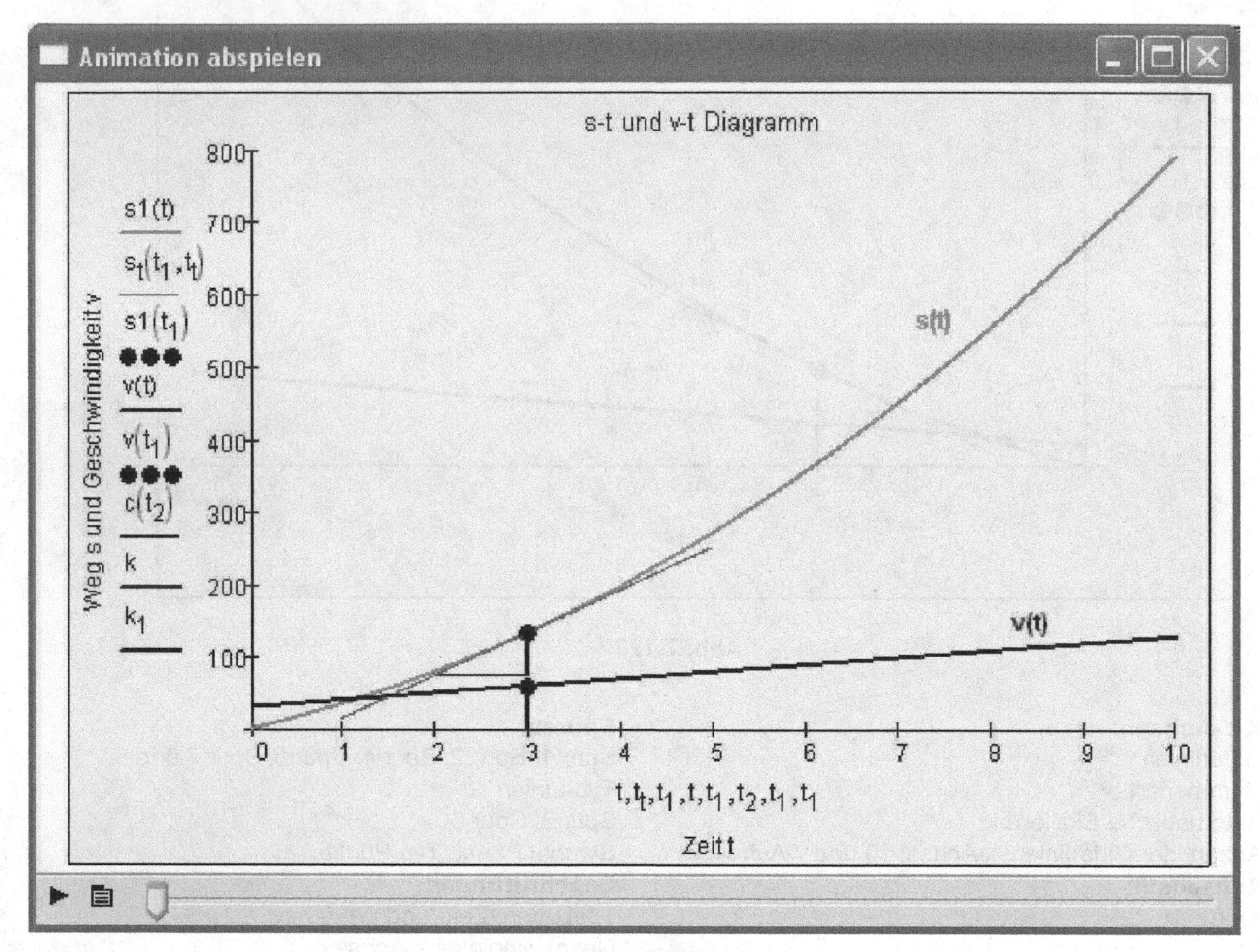

Abb. 7.124

6. Um die Animation ablaufen zu lassen, klicken Sie auf den Wiedergabe-Knopf (siehe Abbildung rechts).

7. Um Änderungen an der Animation vorzunehmen, klicken Sie auf den Befehlsmenü-Knopf (siehe Abbildung rechts und Abb. 7.125).

In diesem Kontextmenü sind folgende Einstellungen möglich:

Einstellung der Fenstergröße;
Einstellung der Ablaufgeschwindigkeit der Animation;

Öffnen einer Animationsdatei vom Typ AVI;
Schließen der Animation;

Kopieren der Animation in die Zwischenablage;
Konfigurationseinstellungen;
MCI-Kommando ausführen.

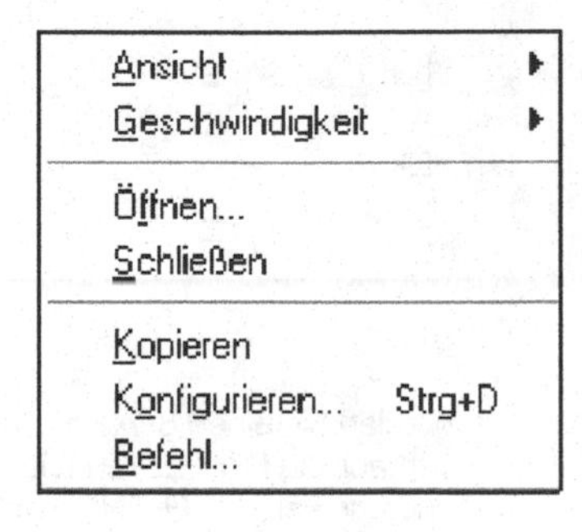

Abb. 7.125

8. Die Animation kann im Fenster-Animation aufzeichnen (Abb. 7.123) mit "Speichern unter" als Animationsdatei, z. B. Tangente_Ableitung.AVI, gespeichert werden. Mit Optionen kann zum Speichern eine Komprimierungsmethode gewählt werden. Eine Wiedergabe der Animation ist über Menü-Extras-Animation-Wiedergeben möglich.

Eine andere Möglichkeit besteht darin, mit Kopieren (siehe Abb. 7.125) die Animation zu kopieren und die Animation mit Inhalte einfügen (rechte Maustaste) in ein Mathcad-Dokument zu integrieren. Auch mit Drag & Drop kann eine AVI-Datei auf ein Mathcad-Dokument gezogen und anschließend mit einem Doppelklick gestartet werden.

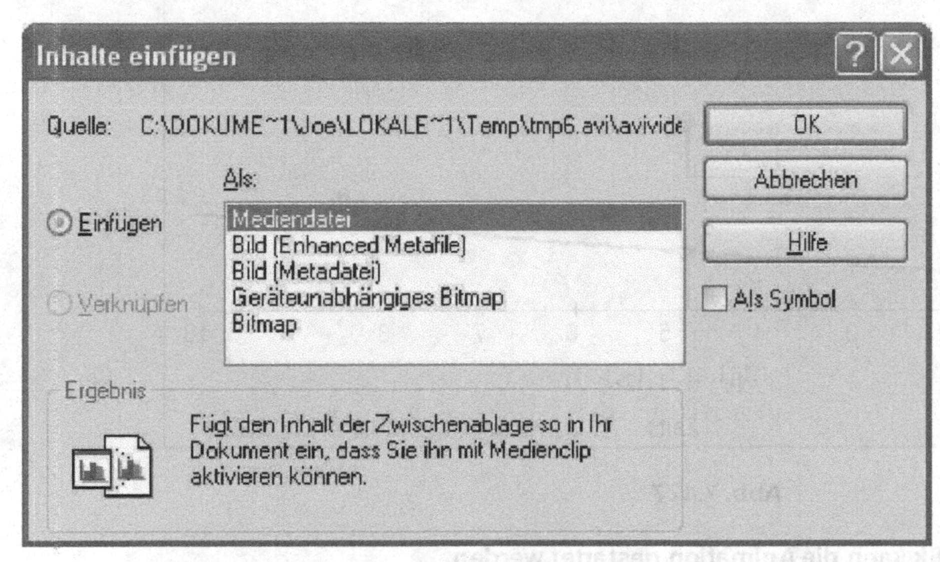

Abb. 7.126

Dieses Fenster (Abb. 7.126) erscheint, wenn die Animation mit Inhalte einfügen (rechte Maustaste) in ein Mathcad-Dokument integriert werden soll. Mit OK wird die Animation in das Mathcad-Arbeitsblatt eingefügt.

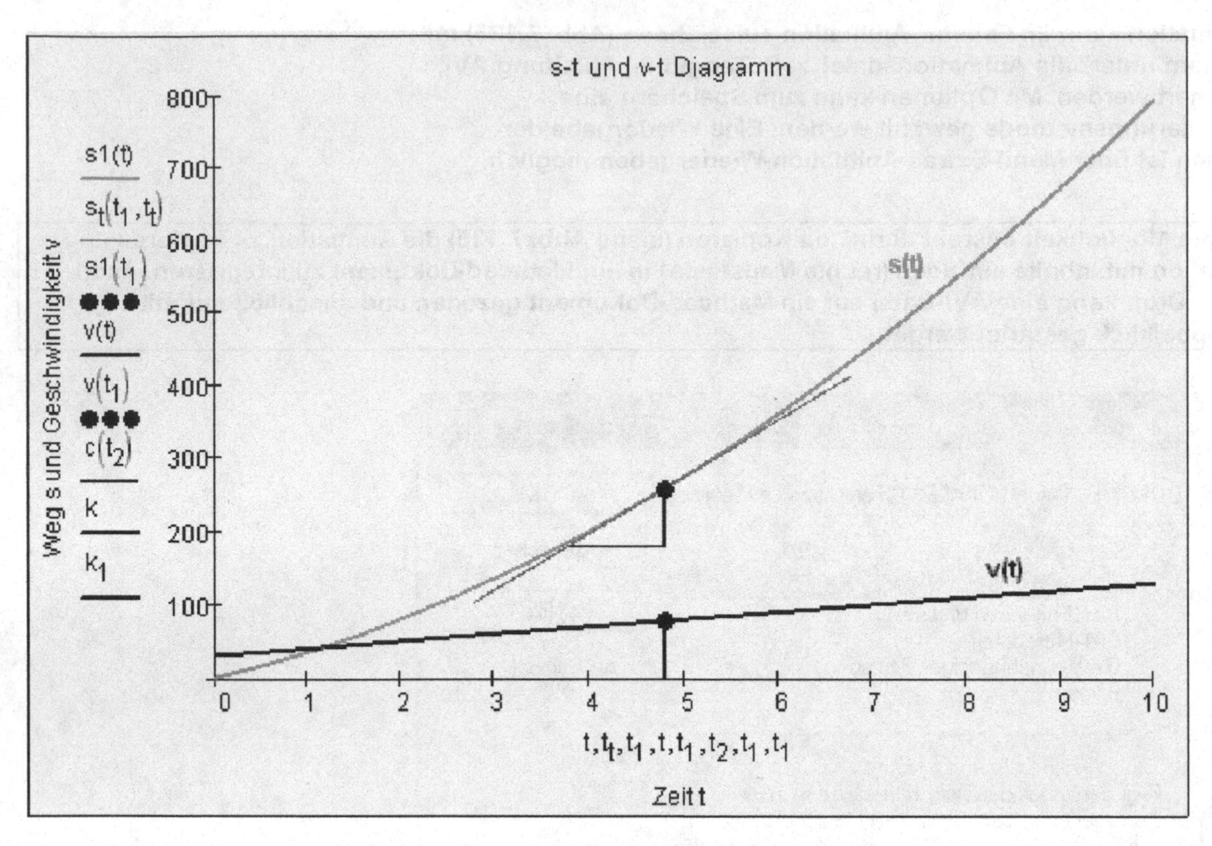

Abb. 7.127

Mittels Doppelklick auf die Grafik kann die Animation gestartet werden.

Per Drag & Drop können Sie das Dateisymbol einer gespeicherten Animation auch direkt aus dem Windows-Explorer auf das Mathcad-Arbeitsblatt ziehen (siehe Abb. 7.127). Mittels Doppelklick auf die Grafik kann die Animation gestartet werden.

Ein Video (eineAnimation) kann auch mittels Doppelklick auf einen Hyperlink-Text gestartet werden. Es wird dabei z. B. der Windows Media Player gestartet.
Hyperlinktext Tangente_Ableitung.AVI

Beispiel 7.32:

Animierte 3D-Grafik:

$n := 40$ — Anzahl der Parameterwerte

$i := 0..n-1$ $\quad j := 0..n-1$ — Bereichsvariablen i und j

$\varphi_i := 2 \cdot \pi \cdot \frac{i}{n-1}$ $\quad \theta_j := \pi \cdot \frac{j}{n-1}$ — Parameterwerte φ_i (**Azimut**) und θ_j (**Polwinkel**) als Vektorkomponenten

Parameterdarstellung der Fläche (Kugelkoordinaten mit variablem Radius):

$r(\theta) := \cos(FRAME \cdot \theta)$

Radius in Abhängigkeit vom Polwinkel (für **FRAME = 0** ergibt sich die Kugeloberfläche mit **Radius cos(0) = 1**)

Die Kugel kann wie oben beschrieben animiert werden (z. B. FRAME von 0 bis 10 und 1 Bild/s)

$X3_{i,j} := r(\theta_j) \cdot \cos(\varphi_i) \cdot \sin(\theta_j)$

$Y3_{i,j} := r(\theta_j) \cdot \sin(\varphi_i) \cdot \sin(\theta_j)$

$Z3_{i,j} := r(\theta_j) \cdot \cos(\theta_j)$

X3, Y3 und Z3 müssen, wie schon erwähnt wurde, als Matrizen definiert werden. Die Matrizen $\mathbf{X3_{i,j}}$, $\mathbf{Y3_{i,j}}$, $\mathbf{Z3_{i,j}}$ hängen dabei von den Parametern φ_i und θ_j ab.

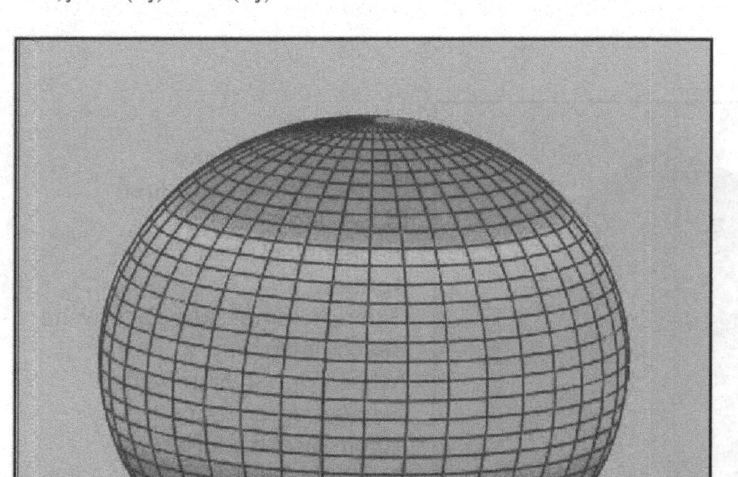

Allgemein:
Achsenformat: Kein
Bilder: Rahmen anzeigen
Diagramm 1: Flächendiagramm
Achsen:
Gitter: Automatische Gitterweite
Achsenformat: Nummeriert
Achsenbegrenzungen: Automomatische Skalierung
Darstellung:
Füllungsoptionen: Fläche füllen, Gouraud Schattierung, Farbschema
Linienoption: Drahtmodell, Volltonfarbe
Spezial:
Umrissoptionen: Automatische Umrisse

Abb. 7.128

Beispiel 7.33:

Animierte 3D-Grafik:

$i := 0..40 \quad j := 0..40$ Bereichsvariablen

$$xz_{i,j} := 2 \cdot \cos\left(\frac{2 \cdot \pi \cdot i}{40}\right)$$

$$yz_{i,j} := 2 \cdot \sin\left(\frac{2 \cdot \pi \cdot i}{40}\right)$$

Parameterdarstellung eines Zylinders (Zylinderkoordinaten).
xz, yz und zz müssen wieder als Matrizen definiert werden.

$$zz_{i,j} := \frac{j - 20}{5}$$

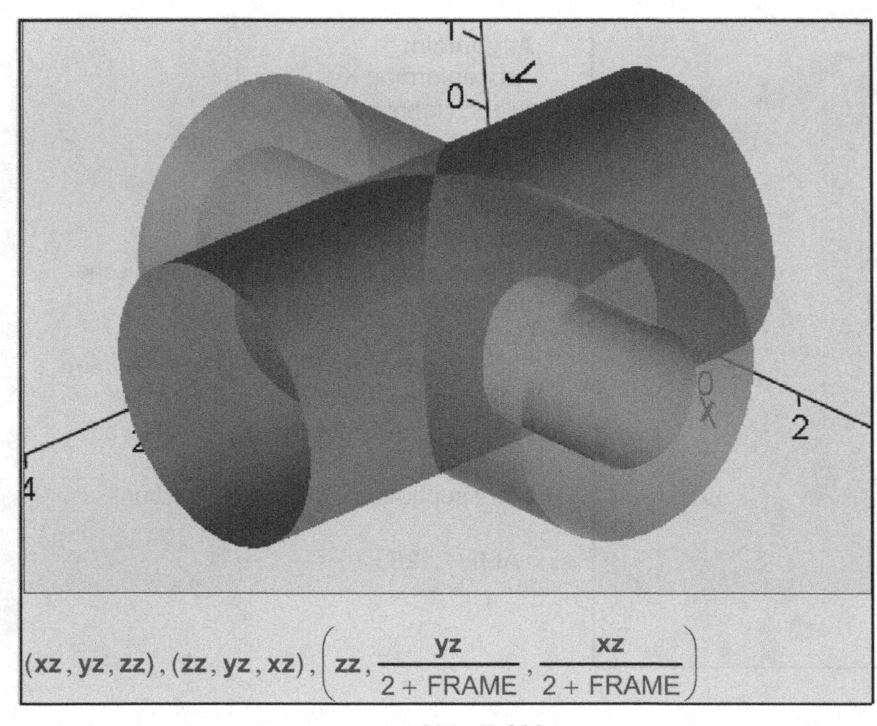

$(xz, yz, zz), (zz, yz, xz), \left(zz, \frac{yz}{2 + FRAME}, \frac{xz}{2 + FRAME}\right)$

Abb. 7.129

FRAME von 0 bis 8 und 1 Bild/s.

Allgemein:
Achsenformat: Ecke
Bilder: Rahmen anzeigen
Diagramm 1, 2, 3:
Flächendiagramm
Achsen:
Gitter: Automatische Gitterweite
Beschriftung: x, y, z
Achsenformat: Nummeriert
Achsenbegrenzungen:
Automatische Skalierung
Darstellung:
Diagramm 1, 2, 3:
Füllungsoptionen: Fläche füllen,
Gouraud Schattierung,
Volltonfarbe
Linienoption: Keine Linien
Spezial:
Umrissoptionen: Automatische
Umrisse
Erweitert:
Diagramm 1:
Glanz 20, Transparenz 0
Diagramm 2:
Glanz 30, Transparenz 30
Diagramm 3:
Glanz 55, Transparenz 0

8. Gleichungen, Ungleichungen und Systeme

8.1 Allgemeines

Viele Gleichungen, Ungleichungen sowie Gleichungs- und Ungleichungssysteme können in Mathcad **symbolisch exakt** gelöst werden (mit dem **Symboloperator " ▪→ " und dem Schlüsselwort "auflösen" (Symbolleiste Rechnen "Symbolische Operatoren")** oder über das **Menü-Symbolik-Variable-Auflösen**).

Wenn beim Lösen von Gleichungen, Ungleichungen sowie Gleichungs- und Ungleichungssystemen alle symbolischen Methoden versagen, können nur noch **numerische Methoden** zum Ziel führen. Diese haben den großen Vorteil, dass sie unabhängig vom Gleichungstyp sind (**Nachteil: Rundungsfehler**). Die numerischen Methoden sind alle **iterative Methoden (Iterationsmethoden).**

Zum Lösen von Gleichungen, Ungleichungen sowie Gleichungs- und Ungleichungssystemen stehen in Mathcad mehrere **implementierte numerische Methoden** zur Verfügung:

1. Jede Gleichung der Form **L(x) = R(x)** hat als **Lösungsmenge** genau die **Nullstellenmenge** der Funktion **f(x) : = L(x) - R(x)** und umgekehrt.
   Durch Vorgabe eines Startwertes (Schätzwertes) $\mathbf{x_0}$ (reell oder komplex) bzw. der Grenzen **a** und **b**, zwischen denen eine Nullstelle liegt, erhalten wir mit der Funktion **wurzel(f(x_0), x_0)** bzw. mit **wurzel(f(x), x,a,b)** eine Näherungslösung der Gleichung. Die **Genauigkeit der Lösung** kann durch **Änderung der Konvergenztoleranz** (vordefinierte Variable **TOL im Menü Extras-Arbeitsblattoptionen**) eingestellt werden.

2. Von jeder algebraischen Gleichung der Form $\mathbf{a_0 + a_1\,x + a_2\,x^2 + ... + a_n\,x^n = 0}$ mit dem Koeffizientenvektor $\mathbf{a} = (\mathbf{a_0}, \mathbf{a_1}, \mathbf{a_2}, ..., \mathbf{a_n})^T$ erhalten wir mit der Funktion **nullstellen(a)** einen reellen bzw. komplexen Lösungsvektor. Für fehlende Koeffizienten muss 0 eingegeben werden. Die **Genauigkeit der Lösung** kann durch **Änderung der Konvergenztoleranz** (vordefinierte Variable **TOL**) eingestellt werden.

3. Lineare Gleichungssysteme können auf mehrere Arten gelöst werden:
   Fassen wir die **Koeffizienten** $\mathbf{a_{i,k}}$ und die **Konstanten** $\mathbf{c_i}$ eines Gleichungssystems zu einer **Matrix A** bzw. zu einem **Vektor c** zusammen, dann liefert die Funktion **llösen(A,c)** bzw. $\mathbf{x := A^{-1}c}$ den Lösungsvektor (reelle und komplexe Lösungen). **A** muss aber eine **reguläre Matrix** sein. Mit **llösen(A,c)** kann auch ein **über- bzw. unterdeterminiertes lineares Gleichungssystem** gelöst werden. Die **Genauigkeit der Lösungen** kann durch **Änderung der Konvergenztoleranz** (vordefinierte Variable **TOL**) eingestellt werden.

4. Lineare Gleichungssysteme (eventuell auch mit Nebenbedingungen (Gleichheiten oder Ungleichheiten), nicht lineare Gleichungssysteme (eventuell auch mit Nebenbedingungen (Gleichheiten oder Ungleichheiten)), Maximierung oder Minimierung (Optimierung; eventuell auch mit Nebenbedingungen (Gleichheiten oder Ungleichheiten)) einer Funktion sowie lineare Optimierung einer Funktion $\mathbf{f(x_1,x_2,..x_n) = a_0 + a_1\,x_1 + a_2\,x_2 + ... + a_n\,x_n}$ (wobei alle Nebenbedingungen Gleichheiten oder Ungleichheiten sind, die lineare Funktionen mit Konstanten vergleichen) und quadratische Optimierung einer Funktion, die auch quadratische Terme enthält (alle Nebenbedingungen sind linear). lösen wir mit einem **Lösungsblock, der aus dem Wort Vorgabe und einer Mathcad-Funktion Suchen, Maximieren, Minimieren oder Minfehl besteht.**
   Zuerst wird das Wort **Vorgabe** eingegeben. **Nach dem Wort Vorgabe** werden zuerst alle **Startwerte (Schätzwerte) für alle unbekannten Variablen** definiert, nach denen sie aufgelöst werden sollen (sie können auch schon **vor dem Wort Vorgabe** stehen). Danach werden (in beliebiger Reihenfolge) **die Gleichungen und Ungleichungen** angeführt. **Die Gleichungen sind mit dem logischen Gleichheitszeichen** zu formulieren. **Ungleichungen enthalten die Ungleichheitszeichen (<, >, ≤, ≥).** Das Ungleichheitszeichen (≠), Ungleichungen der Form **a < b < c** und eine Zuweisung wie **x := 2** dürfen **nicht** in einem Lösungsblock enthalten sein.

Nach dem Wort Vorgabe und den Gleichungen bzw. Ungleichungen steht eine der vorher genannten Funktionen.
Eine Verschachtelung von Lösungsblöcken ist nicht möglich.
Die Genauigkeit der Lösungen kann durch Änderung der **Konvergenztoleranz (vordefinierte Variable TOL im Menü Extras-Arbeitsblattoptionen)** und die **Genauigkeit der Nebenbedingungen** kann durch Änderung der **Bedingungstoleranz (vordefinierte Variable CTOL im Menü Extras-Arbeitsblatt-Optionen)** eingestellt werden. **TOL** und **CTOL** können auch **lokal am Arbeitsblatt** festgelegt werden! Standardmäßig wird in Mathcad zum Lösen von Gleichungen bzw. Ungleichungen eine **automatische Auswahl (AUTOSELECT)** getroffen, um einen geeigneten Lösungsalgorithmus zu finden. Wenn wir aber andere Algorithmen wählen wollen, so genügt es, den Funktionsnamen **Suchen, Maximieren, Minimieren bzw. Minfehl** anzuklicken und mit der **rechten Maustaste** das folgende Dialogfenster zu öffnen:

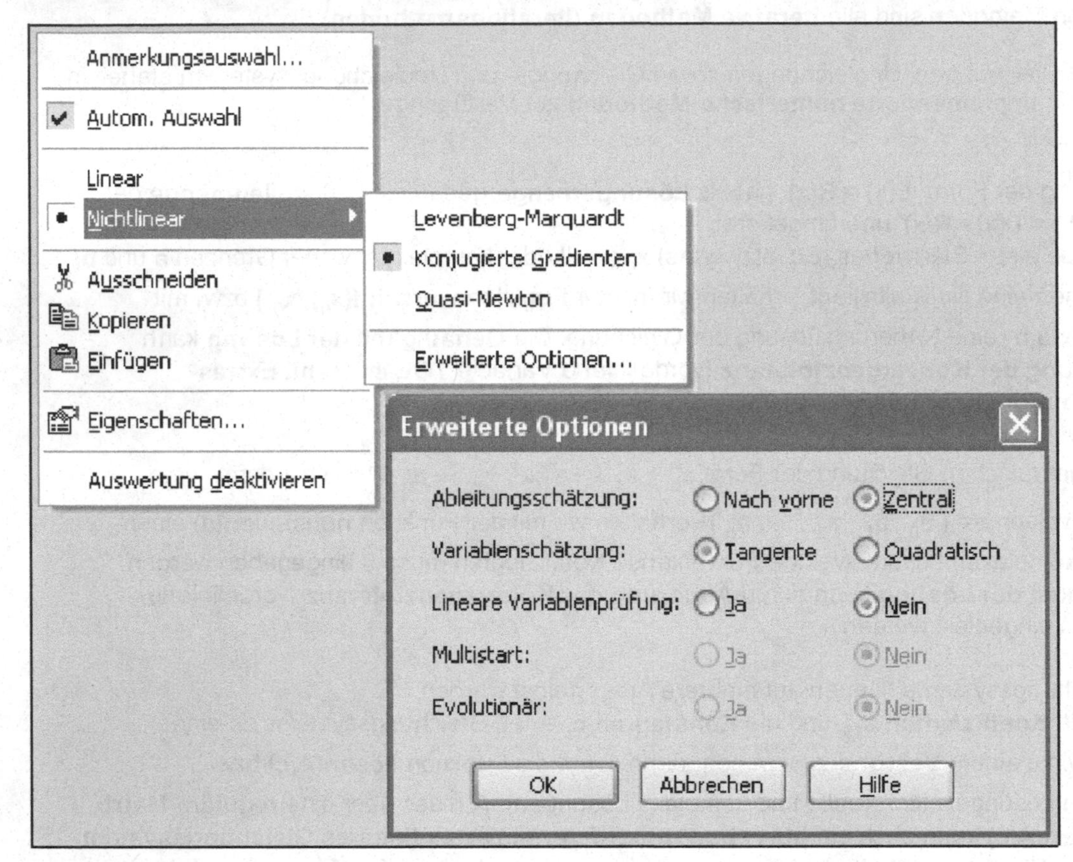

Abb. 8.1

Diese Default-Einstellungen nehmen bereits auf 99.99 % aller Fälle Rücksicht.

Autom. Auswahl (AUTOSELECT): Wählt einen geeigneten Algorithmus.

Linear: Zur Lösung von linearen Problemen (Schätzwerte sind nicht erforderlich).

Nichtlinear: Zur Lösung von nichtlinearen Problemen mit verschiedenen Algorithmen. Der Lösungsalgorithmus für **konjugierte Gradienten** (falls der Lösungsalgorithmus nicht konvergiert), der **Levenberg-Marquardt-Lösungsalgorithmus** und, falls auch der scheitert, der **Quasi-Newtonsche Lösungsalgorithmus. Schätzwerte haben einen erheblichen Einfluss auf die Lösung**. Der Punkt **Erweiterte Optionen** bezieht sich ausschließlich auf die Lösungsalgorithmen für **nichtlineare Gradienten** und das **Quasi- Newton-Verfahren.** Diese Optionen bieten eine größere Einflussnahme beim Ausprobieren verschiedener Algorithmen für Überprüfungen und Vergleiche. Außerdem können die Werte der Systemvariablen **TOL und CTOL** angepasst werden.

Ist die **"Automatische Auswahl" ausgeschaltet**, so wird, falls nichts anderes gewählt wird, bei linearen Problemen **"Linear"**, sonst **"Nichtlinear"** gewählt und das **Gradientenverfahren** angewendet.

Der Name **Quadratisch** erscheint nur, wenn das **Solving & Optimization Extension Pack (**Lösungen und Optimierungen) **für Mathcad** installiert ist (**Zusatzsoftware**). Es zeigt an, dass es sich um ein quadratisches Problem handelt, und es werden quadratische Verfahren angewendet.

Mit Mathcad-Lösungsblöcken können Systeme mit maximal 400 Variablen gelöst werden. Lineare Systeme können über maximal 8192, nichtlineare Systeme über maximal 200 Nebenbedingungen verfügen. Nach Installation des Erweiterungspakets **Solving & Optimization Extension Pack** können sogar quadratische Systeme mit maximal 1000 Variablen gelöst werden. Beim Lösen von komplexen Variablen behandelt Mathcad die Real- und Imaginärteile als separate Variablen im Algorithmus.

Kurze Beschreibung der wichtigsten numerischen Lösungsfunktionen:

Suchen(var1, var2, ...) gibt die **Werte von var1, var2, ... zurück**, die die Gleichungen und Ungleichungen zugleich erfüllen. Bei der Auflösung nach n Variablen muss das Gleichungssystem n Gleichungen enthalten. Die Funktion **Suchen** gibt einen Wert zurück, bei nur einer Variablen, andernfalls wird ein Vektor zurückgegeben.
Die Funktion **Suchen** kann in gleicher Weise verwendet werden wie andere mathematische Funktionen. Wir können daher auch eine anders benannte Funktion mit **Suchen** definieren. Dadurch können von einem Gleichungssystem aus andere Gleichungssysteme aufgerufen werden, um Parameter oder Konstanten in diesen zu variieren.

Annäherungslösungen mit Minfehl:

Minfehl(var1, var2, ...) gibt die **Werte von var1, var2, ... zurück**, die den Lösungen der Gleichungen und

Ungleichungen in einem Lösungsblock am nächsten kommen.

Der **Unterschied zwischen Minfehl und Suchen** besteht darin, dass **Minfehl** auch dann einen Wert zurückgibt, wenn der Lösungsalgorithmus die Lösung nicht weiter verbessern kann. Die Funktion **Suchen**

dagegen gibt eine Fehlermeldung aus, aus der hervorgeht, dass keine Lösung gefunden werden konnte.

Mit zusätzlich eingefügten Ungleichungen kann Mathcad zur Suche nach anderen Lösungen gezwungen werden. Die Funktion **Minfehl** gibt einen Wert zurück, bei nur einer Variablen, andernfalls wird ein Vektor zurückgegeben. Wenn es keine Bedingungen gibt, muss das Wort **Vorgabe** nicht eingegeben werden.
Die Funktion **Minfehl** liefert ein **Ergebnis mit minimierten Fehlern für die Bedingungen**. Sie kann allerdings nicht feststellen, ob das Ergebnis ein absolutes Minimum für die Fehler dieser Bedingungen darstellt. Beim Einsatz in einem Lösungsblock sollten immer zusätzliche Überprüfungen auf Plausibilität der Ergebnisse vorgesehen werden. Die Systemvariable **ERR** gibt die Größe des Fehlervektors für Näherungslösungen an. Es gibt aber keine Systemvariable, mit der sich die Größe des Fehlers für einzelne Lösungen der Unbekannten angeben ließe.
Die Funktion **Minfehl** ist besonders für die Lösung bestimmter nichtlinearer Probleme kleinster Quadrate geeignet. **Wenn Sie Minfehl mit dem symbolischen Operator auswerten, verwendet Mathcad einen Algorithmus der kleinsten Quadrate. In diesem Fall müssen die Gleichungen im Lösungsblock linear sein, und es sind keine Ungleichheitsnebenbedingungen zulässig.**
Auch die Funktion **genanp** eignet sich zur Lösung nichtlinearer Probleme kleinster Quadrate.
Die Funktion **Minfehl** sollte verwendet werden:
1. Wenn **"Suchen"** nach mehreren Schätzungen keine Lösung liefert.
2. Wenn wir wissen (z. B. grafisch), dass das System keine exakte Lösung hat.
3. Wenn wir eine Funktion minimieren oder maximieren wollen, die nicht explizit definiert ist.

Minimieren(f, var1, var2, ...) gibt die **Werte var1, var2, ... zurück**, die die Bedingungen (Gleichungen und Ungleichungen) zugleich erfüllen und die dafür sorgen, dass die **Funktion f (f ist eine über dem Wort Vorgabe definierte Funktion)** ihren kleinsten Wert annimmt. Die Funktion **Minimieren** gibt einen Wert zurück, bei nur einer Variablen, andernfalls wird ein Vektor zurückgegeben. Wenn es **keine Bedingungen** gibt, muss das Wort **Vorgabe nicht eingegeben** werden.

Maximieren(f, var1, var2, ...) gibt die **Werte var1, var2, ... zurück**, die die Bedingungen (Gleichungen und Ungleichungen) zugleich erfüllen und die dafür sorgen, dass die **Funktion f (f ist eine über dem Wort Vorgabe definierte Funktion)** ihren größten Wert annimmt. Die Funktion **Maximieren** gibt einen Wert zurück, bei nur einer Variablen, andernfalls wird ein Vektor zurückgegeben. Wenn es **keine Bedingungen** gibt, muss das Wort **Vorgabe nicht eingegeben** werden.

8.2 Gleichungen und Ungleichungen

a) Symbolisches Lösen einer Gleichung

Beispiel 8.1:

$x^2 - 3 \cdot x + 2 = 0$ hat als Lösung(en) $\begin{pmatrix} 1 \\ 2 \end{pmatrix}$

Cursor auf x stellen. Menü-Symbolik: Auswertungsformat einstellen und Variable-Auflösen (oder: <Alt> + sva) wählen.

$x^2 - 3 \cdot x + 2 = 0$ auflösen $\rightarrow \begin{pmatrix} 1 \\ 2 \end{pmatrix}$

Symbolleiste-Rechnen "Symbolische Operatoren" aufrufen: "auflösen" anklicken und in den Platzhaltern die Gleichung eingeben.

Beispiel 8.2:

Die Lösung der nachfolgenden Gleichung erfolgt wie in Beispiel 8.1.

$\frac{F \cdot L}{4} + \frac{q \cdot L^2}{8} = G_{zul} \cdot W_x$ hat als Lösung(en) $\begin{pmatrix} -\frac{F - \sqrt{F^2 + 8 \cdot G_{zul} \cdot W_x \cdot q}}{q} \\ -\frac{F + \sqrt{F^2 + 8 \cdot G_{zul} \cdot W_x \cdot q}}{q} \end{pmatrix}$

$\frac{F \cdot L}{4} + \frac{q \cdot L^2}{8} = G_{zul} \cdot W_x$ auflösen, $L \rightarrow \begin{bmatrix} -\frac{8 \cdot \left(\frac{F}{8} + \frac{\sqrt{\frac{F^2}{16} + \frac{G_{zul} \cdot W_x \cdot q}{2}}}{2} \right)}{q} \\ -\frac{8 \cdot \left(\frac{F}{8} - \frac{\sqrt{\frac{F^2}{16} + \frac{G_{zul} \cdot W_x \cdot q}{2}}}{2} \right)}{q} \end{bmatrix}$

zusätzlich nach auflösen Beistrich und L eingeben

Beispiel 8.3:

Die Lösung der nachfolgenden Gleichung erfolgt wie in Beispiel 8.1.

$R^2 \cdot C^2 \cdot s^2 + 1 = 0$ hat als Lösung(en) $\begin{pmatrix} \frac{i}{R \cdot C} \\ \frac{-i}{R \cdot C} \end{pmatrix}$

$R^2 \cdot C^2 \cdot s^2 + 1 = 0$ auflösen, $s \rightarrow \begin{pmatrix} \frac{j}{C \cdot R} \\ -\frac{j}{C \cdot R} \end{pmatrix}$

zusätzlich nach auflösen Beistrich und s eingeben

Beispiel 8.4:

$$x^3 + 6 \;\Big|\; \begin{matrix}\text{auflösen} \\ \text{Gleitkommazahl}, 5\end{matrix} \rightarrow \begin{pmatrix} -1.8171 \\ 0.90856 + 1.5737j \\ 0.90856 - 1.5737j \end{pmatrix}$$

Term eingeben.
Symbolleiste-Rechnen "Symbolische Operatoren" aufrufen: "auflösen" anklicken, "Gleitkommazahl" anklicken und in den Platzhalter 5 eingeben.

Bemerkung:

Im Menü-Symbolik-Auswerten-Gleitkomma ist die Gleitkommaauswertung auf 20 Nachkommastellen voreingestellt. Eine Beschränkung der Nachkommastellen erreichen wir durch die Anwendung des Schlüsselwortes "Gleitkommazahl".

$$x^3 = 1 \text{ auflösen} \rightarrow \begin{pmatrix} 1 \\ -\frac{1}{2} + \frac{\sqrt{3} \cdot j}{2} \\ -\frac{1}{2} - \frac{\sqrt{3} \cdot j}{2} \end{pmatrix}$$

Gleichung eingeben.
Symbolleiste-Rechnen "Symbolische Operatoren" aufrufen: "auflösen" anklicken.

$$\begin{pmatrix} x^3 = 1 \\ x > 0 \end{pmatrix} \text{ auflösen} \rightarrow 1$$

Gleichung und Nebenbedingung als Vektorkomponenten eingeben.
Symbolleiste-Rechnen "Symbolische Operatoren" aufrufen: "auflösen" anklicken.

$$x^3 = 1 \;\Big|\; \begin{matrix}\text{auflösen} \\ \text{annehmen}, x = \text{reell}\end{matrix} \rightarrow 1$$

Schlüsselwort "annehmen" und Modifikator "reell"

$$f(x) := x^3 - 1$$

Funktion definieren.

$$\mathbf{x} := f(x) \text{ auflösen} \rightarrow \begin{pmatrix} 1 \\ -\frac{1}{2} + \frac{\sqrt{3} \cdot j}{2} \\ -\frac{1}{2} - \frac{\sqrt{3} \cdot j}{2} \end{pmatrix}$$

Funktionsterm einem Vektor zuweisen.
Symbolleiste-Rechnen "Symbolische Operatoren" aufrufen: "auflösen" anklicken.

$$\mathbf{x} := f(x) = 0 \text{ auflösen}, x \rightarrow \begin{pmatrix} 1 \\ -\frac{1}{2} + \frac{\sqrt{3} \cdot j}{2} \\ -\frac{1}{2} - \frac{\sqrt{3} \cdot j}{2} \end{pmatrix}$$

weitere Lösungsmöglichkeit

$\mathbf{x}_0 = 1$

$\mathbf{x}_1 = -0.5 + 0.866j$

$\mathbf{x}_2 = -0.5 - 0.866j$

numerische Ausgabe der Lösungen

$$\overrightarrow{f(\mathbf{x})} = \begin{pmatrix} 0 \\ 0 \\ 0 \end{pmatrix}$$

Probe mit Vektorisierungsoperator durchführen und komponentenweise Ausgabe.

Beispiel 8.5:

$$\mathbf{f}(a,b,c) := a\cdot x^2 + b\cdot x + c \text{ auflösen } \rightarrow \begin{pmatrix} -\dfrac{\dfrac{b}{2}+\dfrac{\sqrt{b^2-4\cdot a\cdot c}}{2}}{a} \\ -\dfrac{\dfrac{b}{2}-\dfrac{\sqrt{b^2-4\cdot a\cdot c}}{2}}{a} \end{pmatrix}$$

Die Lösung der Gleichung als Vektor-Funktion definiert.

$$\mathbf{f}(1,3,4) = \begin{pmatrix} -1.5-1.323j \\ -1.5+1.323j \end{pmatrix} \qquad \mathbf{f}(2,2,1) = \begin{pmatrix} -0.5-0.5j \\ -0.5+0.5j \end{pmatrix}$$

$$\mathbf{f}(-j,0,1) = \begin{pmatrix} 0.707-0.707j \\ -0.707+0.707j \end{pmatrix} \qquad \mathbf{f}(2,1,0) = \begin{pmatrix} -0.5 \\ 0 \end{pmatrix}$$

Die Lösungen der quadratischen Gleichung für verschiedene a-, b- und c-Werte.

Beispiel 8.6:

Vorgabe

$$A\cdot x^2 + B\cdot x + C = 0$$

$$\text{Suchen}(x)^T \rightarrow \begin{pmatrix} -\dfrac{\dfrac{B}{2}+\dfrac{\sqrt{B^2-4\cdot A\cdot C}}{2}}{A} \\ -\dfrac{\dfrac{B}{2}-\dfrac{\sqrt{B^2-4\cdot A\cdot C}}{2}}{A} \end{pmatrix}$$

Lösungsblock mit "Vorgabe" und "Suchen". Für eine Spaltenvektorausgabe ist Suchen(x), also das Ergebnis, zu transponieren.

Beispiel 8.7:

Gleichung mit Einheiten.

$$s1 = v_0\cdot t + \frac{1}{2}\cdot a\cdot t^2$$

senkrechter Wurf nach unten ohne Luftwiderstand

$$\frac{1}{2}\cdot a\cdot t^2 + v_0\cdot t - s1 = 0$$

zu lösende Gleichung in t

$$v_0 := 20\cdot\frac{m}{s} \qquad a := 9.91\cdot\frac{m}{s^2} \qquad s1 := 200\cdot m$$

gegebene Daten

Menü-Symbolik:
Cursor auf t stellen.
Menü-Symbolik: Auswertungsformat einstellen und Variable-Auflösen (oder: <Alt> + sva) wählen.
Anschließend nummerische Auswertung.

$\frac{1}{2} \cdot a \cdot t^2 + v_0 \cdot t - s1 = 0$ hat als Lösung(en) $\begin{pmatrix} -\frac{v_0 - \sqrt{v_0^2 + 2 \cdot a \cdot s1}}{a} \\ -\frac{v_0 + \sqrt{v_0^2 + 2 \cdot a \cdot s1}}{a} \end{pmatrix} = \begin{pmatrix} 4.648 \\ -8.684 \end{pmatrix} s$

Symbol-Operator:
Gleichung einem Vektor zuweisen. Symbolleiste-Rechnen "Symbolische Operatoren" aufrufen: "auflösen" anklicken, Beistrich eingeben und in den Platzhalter t eingeben.

$$\mathbf{t} := \frac{1}{2} \cdot a \cdot t^2 + v_0 \cdot t - s1 = 0 \left| \begin{array}{l} \text{auflösen}, t \\ \text{Gleitkommazahl}, 4 \end{array} \right. \rightarrow \begin{pmatrix} 4.648 \cdot s \\ -8.684 \cdot s \end{pmatrix} \qquad \mathbf{t} = \begin{pmatrix} 4.648 \\ -8.684 \end{pmatrix} s$$

Lösungsblock mit "Vorgabe" und "Suchen":
"Suchen" einem Vektor zuweisen.
Für eine Spaltenvektorausgabe ist Suchen(x), also das Ergebnis, zu transponieren.

Vorgabe

$$\frac{1}{2} \cdot a \cdot t^2 + v_0 \cdot t - s1 = 0$$

$$\mathbf{t} := \text{Suchen}(t)^T \rightarrow \begin{bmatrix} 0.20181634712411705348 \cdot s^2 \cdot \left(\frac{\sqrt{1091}}{s} - \frac{10.0}{s}\right) \\ -0.20181634712411705348 \cdot s^2 \cdot \left(\frac{\sqrt{1091}}{s} + \frac{10.0}{s}\right) \end{bmatrix} \qquad \mathbf{t} = \begin{pmatrix} 4.648 \\ -8.684 \end{pmatrix} s$$

Beispiel 8.8:

Lösung einer goniometrischen Gleichung.

$3 \cdot \sin(x)^2 + 4 \cdot \cos(x)^2 = \frac{13}{2} \cdot \sin(2 \cdot x)$ hat als Lösung(en) 0.32175055439664219340

$x_1 := 3 \cdot \sin(x)^2 + 4 \cdot \cos(x)^2 = \frac{13}{2} \cdot \sin(2 \cdot x)$ auflösen $\rightarrow$ 0.32175055439664219340

Die symbolische Lösung liefert nur einen Hauptwert!

$f(x) := 3 \cdot \sin(x)^2 + 4 \cdot \cos(x)^2 - \frac{13}{2} \cdot \sin(2 \cdot x)$ Funktionsgleichung

$f(x) = 0$ Gleichung zur Nullstellensuche

$x := -2 \cdot \pi, -2 \cdot \pi + 0.01 .. 2 \cdot \pi$ Bereichsvariable

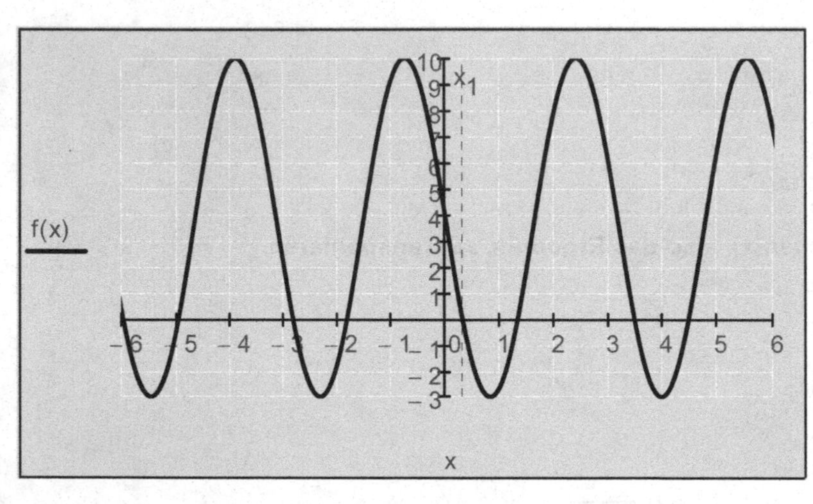

Achsenbeschränkung:
x-Achse: -6 und 6
y-Achse: -3 bis 10
X-Y-Achsen:
Gitterlinien
Nummeriert
Markierung anzeigen:
x-Achse x_1 und x_2
Anzahl der Gitterlinien: 12 bzw. 13
Achsenstil:
Kreuz
Spuren:
Spur 1
Typ Linien

Abb. 8.2

Aufsuchen des zweiten Hauptwertes mittels Näherungsverfahren "wurzel":

$x_2 := \text{wurzel}(f(x), x, 1, 2)$ $x_2 = 1.326$

Die Funktionswerte an den Randpunkten des Intervalls, welches eine Lösung enthält, müssen unterschiedliche Vorzeichen aufweisen.

$p = \frac{2 \cdot \pi}{b} = \frac{2 \cdot \pi}{2} = \pi$ kleinste Periode

Aufgrund der Periodizität der Winkelfunktionen sind in diesem Beispiel auch $\mathbf{x_k = 0.322 + k\,\pi}$ und $\mathbf{x_k = 1.326 + k\,\pi}$ mit $\mathbf{k} \in \mathbb{Z}$ Lösungen der Gleichung.

Bestimmung von lokalen Maxima und Minima:

$f(x) := 3 \cdot \sin(x)^2 + 4 \cdot \cos(x)^2 - \frac{13}{2} \cdot \sin(2 \cdot x)$ Funktionsgleichung

$x_s := 0.5$ Startwert (Näherungswert aus der Grafik ablesen)

$x_{min} := \text{Minimieren}(f, x_s)$ $x_{min} = 0.824$ $f(x_{min}) = -3.019$

$x_s := 2$ Startwert (Näherungswert aus der Grafik ablesen)

$x_{max} := \text{Maximieren}(f, x_s)$ $x_{max} = 2.395$ $f(x_{max}) = 10.019$

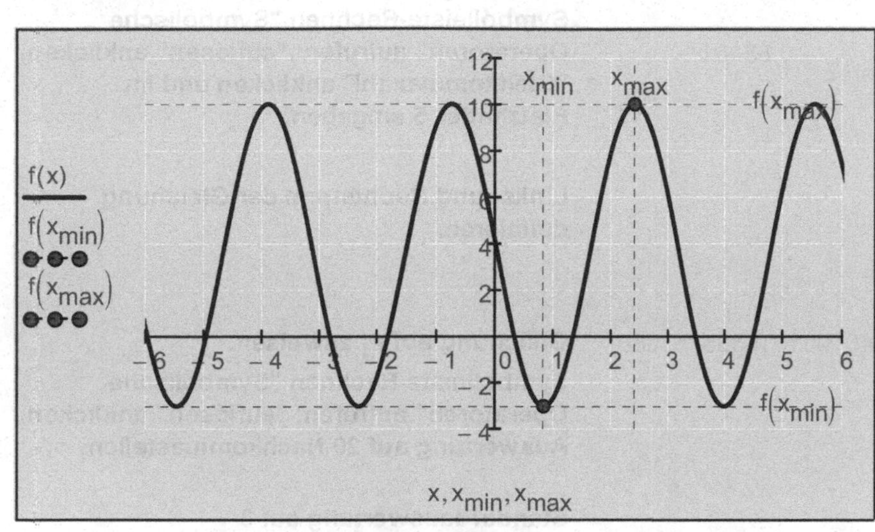

Achsenbeschränkung:
x-Achse: -6 und 6
y-Achse: -4 bis 12
X-Y-Achsen:
Gitterlinien
Nummeriert
Markierung anzeigen:
x-Achse: x_{min} und x_{max}
y-Achse: $f(x_{min})$ und $f(x_{max})$
Anzahl der Gitterlinien: 12 bzw. 8
Achsenstil:
Kreuz
Spuren:
Spur 1
Typ Linien

Abb. 8.3

Beispiel 8.9:

Vollständige Lösung einfacher goniometrischer Gleichungen.

$x := x$ Redefinition

$\cos(x) = 0$ auflösen, vollständig $\rightarrow \begin{vmatrix} \frac{\pi}{2} + \pi \cdot \_n & \text{if } \_n \in \mathbb{Z} \\ \text{undefined} & \text{otherwise} \end{vmatrix}$

Schlüsselwort "auflösen", Beistrich und im Platzhalter Modifikator "vollständig" eingeben

$\cos(x) = 0 \begin{vmatrix} \text{auflösen, vollständig} \\ \text{verwende, } \_n = k \end{vmatrix} \rightarrow \begin{vmatrix} \frac{\pi}{2} + \pi \cdot k & \text{if } k \in \mathbb{Z} \\ \text{undefined} & \text{otherwise} \end{vmatrix}$

_n steht in der Antwort für eine beliebige ganze Zahl. Sie kann mit dem Modifikator "verwende" durch einen anderen Variablennamen ersetzt werden:

$\tan(x) = 0$ auflösen, vollständig $\rightarrow \begin{vmatrix} \pi \cdot \_n & \text{if } \_n \in \mathbb{Z} \\ \text{undefined} & \text{otherwise} \end{vmatrix}$

$\tan(x) = 0$ auflösen, vollständig, verwende, $\_n = k \rightarrow \begin{vmatrix} \pi \cdot k & \text{if } k \in \mathbb{Z} \\ \text{undefined} & \text{otherwise} \end{vmatrix}$

Beispiel 8.10:

$x := x$ — Redefinition

$\ln(x + 1) = \cos(x)$ hat als Lösung(en)

.88451061616585253368

Cursor auf x stellen.
Menü-Symbolik: Auswertungsformat einstellen und Variable-Auflösen wählen.
Auswertung auf 20 Nachkommastellen.

$\ln(x + 1) = \cos(x) \;\middle|\; \begin{array}{l} \text{auflösen} \\ \text{Gleitkommazahl}, 5 \end{array} \rightarrow 0.88451$

Gleichung eingeben.
Symbolleiste-Rechnen "Symbolische Operatoren" aufrufen: "auflösen" anklicken, "Gleitkommazahl" anklicken und im Platzhalter 5 eingeben.

$f(x) := \ln(x + 1)$

$f_1(x) := \cos(x)$

Links- und Rechtsterm der Gleichung definieren.

$x_1 := f(x) = f_1(x)$ auflösen $\rightarrow 0.88451061616585253368$

Gleichung auf x_1 zuweisen.
Symbolleiste-Rechnen "Symbolische Operatoren" aufrufen: "auflösen" anklicken.
Auswertung auf 20 Nachkommastellen.

$x_1 = 0.885$

Standardauswertung auf 3 Nachkommastellen.

Beispiel 8.11:

Lösen einer Ungleichung.

Lineare Ungleichungen:

$3 \cdot v - 5 \cdot v \le 5$ hat als Lösung(en) $\frac{-5}{2} \le v$

Cursor auf v stellen.
Menü-Symbolik: Auswertungsformat einstellen und Variable-Auflösen wählen.

$3 \cdot v - 5 \cdot v \le 5$ auflösen $\rightarrow -\frac{5}{2} \le v$

Symbolleiste-Rechnen "Symbolische Operatoren": "auflösen" anklicken und beim Platzhalter die Ungleichung eingeben.

Grafische Veranschaulichung:

$f(v) := 3 \cdot v - 5 \cdot v$ — Funktion

$v := -10, -9.99 .. 10$ — Bereichsvariable

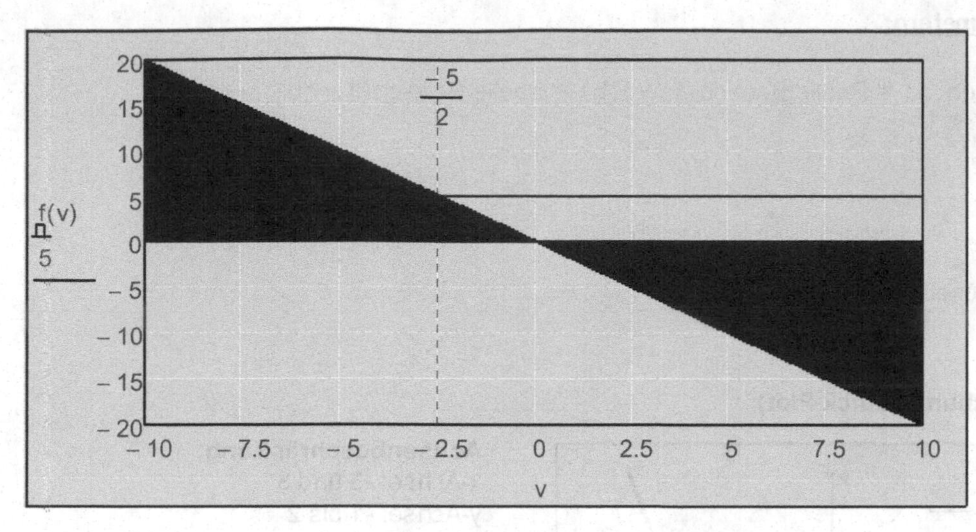

X-Y-Achsen:
Gitterlinien
Nummeriert
Markierung anzeigen:
x-Achse: -5/2
Anzahl der Gitterlinien:
8 bzw. 8
Achsenstil:
Kasten
Spuren:
Spur 1
Durchgezogene Linie
Spur 2
Typ Linien

Abb. 8.4

Quadratische und kubische Ungleichungen:

$x^2 - x < 2$ hat als Lösung(en) $-1 < x < 2$ **Lösung:** - 1 < x < 2 **L =]-1, 2[**

$x1^2 - x1 < 2$ auflösen $\rightarrow -1 < x1 < 2$

$x^2 + 3 \cdot x + 2 > 0$ hat als Lösung(en) $-1 < x \vee x < -2$

Lösung: x > -1 **oder** x < -2, also x aus den reellen Zahlen außerhalb des abgeschlossenen Intervalls von -2 bis -1.

$x1^2 + 3 \cdot x1 + 2 > 0$ auflösen $\rightarrow -1 < x1 \vee x1 < -2$

L =]-∞ , - 2[∪]-1 , ∞ [

$x^3 - 5 \cdot x^2 - 4 \cdot x + 20 > 0$ auflösen, x $\rightarrow 5 < x \vee -2 < x < 2$ **Lösung:** x > 5 **oder** -2 < x < 2

L =] 5 , ∞ [∪]-2, 2[

Bruchungleichungen:

$\frac{2 \cdot r - 3}{5 \cdot r + 4} < \frac{2 \cdot r + 3}{r - 5}$ hat als Lösung(en) $-\frac{4}{5} < r < \frac{\sqrt{87}}{4} - \frac{9}{4} \vee 5 < r \vee r < -\frac{\sqrt{87}}{4} - \frac{9}{4}$

$\frac{2 \cdot r - 3}{5 \cdot r + 4} < \frac{2 \cdot r + 3}{r - 5}$ auflösen, r $\rightarrow -\frac{4}{5} < r < \frac{\sqrt{87}}{4} - \frac{9}{4} \vee 5 < r \vee r < -\frac{\sqrt{87}}{4} - \frac{9}{4}$

$-\frac{4}{5} = -0.8$ $\frac{\sqrt{87}}{4} - \frac{9}{4} = 0.082$ $-\frac{\sqrt{87}}{4} - \frac{9}{4} = -4.582$

L = { r | (- 0.8 < r < 0.082) ∨ (r > 5) ∨ r < - 4.582 } =] - ∞ , - 4.582 [∪] - 0.8 , 0.082 [∪] 5 , ∞ [
L = ℝ \ ([- 4.582, - 0.8] ∪ [0.082, 5])

Ungleichungen mit Parametern:

$a1 \cdot z - b1 \le 0 \;\Big|\; \begin{array}{l} \text{annehmen}, a1 = \text{ReellerBereich}(1,\infty), b1 = \text{ReellerBereich}(1,\infty) \\ \text{auflösen}, z \end{array} \rightarrow z \le \frac{b1}{a1}$

Betragsungleichungen:

$|z-1| + |z+1| \ge 3$ auflösen $\rightarrow \frac{3}{2} \le z \vee z \le -\frac{3}{2}$

Grafische Veranschaulichung (Quick-Plot):

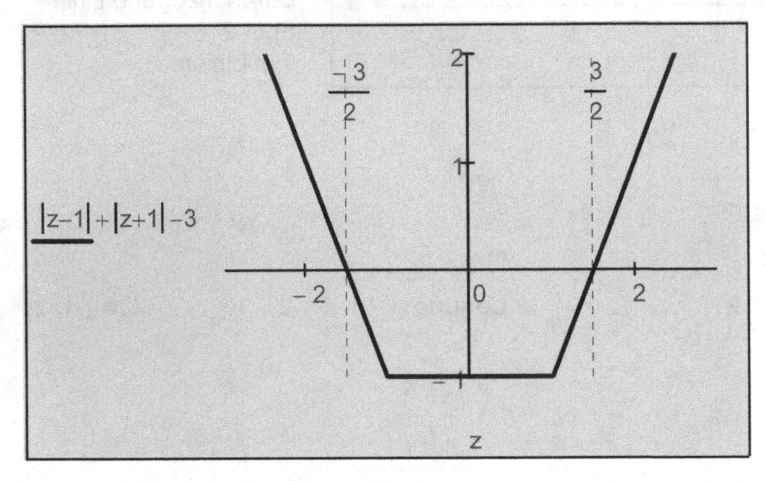

Achsenbeschränkung:
x-Achse: -3 und 3
y-Achse: -1 bis 2
X-Y-Achsen:
Nummeriert
Automatische Skalierung
Markierung anzeigen:
x-Achse: -3/2 und 3/2
Automatische Gitterweite
Achsenstil:
Kreuz
Spuren:
Spur 1
Typ Linien

Abb. 8.5

b) Numerisches Lösen einer Gleichung

Beispiel 8.12:

Senkrechter Wurf ohne Luftwiderstand:

$s1 = v_0 \cdot t + \frac{1}{2} \cdot a \cdot t^2$ — senkrechter Wurf nach unten ohne Luftwiderstand

$\frac{1}{2} \cdot a \cdot t^2 + v_0 \cdot t - s1 = 0$ — zu lösende Gleichung in t

α) **Grafische Veranschaulichung**

Um sich eine bessere Vorstellung des zu lösenden Problems machen zu können und einen brauchbaren Startwert (Schätzwert) angeben zu können, ist es günstig, zuerst eine grafische Darstellung zu wählen (eventuell den Bereich der Nullstellen zoomen).

$a := g \qquad a = 9.807 \frac{m}{s^2}$

$v_0 := 20 \cdot \frac{m}{s} \qquad s1 := 200 \cdot m$

gegebene Daten

$s_2(t) := \frac{1}{2} \cdot a \cdot t^2 + v_0 \cdot t - s1$

$s_1(t) := v_0 \cdot t + \frac{1}{2} \cdot a \cdot t^2$

Funktionsgleichungen

$t_1 := 0 \cdot s, 0.01 \cdot s .. 10 \cdot s$ Bereichsvariable mit Einheiten

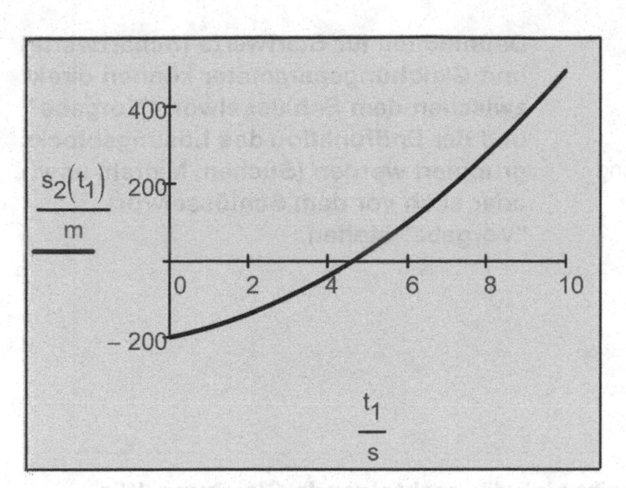

Abb. 8.6

Achsenbeschränkung:
y-Achse: -200 bis 500
X-Y-Achsen:
Nummeriert
Automatische Skalierung
Automatische Gitterweite
Achsenstil:
Kreuz
Spuren:
Spur 1
Typ Linien

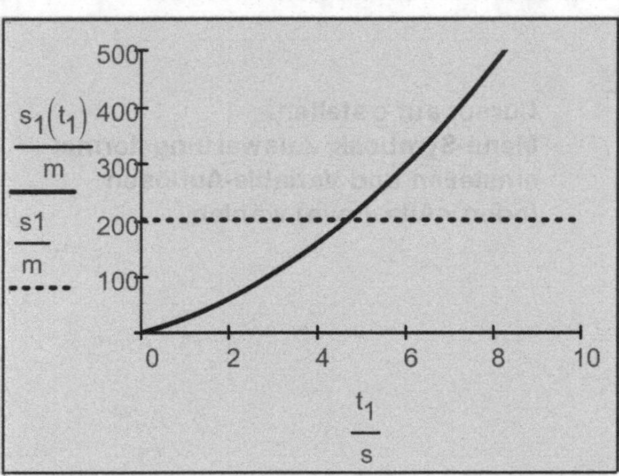

Abb. 8.7

Achsenbeschränkung:
y-Achse: 0 bis 500
X-Y-Achsen:
Nummeriert
Automatische Skalierung
Automatische Gitterweite
Achsenstil:
Kreuz
Spuren:
Spur 1
Typ Linien

β) Näherungslösungen mit der Funktion wurzel:

$t_{01} := 4 \cdot s$ Startwert

$s_2(t) := \frac{1}{2} \cdot a \cdot t^2 + v_0 \cdot t - s1$ Gleichungsterm als Funktion definiert

$t_1 := \text{wurzel}(s_2(t_{01}), t_{01})$ $t_1 = 4.665\,s$ gesuchte Lösung

Oder durch Intervallangabe:
Die Funktionswerte an den Randpunkten des Intervalls, welches eine Lösung enthält, müssen unterschiedliche Vorzeichen aufweisen.

$s_2(3 \cdot s) = -95.87\,m$ $s_2(6 \cdot s) = 96.52\,m$

$t_1 := \text{wurzel}(s_2(t), t, 3 \cdot s, 6 \cdot s)$ $t_1 = 4.665\,s$ gesuchte Lösung

γ) **Lösungsblock mit Vorgabe und der Funktion Suchen:**

Vorgabe

Definitionen für Startwerte (Schätzwerte) und Gleichungsparameter können direkt zwischen dem Schlüsselwort "Vorgabe" und der Endfunktion des Lösungsblocks gruppiert werden (Suchen, Minfehl usw.) oder auch vor dem Schlüsselwort "Vorgabe" stehen.

$t_{01} := 4 \cdot s$ Startwert

$s_2(t_{01}) = 0 \cdot m$ einheitengerechte Gleichung

$t_1 := \text{Suchen}(t_{01})$

$t_1 = 4.665\,s$ gesuchte Lösung

Beispiel 8.13:

Für die Strömung einer Flüssigkeit durch ein Rohr ergibt sich die nachfolgende Gleichung. Wir bestimmen zuerst die Fließgeschwindigkeit c symbolisch und anschließend numerisch für verschiedene Längen des Rohres.

$$c = \sqrt{2 \cdot g \cdot \left[\left[H - \left(\lambda \cdot \frac{L}{d} \cdot \frac{c^2}{2 \cdot g} + \zeta \cdot \frac{c^2}{2 \cdot g}\right)\right] + \frac{p_1}{\rho \cdot g} - \frac{p_2}{\rho \cdot g}\right]}$$

Cursor auf c stellen. Menü-Symbolik: Auswertungsformat einstellen und Variable-Auflösen (oder: <Alt> + sva) wählen.

hat als Lösung(en)

$$2^{\frac{1}{2}} \cdot \left[(-d) \cdot \frac{(-H) \cdot g \cdot \rho - p_1 + p_2}{\rho \cdot (\lambda \cdot L + d \cdot \zeta + d)}\right]^{\frac{1}{2}}$$

Bei einer Leitungslänge von 14 m, 16 m, ... 40 m soll bei gegebenen nachfolgenden Werten die Fließgeschwindigkeit c bestimmt und c in Abhängigkeit der Länge L grafisch dargestellt werden:

$H := 10 \cdot m$ $p_1 := 500000 \cdot \frac{N}{m^2}$ $p_2 := 101300 \cdot \frac{N}{m^2}$ $\rho := 1000 \cdot \frac{kg}{m^3}$ $d := 0.1 \cdot m$

$\lambda := 0.04$ $L := 14 \cdot m$ $\zeta := 0.2$ gegebene Werte

$c := 10 \frac{m}{s}$ Startwert (Näherungswert)

Vorgabe **Lösungsblock mit Vorgabe und suchen (numerisches Näherungsverfahren)**

$$c = \sqrt{2 \cdot g \cdot \left[\left[H - \left(\lambda \cdot \frac{L}{d} \cdot \frac{c^2}{2 \cdot g} + \zeta \cdot \frac{c^2}{2 \cdot g}\right)\right] + \frac{p_1}{\rho \cdot g} - \frac{p_2}{\rho \cdot g}\right]}$$

$v(H, p_1, p_2, \rho, d, \lambda, L, \zeta) := \text{Suchen}(c)$ **Als Lösungsfunktion definiert!**

$v(H, p_1, p_2, \rho, d, \lambda, L, \zeta) = 12.088 \frac{m}{s}$ Fließgeschwindigkeit für L = 14 m

$v(25 \cdot m, p_1, p_2, \rho, 0.2 \cdot m, \lambda, 22 \cdot m, \zeta) = 15.164 \frac{m}{s}$ **Fließgeschwindigkeit für H = 25 m, d = 0.2 m, L = 22 m.**

$ORIGIN := 0$ ORIGIN festlegen

$k := 0..13$ Bereichsvariable

$L_k := 14 \cdot m + 2 \cdot m \cdot k$ Längenvektor

$c1_k := v(H, p_1, p_2, \rho, d, \lambda, L_k, \zeta)$ Geschwindigkeitsvektor

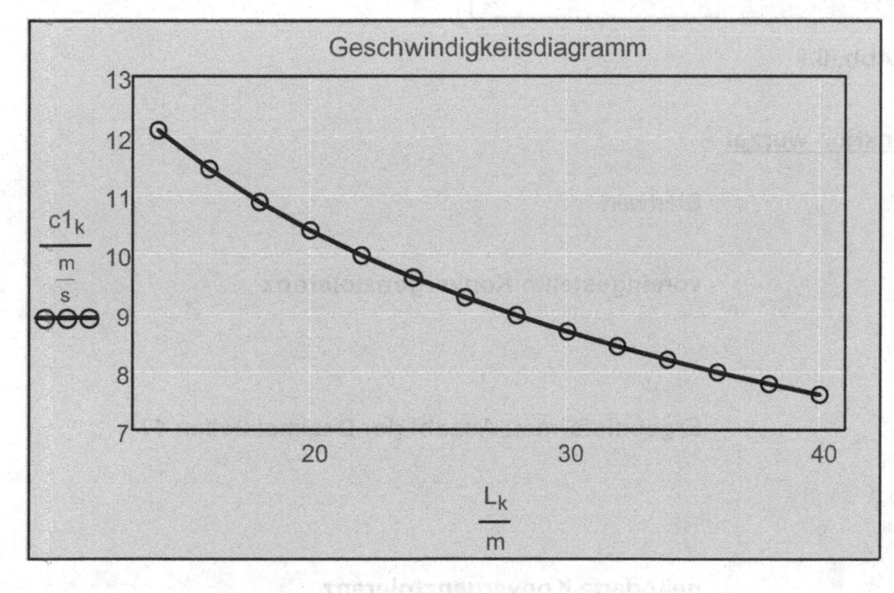

Abb. 8.8

Achsenbeschränkung:
x-Achse: min(**L**/m)-1 und max(**L**/m)+1
X-Y-Achsen:
Gitterlinien
Nummeriert
Automatische Skalierung
Automatische Gitterweite
Achsenstil:
Kasten
Spuren:
Spur 1
Symbol Kreis, Typ Linien

Beispiel 8.14:

$\ln(x + 1) = \cos(x)$ zu lösende Gleichung

α) **Grafische Veranschaulichung**

$f(x) := \ln(x + 1)$ Funktion (Linksterm)

$f_1(x) := \cos(x)$ Funktion (Rechtsterm)

$x := 0, 0.01..2$ Bereichsvariable

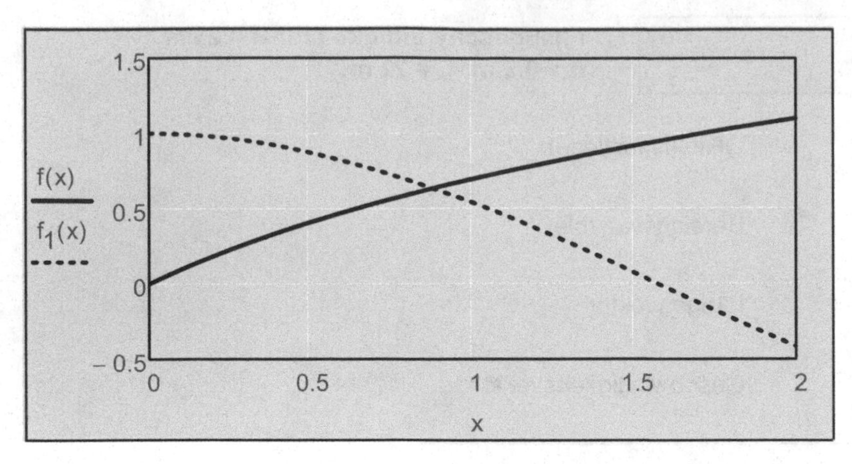

X-Y-Achsen:
Gitterlinien
Nummeriert
Automatische Skalierung
Automatische Gitterweite
Achsenstil:
Kasten
Spuren:
Spur 1 und Spur 2
Typ Linien

Abb. 8.9

β) **Näherungslösungen mit der Funktion wurzel**

$x_0 := 1$ Startwert

$TOL = 1 \times 10^{-3}$ **voreingestellte Konvergenztoleranz**

$x_1 := \text{wurzel}(f(x_0) - f_1(x_0), x_0)$

$x_1 = 0.884510616165867$ **Ergebnisformat: Anzahl der Dezimalstellen 17**

$f(x_1) - f_1(x_1) = 1.909583602355269 \times 10^{-14}$

$TOL := 10^{-6}$ **geänderte Konvergenztoleranz**

$x_1 := \text{wurzel}(f(x_0) - f_1(x_0), x_0)$

$x_1 = 0.884510616165867$ **Ergebnisformat: Anzahl der Dezimalstellen 17**

$f(x_1) - f_1(x_1) = 1.909583602355269 \times 10^{-14}$

$TOL := 10^{-9}$ **nochmals geänderte Konvergenztoleranz**

$x_1 := \text{wurzel}(f(x_0) - f_1(x_0), x_0)$

$x_1 = 0.884510616165852$ **Ergebnisformat: Anzahl der Dezimalstellen 17**

$f(x_1) - f_1(x_1) = 0$

Beispiel 8.15:

Gleichung in x mit einem Parameter c

$e^{x} = c \cdot x^{2}$ zu lösende Gleichung

α) **Grafische Veranschaulichung**

$f(x) := e^{x}$ Funktion (Linksterm)

$f_1(x, c) := c \cdot x^{2}$ Funktion (Rechtsterm)

$x := -1, -1 + 0.01 .. 1$ Bereichsvariable

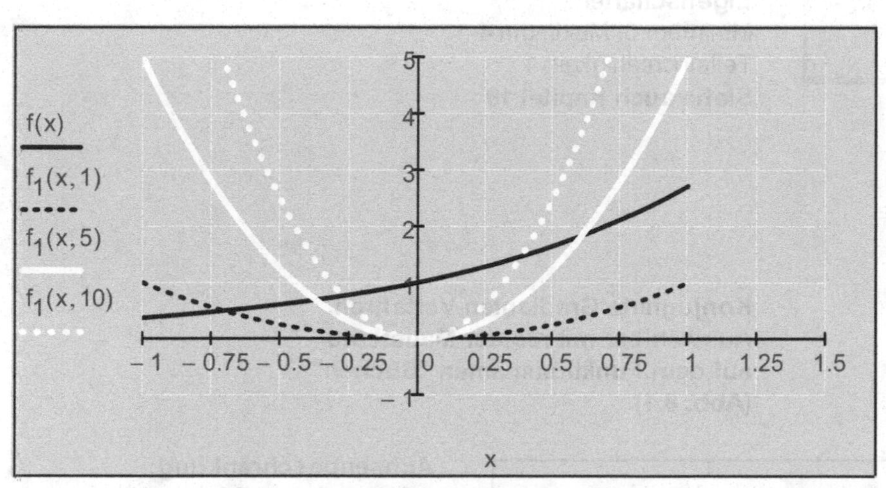

Achsenbeschränkung:
y-Achse: -1 und 5
X-Y-Achsen:
Gitterlinien
Nummeriert
Automatische Skalierung
Anzahl der Gitterlinien 10
bzw. 6
Achsenstil:
Kreuz
Spuren:
Spur1 bis Spur 4
Typ Linien

Abb. 8.10

β) **Näherungslösungen mit der Funktion wurzel**

$TOL := 10^{-3}$ **Voreingestellte Konvergenztoleranz**

$L(x, c) := \text{wurzel}(f(x) - f_1(x, c), x)$ Lösungsfunktion

$c := 1 .. 15$ Laufbereich der Parameterwerte c

$\mathbf{x}_0 := -1$ anfänglicher Startwert (Achtung Vektoreingabe)

$\mathbf{x}_c := L(\mathbf{x}_{c-1}, c)$ Der Startwert für die einzelnen Parameterwerte c ist die Lösung aus dem vorangegangenen Parameterwert c.

c =	$\mathbf{x}_c$ =	$f(\mathbf{x}_c)$ =	$f_1(\mathbf{x}_c, c)$ =	$f(\mathbf{x}_c) - f_1(\mathbf{x}_c, c)$ =
1	-0.703	0.495	0.495	$-1.287803 \cdot 10^{-12}$
2	-0.54	0.583	0.583	$-1.811884 \cdot 10^{-13}$
3	-0.459	0.632	0.632	$-7.733226 \cdot 10^{-10}$
4	-0.408	0.665	0.665	$-8.185652 \cdot 10^{-11}$
5	-0.371	0.69	0.69	$-1.525124 \cdot 10^{-11}$
...	...	...	...	...

Beispiel 8.16:

Aufsuchen von x-Werten bei vorgegebenen Funktionswerten.

$f(x) := x^2 + 2 \cdot x$ gegebene Funktion

$\mathbf{y} := (10 \;\; 20 \;\; 30 \;\; 40 \;\; 50)^T$ vorgegebene y-Werte

$x := 2$ Startwert

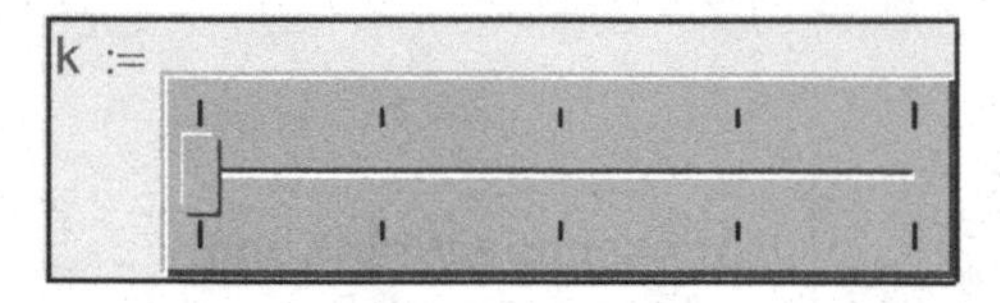

Mathsoft Slider Control-Objekt
Eigenschaften:
Minimum 0, Maximum 4
Teilstrichfähigkeit: 1
Siehe auch Kapitel 19

$k = 0$

Vorgabe

$f(x) = \mathbf{y}_k$

$x_0 := \text{Suchen}(x)$ $x_0 = 2.317$

Konjugierte Gradienten-Verfahren. Auswählbar mit rechter Maustaste auf dem Funktionsnamen "Suchen" (Abb. 8.1).

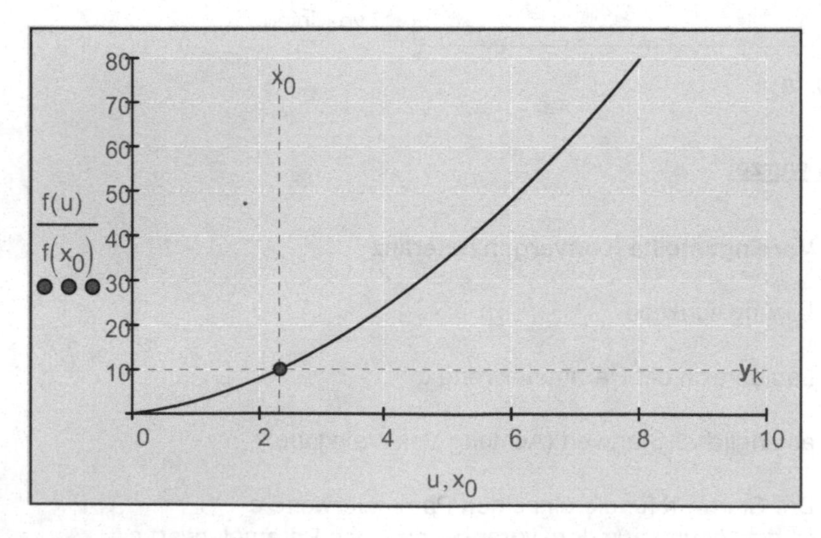

Abb. 8.11

Achsenbeschränkung:
y-Achse: 0 und 80
X-Y-Achsen:
Gitterlinien
Nummeriert
Automatische Skalierung
Automatische Gitterweite
Anzahl der Gitterlinien: 8
Achsenstil:
Kreuz
Spuren:
Spur 1
Typ Linien
Spur 2
Symbolstärke 4, Typ Punkte

Beispiel 8.17:

Parametergleichungen.

$x(t) := \frac{t^2}{2} + 5$

$y(t) := 3 \cdot t + 2$ Parametergleichungen

$t_1 := -4, -4 + 0.01 .. 6$ Bereichsvariable

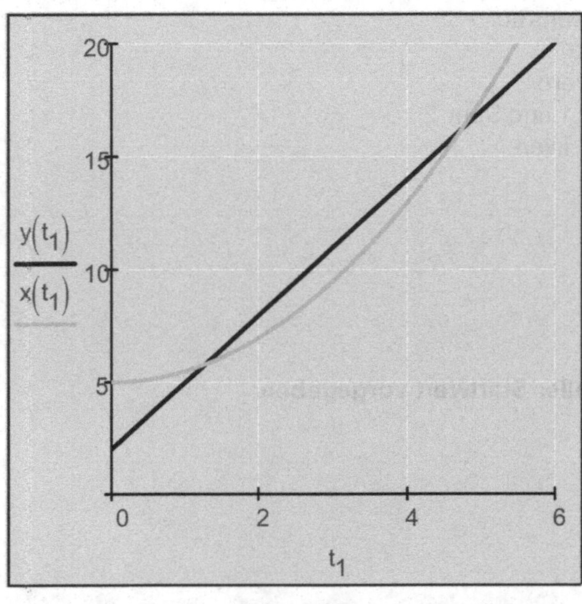

Achsenbeschränkung:
x-Achse: 0 und 6
y-Achse: 0 und 20
X-Y-Achsen:
Gitterlinien
Nummeriert
Automatische Skalierung
Automatische Gitterweite
Achsenstil:
Kreuz
Spuren:
Spur 1 und Spur 2
Typ Linien

Abb. 8.12

$t := 1$ Startwert

Vorgabe

$x(t) = y(t)$

$t_{01} := \text{Suchen}(t)$ $t_{01} = 1.268$

Konjugierte Gradienten-Verfahren. Auswählbar mit rechter Maustaste auf dem Funktionsnamen "Suchen" (Abb. 8.1).

Eine Lösung mit einem Fehler von: $ERR = 0$

$t := 5$ Startwert

Vorgabe

$x(t) = y(t)$

$t_{02} := \text{Suchen}(t)$ $t_{02} = 4.732$

Konjugierte Gradienten-Verfahren. Auswählbar mit rechter Maustaste auf dem Funktionsnamen "Suchen" (Abb. 8.1).

Eine Lösung mit einem Fehler von: $ERR = 3.553 \times 10^{-15}$

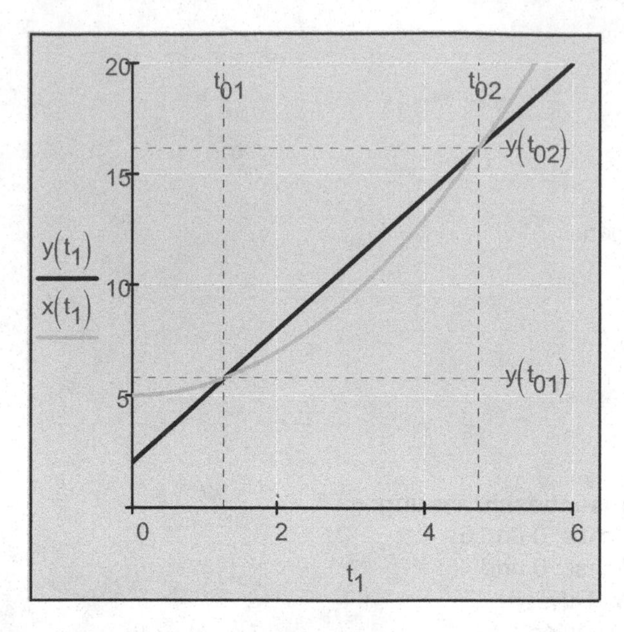

Achsenbeschränkung:
x-Achse: 0 und 6
y-Achse: 0 und 20
X-Y-Achsen:
Gitterlinien
Nummeriert
Automatische Skalierung
Markierung anzeigen:
x-Achse: t_{01} und t_{02}
y-Achse: $y(t_{01})$ und $y(t_{02})$
Automatische Gitterweite
Achsenstil:
Kreuz
Spuren:
Spur 1 und Spur 2
Typ Linien

Abb. 8.13

Beispiel 8.18:

Wenn eine komplexe Lösung erwartet wird, darf kein reeller Startwert vorgegeben werden.

$\underline{z} := 2$ **Falscher Startwert!**

Vorgabe

$$\frac{\ln(\underline{z})}{\underline{z}} = 7$$

Diese Gleichung besitzt keine reelle Lösung!

Suchen($\underline{z}$) = ▪

Diese Variable ist nicht definiert.

$\underline{z} := 2i$ **Richtiger Startwert!**

Vorgabe

$$\frac{\ln(\underline{z})}{\underline{z}} = 7$$

Suchen($\underline{z}$) = −0.157 − 0.294j

Konjugierte Gradienten-Verfahren. Auswählbar mit rechter Maustaste auf dem Funktionsnamen "Suchen" (Abb. 8.1).

Beispiel 8.19:

Nullstellen einer Polynom-Funktion.

$a_0 := -5 \quad a_1 := 5 \quad a_2 := 10$ Koeffizienten eines Polynoms

$f(x) := a_0 + a_1 \cdot x + a_2 \cdot x^2$ Polynom-Funktion

$\mathbf{a} := \begin{pmatrix} a_0 & a_1 & a_2 \end{pmatrix}^T \quad \mathbf{a}^T = (-5 \ \ 5 \ \ 10)$ Koeffizientenvektor (**Reihenfolge der Eingabe beachten!**)

$\mathbf{a1} := f(x1) \text{ Koeffizienten}, x1 \rightarrow \begin{pmatrix} -5 \\ 5 \\ 10 \end{pmatrix}$ Eine einfachere Möglichkeit ist die Koeffizientenbestimmung mit dem **Symboloperator "Koeffizienten"**

$\mathbf{x} := \text{nullstellen}(\mathbf{a}) \quad \mathbf{x1} := \text{nullstellen}(\mathbf{a1})$ Berechnung der Nullstellen

$\mathbf{x} = \begin{pmatrix} -1 \\ 0.5 \end{pmatrix} \quad \mathbf{x1} = \begin{pmatrix} -1 \\ 0.5 \end{pmatrix}$ Nullstellen bzw. Lösungen der quadratischen Gleichung (f(x) = 0)

$f(\mathbf{x}_0) = 0 \quad f(\mathbf{x}_1) = 0$ Probe

$x_s := 0$ Startwert (Schätzwert) für das Minimum

$x_m := \text{Minimieren}(f, x_s) \quad x_m = -0.25$ Minimum der Funktion

$k := \text{letzte}(\mathbf{x}) \quad k = 1$ letzter Feldindex

$f_1(x) := \prod_{n=0}^{k} (x - \mathbf{x}_n)$ Polynom-Funktion (Produkt von Linearfaktoren)

$\text{skal} := \frac{f(x_1)}{f_1(x_1)} \quad \text{skal} = 10$ Skalierungsfaktor

$x := -2, -2 + 0.01 .. 2$ Bereichsvariable

$f(x) =$

	0
0	25
1	24.651
2	24.304
3	23.959
4	23.616
5	23.275
6	22.936
7	22.599
8	22.264
9	...

$\text{skal} \cdot f_1(x) =$

	0
0	25
1	24.651
2	24.304
3	23.959
4	23.616
5	23.275
6	22.936
7	22.599
8	22.264
9	...

Funktionswertevergleich

Grafische Veranschaulichung:

$k := 0..1$ Bereichsvariablen

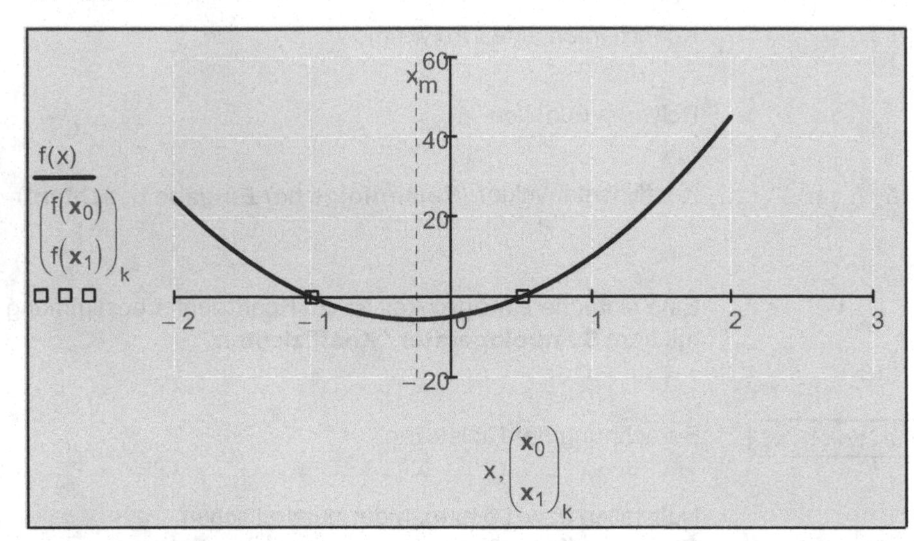

Abb. 8.14

X-Y-Achsen:
Gitterlinien
Nummeriert
Automatische Skalierung
Markierung anzeigen:
x-Achse: x_m
Automatische Gitterweite
Achsenstil:
Kreuz
Spuren:
Spur 1
Typ Linien
Spur 2
Symbol Quadrat, Typ Punkte

$\begin{pmatrix} x_0 \\ x_1 \end{pmatrix}_0 = -1$ $\begin{pmatrix} f(x_0) \\ f(x_1) \end{pmatrix}_0 = 0$ $\begin{pmatrix} x_0 \\ x_1 \end{pmatrix}_1 = 0.5$ $\begin{pmatrix} f(x_0) \\ f(x_1) \end{pmatrix}_1 = 0$ zwei Punkte in Vektorform

Beispiel 8.20:

Senkrechter Wurf nach unten ohne Luftwiderstand:

$s1 = v_0 \cdot t + \frac{1}{2} \cdot a \cdot t^2$ Funktionsgleichung (Weg-Zeit-Gesetz)

$\frac{1}{2} \cdot a \cdot t^2 + v_0 \cdot t - s1 = 0$ zu lösende Gleichung in t

$v_0 := 20 \cdot \frac{m}{s}$ $a := 9.91 \cdot \frac{m}{s^2}$ $s1 := 200 \cdot m$ gegebene Daten

$$\mathbf{a2} := \begin{pmatrix} \frac{-s1}{m} & \frac{v_0}{\frac{m}{s}} & \frac{\frac{1}{2} \cdot a}{\frac{m}{s^2}} \end{pmatrix}^T$$

Koeffizientenvektor (**Einheiten kürzen!**)

$\mathbf{t} := \text{nullstellen}(\mathbf{a2}) \cdot s$ Berechnung der Lösung **(in der Funktion nullstellen sind keine Einheiten zulässig!)**

$\mathbf{t} = \begin{pmatrix} -8.684 \\ 4.648 \end{pmatrix} s$ $\mathbf{t}_1 = 4.648\ s$ nur die positive Lösung ist von Interesse

$v_0 \cdot t_1 + \frac{1}{2} \cdot a \cdot (t_1)^2 - s1 = -2.842 \times 10^{-14} m$ Probe

$f(t) := \frac{1}{2} \cdot a \cdot t^2 + v_0 \cdot t - s1$ $s_1(t) := v_0 \cdot t + \frac{1}{2} \cdot a \cdot t^2$ Funktionen

$t_1 := 0 \cdot s, 0.01 \cdot s .. 10 \cdot s$ Bereichsvariable

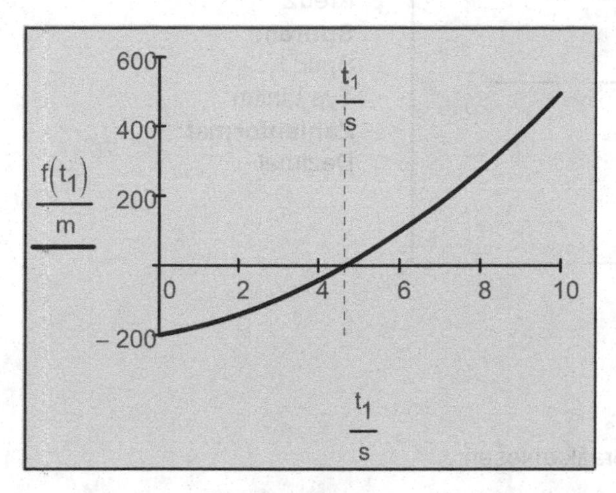

Abb. 8.15

X-Y-Achsen:
Nummeriert
Automatische Skalierung
Markierung anzeigen:
t-Achse: t_m/s
Automatische Gitterweite
Achsenstil:
Kreuz
Spuren:
Spur 1
Typ Linien

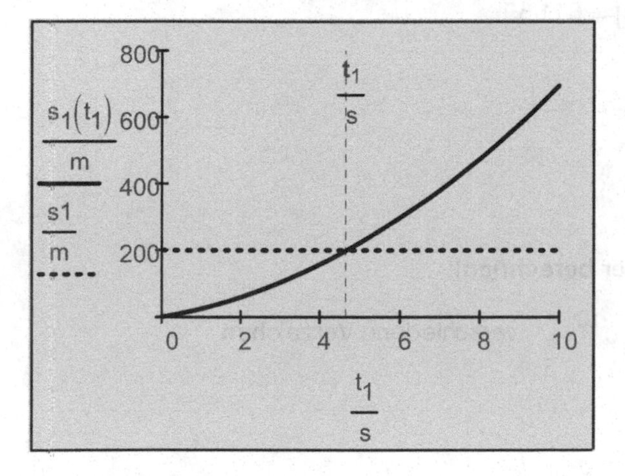

Abb. 8.16

X-Y-Achsen:
Nummeriert
Automatische Skalierung
Markierung anzeigen:
t-Achse: t_m/s
Automatische Gitterweite
Achsenstil:
Kreuz
Spuren:
Spur 1 und Spur 2
Typ Linien

Beispiel 8.21:

$\omega^4 - 0.4992 \cdot 10^6 \cdot \omega^2 + 46875 \cdot 10^6 = 0$ zu lösende Gleichung für positive ω

α) **Grafische Veranschaulichung**

$f(\omega) := \omega^4 - 0.4992 \cdot 10^6 \cdot \omega^2 + 46875 \cdot 10^6$ Funktion

$\omega := -1000, -1000 + 0.1 .. 1000$ Bereichsvariable

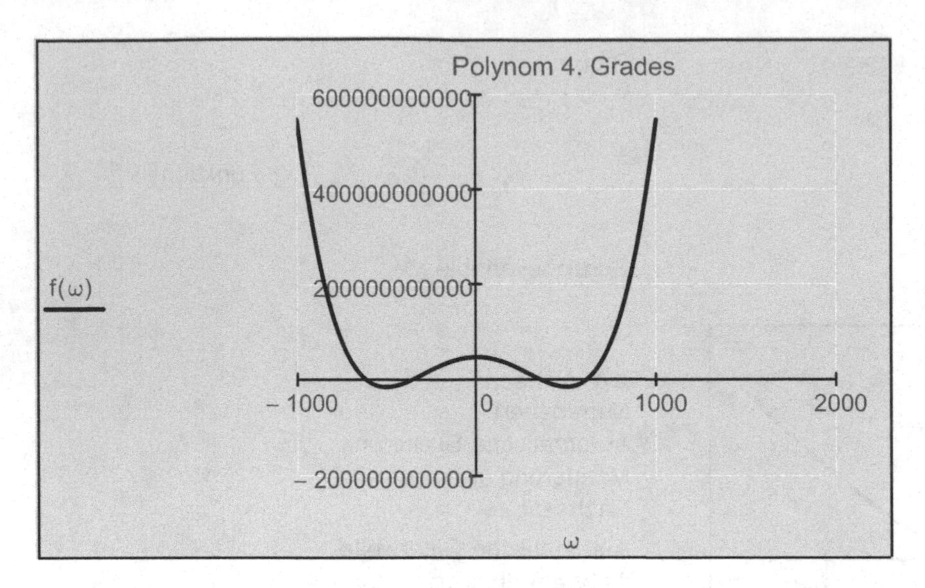

X-Y-Achsen:
Nummeriert
Automatische Skalierung
Automatische Gitterweite
Achsenstil:
Kreuz
Spuren:
Spur 1
Typ Linien
Zahlenformat:
Dezimal

Abb. 8.17

β) Näherungslösungen mit der Funktion wurzel

$\omega_{1s} := 300$ $\omega_{2s} := 700$ Startwerte aus der Grafik ablesen

$\text{wurzel}\left(f\left(\omega_{1s}\right), \omega_{1s}\right) = 354.121$ $\text{wurzel}\left(f\left(\omega_{2s}\right), \omega_{2s}\right) = 611.39$

$\omega_{L1} := \text{wurzel}\left(f\left(\omega_{1s}\right), \omega_{1s}\right)$ $\omega_{L2} := \text{wurzel}\left(f\left(\omega_{2s}\right), \omega_{2s}\right)$

$\omega_{L1} = 354.121$ $\omega_{L2} = 611.39$

Ohne Startwerte (Intervall aus der Grafik ablesen oder berechnen):

$f(200) = 2.851 \times 10^{10}$ $f(500) = -1.542 \times 10^{10}$ verschiedene Vorzeichen

$\text{wurzel}(f(\omega), \omega, 200, 500) = 354.121$

$\text{wurzel}(f(\omega), \omega, 500, 700) = 611.39$

γ) Näherungslösungen mit der Funktion nullstellen

$\omega := \omega$ Redefinition

$$\mathbf{ak} := f(\omega 1) \text{ Koeffizienten}, \text{Grad} \rightarrow \begin{pmatrix} 46875000000 & 0 \\ 0 & 1 \\ -499200.0 & 2 \\ 0 & 3 \\ 1 & 4 \end{pmatrix}$$

Mit dem Modifikator Grad erhalten wir eine 2. Spalte mit dem Grad der Terme.

$$\mathbf{ak} := f(\omega 1)\ \text{Koeffizienten}, \omega 1 \;\rightarrow \begin{pmatrix} 46875000000 \\ 0 \\ -499200.0 \\ 0 \\ 1 \end{pmatrix} \begin{matrix} a_0 \\ a_1 \\ a_2 \\ a_3 \\ a_4 \end{matrix}$$

Koeffizientenvektor des Polynoms

$$\mathbf{ak}^T = \left(4.688 \times 10^{10} \quad 0 \quad -4.992 \times 10^{5} \quad 0 \quad 1\right)$$

$\omega := \text{nullstellen}(\mathbf{ak})$

Das Verfahren ist nur für Polynome geeignet
(keine Startwerte erforderlich)

$$\omega = \begin{pmatrix} -611.39 \\ -354.121 \\ 354.121 \\ 611.39 \end{pmatrix}$$

Lösungsvektor

$\omega_2 = 354.121$ $\omega_3 = 611.39$

8.3 Lösen eines linearen Gleichungssystems

a) Symbolisches Lösen eines linearen Gleichungssystems

Beispiel 8.22:

Lineares Gleichungssystem mit drei Variablen.

$0.5 \cdot x + 0.4 \cdot y + 6.5 \cdot z = 1.2$

$4.0 \cdot x - 1.2 \cdot y - 0.6 \cdot z = 0.3$

$-7.5 \cdot x + 9.0 \cdot y + 10.1 \cdot z = 2.5$

Lösungsblock mit Vorgabe und der Funktion Suchen:

Vorgabe

$0.5 \cdot x1 + 0.4 \cdot y1 + 6.5 \cdot z1 = 1.2$

$4.0 \cdot x1 - 1.2 \cdot y1 - 0.6 \cdot z1 = 0.3$

$-7.5 \cdot x1 + 9.0 \cdot y1 + 10.1 \cdot z1 = 2.5$

Bei einer symbolischen Auswertung des Lösungsblocks mit Vorgabe und Suchen gilt:
1. Es sind keine Startwerte erforderlich!
2. Es darf keine Ungleichung im Lösungsblock vorkommen!

$$\mathbf{x} := \text{Suchen}(x1, y1, z1) \text{ Gleitkommazahl}, 4 \rightarrow \begin{pmatrix} 0.1722 \\ 0.246 \\ 0.1562 \end{pmatrix}$$

$0.5 \cdot \mathbf{x}_0 + 0.4 \cdot \mathbf{x}_1 + 6.5 \cdot \mathbf{x}_2 = 1.2$

$4.0 \cdot \mathbf{x}_0 - 1.2 \cdot \mathbf{x}_1 - 0.6 \cdot \mathbf{x}_2 = 0.3$ **Probe**

$-7.5 \cdot \mathbf{x}_0 + 9.0 \cdot \mathbf{x}_1 + 10.1 \cdot \mathbf{x}_2 = 2.5$

Beispiel 8.23:

Ein lineares Gleichungssystem mit Einheiten.

$R_1 := 8 \cdot \Omega$ $R_2 := 12 \cdot \Omega$ $R_3 := 15 \cdot$ $U_{01} := 20 \cdot V$ gewählte Werte

$I_1 - I_2 - I_3 = 0 \cdot A$

$I_1 \cdot R_1 + I_2 \cdot R_2 = U_{01}$ Lineares Gleichungssystem mit drei Variablen

$I_3 \cdot R_3 - I_2 \cdot R_2 = 0 \cdot V$

Vorgabe

$I_1 - I_2 - I_3 = 0 \cdot A$

$I_1 \cdot R_1 + I_2 \cdot R_2 = U_{01}$ **Die Gleichungen müssen einheitengerecht dargestellt werden!**

$I_3 \cdot R_3 - I_2 \cdot R_2 = 0 \cdot V$

$$I := \text{Suchen}(I_1, I_2, I_3) \text{ Gleitkommazahl}, 10 \rightarrow \begin{pmatrix} \frac{1.363636364 \cdot V}{\Omega} \\ \frac{0.7575757576 \cdot V}{\Omega} \\ \frac{0.6060606061 \cdot V}{\Omega} \end{pmatrix}$$

$$I = \begin{pmatrix} 1.364 \\ 0.758 \\ 0.606 \end{pmatrix} A$$

Ergebnisformat: 3 Nachkommastellen

$I_0 - I_1 - I_2 = 3 \times 10^{-10} A$

$I_0 \cdot R_1 + I_1 \cdot R_2 = 20 V$ **Probe**

$I_2 \cdot R_3 - I_1 \cdot R_2 = 0 V$

b) Numerisches Lösen eines linearen Gleichungssystems

Beispiel 8.24:

α) Grafische Veranschaulichung

Siehe Beispiel 8.22.

Gleichungen nach z auflösen:

$0.5 \cdot x + 0.4 \cdot y + 6.5 \cdot z = 1.2$ hat als Lösung(en) $-7.6923 \cdot 10^{-2} \cdot x - 6.1538 \cdot 10^{-2} \cdot y + .18462$

$4.0 \cdot x - 1.2 \cdot y - 0.6 \cdot z = 0.3$ hat als Lösung(en) $6.6667 \cdot x - 2. \cdot y - .50000$

$-7.5 \cdot x + 9.0 \cdot y + 10.1 \cdot z = 2.5$ hat als Lösung(en) $.74257 \cdot x - .89109 \cdot y + .24752$

$f_1(x, y) := -7.6923 \cdot 10^{-2} \cdot x - 6.1538 \cdot 10^{-2} \cdot y + .18462$

$f_2(x, y) := 6.6667 \cdot x - 2. \cdot y - .50000$ Funktionen für die drei Flächen definieren

$f_3(x, y) := .74257 \cdot x - .89109 \cdot y + .24752$

$i := 20 \qquad k := 20$ Anzahl der Gitterlinien

$\mathbf{X} := \text{matrix}(i, k, f_1)$

$\mathbf{Y} := \text{matrix}(i, k, f_2)$ Matrizen für die Flächen erzeugen

$\mathbf{Z} := \text{matrix}(i, k, f_3)$

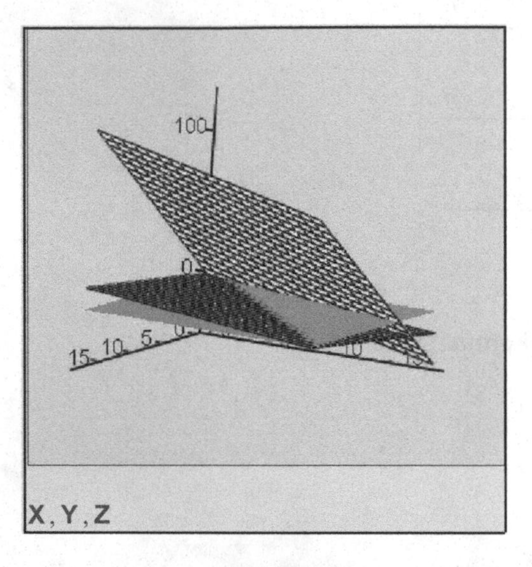

Allgemein:
Achsenformat: Ecke
Bilder: Rahmen anzeigen
Diagramm 1, 2, 3: Flächendiagramm
Achsen:
Gitter: Automatische Gitterweite
Achsenformat: Nummeriert
Achsenbegrenzungen: Automatische Skalierung
Darstellung:
Füllungsoptionen: Fläche füllen, Volltonfarbe
Linienoptionen: Keine Linien

Abb. 8.18

β) **Lösungsblock mit Vorgabe und den Funktionen Suchen, Minfehl, Minimieren, Maximieren und der Funktion llösen**

Lösung des Gleichungsystem mit Vorgabe und Suchen:

$x := 0.1 \qquad y := 0.1 \qquad z := 0.1$

Geeignete Startwerte sind oft schwierig zu finden, müssen aber bei einem Lösungsblock meist nicht sehr genau gewählt werden.

Vorgabe

$$0.5 \cdot x + 0.4 \cdot y + 6.5 \cdot z = 1.2$$

$$4.0 \cdot x - 1.2 \cdot y - 0.6 \cdot z = 0.3$$

$$-7.5 \cdot x + 9.0 \cdot y + 10.1 \cdot z = 2.5$$

$$\text{Suchen}(x, y, z) = \begin{pmatrix} 0.17223 \\ 0.24598 \\ 0.15623 \end{pmatrix}$$

Lösung mit 5 Nachkommastellen (Standardeinstellung ist 3)

Lösung des Gleichungssystems mit der Funktion Minfehl:

$x := 3.2 \quad y := 3.2 \quad z := 3.2$ **gewählte Startwerte**

Vorgabe

$$0.5 \cdot x + 0.4 \cdot y + 6.5 \cdot z = 1.2$$

$$4.0 \cdot x - 1.2 \cdot y - 0.6 \cdot z = 0.3$$

$$-7.5 \cdot x + 9.0 \cdot y + 10.1 \cdot z = 2.5$$

Bei einer **symbolischen** Auswertung des Lösungsblocks mit Vorgabe und Minfehl dürfen nur lineare Gleichungen vorkommen!

$$\text{Minfehl}(x, y, z) = \begin{pmatrix} 0.17223 \\ 0.24598 \\ 0.15623 \end{pmatrix}$$

Lösung mit 5 Nachkommastellen (Standardeinstellung ist 3)

Lösung des Gleichungssystem in Matrizenform A x = c:

$$\mathbf{A} := \begin{pmatrix} 0.5 & 0.4 & 6.5 \\ 4.0 & -1.2 & -0.6 \\ -7.5 & 9.0 & 10.1 \end{pmatrix} \quad \mathbf{c} := \begin{pmatrix} 1.2 \\ 0.3 \\ 2.5 \end{pmatrix}$$

Koeffizientenmatrix und Konstantenvektor

$$\mathbf{x} := (0.1 \;\; 0.1 \;\; 0.1)^T$$

Startwerte in Vektorform

Vorgabe

$$\mathbf{A} \cdot \mathbf{x} = \mathbf{c}$$

$$\text{Suchen}(\mathbf{x}) = \begin{pmatrix} 0.17223 \\ 0.24598 \\ 0.15623 \end{pmatrix}$$

Lösung mit 5 Nachkommastellen (Standardeinstellung ist 3)

Lösung des Gleichungssystems durch Optimierung:

$$\mathbf{A} := \begin{pmatrix} 0.5 & 0.4 & 6.5 \\ 4.0 & -1.2 & -0.6 \\ -7.5 & 9.0 & 10.1 \end{pmatrix} \quad \mathbf{c} := \begin{pmatrix} 1.2 \\ 0.3 \\ 2.5 \end{pmatrix}$$

Koeffizientenmatrix und Konstantenvektor

$$\text{TOL} := 10^{-12}$$

Toleranz (Genauigkeit) festlegen

$$f(\mathbf{x}) := |\mathbf{A} \cdot \mathbf{x} - \mathbf{c}|$$

Die zu **optimierende Funktion** f(**x**) soll ein **Minimum** werden (**|A x - c| = 0**).

$$\text{Minimieren}(f, \mathbf{x}) = \begin{pmatrix} 0.17223 \\ 0.24598 \\ 0.15623 \end{pmatrix}$$

Lösung mit 5 Nachkommastellen (Standardeinstellung ist 3)

Lösung des Gleichungssystems mithilfe der linearen Optimierung:

$\mathbf{A} := \begin{pmatrix} 0.5 & 0.4 & 6.5 \\ 4.0 & -1.2 & -0.6 \\ -7.5 & 9.0 & 10.1 \end{pmatrix} \quad \mathbf{c} := \begin{pmatrix} 1.2 \\ 0.3 \\ 2.5 \end{pmatrix}$ **Koeffizientenmatrix und Konstantenvektor**

$\mathbf{x} := (0.1\ \ 0.1\ \ 0.1)^T$ **Startwerte in Vektorform**

$f(x) := 1$ **Irgendeine konstante Funktion definieren.**

Vorgabe

$\mathbf{A} \cdot \mathbf{x} = \mathbf{c}$

$\text{Maximieren}(f, \mathbf{x}) = \begin{pmatrix} 0.17223 \\ 0.24598 \\ 0.15623 \end{pmatrix}$ Maximieren gibt den Wert x zurück, der dafür sorgt, dass die Funktion f ihren größten Wert annimmt. Lösung mit 5 Nachkommastellen (Standardeinstellung ist 3)

Lösen des linearen Gleichungssystems mit der Funktion llösen

$\mathbf{A} := \begin{pmatrix} 0.5 & 0.4 & 6.5 \\ 4.0 & -1.2 & -0.6 \\ -7.5 & 9.0 & 10.1 \end{pmatrix} \quad \mathbf{c} := \begin{pmatrix} 1.2 \\ 0.3 \\ 2.5 \end{pmatrix}$ **Koeffizientenmatrix und Konstantenvektor**

$|\mathbf{A}| = 157.78$ **oder:** $(|\mathbf{A}| \neq 0) = 1$ **Reguläre Matrix (Determinante ist ungleich null). Das Ergebnis 0 bedeutet "falsch" und 1 bedeutet "wahr".**

$\mathbf{x} := \text{llösen}(\mathbf{A}, \mathbf{c})$

$\mathbf{x} = \begin{pmatrix} 0.17223 \\ 0.24598 \\ 0.15623 \end{pmatrix}$ Lösung mit 5 Nachkommastellen (Standardeinstellung ist 3)

Lösen des linearen Gleichungssystems mithilfe der inversen Matrix:

$\mathbf{A} := \begin{pmatrix} 0.5 & 0.4 & 6.5 \\ 4.0 & -1.2 & -0.6 \\ -7.5 & 9.0 & 10.1 \end{pmatrix} \quad \mathbf{c} := \begin{pmatrix} 1.2 \\ 0.3 \\ 2.5 \end{pmatrix}$ Koeffizientenmatrix und Konstanten-Vektor

$|\mathbf{A}| = 157.78$ **Reguläre Matrix (Determinante ist ungleich null)**

$\mathbf{x} := \mathbf{A}^{-1} \cdot \mathbf{c} \quad \mathbf{x} = \begin{pmatrix} 0.17223 \\ 0.24598 \\ 0.15623 \end{pmatrix}$ Lösungsvektor

Lösen des linearen Gleichungssystems mithilfe der Determinatenmethode (Cramer-Regel):

$$\mathbf{A} := \begin{pmatrix} 0.5 & 0.4 & 6.5 \\ 4.0 & -1.2 & -0.6 \\ -7.5 & 9.0 & 10.1 \end{pmatrix} \qquad \mathbf{c} := \begin{pmatrix} 1.2 \\ 0.3 \\ 2.5 \end{pmatrix}$$

Koeffizientenmatrix und Konstantenvektor

$|\mathbf{A}| = 157.78$

Reguläre Matrix (Determinante ist ungleich null)

Für $i := 0..2$ **bilden wir mithilfe von Unterprogrammen (Symbolleiste Programmierung) die Matrizen A1, A2 und A3. Diese sind genau die Matrizen, die sich durch Ersetzen der Spalten in der Koeffizientenmatrix durch den Vektor c ergeben.**

ORIGIN := 0

ORIGIN festlegen

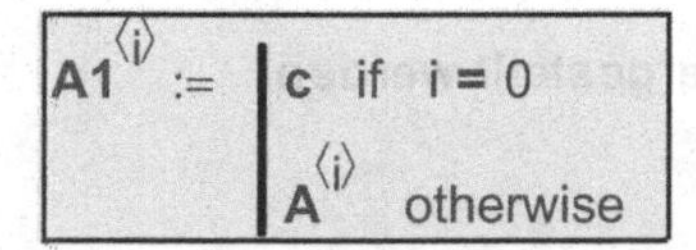

$$\mathbf{A2}^{\langle i \rangle} := \begin{cases} \mathbf{c} & \text{if } i = 1 \\ \mathbf{A}^{\langle i \rangle} & \text{otherwise} \end{cases} \qquad \mathbf{A3}^{\langle i \rangle} := \begin{cases} \mathbf{c} & \text{if } i = 2 \\ \mathbf{A}^{\langle i \rangle} & \text{otherwise} \end{cases}$$

Damit ergibt sich der Lösungsvektor x zu:

$$\mathbf{x} := \frac{1}{|\mathbf{A}|} \cdot \begin{pmatrix} |\mathbf{A1}| \\ |\mathbf{A2}| \\ |\mathbf{A3}| \end{pmatrix} \qquad \mathbf{x} = \begin{pmatrix} 0.17223 \\ 0.24598 \\ 0.15623 \end{pmatrix}$$

Lösung mit 5 Nachkommastellen (Standardeinstellung ist 3)

Lösen des linearen Gleichungssystems mithilfe der generalisierten inversen Matrix (Funktion geninv) bzw. mithilfe der Zeilenreduktion (Funktionen zref und erweitern):

geninv(A) gibt die generalisierte inverse Matrix A^{-1} von A zurück.
zref(A) gibt die zeilenreduzierte Echolon-Form von A zurück.

$$\mathbf{A} := \begin{pmatrix} 0.5 & 0.4 & 6.5 \\ 4.0 & -1.2 & -0.6 \\ -7.5 & 9.0 & 10.1 \end{pmatrix} \qquad \mathbf{c} := \begin{pmatrix} 1.2 \\ 0.3 \\ 2.5 \end{pmatrix}$$

Koeffizientenmatrix und Konstantenvektor

$$\mathbf{x} := \text{geninv}(\mathbf{A}) \cdot \mathbf{c} \qquad \mathbf{x} = \begin{pmatrix} 0.17223 \\ 0.24598 \\ 0.15623 \end{pmatrix} \qquad \text{zref}(\text{erweitern}(\mathbf{A}, \mathbf{c}))^{\langle 3 \rangle} = \begin{pmatrix} 0.17223 \\ 0.24598 \\ 0.15623 \end{pmatrix}$$

Beispiel 8.25:

Lösung des Gleichungssystems mit Einheiten (Beispiel 8.23).

Lösung des Gleichungsystem mit Vorgabe und Suchen:

$R_1 := 8 \cdot \Omega$ $R_2 := 12 \cdot \Omega$ $R_3 := 15 \cdot \Omega$ $U_{01} := 20 \cdot V$ vorgegebene Werte

$I_1 := 1 \cdot A$ $I_2 := 1 \cdot A$ $I_3 := 1 \cdot A$ gewählte Startwerte

ORIGIN := 1 ORIGIN festlegen

Vorgabe

$I_1 - I_2 - I_3 = 0 \cdot A$

$I_1 \cdot R_1 + I_2 \cdot R_2 = U_{01}$ **Die Gleichungen müssen einheitengerecht dargestellt werden!**

$I_3 \cdot R_3 - I_2 \cdot R_2 = 0 \cdot V$

$I := \text{Suchen}(I_1, I_2, I_3)$

$I = \begin{pmatrix} 1.364 \\ 0.758 \\ 0.606 \end{pmatrix} A$ $I = \begin{pmatrix} 1363.636 \\ 757.576 \\ 606.061 \end{pmatrix} \cdot mA$ Lösung mit 3 Nachkommastellen (Standardeinstellung)

Lösung des Gleichungssystems mit der Funktion Minfehl:

$R_1 := 8 \cdot \Omega$ $R_2 := 12 \cdot \Omega$ $R_3 := 15 \cdot \Omega$ $U_{01} := 20 \cdot V$ vorgegebene Werte

$I_1 := 1 \cdot A$ $I_2 := 1 \cdot A$ $I_3 := 1 \cdot A$ gewählte Startwerte

Vorgabe

$I_1 - I_2 - I_3 = 0 \cdot A$

$I_1 \cdot R_1 + I_2 \cdot R_2 = U_{01}$

$I_3 \cdot R_3 - I_2 \cdot R_2 = 0 \cdot V$

$\text{Minfehl}(I_1, I_2, I_3) = \begin{pmatrix} 1.364 \\ 0.758 \\ 0.606 \end{pmatrix} A$ Lösung mit 3 Nachkommastellen (Standardeinstellung)

Lösung des Gleichungsystem in Matrizenform R I = U:

Das lineare Gleichungssystem mit Einheiten in Form einer Matrixgleichung dargestellt:

$R_1 := 8 \cdot \Omega \quad R_2 := 12 \cdot \Omega \quad R_3 := 15 \cdot \Omega \quad U_{01} := 20 \cdot V$ vorgegebene Werte

$$\mathbf{R} := \begin{pmatrix} 1\cdot\Omega & -1\cdot\Omega & -1\cdot\Omega \\ R_1 & R_2 & 0\cdot\Omega \\ 0\cdot\Omega & -R_2 & R_3 \end{pmatrix} \quad \mathbf{U} := \begin{pmatrix} 0\cdot V \\ U_{01} \\ 0\cdot V \end{pmatrix} \quad \mathbf{R}\cdot\mathbf{I} = \mathbf{U}$$

Es sind keine gemischten Einheiten in einer Matrix oder in einem Vektor zulässig! Einheitengerecht einsetzen! Oder eventuell Gleichungen einheitenfrei machen.

$\mathbf{I} := (1\cdot A \;\; 1\cdot A \;\; 1\cdot A)^T$ Startwerte in Vektorform

Vorgabe

$\mathbf{R}\cdot\mathbf{I} = \mathbf{U}$

$$\text{Suchen}(\mathbf{I}) = \begin{pmatrix} 1.364 \\ 0.758 \\ 0.606 \end{pmatrix} A$$

Lösung mit 3 Nachkommastellen (Standardeinstellung)

Lösung des Gleichungssystems durch Optimierung:

$R_1 := 8 \cdot \Omega \quad R_2 := 12 \cdot \Omega \quad R_3 := 15 \cdot \Omega \quad U_{01} := 20 \cdot V$ vorgegebene Werte

$$\mathbf{R} := \begin{pmatrix} 1\cdot\Omega & -1\cdot\Omega & -1\cdot\Omega \\ R_1 & R_2 & 0\cdot\Omega \\ 0\cdot\Omega & -R_2 & R_3 \end{pmatrix} \quad \mathbf{U} := \begin{pmatrix} 0\cdot V \\ U_{01} \\ 0\cdot V \end{pmatrix}$$

Koeffizientenmatrix und Konstantenvektor

$TOL := 10^{-12}$ **Toleranz (Genauigkeit) festlegen**

$f(\mathbf{I}) := |\mathbf{R}\cdot\mathbf{I} - \mathbf{U}|$

Die zu **optimierende Funktion** f(I) soll ein **Minimum** werden (**|R I - U| = 0**).

$$\text{Minimieren}(f, \mathbf{I}) = \begin{pmatrix} 1.364 \\ 0.758 \\ 0.606 \end{pmatrix} A$$

Lösung mit 3 Nachkommastellen (Standardeinstellung)

Lösung des Gleichungssystems mithilfe der linearen Optimierung:

$R_1 := 8 \cdot \Omega$ $R_2 := 12 \cdot \Omega$ $R_3 := 15 \cdot \Omega$ $U_{01} := 20 \cdot V$ vorgegebene Werte

$$\mathbf{R} := \begin{pmatrix} 1 \cdot \Omega & -1 \cdot \Omega & -1 \cdot \Omega \\ R_1 & R_2 & 0 \cdot \Omega \\ 0 \cdot \Omega & -R_2 & R_3 \end{pmatrix} \quad \mathbf{U} := \begin{pmatrix} 0 \cdot V \\ U_{01} \\ 0 \cdot V \end{pmatrix}$$ **Koeffizientenmatrix und Konstantenvektor**

$\mathbf{I} := (1 \cdot A \;\; 1 \cdot A \;\; 1 \cdot A)^T$ **Startwerte in Vektorform**

$f(\mathbf{I}) := 1 \cdot A$ **irgendeine konstante Funktion definieren**

Vorgabe

$\mathbf{R} \cdot \mathbf{I} = \mathbf{U}$

$$\text{Maximieren}(f, \mathbf{I}) = \begin{pmatrix} 1.364 \\ 0.758 \\ 0.606 \end{pmatrix} A$$ Lösung mit 3 Nachkommastellen (Standardeinstellung)

Lösen des linearen Gleichungssystems mit der Funktion llösen

$R_1 := 8 \cdot \Omega$ $R_2 := 12 \cdot \Omega$ $R_3 := 15 \cdot \Omega$ $U_{01} := 20 \cdot V$ vorgegebene Werte

$$\mathbf{R} := \begin{pmatrix} 1 \cdot \Omega & -1 \cdot \Omega & -1 \cdot \Omega \\ R_1 & R_2 & 0 \cdot \Omega \\ 0 \cdot \Omega & -R_2 & R_3 \end{pmatrix} \quad \mathbf{U} := \begin{pmatrix} 0 \cdot V \\ U_{01} \\ 0 \cdot V \end{pmatrix}$$ **Koeffizientenmatrix und Konstantenvektor**

$\left|\frac{\mathbf{R}}{\Omega}\right| = 396$ **oder:** $\left(\left|\frac{\mathbf{R}}{\Omega}\right| \neq 0\right) = 1$ **Reguläre Matrix (Determinante ist ungleich null). Das Ergebnis 0 bedeutet "falsch" und 1 bedeutet "wahr".**

$\mathbf{I} := \text{llösen}(\mathbf{R}, \mathbf{U})$

$$\mathbf{I} = \begin{pmatrix} 1.36364 \\ 0.75758 \\ 0.60606 \end{pmatrix} A$$ Lösung mit 5 Nachkommastellen (Standardeinstellung ist 3)

Lösen des linearen Gleichungssystems mithilfe der inversen Matrix:

$R_1 := 8 \cdot \Omega \quad R_2 := 12 \cdot \Omega \quad R_3 := 15 \cdot \Omega \quad U_{01} := 20 \cdot V$ vorgegebene Werte

$$\mathbf{R} := \begin{pmatrix} 1 \cdot \Omega & -1 \cdot \Omega & -1 \cdot \Omega \\ R_1 & R_2 & 0 \cdot \Omega \\ 0 \cdot \Omega & -R_2 & R_3 \end{pmatrix} \qquad \mathbf{U} := \begin{pmatrix} 0 \cdot V \\ U_{01} \\ 0 \cdot V \end{pmatrix}$$ **Koeffizientenmatrix und Konstantenvektor**

$\left|\frac{\mathbf{R}}{\Omega}\right| = 396$ **Reguläre Matrix (Determinante ist ungleich null)**

$\mathbf{I} := \mathbf{R}^{-1} \cdot \mathbf{U} \qquad \mathbf{I} = \begin{pmatrix} 1.364 \\ 0.758 \\ 0.606 \end{pmatrix} A$ Lösungsvektor

Lösen des linearen Gleichungssystems mithilfe der Determinatenmethode:

$R_1 := 8 \cdot \Omega \quad R_2 := 12 \cdot \Omega \quad R_3 := 15 \cdot \Omega \quad U_{01} := 20 \cdot V$ vorgegebene Werte

$$\mathbf{R} := \begin{pmatrix} 1 \cdot \Omega & -1 \cdot \Omega & -1 \cdot \Omega \\ R_1 & R_2 & 0 \cdot \Omega \\ 0 \cdot \Omega & -R_2 & R_3 \end{pmatrix} \qquad \mathbf{U} := \begin{pmatrix} 0 \cdot V \\ U_{01} \\ 0 \cdot V \end{pmatrix}$$ **Koeffizientenmatrix und Konstantenvektor**

$\left|\frac{\mathbf{R}}{\Omega}\right| = 396$ **Reguläre Matrix (Determinante ist ungleich null)**

Für $i := 0..2$ **(ORIGIN = 0) bilden wir mithilfe von Unterprogrammen (Symbolleiste Programmierung) die Matrizen R1, R2 und R3. Dies sind genau die Matrizen, die sich durch Ersetzen der Spalten in der Koeffizientenmatrix durch den Vektor U ergeben (Die Einheiten kürzen !).**

ORIGIN := 0 ORIGIN festlegen

$\mathbf{R1}^{\langle i \rangle} := \begin{cases} \frac{\mathbf{U}}{V} & \text{if } i = 0 \\ \frac{\mathbf{R}^{\langle i \rangle}}{\Omega} & \text{otherwise} \end{cases} \qquad \mathbf{R2}^{\langle i \rangle} := \begin{cases} \frac{\mathbf{U}}{V} & \text{if } i = 1 \\ \frac{\mathbf{R}^{\langle i \rangle}}{\Omega} & \text{otherwise} \end{cases} \qquad \mathbf{R3}^{\langle i \rangle} := \begin{cases} \frac{\mathbf{U}}{V} & \text{if } i = 2 \\ \frac{\mathbf{R}^{\langle i \rangle}}{\Omega} & \text{otherwise} \end{cases}$

Damit ergibt sich der Lösungsvektor I nach der "Cramer-Regel" zu:

$$\mathbf{I} := \frac{1}{\left|\frac{\mathbf{R}}{\Omega}\right|} \cdot \begin{pmatrix} |\mathbf{R1}| \\ |\mathbf{R2}| \\ |\mathbf{R3}| \end{pmatrix} \cdot A \qquad \mathbf{I} = \begin{pmatrix} 1.364 \\ 0.758 \\ 0.606 \end{pmatrix} A$$

Lösen des linearen Gleichungssystems mithilfe der generalisierten inversen Matrix (Funktion geninv) bzw. mithilfe der Zeilenreduktion (Funktionen zref und erweitern):

geninv(A) gibt die generalisierte inverse Matrix A^{-1} von A zurück.
zref(A) gibt die zeilenreduzierte Echolon-Form von A zurück.

$R_1 := 8 \cdot \Omega$ $\quad R_2 := 12 \cdot \Omega$ $\quad R_3 := 15 \cdot \Omega$ $\quad U_{01} := 20 \cdot V$ vorgegebene Werte

$$\mathbf{R} := \begin{pmatrix} 1 \cdot \Omega & -1 \cdot \Omega & -1 \cdot \Omega \\ R_1 & R_2 & 0 \cdot \Omega \\ 0 \cdot \Omega & -R_2 & R_3 \end{pmatrix} \qquad \mathbf{U} := \begin{pmatrix} 0 \cdot V \\ U_{01} \\ 0 \cdot V \end{pmatrix}$$

Koeffizientenmatrix und Konstanten-Vektor

$$\mathbf{I} := \text{geninv}(\mathbf{R}) \cdot \mathbf{U} \qquad \mathbf{I} = \begin{pmatrix} 1.364 \\ 0.758 \\ 0.606 \end{pmatrix} A$$

Lösung mit 3 Nachkommastellen (Standardeinstellung)

$$\text{zref}\left(\text{erweitern}\left(\frac{\mathbf{R}}{\Omega}, \frac{\mathbf{U}}{V}\right)\right)^{\langle 3 \rangle} = \begin{pmatrix} 1.364 \\ 0.758 \\ 0.606 \end{pmatrix}$$

Lösung mit 3 Nachkommastellen (Standardeinstellung)

Beispiel 8.26:

Für einen verzweigten Gleichstromkreis mit U_{01} = 24 V, U_{02} = 12 V, $R_1 = R_2$ = 100 Ω, $R_3 = R_4$ = 500 Ω und R_5 = 300 Ω ergeben sich mithilfe der Kirchhoff'schen Gesetze folgende Gleichungen:

$R_1 \cdot I_1 + R_3 \cdot I_3 = U_{01}$

$R_2 \cdot I_2 + R_4 \cdot I_4 = U_{02}$

$R_3 \cdot I_3 - R_4 \cdot I_4 - R_5 \cdot I_5 = 0$ Gesucht sind die Ströme I_k

$I_1 - I_3 - I_5 = 0$

$I_2 - I_4 + I_5 = 0$

$U_{01} := 24$ $\quad U_{02} := 12$

$R_1 := 100$ $\quad R_2 := 100$ Vorgegebene Größen ohne Einheiten

$R_3 := 500$ $\quad R_4 := 500$

$R_5 := 300$

$\text{ORIGIN} := 1$ ORIGIN festlegen

$$\mathbf{R_1} := \begin{pmatrix} R_1 & 0 & R_3 & 0 & 0 \\ 0 & R_2 & 0 & R_4 & 0 \\ 0 & 0 & R_3 & -R_4 & -R_5 \\ 1 & 0 & -1 & 0 & -1 \\ 0 & 1 & 0 & -1 & 1 \end{pmatrix} \cdot \Omega$$

Koeffizientenmatrix

$$\left| \frac{\mathbf{R_1}}{\Omega} \right| = -1.68 \times 10^8$$

Reguläre Matrix (Determinante ist ungleich null)
Es existiert die zugehörige inverse Matrix

$$\mathbf{U} := \begin{pmatrix} U_{01} \\ U_{02} \\ 0 \\ 0 \\ 0 \end{pmatrix} \cdot V$$

Konstantenvektor

Lösen des linearen Gleichungssystems mit der Funktion llösen

llösen löst die Matrixgleichung $\mathbf{R_1}\ \mathbf{I} = \mathbf{U}$ mithilfe der inversen Matrix:

$$\mathbf{R_1}^{-1} \cdot \mathbf{R_1} \cdot \mathbf{I} = \mathbf{R_1}^{-1} \cdot \mathbf{U}$$

$$\mathbf{E} \cdot \mathbf{I} = \mathbf{R_1}^{-1} \cdot \mathbf{U}$$

$$\mathbf{I} := \text{llösen}(\mathbf{R_1}, \mathbf{U}) \qquad \mathbf{I} = \begin{pmatrix} 57.9 \\ 2.1 \\ 36.4 \\ 23.6 \\ 21.4 \end{pmatrix} \cdot mA$$

Lösungsvektor mit I_1, I_2, ..., I_5

Lösung mit 1 Nachkommastelle

Lösen des linearen Gleichungssystems mithilfe der inversen Matrix:

$$\mathbf{I} := \mathbf{R_1}^{-1} \cdot \mathbf{U} \qquad \mathbf{I} = \begin{pmatrix} 57.9 \\ 2.1 \\ 36.4 \\ 23.6 \\ 21.4 \end{pmatrix} \cdot mA$$

Lösungsvektor mit I_1, I_2, ..., I_5

$I_1 = 57.9 \cdot mA$ $\qquad I_2 = 2.1 \cdot mA$ $\qquad I_3 = 36.4 \cdot mA$

$I_4 = 23.6 \cdot mA$ $\qquad I_5 = 21.4 \cdot mA$

$$\mathbf{R_1} \cdot \mathrm{I} = \begin{pmatrix} 24 \\ 12 \\ 2.665 \times 10^{-15} \\ 0 \\ 0 \end{pmatrix} \cdot \mathrm{V}$$ Probe

Beispiel 8.27:

Mit der Funktion "llösen" und durch symbolische Auswertung mit dem Lösungsblock können auch unter- oder überdeterminierte lineare Gleichungssysteme gelöst werden:

$x + 3y + 5z = -1$

$2x + 4y + 6z = -2$

unterdeterminiertes lineares Gleichungssystem

$$\begin{pmatrix} x \\ y \\ z \end{pmatrix} := \mathrm{llösen}\left[\begin{pmatrix} 1 & 3 & 5 \\ 2 & 4 & 6 \end{pmatrix}, \begin{pmatrix} -1 \\ -2 \end{pmatrix}\right] \qquad \begin{pmatrix} x \\ y \\ z \end{pmatrix} = \begin{pmatrix} -0.833 \\ -0.333 \\ 0.167 \end{pmatrix}$$

Lösung mit 3 Nachkommastellen (Standardeinstellung)

$x + 3y + 5z = -1$

$2x + 4y + 6z = -2$

Probe

Vorgabe

$a_1 + b_1 + c_1 = 0$

$a_1 + 2 \cdot b_1 = 1$

symbolische Lösung des unterdeterminierten Gleichungssystem

$$\mathrm{Suchen}(a_1, b_1, c_1) \left| \begin{array}{l} \text{vollständig} \\ \text{verwende}, \_z = c_1 \end{array} \right. \rightarrow \begin{pmatrix} -2 \cdot c_1 - 1 \\ c_1 + 1 \\ c_1 \end{pmatrix}$$

Beispiel 8.28:

Wenn die resultierenden Variablen (hier I und R) verschiedene Einheiten haben, so muss für jedes Ergebnis eine eigene Funktion definiert werden!

$\mathrm{I} := 1\mathrm{A} \qquad \mathrm{R} := 10\Omega$ Startwerte

Vorgabe

$\mathrm{U} = \mathrm{I} \cdot \mathrm{R}$

$\mathrm{P} = \mathrm{I} \cdot \mathrm{U}$

$$\begin{pmatrix} \mathrm{I}(\mathrm{U},\mathrm{P}) \\ \mathrm{R}(\mathrm{U},\mathrm{P}) \end{pmatrix} := \mathrm{Suchen}(\mathrm{I}, \mathrm{R}) \qquad \mathrm{I}(10\mathrm{V}, 4\mathrm{W}) = 0.4\,\mathrm{A} \qquad \mathrm{R}(10\mathrm{V}, 4\mathrm{W}) = 25\,\Omega$$ Lösungen

8.4 Lösen eines nichtlinearen Gleichungssystems mit und ohne Nebenbedingungen

Beispiel 8.29:

a) Symbolisches Lösen eines nichtlinearen Gleichungssystems

α) Lösungsblock mit Vorgabe und der Funktion Suchen:

Vorgabe

$x^2 + y^2 = 6$ Kreis

$x + y = 2$ Gerade

$\mathbf{X} := \text{Suchen}(x, y) \rightarrow \begin{pmatrix} 1-\sqrt{2} & \sqrt{2}+1 \\ \sqrt{2}+1 & 1-\sqrt{2} \end{pmatrix}$

Matrix mit den Lösungen.
Die Koordinaten der Lösungspunkte werden hier in einer Matrix ausgegeben.

$$\begin{pmatrix} 1-\sqrt{2} & \sqrt{2}+1 \\ \sqrt{2}+1 & 1-\sqrt{2} \end{pmatrix} = \begin{pmatrix} -0.414 & 2.414 \\ 2.414 & -0.414 \end{pmatrix}$$

ORIGIN := 0

ORIGIN festlegen

$(\mathbf{X}_{0,0})^2 + (\mathbf{X}_{1,0})^2 = 6$ $(\mathbf{X}_{0,1})^2 + (\mathbf{X}_{1,1})^2 = 6$

$\mathbf{X}_{0,0} + \mathbf{X}_{1,0} = 2$ $\mathbf{X}_{0,1} + \mathbf{X}_{1,1} = 2$

Probe

β) Lösungsblock mit dem Symboloperator auflösen:

$\begin{pmatrix} r_1 & s_1 \\ r_2 & s_2 \end{pmatrix} := \begin{pmatrix} r^2 + s^2 = 6 \\ r + s = 2 \end{pmatrix} \text{ auflösen}, r, s \rightarrow \begin{pmatrix} 1-\sqrt{2} & \sqrt{2}+1 \\ \sqrt{2}+1 & 1-\sqrt{2} \end{pmatrix}$

Gleichungssystem in einem Vektor zusammenfassen und Anwendung des symbolischen Operators "auflösen".

$r_1^2 + s_1^2 = 6$ $r_1 + s_1 = 2$

$r_2^2 + s_2^2 = 6$ $r_2 + s_2 = 2$

Probe

oder

$\begin{pmatrix} r^2 + s^2 = 6 \\ r + s = 2 \end{pmatrix} \text{ auflösen}, \begin{pmatrix} r \\ s \end{pmatrix} \rightarrow \begin{pmatrix} 1-\sqrt{2} & \sqrt{2}+1 \\ \sqrt{2}+1 & 1-\sqrt{2} \end{pmatrix}$

oder

$f1(r, s) := r^2 + s^2 = 6$ $g1(r, s) := r + s = 2$

$\begin{pmatrix} f1(r, s) \\ g1(r, s) \end{pmatrix} \text{ auflösen}, \begin{pmatrix} r \\ s \end{pmatrix} \rightarrow \begin{pmatrix} 1-\sqrt{2} & \sqrt{2}+1 \\ \sqrt{2}+1 & 1-\sqrt{2} \end{pmatrix}$

b) Numerisches Lösen eines nichtlinearen Gleichungssystems

α) Grafische Veranschaulichung

$k_o(x) := \sqrt{6 - x^2}$

$k_u(x) := -\sqrt{6 - x^2}$

oberer und unterer Halbkreis

$f(x) := 2 - x$ Gerade

$x := -3, -2.999 .. 3$ Bereichsvariable

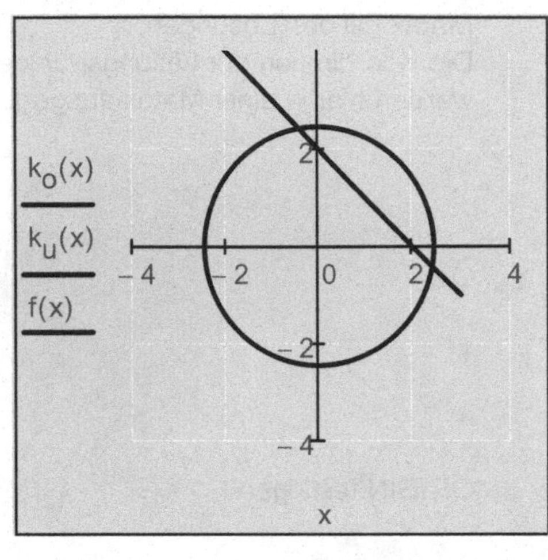

Abb. 8.19

X-Y-Achsen:
Gitterlinien
Nummeriert
Automatische Skalierung
Automatische Gitterweite
Achsenstil:
Kreuz
Spuren:
Spur 1 bis Spur 3
Typ Linien

β) Lösungsblock mit Vorgabe und der Funktion Suchen

Vergleich von zwei Lösungsmethoden:

$x := -1 \quad y := 3$ Startwerte näherungsweise in der Grafik ablesen

Vorgabe

$x^2 + y^2 = 6$ Kreis

$x + y = 2$ Gerade

$\begin{pmatrix} x_1 \\ y_1 \end{pmatrix} := \text{Suchen}(x, y)$

Levenberg-Marquardt-Verfahren. Auswählbar mit rechter Maustaste auf dem Funktionsnamen "Suchen" (Abb. 8.1).

$\begin{pmatrix} x_1 \\ y_1 \end{pmatrix} = \begin{pmatrix} -0.414 \\ 2.414 \end{pmatrix}$

Lösung mit 3 Nachkommastellen (Standardeinstellung)

$x := 2 \quad y := 1$ Startwerte

Vergleiche hier Levenberg-Marquardt-Verfahren, Gradienten-Verfahren und Quasi-Newton-Verfahren (auswählbar mit rechter Maustaste auf dem Funktionsnamen "Suchen"). Wegen zu schlechter Startwerte (z. B. x = 0 und y = 0) wird hier mit dem Gradienten-Verfahren und Quasi-Newton-Verfahren keine Lösung gefunden!

Vorgabe

$x^2 + y^2 = 6$ Kreis

$x + y = 2$ Gerade

$\text{Suchen}(x, y) = \begin{pmatrix} 2.414 \\ -0.414 \end{pmatrix}$ Lösung mit 3 Nachkommastellen (Standardeinstellung)

Eine Lösung mit einem Fehler von: 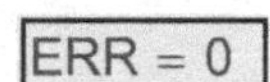

ERR wird nur in einem Lösungsblock berechnet, der "Suchen" oder "Minfehl" verwendet!

Vergleiche dazu den **Betrag** des minimalen Fehlervektors:

$$\left| \begin{pmatrix} {x_1}^2 + {y_1}^2 - 6 \\ x_1 + y_1 - 2 \end{pmatrix} \right| = 0$$

Beispiel 8.30:

Vergleich von zwei Lösungsmethoden:

$a := 10 \quad b := 5 \quad c := 3$ Startwerte

Vorgabe

$$a = c \cdot \ln\left(\frac{b}{3}\right) + 5 \cdot c$$

$$c = \frac{5}{a}$$

$$\text{Suchen}(a, b, c) = \begin{pmatrix} 5.249 \\ 5 \\ 0.953 \end{pmatrix}$$

Levenberg-Marquardt-Verfahren. Auswählbar mit rechter Maustaste auf dem Funktionsnamen "Suchen" (Abb. 8.1).

Lösung mit 3 Nachkommastellen (Standardeinstellung)

Eine Lösung mit einem Fehler von: ERR = 0

Vorgabe

$a = c \ln\left(\frac{b}{3}\right) + 5c$

$c = \frac{5}{a}$

$\text{Suchen}(a, b, c) = \begin{pmatrix} 5.249 \\ 5 \\ 0.953 \end{pmatrix}$

Levenberg-Marquardt-Verfahren. Auswählbar mit rechter Maustaste auf dem Funktionsnamen "Suchen" (Abb. 8.1).

Eine Lösung mit einem Fehler von: ERR = 0

Beispiel 8.31:

Vom nachfolgenden Gleichungssystem sollen nur jene Lösungen gefunden werden, für die x > 1 gilt.

$x^2 + y^2 = 25$ Kreis

$x^2 - y^2 = 5$ Hyperbel

$x > 1$ Bedingung

Grafische Veranschaulichung:

$k_o(x) := \sqrt{25 - x^2}$

Oberer und unterer Halbkreis

$k_u(x) := -\sqrt{25 - x^2}$

$h_o(x) := \sqrt{x^2 - 5}$

Oberer und unterer Teil der Hyperbel

$h_u(x) := -\sqrt{x^2 - 5}$

$a := 1$ Bedingung x > a

$x := -5, -4.999 .. 5$ Bereichsvariable

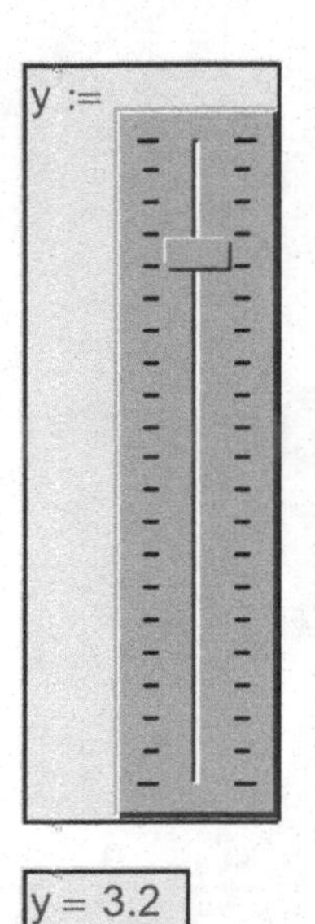

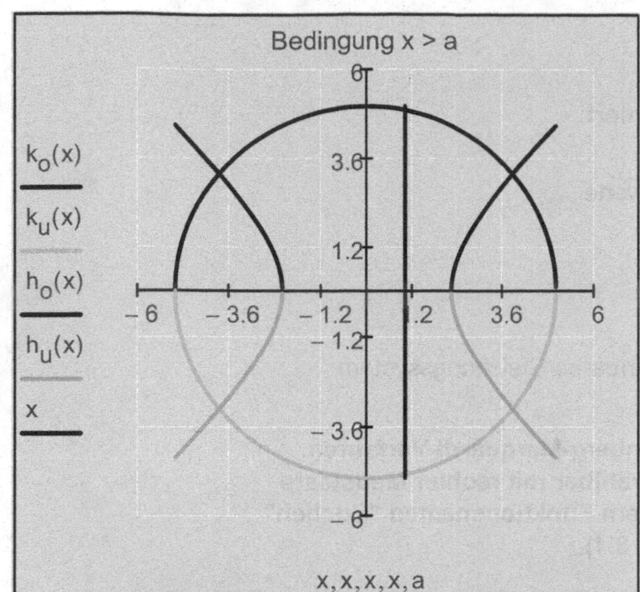

Achsenbeschränkung:
x- und y-Achse: -6 und 6
X-Y-Achsen:
Gitterlinien
Nummeriert
Automatische Skalierung
Anzahl der Gitterlinien: 5 bzw. 5
Achsenstil:
Kreuz
Spuren:
Spur 1 bis Spur 5
Typ Linien

Abb. 8.20

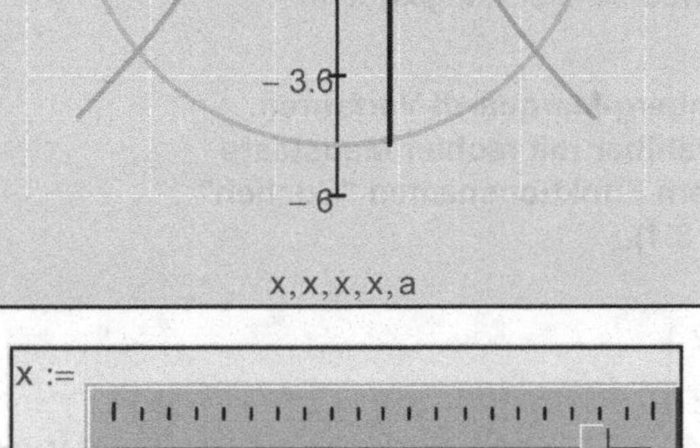

Startwerte einstellen

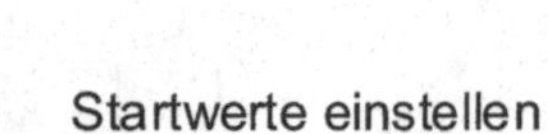

Mathsoft Slider Control-Objekt
Eigenschaften:
Minimum -50, Maximum 50
Teilstrichfähigkeit: 5
Skript bearbeiten:
Outputs(0).Value = Slider.Position/10
Siehe auch Kapitel 19

Lösungsblock mit Vorgabe und der Funktion suchen

Vorgabe

$x^2 + y^2 = 25$ Kreis

$x^2 - y^2 = 5$ Hyperbel

$x > 1$ Bedingung

$\text{Suchen}(x, y) = \begin{pmatrix} 3.873 \\ 3.162 \end{pmatrix}$

Levenberg-Marquardt-Verfahren. Auswählbar mit rechter Maustaste auf dem Funktionsnamen "Suchen" (Abb. 8.1).

Beispiel 8.32:

Der Lösungsblock als Funktion definiert.

$x := 2$ $y := 6$ Startwerte

Vorgabe

$2 \cdot x + y = 5 + 2 \cdot z^2$

nichtlineares Gleichungssystem

$y^3 + 4 \cdot z = 4$

$F(z) := \text{Suchen}(x, y)$

Levenberg-Marquardt-Verfahren. Auswählbar mit rechter Maustaste auf dem Funktionsnamen "Suchen" (Abb. 8.1).

$F(0) = \begin{pmatrix} 1.706 \\ 1.587 \end{pmatrix}$ $F(1) = \begin{pmatrix} 3.499 \\ 0.002 \end{pmatrix}$

Lösungen bei vorgegebenen z-Werten

$F(2) = \begin{pmatrix} 7.294 \\ -1.587 \end{pmatrix}$ $F(3) = \begin{pmatrix} 12.5 \\ -2 \end{pmatrix}$

Wenn ein Lösungsblock als Funktion definiert ist, so kann er z. B. von einem Unterprogramm aufgerufen werden (siehe Kapitel 18):

```
Lsg := | for  i ∈ 0..3
       |    | z_i ← i
       |    | (x_i, y_i) ← F(z_i)
       | stapeln[("x"  "y"  "z"), erweitern(x, y, z)]
```

$Lsg = \begin{pmatrix} \text{"x"} & \text{"y"} & \text{"z"} \\ 1.706 & 1.587 & 0 \\ 3.499 & 0.002 & 1 \\ 7.294 & -1.587 & 2 \\ 12.5 & -2 & 3 \end{pmatrix}$

Beispiel 8.33:

Nichtlineares Gleichungssystem mit Einheiten. Wurf nach unten ohne Luftwiderstand.

$h_0 := 100m$ $h_e := 0m$ Anfangs- und Endhöhe

$v_0 := 0 \cdot \frac{m}{s}$ $a := -g$ Anfangsgeschwindigkeit und Beschleunigung

$t := 2 \cdot s$ $v := -5\frac{m}{s}$ Startwerte

Vorgabe

$$h_e = h_0 + v_0 \cdot t + \frac{1}{2} a \cdot t^2$$

$$v = v_0 + a \cdot t$$

$$\begin{pmatrix} v \\ t_s \end{pmatrix} := \text{Suchen}(v, t)$$

Konjugierte Gradienten-Verfahren. Auswählbar mit rechter Maustaste auf dem Funktionsnamen "Suchen" (Abb. 8.1).

$v = -44.287\frac{m}{s}$ $t_s = 4.516\,s$ gesuchte Lösungen

Beispiel 8.34:

Nichtlineares Gleichungssystem mit mehreren Nebenbedingungen.

Voreingestellte Konvergenztoleranz:

$TOL = 1 \times 10^{-12}$

Voreingestellte Bedingungstoleranz:

$CTOL = 1 \times 10^{-3}$

Vorgabe

$$2 \cdot x + y + 2 \cdot z^2 = 4$$

$$y^3 + 4 \cdot z = 2$$

$$x \cdot y + z = a$$

Gleichungen

$$x \geq 0$$

$$y \leq 0$$

$$z > 0$$

Nebenbedingungen

$L(x, y, z, a) := \text{Suchen}(x, y, z)$

Konjugierte Gradienten-Verfahren. Auswählbar mit rechter Maustaste auf dem Funktionsnamen "Suchen" (Abb. 8.1).

$$L(0, 0, 0, 0) = \begin{pmatrix} 1.879 \\ -0.269 \\ 0.505 \end{pmatrix}$$

Lösungsvektor einer Lösung
(Vorgegebene Startwerte x = 0, y = 0, z = 0 und a = 0)

Beispiel 8.35:

Lösungsblock mit Vorgabe und der Funktion Minfehl:

$\mathbf{x} := (0.555 \;\; 1.000 \;\; 1.5505 \;\; 2.000 \;\; 2.500 \;\; 3.100)^T$

$\mathbf{y} := (2.710 \;\; 3.512 \;\; 3.921 \;\; 4.700 \;\; 4.152 \;\; 5.551)^T$

gegebene Datenvektoren

Es soll mit der Methode der kleinsten Fehlerquadrate nach Gauß eine optimale Ausgleichsgerade durch die Datenpunkte gefunden werden.

$n := \text{länge}(\mathbf{x}) \qquad n = 6$ Bereichsvariable

$F(x, k, d) := k \cdot x + d$ lineare Anpassungsfunktion (Ausgleichsgerade)

$ORIGIN = 0$ ORIGIN ist hier auf null gesetzt!

$$G(k, d) := \sum_{i=0}^{n-1} \left(\mathbf{y}_i - F(\mathbf{x}_i, k, d)\right)^2$$

Die Fehlerquadratfunktion nach Gauß soll ein Minimum werden!

$k := 1 \qquad d := 2$ Startwerte

Vorgabe

$G(k, d) = 0$

$$\begin{pmatrix} k \\ d \end{pmatrix} := \text{Minfehl}(k, d)$$

Lösungen in einem Vektor gespeichert.
Vergleiche: Konjugierte Gradienten-Verfahren, Levenberg-Marquardt- und Quasi-Newton-Verfahren. Auswählbar mit rechter Maustaste auf dem Funktionsnamen "Minfehl".

$k = 0.9589944953$

$d = 2.3799140744$

Vergleiche dazu die Werte der Funktionen "**neigung**" und "**achsenabschn**":

$\text{neigung}(\mathbf{x}, \mathbf{y}) = 0.9589944947$

$\text{achsenabschn}(\mathbf{x}, \mathbf{y}) = 2.3799140729$

$$\sqrt{\frac{G(k, d)}{n-2}} = 0.4079992$$

Standardfehler (Quadratwurzel der Reststreuung) $\text{stdfehl}(\mathbf{x}, \mathbf{y}) = 0.4079992$

Grafische Veranschaulichung:

$i := 0..n \qquad x := 0..5$ Bereichsvariable

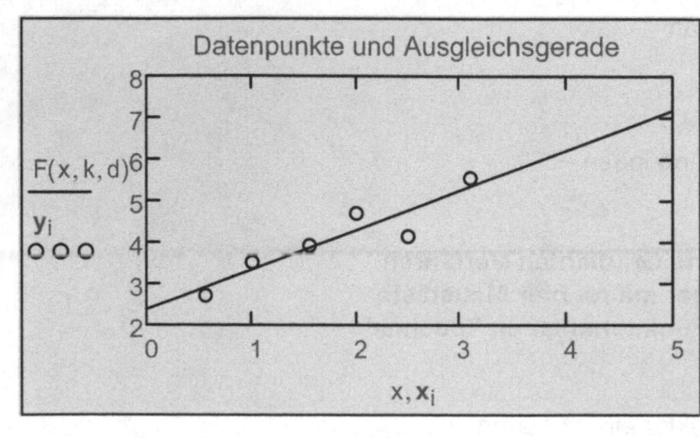

X-Y-Achsen:
Nummeriert
Automatische Skalierung
Automatische Gitterweite
Achsenstil:
Kasten
Spuren:
Spur 1
Typ Linien
Spur 2
Symbol Kreis, Typ Punkte

Abb. 8.21

Beispiel 8.36:

Lösungsblock mit Vorgabe und der Funktion Minfehl:

$x := 0.4 \quad y := 0$ Startwerte

Vorgabe

Die Minfehl-Funktion liefert das Minimum der Quadratsumme:

$y = 2 \cdot e^{2 \cdot x}$

$y - 2 \cdot x = 1$

$\left(y - 2 \cdot e^{2 \cdot x}\right)^2 + (y - 2 \cdot x - 1)^2$

$\begin{pmatrix} x_{min} \\ y_{min} \end{pmatrix} := \text{Minfehl}(x, y)$

Die Lösungen werden in einem Vektor gespeichert.
Vergleiche: Konjugierte Gradienten-Verfahren, Levenberg-Marquardt- und Quasi-Newton-Verfahren. Auswählbar mit rechter Maustaste auf dem Funktionsnamen "Minfehl".

$\begin{pmatrix} x_{min} \\ y_{min} \end{pmatrix} = \begin{pmatrix} -0.24 \\ 1.003 \end{pmatrix}$ der gefundene Lösungspunkt

Betrag des minimalen Fehlervektors:

$\left| \begin{pmatrix} y_{min} - 2 \cdot e^{2 \cdot x_{min}} \\ y_{min} - 2 \cdot x_{min} - 1 \end{pmatrix} \right| = 0.537$ bzw. $ERR = 0.537$

Grafische Veranschaulichung:

$f(x) := 2 \cdot e^{2 \cdot x}$

Funktionen

$f1(x) := 2 \cdot x + 1$

$x := -1, -0.99 .. 0.5$ Bereichsvariable

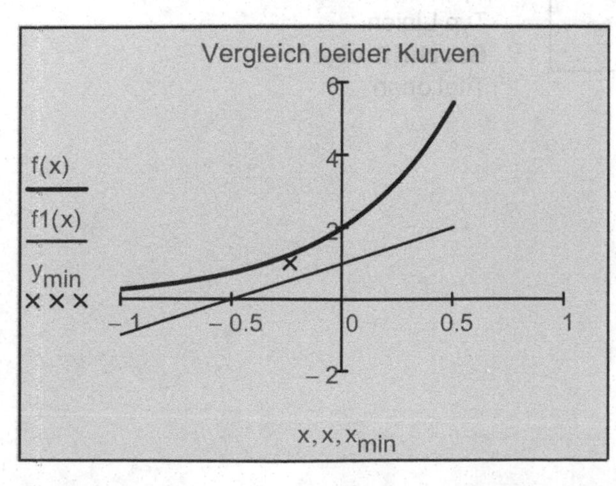

X-Y-Achsen:
Nummeriert
Automatische Skalierung
Automatische Gitterweite
Achsenstil:
Kreuz
Spuren:
Spur 1 und Spur 2
Typ Linien
Spur 2
Symbol Kreuz, Typ Punkte
Beschriftungen:
Titel oben

Abb. 8.22

Der Lösungspunkt sollte genau dort liegen, wo beide Kurven den kleinsten Abstand haben!

Beispiel 8.37:

Lösungsblock mit Vorgabe und der Funktion Minfehl:

$x := 0$ Startwert

Vorgabe

$x^2 = 5 \quad x > 2$ Gleichung und Nebenbedingung

$x_0 := \text{Minfehl}(x) \quad x_0 = 2.236$

Vergleiche: Konjugierte Gradienten-Verfahren, Levenberg-Marquardt- und Quasi-Newton-Verfahren. Auswählbar mit rechter Maustaste auf dem Funktionsnamen "Minfehl".

Minimaler Fehler:

$\sqrt{\left(x_0^2 - 5\right)^2 + \text{wenn}\left[x_0 > 2, 0, \left(x_0 - 2\right)^2\right]} = 2.088 \times 10^{-6}$ oder $ERR = 2.088 \times 10^{-6}$

$f(x) := x^2 - 5$ Funktion

$x := -3, -3 + 0.01 .. 3$

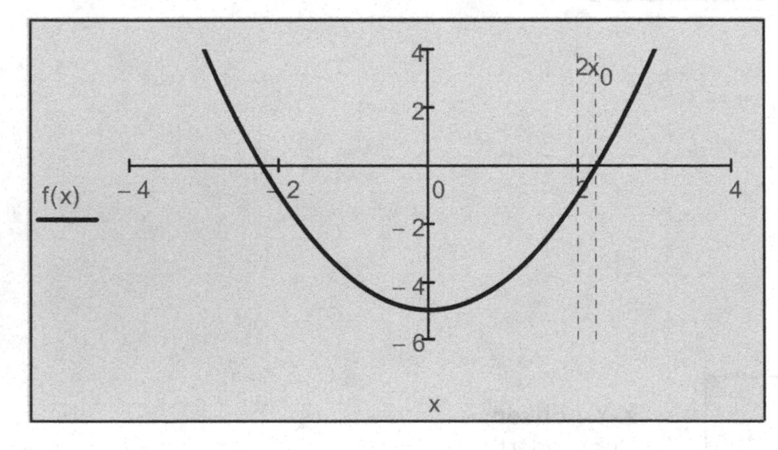

X-Y-Achsen:
Nummeriert
Automatische Skalierung
Markierung anzeigen:
x-Achse: 2 und x_0
Automatische Gitterweite
Achsenstil:
Kreuz
Spuren:
Spur 1
Typ Linien
Beschriftungen:
Titel oben

Abb. 8.23

8.5 Numerisches Suchen von Minima und Maxima einer Funktion

Beispiel 8.38:

Von einem veränderlichen Verbraucherwiderstand R_a aufgenommene Leistung, der von einer Spannugsquelle U_0 = 100 V und dem Innenwiderstand R_i = 2 kΩ gespeist wird, ist gegeben: $P(R_a) = U_0^2\, R_a /(R_a + R_i)^2$ (mit $R_a > 0$). Wie groß ist jener Wert von R_a, bei dem er die größtmögliche Leistung aufnimmt?

$R_i := 2 \cdot k\Omega \qquad U_0 := 100 \cdot V$ gegebene Daten

$$P_1(R_a) := U_0^2 \cdot \frac{R_a}{(R_a + R_i)^2}$$ Leistungsfunktion

$R_{as} := 1 \cdot k\Omega$ Startwert

Vorgabe

$R_{as} \geq 0 \cdot \Omega$

$R_a := \text{Maximieren}(P_1, R_{as})$

$R_a = 2 \cdot k\Omega \qquad P_1(R_a) = 1.25 \cdot W$ gesuchte Lösung

$R_{a1} := 0 \cdot k\Omega, 0.1 \cdot k\Omega .. 10 \cdot k\Omega$ Bereichsvariable

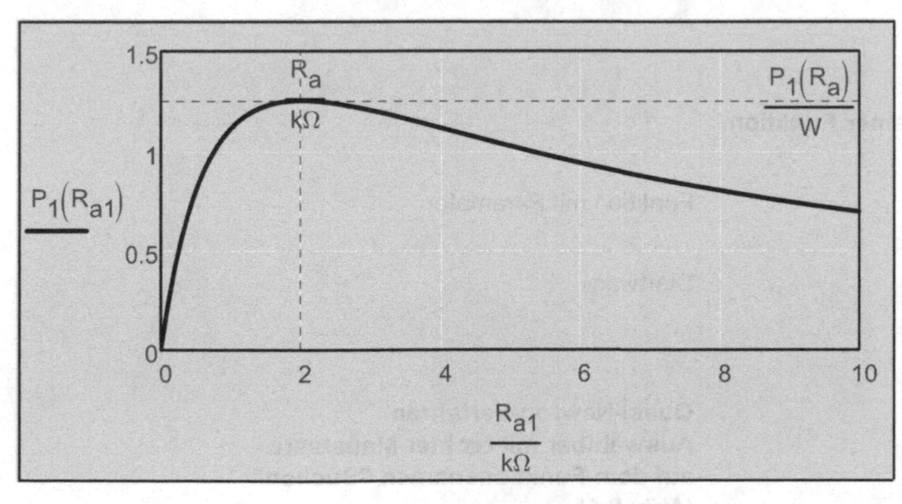

X-Y-Achsen:
Gitterlinien
Nummeriert
Automatische Skalierung
Markierung anzeigen:
x-Achse: R_a/Ω
y-Achse: $P_1(R_a)/\Omega$
Automatische Gitterweite
Achsenstil:
Kasten
Spuren:
Spur 1
Typ Linien

Abb. 8.24

Beispiel 8.39:

Lokale Minima und Maxima einer Funktion.

$g1(\omega) := -\omega^3 + 25 \cdot \omega^2 + 50 \cdot \omega + 1000$ gegebene Funktion

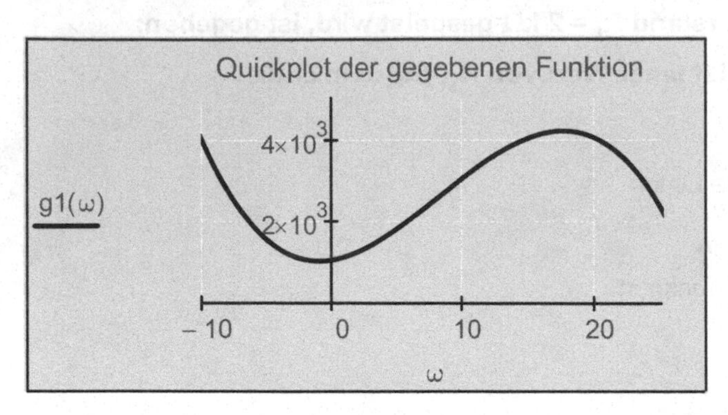

Abb. 8.25

Achsenbeschränkung:
x-Achse: -10 und 25
y-Achse: -50 und 5000
X-Y-Achsen:
Gitterlinien
Nummeriert
Automatische Skalierung
Automatische Gitterweite
Achsenstil:
Kreuz
Spuren:
Spur 1: Typ Linien

$\omega_{s1} := 1 \quad \omega_{s2} := 12$ Startwerte

$x_{min} := \text{Minimieren}(g1, \omega_{s1})$

$x_{min} = -0.946 \quad g1(x_{min}) = 975.919$

Konjugierte Gradienten-Verfahren. Auswählbar mit rechter Maustaste auf dem Funktionsnamen "Suchen" (Abb. 8.1).

$x_{max} := \text{Maximieren}(g1, \omega_{s2})$

$x_{max} = 17.613 \quad g1(x_{max}) = 4172.229$

Beispiel 8.40:

Lokale Minima und Maxima einer Funktion.

$f(a, x) := a \cdot x \cdot \cos(x + a)^2$ Funktion mit Parameter

$x := 5$ Startwert

Vorgabe

$0 \le x \le 2\pi$

Quasi-Newton-Verfahren. Auswählbar mit rechter Maustaste auf dem Funktionsnamen "Suchen" (Abb. 8.1).

$f_{max}(a) := \text{Maximieren}(f, x)$

$x_1 := f_{max}(1)$

x-Werte einiger Maxima

$x_2 := f_{max}(2) \quad x_3 := f_{max}\left(\frac{1}{2}\right)$

$x := 0, 0.01 .. 2\pi$ Bereichsvariable

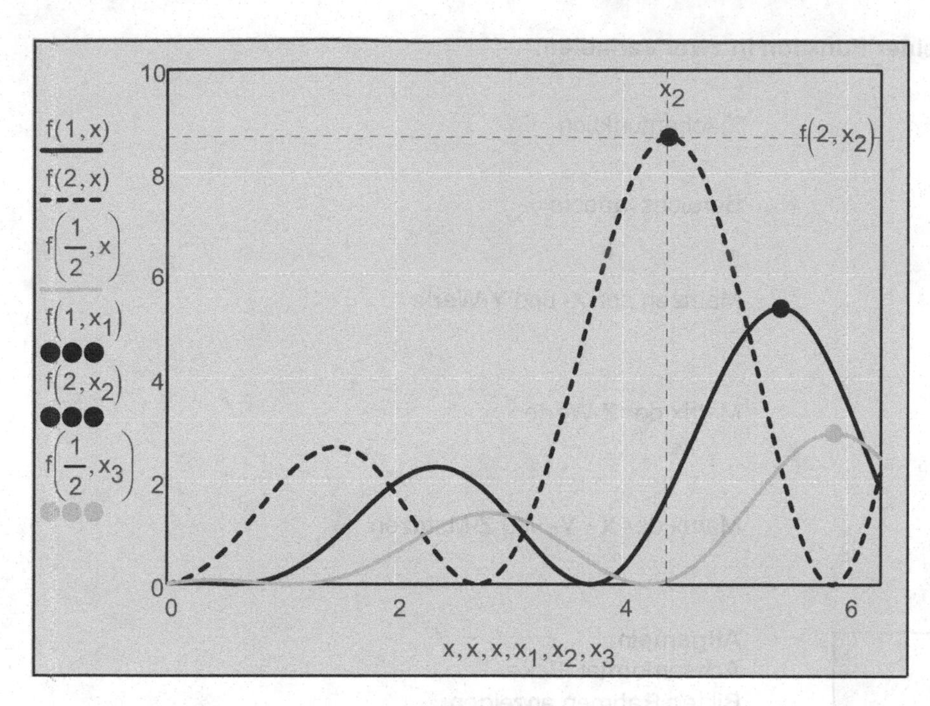

Achsenbeschränkung:
x-Achse: 0 und 2 π
y-Achse: 0 und 10
X-Y-Achsen:
Gitterlinien
Nummeriert
Automatische Skalierung
Markierung anzeigen:
x-Achse x_2 und y-Achse $f(2,x_2)$
Automatische Gitterweite
Achsenstil:
Kasten
Spuren:
Spur 1 bis Spur 3
Typ Linien
Spur 4 bis Spur 6
Symbol Punkt, Typ Punkte

Abb. 8.26

Beispiel 8.41:

Vergleich zwischen "Suchen" und "Minimieren".

$x := 2 \qquad y := 2$ Startwerte

Vorgabe

$$x^2 + 6 \cdot y^2 = 25$$

$$2 \cdot x - y = 5$$

nichtlineares Gleichungssystem

$$\begin{pmatrix} x_1 \\ y_1 \end{pmatrix} := \text{Suchen}(x, y) \qquad \begin{pmatrix} x_1 \\ y_1 \end{pmatrix} = \begin{pmatrix} 3.272 \\ 1.544 \end{pmatrix}$$

Konjugierte Gradienten-Verfahren. Auswählbar mit rechter Maustaste auf dem Funktionsnamen "Suchen" (Abb. 8.1).

$$f(x, y) := \left(x^2 + 6 \cdot y^2 - 25\right)^2 + (2x - y - 5)^2$$

Gesucht ist das Minimum der Quadratsumme

$x := 2 \qquad y := 2$ Startwerte

$$\begin{pmatrix} x_1 \\ y_1 \end{pmatrix} := \text{Minimieren}(f, x, y) \qquad \begin{pmatrix} x_1 \\ y_1 \end{pmatrix} = \begin{pmatrix} 3.272 \\ 1.544 \end{pmatrix}$$

Konjugierte Gradienten-Verfahren. Auswählbar mit rechter Maustaste auf dem Funktionsnamen "Minimieren" (Abb. 8.1).

Beispiel 8.42:

Lokale Minima und Maxima einer Funktion in zwei Variablen.

$f(x,y) := x^2 - 2y^2 + 10$ Flächenfunktion

$i := 0..40 \quad j := 0..40$ Bereichsvariable

$\mathbf{X}_{i,j} := \frac{i-20}{3} \quad \mathbf{Y}_{i,j} := \frac{j-20}{3}$ Matrizen der **X**- und **Y**-Werte

$\mathbf{Z} := \overrightarrow{f(\mathbf{X},\mathbf{Y})}$ Matrix der **Z**-Werte

$\mathbf{M} := \begin{pmatrix} \mathbf{X} \\ \mathbf{Y} \\ \mathbf{Z} \end{pmatrix}$ Matrix der **X-**, **Y-** und **Z-**Matrizen

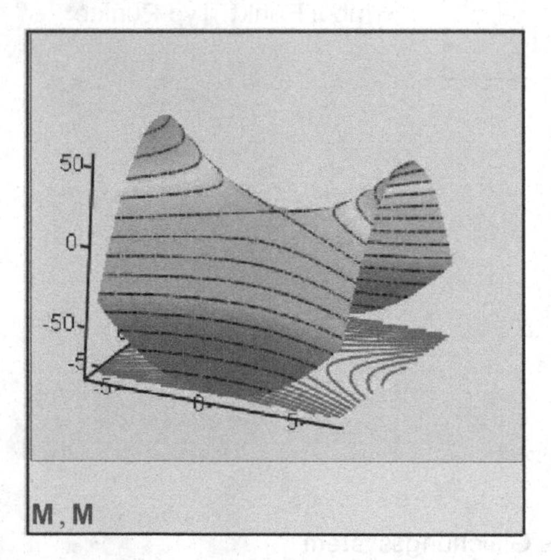

Abb. 8.27

Allgemein:
Achsenformat: Ecke
Bilder: Rahmen anzeigen
Diagramm 1: Flächendiagramm
Diagramm 2: Umrissdiagramm
Achsen:
Gitter: Automatische Gitterweite
Achsenformat: Nummeriert
Achsenbegrenzungen: Automatische Skalierung
Darstellung:
Diagramm 1:
Füllungsoptionen: Fläche füllen, Farbschema
Linienoptionen: Umrisslinien, Volltonfarbe
Diagramm 2:
Füllungsoptionen: Keine Füllung
Linienoptionen: Umrisslinien, Volltonfarbe

Ausgewählte Region im Definitionsbereich (x-y-Ebene):

$x := 0, 0.1..5 \quad y := 0, 0.1..5$ Bereichsvariable

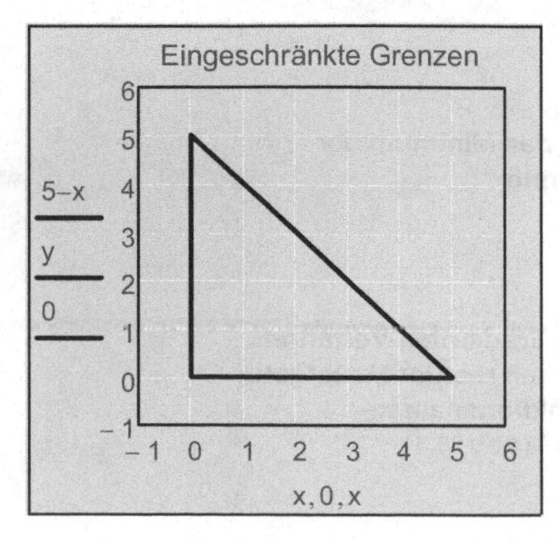

Abb. 8.28

Achsenbeschränkung:
x-Achse: -1 und 6
y-Achse: -1 und 6
X-Y-Achsen:
Gitterlinien
Nummeriert
Automatische Skalierung
Anzahl der Gitterlinien: 7 bzw. 7
Achsenstil:
Kasten
Spuren:
Spur 1 bis Spur 3
Typ Linien

$x := 1 \quad y := 4$ Startwerte

Vorgabe

$x \geq 0$

$y \geq 0$ Einschränkung des Definitionsbereichs durch Nebenbedingungen

$y \leq 5 - x$

$\begin{pmatrix} x_{min} \\ y_{min} \end{pmatrix} := \text{Minimieren}(f, x, y)$

Konjugierte Gradienten-Verfahren. Auswählbar mit rechter Maustaste auf dem Funktionsnamen "Minimieren" (Abb. 8.1).

$\begin{pmatrix} x_{min} \\ y_{min} \end{pmatrix} = \begin{pmatrix} 0 \\ 5 \end{pmatrix} \quad f(x_{min}, y_{min}) = -40$ ein Minimum im Punkt P(0 | 5 | -40)

$x := 4 \quad y := 2$ Startwerte

Vorgabe

$x \geq 0$

$y \geq 0$ Einschränkung des Definitionsbereichs durch Nebenbedingungen

$y \leq 5 - x$

$\begin{pmatrix} x_{min} \\ y_{min} \end{pmatrix} := \text{Maximieren}(f, x, y)$

Konjugierte Gradienten-Verfahren. Auswählbar mit rechter Maustaste auf dem Funktionsnamen "Maximieren" (Abb. 8.1).

$\begin{pmatrix} x_{min} \\ y_{min} \end{pmatrix} = \begin{pmatrix} 5 \\ 0 \end{pmatrix} \quad f(x_{min}, y_{min}) = 35$ ein Maximum im Punkt P(5 | 0 | 35)

$x := 0 \quad y := 1$ Startwerte

Vorgabe

$x \geq 0$

$y \geq 0$ Einschränkung des Definitionsbereichs durch Nebenbedingungen

$y \leq 5 - x$

$\begin{pmatrix} x_{max} \\ y_{max} \end{pmatrix} := \text{Maximieren}(f, x, y)$

Konjugierte Gradienten-Verfahren. Auswählbar mit rechter Maustaste auf dem Funktionsnamen "Maximieren" (Abb. 8.1).

$\begin{pmatrix} x_{max} \\ y_{max} \end{pmatrix} = \begin{pmatrix} 0 \\ 0 \end{pmatrix} \quad f(x_{max}, y_{max}) = 10$ ein Maximum im Punkt P(0 | 0 | 10)

Beispiel 8.43:

Lokale Minima und Maxima einer Funktion in zwei Variablen.

$f_1(x,y) := 1000 - 3 \cdot x^4 + 9 \cdot x^3 + 65 \cdot x^2 - 145 \cdot x - 40 \cdot y^2$ gegebene Funktion

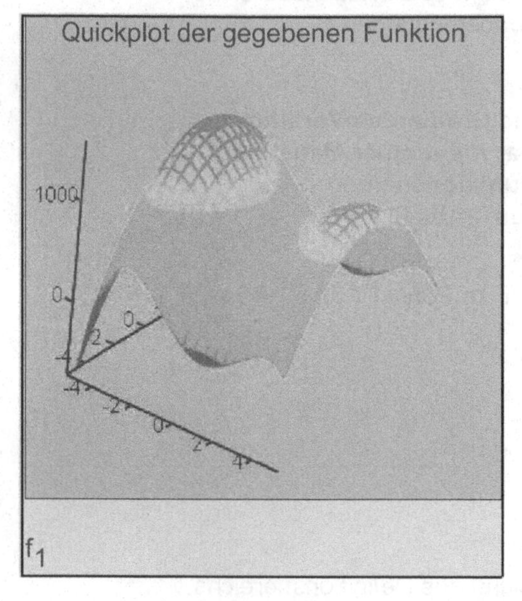

Abb. 8.29

Allgemein:
Achsenformat: Ecke
Bilder: Rahmen anzeigen
Diagramm 1: Flächendiagramm
Achsen:
Gitter: Automatische Gitterweite
Achsenformat: Nummeriert
Achsenbegrenzungen: Automatische Skalierung
Darstellung:
Füllungsoptionen: Umrisse füllen
Linienoptionen: Drahtmodell, Farbschema
Titel:
Graftitel: Oben
Spezial:
Umrissoptionen: Füllen, Automatische Umrisse
QickPlot-Daten:
Beginn: -5, Ende: 5
Schrittweite 20
Kartesisch

Relatives Maximum:

$x_1 := 4.5 \qquad y_1 := 0$ Startwerte

$\begin{pmatrix} x_{1max} \\ y_{1max} \end{pmatrix} := \text{Maximieren}(f_1, x_1, y_1)$

Konjugierte Gradienten-Verfahren. Auswählbar mit rechter Maustaste auf dem Funktionsnamen "Maximieren" (Abb. 8.1).

$x_{1max} = 4.157 \qquad y_{1max} = 0$

ein Maximum im Punkt P1(4.157 | 0 | 1271.136)

$f_1(x_{1max}, y_{1max}) = 1271.136$

Absolutes Maximum:

$x_2 := -4 \qquad y_2 := 0$ Startwerte

$\begin{pmatrix} x_{2max} \\ y_{2max} \end{pmatrix} := \text{Maximieren}(f_1, x_2, y_2)$

Konjugierte Gradienten-Verfahren. Auswählbar mit rechter Maustaste auf dem Funktionsnamen "Maximieren" (Abb. 8.1).

$x_{2max} = -2.907 \qquad y_{2max} = 0$

ein Maximum im Punkt P2(-2.907 | 0 | 1535.472)

$f_1(x_{2max}, y_{2max}) = 1535.472$

$\mathbf{x1}_0 := x_{1max}$ $\quad \mathbf{y1}_0 := y_{1max}$ $\quad \mathbf{z1}_0 := f_1(x_{1max}, y_{1max})$

$\mathbf{x1}_1 := x_{2max}$ $\quad \mathbf{y1}_1 := y_{2max}$ $\quad \mathbf{z1}_1 := f_1(x_{2max}, y_{2max})$

Die Koordinaten der Punkte werden in einem Vektor gespeichert.

$$\mathbf{x1} = \begin{pmatrix} 4.157 \\ -2.907 \end{pmatrix} \quad \mathbf{y1} = \begin{pmatrix} 0 \\ 0 \end{pmatrix} \quad \mathbf{z1} = \begin{pmatrix} 1271.136 \\ 1535.472 \end{pmatrix}$$

$$\mathbf{P12} := \begin{pmatrix} \mathbf{x1} \\ \mathbf{y1} \\ \mathbf{z1} \end{pmatrix}$$ Matrix der Vektoren

Zuerst ein Streuungsdiagramm erzeugen, und dann für Diagramm 1 Streuungsdiagramm und für Diagramm 2 Flächendiagramm (QuickPlot) einstellen.

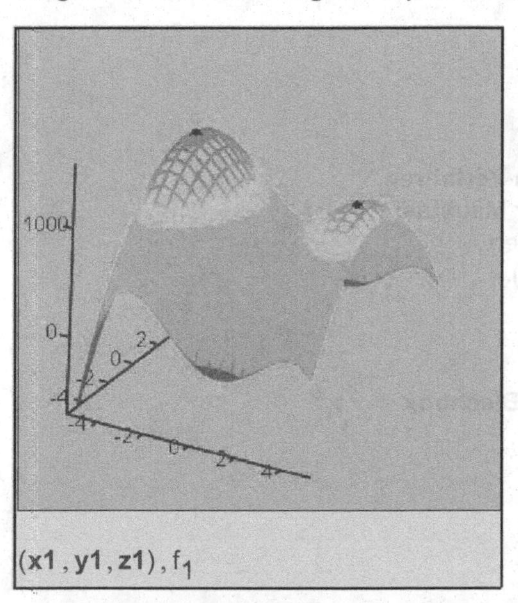

Abb. 8.16

Allgemein:
Achsenformat: Ecke
Bilder: Rahmen anzeigen
Diagramm 1: Streuungsdiagramm
Diagramm 2: Flächendiagramm
Achsen:
Gitter: Automatische Gitterweite
Achsenformat: Nummeriert
Achsenbegrenzungen: Automatische Skalierung
Darstellung:
Diagramm 1:
Linienoptionen: Keine Linien
Punktoptionen: Punkte zeichnen, Größe 3, Volltonfarbe
Diagramm 2:
Füllungsoptionen: Umrisse füllen
Linienoptionen: Drahtmodell, Volltonfarbe
QickPlot-Daten:
Beginn: -5, Ende: 5
Schrittweite 20
Kartesisch

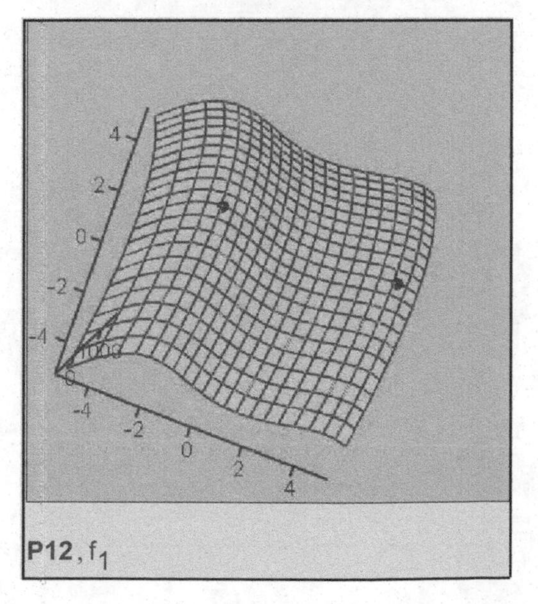

Abb. 8.17

Allgemein:
Achsenformat: Ecke
Bilder: Rahmen anzeigen
Diagramm 1: Streuungsdiagramm
Diagramm 2: Flächendiagramm
Achsen:
Gitter: Automatische Gitterweite
Achsenformat: Nummeriert
Achsenbegrenzungen: Automatische Skalierung
Darstellung:
Diagramm 1:
Linienoptionen: Keine Linien
Punktoptionen: Punkte zeichnen, Größe 3, Volltonfarbe
Diagramm 2:
Füllungsoptionen: Fläche füllen, Volltonfarbe
Linienoptionen: Drahtmodell, Volltonfarbe
QickPlot-Daten:
Beginn: -5, Ende: 5
Schrittweite 20
Kartesisch

__Beispiel 8.44:__

Extremwertaufgaben mit Einheiten.

Eine oben offene quaderförmige Blechbox soll eine Oberfläche O = 0.5 m² besitzen. Wie ist die Länge l, die Breite b und die Höhe h zu wählen, damit das Volumen V der Blechbox maximal wird?

$Vol(l,b,h) := l \cdot b \cdot h$ — **Funktion zur Berechnung des Volumens soll ein Maximum werden!**

$O(l,b,h) := l \cdot b + 2 \cdot l \cdot h + 2 \cdot h \cdot b$ — **Funktion zur Berechnung der Oberfläche**

$l := 0.8 \cdot m$ $\quad b := 0.2 \cdot m$ $\quad h := 0.2 \cdot m$ — Startwerte

Vorgabe

$O(l,b,h) = 0.5 \cdot m^2$ — **Nebenbedingung**

$\begin{pmatrix} l \\ b \\ h \end{pmatrix} := \text{Maximieren}(Vol, l, b, h)$ — **Konjugierte Gradienten-Verfahren. Auswählbar mit rechter Maustaste auf dem Funktionsnamen "Maximieren" (Abb. 8.1).**

$l = 0.408\,m$

$b = 0.408\,m$ — **gesuchte Maße für die Blechbox**

$h = 0.204\,m$

$O(l,b,h) = 0.5\,m^2$ — **Oberfläche**

$Vol(l,b,h) = 0.034 \cdot m^3$ — **maximales Volumen**

8.6 Numerisches Lösen von linearen Optimierungsaufgaben

Beispiel 8.45:

Lösungsblock mit Vorgabe und den Funktionen Minimieren bzw. Maximieren.

Bei einer **linearen Optimierungsaufgabe** muss eine lineare Funktion z = f(x,y,...), die von zwei oder mehreren Variablen abhängt, unter vorgegebenen Nebenbedingungen minimiert oder maximiert werden. Meist verwenden wir zur Lösung solcher Extremwertaufgaben die **Simplexmethode**, die ebenfalls in Mathcad zur Verfügung steht (**siehe dazu auch Mathcad-Hilfe**).
In der Standardversion von Mathcad stehen die Funktionen **Minimieren, Maximieren bzw. Minfehl** zur Verfügung. Bei der linearen Optimierung suchen wir ein **globales Minimum oder Maximum,** und dieses liegt am Rande des zulässigen Lösungsbereichs.

$f(x, y) = 54 \cdot x + 62 \cdot y$

Die angenommene Zielfunktion soll ein Maximum werden, unter der Bedingung, dass alle Gleichungen bzw. Ungleichungen erfüllt sind.

$14 \cdot x + 12 \cdot y \le 8500$

$25 \cdot x + 15 \cdot y \le 14200$

$15 \cdot x + 35 \cdot y \le 18400$

Die ersten drei Nebenbedingungen lassen sich auch als Matrizenungleichung schreiben: **A X ≤ c.**

$x \ge 0 \quad y \ge 0$

Zwei weitere Nebenbedingungen

ORIGIN := 1

ORIGIN festlegen

$$\mathbf{A} := \begin{pmatrix} 14 & 12 \\ 25 & 15 \\ 15 & 35 \end{pmatrix} \qquad \mathbf{c} := \begin{pmatrix} 8500 \\ 14200 \\ 18400 \end{pmatrix}$$

Die Koeffizienten und die Konstanten der ersten drei Ungleichungen werden zu einer Matrix bzw. zu einem Vektor zusammengefasst.

$a := 54 \qquad b := 62$

Koeffizienten der Zielfunktion

a) Grafische Veranschaulichung

Die zu erfüllenden linearen Ungleichungen in den Variablen x und y teilen die x-y-Ebene jeweils in eine erlaubte und eine unerlaubte Halbebene auf. Die Durchschnittsmenge der erlaubten Halbebenen ergibt ein konvexes Vieleck und stellt den Lösungsbereich für alle Ungleichungen dar. Die Zielfunktion z = f(x,y) ist eine lineare Funktion in den gesuchten Größen x und y. Kurven mit z = konstant stellen deshalb Geraden in der x-y-Ebene dar. Diese Geradenschar besteht aus lauter parallelen Geraden mit unterschiedlichen z-Werten. Das konvexe Vieleck wird von zwei dieser Geraden berührt. Eine dieser Berührungsgeraden ist die gesuchte optimale Lösung mit maximalem z-Wert.

$$f_z(x, z) := \frac{z - a \cdot x}{b}$$

Gerade für z = konstant in der x-y-Ebene

$$y_1(x) := \frac{\mathbf{c}_1 - \mathbf{A}_{1,1} \cdot x}{\mathbf{A}_{1,2}}$$

$$y_2(x) := \frac{\mathbf{c}_2 - \mathbf{A}_{2,1} \cdot x}{\mathbf{A}_{2,2}}$$

$$y_3(x) := \frac{\mathbf{c}_3 - \mathbf{A}_{3,1} \cdot x}{\mathbf{A}_{3,2}}$$

Die erlaubten und unerlaubten Halbebenen werden durch die Trenngeraden voneinander getrennt. Diese Trenngeraden erhalten wir durch Umformen der Ungleichungen nach y und ersetzen das Ungleichheitszeichen durch ein Gleichheitszeichen.

$y_{min}(x) := \min\left(\left(y_1(x) \quad y_2(x) \quad y_3(x)\right)\right)$ Darstellung der Lösungsmenge des Ungleichungssystems

$x_{max} := \max\left(\left(\frac{c_1}{A_{1,1}} \quad \frac{c_2}{A_{2,1}} \quad \frac{c_3}{A_{3,1}}\right)\right)$ Wegen $y \geq 0$ kann für x ein maximaler Wert aus den Ungleichungen bestimmt werden.

$x := 0, \frac{x_{max}}{300} .. x_{max}$ Bereichsvariable

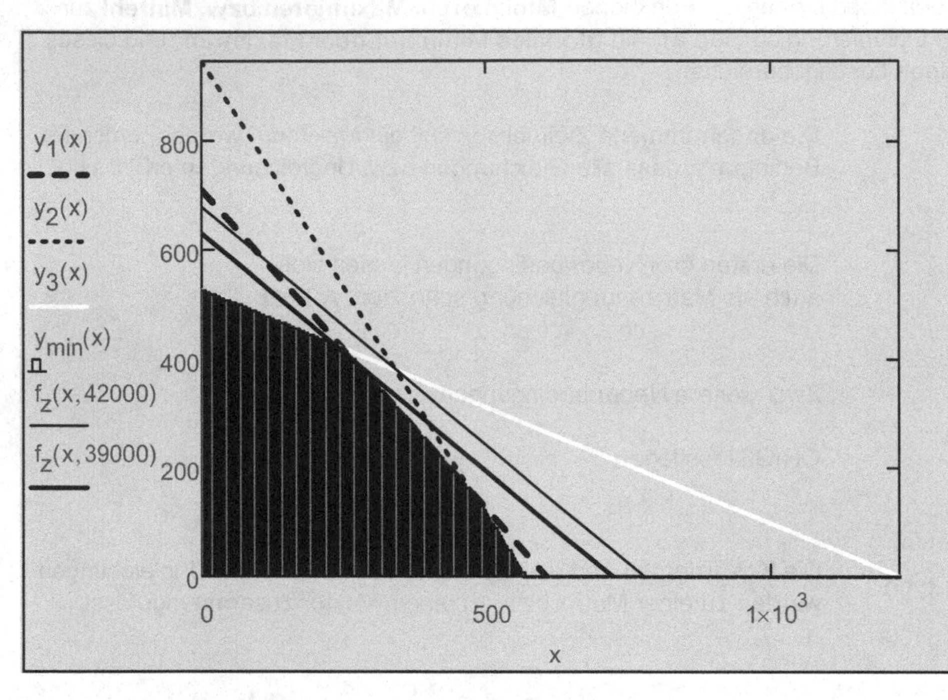

X-Y-Achsen:
Nummeriert
Automatische Gitterweite
Achsenstil:
Kasten
Spuren:
Spur 1 bis Spur 3
Typ Linien
Spur 4
Durchgezogene Linie
Spur 5 und Spur 6
Typ Linien

Abb. 8.18

Durch Änderung des z-Wertes in der Funktion $f_z(x,z)$ kann grafisch die optimale Lösung (die Gerade berührt das konvexe Vieleck) bestimmt werden.

b) Berechnung der optimalen Lösung für die Zielfunktion f

$f(x, y) := a \cdot x + b \cdot y$ die zu optimierende Zielfunktion

$x := 200 \qquad y := 400$ Startwerte (näherungsweise aus dem Diagramm abgelesen)

$\mathbf{k} := \begin{pmatrix} a \\ b \end{pmatrix}$ die Konstanten der Zielfunktion zu einem Vektor zusammengefasst

$\mathbf{x} := (x \quad y)^T$ die Variablen der Zielfunktion zu einem Vektor zusammengefasst

$f_1(\mathbf{x}) := \mathbf{k} \cdot \mathbf{x}$ die zu optimierende Zielfunktion in Vektorform dargestellt

Vorgabe

$\mathbf{A} \cdot \mathbf{x} \le \mathbf{c}$ Nebenbedingungen

$x \ge 0 \qquad y \ge 0$

$\begin{pmatrix} x_{max} \\ y_{max} \end{pmatrix} := \text{Maximieren}(f_1, x)$ **Linear-Verfahren. Auswählbar mit rechter Maustaste auf dem Funktionsnamen "Maximieren" (Abb. 8.1).**

$\begin{pmatrix} x_{max} \\ y_{max} \end{pmatrix} = \begin{pmatrix} 247.419 \\ 419.677 \end{pmatrix}$

$f(x_{max}, y_{max}) = 39380.645$ Maximalwert der Zielfunktion

c) <u>Das Minimum der Kehrwertfunktion</u>

Das Minimum der Kehrwertfunktion f_{kw} liefert ebenfalls das Maximum der Funktion f:

$f(x, y) := a \cdot x + b \cdot y$ die zu optimierende Zielfunktion

$f_{kw}(x, y) := \frac{1}{f(x, y)}$ Kehrwert der Zielfunktion

$x := 200 \qquad y := 400$ Startwerte (näherungsweise aus dem Diagramm abgelesen)

Vorgabe

$\mathbf{A}_{1,1} \cdot x + \mathbf{A}_{1,2} \cdot y \le 8500$

$\mathbf{A}_{2,1} \cdot x + \mathbf{A}_{2,2} \cdot y \le 14200$ Nebenbedingungen

$\mathbf{A}_{3,1} \cdot x + \mathbf{A}_{3,2} \cdot y \le 18400$

$x \ge 0 \qquad y \ge 0$

$\begin{pmatrix} x_{max1} \\ y_{max1} \end{pmatrix} := \text{Minimieren}(f_{kw}, x, y)$ **Konjugierte Gradienten-Verfahren. Auswählbar mit rechter Maustaste auf dem Funktionsnamen "Minimieren" (Abb. 8.1).**

$\begin{pmatrix} x_{max1} \\ y_{max1} \end{pmatrix} = \begin{pmatrix} 247.419 \\ 419.677 \end{pmatrix}$

$f(x_{max1}, y_{max1}) = 39380.645$ Maximalwert der Zielfunktion

8.7 Numerisches Lösen von Differenzengleichungen

Beispiel 8.19:

Freier Fall mit Luftwiderstand.

Ein Körper der Masse m_1 = 100 kg fällt aus einer bestimmten Anfangshöhe h = 2000 m mit einer bestimmten Anfangsgeschwindigkeit v_0 = 0 m/s. Die Reibungskraft F_L wird proportional v^2 angenommen. Der Proportionalitätsfaktor k = 0.2 kg/m. Der Weg s und die Geschwindigkeit v in Abhängigkeit von der Zeit soll numerisch durch Iteration bestimmt und die Diagramme s-t, v-t und a-t angegeben werden.

$\vec{F} = \vec{G} + \vec{F_L}$ $\quad m_1 \cdot \vec{a} = m_1 \cdot \vec{g} - k \cdot \vec{v} \cdot |\vec{v}|$ Die Bewegungsgleichung in Vektorform

$v_0 := 0 \cdot \frac{m}{s}$ Anfangsgeschwindigkeit v_0

$m_1 := 100 \cdot kg$ Masse des Körpers

$h := 2000 \cdot m$ Anfangshöhe h

$k := 0.2 \cdot \frac{kg}{m}$ Proportionalitätsfaktor der Reibungskraft

$ORIGIN := 0$ ORIGIN festlegen

$v_0 := v_0$ Geschwindigkeit zum Startzeitpunkt (Vektorkomponente)

$s_0 := h$ Anfangshöhe (Vektorkomponente)

$a(v) := g - \frac{k}{m_1} v^2$ Beschleunigung in Abhängigkeit der Geschwindigkeit

$\Delta t := 0.2 \cdot s$ Schrittweite für die Zeit

$n := 200$ Maximale Anzahl der Zeitschritte

$i := 0 .. n$ Zeitschrittindex

Differenzengleichungen (Iteration der zwei Variablen s und v):

$v_{i+1} := v_i + a(v_i) \cdot \Delta t$ Geschwindigkeit zum i+1-ten Zeitschritt

$s_{i+1} := s_i + v_i \cdot \Delta t + \frac{a(v_i)}{2} \cdot \Delta t^2$ Position zum i+1-ten Zeitschritt

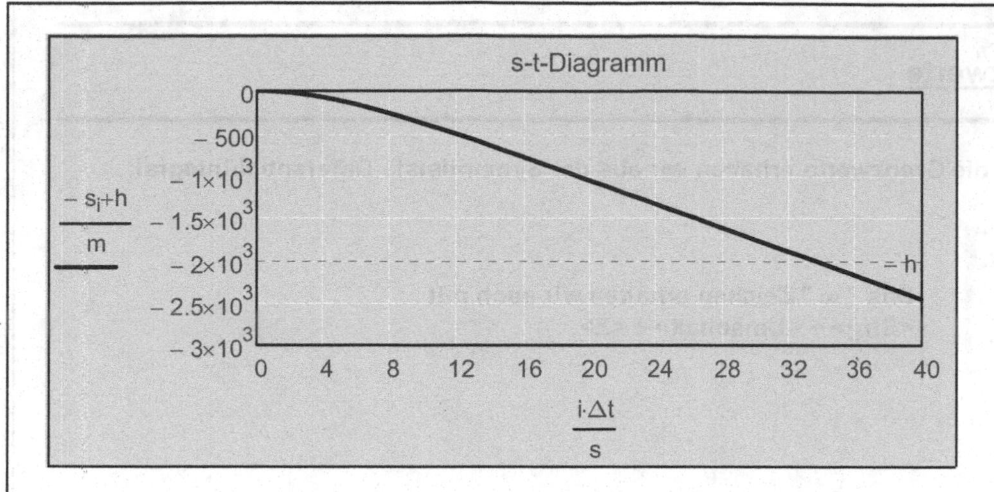

X-Y-Achsen:
Gitterlinien
Nummeriert
Automatische Skalierung
Anzahl der Gitterlinien:
10 bzw. 6
Achsenstil:
Kasten
Spuren:
Spur 1
Typ Linien
Beschriftungen:
Titel oben

Abb. 8.19

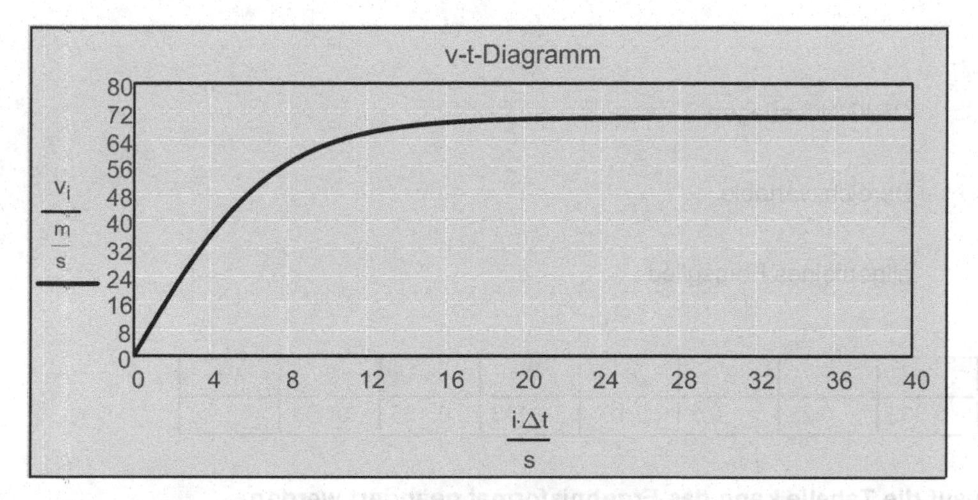

X-Y-Achsen:
Gitterlinien
Nummeriert
Automatische Skalierung
Anzahl der Gitterlinien:
10 bzw.10
Achsenstil:
Kasten
Spuren:
Spur 1
Typ Linien
Beschriftungen:
Titel oben

Abb. 8.20

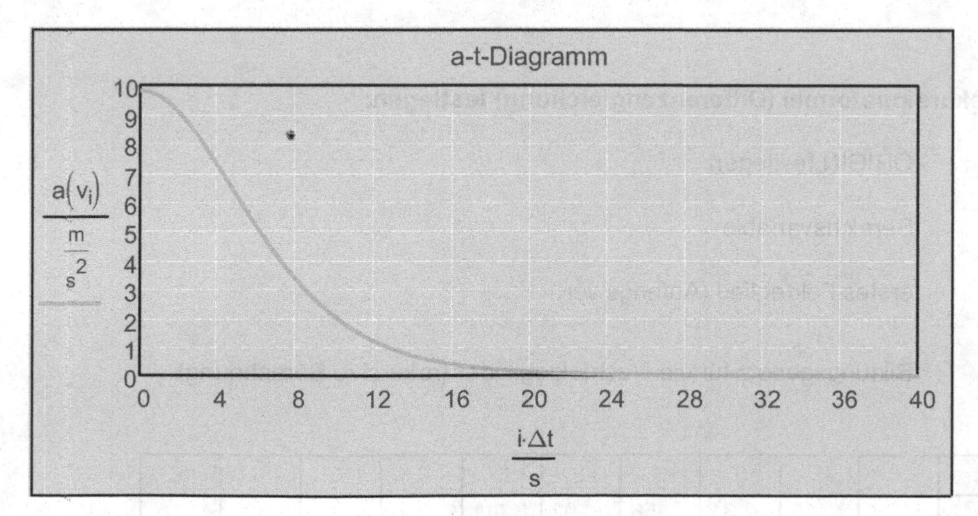

X-Y-Achsen:
Gitterlinien
Nummeriert
Automatische Skalierung
Anzahl der Gitterlinien:
10 bzw. 10
Achsenstil:
Kasten
Spuren:
Spur 1
Typ Linien
Beschriftungen:
Titel oben

Abb. 8.21

9. Folgen-Reihen-Grenzwerte

Das Summenzeichen und die Grenzwerte erhalten wir aus der Symbolleiste Differential/Integral:

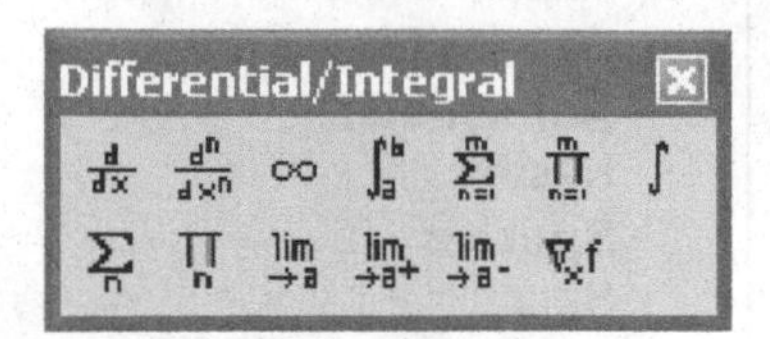

Abb. 9.1

Das " ∞ " Zeichen erhalten wir auch mit <Strg> + <Umschalt> + <Z>.

9.1 Folgen

Beispiel 9.1:

ORIGIN := 1 — ORIGIN festlegen

$n := 1..12$ — Bereichsvariable

$a_n := \frac{1}{n}$ — allgemeines Folgeglied

$a^T =$

	1	2	3	4	5	6	7	8	9	10
1	1	0.5	0.333	0.25	0.2	0.167	0.143	0.125	0.111	...

Durch einen Doppelklick auf die Tabelle kann das Ergebnisformat geändert werden.

Beispiel 9.2:

Eine Folge durch eine Rekursionsformel (Differenzengleichung) festlegen:

ORIGIN := 0 — ORIGIN festlegen

$n := 0..12$ — Bereichsvariable

$a_0 := 1$ — erstes Folgeglied (Anfangswert)

$a_{n+1} := a_n + n^2$ — Bildungsgesetz für die Nachfolgeglieder (rekursive Berechnung)

$a^T =$

	0	1	2	3	4	5	6	7	8	9	10	11	12
0	1	1	2	6	15	31	56	92	141	205	286	386	...

Beispiel 9.3:

Auf welchen Betrag wachsen 1000 € nach 4 Jahren bei einer jährlichen Kapitalisierung und konstanten Verzinsung von 3,5 %?

ORIGIN := 1 — ORIGIN festlegen

$n := 1..10$ — Bereichsvariable

€ := 1 — Währungsdefinition

$K_1 := 1000 \cdot €$ — Anfangskapital

$p := 3.5 \cdot \%$ — Zinsfuß

$$K_{n+1} := K_1 \cdot \left(1 + \frac{p}{100 \cdot \%}\right)^n$$ geometrische Folge

$K_1 = 1000 \cdot €$ — Anfangskapital

$K_5 = 1147.523 \cdot €$ — Kapital nach 4 Jahren

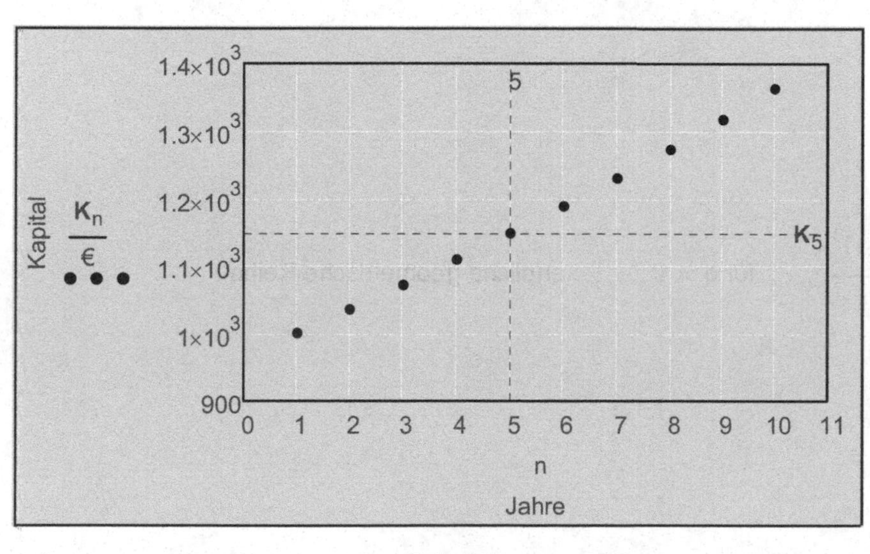

Abb. 9.2

Achsenbeschränkung:
x-Achse: 0 und 11
y-Achse: 900 bis 1400
X-Y-Achsen:
Gitterlinien
Nummeriert
Automatische Skalierung
Markierung anzeigen:
x-Achse: 5; y-Achse: K_5
Anzahl der Gitterlinien: 11 bzw. 5
Achsenstil:
Kasten
Spuren:
Spur 1
Symbolstärke 3, Typ Punkte

9.2 Endliche Reihen

Werden die Glieder einer endlichen Zahlenfolge aufsummiert, so entsteht eine endliche Reihe.

Beispiel 9.3:

Symbolische Auswertung:

$\sum_{k=1}^{m} (2 \cdot k - 1)$ ergibt $m \cdot (m+1) - m$ vereinfacht auf m^2

$\sum_{k=1}^{m} (2 \cdot k - 1)$ vereinfachen $\rightarrow m^2$

Partialsummenfolge:

ORIGIN := 1 ORIGIN festlegen

$s_n := \sum_{k=1}^{n} (2 \cdot k - 1)$ $s_5 = 25$ $s_{10} = 100$ fünfte und zehnte Partialsumme

Beispiel 9.4:

Symbolische Auswertung:

$\sum_{k=1}^{m} \left(a_1 \cdot q^{k-1}\right) \rightarrow \frac{a_1 \cdot \left(q^m - 1\right)}{q - 1}$ für $q \neq 1$ endliche geometrische Reihe

9.3 Unendliche Reihen

$$u_1 + u_2 + u_3 + u_4 + \ldots + u_n + \ldots = \sum_{k=1}^{\infty} u_k$$ **unendliche Reihe**

Von jeder Reihe können Partialsummen gebildet werden:

$s_1 = u_1$

$s_2 = u_1 + u_2$

$s_3 = u_1 + u_2 + u_3$

....

$$s_n = u_1 + u_2 + u_3 + \ldots + u_n = \sum_{k=1}^{n} u_k$$

Die unendliche Reihe $u_1 + u_2 + u_3 + u_4 + \ldots + u_n + \ldots$ **heißt konvergent, wenn die Folge ihrer Partialsummen, also** $< s_1, s_2, s_3, \ldots, s_n, \ldots >$ **konvergent ist.**

Der Grenzwert $s = \lim_{n \to \infty} s_n$ **heißt Summe der Reihe.**

Symbolische Auswertung:

Beispiel 9.4:

$$\sum_{k=0}^{\infty} \frac{1}{2^k} \to 2$$

Beispiel 9.5:

$$\sum_{k=1}^{\infty} \frac{1}{(2 \cdot k - 1)^2} \to \frac{\pi^2}{8}$$

Beispiel 9.6:

$$\sum_{k=1}^{\infty} \frac{1}{k} \quad \text{ergibt} \quad \infty$$

Beispiel 9.7:

$$\sum_{k=1}^{\infty} \frac{1}{k^4} \text{ vereinfachen } \to \frac{\pi^4}{90}$$

Beispiel 9.8:

$$\sum_{k=0}^{\infty} \frac{x^k}{2^k \cdot k!} \to e^{\frac{x}{2}}$$

Beispiel 9.9:

$$\sum_{k=0}^{\infty} \frac{(-1)^k \cdot x^{2 \cdot k}}{2^{2 \cdot k} \cdot (2 \cdot k)!} \to \cos\left(\frac{x}{2}\right)$$

Beispiel 9.10:

$$\sum_{k=0}^{\infty} \frac{x^{2\cdot k+1}}{(2\cdot k+1)!} \quad \text{ergibt} \quad \sinh(x)$$

$$\sum_{k=0}^{\infty} \frac{x^{2\cdot k+1}}{(2\cdot k+1)!} \rightarrow \sinh(x)$$

9.4 Grenzwerte

Eine Folge a_n heißt konvergent gegen a, wenn der Grenzwert $\lim_{n \to \infty} a_n = a$ existiert.

Beispiel 9.11:

ORIGIN := 1 — ORIGIN festlegen

$n := 1..20$ — Bereichsvariable

$a_n := 1 - \frac{1}{n}$ — allgemeines Folgeglied

$\lim_{n \to \infty} \left(1 - \frac{1}{n}\right) \rightarrow 1$ — Grenzwert der Folge (a = 1)

$|a_n - a| < \varepsilon$ — ε-Umgebung von a

Für ε = 1/ 10 gilt:

$|a_n - 1| = | 1 - 1/n - 1 | = 1/n < \varepsilon$ daher ist n > 10

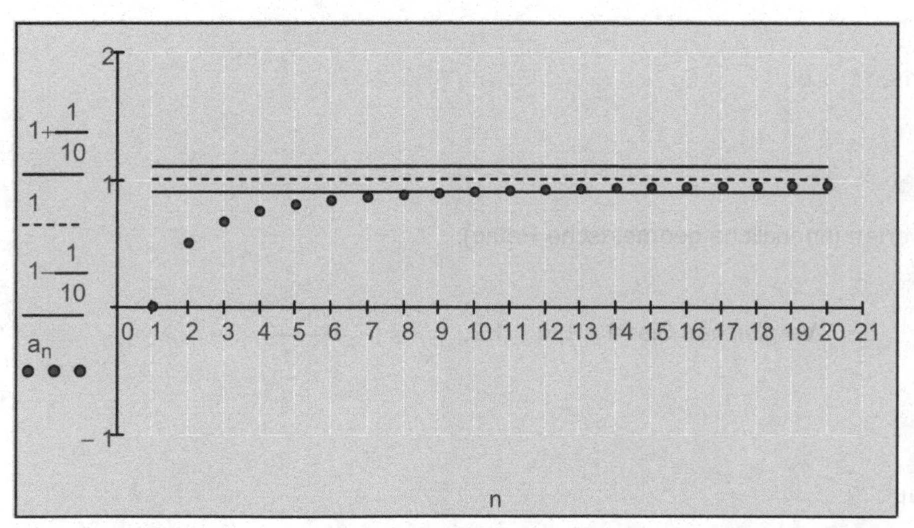

Achsenbeschränkung:
x-Achse: 0 und 21
y-Achse: -1 bis 2
X-Y-Achsen:
Gitterlinien
Nummeriert
Automatische Skalierung
Anzahl der Gitterlinien: 21
Achsenstil:
Kreuz
Spuren:
Spur 1 bis Spur 3
Typ Linien
Spur 4
Symbolstärke 3, Typ Punkte

Abb. 9.3

Fast alle $\mathbf{a_n}$ liegen in dem **Streifen a ± ε** (ε –Umgebung von a = 1), nämlich ab **n = 11**.

Bei der Grenzwertberechnung können unbestimmte Ausdrücke folgender Form auftreten:

$$\frac{0}{0}, \frac{\infty}{\infty}, 0 \cdot \infty, \infty - \infty, 0^0, \infty^0, 1^\infty$$

Für diese Fälle lässt sich die Regel von De L' Hospital unter gewissen Voraussetzungen anwenden. Diese Regel muss aber nicht in jedem Fall ein Ergebnis liefern. Deshalb ist auch nicht zu erwarten, dass Mathcad bei der Grenzwertberechnung immer erfolgreich ist.

Beispiel 9.12:

Grenzwert symbolisch auswerten:

$$\lim_{n \to \infty} \frac{3 \cdot n^2 + 2}{4 \cdot n^2 - 5 \cdot n} \to \frac{3}{4} \qquad \lim_{n \to \infty} \frac{3 \cdot n^2 + 2}{4 \cdot n^2 - 5 \cdot n} \text{ vereinfacht auf } \frac{3}{4}$$

Beispiel 9.13:

Grenzwert symbolisch auswerten:

$$\lim_{n \to \infty} \left(1 + \frac{1}{n}\right)^n \text{ vereinfacht auf } e \qquad \text{Es gilt: } \exp(1) = e^1 = e$$

$$\lim_{n \to \infty} \left(1 + \frac{1}{n}\right)^n \to e$$

$$\lim_{n \to \infty} \left(1 + \frac{1}{n}\right)^n \text{ vereinfachen } \to e$$

Beispiel 9.14

Grenzwert symbolisch auswerten (unendliche geometrische Reihe):

$$\sum_{k=1}^{\infty} \left(\frac{1}{2}\right)^{k-1} \to 2$$

Vergleichen Sie: a = 1, q = 1/2. $s := \frac{1}{1 - \frac{1}{2}}$ $s = 2$

$$\sum_{k=1}^{\infty} \left(\frac{1}{2}\right)^{k-1} \text{ vereinfacht auf } 2$$

$$\sum_{k=1}^{\infty} \left(\frac{1}{2}\right)^{k-1} \text{ vereinfachen } \to 2$$

Beispiel 9.15:

Grenzwert mit k gegen 0 für die Fallgeschwindigkeit mit Luftwiderstand.

$$\lim_{k \to 0} \left(\sqrt{m1 \cdot g} \cdot \sqrt{\frac{1 - e^{\frac{-2 \cdot k \cdot s1}{m1}}}{k}} \right) \quad \text{ergibt} \quad \sqrt{g \cdot m1} \cdot \sqrt{\frac{2 \cdot s1}{m1}}$$

$$\lim_{k \to 0} \left(\sqrt{m1 \cdot g} \cdot \sqrt{\frac{1 - e^{\frac{-2 \cdot k \cdot s1}{m1}}}{k}} \right) \to \sqrt{g \cdot m1} \cdot \sqrt{\frac{2 \cdot s1}{m1}}$$

$$\lim_{k \to 0} \left(\sqrt{m1 \cdot g} \cdot \sqrt{\frac{1 - e^{\frac{-2 \cdot k \cdot s1}{m1}}}{k}} \right) \left| \begin{array}{l} \text{annehmen}, m1 > 0 \\ \text{annehmen}, s1 > 0 \\ \text{vereinfachen} \end{array} \right. \to \sqrt{2 \cdot g \cdot s1}$$

9.5 Grenzwerte und Stetigkeit von reellwertigen Funktionen

Eine Funktion f: y = f(x) heißt an der Stelle $x_0 \in D$ stetig, wenn dort der Grenzwert existiert und mit dem Funktionswert übereinstimmt:

$$\lim_{x \to x_0} f(x) = a \quad \textbf{und} \quad a = f(x_0).$$

Beispiel 9.16:

Stetigkeit (Animation):

$$f(x) := \begin{cases} x & \text{if } 0 \le x \le 3 \\ x-1 & \text{if } x > 3 \end{cases}$$ Funktionsgleichung

$x_1 := 3$ $\quad x_2 := 3.5 - \frac{FRAME}{35}$

$f(x_1) = 3$ $\quad f(x_2) = 2.5$

Koordinaten von zwei Punkten der Kurve und Animationsparameter **FRAME: 0 bis 15 mit 1 Bild/s.**

$\Delta x := x_2 - x_1$ $\quad \Delta x = 0.5$ Differenz

$x := 0, 0.01 .. 5$ Bereichsvariable

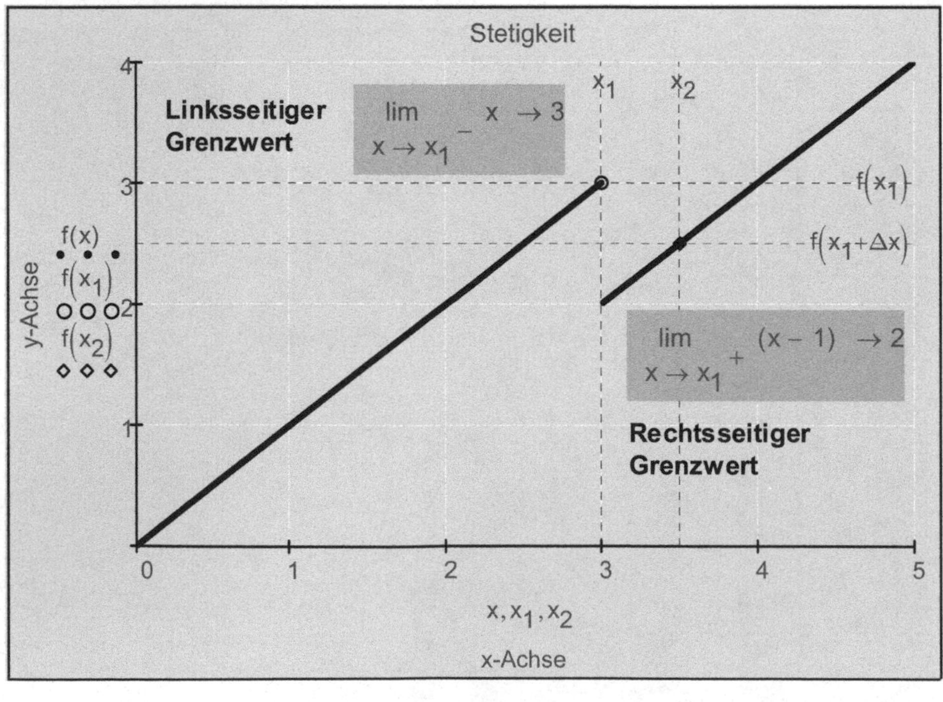

X-Y-Achsen:
Gitterlinien
Nummeriert
Automatische Skalierung
Markierung anzeigen:
x-Achse: x_1 und x_2
y-Achse: $f(x_1)$ und $f(x_1+\Delta x)$
Automatische Gitterweite
Achsenstil:
Kasten
Spuren:
Spur 1
Symbolstärke 2,
Typ Punkte
Spur 2
Symbol Kreis,
Typ Punkte
Spur 3
Symbol Raute,
Typ Punkte

Abb. 9.4

Beispiel 9.17:

Grenzwert symbolisch auswerten

$$\lim_{x \to 2} \frac{x^3 - 2^3}{x - 2} \to 12$$

$$\lim_{x \to 2} \frac{x^3 - 2^3}{x - 2} \text{ vereinfachen } \to 12$$

Beispiel 9.18:

Grenzwert symbolisch auswerten

$$\lim_{x \to 0} \frac{\sin(x)}{x} \to 1$$

$$\lim_{x \to 0} \frac{\sin(x)}{x} \text{ vereinfachen } \to 1$$

$$f(x) := \frac{2 \cdot x + \sin(x)}{x + 3 \cdot \ln(x + 1)}$$ Funktion

$$\lim_{x \to 0} f(x) \to \frac{3}{4}$$

Beispiel 9.19:

Links- und rechtsseitiger Grenzwert:

$f(x) := \tan(x)$ Funktionsgleichung

Rechtsseitiger Grenzwert:

$$\lim_{x \to \frac{\pi}{2}^+} f(x) \to -\infty$$

Linksseitiger Grenzwert:

$$\lim_{x \to \frac{\pi}{2}^-} f(x) \to \infty$$

$$x := \frac{-\pi}{2} + 0.1, \frac{-\pi}{2} + 0.1 + 0.0001 .. \frac{\pi}{2} - 0.1$$ Bereichsvariable

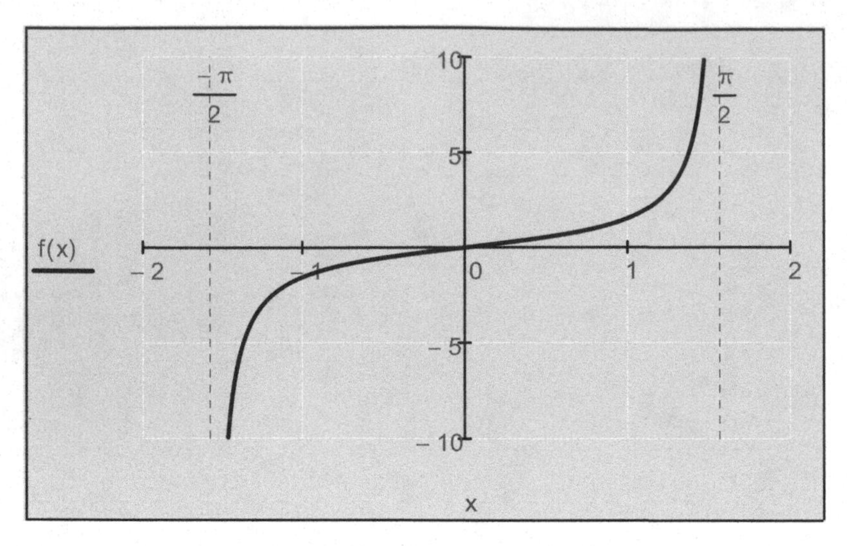

X-Y-Achsen:
Gitterlinien
Nummeriert
Automatische Skalierung
Markierung anzeigen:
x-Achse: -π/2 und π/2
Anzahl der Gitterlinien: 4 und 4
Achsenstil:
Kreuz
Spuren:
Spur 1
Symbolstärke 2,
Typ Punkte

Abb. 9.5

Beispiel 9.20:

Links- und rechtsseitiger Grenzwert:

$g(x) := \frac{|x|}{x}$ Funktionsgleichung

Rechtsseitiger Grenzwert:

$\lim_{x \to 0^+} g(x) \to 1$

Linksseitiger Grenzwert:

$\lim_{x \to 0^-} g(x) \to -1$

$x := -15 .. 15$ Bereichsvariable

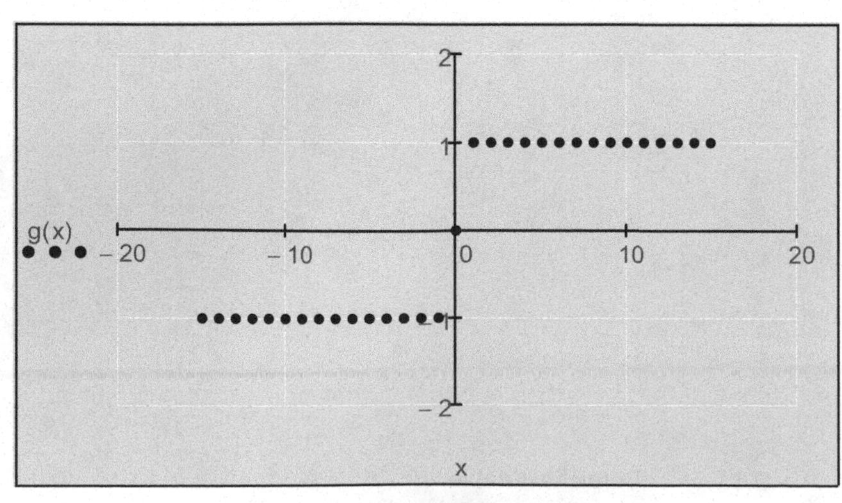

Achsenbegrenzung:
y-Achse: -2 und 2
X-Y-Achsen:
Gitterlinien
Nummeriert
Automatische Skalierung
Automatische Gitterweite
Achsenstil:
Kreuz
Spuren:
Spur 1
Symbolstärke 3,
Typ Punkte

Abb. 9.6

Beispiel 9.21:

Links- und rechtsseitiger Grenzwert:

$f(x) := \begin{cases} \frac{\sin(x)}{x} & \text{if } x \neq 0 \\ 0 & \text{otherwise} \end{cases}$ **D=ℝ \ {0}** Funktionsgleichung und Definitionsmenge (Lücke bei x = 0) Vergleiche dazu die sinc-Funktion! Die Lücke kann hier, weil der Grenzwert existiert, geschlossen werden!

Rechtsseitiger Grenzwert:

$\lim_{x \to 0^+} \frac{\sin(x)}{x} \to 1$

Linksseitiger Grenzwert:

$\lim_{x \to 0^-} \frac{\sin(x)}{x} \to 1$

$x := -4 \cdot \pi, -4 \cdot \pi + 0.01 .. 4 \cdot \pi$ Bereichsvariable

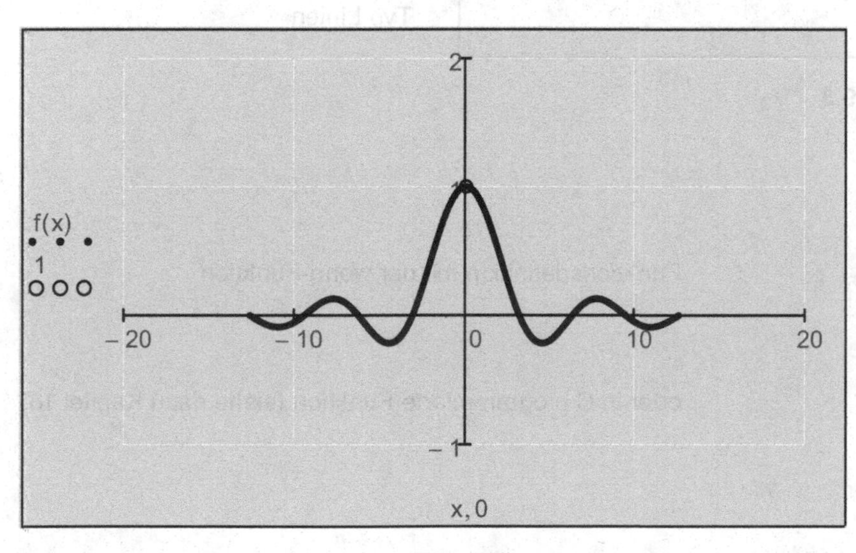

Achsenbegrenzung:
y-Achse: -1 und 2
X-Y-Achsen:
Gitterlinien
Nummeriert
Automatische Skalierung
Automatische Gitterweite
Anzahl der Gitterlinien 3
Achsenstil:
Kreuz
Spuren:
Spur 1
Symbolstärke 2, Typ Punkte
Spur 2
Symbol Kreis, Typ Punkte

Abb. 9.7

Beispiel 9.22:

Verschiedenen Grenzwerte:

$f(x) := \frac{1}{x-1}$ **D=ℝ \ {1}** Funktionsgleichung und Definitionsmenge

Rechtsseitiger Grenzwert:

$\lim_{x \to 1^+} f(x) \to \infty$

Linksseitiger Grenzwert:

$$\lim_{x \to 1^-} f(x) \to -\infty$$

Grenzwerte:

$$\lim_{x \to -\infty} f(x) \to 0 \qquad \lim_{x \to \infty} f(x) \to 0$$

$x := -2, -2 + 0.001 .. 4$ Bereichsvariable

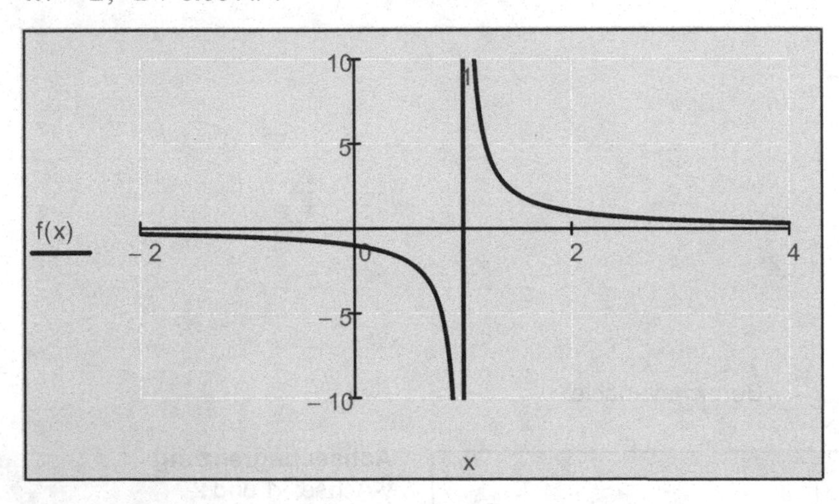

Achsenbegrenzung:
y-Achse: -10 und 10
X-Y-Achsen:
Gitterlinien
Nummeriert
Automatische Skalierung
Markierung anzeigen: x-Achse 1
Automatische Gitterweite
Achsenstil:
Kreuz
Spuren:
Spur 1
Typ Linien

Abb. 9.8

Beispiel 9.23:

$$f(x) := \text{wenn}\left(x < -1 \vee x > -1, \frac{x}{x+1}, \infty\right)$$ Funktionsdefinition mit der wenn-Funktion

$$f(x) := \begin{vmatrix} \dfrac{x}{x+1} & \text{if } x < -1 \vee x > -1 \\ \infty & \text{otherwise} \end{vmatrix}$$ oder in C programmierte Funktion (siehe dazu Kapitel 18)

Rechtsseitiger Grenzwert:

$$\lim_{x \to -1^+} \frac{x}{x+1} \to -\infty$$

Linksseitiger Grenzwert:

$$\lim_{x \to -1^-} \frac{x}{x+1} \to \infty$$

Grenzwerte:

$\lim_{x \to -\infty} \frac{x}{x+1} \to 1$ $\lim_{x \to \infty} \frac{x}{x+1} \to 1$

$x := -3, -3 + 0.001 .. 1$ Bereichsvariable

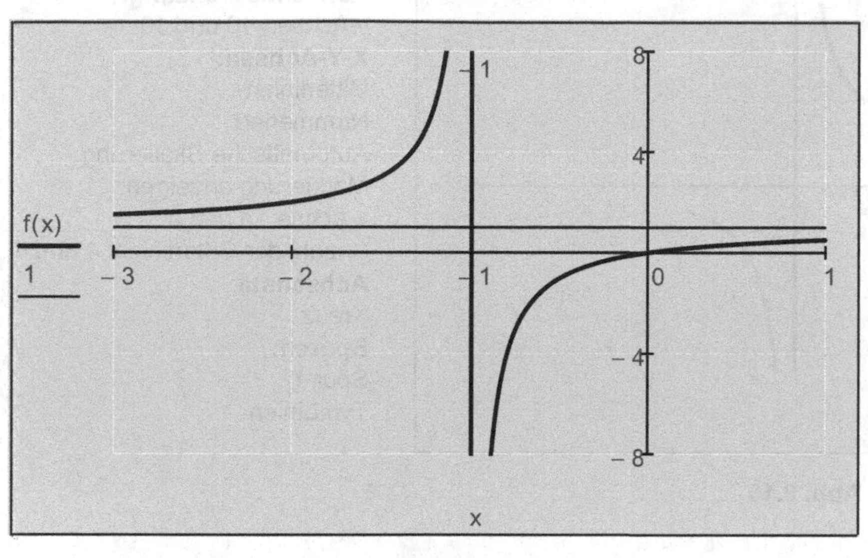

Achsenbegrenzung:
y-Achse: -8 und 8
X-Y-Achsen:
Gitterlinien
Nummeriert
Automatische Skalierung
Markierung anzeigen: x-Achse 1
Anzahl der Gitterlinien: 4 und 4
Achsenstil:
Kreuz
Spuren:
Spur 1 und Spur 2
Typ Linien

Abb. 9.9

Beispiel 9. 24:

$a := 0.5$ $k := 1$ Konstanten

$E(x) := k \cdot \frac{1}{a^2 - x^2}$ Feldstärkefunktion

Rechtsseitige Grenzwerte:

$\lim_{x \to -a^+} E(x) \to \infty$

$\lim_{x \to a^+} E(x) \to -\infty$

Linksseitige Grenzwerte

$\lim_{x \to -a^-} E(x) \to -\infty$

$\lim_{x \to a^-} E(x) \to \infty$

Grenzwerte:

$\lim_{x \to -\infty} E(x) \to 0.0$ $\lim_{x \to \infty} E(x) \to 0.0$

$x := -1, -1 + 0.001 .. 1$ Bereichsvariable

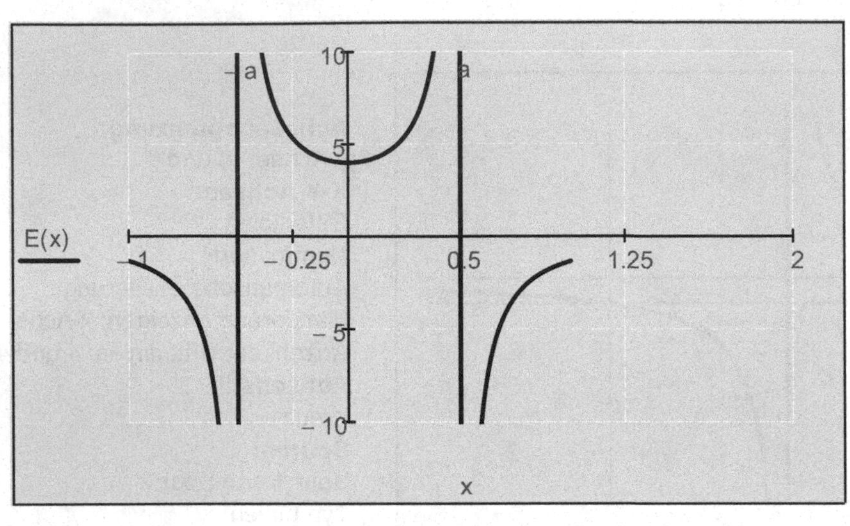

Achsenbegrenzung:
y-Achse: -10 und 10
X-Y-Achsen:
Gitterlinien
Nummeriert
Automatische Skalierung
Markierung anzeigen:
x-Achse: -a und a
Anzahl der Gitterlinien: 4 und 4
Achsenstil:
Kreuz
Spuren:
Spur 1
Typ Linien

Abb. 9.10

10. Ableitungen von Funktionen

Symbolleiste Differential/Integral:

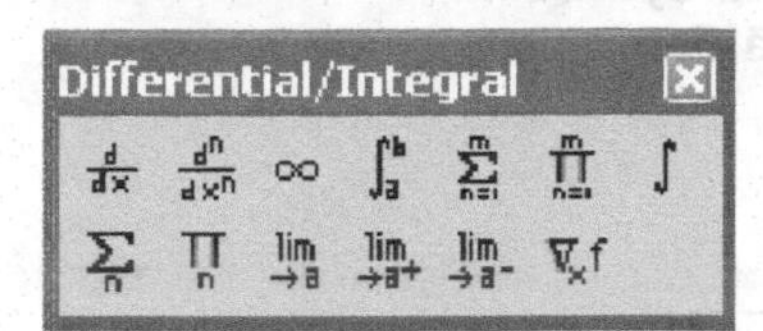

Abb. 10.1

Erste Ableitung: **Taste: < ? >**

Höhere Ableitungen: 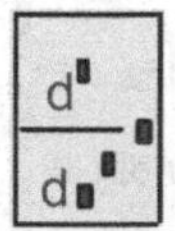 **Tasten: < Strg >+<Umschalt>+< ' >**

Kurzschreibweisen für die Ableitungen:

y' y''

$f_x(x)$ $f_{xx}(x)$ **usw.**

Das Primsymbol (') erhalten wir mit den Tasten <Strg>+<F7>

Eine **lokale Einstellung eines partiellen Ableitungsoperators** erhalten wir durch die Einstellung im **nachfolgenden Dialogfeld (Abb. 10.2)** (zuerst mit der rechten Maustaste auf den normalen Ableitungsoperator klicken).

Partielle Ableitungen: 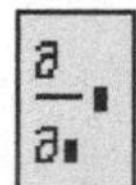 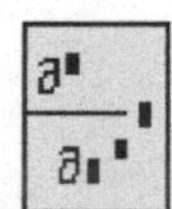

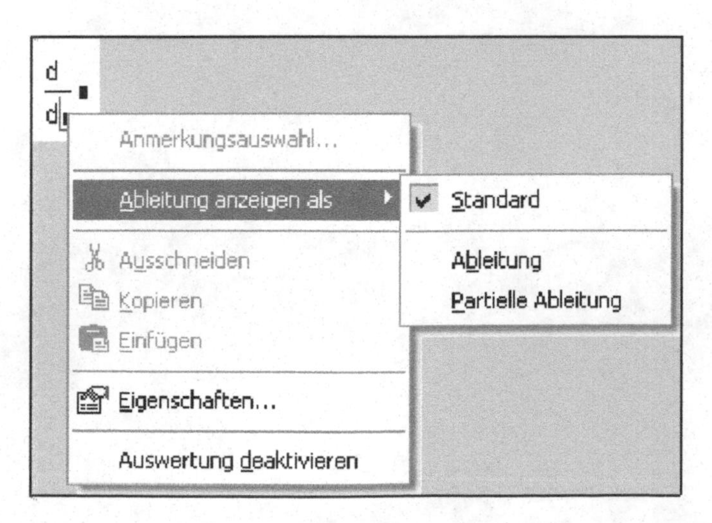

Abb. 10.2

Eine **globale Einstellung der partiellen Ableitungsoperatoren** erhalten wir durch die Einstellung im **Menü-Extras-Arbeitsblattoptionen-Anzeige-Ableitung (Partielle Ableitung):**

Auswertungsmöglichkeiten:

- **Variable mit Cursor (|) markieren, im Menü-Symbolik Auswertungsformat und Menü-Symbolik-Variable-Differenzieren wählen.**
- **Den zu integrierenden Ausdruck mit dem Cursor markieren, im Menü-Symbolik Auswertungsformat und Menü-Symbolik-Auswerten-Symbolisch wählen.**
- **Symboloperator " ■→ " und Schlüsselwörter (Abb. 10.3).**
- **Numerische Auswertung mit dem "=" Operator.**

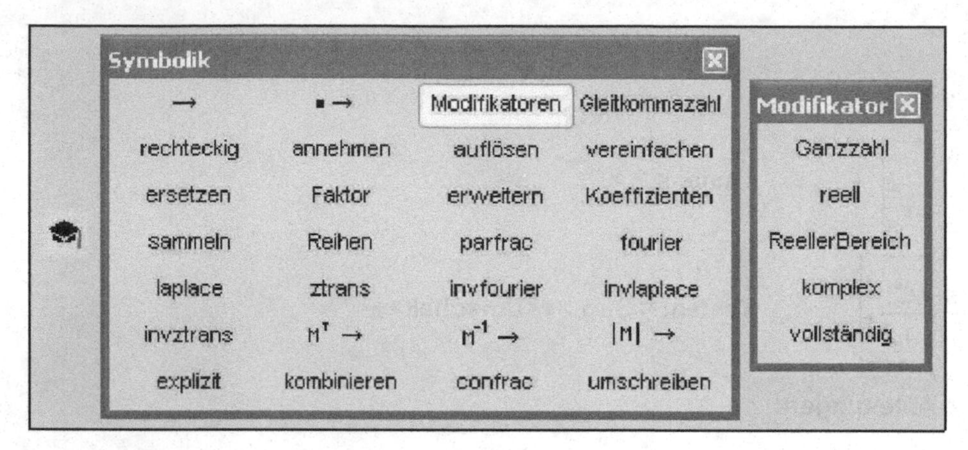

Abb. 10.3

10.1 Ableitungen von Funktionen in einer Variablen

Es sei hier nur die Differenzierbarkeit von Funktionen in einer Variablen in expliziter Form kurz erwähnt:
Eine Funktion f: y = f(x) ($D \subseteq \mathbb{R}$ und $W \subseteq \mathbb{R}$) heißt an der Stelle $x_0 \in D$ differenzierbar, wenn der folgende Grenzwert existiert :

$$f'(x_0) = \frac{d}{dx}f(x_0) = \lim_{\Delta x \to 0} \frac{\Delta y}{\Delta x} = \lim_{\Delta x \to 0} \frac{f(x_0 + \Delta x) - f(x_0)}{\Delta x}$$

Eine Funktion f: y = f(x) heißt an jeder Stelle $x \in D$ differenzierbar, wenn in ganz D die Grenzwerte existieren.

10.1.1 Symbolische Ableitungen

Beispiel 10.1:

Variable mit Cursor (_|) markieren, im Menü-Symbolik Auswertungsformat und Menü-Symbolik-Variable-Differenzieren wählen:

$\left(x^2 \cdot c - c^2 \cdot x\right)^4$ durch Differenzierung, ergibt $-4 \cdot \left(c^2 - 2 \cdot c \cdot x\right) \cdot \left(c \cdot x^2 - c^2 \cdot x\right)^3$

$\sin\left(x^2 + 4\right)$ durch Differenzierung, ergibt $2 \cdot x \cdot \cos\left(x^2 + 4\right)$ **z. B. auch mit <Alt> + svd**

$e^{-2 \cdot x^2}$ durch Differenzierung, ergibt $-4 \cdot x \cdot e^{-2 \cdot x^2}$

Zuerst Ableitungsoperator erzeugen und Ausdruck eintragen. Ausdruck mit Auswahlbox markieren, im Menü-Symbolik Auswertungsformat und Menü-Symbolik-Auswerten-Symbolisch wählen:

$\frac{d}{dx}\left(x^2 \cdot c - c^2 \cdot x\right)^4$ ergibt $-4 \cdot \left(c^2 - 2 \cdot c \cdot x\right) \cdot \left(c \cdot x^2 - c^2 \cdot x\right)^3$ **z. B. auch mit <Alt> + sus**

$\frac{d^2}{dx^2}\sin\left(x^2 + 4\right)$ ergibt $2 \cdot \cos\left(x^2 + 4\right) - 4 \cdot x^2 \cdot \sin\left(x^2 + 4\right)$

$\frac{d^2}{dx^2}e^{-2 \cdot x^2}$ ergibt $16 \cdot x^2 \cdot e^{-2 \cdot x^2} - 4 \cdot e^{-2 \cdot x^2}$

Symboloperator und Schlüsselwörter:

$$\frac{d}{dx}\left(x^2 \cdot c - c^2 \cdot x\right)^4 \rightarrow -4 \cdot \left(c^2 - 2 \cdot c \cdot x\right) \cdot \left(c \cdot x^2 - c^2 \cdot x\right)^3$$

$$\frac{d^2}{dx^2}\sin\left(x^2 + 4\right) \rightarrow 2 \cdot \cos\left(x^2 + 4\right) - 4 \cdot x^2 \cdot \sin\left(x^2 + 4\right)$$

$$\frac{d^2}{dx^2}e^{-2 \cdot x^2} \rightarrow 16 \cdot x^2 \cdot e^{-2 \cdot x^2} - 4 \cdot e^{-2 \cdot x^2}$$

Beispiel 10.2:

Symbolisches Differenzieren definierter Funktionen mit den Schlüsselwörtern.

$f(x) := \sin(2 \cdot x) + \cos(4 \cdot x)$ $\quad f_x(x) := \frac{d}{dx} f(x) \rightarrow 2 \cdot \cos(2 \cdot x) - 4 \cdot \sin(4 \cdot x)$

$f(x) := \frac{\sin(x)}{x}$ $\quad f_x(x) := \frac{d}{dx} f(x)$ vereinfachen $\rightarrow \frac{\cos(x)}{x} - \frac{\sin(x)}{x^2}$

$f(x) := 4 \cdot e^{-2 \cdot x}$ $\quad f_x(x) := \frac{d}{dx} f(x) \rightarrow -8 \cdot e^{-2 \cdot x}$

$y'(x) := \text{atan}(x)$ $\quad g'''(x) := \frac{d^2}{dx^2} y'(x) \rightarrow -\frac{2 \cdot x}{\left(x^2 + 1\right)^2}$

$g1(x) := 3 \cdot x^4 + x^3 - 2 \cdot x^2$ $\quad g1_{xx}(x) := \frac{d^2}{dx^2} g1(x) \rightarrow 36 \cdot x^2 + 6 \cdot x - 4$

$g1'''(x) := \frac{d^3}{dx^3} g1(x) \rightarrow 72 \cdot x + 6$

$g1_4(x) := \frac{d^4}{dx^4} g1(x) \rightarrow 72$

Beispiel 10.3:

Differenzieren von Summen und Produkten.

Variable mit Cursor (_|)markieren, im Menü-Symbolik Auswertungsformat und Menü-Symbolik-Variable-Differenzieren wählen:

$\sum_n (x - n)^2$ durch Differenzierung, ergibt $2 \cdot x - 2 \cdot n$

$\sum_{m=0}^{k-1} (x - m)^2$ durch Differenzierung, ergibt $\frac{k \cdot (12 \cdot x - 6 \cdot k + 6)}{6}$ vereinfacht auf $k \cdot (2 \cdot x - k + 1)$

$\prod_{i=1}^{4} (x - i)$ durch Differenzierung, ergibt $(x - 1) \cdot (x - 2) \cdot (x - 3) + (x - 1) \cdot (x - 2) \cdot (x - 4) \ldots$
$+ [(x - 1) \cdot (x - 3) \cdot (x - 4) + (x - 2) \cdot (x - 3) \cdot (x - 4)]$

Das Ergebnis wurde hier umgebrochen!
Siehe dazu Abschnitt 4.1.2.

10.1.2 Symbolische Ableitungen von Funktionen in Parameterdarstellung

Beispiel 10.4:

Gegeben: Funktion in Polarkoordinatendarstellung: $r : [0, 2\pi[\mapsto \mathbb{R}$; $r(\varphi) := \varphi$. Damit lässt sich die Funktion in Parameterdarstellung $f : [0, 2\pi[\mapsto \mathbb{R}^2$; $f(\varphi) := (\varphi.\cos(\varphi), \varphi.\sin(\varphi))$ darstellen.

Die erste und zweite Ableitung von y nach x erhalten wir mithilfe der Kettenregel:

$$y' = \frac{d}{dx}y = \frac{d}{d\varphi}y \cdot \frac{d}{dx}\varphi = \frac{\frac{d}{d\varphi}y}{\frac{d}{d\varphi}x} = \frac{y_\phi(\varphi)}{x_\phi(\varphi)}$$

$$y'' = \frac{d}{dx}y' = \frac{d}{d\varphi}y' \cdot \frac{d}{dx}\varphi = \frac{d}{d\varphi} \cdot \frac{y_\phi(\varphi)}{x_\phi(\varphi)} \cdot \frac{d}{dx}\varphi = \frac{y_{\phi\phi}(\varphi) \cdot x_\phi(\varphi) - x_{\phi\phi}(\varphi) \cdot y_\phi(\varphi)}{x_\phi(\varphi)^2} \cdot \frac{1}{x_\phi(\varphi)}$$

$$y'' = \frac{x_\phi(\varphi) \cdot y_{\phi\phi}(\varphi) - y_\phi(\varphi) \cdot x_{\phi\phi}(\varphi)}{x_\phi(\varphi)^3}$$

$x(\varphi) := \varphi \cdot \cos(\varphi)$

$y(\varphi) := \varphi \cdot \sin(\varphi)$

Parameterdarstellung der Funktion

$x_\varphi(\varphi) := \frac{d}{d\varphi}x(\varphi) \rightarrow \cos(\varphi) - \varphi \cdot \sin(\varphi)$

$y_\varphi(\varphi) := \frac{d}{d\varphi}y(\varphi) \rightarrow \sin(\varphi) + \varphi \cdot \cos(\varphi)$

erste Ableitungen

$x_{\varphi\varphi}(\varphi) := \frac{d^2}{d\varphi^2}x(\varphi) \rightarrow -2 \cdot \sin(\varphi) - \varphi \cdot \cos(\varphi)$

$y_{\varphi\varphi}(\varphi) := \frac{d^2}{d\varphi^2}y(\varphi) \rightarrow 2 \cdot \cos(\varphi) - \varphi \cdot \sin(\varphi)$

zweite Ableitungen

$$\frac{d}{dx}y = \frac{y_\varphi(\varphi)}{x_\varphi(\varphi)} = \frac{\sin(\varphi) + \varphi \cdot \cos(\varphi)}{\cos(\varphi) - \varphi \cdot \sin(\varphi)}$$

erste Ableitung von y nach x

$$\frac{d^2}{dx^2}y = \frac{(\cos(\varphi) - \varphi \cdot \sin(\varphi)) \cdot (2 \cdot \cos(\varphi) - \varphi \cdot \sin(\varphi)) - (\sin(\varphi) + \varphi \cdot \cos(\varphi)) \cdot (-2 \cdot \sin(\varphi) - \varphi \cdot \cos(\varphi))}{(-2 \cdot \sin(\varphi) - \varphi \cdot \cos(\varphi))^3}$$

vereinfacht auf $\frac{d^2}{dx^2}y = -\frac{\varphi^2 + 2}{(2 \cdot \sin(\varphi) + \varphi \cdot \cos(\varphi))^3}$

zweite Ableitung von y nach x

10.1.3 Numerische Ableitungen

Bei der ersten Ableitung lässt sich eine Genauigkeit von 7 bis 8 signifikanten Stellen erzielen, wenn der Ableitungswert nicht zu nahe an einer Singularität der betreffenden Funktion liegt. Die Genauigkeit nimmt aber mit jedem Grad der Ableitung um eine Stelle ab.

Beispiel 10.5:

Ableitungen von Funktionen an einem fest vorgegebenen Argumentwert:

$x := 4$ Wert von x

$f(x) := 2 \cdot x^2 - 4$ Funktion

$\frac{d}{dx}\left(2 \cdot x^2 - 4\right) = 16$ $\frac{d^2}{dx^2}\left(2 \cdot x^2 - 4\right) = 4$ erste und zweite Ableitung

oder symbolisch:

$f_x(x) := \frac{d}{dx}f(x) \rightarrow 4 \cdot x$ $f_x(4) = 16$ $f_{xx}(x) := \frac{d^2}{dx^2}f(x) \rightarrow 4$ $f_{xx}(4) = 4$

$\frac{d}{dx}\sin(2 \cdot x) = -0.291$ oder $\frac{d^1}{dx^1}\sin(2 \cdot x) = -0.291$

$\frac{d^2}{dx^2}\sin(2 \cdot x) = -3.957$ oder $\frac{d}{dx}\frac{d}{dx}\sin(2 \cdot x) = -3.957$

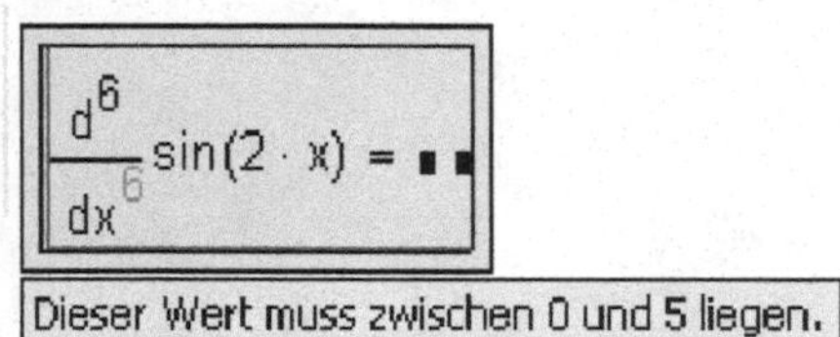

Eine numerische Auswertung ist nur bis n = 5 möglich!

Beispiel 10.6:

Ableitung an mehreren Stellen:

$x := -1 .. 1$ Bereichsvariable

$f''(x) := \frac{d^2}{dx^2}e^{-2 \cdot x}$ zweite Ableitung

$f''(x) =$ Tabellenausgabe

	0
0	29.556
1	4
2	0.541

$x := -2..2$ Bereichsvariable

$f(x) := 2 \cdot x^2 + x - 3$ Funktion

$f_x(x) := \frac{d}{dx} f(x)$ $f_{xx}(x) := \frac{d^2}{dx^2} f(x)$ Ableitungen

$f(x) =$

	0
0	3
1	-2
2	-3
3	0
4	7

$f_x(x) =$

	0
0	-7
1	-3
2	1
3	5
4	9

$f_{xx}(x) =$

	0
0	4
1	4
2	4
3	4
4	4

Tabellenausgabe

Vektorargumente:

ORIGIN := 1 ORIGIN festlegen

$i := 1..3$ Bereichsvariable

$\mathbf{x} := \begin{pmatrix} 0 \\ \pi \\ 5 \end{pmatrix}$ Vektor mit Argumenten

$g'''(\mathbf{x}) := \frac{d^3}{d\mathbf{x}^3} \sin(\mathbf{x})$ dritte Ableitung

$g'''(\mathbf{x}_i) =$

	1
1	-1
2	1
3	-0.284

Tabellenausgabe

$\overrightarrow{g'''(\mathbf{x})} = \begin{pmatrix} -1 \\ 1 \\ -0.284 \end{pmatrix}$ Vektorausgabe

Beispiel 10.7:

Nullstellen, Extremstellen und Wendepunkte:

$ORIGIN := 1$ — ORIGIN festlegen

$x := x$ — Redefinition von x

$f(x) := \frac{1}{10} \cdot \left(x^3 - 9 \cdot x^2 + 23 \cdot x + 5\right)$ — Funktion

Nullstellen:

$$\mathbf{N1} := f(x) = 0 \left| \begin{array}{l} \text{auflösen}, x \\ \text{Gleitkommazahl}, 3 \end{array} \right. \rightarrow \begin{pmatrix} -0.201 \\ 4.6 - 1.92j \\ 4.6 + 1.92j \end{pmatrix}$$

$x_n := \mathbf{N1}_1 \qquad y_n := 0$ — reelle Nullstelle

$\mathbf{N}_{1,1} := x_n \qquad \mathbf{N}_{1,2} := y_n \qquad \mathbf{N} = (-0.201 \quad 0)$

Extremstellen:

$$\mathbf{E} := \frac{d}{dx} f(x) = 0 \left| \begin{array}{l} \text{auflösen}, x \\ \text{Gleitkommazahl}, 3 \end{array} \right. \rightarrow \begin{pmatrix} 4.15 \\ 1.85 \end{pmatrix}$$

Notwendige Bedingung

$x_1 := \mathbf{E}_1 \qquad x_2 := \mathbf{E}_2$ — mögliche Extremstellen

$f''(x) := \frac{d^2}{dx^2} f(x) \qquad f''(x_i) \neq 0$ — **hinreichende Bedingung**

$f''(x_1) = 0.69 \qquad (f''(x_1) > 0) = 1$ — **Tiefpunkt** an der Stelle x_1

$f''(x_2) = -0.69 \qquad (f''(x_2) < 0) = 1$ — **Hochpunkt** an der Stelle x_2

$y_1 := f(x_1) \qquad y_1 = 1.692 \qquad y_2 := f(x_2) \qquad y_2 = 2.308$ — **Extremstellen**

$\mathbf{T}_{1,1} := x_1 \qquad \mathbf{T}_{1,2} := f(x_1) \qquad \mathbf{T} = (4.15 \quad 1.692)$ — **Tiefpunkt**

$\mathbf{H}_{1,1} := x_2 \qquad \mathbf{H}_{1,2} := f(x_2) \qquad \mathbf{H} = (1.85 \quad 2.308)$ — **Hochpunkt**

Wendepunkte:

$W := \frac{d^2}{dx^2} f(x) = 0$ auflösen, $x \rightarrow 3$ **notwendige Bedingung**

$x_w := W$ $y_w := f(x_w)$ möglicher Wendepunkt

$f'''(x) := \frac{d^3}{dx^3} f(x)$ $f'''(x_w) \neq 0$ **hinreichende Bedingung**

$(f'''(x_w) \neq 0) = 1$ **Es liegt bei x_w ein Wendepunkt vor!**

$W_{1,1} := x_w$ $W_{1,2} := f(x_w)$ $W = (3 \;\; 2)$ **Wendepunkt**

$x := -1, -1 + 0.01 .. 6$ Bereichsvariable

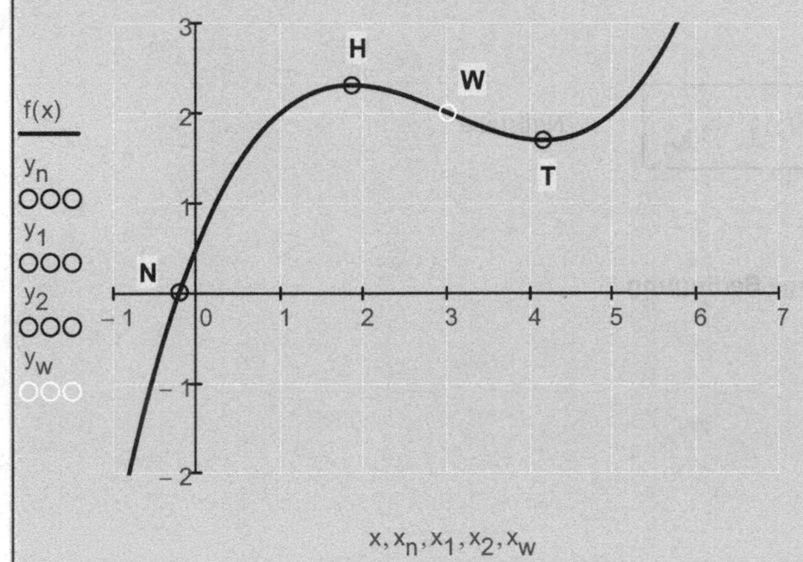

Achsenbeschränkung:
y-Achse: -2 bis 3
X-Y-Achsen:
Gitterlinien
Nummeriert
Automatische Skalierung
Anzahl der Gitterlinien: 8 bzw. 5
Achsenstil:
Kreuz
Spuren:
Spur 1
Typ Linien
Spur 2 bis Spur 5
Symbol Kreis, Typ Punkte

Abb. 10.4

Beispiel 10.8:

Nullstellen, Extremwerte und Wendepunkte:

ORIGIN := 1 — ORIGIN festlegen

x := x — Redefinition von x

$f(x) := 4x \cdot e^{-x^2}$ — Funktion

Erste, zweite und dritte Ableitung:

$f_x(x) := \frac{d}{dx} f(x)$ — $f_x(x)$ Faktor $\rightarrow -4 \cdot e^{-x^2} \cdot (2 \cdot x^2 - 1)$

$f_{xx}(x) := \frac{d}{dx} f_x(x)$ — $f_{xx}(x)$ Faktor $\rightarrow 8 \cdot e^{-x^2} \cdot x \cdot (2 \cdot x^2 - 3)$

$f_{xxx}(x) := \frac{d}{dx} f_{xx}(x)$ — $f_{xxx}(x)$ Faktor $\rightarrow -8 \cdot e^{-x^2} \cdot (4 \cdot x^4 - 12 \cdot x^2 + 3)$

Nullstellen:

Vorgabe

$f(x) = 0$

$z := \text{Suchen}(x) \rightarrow 0$ $\quad \mathbf{N} := (z \quad f(z))^T \rightarrow \begin{pmatrix} 0 \\ 0 \end{pmatrix}$ — Nullstelle

Extremstellen:

Vorgabe

$f_x(x) = 0$ — **notwendige Bedingung**

$$\mathbf{z} := \text{Suchen}(x)^T \rightarrow \begin{pmatrix} \frac{\sqrt{2}}{2} \\ -\frac{\sqrt{2}}{2} \end{pmatrix}$$

$f_{xx}(\mathbf{z}_1) = -6.862$ — **hinreichende Bedingung**

$f_{xx}(\mathbf{z}_2) = 6.862$

$\mathbf{H} := (\mathbf{z}_1 \quad f(\mathbf{z}_1))^T$ $\quad \mathbf{H} = \begin{pmatrix} 0.707 \\ 1.716 \end{pmatrix}$ — **Hochpunkt**

$\mathbf{T} := (\mathbf{z}_2 \quad f(\mathbf{z}_2))^T$ $\quad \mathbf{T} = \begin{pmatrix} -0.707 \\ -1.716 \end{pmatrix}$ — **Tiefpunkt**

Wendestellen:

Vorgabe

$f_{xx}(x) = 0$ **notwendige Bedingung**

$$\mathbf{z} := \text{Suchen}(x)^T \rightarrow \begin{pmatrix} 0 \\ \frac{\sqrt{6}}{2} \\ -\frac{\sqrt{6}}{2} \end{pmatrix}$$

$f_{xxx}(\mathbf{z}_1) = -24$

$f_{xxx}(\mathbf{z}_2) = 10.71$ **hinreichende Bedingung**

$f_{xxx}(\mathbf{z}_3) = 10.71$

$$\mathbf{W} := \begin{pmatrix} \mathbf{z}_1 & f(\mathbf{z}_1) \\ \mathbf{z}_2 & f(\mathbf{z}_2) \\ \mathbf{z}_3 & f(\mathbf{z}_3) \end{pmatrix}$$ **Wendepunkte** $$\mathbf{W} = \begin{pmatrix} 0 & 0 \\ 1.225 & 1.093 \\ -1.225 & -1.093 \end{pmatrix}$$

$\mathbf{W1} := (\mathbf{z}_1 \;\; f(\mathbf{z}_1))^T$

$\mathbf{W2} := (\mathbf{z}_2 \;\; f(\mathbf{z}_2))^T$

$\mathbf{W3} := (\mathbf{z}_3 \;\; f(\mathbf{z}_3))^T$

$x := -3, -3 + 0.01 .. 3$ Bereichsvariable

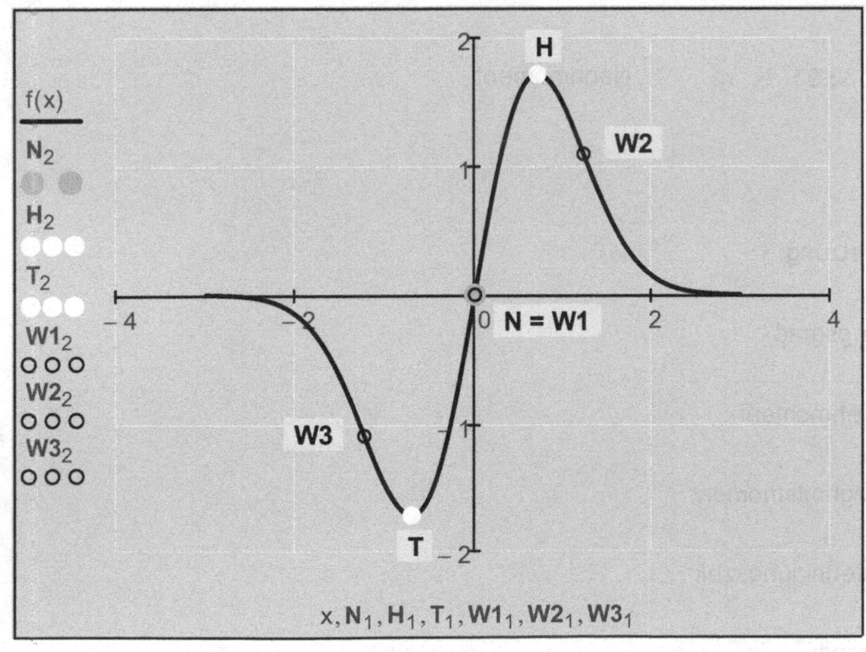

Abb. 10.5

X-Y-Achsen:
Gitterlinien
Nummeriert
Automatische Skalierung
Automatische Gitterweite
Achsenstil:
Kreuz
Spuren:
Spur 1
Typ Linien
Spur 2 bis Spur 4
Symbol Punkte, Typ Punkte
Spur 5 bis Spur 7
Symbol Kreis, Typ Punkte

Beispiel 10.9:

Von einem Hubwerk mit Frequenzumsetzer (FU), Asynchronmotor (ASM) und Getriebe (G) soll mittels eines gewählten Drehzahlprofils das davon abgeleitete Drehmoment und Leistungsprofil dargestellt werden.

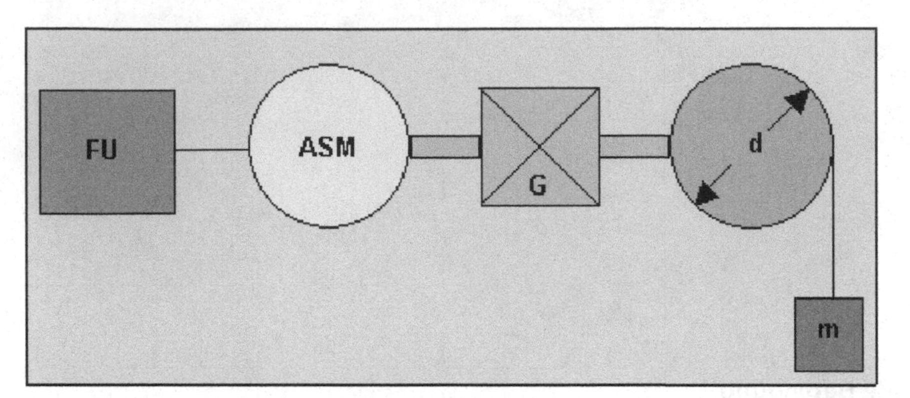

Abb. 10.6

Motordaten:

$P_N := 10 \cdot kW$ Nennleistung

$n_N := 2900 \cdot min^{-1}$ Drehzahl

$J_R := 0.0085 \cdot kg \cdot m^2$ Rotorträgheitsmoment

$M_N := \frac{P_N}{2 \cdot \pi \cdot n_N}$ $M_N = 32.93 \cdot N \cdot m$ Nennmoment

Getriebedaten:

$i := 24$ Übersetzung

$\eta := 0.9$ Wirkungsgrad

$M_L := 160 \cdot N \cdot m$ Lastdrehmoment

$J_L := 1.5 \cdot kg \cdot m^2$ Lastträgheitsmoment

$t_a := 0.5 \cdot s$ Beschleunigungszeit

$t_B := t_a$ Bremszeit

$t_D := 0.3 \cdot s$ Dauer der konstanten Geschwindigkeit

$d := 220 \cdot mm$ Durchmesser der Umlenkwalze

Festlegung der Drehzahlzeitabschnitte für das Drehzahlprofil:

$t_1 := 0 \cdot s$ $\quad t_2 := t_a$ $\quad t_3 := t_2 + t_D$ $\quad t_4 := t_3 + t_B$

$t_5 := t_4 + t_D$ $\quad t_6 := t_5 + t_a$ $\quad t_7 := t_6 + t_D$ $\quad t_8 := t_7 + t_B$

$$n(t) := \begin{vmatrix} n_N \cdot \sin\left(\pi \cdot \frac{t}{s}\right)^2 & \text{if } t_1 \le t < t_2 \\ n_N & \text{if } t_2 \le t < t_3 \\ n_N \cdot \sin\left[\pi \cdot \left(\frac{t - t_4}{s}\right)\right]^2 & \text{if } t_3 \le t < t_4 \\ 0 \cdot min^{-1} & \text{if } t_4 \le t < t_5 \\ -n_N \cdot \frac{t - t_5}{t_a} & \text{if } t_5 \le t < t_6 \\ -n_N & \text{if } t_6 \le t < t_7 \\ -n_N \cdot \left(1 - \frac{t - t_7}{t_B}\right) & \text{if } t_7 \le t < t_8 \\ 0 \cdot min^{-1} & \text{otherwise} \end{vmatrix}$$

Festlegung des Drehzahlprofils n(t) mithilfe eines Unterprogramms (siehe Kapitel 18). Es sollen eine $sin^2(x)$ Funktion und eine lineare Rampe miteinander verglichen werden.

$$s1(t) := \frac{d \cdot \pi}{i} \cdot \int_0^t n(t)\, dt$$

Verlauf des Weges über der Zeit

$$s_{max} := \frac{d \cdot \pi}{i} \cdot \int_0^{t_4} n(t)\, dt \qquad s_{max} = 1114 \cdot mm$$

maximal zurückgelegter Weg

$$M_{a1}(t) := 2 \cdot \pi \cdot J_R \cdot \frac{d}{dt} n(t)$$

Beschleunigungsmoment primär (bezogen auf die Motorwelle)

$$M_{a2}(t) := 2 \cdot \pi \cdot \frac{J_L}{i} \cdot \frac{d}{dt} n(t)$$

Beschleunigungsmoment sekundär (bezogen auf den Getriebeausgang)

$$M_2(t) := M_L$$

Lastdrehmoment des Hubwerks

$$M(t) := M_{a1}(t) + \frac{1}{i \cdot \eta} \cdot \left(M_2(t) + M_{a2}(t)\right)$$

Drehmoment an der Motorwelle

$$P(t) := 2 \cdot \pi \cdot n(t) \cdot M(t)$$

Motorleistung

$t := t_1, \frac{t_a}{100} .. t_8$ $\qquad t_8 = 2.9\,s$ Bereichsvariable für den Zeitbereich

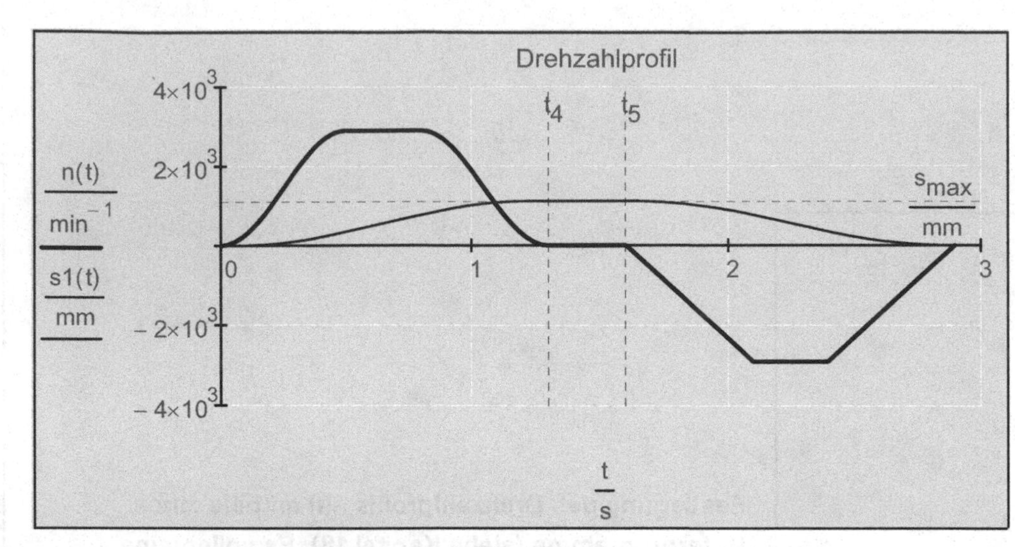

X-Y-Achsen:
Gitterlinien
Nummeriert
Automatische Skalierung
Markierung anzeigen:
t-Achse: t_4 und t_5
s-Achse: s_{max}/mm
Automatische Gitterweite
Achsenstil:
Kreuz
Spuren:
Spur 1 und Spur 2
Typ Linien
Beschriftungen:
Titel oben

Abb. 10.7

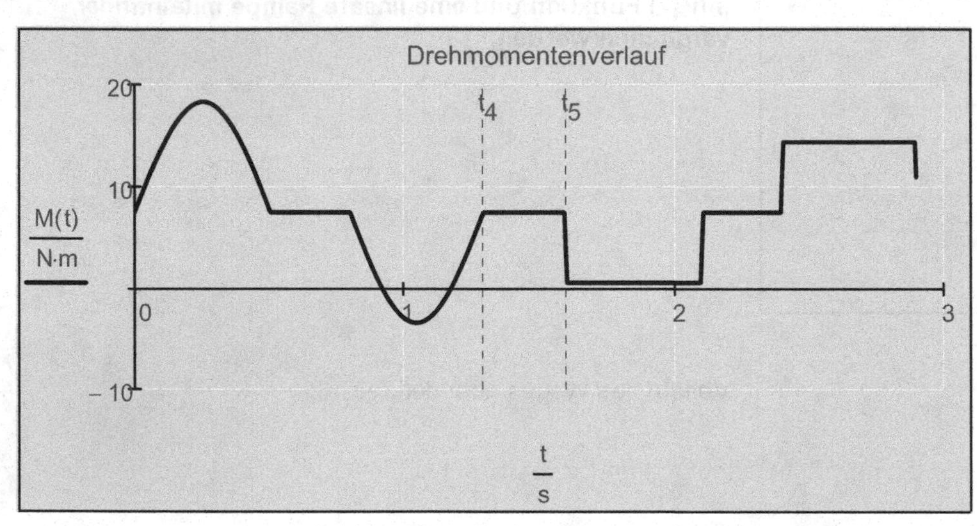

X-Y-Achsen:
Gitterlinien
Nummeriert
Automatische Skalierung
Markierung anzeigen:
t-Achse: t_4 und t_5
Automatische Gitterweite
Achsenstil:
Kreuz
Spuren:
Spur 1
Typ Linien
Beschriftungen:
Titel oben

Abb. 10.8

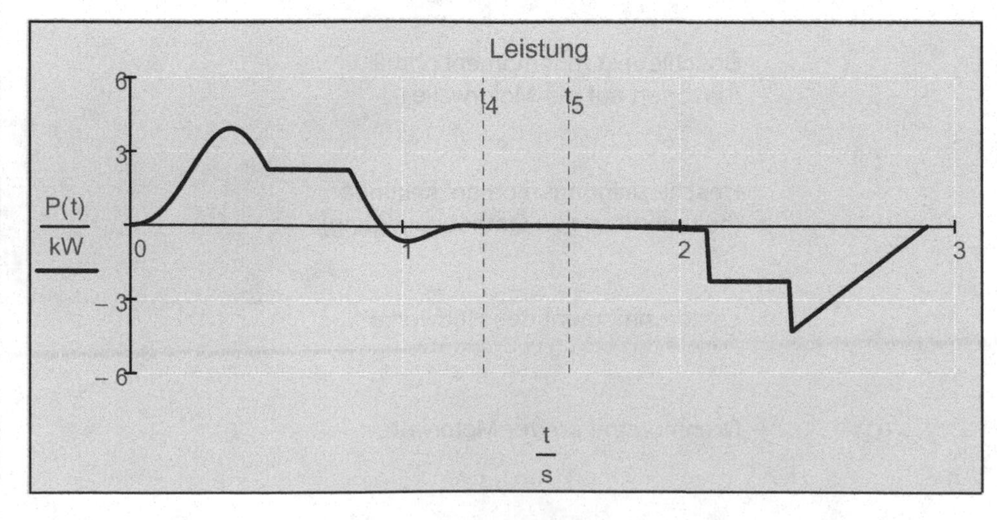

X-Y-Achsen:
Gitterlinien
Nummeriert
Automatische Skalierung
Markierung anzeigen:
t-Achse: t_4 und t_5
Automatische Gitterweite
Anzahl der Gitterlinien 4
Achsenstil:
Kreuz
Spuren:
Spur 1
Typ Linien
Beschriftungen:
Titel oben

Abb. 10.9

$N1 := 200 \quad k := 1..N1$ Bereichsvariable

$t_k := \frac{k}{N1} \cdot t_8$ Abtastvektor

$\max\left(\overrightarrow{|M(\mathbf{t})|}\right) = 18.27 \cdot N \cdot m$ maximales Drehmoment

$\max\left(\overrightarrow{|P(\mathbf{t})|}\right) = 4.29 \cdot kW$ maximale Leistung

$\text{mittelwert}\left(\overrightarrow{|P(\mathbf{t})|}\right) = 1.31 \cdot kW$ Durchschnittliche Leistung

Beispiel 10.10:

Es soll einem Viereck mit b = 3/5 und l = 3 ein Dreieck so umschrieben werden, dass die Hypotenuse L minimal wird.

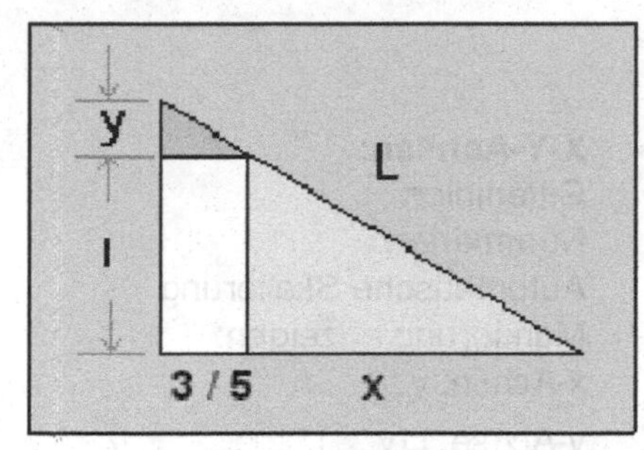

Abb. 10.10

ORIGIN = 1 ORIGIN festlegen

$x := x$ Redefinition von x

$$L(x,y) = \sqrt{(y+3)^2 + \left(x + \frac{3}{5}\right)^2}$$ Länge der Hypotenuse

Eine Nebenbedingung erhalten wir mithilfe des Strahlensatzes (ähnliche Dreiecke):

$\frac{y}{\frac{3}{5}} = \frac{3}{x}$ hat als Lösung(en) $\frac{9}{5 \cdot y}$ Gleichung nach x auflösen

$x = \frac{9}{5 \cdot y}$ Nebenbedingung

$x := x \qquad y := y$ Redefinitionen

$$L(y) := \sqrt{(y+3)^2 + \left(\frac{9}{5 \cdot y} + \frac{3}{5}\right)^2}$$ Funktionsdefinition für die Länge

$$\mathbf{y} := \frac{d}{dy}L(y) = 0 \;\left|\begin{array}{l}\text{auflösen}, y\\ \text{annehmen}, y = \text{reell}\end{array}\right. \rightarrow \begin{pmatrix} -3 \\ \frac{3 \cdot 5^{\frac{1}{3}}}{5} \end{pmatrix}$$ Aufsuchen von Extremwerten

$y_{min} := \mathbf{y}_2 \qquad y_{min} \rightarrow \frac{3 \cdot 5^{\frac{1}{3}}}{5} \qquad y_{min} = 1.026$ kleinster y-Wert

$L(y_{min}) := \sqrt{(y_{min} + 3)^2 + \left(\frac{9}{5 \cdot y_{min}} + \frac{3}{5}\right)^2} \qquad L(y_{min}) = 4.664$ minimale Länge

$y := 0.2, 0.21 .. 10$ Bereichsvariable

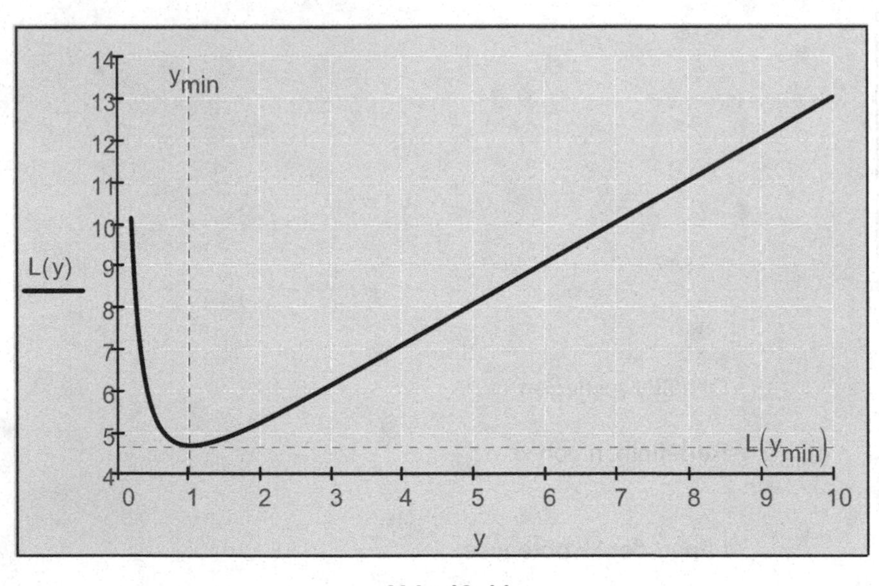

X-Y-Achsen:
Gitterlinien
Nummeriert
Automatische Skalierung
Markierung anzeigen:
x-Achse: y_{min}
y-Achse: $L(y_{min})$
Anzahl der Gitterlinien 10 bzw. 10
Achsenstil:
Kreuz
Spuren:
Spur 1
Typ Linien

Abb. 10.11

Andere Lösungsmethoden: Numerische Lösungen mit "Vorgabe und Suchen" bzw. "wurzel":

$y1 := 1$ Startwert

Vorgabe

$\frac{d}{dy1}L(y1) = 0$

$y_{min} := \text{Suchen}(y1) \qquad y_{min} = 1.026 \qquad L(y_{min}) = 4.664$

$y1 := 1$ Startwert

$y_{min} := \text{wurzel}\left(\frac{d}{dy1}L(y1), y1\right) \qquad y_{min} = 1.026 \qquad L(y_{min}) = 4.664$

Beispiel 10.11:

Waagrechter Wurf ohne Luftwiderstand. Gesucht: Ortsvektor, Geschwindigkeits- und Beschleunigungsvektor, Tangenteneinheitsvektor, Normaleinheitsvektor und Krümmung.

$ORIGIN := 1$ ORIGIN festlegen

$t := t$ Redefinition von t

$v_0 := 30 \cdot \frac{m}{s}$ Anfangsgeschwindigkeit

$a := g$ Beschleunigung (g ist in Mathcad vordefiniert)

$s_x(t) := v_0 \cdot t$ Wegkomponente in x-Richtung

$s_y(t) := -\frac{a}{2} \cdot t^2$ Wegkomponente in y-Richtung

$\mathbf{r}(t) := \begin{pmatrix} s_x(t) \\ s_y(t) \end{pmatrix}$ Ortsvektor (Vektorfunktion)

$t1 := 0 \cdot s, 0.1 \cdot s .. 4 \cdot s$ Bereichsvariable

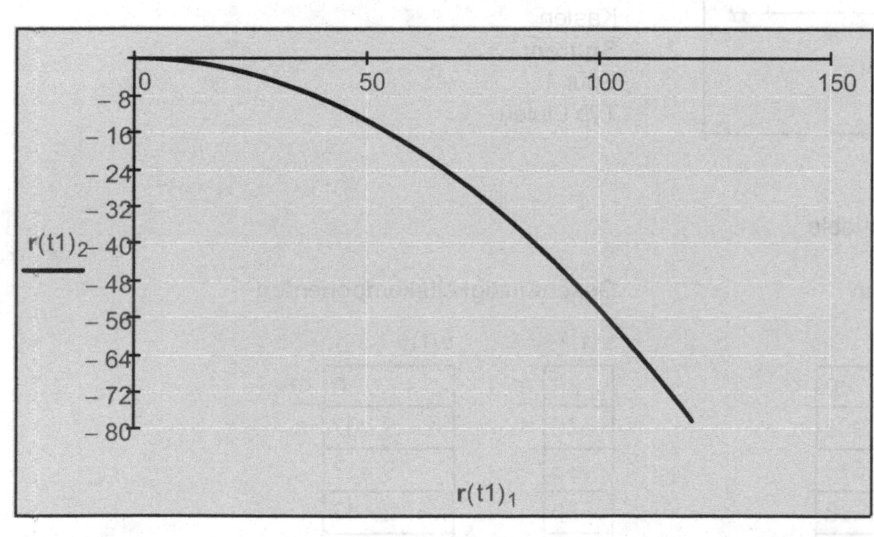

Achsenbeschränkung:
y-Achse: - 80 und 0
X-Y-Achsen:
Gitterlinien
Nummeriert
Automatische Skalierung
Automatische Gitterweite
Anzahl der Gitterlinien: 10
Achsenstil:
Kreuz
Spuren:
Spur 1
Typ Linien

Abb. 10.12

$\mathbf{v}(t) := \begin{pmatrix} \frac{d}{dt}\mathbf{r}(t)_1 \\ \frac{d}{dt}\mathbf{r}(t)_2 \end{pmatrix}$ $\mathbf{v}(t) \rightarrow \begin{pmatrix} \frac{30 \cdot m}{s} \\ -g \cdot t \end{pmatrix}$ $\mathbf{v}(2 \cdot s) = \begin{pmatrix} 30 \\ -19.613 \end{pmatrix} \frac{m}{s}$ Geschwindigkeitsvektor

$\mathbf{a}(t) := \begin{pmatrix} \frac{d^2}{dt^2}\mathbf{r}(t)_1 \\ \frac{d^2}{dt^2}\mathbf{r}(t)_2 \end{pmatrix}$ $\mathbf{a}(t) \rightarrow \begin{pmatrix} 0 \\ -g \end{pmatrix}$ $\mathbf{a}(2 \cdot s) = \begin{pmatrix} 0 \\ -9.807 \end{pmatrix} \frac{m}{s^2}$ Beschleunigungsvektor

$|\mathbf{v}(t)| \rightarrow \sqrt{(|g \cdot t|)^2 + \frac{900 \cdot (|m|)^2}{(|s|)^2}}$ $|\mathbf{a}(t)| \rightarrow |g|$ Betrag von **v** und **a**

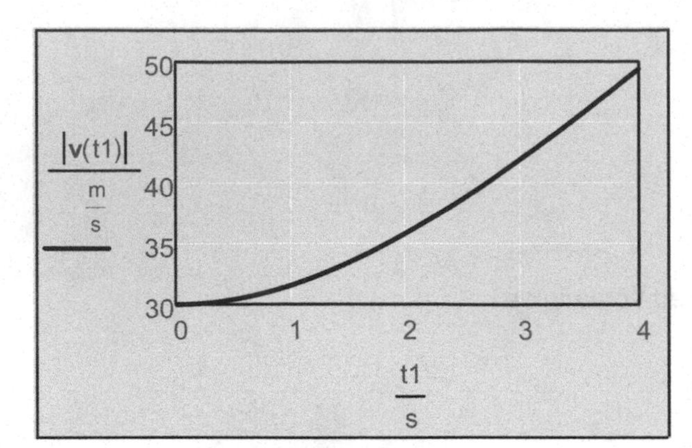

X-Y-Achsen:
Gitterlinien
Nummeriert
Automatische Skalierung
Automatische Gitterweite
Achsenstil:
Kasten
Spuren:
Spur 1
Typ Linien

Abb. 10.13

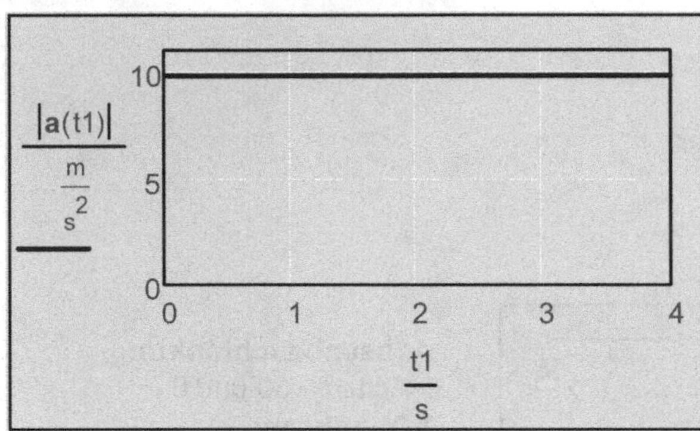

X-Y-Achsen:
Gitterlinien
Nummeriert
Automatische Skalierung
Automatische Gitterweite
Achsenstil:
Kasten
Spuren:
Spur 1
Typ Linien

Abb. 10.14

$t := 0 \cdot s, 1 \cdot s .. 4 \cdot s$ Bereichsvariable

Zeit $t =$ (s)	Ortsvektoren $\mathbf{r}(t)_1 =$ (m)	$\mathbf{r}(t)_2 =$ (m)	Geschwindigkeitskomponenten $\mathbf{v}(t)_1 =$ (m/s)	$\mathbf{v}(t)_2 =$ (m/s)
0	0	0	30	0
1	30	-4.903	30	-9.807
2	60	-19.613	30	-19.613
3	90	-44.13	30	-29.42
4	120	-78.453	30	-39.227

Geschwindigkeiten $\lvert\mathbf{v}(t)\rvert =$ (m/s)	Beschleunigungskomponenten $\mathbf{a}(t)_1 =$ (m/s²)	$\mathbf{a}(t)_2 =$ (m/s²)
30	0	-9.807
31.562	0	-9.807
35.842	0	-9.807
42.018	0	-9.807
49.383	0	-9.807

$\mathbf{t_0}(t) := \frac{1}{|\mathbf{v}(t)|} \cdot \mathbf{v}(t)$ Tangenteneinheitsvektor

$\mathbf{tp}(t) := \begin{pmatrix} \frac{d}{dt}\mathbf{t_0}(t)_1 \\ \frac{d}{dt}\mathbf{t_0}(t)_2 \end{pmatrix}$ Ableitung $\frac{d}{dt}\mathbf{t_0}(t)$ des Tangenteneinheitsvektors

$\mathbf{n_0}(t) := \frac{1}{|\mathbf{tp}(t)|} \cdot \mathbf{tp}(t)$ Normaleinheitsvektor

$\kappa(t) := \frac{|\mathbf{tp}(t)|}{|\mathbf{v}(t)|}$ Krümmung

$a_T(t) := \mathbf{a}(t) \cdot \mathbf{t_0}(t)$ Tangential-Komponente der Beschleunigung

$a_N(t) := \mathbf{a}(t) \cdot \mathbf{n_0}(t)$ Normal-Komponente der Beschleunigung

Zeit

$t =$ (s)

	1
1	0
2	1
3	2
4	3
5	4

Komponenten des Tangenteneinheitsvektors

$\mathbf{t_0}(t)_1 =$

	1
1	1
2	0.951
3	0.837
4	0.714
5	0.607

$\mathbf{t_0}(t)_2 =$

	1
1	0
2	-0.311
3	-0.547
4	-0.7
5	-0.794

Tangential- und Normal-Komponente der Beschleunigung

$a_T(t) =$ ($\frac{m}{s^2}$)

	1
1	0
2	3.047
3	5.366
4	6.866
5	7.79

$a_N(t) =$ ($\frac{m}{s^2}$)

	1
1	9.807
2	9.321
3	8.208
4	7.002
5	5.957

Komponenten des Normaleinheitsvektors

$\mathbf{n_0}(t)_1 =$

	1
1	$1.793 \cdot 10^{-14}$
2	-0.311
3	-0.547
4	-0.7
5	-0.794

$\mathbf{n_0}(t)_2 =$

	1
1	-1
2	-0.951
3	-0.837
4	-0.714
5	-0.607

Krümmung

$\kappa(t) =$ ($\frac{1}{m}$)

	1
1	0.011
2	0.009
3	0.006
4	0.004
5	0.002

10.2 Ableitungen von Funktionen in impliziter Form

Gegeben sei eine Funktion in impliziter Form F: F(x,y) = c (D ⊆ ℝ x ℝ und W = { c } ; c sei eine Konstante aus ℝ).

Beispiel 10.12:

$2 \cdot x \cdot y + 4 \cdot x \cdot y^2 + 4 \cdot x = x^2$ gegebene Relation

$f(x,y) := 2 \cdot x \cdot y + 4 \cdot x \cdot y^2 + 4 \cdot x - x^2$ Linksterm und Rechtsterm zusammengefasst

Implizite Ableitung mithilfe von symbolischen Schlüsselwörtern:

$f'(x,y) := \frac{d}{dx}\left(2 \cdot x \cdot y(x) + 4 \cdot x \cdot y(x)^2 + 4 \cdot x - x^2\right)$	auflösen, $\frac{d}{dx}y(x)$ ersetzen, $y(x) = y$ $\rightarrow -\frac{2 \cdot y^2 + y - x + 2}{x + 4 \cdot x \cdot y}$

Das Strichsymbol (Primsymbol) mit Leerzeichen über f erzeugen wir nach Eingabe von f mit <Umschalttaste>+<Strg>+<K>, eventuell Leerzeichen, <Strg>+<F7> und dann wieder aus dem Textmodus zurück mit <Umschalttaste>+<Strg>+<K>.

$2 \cdot x \cdot y + 4 \cdot x \cdot y^2 + 4 \cdot x - x^2 = 0$ hat als Lösung(en) $\begin{pmatrix} -\frac{\sqrt{4 \cdot x - 15}}{4} - \frac{1}{4} \\ \frac{\sqrt{4 \cdot x - 15}}{4} - \frac{1}{4} \end{pmatrix}$ Gleichung nach y auflösen

$y_1(x) := \frac{\sqrt{4 \cdot x - 15}}{4} - \frac{1}{4}$

Anteile der Wurzelfunktion

$y_2(x) := -\frac{\sqrt{4 \cdot x - 15}}{4} - \frac{1}{4}$

$x := 3, 3.01 .. 10$ Bereichsvariable

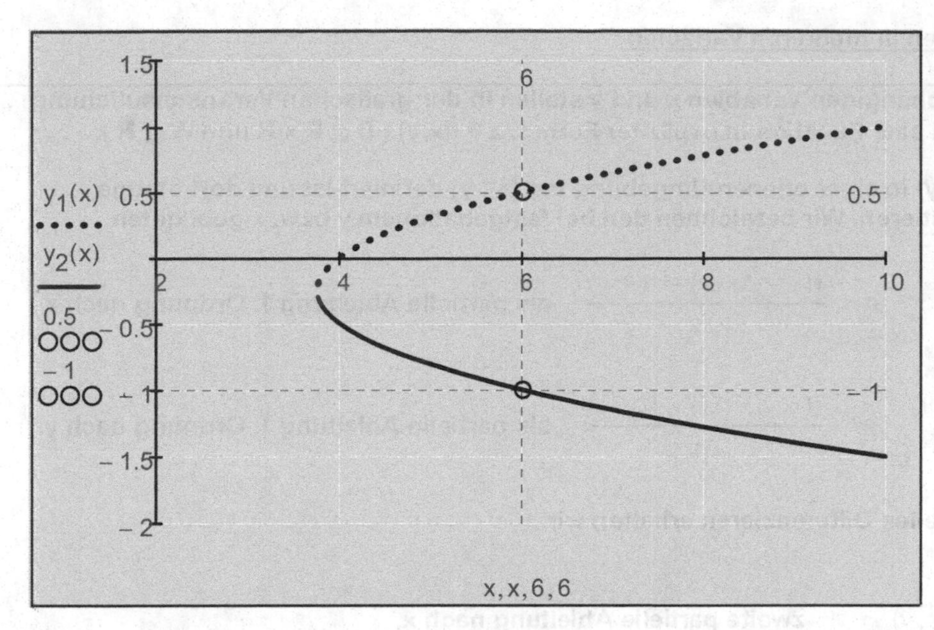

Achsenbeschränkung:
y-Achse: -2 und 1.5
X-Y-Achsen:
Gitterlinien
Nummeriert
Automatische Skalierung
Markierung anzeigen:
x-Achse: 6
y-Achse: -1 und 0.5
Automatische Gitterweite
Anzahl der Gitterlinien: 7
Achsenstil:
Kreuz
Spuren:
Spur 1 und Spur 2
Typ Linien
Spur 3 und Spur 4
Symbol Kreise, Typ Punkte

Abb. 10.15

Ableitungswerte in den Punkten P_1(6 | 0.5) und P_2(6 | -1):

$x := 6$ Stelle x = 6

$y_1(x) = 0.5 \qquad y_2(x) = -1$ Funktionswerte an der Stelle x = 6

$\frac{d}{dx}y_1(x) = 0.167$

Ableitungswerte an der Stelle x = 6

$\frac{d}{dx}y_2(x) = -0.167$

$f'\left(x, y_1(x)\right) = 0.167$

Ableitungswerte an der Stelle x = 6

$f'\left(x, y_2(x)\right) = -0.167$

10.3 Ableitungen von Funktionen in mehreren Variablen

Funktionen mit zwei unabhängigen Variablen x und y stellen in der grafischen Veranschaulichung Flächen dar. Gegeben sei eine Funktion in expliziter Form f: z = f(x,y) ($D \subseteq \mathbb{R} \times \mathbb{R}$ und $W \subseteq \mathbb{R}$).

Wir nehmen an, dass f(x,y) in einer offenen Umgebung um (x ; y) definiert ist und dort stetige partielle Ableitungen existieren. Wir bezeichnen den bei festgehaltenem y bzw. x gebildeten Grenzwert

$$z_x = z_x(x,y) = \frac{\partial}{\partial x} f(x,y) = \lim_{\Delta x \to 0} \frac{f(x+\Delta x, y) - f(x,y)}{\Delta x}$$ **als partielle Ableitung 1. Ordnung nach x**

bzw.

$$z_y = z_y(x,y) = \frac{\partial}{\partial y} f(x,y) = \lim_{\Delta x \to 0} \frac{f(x, y+\Delta y) - f(x,y)}{\Delta y}$$ **als partielle Ableitung 1. Ordnung nach y.**

Durch fortgesetztes partielles Differenzieren erhalten wir:

$$z_{xx} = \frac{\partial}{\partial x}\frac{\partial}{\partial x} f(x,y) = \frac{d^2}{dx^2} f(x,y)$$ **zweite partielle Ableitung nach x,**

$$z_{yy} = \frac{\partial}{\partial y}\frac{\partial}{\partial y} f(x,y) = \frac{d^2}{dy^2} f(x,y)$$ **zweite partielle Ableitung nach y,**

$$z_{yx} = \frac{\partial}{\partial x}\frac{\partial}{\partial y} f(x,y) \quad z_{xy} = \frac{\partial}{\partial y}\frac{\partial}{\partial x} f(x,y)$$ **gemischte zweite partielle Ableitungen.**

Satz von Schwarz:

Ist z = f(x,y) eine stetige Funktion, so stimmen die gemischten Ableitungen zweiter Ordnung überein: $z_{xy} = z_{yx}$.

10.3.1 Symbolische Ableitungen in mehreren Variablen

Beispiel 10.13:

$x := x \qquad y := y$ Redefinitionen

$$f(x,y) := e^{-2\cdot x} \cdot \sin(y)$$

$$\frac{\partial}{\partial x} f(x,y) \to -2 \cdot e^{-2\cdot x} \cdot \sin(y) \qquad \frac{d^2}{dx^2} f(x,y) \to 4 \cdot e^{-2\cdot x} \cdot \sin(y)$$

$$\frac{\partial}{\partial y} f(x,y) \to e^{-2\cdot x} \cdot \cos(y) \qquad \frac{d^2}{dy^2} f(x,y) \to -e^{-2\cdot x} \cdot \sin(y)$$

Beispiel 10.14:

Gradient, Divergenz, Rotation und Laplace-Operator:

ORIGIN := 1 — ORIGIN festlegen

x := x y := y z := z — Redefinitionen

Skalarfeld:

Ein Skalarfeld ordnet den Punkten eines ebenen oder räumlichen Bereiches in eindeutiger Weise Skalare zu.

$f_3(x,y,z) := x^2 + y^2 + z^3$ — räumliches Skalarfeld

$f_2(x,y) := x^2 + y^2$ — ebenes Skalarfeld

Gradient eines differenzierbaren Skalarfeldes:

Unter dem Gradienten eines differenzierbaren räumlichen Skalarfeldes $f_3(x,y,z)$ bzw. ebenen Skalarfeldes $f_2(x,y)$ verstehen wir den aus den partiellen Ableitungen 1. Ordnung von f_3 bzw. f_2 gebildeten Vektor.

$$\mathbf{grad3}(f3,x,y,z) := \begin{pmatrix} \frac{\partial}{\partial x} f3(x,y,z) \\ \frac{\partial}{\partial y} f3(x,y,z) \\ \frac{\partial}{\partial z} f3(x,y,z) \end{pmatrix}$$

bzw.

$$\mathbf{grad2}(f2,x,y) := \begin{pmatrix} \frac{\partial}{\partial x} f2(x,y) \\ \frac{\partial}{\partial y} f2(x,y) \end{pmatrix}$$

$$\mathbf{grad3}(f_3,x,y,z) \rightarrow \begin{pmatrix} 2 \cdot x \\ 2 \cdot y \\ 3 \cdot z^2 \end{pmatrix} \qquad \mathbf{grad2}(f_2,x,y) \rightarrow \begin{pmatrix} 2 \cdot x \\ 2 \cdot y \end{pmatrix}$$

Der Gradient kann auch mithilfe des vektoriellen Differentialoperators (Nabla-Operator ∇) definiert werden (grad(f) = ∇ f):

$$\mathbf{grad}(f) = \nabla f = \begin{pmatrix} \frac{\partial}{\partial x} f(x,y,z) \\ \frac{\partial}{\partial y} f(x,y,z) \\ \frac{\partial}{\partial z} f(x,y,z) \end{pmatrix} = \vec{e}_x \cdot \left(\frac{\partial}{\partial x} f(x,y,z)\right) + \vec{e}_y \cdot \left(\frac{\partial}{\partial y} f(x,y,z)\right) + \vec{e}_z \cdot \left(\frac{\partial}{\partial z} f(x,y,z)\right)$$

$$\nabla\mathbf{3}(f,x,y,z) := \begin{pmatrix} \frac{\partial}{\partial x} f(x,y,z) \\ \frac{\partial}{\partial y} f(x,y,z) \\ \frac{\partial}{\partial z} f(x,y,z) \end{pmatrix}$$

bzw.

$$\nabla\mathbf{2}(f,x,y) := \begin{pmatrix} \frac{\partial}{\partial x} f(x,y) \\ \frac{\partial}{\partial y} f(x,y) \end{pmatrix}$$

$$\nabla\mathbf{3}(f_3,x,y,z) \rightarrow \begin{pmatrix} 2 \cdot x \\ 2 \cdot y \\ 3 \cdot z^2 \end{pmatrix}$$

$$\nabla\mathbf{2}(f_2,x,y) \rightarrow \begin{pmatrix} 2 \cdot x \\ 2 \cdot y \end{pmatrix}$$

In der Symbolleiste Differential/Integral (Abb. 10.1) kann der Nabla-Operator direkt, oder mit <Strg>+<Umschalt>+<G>, aufgerufen werden:

$\nabla_{\blacksquare} \blacksquare$ **Nabla-Operator**

ORIGIN := 0 **Der ORIGIN ist hier auf null zu setzen!**

$$\nabla_{x,y,z} f_3(x,y,z) \rightarrow \begin{pmatrix} 2 \cdot x \\ 2 \cdot y \\ 3 \cdot z^2 \end{pmatrix}$$

$$\nabla_{x,y} f_2(x,y) \rightarrow \begin{pmatrix} 2 \cdot x \\ 2 \cdot y \end{pmatrix}$$

$f_{31}(\mathbf{x}) := (\mathbf{x}_0)^2 + (\mathbf{x}_1)^2 + (\mathbf{x}_2)^3$ räumliches Skalarfeld (in Vektorkomponenten)

$f_{21}(\mathbf{x}) := (\mathbf{x}_0)^2 + (\mathbf{x}_1)^2$ ebenes Skalarfeld (in Vektorkomponenten)

$\mathbf{x} := \mathbf{x}$ Redefinition

$$\nabla_{\mathbf{x}} f_{31}(\mathbf{x}) \rightarrow \begin{bmatrix} 2 \cdot \mathbf{x}_0 \\ 2 \cdot \mathbf{x}_1 \\ 3 \cdot (\mathbf{x}_2)^2 \end{bmatrix}$$

$$\nabla_{\mathbf{x}} f_{21}(\mathbf{x}) \rightarrow \begin{pmatrix} 2 \cdot \mathbf{x}_0 \\ 2 \cdot \mathbf{x}_1 \end{pmatrix}$$

mit Vektorkomponenten

Divergenz eines Vektorfeldes:

Unter der Divergenz eines räumlichen Vektorfeldes F3(x,y,z) bzw. eines ebenen Vektorfeldes F2(x,y) verstehen wir das skalare Feld:

ORIGIN := 1 ORIGIN festlegen

$$div3(\mathbf{F3}, x, y, z) := \frac{\partial}{\partial x}\mathbf{F3}(x,y,z)_1 + \frac{\partial}{\partial y}\mathbf{F3}(x,y,z)_2 + \frac{\partial}{\partial z}\mathbf{F3}(x,y,z)_3$$

bzw.

$$div2(\mathbf{F2}, x, y) := \frac{\partial}{\partial x}\mathbf{F2}(x,y)_1 + \frac{\partial}{\partial y}\mathbf{F2}(x,y)_2$$

$u1(x,y,z) := 2 \cdot x^3 + 3 \cdot y^2 + z^3$

$v1(x,y,z) := 2 \cdot y^2 - x^3 + 4 \cdot z^2$ Komponenten eines räumlichen Vektorfeldes

$w1(x,y,z) := 2 \cdot z^2 + 2 \cdot x^2 - 5 \cdot y^4$

$$\mathbf{F3}(x,y,z) := \begin{pmatrix} u1(x,y,z) \\ v1(x,y,z) \\ w1(x,y,z) \end{pmatrix}$$ räumliches Vektorfeld

$div3(\mathbf{F3}, x, y, z) \rightarrow 6 \cdot x^2 + 4 \cdot y + 4 \cdot z$ Divergenz des räumlichen Vektorfeldes

$u2(x,y) := 2 \cdot x^3 + 3 \cdot y^2$

Komponenten eines ebenen Vektorfeldes

$v2(x,y) := 2 \cdot y^2 - x^3$

$$\mathbf{F2}(x,y) := \begin{pmatrix} u2(x,y) \\ v2(x,y) \end{pmatrix}$$ ebenes Vektorfeld

$div2(\mathbf{F2}, x, y) \rightarrow 6 \cdot x^2 + 4 \cdot y$ Divergenz des ebenen Vektorfeldes

Die Divergenz kann aus dem Skalarprodukt des vektoriellen Nabla-Operators (∇) und dem Feldvektor F gebildet werden (div(F) = ∇ · F):

$$div(\mathbf{F}) = \nabla \cdot \mathbf{F} = \begin{pmatrix} \frac{\partial}{\partial x}\blacksquare \\ \frac{\partial}{\partial y}\blacksquare \\ \frac{\partial}{\partial z}\blacksquare \end{pmatrix} \cdot \begin{pmatrix} \mathbf{F_x} \\ \mathbf{F_y} \\ \mathbf{F_z} \end{pmatrix} = \frac{\partial}{\partial x}\mathbf{F_x}(x,y,z) + \frac{\partial}{\partial y}\mathbf{F_y}(x,y,z) + \frac{\partial}{\partial z}\mathbf{F_z}(x,y,z)$$

Rotation eines Vektorfeldes:

Unter der Rotation eines räumlichen Vektorfeldes F3(x,y,z) verstehen wir das Vektorfeld:

$$\mathrm{rot}(\mathbf{F3}) = \left(\frac{\partial}{\partial y}\mathbf{F3}_z - \frac{\partial}{\partial z}\mathbf{F3}_y\right)\cdot \vec{e}_x + \left(\frac{\partial}{\partial z}\mathbf{F3}_x - \frac{\partial}{\partial x}\mathbf{F3}_z\right)\cdot \vec{e}_y + \left(\frac{\partial}{\partial x}\mathbf{F3}_y - \frac{\partial}{\partial y}\mathbf{F3}_x\right)\cdot \vec{e}_z$$

Rotation eines räumlichen Vektorfeldes:

$$\mathrm{rot3}(\mathbf{F3},x,y,z) := \begin{pmatrix} \frac{\partial}{\partial y}\mathbf{F3}(x,y,z)_3 - \frac{\partial}{\partial z}\mathbf{F3}(x,y,z)_2 \\ \frac{\partial}{\partial z}\mathbf{F3}(x,y,z)_1 - \frac{\partial}{\partial x}\mathbf{F3}(x,y,z)_3 \\ \frac{\partial}{\partial x}\mathbf{F3}(x,y,z)_2 - \frac{\partial}{\partial y}\mathbf{F3}(x,y,z)_1 \end{pmatrix}$$

Bei einem ebenen Vektorfeld werden sowohl die x-Komponente als auch die y-Komponente 0.

$$\mathrm{rot3}(\mathbf{F3},x,y,z) \rightarrow \begin{pmatrix} -20\cdot y^3 - 8\cdot z \\ 3\cdot z^2 - 4\cdot x \\ -3\cdot x^2 - 6\cdot y \end{pmatrix}$$

Rotation des räumlichen Vektorfeldes

Die Rotation eines Vektorfeldes F kann auch als Vektorprodukt aus dem Nabla-Operator ∇ und dem Feldvektor F gebildet werden ($\mathrm{rot}(\mathbf{F}) = \nabla \times \mathbf{F}$ **):**

$$\mathrm{div}(\mathbf{F}) = \nabla \times \mathbf{F} = \begin{pmatrix} \frac{d}{dx}\blacksquare \\ \frac{d}{dy}\blacksquare \\ \frac{d}{dz}\blacksquare \end{pmatrix} \times \begin{pmatrix} \mathbf{F_x} \\ \mathbf{F_y} \\ \mathbf{F_z} \end{pmatrix} = \begin{pmatrix} \frac{\partial}{\partial y}\mathbf{F}(x,y,z)_z - \frac{\partial}{\partial z}\mathbf{F}(x,y,z)_y \\ \frac{\partial}{\partial z}\mathbf{F}(x,y,z)_x - \frac{\partial}{\partial x}\mathbf{F}(x,y,z)_z \\ \frac{\partial}{\partial x}\mathbf{F}(x,y,z)_y - \frac{\partial}{\partial y}\mathbf{F}(x,y,z)_x \end{pmatrix}$$

Laplace-Operator:

Der Laplace-Operator Δ kann als das skalare Produkt des Nabla-Operators ∇ mit sich selbst aufgefasst werden ($\Delta = \nabla\ \nabla = \nabla^2$ **).**
Es gilt: $\mathrm{div}(\mathrm{grad}(f)) = \nabla\ (\nabla f) = (\nabla\ \nabla) f = \Delta f$

$$\Delta(f,x,y,z) := \frac{d^2}{dx^2}f(x,y,z) + \frac{d^2}{dy^2}f(x,y,z) + \frac{d^2}{dz^2}f(x,y,z)$$

$f_3(x,y,z) \rightarrow x^2 + y^2 + z^3$ $\quad f(x,y,z) := \mathbf{grad3}(f_3,x,y,z)$ $\quad f(x,y,z) \rightarrow \begin{pmatrix} 2\cdot x \\ 2\cdot y \\ 3\cdot z^2 \end{pmatrix}$

$\mathrm{div3}(f,x,y,z) \rightarrow 6\cdot z + 4$ $\quad \Delta(f_3,x,y,z) \rightarrow 6\cdot z + 4$

Jacobi-Matrix und Determinante:

Die Jacobi-Matrix kann von Vektorfeldern gebildet werden. Angeführt sei hier z. B. das oben gezeigte räumliche Vektorfeld F3(x,y,z) bzw. das ebene Vektorfeld F2(x,y).

Die Jacobi-Matrix ist z. B. wie folgt definiert:

$$\mathbf{Jacob3}(A,x,y,z) := \begin{pmatrix} \frac{\partial}{\partial x}A(x,y,z)_1 & \frac{\partial}{\partial y}A(x,y,z)_1 & \frac{\partial}{\partial z}A(x,y,z)_1 \\ \frac{\partial}{\partial x}A(x,y,z)_2 & \frac{\partial}{\partial y}A(x,y,z)_2 & \frac{\partial}{\partial z}A(x,y,z)_2 \\ \frac{\partial}{\partial x}A(x,y,z)_3 & \frac{\partial}{\partial y}A(x,y,z)_3 & \frac{\partial}{\partial z}A(x,y,z)_3 \end{pmatrix} \quad \textbf{bzw.}$$

$$\mathbf{Jacob2}(A,x,y) := \begin{pmatrix} \frac{\partial}{\partial x}A(x,y)_1 & \frac{\partial}{\partial y}A(x,y)_1 \\ \frac{\partial}{\partial x}A(x,y)_2 & \frac{\partial}{\partial y}A(x,y)_2 \end{pmatrix}$$

Die Determinante:

$$\mathbf{Jacobdet3}(A1,x,y,z) := |\mathbf{Jacob3}(A1,x,y,z)| \quad \textbf{bzw.}$$

$$\mathbf{Jacobdet2}(A1,x,y) := |\mathbf{Jacob2}(A1,x,y)|$$

$$F_{c3}(x,y,z) := \left[\begin{pmatrix} x \cdot z \\ -y^2 \\ 2 \cdot x^3 \cdot y \end{pmatrix} \begin{pmatrix} x^3 \cdot z \\ y^2 \\ \pi \cdot x^2 \cdot y \end{pmatrix} \begin{pmatrix} x \cdot z^2 \\ y \\ 2 \cdot x^2 \cdot y^2 \end{pmatrix} \right]$$

Verschachtelte Vektorfelder

$$F_2(x,y) := \begin{pmatrix} 2 \cdot x^3 + 5 \cdot y^2 \\ 2 \cdot y^2 - 4 \cdot x^3 \end{pmatrix}$$

ebenes Vektorfeld

Auswahl der Vektorfelder:

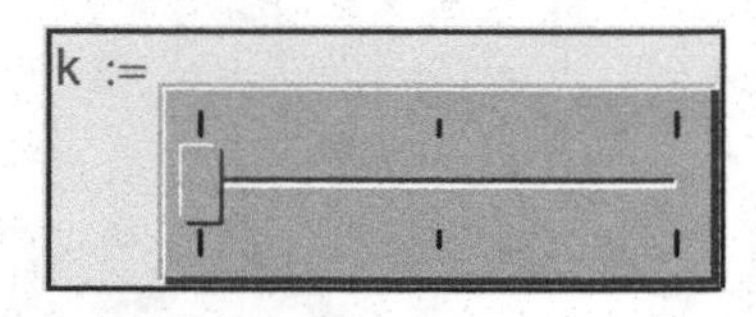

$k = 1$

Mit rechter Maustaste auf das Objekt klicken:
Mathsoft Slider Control-Objekt
Eigenschaften:
Minimum 1, Maximum 3
Teilstrichfähigkeit 1
Siehe dazu Kapitel 19.

$$\mathbf{F_3}(x,y,z) := \mathbf{F_{c3}}(x,y,z)_{1,k} \rightarrow \begin{pmatrix} x \cdot z \\ -y^2 \\ 2 \cdot x^3 \cdot y \end{pmatrix}$$

ausgewähltes Vektorfeld

$$\mathbf{Jacob3}(\mathbf{F_3}, x, y, z) \rightarrow \begin{pmatrix} z & 0 & x \\ 0 & -2 \cdot y & 0 \\ 6 \cdot x^2 \cdot y & 2 \cdot x^3 & 0 \end{pmatrix}$$

Jacobi-Matrix

$$\mathbf{Jacob3}(\mathbf{F_3}, 1, 1, 1) = \begin{pmatrix} 1 & 0 & 1 \\ 0 & -2 & 0 \\ 6 & 2 & 0 \end{pmatrix}$$

mit Zahlen belegte Jacobi-Matrix

$$\mathbf{Jacobdet3}(\mathbf{F_3}, x, y, z) \rightarrow 12 \cdot x^3 \cdot y^2$$

Determinante der Jacobi-Matrix

$$\mathbf{Jacobdet3}(\mathbf{F_3}, 1, 1, 1) = 12$$

Wert der Determinante

$$\mathbf{Jacob2}(\mathbf{F_2}, x, y) \rightarrow \begin{pmatrix} 6 \cdot x^2 & 10 \cdot y \\ -12 \cdot x^2 & 4 \cdot y \end{pmatrix}$$

Jacobi-Matrix

$$\mathbf{Jacob2}(\mathbf{F_2}, 1, 1) = \begin{pmatrix} 6 & 10 \\ -12 & 4 \end{pmatrix}$$

mit Zahlen belegte Jacobi-Matrix

$$\mathbf{Jacobdet2}(\mathbf{F_2}, x, y) \rightarrow 144 \cdot x^2 \cdot y$$

Determinante der Jacobi-Matrix

$$\mathbf{Jacobdet2}(\mathbf{F_2}, 1, 1) = 144$$

Wert der Determinante

In Mathcad ist die Jacobi-Matrix Jacob(F(x), x, k) vordefiniert.
F ist eine Vektorfunktion (Vektorfeld) der Form **F(x)** (Spaltenvektor skalarwertiger Funktionen, die auch komplexe Werte annehmen können). **x** ist ein Vektor von Variablen der Funktionen in **F**. Wenn **x numerisch nicht definiert** ist, können Sie die **Jacobi-Matrix nur symbolisch** auswerten. k ist ein optionales ganzzahliges Argument und gibt die Anzahl der Variablen in der Jacobi-Matrix an.

Wenn n der größte Index der Variablen in **F** ist, nimmt Mathcad im Allgemeinen an, dass es n + 1 Variablen gibt, d.h. $\mathbf{x}_0, \mathbf{x}_1, ..., \mathbf{x}_n$. Wenn die Vektorfunktion **F** m Koordinatenfunktionen enthält, verfügt die Jacobi-Matrix über m Zeilen sowie n + 1 Spalten und nimmt die folgende Form an:

$$\begin{pmatrix} \frac{\partial}{\partial \mathbf{x}_0} u_1 & \frac{\partial}{\partial \mathbf{x}_1} u_1 & ... & \frac{\partial}{\partial \mathbf{x}_n} u_1 \\ \frac{\partial}{\partial \mathbf{x}_0} u_2 & \frac{\partial}{\partial \mathbf{x}_1} u_2 & ... & \frac{\partial}{\partial \mathbf{x}_n} u_2 \\ ... & ... & ... & ... \\ \frac{\partial}{\partial \mathbf{x}_0} u_m & \frac{\partial}{\partial \mathbf{x}_1} u_m & ... & \frac{\partial}{\partial \mathbf{x}_n} u_m \end{pmatrix}$$

Wenn Sie **zusätzliche Variablen für die Jacobi-Matrix** angeben möchten, die tiefgestellte Indices größer als n enthalten (der größte Index von **F**), können Sie ein drittes ganzzahliges Argument k einfügen, das die Anzahl der Variablen festlegt. k muss größer oder gleich n sein, und die Spalten der Jacobi-Matrix, deren Variablen über einen höheren Index als n verfügen (die nicht in **F** erscheinen), enthalten ausschließlich Nullen.

Für den **Sonderfall**, dass **F** eine **einzelne reellwertige Funktion** enthält ($\mathbf{F}(\mathbf{x}) = f(\mathbf{x}_0, \mathbf{x}_1, \mathbf{x}_2, ...)$ Skalarfeld), ist die **Jacobi-Matrix der Gradient von F(x)**. Beachten Sie, dass Jacob(f(**x**), **x**) den Gradient als Zeilenvektor zurückgibt, während der Gradienten-Operator den Gradient als Spaltenvektor zurückgibt.

Eine Anwendung findet die Jacobi-Matrix z.B. bei verschiedenen Näherungsverfahren zum Lösen von nichtlinearen Gleichungssystemen (Newton-Verfahren, Fixpunkt-Iterationsverfahren, Gradientenverfahren) u. a. m.

ORIGIN := 1 **ORIGIN festlegen (hier 1)**

$$\mathbf{F3}(\mathbf{x}) := \begin{bmatrix} x_1 \cdot x_3 \\ -(x_2)^2 \\ 2 \cdot (x_1)^3 \cdot x_2 \end{bmatrix}$$ Vektorfeld

$$\text{Jacob}(\mathbf{F3}(\mathbf{x}), \mathbf{x}) \rightarrow \begin{bmatrix} x_3 & 0 & x_1 \\ 0 & -2 \cdot x_2 & 0 \\ 6 \cdot (x_1)^2 \cdot x_2 & 2 \cdot (x_1)^3 & 0 \end{bmatrix}$$ Jacobi-Matrix

$$\text{Jacob}(\mathbf{F3}(\mathbf{x}), \mathbf{x}, 4) \rightarrow \begin{bmatrix} x_3 & 0 & x_1 & 0 \\ 0 & -2 \cdot x_2 & 0 & 0 \\ 6 \cdot (x_1)^2 \cdot x_2 & 2 \cdot (x_1)^3 & 0 & 0 \end{bmatrix}$$

Mathcad nimmt an, dass es vier Variablen gibt: $\mathbf{x}_1$, $\mathbf{x}_2$, $\mathbf{x}_3$ und $\mathbf{x}_4$, wobei die Variable $\mathbf{x}_4$ nicht in F erscheint.

$$\mathbf{x} := \begin{pmatrix} 2 \\ 5 \\ 9 \end{pmatrix}$$

gegebener Vektor

$$\text{Jacob}(\mathbf{F3}(\mathbf{x}), \mathbf{x}) \rightarrow \begin{pmatrix} 9 & 0 & 2 \\ 0 & -10 & 0 \\ 120 & 16 & 0 \end{pmatrix}$$

belegte Jacobi-Matrix

oder

$$\text{Jacob}(\mathbf{F3}(\mathbf{x}), \mathbf{x}) = \begin{pmatrix} 9 & 0 & 2 \\ 0 & -10 & 0 \\ 120 & 16 & 0 \end{pmatrix}$$

belegte Jacobi-Matrix

$$f_3(\mathbf{x}) := (x_1)^2 + (x_2)^2 + (x_3)^3$$

räumliches Skalarfeld

$$f_2(\mathbf{x}) := (x_1)^2 + (x_2)^2$$

ebenes Skalarfeld

$$\mathbf{x} := \mathbf{x}$$

Redefinition

$$\mathbf{grad3} := \text{Jacob}(f_3(\mathbf{x}), \mathbf{x})^T \rightarrow \begin{bmatrix} 2 \cdot x_1 \\ 2 \cdot x_2 \\ 3 \cdot (x_3)^2 \end{bmatrix}$$

Gradient des räumlichen Skalarfeldes

$$\mathbf{grad2} := \text{Jacob}(f_2(\mathbf{x}), \mathbf{x})^T \rightarrow \begin{pmatrix} 2 \cdot x_1 \\ 2 \cdot x_2 \end{pmatrix}$$

Gradient des ebenen Skalarfeldes

10.3.2 Numerische Ableitungen in mehreren Variablen

Beispiel 10.15:

Ableitungen von einer Funktion an zwei fest vorgegebenen Argumentwerten:

$z(x,y) := \sin(x - 3 \cdot y)$ gegebene Funktion

Gesucht sind alle partiellen Ableitungen im Punkt P(2 | 1):

$x_0 := 2 \quad y_0 := 1$

$z_x(x,y) := \frac{\partial}{\partial x} z(x,y) \qquad z_x(x_0, y_0) = 0.54 \qquad z_y(x,y) := \frac{\partial}{\partial y} z(x,y) \qquad z_y(x_0, y_0) = -1.621$

$z_{xx}(x,y) := \frac{d^2}{dx^2} z(x,y) \qquad z_{xx}(x_0, y_0) = 0.841 \qquad z_{yy}(x,y) := \frac{d^2}{dy^2} z(x,y) \qquad z_{yy}(x_0, y_0) = 7.573$

$z_{yx}(x,y) := \frac{\partial}{\partial x}\frac{\partial}{\partial y} z(x,y) \qquad z_{yx}(x_0, y_0) = -2.524$

Die gemischten Ableitungen sind hier gleich (Satz von Schwarz)!

$z_{xy}(x,y) := \frac{\partial}{\partial y}\frac{\partial}{\partial x} z(x,y) \qquad z_{xy}(x_0, y_0) = -2.524$

Beispiel 10.16:

Fehlerabschätzung:

Gegeben sei ein Dreieck mit den Seiten a, b und dem eingeschlossenen Winkel γ (in Grad). Alle Messgrößen (a, b, γ) seien fehlerbehaftet.

$a_0 := 220.4 \cdot cm \qquad b_0 := 122.1 \cdot cm \qquad \gamma_0 := 30.55 \cdot Grad$

$\Delta a := 0.2 \cdot cm \qquad \Delta b := 0.3 \cdot cm \qquad \Delta\gamma := 0.09 \cdot Grad$

Gesucht ist eine Abschätzung des maximalen absoluten und des relativen Fehlers für die Fläche des Dreiecks.

$A(a,b,\gamma) := \frac{a \cdot b}{2} \cdot \sin(\gamma)$ Abzuschätzende Funktion

Abschätzung des absoluten Fehlers mithilfe des totalen Differentials:

$$\Delta A_{ab}(a,b,\gamma) := \left|\left(\frac{\partial}{\partial a} A(a,b,\gamma)\right) \cdot \Delta a\right| + \left|\left(\frac{\partial}{\partial b} A(a,b,\gamma)\right) \cdot \Delta b\right| + \left|\left(\frac{\partial}{\partial \gamma} A(a,b,\gamma)\right) \cdot \Delta\gamma\right|$$

$A(a_0, b_0, \gamma_0) = 6839.257 \cdot cm^2$ Wert für die Fläche

$\Delta A_{ab}(a_0, b_0, \gamma_0) = 41.212 \cdot cm^2$ maximaler absoluter Fehler

$\Delta A_{rel} := \frac{\Delta A_{ab}(a_0, b_0, \gamma_0)}{A(a_0, b_0, \gamma_0)}$ relativer Fehler

$\Delta A_{rel} = 0.603 \cdot \%$ Wert für den relativen Fehler in Prozent

Beispiel 10.17:

Minimum und Maximum einer Flächenfunktion:

ORIGIN := 0 — ORIGIN festlegen

$f(x, y) := \sin(x \cdot y) + \cos(x \cdot y) + x + 1$ — gegebene Flächenfunktion

$x^2 + y^2 \le 1$ — Definitionsbereich

$n := 30 \qquad i := 0 .. n \qquad j := 0 .. n$ — Bereichsvariablen

$\mathbf{X}_{i,j} := \frac{j}{n} \cdot \cos\left(i \cdot \frac{2\pi}{n}\right) \qquad \mathbf{Y}_{i,j} := \frac{j}{n} \cdot \sin\left(i \cdot \frac{2\pi}{n}\right)$ — **X**- und **Y**-Werte als Matrizen definiert

$\mathbf{Z}_{i,j} := f\left(\mathbf{X}_{i,j}, \mathbf{Y}_{i,j}\right)$ — **Z**-Werte in Matrixform

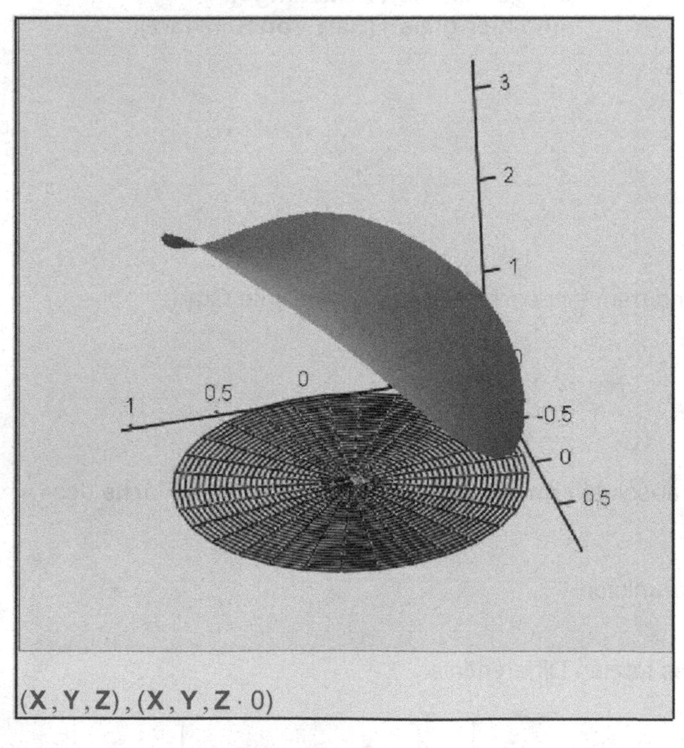

Allgemein:
Achsenformat: Ecke
Bilder: Rahmen anzeigen
Diagramm 1: Flächendiagramm
Diagramm 2: Flächendiagramm
Achsen:
Gitter: Automatische Gitterweite
Achsenformat: Nummeriert
Achsenbegrenzungen: Automatische Skalierung
Darstellung:
Diagramm 1:
Füllungsoptionen: Fläche füllen, Gouraud Schattierung, Farbschema
Linienoption: Keine Linien
Diagramm 2:
Füllungsoptionen: Keine Füllung
Linienoption: Drahtmodell, Volltonfarbe
Spezial:
Umrissoptionen: Automatische Umrisse

Abb. 10.16

Zwei Flächendiagramme!

Zu finden ist ein globales Maximum und ein globales Minimum, falls sie existieren, mithilfe der partiellen Ableitungen (siehe Bsp. 10.18) oder mithilfe der Funktionen "Maximieren" und "Minimieren".
Es scheint nach der grafischen Darstellung, dass der höchste Punkt bei x = 1 und y = 0 und der niedrigste bei x = -1 und y = 0 liegt.

$x := 1 \quad y := 0$ Startwerte

Vorgabe

$x^2 + y^2 \le 1$ Bedingung (Definitionsbereich)

$\begin{pmatrix} x_{max} \\ y_{max} \end{pmatrix} := \text{Maximieren}(f, x, y) \qquad \begin{pmatrix} x_{max} \\ y_{max} \end{pmatrix} = \begin{pmatrix} 0.918 \\ 0.396 \end{pmatrix}$

$z_{max} := f(x_{max}, y_{max}) \qquad z_{max} = 3.209$

$(x_{max} \;\; y_{max} \;\; z_{max}) = (0.918 \;\; 0.396 \;\; 3.209)$

$x := -1 \quad y := 0$ Startwerte

Vorgabe

$x^2 + y^2 \le 1$ Bedingung (Definitionsbereich)

$\begin{pmatrix} x_{min} \\ y_{min} \end{pmatrix} := \text{Minimieren}(f, x, y) \qquad \begin{pmatrix} x_{min} \\ y_{min} \end{pmatrix} = \begin{pmatrix} -0.839 \\ 0.545 \end{pmatrix}$

$z_{min} := f(x_{min}, y_{min}) \qquad z_{min} = 0.618$

$(x_{min} \;\; y_{min} \;\; z_{min}) = (-0.839 \;\; 0.545 \;\; 0.618)$

Beispiel 10.18:

Maximum und Minimum einer Flächenfunktion:

$x := x \quad y := y$ Redefinitionen

$g(x, y) := \sqrt{5 - (x-2)^2 - (y-4)^2}$ gegebene Flächenfunktion (Halbkugel)

Notwendige Bedingungen:

$x_0 := \frac{\partial}{\partial x} g(x, y) = 0 \text{ auflösen}, x \rightarrow 2 \qquad y_0 := \frac{\partial}{\partial y} g(x, y) = 0 \text{ auflösen}, y \rightarrow 4$

$z_0 := g(x_0, y_0) \qquad z_0 = 2.236$

Hinreichende Bedingungen:

$\Delta(x,y) := \frac{d^2}{dx^2}g(x,y) \cdot \frac{d^2}{dy^2}g(x,y) - \left(\frac{\partial}{\partial x}\frac{\partial}{\partial y}g(x,y)\right)^2$ $\Delta(x_0, y_0) = 0.2$ ist größer null

$(\Delta(x_0, y_0) > 0) = 1$

$z_{xx}(x,y) := \frac{d^2}{dx^2}g(x,y)$ $z_{xx}(x_0, y_0) = -0.447$ Es liegt ein absolutes Maximum vor!

$\mathbf{H} := (x_0 \ \ y_0 \ \ z_0)$ $\mathbf{H} = (2 \ \ 4 \ \ 2.236)$ Hochpunkt

Beispiel 10.19:

Gradientenfeld einer skalaren Funktion f(x,y):

ORIGIN := 0 ORIGIN festlegen

$z(x,y) := \sqrt{2 \cdot x^2 + 2 \cdot y^2}$

$f(x,y) := \sin(z(x,y))$

Definition einer skalaren Funktion f(x,y), die eine radialsymmetrische Schwingung darstellt

$n := 41$ Anzahl der x- und y-Werte

$i := 0..n-1$ $j := 0..n-1$ Bereichsvariablen i und j

$x_{min} := -2 \cdot \pi$ $x_{max} := 2 \cdot \pi$

$y_{min} := -2 \cdot \pi$ $y_{max} := 2 \cdot \pi$

minimale und maximale x- und y-Werte

$\mathbf{x}_i := x_{min} + \frac{i}{n-1} \cdot (x_{max} - x_{min})$

$\mathbf{y}_j := y_{min} + \frac{j}{n-1} \cdot (y_{max} - y_{min})$

Koordinatenvektoren **x** und **y**

$\nabla(f,x,y) := \begin{pmatrix} \frac{\partial}{\partial x}f(x,y) \\ \frac{\partial}{\partial y}f(x,y) \end{pmatrix}$ $\nabla(f,x,y) \rightarrow \begin{pmatrix} \frac{\sqrt{2} \cdot x \cdot \cos\left(\sqrt{2} \cdot \sqrt{x^2 + y^2}\right)}{\sqrt{x^2 + y^2}} \\ \frac{\sqrt{2} \cdot y \cdot \cos\left(\sqrt{2} \cdot \sqrt{x^2 + y^2}\right)}{\sqrt{x^2 + y^2}} \end{pmatrix}$

Der Gradient einer skalaren Funktion ist ein Vektorfeld. Die Vektoren zeigen immer in die Richtung der größten Änderung von f.

$\nabla_{x,y} f(x,y) \rightarrow \begin{pmatrix} \frac{\sqrt{2} \cdot x \cdot \cos\left(\sqrt{2} \cdot \sqrt{x^2 + y^2}\right)}{\sqrt{x^2 + y^2}} \\ \frac{\sqrt{2} \cdot y \cdot \cos\left(\sqrt{2} \cdot \sqrt{x^2 + y^2}\right)}{\sqrt{x^2 + y^2}} \end{pmatrix}$

Auswertung mithilfe des Nabla-Operators von Mathcad!

$\mathbf{Grad}_{i,j} := \nabla(f, \mathbf{x}_i, \mathbf{y}_j)$ Gradientenmatrix

$\mathbf{f}_{\mathbf{x}_{i,j}} := (\mathbf{Grad}_{i,j})_0 \qquad \mathbf{f}_{\mathbf{y}_{i,j}} := (\mathbf{Grad}_{i,j})_1$ Die Komponenten $\mathbf{f_x}$ und $\mathbf{f_y}$ des Gradientenfeldes (Abb. 10.18) müssen in Form von Matrizen vorliegen!

$\mathbf{Z}_{i,j} := f(\mathbf{x}_i, \mathbf{y}_j)$ **Z**-Wertematrix für die Flächendarstellung (Abb. 10.17)

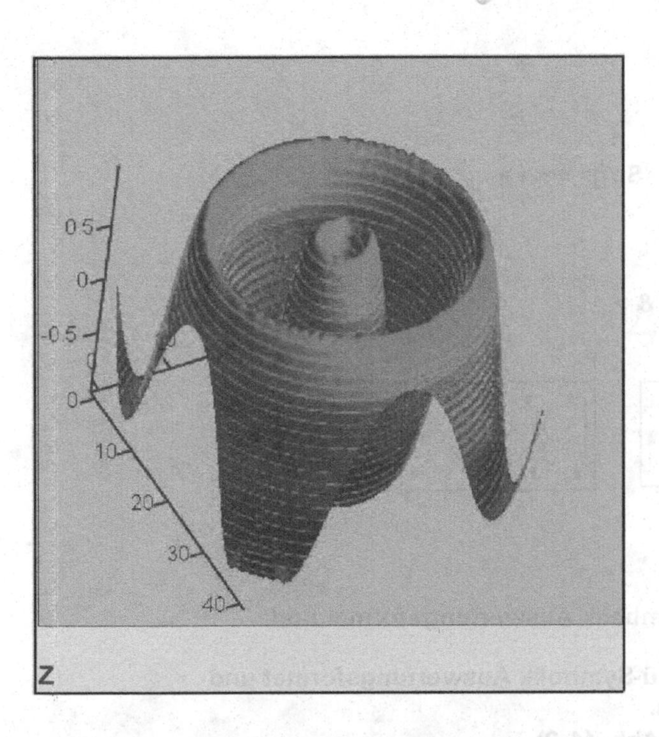

Abb. 10.17

Allgemein:
Achsenformat: Ecke
Bilder: Rahmen anzeigen
Diagramm 1: Flächendiagramm
Achsen:
Gitter: Automatische Gitterweite
Achsenformat: Nummeriert
Achsenbegrenzungen: Automatische Skalierung
Darstellung:
Füllungsoptionen: Umrisse füllen
Linienoption: Umrisslinien, Volltonfarbe
Spezial:
Umrissoptionen: Linien zeichnen, Automatische Umrisse

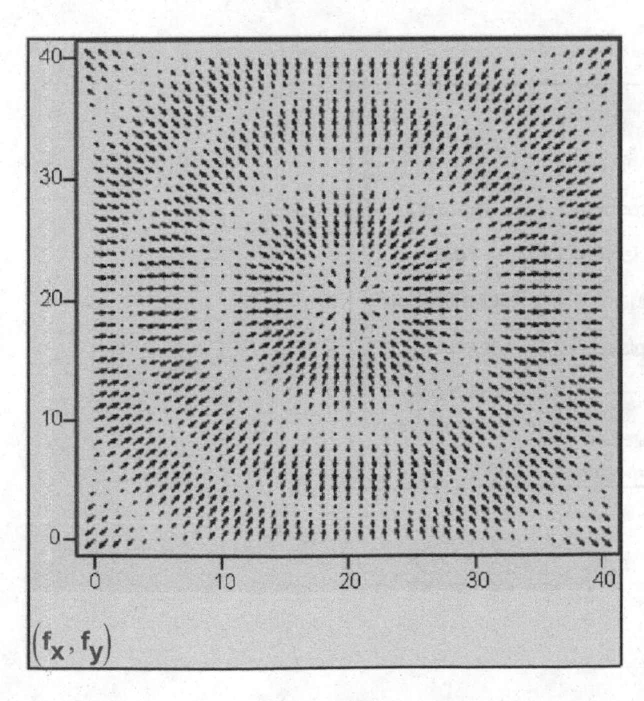

Abb. 10.18

Allgemein:
Bilder: Rahmen anzeigen
Diagramm 1: Vektorfelddiagramm
Achsen:
Gitter: Automatische Gitterweite
Achsenformat: Nummeriert
Achsenbegrenzungen: Automatische Skalierung
Darstellung:
Füllungsoptionen: Keine Füllung
Linienoption: Drahtpfeile, Volltonfarbe

11. Bestimmtes und unbestimmtes Integral

Symbolleiste Differential/Integral:

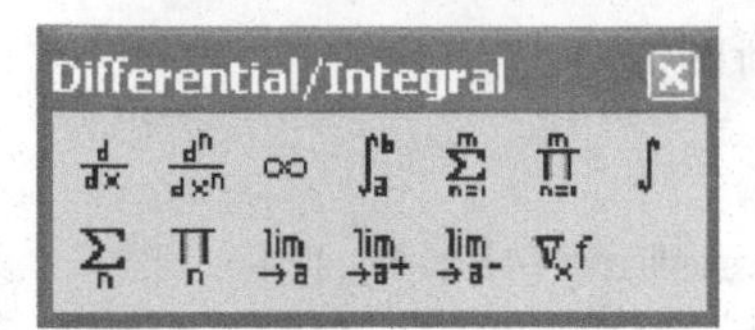

Abb. 11.1

Unbestimmtes Integral: Tasten: <Strg> + < i >

Bestimmtes Integral: Taste: < & >

Mehrfachintegrale (hintereinander eingeben):

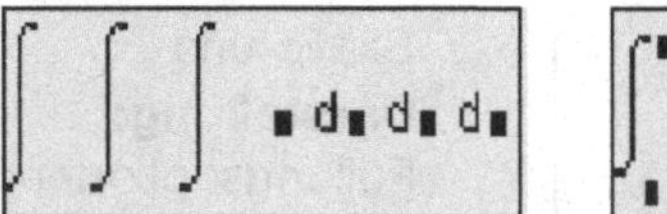

Auswertungsmöglichkeiten:

1. Variable mit Cursor (|) markieren, im Menü-Symbolik Auswertungsformat und Menü-Symbolik-Variable-Integrieren wählen.
2. Integral mit der Auswahlbox markieren, im Menü-Symbolik Auswertungsformat und Menü-Symbolik-Auswerten-Symbolisch wählen.
3. Symboloperator " ∎→ " und Schlüsselwörter (Abb. 11.2).
4. Numerische Auswertung mit dem "=" Operator.

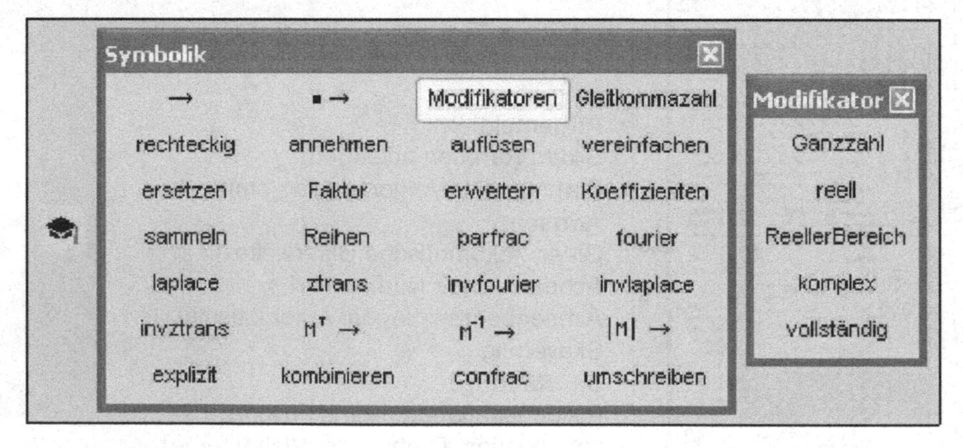

Abb. 11.2

Beim Integrieren sind folgende Regeln zu beachten:

1. Die **Integrationsgrenzen** müssen **reell** sein. Der **Integrand kann reell oder komplex** sein (**bei unendlichen Integrationsgrenzen muss er reell sein!**).
2. Falls die **Integrationsvariable Einheiten** enthält, müssen **auch die Grenzen Einheiten** besitzen.
3. Falls im **Integranden Singularitäten oder Unstetigkeiten** auftreten, kann es zu Schwierigkeiten kommen und die Lösung unbrauchbar sein (**Integrationsmethode wählen, mit der rechten Maustaste auf den Integranden-Dialogfeld, Abb. 11.3**).
4. Im **Integranden** können **auch Bereichsvariable** eingesetzt werden.
5. Beim Auswerten eines bestimmten Integrals versucht der symbolische Prozessor ein unbestimmtes Integral für den Integranden zu finden, bevor er die Grenzen einsetzt. Wenn die Näherungen nicht konvergieren, so liefert Mathcad eine Fehlermeldung.
6. Der **numerische Integrationsalgorithmus nimmt Bezug auf** eine vordefinierte Variable **TOL**. Diese kann, wie bereits besprochen, geändert werden.
7. Mathcad verfügt auch bei der numerischen Integration über eine **AutoSelect-Eigenschaft** (Automatische Auswahl). Wünschen wir ein **bestimmtes Verfahren zur numerischen Integration**, so können wir aus einem **Kontextmenü** (siehe **Abb. 11.3**), welches sich nach dem **Anklicken des Integrals mit der rechten Maustaste** öffnet, verschiedene Verfahren auswählen.

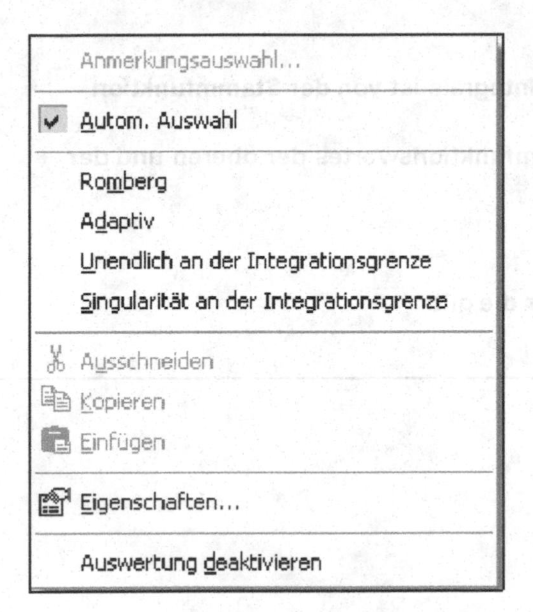

Abb. 11.3

Romberg (ist kein Teil der Autom. Auswahl): Standard-Romberg-Integrationsmethode (das Integrationsintervall wird in gleich große Teile zerlegt, Trapez Näherung).
Adaptiv: Adaptiver Quadratalgorithmus (wenn der Integrand im Integrationsintervall wesentliche Größenunterschiede aufweist).
Unendlich an der Integrationsgrenze: Algorithmus für eine unzulässige Integralauswertung, falls eine der Integrationsgrenzen unendlich ist.
Singularität an der Integrationsgrenze: Dieses Verfahren benützt nicht die Intervallrandpunkte, wenn der Integrand an einer dieser Grenzen nicht definiert ist.
Weist das Integral z. B. Singularitäten oder Unstetigkeiten auf, kann das Ergebnis möglicherweise ungenau sein!

8. Bei der symbolischen Auswertung von Integralen wird **keine Integrationskonstante** ausgegeben.

9. Mathcad kann auch **komplexe Kurvenintegrale** auswerten. Dabei ist **für die Kurve eine Parameterdarstellung** zu verwenden. Ist der Parameter keine Bogenlänge, so muss auch die Ableitung der Parametrisierung als Korrekturfaktor im Integranden angegeben werden.

10. Es können auch **Mehrfachintegrale** ausgewertet werden.

11.1 Einfache Integrale

Ist eine Funktion f: D = [a, b], y = f(x) stetig, so ist die Funktion f in D integrierbar ("wiederherstellbar").

Die Funktion F mit F(x) = $\int_a^x f(t)\,dt$ **heißt Integralfunktion von f.**

Jede Funktion F(x), für die F'(x) = f(x) gilt, heißt Stammfunktion von f(x).

Stellt x einen bestimmten Wert b dar, so heißt $\int_a^b f(x)\,dx$ **bestimmtes Integral.**

Hauptsatz der Differential- und Integralrechnung:

Ist F:[a,b] -----------> ℝ eine beliebige Stammfunktion der stetigen Funktion f:[a,b] -------> ℝ ,
x |-----------> F(x)   x |--------> f(x)

dann ist F differenzierbar mit F'(x) = f(x) und es gilt:

$\int_a^b f(x)\,dx = F(b) - F(a)$. **Der Wert eines bestimmten Integrals ist von der Stammfunktion unabhängig; er errechnet sich als Differenz des Stammfunktionswertes der oberen und der unteren Grenze.**

Bemerkung:

Die Integralfunktion F ist diejenige Stammfunktion, für die gilt: F(a) = 0.

11.1.1 Symbolische Integration

Beispiel 11.1:

Variable mit Cursor (_|) markieren, im Menü-Symbolik Auswertungsformat und Menü-Symbolik-Variable-Integrieren wählen:

x^3 durch Integration, ergibt $\frac{x^4}{4}$

Zum Beispiel auch mit <Alt> + svi. Alt-Taste halten und nacheinander die Tasten s, v und i drücken.

$c \cdot x^2$ durch Integration, ergibt $\frac{c \cdot x^3}{3}$

$\sin(\omega \cdot t)$ durch Integration, ergibt $-\frac{\cos(\omega \cdot t)}{\omega}$

Beispiel 11.2:

Integral mit der Auswahlbox markieren, im Menü-Symbolik Auswertungsformat und Menü-Symbolik-Auswerten-Symbolisch wählen:

Zum Beispiel auch mit <Alt> + sus. Alt-Taste halten und nacheinander die Tasten s, u und s drücken.

$\int x^3\, dx$ ergibt $\frac{x^4}{4}$

$\int c \cdot x^2\, dx$ ergibt $\frac{c \cdot x^3}{3}$

$\int e^x \cdot \cos(x)\, dx$ ergibt $\frac{e^x \cdot (\cos(x) + \sin(x))}{2}$

$\int_0^x \sin(\omega \cdot t)\, dt$ ergibt $\frac{2 \cdot \sin\left(\frac{\omega \cdot x}{2}\right)^2}{\omega}$

$\int_a^b x^3\, dx$ ergibt $\frac{b^4}{4} - \frac{a^4}{4}$

$\int_{-r}^r \pi \cdot \left(r^2 - x^2\right) dx$ ergibt $\frac{4 \cdot \pi \cdot r^3}{3}$

Beispiel 11.3:

Auswertung mit dem Symboloperator:

$f(x) := e^{x} \cdot \cos(x)$ Funktionsdefinition

$\int f(x)\,dx \to \frac{e^{x} \cdot (\cos(x) + \sin(x))}{2}$ Auswertung ohne Integrationskonstante

$F(x, C) := \int f(x)\,dx + C \to C + \frac{e^{x} \cdot (\cos(x) + \sin(x))}{2}$ Auswertung mit hinzugefügter Integrationskonstante C

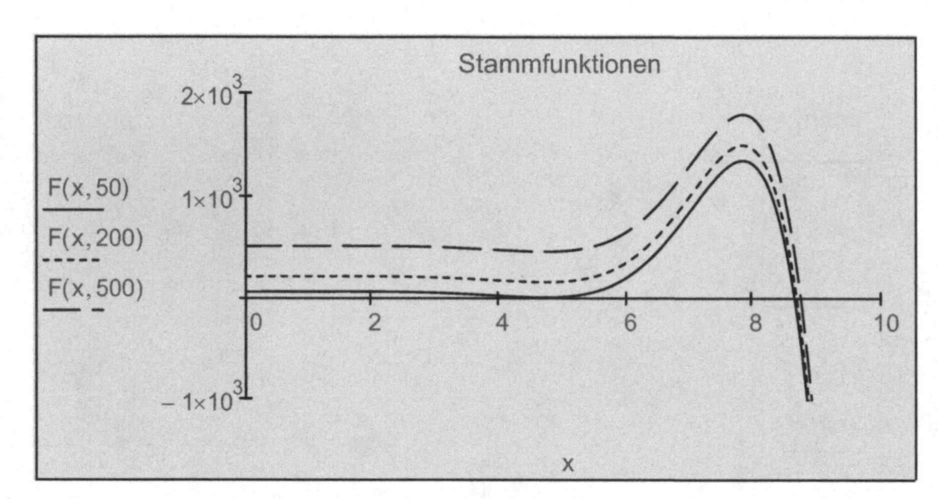

Achsenbeschränkung:
y-Achse: -1000 bis 2000
X-Y-Achsen:
Nummeriert
Automatische Skalierung
Automatische Gitterweite
Achsenstil:
Kreuz
Spuren:
Spur 1 bis Spur 3
Typ Linien
Beschriftungen:
Titel oben
Qick-Plot

Abb. 11.4

$F(x) := \int_0^x \sin(2 \cdot t)\,dt \qquad F(x) \to \sin(x)^2$ Integralfunktion

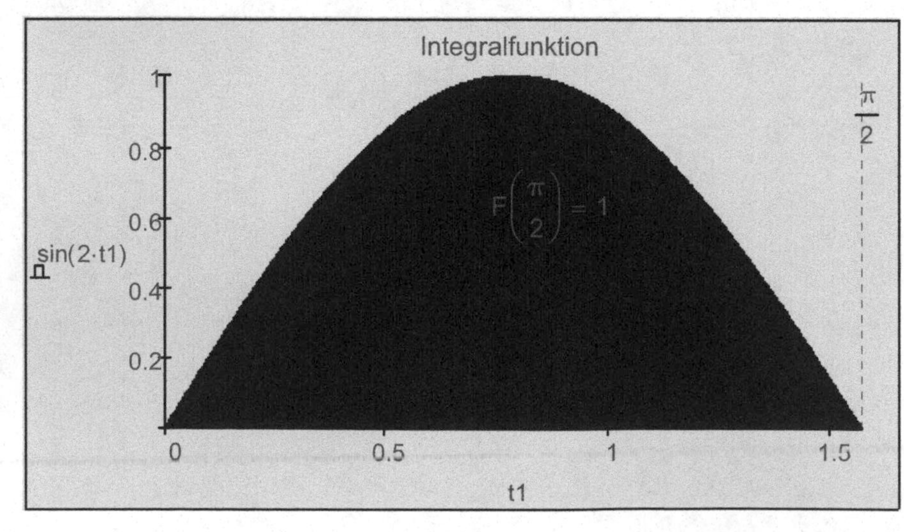

Achsenbeschränkung:
x-Achse: 0 bis $\pi/2$
X-Y-Achsen:
Nummeriert
Automatische Skalierung
Markierung anzeigen:
x-Achse: $\pi/2$
Automatische Gitterweite
Achsenstil:
Kreuz
Spuren:
Spur 1
Typ Durchgezogene Linie
Beschriftungen:
Titel oben
Qick-Plot

Abb. 11.5

$F(a,b) := \int_a^b \sin(2\cdot x)\,dx \rightarrow \cos(a)^2 - \cos(b)^2$ bestimmtes Integral

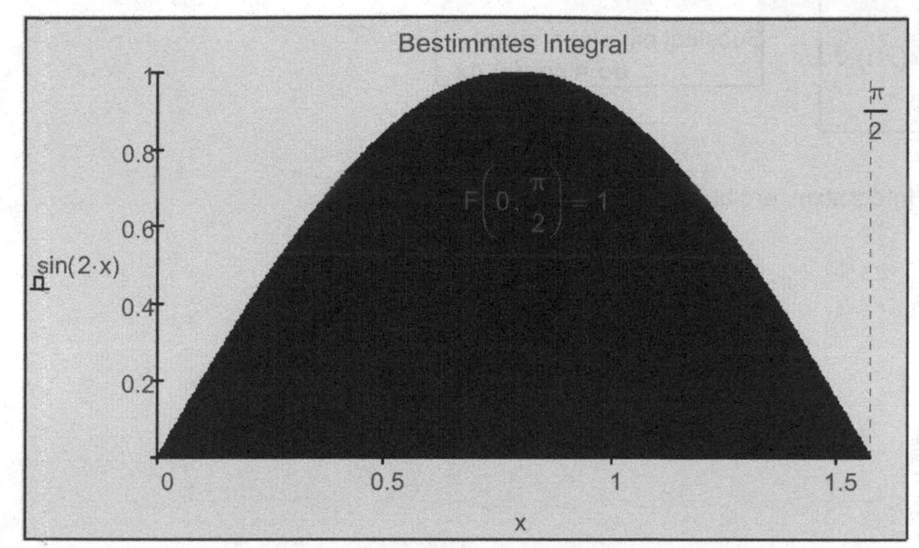

Achsenbeschränkung:
x-Achse: 0 bis π/2
X-Y-Achsen:
Nummeriert
Automatische Skalierung
Markierung anzeigen:
x-Achse: π/2
Automatische Gitterweite
Achsenstil:
Kreuz
Spuren:
Spur 1
Typ Durchgezogene Linie
Beschriftungen:
Titel oben
Qick-Plot

Abb. 11.6

Beispiel 11.4:

Integrale, mit Integranden der Form f(a x + b), können mittels Substitution gelöst werden:

$$\int f(a\cdot x + b)\,dx = \int \frac{f(u)}{a}\,du$$

Substitution: **u = a x + b**
du = a dx

$\sqrt{2\cdot x + 2}$ durch Differenzierung, ergibt $\frac{\sqrt{2}}{2\cdot\sqrt{x+1}}$

$e^{3\cdot x+b}$ durch Integration, ergibt $\frac{e^{b+3\cdot x}}{3}$

$\int e^{3\cdot x+b}\,dx$ ergibt $\frac{e^{b+3\cdot x}}{3}$

$$\int e^{3\cdot x+b1}\,dx \rightarrow \frac{e^{b1+3\cdot x}}{3}$$

$$\int \frac{e^u}{3}\,du \;\Bigg|\; \begin{matrix}\text{vereinfachen}\\ \text{ersetzen}, u = 3\cdot x + b1\end{matrix} \rightarrow \frac{e^{b1+3\cdot x}}{3}$$

Integrale, mit Integranden der Form f(u(x)) u '(x), können mittels Substitution gelöst werden:

$$\int f(u(x))\cdot\frac{d}{dx}u(x)\,dx = \int f(u(x(x)))\,du$$

Substitution: u(x) = sin(x)
du = cos(x) dx

$\sin(x)^4\cdot\cos(x)$ durch Integration, ergibt $\frac{\sin(x)^5}{5}$

$\int \sin(x)^4\cdot\cos(x)\,dx$ ergibt $\frac{\sin(x)^5}{5}$

$$\int \sin(x)^4\cdot\cos(x)\,dx \rightarrow \frac{\sin(x)^5}{5}$$

$\frac{\ln(x)}{x}$ durch Integration, ergibt $\frac{\ln(x)^2}{2}$

$\int \frac{\ln(x)}{x}\,dx$ ergibt $\frac{\ln(x)^2}{2}$

$$\int \frac{\ln(x)}{x}\,dx \rightarrow \frac{\ln(x)^2}{2}$$

Integrale, die durch partielle Integration gelöst werden können:

$$\int f(x)\cdot g(x)\,dx = u\cdot v - \int v\,du$$

u = f(x) du = f(x) dx
dv = g(x) dx

$x^2\cdot e^{-x}$ durch Integration, ergibt $-e^{-x}\cdot\left(x^2+2\cdot x+2\right)$

$\int x^2\cdot e^{-x}\,dx$ ergibt $-e^{-x}\cdot\left(x^2+2\cdot x+2\right)$

Integrale, die durch Partialbruchzerlegung gelöst werden können:

$\frac{x^3}{x^2-1}$ durch Integration, ergibt $\frac{\ln\left(x^2-1\right)}{2}+\frac{x^2}{2}$

$\int \frac{x^3}{x^2-1}\,dx$ ergibt $\frac{\ln\left(x^2-1\right)}{2}+\frac{x^2}{2}$

$\dfrac{x^4+1}{x^3-x^2-x+1}$ durch Integration, ergibt $x+\dfrac{3\cdot\ln(x-1)}{2}+\dfrac{\ln(x+1)}{2}+\dfrac{x^2}{2}-\dfrac{1}{x-1}$

$\displaystyle\int \frac{x^4+1}{x^3-x^2-x+1}\,dx$ ergibt $x+\dfrac{3\cdot\ln(x-1)}{2}+\dfrac{\ln(x+1)}{2}+\dfrac{x^2}{2}-\dfrac{1}{x-1}$

$\dfrac{1}{x^2-3\cdot x+2}$ durch Integration, ergibt $-2\cdot\operatorname{artanh}(2\cdot x-3)$

$\displaystyle\int \frac{1}{x^2-3\cdot x+2}\,dx$ ergibt $-2\cdot\operatorname{artanh}(2\cdot x-3)$

Beispiel 11.5:

Ableitungen von Integralen:

$\displaystyle\frac{d}{dx}\int_0^x \sin(\omega\cdot t)\,dt$ ergibt $2\cdot\cos\left(\dfrac{\omega\cdot x}{2}\right)\cdot\sin\left(\dfrac{\omega\cdot x}{2}\right)$

$\displaystyle\frac{d}{dx}\int_0^{x^2} \sin(\omega\cdot t)\,dt$ ergibt $4\cdot x\cdot\cos\left(\dfrac{\omega\cdot x^2}{2}\right)\cdot\sin\left(\dfrac{\omega\cdot x^2}{2}\right)$

Beispiel 11.6:

Summen von Integralen:

$\displaystyle\sum_{n=1}^{4}\int_0^x \sin(n\cdot t)\,dt$ ergibt $\dfrac{\sin(2\cdot x)^2}{2}+2\cdot\sin\left(\dfrac{x}{2}\right)^2+\dfrac{2\cdot\sin\left(\dfrac{3\cdot x}{2}\right)^2}{3}+\sin(x)^2$

$\displaystyle\sum_{k=1}^{3}\int_0^t e^{k\cdot x}\,dx$ ergibt $\dfrac{e^{2\cdot t}}{2}+\dfrac{e^{3\cdot t}}{3}+e^t-\dfrac{11}{6}$

Beispiel 11.7:

Berechnung des Umfangs eines Kreises:

$y(x,r) := \sqrt{r^2 - x^2}$ kartesische Darstellung der Funktionsgleichung (oberer Halbkreis)

$$u = 4\cdot\int_0^r \sqrt{1 + \left(\frac{d}{dx}y(x,r)\right)^2}\,dx \;\middle|\; \begin{array}{l}\text{vereinfachen}\\ \text{annehmen}, r > 0\\ \text{annehmen}, x = \text{ReellerBereich}(-r, r)\end{array} \rightarrow u = 2\cdot\pi\cdot r$$

$x(\varphi, r) := r\cdot\cos(\varphi)$

Parameterdarstellung des Kreises

$y(\varphi, r) := r\cdot\sin(\varphi)$

$$u = 4\cdot\int_0^{\frac{\pi}{2}} \sqrt{\left(\frac{d}{d\varphi}x(\varphi,r)\right)^2 + \left(\frac{d}{d\varphi}y(\varphi,r)\right)^2}\,d\varphi \;\middle|\; \begin{array}{l}\text{annehmen}, r > 0\\ \text{vereinfachen}\end{array} \rightarrow u = 2\cdot\pi\cdot r$$

$r1(\varphi, r) := r$ Polarkoordinatengleichung

$$u = 4\cdot\int_0^{\frac{\pi}{2}} \sqrt{r1(\varphi,r)^2 + \left(\frac{d}{d\varphi}r1(\varphi,r)\right)^2}\,d\varphi \;\middle|\; \begin{array}{l}\text{annehmen}, r > 0\\ \text{vereinfachen}\end{array} \rightarrow u = 2\cdot\pi\cdot r$$

Beispiel 11.8:

Berechnung der Kreisfläche:

$y(x,r) := \sqrt{r^2 - x^2}$ kartesische Darstellung der Funktionsgleichung (oberer Halbkreis)

$$A = 4\cdot\int_0^r y(x,r)\,dx \;\middle|\; \begin{array}{l}\text{annehmen}, r > 0\\ \text{vereinfachen}\end{array} \rightarrow A = \pi\cdot r^2$$

$x(\varphi, r) := r\cdot\cos(\varphi)$

Parameterdarstellung des Kreises

$y(\varphi, r) := r\cdot\sin(\varphi)$

$$A = 4\cdot\int_{\frac{\pi}{2}}^{0} y(\varphi,r)\cdot\frac{d}{d\varphi}x(\varphi,r)\,d\varphi \text{ vereinfachen } \rightarrow A = \pi\cdot r^2$$

Sektorfläche von Leibniz:

$$A = \frac{1}{2} \cdot \int_0^{2\pi} \left(x(\varphi, r) \cdot \frac{d}{d\varphi} y(\varphi, r) - y(\varphi, r) \cdot \frac{d}{d\varphi} x(\varphi, r) \right) d\varphi \;\Big|\; \begin{array}{l} \text{annehmen}, r > 0 \\ \text{vereinfachen} \end{array} \rightarrow A = \pi \cdot r^2$$

$r1(\varphi, r) := r$ Polarkoordinatengleichung

$$A = \frac{1}{2} \cdot \int_0^{2 \cdot \pi} r1(\varphi, r)^2 \, d\varphi \rightarrow A = \pi \cdot r^2$$

Beispiel 11.9:

Berechnung des Kugelvolumens:

Volumen aus der Querschnittsfläche:

$$V = \int_a^b A(x) \, dx = \pi \cdot \int_a^b y^2 \, dx$$

$y^2 = r^2 - x^2$ Kreisgleichung

$$V = \pi \cdot \int_{-r}^{r} \left(r^2 - x^2\right) dx \text{ vereinfachen } \rightarrow V = \frac{4 \cdot \pi \cdot r^3}{3}$$

Volumen eines um die x-Achse rotierenden Drehkörpers:

$$V(a, b) = \pi \cdot \int_a^b f(x)^2 \, dx$$

$y(x, r) := \sqrt{r^2 - x^2}$ kartesische Darstellung der Funktionsgleichung (oberer Halbkreis)

$$V(r, h) := \pi \cdot \int_{-r}^{r} y(x, r)^2 \, dx \rightarrow \frac{4 \cdot \pi \cdot r^3}{3}$$

Beispiel 11.10:

Schwerpunktsberechnung eines Rotationskörpers:

$$x_S(a,b) = \frac{\pi \cdot \int_a^b x \cdot f(x)^2 \, dx}{\pi \cdot \int_a^b f(x)^2 \, dx} = \frac{\int_a^b x \, dV}{V(a,b)}$$

x-Koordinate des Schwerpunktes eines Rotationskörpers

Drehkegel mit Radius r und Höhe h:

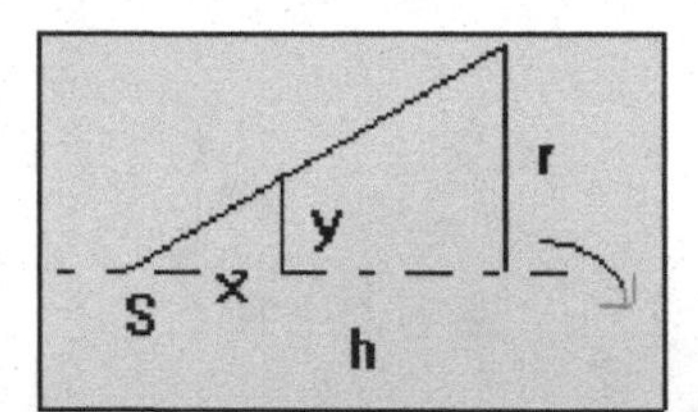

$$\frac{r}{h} = \frac{y}{x}$$

ähnliche Dreiecke

Abb. 11.7

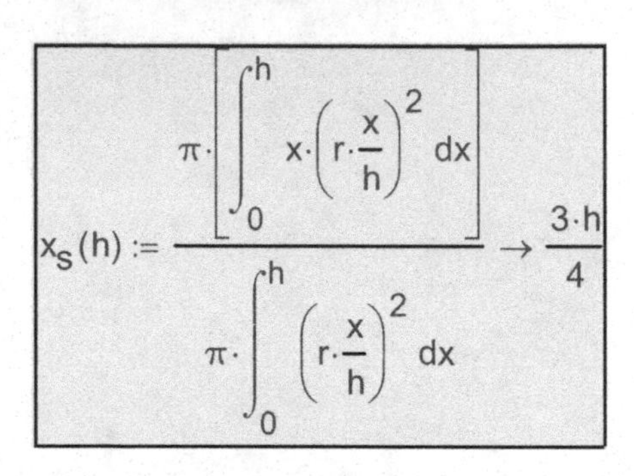

$$x_S(h) := \frac{\pi \cdot \left[\int_0^h x \cdot \left(r \cdot \frac{x}{h} \right)^2 dx \right]}{\pi \cdot \int_0^h \left(r \cdot \frac{x}{h} \right)^2 dx} \rightarrow \frac{3 \cdot h}{4}$$

Der Schwerpunkt ist h/4 von der Grundfläche des Kegels entfernt.

Beispiel 11.11:

Durchschnittliche Leistung eines Wechselstroms (Mittelwertsatz):

$$P = \frac{1}{T} \cdot \int_0^T p(t) \, dt = \frac{1}{T} \cdot \int_0^T u(t) \cdot i(t) \, dt$$

$$\omega = 2 \cdot \pi \cdot f = \frac{2 \cdot \pi}{T}$$

$$p = u \cdot i = U_{max} \cdot \sin(\omega \cdot t) \cdot I_{max} \cdot \sin(\omega \cdot t - \varphi)$$

zeitabhängige Leistung

$$P = \frac{1}{\frac{2 \cdot \pi}{\omega}} \cdot \int_0^{\frac{2 \cdot \pi}{\omega}} U_{max} \cdot \sin(\omega \cdot t) \cdot I_{max} \cdot \sin(\omega \cdot t - \varphi) \, dt \text{ vereinfachen } \rightarrow P = \frac{I_{max} \cdot U_{max} \cdot \cos(\varphi)}{2}$$

$$P = \frac{1}{2} \cdot U_{max} \cdot I_{max} \cdot \cos(\varphi) \quad \begin{array}{l} \text{ersetzen}, U_{max} = U_{eff} \cdot \sqrt{2} \\ \text{ersetzen}, I_{max} = I_{eff} \cdot \sqrt{2} \end{array} \rightarrow P = I_{eff} \cdot U_{eff} \cdot \cos(\varphi)$$

Beispiel 11.12:

Effektivwert eines Wechselstromes (quadratischer Mittelwert):

$$I_{eff} = \sqrt{\frac{1}{T} \cdot \int_0^T i(t)^2 \, dt} \qquad \omega = 2 \cdot \pi \cdot f = \frac{2 \cdot \pi}{T}$$

$i(t) = \frac{I_{max}}{2} \cdot \cos(2 \cdot \omega \cdot t)$ gegebener Wechselstrom

$$I_{eff} = \sqrt{\frac{1}{T} \cdot \int_0^T \left(\frac{I_{max}}{2} \cdot \cos\left(2 \cdot \frac{2 \cdot \pi}{T} \cdot t\right)\right)^2 dt} \;\left|\begin{array}{l} \text{vereinfachen} \\ \text{annehmen}, I_{max} > 0 \end{array}\right. \rightarrow I_{eff} = \frac{\sqrt{2} \cdot I_{max}}{4}$$

oder:

$$I_{eff} = \sqrt{\frac{1}{T} \cdot \int_0^T \left(\frac{I_{max}}{2} \cdot \cos\left(2 \cdot \frac{2 \cdot \pi}{T} \cdot t\right)\right)^2 dt} \;\left|\begin{array}{l} \text{annehmen}, I_{max} > 0 \\ \text{vereinfachen} \end{array}\right. \rightarrow I_{eff} = \frac{\sqrt{2} \cdot I_{max}}{4}$$

11.1.2 Numerische Integration

Beispiel 11.13:

Genauigkeit der numerischen Integralauswertung:

$\int_1^{e^5} \frac{1}{t}\,dt$ ergibt 5 symbolisch exakte Lösung

$\int_1^{e^5} \frac{1}{t}\,dt = 5.000000000068$ numerische Auswertung (**voreingestellte Standard Toleranz TOL = 10^{-3}**)

Größere Toleranz: $TOL := 0.1$

$\int_1^{e^5} \frac{1}{t}\,dt = 5.000000054378$

Kleinere Toleranz: $TOL := 10^{-5}$

$\int_1^{e^5} \frac{1}{t}\,dt = 5$

Beispiel 11.14:

Symbolische und numerische Integralauswertung:

$\int_0^{\frac{1}{2}} \frac{1}{1+x^2}\,dx \rightarrow \operatorname{atan}\left(\frac{1}{2}\right)$ $\int_0^{0.5} \frac{1}{1+x^2}\,dx \rightarrow 0.46364760900080611621$

$I := \int_0^{\frac{1}{2}} \frac{1}{1+x^2}\,dx$ $I \rightarrow \operatorname{atan}\left(\frac{1}{2}\right)$ $I = 0.463647609$

Beispiel 11.15:

Integralauswertung mit verschiedenen Methoden:

$\int_0^1 x^3\,dx = 0.25$

Automatische Auswahl und Adaptive Methode (Auswahl mit rechter Maustaste auf das Integral, Abb 11.3)

$\int_0^{2\cdot\pi} \sin(1000\cdot\varphi)^4\,d\varphi = 2.356$

Romberg-Methode (Auswahl mit rechter Maustaste auf das Integral, Abb 11.3)

Beispiel 11.16:

Integralfunktion:

$A(x) := \int_1^x e^{-t}\,dt$ $\quad A(2) = 0.233 \quad A(2)$ Gleitkommazahl, 15 $\rightarrow 0.23254415793483$

Integralfunktion und Matrixauswertung:

$f(t) := \int_0^t e^{-x}\,dx \quad f(t) \rightarrow 1 - e^{-t}$

$\overrightarrow{f\left(\begin{pmatrix} \frac{1}{2} & \frac{3}{2} \\ 1 & 2 \end{pmatrix}\right)} = \begin{pmatrix} 0.393 & 0.777 \\ 0.632 & 0.865 \end{pmatrix}$ Auswertung mit dem Vektorisierungsoperator

Beispiel 11.17:

Integralauswertung mit Einheiten:

$v(t) := g\cdot t$ Funktionsdefinition (g ist in Mathcad bereits vordefiniert)

$s_1 := \int_{0\cdot s}^{2\cdot s} v(t)\,dt \quad s_1 = 19.613\,m$

Beispiel 11.18:

Integralauswertung für verschiedene Integrationsgrenzen:

ORIGIN := 1

$i := 1..3 \quad f(x) := e^x$ Bereichsvariable für obere Integrationsgrenze und Funktionsdefinition

$\mathbf{A}_i := \int_0^i f(x)\,dx \quad \mathbf{A} = \begin{pmatrix} 1.718 \\ 6.389 \\ 19.086 \end{pmatrix}$

Beispiel 11.19:

Integralauswertung für verschiedene Potenzen im Integranden:

$n := 1 .. 3$ Bereichsvariable

$$I_n := \int_1^2 x \cdot \ln(x)^n \, dx \qquad I = \begin{pmatrix} 0.636 \\ 0.325 \\ 0.179 \end{pmatrix}$$

$$I_n := \int_0^{\frac{\pi}{2}} \sin(x)^n \, dx \qquad I = \begin{pmatrix} 1 \\ 0.785 \\ 0.667 \end{pmatrix}$$

Beispiel 11.20:

Integralauswertung mit Datenpunkten:

$$\mathbf{x} := \begin{pmatrix} 1 \\ 3 \\ 5 \\ 6 \\ 7 \\ 9 \\ 10 \\ 13 \\ 14 \\ 15 \end{pmatrix} \qquad \mathbf{y} := \begin{pmatrix} 3 \\ 15 \\ 25 \\ 40 \\ 55 \\ 80 \\ 100 \\ 155 \\ 195 \\ 220 \end{pmatrix}$$ gegebene Datenpunkte

$\mathbf{vs} := \text{kspline}(\mathbf{x}, \mathbf{y})$

Spline-Interpolation

$f(x) := \text{interp}(\mathbf{vs}, \mathbf{x}, \mathbf{y}, x)$

$x := 1, 1 + 0.01 .. 15$ Bereichsvariable

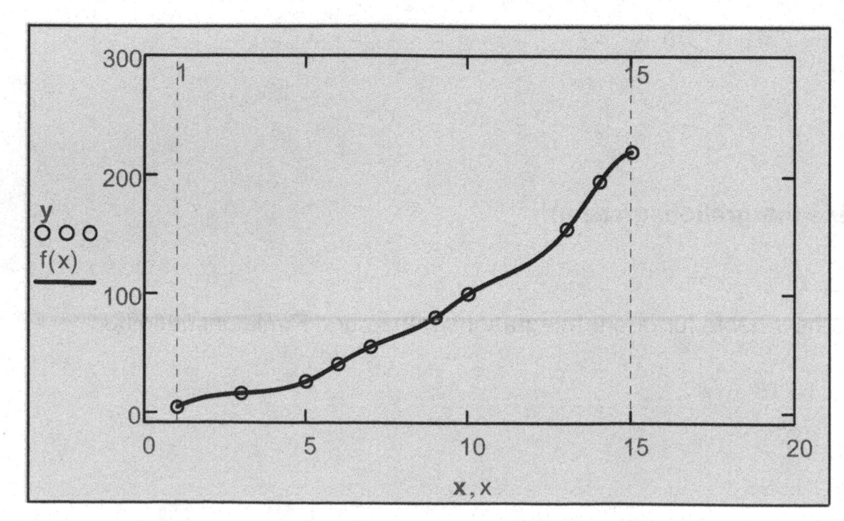

Achsenbeschränkung:
x-Achse: -10 bis 300
X-Y-Achsen:
Nummeriert
Automatische Skalierung
Markierung anzeigen:
x-Achse: 1 und 15
Automatische Gitterweite
Achsenstil:
Kreuz
Spuren:
Spur 1
Symbol Kreis, Typ Punkte
Spur 2
Typ Linien

Abb. 11.8

$$\int_{1}^{15} f(x)\,dx = 1116.667$$ Maßzahl der Fläche

Beispiel 11.21:

Für eine Funktion sind 9 Datenpunkte gegeben. Berechnen Sie näherungsweise mit der Trapezregel und der Simpsonregel die Fläche zwischen der durch die Datenpunkte gedachten Kurve und der x-Achse.

ORIGIN := 0 ORIGIN festlegen

Daten :=

	0	1
0	0	1.92
1	0.25	2.13
2	0.5	2.68
3	0.75	3.71
4	1	4.07
5	1.25	3.75
6	1.5	2.26
7	1.75	0.93
8	2	0.35

$\mathbf{x} := \text{Daten}^{\langle 0 \rangle}$

$\mathbf{y} := \text{Daten}^{\langle 1 \rangle}$

Extrahieren der Daten aus der gegebenen Tabelle

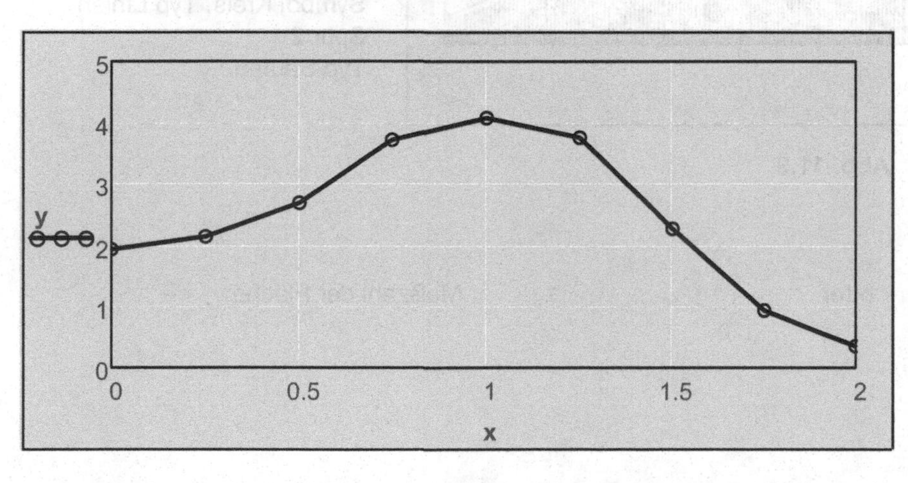

X-Y-Achsen:
Gitterlinien
Nummeriert
Automatische Skalierung
Automatische Gitterweite
Achsenstil:
Kasten
Spuren:
Spur 1
Symbol Kreis, Typ Linien

Abb. 11.8

h := 0.25 Schrittweite

Trapezregel:

$$T := \sum_{i=1}^{8} \left(h \cdot \frac{y_{i-1} + y_i}{2} \right)$$ $T = 5.166$

Simpsonregel (4 Doppelstreifen):

$$S := \sum_{k=1}^{4} \left[\frac{h}{3} \cdot \left(\mathbf{y}_{2k-2} + 4\mathbf{y}_{2k-1} + \mathbf{y}_{2k}\right)\right] \qquad S = 5.197$$

Zum Vergleich eine Auswertung mit einer Interpolationskurve:

$vs := \text{kspline}(\mathbf{x}, \mathbf{y})$ Spline-Koeffizienten

$f(x) := \text{interp}(vs, \mathbf{x}, \mathbf{y}, x)$ Kubische Splinefunktion

$x := 0, 0.01 .. 2$ Bereichsvariable

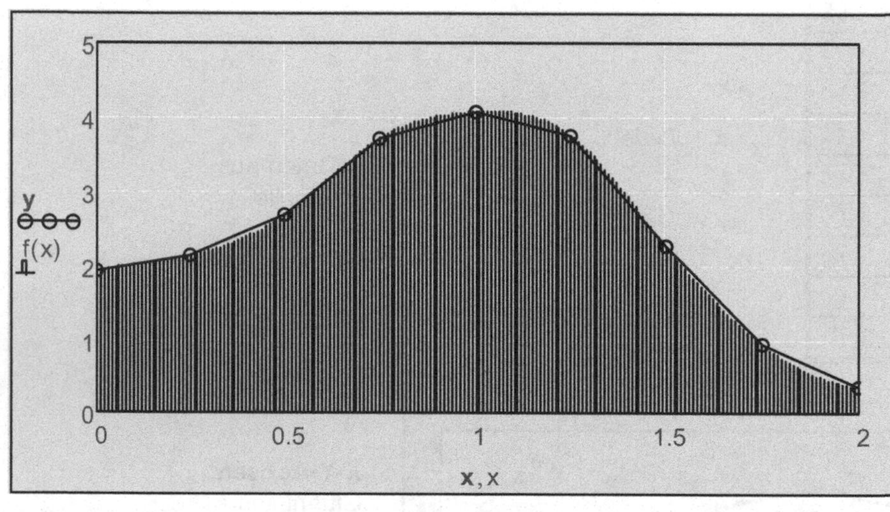

X-Y-Achsen:
Gitterlinien
Nummeriert
Automatische Skalierung
Automatische Gitterweite
Achsenstil:
Kasten
Spuren:
Spur 1
Symbol Kreis, Typ Linien
Spur 2
Typ Säulen

Abb. 11.9

$\int_0^2 \text{interp}(vs, \mathbf{x}, \mathbf{y}, x)\, dx = 5.174$ oder $\int_0^2 f(x)\, dx = 5.174$ Maßzahl der Fläche

11.2 Uneigentliche Integrale

Das bestimmte Integral heißt uneigentliches Integral, wenn mindestens eine der Integrationsgrenzen unendlich ist oder der Integrand f(x) im Intervall [a , b] nicht beschränkt ist, d.h. eine oder mehrere Polstellen hat.

Beispiel 11.22:

Integralauswertung symbolisch und numerisch (Auswahl mit rechter Maustaste auf das Integral-Unendlich an der Integrationsgrenze, Abb. 11.3):

Standard-Toleranz: $TOL := 10^{-3}$

$$\int_0^{\infty} \frac{\sin(x)^6}{x^5} dx \text{ Gleitkommazahl}, 10 \rightarrow 0.467613876$$

$$\int_0^{\infty} \frac{\sin(x)^6}{x^5} dx = 0.467582751776$$

$$\int_0^{\infty} e^{-x} dx \qquad \text{ergibt} \quad 1$$

$$\int_0^{\infty} e^{-x^2} dx \qquad \text{Gleitkommaauswertung ergibt} \quad 0.88622692545275801365$$

$$\int_1^{\infty} \frac{1}{x} dx \rightarrow \infty$$

$$\int_1^{\infty} \frac{1}{x^2} dx \rightarrow 1$$

$$\int_1^{\infty} \frac{1}{x^2} dx = 1$$

Beispiel 11.23:

Integralauswertung symbolisch.

$n := 20$ $\qquad$ $p := 0, 0.1 .. 100$ $\qquad$ Bereichsvariable

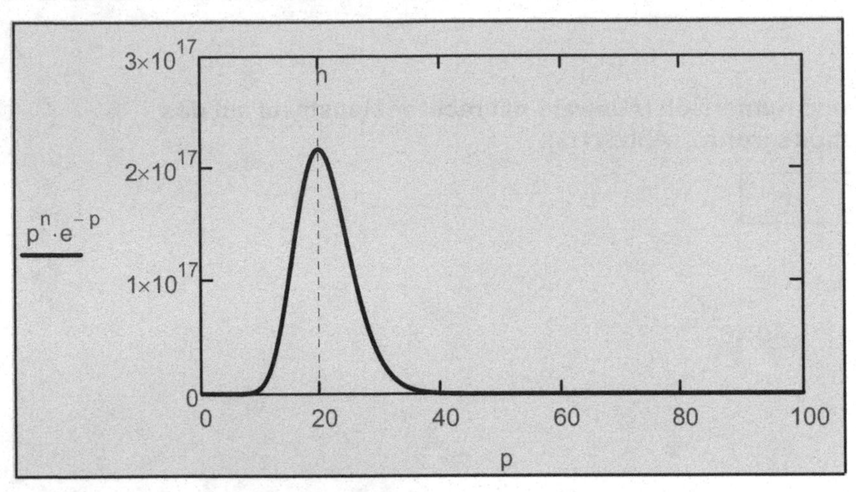

X-Y-Achsen:
Nummeriert
Automatische Skalierung
Markierung anzeigen:
x-Achse: n
Automatische Gitterweite
Achsenstil:
Kasten
Spuren:
Spur 1
Typ Linien

Abb. 11.10

$p := p$ $\qquad$ Redefinition

$n := 20$ $\qquad$ Fakultät

$$\int_0^\infty p^n \cdot e^{-p}\, dp \text{ annehmen}, p > 0 \;\rightarrow 2432902008176640000$$

Vergleichen Sie:

$20! = 2432902008176640000$

$n := 1 .. 8$ $\qquad$ Bereichsvariable

$$\int_0^\infty p^n \cdot e^{-p}\, dp \rightarrow \begin{pmatrix} 1 \\ 2 \\ 6 \\ 24 \\ 120 \\ 720 \\ 5040 \\ 40320 \end{pmatrix}$$

$n! =$

	0
0	1
1	2
2	6
3	24
4	120
5	720
6	5040
7	40320

n-Fakultät

$$\lim_{b \to \infty} \left(\int_0^b p^n \cdot e^{-p}\, dp \right) \;\; \Big| \begin{array}{l} \text{annehmen}, n > 0 \\ \text{vereinfachen} \end{array} \to \begin{pmatrix} 1 \\ 2 \\ 6 \\ 24 \\ 120 \\ 720 \\ 5040 \\ 40320 \end{pmatrix}$$

Beispiel 11.24:

Integralauswertung mit symbolischen Operatoren:

$$\int_0^\infty e^{-x}\, dx \to 1$$

$$\int_0^\infty a^x\, dx \text{ annehmen}, a = \text{ReellerBereich}(0, 1) \to -\frac{1}{\ln(a)}$$

$$\int_0^\infty e^{-a \cdot t}\, dt \text{ annehmen}, a > 0 \to \frac{1}{a}$$

$$\int_0^\infty e^{-a^2 \cdot t}\, dt \text{ annehmen}, a = \text{reell} \to \frac{1}{a^2}$$

$$\int_0^\infty e^{-b \cdot t1}\, dt1 \to \frac{1}{b} - \frac{\lim\limits_{t1 \to \infty} e^{-b \cdot t1}}{b}$$

$$\int_0^\infty e^{a \cdot (-b) \cdot t1}\, dt1 \text{ annehmen}, a < 0, b < 0 \to \frac{1}{a \cdot b}$$

$b := 3$

$$\int_0^\infty e^{-b \cdot t}\, dt \to \frac{1}{3}$$

Beispiel 11.25:

Integralauswertung mit spezieller Methode:

$$\int_{-\infty}^{\infty} \frac{1}{\sqrt{x^4+1}}\,dx = 3.708$$

Unendlich an der Integrationsgrenze (Auswahl mit rechter Maustaste auf das Integral, Abb. 11.3)

$$x := \frac{17}{10}$$

$$\frac{1}{\sqrt{2\cdot\pi}}\cdot\int_{-\infty}^{x} e^{\frac{-t^2}{2}}\,dt \text{ Gleitkommazahl}, 25 \;\rightarrow 0.9554345372414569605125 67$$

$$\int_{-\infty}^{\infty} \frac{1}{\cosh(x)^2}\,dx \rightarrow 2$$

Unendlich an der Integrationsgrenze (Auswahl mit rechter Maustaste auf das Integral, Abb. 11.3)

Beispiel 11.26:

Singularität an oder innerhalb der Integrationsgrenze (symbolische Auswertung):

$$\int_0^1 \frac{1}{\sqrt{1-x^2}}\,dx \quad \text{ergibt} \quad \frac{\pi}{2}$$

$$\lim_{\varepsilon \to 1} \int_0^{\varepsilon} \frac{1}{\sqrt{1-x^2}}\,dx \quad \text{ergibt} \quad \frac{\pi}{2}$$

$$\int_{-2}^{1} \frac{1}{x^3}\,dx \rightarrow \text{undefined}$$

$$\int_{-2}^{1} \frac{1}{x^3}\,dx \text{ cauchy } \rightarrow -\frac{3}{8}$$

$$\int_0^1 \frac{1}{\sqrt{1-\tau^2}\cdot\sqrt{1-m\cdot\tau^2}}\,d\tau \rightarrow \text{EllipticK}(m)$$

Elliptische Integralfunktionen

Beispiel 11.27:

Integralauswertung mit spezieller Methode:

$$\int_0^3 \sin(\ln(t))\,dt = 0.654$$

Singularität an der Integrationsgrenze (Auswahl mit rechter Maustaste auf das Integral, Abb. 11.3)

$$\int_1^4 \frac{1}{(x-1)^{\frac{1}{3}}}\,dx \rightarrow \frac{3\cdot 9^{\frac{1}{3}}}{2}$$

Singularität an der Integrationsgrenze (Auswahl mit rechter Maustaste auf das Integral, Abb. 11.3)

11.3 Linien- oder Kurvenintegrale

Gegeben sei eine **Raumkurve in Parameterform x =x(t), y = y(t) und z = z(t).** Die Kurve wird häufig auch durch den **Ortsvektor** (Kurvenvektor) **r**(t) = x(t) **i** + y(t) **j** + z(t) **k** dargestellt. **i**, **j** und **k** sind die Raum-Einheitsvektoren.

Zur Darstellung von **Feldern** (Kraftfelder, Geschwindigkeitsfelder, Strömungsfelder usw.) werden ebenfalls Vektoren verwendet. So wird jedem Punkt P(x,y,z) ein Vektor zugeordnet, der die in diesem Punkte vorliegende Feldgröße (z. B. die Kraft) symbolisch darstellt. Diese von Ort zu Ort veränderlichen Feldvektoren, die ein **stationäres (zeitunabhängiges) räumliches Feld** beschreiben, legen wir folgendermaßen fest: **F(x,y,z)** = F_1(x,y,z) **i** + F_2(x,y,z) **j** + F_3(x,y,z) **k**.

Wir betrachten ein **Kraftfeld F(x,y,z),** in dem sich unter dem Einfluss des Feldes ein Massenpunkt längs der Raumkurve mit dem Ortsvektor **r**(t) bewegt. Um die von dem Feld am Massenpunkt verrichtete Arbeit zu berechnen, greifen wir einen auf der Kurve liegenden beliebigen Punkt P(x,y,z) heraus. Die Kraft ist dort **F**. Das zu diesem Punkt gehörige **Arbeitsdifferential** erhalten wir, indem wir die in Kurvenrichtung liegende **Tangentialkomponente von F** mit dem **Wegdifferential ds = | dr |** multiplizieren, also durch **dW = | F | | dr | cos(α)**. Das ist das skalare Produkt der Vektoren **F** und **dr**.

Die Arbeit zwischen zwei Punkten P_1 und P_2 längs einer Raumkurve ist dann

$$W = \int_{P_1}^{P_2} \mathbf{F}\, d\mathbf{r}\,.$$

Weil aber das Integral längs einer Raumkurve gebildet werden soll, ist die Parameterdarstellung einzusetzen:

$$W = \int_{t_1}^{t_2} \mathbf{F}\cdot\frac{d}{dt}\mathbf{r}(t)\, dt = \int_{t_1}^{t_2} \begin{pmatrix} F_1(x(t), y(t), z(t)) \\ F_2(x(t), y(t), z(t)) \\ F_2(x(t), y(t), z(t)) \end{pmatrix} \cdot \begin{pmatrix} \frac{d}{dt}x(t) \\ \frac{d}{dt}y(t) \\ \frac{d}{dt}z(t) \end{pmatrix} dt\,.$$

Wir nennen dieses Integral Linien- oder Kurvenintegral. Dieses Arbeitsintegral gibt stets die vom Kraftfeld verrichtete Arbeit an. Für ein Kraftfeld in der Ebene F(x,y) entfällt die z-Komponente im Arbeitsintegral. Siehe dazu auch Band 2.

Beispiel 11.28:

Ein Körper der Masse m werde längs einer Windung der Schraubenlinie **r**(t) = cos(t) **i** + sin(t) **j** + h/2π t **k** um h im Kraftfeld der Erde gehoben. Welche Arbeit ist aufzuwenden, wenn die z-Achse vom Erdmittelpunkt weg zeigt?

$$\mathbf{F} = \begin{pmatrix} 0 \\ 0 \\ -m\cdot g \end{pmatrix}$$

Kraftfeld für den gesamten Bereich der Spirale

$$\mathbf{r}(t) = \begin{pmatrix} \cos(t) \\ \sin(t) \\ \frac{h}{2\cdot\pi}\cdot t \end{pmatrix} \qquad \frac{d}{dt}\mathbf{r}(t) = \begin{pmatrix} -\sin(t) \\ \cos(t) \\ \frac{h}{2\cdot\pi} \end{pmatrix}$$

Ortsvektor und dessen Ableitung

$h := h$ Redefinition

$$W = \int_0^{2\cdot\pi} \begin{pmatrix} 0 \\ 0 \\ -m\cdot g \end{pmatrix} \cdot \begin{pmatrix} -\sin(t) \\ \cos(t) \\ \frac{h}{2\cdot\pi} \end{pmatrix} dt \rightarrow W = -g\cdot m\cdot \overline{h}$$

Die vom Kraftfeld verrichtete Arbeit!

Beispiel 11.29:

Um eine elastische Schraubenfeder der Länge 25 cm um 0.5 cm zu dehnen, wird eine Kraft von 100 N benötigt. Welche Arbeit ist notwendig, um die Feder von 27 cm auf 30 cm zu dehnen?

Unter der Annahme des Hooke'schen Gesetzes gilt:

$F(s) = k\cdot s$ $\quad F(0.5\cdot cm) = k\cdot 0.5cm = 100\cdot N$ $\quad$ Daraus folgt: $\quad k = 200\cdot\frac{N}{cm}$

Das Arbeitsintegral vereinfacht sich zu:

$$W = \int_{s_1}^{s_2} F_s(s)\, ds \qquad W := \int_{2\cdot cm}^{5\cdot cm} 200\cdot\frac{N}{cm}\cdot s\, ds \qquad W = 21\, J$$

Beispiel 11.30:

Es soll ein komplexes Kurvenintegral (Integration über einen Kreis) gelöst werden.

$t_1 := 0 \quad t_2 := 2\cdot\pi$ Intervallrandpunkte

$x(t) := \cos(t) \quad y(t) := \sin(t)$ Parameterdarstellung eines Kreises

$\underline{\mathbf{z}}(t) := x(t) + j\cdot y(t)$ zeitabhängige komplexe Ortskurve

$F(z) := \frac{1}{z} \quad F1(z) := \frac{1}{z-2}$ komplexe Funktion

$TOL := 10^{-10}$ Toleranzschwelle

$$\int_{t_1}^{t_2} F(\underline{\mathbf{z}}(t))\cdot\frac{d}{dt}\underline{\mathbf{z}}(t)\, dt = 6.283j$$

Das Integral beinhaltet einen Pol innerhalb des Kreises, beschrieben durch $\underline{\mathbf{z}}(t)$.

$$\int_{t_1}^{t_2} F1(\underline{\mathbf{z}}(t))\cdot\frac{d}{dt}\underline{\mathbf{z}}(t)\, dt = 7.327\times 10^{-15}$$

Das Integral ist null, weil der Pol außerhalb des Kreises, beschrieben durch $\underline{\mathbf{z}}(t)$, liegt.

$t := t_1, t_1 + 0.001 .. t_2$ Bereichsvariable

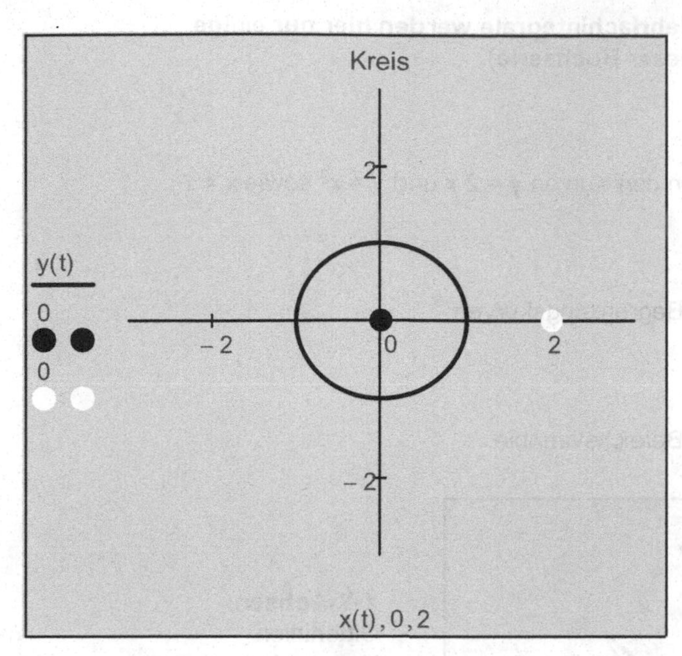

Abb. 11.10

Achsenbeschränkung:
x-Achse: -3 und 3
y-Achse: -3 und 3
X-Y-Achsen:
Nummeriert
Automatische Skalierung
Automatische Gitterweite
Achsenstil:
Kreuz
Spuren:
Spur 1
Typ Linien
Spur 2 und Spur 3
Symbol Punkt, Symbolstärke 3, Typ Punkte

11.4 Mehrfachintegrale

Wegen der sehr umfangreichen Theorie für Mehrfachintegrale werden hier nur einige Beispiele behandelt (Näheres siehe Band 2 dieser Buchserie).

Beispiel 11.31:

Wie groß ist der Flächeninhalt der Fläche, die von den Kurven $y = 2\,x$ und $y = x^2$ sowie $x = 1$ eingeschlossen wird?

$f(x) := 2 \cdot x$

Begrenzungskurven

$g(x) := x^2$

$x := -1, -1 + 0.01 .. 2$ $\quad x_1 := 0, 0.01 .. 1$ Bereichsvariable

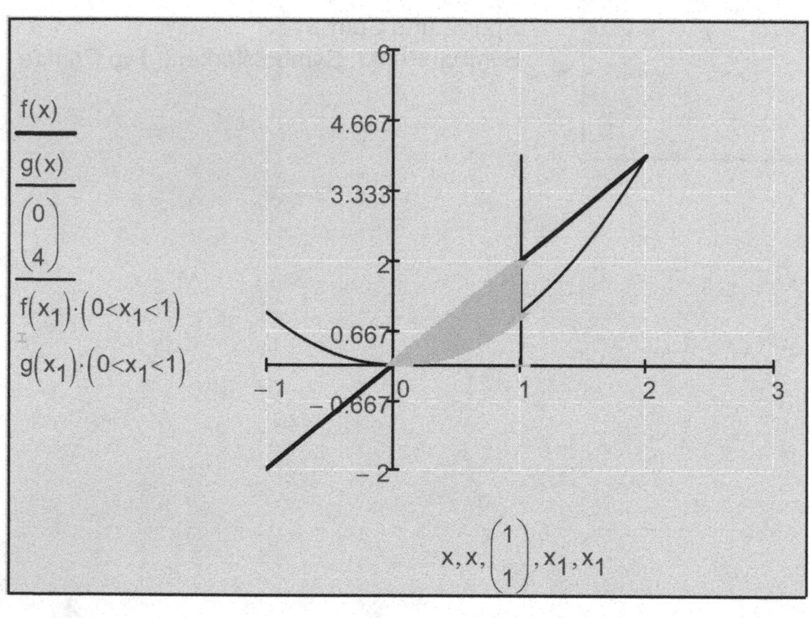

X-Y-Achsen:
Gitterlinien
Nummeriert
Automatische Skalierung
Automatische Gitterweite
Achsenstil:
Kreuz
Spuren:
Spur 1 bis Spur 3
Typ Linien
Spur 4 und Spur 5
Typ Fehler

Abb. 11.11

Maßzahl der Fläche:

$$A_1 = \int_0^1 \int_{x^2}^{2x} 1\, dy\, dx \rightarrow A_1 = \frac{2}{3}$$

mithilfe eines Einfach-Integrals:

$$A2 = \int_0^1 \left(2 \cdot x - x^2\right) dx \rightarrow A2 = \frac{2}{3}$$

Beispiel 11.32:

Wie groß ist der Flächeninhalt der Kreisfläche mit Radius r?

$$A_1 = 4 \cdot \int_0^r \int_0^{\sqrt{r^2 - x^2}} 1 \, dy \, dx \text{ annehmen}, r > 0 \; \rightarrow A_1 = \pi \cdot r^2$$

Oder in Polarkoordinaten:

$$A_1 = \int_0^{2 \cdot \pi} \int_0^r \rho \, d\rho \, d\varphi \rightarrow A_1 = \pi \cdot r^2$$

Beispiel 11.33:

Über den durch die Gleichung $x^2 + y^2 = 16$ gegebenen Kreis der x-y-Ebene steht ein gerader Zylinder. Er wird durch die Ebene $z = f(x,y) = x + y + 2$ schief abgeschnitten. Wie groß ist das Volumen zwischen den Ebenen $z = 0$ und $z = x + y + 2$?

$$V_1 = \int_0^4 \int_0^{\sqrt{16 - x^2}} (x + y + 2) \, dy \, dx \rightarrow V_1 = 8 \cdot \pi + \frac{128}{3}$$ Maßzahl des Volumens

Beispiel 11.34:

Masse und Massenmittelpunkt eines dreieckförmigen dünnen Körpers:

$a := 0 \cdot m \quad b := 1 \cdot m$

$c1 := 0 \cdot m \quad d1 := 1 \cdot m$ Grenzen des Dreiecks im Bereich $a < x < b$ und $c1 < y < d1$

$c(x) := 0 \cdot m$ Ankathete

$d(x) := x$ Hypotenuse

$\Delta x := \frac{b - a}{100}$ Schrittweite

$x := a, a + \Delta x .. b \qquad y := c(b), c(b) + \Delta x .. d(b)$ Bereichsvariablen

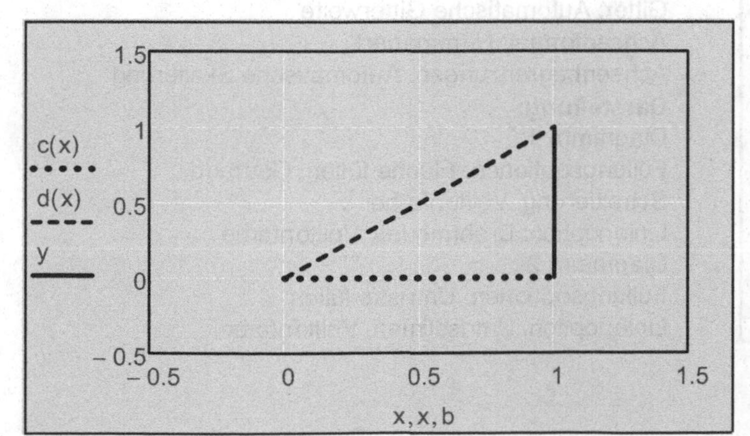

Achsenbeschränkung:
x-Achse: -0.5 und 1.5
y-Achse: -0.5 und 1.5
X-Y-Achsen:
Gitterlinien
Nummeriert
Automatische Skalierung
Automatische Gitterweite
Achsenstil:
Kasten
Spuren:
Spur 1 bis Spur 3
Typ Linien

Abb. 11.12

$\rho(x, y) := \sqrt{x^2 + y^2} \cdot \frac{kg}{m^3}$ die Dichtefunktion $\rho(x,y)$ des dreieckförmigen Körpers

$m_D := \int_a^b \int_{c1}^{d1} \rho(x, y)\, dy\, dx$ $m_D = 0.765\, kg$ Masse

$x_m := \frac{1}{m_D} \cdot \int_a^b \int_{c1}^{d1} x \cdot \rho(x, y)\, dy\, dx$

Koordinaten des Massenmittelpunktes

$y_m := \frac{1}{m_D} \cdot \int_a^b \int_{c1}^{d1} y \cdot \rho(x, y)\, dy\, dx$

$M := \begin{pmatrix} x_m \\ y_m \end{pmatrix}$ $M = \begin{pmatrix} 0.574 \\ 0.574 \end{pmatrix} m$ **Massenmittelpunkt**

Beispiel 11.35:

Oberfläche einer Funktion über einem Kreis ($x^2 + y^2 \le r^2$):

$f(x, y) := 4 - x^2 - y^2$ Flächenfunktion

$i := 1, 2 .. 20$ $j := 1, 2 .. 20$ Bereichsvariablen

$z_{i,j} := f\left(\frac{i - 10}{5}, \frac{j - 10}{5}\right)$ Matrix der Funktionswerte

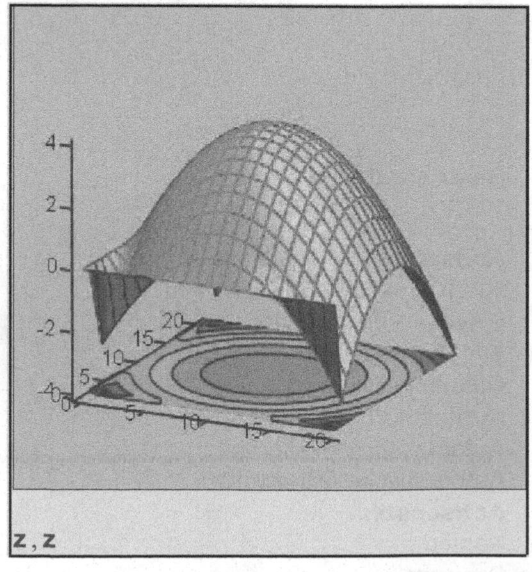

Abb. 11.13

Allgemein:
Achsenformat: Ecke
Bilder: Rahmen anzeigen, 3D-Rahmen
Diagramm 1: Flächendiagramm
Diagramm 2: Umrissdiagramm
Achsen:
Gitter: Automatische Gitterweite
Achsenformat: Nummeriert
Achsenbegrenzungen: Automatische Skalierung
Darstellung:
Diagramm 1:
Füllungsoptionen: Fläche füllen, Gouraud Schattierung, Volltonfarbe
Linienoption: Drahtmodell, Volltonfarbe
Diagramm 2:
Füllungsoptionen: Umrisse füllen
Linienoption: Umrisslinien, Volltonfarbe

$r := 2$ Radius des kreisförmigen Integralbereichs

$$A_O := \int_{-r}^{r}\int_{-\sqrt{r^2-x^2}}^{\sqrt{r^2-x^2}} \sqrt{1+\left(\frac{d}{dx}f(x,y)\right)^2+\left(\frac{d}{dy}f(x,y)\right)^2}\,dy\,dx$$

$A_O = 36.177$ **Maßzahl der Oberfläche**

Mit ebenen Polarkoordinaten ($x = \rho \cos(\varphi)$; $y = \rho \sin(\varphi)$) und symbolischer Auswertung folgt:

$$\int_0^{2\cdot\pi}\int_0^r \sqrt{1+4\cdot\rho^2}\cdot\rho\,d\rho\,d\varphi \quad \text{ergibt} \quad \frac{1}{6}\cdot\pi\cdot\left(1+4\cdot r^2\right)^{\frac{3}{2}} - \frac{1}{6}\cdot\pi$$

$$\frac{1}{6}\cdot\pi\cdot\left(1+4\cdot r^2\right)^{\frac{3}{2}} - \frac{1}{6}\cdot\pi = 36.177$$

Maßzahl der Oberfläche

Beispiel 11.36:

Symbolische Optimierung:

Normalerweise kommunizieren die numerischen und symbolischen Prozessoren von Mathcad nicht miteinander. Wir können jedoch über Menü-Extras-Optimieren veranlassen, dass bei einer numerischen Auswertung der symbolische Prozessor zur Hilfestellung angefordert wird, bevor eine Auswertung vorgenommen wird. Dabei wird der Bereich der Auswertung mit einem Stern markiert. Wenn eine einfachere Form des eingegebenen Ausdrucks gefunden wird, wird der äquivalente einfachere Ausdruck ausgewertet. Wird ein solcher Ausdruck gefunden, so wird er mit einem roten Stern markiert, der mit einem Doppelklick (oder Klick der rechten Maustaste auf den auszuwertenden Ausdruck und Optimierung anzeigen) angezeigt wird. Die Optimierung kann im gleichen Menü oder im Menü-Extras wieder entfernt werden.

Symbolische und numerische Auswertung:

$$\int_0^u\int_0^v\int_0^w \left(\frac{x}{2}\right)^2+\left(\frac{y}{2}\right)^2+\left(\frac{z}{2}\right)^2\,dx\,dy\,dz \quad \text{ergibt} \quad \frac{u\cdot v\cdot w\cdot\left(u^2+v^2+w^2\right)}{12}$$

$v := v$ Redefinition

$$\int_0^u\int_0^v\int_0^w \left(\frac{x}{2}\right)^2+\left(\frac{y}{2}\right)^2+\left(\frac{z}{2}\right)^2\,dx\,dy\,dz \text{ vereinfachen} \rightarrow \frac{u\cdot v\cdot w\cdot\left(u^2+v^2+w^2\right)}{12}$$

$u := 2$ $v := 2$ $w := 2$ gewählte Grenzen

$$\frac{u\cdot v\cdot w\cdot\left(u^2+v^2+w^2\right)}{12} = 8$$

numerische Lösung des Dreifachintegrals

Optimierung des Ausdrucks:

$$A := \int_0^u \int_0^v \int_0^w \left(\frac{x}{2}\right)^2 + \left(\frac{y}{2}\right)^2 + \left(\frac{z}{2}\right)^2 \, dx\, dy\, dz \quad *$$

Ein optimierter Ausdruck wird mit einem Stern (*) markiert!
Integral markieren, Menü-Extras-Optimieren-Gleichung wählen oder über Dialogfeld mit rechter Maustaste auf den Ausdruck.

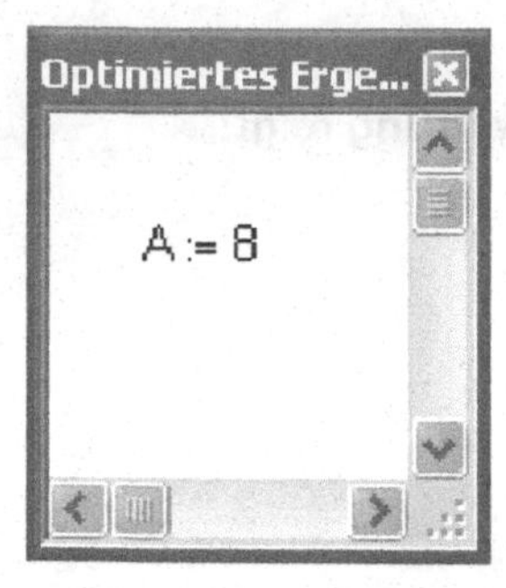

Mit einem Doppelklick auf den optimierten Ausdruck oder einem Klick der rechten Maustaste auf den auszuwertenden Ausdruck (Optimierung anzeigen) erscheint dieses Fenster mit dem Resultat.

Abb. 11.14

Anmerkungsauswahl...
Autom. Auswahl
Romberg
Adaptiv
Unendlich an der Integrationsgrenze
Singularität an der Integrationsgrenze
Ausschneiden
Kopieren
Einfügen
Eigenschaften...
Auswertung deaktivieren

Dieses Dialogfeld erhalten wir durch Klick mit der rechten Maustaste auf das Integral.

Zum Vergleich die numerische Auswertung:

$u := 2 \qquad v := 2 \qquad w := 2$

$$\int_0^u \int_0^v \int_0^w \left[\left(\frac{x}{2}\right)^2 + \left(\frac{y}{2}\right)^2 + \left(\frac{z}{2}\right)^2\right] dx\, dy\, dz = 8$$

Abb. 11.15

Beispiel 11.37:

Wie groß ist das Volumen eines Drehzylinders mit Radius R und Höhe h?

$$V_Z = \int_0^{2\cdot\pi} \int_0^R \int_0^h \rho \, dz\, d\rho\, d\varphi \rightarrow V_Z = \pi\cdot R^2\cdot h$$

$$V_Z(R,h) := \int_0^{2\cdot\pi} \int_0^R \int_0^h \rho \, dz\, d\rho\, d\varphi$$

$V_Z(R,h) \rightarrow \pi\cdot R^2\cdot h \qquad\qquad V_Z(0.5\cdot m, 1\cdot m) = 0.785\cdot m^3$

Beispiel 11.38:

Wie groß ist das Volumen einer Kugel mit Radius R?

$$V_K = \int_0^{2\cdot\pi}\int_0^{\pi}\int_0^{R} \rho^2\cdot\sin(\theta)\,d\rho\,d\theta\,d\varphi \rightarrow V_K = \frac{4\cdot\pi\cdot R^3}{3}$$

$$V_K(R) := \int_0^{2\cdot\pi}\int_0^{\pi}\int_0^{R} \rho^2\cdot\sin(\theta)\,d\rho\,d\theta\,d\varphi$$

$$V_K(R) \rightarrow \frac{4\cdot\pi\cdot R^3}{3} \qquad V_K(1\cdot m) = 4.189\cdot m^3$$

Beispiel 11.39:

Eine Parabel mit der Gleichung $z = y^2$ rotiert um die z-Achse. Das Volumen des entstehenden Paraboloides soll berechnet werden, wenn die Höhe des Paraboloides h = 9 ist.

$$V_p = \int_{-3}^{3}\int_{-\sqrt{9-x^2}}^{\sqrt{9-x^2}}\int_{x^2+y^2}^{9} 1\,dz\,dy\,dx \rightarrow V_p = \int_{-3}^{3} \frac{4\cdot\left(9-x^2\right)^{\frac{3}{2}}}{3}\,dx$$

Nicht vollständig auswertbar!

In Zylinderkoordinaten:

$$V_p = \int_0^{2\cdot\pi}\int_0^{3}\int_{r^2}^{9} r\,dz\,dr\,d\varphi \rightarrow V_p = \frac{81\cdot\pi}{2}$$

Maßzahl des Volumens

12. Potenzreihen, Taylorreihen und Laurentreihen

Auswertungsmöglichkeiten einer Funktionenreihe:

- **Variable mit Cursor (_|) markieren, im Menü-Symbolik Auswertungsformat und Menü-Symbolik-Variable-Reihenentwicklung wählen.**
- **Symboloperator ▪→ und Schlüsselwort "reihe".**
- **Numerische Auswertung mit dem "=" Operator.**

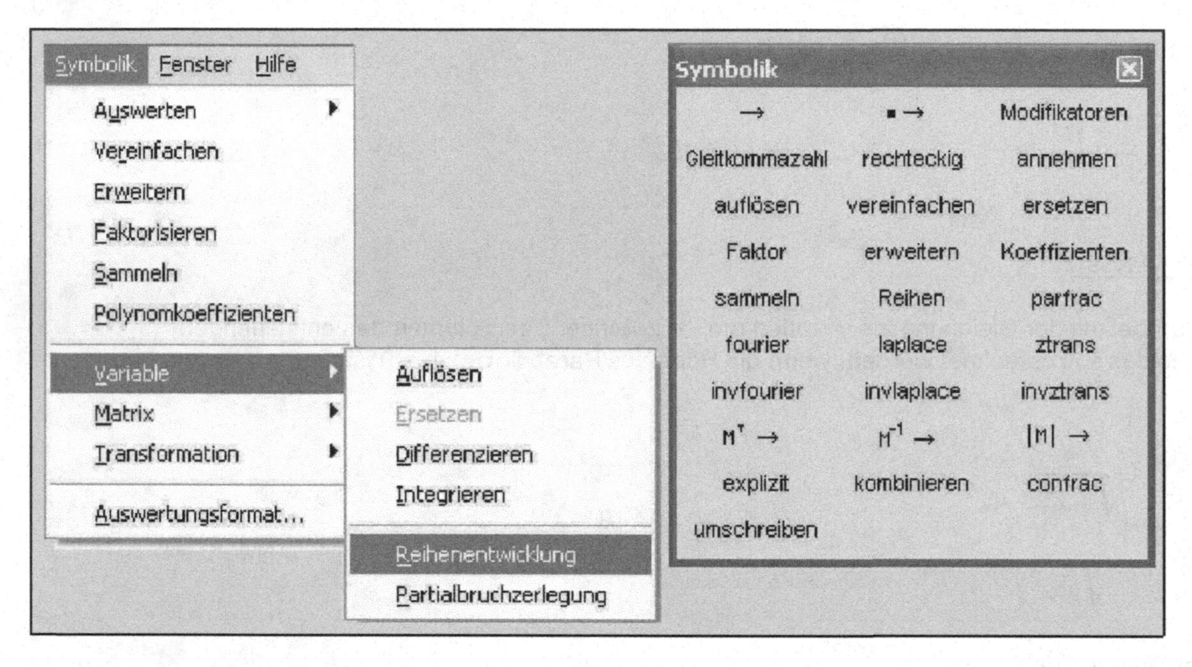

Abb. 12.1

12.1 Potenzreihen

Funktionen der Form $s(x) = \sum_{k=0}^{\infty} \left(a_k \cdot x^k\right)$ **heißen Potenzreihen.**

Die Reihe konvergiert, wenn $|x| < r$ **mit** $r = \lim_{k \to \infty} \left| \frac{a_k}{a_{k+1}} \right|$.

r nennen wir den Konvergenzradius.

12.2 Taylorreihen

Für eine beliebig oft differenzierbare Funktion y = f(x) heißt

$$s_{x0}(x) = \sum_{n=0}^{\infty} \left[\frac{f^{(n)}(x_0)}{n!} \cdot (x - x_0)^n \right] \quad \textbf{bzw.} \quad s(x) = \sum_{n=0}^{\infty} \left[\frac{f^{(n)}(0)}{n!} \cdot x^n \right]$$

Taylorreihe der Funktion y = f(x) mit der Entwicklungsstelle x_0 bzw. $x_0 = 0$.

a) Die Taylorreihe kann auch in folgender Form geschrieben werden:

$$s_{x0}(x) = \sum_{k=0}^{n} \left[\frac{f^{(k)}(x_0)}{k!} \cdot (x - x_0)^k \right] + R_{n+1}(x)$$ **n-tes Taylorpolynom + Restglied**

b) Für das Restglied $R_{n+1}(x)$ gilt z. B. die Abschätzung nach Lagrange:

$$\left|R_{n+1}(x)\right| \le \max \left[\left| \frac{f^{(n+1)}\left[x_0 + \theta \cdot (x - x_0)\right]}{(n+1)!} \cdot (x - x_0)^{n+1} \right| \right]$$ **Maximaler Wert für $\in] 0, 1 [$.**

Bemerkung:
Für alternierende Reihen gilt auch die Abschätzung:

$$\left|R_{n+1}(x)\right| \le \left| \frac{f^{(n+1)}(0)}{(n+1)!} \cdot x^{n+1} \right|$$

Beispiel 12.1:

Variable mit Cursor (_|) markieren, im Menü-Symbolik Auswertungsformat und Menü-Symbolik-Variable-Reihenentwicklung wählen (Entwicklung an der Stelle 0):

Taylorreihe für cos(x):

$\cos(x)$ konvertiert in die Reihe $1 - \frac{x^2}{2} + \frac{x^4}{24} - \frac{x^6}{720} + \frac{x^8}{40320}$

Symboloperator und Schlüsselwörter (Entwicklung an der Stelle x = 0):

$$\cos(x) \text{ Reihen}, x, 9 \rightarrow 1 - \frac{x^2}{2} + \frac{x^4}{24} - \frac{x^6}{720} + \frac{x^8}{40320}$$

Achtung auf den Grad der abgebrochenen Reihe!

Bestimmung der Koeffizienten der (abgebrochenen) Reihe:

$$\cos(x) \text{ Reihen}, x, 8 \rightarrow 1 - \frac{x^2}{2} + \frac{x^4}{24} - \frac{x^6}{720}$$

$$\mathbf{c} := 1 - \frac{1}{2} \cdot x^2 + \frac{1}{24} \cdot x^4 - \frac{1}{720} \cdot x^6 \text{ Koeffizienten}, x \rightarrow \begin{pmatrix} 1 \\ 0 \\ -\frac{1}{2} \\ 0 \\ \frac{1}{24} \\ 0 \\ -\frac{1}{720} \end{pmatrix}$$

$$\mathbf{c}^T \rightarrow \begin{pmatrix} 1 & 0 & -\frac{1}{2} & 0 & \frac{1}{24} & 0 & -\frac{1}{720} \end{pmatrix}$$

$$\mathbf{c}^T = \begin{pmatrix} 1 & 0 & -0.5 & 0 & 0.042 & 0 & -0.001 \end{pmatrix}$$

Restglied nach Lagrange:

$$R_{2n}(x) = (-1)^n \cdot \frac{x^{2 \cdot n}}{(2n)!}$$

Konvergenzintervall:

$$a_n = (-1)^n \cdot \frac{1}{(2 \cdot n)!} \qquad r = \lim_{n \to \infty} \left| \frac{a_n}{a_{n+1}} \right|$$

$$\lim_{n \to \infty} \frac{\frac{1}{2 \cdot n!}}{\frac{1}{(2 \cdot n + 2)!}} \rightarrow \infty$$

$\mathbb{R}$ =] - r, r [=] - ∞, ∞ [

Grafische Veranschaulichung:

$a := 4 \qquad x := -a, -a + 0.002 .. a$ Bereichsvariable

$f(x) := \cos(x)$ gegebene Funktion

$f_1(x) := 1 - \frac{1}{2} \cdot x^2$

$f_2(x) := 1 - \frac{1}{2} \cdot x^2 + \frac{1}{24} \cdot x^4$ Partialsummen (Näherungspolynome) der Taylorreihe

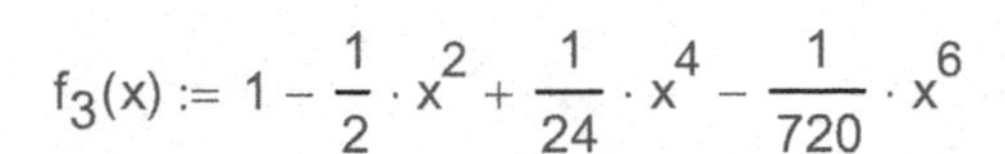

$f_3(x) := 1 - \frac{1}{2} \cdot x^2 + \frac{1}{24} \cdot x^4 - \frac{1}{720} \cdot x^6$

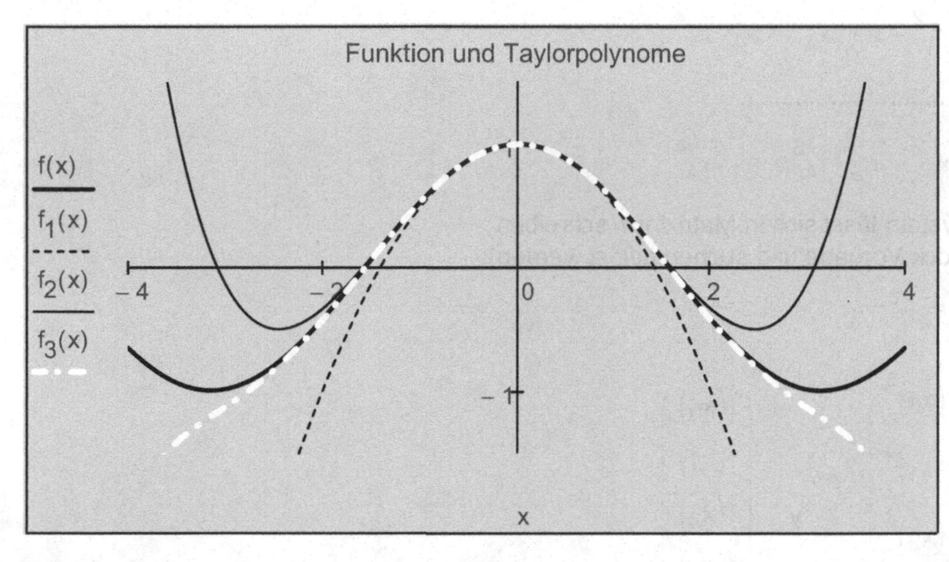

Achsenbeschränkung:
y-Achse: -1.5 bis 1.5
X-Y-Achsen:
Nummeriert
Automatische Skalierung
Automatische Gitterweite
Achsenstil:
Kreuz
Spuren:
Spur 1 bis Spur 4
Typ Linien
Beschriftungen:
Titel oben

Abb. 12.2

Beispiel 12.2:

Die Funktion $f(x) = \cos(x)^2$ soll an den Stützstellen x_0-h, x_0-h/2, x_0, x_0+h/2 und x_0+h mit h = π/2 durch ein Näherungspolynom angenähert werden. Dieses Näherungspolynom soll grafisch mit einem geeigneten Taylorpolynom verglichen werden. Für x_0 soll vorerst 0 angenommen werden.

$ORIGIN := 0$ ORIGIN festlegen

$f(x) := \cos(x)^2$ gegebene Funktion

$h := \frac{\pi}{2}$ Schrittweite

$x_0 := 0$

$x_1 := x_0 - h$

$x_2 := x_0 - \frac{h}{2}$ Stützstellen

$x_3 := x_0 + \frac{h}{2}$

$x_4 := x_0 + h$

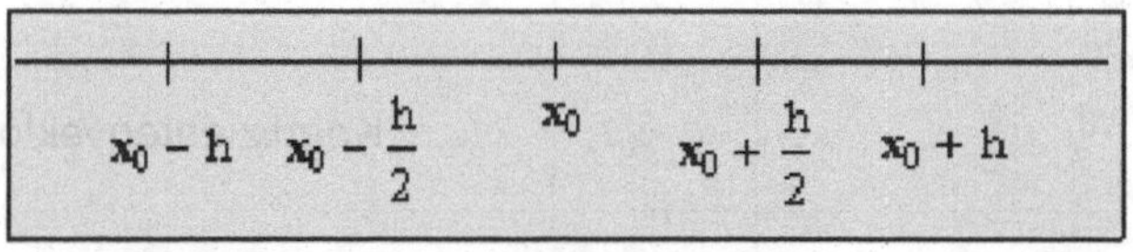

$x_0 - h \quad x_0 - \frac{h}{2} \quad x_0 \quad x_0 + \frac{h}{2} \quad x_0 + h$

Abb. 12.3

$\mathbf{x}^T = (0\ \ -1.571\ \ -0.785\ \ 0.785\ \ 1.571)$ Stützstellenvektor

$\mathbf{x}^T \rightarrow \left(0\ \ -\frac{\pi}{2}\ \ -\frac{\pi}{4}\ \ \frac{\pi}{4}\ \ \frac{\pi}{2}\right)$ symbolische Auswertung

Zu bestimmen sind die Koeffizienten des Näherungspolynoms:

$f(x) = a_0 + a_1 \cdot x^1 + a_2 \cdot x^2 + a_3 \cdot x^3 + a_4 \cdot x^4$

Setzen wir die Stützstellen ein, so erhalten wir das folgende lineare Gleichungssystem:

$f(x_0) = a_0 + a_1 \cdot x_0^1 + a_2 \cdot x_0^2 + a_3 \cdot x_0^3 + a_4 \cdot x_0^4$

$f(x_1) = a_0 + a_1 \cdot x_1^1 + a_2 \cdot x_1^2 + a_3 \cdot x_1^3 + a_4 \cdot x_1^4$

....

$f(x_4) = a_0 + a_1 \cdot x_4^1 + a_2 \cdot x_4^2 + a_3 \cdot x_4^3 + a_4 \cdot x_4^4$

Dieses lineare Gleichungssystem lässt sich in Matrixform schreiben (könnte auch mit Lösungsblock Vorgabe und suchen gelöst werden):

$\mathbf{K} \cdot \mathbf{a} = \mathbf{y}$

$$\mathbf{K} := \begin{bmatrix} 1 & \mathbf{x}_0 & (\mathbf{x}_0)^2 & (\mathbf{x}_0)^3 & (\mathbf{x}_0)^4 \\ 1 & \mathbf{x}_1 & (\mathbf{x}_1)^2 & (\mathbf{x}_1)^3 & (\mathbf{x}_1)^4 \\ 1 & \mathbf{x}_2 & (\mathbf{x}_2)^2 & (\mathbf{x}_2)^3 & (\mathbf{x}_2)^4 \\ 1 & \mathbf{x}_3 & (\mathbf{x}_3)^2 & (\mathbf{x}_3)^3 & (\mathbf{x}_3)^4 \\ 1 & \mathbf{x}_4 & (\mathbf{x}_4)^2 & (\mathbf{x}_4)^3 & (\mathbf{x}_4)^4 \end{bmatrix} \qquad \mathbf{y} := \begin{pmatrix} f(\mathbf{x}_0) \\ f(\mathbf{x}_1) \\ f(\mathbf{x}_2) \\ f(\mathbf{x}_3) \\ f(\mathbf{x}_4) \end{pmatrix}$$

$|\mathbf{K}| = 25.721$ Es liegt eine reguläre Matrix vor!

Die gesuchten Koeffizienten ergeben sich dann aus:

$\mathbf{a} = \mathbf{K}^{-1} \cdot \mathbf{y}$

Die Koeffizientenmatrix kann auch in einfacherer Weise hergestellt werden: Mit n:= 5 (Anzahl der Datenpunkte) und den Bereichsvariablen i:= 0..n-1, j:= 0..n-1 (ORIGIN = 0) erzeugen wir die Koeffizientenmatrix durch $K_{i,j} := (x_i)^j$ oder mit der Zuweisung $K^{\langle i \rangle} := x^i$.

$\mathbf{a} := \mathbf{K}^{-1} \cdot \mathbf{y} \qquad \mathbf{a} = \begin{pmatrix} 1 \\ 0 \\ -0.946 \\ 0 \\ 0.219 \end{pmatrix}$ Koeffizientenvektor

Das gesuchte Näherungspolynom lautet somit:

$$P(x) := \mathbf{a}_0 + \sum_{k=1}^{4} \left(\mathbf{a}_k \cdot x^k\right)$$

Stützstellen :

$$\mathbf{P} := \text{erweitern}(\mathbf{x}, \mathbf{y}) \qquad \mathbf{P} = \begin{pmatrix} 0 & 1 \\ -1.571 & 0 \\ -0.785 & 0.5 \\ 0.785 & 0.5 \\ 1.571 & 0 \end{pmatrix}$$

Taylorpolynom zum Vergleich:

$$g1(x) := f(x) \left| \begin{array}{l} \text{Reihen}, x = \mathbf{x}_0, 5 \\ \text{Gleitkommazahl}, 4 \end{array} \right. \rightarrow 1.0 - 1.0 \cdot x^2 + 0.3333 \cdot x^4$$

$x := -4, -4 + 0.01 .. 4$ Bereichsvariable

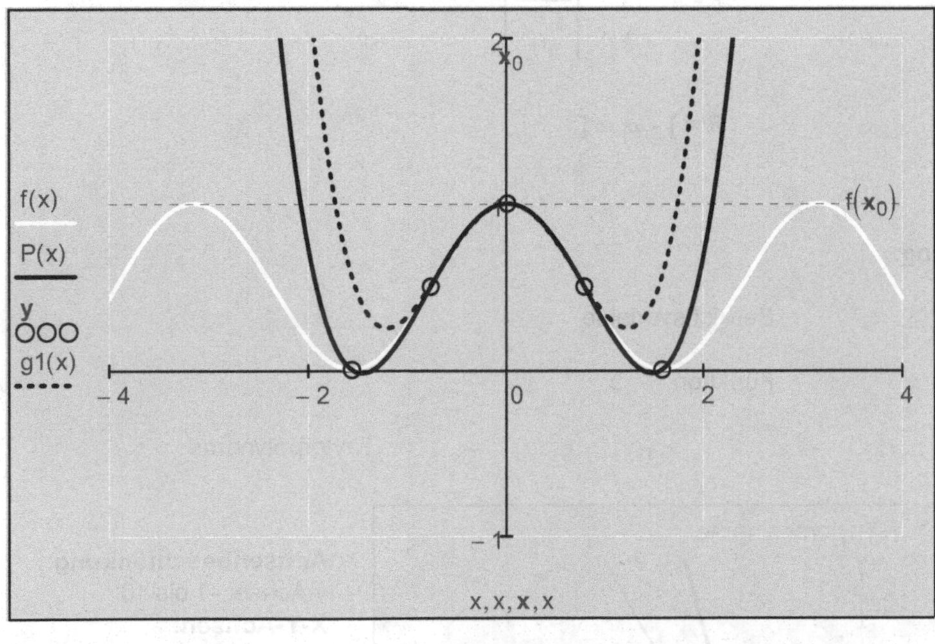

Achsenbeschränkung:
y-Achse: -1 bis 2
X-Y-Achsen:
Gitterlinien
Nummeriert
Automatische Skalierung
Markierung anzeigen:
x-Achse: $\mathbf{x}_0$
y-Achse: f($\mathbf{x}_0$)
Automatische Gitterweite
Achsenstil:
Kreuz
Spuren:
Spur 1, Spur 2 und Spur 4
Typ Linien
Spur 3
Symbol Kreis,
Typ Punkte

Abb. 12.4

Vergleichen Sie z. B. auch x_0 = -1 oder x_0 = 1!

Beispiel 12.3:

Variable mit Cursor (_|) markieren, im Menü-Symbolik Auswertungsformat und Menü-Symbolik-Variable-Reihenentwicklung wählen (Entwicklung an der Stelle x = 0):

e^x konvertiert in die Reihe $1 + x + \frac{x^2}{2} + \frac{x^3}{6} + \frac{x^4}{24} + \frac{x^5}{120} + \frac{x^6}{720} + \frac{x^7}{5040}$

Symboloperator und Schlüsselwörter (Entwicklung an der Stelle x = 0):

$f(x) := e^x$

$g(x) := f(x)$ Reihen, x, 8 $\rightarrow 1 + x + \frac{x^2}{2} + \frac{x^3}{6} + \frac{x^4}{24} + \frac{x^5}{120} + \frac{x^6}{720} + \frac{x^7}{5040}$

Restglied nach Lagrange:

$$R_{n+1}(x) = \frac{x^{n+1}}{(n+1)!} \cdot e^{\theta \cdot x}$$

Konvergenzintervall:

$a_n = \frac{1}{n!}$ $\qquad r = \lim_{n \to \infty} \left| \frac{a_n}{a_{n+1}} \right|$

$\lim_{n \to \infty} \frac{\frac{1}{n!}}{\frac{1}{(n+1)!}}$ ergibt ∞ $\qquad \mathbb{R} =]-\infty, \infty[$

Grafische Veranschaulichung:

$a := 4$ $\qquad x := -a, -a + 0.02 .. a$ $\qquad$ Bereichsvariable

$f(x) := e^x$ $\qquad$ Funktion

$g_1(x) := 1 + x$ $\qquad g_2(x) := g_1(x) + \frac{1}{2} \cdot x^2$ $\qquad g_3(x) := g_2(x) - \frac{1}{6} \cdot x^3$ $\qquad$ Taylorpolynome

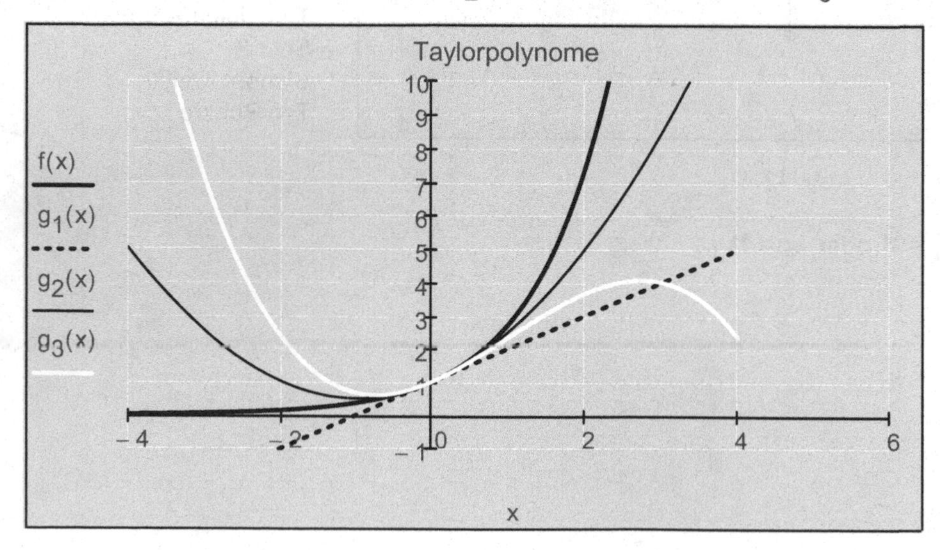

Achsenbeschränkung:
y-Achse: -1 bis 10
X-Y-Achsen:
Gitterlinien
Nummeriert
Automatische Skalierung
Automatische Gitterweite
Anzahl der Gitterlinien 11
Achsenstil:
Kreuz
Spuren:
Spur 1 bis Spur 4
Typ Linien

Abb. 12.5

Beispiel 12.4:

$\ln(x1 + 1)$ Reihen, x1, 8 $\rightarrow x1 - \frac{x1^2}{2} + \frac{x1^3}{3} - \frac{x1^4}{4} + \frac{x1^5}{5} - \frac{x1^6}{6} + \frac{x1^7}{7} - \frac{x1^8}{8}$

Für ln(x) ist eine Entwicklung an der Stelle 0 nicht möglich, aber z. B. an der Stelle x =

$\ln(x1)$ Reihen, x1 = 1, 6 $\rightarrow -1 + x1 - \frac{(x1-1)^2}{2} + \frac{(x1-1)^3}{3} - \frac{(x1-1)^4}{4} + \frac{(x1-1)^5}{5} - \frac{(x1-1)^6}{6}$

Beispiel 12.5:

$\operatorname{atan}(x1)$ Reihen, x1, 12 $\rightarrow x1 - \frac{x1^3}{3} + \frac{x1^5}{5} - \frac{x1^7}{7} + \frac{x1^9}{9} - \frac{x1^{11}}{11}$ konvergiert für $|x| \le 1$

Beispiel 12.6:

$\tan(x1)$ Reihen, x1, 12 $\rightarrow x1 + \frac{x1^3}{3} + \frac{2 \cdot x1^5}{15} + \frac{17 \cdot x1^7}{315} + \frac{62 \cdot x1^9}{2835} + \frac{1382 \cdot x1^{11}}{155925}$

Beispiel 12.7:

$\frac{1 + \sin(\omega)}{\cos(\omega)}$ Reihen, ω, 8 $\rightarrow 1 + \omega + \frac{\omega^2}{2} + \frac{\omega^3}{3} + \frac{5 \cdot \omega^4}{24} + \frac{2 \cdot \omega^5}{15} + \frac{61 \cdot \omega^6}{720} + \frac{17 \cdot \omega^7}{315}$

Beispiel 12.8

$t_0 := 1$ Entwicklungsstelle

$f(t) := \sin(t)$ Reihen, $t = t_0$, O, 4 $\rightarrow \sin(1) + \cos(1) \cdot (t-1) - \frac{\sin(1) \cdot (t-1)^2}{2} - \frac{\cos(1) \cdot (t-1)^3}{6}$

$f(1) = 0.841$

Beispiel 12.9:

Die Funktion f(x) = 1 / x ist an der Stelle x = 0 nicht entwickelbar.
Wir wählen die Entwicklungsstelle x = 1.

$\frac{1}{x1}$ Reihen, x1 = 1, 6 $\rightarrow 2 - x1 + (x1-1)^2 - (x1-1)^3 + (x1-1)^4 - (x1-1)^5$

Die Transformationen u = x - 1 bzw. x = u + 1 führen auch zum gleichen Ergebnis:

$\frac{1}{u+1}$ | Reihen, u, 6 | ersetzen, u = x1 − 1 $\rightarrow 1 - (x1-1) + (x1-1)^2 - (x1-1)^3 + (x1-1)^4 - (x1-1)^5$

Beispiel 12.10:

Entwicklung der Binomialreihe:

$(1 + x1)^n$ Reihen, x1, 4 $\rightarrow 1 + n \cdot x1 - x1^2 \cdot \left(\frac{n}{2} - \frac{n^2}{2}\right) - x1^3 \cdot \left[n \cdot \left(\frac{n}{4} - \frac{n^2}{6}\right) - \frac{n}{3} + \frac{n^2}{4}\right]$

Beispiel 12.11:

$\sinh(x1)$ Reihen, x1, 12 $\rightarrow x1 + \frac{x1^3}{6} + \frac{x1^5}{120} + \frac{x1^7}{5040} + \frac{x1^9}{362880} + \frac{x1^{11}}{39916800}$

$\cosh(x1)$ Reihen, x1, 12 $\rightarrow 1 + \frac{x1^2}{2} + \frac{x1^4}{24} + \frac{x1^6}{720} + \frac{x1^8}{40320} + \frac{x1^{10}}{3628800}$

Beispiel 12.12:

Vergleich der Reihenentwicklung von reellen und komplexen Funktionen:

$\cosh(j \cdot x1)$ Reihen, x1, 10 $\rightarrow 1 - \frac{x1^2}{2} + \frac{x1^4}{24} - \frac{x1^6}{720} + \frac{x1^8}{40320}$

$\cos(x1)$ Reihen, x1, 10 $\rightarrow 1 - \frac{x1^2}{2} + \frac{x1^4}{24} - \frac{x1^6}{720} + \frac{x1^8}{40320}$

Damit gilt: $\cosh(j \cdot x) = \cos(x)$

$\cosh(x1)$ Reihen, x1, 10 $\rightarrow 1 + \frac{x1^2}{2} + \frac{x1^4}{24} + \frac{x1^6}{720} + \frac{x1^8}{40320}$

$\cos(j \cdot x1)$ Reihen, x1, 10 $\rightarrow 1 + \frac{x1^2}{2} + \frac{x1^4}{24} + \frac{x1^6}{720} + \frac{x1^8}{40320}$

Damit gilt: $\cos(j \cdot x) = \cosh(x)$

Beispiel 12.13:

Vergleich von Realteil und Imaginärteil der Reihenentwicklung der komplexen Exponentialfunktionen mit der Basis e:

$e^{j \cdot x1}$ Reihen, x1, 8 $\rightarrow 1 + x1 \cdot j - \frac{x1^2}{2} + -\frac{x1^3 \cdot j}{6} + \frac{x1^4}{24} + \frac{x1^5 \cdot j}{120} - \frac{x1^6}{720} + -\frac{x1^7 \cdot j}{5040}$

$e^{-j \cdot x1}$ Reihen, x1, 8 $\rightarrow 1 + -x1 \cdot j - \frac{x1^2}{2} + \frac{x1^3 \cdot j}{6} + \frac{x1^4}{24} + -\frac{x1^5 \cdot j}{120} - \frac{x1^6}{720} + \frac{x1^7 \cdot j}{5040}$

$\cos(x1)$ Reihen, x1, 8 $\rightarrow 1 - \frac{x1^2}{2} + \frac{x1^4}{24} - \frac{x1^6}{720}$

$\sin(x1)$ Reihen, x1, 8 $\rightarrow x1 - \frac{x1^3}{6} + \frac{x1^5}{120} - \frac{x1^7}{5040}$

Damit ergeben sich durch Vergleich die Euler'schen Beziehungen:

$e^{j \cdot x} = \cos(x) + j \cdot \sin(x)$ **und** $e^{-j \cdot x} = \cos(x) - j \cdot \sin(x)$

Beispiel 12.14:

Reihenentwicklung für Funktionen in mehr als einer Variablen (auf die Theorie wird hier nicht näher eingegangen):

$f(x, y) = e^x + y^2$ für x = 1 und y = 0 ; f(x,y) = sin(x + y) für x = 0 und y = 0 ;
f(s, t) = ln(s + t/2) für s = - 1 und t = 4.

$$e^{x1} + y1^2 \text{ Reihen}, x1 = 1, y1, 4 \rightarrow e + y1^2 + e \cdot (x1 - 1) + \frac{e \cdot (x1-1)^2}{2} + \frac{e \cdot (x1-1)^3}{6}$$

$$\sin(x1 + y1) \text{ Reihen}, x1, y1, 4 \rightarrow y1 - \frac{y1^3}{6} + x1 - \frac{x1 \cdot y1^2}{2} - \frac{x1^2 \cdot y1}{2} - \frac{x1^3}{6}$$

$$\ln\left(s + \sqrt{t}\right) \text{ Reihen}, s = -1, t = 4, 2 \rightarrow \frac{t}{4} - \frac{3 \cdot (t-4)^2}{64} + s - \frac{(s+1) \cdot (t-4)}{4} - \frac{(s+1)^2}{2}$$

Beispiel 12.15:

Mehrdimensionale Taylor-Approximation im grafischen Vergleich mit der Originalfunktion.

$ORIGIN := 0$

$f(x, y) := \sin\left(\frac{x}{3}\right) \cdot \cos(2 \cdot y)$ Flächenfunktion

$n := 5$

$g := n + 1$ Grad der Approximation

$x_0 := 0$ $y_0 := 0$ Entwicklungspunkt der Taylorentwicklung

$x_0 - r \le x \le x_0 + r$

$y_0 - r \le y \le y_0 + r$ Definitionsbereich (Region) der Darstellung

Taylorpolynom:

$$P(x, y) := f(x, y) \text{ Reihen}, x = x_0, y = y_0, g \rightarrow \frac{x}{3} - \frac{2 \cdot x \cdot y^2}{3} + \frac{2 \cdot x \cdot y^4}{9} - \frac{x^3}{162} + \frac{x^3 \cdot y^2}{81} + \frac{x^5}{29160}$$

$N := \text{ceil}(20 \cdot r)$ $N = 40$ $k := 0..N$ $j := 0..N$ Bereichsvariablen

$\mathbf{X}_{k,j} := (x_0 - r) + (2 \cdot r) \cdot \frac{k}{N}$ $\mathbf{Y}_{k,j} := (y_0 - r) + (2 \cdot r) \cdot \frac{j}{N}$ Die x- und y-Koordinaten müssen Matrizen sein!

$\mathbf{Zf}_{k,j} := f(\mathbf{X}_{k,j}, \mathbf{Y}_{k,j})$ $\mathbf{ZP}_{k,j} := P(\mathbf{X}_{k,j}, \mathbf{Y}_{k,j})$ Die z-Komponenten müssen Matrizen sein!

$\mathbf{ZD}_{k,j} := -2$ Definitionsbereich um -2 verschoben, damit die Grafik anschaulicher wird.

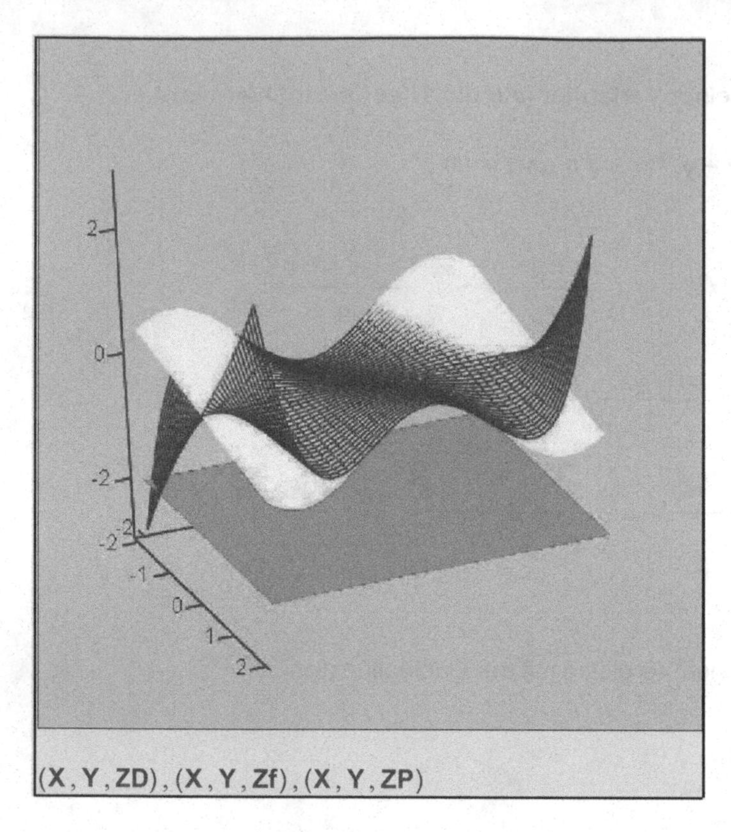

Allgemein:
Achsenformat: Ecke
Bilder: Rahmen anzeigen, 3D-Rahmen
Diagramm 1, 2, 3: Flächendiagramm
Achsen:
Gitter: Automatische Gitterweite
Achsenformat: Nummeriert
Achsenbegrenzungen: Automatische Skalierung
Darstellung:
Diagramm 1 und 2:
Füllungsoptionen: Fläche füllen, Gouraud Schattierung, Volltonfarbe
Linienoption: Keine Linien
Diagramm 3:
Füllungsoptionen: Keine Füllung
Linienoption: Drahtmodell, Volltonfarbe

Abb. 12.6

Vergleich der Originalfunktion mit dem approximierenden Taylorpolynom.

Durch die Änderung von r kann der Bereich beliebig geändert werden.
r wird hier global definiert, damit die Änderung in der Grafik sofort sichtbar wird.

12.3 Laurentreihen

Falls eine zu entwickelnde Funktion im Entwicklungspunkt eine Singularität besitzt, so liefert Mathcad die Laurententwicklung.

Ein Satz der Funktionentheorie besagt: Jede Funktion f(z), die im Inneren eines Kreisringes zwischen zwei konzentrischen Kreisen mit dem Mittelpunkt z_0 und den Radien r_1 und r_2 analytisch ist, kann in eine verallgemeinerte Potenzreihe, die Laurentreihe, entwickelt werden:

$$f(z) = \sum_{n=-\infty}^{\infty} \left[a_n \cdot (z - z_0)^n\right] = ... + a_{-1} \cdot (z - z_0)^{-1} + a_0 + a_1(z - z_0) + a_2 \cdot (z - z_0)^2 + ...$$

Den Koeffizienten a_{-1} der Potenz $(z - z_0)^{-1}$ in der Laurent-Entwicklung von f(z) bezeichnen wir als Residuum der Funktion f(z) im singulären Punkt z_0.

Beispiel 12.16:

Bestimmung von Residuen:

$$\frac{1}{x \cdot (x+3)^3}$$ Funktion

Die Funktion hat an der Stelle x = 0 einen Pol 1. Ordnung und die Entwicklung in eine Reihe liefert dadurch automatisch die Laurentreihe an der Stelle x = 0. Die Laurentreihe liefert gleichzeitig das Residuum der Funktion an der Stelle x = 0, nämlich den Koeffizienten vor 1/x. Das Residuum ist also 1/27.

$x := x$ Redefinition

$$\frac{1}{x \cdot (x+3)^3} \text{ Reihen}, x, 6 \rightarrow -\frac{1}{27} + \frac{1}{27 \cdot x} + \frac{2 \cdot x}{81} - \frac{10 \cdot x^2}{729} + \frac{5 \cdot x^3}{729} - \frac{7 \cdot x^4}{2187}$$

Es soll nun auch das Residuum an der zweiten Polstelle (x = - 3 ; Pol 3. Ordnung) ermittelt werden. Durch Transformation von u = x + 3 bzw. x = u - 3 erhalten wir:

$$\frac{1}{x \cdot (x+3)^3} \left| \begin{array}{l} \text{ersetzen}, x = u - 3 \\ \text{Reihen}, u \end{array} \right. \rightarrow -\frac{1}{81} - \frac{1}{27 \cdot u} - \frac{u}{243} - \frac{u^2}{729} - \frac{1}{9 \cdot u^2} - \frac{1}{3 \cdot u^3}$$

bzw.

$$\frac{1}{x \cdot (x+3)^3} \text{ Reihen}, x = -3, 5 \rightarrow -\frac{2}{81} - \frac{1}{27 \cdot (x+3)} - \frac{1}{9 \cdot (x+3)^2} - \frac{1}{3 \cdot (x+3)^3} - \frac{x}{243}$$

Residuum -1/27 an der Stelle u = 0 bzw. x1 = - 3 .

Beispiel 12.17:

Residuum von 1/ sin(x)² im Pol 2. Ordnung (x = 0):

$\frac{1}{\sin(x)^2}$ konvertiert in die Reihe $\frac{1}{3} + \frac{x^2}{15} + \frac{1}{x^2} + \frac{2 \cdot x^4}{189}$ **Das Residuum ist 1.**

Beispiel 12.18:

Residuum von tan(x) im Pol x = π/2:

Es wird zuerst die Transformation u = x - π/2 durchgeführt:

$x := x$ Redefinition

$$\tan(x) \left| \begin{matrix} \text{ersetzen}, x = u + \frac{\pi}{2} \\ \text{Reihen}, u = 0, 8 \end{matrix} \right. \rightarrow \frac{u}{3} - \frac{1}{u} + \frac{u^3}{45} + \frac{2 \cdot u^5}{945}$$

Das Residuum ist -1.

13. Fourierreihen und Fourierintegral

Symbolische Auswertungsmöglichkeiten (Fourierreihen und Fourier-Transformationen):

- **Variable mit Cursor (|) markieren, im Menü-Symbolik Auswertungsformat und Menü-Symbolik-Transformation-Fourier (bzw. Fourier invers) wählen.**
- **Symboloperator ▪→ und Schlüsselwörter "fourier" bzw. "invfourier".**

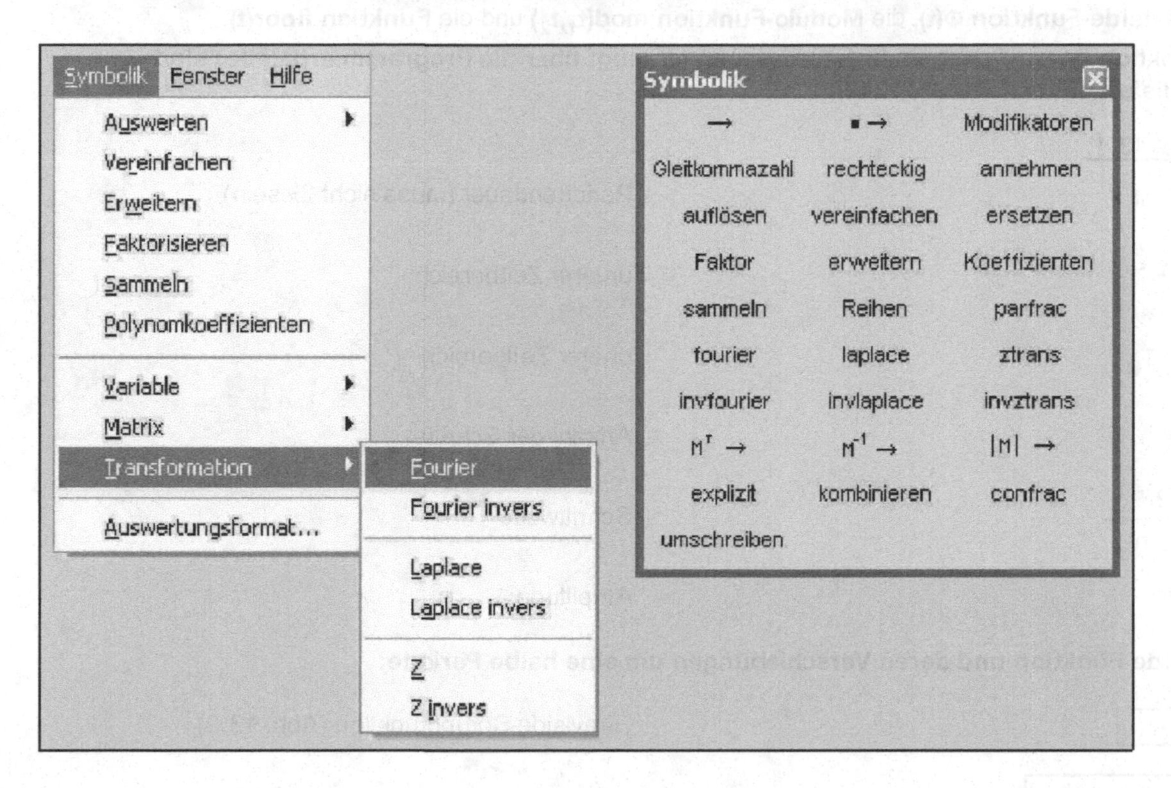

Abb. 13.1

Numerische Auswertungsmöglichkeiten:

- **Integralauswertung der Fourier-Koeffizienten.**
- **Fast-Fourier-Transformation (Schnelle diskrete Fourier-Transformation). Für diesen Zweck stehen in Mathcad mehrere Funktionen zur Verfügung.**

13.1 Darstellung von periodischen Signalen

Es gibt heute zahlreiche Teilgebiete der Physik und Technik, für die Fourierreihen unentbehrlich sind. In der Physik und Technik spielen periodische Vorgänge eine große Rolle. Sie werden durch periodische Funktionen, also Funktionen der Form **f(t + k p) = f(t)** dargestellt. Für die theoretische Untersuchung von akustischen Vorgängen, mechanischen und elektrischen Schwingungen ist die ideale Kurvenform die Sinus- oder Kosinuskurve. Mechanische und elektrische Schwingungen verlaufen jedoch in vielen Fällen nicht sinusförmig. An einigen Beispielen soll hier gezeigt werden, wie nicht sinusförmige Schwingungen mit Mathcad realisiert werden können. Zur Darstellung von periodischen Funktionen eignen sich insbesonders die **Heaviside-Funktion Φ(t)**, die **Modulo-Funktion mod(t_1,t_2)** und die **Funktion floor(t)**.

Die **Funktion "wenn"** oder ein **Unterprogramm (erzeugt über die Programmierpalette) sind ebenfalls oft unverzichtbare Hilfen.**

Beispiel 13.1:

$T_0 := 2 \cdot \pi$ Periodendauer (muss nicht 2π sein)

$t_1 := -2 \cdot T_0$ unterer Zeitbereich

$t_2 := 2 \cdot T_0$ oberer Zeitbereich

$n := 600$ Anzahl der Schritte

$\Delta t := \frac{t_2 - t_1}{n}$ Schrittweite

$A_0 := 1$ Amplitude

Heaviside-Funktion und deren Verschiebungen um eine halbe Periode:

$\sigma(t) := \Phi(t)$ Heaviside-Sprungfunktion (Abb. 13.2)

$\sigma_L(t) := \Phi\left(t + \frac{T_0}{2}\right)$ Sprungfunktion, um $T_0/2$ nach links verschoben

$\sigma_R(t) := \Phi\left(t - \frac{T_0}{2}\right)$ Sprungfunktion, um $T_0/2$ nach rechts verschoben

$\sigma_{Imp}(t) := \Phi\left(t + \frac{T_0}{2}\right) - \Phi\left(t - \frac{T_0}{2}\right)$ Rechteckimpuls im Bereich $-T_0/2 < t < T_0/2$

$f(t) := A_0 \cdot \left(\Phi(t) - 2 \cdot \Phi\left(t - \frac{T_0}{2}\right)\right)$ Zeitfunktion im Bereich $0 < t < T_0$

$t := t_1, t_1 + \Delta t .. t_2$ Zeitbereich (Bereichsvariable)

Bemerkung:

Die Heaviside-Funktion ist wie folgt definiert: $\Phi(-0.1) = 0$ $\Phi(0) = 0.5$ $\Phi(0.1) = 1$

Dies ist in den folgenden Abbildungen wegen der gewählten Grenzen und Schrittweite nicht sichtbar!

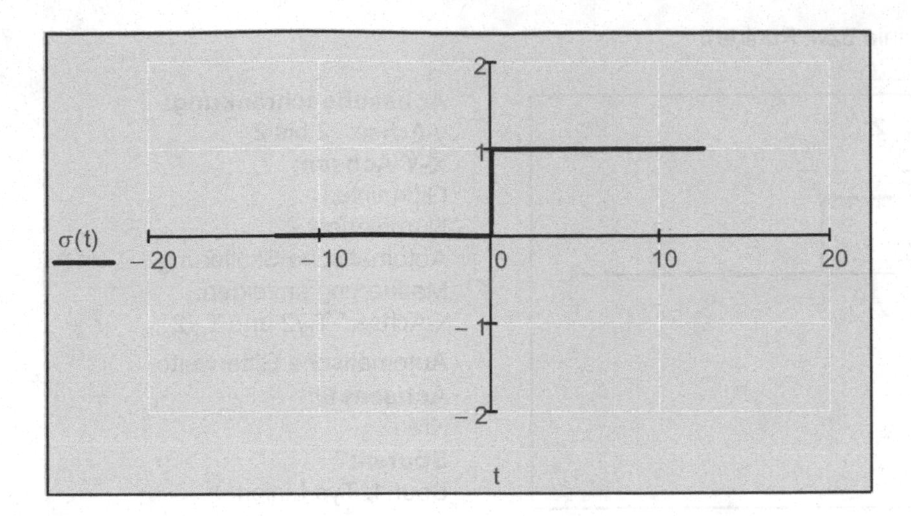

Achsenbeschränkung:
y-Achse: -2 bis 2
X-Y-Achsen:
Gitterlinien
Nummeriert
Automatische Skalierung
Automatische Gitterweite
Anzahl der Gitterlinien: 4
Achsenstil:
Kreuz
Spuren:
Spur 1: Typ Linien

Abb. 13.2

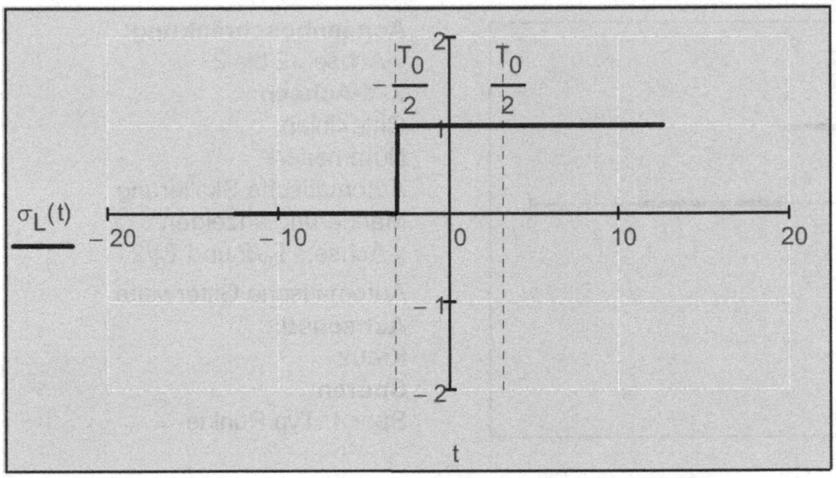

$-\frac{T_0}{2}$ $\frac{T_0}{2}$

$\sigma_L(t)$

−20 −10 0 10 20

2 1 −1 −2

t

Achsenbeschränkung:
y-Achse: -2 bis 2
X-Y-Achsen:
Gitterlinien
Nummeriert
Automatische Skalierung
Markierung anzeigen:
x-Achse: $-T_0/2$ und $T_0/2$
Automatische Gitterweite
Anzahl der Gitterlinien: 4
Achsenstil:
Kreuz
Spuren:
Spur 1: Typ Linien

Abb. 13.3

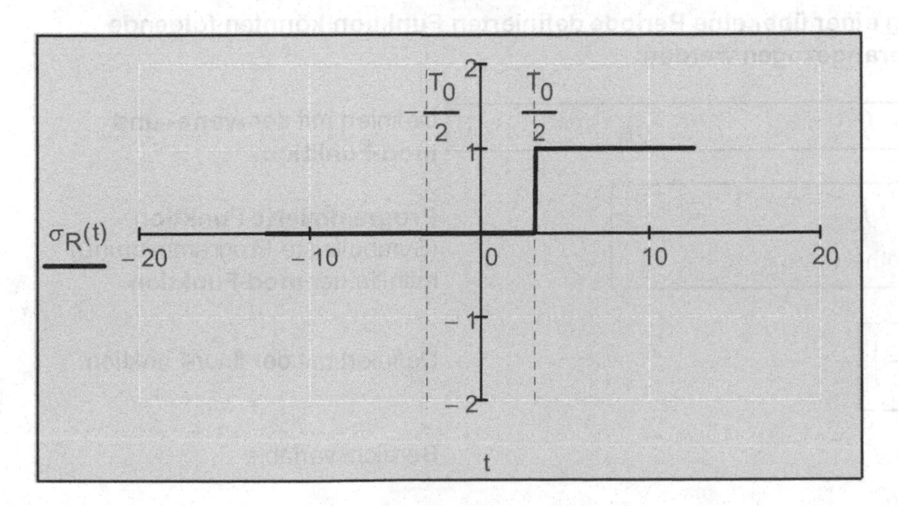

Achsenbeschränkung:
y-Achse: -2 bis 2
X-Y-Achsen:
Gitterlinien
Nummeriert
Automatische Skalierung
Markierung anzeigen:
x-Achse: $-T_0/2$ und $T_0/2$
Automatische Gitterweite
Anzahl der Gitterlinien: 4
Achsenstil:
Kreuz
Spuren:
Spur 1: Typ Linien

Abb. 13.4

Rechteckimpuls (Spur1: Format Linie bzw. Punkte):

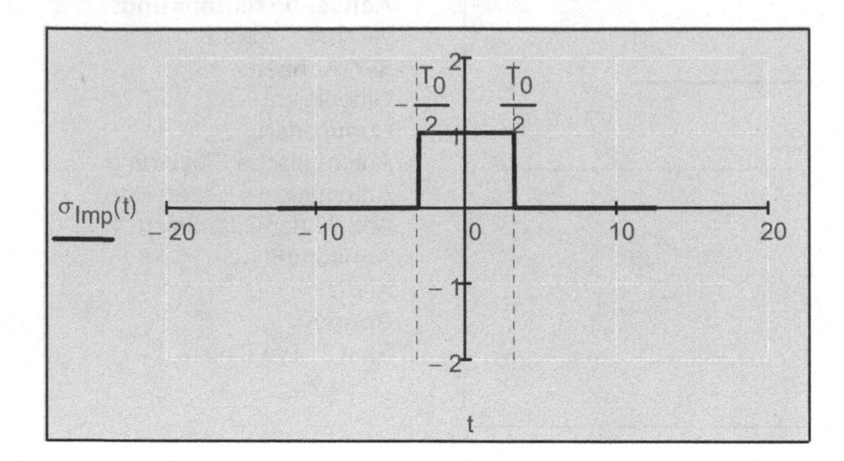

Achsenbeschränkung:
y-Achse: -2 bis 2
X-Y-Achsen:
Gitterlinien
Nummeriert
Automatische Skalierung
Markierung anzeigen:
x-Achse: $-T_0/2$ und $T_0/2$
Automatische Gitterweite
Achsenstil:
Kreuz
Spuren:
Spur 1: Typ Linien

Abb. 13.5

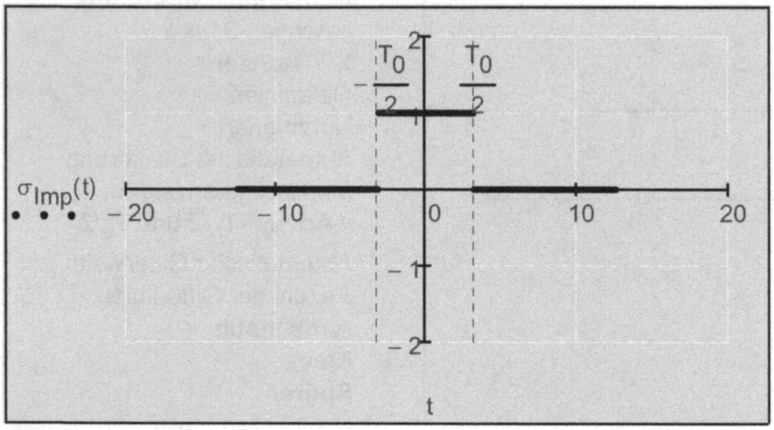

Achsenbeschränkung:
y-Achse: -2 bis 2
X-Y-Achsen:
Gitterlinien
Nummeriert
Automatische Skalierung
Markierung anzeigen:
x-Achse: $-T_0/2$ und $T_0/2$
Automatische Gitterweite
Achsenstil:
Kreuz
Spuren:
Spur 1: Typ Punkte

Abb. 13.6

Für die periodische Fortsetzung einer über eine Periode definierten Funktion könnten folgende selbstdefinierten Funktionen herangezogen werden:

$$f_{p1}(f,t,T_0) := \text{wenn}(\text{mod}(t,T_0) < 0, f(\text{mod}(t,T_0)+T_0), f(\text{mod}(t,T_0)))$$

Definiert mit der **wenn- und mod-Funktion.**

$$f_{p2}(f,t,T_0) := \begin{cases} f(\text{mod}(t,T_0)+T_0) & \text{if } \text{mod}(t,T_0) < 0 \\ f(\text{mod}(t,T_0)) & \text{otherwise} \end{cases}$$

Programmierte Funktion (Symbolleiste Programmierung) mithilfe der **mod-Funktion**.

$$f_{p3}(f,t,T_0) := f\left(t - T_0 \cdot \text{floor}\left(\frac{t}{T_0}\right)\right)$$

Definiert mit der floor-Funktion.

$t1 := 0, \Delta t .. T_0$ Bereichsvariable

$t := -2 \cdot T_0, -2 \cdot T_0 + \Delta t .. 2 \cdot T_0$ Bereichsvariable

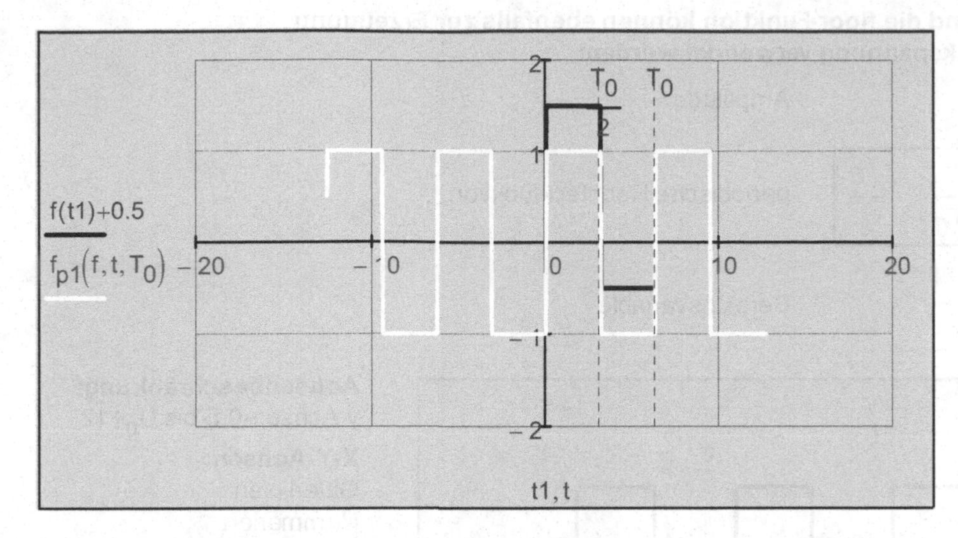

Achsenbeschränkung:
y-Achse: -2 bis 2
X-Y-Achsen:
Gitterlinien
Nummeriert
Automatische Skalierung
Markierung anzeigen:
x-Achse: $T_0/2$ und T_0
Automatische Gitterweite
Achsenstil:
Kreuz
Spuren:
Spur 1 und Spur 2
Typ Linien

Abb. 13.7

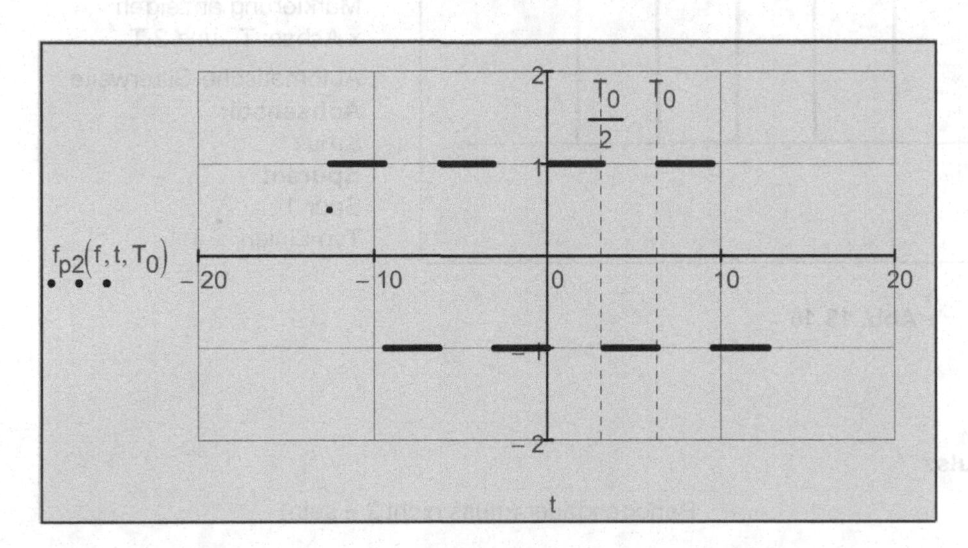

Achsenbeschränkung:
y-Achse: -2 bis 2
X-Y-Achsen:
Gitterlinien
Nummeriert
Automatische Skalierung
Markierung anzeigen:
x-Achse: $T_0/2$ und T_0
Automatische Gitterweite
Achsenstil:
Kreuz
Spuren:
Spur 1
Typ Punkte

Abb. 13.8

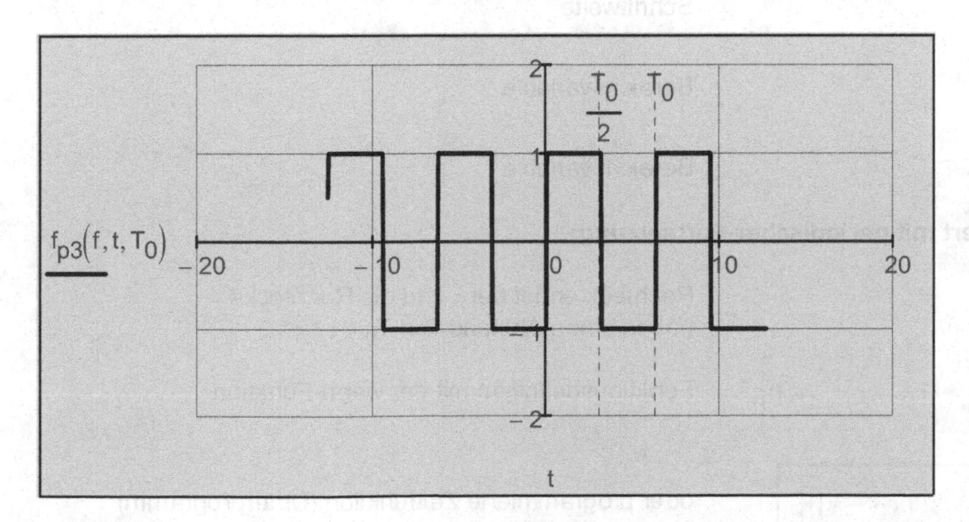

Achsenbeschränkung:
y-Achse: -2 bis 2
X-Y-Achsen:
Gitterlinien
Nummeriert
Automatische Skalierung
Markierung anzeigen:
x-Achse: $T_0/2$ und T_0
Automatische Gitterweite
Achsenstil:
Kreuz
Spuren:
Spur 1
Typ Punkte

Abb. 13.9

Die Heaviside-Funktion Φ und die floor-Funktion können ebenfalls zur Erzeugung einer periodischen Rechteckspannung verwendet werden:

$U_0 := 3$ Amplitude

$$u(t) := U_0 \cdot \Phi\left(t - T_0 \cdot \text{floor}\left(\frac{t}{T_0}\right) - \frac{T_0}{2}\right)$$ periodische Rechteckfunktion

$t := 0, \Delta t .. 4 \cdot T_0$ Bereichsvariable

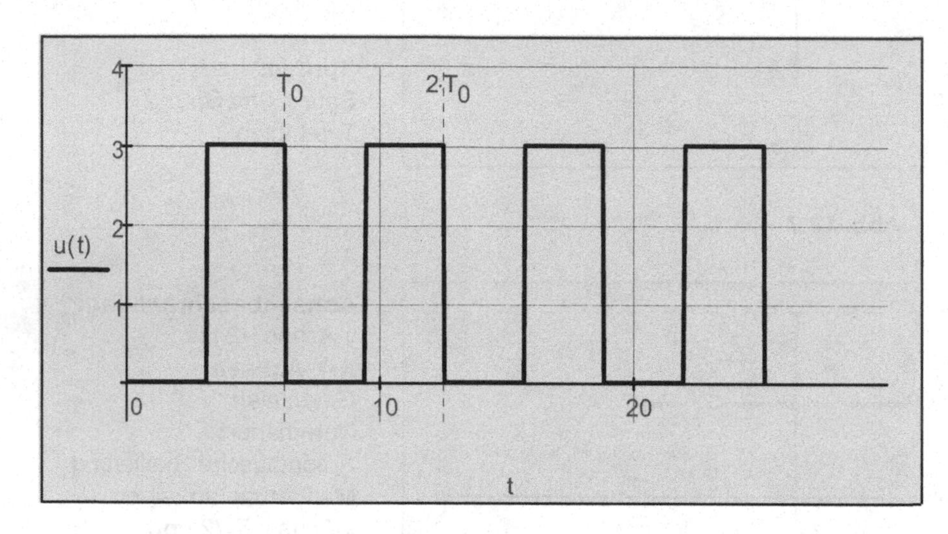

Achsenbeschränkung:
y-Achse: -0.5 bis U_0+12
X-Y-Achsen:
Gitterlinien
Nummeriert
Automatische Skalierung
Markierung anzeigen:
x-Achse: T_0 und 2 T_0
Automatische Gitterweite
Achsenstil:
Kreuz
Spuren:
Spur 1
Typ Linien

Abb. 13.10

Beispiel 13.2:

Periodischer Rechteckimpuls:

$T_0 := 2 \cdot \pi$ Periodendauer (muss nicht 2 π sein)

$$\Delta t := \frac{4 \cdot T_0}{600}$$ Schrittweite

$t_1 := 0, \Delta t .. T_0$ Bereichsvariable

$t := -2 \cdot T_0, -2 \cdot T_0 + \Delta t .. 2 \cdot T_0$ Bereichsvariable

Rechteckimpuls nullzentriert mit periodischer Fortsetzung:

$\tau := 1$ Rechteck endet bei τ und die Rechtecke haben einen Abstand von $T_0 - \tau$!

$$u(t) = \text{wenn}\left[\frac{1}{2} \cdot \left[(t \le \tau) + \left[t \ge \left(T_0 - \tau\right)\right]\right], 1, 0\right]$$ Funktionsdefinition mit der wenn-Funktion

$$u(t) := \begin{array}{|l} 1 \ \text{ if } \ \frac{1}{2} \cdot \left[(t \le \tau) + \left[t \ge \left(T_0 - \tau\right)\right]\right] \\ 0 \ \text{ otherwise} \end{array}$$

oder programmierte Zeitfunktion (Unterprogramm) (Symbolleiste Programmierung), siehe Kapitel 18.

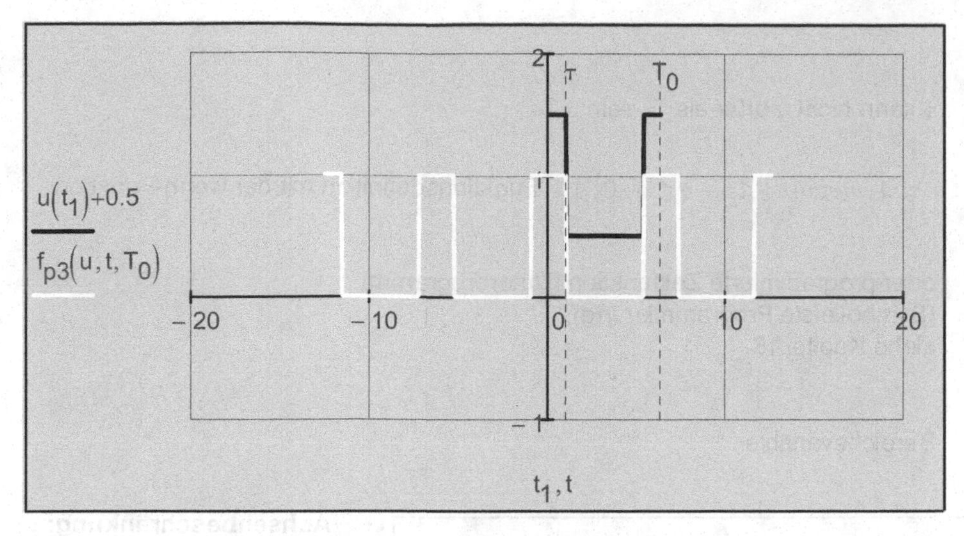

Achsenbeschränkung:
y-Achse: -1 bis 2
X-Y-Achsen:
Gitterlinien
Nummeriert
Automatische Skalierung
Markierung anzeigen:
x-Achse: τ und T_0
Automatische Gitterweite
Achsenstil:
Kreuz
Spuren:
Spur 1 und Spur 2
Typ Linien

Abb. 13.11

f_{p3} von Beispiel 13.1.

Rechteckimpuls nullzentriert mit einer Länge von $b < T_0$:

$\tau := 1 \quad b := 3$

Das Rechteck startet bei τ und hat eine Breite von b!

$u(t) = \text{wenn}[[t \ge (\tau)] \cdot [t \le (\tau + b)], 1, 0]$

Funktionsdefinition mit der wenn-Funktion

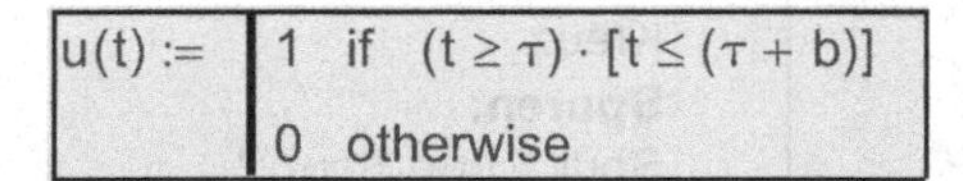

$$u(t) := \begin{cases} 1 & \text{if } (t \ge \tau) \cdot [t \le (\tau + b)] \\ 0 & \text{otherwise} \end{cases}$$

oder programmierte Funktion (Unterprogramm) (Symbolleiste Programmierung), siehe Kapitel 18.

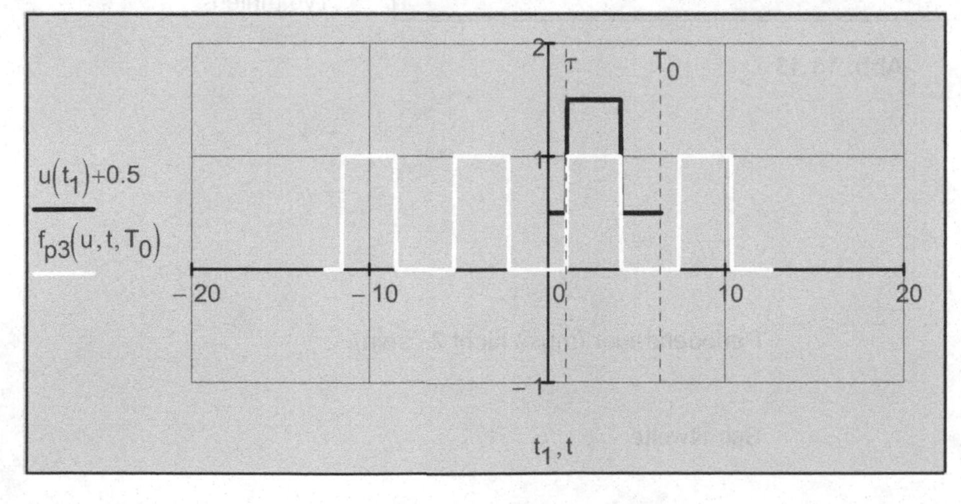

Achsenbeschränkung:
y-Achse: -1 bis 2
X-Y-Achsen:
Gitterlinien
Nummeriert
Automatische Skalierung
Markierung anzeigen:
x-Achse: τ und T_0
Automatische Gitterweite
Achsenstil:
Kreuz
Spuren:
Spur 1 und Spur 2
Typ Linien

Abb. 13.12

f_{p3} von Beispiel 13.1.

Rechteckimpuls:

$\tau := \frac{T_0}{2}$ τ kann nicht größer als T_0 sein

$u(t) = \text{wenn}(t = 0, 1, \text{wenn}(t \leq \tau, 1, \text{wenn}(t > T_0 - \tau, -1, 0)))$ Funktionsdefinition mit der wenn-Funktion

$$u(t) := \begin{vmatrix} 1 & \text{if} \quad t \leq \tau \\ -1 & \text{if} \quad t > T_0 - \tau \\ 0 & \text{otherwise} \end{vmatrix}$$

oder programmierte Zeitfunktion (Unterprogramm) (Symbolleiste Programmierung), siehe Kapitel 18.

$t := 0, \Delta t .. 4 \cdot T_0$ Bereichsvariable

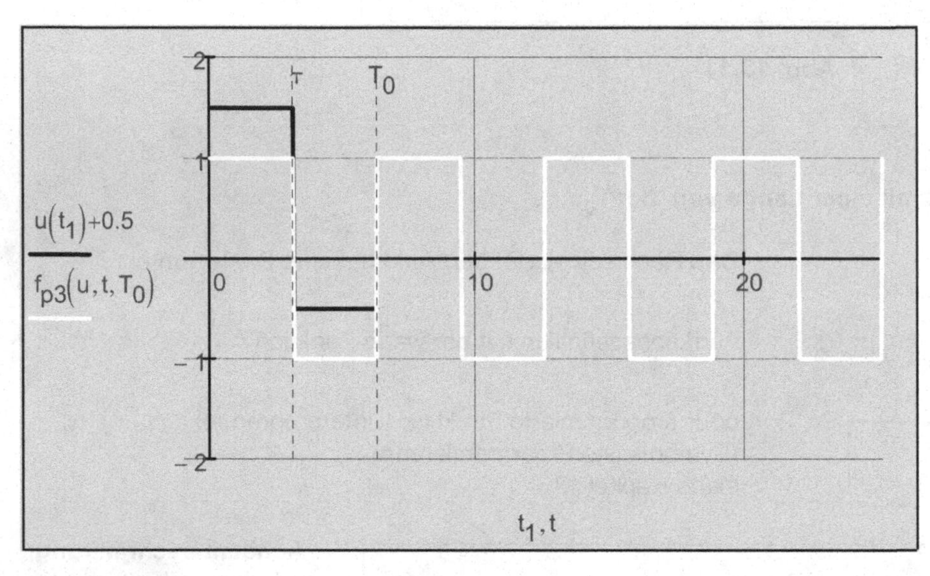

Achsenbeschränkung:
x-Achse: -1 bis 4 T_0
y-Achse: -2 bis 2
X-Y-Achsen:
Gitterlinien
Nummeriert
Automatische Skalierung
Markierung anzeigen:
x-Achse: τ und T_0
Automatische Gitterweite
Anzahl der Gitterlinien: 4
Achsenstil:
Kreuz
Spuren:
Spur 1 und Spur 2
Typ Linien

Abb. 13.13

f_{p3} von Beispiel 13.1.

Beispiel 13.3

Sägezahnkurven:

$T_0 := 2 \cdot \pi$ Periodendauer (muss nicht 2π sein)

$\Delta t := \frac{4 \cdot T_0}{600}$ Schrittweite

$t_1 := 0, \Delta t .. T_0$ Bereichsvariable

$t := -2 \cdot T_0, -2 \cdot T_0 + \Delta t .. 2 \cdot T_0$ Bereichsvariable

Zentralsymmetrische Sägezahnschwingung:

$$u(t) := \begin{cases} \frac{2}{T_0} \cdot t & \text{if } 0 < t \le \frac{T_0}{2} \\ \frac{2}{T_0} \cdot (t - T_0) & \text{if } \frac{T_0}{2} < t \le T_0 \end{cases}$$

Programmierte Zeitfunktion (Symbolleiste Programmierung) Siehe Kapitel 18.

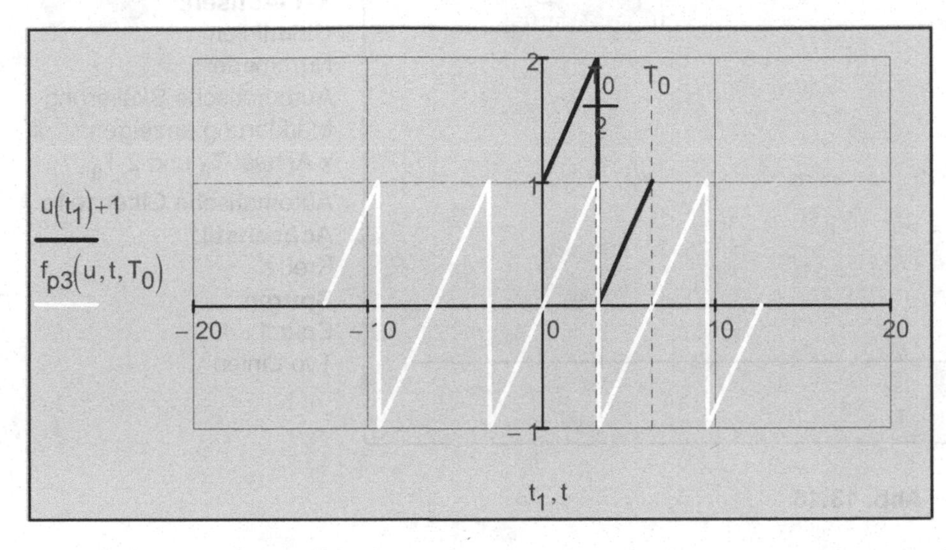

X-Y-Achsen:
Gitterlinien
Nummeriert
Automatische Skalierung
Markierung anzeigen:
x-Achse: $T_0/2$ und T_0
Automatische Gitterweite
Achsenstil:
Kreuz
Spuren:
Spur 1 und Spur 2
Typ Linien

Abb. 13.14

f_{p3} von Beispiel 13.1.

Sägezahnschwingung nur mit positiven Werten:

$U_0 := 2$ Amplitude

$u(t) := \left(U_0 \cdot \frac{t}{T_0}\right) \cdot (t \le T_0)$ Zeitfunktion im Bereich $0 < t < T_0$

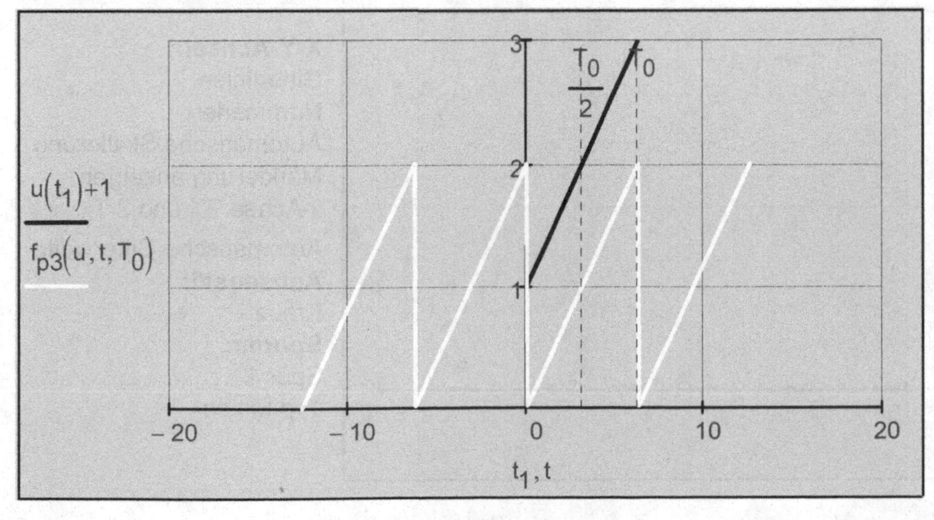

X-Y-Achsen:
Gitterlinien
Nummeriert
Automatische Skalierung
Markierung anzeigen:
x-Achse: $T_0/2$ und T_0
Automatische Gitterweite
Achsenstil:
Kreuz
Spuren:
Spur 1 und Spur 2
Typ Linien

Abb. 13.15

f_{p3} von Beispiel 13.1.

Die vorhergehende Sägezahnfunktion lässt sich auch mit der floor-Funktion darstellen:

$U_0 := 2$ Amplitude

$u(t) := \frac{U_0}{T_0} \cdot \left(t - T_0 \cdot \text{floor}\left(\frac{t}{T_0} \right) \right)$ periodische Sägezahnschwingung

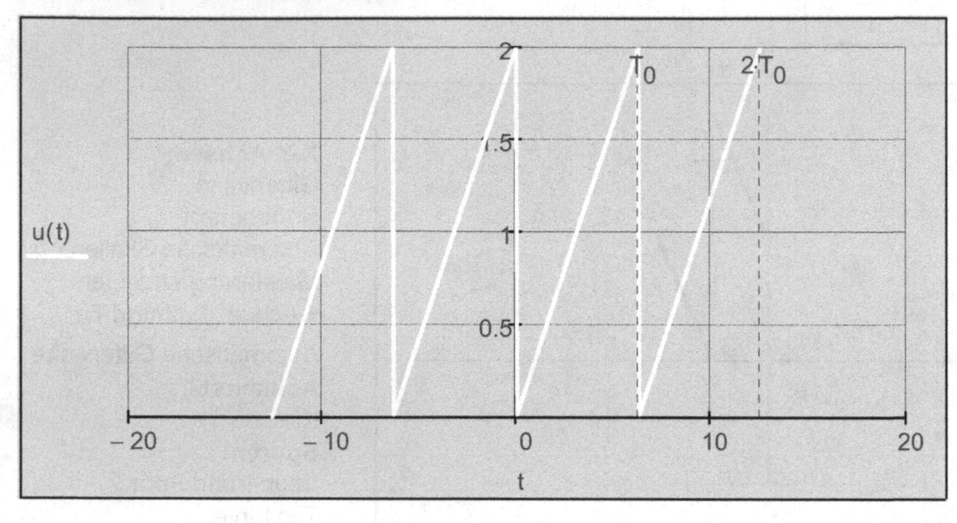

X-Y-Achsen:
Gitterlinien
Nummeriert
Automatische Skalierung
Markierung anzeigen:
x-Achse: T_0 und $2\,T_0$
Automatische Gitterweite
Achsenstil:
Kreuz
Spuren:
Spur 1
Typ Linien

Abb. 13.16

Zwei weitere Sägezahnfunktionen mithilfe der mod-Funktion:

$U_0 := 2$ Amplitude

$u(t) := \text{mod}\left(\frac{U_0}{T_0} t, U_0 \right)$ periodische Sägezahnschwingung

$t_1 := 0, \Delta t .. 4T_0$ Bereichsvariable

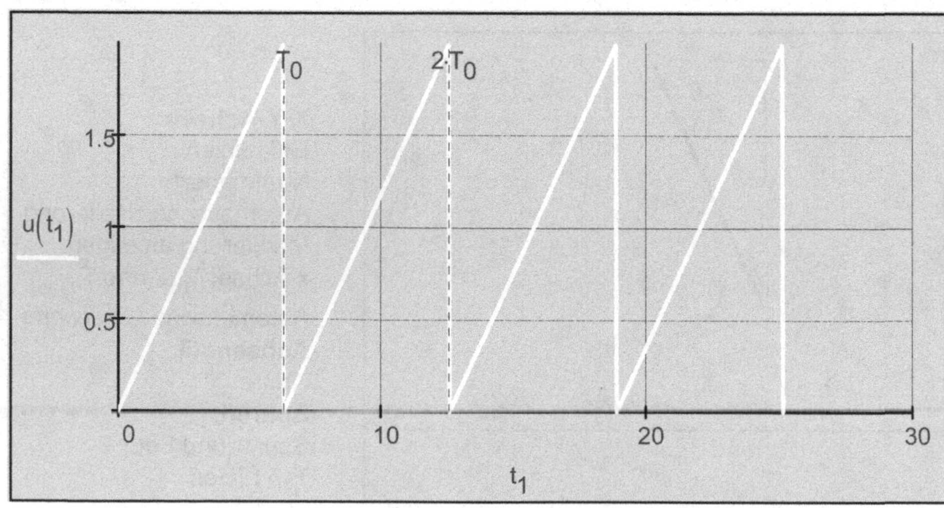

X-Y-Achsen:
Gitterlinien
Nummeriert
Automatische Skalierung
Markierung anzeigen:
x-Achse: T_0 und $2\,T_0$
Automatische Gitterweite
Achsenstil:
Kreuz
Spuren:
Spur 1
Typ Linien

Abb. 13.17

$i := 0..511 \qquad N_p := 128 \qquad u_i := \frac{1}{N_p} \cdot \mathrm{mod}(i, N_p) - \frac{1}{2}$

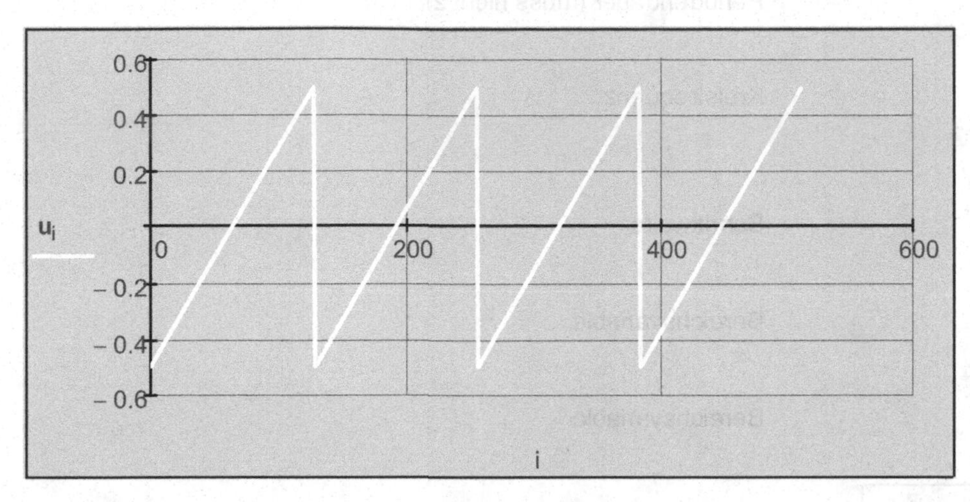

X-Y-Achsen:
Gitterlinien
Nummeriert
Automatische Skalierung
Automatische Gitterweite
Achsenstil:
Kreuz
Spuren:
Spur 1
Typ Linien

Abb. 13.18

Beispiel 13.4

Nichtsymmetrische Funktion:

$T_0 := 2 \cdot \pi$ Periodendauer (muss nicht 2π sein)

$\Delta t := \frac{4 \cdot T_0}{600}$ Schrittweite

$t := -2 \cdot T_0, -2 \cdot T_0 + \Delta t .. 2 \cdot T_0$ Bereichsvariable

$$u(t) := \begin{cases} -\frac{2}{T_0} \cdot t & \text{if } 0 < t \le \frac{T_0}{2} \\ \frac{2}{T_0} \cdot \left(t - \frac{T_0}{2}\right) & \text{if } \frac{T_0}{2} < t \le T_0 \end{cases}$$

Programmierte Zeitfunktion (Symbolleiste Programmierung) Siehe Kapitel 18.

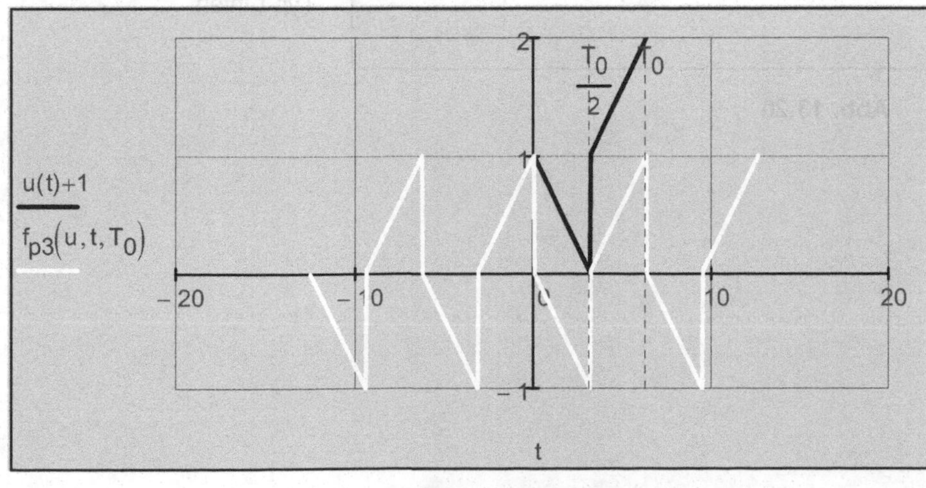

X-Y-Achsen:
Gitterlinien
Nummeriert
Automatische Skalierung
Markierung anzeigen:
x-Achse: T_0 und 2 T_0
Automatische Gitterweite
Achsenstil:
Kreuz
Spuren:
Spur 1
Typ Linien

Abb. 13.19

f_{p3} von Beispiel 13.1.

Beispiel 13.5

Sinus-Halbwelle (Einweggleichrichtung):

$T_0 := 2 \cdot \pi$ Periodendauer (muss nicht 2π sein)

$\omega_0 := \frac{2 \cdot \pi}{T_0}$ Kreisfrequenz

$\Delta t := \frac{4 \cdot T_0}{600}$ Schrittweite

$t_1 := 0, \Delta t .. T_0$ Bereichsvariable

$t := -T_0, -T_0 + \Delta t .. 2 \cdot T_0$ Bereichsvariable

$$u(t) := \begin{cases} \sin(\omega_0 \cdot t) & \text{if } 0 \le t \le \frac{T_0}{2} \\ 0 & \text{if } \frac{T_0}{2} < t \le T_0 \end{cases}$$

Programmierte Zeitfunktion (Symbolleiste Programmierung)

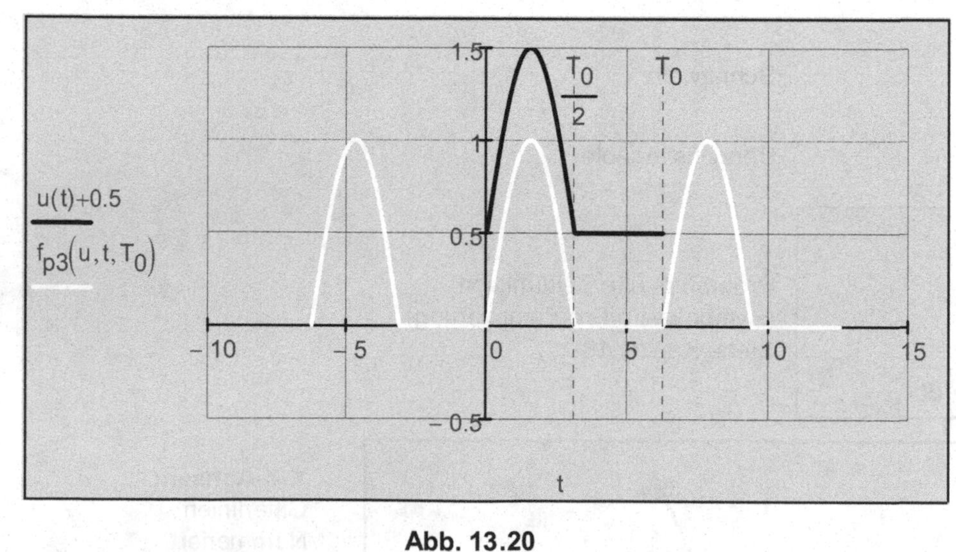

X-Y-Achsen:
Gitterlinien
Nummeriert
Automatische Skalierung
Markierung anzeigen:
x-Achse: $T_0/2$ und T_0
Automatische Gitterweite
Achsenstil:
Kreuz
Spuren:
Spur 1
Typ Linien

Abb. 13.20

f_{p3} von Beispiel 13.1.

Beispiel 13.6

Phasenanschnittsteuerung einer Sinusfunktion (Thyristor):

$T_0 := 2 \cdot \pi$ Periodendauer (muss nicht 2π sein)

$\Delta t := \frac{4 \cdot T_0}{600}$ Schrittweite

$t_1 := 0, \Delta t .. T_0$ Bereichsvariable

$t := -2 \cdot T_0, -2 \cdot T_0 + \Delta t .. 2 \cdot T_0$ Bereichsvariable

$$u(t) := \begin{cases} \sin(\omega_0 \cdot t) & \text{if } \left(\frac{T_0}{8} \le t \le \frac{T_0}{2}\right) \vee \left(\frac{5 \cdot T_0}{8} \le t \le T_0\right) \\ 0 & \text{otherwise} \end{cases}$$

Programmierte Zeitfunktion (Symbolleiste Programmierung), siehe Kapitel 18.

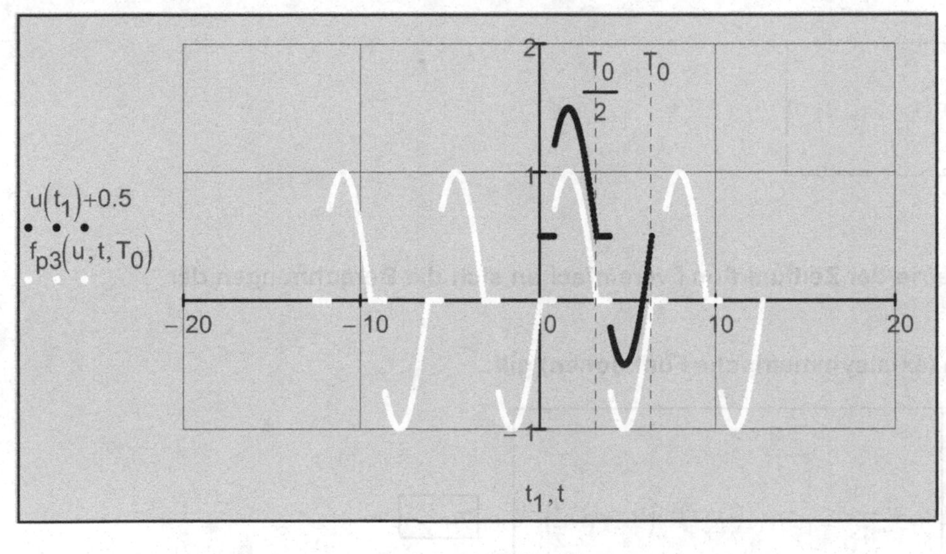

X-Y-Achsen:
Gitterlinien
Nummeriert
Automatische Skalierung
Markierung anzeigen:
x-Achse: T_0/2 und T_0
Automatische Gitterweite
Achsenstil:
Kreuz
Spuren:
Spur 1 und Spur 2
Typ Punkte

Abb. 13.21

f_{p3} von Beispiel 13.1.

13.2 Fourierreihen

Jede periodische Funktion f(t) mit $f(t) = f(t + n\,T_0)$, die stückweise monoton und stetig ist, lässt sich eindeutig als Fourierreihe darstellen:

$$f(t) = \frac{a_0}{2} + \sum_{n=1}^{\infty} \left(a_n \cdot \cos(n \cdot \omega_0 \cdot t) + b_n \cdot \sin(n \cdot \omega_0 \cdot t)\right) \quad \text{mit} \quad T_0 = \frac{2 \cdot \pi}{\omega_0}.$$

Diese Reihe ist periodisch mit der Periode T_0.

Berechnung der Fourierkoeffizienten:
Der konstante Anteil wird hier mit $a_0/2$ angegeben, damit wir die Integrale zur Berechnung der Fourierkoeffizienten a_n und b_n einheitlich darstellen können:

$$a_0 = \frac{2}{T_0} \cdot \int_{t_0}^{t_0+T_0} f(t)\,dt \qquad a_n = \frac{2}{T_0} \cdot \int_{t_0}^{t_0+T_0} f(t) \cdot \cos(n \cdot \omega_0 \cdot t)\,dt$$

$$b_n = \frac{2}{T_0} \cdot \int_{t_0}^{t_0+T_0} f(t) \cdot \sin(n \cdot \omega_0 \cdot t)\,dt$$

Bei vorliegender Symmetrie der Zeitfunktion f vereinfachen sich die Berechnungen der Fourierkoeffizienten:

Bei geraden Funktionen (axialsymmetrische Funktionen) gilt:

$$a_0 = \frac{4}{T_0} \cdot \int_0^{\frac{T_0}{2}} f(t)\,dt, \quad a_n = \frac{4}{T_0} \cdot \int_0^{\frac{T_0}{2}} f(t) \cdot \cos(n \cdot \omega_0 \cdot t)\,dt, \quad b_n = 0.$$

Bei ungeraden Funktionen (zentralsymmetrische Funktionen) gilt:

$$a_0 = 0, \qquad a_n = 0, \qquad b_n = \frac{4}{T_0} \cdot \int_0^{\frac{T_0}{2}} f(t) \cdot \sin(n \cdot \omega_0 \cdot t)\,dt.$$

Tragen wir die Fourierkoeffizienten in Abhängigkeit der zugehörigen Frequenz in einem Diagramm auf, so erhalten wir das Amplituden- oder Frequenzspektrum (auch Linienspektrum genannt).

Verwenden wir

$A_n = \sqrt{(a_n)^2 + (b_n)^2}$ **und** $\varphi_n = -\arctan\left(\frac{b_n}{a_n}\right)$ **und ersetzen** a_n **,** b_n **durch** $a_n = A_n \cdot \cos(\varphi_n)$ **und**

$b_n = -A_n \cdot \sin(\varphi_n)$ **, so erhalten wir mit der Beziehung**

$\cos(n\,\omega_0\,t)\cos(\varphi_n) - \sin(n\,\omega_0\,t)\sin(\varphi_n) = \cos(n\,\omega_0\,t + \varphi_n)$

schließlich die Fourierreihe mit phasenverschobenen Sinus- und Kosinusgliedern:

$$f(t) = \frac{a_0}{2} + \sum_{n=1}^{\infty} \left(A_n \cdot \cos(n \cdot \omega_0 \cdot t + \varphi_n)\right) = \frac{a_0}{2} + \sum_{n=1}^{\infty} \left(A_n \cdot \sin\left(n \cdot \omega_0 \cdot t + \varphi_n + \frac{\pi}{2}\right)\right).$$

Mit $\psi_n = \varphi_n + \pi/2$ **vereinfacht sich die Reihe zu:**

$$f(t) = \frac{a_0}{2} + \sum_{n=1}^{\infty} \left(A_n \cdot \sin(n \cdot \omega_0 \cdot t + \psi_n)\right).$$

Beispiel 13.7:

Symbolische Auswertung der Fourierkoeffizienten mithilfe von Symboloperatoren:

$n := n$ Redefinition von n

$$f(t,T,U) := \begin{cases} U & \text{if } 0 \le t < \frac{T}{2} \\ (-U) & \text{if } \frac{T}{2} \le t < T \end{cases}$$

Gegebene Zeitfunktion im Bereich 0 < t < T

$$a_0 = \frac{2}{T} \cdot \left(\int_0^{\frac{T}{2}} U\,dt + \int_{\frac{T}{2}}^{T} -U\,dt\right) \rightarrow a_0 = 0$$

$$a_n = \frac{2}{T} \cdot \left(\int_0^{\frac{T}{2}} U \cdot \cos\left(n \cdot \frac{2 \cdot \pi}{T} \cdot t\right) dt + \int_{\frac{T}{2}}^{T} -U \cdot \cos\left(n \cdot \frac{2 \cdot \pi}{T} \cdot t\right) dt\right) \Bigg| \begin{array}{l} \text{annehmen}, T > 0 \\ \text{vereinfachen} \end{array} \rightarrow$$

$$a_n = \frac{4 \cdot U \cdot \sin(\pi \cdot n) \cdot \sin\left(\frac{\pi \cdot n}{2}\right)^2}{\pi \cdot n}$$

Die Koeffizienten a_n **sind gleich 0 (für alle** $n \in \mathbb{N}$ **gilt:** $\sin(2 \cdot n \cdot \pi) = 0$**)!**

$$b_n = \frac{2}{T} \cdot \left(\int_0^{\frac{T}{2}} U \cdot \sin\left(n \cdot \frac{2 \cdot \pi}{T} \cdot t\right) dt + \int_{\frac{T}{2}}^{T} -U \cdot \sin\left(n \cdot \frac{2 \cdot \pi}{T} \cdot t\right) dt \right) \Bigg| \begin{array}{l} \text{annehmen}, T > 0 \\ \text{vereinfachen} \end{array} \rightarrow$$

$$b_n = \frac{2 \cdot U \cdot \left(\cos(\pi \cdot n)^2 - 1\right) - 4 \cdot U \cdot \left(\cos\left(\frac{\pi \cdot n}{2}\right)^2 - 1\right)}{\pi \cdot n}$$

$$b_n = \frac{2 \cdot U \cdot \left(\cos(\pi \cdot n)^2 - 1\right) - 4 \cdot U \cdot \left(\cos\left(\frac{\pi \cdot n}{2}\right)^2 - 1\right)}{\pi \cdot n} \Bigg| \begin{array}{l} \text{ersetzen}, (\cos(\pi \cdot n) = 1) \\ \text{vereinfachen} \end{array} \rightarrow b_n = \frac{4 \cdot U \cdot \sin\left(\frac{\pi \cdot n}{2}\right)^2}{\pi \cdot n}$$

Für gerade n ∈ ℕ gilt: $b_n = 0$!

Für ungerade n ∈ ℕ gilt: sin(n π /2) = 1. Wir erhalten dann:

$$b_n = \frac{4 \cdot U}{\pi \cdot n}$$

<u>Beispiel 13.8:</u>

Fourieranalyse einer Sägezahnspannung u(t) = U_0 1/T_0 t (numerische Auswertung):

$T_0 := 2 \cdot \pi \cdot s \quad \omega_0 := \frac{2 \cdot \pi}{T_0} \quad \omega_0 = 1 \cdot s^{-1}$ gewählte Periodendauer (muss nicht 2π sein) und Kreisfrequenz

$\Delta t := \frac{2 \cdot T_0}{600}$ Schrittweite

$U_0 := 4 \cdot V \quad U_0 = 4 \cdot V$ Amplitude

$u(t) := \frac{U_0}{T_0} \cdot \left(t - T_0 - T_0 \cdot \text{floor}\left(\frac{t - \frac{T_0}{2}}{T_0} \right) \right)$ gegebene Sägezahnspannung

$t_1 := -T_0, -T_0 + \Delta t .. T_0$ Bereichsvariable

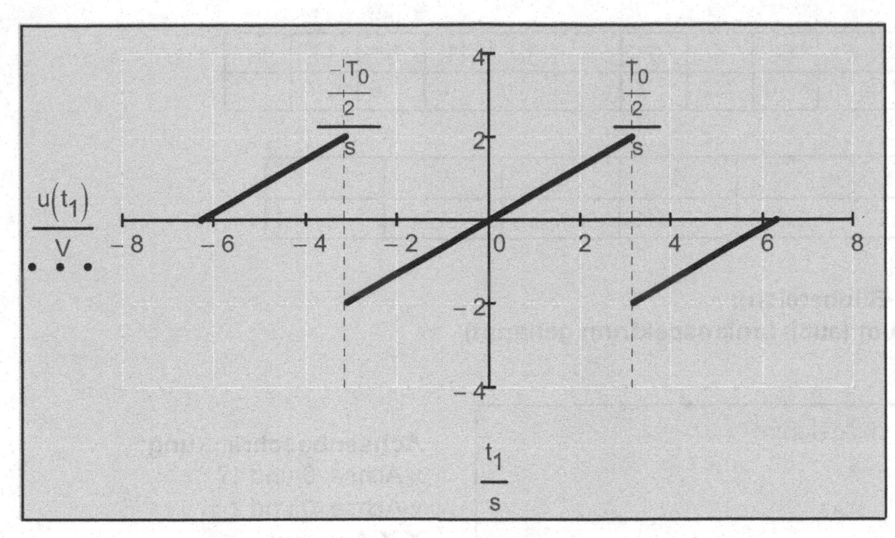

Achsenbeschränkung:
x-Achse: -8 und 8
y-Achse: -4 und 4
X-Y-Achsen:
Gitterlinien
Nummeriert
Automatische Skalierung
Markierung anzeigen:
x-Achse: $-T_0/2/s$ und $T_0/2/s$
Anzahl der Gitterlinien: 8 bzw. 4
Achsenstil:
Kreuz
Spuren:
Spur 1
Typ Punkte

Abb. 13.22

Zeitbereich (Originalbereich) der Spannung u(t) mit der Periodendauer T_0.
Zentralsymmetrische Funktion.

Fourier-Koeffizienten:

$n := n$ Redefinition von n

$ORIGIN := 0$ $TOL = 1 \times 10^{-3}$ ORIGIN festlegen und Ausgabe der Standard-Toleranz

$$\mathbf{a_0} := \frac{2}{T_0} \cdot \int_{\frac{-T_0}{2}}^{\frac{T_0}{2}} U_0 \cdot \frac{1}{T_0} \cdot t \, dt$$

$\mathbf{a_0} = 0 \cdot V$ doppelter Mittelwert

$n_{max} := 16$ $n := 1 .. n_{max}$ Bereichsvariable

$$\mathbf{a_n} := \frac{2}{T_0} \cdot \int_{\frac{-T_0}{2}}^{\frac{T_0}{2}} U_0 \cdot \frac{1}{T_0} \cdot t \cdot \cos(n \cdot \omega_0 \cdot t) \, dt$$

$\mathbf{a_n} := \text{wenn}(|\mathbf{a_n}| < TOL \cdot V, 0 \cdot V, \mathbf{a_n})$

Koeffizienten, deren Wert unter der Toleranzgrenze liegt, werden ausgeschieden!

$$\mathbf{b_n} := \frac{4}{T_0} \cdot \int_{0 \cdot s}^{\frac{T_0}{2}} U_0 \cdot \frac{1}{T_0} \cdot t \cdot \sin(n \cdot \omega_0 \cdot t) \, dt$$

$\mathbf{b_n} := \text{wenn}(|\mathbf{b_n}| < TOL \cdot V, 0 \cdot V, \mathbf{b_n})$

Koeffizienten, deren Wert unter der Toleranzgrenze liegt, werden ausgeschieden!

$a^T =$

	0	1	2	3	4	5	6	7	8	9	10	11	12	13	14
0	0	0	0	0	0	0	0	0	0	0	0	0	0	0	...

$\cdot$ V

$b^T =$

	0	1	2	3	4	5	6	7
0	0	1.273	-0.637	0.424	-0.318	0.255	-0.212	...

V

Frequenzbereich (Spektralbereich-Bildbereich):
Amplituden- oder Frequenzspektrum (auch Linienspektrum genannt) der Sägezahnspannung.

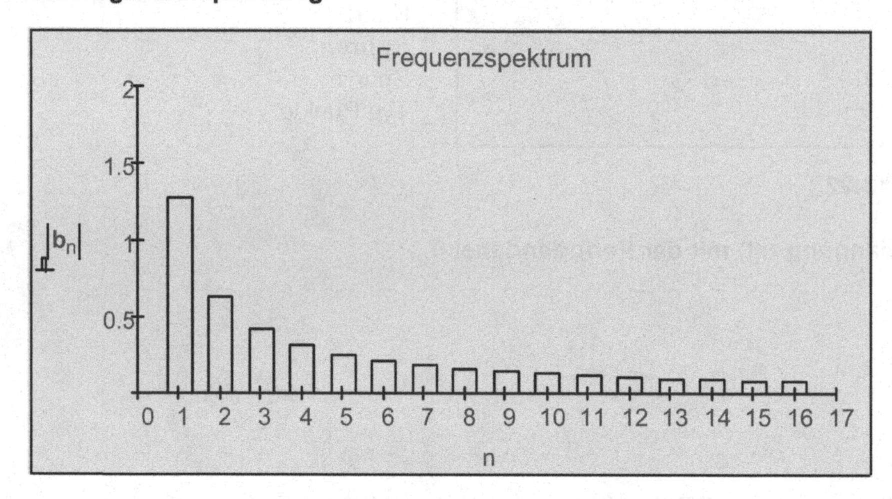

Achsenbeschränkung:
x-Achse: 0 und 17
y-Achse: 0 und 2
X-Y-Achsen:
Gitterlinien
Nummeriert
Automatische Skalierung
Anzahl der Gitterlinien: 17 bzw. 4
Achsenstil:
Kreuz
Spuren:
Spur 1
Typ Säulen

Abb. 13.23

Die Amplitude der Grundschwingung (n = 1) und die Amplituden der Oberschwingungen mit den Frequenzen $f = n\, f_0$.

Es kommen in diesem Spektrum nur ganzzahlige Frequenzanteile vor, daher sprechen wir von einem diskreten Spektrum. Dies ist charakteristisch für periodische Funktionen.

Rücktransformation (Fouriersynthese):

$$u_p(t) := \sum_{n=1}^{n_{max}} \left(\mathbf{b}_n \cdot \sin\left(n \cdot \omega_0 \cdot t\right)\right)$$ **Fourierpolynom aus n_{max} = 16 Gliedern**

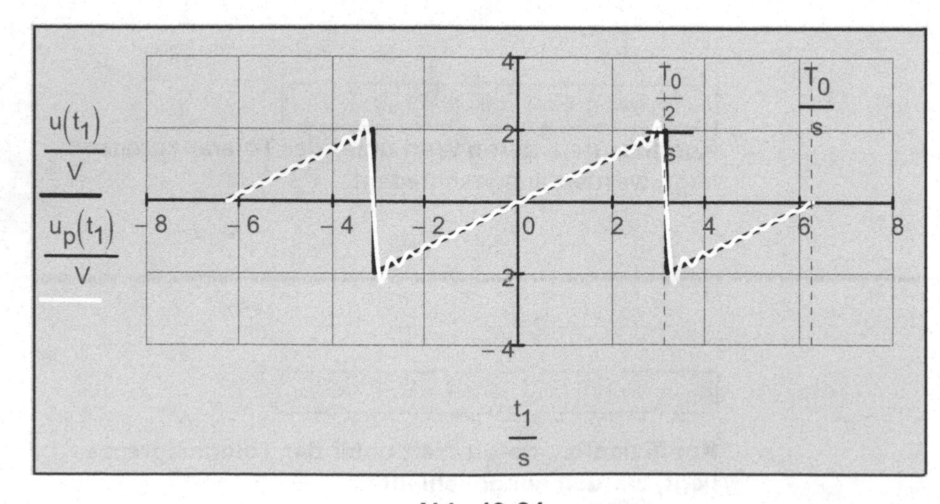

Achsenbeschränkung:
x-Achse: -8 und 8
y-Achse: -4 und 4
X-Y-Achsen:
Gitterlinien
Nummeriert
Automatische Skalierung
Markierung anzeigen:
x-Achse: $T_0/2/s$ und T_0/s
Anzahl der Gitterlinien: 8 bzw. 4
Achsenstil:
Kreuz
Spuren:
Spur 1 und Spur 2
Typ Linien

Abb. 13.24

Komplexe Darstellung einer Fourierreihe:

Neben der reellen Darstellung gibt es noch die komplexe Darstellung eines periodischen Vorganges. Diese Darstellung ist sowohl für reelle als auch komplexe Zeitfunktionen geeignet. Durch Addition bzw. Subtraktion der beiden Euler'schen Beziehungen

$$e^{j \cdot n \cdot \omega_0 \cdot t} = \cos(n \cdot \omega_0 \cdot t) + j \cdot \sin(n \cdot \omega_0 \cdot t) \;, \quad e^{-j \cdot n \cdot \omega_0 \cdot t} = \cos(n \cdot \omega_0 \cdot t) - j \cdot \sin(n \cdot \omega_0 \cdot t)$$

erhalten wir:

$$\cos(n \cdot \omega_0 \cdot t) = \frac{1}{2} \cdot \left[e^{j \cdot n \cdot \omega_0 \cdot t} + e^{-(j \cdot n \cdot \omega_0 \cdot t)}\right],$$

$$\sin(n \cdot \omega_0 \cdot t) = \frac{1}{2 \cdot j} \cdot \left[e^{j \cdot n \cdot \omega_0 \cdot t} - e^{-(j \cdot n \cdot \omega_0 \cdot t)}\right].$$

Setzen wir auch noch in der oben angeführten reellwertigen Darstellung,

$$\frac{a_0}{2} = A_0 = \underline{c}_0 \;, \quad A_n = \sqrt{(a_n)^2 + (b_n)^2} = 2 \cdot \left|\underline{c}_n\right| \;,$$

$$a_n = \underline{c}_n + \underline{c}_{-n} = \underline{c}_n + \overline{\underline{c}_n} = 2 \cdot \underline{c}_n \cdot \cos(\varphi_n) = 2 \cdot \mathrm{Re}(\underline{c}_n) \;,$$

$$b_n = j \cdot \left(\underline{c}_n - \overline{\underline{c}_n}\right) = j \cdot \left(\underline{c}_n - \underline{c}_{-n}\right) = -2 \cdot \underline{c}_n \cdot \sin(\varphi_n) = -2 \cdot \mathrm{Im}(\underline{c}_n) \;,$$

mit $\underline{c}_n = \frac{1}{2} \cdot (a_n - j \cdot b_n)$ **und** $\overline{\underline{c}_n} = \underline{c}_{-n} = \frac{1}{2} \cdot (a_n + j \cdot b_n)$,

so erhalten wir durch Umformung die komplexe Fourierreihe, die im Amplitudenspektrum eine Darstellung nach "positiven" und "negativen" Frequenzen bedeutet:

$$f(t) = \sum_{n=-\infty}^{\infty} \left(\underline{c}_n \cdot e^{j \cdot n \cdot \varpi_0 \cdot t}\right) = \sum_{n=-\infty}^{\infty} \left(\underline{c}_n \cdot \cos(n \cdot \omega_0 \cdot t)\right) + j \cdot \sum_{n=-\infty}^{\infty} \left(\underline{c}_n \cdot \sin(n \cdot \omega_0 \cdot t)\right).$$

Die komplexen Fourier-Koeffizienten erhalten wir aus:

$$\underline{c}_n = \frac{1}{T_0} \cdot \int_{t_0}^{t_0+T_0} f(t) \cdot e^{-j \cdot n \cdot \varpi_0 \cdot t} \, dt$$

bzw. für $t_0 = \frac{-T_0}{2}$:

$$\underline{c}_n = \frac{1}{T_0} \cdot \int_{-\frac{T_0}{2}}^{\frac{T_0}{2}} f(t) \cdot e^{-j \cdot n \cdot \varpi_0 \cdot t} \, dt \;.$$

$$\left|\overline{\underline{c}_n}\right| = \left|\underline{c}_{-n}\right| \;, \quad \underline{c}_0 = \frac{a_n}{2} = A_n \;,$$

$$\left|\underline{c}_n\right| = \left|\overline{\underline{c}_n}\right| = \frac{1}{2} \cdot \sqrt{(a_n)^2 + (b_n)^2} = \frac{A_n}{2} \;, \quad \psi_n = \arg(\underline{c}_n) + \frac{\pi}{2}$$

Ist f(t) eine gerade Funktion (f(t) = f(- t)), so sind die komplexen Fourierkoeffizienten $\underline{c}_n$ **reell, bei einer ungeraden Funktion (f(t) = - f(- t)) imaginär. Andernfalls lassen sie sich in Real- und Imaginärteile bzw. Betrag und Phase zerlegen.**

Das oben angeführte Beispiel 13.8 komplex gerechnet:

ORIGIN := −16   TOL = 0.001   ORIGIN und voreingestellte Toleranz

$n := -16, -15 .. 16$ Bereichsvariable

$$\underline{c}_n := \frac{1}{T_0} \cdot \int_{-\frac{T_0}{2}}^{\frac{T_0}{2}} U_0 \cdot \frac{1}{T_0} \cdot t \cdot e^{-j \cdot n \cdot \omega_0 \cdot t}\, dt$$

komplexe Fourierkoeffizienten

$$\underline{c}_n := \text{wenn}\left(\left|\underline{c}_n\right| < TOL \cdot V, 0 \cdot V, \underline{c}_n\right)$$

komplexe Fourierkoeffizienten

$\underline{c}^T =$ (V)

	-16	-15	-14	-13	-12	-11	-10	-9
-16	-0.04i	0.042i	-0.045i	0.049i	-0.053i	0.058i	-0.064i	...

$$A_n := \text{wenn}\left(n \neq 0, 2 \cdot \left|\underline{c}_n\right|, \underline{c}_0\right)$$

Amplituden aller Teilschwingungen

$A^T =$ (V)

	-16	-15	-14	-13	-12	-11	-10	-9	-8	-7	-6
-16	0.08	0.085	0.091	0.098	0.106	0.116	0.127	0.141	0.159	0.182	...

$$\psi_n := \text{wenn}\left(\left|\underline{c}_n\right| < TOL \cdot V, 0, \arg\left(\underline{c}_n\right) + \frac{\pi}{2}\right)$$

Phasen aller Teilschwingungen

$\psi^T =$

	-16	-15	-14	-13	-12	-11	-10	-9	-8	-7
-16	0	3.142	0	3.142	0	3.142	0	3.142	0	...

$$a_n := \left(\underline{c}_n + \overline{\underline{c}_n}\right)$$

reelle Fourierkoeffizienten

$a^T =$ (V)

	-16	-15	-14	-13	-12	-11	-10	-9	-8	-7	-6	-5	-4	-3	-2	-1	0
-16	0	0	0	0	0	0	0	0	0	0	0	0	0	0	0	0	...

$$b_n := 2 \cdot \left|\underline{c}_n\right|$$

reelle Fourierkoeffizienten

$b^T =$ (V)

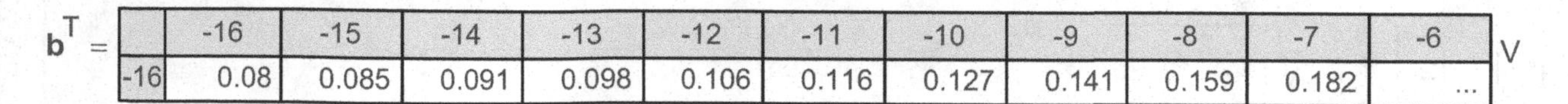

	-16	-15	-14	-13	-12	-11	-10	-9	-8	-7	-6
-16	0.08	0.085	0.091	0.098	0.106	0.116	0.127	0.141	0.159	0.182	...

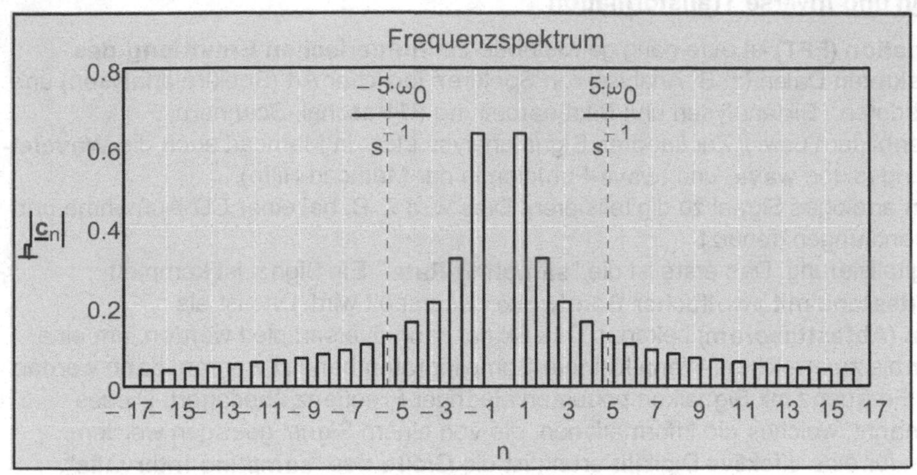

Achsenbeschränkung:
x-Achse: -17 und 17
X-Y-Achsen:
Gitterlinien
Nummeriert
Automatische Skalierung
Markierung anzeigen:
x-Achse: $-5\omega_0/s^{-1}$ und $5\omega_0/s^{-1}$
Anzahl der Gitterlinien: 17
Automatische Gitterweite
Achsenstil:
Kreuz
Spuren:
Spur 1
Typ Säulen

Abb. 13.25

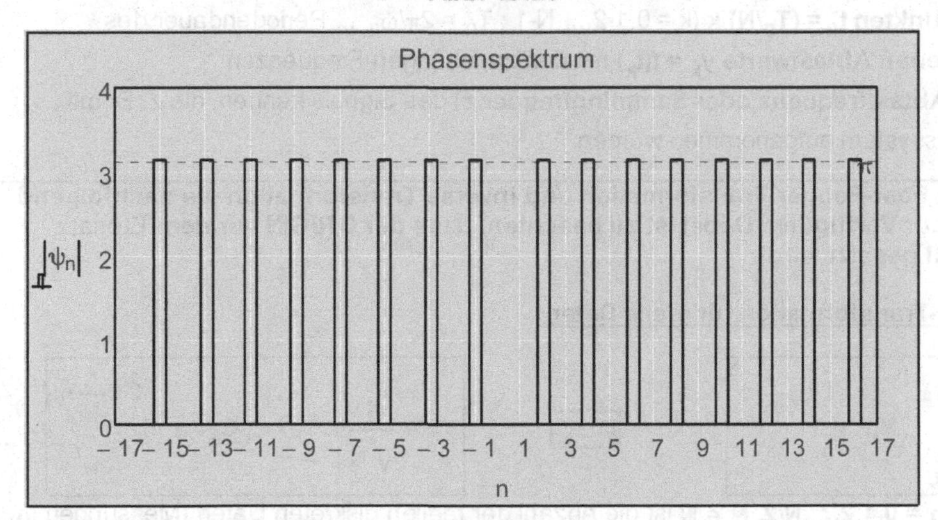

Achsenbeschränkung:
x-Achse: -17 und 17
X-Y-Achsen:
Gitterlinien
Nummeriert
Automatische Skalierung
Anzahl der Gitterlinien: 17
Automatische Gitterweite
Achsenstil:
Kreuz
Spuren:
Spur 1
Typ Säulen

Abb. 13.26

Rücktransformation: $u_p(t) := \sum_{n=1}^{n_{max}} \left(A_n \cdot \sin\left(n \cdot \omega_0 \cdot t + \psi_n\right)\right)$ **Fourierpolynom aus $n_{max} = 16$ Gliedern**

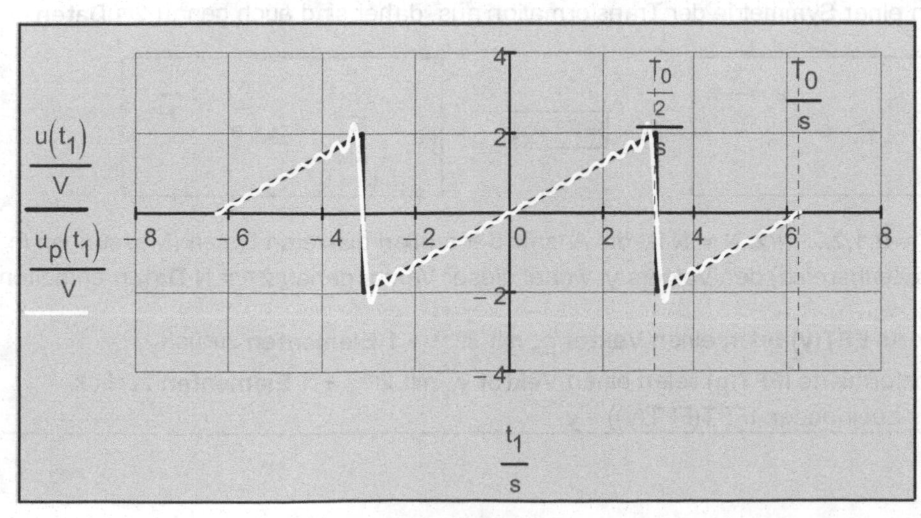

Achsenbeschränkung:
x-Achse: -17 und 17
X-Y-Achsen:
Gitterlinien
Nummeriert
Automatische Skalierung
Markierung anzeigen:
x-Achse: $T_0/2/s$ und T_0/s
Anzahl der Gitterlinien: 8 und 4
Achsenstil:
Kreuz
Spuren:
Spur 1 und Spur 2
Typ Linien

Abb. 13.27

13.3 Fast-Fourier-Transformation und inverse Transformation

Die Fast-Fourier-Transformation (FFT) ist eine gängige Methode zur **numerischen Ermittlung des Frequenzspektrums** von diskreten Daten (z. B. Analyse von Spektren jeglicher Art (Spektralanalysen) und Weiterverarbeitung von Messdaten; Bildanalysen und Bildbearbeitung (Ultraschall-Scannern, Röntgenaufnahmen, Satellitenbildern usw.). Zur linearen Signalanalyse steht in Mathcad auch die **Wavelet-Transformation** zur Verfügung (siehe **wave-** und **iwave**-Funktion in der Mathcad-Hilfe).
Oft ist es auch notwendig, ein analoges Signal zu digitalisieren. Dies wird z. B. bei einer CD-Aufnahme und anderen Analog-Digital-Umwandlungen genützt.
Es gibt zwei Kriterien der Digitalisierung. Das erste ist die "**sampling-Rate**". Ein Signal ist komplett charakterisiert, wenn es **mindestens mit zweifacher Bandweite** gesampelt wird. Das ist als **Nyquist-Sampling-Theorem (Abtasttheorem)** bekannt. Das Signal kann oversampled werden, um eine gute Rekonstruktion des Signals zu erreichen. Wenn kleinere Samplingraten benutzt werden, dann werden Signalkomponenten höherer Frequenz mit Signalkomponenten niedriger Frequenz überlagert. Dieses Phänomen wird **Aliasing** genannt, welches die Informationen, die von einem Signal getragen werden, zerstört. Das zweite Kriterium für eine effektive Digitalisierung ist die Größe des "**sampling-Intervalls**".
Die genaue Kenntnis der analytischen Funktion eines Signals in Form einer Funktionsgleichung ist in der Praxis sehr oft unbekannt. Wir haben es also mit periodischen Signalen zu tun, von denen wir in **äquidistanten Abtastzeitpunkten $t_k = (T_0/N)\,k$** ($k = 0,1,2,\ldots,N-1$; $T_0 = 2\pi/\omega_0$ ... Periodendauer des Signals) die **N aufgenommenen Abtastwerte $y_k = f(t_k)$** mit den zugehörigen Frequenzen **$f_k = (f_s/N)\,k$** (**$f_s = 1/T_0$ die Abtastfrequenz oder Samplingfrequenz**) des Signals kennen, die z. B. mit einem Messdatenerfassungssystem aufgenommen wurden.

In Mathcad stehen für die Fast-Fourier-Transformation und inverse Transformation die nachfolgend angeführten Funktionen zur Verfügung. Dabei ist zu beachten, dass der ORIGIN vor dem Einsatz dieser Funktionen auf null gesetzt wird!

Schnelle diskrete Fourier-Transformation für reelle Daten:

fft(**Y**) $$\underline{C}_n = \frac{1}{\sqrt{N}} \cdot \sum_{k=0}^{N-1} \left(Y_k \cdot e^{j \cdot 2 \cdot \pi \cdot \frac{k}{N} n} \right)$$

ifft(**C**) $$Y_n = \frac{1}{\sqrt{N}} \cdot \sum_{k=0}^{N-1} \left(\underline{C}_k \cdot e^{-j \cdot 2 \cdot \pi \cdot \frac{k}{N} n} \right)$$

j ist die imaginäre Einheit. **$n = 0,1,2,\ldots,N/2$. $N \in \mathbb{N}$** ist die Anzahl der reellen diskreten Daten (Messungen in regelmäßigen Abständen im Zeitbereich) des Vektors **Y**, wobei dieser Vektor genau **$2^m = N$ Daten** enthalten muss.
Die Fast-Fourier-Transformierte **fft(Y)** liefert einen **Vektor $\underline{C}_n$** mit **$2^{m-1} + 1$ Elementen** zurück.
Die Invers-Fast-Fourier-Transformierte **ifft(C)** liefert einen **Vektor Y_n** mit **$2^{m-1} + 1$ Elementen** zurück.
Diese Funktionen sind invers zueinander: ifft(fft(**Y**)) = **Y**.
Diese Funktionen gehen von einer Symmetrie der Transformation aus, daher sind auch genau **2^m Daten** erforderlich.

FFT(**y**) $$\underline{c}_n = \frac{1}{N} \cdot \sum_{k=0}^{N-1} \left(y_k \cdot e^{-j \cdot 2 \cdot \pi \cdot \frac{k}{N} n} \right)$$

IFFT(**c**) $$y_n = \sum_{k=0}^{N-1} \left(\underline{c}_k \cdot e^{j \cdot 2 \cdot \pi \cdot \frac{k}{N} n} \right)$$

j ist die imaginäre Einheit. **$n = 0,1,2,\ldots,N/2$. $N \in \mathbb{N}$** ist die Anzahl der reellen diskreten Daten (Messungen in regelmäßigen Abständen im Zeitbereich) des Vektors **y**, wobei dieser Vektor genau **$2^m = N$ Daten** enthalten muss.
Die Fast-Fourier-Transformierte **FFT(y)** liefert einen **Vektor $\underline{c}_n$** mit **$2^{m-1} + 1$ Elementen** zurück.
Die Invers-Fast-Fourier-Transformierte **IFFT(c)** liefert einen **Vektor y_n** mit **$2^{m-1} + 1$ Elementen** zurück.
Diese Funktionen sind invers zueinander: IFFT(FFT(**y**)) = **y**.

Diese Funktionen gehen ebenfalls von einer Symmetrie der Transformation aus, daher sind auch genau 2^m Daten erforderlich.
FFT(y) bzw. IFFT(c) unterscheiden sich von **fft(Y) bzw. ifft(C)** nur dadurch, dass anstatt des Normierungsfaktors $1/\sqrt{N}$ **(amerikanische Version)** der Faktor 1/N verwendet wird und der Exponent der e-Funktion negativ ist.

Schnelle diskrete Fourier-Transformation für reelle und komplexe Daten:

cfft(**Y**) $$\underline{C}_n = \frac{1}{\sqrt{N}} \cdot \sum_{k=0}^{N-1} \left(Y_k \cdot e^{j \cdot 2 \cdot \pi \cdot \frac{k}{N} \cdot n} \right)$$

icfft(**Y**) $$Y_n = \frac{1}{\sqrt{N}} \cdot \sum_{k=0}^{N-1} \left(\underline{C}_k \cdot e^{-j \cdot 2 \cdot \pi \cdot \frac{k}{N} \cdot n} \right)$$

j ist die imaginäre Einheit. **n = 0,1,2,...,N-1. N ∈ ℕ** ist die Anzahl der reellen oder komplexen diskreten Daten des Vektors (oder Matrix) **Y (beliebiger Größe).**
Die Fast-Fourier-Transformierte **cfft(Y)** liefert einen **Vektor (oder Matrix)** $\underline{C}_n$ derselben Größe wie der als Argument übergebene Vektor **Y** bzw. wie die als Argument übergebenen Matrix zurück.
Die Invers-Fast-Fourier-Transformierte **icfft(C)** liefert einen **Vektor (oder Matrix)** Y_n derselben Größe wie der als Argument übergebene Vektor **C** bzw. wie die als Argument übergebenen Matrix zurück.
Diese Funktionen sind invers zueinander: icfft(cfft(**Y**)) = **Y**.
Diese Funktionen gehen **nicht von einer Symmetrie** der Transformation aus.

CFFT(**y**) $$\underline{c}_n = \frac{1}{N} \cdot \sum_{k=0}^{N-1} \left(y_k \cdot e^{-j \cdot 2 \cdot \pi \cdot \frac{k}{N} \cdot n} \right)$$

ICFFT(**c**) $$y_n = \sum_{k=0}^{N-1} \left(\underline{c}_k \cdot e^{j \cdot 2 \cdot \pi \cdot \frac{k}{N} \cdot n} \right)$$

j ist die imaginäre Einheit. **n = 0,1,2,...,N-1. N ∈ ℕ** ist die Anzahl der reellen oder komplexen diskreten Daten des Vektors (oder der Matrix) **y (beliebiger Größe).**

Die Fast-Fourier-Transformierte **CFFT(y)** liefert einen **Vektor (oder eine Matrix)** $\underline{c}_n$ derselben Größe wie der als Argument übergebene Vektor **y** bzw. wie die als Argument übergebenen Matrix zurück.

Die Invers-Fast-Fourier-Transformierte **ICFFT(c)** liefert einen **Vektor (oder eine Matrix)** y_n derselben Größe wie der als Argument übergebene Vektor **c** bzw. wie die als Argument übergebenen Matrix zurück.

Diese Funktionen sind invers zueinander: ICFFT(CFFT(**y**)) = **y**.

CFFT(y) bzw. ICFFT(c) unterscheiden sich von **cfft(Y) bzw. icfft(C)** nur dadurch, dass anstatt des Normierungsfaktors $1/\sqrt{N}$ **(amerikanische Version)** der Faktor 1/N verwendet wird und der Exponent der e-Funktion negativ ist.

In allen oben angegebenen Summen gilt: $\omega_0 \cdot t_k = 2 \cdot \pi \cdot \frac{k}{N}$.

t_k sind die äquidistanten Abtastzeitpunkte.

Das Fourierpolynom kann nach FFT folgendermaßen in komplexer Schreibweise dargestellt werden:

$$y_p(n_{max}, t) = \underline{c}_0 + \sum_{n=1}^{n_{max}} \left(\underline{c}_n \cdot e^{i \cdot n \cdot \omega_0 \cdot t} + \overline{\underline{c}_n} \cdot e^{-i \cdot n \cdot \omega_0 \cdot t} \right)$$ **mit** $n_{max} \le \frac{N}{2}$.

N/2 ergibt sich aus Symmetriegründen der Fourierkoeffizienten.

Beispiel 13.9:

Es soll ein periodisches Rechtecksignal (periodische Funktion f(t) mit Periodendauer T_0) an N äquidistanten Stellen abgetastet werden.

ORIGIN := 0 — ORIGIN festlegen

$\omega_0 := 1$ $\quad f_0 := \frac{\omega_0}{2 \cdot \pi}$ $\quad f_0 = 0.159$ — Frequenz des Messsignals

$T_0 := 2 \cdot \frac{\pi}{\omega_0}$ $\quad T_0 = 6.283$ — Periodendauer des abzutastenden Signals

$\Delta t := \frac{T_0}{500}$ — Schrittweite

$A_0 := 2$ — Amplitude

$$f(t, A_0) := \begin{cases} A_0 & \text{if } 0 < t < \frac{T_0}{2} \\ -A_0 & \text{if } \frac{T_0}{2} < t < T_0 \\ 0 & \text{otherwise} \end{cases}$$

gegebene Zeitfunktion (Symbolleiste Programmierung) Siehe Kapitel 18.

$t_1 := 0, \Delta t .. T_0$ — Bereichsvariable

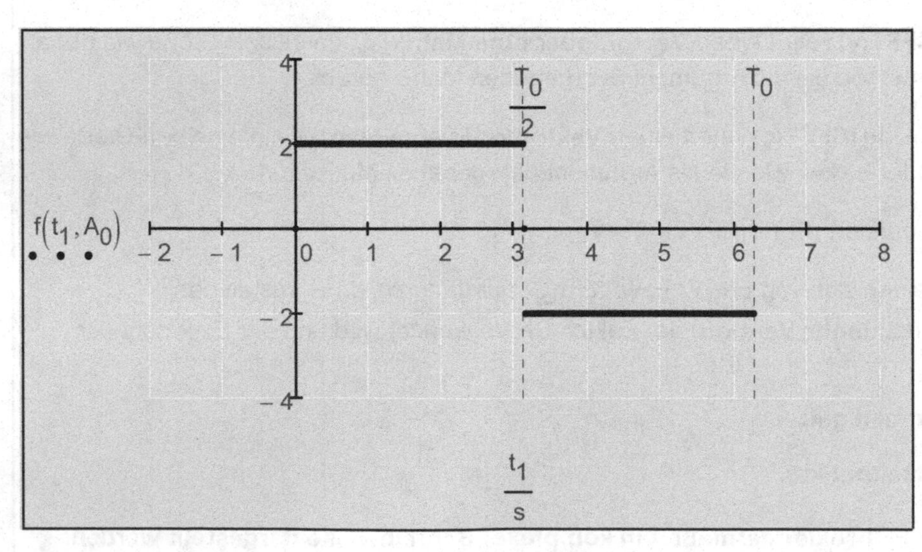

Achsenbeschränkung:
x-Achse: -2 und 8
y-Achse: -4 und 4
X-Y-Achsen:
Gitterlinien
Nummeriert
Automatische Skalierung
Markierung anzeigen:
x-Achse: $T_0/2$ und T_0
Anzahl der Gitterlinien: 10 und 4
Achsenstil:
Kreuz
Spuren:
Spur 1
Typ Punkte

Abb. 13.28

Zuerst wird wegen fehlender Messdaten eine strukturierte ASCII-Datei MESSDATEN.DAT mit den entsprechenden Messwerten erstellt.

$m := 5$

$N := 2^m \quad N = 32$

Die Anzahl der Abtastwerte sei eine Zweierpotenz. N sollte mindestens doppelt so groß wie die höchste Oberwelle im Messsignal sein (Abtasttheorem). Eine Rechteckschwingung besitzt unendlich viele Oberwellen, daher ist das Abtasttheorem nicht streng erfüllbar und eine exakte Rücktransformation mittels Fast-Fourier ist ohne Fehler nicht möglich.

$k := 0 .. N - 1$ Bereichsvariable

$t_k := \frac{T_0}{N} \cdot k$ Abtastzeitpunkte

$y_k := f(t_k, A_0)$ Abtastwerte

$\mathbf{M1} := \text{erweitern}(\mathbf{t}, \mathbf{y})$ Messdatenmatrix aus Abtastzeitpunkten und Abtastwerten

PRNPRECISION := 4 Genauigkeit der Messdaten in der ASCII-Datei

PRNSCHREIBEN("MESSDATEN.DAT") := **M1** Strukturierte ASCII-Datei erstellen

Einlesen einer Messdatendatei (siehe auch Kapitel 19, Schnittstellen):

M1 := PRNLESEN("MESSDATEN.DAT")

$N := \text{länge}\left(\mathbf{M1}^{\langle 0 \rangle}\right) \quad N = 32$

Die Anzahl der (t_k, y_k) Abtastwerte kann mit der länge-Funktion bestimmt werden.

$\mathbf{t} := \mathbf{M1}^{\langle 0 \rangle} \quad \mathbf{y} := \mathbf{M1}^{\langle 1 \rangle}$

Die Datenvektoren werden aus der eingelesenen Datenmatrix extrahiert.

$\mathbf{t}^T =$

	0	1	2	3	4	5	6	7	8	9	10
0	0	0.196	0.393	0.589	0.785	0.982	1.178	1.374	1.571	1.767	...

$\mathbf{y}^T =$

	0	1	2	3	4	5	6	7	8	9	10	11	12	13	14	15	16
0	0	2	2	2	2	2	2	2	2	2	2	2	2	2	2	2	...

$N = 32 \quad k := 0 .. N - 1$ Bereichsvariable

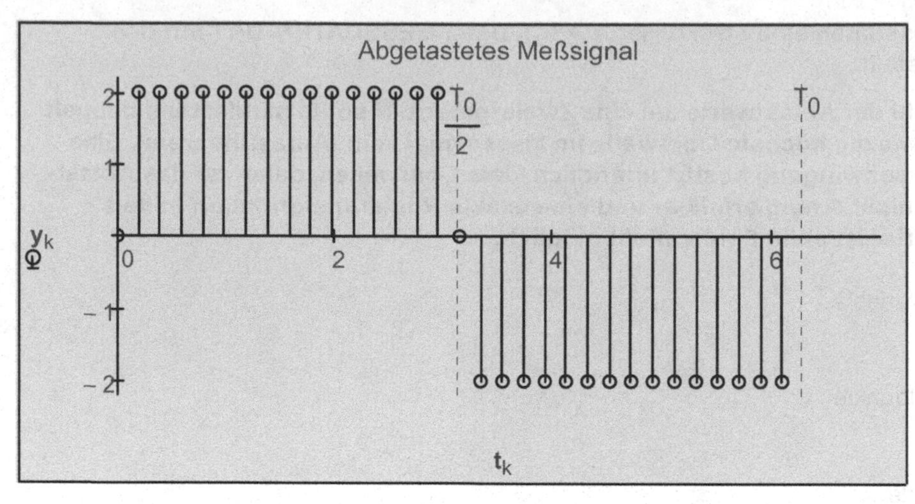

Achsenbeschränkung:
x-Achse: -2 und 8
y-Achse: -4 und 4
X-Y-Achsen:
Nummeriert
Automatische Skalierung
Markierung anzeigen:
x-Achse: $T_0/2$ und T_0
Automatische Gitterweite
Achsenstil:
Kreuz
Spuren:
Spur 1
Symbol Kreis, Typ Stamm

Abb. 13.29

Fast-Fourier-Transformation (FFT):

$\underline{c} := \mathrm{FFT}(\mathbf{y})$ **Berechnung der FFT-Koeffizienten**

Frequenz-, Linien- oder Amplitudenspektrum:

$n := 0 .. \frac{N}{2}$ Bereichsvariable

$a1_0 := \underline{c}_0$ $a1_n := \underline{c}_n + \overline{\underline{c}_n}$ $b1_n := j \cdot \left(\underline{c}_n - \overline{\underline{c}_n}\right)$ **die reellwertigen Fourierkoeffizienten**

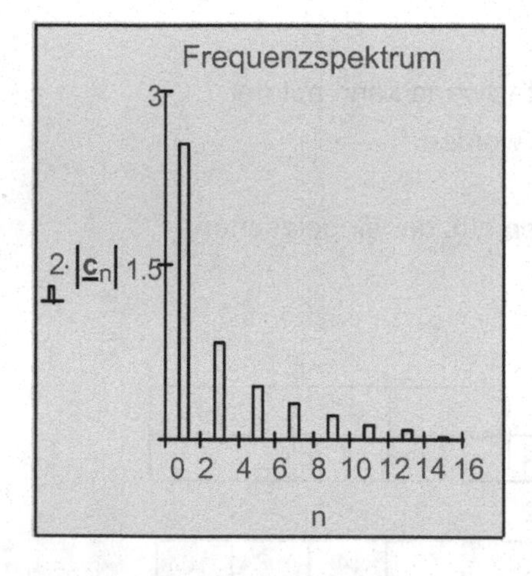

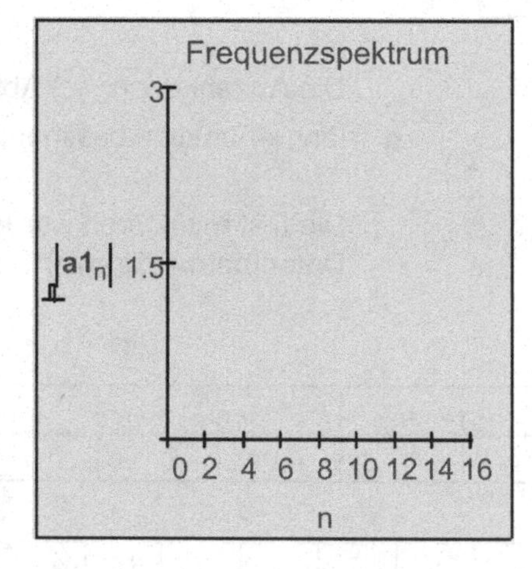

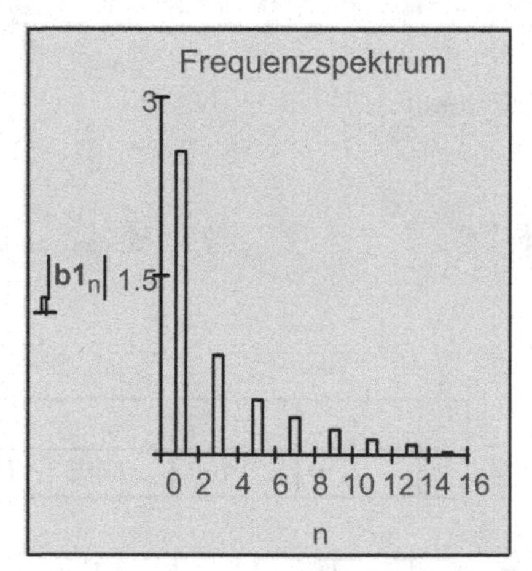

Abb. 13.30

Achsenbeschränkung:
x-Achse: 0 und 16
y-Achse: 0 und 3
X-Y-Achsen:
Nummeriert
Anzahl der Gitterlinien: 8 und 2
Achsenstil:
Kreuz
Spuren:
Spur 1
Typ Säulen

Inverse Fast-Fourier-Transformation (IFFT):

$y := IFFT(\underline{c})$ **Berechnung der IFFT-Koeffizienten**

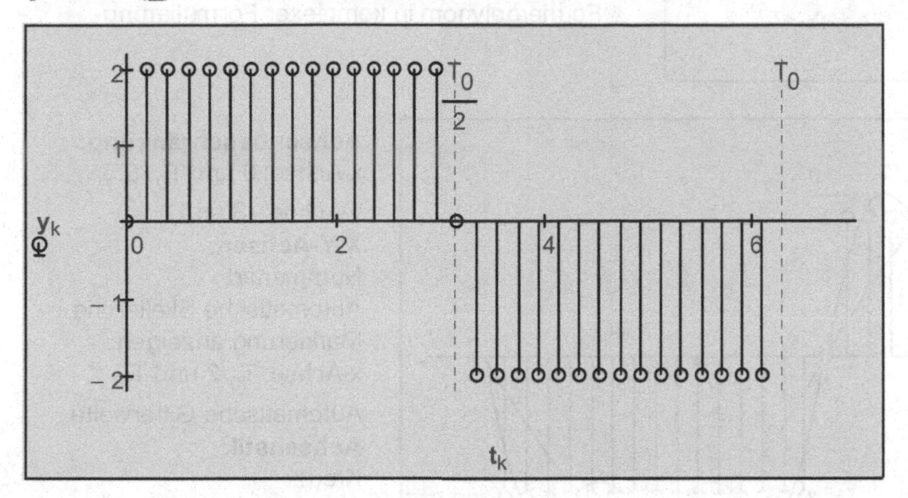

Achsenbeschränkung:
y-Achse: -2.2 und 2.2
X-Y-Achsen:
Nummeriert
Automatische Gitterweite
Achsenstil:
Kreuz
Spuren:
Spur 1
Symbol Kreis, Typ Stamm

Abb. 13.31

Fourierkoeffizienten einer Rechteckschwingung mit Amplitude A_0:

$a2_n := 0$

$$\mathbf{b2_n} = \frac{4}{T1}\cdot\int_0^{\frac{T1}{2}} A_{01}\cdot\sin\left(n1\cdot\frac{2\,\pi}{T1}\cdot t2\right)dt2 \;\left|\begin{array}{l}\text{annehmen}, A_{01}>0\\ \text{annehmen}, T1>0\\ \text{vereinfachen}\end{array}\right. \rightarrow \mathbf{b2_n} = \frac{4\cdot A_{01}\cdot\sin\left(\frac{\pi\cdot n1}{2}\right)^2}{\pi\cdot n1}$$

$$\mathbf{b2_n} := \text{wenn}\left(n = 0, 0, \frac{4\cdot A_0\cdot\sin\left(\frac{\pi\cdot n}{2}\right)^2}{\pi\cdot n}\right)$$

Fourierkoeffizienten der Rechteckschwingung mit Fast-Fourierkoeffizienten im Vergleich:

$a2_n =$	$a1_n =$	$b2_n =$	$b1_n =$
0	0	0	0
0	$-2.625\cdot10^{-13}$	2.5465	2.5383
0	0	0	0
0	$1.897\cdot10^{-12}$	0.8488	0.8241
0	0	0	0
0	$-3.364\cdot10^{-13}$	0.5093	0.4677
0	0	0	0
0	$1.827\cdot10^{-12}$	0.3638	0.3046
0	0	0	0
...	...	...	...

Der aufsummierte quadratische Fehler sollte verschwinden:

$$\sum_n \left(a2_n - a1_n\right)^2 = 0$$

$$\sum_n \left(b2_n - b1_n\right)^2 = 0.057$$

Je größer die Abtastwerte N, desto besser ist die Übereinstimmung der Fourierkoeffizienten und der Fast-Fourierkoeffizienten.

Abtastwerte der Funktion f(t) und Fourierpolynom $y_p(n_{max},t)$ im Vergleich:

$$y_p(t, n_{max}) := \underline{c}_0 + \sum_{n=1}^{n_{max}} \left(\underline{c}_n \cdot e^{i \cdot n \cdot \omega_0 \cdot t} + \overline{\underline{c}_n} \cdot e^{-i \cdot n \cdot \omega_0 \cdot t} \right)$$

Fourierpolynom in komplexer Formulierung

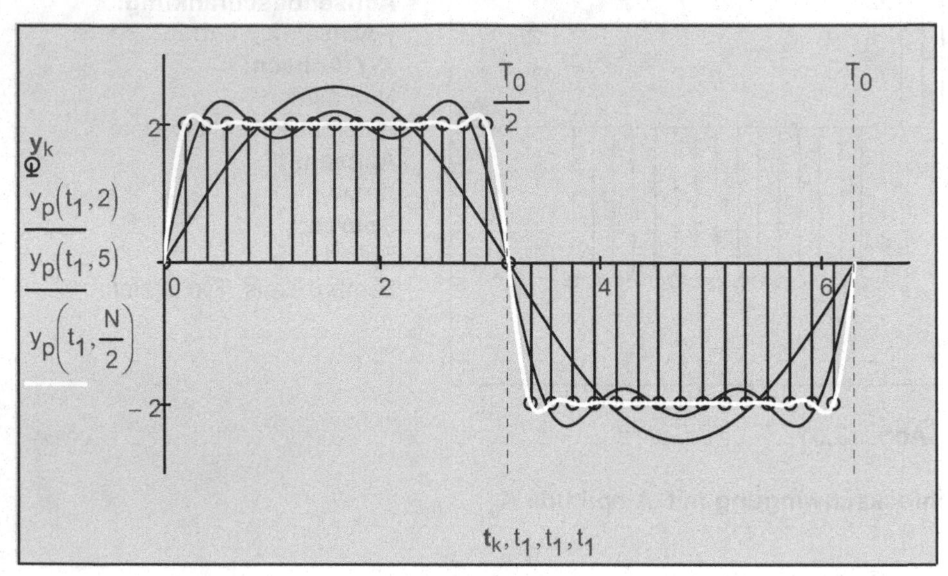

Achsenbeschränkung:
x-Achse: 0 und T_0+0.5
y-Achse: -3 und 3
X-Y-Achsen:
Nummeriert
Automatische Skalierung
Markierung anzeigen:
x-Achse: $T_0/2$ und T_0
Automatische Gitterweite
Achsenstil:
Kreuz
Spuren:
Spur 1
Symbol Kreis, Typ Stamm
Spur 2 bis Spur 4
Typ Linien

Abb. 13.32

Beispiel 13.10:

Es soll ein verrauschtes Messsignal gefiltert und dann das Originalsignal so weit wie möglich wiederhergestellt werden:

$m := 7$

$N := 2^m \qquad N = 128$

Die Anzahl der Abtastwerte sei eine Zweierpotenz. N sollte mindestens doppelt so groß wie die höchste Oberwelle im Messsignal sein (Abtasttheorem).

$k := 0 .. N-1$ Bereichsvariable

$u(t) = 1 \cdot V \cdot \sin(3 \cdot \omega_0 \cdot t) + 2 \cdot V \cdot \cos(5 \cdot \omega_0 \cdot t)$ gegebenes periodisches Signal

Es gilt: $n \cdot \omega_0 \cdot t_k = n \cdot 2 \cdot \pi \cdot \frac{k}{N}$ mit den Abtastzeitpukten $t_k := \frac{T_0}{N} \cdot k$.

Damit erhalten wir die Abtastwerte für das gegebene periodische Signal:

$$\mathbf{u1}_k := 1 \cdot V \cdot \sin\left(3 \cdot 2 \cdot \pi \cdot \frac{k}{N}\right) + 2 \cdot V \cdot \cos\left(5 \cdot 2 \cdot \pi \cdot \frac{k}{N}\right)$$

Wir fügen nun ein zufälliges Rauschen mithilfe der rnd-Funktion zum Signal hinzu ((rnd(2) - 1) liefert eine Zufallszahl zwischen -1 und +1) und bekommen dann ein verrauschtes Messsignal:

$$\mathbf{uv}_k := \mathbf{u1}_k + (\text{rnd}(2) - 1) \cdot V$$

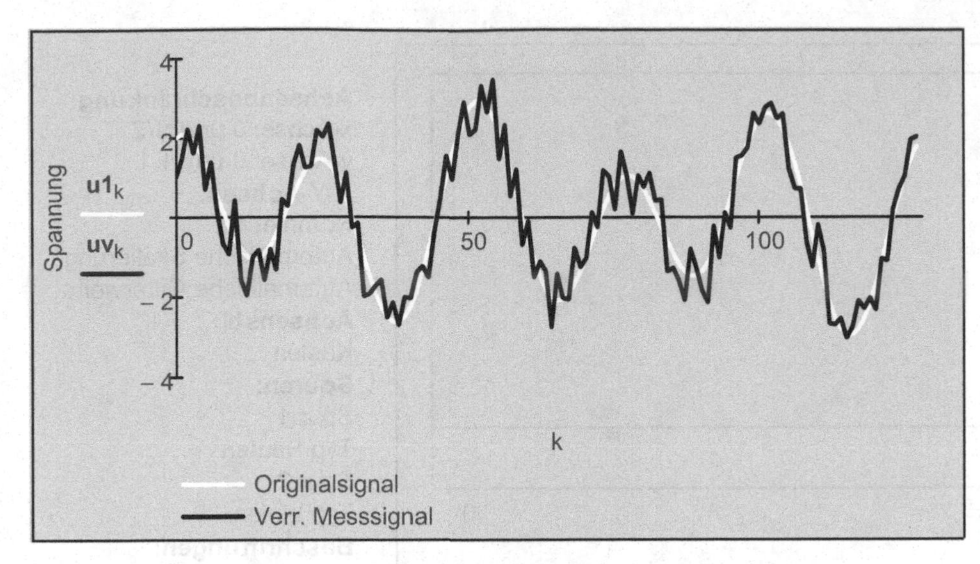

Achsenbeschränkung:
x-Achse: 0 und N
y-Achse: -4 und 4
X-Y-Achsen:
Nummeriert
Automatische Skalierung
Automatische Gitterweite
Achsenstil:
Kreuz
Spuren:
Spur 1 und Spur 2
Typ Linien
Legende unten
Beschriftungen:
y-Achse

Abb. 13.33

$\mathbf{U} := \mathrm{FFT}(\mathbf{uv})$ Fast-Fourier-Koeffizienten des verrauschten Messsignals

$n := 0 .. \frac{N}{2}$ Bereichsvariable im Frequenzbereich

$\alpha := 0.16 \cdot V$ Schwelle für die spektrale Rauschreduktion

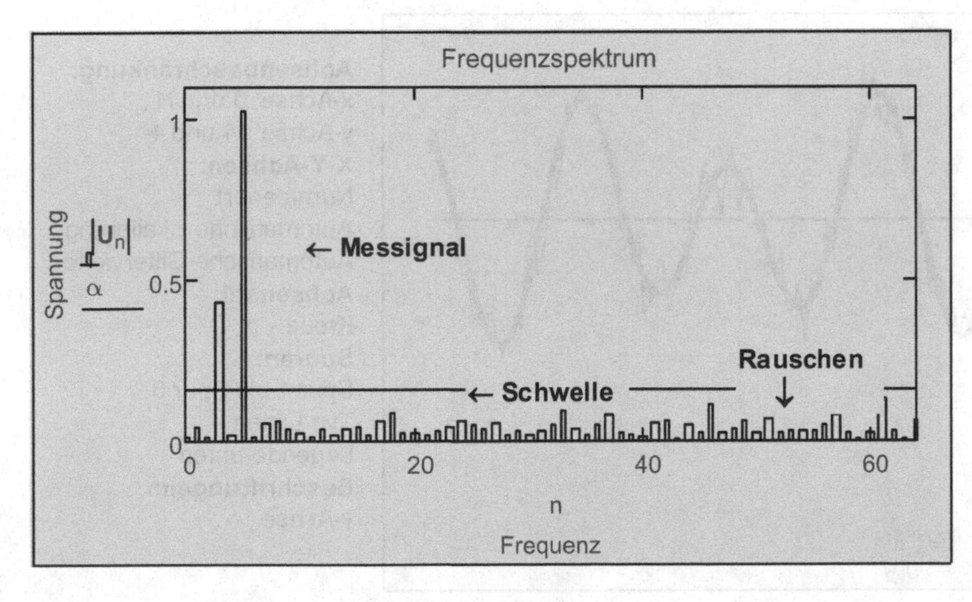

Achsenbeschränkung:
x-Achse: 0 und N/2
y-Achse: 0 und 1.1
X-Y-Achsen:
Nummeriert
Automatische Skalierung
Automatische Gitterweite
Achsenstil:
Kasten
Spuren:
Spur 1
Typ Säulen
Spur 2
Typ Linien
Beschriftungen:
x-Achse und y-Achse

Abb. 13.34

Wir filtern nun jene harmonischen Oberschwingungen heraus, deren Amplitude $|\mathbf{U}_n|$ kleiner als die Schwelle α ist. Um sie auf null zu setzen, benützen wir die Heaviside-Funktion:

$\mathbf{Uf}_n := \mathbf{U}_n \cdot \Phi\left(\left|\mathbf{U}_n\right| - \alpha\right)$ gefilterte Fast-Fourier-Koeffizienten

Eine Alternative zur Heaviside-Funktion wäre auch noch die wenn-Funktion:
$\mathbf{Uf}_n := \mathrm{wenn}(\,|\,\mathbf{U}_n\,| < \alpha\,,\,0\,,\,\mathbf{U}_n)$. Es könnten natürlich auch andere Filter eingesetzt werden.

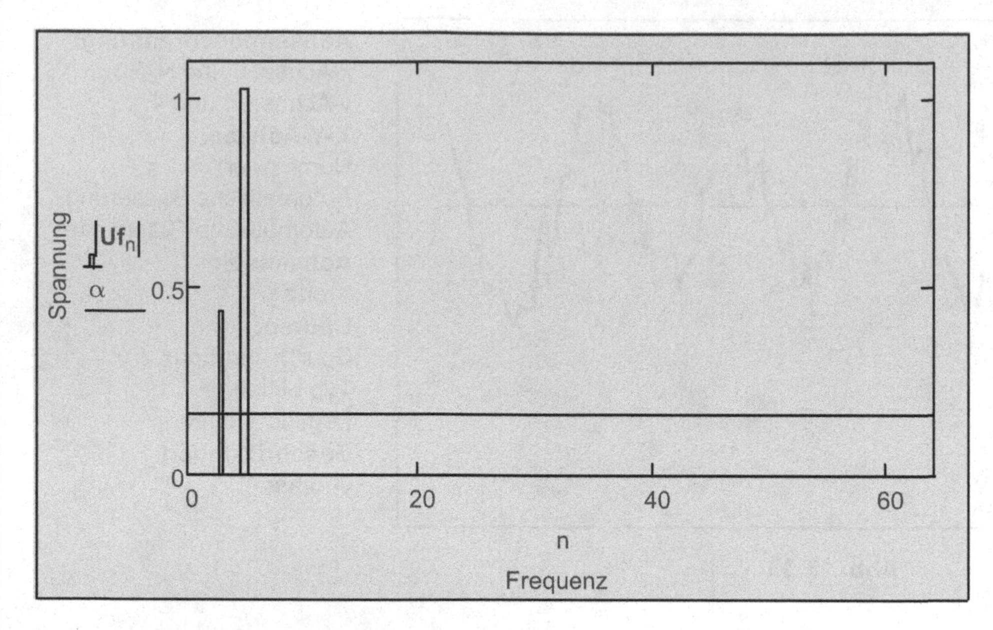

Achsenbeschränkung:
x-Achse: 0 und N/2
y-Achse: 0 und 1.1
X-Y-Achsen:
Nummeriert
Automatische Skalierung
Automatische Gitterweite
Achsenstil:
Kasten
Spuren:
Spur 1
Typ Säulen
Spur 2
Typ Linien
Beschriftungen:
x-Achse und y-Achse

Abb. 13.35

Das gefilterte Messsignal wird nun mittels IFFT in den Zeitbereich zurücktransformiert und anschließend grafisch mit dem Originalsignal verglichen:

uf := IFFT(**Uf**)

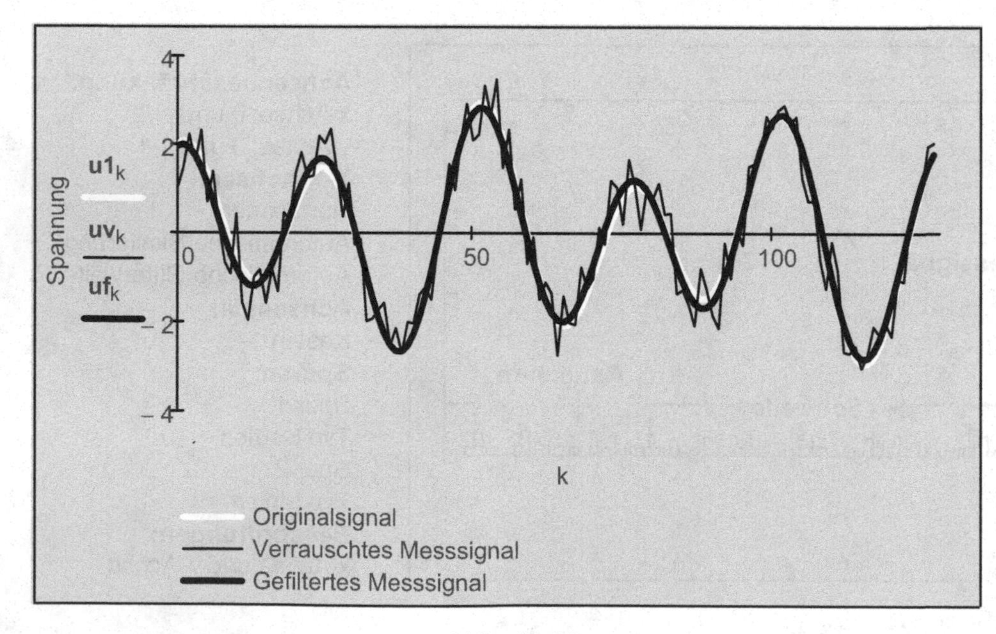

Achsenbeschränkung:
x-Achse: 0 und N
y-Achse: -4 und 4
X-Y-Achsen:
Nummeriert
Automatische Skalierung
Automatische Gitterweite
Achsenstil:
Kreuz
Spuren:
Spur 1 bis Spur 3
Typ Linien
Legende unten
Beschriftungen:
y-Achse

Abb. 13.36

Durch die Erhöhung der Anzahl der Abtastwerte kann eine bessere Übereinstimmung erzielt werden.

13.4 Fouriertransformation

Bei **periodischen Funktionen y = f(t) führt die Fourier-Analyse stets zu einem Linienspektrum**. Bei **nichtperiodischen Funktionen ist ein kontinuierliches Spektrum** zu erwarten.
In der **Praxis treten viele einmalige Vorgänge** auf, die **nichtperiodisch** sind. Die Analyse nichtperiodischer Funktionen, wie z. B. eines einmaligen Impulses, leiten wir aus einer periodischen Funktion her, indem wir die Periode immer größer werden lassen. Eine Vergrößerung der Periodenlänge T_0 ist gleichbedeutend mit der Verkleinerung der Frequenz von f_0 bzw. ω_0. Im Frequenzspektrum (Amplituden oder Linienspektrum) des periodischen Vorganges rücken die einzelnen Spektrallinien immer näher zusammen. Durch den **Grenzübergang $T_0 \to \infty$** entsteht schließlich ein **kontinuierliches Spektrum**, weshalb k ω_0 als ein Kontinuum ω beschreibbar ist und alle **Frequenzen zwischen - ∞ und + ∞ enthält (Frequenz- oder Amplitudendichtespektrum). Anstelle** der **trigonometrischen Summe der Fourierreihe** tritt ein **Integral, das Fourierintegral**, das sich über alle Frequenzen von -∞ bis +∞ erstreckt. In der Naturwissenschaft und Technik ist die **Fouriertransformation** eine sehr wichtige **Integraltransformation**. Dabei wird einer **Zeitfunktion y = f(t)** ihr **Frequenzspektrum $\underline{F}(\omega)$** zugeordnet und umgekehrt.

Die unendlichen Summen der komplexen Fourierreihe gehen durch den Grenzübergang in das Fourierintegral über.
Die Fouriertransformierte $\underline{F}(\omega)$, als eine kontinuierlich verteilte Funktion von ω, ergibt sich zu:

$$\mathscr{F}\{\, f(t)\,\} = \underline{F}(\omega) = \lim_{T_0 \to \infty} \int_{-\frac{T_0}{2}}^{\frac{T_0}{2}} f(t) \cdot e^{-j \cdot k \cdot \omega_0 \cdot t}\, dt = \int_{-\infty}^{\infty} f(t) \cdot e^{-j \cdot \omega \cdot t}\, dt .$$

Die Fourierrücktransformierte (inverse Fouriertransformation), also die Zeitfunktion f(t), erhalten wir aus analogem Übergang der Fourierreihe für $T_0 \to \infty$:

$$\mathscr{F}^{-1}\{\, \underline{F}(\omega)\,\} = f(t) = \frac{1}{2 \cdot \pi} \cdot \int_{-\infty}^{\infty} \underline{F}(\omega) \cdot e^{j \cdot \omega \cdot t}\, d\omega .$$

Die Fourieranalyse hat heute eine besondere Bedeutung in der praktischen Auswertung in Form der Fast-Fourier-Transformation (FFT, siehe oben), die einem zeitdiskreten Signal f(t) der jetzt normierten Zeitvariablen t_n = n . Δt (n = 0, 1, ... N-1 und Δt = 1) ein frequenzdiskretes Spektrum an den Stellen k = 0, 1 ... N-1 der jetzt normierten Frequenzvariablen f = k/N (Δf = 1/(N . Δt) = 1/N) zuordnet. Durch die Diskretisierung des Fourierintegrals über ein endliches Intervall mit N-Punkten ergibt sich:

$$\underline{F}(\omega) = \int_{-\infty}^{\infty} f(t) \cdot e^{-j \cdot \omega \cdot t}\, dt \approx \underline{F}_k = \sum_{n=0}^{N-1} \left(y_n \cdot e^{-j \cdot 2 \cdot \pi \cdot \frac{k}{N} \cdot n} \right)$$ **mit k = 0, 1 ... N-1.**

Die Rücktransformation erhalten wir aus:

$$f(t) = \frac{1}{2 \cdot \pi} \cdot \int_{-\infty}^{\infty} \underline{F}(\omega) \cdot e^{j \cdot \omega \cdot t}\, d\omega \approx y_n = \frac{1}{N} \cdot \sum_{k=0}^{N-1} \left(\underline{F}_k \cdot e^{j \cdot 2 \cdot \pi \cdot \frac{k}{N} \cdot n} \right)$$ **mit n = 0, 1 ... N-1.**

Der Transformationsalgorithmus ist für N = 2^m besonders effizient. Hierdurch werden die Grenzen zur Fourierreihe verwischt, denn die diskreten Spektren gehören zu Funktionen, die auf der Zeitachse mit N und der Frequenzachse mit 1 periodisch sind.

<u>Bemerkung:</u>
Vergleichen wir die hier angegebenen Näherungen für $\underline{F}$ und y mit den in Abschnitt 13.3 angeführten Funktionen FFT und IFFT von Mathcad, so gilt:

$\mathrm{FFT}(y) = \frac{1}{N} \cdot \underline{F}$ **und** $\mathrm{IFFT}(\underline{F}) = N \cdot y$.

<u>δ-Impuls und Heaviside-Sprungfunktion Φ:</u>

Neben dem Einheitssprung (Heaviside-Funktion Φ) spielt der Dirac-Impuls δ eine besondere Rolle (kurzer und starker Impuls zum Zeitpunkt t = 0 s wie z. B. Spannungsstoß, Kraftstoß, punktförmige Ladung). Der Dirac-Impuls ist ein idealisierter, technisch nur näherungsweise darstellbarer Impuls. Er tritt zwar in der Natur nie exakt auf (physikalische Größen können keine unendlichen Werte annehmen), bei der mathematischen Beschreibung von Systemen bietet er aber vielfach sehr bequeme und genaue Näherungen an das tatsächliche dynamische Verhalten. Die Reaktion eines Systems auf die Impulsfunktion als Eingangsgröße heißt Impuls-Antwort bzw. Gewichtsfunktion.
Mathematisch wird er als Ableitung des Einheitssprungs definiert, was wegen der Unstetigkeit von Φ(t) allerdings Schwierigkeiten bereitet. Wir stellen uns daher besser die Dirac-Funktion als Grenzwert für T → 0 vor, den ein "differenzierendes System" liefert.
Der δ-Impuls oder Dirac-Impuls stellt keine Funktion, sondern eine Distribution dar!

In der Symbol-Engine von Mathcad ist der Dirac-Impuls δ(t) durch Δ(t) = 0 für t ≠ 0 bzw. Δ(ω) = 0 für ω ≠ 0 definiert. Für t = 0 bzw. ω = 0 ist der Dirac-Impuls ∞. Der Dirac-Impuls kann natürlich nicht als Funktion (z. B. f(t) := Δ(t)) dargestellt werden!

Beispiel 13.11:

Übergang vom Rechteckimpuls zum δ-Impuls (Veranschaulichung mit Mathcad):

$$\delta(t) = \lim_{T \to 0} \left[\frac{1}{T} \cdot (\Phi(t) - \Phi(t - T)) \right] \quad \text{und} \quad \int_{-\infty}^{\infty} \delta(t)\,dt = 1$$

$f(t, T) := \frac{1}{T} \cdot (\Phi(t) - \Phi(t - T))$ Rechteckimpuls

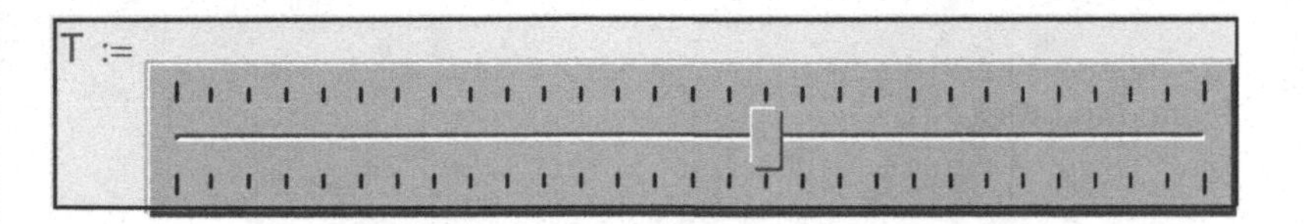

Siehe auch Kapitel 19. Aus dem Kontextmenü (rechte Maustaste auf dem Regler) können die Mathsoft Slider Control-Objekt Eigenschaften eingestellt werden: Minimum: 2; Maximum 30; Teilstrichfähigkeit 1.

$T := \frac{1}{T} \quad T = 0.056$ Periodendauer

$t := -1, -1 + 0.001 .. 1$ Bereichsvariable

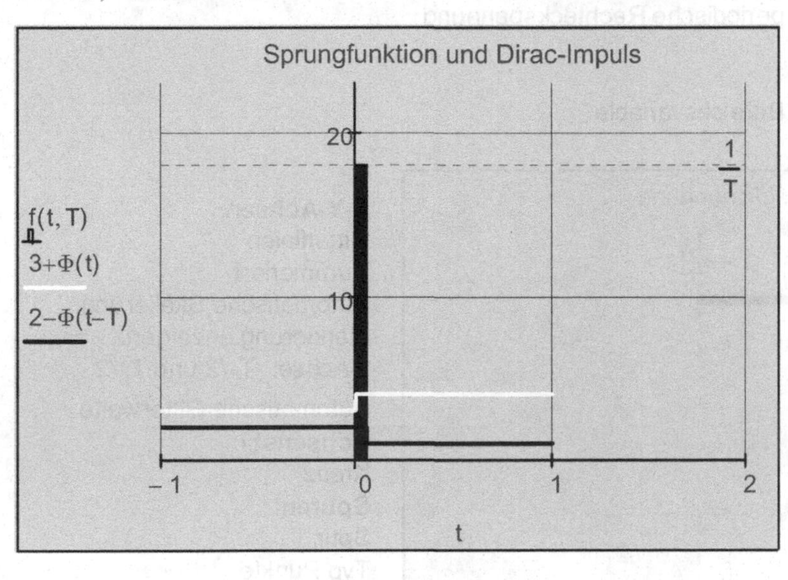

Abb. 13.37

Achsenbeschränkung:
y-Achse: -0.5 und 1/T+ 5
X-Y-Achsen:
Nummeriert
Automatische Skalierung
Markierung anzeigen:
y-Achse: 1/T
Automatische Gitterweite
Achsenstil:
Kreuz
Spuren:
Spur 1
Typ Säulen
Spur 2 und Spur 3
Typ Linien
Beschriftungen:
Titel oben

Fläche des Rechteckimpulses der Höhe 1/T:

$$\int_{-\infty}^{\infty} f(t, T)\,dt \to 1$$

Berechnung mit dem Mathcad Dirac-Impuls Δ(t):

$$\int_{-\infty}^{\infty} \Delta(t)\,dt \to 1 \qquad \int_{-\infty}^{0} \Delta(t)\,dt \to \frac{1}{2} \qquad \int_{0}^{\infty} \Delta(t)\,dt \to \frac{1}{2}$$

Beispiel 13.12:

In Beispiel 13.9 wurde das Linienspektrum einer periodischen Rechteckfunktion ermittelt. Hier soll das Spektrum eines Rechteckimpulses (Spannungsimpuls) untersucht werden:

$ORIGIN := -40$ ORIGIN festlegen

$n := -40, -39 .. 40$ Bereichsvariable

$\omega_0 := 1 \cdot s^{-1}$ Kreisfrequenz

$T_0 := \frac{2 \cdot \pi}{\omega_0} \qquad T_0 = 6.283\,s$ Periodendauer

$\hat{U} := \frac{1}{T_0} \cdot V \cdot s$ Amplitude

$u(t) := \hat{U} \cdot \left(\Phi\left(t + \frac{T_0}{2}\right) - \Phi\left(t - \frac{T_0}{2}\right) \right)$ periodische Rechteckspannung

$t := -T_0, -T_0 \cdot 0.99 .. T_0$ Bereichsvariable

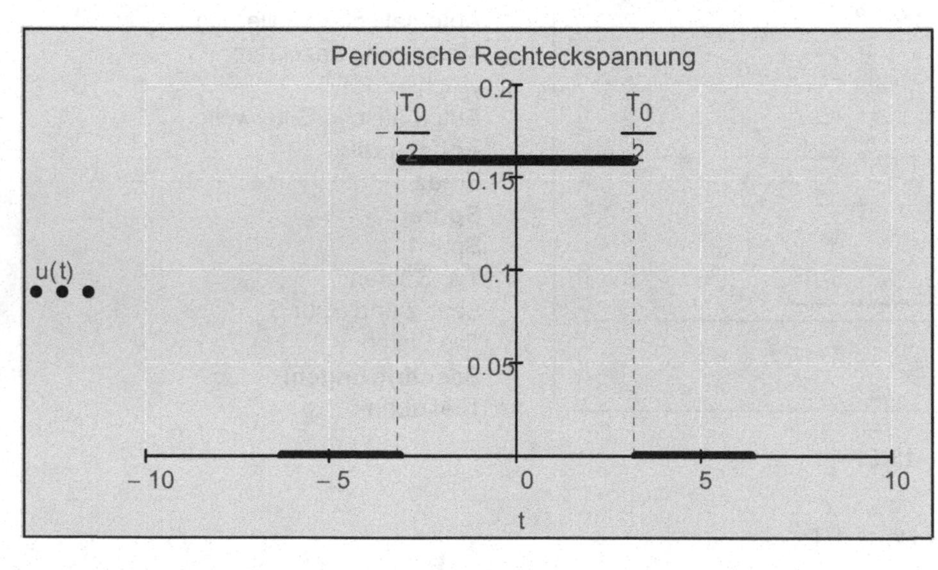

X-Y-Achsen:
Gitterlinien
Nummeriert
Automatische Skalierung
Markierung anzeigen:
x-Achse: $-T_0/2$ und $T_0/2$
Automatische Gitterweite
Achsenstil:
Kreuz
Spuren:
Spur 1
Typ Punkte
Beschriftungen:
Titel oben

Abb. 13.38

Die periodische Rechteckspannung wird hier nur über eine Periode dargestellt.

Numerische Berechnung der komplexen Fourierkoeffizienten für die periodische Rechteckspannung:

$$\mathbf{c1}_n := \frac{1}{T_0} \cdot \int_{-\frac{1}{2}s}^{\frac{1}{2}s} u(t) \cdot e^{-j \cdot n \cdot \omega_0 \cdot t}\, dt$$

$$\mathbf{c1}_n := \text{wenn}\left(\left|\mathbf{c1}_n\right| < TOL \cdot V, 0 \cdot V, \mathbf{c1}_n \right)$$

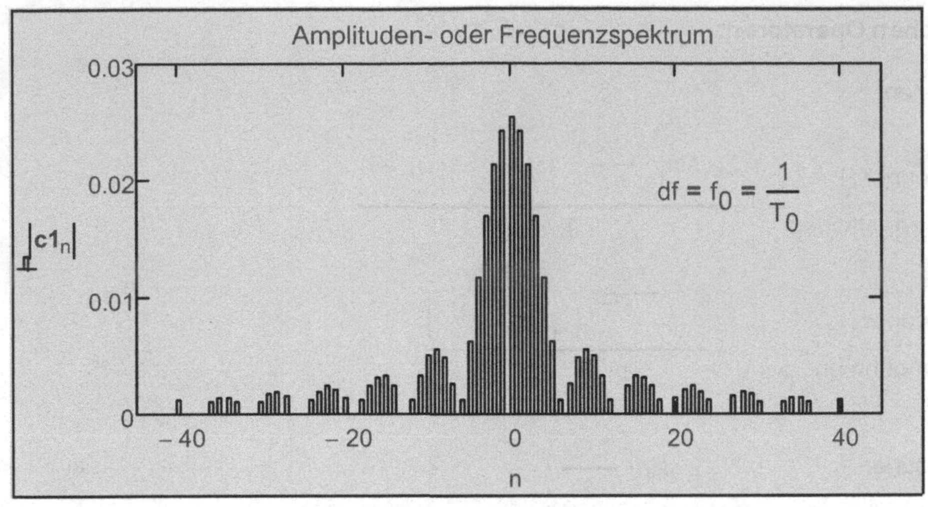

Achsenbeschränkung:
x-Achse: -45 bis 45
X-Y-Achsen:
Nummeriert
Automatische Skalierung
Automatische Gitterweite
Achsenstil:
Kreuz
Spuren:
Spur 1
Typ Säulen
Beschriftungen:
Titel oben

Abb. 13.39

Eine Vergrößerung der **Periodendauer T_0 ($f_0 = 1/T_0$)** ist gleichbedeutend mit der **Verkleinerung der Frequenz** von f_0 bzw. ω_0 ($\omega_0 = 2\,\pi\,f_0$; $f = n\,f_0$). Das bedeutet, dass im Amplitudenspektrum die Spektrallinien immer näher zusammenrücken. Mit $T_0 \to \infty$ entsteht ein **kontinuierliches Spektrum.**

Fouriertransformation eines Spannungsimpulses:

Direkte symbolische Auswertung des Fourierintegrals:

$$\underline{F}(\omega) = \int_{-\infty}^{\infty} u(t)\cdot e^{-j\cdot\omega\cdot t}\,dt = \frac{1}{T}\cdot\int_{\frac{-T}{2}}^{\frac{T}{2}} e^{-j\cdot\omega\cdot t}\,dt$$

Symbolisch vereinfacht über das Symbolik-Menü und weiter umgeformt ergibt:

$$\frac{1}{T}\cdot\int_{\frac{-T}{2}}^{\frac{T}{2}} e^{-j\cdot\omega\cdot t}\,dt \quad \text{vereinfacht auf} \quad \frac{2\cdot\sin\left(\frac{T\cdot\omega}{2}\right)}{T\cdot\omega} = \frac{\sin\left(\frac{1}{2}\cdot T\cdot\omega\right)}{\frac{1}{2}\cdot T\cdot\omega} = \mathrm{sinc}\left(\frac{1}{2}\cdot T\cdot\omega\right)$$

sinc-Funktion (Spaltfunktion)

Auswertung über das Symbolik-Menü:

$$\frac{1}{T}\cdot\left(\Phi\left(t+\frac{T}{2}\right) - \Phi\left(t-\frac{T}{2}\right)\right)$$

Cursor auf t stellen und mit Symbolik-Menü-Transformation-Fourier auswerten (oder: <Alt> + STF)

hat Fourier-Transformation

$$-\frac{e^{-\frac{T\cdot\omega\cdot i}{2}}\cdot\left(e^{T\cdot\omega\cdot i}-1\right)\cdot(\pi\cdot\omega\cdot\Delta(\omega)+i)}{T\cdot\omega} \quad \text{vereinfacht auf} \quad -\frac{2i\cdot\sin\left(\frac{T\cdot\omega}{2}\right)\cdot(\pi\cdot\omega\cdot\Delta(\omega)+i)}{T\cdot\omega}$$

$\Delta(\omega)$ bedeutet den Dirac'schen Delta-Impuls δ (Dirac-Stoß). $\Delta(\omega) = 0$ für $\neq 0$, also folgt daraus:

$$2\cdot\frac{\sin\left(\frac{1}{2}\cdot T\cdot\omega\right)}{T\cdot\omega}$$

Auswertung mit den symbolischen Operatoren:

$t := t \qquad T := T$ Redefinitionen

$$\frac{1}{T}\cdot\left(\Phi\left(t+\frac{T}{2}\right)-\Phi\left(t-\frac{T}{2}\right)\right) \;\Big|\; \begin{array}{l}\text{fourier}, t\\ \text{vereinfachen}\end{array} \rightarrow -\frac{2i\cdot\sin\left(\frac{T\cdot\omega}{2}\right)\cdot(\pi\cdot\omega\cdot\Delta(\omega)+i)}{T\cdot\omega}$$

$$\frac{1}{T}\cdot\left(\Phi\left(t+\frac{T}{2}\right)-\Phi\left(t-\frac{T}{2}\right)\right) \;\Big|\; \begin{array}{l}\text{fourier}, t\\ \text{annehmen}, \omega>0\end{array} \rightarrow -\frac{e^{-\frac{T\cdot\omega\cdot i}{2}}\cdot\left(-i+e^{T\cdot\omega\cdot i}\cdot i\right)}{T\cdot\omega}$$

$$\frac{1}{T}\cdot\left(\Phi\left(t+\frac{T}{2}\right)-\Phi\left(t-\frac{T}{2}\right)\right) \;\Big|\; \begin{array}{l}\text{fourier}, t\\ \text{annehmen}, \omega>0\\ \text{vereinfachen}\end{array} \rightarrow \frac{2\cdot\sin\left(\frac{T\cdot\omega}{2}\right)}{T\cdot\omega}$$

Rücktransformation in den Zeitbereich mit den symbolischen Operatoren:

$$\frac{2\cdot\sin\left(\frac{T\cdot\omega}{2}\right)}{T\cdot\omega} \;\Big|\; \begin{array}{l}\text{invfourier}, \omega\\ \text{vereinfachen}\end{array} \rightarrow \frac{\Phi\left(\frac{T}{2}-t\right)}{T}+\frac{\Phi\left(\frac{T}{2}+t\right)-1}{T}$$

Eine weitere Vereinfachung wird hier in Mathcad bei der Rücktransformation nicht durchgeführt!

Grafische Darstellung des Spannungsimpulses im Zeitbereich:

$T := 1$ Impulsbreite

$$u(t) := \frac{1}{T}\cdot\left(\Phi\left(t+\frac{T}{2}\right)-\Phi\left(t-\frac{T}{2}\right)\right)$$ **Spannungsimpuls**

$t := -2\cdot T, -2\cdot T\cdot 0.99 .. 2\cdot T$ Bereichsvariable

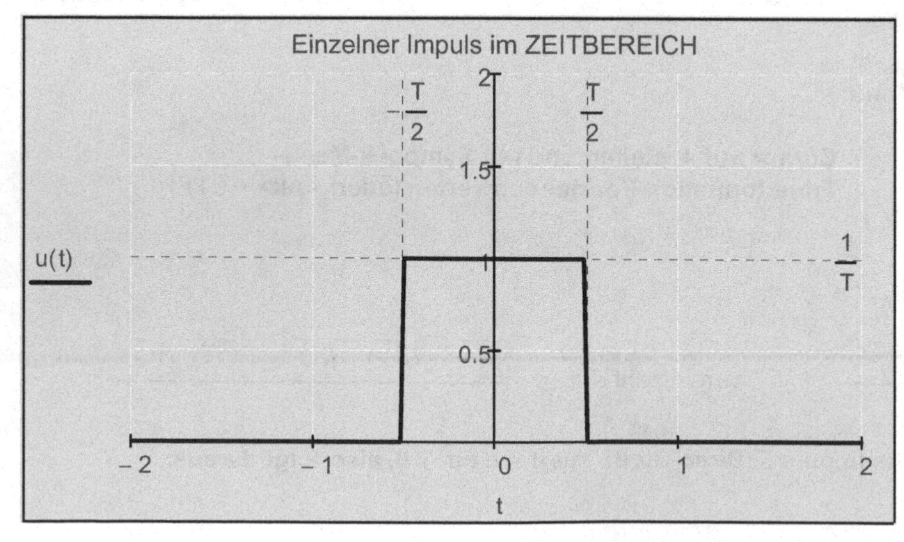

Achsenbeschränkung:
x-Achse: -2 T bis 2 T
y-Achse: 0 bis 2
X-Y-Achsen:
Nummeriert
Automatische Skalierung
Markierung anzeigen:
x-Achse: -T/2 und T/2
Automatische Gitterweite
Achsenstil:
Kreuz
Spuren:
Spur 1
Typ Linien
Beschriftungen:
Titel oben

Abb. 13.40

Grafische Darstellung des fouriertransformierten Spannungsimpulses im Frequenzbereich:

$\underline{F}(\omega) := \frac{-j}{\omega \cdot T} \cdot e^{\frac{1}{2} j \cdot \omega \cdot T} + \frac{j}{\omega \cdot T} \cdot e^{-\frac{1}{2} j \cdot \omega \cdot T}$ komplexwertige Darstellung der Fouriertransformierten

$\omega := \frac{-10 \cdot \pi}{T}, \frac{-9.99 \cdot \pi}{T} .. \frac{10 \cdot \pi}{T}$ Bereichsvariable

Der fouriertransformierte Spannungsimpuls (Spektralfunktion) liefert im Frequenzbereich ein kontinuierliches Frequenzspektrum:

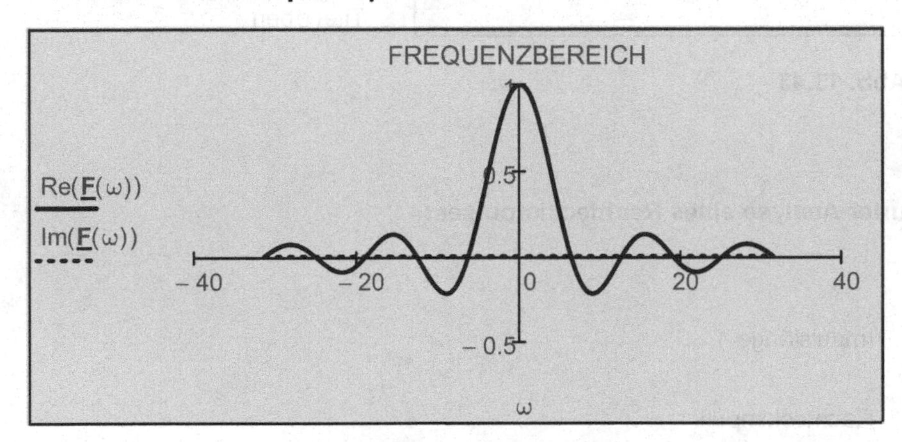

X-Y-Achsen:
Nummeriert
Automatische Skalierung
Automatische Gitterweite
Achsenstil:
Kreuz
Spuren:
Spur 1 und Spur 2
Typ Linien
Beschriftungen:
Titel oben

Abb. 13.41

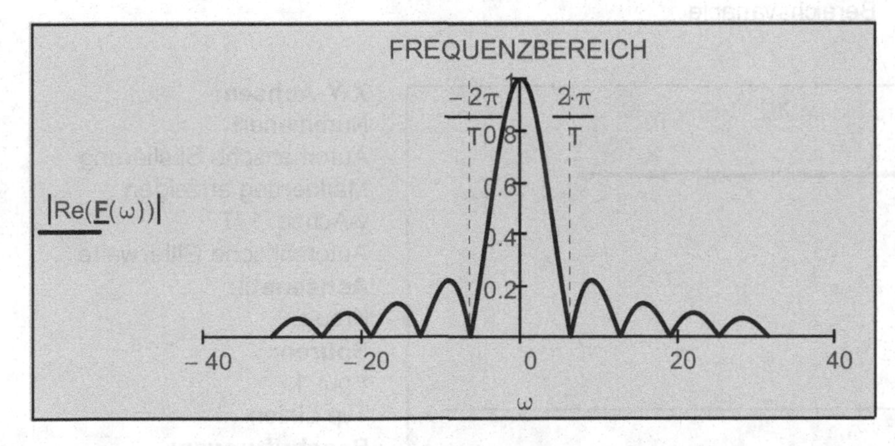

X-Y-Achsen:
Nummeriert
Automatische Skalierung
Markierung anzeigen:
x-Achse: -2 π /T und 2 π /T
Automatische Gitterweite
Achsenstil:
Kreuz
Spuren:
Spur 1
Typ Linien
Beschriftungen:
Titel oben

Abb. 13.42

Die reellwertige Darstellung der Fouriertransformierten heißt sinc-Funktion oder Spaltfunktion (sie ist in Mathcad bereits definiert):

$$F(\omega) = \frac{\sin\left(\frac{1}{2} \cdot T \cdot \omega\right)}{\frac{1}{2} \cdot \omega \cdot T}$$

Diese Funktion besitzt bei $\omega = 0$ eine Lücke. Diese kann jedoch geschlossen werden, weil der Grenzwert mit $\omega \to 0$ existiert.

$F(\omega) := \mathrm{sinc}\left(\frac{1}{2} \cdot T \cdot \omega\right)$ reellwertige Spektralfunktion

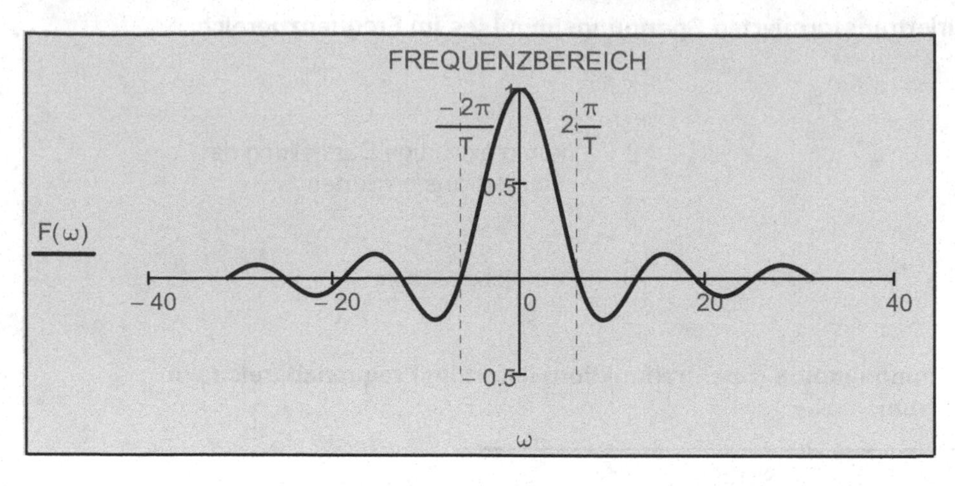

X-Y-Achsen:
Nummeriert
Automatische Skalierung
Markierung anzeigen:
x-Achse: -2 π /T und 2 π /T
Automatische Gitterweite
Achsenstil:
Kreuz
Spuren:
Spur 1
Typ Linien
Beschriftungen:
Titel oben

Abb. 13.43

Beispiel 13.13:

Fast-Fourier- und Inverse Fast-Fourier-Analyse eines Rechteckimpulses:

ORIGIN := 0

$T := 9.1$ Impulslänge-1

$p(t) := \frac{1}{T} \cdot \Phi(T - t)$ Rechteckimpuls

$t := 0, 0.01 .. T$ Bereichsvariable

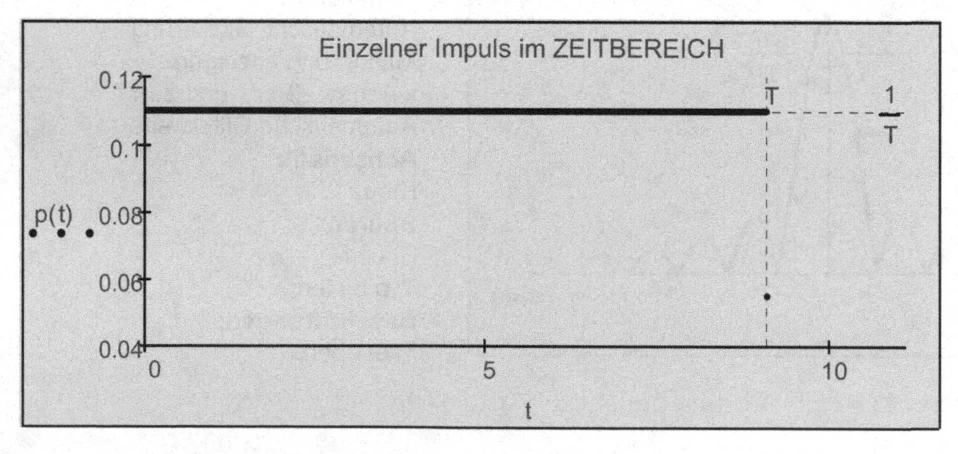

X-Y-Achsen:
Nummeriert
Automatische Skalierung
Markierung anzeigen:
y-Achse: 1 /T
Automatische Gitterweite
Achsenstil:
Kreuz
Spuren:
Spur 1
Typ Linien
Beschriftungen:
Titel oben

Abb. 13.44

$m := 10$ $N := 2^m$ $N = 1024$ Die Anzahl der Abtastwerte sei eine Zweierpotenz.

$k := 0 .. N - 1$ Bereichsvariable

$\mathbf{t}_k := k$ Abtastzeitpunkte

$\mathbf{p}_k := p(\mathbf{t}_k)$ Abtastwerte

$\underline{F} := N \cdot FFT(p)$ Frequenzfunktionswerte
(FFT ist mit N zu multiplizieren! Siehe Bemerkung oben)

$n := 0 .. \frac{N}{2}$ Fourierfrequenz Index

$f_n := \frac{n}{N}$ Frequenzvektor

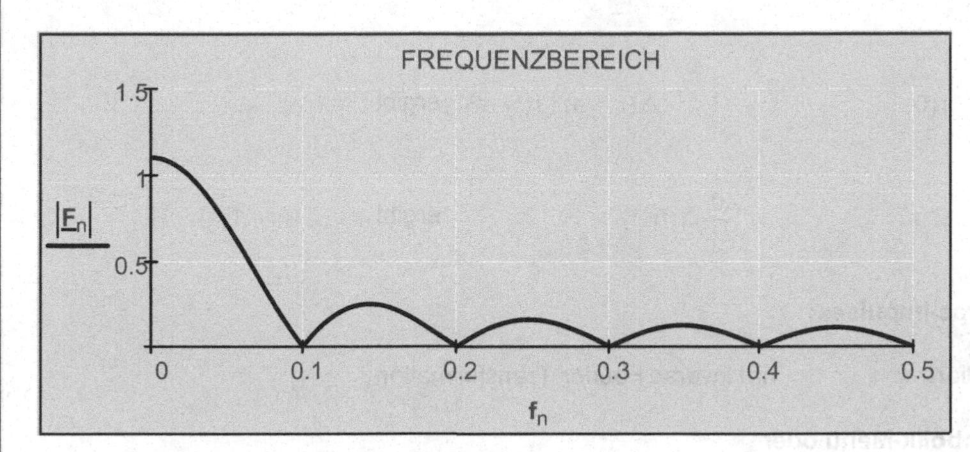

X-Y-Achsen:
Nummeriert
Automatische Skalierung
Automatische Gitterweite
Achsenstil:
Kreuz
Spuren:
Spur 1
Typ Linien
Beschriftungen:
Titel oben

Abb. 13.45

Betrag der Spaltfunktion (sinc-Funktion).

$p_r := \frac{IFFT(\underline{F})}{N}$ Zeitfunktionswerte **(IFFT ist durch N zu dividieren! Siehe Bemerkung oben)**

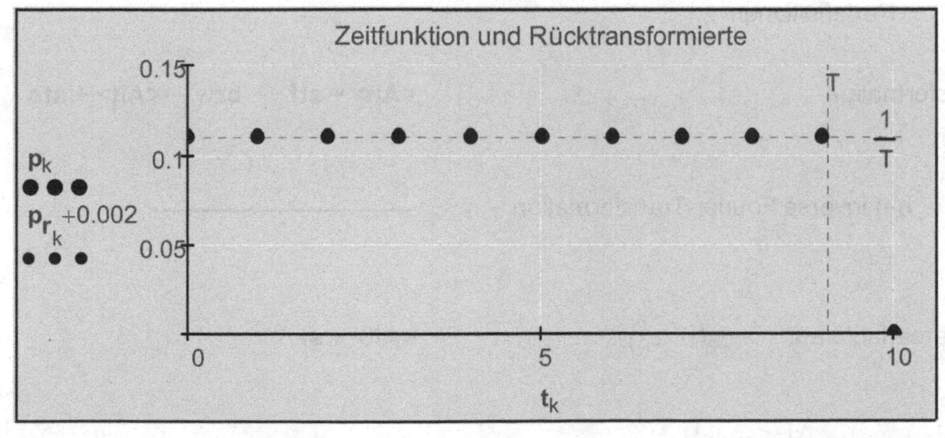

X-Y-Achsen:
Nummeriert
Automatische Skalierung
Markierung anzeigen:
y-Achse: 1 /T
Automatische Gitterweite
Achsenstil:
Kreuz
Spuren:
Spur 1 und Spur 2
Typ Schritt
Beschriftungen:
Titel oben

Abb. 13.46

Zeit- und Rücktransformierte stimmen gut überein!

Beispiel 13.14:

Symbolische Auswertungen des Dirac-Impulses:

$t := t$ Redefinition

$\delta(t) = \int_{-\infty}^{\infty} \Delta(t)\,dt$ ergibt $\delta(t) = 1$ $\delta 1(t) = \int_{-\infty}^{\infty} \Delta(t)\,dt \rightarrow \delta 1(t) = 1$

$\int_{-\infty}^{\infty} \Delta(t)\cdot f(t)\,dt$ ergibt $f(0)$ $\int_{-\infty}^{\infty} \Delta(t-a)\cdot f(t)\,dt$ ergibt $f(a)$

$\Delta(n,1)$ ergibt 0 $\frac{d}{dt}\Delta(n,t)$ ergibt $\Delta(n+1,t)$

Fouriertransformation des Dirac-Impulses:

$\Delta(t)$ hat Fourier-Transformation 1 hat inverse Fourier-Transformation $\Delta(t)$

Auswertung über Symbolik-Menü oder

Cursor auf t und <Alt> + stf **Cursor auf 1 und <Alt> + sto**

Beispiel 13.15:

Fouriertransformation und inverse Fouriertransformation eines Cosinus-Impulses:

$\omega_0 := \omega_0$ $\omega := \omega$ $t := t$ Redefinitionen

$\cos(\omega_0 \cdot t)$ hat Fourier-Transformation $\pi\cdot(\Delta(\omega+\omega_0)+\Delta(\omega-\omega_0))$ **<Alt> + stf** bzw. **<Alt> + sto**

$\pi\cdot(\Delta(\omega+\omega_0)+\Delta(\omega-\omega_0))$ hat inverse Fourier-Transformation $\frac{e^{-t\cdot\omega_0\cdot i}\cdot\left(e^{2i\cdot t\cdot\omega_0}+1\right)}{2}$

$\frac{e^{-t\cdot\omega_0\cdot i}\cdot\left(e^{2i\cdot t\cdot\omega_0}+1\right)}{2}$ vereinfacht auf $\cos(t\cdot\omega_0)$ **<Alt> + sr**

$\cos(\omega_0\cdot t)$ fourier, t $\rightarrow \pi\cdot(\Delta(\omega+\omega_0)+\Delta(\omega-\omega_0))$

$\pi\cdot(\Delta(\omega+\omega_0)+\Delta(\omega-\omega_0))$ | invfourier, ω / vereinfachen $\rightarrow \cos(t\cdot\omega_0)$

Beispiel 13.16:

Bei einer Messung sind wir grundsätzlich am analytischen Signal interessiert, doch solche Signale sind von ungewollten Komponenten überlagert, die als "Rauschen" klassifiziert werden. Es gibt dabei verschiedene Kategorien. Wir wollen hier nur ein zufällig überlagertes "Rauschen" betrachten, das bei jedem Signal präsent und unabhängig von der Signalstärke ist. Es ist statistischen Ursprungs und kann nicht eliminiert, sondern nur minimiert werden. Für die meisten Messungen ist das zufällige "Rauschen" konstant und unabhängig von der Stärke des analytischen Signals. Wir simulieren nun ein analytisches Signal. Es beinhaltet eine Serie von so genannten Lorentz-Bändern. Dies könnte ein typisches Signal repräsentieren, welches bei irgendeiner spektroskopischen Messung aufgenommen wurde.

$N := 2^{10}$ $k := 0 .. N-1$ Datenanzahl und Bereichsvariable

$A := 100$ $BW := 20$ Signalamplitude und Bandweite

$$\mathbf{Sig}_k := \frac{A}{1+\frac{4\cdot\left(k-\frac{N}{4}\right)^2}{BW^2}} + \frac{\frac{A}{2}}{1+\frac{4\cdot\left(k-2\cdot\frac{N}{4}\right)^2}{BW^2}} + \frac{\frac{A}{3}}{1+\frac{4\cdot\left(k-2.5\cdot\frac{N}{4}\right)^2}{BW^2}}$$

Lorentz-Signal

$\mathbf{ZR} := \mathrm{rnorm}(N, 0, RP)$ Zufälliges "Rauschen" erzeugt mit dem Zufallsgenerator **rnorm**.

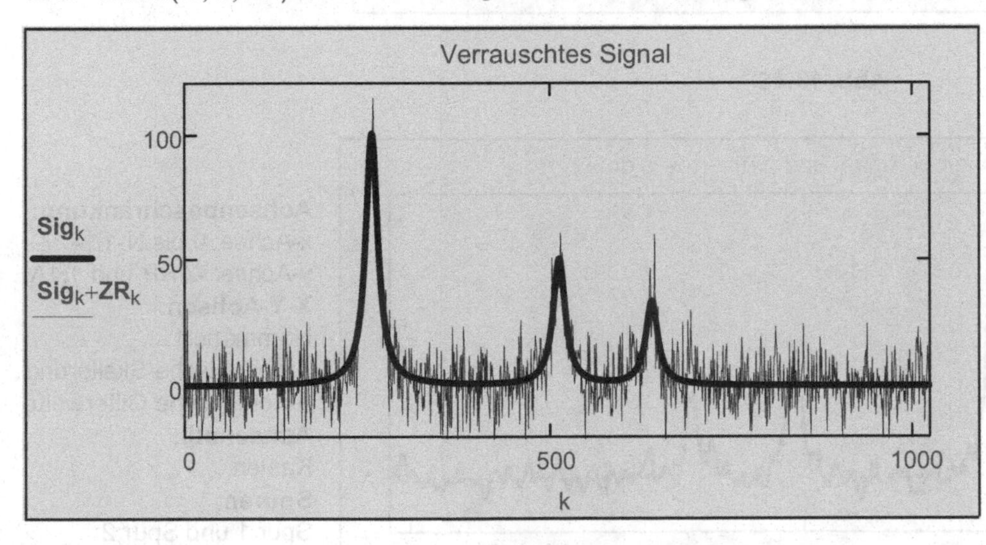

Achsenbeschränkung:
y-Achse: -2 RP bis 120
X-Y-Achsen:
Nummeriert
Automatische Skalierung
Automatische Gitterweite
Achsenstil:
Kasten
Spuren:
Spur 1 und Spur 2
Typ Linien
Beschriftungen:
Titel oben

Abb. 13.47

$RP \equiv 10$ **Rauschpegel (Globale Zuweisung zur Simulation)**

Nachfolgend soll aus dem Signal das zufällige Rauschen so weit als möglich entfernt werden, um das analytische Signal sichtbar zu machen. Dazu werden Filter eingesetzt. Ein Digital-Filter bietet gegenüber einem Analog-Filter eine bessere Kontrolle der Output-Daten. Signal-Filter sind Computer basierend und wir können daher leicht verschiedene alternative Filter einsetzen. Es ist aber Vorsicht geboten! Einen Filter zu wählen, welches das meiste Rauschen entfernt, kann auch das analytische Signal zerstören. Wir versuchen hier einen einfachen Gauß-Filter einzusetzen.

$n := 0 .. \frac{N}{2}$ Fourierfrequenz-Index

$$\mathbf{GF}_n := e^{-4\cdot\ln(2)\cdot\frac{n^2}{BW1^2}}$$

Gaußfilterfunktion (Digital-Filter)

$\underline{FTSig} := N \cdot FFT(\mathbf{Sig} + \mathbf{ZR})$ Fast-Fourier-Transformation vom verrauschten Signal

$\underline{FTFilter}_n := \underline{FTSig}_n \cdot \mathbf{GF}_n$ Gefiltertes Signal mit Digital-Filter

$\mathbf{GSig} := \frac{1}{N} \cdot IFFT(\underline{\mathbf{FTFilter}})$ Inverse Transformation des gefilterten Signals

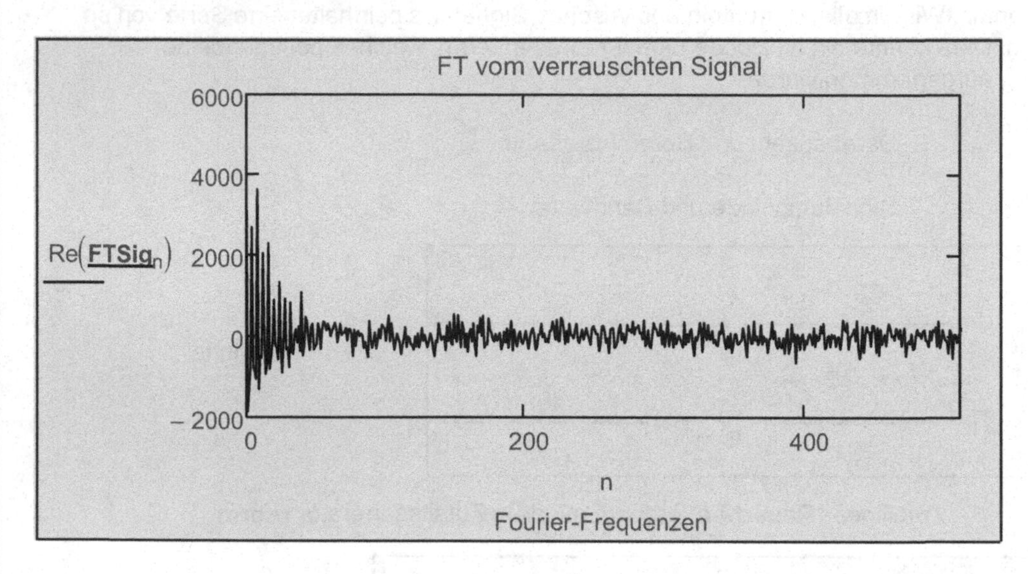

Achsenbeschränkung:
x-Achse: 0 bis 511
X-Y-Achsen:
Nummeriert
Automatische Skalierung
Automatische Gitterweite
Achsenstil:
Kasten
Spuren:
Spur 1
Typ Linien
Beschriftungen:
Titel oben

Abb. 13.48

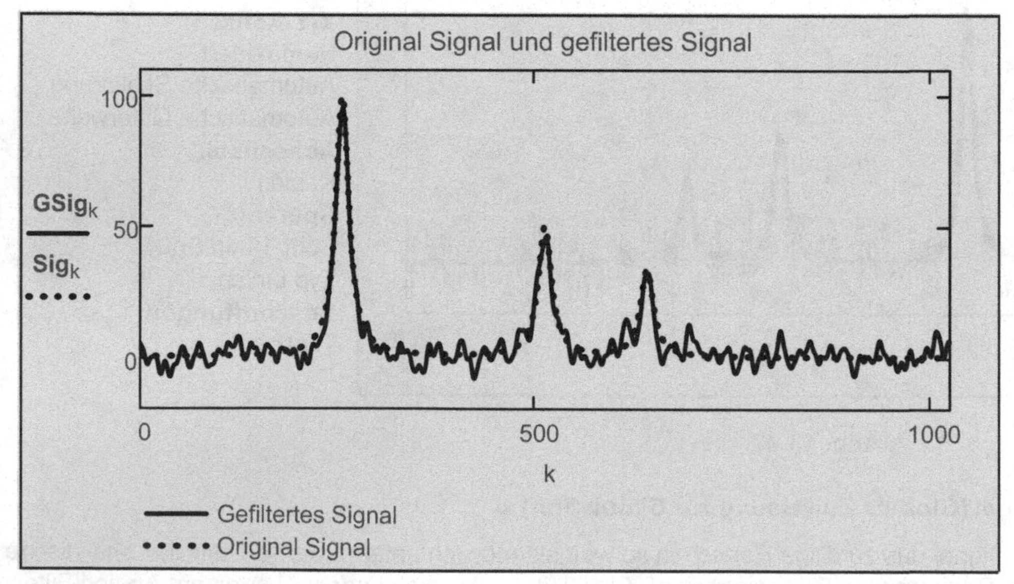

Achsenbeschränkung:
x-Achse: 0 bis N-1
y-Achse: -2 RP und 1.1A
X-Y-Achsen:
Nummeriert
Automatische Skalierung
Automatische Gitterweite
Achsenstil:
Kasten
Spuren:
Spur 1 und Spur 2
Typ Linien
Beschriftungen:
Titel oben

Abb. 13.49

$BW1 \equiv 150$ **Filterbandweite des Gauß-Filters (Globale Zuweisung zur Simulation). Damit sollte auf jeden Fall experimentiert werden (z. B. 100 u. a. Werten).**

14. Laplace- und z-Transformation

Symbolische Auswertungsmöglichkeiten:

- **Variable mit Cursor (_|) markieren, im Menü-Symbolik Auswertungsformat und Menü-Symbolik-Transformationen-Laplace bzw. Z (Laplace oder Z invers) wählen.**
- **Symboloperator " ∎→ " und Schlüsselwörter "laplace", "ztrans" bzw. "invlaplace", "invztrans".**

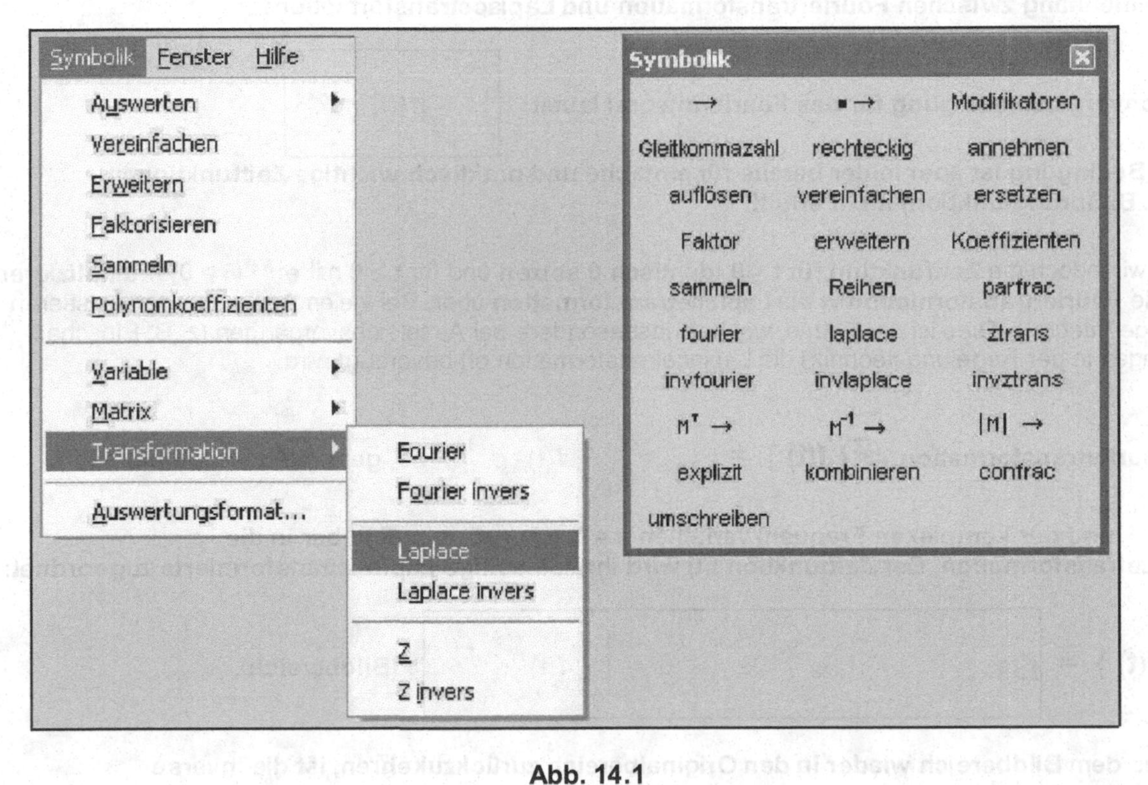

Abb. 14.1

14.1 Die Laplacetransformation

Integraltransformationen, wie **Fouriertransformation, Laplacetransformation und z-Transformation** ermöglichen in vielen Fällen die **symbolische Lösung vieler Gleichungen und linearer Gleichungssysteme** folgender Typen: **gewöhnliche und partielle Differentialgleichungen**, **Integralgleichungen** und **Differenzengleichungen.**
Die **Laplacetransformation** eignet sich besonders zum Lösen von **linearen Differentialgleichungen** und **Differentialgleichungssystemen**. Die **Differentialgleichung** wird **mittels Transformation** in eine **algebraische Gleichung** umgewandelt. In der Regelungstechnik werden z. B. die Stabilitätskriterien rückgekoppelter Netzwerke nicht im Zeitbereich, sondern gleich im Bildbereich (Laplace-Bereich) untersucht. Eine physikalische Interpretation der Transformation (wie bei der Fouriertransformation) ist aber nicht möglich.
Zusammenhang zwischen Fouriertransformation und Laplacetransformation:

Die Konvergenzbedingung für das Fourierintegral lautet: $\int_{-\infty}^{\infty} |f(t)|\, dt < \infty$.

Diese Bedingung ist aber leider bereits für einfache und praktisch wichtige Zeitfunktionen (wie z. B. Sprungfunktion) nicht erfüllt!

Wenn wir jedoch die **Zeitfunktion für t < 0 identisch 0 setzen** und für **t ≥ 0** mit $e^{-\delta t}$ ($\delta > 0$) **multiplizieren**, geht die **Fouriertransformation** in die **Laplacetransformation** über. Bei vielen Anwendungen existieren derartige Integrale. Dies ist der Grund, weshalb insbesondere bei Ausgleichsvorgängen (z. B. Einschaltvorgängen in der Regelungstechnik) die Laplacetransformation oft bevorzugt wird.

Die Fouriertransformation $\mathcal{F}\{ f(t) \} = \underline{F}(\omega) = \int_{-\infty}^{\infty} f(t) \cdot e^{-j\cdot\omega\cdot t}\, dt$ **geht mit der Multiplikation**

von e^{-t} **und der komplexen Frequenzvariablen** $s = \delta + j\,\omega$, $\delta, \omega \in \mathbb{R}$) **über in die Laplacetransformation. Der Zeitfunktion f(t) wird ihre einseitige Laplacetransformierte zugeordnet:**

$$\mathcal{L}\{ f(t) \} = \underline{F}(s) = \int_{-\infty}^{\infty} f(t) \cdot e^{-\delta\cdot t} \cdot e^{-j\cdot\omega\cdot t}\, dt = \int_{0^-}^{\infty} f(t) \cdot e^{-s\cdot t}\, dt \quad \text{(Bildbereich).}$$

Um aus dem Bildbereich wieder in den Originalbereich zurückzukehren, ist die inverse Laplacetransformation aus

$$\mathcal{L}^{-1}\{ \underline{F}(s) \} = f(t) = \frac{1}{2\cdot\pi\cdot j} \cdot \int_{c-j\cdot\infty}^{c+j\cdot\infty} \underline{F}(s) \cdot e^{s\cdot t}\, ds,$$

bzw. mithilfe des Residuensatzes

$$\mathcal{L}^{-1}\{ \underline{F}(s) \} = f(t) = \sum_{(\text{Pole}(\underline{F}(s)))} \left(\text{Residuen}\left(\underline{F}(s) \cdot e^{s\cdot t}\right)\right) \quad \text{zu bilden.}$$

$\underline{F}$(s) stellt die spektrale Dichte der Zeitfunktion f(t) dar.
Typische Vertreter sind z. B. Spannungen $\underline{U}$(s) und Ströme $\underline{I}$(s)) über der Einheit der komplexen Kreisfrequenz 1/sec = sec^{-1} = 2 Hz, sodass eine adäquate Einheit z. B. so aussieht:
[$\underline{F}$(s)] = [f(t)] / (2 Hz) = [f(t)] sec.

In Fällen, wo Verwechslungen der Laplacevariablen s und der Zeiteinheit s (Sekunde) möglich sind, ist es eventuell zweckmäßig, die Sekunde mit sec abzukürzen oder überhaupt die Laplace-Variable mit p zu bezeichnen.

14.1.1 Laplacetransformationen elementarer Funktionen

Beispiel 14.1:

Sprungfunktion (Einheitssprung Φ(t) oder Heavisidefunktion):

$t := -2, -2 + 0.001 .. 2$ Bereichsvariable

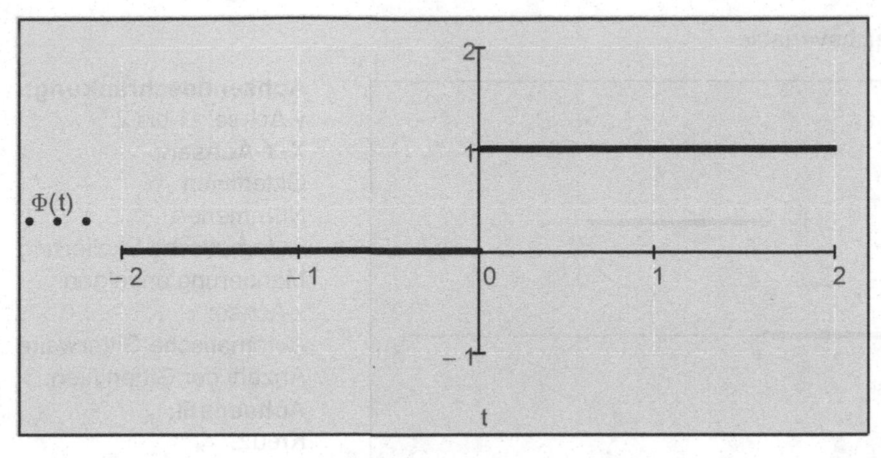

Achsenbeschränkung:
y-Achse: -1 bis 2
X-Y-Achsen:
Gitterlinien
Nummeriert
Automatische Skalierung
Automatische Gitterweite
Anzahl der Gitterlinien: 3
Achsenstil:
Kreuz
Spuren:
Spur 1
Typ Punkte

Abb. 14.2

$$\mathscr{L}\{\Phi(t)\} = \underline{F}(s) = \int_0^{\infty} 1 \cdot e^{-s \cdot t}\, dt = \lim_{t_0 \to \infty} \frac{\left(-e^{-s \cdot t_0} + e^{-s \cdot 0}\right)}{s} = \frac{1}{s}$$

Transformation der Sprungfunktion

Symbolische Auswertung des Laplace-Integrals:

$$\int_0^{\infty} 1 \cdot e^{-s \cdot t}\, dt \to \frac{1}{s} - \frac{\lim_{t \to \infty} e^{-s \cdot t}}{s}$$

$$\int_0^{\infty} 1 \cdot e^{-s \cdot t}\, dt \text{ annehmen}, s > 0 \to \frac{1}{s}$$

Auswertung über das Symbolik-Menü bzw. mit symbolischen Operatoren:

$\Phi(t)$ hat Laplace-Transformation $\frac{1}{s}$

Auf **t** **Strichcursor** setzen und mit **Menü-Symbolik-Transformation-Laplace** auswerten.
Oder: **<Alt> + stl**

$\frac{1}{s}$ hat inverse Laplace-Transformation 1

Auf **s** **Strichcursor** setzen und mit **Menü-Symbolik-Transformation-Inverse Laplace** auswerten.
Oder: **<Alt> + sta**

$t := t$ Redefinition

$1 \text{ laplace}, t \to \frac{1}{s}$

$\frac{1}{s} \text{ invlaplace}, s \to 1$

Beispiel 14.2:

Zeitverschobene Sprungfunktion:

$\tau := 2$ Konstante

$f(t) := \Phi(t - \tau)$ Zeitfunktion

$t := -1, -1 + 0.001 .. 4$ Bereichsvariable

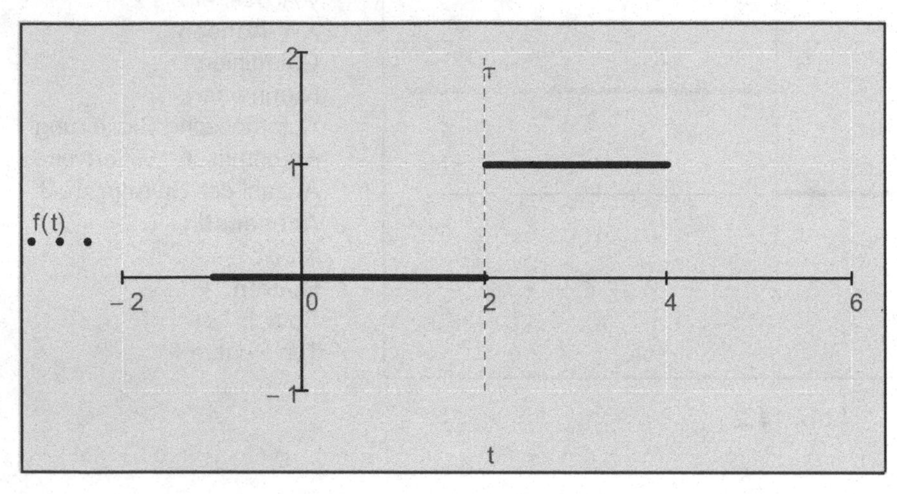

Abb. 14.3

Achsenbeschränkung:
y-Achse: -1 bis 2
X-Y-Achsen:
Gitterlinien
Nummeriert
Automatische Skalierung
Markierung anzeigen:
x-Achse: τ
Automatische Gitterweite
Anzahl der Gitterlinien: 3
Achsenstil:
Kreuz
Spuren:
Spur 1: Typ Punkte

$$\mathscr{L}\{\Phi(t-\tau)\} = \underline{F}(s) = \int_0^\infty \Phi(t-\tau) \cdot e^{-s \cdot t}\, dt = \int_\tau^\infty 1 \cdot e^{-s \cdot t}\, dt = \frac{1}{s} \cdot e^{-\tau \cdot s}$$

Transformation der zeitverschobenen Sprungfunktion (Verschiebungssatz).

Symbolische Auswertung des Laplaceintegrals:

$$\int_\tau^\infty 1 \cdot e^{-s \cdot t1}\, dt1 \rightarrow \frac{e^{-2 \cdot s}}{s} - \frac{\lim_{t1 \to \infty} e^{-s \cdot t1}}{s}$$

$\tau := \tau$ Redefinition

$$\int_\tau^\infty 1 \cdot e^{-s \cdot t}\, dt \text{ annehmen}, s > 0 \rightarrow \frac{e^{-\tau \cdot s}}{s}$$

Auswertung über das Symbolik-Menü bzw. mit symbolischen Operatoren:

$\Phi(t-2)$ hat Laplace-Transformation $\frac{e^{-2 \cdot s}}{s}$

Auf **t Strichcursor** setzen und mit **Menü-Symbolik-Transformation-Laplace** auswerten.
Oder: **<Alt> + stl**

$\frac{e^{-2 \cdot s}}{s}$ hat inverse Laplace-Transformation $\Phi(t-2)$

Auf **s Strichcursor** setzen und mit **Menü-Symbolik-Transformation-Inverse Laplace** auswerten.
Oder: **<Alt> + sta**

$$\int_\tau^\infty \Phi(t-\tau) \cdot e^{-s \cdot t}\, dt \text{ annehmen}, s > 0 \rightarrow \frac{e^{-\tau \cdot s}}{s}$$

$$\frac{e^{-\tau \cdot s}}{s} \left| \begin{array}{l} \text{annehmen}, \tau > 0 \\ \text{invlaplace}, s \end{array} \right. \rightarrow 1 - \Phi(\tau - t)$$

Beispiel 14.3:

Rechteckimpuls:

$a := 2$ Konstante

$f(t) := \Phi(t) - \Phi(t-a)$ Zeitfunktion

$t := -1, -1 + 0.001 .. 3$ Bereichsvariable

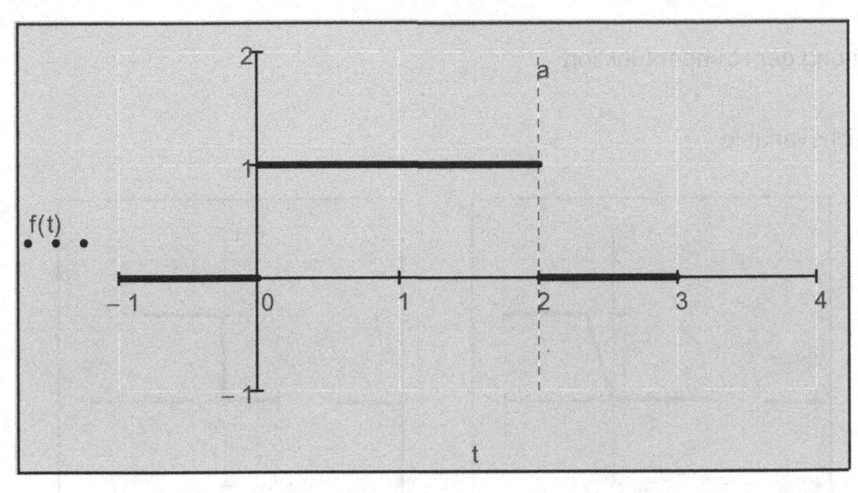

Achsenbeschränkung:
y-Achse: -1 bis 2
X-Y-Achsen:
Gitterlinien
Nummeriert
Automatische Skalierung
Markierung anzeigen:
x-Achse: a
Automatische Gitterweite
Anzahl der Gitterlinien 3
Achsenstil:
Kreuz
Spuren:
Spur 1: Typ Punkte

Abb. 14.4

Transformation des Rechteckimpulses (Additions- und Verschiebungssatz):

$$\mathscr{L}\{f(t)\} = \underline{F}(s) = \int_0^{\infty} f(t) \cdot e^{-s \cdot t}\, dt = \int_0^a (\Phi(t) - \Phi(t-a)) \cdot e^{-s \cdot t}\, dt = \frac{1}{s} - \frac{1}{s} \cdot e^{-s \cdot a} = \frac{1 - e^{-s \cdot a}}{s}$$

Symbolische Transformation und inverse Transformation:

$a := a \qquad t := t$ Redefinition

$$\int_0^a (\Phi(t) - \Phi(t-a)) \cdot e^{-s \cdot t}\, dt \text{ annehmen}, s > 0, a > 0 \rightarrow -\frac{e^{-a \cdot s} - 1}{s}$$

$$\Phi(t) - \Phi(t-a) \;\Big|\; \begin{array}{l}\text{annehmen}, a > 0 \\ \text{laplace}, t\end{array} \rightarrow -\frac{e^{-a \cdot s} - 1}{s}$$

$$\frac{e^{-a \cdot s} - 1}{s} \;\Big|\; \begin{array}{l}\text{annehmen}, a > 0 \\ \text{invlaplace}, s\end{array} \rightarrow -\Phi(a - t)$$

Beispiel 14.4:

Entstehung einer Sprungfunktion σ(t) = Φ(t) und Stoßfunktion (oder Dirac-Impuls) δ(t) = Δ(t) aus einer Rampenfunktion:

$f_1(t, t_0) := \frac{t}{t_0} \cdot \Phi(t) \qquad f_2(t, t_0) := -\frac{t - t_0}{t_0} \cdot \Phi(t - t_0)$ Zeitfunktionen (einfache Rampen)

$f(t, t_0) := f_1(t, t_0) + f_2(t, t_0)$ Rampenfunktion

$f'(t, t_0) := \frac{d}{dt} f(t, t_0)$ Ableitung der Rampenfunktion

$t := -2, -2 + 0.001 .. 3$ Bereichsvariable

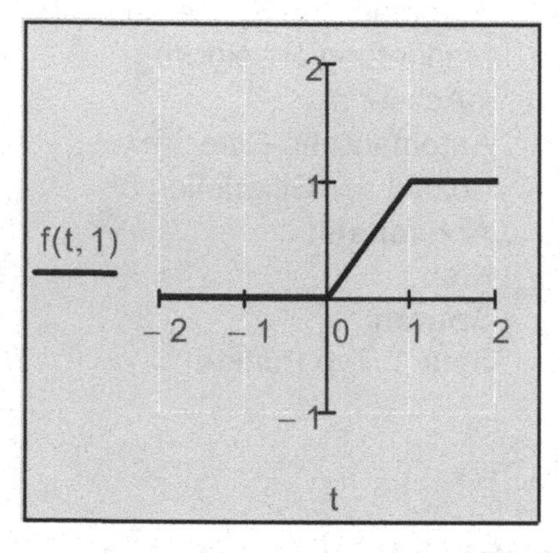

Abb. 14.5

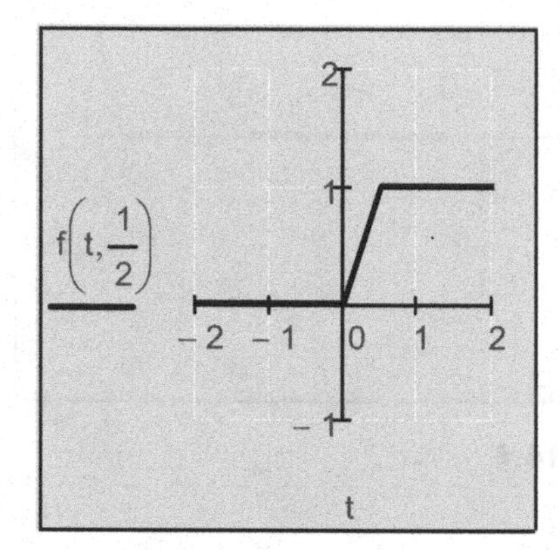

Abb. 14.6

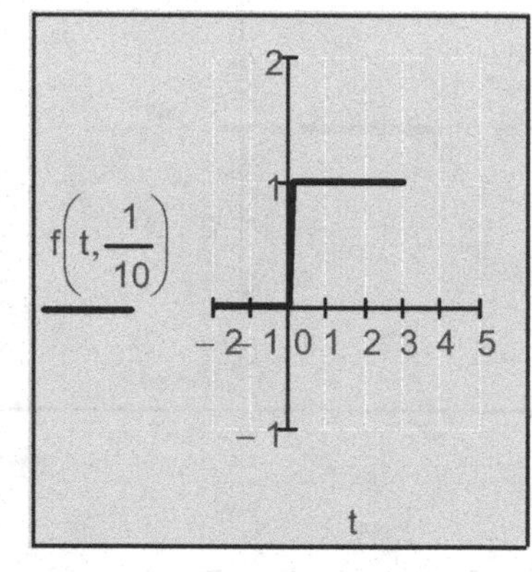

Abb. 14.7

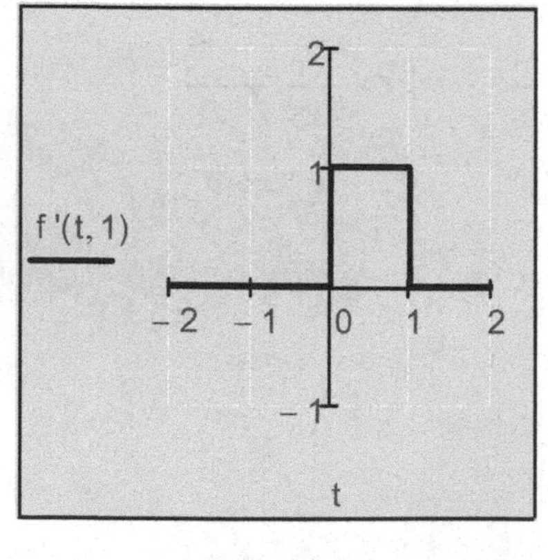

Abb. 14.8

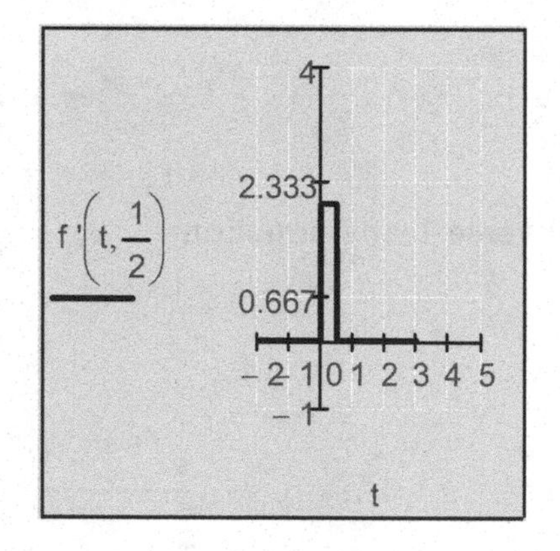

Abb. 14.9

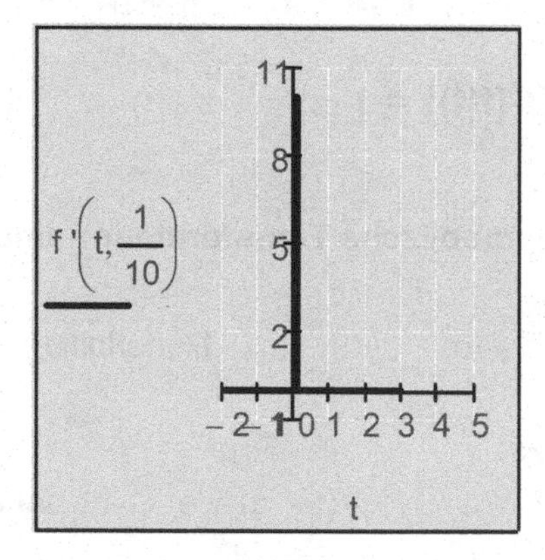

Abb. 14.10

Mit größer werdender Steigung der Rampe wächst die Impulshöhe über alle Grenzen. Die Fläche unter dem Impuls bleibt aber konstant gleich 1 !

Abb. 14.5, 14.6, 14.8
Achsenbeschränkung:
x-Achse: -2 bis 2
y-Achse: -1 bis 2
X-Y-Achsen:
Gitterlinien
Nummeriert
Automatische Skalierung
Anzahl der Gitterlinien:
7 bzw. 3

Achsenstil:
Kreuz
Spuren:
Spur 1
Typ Linien

Abb. 14.7, 14.9, 14.10
Achsenbeschränkung:
x-Achse: -2 bis 5
y-Achse: -1 bis 2 bzw. 11
X-Y-Achsen:
Gitterlinien
Nummeriert
Automatische Skalierung
Anzahl der Gitterlinien:
7 bzw. 3

Achsenstil:
Kreuz
Spuren:
Spur 1
Typ Linien

$\mathscr{L}\{\,t\,\} = \underline{F}(s) = \int_0^{\infty} t \cdot e^{-s \cdot t}\, dt = \frac{\Gamma(2)}{s^2} = \frac{1}{s^2}$ Transformation einer einfachen Rampenfunktion

$\mathscr{L}\{\,\delta(t)\,\} = \underline{F}(s) = \int_0^{\infty} \delta(t) \cdot e^{-s \cdot t}\, dt = 1$ Transformation der Stoßfunktion

Symbolische Transformation und inverse Transformation:

$t := t$ Redefinition

$\int_0^{\infty} t \cdot e^{-s \cdot t}\, dt$ annehmen, $s > 0 \;\rightarrow \frac{1}{s^2}$

$\int_{-\infty}^{\infty} \Delta(t) \cdot e^{-s \cdot t}\, dt$ annehmen, $s > 0 \;\rightarrow 1$ liefert hier wegen der Symmetrie von $\Delta(t)$ den Wert 1

t laplace, $t \;\rightarrow \frac{1}{s^2}$ $\frac{1}{s^2}$ invlaplace, $s \;\rightarrow t$

$\Delta(t)$ laplace, $t \;\rightarrow 1$ 1 invlaplace, $s \;\rightarrow \Delta(t)$

<u>**Beispiel 14.5:**</u>

Exponentialfunktionen:

$\alpha 1 := 1$ Konstante

$f(t) := e^{\alpha 1 \cdot t}$ $g(t) := e^{-\alpha 1 \cdot t}$ Zeitfunktionen

$t := -2, -2 + 0.001 .. 2$ Bereichsvariable

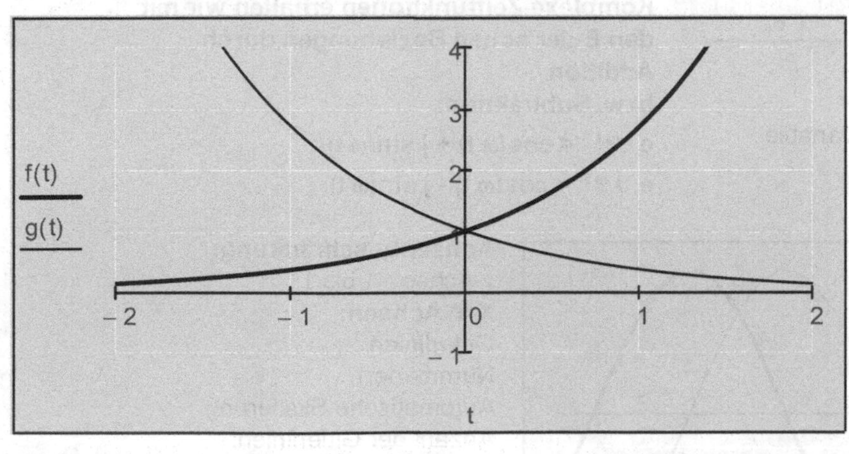

Abb. 14.11

Achsenbeschränkung:
y-Achse: -1 bis 4
X-Y-Achsen:
Gitterlinien
Nummeriert
Automatische Skalierung
Anzahl der Gitterlinien:
4 bzw. 5
Achsenstil:
Kreuz
Spuren:
Spur 1
Typ Linien

$\mathscr{L}\{e^{\alpha t}\} = \underline{F}(s-\alpha) = \int_0^{\infty} e^{\alpha \cdot t} \cdot e^{-s \cdot t}\, dt = \frac{1}{(s-\alpha)}$ Transformation der Exponentialfunktion

(Vergleiche Dämpfungssatz)

$\mathscr{L}\{e^{-\alpha t}\} = \underline{F}(s+\alpha) = \int_0^{\infty} e^{-\alpha \cdot t} \cdot e^{-s \cdot t}\, dt = \frac{1}{(s+\alpha)}$ Transformation der Exponentialfunktion

Symbolische Transformation und inverse Transformation:

$t := t$ Redefinition

$\int_0^{\infty} e^{\alpha \cdot t} \cdot e^{-s \cdot t}\, dt \ \Big|\ \text{annehmen}, s > 0, \alpha < 0;\ \text{vereinfachen} \rightarrow -\frac{1}{\alpha - s}$

$\int_0^{\infty} e^{-\alpha \cdot t} \cdot e^{-s \cdot t}\, dt \ \Big|\ \text{annehmen}, s > 0, \alpha > 0;\ \text{vereinfachen} \rightarrow \frac{1}{\alpha + s}$

$e^{\alpha \cdot t}$ laplace, t $\rightarrow -\frac{1}{\alpha - s}$

$e^{-\alpha \cdot t}$ laplace, t $\rightarrow \frac{1}{\alpha + s}$

$\frac{1}{s-\alpha}$ invlaplace, s $\rightarrow e^{\alpha \cdot t}$

$\frac{1}{s+\alpha}$ invlaplace, s $\rightarrow e^{-\alpha \cdot t}$

<u>**Beispiel 14.6:**</u>

Sinus- und Kosinusfunktion:

$\omega_0 := 1$ Kreisfrequenz

$f(t) := \sin(\omega_0 \cdot t)$ $g(t) := \cos(\omega_0 \cdot t)$ Zeitfunktionen

$f(t) = \frac{e^{j \cdot \omega \cdot t} - e^{-j \cdot \omega \cdot t}}{2 \cdot j}$ $g(t) = \frac{e^{j \cdot \omega \cdot t} + e^{-j \cdot \omega \cdot t}}{2}$

Komplexe Zeitfunktionen erhalten wir mit den Euler'schen Beziehungen durch Addition bzw. Subtraktion:
$e^{j\omega t} = \cos(\omega t) + j \sin(\omega t)$,
$e^{-j\omega t} = \cos(\omega t) - j \sin(\omega t)$.

$t := 0, 0.001 .. 10$ Bereichsvariable

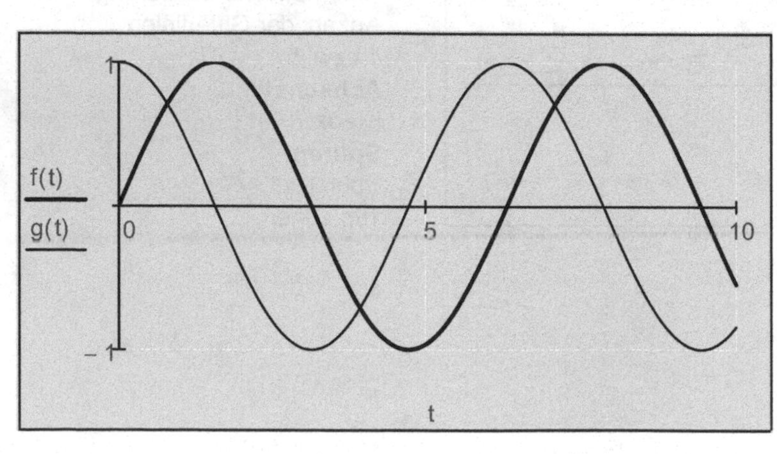

Abb. 14.12

Achsenbeschränkung:
y-Achse: -1 bis 1
X-Y-Achsen:
Gitterlinien
Nummeriert
Automatische Skalierung
Anzahl der Gitterlinien:
2 bzw. 2
Achsenstil:
Kreuz
Spuren:
Spur 1
Typ Linien

Mithilfe des Additionssatzes und dem Ergebnis von Beispiel 14.5 erhalten wir:

$$\mathscr{L}\{\sin(\omega\, t)\} = \mathscr{L}\{1/(2j)\ (e^{j\omega t} - e^{-j\omega t})\} = 1/(2j)\ (\ \mathscr{L}\{e^{j\omega t}\} - \mathscr{L}\{e^{-j\omega t}\}\ ) =$$
$$= 1/2j\ (1/(s - j\ \omega) - 1/(s + j\ \omega) = \omega/\ (s^2 + \omega^2)$$

$$\mathscr{L}\{\cos(\omega\, t)\} = \mathscr{L}\{1/2\ (e^{j\omega t} + e^{-j\omega t})\} = 1/2\ (\ \mathscr{L}\{e^{j\omega t}\} + \mathscr{L}\{e^{-j\omega t}\}\ ) =$$
$$= 1/2\ (1/(s - j\ \omega) - 1/(s + j\ \omega) = s/\ (s^2 + \omega^2)$$

Symbolische Transformation und inverse Transformation:

$$\int_0^{\infty} \sin(\omega \cdot t) \cdot e^{-s \cdot t}\, dt \text{ annehmen}, s > 0, \omega > 0 \rightarrow \frac{\omega}{\omega^2 + s^2} \qquad \frac{\omega}{s^2 + \omega^2} \left| \begin{matrix} \text{invlaplace}, s \\ \text{annehmen}, \omega > 0 \end{matrix} \right. \rightarrow \sin(\omega \cdot t)$$

$$\int_0^{\infty} \cos(\omega \cdot t) \cdot e^{-s \cdot t}\, dt \text{ annehmen}, s > 0, \omega > 0 \rightarrow \frac{s}{\omega^2 + s^2} \qquad \frac{s}{s^2 + \omega^2} \left| \begin{matrix} \text{invlaplace}, s \\ \text{annehmen}, \omega > 0 \end{matrix} \right. \rightarrow \cos(\omega \cdot t)$$

<u>Beispiel 14.7:</u>

Ableitungs- und Integralfunktion:

$L := 1 \qquad C := 1 \qquad \omega := 1$ Induktivität, Kapazität und Kreisfrequenz

$i(t) := \sin(\omega \cdot t)$ Stromfunktion (Zeitfunktion)

$u_L(t) := L \cdot \frac{d}{dt} i(t)$ Spannung an der Induktivität (Ableitungsfunktion)

$t := 0, 0.01 .. 2 \cdot \pi$ Bereichsvariable

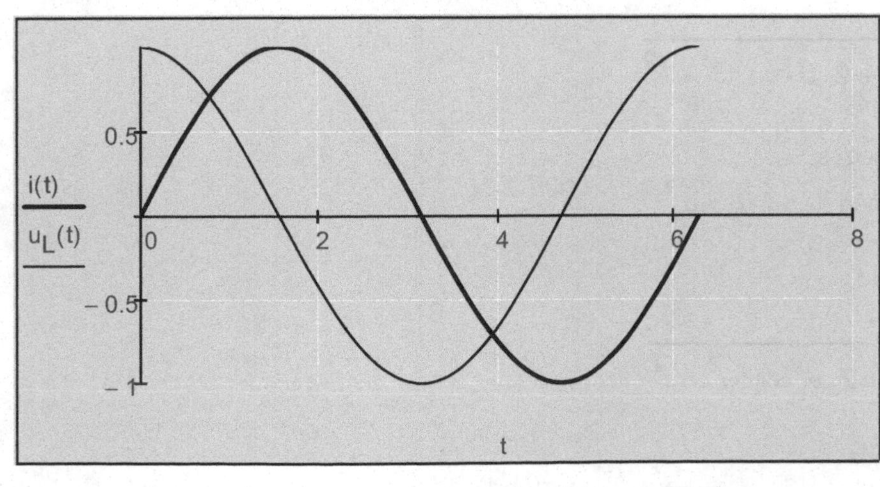

Achsenbeschränkung:
y-Achse: -1 bis 1
X-Y-Achsen:
Gitterlinien
Nummeriert
Automatische Skalierung
Automatische Gitterweite
Achsenstil:
Kreuz
Spuren:
Spur 1
Typ Linien

Abb. 14.13

Symbolische Transformation und inverse Transformation:

$L := L \quad \omega := \omega \quad t := t$ Redefinitionen

$i(t) := \sin(\omega \cdot t)$ Zeitfunktion

$u_{L1}(t) = L \cdot \frac{d}{dt} i(t) \rightarrow u_{L1}(t) = L \cdot \omega \cdot \cos(\omega \cdot t)$ Spannung an der Induktivität (Ableitungsfunktion)

$L \cdot \frac{d}{dt} i(t) \text{ laplace}, t \rightarrow \frac{L \cdot \omega \cdot s}{\omega^2 + s^2}$ **Transformation der Ableitungsfunktion**

$L \cdot \omega \cdot \frac{s}{s^2 + \omega^2} \left| \begin{array}{l} \text{invlaplace}, s \\ \text{annehmen}, \omega > 0 \end{array} \right. \rightarrow L \cdot \omega \cdot \cos(\omega \cdot t)$ **Inverse Transformation**

$u_C(t) = \frac{1}{C} \cdot \int i(t)\, dt \rightarrow u_C(t) = -\frac{\cos(\omega \cdot t)}{\omega}$ Kondensatorspannung

$\frac{1}{C} \cdot \int i(t)\, dt \text{ laplace}, t \rightarrow -\frac{s}{\omega \cdot \left(\omega^2 + s^2\right)}$ **Transformation der Kondensatorspannung**

$\frac{-1}{\omega} \cdot \frac{s}{s^2 + \omega^2} \left| \begin{array}{l} \text{invlaplace}, s \\ \text{annehmen}, \omega > 0 \end{array} \right. \rightarrow -\frac{\cos(\omega \cdot t)}{\omega}$ **Inverse Transformation**

Beispiel 14.8:

Diverse Zeitfunktionen (Dämpfungssatz):

$$e^{-\alpha \cdot t} \cdot \cos(\omega \cdot t) \text{ laplace}, t \rightarrow \frac{\alpha + s}{\alpha^2 + 2 \cdot \alpha \cdot s + \omega^2 + s^2}$$

$$\frac{\alpha + s}{\alpha^2 + 2 \cdot \alpha \cdot s + \omega^2 + s^2} \left| \begin{array}{l} \text{invlaplace}, s \\ \text{annehmen}, \omega > 0, \alpha > 0 \end{array} \right. \rightarrow e^{-\alpha \cdot t} \cdot \cos(\omega \cdot t)$$

$$e^{-\alpha \cdot t} \cdot \sin(\omega \cdot t) \text{ laplace}, t \rightarrow \frac{\omega}{\alpha^2 + 2 \cdot \alpha \cdot s + \omega^2 + s^2}$$

$$\frac{\omega}{\alpha^2 + 2 \cdot \alpha \cdot s + \omega^2 + s^2} \left| \begin{array}{l} \text{invlaplace}, s \\ \text{annehmen}, \omega > 0, \alpha > 0 \end{array} \right. \rightarrow e^{-\alpha \cdot t} \cdot \sin(\omega \cdot t)$$

14.1.2 Allgemeines Prinzip zum Lösen von Differentialgleichungen

Eine **direkte Lösung** einer **Differentialgleichung**, die das Verhalten eines Systems im Zeitbereich (**Originalbereich**) beschreibt, ist oft **recht aufwendig**. Der **Umweg** über den **Laplacebereich** (**Bildbereich**) bietet eine **bequeme Methode** zur **Lösung einer linearen zeitinvarianten** (Koeffizienten sind von der Zeit unabhängig) **Differentialgleichung**. Die physikalischen Größen hängen nicht mehr von der Zeit ab, sondern von der Variablen s. Eine Rücktransformation der Lösung in den Zeitbereich ist oft recht rechenaufwendig. Meist ist sie aber gar nicht erforderlich, weil sehr viele Systemeigenschaften (z. B. Einschwingverhalten, Stabilität und Stationärverhalten) direkt im Laplacebereich erkennbar sind.

Für ein lineares, zeitinvariantes System, mit einer einzigen Ausgangsgröße y(t) und einer einzigen Eingangsgröße x(t), gilt die Differentialgleichung:

$$\sum_{k=0}^{n}\left(a_k \cdot \frac{d^k}{dt^k}y(t)\right) = \sum_{k=0}^{m}\left(b_k \cdot \frac{d^k}{dt^k}x(t)\right).$$

$\frac{d^0}{dt^0}y(t) = y(t)$; $\frac{d^0}{dt^0}x(t) = x(t)$; a_k **und** b_k **sind konstante Koeffizienten.**

Unter der Annahme verschwindender Anfangsbedingungen (y(0) = 0, y' (0) = 0 , ...) kann die Differentialgleichung mithilfe des Ableitungssatzes einfach laplacetransformiert werden:

$$\sum_{k=0}^{n}\left(a_k \cdot s^k \cdot \underline{Y}(s)\right) = \sum_{k=0}^{m}\left(b_k \cdot s^k \cdot \underline{X}(s)\right).$$

Diese algebraische Gleichung in s kann nun durch elementare Umformungen gelöst werden:

$$\underline{Y}(s) = \frac{\left(b_m \cdot s^m + b_{m-1} \cdot s^{m-1} \cdot .... + b_1 \cdot s + b_0\right)}{\left(a_n \cdot s^n + a_{n-1} \cdot s^{n-1} .... + a_1 \cdot s + a_0\right)} \cdot \underline{X}(s) ;$$

$$\underline{Y}(s) = \underline{G}(s) \cdot \underline{X}(s).$$

$\underline{G}$(s) heißt Übertragungsfunktion und beschreibt das dynamische Verhalten eines linearen zeitinvarianten Systems vollständig.

Mit der Übertragungsfunktion können drei Grundaufgaben formuliert werden:

$\underline{Y}(s) = \underline{G}(s) \cdot \underline{X}(s)$ **... Analyse** $\underline{X}(s) = \frac{1}{\underline{G}(s)} \cdot \underline{Y}(s)$ **... Synthese** $\underline{G}(s) = \frac{\underline{Y}(s)}{\underline{X}(s)}$ **... Identifikation**

Für geschaltete Sinus- oder Kosinussignale ist aber eine Laplacetransformation möglich.
Ist das Eingangssignal ein Sinus- oder Kosinussignal im eingeschwungenen Zustand, so ist eine Laplacetransformation nicht möglich! Sie wird aber auch nicht benötigt, weil die Komplexrechnung angewandt werden kann.

Wird ein lineares zeitinvariantes System mit einer sinus- oder kosinusförmigen Eingangsgröße angeregt, so ist die Ausgangsgröße ebenfalls eine sinus- oder kosinusförmige Größe mit derselben Frequenz, aber im Allgemeinen mit einer anderen Amplitude und anderen Phasenlage. Wollen wir das Frequenzverhalten im komplexen Zahlenbereich eines lineares zeitinvarianten Systems auf eine sinusförmige Eingangsgröße im eingeschwungenen Zustand untersuchen, so brauchen wir in der laplacetransformierten Gleichung $\underline{Y}(s) = \underline{G}(s) \cdot \underline{X}(s)$ die Variable s nur durch j ω ersetzen.
Wir erhalten dann:

$$\underline{\mathbf{Y}}(j \cdot \omega) = \underline{\mathbf{G}}(j \cdot \omega) \cdot \underline{\mathbf{X}}(j \cdot \omega),$$

mit

$\underline{\mathbf{Y}}(j \cdot \omega) = y_{amax} \cdot e^{j \cdot \omega \cdot t} \cdot e^{j \cdot \varphi}$ **(komplexe Ausgangsgröße) und**

$\underline{\mathbf{X}}(j \cdot \omega) = y_{emax} \cdot e^{j \cdot \omega \cdot t}$ **(komplexe Eingangsgröße) sowie**

$$\underline{\mathbf{G}}(j \cdot \omega) = \frac{y_{amax}}{y_{emax}} \cdot e^{j \cdot \varphi} .$$

Die Übertragungsfunktion $\underline{G}(j\,\omega)$ heißt Frequenzgang und beschreibt das Frequenzverhalten des Systems, d.h. die Reaktion des Systems auf eine Eingangsgröße in Abhängigkeit von der Kreisfrequenz.
Der Betrag des Frequenzganges ist das Amplitudenverhältnis zwischen der Ausgangsgröße y(t) und der Eingangsgröße x(t) (bei sinusförmiger Anregung!). Sein Argument ist die Phasenverschiebung zwischen den beiden Größen.
Es gilt daher:

$$\underline{\mathbf{G}}(j \cdot \omega) = \frac{y_{amax}}{y_{emax}} \cdot e^{j \cdot \varphi} = \left|\underline{\mathbf{G}}(j \cdot \omega)\right| e^{j \cdot \arg(\underline{\mathbf{G}}(j \cdot \omega))} = \mathrm{Re}(\underline{\mathbf{G}}(j \cdot \omega)) + j \cdot \mathrm{Im}(\underline{\mathbf{G}}(j \cdot \omega)).$$

$G(\omega) = \left|\underline{\mathbf{G}}(j \cdot \omega)\right|$ **nennen wir Amplitudengang und** $\varphi(\omega) = \arg(\underline{\mathbf{G}}(j \cdot \omega))$ **den Phasengang.**

Die grafische Darstellung des Frequenzganges erfolgt entweder über Ortskurven oder Frequenz-Kennliniendiagramme (Bode-Diagramme). Bodediagramme sind die Darstellung des Amplitudenganges und des Phasenganges in Abhängigkeit der Kreisfrequenz ω. Die Frequenzachsen und G(ω) werden dabei logarithmisch dargestellt. Siehe dazu auch Kapitel 7, Funktionen, Beispiel 7.15.

Es gelten noch die Zusammenhänge aus der Komplexrechnung:

$$\left|\underline{\mathbf{G}}(j \cdot \omega)\right| = G(\omega) = \sqrt{\mathrm{Re}(\underline{\mathbf{G}}(j \cdot \omega))^2 + \mathrm{Im}(\underline{\mathbf{G}}(j \cdot \omega))^2};$$

$$\mathrm{Re}(\underline{\mathbf{G}}(j \cdot \omega)) = \left|\underline{\mathbf{G}}(j \cdot \omega)\right| \cdot \cos(\varphi); \quad \mathrm{Im}(\underline{\mathbf{G}}(j \cdot \omega)) = \left|\underline{\mathbf{G}}(j \cdot \omega)\right| \cdot \sin(\varphi);$$

$$\varphi(\omega) = \arg(\underline{\mathbf{G}}(j \cdot \omega)) = \arctan\left(\frac{\mathrm{Im}(\underline{\mathbf{G}}(j \cdot \omega))}{\mathrm{Re}(\underline{\mathbf{G}}(j \cdot \omega))}\right).$$

Beispiel 14.9:

Die folgende Differentialgleichung soll durch Laplacetransformation und Rücktransformation gelöst werden. Anfangs- und Endwerte der Funktion y(t) sollen im Laplacebereich mit dem Anfangs- und Endwerttheorem untersucht werden.

$$\frac{d^2}{dt^2}y(t) + 5\cdot\frac{d}{dt}y(t) + 6\cdot y(t) = \sigma(t) \qquad \sigma(t) = \Phi(t)$$

Gegebene Differentialgleichung (y(t) bedeutet die Ausgangsfunktion und σ(t) die Eingangsfunktion).

Gegebene Anfangsbedingungen: y(0) = 0 und y' (0) = 0.

$$s^2\cdot\underline{Y}(s) + 5\cdot s\cdot\underline{Y}(s) + 6\cdot\underline{Y}(s) = \frac{1}{s}$$

Laplacetransformierte algebraische Gleichung

$$s^2\cdot\underline{Y}(s) + 5\cdot s\cdot\underline{Y}(s) + 6\cdot\underline{Y}(s) = \frac{1}{s} \text{ auflösen}, \underline{Y}(s) \rightarrow \frac{1}{s\cdot\left(s^2 + 5\cdot s + 6\right)}$$

Übertragungsfunktion

$$\frac{1}{s1\cdot\left(s1^2 + 5\cdot s1 + 6\right)} \text{ parfrac}, s1 \rightarrow \frac{1}{6\cdot s1} - \frac{1}{2\cdot(s1+2)} + \frac{1}{3\cdot(s1+3)}$$

Partialbruchzerlegung

$$\frac{1}{6\cdot s1} + \frac{1}{3\cdot(s1+3)} - \frac{1}{2\cdot(s1+2)} \text{ invlaplace}, s1 \rightarrow \frac{\left(e^{-2\cdot t}\right)^{\frac{3}{2}}}{3} - \frac{e^{-2\cdot t}}{2} + \frac{1}{6}$$

Rücktransformation

$$\lim_{t\rightarrow\infty} y(t) = \lim_{s\rightarrow 0}\left[s\cdot\frac{1}{s\cdot\left(s^2+5\cdot s+6\right)}\right] \rightarrow \lim_{t\rightarrow\infty} y(t) = \frac{1}{6}$$

Endwert

$$\lim_{t\rightarrow 0} y(t) = \lim_{s\rightarrow\infty}\left[s\cdot\frac{1}{s\cdot\left(s^2+5\cdot s+6\right)}\right] \rightarrow 0$$

Anfangswert

$$\lim_{t\rightarrow 0} y'(t) = \lim_{s\rightarrow\infty}\left[s^2\cdot\frac{1}{s\cdot\left(s^2+5\cdot s+6\right)}\right] \rightarrow 0$$

Anfangssteigung

$$y(t) := \left[\frac{\left(e^{-2\cdot t}\right)^{\frac{3}{2}}}{3} - \frac{e^{-2\cdot t}}{2} + \frac{1}{6}\right]\cdot\Phi(t)$$

Zeitfunktion im Zeitbereich

$$t := -1, -1 + 0.001 .. 4$$

Bereichsvariable

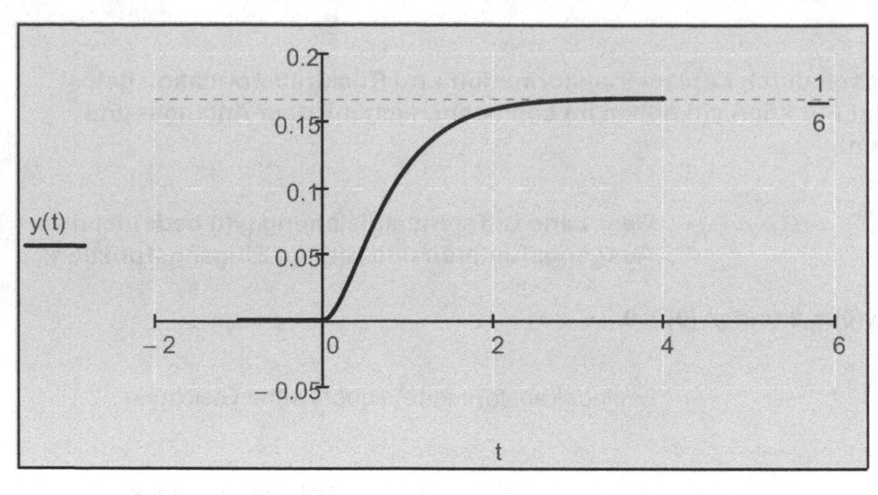

X-Y-Achsen:
Gitterlinien
Nummeriert
Automatische Skalierung
Markierung anzeigen:
y-Achse: 1/6
Automatische Gitterweite
Achsenstil:
Kreuz
Spuren:
Spur 1: Typ Linien

Abb. 14.14

<u>Beispiel 14.10:</u>

Das dynamische Verhalten eines RC-Gliedes wird durch die nachfolgende Differentialgleichung beschrieben. Zum Zeitpunkt t = 0 soll eine konstante Spannung U_0 durch Schließen eines Schalters angelegt werden. Gesucht ist die laplacetransformierte Ausgangsspannung $\underline{U_a} = \underline{U_c}$ am Kondensator und die rücktransformierte Kondensatorspannung $u_a(t) = u_c(t)$. Die Funktion $u_a(t) = u_c(t)$ soll im Laplacebereich mit dem Anfangs- und Endwerttheorem untersucht werden.

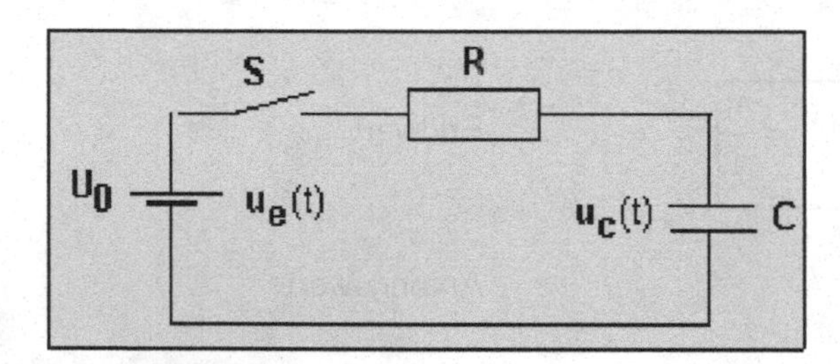

Abb. 14.15

Für diese Schaltung lautet die Differentialgleichung:

$$u'_C(t) + \frac{1}{R1 \cdot C1} \cdot u_C(t) = \frac{1}{R1 \cdot C1} \cdot u_e(t)$$

$$u_e(t) = U_0 \cdot \sigma(t) = U_0 \cdot \Phi(t)$$

Anfangsbedingung: $u_c(0) = 0$.

$$R1 \cdot C1 \cdot u'_C(t) + u_C(t) = u_e(t)$$ umgeformte Differentialgleichung

$$R1 \cdot C1 \cdot s \cdot \underline{\mathbf{U_c}}(s) + \underline{\mathbf{U_c}}(s) = U_0 \cdot \frac{1}{s}$$ Laplacetransformierte algebraische Gleichung

$$R1 \cdot C1 \cdot s \cdot \underline{\mathbf{U_c}}(s) + \underline{\mathbf{U_c}}(s) = U_0 \cdot \frac{1}{s} \text{ auflösen}, \underline{\mathbf{U_c}}(s) \rightarrow \frac{U_0}{C1 \cdot R1 \cdot s^2 + s}$$ Übertragungsfunktion

$$\frac{U_0}{s1 \cdot (R1 \cdot C1 \cdot s1 + 1)} \text{ parfrac}, s1 \rightarrow \frac{U_0}{s1} - \frac{C1 \cdot R1 \cdot U_0}{C1 \cdot R1 \cdot s1 + 1}$$

Partialbruchzerlegung (s wird hier auf s1 geändert)

$$\frac{U_0}{s1} - \frac{C1 \cdot R1 \cdot U_0}{C1 \cdot R1 \cdot s1 + 1} \left| \begin{array}{l} \text{invlaplace}, s1 \\ \text{Faktor} \end{array} \right. \rightarrow -U_0 \cdot \left(e^{-\frac{t}{C1 \cdot R1}} - 1 \right)$$

Rücktransformation

$$\lim_{t \to \infty} u_C(t) = \lim_{s \to 0} \left[s \cdot \frac{U_0}{s \cdot (R1 \cdot C1 \cdot s + 1)} \right] \rightarrow \lim_{t \to \infty} u_C(t) = U_0$$

Endwert

$$\lim_{t \to 0} u_C(t) = \lim_{s \to \infty} \left[s \cdot \frac{U_0}{s \cdot (R1 \cdot C1 \cdot s + 1)} \right] \text{ annehmen}, R1 > 0, C1 > 0 \rightarrow 0$$

Anfangswert

$$\lim_{t \to 0} u_C'(t) = \lim_{s \to \infty} \left[s^2 \cdot \frac{U_0}{s \cdot (R1 \cdot C1 \cdot s + 1)} \right] \rightarrow u_{C'}(0) = \frac{U_0}{C1 \cdot R1}$$

Anfangssteigung

$R1 := 1 \quad C1 := 1 \quad U_0 := 1$ gewählte Größen (ohne Einheit)

$\tau := R1 \cdot C1$ Zeitkonstante

$u_C(t) := U_0 \cdot \left(1 - e^{\frac{-t}{\tau}}\right) \cdot \Phi(t)$ Zeitfunktion im Zeitbereich

$t := -1, -1 + 0.001 .. 4$ Bereichsvariable

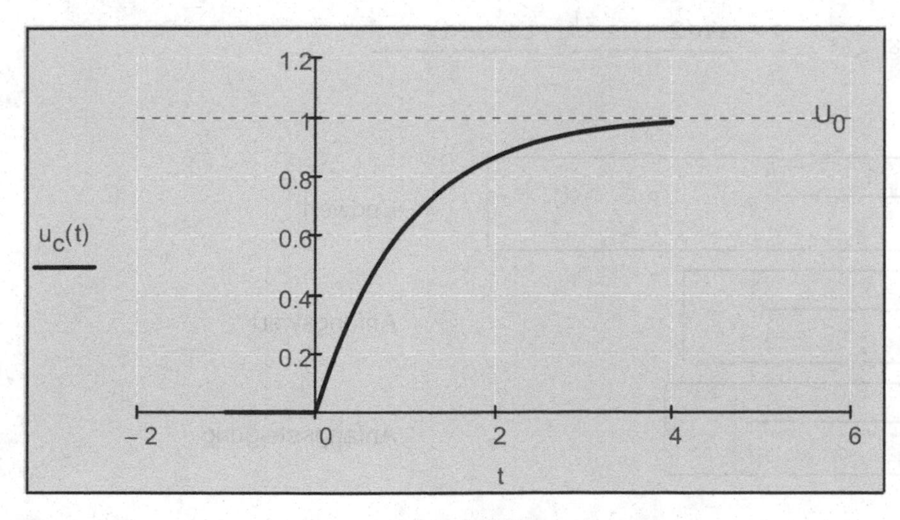

X-Y-Achsen:
Gitterlinien
Nummeriert
Automatische Skalierung
Markierung anzeigen:
y-Achse: U_0
Automatische Gitterweite
Anzahl der Gitterlinien: 6
Achsenstil:
Kreuz
Spuren:
Spur 1
Typ Linien

Abb. 14.16

Beispiel 14.11:

Für die folgende Differentialgleichung soll eine Laplacetransformation und deren Rücktransformation durchgeführt werden. Die Funktion y1(t) soll im Laplacebereich mit dem Anfangs- und Endwert-theorem untersucht werden.

$$\frac{d^2}{dt^2}y1(t) + 2\cdot\frac{d}{dt}y1(t) + 5\cdot y1(t) = \sigma(t) \qquad \sigma(t) = \Phi(t)$$

gegebene Differentialgleichung (y1(t) bedeutet die Ausgangsfunktion und σ(t) die Eingangsfunktion)

Anfangsbedingungen: y(0) = 0 und y' (0) = 0.

$$s^2\cdot \mathbf{Y1}(s) + 2\cdot s\cdot \mathbf{Y1}(s) + 5\cdot \mathbf{Y1}(s) = \frac{1}{s}$$

Laplacetransformierte algebraische Gleichung

$$s^2\cdot \mathbf{Y1}(s) + 2\cdot s\cdot \mathbf{Y1}(s) + 5\cdot \mathbf{Y1}(s) = \frac{1}{s} \text{ auflösen}, \mathbf{Y1}(s) \rightarrow \frac{1}{s\cdot\left(s^2+2\cdot s+5\right)}$$

Übertragungsfunktion

$$\frac{1}{s1\cdot\left(s1^2+2\cdot s1+5\right)} \text{ parfrac}, s1 \rightarrow \frac{1}{5\cdot s1} - \frac{s1+2}{5\cdot\left(s1^2+2\cdot s1+5\right)}$$

Partialbruchzerlegung

$$s1^2 + 2\cdot s1 + 5 = 0 \text{ auflösen}, s1 \rightarrow \begin{pmatrix} -1+2j \\ -1-2j \end{pmatrix}$$

Die Übertragungsfunktion besitzt zwei konjugiert komplexe Polstellen.

Besitzt die Übertragungsfunktion konjugiert komplexe Polstellen, so ist das zugehörige System schwingungsfähig! Die Realteile sind negativ, daher ist das System stabil!

Rücktransformation:

$$\frac{1}{5\cdot s1} - \frac{\frac{s1}{5}+\frac{2}{5}}{s1^2+2\cdot s1+5} \text{ invlaplace}, s1 \rightarrow \frac{1}{5} - \frac{\sin(2\cdot t)\cdot e^{-t}}{10} - \frac{\cos(2\cdot t)\cdot e^{-t}}{5}$$

$$\lim_{t\to\infty} y1(t) = \lim_{s\to 0}\left[s\cdot\frac{1}{s\cdot\left(s^2+2\cdot s+5\right)}\right] \rightarrow \lim_{t\to\infty} y1(t) = \frac{1}{5}$$

Endwert

$$\lim_{t\to 0} y1(t) = \lim_{s\to\infty}\left[s\cdot\frac{1}{s\cdot\left(s^2+2\cdot s+5\right)}\right] \rightarrow 0$$

Anfangswert

$$\lim_{t\to 0} y1'(t) = \lim_{s\to\infty}\left[s^2\cdot\frac{1}{s\cdot\left(s^2+2\cdot s+5\right)}\right] \rightarrow 0$$

Anfangssteigung

$$y1(t) := \left(\frac{1}{5} - \frac{\sin(2\cdot t)\cdot e^{-t}}{10} - \frac{\cos(2\cdot t)\cdot e^{-t}}{5}\right)\cdot\Phi(t)$$

Zeitfunktion im Zeitbereich

$t := -1, -1 + 0.001 .. 6$

Bereichsvariable

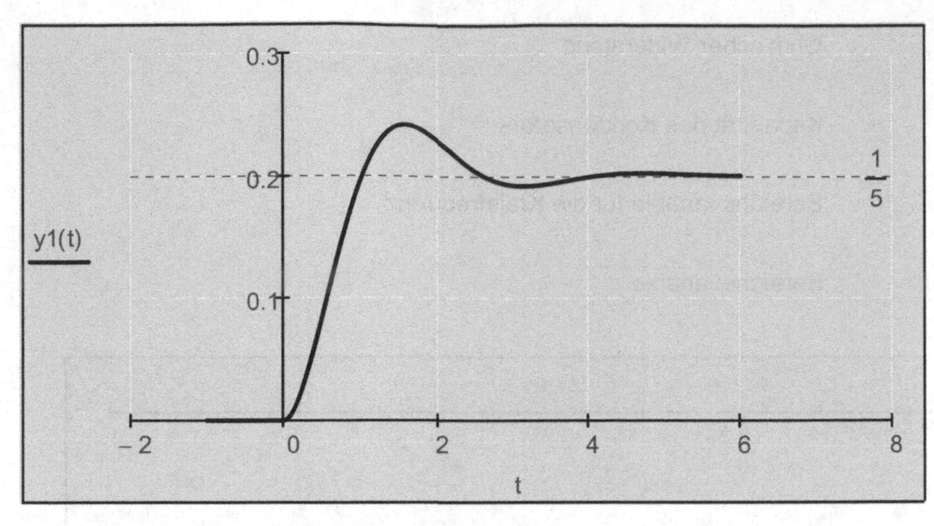

X-Y-Achsen:
Gitterlinien
Nummeriert
Automatische Skalierung
Markierung anzeigen:
y-Achse: 1/5
Automatische Gitterweite
Achsenstil:
Kreuz
Spuren:
Spur 1
Typ Linien

Abb. 14.17

Beispiel 14.12:

Ein Ohm'scher Widerstand R = 5 kΩ und ein Kondensator C = 367 nF sind in Serie geschaltet. Stellen Sie den Frequenzgang (Ortskurve) im Bereich ω = 0 s^{-1} und 1000 s^{-1} dar.

$\underline{G}(s) = \frac{1}{1 + s \cdot R \cdot C}$ Die Übertragungsfunktion für dieses Netzwerk.

Wir setzen s = j ω und erhalten den komplexen Frequenzgang:

$\underline{G}(j \cdot \omega) = \frac{1}{1 + j \cdot \omega \cdot R \cdot C}$

$RE(\omega, R, C) := Re\left(\frac{1}{1 + j \cdot \omega \cdot R \cdot C}\right)$ Realteil des Frequenzganges als Funktion definiert

$IM(\omega, R, C) := Im\left(\frac{1}{1 + j \cdot \omega \cdot R \cdot C}\right)$ Imaginärteil des Frequenzganges als Funktion definiert

$C := C$ Redefinition

Amplitudengang:

$G(\omega, R, C) := \left|\frac{1}{1 + j \cdot \omega \cdot R \cdot C}\right|$

$\left|\frac{1}{1 + j \cdot \omega \cdot R \cdot C}\right| \begin{array}{l} \text{annehmen}, \omega > 0, R > 0, C > 0 \\ \text{vereinfachen} \end{array} \rightarrow \left(C^2 \cdot R^2 \cdot \omega^2 + 1\right)^{\frac{-1}{2}}$

Phasengang:

$\varphi(\omega, R, C) := \arg\left(\frac{1}{1 + j \cdot \omega \cdot R \cdot C}\right)$

$R := 5 \cdot k\Omega$ Ohm'scher Widerstand

$C := 367 \cdot nF$ Kapazität des Kondensators

$\omega := 0 \cdot s^{-1}, 50 \cdot s^{-1} .. 10000 \cdot s^{-1}$ Bereichsvariable für die Kreisfrequenz

$k := 0 .. 1$ Bereichsvariable

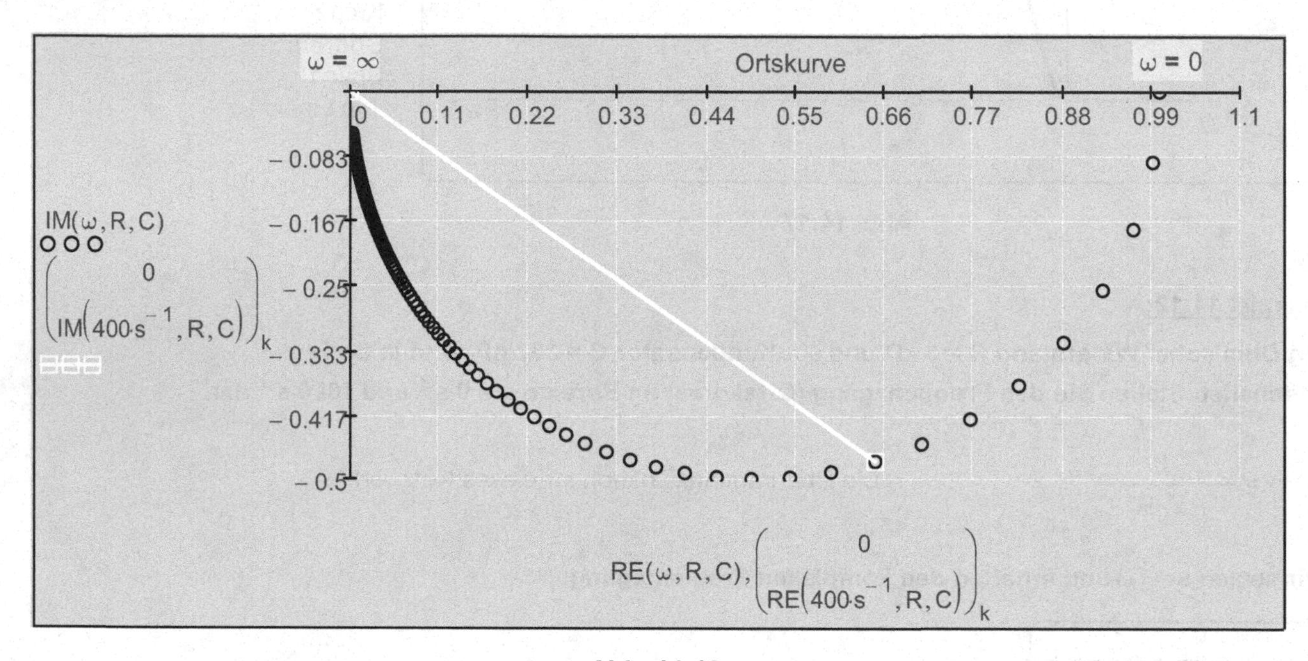

Abb. 14.18

Achsenbeschränkung:
x-Achse: 0 und 1.1
X-Y-Achsen:
Gitterlinien
Nummeriert
Automatische Skalierung
Markierung anzeigen:
y-Achse: 1/5
Anzahl der Gitterlinien:
10 bzw. 6

Achsenstil:
Kreuz
Spuren:
Spur 1
Symbol Kreis, Typ Punkte
Spur 2
Symbol Quadrat, Typ Linien

Darstellung des Frequenzganges in der Gauß'schen Zahlenebene.

$$\lim_{\omega \to \infty} RE(\omega, R, C) \to 0$$

$$\lim_{\omega \to \infty} IM(\omega, R, C) \to 0$$

$\omega := 0 \cdot s^{-1}, 0.1 \cdot s^{-1} .. 10000 \cdot s^{-1}$ Bereichsvariable für die Kreisfrequenz

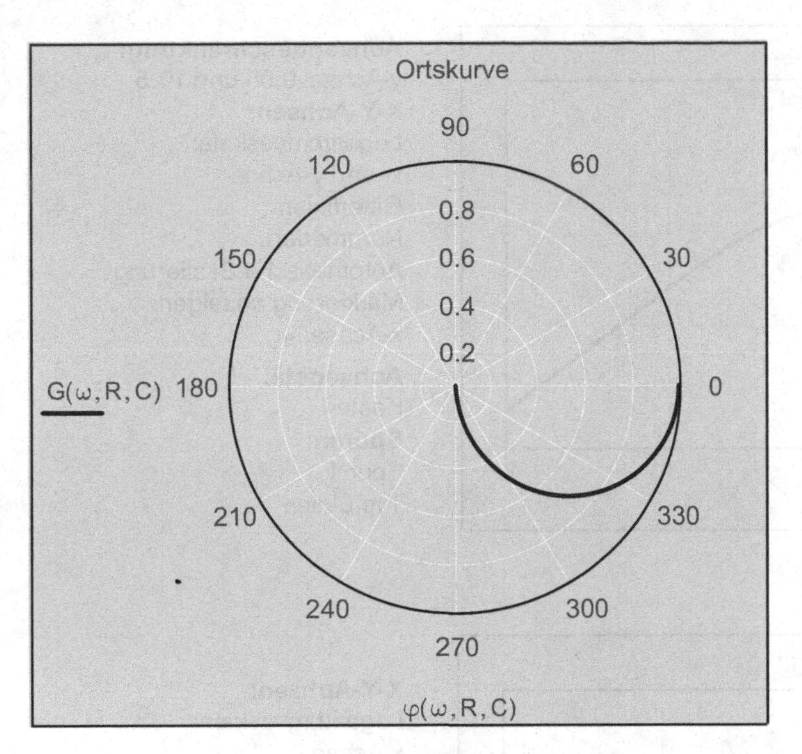

Polarachsen:
Gitterlinien
Nummeriert
Automatische Gitterwerte
Umfang
Spuren:
Spur 1
Typ Linien
Beschriftungen:
Titel oben

Abb. 14.19

Darstellung der Ortskurve in einem Polarkoordinatensystem (Kreisdiagramm).

Beispiel 14.13:

Stellen Sie das Bode-Diagramm eines PT_1-Verzögerungsgliedes erster Ordnung dar. Die Übertragungsfunktion $\underline{G}$(s) ist gegeben durch:

$\underline{G}(s) = \frac{k}{1 + s \cdot T_1}$ $\quad k := 10 \quad T_1 := 0.5$

Wir setzen s = j ω und erhalten dann den komplexen Frequenzgang:

$$\underline{G}(j \cdot \omega) = \frac{k}{1 + j \cdot \omega \cdot T_1}$$

Amplitudengang:

$$G(\omega, k, T_1) := \left| \frac{k}{1 + j \cdot \omega \cdot T_1} \right|$$

Phasengang:

$$\varphi(\omega, k, T_1) := \arg\left(\frac{k}{1 + j \cdot \omega \cdot T_1} \right)$$

$\omega_k := \frac{1}{T_1}$ $\quad \omega_k = 2$ Knickfrequenz

$\omega := 0.01, 0.01 + 0.01 .. 100$ Bereichsvariable für die Kreisfrequenz

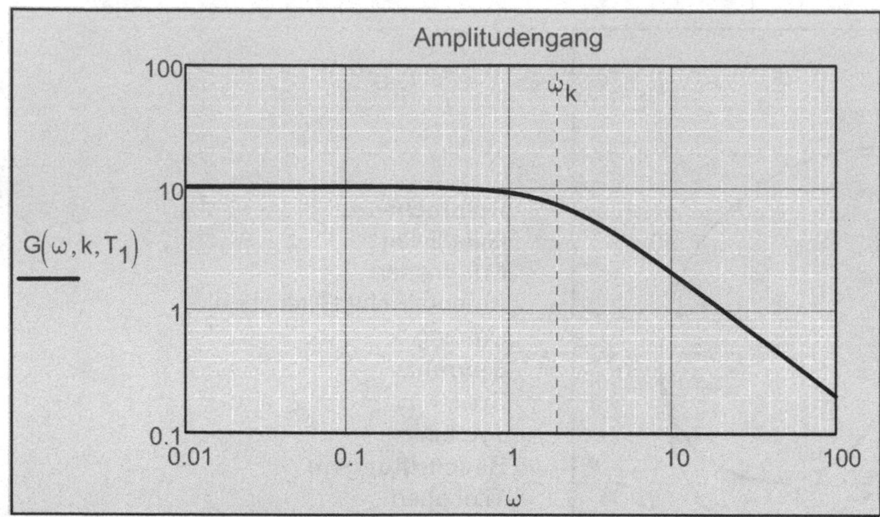

Achsenbeschränkung:
y-Achse: 0.05 und 10.5
X-Y-Achsen:
Logarithmusskala:
x- und y-Achse
Gitterlinien
Nummeriert
Automatische Skalierung
Markierung anzeigen:
x-Achse: ω_k
Achsenstil:
Kasten
Spuren:
Spur 1
Typ Linien

Abb. 14.20

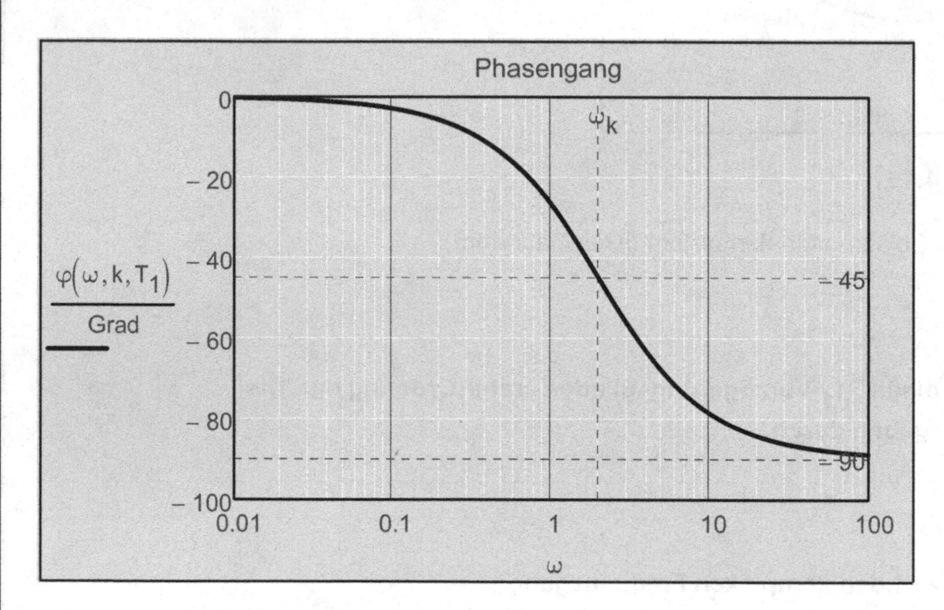

X-Y-Achsen:
Logarithmusskala:
x-Achse
Gitterlinien
Nummeriert
Automatische Skalierung
Markierung anzeigen:
x-Achse: ω_k
y-Achse: -90 und -45
Achsenstil:
Kasten
Spuren:
Spur 1
Typ Linien

Abb. 14.21

14.2 z-Transformation

Die **z-Transformation** ist ebenfalls, wie schon erwähnt, eine **Integraltransformation**. Sie ist die **Verallgemeinerung der Fouriertransformation**. Sie wird benötigt, um z. B. das Frequenz- und Antwortverhalten eines digitalen Filters bestimmen zu können. Dabei wird einer **Folge von abgetasteten Messwerten $y_n = f(t_n)$** mit Zeitverzögerungen, Rückkopplungen, Addierern und Multiplizierern eine Funktion $\underline{F}(z)$ zugewiesen. Mit dieser Transformation können aber **auch lineare Differentialgleichungen** bzw. **Differenzengleichungen** gelöst werden. Bei **ganzzahligen Werten von n** schreiben wir $y_n = f(t_n) = f(n) = f_n$.

Transformationsgleichungen:

Für eine Folge $f = \langle f_n \rangle$ ($n \in \mathbb{N}_0$) heißt die Laurentreihe $\mathcal{Z}(f) = \underline{F}(z) = f_0 + f_1 z^{-1} + f_2 z^{-2} + \ldots$ ($z \in \mathbb{C}$) (einseitige) z-transformierte von f, falls die Reihe konvergiert. Es wird also jeder Zahlenfolge eine unendliche Reihe zugeordnet (Bildfunktion $\underline{F}(z)$), die im Falle der Konvergenz als z-transformierte bezeichnet wird.

$$\mathcal{Z}\{f(n)\} = \underline{F}(z) = \sum_{n=0}^{\infty} \left(f(n) \cdot \frac{1}{z^n} \right)$$ **Bildfunktion.**

Mit der z-Transformation wird einer Folge von Zahlenwerten eine Funktion der komplexen Variablen zugeordnet.

Bei der Umkehrung der z-Transformation soll aus einer gegebenen Funktion der komplexen Variablen z auf die dazugehörige Zahlenfolge geschlossen werden.
Die Rücktransformation (Umkehrtransformation) ist ein komplexes Kurvenintegral längs einer Kurve C in der komplexen z-Ebene. Die Kurve C schließt den Ursprung ein und liegt im Gebiet der Konvergenz von $\underline{F}(z)$. Ein anderes Verfahren zur Rücktransformation ist oft einfacher als die Lösung des Kurvenintegrals. Als Beispiel dafür sei hier der Residuensatz angeführt.

$$\mathcal{Z}^{-1}\{\underline{F}(z)\} = f(n) = \frac{1}{2 \cdot \pi \cdot j} \cdot \int_C \underline{F}(z) \cdot z^{n-1} \, dz$$

$$\mathcal{Z}^{-1}\{\underline{F}(z)\} = f(n) = \sum_{(\text{Pole}(\underline{F}(z)))} \left(\text{Residuen}\left(\underline{F}(z) \cdot z^{n-1} \right) \right)$$

14.2.1 z-Transformationen elementarer Funktionen

Beispiel 14.14:

Einheitssprungfolge (Einheitssprung σ(n) = Φ(n) oder Heaviside-Funktion). Sie bewirkt in einem diskreten System eine Ausgangsfolge, die als ihre digitale Sprungantwort bezeichnet wird.

$\sigma(n) := \Phi(n)$ Einheitssprungfolge

$n := -2 .. 5$ Bereichsvariable

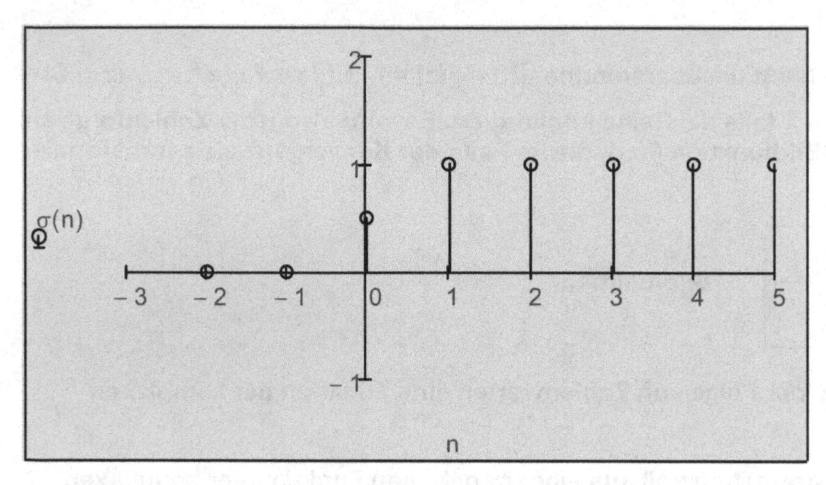

Achsenbeschränkung:
x-Achse: -3 und 5
y-Achse: -1 und 2
X-Y-Achsen:
Nummeriert
Automatische Skalierung
Anzahl der Gitterlinien:
8 bzw. 3
Achsenstil:
Kreuz
Spuren:
Spur 1
Symbol Kreis, Typ Stamm

Abb. 14.22

$$\mathcal{Z}\{\sigma(n)\} = \sum_{n=0}^{\infty}\left[1\cdot\left(\frac{1}{z}\right)^{n}\right] = \frac{1}{1-z^{-1}} = \frac{z}{z-1} \quad \textbf{mit } |z| > 1$$

Transformation der Einheitssprungfolge. Hier liegt eine geometrische Reihe vor mit $q = 1/z$ und $|q| < 1$.

Symbolische Auswertung der z-Transformation:

$$\sum_{n=0}^{\infty}\frac{1}{z^{n}} \text{ annehmen}, z > 1 \;\rightarrow\; \frac{z}{z-1}$$

Symbolische Transformation und inverse Transformation:

$\Phi(n)$ hat Z-Transformation $\dfrac{z+1}{2\cdot(z-1)}$

Auf **n** **Strichcursor** setzen und mit **Menü-Symbolik-Transformation-Z** auswerten.
oder: **<Alt> + stz**
Achtung: Φ(0) = 1/2.

$\dfrac{z}{z-1}$ hat inverse Z-Transformation 1

Auf **z** **Strichcursor** setzen und mit **Menü-Symbolik-Transformation-Z invers** auswerten.
oder: **<Alt> + sti**

$n := n$ Redefinition

$$\Phi(n) \text{ ztrans}, n \;\rightarrow\; \frac{z+1}{2\cdot(z-1)}$$

Hat eine Nullstelle bei z = 0 und eine Polstelle bei z = 1.
Φ(0) ist falsch definiert! Daher auch eine falsche z-Transformation!
Achtung: Φ(0) = 1/2.

$$\frac{z}{z-1} \text{ invztrans}, z \;\rightarrow\; 1$$

Beispiel 14.15:

Einheitsimpuls oder Kronecker-Delta-Impuls (vergleiche Kronecker-Funktion von Mathcad $\delta(m,n)$):

$\delta(n) := \begin{cases} 1 & \text{if } n = 0 \\ 0 & \text{if } n \neq 0 \end{cases}$ Definierter Delta-Impuls

$\delta 1(n, n_0) := \begin{cases} 1 & \text{if } n = n_0 \\ 0 & \text{if } n \neq n_0 \end{cases}$ Verzögerter Delta-Impuls

Ebenso kann der Einheitssprung durch die laufende Summe des Einheitsimpulses dargestellt werden:

$$\sigma(n) = \sum_{k=-\infty}^{n} \delta(k) \quad \textbf{und} \quad \sum_{n=-\infty}^{\infty} \delta(n) = 1 .$$

$n := -2 .. 5$ Bereichsvariable

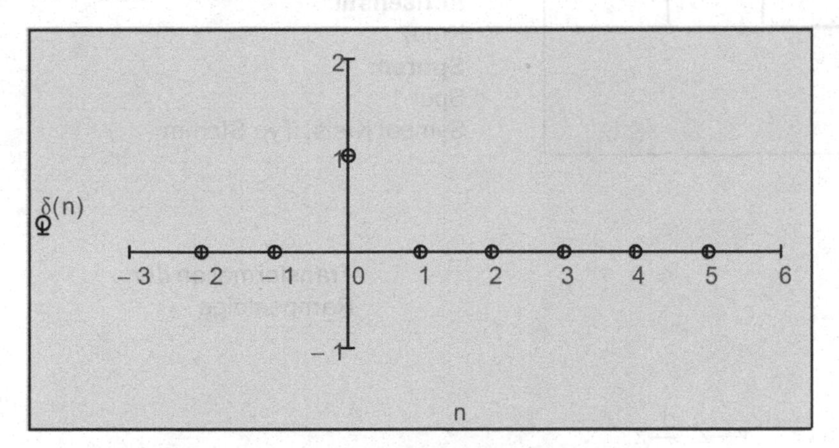

Achsenbeschränkung:
x-Achse: -3 und 5
y-Achse: -1 und 2
X-Y-Achsen:
Nummeriert
Automatische Skalierung
Anzahl der Gitterlinien:
9 bzw. 3
Achsenstil:
Kreuz
Spuren:
Spur 1
Symbol Kreis, Typ Stamm

Abb. 14.23

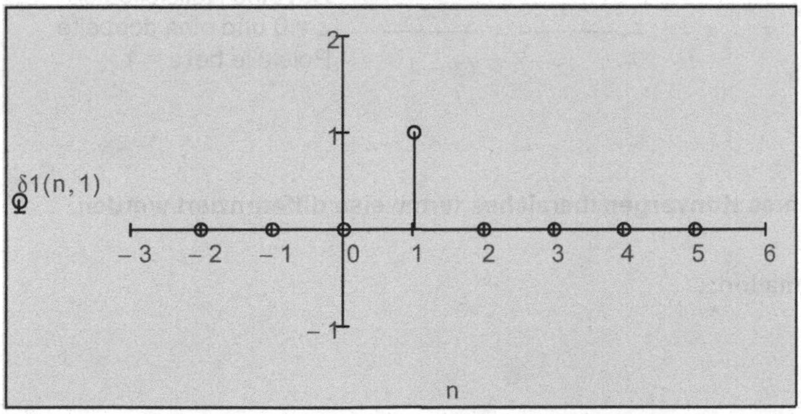

2
1
−1
δ1(n, 1)
−3 −2 −1 0 1 2 3 4 5 6
n

Achsenbeschränkung:
x-Achse: -3 und 5
y-Achse: -1 und 2
X-Y-Achsen:
Nummeriert
Automatische Skalierung
Anzahl der Gitterlinien:
9 bzw. 3
Achsenstil:
Kreuz
Spuren:
Spur 1
Symbol Kreis, Typ Stamm

Abb. 14.24

$$\mathcal{Z}\{\delta(n)\} = \sum_{n=0}^{\infty} \left(\delta(n) \cdot z^{-n}\right) = z^0 = 1 \ .$$ **Transformation des Delta-Impulses**

Symbolische Transformation und inverse Transformation:

$n := n \qquad \delta := \delta$ Redefinitionen

$\delta(n, 0)$ ztrans, n $\rightarrow 1$ 1 invztrans, z $\rightarrow \delta(n, 0)$

Beispiel 14.16:

Rampenfolge:

$f(n) := n$ Rampenfolge

$n := 0..5$ Bereichsvariable

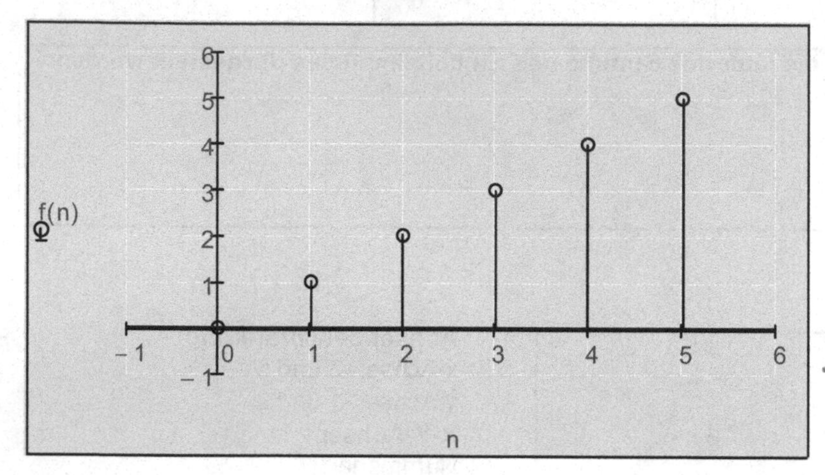

Achsenbeschränkung:
x-Achse: -1 und 6
y-Achse: -1 und 6
X-Y-Achsen:
Nummeriert
Automatische Skalierung
Anzahl der Gitterlinien:
7 bzw. 7
Achsenstil:
Kreuz
Spuren:
Spur 1
Symbol Kreis, Typ Stamm

Abb. 14.25

$$\mathcal{Z}\{n\} = \sum_{n=0}^{\infty} \left(n \cdot z^{-n}\right)$$ Transformation der Rampenfolge

Es gilt $\frac{d}{dz} z^{-n} = n \cdot z^{-n-1}$ **und damit** $n \cdot z^{-n} = -z \cdot \frac{d}{dz} z^{-n}$ **.**

$$\mathcal{Z}\{n\} = -\sum_{n=0}^{\infty} \left(z \cdot \frac{d}{dz} z^{-n}\right) = -z \cdot \frac{d}{dz} \sum_{n=0}^{\infty} z^{-n} = -z \cdot \frac{d}{dz} \frac{1}{1 - z^{-1}} = \frac{z}{(z-1)^2}$$ Hat eine Nullstelle bei z = 0 und eine doppelte Polstelle bei z = 1

Bemerkung:
Eine konvergente Reihe kann innerhalb ihres Konvergenzbereiches termweise differenziert werden.

Symbolische Auswertung der z-Transformation:

$\sum_{n=0}^{\infty} \left(n \cdot z^{-n}\right)$ ergibt $\frac{z}{(z-1)^2}$

Symbolische Transformation und inverse Transformation:

$n := n$ Redefinition

$n \text{ ztrans}, n \rightarrow \frac{z}{(z-1)^2}$ $\frac{z}{(z-1)^2} \text{ invztrans}, z \rightarrow n$

Beispiel 14.17:

Exponentialfolge e^n:

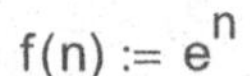

$f(n) := e^n$ Exponentialfolge

$n := 0..6$ Bereichsvariable

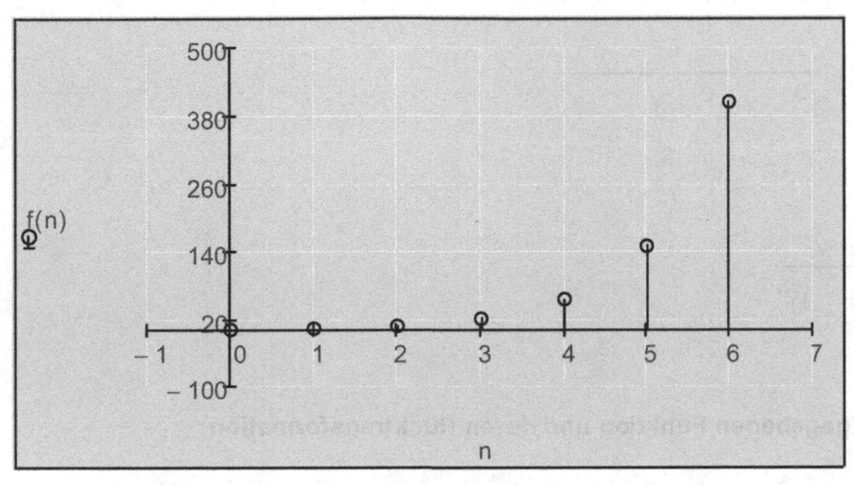

Achsenbeschränkung:
x-Achse: -1 und 7
y-Achse: -100 und 500
X-Y-Achsen:
Nummeriert
Automatische Skalierung
Anzahl der Gitterlinien:
8 bzw. 5
Achsenstil:
Kreuz
Spuren:
Spur 1
Symbol Kreis, Typ Stamm

Abb. 14.26

$$\mathcal{Z}\{e^n\} = \sum_{n=0}^{\infty} \left(e^n \cdot z^{-n}\right) = \sum_{n=0}^{\infty} \left(\frac{e}{z}\right)^n = \frac{1}{1-\frac{e}{z}} = \frac{z}{z-e} \quad \textbf{mit} \left|\frac{e}{z}\right| < 1$$

Transformation der Exponentialfolge. Hier liegt eine geometrische Reihe vor mit q = e/z und |q| < 1.

Symbolische Auswertung der z-Transformation:

$$\sum_{n=0}^{\infty} \left(e^n \cdot \frac{1}{z^n}\right) \rightarrow \begin{cases} \infty & \text{if } z = e \\ -\dfrac{z \cdot \left(\lim\limits_{n \to \infty} \dfrac{e^n}{z^n} - 1\right)}{z - e} & \text{if } z \neq e \end{cases}$$

Symbolische Transformation und inverse Transformation:

$n := n$ Redefinition

e^n ztrans, n $\rightarrow \dfrac{z}{z-e}$ Hat eine Nullstelle bei z = 0 und eine Polstelle bei z = e.

$\dfrac{z}{z-e}$ invztrans, z $\rightarrow e^n$

Beispiel 14.18:

Symbolische z-Transformation und inverse z-Transformation von $f(n) = n^2$:

n^2 hat Z-Transformation $\frac{z \cdot (z+1)}{(z-1)^3}$ hat inverse Z-Transformation $3 \cdot n + 2 \cdot \text{combin}(n-1, 2) - 2$

$3 \cdot n + 2 \cdot \text{combin}(n-1, 2) - 2$ vereinfacht auf n^2

$$n^2 \left| \begin{array}{l} \text{ztrans}, n \\ \text{erweitern} \end{array} \right. \rightarrow \frac{z^2}{z^3 - 3 \cdot z^2 + 3 \cdot z - 1} + \frac{z}{z^3 - 3 \cdot z^2 + 3 \cdot z - 1}$$

oder:

$$n^2 \left| \begin{array}{l} \text{ztrans}, n \\ \text{parfrac}, z \end{array} \right. \rightarrow \frac{1}{z-1} + \frac{3}{(z-1)^2} + \frac{2}{(z-1)^3}$$

Beispiel 14.19:

Gesucht ist die z-Transformation der gegebenen Funktion und deren Rücktransformation:

$f(n) := \left(\frac{6}{10}\right)^n$ gegebene diskrete Funktion

$f(n)\ \text{ztrans}, n \rightarrow \frac{5 \cdot z}{5 \cdot z - 3}$ oder $\mathbf{F}(z) := f(n)\ \text{ztrans}, n \rightarrow \frac{5 \cdot z}{5 \cdot z - 3}$

$5 \cdot \frac{z}{5 \cdot z - 3}\ \text{invztrans}, z \rightarrow \left(\frac{3}{5}\right)^n$ oder $f(n) := \mathbf{F}(z)\ \text{invztrans}, z \rightarrow \left(\frac{3}{5}\right)^n$

Beispiel 14.20:

Gesucht ist die z-Transformation der gegebenen Funktion und deren Rücktransformation:

$f(n) := e^{\frac{-2}{10} \cdot n}$ gegebene diskrete Funktion

$\mathbf{F}(z) := f(n)\ \text{ztrans}, n \rightarrow \frac{z}{z - e^{-\frac{1}{5}}}$ $f(n) := \mathbf{F}(z)\ \text{invztrans}, z \rightarrow e^{-\frac{n}{5}}$

Beispiel 14.21:

z-Transformierte eines abgetasteten Kosinussignals (rechtsseitige Kosinusfolge):

$u(n, \Omega_0, U_{01}) := U_{01} \cdot \cos(n \cdot \Omega_0)$ gegebene diskrete Funktion

$$u(n, \Omega_0, U_{01})\ \text{ztrans}, n \rightarrow \frac{U_{01} \cdot z \cdot (z - \cos(\Omega_0))}{z^2 - 2 \cdot \cos(\Omega_0) \cdot z + 1}$$

14.2.2 Allgemeines Prinzip zum Lösen von Differenzengleichungen

Seit Jahren findet zunehmend eine Umstellung von der **analogen Technik auf die Digitaltechnik** statt. Am wirksamsten ist die **digitale Darstellung** bei der **Speicherung und Übertragung von Signalen**. Die Vermittlung jeder Information geschieht durch ein physikalisches Medium, dem die Nachricht in Form eines Signals aufgeprägt wird. Zur Übertragung und Speicherung ist oft eine Umwandlung vorteilhaft. Die Information ist damit in der kontinuierlichen Änderung einer Zeitfunktion enthalten. Die **Zeitfunktion $y = f(t)$** beschreibt also den Zusammenhang der **abhängigen Variablen y von der unabhängigen Variable t** (siehe Fouriertransformation und Laplacetransformation).
Im **Unterschied dazu** ist ein **zeitdiskretes Signal $y_n = f(n) = f_n$** nur für **ganzzahlige Werte** der **unabhängigen Variablen n** definiert. Einerseits kann für ein zeitdiskretes Signal die unabhängige Variable von sich aus bereits diskret sein, andererseits können zeitdiskrete Signale f(n) durch aufeinanderfolgende Stichprobenentnahmen der Amplituden eines Vorganges mit kontinuierlichen unabhängigen Variablen entstehen, wie z. B. digitale Audiosignale.
Zwischen den kontinuierlichen und zeitdiskreten Signalen bestehen daher sehr enge Beziehungen, und die für kontinuierliche Signale gültigen Gesetze und Methoden können sehr häufig auf zeitdiskrete Signale übertragen werden.
Normalerweise findet die Diskretisierung der Zeitachse in gleichförmigen Abständen statt. Der Zeit entspricht **eine Nummerierung n der Abtastzeitpunkte ($t = n\, T_s$ mit T_s als Abtastperiodendauer)**.
Neben der Diskretisierung der Zeitachse ergibt sich bei der digitalen Darstellung auch eine Diskretisierung der Amplituden. Diese wird durch die Wortbreite des verwendeten Zahlenformats bestimmt. Ein zeitdiskretes Signal kann so als eine mathematische Folge geschrieben werden. Einige sehr wichtige einfache Signale für die grundlegenden Beobachtungen zeitdiskreter Systeme wurden bereits im vorhergenden Abschnitt angeführt.

Der Zusammenhang eines **kontinuierlichen Signals $\sin(\omega_0\, t) = \sin(2\,\pi\, f_0\, t)$** zu einem zeitdiskreten Signal ergibt sich folgendermaßen:
Für eine bestimmte **Abtastfrequenz (Samplingfrequenz) f_s** ergibt sich in Abhängigkeit von N die resultierende Frequenz des Signals durch **$f_0 = f_s/N$**. Mit den **Abtastzeitpunkten $t = t_n = n\, T_s$** (n = 1, 2, ..., N) und **$T_s = 1/f_s$** lässt sich dann folgender Zusammenhang herstellen:

$$\sin\left(2 \cdot \pi \cdot f_0 \cdot t_n\right) = \sin\left(2 \cdot \pi \cdot \frac{f_s}{N} \cdot n \cdot T_s\right) = \sin\left(\frac{2 \cdot \pi \cdot n}{N}\right) = \sin\left(\Omega_0 \cdot n\right) \text{ mit } \Omega_0 = \frac{2 \cdot \pi \cdot f_0}{f_s} = \frac{2 \cdot \pi}{N}.$$

Im Gegensatz zu periodischen Signalen wächst die Frequenz bei wachsendem Abtastimpulsabstand Ω_0 nicht immer weiter an, denn es gilt: $e^{j\cdot\left(\Omega_0+2\cdot\pi\right)\cdot n} = e^{j\cdot 2\cdot\pi\cdot n} \cdot e^{j\cdot\Omega_0\cdot n} = e^{j\cdot 2\cdot\pi\cdot n}$.
Das bedeutet, dass Ω_0 identisch zu $\Omega_0 + 2\pi$ und demnach mit 2π periodisch ist. Es braucht daher bei der Behandlung zeitdiskreter Signale nur ein Frequenzbereich der Länge 2π betrachtet werden (**$0 \le \Omega_0 \le 2\pi$** und **$0 \le f_0 \le f_s$**). Bei weiterer Überlegung zeigt sich, dass Ω_0 nur dann periodisch ist, wenn $\Omega_0/2\pi$ eine rationale Zahl ist.

Ein System kann als beliebiger Prozess zur Transformation von Signalen aufgefasst werden. Das **Eingangssignal $x(n) = x_n$** wird durch das System in das **Ausgangssignal $y(n) = y_n$** übergeführt. Dabei kann aus verschiedenen Teilprozessen durch Zusammenschalten ein komplexes System entstehen.
Für die **Eingangsgrößen und Ausgangsgrößen** schreiben wir auch: **$x(n) = x_n$** bzw. **$y(n) = y_n$** (oder auch **$x(t) = x_t$** bzw. **$y(t) = y_t$**).
In der Praxis der **digitalen Systeme** sind sowohl die **Genauigkeit der Eingangssignale** als auch die **Darstellungsgenauigkeit der Koeffizienten** und die **Rechengenauigkeit** beschränkt. Daraus ergeben sich **weitreichende Konsequenzen**, die sich in **Quantisierungsrauschen, Instabilität, Rundungsrauschen** und **verringerter Aussteuerbarkeit** bemerkbar machen.

Die **Eigenschaften "Linearität" und "Zeitinvarianz"** sind für die Analyse von Systemen sehr wesentlich. **Systeme mit diesen Eigenschaften** werden als **lineare zeitinvariante Systeme (LTI-Systeme bzw. LTD-Systeme "linear, time invariant, discret")** bezeichnet (siehe auch Kapitel Laplacetransformation). Ein **Großteil dieser Systeme** lässt sich durch **lineare Differenzengleichungen** beschreiben. Gleichungen dieses Typs beschreiben das sequenzielle Verhalten vieler verschiedener Vorgänge. Einen wichtigen Sonderfall der allgemeinen Differenzengleichungen bilden Gleichungen, bei denen das **Ausgangssignal y(n)** aus dem **gewichteten Momentanwert x(n)**, den **vergangenen Eingangswerten x(n-i)** und den vergangenen **Ausgangswerten y(n-i)** ($i \in \mathbb{N}_0$) gebildet wird.

Eine **einfache Differenzengleichung 1. Ordnung**, die nur Verzögerungen um ein Zeitintervall berücksichtigt, schreibt sich:

$$y(n) = b_0\, x(n) + b_1\, x(n-1) - a_1\, y(n-1).$$

Eine **Differenzengleichung 2. Ordnung** enthält zweifach verzögerte Glieder des Eingangs- und Ausgangssignals:

$$y(n) = b_0\, x(n) + b_1\, x(n-1) + b_2\, x(n-2) - a_1\, y(n-1) - a_2\, y(n-2).$$

Es müssen nicht alle Glieder in der Gleichung aufscheinen. Systeme beliebiger Ordnung lassen sich nach Einführung des redundanten Parameters a_0 (ohne Einschränkung kann $a_0 = 1$ gesetzt werden; a_N, $b_M \neq 0$) durch eine **allgemeine Differenzengleichung** beschreiben:

$$\sum_{k=0}^{N} \left(a_k \cdot y(n-k)\right) = \sum_{k=0}^{M} \left(b_k \cdot x(n-k)\right) \quad \text{bzw.} \quad y(n) = \sum_{k=0}^{M} \left(b_k \cdot x(n-k)\right) - \sum_{k=1}^{N} \left(a_k \cdot y(n-k)\right).$$

Die konstanten Koeffizienten a_k und b_k charakterisieren das lineare zeitinvariante System.

Um die Reaktion des beschriebenen Systems auf ein Eingangssignal x(n) angeben zu können, müssen die **Anfangsbedingungen $y(n_0-1)$, ..., $y(n_0-N)$** gegeben sein. Die **Folgeglieder $y(n_0+n)$** können dann für aufeinanderfolgende Werte **iterativ** berechnet werden. Da für die folgenden Werte immer die Werte der vorausgegangenen Berechnung benötigt werden, wird die zu dieser **rekursiven Verfahrensweise** gehörige Gleichung als **rekursive Gleichung** bezeichnet. Im Spezialfall N = 0 reduziert sich die oben angeführte Gleichung zu:

$$y(n) = \sum_{k=0}^{M} \left(b_k \cdot x(n-k)\right).$$

In diesem Fall berechnet sich der Ausgangswert nur aus momentanen und vergangenen Eingangswerten und nicht aus vergangenen Ausgangswerten. Diese Gleichung wird daher **nichtrekursive Gleichung** genannt.

Die oben angeführte allgemeine Differenzengleichung für lineare zeitinvariante Systeme kann nun mithilfe der z-Transformation in die nachfolgende Gleichung übergeführt werden:

$$\sum_{k=0}^{N} \left(a_k \cdot z^{-k} \cdot \mathbf{Y}(z)\right) = \sum_{k=0}^{M} \left(b_k \cdot z^{-k} \cdot \mathbf{X}(z)\right) \quad \left(\mathbf{Y}_a(z) = \mathbf{Y}(z) \text{ und } \mathbf{X}(z) = \mathbf{Y}_e(z)\right).$$

Die Systemfunktion oder Übertragungsfunktion $\underline{G}(z)$ erhalten wir durch Umformung:

$$\underline{G}(z) = \frac{\underline{Y}(z)}{\underline{X}(z)} = \frac{\sum_{k=0}^{M} \left(b_k \cdot z^{-k}\right)}{\sum_{k=0}^{N} \left(a_k \cdot z^{-k}\right)} = \frac{\sum_{k=0}^{M} \left(b_k \cdot z^{N-k}\right)}{\sum_{k=0}^{N} \left(a_k \cdot z^{N-k}\right)}.$$

Die Form mit den negativen Exponenten geht in die Form mit den positiven Exponenten über, wenn wir Zähler und Nenner erweitern. Die **Übertragungsfunktion ist immer rational**. Der Konvergenzbereich muss gesondert überprüft werden. Anhand der **Pol- und Nullstellen der Übertragungsfunktion** kann die **Kausalität** (der **Zählergrad von $\underline{G}(z)$** darf nicht **größer als der Nennergrad** bezüglich **z** sein) und die **Stabilität** überprüft werden. Für ein **stabiles System** müssen **alle Pole innerhalb des Einheitskreises** liegen.
Wird **z** auf dem **Einheitskreis** ermittelt ($z = e^{j\omega}$), dann reduziert sich $\underline{G}(z)$ auf den **Frequenzgang** $\underline{G}(\omega)$ des Systems, vorausgesetzt der Einheitskreis liegt im Konvergenzbereich für $\underline{G}(z)$. $\underline{G}(\omega)$ ist wie alle Transformierten von Abtastfunktionen periodisch mit $\omega = 2\pi/T_s$.

Beispiel 14.22:

Gegeben sei eine Differenzengleichung 1. Ordnung der Form $y_{t+1} + a\, y_t = b$ ($a, b \in \mathbb{R}$) mit dem Anfangswert y_0. Berechnen Sie die Lösungsfolge für n = 0,1, ... , 10 und a = 0.8, b = 5 und $y_0 = 4$.

$ORIGIN := 0$ ORIGIN festlegen

$a := 0.8$ $b := 5$ Konstanten

$y_0 := 4$ Anfangswert

$t := 0..10$ Bereichsvariable

$y_{t+1} := -a \cdot y_t + b$ Rekursive Berechnung der Differenzengleichung

$y^T =$

	0	1	2	3	4	5	6	7	8	9
0	4	1.8	3.56	2.152	3.278	2.377	3.098	2.521	2.983	...

$t_G := \dfrac{b}{1+a}$ Fixpunkt (Schnittpunkt der Geraden y = x und y = - a x + b)

$x := 0..5$ $y(x) := -a \cdot x + b$ $y1(x) := x$ Bereichsvariable und Hilfsfunktionen

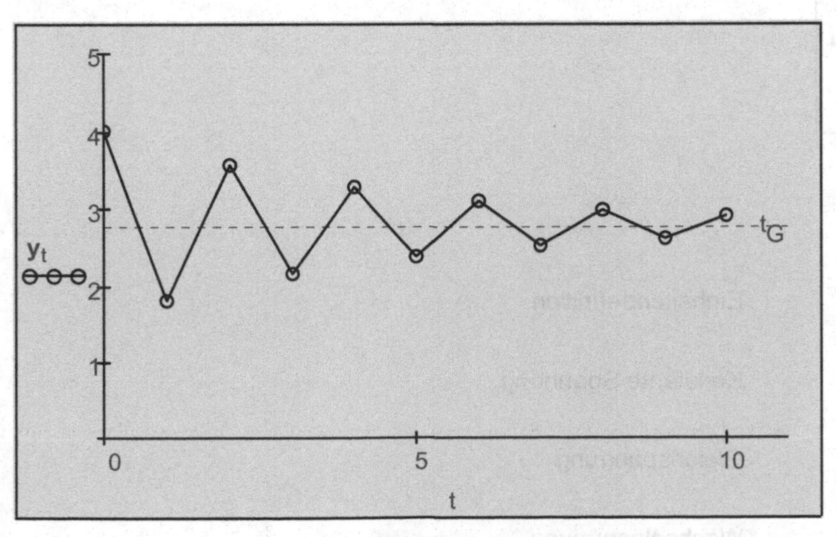

Abb. 14.27

Achsenbeschränkung:
x-Achse: 0 und 11
y-Achse: 0 und 5
X-Y-Achsen:
Nummeriert
Automatische Skalierung
Markierung anzeigen:
y-Achse: t_G
Automatische Gitterweite
Achsenstil:
Kreuz
Spuren:
Spur 1
Symbol Kreis, Typ Linien

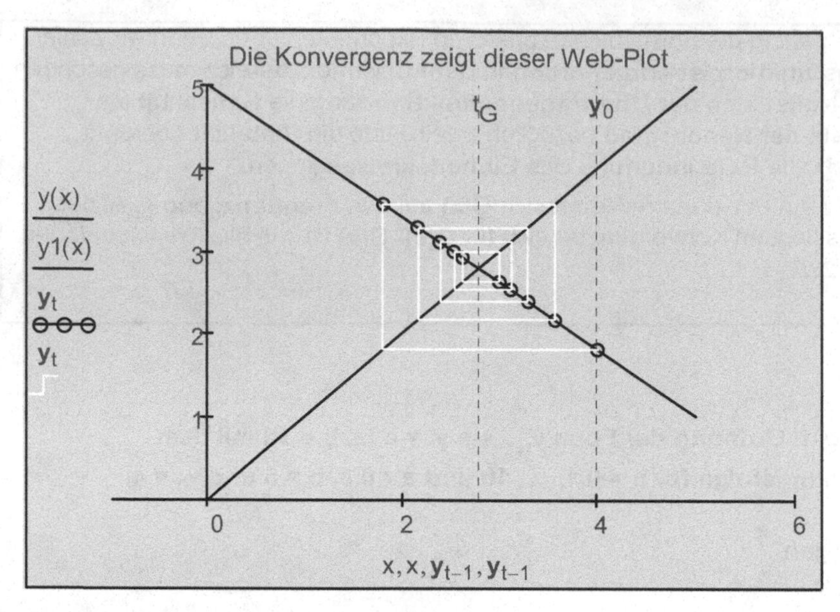

Achsenbeschränkung:
x-Achse: -1 und 5
X-Y-Achsen:
Nummeriert
Automatische Skalierung
Markierung anzeigen:
x-Achse: t_G, $\mathbf{y_0}$
Automatische Gitterweite
Achsenstil:
Kreuz
Spuren:
Spur 1 und Spur 2
Typ Linien
Spur 3
Symbol Kreis, Typ Linien
Spur 4
Schritt

Abb. 14.28

Beispiel 14.23:

Ein RL-Serienkreis soll bei anliegender Gleichspannung oder Wechselspannung bzw. Rampenspannung eingeschalten werden. Die zugehörige Differentialgleichung soll jeweils in eine Differenzengleichung umgeformt und gelöst werden.

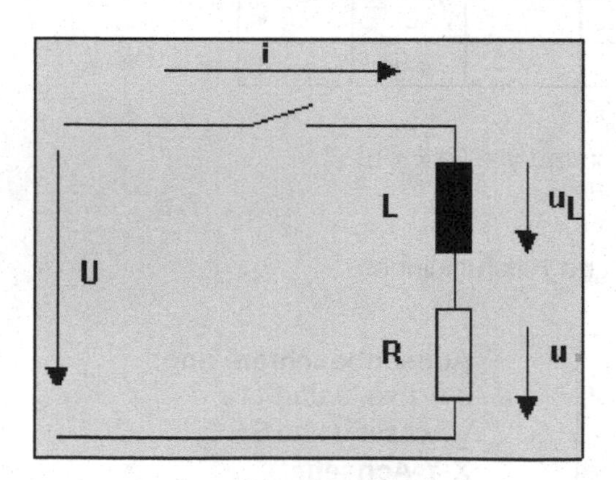

Abb. 14.29

Gegebene Daten:

$ms := 10^{-3} \cdot s$ Einheitendefinition

$U_0 := 220 \cdot V$ Konstante Spannung

$u_G(t) := U_0 \cdot \Phi(t)$ Gleichspannung

$u_W(t, \omega) := \sqrt{2} \cdot U_0 \cdot \sin(\omega \cdot t) \cdot \Phi(t)$ Wechselspannung

$u_R(t) := \frac{2 \cdot V}{ms} \cdot t \cdot \Phi(t)$ Rampenspannung

$f := 50 \cdot Hz$ Frequenz $\omega := 2 \cdot \pi \cdot f$ Kreisfrequenz

$L := 0.1 \cdot H$ Induktivität $R := 20 \cdot \Omega$ Ohm'scher Widerstand

$\tau := \frac{L}{R}$ $\tau = 5 \cdot ms$ Zeitkonstante

$$L \cdot \frac{di}{dt} + R \cdot i = u(t)$$ **inhomogene lineare Differentialgleichung 1. Ordnung**

$$\frac{di}{dt} + \frac{R}{L} \cdot i = \frac{u(t)}{L} \qquad \frac{di}{dt} + \frac{1}{\tau} \cdot i = \frac{u(t)}{L}$$ **umgeformte Differentialgleichung**

$$\frac{\Delta i}{\Delta t} + \frac{1}{\tau} \cdot i = \frac{u(t)}{L}$$ **Differentialquotient durch Differenzenquotienten ersetzt**

$$\Delta i = \left(\frac{u(t)}{L} - \frac{1}{\tau} \cdot i\right) \cdot \Delta t$$ umgeformte Gleichung

$$i_{n+1} - i_n = \left(\frac{u(t_n)}{L} - \frac{1}{\tau} \cdot i_n\right) \cdot \Delta t$$ Differenzengleichung für den gesuchten Strom

$$i_{n+1} = i_n + \left(\frac{1}{L} \cdot u(t_n) - \frac{1}{\tau} \cdot n\right) \cdot \Delta t$$ **umgeformte Differenzengleichung**

Rekursive Berechnung der Lösungen:

In weiterer Folge werden die Abkürzungen **$u_n = u(t_n)$ und $T_s = \Delta t = t_{n+1} - t_n$ (Abtastzeitpunkt)** verwendet. Wahl des darzustellenden Zeitintervalls t_1 und der Zahl N1 der Rechenschritte (die Abtastzeit T_s sollte viel kleiner als die Zeitkonstante τ sein):

$\tau = 5 \cdot ms$ Zeitkonstante

$t_1 := 30 \cdot ms$ gewähltes Zeitintervall

$N1 := 500$ Anzahl der Rechenschritte

$T_s := \frac{t_1}{N1}$ $T_s = 0.06 \cdot ms$ Abtastzeit

$n := 0 .. N1$ Bereichsvariable

$u_{G_n} := u_G(n \cdot T_s)$ diskretisierte Gleichspannung

$i_0 := 0 \cdot A$ Anfangsbedingung

$$i_{n+1} := i_n + \left(\frac{1}{L} \cdot u_{G_n} - \frac{1}{\tau} \cdot i_n\right) \cdot T_s$$ **rekursive Berechnung**

$I_0 := \max(\mathbf{i})$ $\quad I_0 = 10.974\,A$ $\quad$ maximaler Strom

$k := 10$ $\quad n := 0, k .. N1$ $\quad$ Bereichsvariable für ausgewählte Werte

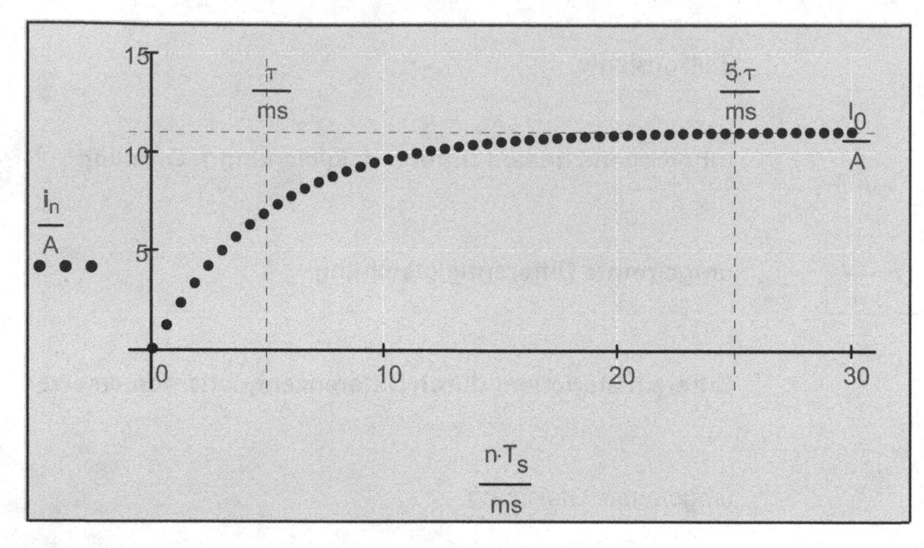

Achsenbeschränkung:
x-Achse: -1 und 31
y-Achse: -2 und 15
X-Y-Achsen:
Nummeriert
Automatische Skalierung
Markierung anzeigen:
t-Achse: τ /ms und 5 τ /ms
Automatische Gitterweite
Achsenstil:
Kreuz
Spuren:
Spur 1
Typ Punkte

Abb. 14.30

$n := 0 .. N1$ $\quad$ Bereichsvariable

$T := \frac{1}{f}$ $\quad T = 20 \cdot ms$ $\quad$ Periodendauer

$\mathbf{u_{w}}_n := u_w(n \cdot T_s, \omega)$ $\quad$ diskretisierte Wechselspannung

$$\mathbf{i}_{n+1} := \mathbf{i}_n + \left(\frac{1}{L} \cdot \mathbf{u_w}_n - \frac{1}{\tau} \cdot \mathbf{i}_n\right) \cdot T_s$$ **rekursive Berechnung**

$k := 10$ $\quad n := 0, k .. N1$ $\quad$ Bereichsvariable für ausgewählte Werte

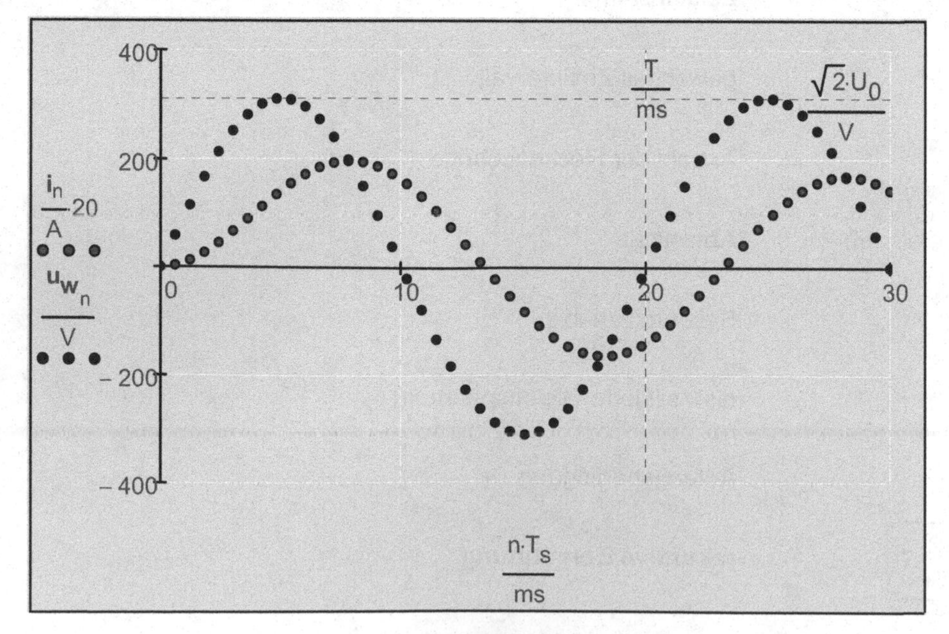

Achsenbeschränkung:
y-Achse: -400 und 400
X-Y-Achsen:
Nummeriert
Automatische Skalierung
Markierung anzeigen:
t-Achse: T /ms und $\sqrt{2}\,U_0$ /V
Automatische Gitterweite
Achsenstil:
Kreuz
Spuren:
Spur 1 und Spur 2
Typ Punkte

Abb. 14.31

$n := 0..N1$ Bereichsvariable

$u_{R_n} := u_R(n \cdot T_s)$ diskretisierte Rampenspannung

$i_{n+1} := i_n + \left(\frac{1}{L} \cdot u_{R_n} - \frac{1}{\tau} \cdot i_n\right) \cdot T_s$ **rekursive Berechnung der Differenzengleichung**

$k := 2$ $n := 0, k..N1$ Bereichsvariable für ausgewählte Werte

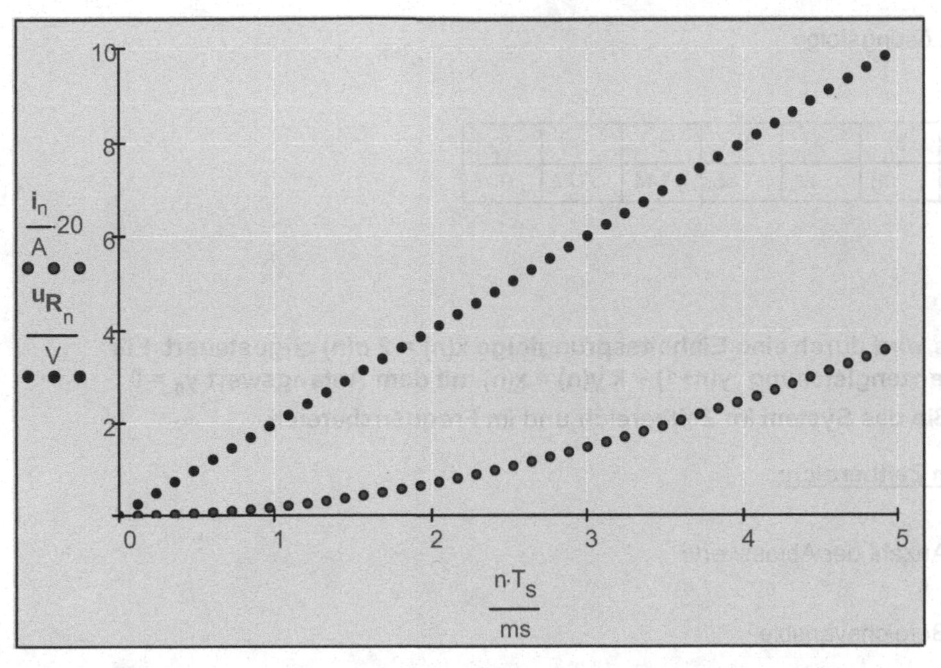

Achsenbeschränkung:
x-Achse: 0 und 5
y-Achse: 0 und 10
X-Y-Achsen:
Nummeriert
Automatische Skalierung
Automatische Gitterweite
Achsenstil:
Kreuz
Spuren:
Spur 1 und Spur 2
Typ Punkte

Abb. 14.32

Beispiel 14.24:

In einem elektrischen einfachen Netzwerk aus T-Vierpolen können die Spannungen mit einer nachfolgend angegebenen homogenen Differenzengleichung 2. Ordnung beschrieben werden. Wir suchen die Lösungsfolge mithilfe der z-Transformation.

$u(n-2) - 3 \cdot u(n-1) + u(n) = 0$ **Anfangsbedingungen:** $u(0) = 0$ $u(1) = 1$

Diese Bildfunktion (z-Transformierte) wird nun unter Berücksichtigung der Anfangsbedingungen übersetzt und nach **U1**(z) aufgelöst:

$\underline{\mathbf{F}}(z) := z^2 \cdot \underline{\mathbf{U1}}(z) - z - 3 \cdot z \cdot \underline{\mathbf{U1}}(z) + \underline{\mathbf{U1}}(z)$ auflösen, $\underline{\mathbf{U1}}(z) \rightarrow \frac{z}{z^2 - 3 \cdot z + 1}$ Bildfunktion (z-Transformierte)

Eine Alternative dazu wäre die direkte Übersetzung der Differenzengleichung mithilfe des Verschiebungssatzes unter Berücksichtigung der Anfangsbedingungen:

$\underline{\mathbf{F}}(z) := z^{-2} \cdot \underline{\mathbf{U1}}(z) - z^{-1} - 3 \cdot z^{-1} \cdot \underline{\mathbf{U1}}(z) + \underline{\mathbf{U1}}(z)$ auflösen, $\underline{\mathbf{U1}}(z) \rightarrow \frac{z}{z^2 - 3 \cdot z + 1}$

Rücktransformation mithilfe von symbolischem Operatoren:

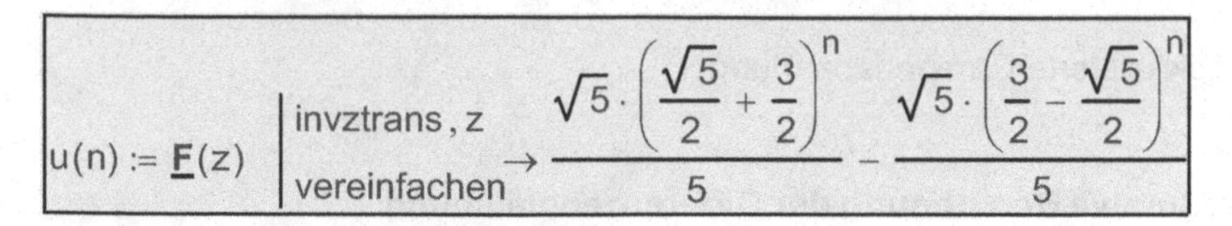

$$u(n) := \underline{F}(z) \;\Big|\; \begin{matrix}\text{invztrans}, z \\ \text{vereinfachen}\end{matrix} \rightarrow \frac{\sqrt{5}\cdot\left(\frac{\sqrt{5}}{2}+\frac{3}{2}\right)^n}{5} - \frac{\sqrt{5}\cdot\left(\frac{3}{2}-\frac{\sqrt{5}}{2}\right)^n}{5}$$

$n := 0..8$ Bereichsvariable

$\mathbf{u}_n := u(n)$ gesuchte Lösungsfolge

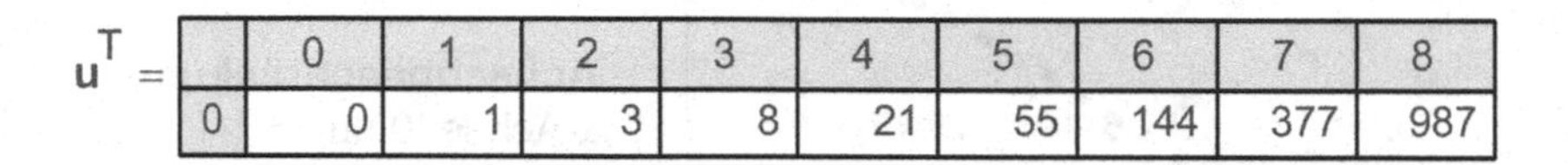

$\mathbf{u}^T =$

	0	1	2	3	4	5	6	7	8
0	0	1	3	8	21	55	144	377	987

Beispiel 14.25:

Ein digitales Filter 1. Grades wird durch eine Einheitssprungfolge x(n) = 2 σ(n) angesteuert. Für dieses Filter gelte die Differenzengleichung y(n+1) + k y(n) = x(n) mit dem Anfangswert y_0 = 0 und k = - 0.5. Untersuchen Sie das System im Zeitbereich und im Frequenzbereich.

Untersuchung des Filters im Zeitbereich:

$N := 2^4$ Anzahl der Abtastwerte

$n := 0..N-1$ Bereichsvariable

$\Phi(n) := \begin{cases} 1 & \text{if } n \ge 0 \\ 0 & \text{otherwise} \end{cases}$ selbstdefinierte Einheitssprungfolge

$\mathbf{x}_n := 2\cdot\Phi(n)$ Die Eingangsgröße sei der Einheitssprung (Einheitssprungfolge)!

$\mathbf{y}_0 := 0$ Anfangswert für die Differenzengleichung

$k := -0.5$ gegebene Konstante (Multiplikator)

$\mathbf{y}_{n+1} := -k\cdot\mathbf{y}_n + \mathbf{x}_n$ Differenzengleichung für die Sprungantwort (**rekursive Berechnung**)

$y_G = -k\cdot y_G + 2$ Aus dieser Gleichung folgt der Grenzwert für die Sprungantwort (Schnittpunkt von y = x und y = - k x + d ; d/(1+k)).

$y_G := \frac{2}{1+k}$ $y_G = 4$ Fixpunkt

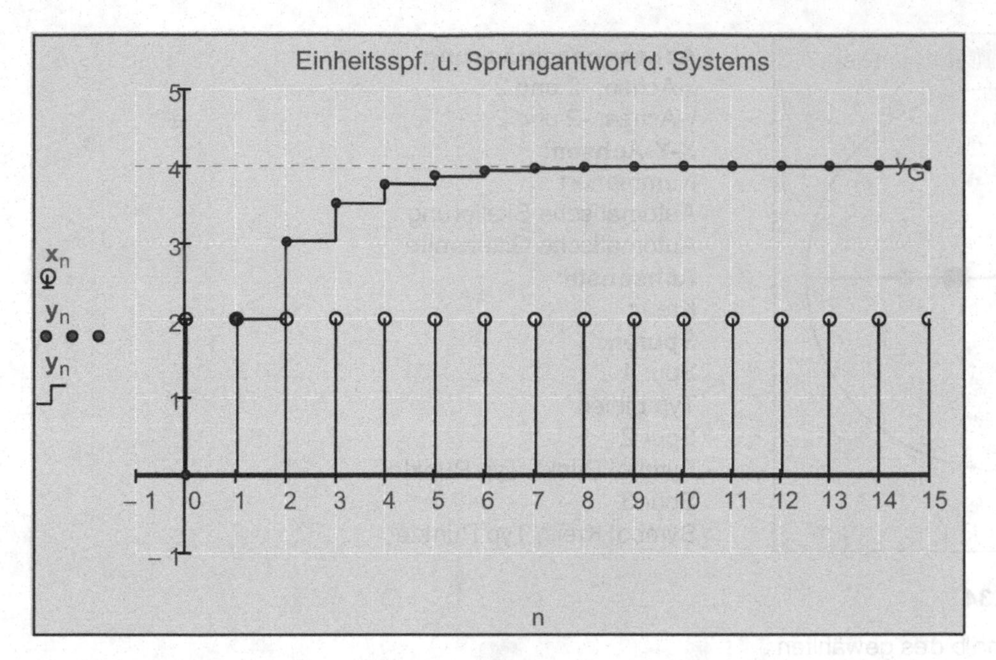

Achsenbeschränkung:
x-Achse: -1 und 10
y-Achse: -1 und 5
X-Y-Achsen:
Nummeriert
Automatische Skalierung
Markierung anzeigen:
y-Achse: y_G
Anzahl der Gitterlinien:
15 bzw. 6
Achsenstil:
Kreuz
Spuren:
Spur 1
Symbol Kreis, Typ Stamm
Spur 2
Typ Punkte
Spur 3
Schritt

Abb. 14.33

z-Transformation und inverse z-Transformation:

$\underline{Y}(z) + k \cdot z^{-1} \cdot \underline{Y}(z) = 2 \cdot z^{-1} \cdot \underline{X}(z)$ z-Transformierte Differenzengleichung

$\underline{G}(z) = \frac{\underline{Y}(z)}{\underline{X}(z)} = \frac{2 \cdot z^{-1}}{1 + k \cdot z^{-1}} = \frac{2}{z + k}$ digitale Übertragungsfunktion

$\underline{X}(z) := \frac{z}{z - 1}$ z-Transformierte des Einheitssprunges $\Phi(n)$

$\underline{G}(z) := \frac{2}{z + k}$ Digitale Übertragungsfunktion für das System. Das System **konvergiert für |z| > k** und verhält sich **stabil für |z| < 1**.

$\underline{Y}(z) := \underline{G}(z) \cdot \underline{X}(z)$ Die **z-Transformierte der Sprungantwort** hat **Pole bei z = - k und z = 1**.

Wir wählen für die **inverse z-Transformation** einen **geeigneten Radius** für einen kreisförmigen Integrationsweg. Die **Pole** von **Y(z)** müssen innerhalb des Integrationsweges der z-Ebene liegen.

$r := \text{wenn}(|-k| < 1, 2, 2 \cdot |-k|)$ gewählter Radius des Integrationsweges

$x(\varphi) := r \cdot \cos(\varphi)$ $y(\varphi) := r \cdot \sin(\varphi)$ Parameterdarstellung für den kreisförmigen Integrationsweg

$\varphi := 0, 0.01 .. 2 \cdot \pi$ Bereichsvariable

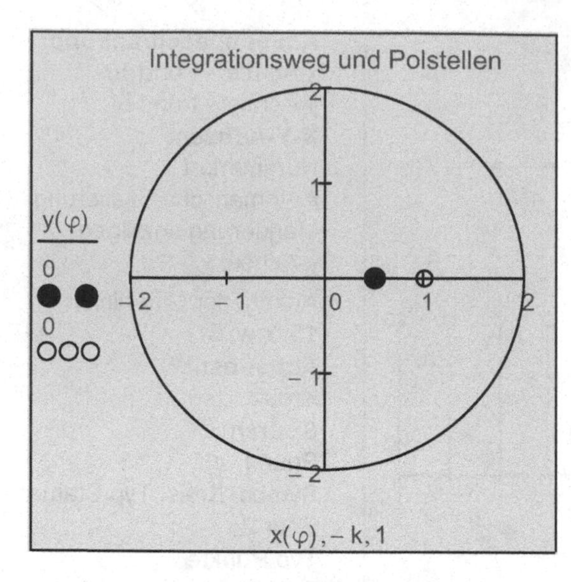

Achsenbeschränkung:
x-Achse: -2 und 2
y-Achse: -2 und 2
X-Y-Achsen:
Nummeriert
Automatische Skalierung
Automatische Gitterweite
Achsenstil:
Kreuz
Spuren:
Spur 1
Typ Linien
Spur 2
Symbol Punkt, Typ Punkte
Spur 3
Symbol Kreis, Typ Punkte

Abb. 14.34

Die Polstellen liegen innerhalb des gewählten Kreises.

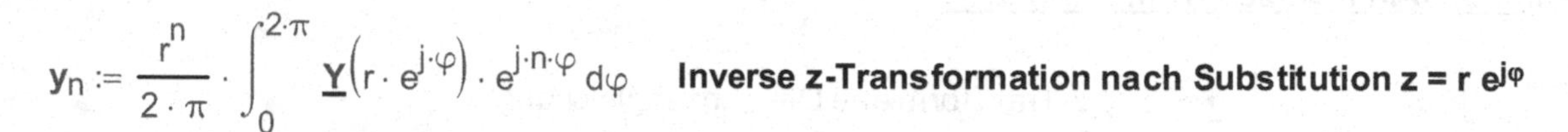

$$y_n := \frac{r^n}{2 \cdot \pi} \cdot \int_0^{2\cdot\pi} \underline{Y}\left(r \cdot e^{j\cdot\varphi}\right) \cdot e^{j\cdot n\cdot\varphi} \, d\varphi$$

Inverse z-Transformation nach Substitution z = r e$^{j\varphi}$

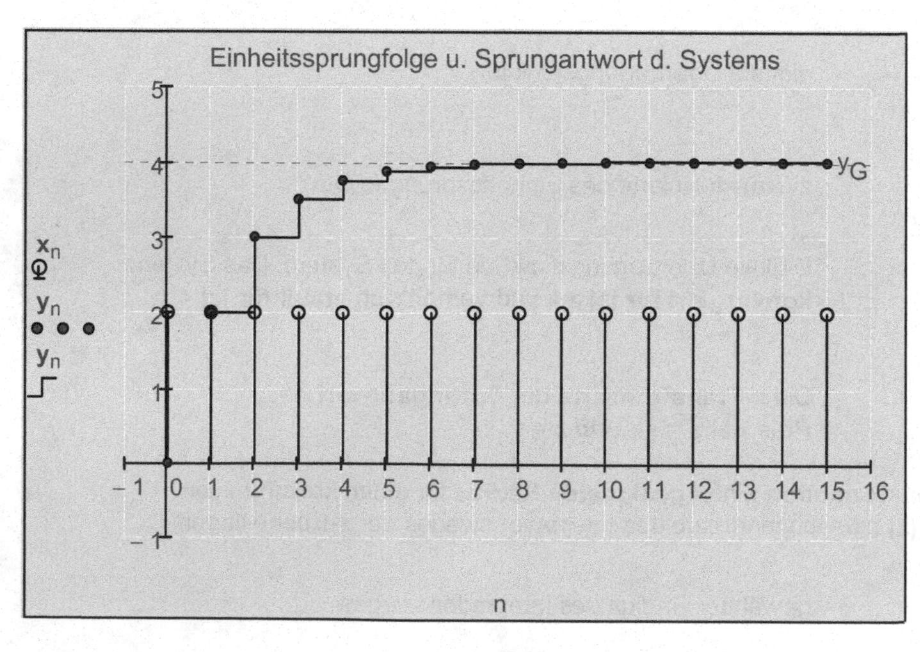

Achsenbeschränkung:
x-Achse: -1 und 16
y-Achse: -1 und 5
X-Y-Achsen:
Nummeriert
Automatische Skalierung
Anzahl der Gitterlinien:
17 bzw. 6
Achsenstil:
Kreuz
Spuren:
Spur 1
Symbol Kreis, Typ Stamm
Spur 2
Typ Punkte
Spur 3
Typ Schritt

Abb. 14.35

Untersuchung des Filters im Frequenzbereich:

$\underline{G}(z) = \frac{2}{z + k}$ — **Digitale Übertragungsfunktion** für das System. Das System **konvergiert für |z| > k** und verhält sich **stabil für |z| < 1**.

$T_S := 10^{-4} \cdot s$ — gewählte Abtastzeit

$\omega_S := \frac{2 \cdot \pi}{T_S} \quad \omega_S = 6.3 \times 10^4 \cdot s^{-1}$ — Samplingkreisfrequenz

$\underline{G}(\omega) := \frac{2}{e^{j \cdot \omega \cdot T_S} + k}$ — **Die zugehörige analoge Übertragungsfunktion (Frequenzgang) erhalten wir mit der Substitution $z = e^{j\omega Ts}$ (Einheitskreis) aus der digitalen Übertragungsfunktion.**

$\omega := 0 \cdot s^{-1}, 0.001 \cdot \omega_S .. 2 \cdot \omega_S$ — Bereichsvariable

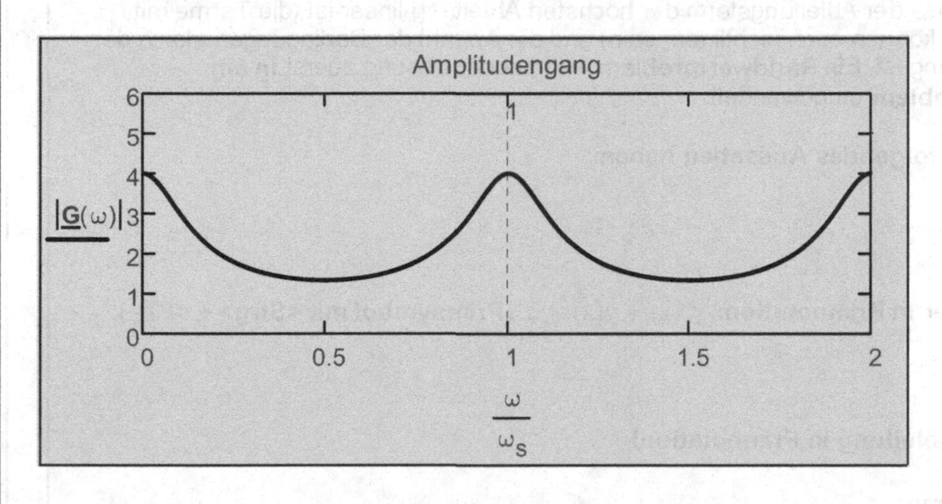

Achsenbeschränkung:
y-Achse: 0 und 6
X-Y-Achsen:
Nummeriert
Automatische Skalierung
Markierung anzeigen:
x-Achse: 1
Automatische Gitterweite
Anzahl der Gitterlinien: 6
Achsenstil:
Kasten
Spuren:
Spur 1
Typ Linien

Abb. 14.36

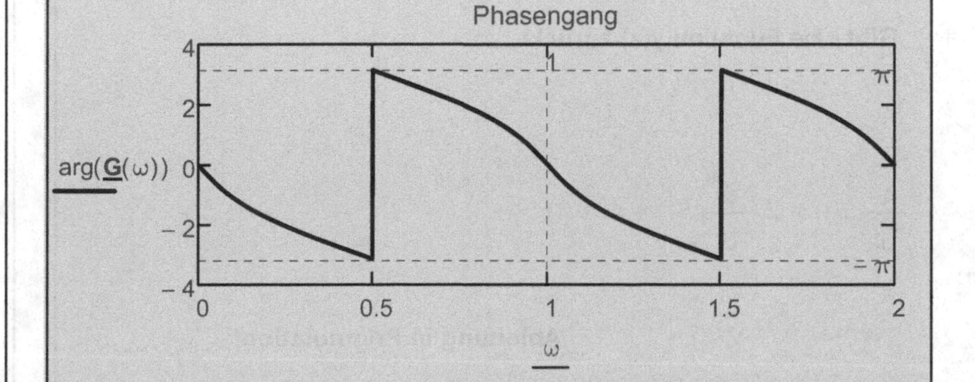

Achsenbeschränkung:
y-Achse: -4 und 4
X-Y-Achsen:
Nummeriert
Automatische Skalierung
Markierung anzeigen:
x-Achse: 1
y-Achse: $-\pi$ und π
Automatische Gitterweite
Anzahl der Gitterlinien: 4
Achsenstil:
Kasten
Spuren:
Spur 1
Typ Linien

Abb. 14.37

Amplituden- und Phasengänge digitaler Filter sind (durch die Abtastung bedingt) mit der Abtastkreisfrequenz ω_s periodisch. Der Frequenzgang ist außerdem symmetrisch zu $\omega_s/2$.
Aufgrund des Abtasttheorems kann aber der Frequenzgang nur bis $\omega_s/2$ genützt werden.

15. Differentialgleichungen

Eine **Gleichung**, die **mindestens einen Differentialquotienten** enthält, heißt **Differentialgleichung**. Unterschieden wird zwischen **gewöhnlichen und partiellen Differentialgleichungen.** Mathcad stellt zum Lösen von Differentialgleichungen und Differentialgleichungssystemen zahlreiche Werkzeuge zur Verfügung.

Symbolische Auswertungsmöglichkeiten:

Im Falle einer **gewöhnlichen linearen Differentialgleichung** der Form $\mathbf{y^{(n)} = f(x,y,...,y^{(n-1)}) + s(x)}$ kann eine **Lösung in klassischer Form** durch Auswerten der **Integrale über Menü-Symbolik-Auswerten** oder mittels **Laplacetransformation** (siehe auch Kapitel 14) gefunden werden.

Numerische Auswertungsmöglichkeiten von Anfangs- und Randwertproblemen:
Lösungsblock für Differentialgleichungen und Differentialgleichungssysteme

Mit der Funktion **Gdglösen**, die **intern verschiedene Lösungsverfahren** verwendet, steht ein Verfahren zur Verfügung, **Differentialgleichungen und Differentialgleichungssysteme n-ter Ordnung**, abhängig von **Anfangs- oder Randbedingungen, mithilfe eines Lösungsblocks numerisch** zu lösen. Voraussetzung ist, dass der Ableitungsterm der höchsten Ableitung linear ist (die Terme mit Ableitungen niedriger Ordnung können auch nichtlinear sein) und die Anzahl der Bedingungen gleich der Ordnung der Differentialgleichung ist. Ein **Randwertproblem** wird bei der Lösung zuerst **in ein äquivalentes Anfangswertproblem** umgewandelt.

Der Lösungsblock kann z. B. folgendes Aussehen haben:

Vorgabe

$\frac{d^2}{dx^2}y(x) + y(x) = 0$ **oder in Primnotation:** $y''(x) + y(x) = 0$ **(Primsymbol mit <Strg> + <F7>)**

Anfangswertproblem:

$y(0) = 5 \quad y'(0) = 5$ **Ableitung in Primnotation!**

Oder Randwertproblem:

$y(0) = 1 \quad y(2) = 3$

$y := \text{Gdglösen}(x, x_b, \text{Schritte})$ **Gibt eine Funktion y(x) zurück!**

Vorgabe

$\frac{d^2}{dt^2}u(t) = 3 \cdot v(t) \qquad \frac{d^2}{dt^2}u(t) = 2 \cdot \frac{d^2}{dt^2}v(t) - 4 \cdot u(t)$

Anfangswertproblem:

$u(0) = 1.2 \quad u'(0) = 1.2 \quad v(0) = 1 \quad v'(0) = 1$ **Ableitung in Primnotation!**

$\begin{pmatrix} f \\ g \end{pmatrix} := \text{Gdglösen}\left[\begin{pmatrix} u \\ v \end{pmatrix}, t, t_b, \text{Schritte}\right]$ **Gibt einen Vektor mit Funktionen f(t) und g(t) zurück!**

Gdglösen([Vektor], x, x_b, [Schritte])

Argumente:

- **Vektor** (wird nur für Systeme von gewöhnlichen Differentialgleichungen verwendet) ist ein **optionaler Vektor** mit Funktionsnamen (enthält keine Variablennamen), wie sie im Lösungsblock erscheinen.
- **x bzw. t** ist die **reelle Integrationsvariable.**
- **x_b bzw. t_b** ist der **reelle Wert des Endpunktes** des **Integrationsintervalls**.
- **Schritte** ist ein **optionaler Parameter (ganzzahlig)** für die Anzahl der zu berechnenden Schritte, die bei der Interpolation der Lösung aus den angenäherten Punkten verwendet werden. Fehlt dieser, so verwendet Mathcad 1000 interne Schritte.

Algorithmen:

Sie können das Verfahren für die Auflösung der gewöhnlichen Differentialgleichung(en) auswählen, indem Sie mit der **rechten Maustaste auf Gdglösen im Lösungsblock klicken** und eine der folgenden Optionen im Dialogfeld wählen:

Adams/BDF-Standardverfahren. Gdglösen erkennt dynamisch, ob die gewöhnliche Differentialgleichung steif oder nicht steif ist, und ruft dementsprechend eine der folgenden Löser auf:

- **"Gdglösen" ruft für nicht steife Systeme den Löser "Adams" auf, der das Adams-Bashforth-Verfahren verwendet.**
- **"Gdglösen" ruft für steife Systeme den Löser "BDF" auf, der die Backward-Differentiation-Formula-Methoden (BDF) verwendet.**
- **"Fest" ruft den Löser "rkfest" auf, der ein Runge-Kutta-Verfahren mit fester Schrittweite verwendet.**
- **"Adaptiv" ruft den Löser "Rkadapt" auf, der ein Runge-Kutta-Verfahren mit adaptiver Schrittweite verwendet.**
- **"Radau" ruft den Löser "Radau" auf, der einen Radau-Algorithmus für Systeme verwendet, die steif sind oder algebraische Nebenbedingungen aufweisen.**

"Radau" ist das einzige Verfahren, das Systeme mit algebraischen Nebenbedingungen lösen kann. Wenn Ihr System solche Nebenbedingungen aufweist, verwendet Gdglösen automatisch den Radau-Algorithmus, unabhängig von der im Dialogfeld gewählten Option.

Numerische Auswertungsmöglichkeiten von Anfangswertproblemen:

Für **gewöhnliche Differentialgleichungen n-ter Ordnung mit Anfangsbedingungen** oder für ein **Differentialgleichungssystem** kann einer der nachfolgend angeführten Differentialgleichungslöser angewendet werden. Allerdings müssen zuerst die **Differentialgleichung n-ter Ordnung**

$$y^{(n)}(x) + a_{n-1}(x)\, y^{(n-1)}(x) + \ldots + a_1(x)\, y'(x) + a_0(x)\, y(x) = s(x) \quad \text{bzw.} \quad y^{(n)} = f(x, y, \ldots, y^{(n-1)}) + s(x)$$

und auch die Anfangswerte in ein **System 1. Ordnung** umgeschrieben werden:

$$Y_0 = y \,;\; Y'_0 = Y_1 \;(= y') \,;\; Y'_1 = Y_2 \;(= y'') \,;\; Y'_2 = Y_3 \;(= y''') \,;\; \ldots$$

$$Y'_{n-1} = Y_n = f(x, Y_0, Y_1, \ldots, Y_{n-1}) + s(x) \;(= y^{(n)}).$$

Die **Anfangswerte** $y(x_a)$, $y'(x_a)$, ..., $y^{(n-1)}(x_a)$ müssen in **Form eines Vektors aw** geschrieben werden.

$$\text{aw} := \begin{bmatrix} y(x_a) \\ y'(x_a) \\ \ldots\ldots \\ y^{(n-1)}(x_a) \end{bmatrix}$$

Damit ergibt sich **ein System von gewöhnlichen Differentialgleichungen erster Ordnung:**

$$Y' = \frac{d}{dx}Y = \frac{d}{dx}\begin{pmatrix} Y_0 \\ Y_1 \\ \ldots \\ Y_{n-1} \end{pmatrix} = D(x, Y) = \begin{pmatrix} Y_1 \\ \ldots\ldots \\ Y_{n-1} \\ f(x, Y_0, Y_1, \ldots, Y_{n-1}) + s(x) \end{pmatrix} \quad \textbf{oder} \quad Y' = D(x,Y)$$

D(x,Y) ist eine Vektorfunktion, deren **letzte Komponente die explizite Differentialgleichung** enthält. **Y** ist ein **Vektor mit unbekannten Funktionswerten.**

Es werden zwei Arten von **gewöhnlichen Differentialgleichungslösern (GDG-Löser)** unterschieden: **Löser für nicht steife Systeme und für steife Systeme.**

Löser für nicht steife Systeme:

- **Z:= Adams(aw**, x_a, x_b, N, **D**, [tol])
  Verwendet **Adams-Verfahren.**

- **Z:= rkfest(aw**, x_a, x_b, N, **D**)
  Verwendet das **Runge-Kutta-Verfahren vierter Ordnung** mit **fester Schrittweite.**

- **Z:= Rkadapt(aw**, x_a, x_b, N, **D**)
  Verwendet das **Runge-Kutta-Verfahren vierter Ordnung** mit **adaptiver Schrittweite.**
  Bei einer **festen Anzahl von Punkten** kann eine **Funktion genauer approximiert** werden, wenn **mehr Berechnungen an den Stellen** durchgeführt werden, an denen sich die Funktionswerte schnell verändern. Dementsprechend **weniger Berechnungen** werden dort angestellt, wo die **Veränderungen in der Funktion langsamer** sind. Wenn die gesuchte Funktion diese Eigenschaft hat, erzielen wir mit der **Funktion Rkadapt bessere Ergebnisse als mit rkfest**. Anders als die **Funktion rkfest**, die in **Schritten mit gleicher Weite integriert**, um eine Lösung zu finden, untersucht **Rkadapt, wie schnell sich eine Lösung ändert** und **verändert die Schrittweite** dementsprechend. **Rkadapt verwendet** beim Lösen der Differentialgleichung **intern ungleichmäßige Schrittweiten**, gibt die Lösung jedoch an Punkten mit gleichem Abstand zurück.

- **Z:= Bulstoer(aw**, x_a, x_b, N, **D**)
  Verwendet das **Bulirsch-Stoer-Verfahren**, das unter der Voraussetzung, dass die **Lösung stetig** ist, etwas **genauer ist als das Runge-Kutta-Verfahren.**

Argumente:

aw muss ein **Vektor aus n reellen Anfangswerten sein** oder **ein einzelner reeller Anfangswert,** im Fall einer **einzelnen gewöhnlichen Differentialgleichung.**

x_a, x_b **sind Endpunkte des Intervalls**, an dem die Lösung für Differentialgleichungen ausgewertet wird. **Anfangswerte in aw** sind die **Werte** bei x_a.

N ist die **ganzzahlige Anzahl der Punkte hinter dem Anfangspunkt**, an die die Lösung angenähert werden soll. Hiermit wird die Anzahl der **Zeilen (1 + N) in der Matrix** bestimmt, die von den Funktionen zurückgegeben wird.

D ist die oben angeführte **Vektorfunktion**, welche die **rechte Seite des linearen Gleichungssystems 1. Ordnung** angibt.

toll ist ein **optionaler Parameter**, ein **reeller Wert oder ein Vektor reeller Werte**, der **Toleranzen** für die unabhängigen Variablen im System angibt. Mit **"tol" können Sie die Standardtoleranz von 10^{-5} ändern.**

Z ist eine **Matrix** von der Größe **(N+1) x (n+1).** Die **erste Spalte** enthält **die x-Werte** (oder Zeitpunkte für x = t) x = x_a, x_a+x ... x_b mit der **Schrittweite** x = (x_b - x_a) / N, die **zweite Spalte** die **gesuchte Lösung** y zu den entsprechenden x-Werten, die **3. Spalte** die **erste Ableitung** y' und die **Spalte n** die **(n-1)-te Ableitung** $y^{(n-1)}$.

Löser für steife Systeme:

Ein **Differentialgleichungssystem der Form y' = A * y + h heißt steif**, wenn die **Matrix A fast singulär** ist. **Unter diesen Bedingungen kann eine von rkfest bestimmte Lösung oszillieren oder instabil sein.** Zur **Lösung solcher Systeme** stehen **folgende Löser** zur Verfügung:

- **Z:= BDF(aw**, x_a, x_b, N, **D**, [**J**], [tol])
  Verwendet **Backward-Differentiation-Formula-Verfahren.**
- **Z:= Radau(aw**, x_a, x_b, N, **D**, [**J**], [**M**], [tol])
  Verwendet das **Implizite Runge-Kutta-Radau5-Verfahren.**
- **Z:= Stiffb(aw**, x_a, x_b, N, **D**, **AJ**)
  Verwendet das **Bulirsch-Stoer-Verfahren.**
- **Z:= Stiffr(aw**, x_a, x_b, N, **D**, **AJ**)
  Verwendet das **Rosenbrock-Verfahren.**

Hybrid-Löser:

- **Z:= AdamsBDF(aw**, x_a, x_b, N, **D**, [**J**], [tol])
  Dieser **Hybrid-Löser** erkennt dynamisch, ob ein **System steif oder nicht steif ist** und ruft entsprechend **Adams** oder **BDF** auf.

Zusätzliche Argumente:

J (nur **BDF** und **AdamsBDF**) ist die **n x n-Jacobi-Matrix**, die **Matrix der partiellen Ableitungen** des Gleichungssystems in **D** in Bezug auf die Variablen Y_0, Y_1, ..., Y_n. Durch Angabe von **J** können Sie die Genauigkeit der Ergebnisse verbessern. **Siehe Näheres zur Jacobi-Matrix Kapitel 10.**

M ist eine **reelle Matrix**, welche die **Koppelung der Variablen in der Form M dY/dx = D(x, Y)** herstellt.

AJ ist eine **Funktion der Form AJ(x,y)**, welche die **erweiterte Jacobi-Matrix** zurückgibt. Die **erste Spalte** enthält in **Bezug auf x die partiellen Ableitungen** der **rechten Seite des Systems.** Die **übrigen Spalten** sind die **Spalten der Jacobi-Matrix J**, die die partiellen Ableitungen in Bezug auf Y_0, Y_1, ... Y_{n-1} enthält, wie vorher beschrieben.

Bemerkung:

Für die **Löser rkfest, Rkadapt, Bulstoer, Stiffb und Stiffr** können Sie eine **Toleranz für die Lösung** angeben, indem Sie die **Variable "TOL" vor dem Aufrufen des Lösers** definieren.
Beachten Sie, dass **"TOL" sich nicht auf die Toleranzen für den Löser Adams, BDF oder Radau** auswirkt. Für diese Löser müssen Sie das oben beschriebene **optionale Argument "tol"** für die Angabe von Toleranzen verwenden.

Zur Lösung von Differentialgleichungssystemen, so genannte Zustandsräume,

$$\frac{d}{dt}\mathbf{x}(t) = \mathbf{A}(t) \cdot x(t) + \mathbf{B}(t) \cdot u(t)$$

steht in Mathcad die Funktion statespace zur Verfügung.

- **x**(t) ist ein **Vektor unbekannter Zustände**.
- **A**(t) ist die **Zustandsmatrix**.
- **B**(t) ist die **Eingangsmatrix**.
- u(t) ist die **Eingangs- oder Steuerungsfunktion**. u(t) kann eine skalar- oder vektorwertige Funktion sein.

$$\mathbf{Z: = statespace(aw,}\ t_a, t_b, N, \mathbf{A}, \mathbf{B}, u)$$

Argumente:

aw ist ein Vektor der Anfangsbedingungen.
t_a ist ein Startpunkt des Integrationsintervalls.
t_b ist ein Endpunkt des Integrationsintervalls.
N entspricht der Anzahl der Punkte, bei denen Ergebnisse übergeben werden sollen.
A ist die Zustandsmatrix.
B ist die Eingangsmatrix.
u ist die Steuerungsfunktion.

Beispiel 15.1:

$$\frac{d^2}{dx^2}y(x) + 3 \cdot x \cdot \frac{d}{dx}y(x) - 5 \cdot y(x) = 2 \cdot x$$ gegebene Differentialgleichung

$$\mathbf{D}(x, \mathbf{Y}) := \begin{pmatrix} \mathbf{Y}_1 \\ 2 \cdot x - 3 \cdot x\mathbf{Y}_1 + 5 \cdot \mathbf{Y}_0 \end{pmatrix}$$ Vektorfunktion

$$\mathbf{J}(x, \mathbf{Y}) := \mathrm{Jacob}(\mathbf{D}(x, \mathbf{Y}), \mathbf{Y}) \rightarrow \begin{pmatrix} 0 & 1 \\ 5 & -3 \cdot x \end{pmatrix}$$ Jacobi-Matrix

Um die **erweiterte Jacobi-Matrix** zu berechnen, die von den **Lösern Stiffb und Stiffr verwendet** wird, erzeugen Sie **zuerst die Spalte der Matrix** unter Verwendung der **Funktion Jacob (partielle Ableitung nach x)**:

$$\mathrm{Jacob}(\mathbf{D}(x, \mathbf{Y}), x) \rightarrow \begin{pmatrix} 0 \\ 2 - 3 \cdot \mathbf{Y}_1 \end{pmatrix}$$ partielle Ableitungen nach x

Verketten Sie anschließend **diese Spalte mit der Matrix J**. Verwenden Sie hierzu die **Funktion erweitern**:

$$\mathbf{AJ}(x, \mathbf{Y}) := \mathrm{erweitern}(\mathrm{Jacob}(\mathbf{D}(x, \mathbf{Y}), x), \mathrm{Jacob}(\mathbf{D}(x, \mathbf{Y}), \mathbf{Y})) \rightarrow \begin{pmatrix} 0 & 0 & 1 \\ 2 - 3 \cdot \mathbf{Y}_1 & 5 & -3 \cdot x \end{pmatrix}$$ erweiterte Matrix

Beispiel 15.2:

$\frac{d}{dx}Y_0 = -0.04 \cdot Y_0 + 10^4 \cdot Y_1 \cdot Y_2$ Differentialgleichungssystem

$\frac{d}{dx}Y_1 = 0.04 \cdot Y_0 - 10^4 \cdot Y_1 \cdot Y_2 - 3 \cdot 10^7 \cdot (Y_1)^2$

$0 = Y_0 + Y_1 + Y_2 - 1$ zusätzliche algebraische Gleichung

Das System kann mit der Koppelungsmatrix **M** in folgender Form geschrieben werden: $\mathbf{M} \cdot \left(\frac{d}{dx}\mathbf{Y}\right) = \mathbf{D}(x, \mathbf{Y})$

$\mathbf{M} := \begin{pmatrix} 1 & 0 & 0 \\ 0 & 1 & 0 \\ 0 & 0 & 0 \end{pmatrix}$ **M** ist die "Koppelungsmatrix"

$$\begin{pmatrix} 1 & 0 & 0 \\ 0 & 1 & 0 \\ 0 & 0 & 0 \end{pmatrix} \cdot \left(\frac{d}{dx}\mathbf{Y}\right) = \begin{pmatrix} \frac{d}{dx}Y_0 \\ \frac{d}{dx}Y_1 \\ 0 \end{pmatrix} = \mathbf{D}(x, \mathbf{Y}) = \begin{bmatrix} -0.04 \cdot Y_0 + 10^4 \cdot Y_1 \cdot Y_2 \\ 0.04 \cdot Y_0 - 10^4 \cdot Y_1 \cdot Y_2 - 3 \cdot 10^7 \cdot (Y_1)^2 \\ Y_0 + Y_1 + Y_2 - 1 \end{bmatrix}$$

Zur Verbesserung der Genauigkeit der Ergebnisse können Sie die Jacobi-Matrix **J** als optionales Argument für **Radau** angeben. Die Jacobi-Matrix hat die folgende Form:

$$\mathbf{D1}(x, \mathbf{Y}) := \begin{bmatrix} -0.04 \cdot Y_0 + 10^4 \cdot Y_1 \cdot Y_2 \\ 0.04 \cdot Y_0 - 10^4 \cdot Y_1 \cdot Y_2 - 3 \cdot 10^7 \cdot (Y_1)^2 \\ Y_0 + Y_1 + Y_2 - 1 \end{bmatrix}$$

$$\mathbf{J1}(x, \mathbf{Y}) := \text{Jacob}(\mathbf{D1}(x, \mathbf{Y}), \mathbf{Y}) \rightarrow \begin{pmatrix} -0.04 & 10000 \cdot Y_2 & 10000 \cdot Y_1 \\ 0.04 & -60000000 \cdot Y_1 - 10000 \cdot Y_2 & -10000 \cdot Y_1 \\ 1 & 1 & 1 \end{pmatrix}$$

$\mathbf{aw} := \begin{pmatrix} 1 \\ 0 \\ 0 \end{pmatrix}$ Vektor der Anfangsbedingungen

$x_a := 0$ $x_b := 40000$ Endpunkte für das Lösungsintervall

$\mathbf{Z} := \text{Radau}(\mathbf{aw}, x_a, x_b, 1000, \mathbf{D1}, \mathbf{J1}, \mathbf{M})$ Radau-Löser

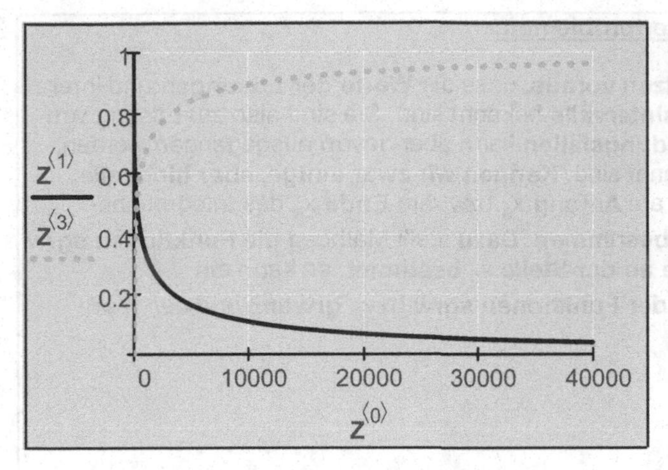

Abb. 15.1

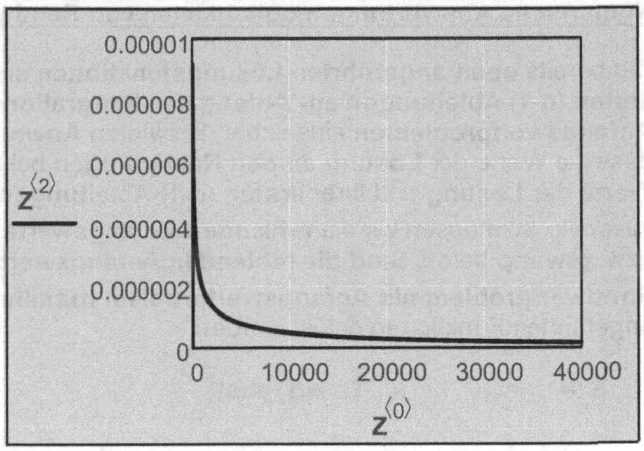

Abb. 15.2

Achsenbeschränkung:
x-Achse: 0 und x_b

X-Y-Achsen:
Gitterlinien
Nummeriert
Automatische Skalierung
Automatische Gitterweite

Achsenstil:
Kreuz

Spuren:
Spur 1 und Spur 2
Typ Linien

Zahlenfpormat:
Dezimal: Anzahl der Dezimalstellen: 6

Beispiel 15.3:

$$\frac{d}{dt}\mathbf{x}(t) = \mathbf{A1}(t)\cdot \mathbf{x}(t) + \mathbf{B1}(t)\cdot u(t)$$ Differentialgleichungssystem (Zustandsräume)

$$\mathbf{A1}(t1) := \begin{pmatrix} 0 & .5 \\ -1 & -1 \end{pmatrix}$$ Zustandsmatrix

$$\mathbf{B1}(t1) := \begin{pmatrix} -1 \\ .1 \end{pmatrix}$$ Eingangsmatrix

$u(t1) := \sin(t1)$ Steuerungsfunktion

$$\mathbf{aw} := \begin{pmatrix} 0 \\ 1 \end{pmatrix}$$ Vektor der Anfangswerte

$t_a := 0$ $t_b := 20$ Randpunkte des Integrationsintervalls $n := 500$ Anzahl der Punkte

$\mathbf{Z} := \text{statespace}(\mathbf{aw}, t_a, t_b, n, \mathbf{A1}, \mathbf{B1}, u)$

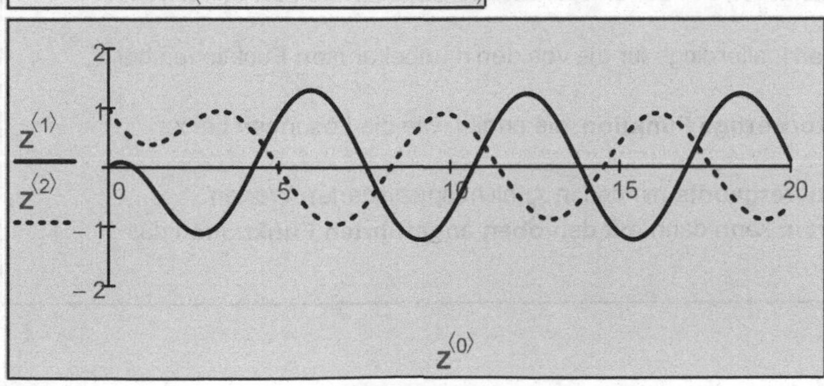

Abb. 15.3

Achsenbeschränkung:
x-Achse: 0 und x_b

X-Y-Achsen:
Gitterlinien
Nummeriert
Automatische Skalierung
Automatische Gitterweite

Achsenstil:
Kreuz

Spuren:
Spur 1 und Spur 2
Typ Linien

Numerische Auswertungsmöglichkeiten von Randwertproblemen:

Die bereits **oben angeführten Lösungsfunktionen setzen voraus**, dass die **Werte der Lösungen** und ihrer **ersten (n-1) Ableitungen am Anfang des Integrationsintervalls** bekannt sind. Sie sind also zur Lösung von **Anfangswertproblemen** einsetzbar. Bei **vielen Anwendungsfällen** kann aber davon ausgegangen werden, dass die Werte der **Lösung an den Randpunkten** bekannt sind. **Kennen wir zwar einige, aber nicht alle Werte der Lösung** und ihrer **ersten (n-1)-Ableitungen** am **Anfang** x_a bzw. am **Ende** x_e des Integrationsintervalls, so müssen wir die **fehlenden Anfangswerte bestimmen. Dazu** stellt Mathcad **die Funktionen sgrw** bzw. **grwanp** bereit. **Sind die fehlenden Anfangswerte an der Stelle** x_a **bestimmt**, so kann ein **Randwertproblem als Anfangswertproblem mithilfe der Funktionen sgrw bzw. grwanp** und der oben angeführten Funktionen gelöst werden.

$$S := \mathrm{sgrw}(v, x_a, x_e, D, lad, abst)$$

Argumente:

v ist ein **Vektor mit Schätzwerten** für die **in x_a nicht angegebenen Größen**.

x_a, x_e sind die **Grenzen** des Intervalls, an dem die Lösung für die Differentialgleichung ausgewertet wird.

D(x,Y) ist die **n-elementige vektorwertige Funktion**, welche die ersten Ableitungen der unbekannten Funktion enthält.

lad(x_a,v) ist eine **vektorwertige Funktion**, deren **n Elemente** mit den **n unbekannten Funktionen in** x_a korrespondieren. Einige dieser Werte werden Konstanten sein, die durch die Anfangsbedingungen bestimmt sind. Andere werden zunächst unbekannt sein, aber von sgrw gefunden werden.

abst(x_a,Y) ist eine **vektorwertige Funktion** mit **genauso viel Elementen wie v. Jedes Element bildet die Differenz** zwischen der **Anfangsbedingung an der Stelle** x_e und **dem zugehörigen Erwartungswert** der Lösung. Der Vektor abst misst, wie genau die angebotene Lösung die Anfangsbedingungen an der Stelle x_e trifft. Eine Übereinstimmung wird mit einer Null in jedem Element angezeigt.

S ist das **von sgrw gelieferte Vektorergebnis** mit den in x_a nicht spezifizierten Werten.

Falls zwischen x_a und x_e die Ableitung eine Unstetigkeitsstelle x_s aufweist, sollte anstatt der Funktion sgrw die Funktion grwanp eingesetzt werden.

$$S := \mathrm{grwanp}(v_1, v_2, x_a, x_e, x_s, D, lad1, lad2, abst)$$

Argumente:

v_1, v_2: v_1 ist ein Vektor mit Schätzwerten für die **in x_a** nicht angegebenen Größen, **v_2** für die Größen **in x_e**.

x_a, x_e sind die **Grenzen des Intervalls**, an dem die Lösung für die Differentialgleichung ausgewertet wird.

x_s ist ein **Punkt** (Unstetigkeitsstelle) **zwischen** x_a **und** x_e.

D(x,Y) ist die **n-elementige vektorwertige Funktion**, welche die **ersten Ableitungen** der unbekannten Funktion enthält.

lad1(x_e,v_1) ist eine **vektorwertige Funktion**, deren n Elemente mit den n unbekannten Funktionen in x_a korrespondieren. Einige dieser Werte werden Konstanten sein, die durch die Anfangsbedingungen bestimmt sind. **Falls ein Wert unbekannt ist**, soll der entsprechende **Schätzwert von v_1** verwendet werden.

lad2(x_e,v_2) entspricht der Funktion **lad1**, allerdings für die von den n unbekannten Funktionen bei x_e angenommenen Werte.

abst(x_s,Y) ist eine **n-elementige vektorwertige Funktion**, die angibt, wie die Lösungen bei x_s übereinstimmen müssen.

S ist **das von grwanp gelieferte Vektorergebnis** mit den in x_a nicht spezifizierten Werten.

Mit den in **S gelieferten Anfangswerten** kann dann **mit den oben angeführten Funktionen** das **Anfangswertproblem** gelöst werden.

Neben den oben genannten Differentialgleichungslöser ist eine Vielzahl von Polynomgeneratoren und hypergeometrischen Funktionen zur Lösung spezieller, häufig vorkommender gewöhnlicher Differentialgleichungen vorhanden. Siehe dazu Band 4 dieser Buchserie.

Zur Lösung von partiellen Differentialgleichungen stehen eine Reihe anderer Funktionen zur Verfügung (siehe Kapitel 15.6).

Bemerkung:

Nicht alle oben angeführten numerischen Lösungsmethoden liefern beim Lösen von Differentialgleichungen immer ein brauchbares Ergebnis. Es sollten daher, speziell bei nichtlinearen Differentialgleichungen, immer mehrere Lösungsmethoden verglichen werden!

15.1 Differentialgleichungen 1. Ordnung

F(x, y(x), y'(x)) = 0 **Implizite Form.**

y'(x) = f(x, y(x)) **Explizite Form, wenn sich die Differentialgleichung nach y' auflösen lässt.**

Das Richtungsfeld zu einer Differentialgleichung:

Die **Lösungsfunktionen der Differentialgleichung** können in einem **Richtungsfeld** gut **sichtbar** gemacht werden. Dazu wird in **jedem Punkt P(x|y)** der **Ebene** ein **Vektor mit der Steigung y'** aufgetragen. Ein **Vektorfeld** ist eine **Funktion F(x,y)**, die **einen Vektor zu jedem Punkt P(x|y) der Ebene** zuweist. Ein **Richtungsfeld** zeigt die **Richtung der Lösungen von y' = f(x,y)** bei jedem Punkt.
Das **Richtungsfeld** kann **als Vektorfeld-Diagramm** der folgenden **komplexen Funktion**

$$\underline{F}(x, y) = \frac{1 + f(x, y) \cdot j}{|1 + f(x, y) \cdot j|}$$

veranschaulicht werden. Die **Funktion wird normiert**, also im **Nenner durch die Länge der Vektoren dividiert**, damit alle Vektoren dieselbe Länge besitzen.

Beispiel 15.4

$\frac{d}{dt}y(t) = \cos(y(t)) + \sin(t)$ gegebene Differentialgleichung 1. Ordnung

$f(t, y) := \cos(y) + \sin(t)$ rechter Term als Funktion definiert

Definition der Bereiche von t und y, für die Lösungen betrachtet werden sollen:

$n1 := 20$ $t_{min} := 0$ $t_{max} := 10$ $i := 0 .. n1$ $t_i := t_{min} + i \cdot \frac{t_{max} - t_{min}}{n1}$

$m1 := 20$ $y_{min} := 0$ $y_{max} := 10$ $j := 0 .. m1$ $y_j := y_{min} + j \cdot \frac{y_{max} - y_{min}}{m1}$

$\underline{F}_{i,j} := \frac{1 + f(t_i, y_j) \cdot j}{|1 + f(t_i, y_j) \cdot j|}$ **Mathcad erwartet für ein Vektorfeld-Diagramm eine Matrix!**

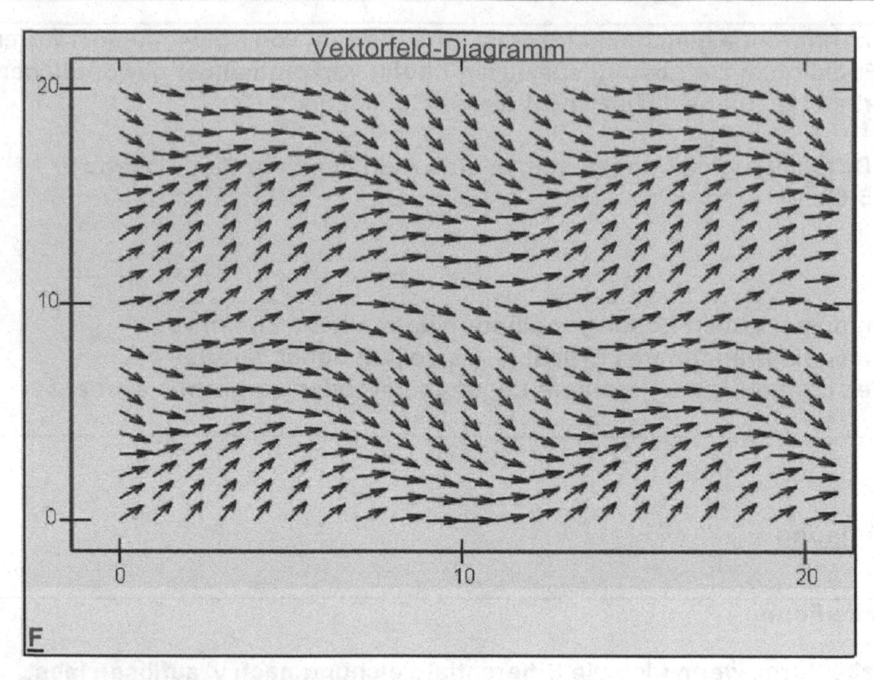

Allgemein:
Bilder: Rahmen anzeigen
Diagramm 1:
Vektorfeld-Diagramm
Achsen:
Gitter: Automatische Gitterweite
Achsenformat: Nummeriert
Achsenbegrenzungen:
Automatische Skalierung
Darstellung:
Füllungsoptionen:
Pfeile füllen, Volltonfarbe
Linienoption:
Drahtpfeile, Volltonfarbe
Titel:
Graftitel: oben

Abb. 15.4

15.1.1 Integration der linearen Differentialgleichung 1. Ordnung

$y' + p(x)\,y = 0$	**Homogene lineare Differentialgleichung 1. Ordnung.**
$y' + p(x)\,y = q(x)$	**Inhomogene lineare Differentialgleichung 1. Ordnung ($q(x)$ heißt Störfunktion).**

a) Lösung der homogenen linearen Differentialgleichung nach der klassischen Methode

Die Lösung der homogenen Differentialgleichung 1. Ordnung ergibt sich ohne bzw. unter Berücksichtigung der Anfangsbedingung x_0, $y_0 = y(x_0)$ zu:

$$y_h = C \cdot e^{-\int p(x)\,dx} \qquad y_h = y_0 \cdot e^{-\int_{x_0}^{x} p(t)\,dt}$$

b) Lösung der inhomogenen linearen Differentialgleichung nach der klassischen Methode

Allgemeine Lösung: $y = y_h + y_p$

y_h ... Lösung der homogenen Differentialgleichung durch Trennen der Variablen.
y_p ... Partikuläre, also spezielle Lösung der inhomogenen Differentialgleichung (sie wird durch Variation der Konstanten ermittelt).

Die Lösung der inhomogenen Differentialgleichung 1. Ordnung ergibt sich ohne bzw. unter Berücksichtigung der Anfangsbedingung x_0, $y_0 = y(x_0)$ zu:

$$y = y_h + y_p = e^{-\int p(x)\,dx} \cdot \left(\int q(x) \cdot e^{\int p(x)\,dx}\,dx + C \right)$$

$$y = y_h + y_p = e^{-\int_{x_0}^{x} p(t)\,dt} \cdot \left(y_0 + \int_{x_0}^{x} q(t) \cdot e^{\int_{x_0}^{t} p(x)\,dx}\,dt \right)$$

c) Lösung der linearen Differentialgleichung mithilfe der Laplace-Transformation

Liegt eine **lineare Differentialgleichung mit Anfangsbedingungen und konstanten Koeffizienten** vor, so kann die Lösung nach **Anwendung der Laplace-Transformation** mittels einer algebraischen Gleichung der Bildfunktion erfolgen.
Durch **Rücktransformation der Lösung der algebraischen Gleichung** in den Originalraum ergibt sich dann die **gesuchte Lösung der Differentialgleichung**. Die **Vorzüge** der Anwendung der Laplace-Transformation bei der Lösung von Differentialgleichungen liegen darin, dass einmal die **Anfangsbedingungen sofort berücksichtigt** werden, ohne erst eine allgemeine Lösung angeben zu müssen. Weiters ist es **bei inhomogenen Differentialgleichungen nicht erforderlich**, erst die **homogene** und **dann die inhomogene Differentialgleichung** zu lösen, sondern die inhomogene Differentialgleichung kann sofort, allerdings über die Bildfunktion, gelöst werden. **Siehe dazu Kapitel 14**.

d) Numerisches Lösen einer Differentialgleichung

Eine **näherungsweise Lösung einer Differentialgleichung** ist mit den am Beginn dieses Abschnitts vorgestellten Funktionen möglich oder eventuell, wie im Kapitel 14 besprochen, durch die Überführung in eine Differenzengleichung.

Beispiel 15.5:

In einem Gleichstromkreis sind ein Ohm'scher und ein induktiver Widerstand parallel geschaltet. Gesucht: Strom i(t) beim Ausschalten des Gleichstromkreises, wenn zur Zeit t = 0 der Strom I_0 fließt.

Klassische Lösung einer homogenen Differentialgleichung:

Nach der Maschenregel gilt: $u_R + u_L = 0$

$i \cdot R + L \cdot \frac{d}{dt} i = 0$ $\quad$ $\frac{d}{dt} i + \frac{R}{L} \cdot i = 0$ $\quad$ Homogene lineare Differentialgleichung 1. Ordnung mit konstanten Koeffizienten und der Anfangsbedingung $i(0) = I_0$.

Berücksichtigen wir die Zeitkonstante $\tau = L / R$, so vereinfacht sich die Differentialgleichung zu:

$$\frac{d}{dt} i + \frac{1}{\tau} \cdot i = 0$$

Die Lösungen lauten damit ($p(t) = 1/\tau$):

$i(t) = C \cdot e^{-\int \frac{1}{\tau} dt}$ $\quad$ ergibt $\quad$ $i(t) = C \cdot e^{\frac{-1}{\tau} t}$ $\quad$ symbolische Auswertung

Anfangsbedingung einsetzen und nach C auflösen:

$I_0 = C \cdot e^{\frac{-1}{\tau} 0}$ $\quad$ hat als Lösung(en) $\quad$ I_0 $\quad$ (nach Variable C auflösen, ergibt $C = I_0$)

$i(t) = I_0 \cdot e^{\frac{-1}{\tau} t}$ $\quad$ gesuchte Lösungsfunktion

$ms := 10^{-3} \cdot s$ Zeiteinheit festlegen

$L := 1 \cdot H$ Induktivität

$R := 100 \cdot \Omega$ Ohm'scher Widerstand

$I_0 := 5 \cdot A$ Strom

$\tau := \frac{L}{R} \quad \tau = 0.01 \cdot s$ Zeitkonstante

$i(t) := I_0 \cdot e^{\frac{-1}{\tau} t}$ Stromstärkefunktion Probe: $\frac{d}{dt} i(t) + \frac{1}{\tau} \cdot i(t)$ vereinfachen $\to 0$

$t := 0 \cdot s, 0.0001 \cdot s .. 5 \cdot \tau$ Bereichsvariable

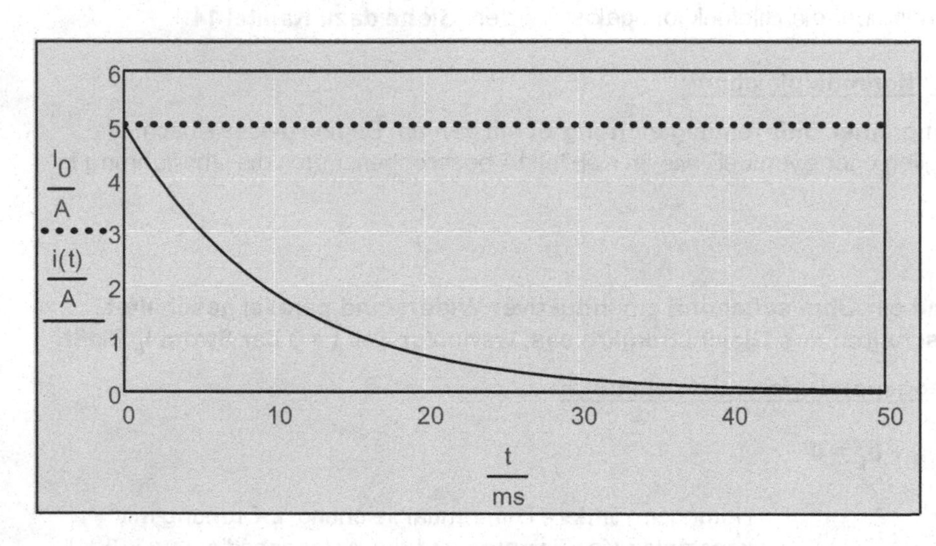

Achsenbeschränkung:
y-Achse: 0 bis 6
X-Y-Achsen:
Gitterlinien
Nummeriert
Automatische Skalierung
Automatische Gitterweite
Anzahl der Gitterlinien: 6
Achsenstil:
Kasten
Spuren:
Spur 1 und Spur 2
Typ Linien

Abb. 15.5

Unter Berücksichtigung der Anfangsbedingung lässt sich die Lösung einfacher berechnen:

$I_0 := I_0 \quad \tau := \tau \quad t := t \quad i := i$ Redefinitionen

$i(t, p, t_0, i_0) := i_0 \cdot e^{-\int_{t_0}^{t} p(x)\, dx}$ allgemeine Lösung unter Berücksichtigung der Anfangsbedingung

$t_0 := 0 \quad i_0 := I_0 \quad p(x) := \frac{1}{\tau}$ Anfangsbedingung und p(x) festlegen

$i(t, p, t_0, i_0)$ vereinfachen $\to I_0 \cdot e^{-\frac{t}{\tau}}$ gesuchte Lösung

$\frac{d}{dt} i(t, p, t_0, i_0) + \frac{1}{\tau} \cdot i(t, p, t_0, i_0)$ vereinfachen $\to 0$ Probe

Lösung der homogenen Differentialgleichung mithilfe der Laplace-Transformation:

$\frac{d}{dt}i(t) + \frac{1}{\tau} \cdot i(t) = 0$ **Anfangsbedingung:** $i(0) = I_0$ **Zeitbereich**

Wir stellen im linken Term der Gleichung den Strichcursor auf t und transformieren dann mit Symbolik-Transformation-Laplace die Gleichung:

$\underline{I}(s) \cdot s - I_0 + \frac{1}{\tau} \cdot \underline{I}(s) = 0$ Differentialgleichung in die Laplacetransformierte übersetzt

$\underline{I}(s) \cdot s - I_0 + \frac{1}{\tau} \cdot \underline{I}(s) \left| \begin{array}{l} \text{auflösen}, \underline{I}(s) \\ \text{invlaplace}, s \end{array} \right. \rightarrow I_0 \cdot e^{-\frac{t}{\tau}}$ **Lösung der Gleichung im Bildbereich und Rücktransformation in den Zeitbereich**

$i(t) = I_0 \cdot e^{\frac{-t}{\tau}}$ Lösung der Differentialgleichung im Zeitbereich

Numerische Lösung der homogenen Differentialgleichung mithilfe von rkfest:

$\frac{d}{dt}i(t) + \frac{1}{\tau} \cdot i(t) = 0$ **Anfangsbedingung:** $i(0) = I_0$

$ms := 10^{-3} \cdot s$ Zeiteinheit festlegen

$L := 1 \cdot H$ Induktivität

$R := 100 \cdot \Omega$ Ohm'scher Widerstand

$I_0 := 5 \cdot A$ Strom

$\tau := \frac{L}{R}$ $\tau = 0.01\,s$ Zeitkonstante

$\mathbf{aw1}_0 := \frac{I_0}{A}$ **aw1 ist ein Vektor mit den Anfangsbedingungen für die Differentialgleichung n-ter Ordnung**

$D(t, I) := \frac{-\frac{1}{\tau}}{s^{-1}} \cdot I_0$ **Die Vektorfunktion D enthält die umgeformte Differentialgleichung in der Darstellung $D(t,I):=(I_1,...,I_{n-1},i^{(n)}(I))^T$. Die letzte Komponente ist die nach $i^{(n)}$ umgeformte Differentialgleichung.**

In rkfest sind keine Einheiten zulässig, daher werden sie gekürzt!

$n := 300$ Anzahl der Zeitschritte für die numerische Berechnung

$t_a := 0 \cdot s$ Anfangszeitpunkt

$t_e := 5 \cdot \tau$ Endzeitpunkt

$\mathbf{Z} := \text{rkfest}\left(\mathbf{aw1}, \frac{t_a}{s}, \frac{t_e}{s}, n, \mathbf{D}\right)$ **Runge-Kutta-Methode. Die Lösung Z ist eine Matrix. Die erste Spalte $Z^{<0>}$ enthält die Zeitpunkte t, die nächste Spalte $Z^{<1>}$ die Lösungsfunktion i(t). In rkfest sind keine Einheiten zulässig, daher werden sie gekürzt!**

$\mathbf{t} := \mathbf{Z}^{\langle 0 \rangle} \cdot s$ Vektor der Zeitwerte

$\mathbf{i} := \mathbf{Z}^{\langle 1 \rangle} \cdot A$ Vektor der Stromwerte

$k := 0 .. \text{zeilen}(\mathbf{Z}) - 1$ Bereichsvariable

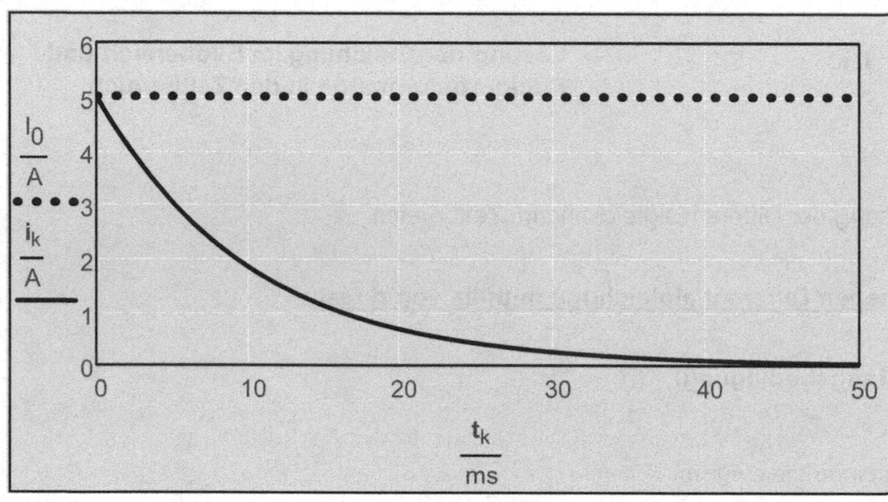

Achsenbeschränkung:
x-Achse: 0 bis 5 τ /ms
y-Achse: 0 bis 6
X-Y-Achsen:
Gitterlinien
Nummeriert
Automatische Skalierung
Automatische Gitterweite
Anzahl der Gitterlinien: 6
Achsenstil:
Kasten
Spuren:
Spur 1 und Spur 2
Typ Linien

Abb. 15.6

Numerische Lösung der homogenen Differentialgleichung mithilfe von Gdglösen:

$ms := 10^{-3} \cdot s$ Zeiteinheit festlegen

$L := 1 \cdot H$ Induktivität

$R := 100 \cdot \Omega$ Ohm'scher Widerstand

$I_0 := 5 \cdot A$ Strom

$\tau := \frac{L}{R}$ $\quad \tau = 0.01\,s$ Zeitkonstante

$n := 100$ Anzahl der Zeitschritte für die numerische Berechnung

Vorgabe

$$\frac{d}{dt}i(t) + \frac{\frac{1}{\tau}}{s^{-1}} \cdot i(t) = 0$$

Der Lösungsblock darf keine Einheiten enthalten, daher werden sie gekürzt!

$$i(0) = \frac{I_0}{A}$$

Anfangsbedingung

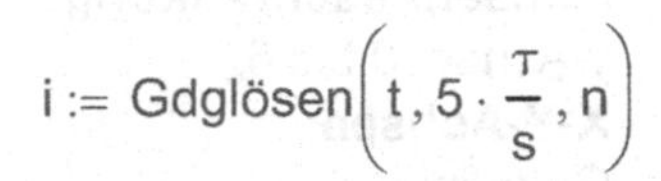

$$i := \text{Gdglösen}\left(t, 5 \cdot \frac{\tau}{s}, n\right)$$

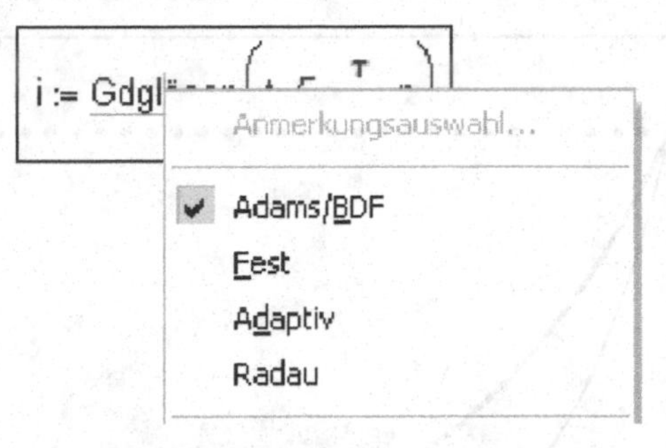

Das Dialogfeld erhalten wir durch einen Klick mit der rechten Maustaste auf Gdglösen (Adams/BDF, rkfest, rkadapt, Radau)

$$t_1 := 0, 0.001 .. 5 \cdot \frac{\tau}{s}$$

Bereichsvariable

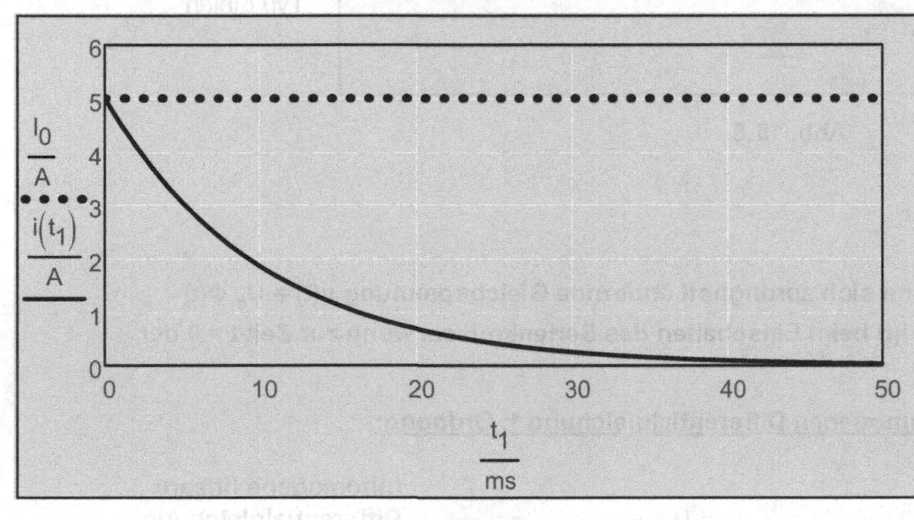

Achsenbeschränkung:
y-Achse: 0 bis 6
X-Y-Achsen:
Gitterlinien
Nummeriert
Automatische Skalierung
Automatische Gitterweite
Anzahl der Gitterlinien: 6
Achsenstil:
Kasten
Spuren:
Spur 1 und Spur 2
Typ Linien

Abb. 15.7

$i(0) = 5$ $\quad$ $i(0.01) = 1.839$ $\quad$ $i(0.02) = 0.677$ $\quad$ Funktionswerte

Alternative:

Vorgabe

$$\frac{d}{dt_1}i(t_1) + \frac{\frac{1}{\tau}}{s^{-1}} \cdot i(t_1) = 0$$

$$i(0) = \frac{I_0}{A}$$

$$i(\tau) := \text{Gdglösen}\left(t_1, 5 \cdot \frac{\tau}{s}, n\right)$$

Für die gesuchte Funktion i können die in der Differentialgleichung vorkommenden Parameter angegeben werden!

$\tau 1 := 0.1 \cdot s \qquad \tau 2 := 0.05 \cdot s$ verschiedene gewählte Zeitkonstanten

$i1 := i(\tau 1) \qquad i2 := i(\tau 2)$ Berechnungen für verschiedene Zeitkonstanten τ

$t_1 := 0, 0.001 .. 5 \cdot \frac{\tau 1}{s}$ Bereichsvariable

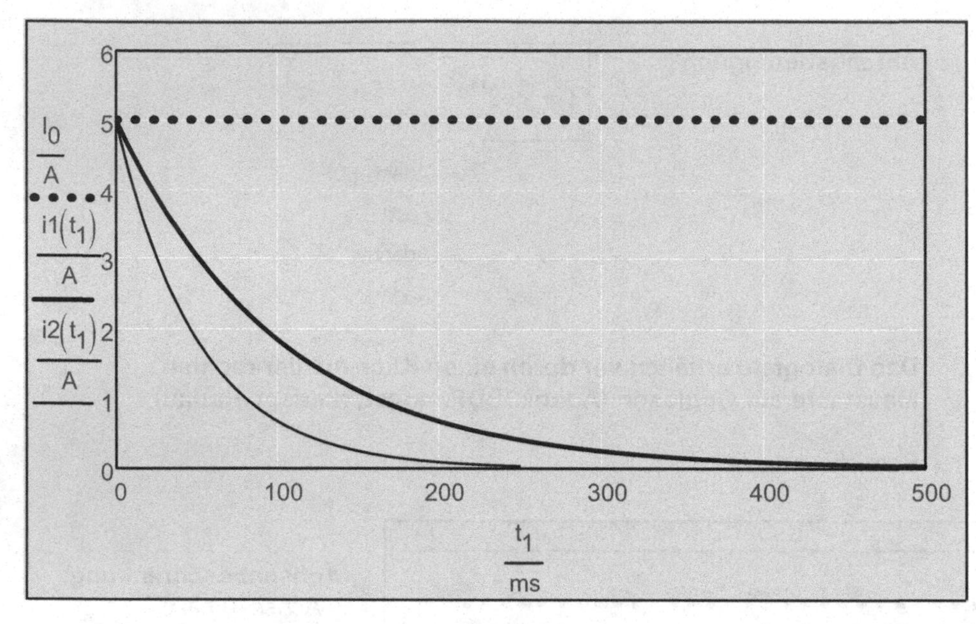

Achsenbeschränkung:
y-Achse: 0 bis 6
X-Y-Achsen:
Gitterlinien
Nummeriert
Automatische Skalierung
Automatische Gitterweite
Anzahl der Gitterlinien: 6
Achsenstil:
Kasten
Spuren:
Spur 1 bis Spur
Typ Linien

Abb. 15.8

Beispiel 15.6:

Ein R-L-Serienkreis wird an eine sich sprunghaft ändernde Gleichspannung $u(t) = U_0\ \Phi(t)$ gelegt. Gesucht ist der Strom i(t) beim Einschalten des Serienkreises, wenn zur Zeit t = 0 der Strom i = 0 ist.

Klassische Lösung einer inhomogenen Differentialgleichung 1. Ordnung:

$u_R(t) + u_L(t) = U_0 . \Phi(t) \qquad i(t) \cdot R + L \cdot \frac{d}{dt} i(t) = U_0 \cdot \Phi(t) \qquad \tau = \frac{L}{R}$ **Inhomogene lineare Differentialgleichung 1. Ordnung.**

$\frac{d}{dt} i(t) + \frac{R}{L} \cdot i(t) = \frac{U}{L} \cdot \Phi(t)$ umgeformte Differentialgleichung

$t := t \quad L := L \quad R := R \quad \tau := \tau \quad I_0 := I_0$ Redefinitionen

Ohne Anfangsbedingung:

$$i(t) = e^{-\int \frac{R}{L} dt} \cdot \left(\int \frac{U}{L} \cdot e^{\int \frac{R}{L} dt} dt + C \right) \quad \text{ergibt} \quad i(t) = e^{-\frac{R \cdot t}{L}} \cdot \left(C + \frac{U \cdot e^{\frac{R \cdot t}{L}}}{R} \right)$$

Mit der Anfangsbedingung t_0 und i_0:

$t_0 := 0$ $\quad$ $i_0 := 0$

$$i(t,p,q,t_0,i_0) := e^{-\int_{t_0}^{t} p(x)\,dx} \cdot \left(i_0 + \int_{t_0}^{t} q(x)\cdot e^{\int_{t_0}^{x} p(t)\,dt}\,dx\right)$$

$p(t) := \frac{R}{L}$ $\quad$ $q(t) := \frac{U}{L}$ $\quad$ **Nichtdefinierte Variablen werden als Fehler angezeigt. Dies stört jedoch vorerst nicht beim Auswerten! Die Heaviside-Funktion wird hier weggelassen.**

$$i(t,p,q,t_0,i_0) \begin{array}{l} \text{ersetzen}, U = R\cdot I_0 \\ \text{ersetzen}, R = \frac{L}{\tau} \\ \text{vereinfachen} \end{array} \rightarrow -I_0\cdot\left(e^{-\frac{t}{\tau}} - 1\right)$$

Symbolische Auswertung mit der Anfangsbedingung.

$\frac{d}{dt} i(t,p,q,t_0,i_0) + \frac{R}{L}\cdot i(t,p,q,t_0,i_0)$ vereinfachen $\rightarrow \frac{U}{L}$ $\quad$ Probe

$L := 1\cdot H$ $\quad$ $R := 40\cdot\Omega$ $\quad$ $I_0 := 5\cdot A$ $\quad$ $\tau := \frac{L}{R}$ $\quad$ $\tau = 0.025\cdot s$ $\quad$ gewählte Größen

$ms := 10^{-3}\cdot s$ $\quad$ Zeiteinheit festlegen

$t := -0.01\cdot s, -0.01\cdot s + 0.0001\cdot s .. 5\cdot\tau$ $\quad$ Bereichsvariable

$i(t) := I_0\cdot\left(1 - e^{\frac{-1}{\tau}t}\right)\cdot\Phi(t)$ $\quad$ Stromfunktion (händisch vereinfachte Lösung)

$t_a(t) := \frac{I_0}{\tau}\cdot t\cdot\Phi(t)$ $\quad$ Anlauftangente

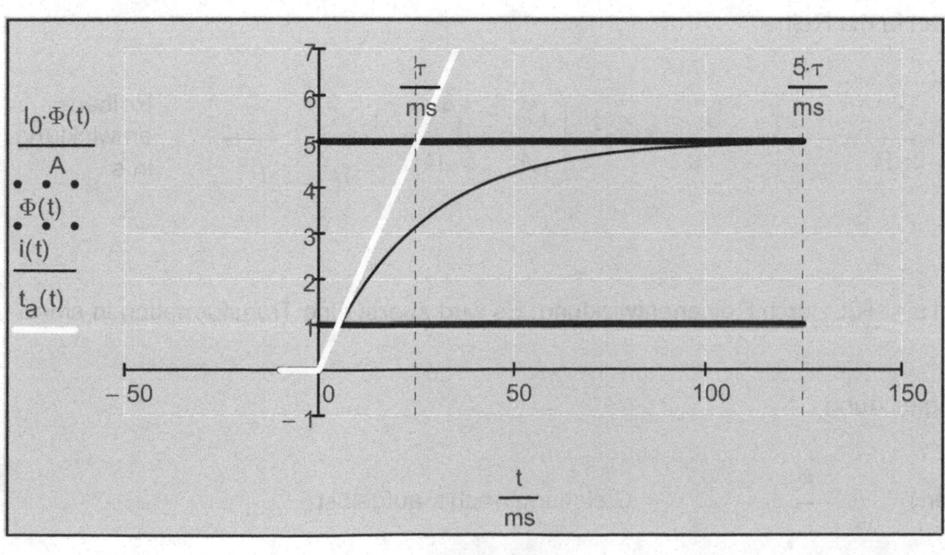

Achsenbeschränkung:
y-Achse: -1 bis 7
X-Y-Achsen:
Gitterlinien
Nummeriert
Automatische Skalierung
Markierung anzeigen:
x-Achse: τ /ms und 5τ /ms
Automatische Gitterweite
Anzahl der Gitterlinien: 8
Achsenstil:
Kreuz
Spuren:
Spur 1 und Spur 2
Typ Punkte
Spur 3 und Spur 4
Typ Linien

Abb. 15.9

Lösung der inhomogenen Differentialgleichung mithilfe der Laplace-Transformation:

$\frac{d}{dt}i(t) + \frac{R}{L} \cdot i(t) = \frac{U}{L} \cdot \Phi(t) \quad i(0) = 0$ **Differentialgleichung und Anfangsbedingung im Zeitbereich**

$\underline{I}(s) \cdot s - 0 + \frac{R}{L} \cdot \underline{I}(s) = \frac{U}{L \cdot s}$ Differentialgleichung in die Laplacetransformierte übersetzt

$R := R \qquad L := L$ Redefinitionen

$\underline{I}(s) \cdot s - 0 + \frac{R}{L} \cdot \underline{I}(s) - \frac{U}{L \cdot s} \left| \begin{array}{l} \text{auflösen}, \underline{I}(s) \\ \text{invlaplace}, s \end{array} \right. \rightarrow -\frac{U \cdot \left(e^{\left(-\frac{R \cdot t}{L}\right)} - 1 \right)}{R}$ **Lösung der Gleichung im Bildbereich und Rücktransformation in den Zeitbereich.**

$i(t) = I_0 \cdot \left(1 - e^{-R \cdot \frac{t}{L}} \right)$ Lösung der Differentialgleichung im Zeitbereich (händisch vereinfacht)

Eine Rücktransformation kann auch mithilfe der Residuen durchgeführt werden. Die Residuen werden aus der Laurentreihe bestimmt (siehe dazu Kapitel 14.1).

$\underline{I}(s) \cdot s - 0 + \frac{R}{L} \cdot \underline{I}(s) - \frac{U}{L \cdot s} \text{ auflösen}, \underline{I}(s) \rightarrow \frac{U}{L \cdot s^2 + R \cdot s}$

Zu bestimmen sind die Residuen von:

$\underline{I}(s) \cdot e^{s \cdot t} = \frac{U}{s \cdot (L \cdot s + R)} \cdot e^{s \cdot t}$

Bestimmung der Polstellen:

$s \cdot (L \cdot s + R) = 0$ hat als Lösung(en) $\begin{pmatrix} -\frac{R}{L} \\ 0 \end{pmatrix}$ Es liegen zwei Polstellen vor.

Residuumbestimmung beim Pol s = 0 durch Reihenentwicklung:

$\frac{U}{s \cdot (L \cdot s + R)} \cdot e^{s \cdot t}$ konvertiert in die Reihe

$-U \cdot \left(\frac{L}{R^2} - \frac{t}{R} \right) + U \cdot s \cdot \left(\frac{L^2}{R^3} + \frac{t^2}{2 \cdot R} - \frac{L \cdot t}{R^2} \right) + \frac{U}{R \cdot s} - U \cdot s^2 \cdot \left(\frac{L^3}{R^4} - \frac{t^3}{6 \cdot R} + \frac{L \cdot t^2}{2 \cdot R^2} - \frac{L^2 \cdot t}{R^3} \right)$ Reihenentwicklung in s

Residuum 1: $\frac{U}{R}$

Residuumbestimmung beim Pol s = -R/L durch Reihenentwicklung. Es wird zuerst eine Transformation in einen Pol bei s = 0 durchgeführt:

$u = s + \frac{R}{L}$ Transformationsgleichung

$u = s + \frac{R}{L}$ hat als Lösung(en) $u - \frac{R}{L}$ Gleichung nach s aufgelöst

$t := t \qquad u := u$ Redefinitionen

$$\frac{U}{s\cdot(L\cdot s+R)}\cdot e^{s\cdot t} \text{ ersetzen}, s = u - \frac{R}{L} \rightarrow \frac{U\cdot e^{-\frac{R\cdot t - L\cdot t\cdot u}{L}}}{L\cdot u^2 - R\cdot u}$$

$$\frac{U\cdot e^{-\frac{R\cdot t - L\cdot t\cdot u}{L}}}{L\cdot u^2 - R\cdot u} \text{ konvertiert in die Reihe } -U\cdot\left(\frac{t\cdot e^{-\frac{R\cdot t}{L}}}{R} + \frac{L\cdot e^{-\frac{R\cdot t}{L}}}{R^2}\right) - \frac{U\cdot e^{-\frac{R\cdot t}{L}}}{R\cdot u}$$ Reihenentwicklung in u

Residuum 2: $\frac{U\cdot e^{-\frac{R\cdot t}{L}}}{R}$

Die Lösung der Differentialgleichung im Zeitbereich lautet dann:

$$i(t) = \sum_{\text{Pole}(\underline{\mathbf{F}}(s))} \left(\text{Residuen}\left(\underline{\mathbf{F}}(s)\cdot e^{s\cdot t}\right)\right)$$

$$i(t) = \frac{U}{R} - \frac{U}{R}e^{\frac{-R}{L}t} = I_0\cdot\left(1 - e^{\frac{-R}{L}t}\right)$$

Numerische Lösung der inhomogenen Differentialgleichung mithilfe von rkfest:

$\frac{d}{dt}i(t) + \frac{R}{L}\cdot i(t) = \frac{U}{L} \qquad i(0\cdot s) = 0\cdot A$ **Differentialgleichung und Anfangsbedingung im Zeitbereich**

$L := 1\cdot H \qquad R := 40\cdot\Omega \qquad I_0 := 5\cdot A \qquad U := R\cdot I_0 \qquad \tau := \frac{L}{R} \qquad \tau = 0.025\cdot s$ gewählte Größen

$\mathbf{aw1}_0 := 0$

aw1 ist ein Vektor mit den Anfangsbedingungen für die Differentialgleichung n-ter Ordnung

$$\mathbf{D}(t, I) := \frac{\frac{U}{V}}{\frac{L}{H}} - \frac{\frac{R}{\Omega}}{\frac{L}{H}}\cdot I_0$$

Die Vektorfunktion D enthält die umgeformte Differentialgleichung in der Darstellung $D(t,I):=(I_1,...,I_{n-1},i^{(n)}(I))^T$. Die letzte Komponente ist die nach $i^{(n)}$ umgeformte Differentialgleichung.
In rkfest sind keine Einheiten zulässig, daher werden sie gekürzt!

$n := 500$ Anzahl der Zeitschritte für die numerische Berechnung

$t_a := 0\cdot s$ Anfangszeitpunkt

$t_e := 5\cdot\tau$ Endzeitpunkt

$$\mathbf{Z} := \text{rkfest}\left(\mathbf{aw1}, \frac{t_a}{s}, \frac{t_e}{s}, n, \mathbf{D}\right)$$

Runge-Kutta-Methode. Die Lösung Z ist eine (N+1)x(n+1) Matrix. Die erste Spalte $Z^{<0>}$ enthält die Zeitpunkte t, die nächste Spalte $Z^{<1>}$ die Lösungsfunktion i(t). In rkfest sind keine Einheiten zulässig, daher werden sie gekürzt!

$\mathbf{t} := \mathbf{Z}^{\langle 0 \rangle} \cdot s$ Vektor der Zeitwerte

$\mathbf{i} := \mathbf{Z}^{\langle 1 \rangle} \cdot A$ Vektor der Stromwerte

$k := 0 .. \text{zeilen}(\mathbf{Z}) - 1$ Bereichsvariable

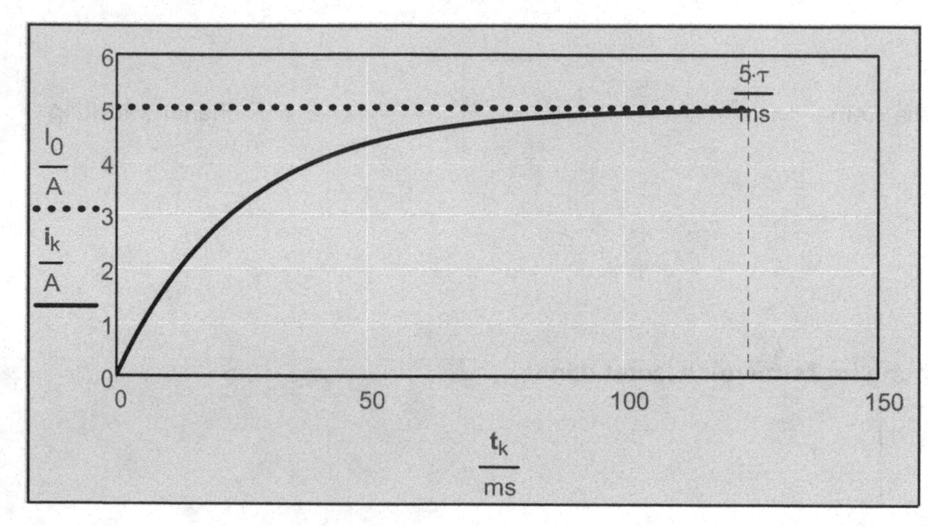

Achsenbeschränkung:
y-Achse: 0 bis 6
X-Y-Achsen:
Gitterlinien
Nummeriert
Automatische Skalierung
Markierung anzeigen:
x-Achse: 5 τ /ms
Automatische Gitterweite
Anzahl der Gitterlinien: 6
Achsenstil:
Kasten
Spuren:
Spur 1 und Spur 2
Typ Linien

Abb. 15.10

Numerische Lösung der inhomogenen Differentialgleichung mithilfe von Gdglösen:

$ms := 10^{-3} \cdot s$ Zeiteinheit festlegen

$L := 1 \cdot H$ Induktivität

$R := 40 \cdot \Omega$ Ohm'scher Widerstand

$I_0 := 5 \cdot A$ Strom

$U := I_0 \cdot R$ Spannung

$\tau := \frac{L}{R}$ $\tau = 0.025\,s$ Zeitkonstante

$n := 100$ Anzahl der Zeitschritte für die numerische Berechnung

Vorgabe

$$\frac{d}{dt}i(t) + \frac{\frac{R}{L}}{\frac{1}{s}} \cdot i(t) = \frac{\frac{U}{V}}{\frac{L}{H}}$$

Der Lösungsblock darf keine Einheiten enthalten, daher werden sie gekürzt!

$i(0) = 0$ **Anfangsbedingung**

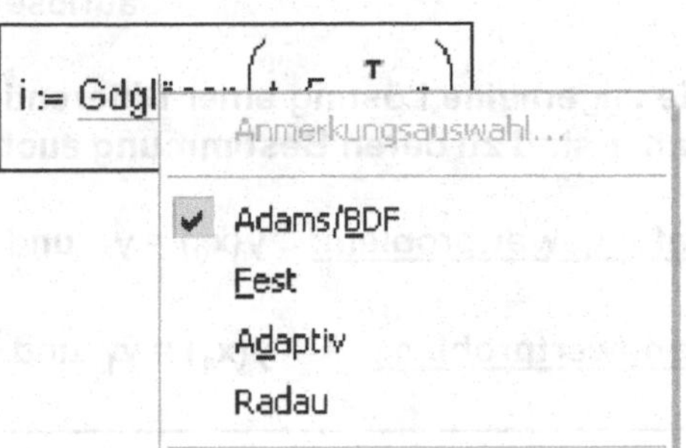

$$i := \text{Gdglösen}\left(t, 5 \cdot \frac{\tau}{s}, n\right)$$

Das Dialogfeld erhalten wir durch einen Klick mit der rechten Maustaste auf Gdglösen (Adams/BDF, rkfest, rkadapt, Radau)

$t := 0, 0.001 .. 5 \cdot \frac{\tau}{s}$ Bereichsvariable

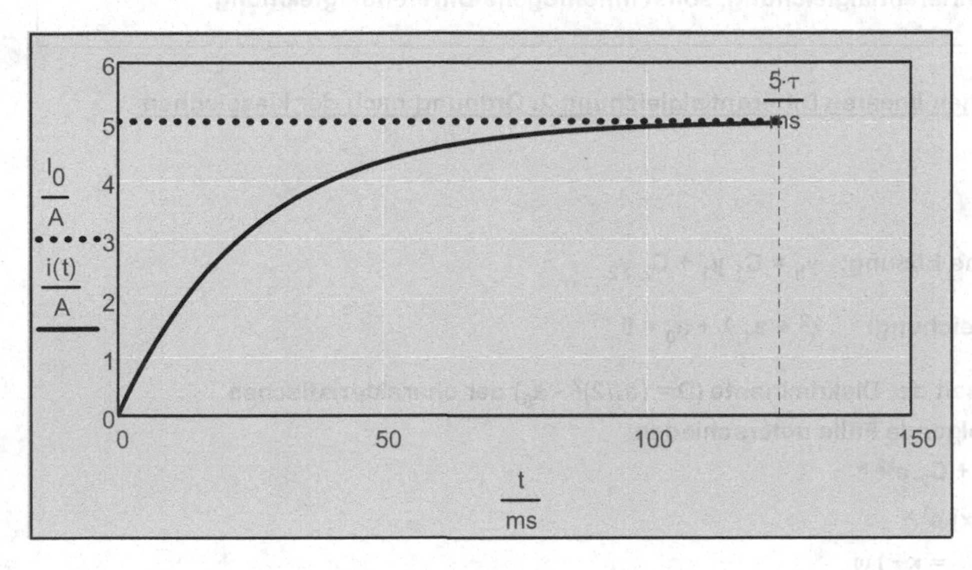

Achsenbeschränkung:
y-Achse: 0 bis 6
X-Y-Achsen:
Gitterlinien
Nummeriert
Automatische Skalierung
Markierung anzeigen:
x-Achse: 5 τ /ms
Automatische Gitterweite
Anzahl der Gitterlinien: 6
Achsenstil:
Kasten
Spuren:
Spur 1 und Spur 2
Typ Linien

Abb. 15.11

15.2 Differentialgleichungen 2. Ordnung

$F(x, y(x), y'(x), y''(x)) = 0$	Implizite Form.
$y''(x) = f(x, y(x), y'(x))$	Explizite Form (wenn sich die Differentialgleichung nach y'' auflösen lässt).

Die allgemeine Lösung einer Differentialgleichung 2. Ordnung enthält 2 Integrationskonstanten. Daher sind zu deren Bestimmung auch zwei Bedingungen notwendig:

Anfangswertproblem: $y(x_0) = y_0$ und $y'(x_0) = y_0'$

Randwertproblem: $y(x_1) = y_1$ und $y(x_2) = y_2$

15.2.1 Lineare Differentialgleichungen 2. Ordnung mit konstanten Koeffizienten

$y'' + a_1 . y' + a_0 . y = s(x)$ s(x) heißt Störfunktion.

$s(x) = 0$ ... Homogene Differentialgleichung, sonst inhomogene Differentialgleichung.

a) Lösung der homogenen linearen Differentialgleichung 2. Ordnung nach der klassischen Methode

$y'' + a_1 . y' + a_0 . y = 0$

Allgemeine klassische Lösung: $y_h = C_1 y_1 + C_2 y_2$

Charakteristische Gleichung: $\lambda^2 + a_1 \lambda + a_0 = 0$

Je nach Beschaffenheit der Diskriminante ($D = (a_1/2)^2 - a_0$) der charakteristischen Gleichung werden folgende Fälle unterschieden:

$D > 0$: $y_h = C_1 e^{\lambda 1 x} + C_2 e^{\lambda 2 x}$

$D = 0$: $y_h = (C_1 + C_2 x) e^{\lambda x}$

$D < 0$: $\lambda_1 = \kappa + j \omega$ $\lambda_2 = \kappa - j \omega$

$\kappa = - a_1/2$ $\omega = (4 a_0 - a_1{}^2)^{1/2}$

$y_h = e^{\kappa x} (C_1 \cos(\omega x) + C_2 \sin(\omega x))$

b) Lösung der inhomogenen linearen Differentialgleichung 2. Ordnung nach der klassischen Methode

$y'' + a_1 . y' + a_0 . y = s(x)$

Allgemeine klassische Lösung: $y = y_h + y_p$

y_h ... allgemeine Lösung der homogenen Differentialgleichung

y_p ... partikuläre (spezielle) Lösung der inhomogenen Differentialgleichung

y_p erhalten wir durch die Methode der Variation der Konstanten oder mit einem angepassten Ansatz durch Vergleich der Koeffizienten.

c) Lösung der linearen Differentialgleichung mithilfe der Laplace-Transformation

Die Vorzüge wurden bereits beschrieben. **Siehe auch Kapitel 14 und Band 4.**

d) Numerisches Lösen einer Differentialgleichung

Eine **näherungsweise Lösung einer Differentialgleichung** ist mit den bereits vorgestellten Funktionen möglich, oder, wie im Kapitel 14 besprochen, durch die Überführung in eine Differenzengleichung.

Beispiel 15.7:

Klassische Lösung einer homogenen Differentialgleichung:

In einem Gleichstromkreis sind ein kapazitiver, ein Ohm'scher und ein induktiver Widerstand in Serie geschaltet. Der Kondensator soll zum Zeitpunkt t = 0 aufgeladen sein, also eine Spannung U_0 besitzen. Gesucht ist der Strom i(t) beim Schließen des Serienkreises.
Anfangsbedingungen: z. B. i(0) = 0 und für t = 0 ist $u_L(0) = - u_C(0) = U_0$ d.h. $i'(0) = U_0/L$.

$u_L(t) + u_R(t) + u_C(t) = 0$ $\quad L \cdot \frac{d}{dt} i(t) + R \cdot i(t) + \frac{1}{C} \cdot \int i(t)\, dt = 0$ Differential-Integralgleichung

Durch Differentiation der Differential-Integralgleichung und Umformung erhalten wir die Differentialgleichung:

$$L \cdot \frac{d^2}{dt^2} i(t) + R \cdot \frac{d}{dt} i(t) + \frac{1}{C} \cdot i(t) = 0 \quad \text{bzw.} \quad \frac{d^2}{dt^2} i(t) + \frac{R}{L} \cdot \frac{d}{dt} i(t) + \frac{1}{L \cdot C} \cdot i(t) = 0$$

Mit $\delta = \frac{R}{2 \cdot L}$ und $\omega_0^{\ 2} = \frac{1}{L \cdot C}$ erhalten wir schließlich die Differentialgleichung in vereinfachter Form:

$$\frac{d^2}{dt^2} i(t) + 2 \cdot \delta \cdot \frac{d}{dt} i(t) + \omega_0^{\ 2} \cdot i(t) = 0$$

Charakteristische Gleichung (charakteristisches Polynom 2. Ordnung):

$\lambda^2 + 2 \cdot \delta \cdot \lambda + \omega_0^{\ 2} = 0$ hat als Lösung(en)

$$\begin{bmatrix} \sqrt{(\delta - \omega_0) \cdot (\delta + \omega_0)} - \delta \\ -\delta - \sqrt{(\delta - \omega_0) \cdot (\delta + \omega_0)} \end{bmatrix} \quad \lambda_2 = -\delta - \sqrt{\delta^2 - \omega_0^{\ 2}} \quad \lambda_1 = -\delta + \sqrt{\delta^2 - \omega_0^{\ 2}}$$

$D = \frac{\delta}{\omega_0}$ Dämpfungsfaktor

a) Freie ungedämpfte Schwingung (D = 0)

$\delta = 0 \quad \lambda_1 = j \cdot \omega_0 \quad \lambda_2 = -j \cdot \omega_0$ Lösungen der charakteristischen Gleichung

$i_h = C_1 \cdot \cos(\omega_0 \cdot t) + C_2 \cdot \sin(\omega_0 \cdot t)$ allgemeine Lösungen der Differentialgleichung

Mit $C_1 = I_{max} \cdot \cos(\varphi)$, $C_2 = I_{max} \cdot \sin(\varphi)$, $I_{max} = \sqrt{C_1^{\ 2} + C_2^{\ 2}}$, $\tan(\varphi) = \frac{C2}{C1}$ und

$\cos(\alpha - \beta) = \cos(\alpha) \cos(\beta) + \sin(\alpha) \sin(\beta)$ erhalten wir schließlich:

$i_h = i = I_{max} \cdot \cos(\omega_0 \cdot t - \varphi)$ allgemeine Lösung

$I_{max} := 10 \cdot A \qquad \omega_0 := \frac{1}{s} \qquad \varphi := \frac{\pi}{3}$ gewählte Größen

$i(t) := I_{max} \cdot \cos(\omega_0 \cdot t - \varphi)$ allgemeine Lösung

$t := 0 \cdot s, 0 \cdot s + 0.001 \cdot s .. 20 \cdot s$ Bereichsvariable

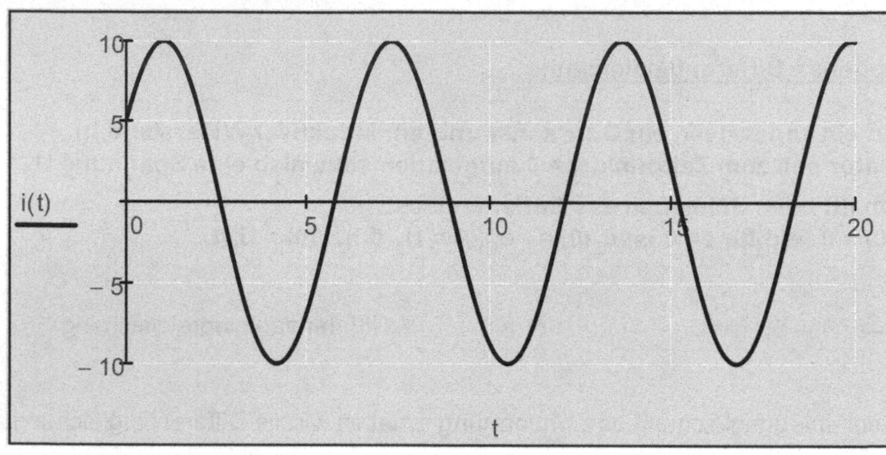

X-Y-Achsen:
Gitterlinien
Nummeriert
Automatische Skalierung
Automatische Gitterweite
Anzahl der Gitterlinien: 4
Achsenstil:
Kreuz
Spuren:
Spur 1
Typ Linien

Abb. 15.12

b) Freie gedämpfte Schwingung (0 < D < 1)

$\delta < \omega_0 \qquad \lambda_1 = -\delta + j \cdot \sqrt{\omega_0^2 - \delta^2} \qquad \lambda_2 = -\delta - j \cdot \sqrt{\omega_0^2 - \delta^2}$ Lösungen der charakteristischen Gleichung

$\kappa = -\delta \qquad \omega = \sqrt{\omega_0^2 - \delta^2}$ Dämpfungsfaktor und Schwingfrequenz

$i_h = e^{-\delta \cdot t} \cdot (C_1 \cdot \cos(\omega \cdot t) + C_2 \cdot \sin(\omega \cdot t))$ allgemeine Lösungen der Differentialgleichung

Mit $C_1 = I_{max} \cdot \cos(\varphi)$, $C_2 = -I_{max} \cdot \sin(\varphi)$, $I_{max} = \sqrt{C_1^2 + C_2^2}$, $\tan(\varphi) = -\frac{C_2}{C_1}$ und

cos(α + β) = cos(α) cos(β) - sin(α) sin(β) erhalten wir schließlich:

$i_h = i = I_{max} \cdot e^{-\delta \cdot t} \cdot \cos(\omega \cdot t + \varphi) \qquad I_{max} = \frac{U_0}{\omega \cdot L}$ allgemeine Lösung und Scheitelwert

$U_0 := 100 \cdot V \quad R := 200 \cdot \Omega \quad L := 0.01 \cdot H \quad C := 100 \cdot nF$ gewählte Größen

$\delta := \frac{R}{2 \cdot L} \qquad \delta = 1 \times 10^4 \cdot s^{-1}$ Dämpfungsfaktor

$\omega_0 := \sqrt{\frac{1}{L \cdot C}} \qquad \omega_0 = 3.16228 \times 10^4 \cdot \frac{1}{s}$ Eigenkreisfrequenz

$\omega := \sqrt{\omega_0^2 - \delta^2} \qquad \omega = 3 \times 10^4 \cdot \frac{1}{s}$ Schwingkreisfrequenz

$I_{max} := \frac{U_0}{\omega \cdot L}$ $\quad I_{max} = 0.333\,A$ — Scheitelwert

$i(t) := I_{max} \cdot e^{-\delta \cdot t} \cdot \cos(\omega \cdot t + \varphi)$ — Stromfunktion

$u_R(t) := R \cdot i(t)$ — Spannung am Ohm'schen Widerstand

$u_L(t) := L \cdot \frac{d}{dt} i(t)$ — Spannung am induktiven Widerstand

$u_C(t) := -u_R(t) - u_L(t)$ — Spannung am kapazitiven Widerstand

$t := 0 \cdot ms, 0.001 \cdot ms .. 0.5 \cdot ms$ — Bereichsvariable

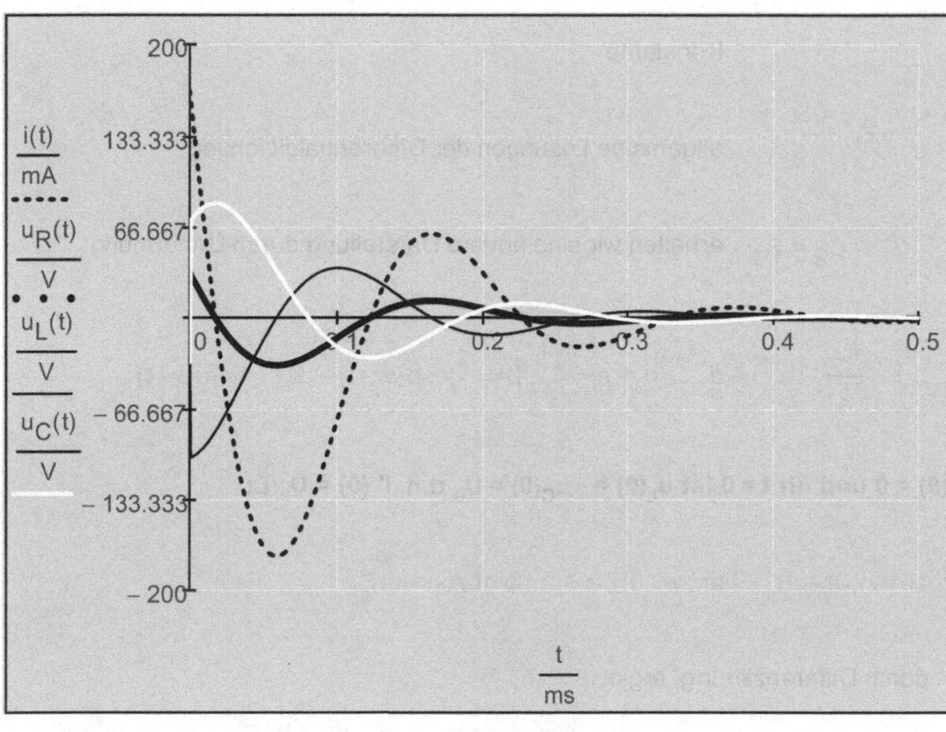

X-Y-Achsen:
Gitterlinien
Nummeriert
Automatische Skalierung
Automatische Gitterweite
Anzahl der Gitterlinien: 6
Achsenstil:
Kreuz
Spuren:
Spur 1 bis Spur 4
Typ Linien
Spur 2
Typ Punkte

Abb. 15.13

c) Aperiodischer Grenzfall (D = 1) und aperiodischer Fall (Kriechfall D > 1)

Grenzfall:

$\delta = \omega_0 \qquad \lambda_1 = \lambda_2 = -\delta$ — Dämpfungsfaktor und Lösungen der charakteristischen Gleichung

$i_h = (C_1 + C_2 \cdot t) \cdot e^{-\delta \cdot t}$ — allgemeine Lösungen der Differentialgleichung

Anfangsbedingungen: $i(0) = 0$ und für $t = 0$ ist $u_L(0) = -u_C(0) = U_0$ d.h. $i'(0) = U_0/L$:

Mit $i_h(0) = (C_1 + C_2 \cdot 0) \cdot e^{-\delta \cdot 0} = 0$ folgt $C_1 = 0$.

$C_2 \cdot t \cdot e^{-\delta \cdot t}$ durch Differenzierung, ergibt $C_2 \cdot e^{-\delta \cdot t} - C_2 \cdot \delta \cdot t \cdot e^{-\delta \cdot t}$

Mit $\frac{d}{dt} i_h(0) = C_2 \cdot e^{-\delta \cdot 0} - C_2 \cdot \delta \cdot 0 \cdot e^{-\delta \cdot 0} = \frac{U_0}{L}$ folgt: $C_2 = \frac{U_0}{L}$.

$U_0 := 100 \cdot V \quad R := 1 \cdot \Omega \quad L := 0.5 \cdot H \quad C := 2 \cdot F$ gewählte Größen für den Grenzfall

$\omega_0 := \sqrt{\frac{1}{L \cdot C}} \quad \omega_0 = 1 \cdot s^{-1} \quad \delta := \frac{R}{2 \cdot L} \quad \delta = 1 \cdot s^{-1}$ Eigenkreisfrequenz und Dämpfungsfaktor

$i_G(t) := \frac{U_0}{L} \cdot t \cdot e^{-\omega_0 \cdot t}$ Stromfunktion für den Grenzfall

Kriechfall:

$\delta > \omega_0 \quad \lambda_1 = -\delta + \sqrt{\delta^2 - \omega_0^2} \quad \lambda_2 = -\delta - \sqrt{\delta^2 - \omega_0^2}$ Dämpfungsfaktor und Lösungen der charakteristischen Gleichung

$w = \sqrt{\delta^2 - \omega_0^2}$ Konstante

$i_h = e^{-\delta \cdot t} \cdot \left(C_1 \cdot e^{w \cdot t} + C_2 \cdot e^{-w \cdot t}\right)$ allgemeine Lösungen der Differentialgleichung

Mit $C_1 + C_2 = A_1$ und $C_1 - C_2 = B_1$ erhalten wir eine andere Darstellung durch Umformung:

$$i_h = e^{-\delta \cdot t} \cdot \left[\frac{A_1}{2} \cdot \left(e^{w \cdot t} + e^{-w \cdot t}\right) + \frac{B_1}{2} \cdot \left(e^{w \cdot t} - e^{-w \cdot t}\right)\right] = e^{-\delta_1 \cdot t} \cdot \left(A_1 \cdot \cosh(w \cdot t) + B_1 \cdot \sinh(w \cdot t)\right)$$

Anfangsbedingungen: $i(0) = 0$ und für $t = 0$ ist $u_L(0) = - u_C(0) = U_0$ d.h. $i'(0) = U_0/L$:

Mit $i_h(0) = e^{-\delta_1 \cdot 0} \cdot \left(A_1 \cdot \cosh(w \cdot 0) + B_1 \cdot \sinh(w \cdot 0)\right) = 0$ folgt $A_1 = 0$.

$e^{-\delta_1 \cdot t} \cdot B_1 \cdot \sinh(w \cdot t)$ durch Differenzierung, ergibt

$$B_1 \cdot w \cdot \cosh(t \cdot w) \cdot e^{-t \cdot \delta_1} - B_1 \cdot \delta_1 \cdot \sinh(t \cdot w) \cdot e^{-t \cdot \delta_1}$$

Mit $\frac{d}{dt} i_h(0) = B_1 \cdot w \cdot \cosh(0 \cdot w) \cdot e^{-0 \cdot \delta_1} - B_1 \cdot \delta_1 \cdot \sinh(0 \cdot w) \cdot e^{-0 \cdot \delta_1} = \frac{U_0}{L}$ folgt $B_1 = \frac{U_0}{w \cdot L}$.

$U_0 := 100 \cdot V \quad R := 2 \cdot \Omega \quad L := 0.5 \cdot H \quad C := 2 \cdot F$ gewählte Größen für den Kriechfall

$\omega_{01} := \sqrt{\frac{1}{L \cdot C}} \quad \omega_{01} = 1 \cdot s^{-1} \quad \delta_1 := \frac{R}{2 \cdot L} \quad \delta_1 = 2 \cdot s^{-1}$ Eigenkreisfrequenz und Dämpfungsfaktor

$w_1 := \sqrt{\delta_1^2 - \omega_{01}^2} \quad w_1 = 1.732 \cdot s^{-1}$ Konstante

$i_K(t) := \frac{U_0}{w_1 \cdot L} \cdot e^{-\delta_1 \cdot t} \cdot \sinh(w_1 \cdot t)$ Stromfunktion für den Kriechfall

$t := 0 \cdot s, 0.001 \cdot s .. 15 \cdot s$ Bereichsvariable

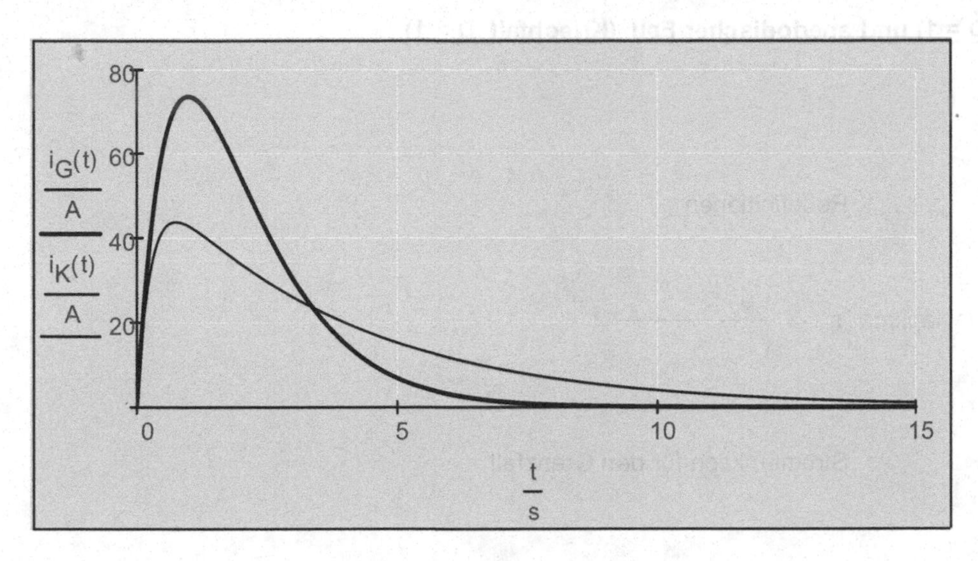

X-Y-Achsen:
Gitterlinien
Nummeriert
Automatische Skalierung
Automatische Gitterweite
Anzahl der Gitterlinien: 4
Achsenstil:
Kreuz
Spuren:
Spur 1 und Spur 2
Typ Linien

Abb. 15.14

Lösung der homogenen Differentialgleichung mithilfe der Laplace-Transformation:

$$\frac{d^2}{dt^2} i(t) + 2 \cdot \delta \cdot \frac{d}{dt} i(t) + \omega_0^2 \cdot i(t) = 0$$

Anfangsbedingungen: i(0) = 0 und für t = 0 ist $u_L(0) = - u_C(0) = U_0$ d.h. $i'(0) = U_0/L$.

$$\underline{I}(s) \cdot s^2 - s \cdot 0 - \frac{U_0}{L} + 2 \cdot \delta \cdot s \cdot \underline{I}(s) - 2 \cdot \delta \cdot 0 + \omega_0^2 \cdot \underline{I}(s)$$

Differentialgleichung in die Laplacetransformierte übersetzt.

$U_0 := U_0$ $L := L$ $\delta := \delta$ $\omega_0 := \omega_0$ $\omega := \omega$ Redefinitionen

$$\underline{I}(s) \cdot s^2 - s \cdot 0 - \frac{U_0}{L} + 2 \cdot \delta \cdot s \cdot \underline{I}(s) - 2 \cdot \delta \cdot 0 + \omega_0^2 \cdot \underline{I}(s) \text{ auflösen}, \underline{I}(s) \rightarrow \frac{U_0}{L \cdot (s^2 + 2 \cdot \delta \cdot s + \omega_0^2)}$$

Freie ungedämpfte Schwingung (D = 0)

$\delta := 0$ Dämpfungsfaktor

$$\frac{U_0}{L \cdot (s^2 + 2 \cdot \delta \cdot s + \omega_0^2)} \left| \begin{array}{l} \text{invlaplace}, s \\ \text{vereinfachen} \\ \text{erweitern} \end{array} \right. \rightarrow \frac{U_0 \cdot \sin(t \cdot \omega_0)}{L \cdot \omega_0}$$

Freie gedämpfte Schwingung (0 < D < 1)

$\delta := \delta$ Redefinition

$\delta < \omega_0$ $\omega = \sqrt{\omega_0^2 - \delta^2}$

$$\frac{U_0}{L\cdot\left(s^2+2\cdot\delta\cdot s+\omega_0^{\,2}\right)} \;\Bigg|\begin{matrix}\text{invlaplace}, s\\ \text{vereinfachen}\end{matrix} \rightarrow \frac{U_0\cdot e^{-\delta\cdot t}\cdot\sinh\left(t\cdot\sqrt{\delta^2-\omega_0^{\,2}}\right)}{L\cdot\sqrt{\delta^2-\omega_0^{\,2}}}$$

Aperiodischer Grenzfall (D = 1) und aperiodischer Fall (Kriechfall D > 1)

Grenzfall:

$\delta = \omega_0$

$U_0 := U_0 \qquad L := L \qquad \omega_0 := \omega_0$ Redefinitionen

$$\frac{U_0}{L\cdot\left(s^2+2\cdot\omega_0\cdot s+\omega_0^{\,2}\right)} \text{ invlaplace}, s \rightarrow \frac{U_0\cdot t\cdot e^{-t\cdot\omega_0}}{L}$$

$i_G(t) = \frac{U_0}{L}\cdot t\cdot e^{-\omega_0\cdot t}$ Stromfunktion für den Grenzfall

Kriechfall:

$\delta > \omega_0$

$\omega := \sqrt{\delta^2-\omega_0^{\,2}}$

$\delta := \delta \qquad \omega_0 := \omega_0$ Redefinitionen

$$\frac{U_0}{L\cdot\left(s^2+2\cdot\delta\cdot s+\omega_0^{\,2}\right)} \text{ invlaplace}, s \rightarrow \frac{U_0\cdot e^{-\delta\cdot t}\cdot\sinh\left(t\cdot\sqrt{\delta^2-\omega_0^{\,2}}\right)}{L\cdot\sqrt{\delta^2-\omega_0^{\,2}}}$$

$i_K(t) = \frac{U_0}{\omega\cdot L}\cdot e^{-\delta\cdot t}\cdot\sinh(\omega\cdot t)$ Stromfunktion für den Kriechfall

Numerische Lösung der homogenen Differentialgleichung mithilfe von rkfest:

$\frac{d^2}{dt^2}i(t) + 2\cdot\delta\cdot\frac{d}{dt}i(t) + \omega_0^{\,2}\cdot i(t) = 0$ **Differentialgleichung**

Anfangsbedingungen: i(0) = 0. Im Zeitbereich ist für t = 0 $u_L(0) = -u_C(0) = U_0$ d.h. $i'(0) = U_0/L$

Umwandlung der Differentialgleichung 2. Ordnung in ein System von Differentialgleichungen 1. Ordnung durch Substitution:

$I_0 = i \qquad I_1 = \frac{d}{dt}I_0 = \frac{d}{dt}i \qquad I_2 = \frac{d}{dt}I_1 = \frac{d^2}{dt^2}i$ Substitution

$U_0 := 5 \qquad L := 0.5 \qquad \omega_0 := 1 \qquad \delta := 0.5$ vorgegebene Größen

$$aw := \begin{pmatrix} 0 \\ \frac{U_0}{L} \end{pmatrix}$$

aw ist ein Vektor mit den Anfangsbedingungen für die Differentialgleichung n-ter Ordnung

$$D(t, I) := \begin{pmatrix} I_1 \\ -2 \cdot \delta \cdot I_1 - \omega_0^{\,2} \cdot I_0 \end{pmatrix}$$

Die Vektorfunktion D enthält die umgeformte Differentialgleichung in der Darstellung $D(t,I):=(I_1,\ldots,I_{n-1},i^{(n)}(I))^T$.

Die letzte Komponente ist die nach $i^{(n)}$ umgeformte Differentialgleichung.
In rkfest sind keine Einheiten zulässig, daher werden sie gekürzt!

$n := 400$ Anzahl der Zeitschritte für die numerische Berechnung

$t_a := 0$ Anfangszeitpunkt

$t_e := 10$ Endzeitpunkt

$\mathbf{Z} := \text{rkfest}(\mathbf{aw}, t_a, t_e, n, \mathbf{D})$

$t := \mathbf{Z}^{\langle 0 \rangle}$

$i := \mathbf{Z}^{\langle 1 \rangle}$ $\quad i' := \mathbf{Z}^{\langle 2 \rangle}$

Runge-Kutta-Methode. Die Lösung Z ist eine (N+1)x(n+1) Matrix. Die erste Spalte $Z^{<0>}$ enthält die Zeitpunkte t, die nächste Spalte $Z^{<1>}$ die Lösungsfunktion i(t) und die letzte Spalte $Z^{<n>}$ die Ableitung $i^{(n-1)}(t)$. In rkfest sind keine Einheiten zulässig!

$k := 0 .. \text{zeilen}(\mathbf{Z}) - 1$ Bereichsvariable

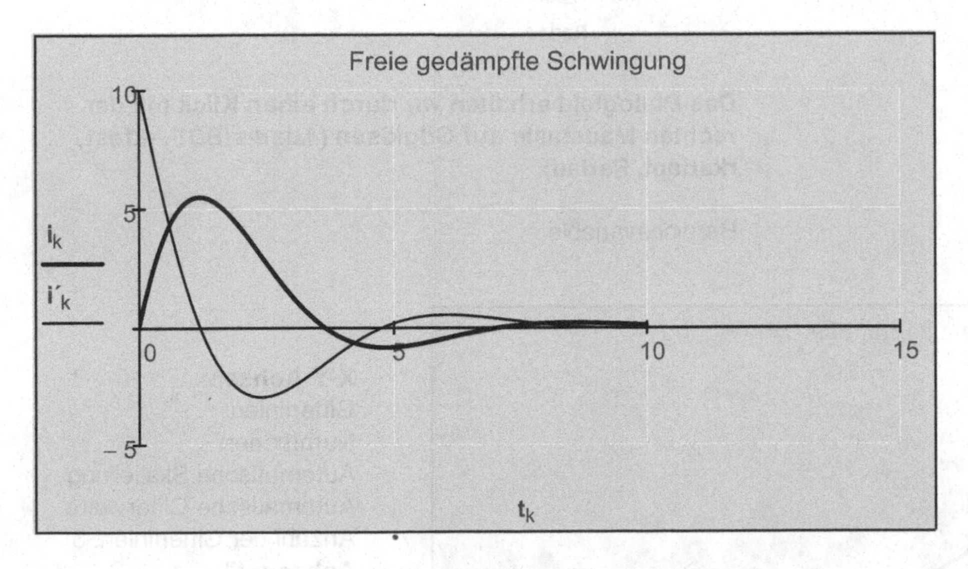

X-Y-Achsen:
Gitterlinien
Nummeriert
Automatische Skalierung
Automatische Gitterweite
Anzahl der Gitterlinien: 3
Achsenstil:
Kreuz
Spuren:
Spur 1 und Spur 2
Typ Linien

Abb. 15.15

Numerische Lösung der homogenen Differentialgleichung mithilfe von Gdglösen:

$U_0 := 5$ Spannung

$L := 0.5$ Induktivität

$\omega_0 := 1$ Eigenfrequenz

$\delta := 0.5$ Dämpfungskonstante

$n := 100$ Anzahl der Zeitschritte für die numerische Berechnung

Vorgabe

$$\frac{d^2}{dt^2}i(t) + 2 \cdot \delta \cdot \frac{d}{dt}i(t) + \omega_0{}^2 \cdot i(t) = 0$$ **Differentialgleichung**

$i(0) = 0 \quad i'(0) = \frac{U_0}{L}$ **Anfangsbedingungen**

$i := \text{Gdglösen}(t, 15, n)$

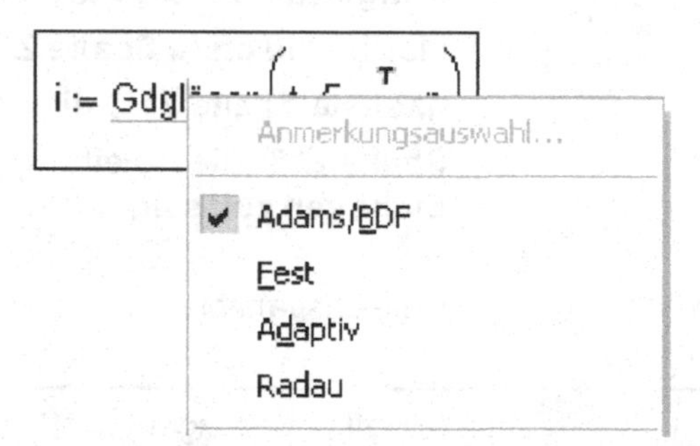

Das Dialogfeld erhalten wir durch einen Klick mit der rechten Maustaste auf Gdglösen (Adams/BDF, rkfest, rkadapt, Radau).

$t := 0, 0.01 .. 10$ Bereichsvariable

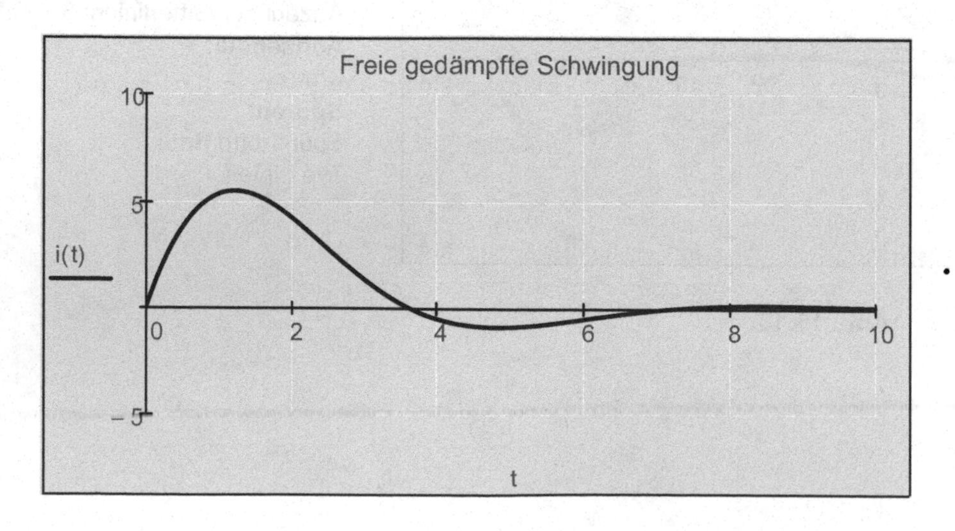

X-Y-Achsen:
Gitterlinien
Nummeriert
Automatische Skalierung
Automatische Gitterweite
Anzahl der Gitterlinien: 3
Achsenstil:
Kreuz
Spuren:
Spur 1
Typ Linien

Abb. 15.16

Alternative:

Vorgabe

$$\frac{d^2}{dt^2}i(t) + 2\cdot\delta\cdot\frac{d}{dt}i(t) + \omega_0{}^2\cdot i(t) = 0$$ **Differentialgleichung**

$i(0) = 0 \quad i'(0) = \frac{U_0}{L}$ **Anfangsbedingungen**

$i(\delta, \omega_0) := \text{Gdglösen}(t, 15, n)$ **Für die gesuchte Funktion i werden die in der Differentialgleichung vorkommenden Parameter angegeben!**

Die Einstellung für den Lösungsalgorithmus erhalten wir, wie oben angegeben, über das Dialogfeld durch einen Klick mit der rechten Maustaste auf Gdglösen (Adams/BDF, rkfest, rkadapt, Radau).

Mathsoft Slider Control-Objekt Eigenschaften (siehe Kap. 19.2.3.7):

Minimum 0
Maximum 10
Teilstrichfähigkeit 1

Minimum 1
Maximum 5
Teilstrichfähigkeit 1

Skript bearbeiten:

Outputs(0).Value = Slider.Position/**10**

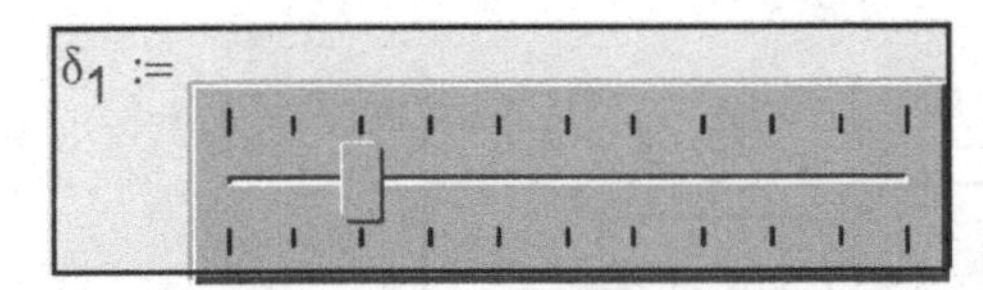

ω_{01} :=

$\delta_1 = 0.2$ $\qquad$ $\omega_{01} = 1$

$i1 := i(\delta_1, \omega_{01})$ Stromfunktion in Abhängigkeit von δ und ω_0

$t := 0, 0.01 .. 10$ Bereichsvariable

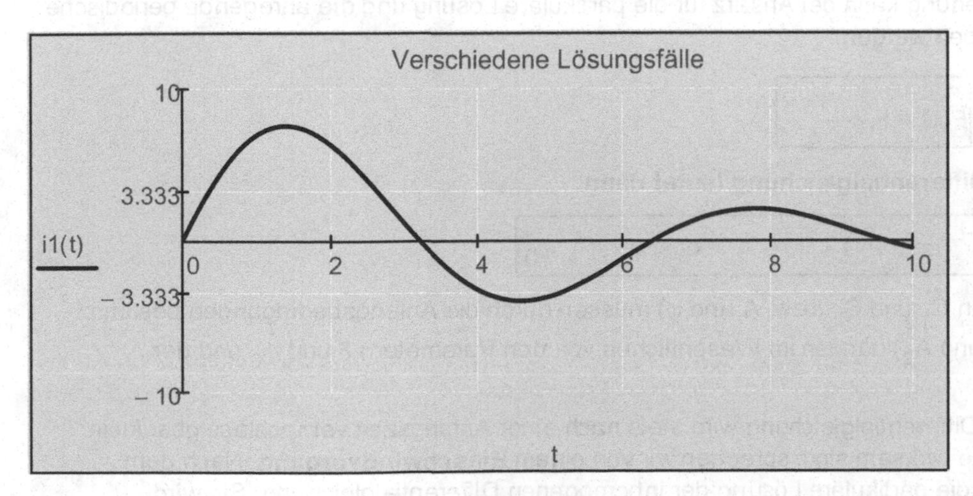

Achsenbeschränkung:
x-Achse: von 0 bis 10
y-Achse: von -10 bis 10
X-Y-Achsen:
Gitterlinien
Nummeriert
Automatische Skalierung
Automatische Gitterweite
Anzahl der Gitterlinien: 3
Achsenstil:
Kreuz
Spuren:
Spur 1
Typ Linien

Abb. 15.17

Beispiel 15.8:

Für einen mechanischen Oszillator, bestehend aus einer elastischen Feder, Masse und Dämpfung, der mit einer periodischen Kraft mit der Frequenz ω_e angeregt wird, gilt folgende Beziehung:
$F - F_D - F_e = F(t)$ (Beschleunigungskraft - Dämpfungskraft - Federkraft = Periodische Antriebskraft).
Durch Einsetzen der Kräfte ergibt sich die zugehörige Differentialgleichung:

$$m_0 \cdot \frac{d^2}{dt^2}y(t) + \beta \cdot \frac{d}{dt}y(t) + k \cdot y(t) = F_0 \cdot \sin(\omega_e \cdot t)$$

lineare inhomogene Differentialgleichung 2. Ordnung

$$\frac{d^2}{dt^2}y(t) + \frac{\beta}{m_0} \cdot \frac{d}{dt}y(t) + \frac{k}{m_0} \cdot y(t) = \frac{F_0}{m_0} \cdot \sin(\omega_e \cdot t)$$

umgeformte Differentialgleichung

Mit $\delta = \frac{\beta}{2 \cdot m_0}$, $\omega_0^2 = \frac{k}{m_0}$ und $a = \frac{F_0}{m_0}$ erhalten wir schließlich die Differentialgleichung in der Form:

$$\frac{d^2}{dt^2}y(t) + 2 \cdot \delta \cdot \frac{d}{dt}y(t) + \omega_0^2 \cdot y(t) = a \cdot \sin(\omega_e \cdot t)$$

Klassische Lösung einer inhomogenen Differentialgleichung:

Für die homogene Differentialgleichung lautet die Lösung (siehe letztes Beispiel):

$$i_h(t) = e^{-\delta \cdot t} \cdot (C_1 \cdot \cos(\omega \cdot t) + C_2 \cdot \sin(\omega \cdot t)) = A \cdot e^{-\delta \cdot t} \cdot \cos(\omega \cdot t + \varphi)$$

$$C_1 = A \cdot \cos(\varphi)\,,\; C_2 = -A \cdot \sin(\varphi)\,,\; A = \sqrt{C_1^2 + C_2^2}\,,\; \tan(\varphi) = -\frac{C_2}{C_1}\,,\; \omega = \sqrt{\omega_0^2 - \delta^2}$$

Für die partikuläre Lösung wird folgender Ansatz gemacht:

$$y_p(t) = A_1 \cdot \cos(\omega_e \cdot t) + A_2 \cdot \sin(\omega_e \cdot t) = A_0 \cdot \cos(\omega_e \cdot t + \varphi_0)$$

Mithilfe der Euler'schen Beziehung kann der Ansatz für die partikuläre Lösung und die anregende periodische Kraft auch komplex geschrieben werden:

$$y_p(t) = A_0 \cdot e^{j \cdot (\omega_e \cdot t + \varphi_0)} \qquad F(t) = F_0 \cdot e^{j \cdot \omega_e \cdot t}$$

Die gesuchte Lösung der Differentialgleichung lautet dann:

$$y(t) = y_h(t) + y_p(t) = A \cdot e^{-\delta \cdot t} \cdot \cos(\omega \cdot t + \varphi) + A_0 \cdot \cos(\omega_e \cdot t + \varphi_0)$$

Die unbestimmten Konstanten C_1 und C_2 (bzw. A und φ) müssen durch die Anfangsbedingungen bestimmt werden. A_0 und φ_0 (bzw. A_1 und A_2) hängen im Wesentlichen von den Parametern δ und ω_0 und der Amplitude F_0 ab.

Die Lösung der homogenen Differentialgleichung wird stets nach einer Anfangszeit vernachlässigbar klein. Solange beide Lösungsanteile wirksam sind, sprechen wir von einem **Einschwingvorgang**. Nach dem Einschwingen wirkt nur noch die partikuläre Lösung der inhomogenen Differentialgleichung. Sie wird **stationäre Lösung** genannt.

Die Ableitungen und die periodische Kraft werden nun in die Differentialgleichung eingesetzt, um A_0 und φ_0 zu bestimmen:

$$\underline{y_p}(t) = A_0 \cdot e^{j\cdot(\omega_e\cdot t+\varphi_0)}$$

$$\underline{y_p'}(t) = \frac{d}{dt}\left[A_0 \cdot e^{j\cdot(\omega_e\cdot t+\varphi_0)}\right] \quad \text{ergibt} \quad \underline{y_p'}(t) = A_0 \cdot \omega_e \cdot e^{\varphi_0\cdot j+t\cdot\omega_e\cdot j} \cdot j$$

$$\underline{y_p''}(t) = \frac{d}{dt}\left(A_0 \cdot \omega_e \cdot e^{\varphi_0\cdot j+t\cdot\omega_e\cdot j} \cdot j\right) \quad \text{ergibt} \quad \underline{y_p''}(t) = -A_0 \cdot \omega_e^2 \cdot e^{\varphi_0\cdot j+t\cdot\omega_e\cdot j}$$

Einsetzen in die Differentialgleichung:

$$\left(-A_0 \cdot \omega_e^2 + 2\cdot\delta\cdot\omega_e\cdot A_0\cdot j + \omega_0^2\cdot A_0\right)\cdot e^{j\cdot(\omega_e\cdot t+\varphi_0)} = a\cdot e^{j\cdot\omega_e\cdot t}$$

Vereinfachen, Herausheben und Erweitern:

$$A_0\cdot e^{j\cdot\varphi_0} = \frac{a}{\omega_0^2-\omega_e^2+2\cdot\delta\cdot\omega_e\cdot j} = a\cdot\frac{\omega_0^2-\omega_e^2-2\cdot\delta\cdot\omega_e\cdot j}{\left(\omega_0^2-\omega_e^2\right)^2+\left(2\cdot\delta\cdot\omega_e\cdot j\right)^2}$$

$$A_0\cdot e^{j\cdot\varphi_0} = a\cdot\left[\frac{\omega_0^2-\omega_e^2}{\left(\omega_0^2-\omega_e^2\right)^2+\left(2\cdot\delta\cdot\omega_e\right)^2} - \frac{2\cdot\delta\cdot\omega_e}{\left(\omega_0^2-\omega_e^2\right)^2+\left(2\cdot\delta\cdot\omega_e\right)^2}\cdot j\right]$$

Bilden wir den Betrag und erweitern die Wurzel, dann ergibt sich die Resonanzamplitude A_0 zu:

$$A_0 = \frac{a}{\sqrt{\left(\omega_0^2-\omega_e^2\right)^2+\left(2\cdot\delta\cdot\omega_e\right)^2}}$$

Den Phasenwinkel erhalten wir aus $\tan(\varphi_0) = \mathrm{Im}(z)/\mathrm{Re}(z)$:

$$\tan(\varphi_0) = -\frac{2\cdot\delta\cdot\omega_e}{\omega_0^2-\omega_e^2} \qquad \varphi_0 = -\mathrm{atan}\left(\frac{2\cdot\delta\cdot\omega_e}{\omega_0^2-\omega_e^2}\right)$$

Das Maximum der Resonanzamplitude ergibt sich dann, wenn der Ausdruck unter der Wurzel in A_0 ein Minimum annimmt. Also die Ableitung nach ω_e null wird.

$$\left(\omega_0^2-\omega_e^2\right)^2+\left(2\cdot\delta\cdot\omega_e\right)^2 \quad \text{durch Differenzierung, ergibt} \quad 8\cdot\delta^2\cdot\omega_e - 4\cdot\omega_e\cdot\left(\omega_0^2-\omega_e^2\right)$$

$$8\cdot\delta^2\cdot\omega_e - 4\cdot\omega_e\cdot\left(\omega_0^2-\omega_e^2\right) \quad \text{hat als Lösung(en)} \quad \begin{pmatrix} 0 \\ -\sqrt{\omega_0^2-2\cdot\delta^2} \\ \sqrt{\omega_0^2-2\cdot\delta^2} \end{pmatrix}$$

Die positive Lösung ist die einzige brauchbare!

Die Resonanzfrequenz liegt bei:

$$\omega_e = \omega_r = \sqrt{\omega_0^2-2\cdot\delta^2} = \omega_0\cdot\sqrt{1-2\cdot\left(\frac{\delta}{\omega_0}\right)^2} = \omega_0\cdot\sqrt{1-2\cdot D^2}$$

$D = \delta/\omega_0$ Dämpfung

$\omega_0 := 1 \cdot s^{-1}$ Eigenfrequenz

$\delta := 0.25 \cdot s^{-1}$ Dämpfungsfaktor

$D := \frac{\delta}{\omega_0}$ $D = 0.25$ Dämpfung

$m_0 := 0.5 \cdot kg$ Masse des Schwingers

$F_0 := 1 \cdot N$ Amplitude der periodischen Kraft

$\omega_r := \sqrt{\omega_0^2 - 2 \cdot \delta^2}$ $\omega_r = 0.935 \cdot s^{-1}$ Resonanzfrequenz

$a := \frac{F_0}{m_0}$ $a = 2 \frac{m}{s^2}$ Kraft pro Masse (Beschleunigung)

$$A_0(a, \omega_0, \delta, \omega_e) := \frac{a}{\sqrt{\left(\omega_0^2 - \omega_e^2\right)^2 + (2 \cdot \delta \cdot \omega_e)^2}}$$ Resonanzamplitude

$$\varphi_0(\omega_0, \delta, \omega_e) := \begin{cases} -\text{atan}\left(\frac{2 \cdot \delta \cdot \omega_e}{\omega_0^2 - \omega_e^2}\right) & \text{if } \omega_e < \omega_0 \\ -\pi - \text{atan}\left(\frac{2 \cdot \delta \cdot \omega_e}{\omega_0^2 - \omega_e^2}\right) & \text{if } \omega_e > \omega_0 \end{cases}$$ Phasenverschiebung

$\omega_e := 0 \cdot s^{-1}, 0.01 \cdot s^{-1} .. 3 \cdot s^{-1}$ Bereichsvariable

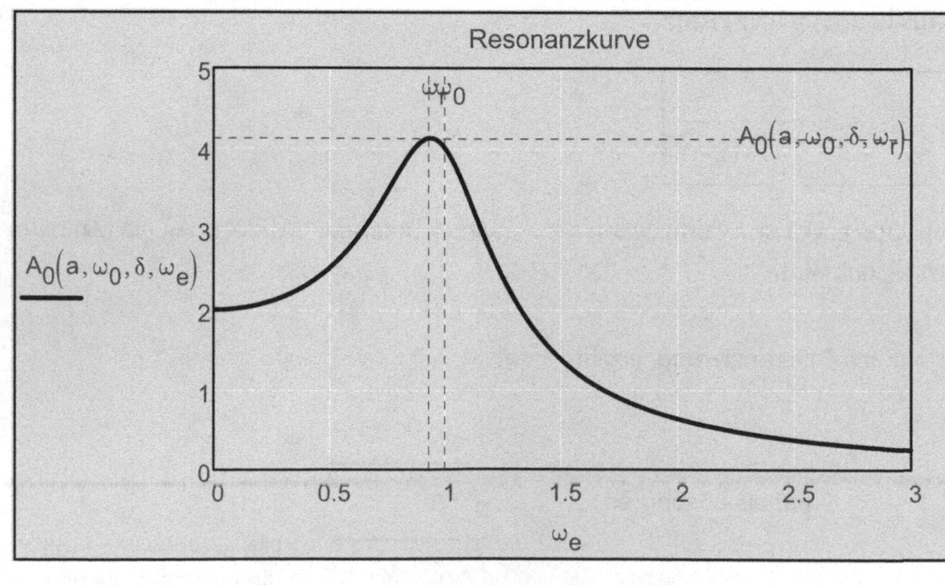

X-Y-Achsen:
Gitterlinien
Nummeriert
Automatische Skalierung
Markierung anzeigen:
x-Achse: ω und ω_0
y-Achse: $A_0(a,\omega_0,\delta,\omega_r)$
Anzahl der Gitterlinien: 6
Automatische Gitterweite
Achsenstil:
Kasten
Spuren:
Spur 1
Typ Linien

Abb. 15.18

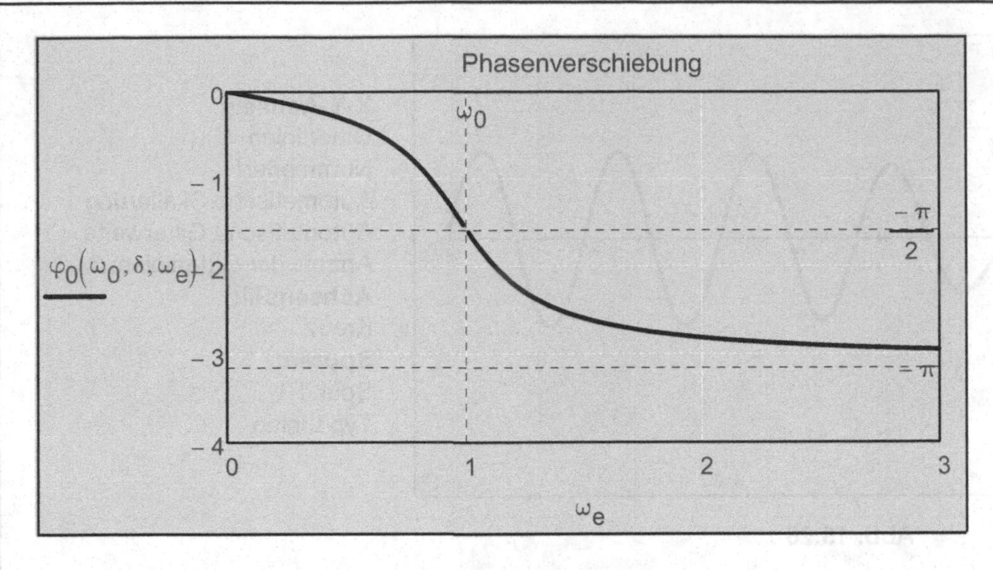

X-Y-Achsen:
Gitterlinien
Nummeriert
Automatische Skalierung
Markierung anzeigen:
x-Achse: ω_0
y-Achse: $-\pi$ und $-\pi / 2$
Automatische Gitterweite
Achsenstil:
Kasten
Spuren:
Spur 1
Typ Linien

Abb. 15.19

Numerische Lösung der inhomogenen Differentialgleichung mithilfe von Gdglösen:

$\omega_e := 0.99$ Erregerfrequenz

$\omega_0 := 1$ Eigenfrequenz

$\delta := 0.25$ Dämpfungskonstante

$a := 0.5$ F_0/m_0 (Beschleunigung)

$n := 400$ Anzahl der Zeitschritte für die numerische Berechnung

Vorgabe

$$\frac{d^2}{dt^2}y(t) + 2 \cdot \delta \cdot \frac{d}{dt}y(t) + \omega_0^{\ 2} \cdot y(t) = a \cdot \sin(\omega_e \cdot t)$$

$y(0) = 1$ $y'(0) = 0$ **Anfangsbedingungen**

$y := \text{Gdglösen}(t, 30, n)$

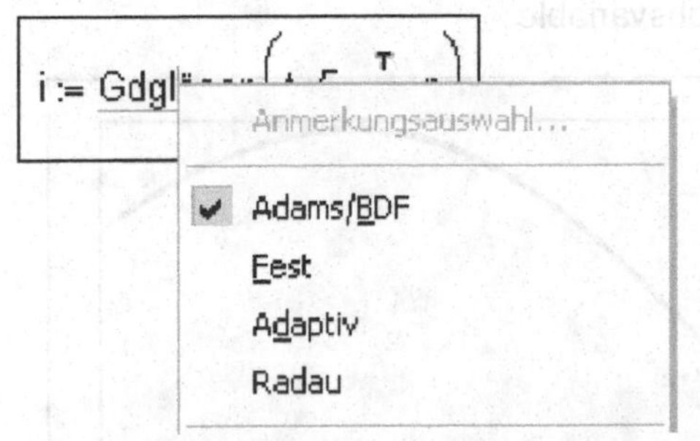

Das Dialogfeld erhalten wir durch einen Klick mit der rechten Maustaste auf Gdglösen (Adams/BDF, rkfest, rkadapt, Radau).

$t := 0, 0.01 .. 30$ Bereichsvariable

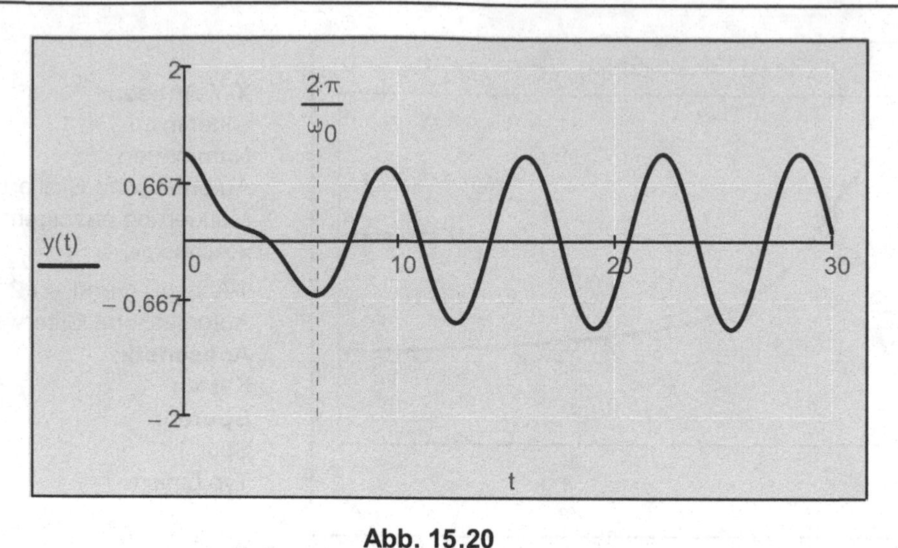

X-Y-Achsen:
Gitterlinien
Nummeriert
Automatische Skalierung
Automatische Gitterweite
Anzahl der Gitterlinien: 3
Achsenstil:
Kreuz
Spuren:
Spur 1
Typ Linien

Abb. 15.20

Die Lösung der inhomogenen Differentialgleichung zeigt Resonanzverhalten, wenn die Erregerfrequenz ω_e in die Nähe der Eigenfrequenz ω_0 gelangt.

15.2.2 Lineare Differentialgleichungen 2. Ordnung mit nicht konstanten Koeffizienten

Beispiel 15.9:

$n := 400$ Anzahl der Zeitschritte für die numerische Berechnung

Vorgabe

$$x^2 \cdot \frac{d^2}{dx^2}y(x) - x \cdot \frac{d}{dx}y(x) + 10 \cdot y(x) = 0$$ homogene lineare Differentialgleichung 2. Ordnung mit nicht konstanten Koeffizienten

$y(1) = 0 \qquad y'(1) = 3$ Anfangsbedingungen

$y := \text{Gdglösen}(x, 20, n)$

Die Einstellung für den Lösungsalgorithmus erhalten wir, wie oben angegeben, über das Dialogfeld durch einen Klick mit der rechten Maustaste auf Gdglösen (Adams/BDF, rkfest, rkadapt, Radau).

$f(x) := x \cdot \sin(3\ln(x))$ exakte Lösung der Differentialgleichung

$x := 0, 0.01 .. 20$ Bereichsvariable

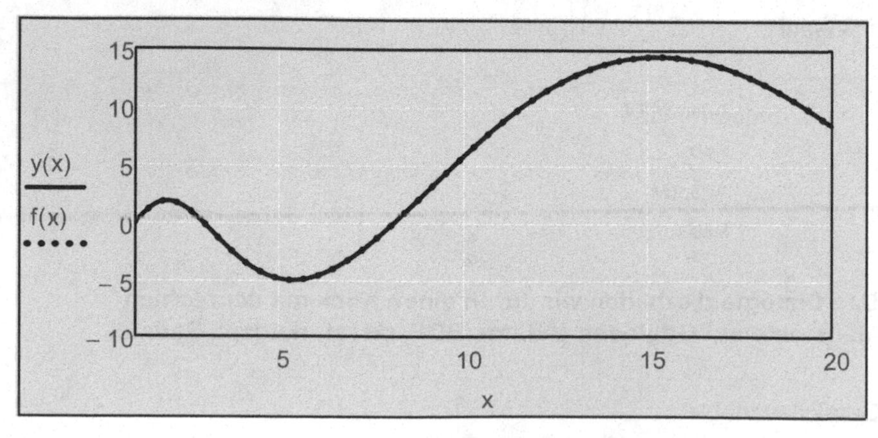

Achsenbeschränkung:
x-Achse: 1 bis 20
X-Y-Achsen:
Gitterlinien
Nummeriert
Automatische Skalierung
Automatische Gitterweite
Achsenstil:
Kasten
Spuren:
Spur 1 und Spur 2
Typ Linien

Abb. 15.21

Beispiel 15.10:

$k := 1$ Parameter

$n := 400$ Anzahl der Zeitschritte für die numerische Berechnung

Vorgabe

$$x^2 \cdot \frac{d^2}{dx^2} y(x) + x \cdot \frac{d}{dx} y(x) + \left(x^2 - k^2\right) \cdot y(x) = 0$$

homogene lineare Differentialgleichung 2. Ordnung mit nicht konstanten Koeffizienten

$$y(1) = \frac{1}{2} \qquad y'(1) = \frac{1}{4}$$

Anfangsbedingungen

$y := \text{Gdglösen}(x, 20, n)$

Die Einstellung für den Lösungsalgorithmus erhalten wir, wie oben angegeben, über das Dialogfeld durch einen Klick mit der rechten Maustaste auf Gdglösen (Adams/BDF, rkfest, rkadapt, Radau).

$f(x) := \text{Jn}(k, x)$ exakte Lösung der Differentialgleichung (siehe auch Besselfunktionen)

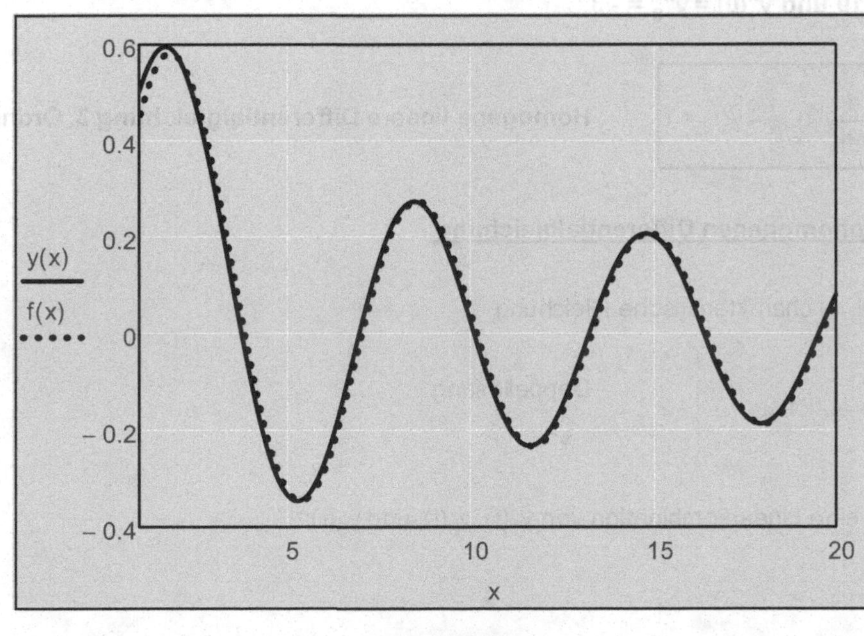

Achsenbeschränkung:
x-Achse: 1 bis 20
X-Y-Achsen:
Gitterlinien
Nummeriert
Automatische Skalierung
Automatische Gitterweite
Achsenstil:
Kasten
Spuren:
Spur 1 und Spur 2
Typ Linien

Abb. 15.22

15.3 Differentialgleichungen höherer Ordnung

$F(x, y(x), y'(x), y''(x), ..., y^{(n)}(x)) = 0$	**Implizite Form.**
$y^{(n)}(x) = f(x, y(x), y'(x), ..., y^{(n-1)}(x))$	**Explizite Form (wenn sich die Differentialgleichung nach $y^{(n)}$ auflösen lässt).**

Die allgemeine Lösung einer Differentialgleichung n-ter Ordnung enthält n Integrationskonstanten. Daher sind zu ihrer Bestimmung auch n Bedingungen notwendig.

15.3.1 Lineare Differentialgleichungen höherer Ordnung mit konstanten Koeffizienten

$$a_n \cdot \frac{d^n}{dx^n} y(x) + a_{n-1} \cdot \frac{d^{n-1}}{dx^{n-1}} y(x) + ... + a_1 \cdot \frac{d}{dx} y(x) + a_0 \cdot y(x) = s(x)$$

$s(x)$ ... Störfunktion.

a_i ... reelle Koeffizienten.

$s(x) = 0$ ... Homogene lineare Differentialgleichung, sonst inhomogene lineare Differentialgleichung n-ter Ordnung.

Beispiel 15.11:

Gegeben sei die nachfolgende Differentialgleichung 3. Ordnung mit den Anfangsbedingungen $y(0) = y_0 = 1$, $y'(0) = y'_0 = 10$ und $y''(0) = y''_0 = -3$.

$$\frac{d^3}{dt^3} y(t) + 5 \frac{d^2}{dt^2} y(t) + 8 \cdot \frac{d}{dt} y(t) + 4 y(t) = 0$$

Homogene lineare Differentialgleichung 3. Ordnung.

Klassische Lösung der inhomogenen Differentialgleichung:

$\lambda^3 + 5 \cdot \lambda^2 + 8 \cdot \lambda + 4 = 0$ charakteristische Gleichung

$\lambda^3 + 5 \cdot \lambda^2 + 8 \cdot \lambda + 4 = 0$ auflösen $\rightarrow \begin{pmatrix} -1 \\ -2 \\ -2 \end{pmatrix}$ Doppellösung

Die allgemeine Lösung ist eine Linearkombination von $y_1(t)$, $y_2(t)$, und $y_3(t)$:

$$y(t) = c_1 \cdot y_1(t) + c_2 \cdot y_2(t) + c_3 \cdot y_3(t) = c_1 \cdot e^{-1 \cdot t} + c_2 \cdot e^{-2 \cdot t} + c_3 \cdot t \cdot e^{-2 \cdot t}$$

Die Konstanten c_1, c_2 und c_3 werden aus den Anfangsbedingungen bestimmt. Dazu werden zuerst einige Definitionen durchgeführt:

$y_1(t) := e^{-1 \cdot t}$ $\quad y_2(t) := e^{-2 \cdot t}$ $\quad y_3(t) := t \cdot e^{-2 \cdot t}$

$y'_1(t) := \frac{d}{dt} y_1(t)$ $\quad y'_2(t) := \frac{d}{dt} y_2(t)$ $\quad y'_3(t) := \frac{d}{dt} y_3(t)$

$y''_1(t) := \frac{d}{dt} y'_1(t)$ $\quad y''_2(t) := \frac{d}{dt} y'_2(t)$ $\quad y''_3(t) := \frac{d}{dt} y'_3(t)$

Damit kann jetzt zur Bestimmung der Konstanten mithilfe der Anfangsbedingungen ein Gleichungssystem formuliert werden:

$$y_0 = c_1 \cdot y_1(0) + c_2 \cdot y_2(0) + c_3 \cdot y_3(0)$$

$$y'_0 = c_1 \cdot y'_1(0) + c_2 \cdot y'_2(0) + c_3 \cdot y'_3(0)$$ lineares Gleichungssystem

$$y''_0 = c_1 \cdot y''_1(0) + c_2 \cdot y''_2(0) + c_3 \cdot y''_3(0)$$

$$\begin{pmatrix} y_0 \\ y'_0 \\ y''_0 \end{pmatrix} = \begin{pmatrix} y_1(0) & y_2(0) & y_3(0) \\ y'_1(0) & y'_2(0) & y'_3(0) \\ y''_1(0) & y''_2(0) & y''_3(0) \end{pmatrix} \cdot \begin{pmatrix} c_1 \\ c_2 \\ c_3 \end{pmatrix}$$ lineares Gleichungssystem in Matrixform

$$\begin{pmatrix} c_1 \\ c_2 \\ c_3 \end{pmatrix} := \begin{pmatrix} y_1(0) & y_2(0) & y_3(0) \\ y'_1(0) & y'_2(0) & y'_3(0) \\ y''_1(0) & y''_2(0) & y''_3(0) \end{pmatrix}^{-1} \cdot \begin{pmatrix} y_0 \\ y'_0 \\ y''_0 \end{pmatrix}$$ umgeformte Matrixgleichung

$$\begin{pmatrix} c_1 \\ c_2 \\ c_3 \end{pmatrix} = \begin{pmatrix} 41 \\ -40 \\ -29 \end{pmatrix}$$ Lösungsvektor

$$y(t) := c_1 \cdot y_1(t) + c_2 \cdot y_2(t) + c_3 \cdot y_3(t)$$ allgemeine Lösungsfunktion

$$t := 0, 0.01 .. 10$$ Bereichsvariable

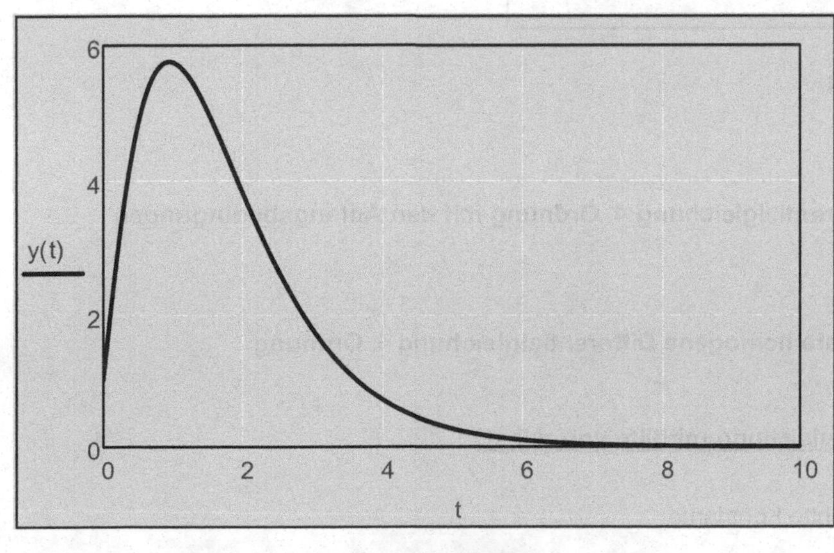

X-Y-Achsen:
Gitterlinien
Nummeriert
Automatische Skalierung
Automatische Gitterweite
Achsenstil:
Kasten
Spuren:
Spur 1
Typ Linien

Abb. 15.23

Globale Definition der Anfangsbedingungen (damit kann hier sehr gut experimentiert werden):

$y_0 \equiv 1 \qquad y'_0 \equiv 10 \qquad y''_0 \equiv -3$

Numerische Lösung der homogenen Differentialgleichung mithilfe von Gdglösen:

Vorgabe

$$\frac{d^3}{dt^3}x(t) + 5\frac{d^2}{dt^2}x(t) + 8\cdot\frac{d}{dt}x(t) + 4x(t) = 0$$ **Differentialgleichung**

$x(0) = 1$ $x'(0) = 10$ $x''(0) = -3$ **Anfangsbedingungen**

$x := \text{Gdglösen}(t, 15)$ **Das Lösungsintervall wurde hier von 0 bis 15 gewählt (ohne Zeitschritte)!**

Die Einstellung für den Lösungsalgorithmus erhalten wir, wie oben angegeben, über das Dialogfeld durch einen Klick mit der rechten Maustaste auf Gdglösen (Adams/BDF, rkfest, rkadapt, Radau).

$t := 0, 0.01 .. 10$ Bereichsvariable

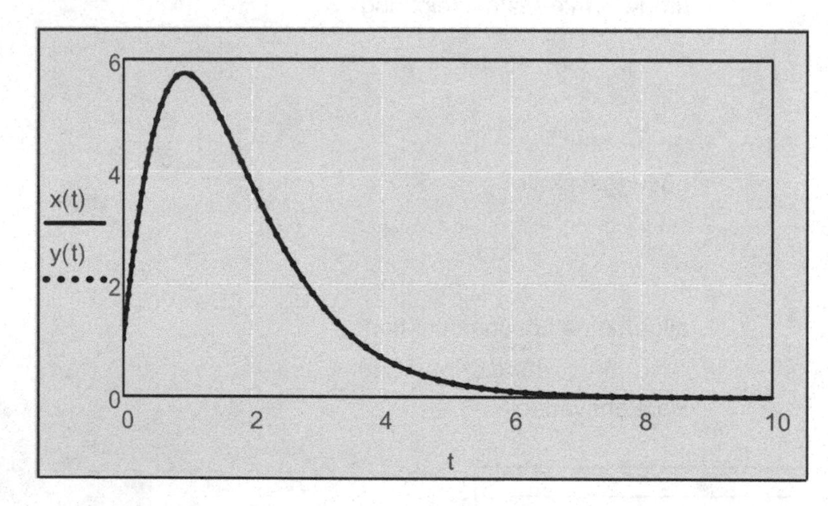

X-Y-Achsen:
Gitterlinien
Nummeriert
Automatische Skalierung
Automatische Gitterweite
Achsenstil:
Kasten
Spuren:
Spur 1 und Spur 2
Typ Linien

Abb. 15.24

Beispiel 15.12:

Gegeben sei die nachfolgende Differentialgleichung 4. Ordnung mit den Anfangsbedingungen y(0) = 0, y'(0) = 1, y''(0) = 2, y'''(0) = 3.

$y'''' - 2\cdot a^2\cdot y'' + a^4\cdot y = 0$ **Lineare homogene Differentialgleichung 4. Ordnung.**

Lösung der homogenen Differentialgleichung mithilfe von rkfest:

$a := 4$ gewählte Konstante

$$aw := \begin{pmatrix} 0 \\ 1 \\ 2 \\ 3 \end{pmatrix}$$ **aw ist ein Vektor mit den Anfangsbedingungen für die Differentialgleichung n-ter Ordnung**

$$D(t,Y) := \begin{pmatrix} Y_1 \\ Y_2 \\ Y_3 \\ 2 \cdot a^2 \cdot Y_2 - a^4 \cdot Y_0 \end{pmatrix}$$

erste Ableitung
zweite Ableitung
dritte Ableitung
vierte Ableitung

Die Vektorfunktion D enthält die umgeformte Differentialgleichung in der Darstellung $D(t,Y):=(Y_1,...,Y_{n-1},y^{(n)}(Y))^T$. Die letzte Komponente ist die nach $y^{(n)}$ umgeformte Differentialgleichung.

In rkfest sind keine Einheiten zulässig, daher werden sie gekürzt!

$n := 400$ Anzahl der Zeitschritte für die numerische Berechnung.

$t_a := 0$ Anfangszeitpunkt

$t_e := 2$ Endzeitpunkt

$Z := \text{rkfest}(aw, t_a, t_e, n, D)$

$t := Z^{\langle 0 \rangle}$

$y := Z^{\langle 1 \rangle}$ $y' := Z^{\langle 2 \rangle}$

Runge-Kutta-Methode. Die Lösung Z ist eine (N+1)x(n+1) Matrix. Die erste Spalte $Z^{<0>}$ enthält die t-Werte, die nächste Spalte $Z^{<1>}$ die Lösungsfunktion y(t) und die letzte Spalte $Z^{<n>}$ die Ableitung $y^{(n-1)}(t)$. In rkfest sind keine Einheiten zulässig!

$k := 0 .. \text{zeilen}(Z) - 1$ Bereichsvariable

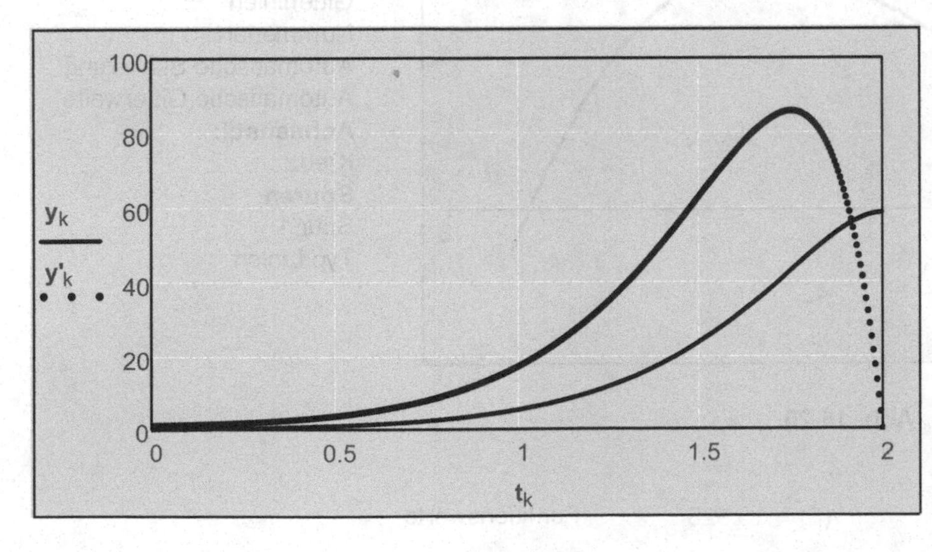

X-Y-Achsen:
Gitterlinien
Nummeriert
Automatische Skalierung
Automatische Gitterweite
Achsenstil:
Kasten
Spuren:
Spur 1
Typ Linien
Spur 2
Typ Punkte

Abb. 15.25

Beispiel 15.13:

Gegeben sei die nachfolgende Differentialgleichung 3. Ordnung mit den Anfangsbedingungen y(0) = 0, y'(0) = 5, y''(0) = 1 .

$4 \cdot y''' + y = \sin(x)$ **Inhomogene lineare Differentialgleichung 3. Ordnung.**

Lösung der inhomogenen Differentialgleichung mithilfe von Gdglösen:

Vorgabe

$$4 \cdot \frac{d^3}{dx^3} y(x) + y(x) = \sin(x)$$

$y(0) = 0$ $y'(0) = 5$ $y''(0) = 1$ **Anfangsbedingungen**

$y := \text{Gdglösen}(x, 5.5)$ **Das Lösungsintervall wurde hier von 0 bis 5.5 gewählt (ohne Schritte)!**

Die Einstellung für den Lösungsalgorithmus erhalten wir, wie oben angegeben, über das Dialogfeld durch einen Klick mit der rechten Maustaste auf Gdglösen (Adams/BDF, rkfest, rkadapt, Radau).

$x := 0, 0.01 .. 5.5$ Bereichsvariable

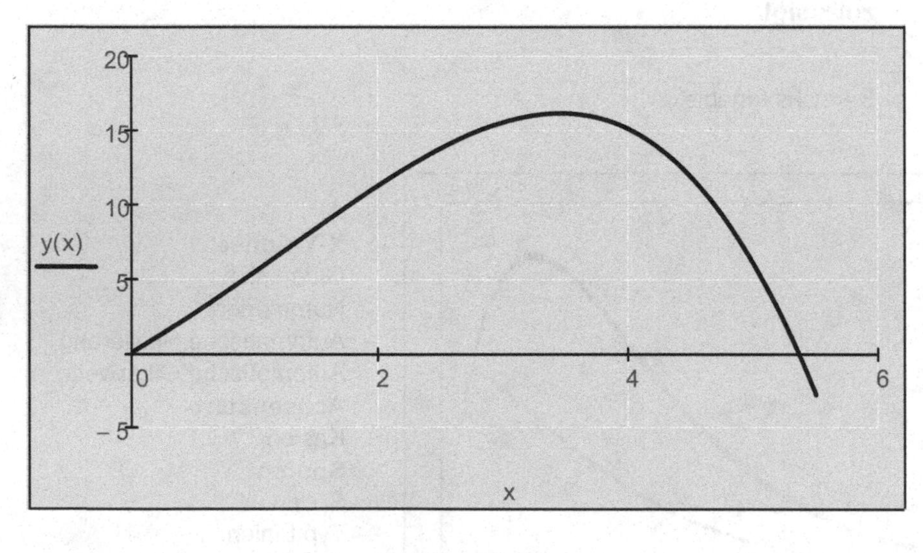

X-Y-Achsen:
Gitterlinien
Nummeriert
Automatische Skalierung
Automatische Gitterweite
Achsenstil:
Kreuz
Spuren:
Spur 1
Typ Linien

Abb. 15.26

$y(0) = 0$ $y(1) = 5.456$ $y(3) = 15.523$ Funktionswerte

Beispiel 15.14:

Gegeben sei die nachfolgende Differentialgleichung 3. Ordnung mit den Randbedingungen $u(0) = u_0 = 1$, $u(\pi) = u_1 = -1$, $u'(\pi) = u'_1 = -2$.

$u'''(x) + u''(x) + u'(x) + u(x) = 0$ **Homogene lineare Differentialgleichung 3. Ordnung**

Lösung der homogenen Differentialgleichung mithilfe von rkfest:

Rückführung der Differentialgleichung auf ein System 1. Ordnung:

$U_0{}' = U_1$

$U_1{}' = U_2$ **Es fehlen hier die Anfangswerte $U_1(0)$ und $U_2(0)$.**

$U_2{}' = -U_2 - U_1 - U_0$

$x_a := 0$

$x_e := \pi$

Anfangs- und Endwert des Lösungsintervalls

$v := \begin{pmatrix} 1 \\ 1 \end{pmatrix}$ **Schätzwert für u''(0)**, **Schätzwert für u'''(0)**

Spaltenvektor für die Schätzungen der Anfangswerte im Punkt x_a, die nicht gegeben sind.

$\mathrm{lad}(x_a, v) := \begin{pmatrix} 1 \\ v_0 \\ v_1 \end{pmatrix}$ **u(0) (bekannt)**, **Schätzwerte**

$\mathrm{lad}(x_a, v) = \begin{pmatrix} 1 \\ 1 \\ 1 \end{pmatrix}$ **Dieser Vektor enthält zuerst die gegebenen Anfangswerte und anschließend die Schätzwerte aus dem Vektor v für die fehlenden Anfangswerte an der Stelle x_a.**

$D(x, U) := \begin{pmatrix} U_1 \\ U_2 \\ -U_2 - U_1 - U_0 \end{pmatrix}$

Vektorfunktion für die Differentialgleichung (wie bei Anfangswertproblem).

$\mathrm{abst}(x_e, U) := \begin{pmatrix} U_0 + 1 \\ U_1 + 2 \end{pmatrix}$

Dieser Vektor hat die gleiche Anzahl der Komponenten wie der Schätzvektor v und enthält die Differenzen zwischen den Funktionen U_i ($U_0 = U$; $U_1 = U'$) und ihren Randwerten an der Stelle x_e.

$S := \mathrm{sgrw}(v, x_a, x_e, D, \mathrm{lad}, \mathrm{abst})$

Berechnung der fehlenden Anfangsbedingungen u'(0) und u''(0).

$S = \begin{pmatrix} 2 \\ -1 \end{pmatrix}$ **u'(0)**, **u''(0)**

Die von sgrw gelieferten fehlenden Anfangswerte u'(0) = 2 und u''(0) = -1 gestatten nun die Lösung der Aufgabe als Anfangswertproblem mit rkfest:

$aw := \begin{pmatrix} 1 \\ S_0 \\ S_1 \end{pmatrix}$ **u (0) = 1**, **u'(0) = 2**, **u''(0) = -1**

aw ist ein Vektor mit den Anfangsbedingungen für die Differentialgleichung n-ter Ordnung.

$n := 20$ — **Anzahl der Schritte für die numerische Berechnung.**

$\mathbf{Z} := \text{rkfest}(\mathbf{aw}, x_a, x_e, n, \mathbf{D})$

$\mathbf{x} := \mathbf{Z}^{\langle 0 \rangle}$

$\mathbf{u} := \mathbf{Z}^{\langle 1 \rangle}$ $\quad$ $\mathbf{u'} := \mathbf{Z}^{\langle 2 \rangle}$

Runge-Kutta-Methode. Die Lösung Z ist eine (N+1)x(n+1) Matrix. Die erste Spalte $Z^{<0>}$ enthält die x-Werte, die nächste Spalte $Z^{<1>}$ die Lösungsfunktion u(x) und die letzte Spalte $Z^{<n>}$ die Ableitung $u^{(n-1)}(x)$.

$k := 0 .. \text{zeilen}(\mathbf{Z}) - 1$ — Bereichsvariable

$u(x) := \cos(x) + 2\sin(x)$ — **exakte Lösung der Differentialgleichung zum Vergleich**

$x := 0, 0.01 .. \pi$ — Bereichsvariable

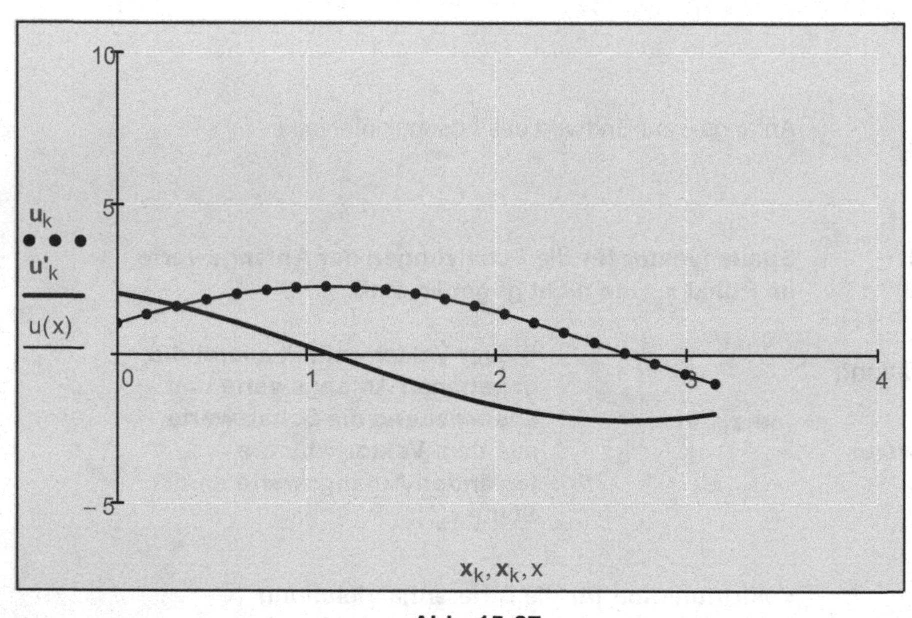

Achsenbeschränkung:
y-Achse: -5 bis 10
X-Y-Achsen:
Gitterlinien
Nummeriert
Automatische Skalierung
Automatische Gitterweite
Achsenstil:
Kreuz
Spuren:
Spur 1
Typ Punkte
Spur 2 und Spur 3
Typ Linien

Abb. 15.27

Beispiel 15.15:

Gegeben sei die nachfolgende Differentialgleichung 5. Ordnung mit den Randbedingungen x(0) = 0, x(1) = 1, x'(0) = 7, x'(1) = 10, x''(1) = 5.

$x^5(t) + x(t) = 0$ — **Homogene lineare Differentialgleichung 5. Ordnung**

Lösung der homogenen Differentialgleichung mithilfe von rkfest:

$t_a := 0$

$t_e := 1$

Anfangs- und Endwert des Lösungsintervalls

$\mathbf{v} := \begin{pmatrix} 1 \\ 1 \\ 1 \end{pmatrix}$ **Schätzwert für x''(0)**, **Schätzwert für x'''(0)**, **Schätzwert für x''''(0)**

Spaltenvektor für die Schätzungen der Anfangswerte im Punkt t_a, die nicht gegeben sind.

$$\mathrm{lad}(t_a, v) := \begin{pmatrix} 0 \\ 7 \\ v_0 \\ v_1 \\ v_2 \end{pmatrix}$$ **y(0) (bekannt)**, **y'(0) (bekannt)**, **Schätzwerte**

Dieser Vektor enthält zuerst die gegebenen Anfangswerte und anschließend die Schätzwerte aus dem Vektor v für die fehlenden Anfangswerte im Punkt t_a.

$$D(t, X) := \begin{pmatrix} X_1 \\ X_2 \\ X_3 \\ X_4 \\ -X_0 \end{pmatrix}$$

Vektorfunktion für die Differentialgleichung (wie bei Anfangswertproblem).

$$\mathrm{abst}(t_e, X) := \begin{pmatrix} X_0 - 1 \\ X_1 - 10 \\ X_2 - 5 \end{pmatrix}$$

Dieser Vektor hat die gleiche Anzahl der Komponenten wie der Schätzvektor v und enthält die Differenzen zwischen den Funktionen X_i (X_0 = X; X_1 = X'; X_2 = X") und ihren Randwerten an der Stelle t_e.

Die von sgrw gelieferten fehlenden Anfangswerte x"(0), x'"(0), x""(0) gestatten nun die Lösung der Aufgabe als Anfangswertproblem mit rkfest:

$S := \mathrm{sgrw}(v, t_a, t_e, D, \mathrm{lad}, \mathrm{abst})$ **Berechnung der fehlenden Anfangsbedingungen.**

$$S = \begin{pmatrix} -85.014 \\ 348.107 \\ -516.257 \end{pmatrix}$$ **x"(0)**, **x'"(0)**, **x""(0)**

$$aw := \begin{pmatrix} 0 \\ 7 \\ S_0 \\ S_1 \\ S_2 \end{pmatrix}$$

aw ist ein Vektor mit den Anfangsbedingungen n-ter Ordnung.

$n := 400$ **Anzahl der Zeitschritte für die numerische Berechnung.**

$Z := \mathrm{rkfest}(aw, t_a, t_e, n, D)$

$t := Z^{\langle 0 \rangle}$

$y := Z^{\langle 1 \rangle}$ $y' := Z^{\langle 2 \rangle}$

Runge-Kutta-Methode. Die Lösung Z ist eine (N+1)x(n+1) Matrix. Die erste Spalte $Z^{<0>}$ enthält die t-Werte, die nächste Spalte $Z^{<1>}$ die Lösungsfunktion x(t) und die letzte Spalte $Z^{<n>}$ die Ableitung $x^{(n-1)}(t)$. In rkfest sind keine Einheiten zulässig!

$k := 0..\mathrm{zeilen}(Z) - 1$ Bereichsvariable

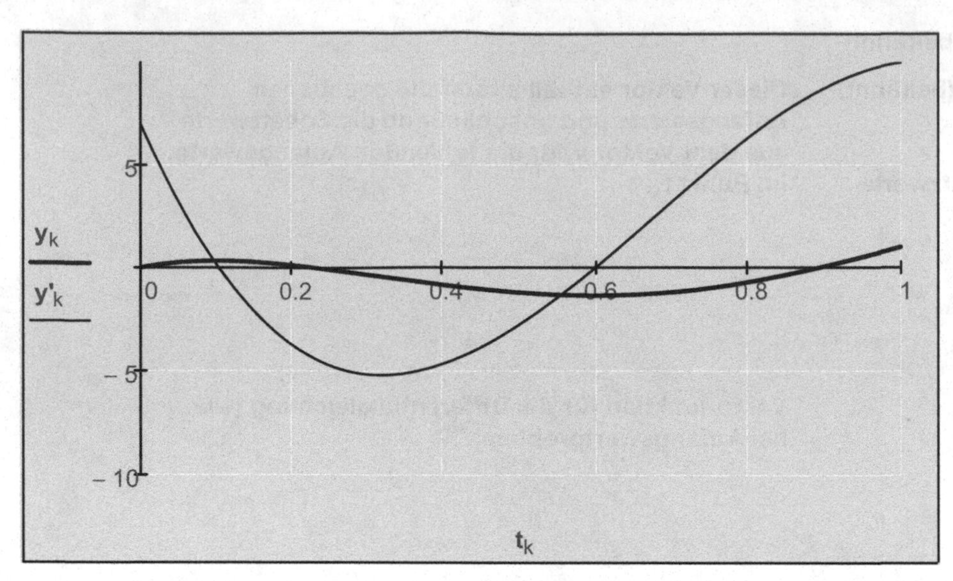

Abb. 15.28

Achsenbeschränkung:
y-Achse: -1 bis 2
X-Y-Achsen:
Gitterlinien
Nummeriert
Automatische Skalierung
Automatische Gitterweite
Anzahl der Gitterlinien: 3
Achsenstil:
Kreuz
Spuren:
Spur 1
Typ Punkte

15.4 Lineare Differentialgleichungssysteme 1. Ordnung mit konstanten Koeffizienten

Ein lineares inhomogenes Differentialgleichungssystem 1. Ordnung mit konstanten Koeffizienten hat folgende Form:

$$\frac{d}{dt}y_1(t) = a_{1,1} \cdot y_1(t) + a_{1,2} \cdot y_2(t) + \ldots\ldots\ldots + a_{1,n} \cdot y_n(t) + s_1(t)$$

$$\frac{d}{dt}y_2(t) = a_{2,1} \cdot y_1(t) + a_{2,2} \cdot y_2(t) + \ldots\ldots\ldots + a_{2,n} \cdot y_n(t) + s_2(t)$$

$$\frac{d}{dt}y_n(t) = a_{n,1} \cdot y_1(t) + a_{n,2} \cdot y_2(t) + \ldots\ldots\ldots + a_{n,n} \cdot y_n(t) + s_n(t)$$

Durch Einführung der Vektoren

$$\frac{d}{dt}\mathbf{Y}(t) = \begin{pmatrix} \frac{d}{dt}y_1(t) \\ \frac{d}{dt}y_2(t) \\ . \\ . \\ \frac{d}{dt}y_n(t) \end{pmatrix}, \quad \mathbf{Y}(t) = \begin{pmatrix} y_1(t) \\ y_2(t) \\ . \\ . \\ y_n(t) \end{pmatrix} \quad \textbf{und} \quad \mathbf{S}(t) = \begin{pmatrix} s_1(t) \\ s_2(t) \\ . \\ . \\ s_n(t) \end{pmatrix},$$

kann das Differentialgleichungssystem mit der quadratischen Matrix A (n x n Matrix) in Matrixform geschrieben werden:

$$\frac{d}{dt}\mathbf{Y}(t) = \mathbf{A} \cdot \mathbf{Y}(t) + \mathbf{S}(t).$$

Ist $\mathbf{S}(t) = \vec{0}$, so ist das Differentialgleichungssystem homogen.

Beispiel 15.16:

Gegeben sei ein gedämpfter Zweimassenschwinger, wie in Abb. 15.26 dargestellt. Ermitteln Sie die zeitlichen Positionen $x_1(t)$ und $x_2(t)$ der Massen m_1 und m_2 sowie deren Geschwindigkeiten $v_1(t)$ und $v_2(t)$, wenn keine periodisch anregende Kraft auf das System wirkt. Für den Fall, dass eine periodische Kraft $F(t) = 1/m_2 \sin(\omega t)$ auf das System wirkt, stellen Sie den Frequenz- und Phasengang dar.

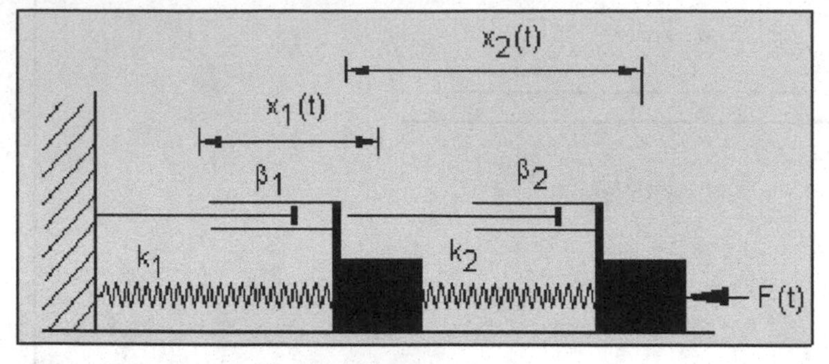

Abb. 15.29

Anfangsbedingungen:

$x_1(0 \cdot s) = x0_1 = 0.25 \cdot m$

$x_2(0 \cdot s) = x0_2 = 0 \cdot m$

$v_0(0 \cdot s) = v0_1 = 0 \cdot \frac{m}{s}$

$v_2(0 \cdot s) = v0_2 = 0 \cdot \frac{m}{s}$

$m_1 := 1.6 \cdot kg$ Masse 1 $k_1 := 75 \cdot \frac{N}{m}$ Federkonstante 1 $\beta_1 := 0.6 \cdot N \cdot \left(\frac{m}{s}\right)^{-1}$ Reibungskoeffizient 1

$m_2 := 2 \cdot kg$ Masse 2 $k_2 := 100 \cdot \frac{N}{m}$ Federkonstante 2 $\beta_2 := 0.9 \cdot N \cdot \left(\frac{m}{s}\right)^{-1}$ Reibungskoeffizient 2

$$\frac{d^2}{dt^2}\left[x_1(t)\right] = -\frac{k_1}{m_1} \cdot x_1(t) + \frac{k_2}{m_1} \cdot \left[x_2(t) - x_1(t)\right] - \frac{\beta_1}{m_1} \cdot \frac{d}{dt}\left[x_1(t)\right]$$

$$\frac{d^2}{dt^2}\left[x_2(t)\right] = -\frac{k_2}{m_2} \cdot \left[x_2(t) - x_1(t)\right] - \frac{\beta_2}{m_2} \cdot \frac{d}{dt}\left[x_2(t)\right] - \frac{1}{m_2} \cdot F(t)$$

Zugehöriges gekoppeltes inhomogenes lineares Differentialgleichungssystem 2. Ordnung mit konstanten Koeffizienten.

Das Differentialgleichungssystem wird mit folgenden Substitutionen in ein System 1. Ordnung übergeführt:

$v_1(t) = \frac{d}{dt}x_1(t)$ $v_2(t) = \frac{d}{dt}x_2(t)$ $\frac{d}{dt}v_1(t) = \frac{d^2}{dt^2}x_1(t)$ $\frac{d}{dt}v_2(t) = \frac{d^2}{dt^2}x_2(t)$

Damit gilt:

$$\frac{d}{dt}\begin{bmatrix} x_1(t) \\ x_2(t) \\ v_1(t) \\ v_2(t) \end{bmatrix} = \begin{bmatrix} v_1(t) \\ v_2(t) \\ -\frac{k_1}{m_1} \cdot x_1(t) + \frac{k_2}{m_1} \cdot \left[x_2(t) - x_1(t)\right] - \frac{\beta_1}{m_1} \cdot \frac{d}{dt}\left[x_1(t)\right] \\ -\frac{k_2}{m_2} \cdot \left[x_2(t) - x_1(t)\right] - \frac{\beta_2}{m_2} \cdot \frac{d}{dt}\left[x_2(t)\right] - \frac{1}{m_2} \cdot F(t) \end{bmatrix}$$

Dieses lineare Differentialgleichungssystem kann für den homogenen Fall (F(t) = 0 nun als Matrixgleichung geschrieben werden:

$$\frac{d}{dt}\mathbf{z}(t) = \frac{d}{dt}\begin{bmatrix} x_1(t) \\ x_2(t) \\ v_1(t) \\ v_2(t) \end{bmatrix} = \mathbf{A}\cdot\begin{bmatrix} x_1(t) \\ x_2(t) \\ v_1(t) \\ v_2(t) \end{bmatrix} = \mathbf{A}\cdot\mathbf{z}(t)$$

ORIGIN := 1 — ORIGIN festlegen

$$\mathbf{A} := \begin{pmatrix} 0 & 0 & 1 & 0 \\ 0 & 0 & 0 & 1 \\ -\frac{k_1+k_2}{m_1}\cdot s^2 & \frac{k_2}{m_1}\cdot s^2 & -\frac{\beta_1}{m_1}\cdot s & 0 \\ \frac{k_2}{m_2}\cdot s^2 & -\frac{k_2}{m_2}\cdot s^2 & 0 & -\frac{\beta_2}{m_2}\cdot s \end{pmatrix}$$

Die Koeffizientenmatrix muss dimensionslos sein! Die Größen werden hier einheitenfrei gemacht.

Die allgemeine Lösung für das homogene lineare Gleichungssystem 1. Ordnung lässt sich aus folgender Linearkombination bilden:

$$\mathbf{z}(t) = b_1\cdot e^{\lambda_1\cdot t}\cdot\mathbf{v_1} + b_2\cdot e^{\lambda_2\cdot t}\cdot\mathbf{v_2} + b_3\cdot e^{\lambda_3\cdot t}\cdot\mathbf{v_3} + b_4\cdot e^{\lambda_4\cdot t}\cdot\mathbf{v_4}$$

Dabei bedeuten die λ_i die Eigenwerte und die v_i die Eigenvektoren der Matrix A. Die Koeffizienten b_i werden aus den Anfangsbedingungen bestimmt.

$\lambda := \text{eigenwerte}(\mathbf{A})$ $\qquad$ $\mathbf{v} := \text{eigenvektoren}(\mathbf{A})$

$$\lambda = \begin{pmatrix} -0.197 + 11.956i \\ -0.197 - 11.956i \\ -0.215 + 4.043i \\ -0.215 - 4.043i \end{pmatrix}$$

vier verschiedene komplexe Eigenwerte

$$\mathbf{v} = \begin{pmatrix} -0.001 - 0.073i & -0.001 + 0.073i & -0.007 - 0.134i & -0.007 + 0.134i \\ 3.722\times10^{-4} + 0.039i & 3.722\times10^{-4} - 0.039i & -0.011 - 0.199i & -0.011 + 0.199i \\ 0.878 & 0.878 & 0.542 + 0.001i & 0.542 - 0.001i \\ -0.472 - 0.003i & -0.472 + 0.003i & 0.806 & 0.806 \end{pmatrix}$$

$$\overrightarrow{|\mathbf{v}|} = \begin{pmatrix} 0.073 & 0.073 & 0.134 & 0.134 \\ 0.039 & 0.039 & 0.199 & 0.199 \\ 0.878 & 0.878 & 0.542 & 0.542 \\ 0.472 & 0.472 & 0.806 & 0.806 \end{pmatrix} \qquad \overrightarrow{\left|\mathbf{v}^{\langle 1\rangle}\right|} = \begin{pmatrix} 0.073 \\ 0.039 \\ 0.878 \\ 0.472 \end{pmatrix}$$

$$\mathbf{f} := \frac{\mathrm{Im}(\boldsymbol{\lambda})}{2 \cdot \pi} \qquad \mathbf{f} = \begin{pmatrix} 1.903 \\ -1.903 \\ 0.643 \\ -0.643 \end{pmatrix}$$

Eigenfrequenzen in Hz

$$\mathbf{T} := \overrightarrow{\frac{2 \cdot \pi}{\mathrm{Im}(\boldsymbol{\lambda})}} \qquad \mathbf{T} = \begin{pmatrix} 0.526 \\ -0.526 \\ 1.554 \\ -1.554 \end{pmatrix}$$

Periodendauer in s (T = 1/f)

Mit den Anfangsbedingungen gilt:

$x0_1 := 0.25 \quad x0_2 := 0 \quad v0_1 := 0 \quad v0_2 := 0$

$$\mathbf{z}(0) = b_1 \cdot e^{\lambda_1 \cdot 0} \cdot \mathbf{v_1} + b_2 \cdot e^{\lambda_2 \cdot 0} \cdot \mathbf{v_2} + b_3 \cdot e^{\lambda_3 \cdot 0} \cdot \mathbf{v_3} + b_4 \cdot e^{\lambda_4 \cdot 0} \cdot \mathbf{v_4} = \begin{pmatrix} x0_1 \\ x0_2 \\ v0_1 \\ v0_2 \end{pmatrix}$$

Die Gleichung vereinfacht sich zu:

$$b_1 \cdot \mathbf{v_1} + b_2 \cdot \mathbf{v_2} + b_3 \cdot \mathbf{v_3} + b_4 \cdot \mathbf{v_4} = \begin{pmatrix} x0_1 \\ x0_2 \\ v0_1 \\ v0_2 \end{pmatrix} \quad \text{bzw.} \quad \mathbf{v} \cdot \begin{pmatrix} b_1 \\ b_2 \\ b_3 \\ b_4 \end{pmatrix} = \begin{pmatrix} x0_1 \\ x0_2 \\ v0_1 \\ v0_2 \end{pmatrix}$$

Die Lösungen der Koeffizienten $\mathbf{b_i}$ erhalten wir durch Umformung der Matrixgleichung:

$$\begin{pmatrix} b_1 \\ b_2 \\ b_3 \\ b_4 \end{pmatrix} := \mathbf{v}^{-1} \cdot \begin{pmatrix} x0_1 \\ x0_2 \\ v0_1 \\ v0_2 \end{pmatrix} \qquad \begin{pmatrix} b_1 \\ b_2 \\ b_3 \\ b_4 \end{pmatrix} = \begin{pmatrix} 0.002622 + 1.251082i \\ 0.002622 - 1.251082i \\ -0.003654 + 0.248232i \\ -0.003654 - 0.248232i \end{pmatrix}$$

Die Lösung des homogenen linearen Gleichungssystem lautet dann:

$$\mathbf{z}(t) := b_1 \cdot e^{\lambda_1 \cdot t} \cdot \mathbf{v}^{\langle 1 \rangle} + b_2 \cdot e^{\lambda_2 \cdot t} \cdot \mathbf{v}^{\langle 2 \rangle} + b_3 \cdot e^{\lambda_3 \cdot t} \cdot \mathbf{v}^{\langle 3 \rangle} + b_4 \cdot e^{\lambda_4 \cdot t} \cdot \mathbf{v}^{\langle 4 \rangle}$$

$$\mathbf{z}(0) = \begin{pmatrix} 0.25 \\ 0 \\ 0 \\ 0 \end{pmatrix} \qquad \mathbf{z}(0.1) = \begin{pmatrix} 0.13 \\ 0.054 \\ -2.109 \\ 0.92 \end{pmatrix} \qquad \mathbf{z}(0.2) = \begin{pmatrix} -0.081 \\ 0.137 \\ -1.632 \\ 0.489 \end{pmatrix}$$

$x_1(t) := \mathbf{z}(t)_1 \cdot m$ Position der 1. Masse

$x_2(t) := \mathbf{z}(t)_2 \cdot m$ Position der 2. Masse

$v_1(t) := \mathbf{z}(t)_3 \cdot \frac{m}{s}$ Geschwindigkeit der 1. Masse

$v_2(t) := \mathbf{z}(t)_4 \cdot \frac{m}{s}$ Geschwindigkeit der 2. Masse

$t := 0, 0.01 .. 5$ Bereichsvariable

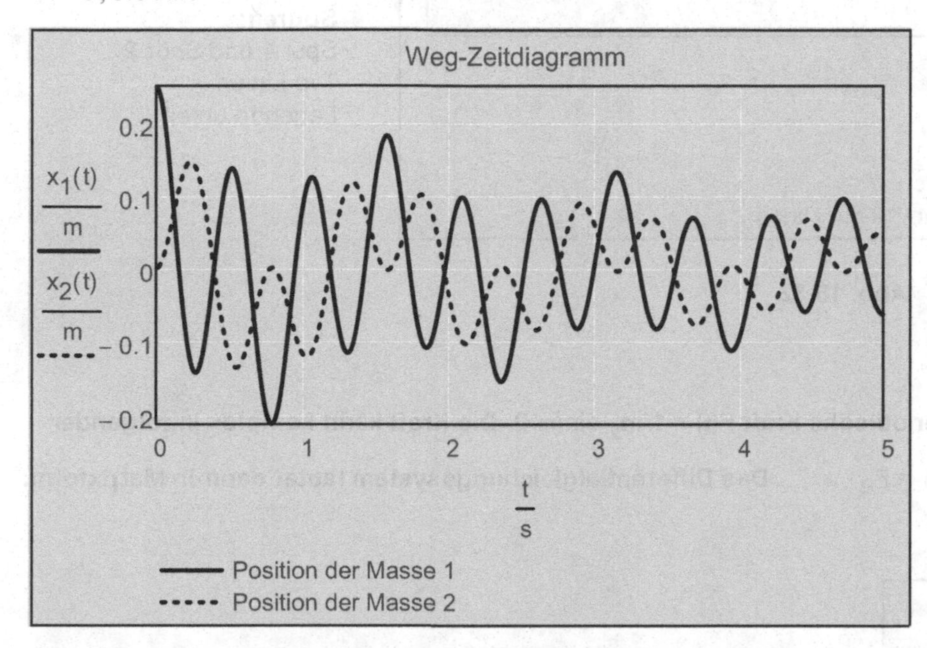

X-Y-Achsen:
Gitterlinien
Nummeriert
Automatische Skalierung
Automatische Gitterweite
Achsenstil:
Kasten
Spuren:
Spur 1 und Spur 2
Typ Linien
Legende unten

Abb. 15.30

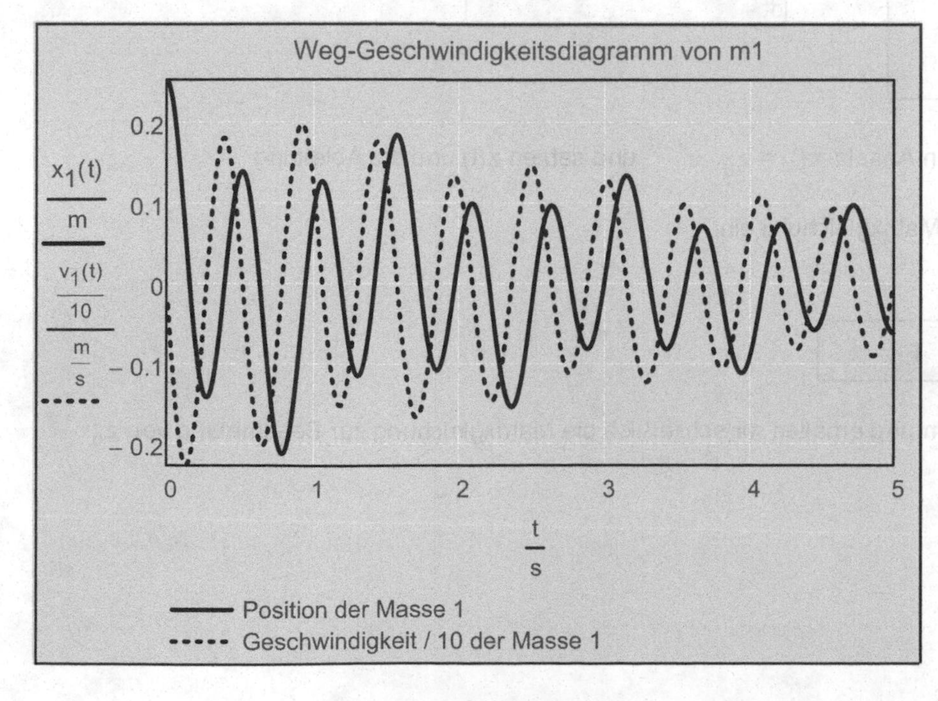

X-Y-Achsen:
Gitterlinien
Nummeriert
Automatische Skalierung
Automatische Gitterweite
Achsenstil:
Kasten
Spuren:
Spur 1 und Spur 2
Typ Linien
Legende unten

Abb. 15.31

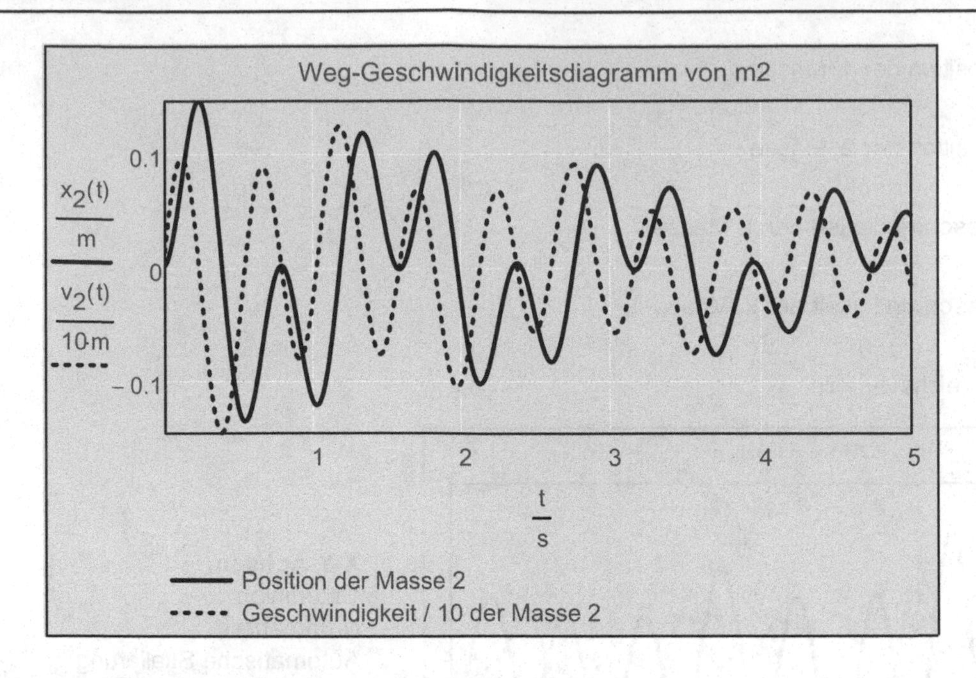

X-Y-Achsen:
Gitterlinien
Nummeriert
Automatische Skalierung
Automatische Gitterweite
Achsenstil:
Kasten
Spuren:
Spur 1 und Spur 2
Typ Linien
Legende unten

Abb. 15.32

Auf das System wirke eine periodische Kraft F(t) = 1/m_2 sin(ω*t). Die Kraft kann komplex in folgender Form dargestellt werden: $F(t) = \mathbf{F_0} \cdot e^{j \cdot \omega \cdot t}$**. Das Differentialgleichungssystem lautet dann in Matrixform:**

$$\frac{d}{dt}\begin{pmatrix} x_1 \\ x_2 \\ v_1 \\ v_2 \end{pmatrix} = \mathbf{A} \cdot \begin{pmatrix} x_1 \\ x_2 \\ v_1 \\ v_2 \end{pmatrix} - \begin{pmatrix} 0 \\ 0 \\ 0 \\ \frac{1}{m_2} \end{pmatrix} \cdot e^{j \cdot \omega \cdot t}$$

$$\frac{d}{dt}\mathbf{z}(t) = \mathbf{A} \cdot \mathbf{z}(t) + \mathbf{F_0} \cdot e^{j \cdot \omega \cdot t}$$

Wir machen nun den komplexen Ansatz $\mathbf{z}(t) = \mathbf{z_0} \cdot e^{j \cdot \omega \cdot t}$ und setzen $\mathbf{z}(t)$ und die Ableitung

$\frac{d}{dt}\mathbf{z}(t) = j \cdot \omega \cdot \mathbf{z_0} \cdot e^{j \cdot \omega \cdot t}$ in die Matrixgleichung ein:

$$j \cdot \omega \cdot \mathbf{z_0} \cdot e^{j \cdot \omega \cdot t} = \mathbf{A} \cdot \mathbf{z_0} \cdot e^{j \cdot \omega \cdot t} - \mathbf{F_0} \cdot e^{j \cdot \omega \cdot t}$$

Durch Vereinfachen und Umformung erhalten wir schließlich die Matrixgleichung zur Bestimmung von $\mathbf{z_0}$:

$$j \cdot \omega \cdot \mathbf{z_0} = \mathbf{A} \cdot \mathbf{z_0} - \mathbf{F_0}$$

$$\mathbf{A} \cdot \mathbf{z_0} - j \cdot \omega \cdot \mathbf{z_0} = \mathbf{F_0}$$

$$(\mathbf{A} - j \cdot \omega \cdot \mathbf{E}) \cdot \mathbf{z_0} = \mathbf{F_0}$$

$$\left[\mathbf{A} - j \cdot \omega \cdot \begin{pmatrix} 1 & 0 & 0 & 0 \\ 0 & 1 & 0 & 0 \\ 0 & 0 & 1 & 0 \\ 0 & 0 & 0 & 1 \end{pmatrix}\right] \cdot \mathbf{z_0} = \begin{pmatrix} 0 \\ 0 \\ 0 \\ \frac{1}{m_2} \end{pmatrix}$$

$$\mathbf{z_0}(\omega) := \left[\mathbf{A} - j \cdot \omega \cdot s \cdot \begin{pmatrix} 1 & 0 & 0 & 0 \\ 0 & 1 & 0 & 0 \\ 0 & 0 & 1 & 0 \\ 0 & 0 & 0 & 1 \end{pmatrix}\right]^{-1} \cdot \begin{pmatrix} 0 \\ 0 \\ 0 \\ \frac{kg}{m_2} \end{pmatrix}$$

Matrixgleichung einheitenfrei gemacht!

$x_1(\omega) := \left|\mathbf{z_0}(\omega)_1\right|$ Frequenzgang für die Masse 1

$x_2(\omega) := \left|\mathbf{z_0}(\omega)_2\right|$ Frequenzgang für die Masse 2

$\varphi_1(\omega) := \arg\left(\mathbf{z_0}(\omega)_1\right)$ Phasengang für die Masse 1

$\varphi_2(\omega) := \arg\left(\mathbf{z_0}(\omega)_1\right)$ Phasengang für die Masse 2

$\omega_{min} := 1$

Kreisfrequenzbereich

$\omega_{max} := 100$

$n := 300$ Anzahl der Schritte

$\Delta\omega := \dfrac{\ln(\omega_{max}) - \ln(\omega_{min})}{n}$ Schrittweite

$k := 1 .. n$ Bereichsvariable

$\omega_k := \omega_{min} \cdot e^{k \cdot \Delta\omega} \cdot s^{-1}$ Kreisfrequenzvektor

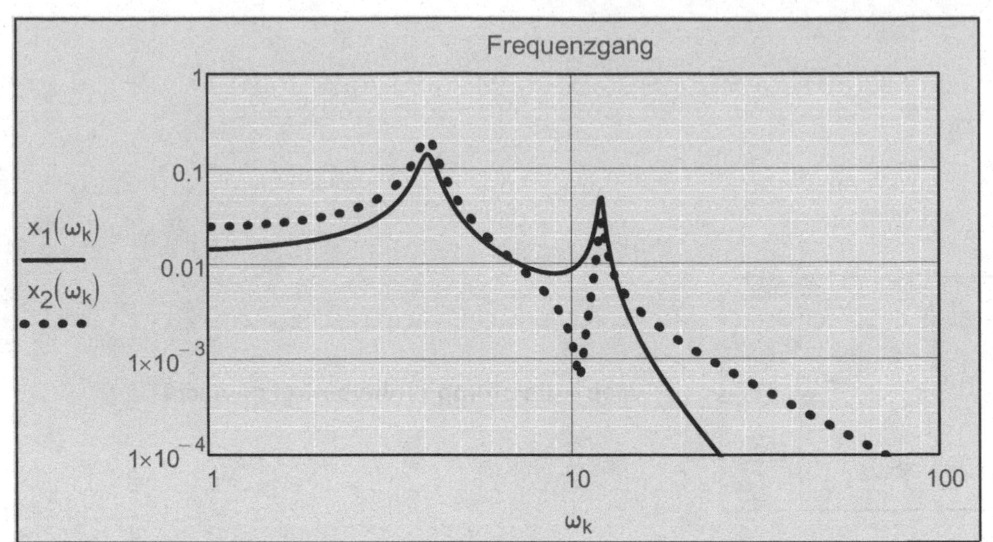

X-Y-Achsen:
Logarithmusskala:
x- und y-Achse
Gitterlinien
Nummeriert
Automatische Skalierung
Achsenstil:
Kasten
Spuren:
Spur 1 und Spur 2
Typ Linien

Abb. 15.33

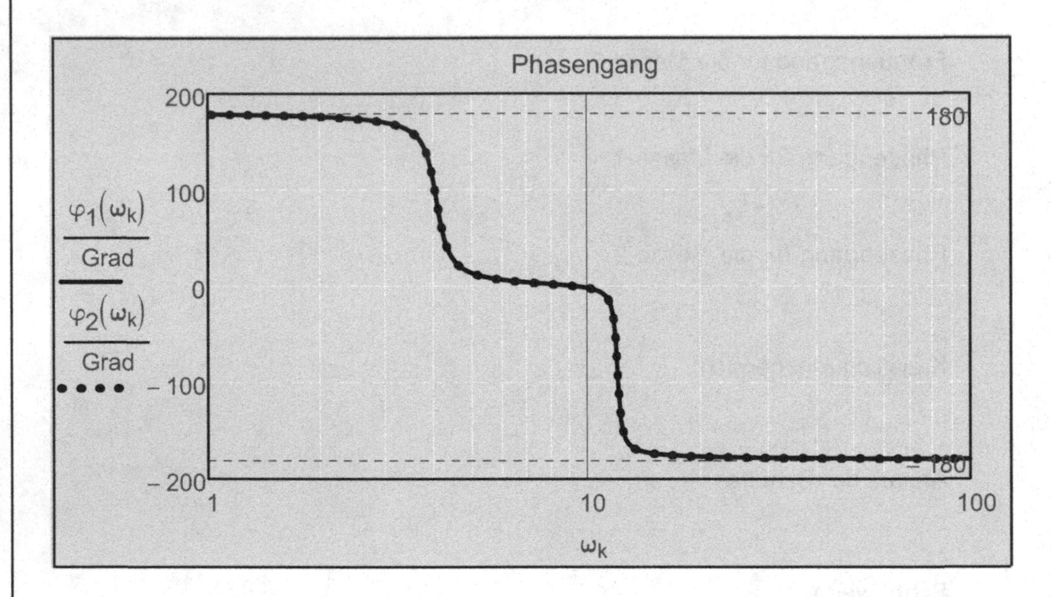

X-Y-Achsen:
Logarithmusskala:
x-Achse
Gitterlinien
Nummeriert
Automatische Skalierung
Markierung anzeigen:
y-Achse: -180 und 180
Anzahl der Gitterlinien:
y-Achse: 4
Achsenstil:
Kasten
Spuren:
Spur 1 und Spur 2
Typ Linien

Abb. 15.34

15.5 Nichtlineare Differentialgleichungen und Differentialgleichungssysteme

Beispiel 15.17:

Eine Masse m_0 = 0.5 kg mit einer Querschnittsfläche A = 40 cm² und einem c_w -Wert von 0.9 soll aus einer Höhe h_0 = 1000 m zum Zeitpunkt t_a = 0 s fallengelassen werden. Der freie Fall soll t_e = 6 s dauern. Die Luftdichte betrage an der Erdoberfläche ρ = 1.28 kg/m³. Wir nehmen an, dass der Luftdruck für r= r_e + H_0 (Höhe H_0 = 8000 m und Erdradius r_e = 6340 km) auf (1/e) ρ abgefallen ist. Stellen Sie grafisch das Weg-Zeitdiagramm und das Geschwindigkeits-Zeitdiagramm dar.

Die Bewegungsgleichung lautet:

$$m_0 \cdot y'' = k1(r) \cdot y'^2 - m_0 \cdot g1(r)$$ **nichtlineare Differentialgleichung 2. Ordnung**

$$y'' = \frac{k(r)}{m_0} \cdot y'^2 - g1(r)$$ umgeformte Differentialgleichung

$$k1(r) = c_w \cdot A \cdot \frac{\rho(r)}{2}$$ und $$\rho(r) = \rho \cdot \exp\left(-\frac{r - r_e}{H_0}\right)$$ und $$g1(r) = g \cdot \left(\frac{r_e}{r}\right)^2$$

$\rho := 1.28$ $\quad r_e := 6340000$ $\quad H_0 := 8000$

$c_w := 0.9$ $\quad A := 0.0040$ $\quad m_0 := 0.8$ $\quad$ gegebene Daten

$$\rho(r) := \rho \cdot \exp\left(-\frac{r - r_e}{H_0}\right) \qquad k_1(r) := \frac{c_w \cdot \rho(r) \cdot A}{2 \cdot m_0} \qquad g1(r) := \frac{g}{\frac{m}{s^2}} \cdot \left(\frac{r_e}{r}\right)^2$$

Lösung der nichtlinearen Differentialgleichung mithilfe von rkfest:

Umwandlung der Differentialgleichung 2. Ordnung in ein System 1. Ordnung durch Substitution:

$$Y_0 = y \qquad Y_1 = \frac{d}{dt}Y_0 = \frac{d}{dt}y \qquad Y_2 = \frac{d}{dt}Y_1 = \frac{d^2}{dt^2}y$$

ORIGIN := 0

$r_0 := r_e + 1000$ Anfangshöhe

$v_0 := 0$ Anfangsgeschwindigkeit

$$\mathbf{aw} := \begin{pmatrix} r_0 \\ v_0 \end{pmatrix}$$

aw ist ein Vektor mit den Anfangsbedingungen für die Differentialgleichung n-ter Ordnung

$$\mathbf{D}(t, \mathbf{Y}) := \begin{bmatrix} Y_1 \\ k_1(Y_0) \cdot (Y_1)^2 - g1(Y_0) \end{bmatrix}$$

Die Vektorfunktion D enthält die umgeformte Differentialgleichung in der Darstellung D(t,Y):=$(Y_1,...,Y_{n-1},y^{(n)}(Y))^T$.
Die letzte Komponente ist die nach $y^{(n)}$ umgeformte Differentialgleichung.
In rkfest sind keine Einheiten zulässig, daher werden sie gekürzt!

$n := 400$ Anzahl der Zeitschritte für die numerische Berechnung.

$t_a := 0$ Anfangszeitpunkt

$t_e := 6$ Endzeitpunkt

$\mathbf{Z} := \text{rkfest}(\mathbf{aw}, t_a, t_e, n, \mathbf{D})$ **Runge-Kutta-Methode. Die Lösung Z ist eine (N+1)x(n+1) Matrix. Die erste Spalte $Z^{<0>}$ enthält die Zeitpunkte t, die nächste Spalte $Z^{<1>}$ die Lösungsfunktion y(t) und die letzte Spalte $Z^{<n>}$ die Ableitung $y^{(n-1)}(t)$. In rkfest sind keine Einheiten zulässig !**

$\mathbf{t} := \mathbf{Z}^{\langle 0 \rangle} \cdot s$ Zeitvektor

$\mathbf{y} := \mathbf{Z}^{\langle 1 \rangle} \cdot m$ Wegvektor

$\mathbf{v} := \mathbf{Z}^{\langle 2 \rangle} \cdot \frac{m}{s}$ Geschwindigkeitsvektor

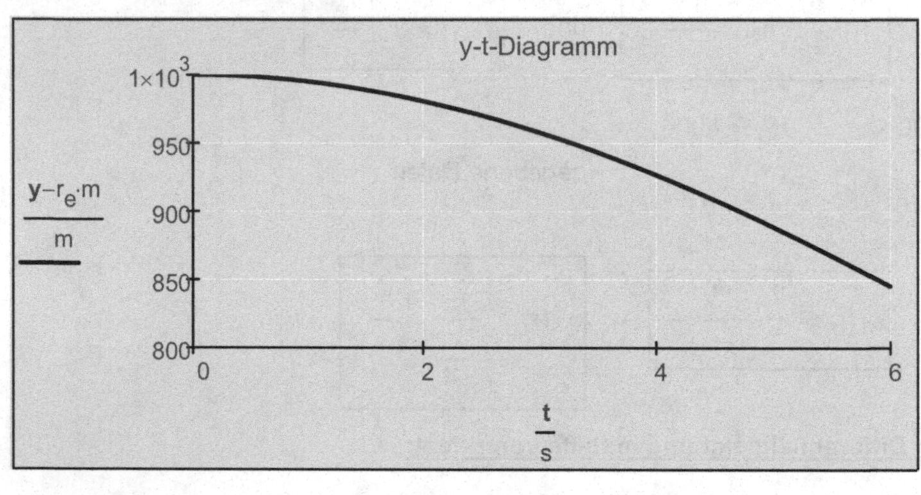

X-Y-Achsen:
Gitterlinien
Nummeriert
Automatische Skalierung
Automatische Gitterweite
Achsenstil:
Kreuz
Spuren:
Spur 1
Typ Linien

Abb. 15.35

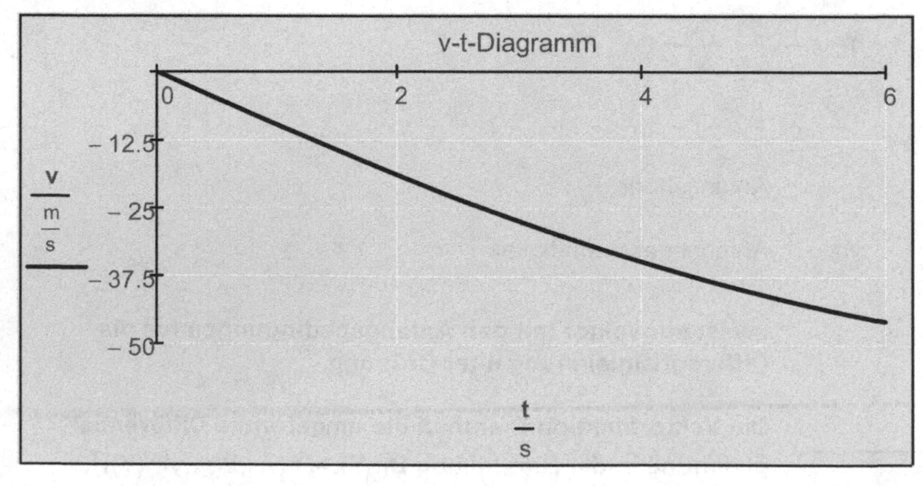

X-Y-Achsen:
Gitterlinien
Nummeriert
Automatische Skalierung
Automatische Gitterweite
Anzahl der Gitterlinien: 4
Achsenstil:
Kreuz
Spuren:
Spur 1
Typ LInlen

Abb. 15.36

Beispiel 15.18:

Wir betrachten ein gewöhnliches Pendel, bei dem der Aufhängepunkt periodisch mit der Erregerfrequenz hin und her bewegt werden kann. Das Pendel sollte auch rotieren können, d.h., auch Winkel, die größer als 90° sind, werden damit möglich. Berücksichtigt wird ein zur Winkelgeschwindigkeit ω proportionaler Dämpfungsterm. Die Anfangsauslenkung betrage $\varphi(0) = \varphi_a = \pi/4$ und die Anfangswinkelgeschwindigkeit $\varphi'(0) = \omega_a = 0$.

$$m \cdot l^2 \cdot \frac{d^2}{dt^2}\varphi(t) + \beta \cdot \frac{d}{dt}\varphi(t) + m \cdot g \cdot l \cdot \sin(\varphi(t)) = A \cdot \cos(\omega_e \cdot t)$$

Bewegungsgleichung-inhomogene nichtlineare Differentialgleichung 2. Ordnung.

Trägheitsmoment mal Winkelbeschleunigung + Reibungsmoment (wirkt der Pendelbewegung entgegen) + rücktreibendes Drehmoment (infolge der Schwerkraft) = externes Drehmoment (periodisch mit Erregerfrequenz ω_e).

$$\frac{d^2}{dt^2}\varphi(t) + \frac{\beta}{m \cdot l^2} \cdot \frac{d}{dt}\varphi(t) + \frac{g}{l} \cdot \sin(\varphi(t)) = \frac{A}{m \cdot l^2} \cdot \cos(\omega_e \cdot t)$$

umgeformte Differentialgleichung

$$\frac{d^2}{dt^2}\varphi(t) + \gamma \cdot \frac{d}{dt}\varphi(t) + \left(\omega_0^2 + \frac{\gamma^2}{4}\right) \cdot \sin(\varphi(t)) = a \cdot \cos(\omega_e \cdot t)$$

umgeformte Differentialgleichung mit substituierten Größen

$\gamma = \frac{\beta}{m \cdot l^2}$ Dämpfungskonstante

$\omega_0 = \sqrt{\frac{g}{l} - \frac{\gamma^2}{4}}$ Eigenfrequenz des Pendels

$a = \frac{A}{m \cdot l^2}$ Erregeramplitude

Lösung der inhomogenen nichtlinearen Differentialgleichung mithilfe von rkfest, Stiffr und Stiffb:

Dieses Beispiel zeigt auf, dass die numerische Integration einer Bewegungsgleichung mit großer Vorsicht behandelt werden muss. Chaotische Bewegungen führen bei kleinen Ungenauigkeiten im Anfangsstadium zu ganz unterschiedlichen Endzuständen. Daher sollte die Bewegungs- gleichung unbedingt mit unterschiedlichen Schrittweiten integriert, und es sollte untersucht werden, ob sich die Lösung dabei noch ändert. Selbst wenn eine genügend kleine geeignete Schrittweite gefunden wurde, so treten nach mehreren Perioden immer numerische Fehler auf.
Die Runge-Kutta-Methode verwendet einen fixen Zeitschritt, daher ist es sinnvoll, andere Integrationsmethoden wie Bulirsch-Stoer oder Rosenbrock zum Vergleich zu verwenden. Diese Methoden verwenden bei der Integration einen variablen Zeitschritt. Nur wenn mehrere numerische Lösungsmethoden dieselbe Lösung liefern, kann von einer vertrauenswüdigen Lösung ausgegangen werden!

Anfangsbedingungen:

$\varphi(0) = \varphi_a = \frac{\pi}{4}$ Anfangsauslenkung

$\frac{d}{dt}\varphi(0) = \omega_a = 0$ Anfangswinkelgeschwindigkeit

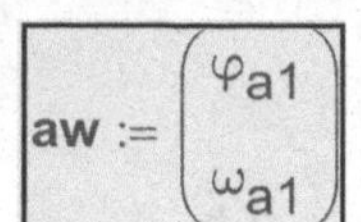

$aw := \begin{pmatrix} \varphi_{a1} \\ \omega_{a1} \end{pmatrix}$

aw ist ein Vektor mit den Anfangsbedingungen für die Differentialgleichung n-ter Ordnung.

Die Vektorfunktion D enthält die umgeformte Differentialgleichung in der Darstellung $D(t,\Phi):=(\Phi_1,...,\Phi_{n-1},\varphi^{(n)}(\Phi))^T$. Die letzte Komponente ist die nach $\varphi^{(n)}$ umgeformte Differentialgleichung. In rkfest sind keine Einheiten zulässig!

$$D(t,\Phi) := \begin{bmatrix} \Phi_1 \\ -\gamma 1 \cdot \Phi_1 - \left(\omega_{0e}^2 + \frac{\gamma 1^2}{4}\right) \cdot \sin(\Phi_0) + a1 \cdot \cos(\omega_{e1} \cdot t) \end{bmatrix}$$

$n_p := 2^5$ Anzahl der Perioden des frei schwingenden Pendels

$n := 2^7 \cdot n_p$ Anzahl der Zeitschritte für die numerische Berechnung

$t_a := 0$ Anfangszeitpunkt

$t_e := \frac{n_p \cdot 2 \cdot \pi}{\omega_{0e}}$ Endzeitpunkt

$t_e = 201.062$ $\quad \frac{t_e}{2 \cdot \pi} = 32$

$Z := \mathrm{rkfest}(aw, t_a, t_e, n-1, D)$

Runge-Kutta-Methode. Die Lösung Z ist eine (N+1)x(n+1) Matrix. Die erste Spalte $Z^{<0>}$ enthält die Zeitpunkte t, die nächste Spalte $Z^{<1>}$ die Lösungsfunktion φ(t) und die letzte Spalte $Z^{<n>}$ die Ableitung $\varphi^{(n-1)}(t)$. In rkfest sind keine Einheiten zulässig!

$t := Z^{\langle 0 \rangle}$ Zeitvektor

$\varphi := Z^{\langle 1 \rangle}$ Vektor der Winkel

$\omega := Z^{\langle 2 \rangle}$ Winkelgeschwindigkeitsvektor

Bulirsch-Stoer- und Rosenbrock-Methode benötigen für die Integration die Jacobi-Matrix. Diese setzt sich aus den partiellen Ableitungen von D(t,Φ) nach der Zeit t und den Koordinaten Φ zusammen:

$$J1(t,\Phi) := \begin{bmatrix} 0 & 0 & 1 \\ -a1 \cdot \omega_{e1} \cdot \sin(\omega_{e1} \cdot t) & -\left[\left(\omega_{0e}^2 + \frac{\gamma 1^2}{4}\right) \cdot \cos(\Phi_0)\right] & -\gamma 1 \end{bmatrix}$$

$Z_{Sr} := \mathrm{Stiffr}(aw, t_a, t_e, n-1, D, J1)$ **Rosenbrock-Methode**

$\varphi_{Sr} := Z_{Sr}^{\langle 1 \rangle}$ Vektor der Winkel

$\omega_{Sr} := Z_{Sr}^{\langle 2 \rangle}$ Winkelgeschwindigkeitsvektor

$Z_{Sb} := \mathrm{Stiffb}(\mathbf{aw}, t_a, t_e, n-1, \mathbf{D}, \mathbf{J1})$ **Bulirsch-Stoer-Methode**

$\varphi_{Sb} := Z_{Sb}^{\langle 1 \rangle}$ Vektor der Winkel

$\omega_{Sb} := Z_{Sb}^{\langle 2 \rangle}$ Winkelgeschwindigkeitsvektor

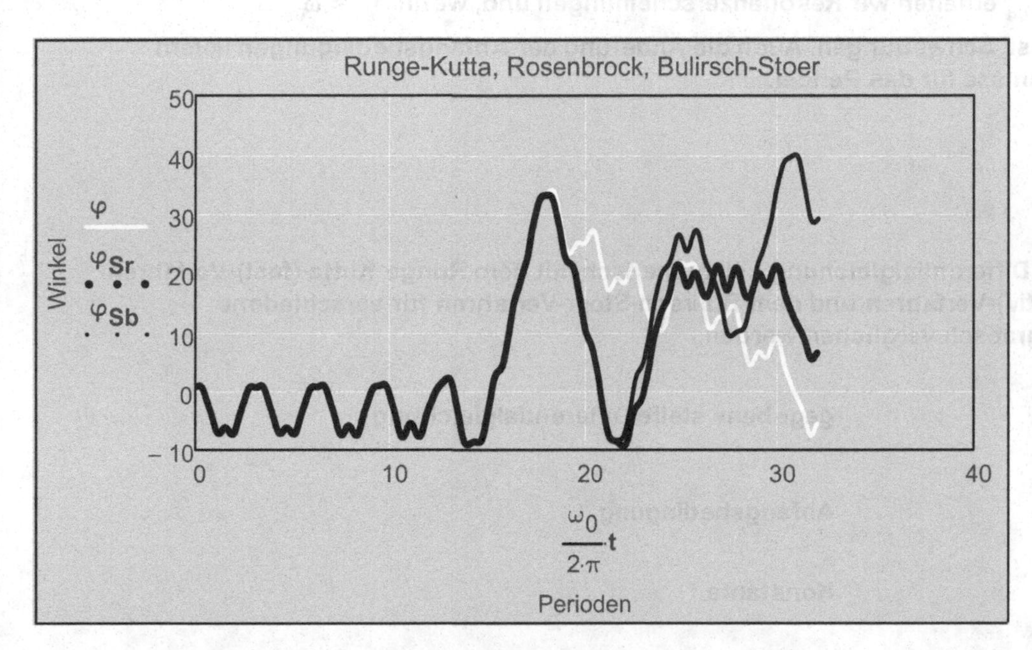

X-Y-Achsen:
Gitterlinien
Nummeriert
Automatische Skalierung
Automatische Gitterweite
Achsenstil:
Kasten
Spuren:
Spur 1
Typ Linien
Spur 2 und Spur 3
Typ Punkte

Abb. 15.37

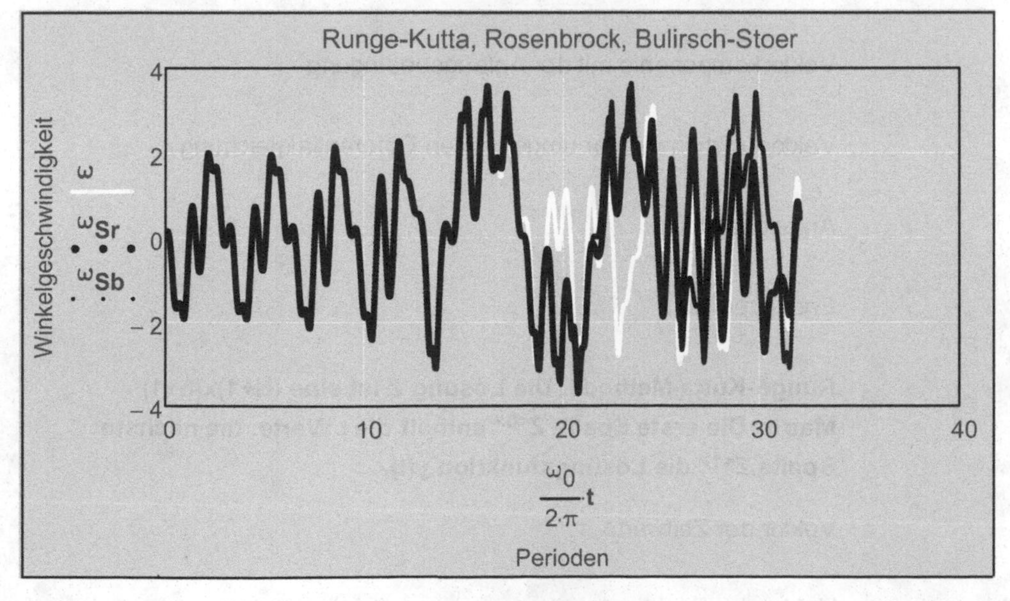

X-Y-Achsen:
Gitterlinien
Nummeriert
Automatische Skalierung
Automatische Gitterweite
Achsenstil:
Kasten
Spuren:
Spur 1
Typ Linien
Spur 2 und Spur 3
Typ Punkte

Abb.15.38

Nur in dem Zeitbereich, in dem alle drei Methoden übereinstimmen und der Einfluss des Zeitschrittes ausgeschaltet ist, ist die Lösung vertrauenswürdig!

$\gamma 1 \equiv 0.02$ Dämpfungskonstante

$\omega_{0e} \equiv 1$ Eigenfrequenz des Pendels

$a1 \equiv 1$ Erregeramplitude

$\omega_{e1} \equiv 0.95 \cdot \omega_{0e}$ Erregerfrequenz

$\varphi_{a1} \equiv \frac{\pi}{4}$ Anfangsauslenkung

$\omega_{a1} \equiv 0$ Anfangswinkelgeschwindigkeit

Die Parameter wurden hier global zur Simulation definiert. Für a1 = 0 erhalten wir eine freie gedämpfte Schwingung. Bei großen γ1-Werten erhalten wir eine gewöhnliche erzwungene Schwingung. Für $\omega_{e1} = \omega_{0e}$ erhalten wir Resonanzerscheinungen und, wenn $\omega_{e1} \approx \omega_{0e}$ näherungsweise erfüllt ist, Schwebungen. Auch die Änderung der Anfangsbedingungen liefern ganz interessante Ergebnisse für das Pendel.

Beispiel 15.19:

Die nachfolgende steife Differentialgleichung soll numerisch mit dem Runge-Kutta-(fest)-Verfahren, dem Runge-Kutta-(adaptiv)-Verfahren und dem Bulirsch-Stoer-Verfahren für verschiedene Zeitschritte gelöst und grafisch verglichen werden.

$\frac{d}{dx}y(t) = -b \cdot y(t)^2$ **gegebene steife Differentialgleichung**

$y(0) = 1$ **Anfangsbedingung**

$b := 4$ **Konstante**

Lösung der inhomogenen nichtlinearen Differentialgleichung mithilfe von rkfest, rkadaptiv und Bulstoer:

$\mathbf{aw}_0 := 1$ Vektorkomponente mit der Anfangsbedingung

$\mathbf{D}(t, \mathbf{Y}) := -b \cdot \left(\mathbf{Y}^2\right)$ Vektorfunktion mit der umgeformten Differentialgleichung

$t_a := 0$ Anfangszeitpunkt

$t_e := 6$ Endzeitpunkt

$\mathbf{Z_{Rf}} := \text{rkfest}\left(\mathbf{aw}, t_a, t_e, Zs, \mathbf{D}\right)$ **Runge-Kutta-Methode. Die Lösung Z ist eine (N+1)x(n+1) Matrix. Die erste Spalte $Z^{\langle 0 \rangle}$ enthält die t Werte, die nächste Spalte $Z^{\langle 1 \rangle}$ die Lösungsfunktion y(t).**

$\mathbf{t_{Rf}} := \mathbf{Z_{Rf}}^{\langle 0 \rangle}$ Vektor der Zeitwerte

$\mathbf{y_{Rf}} := \mathbf{Z_{Rf}}^{\langle 1 \rangle}$ Vektor der Funktionswerte

$Z_{Ra} := \text{Rkadapt}(\mathbf{aw}, t_a, t_e, Zs, \mathbf{D})$ **Rkadapt-Methode. Die Lösung Z ist eine (N+1)x(n+1) Matrix. Die erste Spalte $Z^{<0>}$ enthält die t Werte, die nächste Spalte $Z^{<1>}$ die Lösungsfunktion y(t).**

$t_{Ra} := Z_{Ra}^{\langle 0 \rangle}$ Vektor der Zeitwerte

$y_{Ra} := Z_{Ra}^{\langle 1 \rangle}$ Vektor der Funktionswerte

$Z_B := \text{Bulstoer}(\mathbf{aw}, t_a, t_e, Zs, \mathbf{D})$ **Bulstoer-Methode. Die Lösung Z ist eine (N+1)x(n+1) Matrix. Die erste Spalte $Z^{<0>}$ enthält die t Werte, die nächste Spalte $Z^{<1>}$ die Lösungsfunktion y(t).**

$t_B := Z_B^{\langle 0 \rangle}$ Vektor der Zeitwerte

$y_B := Z_B^{\langle 1 \rangle}$ Vektor der Funktionswerte

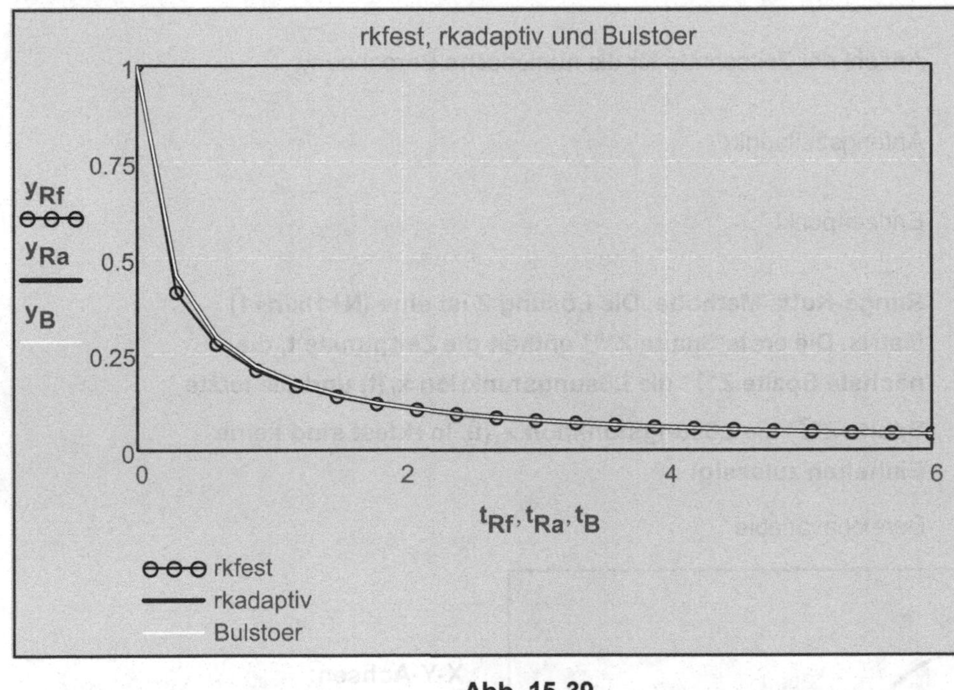

X-Y-Achsen:
Gitterlinien
Nummeriert
Automatische Skalierung
Automatische Gitterweite
Anzahl der Gitterlinien: 4
Achsenstil:
Kasten
Spuren:
Spur 1
Symbol Kreis, Typ Linien
Spur 2 und Spur 3
Typ Linien

Abb. 15.39

$Zs \equiv 20$ **Zeitschritteanzahl für die numerische Berechnung (globale Definition zum Experimentieren).**

Beispiel 15.20:

Lösen Sie das nachfolgende nichtlineare Differentialgleichungssystem.

$$x'_0(t) = \alpha \cdot x_0(t) - x_1(t) - \left(x_0(t)^2 + x_1(t)^2\right) \cdot x_0(t)$$

$$x'_1(t) = \alpha \cdot x_1(t) + x_0(t) - \left(x_0(t)^2 + x_1(t)^2\right) \cdot x_1(t)$$

nichtlineares Differentialgleichungssystem

Anfangsbedingungen: $x_0(0) = 0$ und $x_1(0) = 1$.

Lösung des nichtlinearen Differentialgleichungssystems mithilfe von rkfest:

$\alpha := -0.05$ Konstante

$\mathbf{aw} := \begin{pmatrix} 0 \\ 1 \end{pmatrix}$ **aw ist ein Vektor mit den Anfangsbedingungen.**

$$\mathbf{D}(t, \mathbf{X}) := \begin{bmatrix} \alpha \cdot \mathbf{X}_0 - \mathbf{X}_1 - \left[(\mathbf{X}_0)^2 + (\mathbf{X}_1)^2\right] \cdot \mathbf{X}_0 \\ \alpha \cdot \mathbf{X}_1 + \mathbf{X}_0 - \left[(\mathbf{X}_0)^2 + (\mathbf{X}_1)^2\right] \cdot \mathbf{X}_1 \end{bmatrix}$$

D enthält die Differentialgleichungen.

$n := 200$ Anzahl der Zeitschritte für die numerische Berechnung

$t_a := 0$ Anfangszeitpunkt

$t_e := 20$ Endzeitpunkt

$\mathbf{Z} := \text{rkfest}(\mathbf{aw}, t_a, t_e, n, \mathbf{D})$ **Runge-Kutta-Methode. Die Lösung Z ist eine (N+1)x(n+1) Matrix. Die erste Spalte $Z^{<0>}$ enthält die Zeitpunkte t, die nächste Spalte $Z^{<1>}$ die Lösungsfunktion $x_0(t)$ und die letzte Spalte $Z^{<2>}$ die Lösungsfunktion $x_1(t)$. In rkfest sind keine Einheiten zulässig!**

$k := 0 .. \text{zeilen}(\mathbf{Z}) - 1$ Bereichsvariable

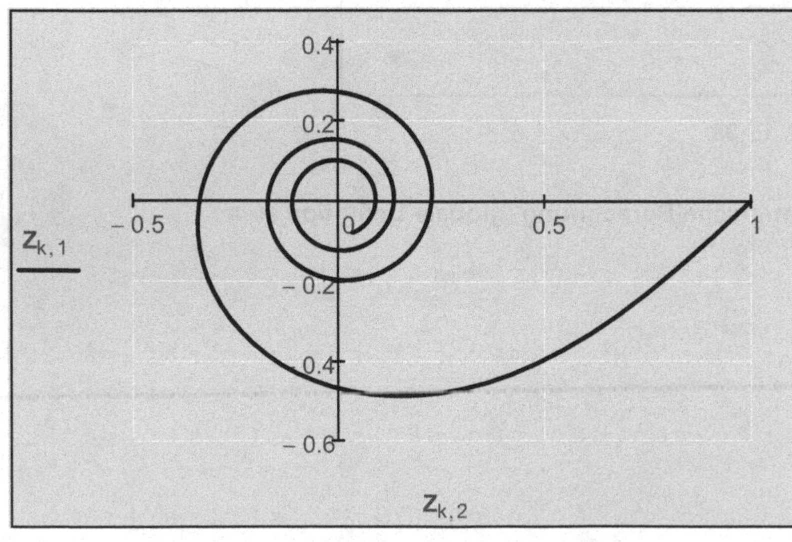

X-Y-Achsen:
Gitterlinien
Nummeriert
Automatische Skalierung
Automatische Gitterweite
Achsenstil:
Kreuz
Spuren:
Spur 1
Typ Linien

Abb. 15.40

15.6 Partielle Differentialgleichungen

Wenn wir eine elliptische partielle Differentialgleichung lösen möchten, z. B. eine Poisson'sche Gleichung, kann dazu in Mathcad die Funktion "relax" oder "multigit" verwendet werden.

$$\frac{d^2}{dx^2}u(x,y) + \frac{d^2}{dy^2}u(x,y) = \rho(x,y)$$ **Poisson-Gleichung in der Ebene.**

Für ρ(x,y) = 0 ergibt sich die Laplace-Gleichung, ein Sonderfall der Poisson-Gleichung:

$$\frac{d^2}{dx^2}u(x,y) + \frac{d^2}{dy^2}u(x,y) = 0$$ **Laplace-Gleichung in der Ebene.**

$G = \text{relax}(\mathbf{a}, \mathbf{b}, \mathbf{c}, \mathbf{d}, \mathbf{e}, \mathbf{S}, \mathbf{f}, r)$

Die relax-Funktion eignet sich gut zur Lösung der partiellen Differentialgleichung, wenn wir den Wert kennen, den die unbekannte Funktion u(x, y) an allen vier Seiten eines quadratischen Bereichs annimmt.
Die Argumente der Funktion:

a, b, c, d, e Sind **quadratische Matrizen gleicher Größe**, welche die **Koeffizienten** der **Differentialgleichung** enthalten.
S Ist eine **quadratische Matrix**, welche die **Position und Stärke der Quelle** angibt.
f Ist eine **quadratische Matrix**, die **Grenzwerte entlang der Ränder des Bereichs** sowie **Anfangsschätzwerte für die Lösung innerhalb des Bereichs** enthält.
r Ist der **Spektralradius der Jacobi-Iteration**. Er kann **zwischen 0 und 1** liegen, der optimale Wert hängt jedoch von den genauen Einzelheiten des Problems ab. Hiermit wird die **Konvergenz des Relaxationsalgorithmus** bestimmt.
G Die **Ausgabe** von relax ist **auch eine quadratische Matrix**.

$G = \text{multigit}(\mathbf{M}, nz)$

Die multigit-Funktion eignet sich gut zur Lösung der partiellen Differentialgleichung, wenn die Randbedingungen an allen vier Seiten eines quadratischen Bereichs null sind.
Die multigit-Funktion hat zwei Argumente:

M **Quadratische Matrix M** von den Grundfunktionsvariablen. Sie **spezifiziert** das **Gitter**.
Die **Anzahl der Zeilen** muss 2^n+1 sein.
nz **nz = 1** oder **nz =2**. Diese Zahl legt die **Anzahl der Zyklen** auf **jeder Ebene** der multigit-Iteration fest.
nz = 2 ergibt im Allgemeinen eine gute Näherung.
G Die **Ausgabe G** von multigit ist **auch eine quadratische Matrix** von der **Größe von M.**

Mit der **Funktion "numol"** können **hyperbolische und parabolische partielle Differentialgleichungen** gelöst werden.

$G = \text{numol}(\mathbf{x_{ep}}, x_p, \mathbf{t_{ep}}, t_p, n_{pd}, n_{pa}, \mathbf{pd_{funk}}, \mathbf{p_{init}}, \mathbf{bc_{funk}})$

Gibt eine (x_p x t_p)-Matrix mit den Lösungen für die eindimensionalen partiellen Differentialgleichungen (PDG) in $\mathbf{pd_{funk}}$ zurück. Jede Spalte steht für eine Lösung über einem eindimensionalen Raum zu einer einzigen Lösungszeit. Für ein Gleichungssystem wird die Lösung der einzelnen Funktionen horizontal angefügt, so dass die Matrix immer x_p Zeilen und $t_p * (n_{pd} + n_{pa})$ Spalten hat. Die Lösung wird mit dem zeilenweisen numerischen Verfahren gefunden.

$\mathbf{x_{ep}}, \mathbf{t_{ep}}$	Spaltenvektoren mit zwei Elementen, welche die reellen Endnkte der Integrationsbereiche angeben
x_p, t_p	Ganzzahlige Anzahl der Punkte im Integrationsbereich, dem sich der Wert der Lösung annähert.
n_{pd}, n_{pa}	Ganzzahlige Anzahl der partiellen Differentialgleichungen bzw. partiellen algebraischen Gleichungen (n_{pd} muss mindestens 1 sein, n_{pa} kann 0 oder größer sein).
$\mathbf{pd_{funk}}$	Eine Vektorfunktion von x, t, u, u_x und u_{xx} mit der Länge (n_{pd} + n_{pa}). Sie enthält die rechten Seiten der partiellen Differentialgleichung und algebraischen Gleichungen. Die Lösungsfunktion wird als Funktionsvektor angenommen.
$\mathbf{p_{init}}$	Eine Vektorfunktion von x mit der Länge (n_{pd} + n_{pa}),welche die Anfangsbedingungen für jede Funktion des Systems enthält.
$\mathbf{bc_{funk}}$	Eine (n_{pd} x 3)-Matrix, die Zeilen der folgenden Form enthält: ($pd_{funk}(t)$ $pd_{funk}(t)$ "D") für **Dirichlet'sche Randbedingungen** oder ($pd_{funk}(t)$ $pd_{funk}(t)$ "N") für **Neumann'sche Randbedingungen** Falls die partielle Differentialgleichung für die zugehörige Zeile partielle zweite Ableitungen enthält, sind sowohl die linken als auch die rechten Bedingungen erforderlich. Wenn eine bestimmte partielle Differentialgleichung nur partielle erste Ableitungen enthält, sollte eine der beiden Randbedingungsfunktionen durch "NA" ersetzt werden. Der letzte Eintrag in der Zeile ist immer "D". Wenn für eine bestimmte Gleichung im System keine partiellen Ableitungen vorhanden sind, wird diese Zeile in der Matrix ignoriert und kann mit ("NA" "NA" "D") ausgefüllt werden.

Beispiel 15.21:

Es soll die Temperaturverteilung T(x,y) einer quadratischen Platte mit einer konstanten stationären internen Wärmequelle ermittelt werden. Die Grenze der Quelle soll konstant 0 °C betragen. An allen Punkten außerhalb der Wärmequelle wird daher die Poisson-Gleichung auf die Laplace-Gleichung reduziert.

$\frac{d^2}{dx^2}T(x,y) + \frac{d^2}{dy^2}T(x,y) = 0$ Laplace-Gleichung in der Ebene

$n := 5 \quad R := 2^n \quad R = 32$ Konstante für die Gittergröße

$(R+1)\cdot(R+1) = 1089$ Gittergröße

$\rho_{R,R} := 0 \qquad \text{zeilen}(\rho) = 33$ Dimension der Wärmequelle ρ

$x_1 := 10 \quad y_1 := 10$ Position der Wärmequelle

$E := 3000$ Energie der Wärmequelle

$\rho_{x_1,y_1} := E$ Wärmequelle festlegen

$\mathbf{T} := \text{multigit}(\rho, 2)$ Lösungsmatrix

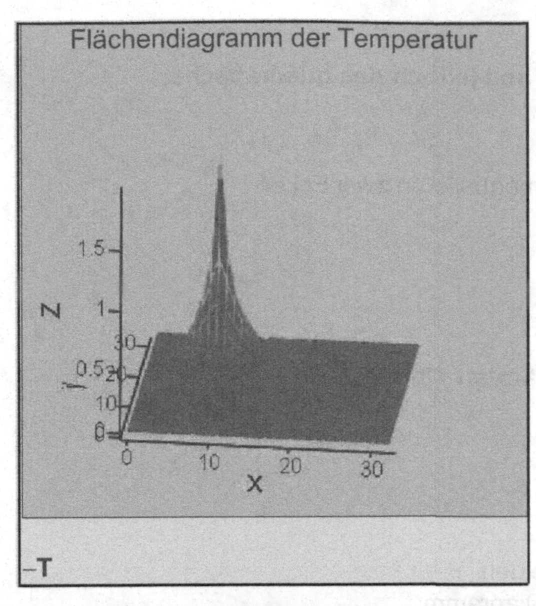

Abb. 15.41

Allgemein:
Achsenformat: Ecke
Bilder: Rahmen anzeigen
Diagramm 1: Flächendiagramm
Achsen:
Gitter: Automatische Gitterweite
Achsenformat: Nummeriert
Achsenbegrenzungen: Automatische Skalierung
Darstellung:
Füllungsoptionen: Fläche füllen, Gouraud Schattierung, Volltonfarbe
Linienoption: Drahtmodell, Farbschema
Titel:
Graftitel: oben

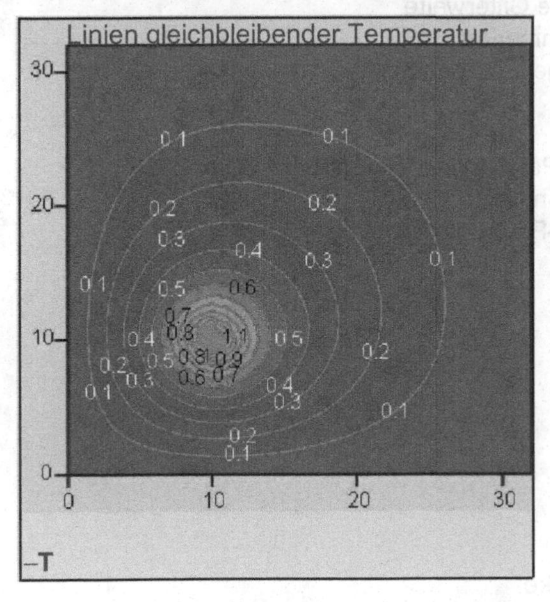

Abb. 15.42

Allgemein:
Bilder: Rahmen anzeigen
Diagramm 1: Umrissdiagramm
Achsen:
Gitter: Automatische Gitterweite
Achsenformat: Nummeriert
Achsenbegrenzungen: Automatische Skalierung
Darstellung:
Füllungsoptionen: Umrisse füllen
Linienoption: Umrisslinien, Volltonfarbe
Titel:
Graftitel: oben
Spezial:
Umrissoptionen:
Füllen, Linien Zeichnen, Automatische Umrisse, Nummeriert

Beispiel 15.22:

Es sei das gleiche Problem wie in Beispiel 15.21 gegeben. Hier soll jedoch das quadratische Wärmequellgebiet an zwei Ecken eingeschränkt sein.

$\rho(x,y) := \text{wenn}\left(|x-y| > \frac{1}{3}, 1, 0\right)$ eingeschränkte Wärmequelle an zwei Ecken

$i := 0..R$ $j := 0..R$ Bereichsvariablen

$\mathbf{M}_{i,j} := \rho\left(\frac{i}{R}, \frac{j}{R}\right)$ Matrix der eingeschränkten Wärmequelle

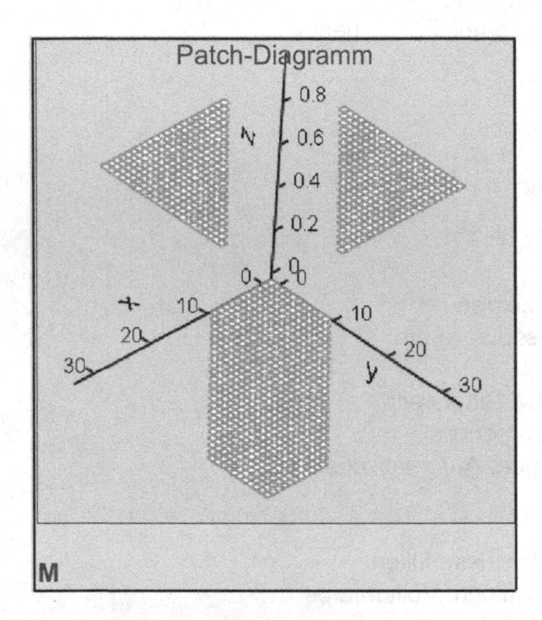

Abb. 15.43

Allgemein:
Achsenformat: Ecke
Bilder: Rahmen anzeigen
Diagramm 1: Patch-Diagramm
Achsen:
Gitter: Automatische Gitterweite
Achsenformat: Nummeriert
Achsenbegrenzungen: Automatische Skalierung
Darstellung:
Füllungsoptionen: Patch füllen, Gouraud Schattierung, Volltonfarbe
Linienoption: Draht-Patch, Volltonfarbe
Titel:
Graftitel: oben

$\mathbf{G} := \text{multigit}(\mathbf{M}, 2)$ Lösungsmatrix

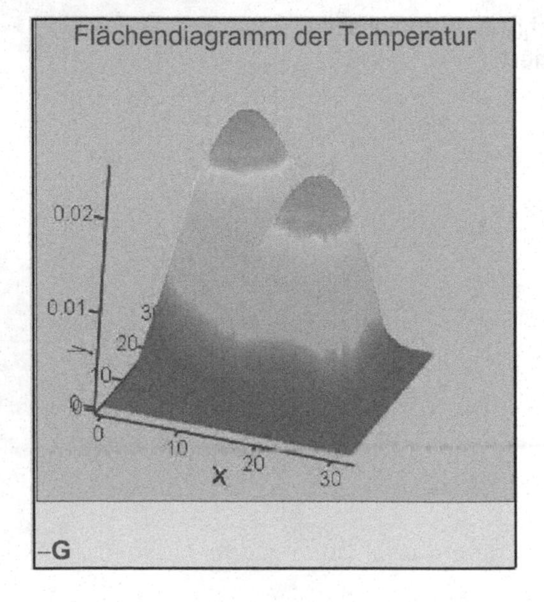

Abb. 15.44

Allgemein:
Achsenformat: Ecke
Bilder: Rahmen anzeigen
Diagramm 1: Flächendiagramm
Achsen:
Gitter: Automatische Gitterweite
Achsenformat: Nummeriert
Achsenbegrenzungen: Automatische Skalierung
Darstellung:
Füllungsoptionen: Fläche füllen, Gouraud Schattierung, Farbschema
Linienoption: Drahtmodell, Farbschema
Titel:
Graftitel: oben

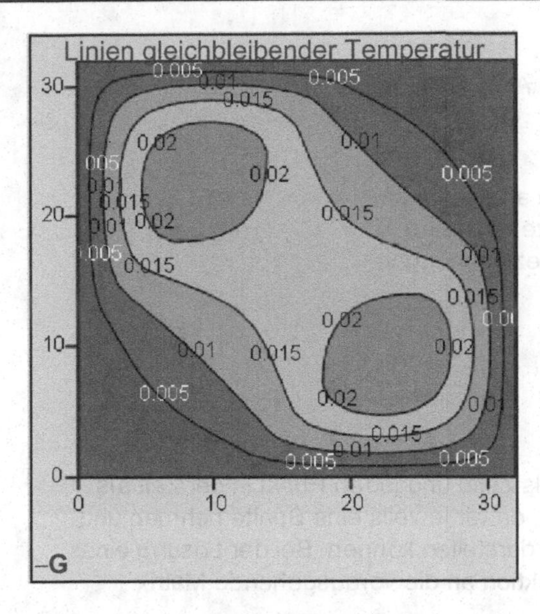

Abb. 15.45

Allgemein:
Bilder: Rahmen anzeigen
Diagramm 1: Umrissdiagramm
Achsen:
Gitter: Automatische Gitterweite
Achsenformat: Nummeriert
Achsenbegrenzungen: Automatische Skalierung
Darstellung:
Füllungsoptionen: Umrisse füllen
Linienoption: Umrisslinien, Volltonfarbe
Titel:
Graftitel: oben
Spezial:
Umrissoptionen:
Füllen, Linien Zeichnen, Automatische Umrisse, Nummeriert

Beispiel 15.23:

$a^2 \cdot \frac{d^2}{dx^2} u(x,t) = \frac{\partial}{\partial t} v(x,t)$ eindimensionale Wellengleichung

$\frac{\partial}{\partial t} u(x,t) = v(x,t)$ Nebenbedingung, um die Differentialgleichung als System mit zwei partiellen Differentialgleichungen darzustellen.

$v(x,t) = u_t(x,t)$

System von partiellen Differentialgleichungen

$v_t(x,t) = a^2 \cdot u_{xx}(x,z)$

$a := 3 \qquad L := 2 \cdot \pi \qquad T_0 := 2 \cdot \pi$ gegebene Parameter

$n_{pd} := 2$

Anzahl der partiellen Differentialgleichungen

$n_{pa} := 0$

$$\mathbf{pd_{funk}}(x, z, \mathbf{u}, \mathbf{u_x}, \mathbf{u_{xx}}) := \begin{pmatrix} u_1 \\ a^2 \cdot \mathbf{u_{xx}}_0 \end{pmatrix}$$

Die **Vektorfunktion $\mathbf{pd_{funk}}$**

- enthält die räumliche Ableitung 2. Ordnung: Es sind zwei Randbedingungen erforderlich (entweder Dirichlet „D" oder Neumann „N"), eine für jede Seite des Integrationsbereichs
- enthält die räumliche Ableitung 1. Ordnung: eine Dirichlet-Randbedingung an der linken oder rechten Seite des Integrationsbereichs, die andere ist „NA"
- keine räumlichen Ableitungen, keine Randbedingungen

$$\mathbf{p_{init}}(x) := \begin{pmatrix} \sin\left(\frac{\pi \cdot x}{L}\right) \\ 0 \end{pmatrix}$$ Vektorfunktion der Anfangsbedingungen

$$\mathbf{bc_{funk}}(z) := \begin{bmatrix} \left(\mathbf{p_{init}}(0)\right)_0 & \left(\mathbf{p_{init}}(L)\right)_0 & \text{"D"} \\ \text{"NA"} & \text{"NA"} & \text{"D"} \end{bmatrix}$$ Randbedingungen an der linken und rechten Grenze nach den oben definierten Bezeichnungen.

$$\mathbf{G} := \text{numol}\left[\begin{pmatrix} 0 \\ L \end{pmatrix}, 30, \begin{pmatrix} 0 \\ T_0 \end{pmatrix}, 20, n_{pd}, n_{pa}, \mathbf{pd_{funk}}, \mathbf{p_{init}}, \mathbf{bc_{funk}}\right]$$

Das Ergebnis von **numol** ist eine Matrix, die jeden Punkt im Raum als Zeile und jeden Punkt in der Zeit als Spalte wiedergibt. Dies erleichtert auch die Animation von Lösungen, da wir jeweils eine Spalte nehmen und die Lösung an einem einzelnen Zeitpunkt über den gesamten Raum darstellen können. Bei der Lösung eines Gleichungssystems wird die Lösungsmatrix für jede unbekannte Funktion an die vorausgehende Matrix angehängt.

$\text{zeilen}(\mathbf{G}) = 30$ $\text{spalten}(\mathbf{G}) = 40$

In diesem Beispiel gibt es jeweils 20 Zeitpunkte für jede Funktion, so dass die Matrix 40 Spalten umfasst.

$\mathbf{U} := \text{submatrix}(\mathbf{G}, 0, 29, 0, 19)$

Lösungen

$\mathbf{V} := \text{submatrix}(\mathbf{G}, 0, 29, 20, 39)$

$i := 0..30$ Bereichsvariable

$x_i := \frac{i \cdot L}{30}$ $L = 6.283$ Vektor der x-Werte

Vergleichen Sie auch die Lösung von Beispiel 15.25.

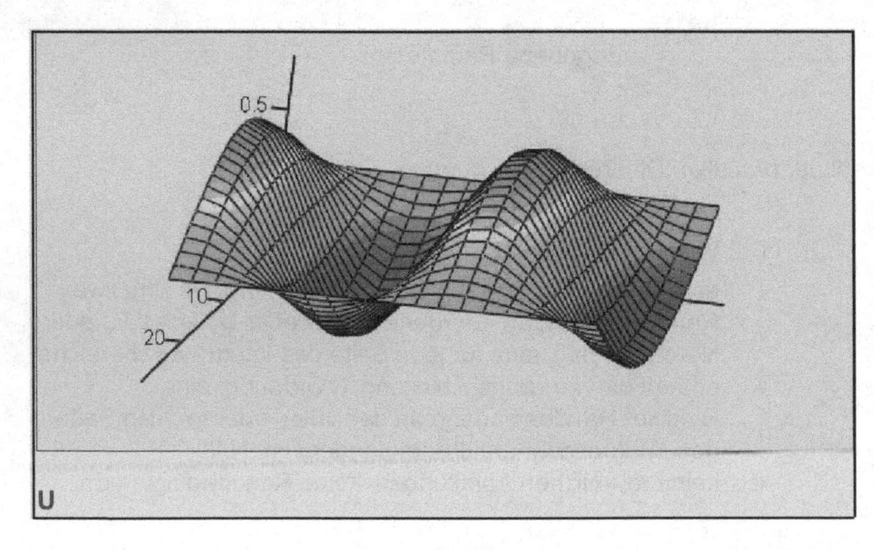

Allgemein:
Achsenformat: Ecke
Bilder: Rahmen anzeigen
Diagramm 1: Flächendiagramm
Achsen:
Gitter: Automatische Gitterweite
Achsenformat: Nummeriert
Achsenbegrenzungen: Automatische Skalierung
Darstellung:
Füllungsoptionen: Umrisse füllen
Linienoption: Drahtmodell, Volltonfarbe

Abb. 15.46

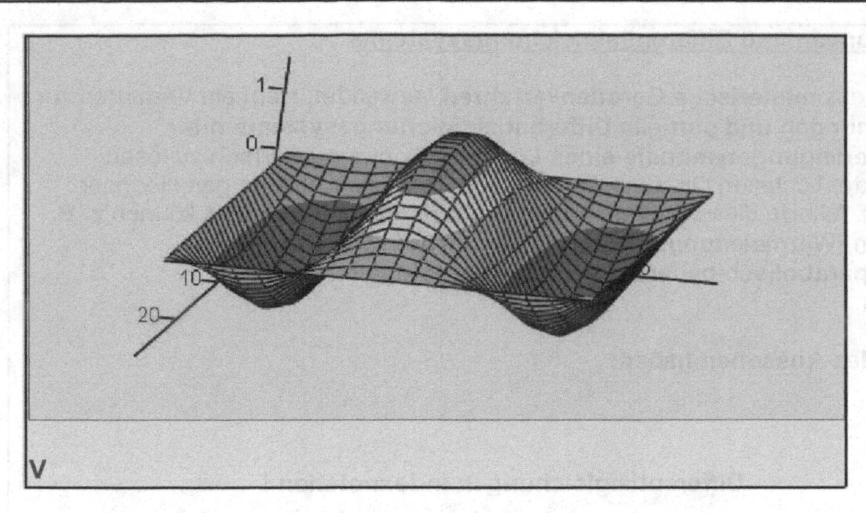

Allgemein:
Achsenformat: Ecke
Bilder: Rahmen anzeigen
Diagramm 1: Flächendiagramm
Achsen:
Gitter: Automatische Gitterweite
Achsenformat: Nummeriert
Achsenbegrenzungen: Automatische Skalierung
Darstellung:
Füllungsoptionen: Umrisse füllen
Linienoption: Drahtmodell, Volltonfarbe

Abb. 15.47

Um die Lösung animieren zu können, stellen wir die Spalte FRAME grafisch dar (FRAME von 0 bis 19 bzw. 20 bis 39).

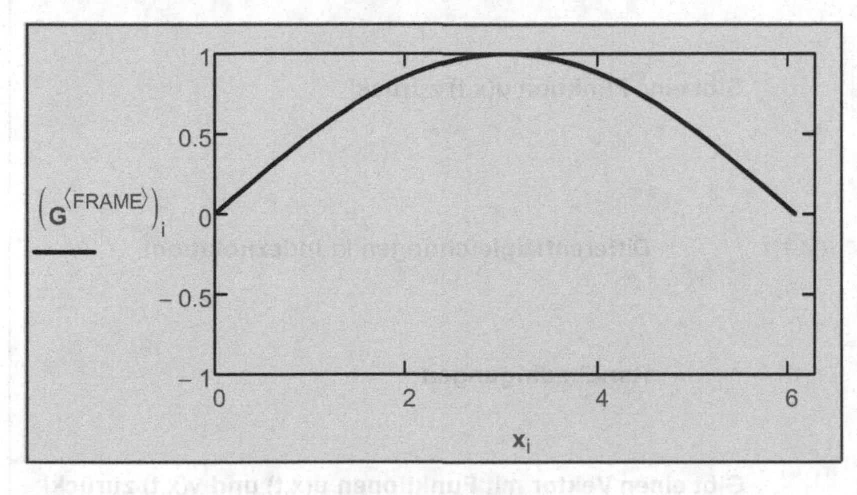

Achsenbegrenzung:
x-Achse: von 0 bis 2π
y-Achse: von -1 bis 1
X-Y-Achsen:
Nummeriert
Automatische Skalierung
Automatische Gitterweite
Achsenstil:
Kasten
Spuren:
Spur 1
Typ Linien

Abb. 15.48

Lösungsblock für Differentialgleichungen und Differentialgleichungssysteme

Mit der Funktion **tdglösen**, das **intern** das **numerische Geradenverfahren** verwendet, steht ein Verfahren zur Verfügung, **partielle Differentialgleichungen und partielle Differentialgleichungssysteme n-ter Ordnung mit algebraischen Nebenbedingungen mithilfe eines Lösungsblocks numerisch** zu lösen. Voraussetzung ist, dass die Ableitung der höchsten Ordnung linear ist (die Terme mit Ableitungen niedriger Ordnung können auch nichtlinear sein). Mithilfe dieses **zeilenweisen numerischen Verfahrens** können **z. B. parabolische Differentialgleichungen (Wärmeleitungsgleichung), hyperbolische Differentialgleichungen (Wellengleichung)** und **parabolisch-hyperbolische Differentialgleichungen (Advektionsgleichung)** gelöst werden.

Der Lösungsblock kann z.B. folgendes Aussehen haben:

Vorgabe

$u_{xx}(x,t) = u_t(x,t)$ **Differentialgleichung in Indexnotation !**

$u(x_a,t) = p(t) \quad u(x_e,t) = q(t)$ **Randbedingungen (Es sind nur Dirichlet u(0,t) = a oder Neumann $u_x(0,t)$ = a Randbedingungen zulässig.)**

$u(x,t_a) = f(x)$

$u := \mathrm{tdglösen}\left[u, x, \begin{pmatrix} x_a \\ x_e \end{pmatrix}, t, \begin{pmatrix} t_a \\ t_e \end{pmatrix}\right]$ **Gibt eine Funktion u(x,t) zurück!**

Vorgabe

$v_{xx}(x,t) = u_t(x,t) \quad v_t(x,t) = u(x,t)$ **Differentialgleichungen in Indexnotation!**

$v(x_a,t) = 0 \quad v(x_b,t) = 0$

$v(x,t_a) = f(x) \quad u(x,t_a) = 0$ **Randbedingungen**

$\begin{pmatrix} v \\ u \end{pmatrix} := \mathrm{tdglösen}\left[\begin{pmatrix} v \\ u \end{pmatrix}, x, \begin{pmatrix} x_a \\ x_e \end{pmatrix}, t, \begin{pmatrix} t_a \\ t_e \end{pmatrix}\right]$ **Gibt einen Vektor mit Funktionen u(x,t) und v(x,t) zurück!**

tdglösen(**u**, x, **x_Bereich**, t, **t_Bereich**, [x_Punkte], [t_Punkte])

Argumente:

u ist der **explizite Funktionsnamen oder Funktionsvektor** (ohne enthaltene Variablen), genau wie im Gleichungssystem angezeigt. Bei einer einzelnen partiellen Differentialgleichung wird dieses Argument zu einem Skalar.
x ist die **räumliche Variable.**
x_Bereich ist ein **zweielementiger Spaltenvektor**, der den **Anfangs- und Endwert für x** enthält. Beide Werte müssen reell sein.
t ist die **Zeitvariable.**
t_Bereich ist ein **zweielementiger Spaltenvektor**, der den **Anfangs- und Endwert für t** enthält. Beide Werte müssen reell sein.
x_Punkte (optional) ist die **ganzzahlige Anzahl räumlicher Diskretisierungspunkte.**
t_Punkte (optional) ist die **ganzzahlige Anzahl zeitlicher Diskretisierungspunkte.**

Einige spezielle Hinweise:

Wenn die **unbekannten Funktionen** beispielsweise **u, v und w** sind (entsprechend den Namen im Gleichungssystem), muss **u im tdglösen-Aufruf ausdrücklich als Spaltenvektor** angegeben werden.

Bei der **Benennung von Funktionen dürfen weder Literal- noch Feldindizies verwendet werden**, damit die **tiefergestellte Notation** von **partiellen Differentialgleichungen** berücksichtigt wird.

Klicken wir mit der **rechten Maustaste** auf den Namen **tdglösen**, so können wir im **Dialogfeld** eine der **vier Methoden** wählen: **Polynom-Annäherung, zentrale Differenzen, 5-Punkt-Differenzen und rekursive 5-Punkt-Differenzen.**

Beispiel 15.24:

Es soll die nachfolgend angegebene partielle Differentialgleichung gelöst und mit der exakten Lösung grafisch verglichen werden:

$\frac{d^2}{dx^2}u(x,t) = \frac{\partial}{\partial t}u(x,t)$ partielle Differentialgleichung

$u(0,t) = p(t) = 0 \qquad u(1,t) = q(t) = 0$

$u(x,0) = f(t) = 50 \cdot \sin(\pi \cdot x)$ Randbedingungen

$u_{ex}(x,t) := 50 \cdot e^{-\pi^2 \cdot t} \cdot \sin(\pi \cdot x)$ exakte Lösung

$p(t) := 0 \qquad q(t) := 0$

$f(x) := 50 \cdot \sin(\pi x)$ Funktionen für die Randbedingungen

Vorgabe

$u_{xx}(x,t1) = u_{t1}(x,t1)$ Differentialgleichung in Indexnotation

$u(0,t1) = p(t1) \qquad u(1,t1) = q(t1)$

$u(x,0) = f(x)$ Randbedingungen

$u := \text{tdglösen}\left[u, x, \begin{pmatrix} 0 \\ 1 \end{pmatrix}, t1, \begin{pmatrix} 0 \\ 0.5 \end{pmatrix}\right]$ Lösung für u(x,t) im Bereich x = 0 bis 1 und t = 0 bis 0.5

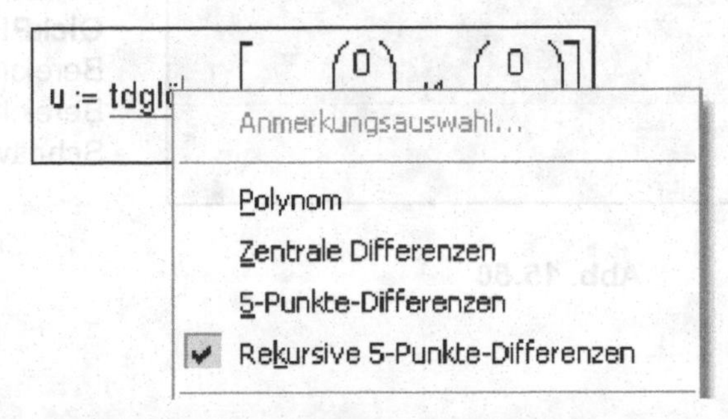

Das Dialogfeld erhalten wir durch einen Klick mit der rechten Maustaste auf Gdglösen.

$t := 0.5$ bestimmter Zeitpunkt

$x := 0, 0.01 .. 1$ Bereichsvariable für den x-Bereich

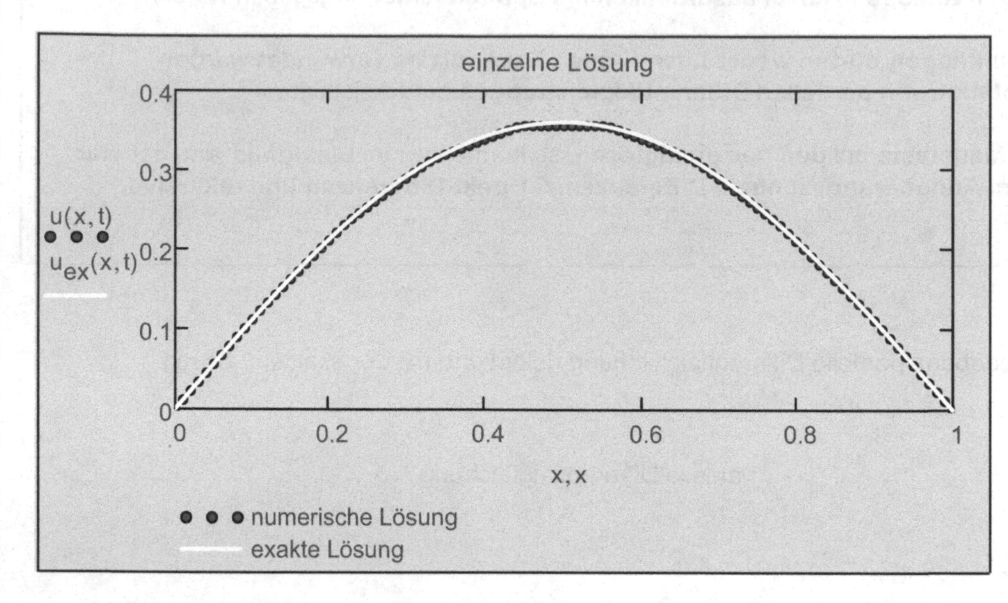

X-Y-Achsen:
Gitterlinien
Nummeriert
Automatische Skalierung
Automatische Gitterweite
Achsenstil:
Kasten
Spuren:
Spur 1
Typ Punkte
Spur 2
Typ Linien
Legende: Unten
Beschriftungen:
Titel oben

Abb. 15.49

Numerische und exakte Lösung im 3-D-Vergleich.
Quickplot-Daten bei beiden Diagrammen:

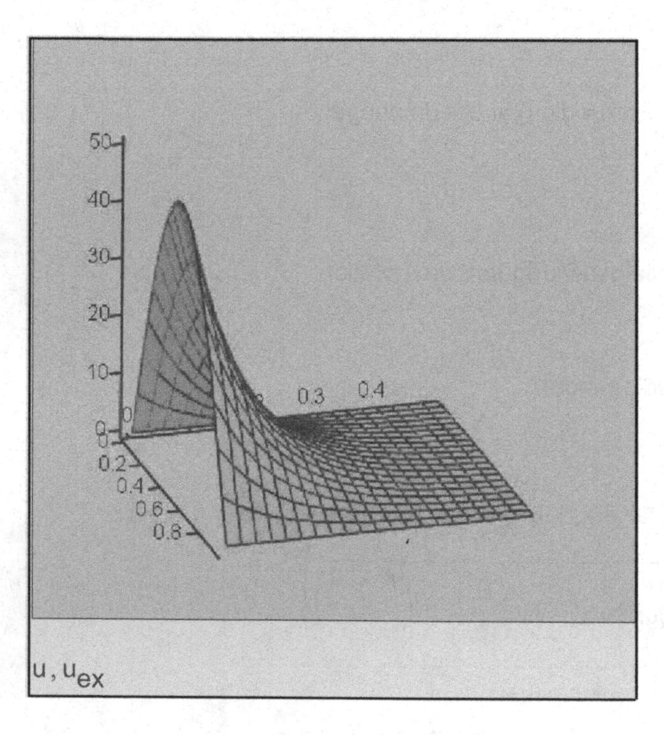

Allgemein:
Achsenformat: Ecke
Bilder: Rahmen anzeigen
Diagramm 1, 2: Flächendiagramm
Achsen:
Gitter: Automatische Gitterweite
Achsenformat: Nummeriert
Achsenbegrenzungen: Automatische Skalierung
Darstellung:
Füllungsoptionen: Fläche füllen, Gouraud Schattierung, Volltonfarbe
Linienoption: Drahtmodell, Volltonfarbe
Titel:
Graftitel: oben
QickPlot-Daten:
Bereich 1: Beginn 0 und Ende 1
Bereich 2: Beginn 0 und Ende 0.5
Schrittweite 20

Abb. 15.50

Beispiel 15.25:

Es soll die nachfolgend gegebene eindimensionale Wellengleichung gelöst werden.

$a^2 \cdot \frac{d^2}{dx^2}u(x,t) = \frac{\partial}{\partial t}v(x,t)$ eindimensionale Wellengleichung

$\frac{\partial}{\partial t}u(x,t) = v(x,t)$ Nebenbedingung, um die Differentialgleichung als System mit zwei partiellen Differentialgleichungen darzustellen.

$u(0,t) = 0$ $u(L,t) = 0$

$u(x,0) = \sin\left(\frac{\pi \cdot x}{L}\right)$ $v(x,0) = 0$ Randbedingungen

$a := 3$ $L := 2 \cdot \pi$ $T := 2 \cdot \pi$ gegebene Parameter

Vorgabe

$a^2 \cdot u_{xx}(x,t2) = v_{t2}(x,t2)$ $u_{t2}(x,t2) = v(x,t2)$ System von zwei partiellen Differentialgleichungen

$u(0,t2) = 0$ $u(L,t2) = 0$

$u(x,0) = \sin\left(\frac{\pi \cdot x}{L}\right)$ $v(x,0) = 0$ Randbedingungen

$\begin{pmatrix} u \\ v \end{pmatrix} := \text{tdglösen}\left[\begin{pmatrix} u \\ v \end{pmatrix}, x, \begin{pmatrix} 0 \\ L \end{pmatrix}, t2, \begin{pmatrix} 0 \\ T \end{pmatrix}\right]$ Lösung für u(x,t) und v(x,t) im Bereich x = 0 bis L und t = 0 bis T

$x := 0, 0.01 .. 2 \cdot \pi$ Bereichsvariable

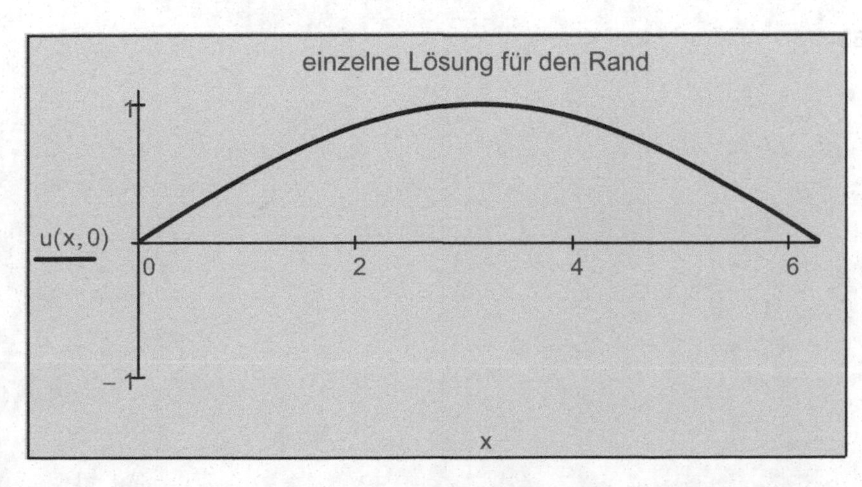

Abb. 15.51

Achsenbeschränkung:
y-Achse: -1 bis 1.1
X-Y-Achsen:
Nummeriert
Automatische Skalierung
Automatische Gitterweite
Achsenstil:
Kreuz
Spuren:
Spur 1
Typ Linien
Beschriftungen:
Titel oben

Für die dreidimensionale grafische Darstellung wird mit den oben definierten Nebenbedingungen eine Matrix mit den Gitterpunkten erstellt:

M := ErstellenGitter(u, 0, L, 0, T)

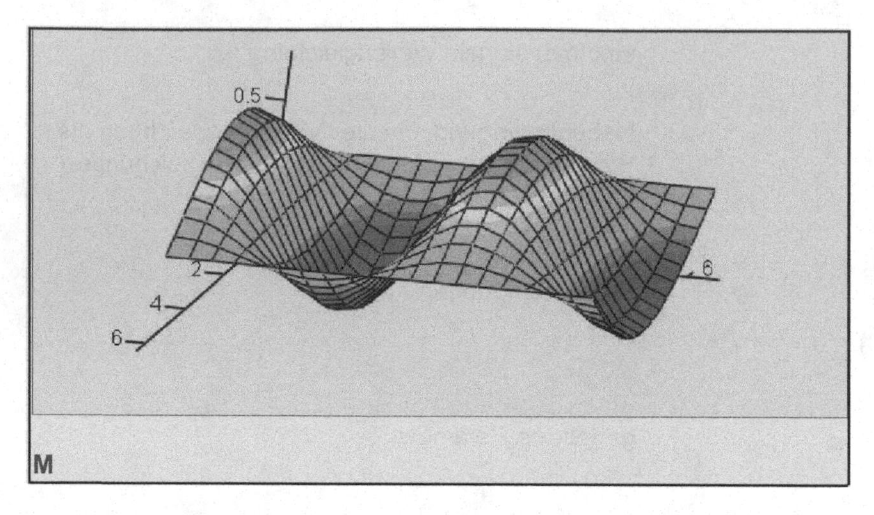

Allgemein:
Achsenformat: Ecke
Bilder: Rahmen anzeigen
Diagramm 1: Flächendiagramm
Achsen:
Gitter: Automatische Gitterweite
Achsenformat: Nummeriert
Achsenbegrenzungen:
Automatische Skalierung
Darstellung:
Füllungsoptionen: Umrisse füllen,
Linienoption: Drahtmodell,
Volltonfarbe

Abb. 15.52

M := ErstellenGitter(v, 0, L, 0, T)

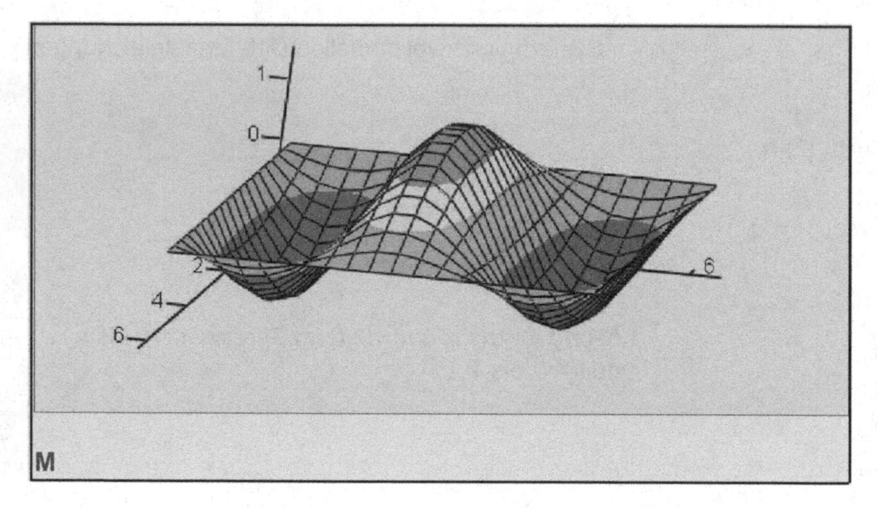

Allgemein:
Achsenformat: Ecke
Bilder: Rahmen anzeigen
Diagramm 1: Flächendiagramm
Achsen:
Gitter: Automatische Gitterweite
Achsenformat: Nummeriert
Achsenbegrenzungen:
Automatische Skalierung
Darstellung:
Füllungsoptionen: Umrisse füllen,
Linienoption: Drahtmodell,
Volltonfarbe

Abb. 15.53

16. Fehler- und Ausgleichsrechnung

Die Fehler- und Ausgleichsrechnung beschäftigt sich mit der Erfassung, Verarbeitung und Beurteilung von Messwerten und ihren zufälligen Messabweichungen ("Zufallsfehlern") auf der Grundlage der Wahrscheinlichkeitsrechnung und beurteilenden Statistik.
Zu den wichtigsten Aufgaben gehören:
Auswertung und Beurteilung einer Messreihe durch

a) Bildung eines Mittelwertes,
b) Angabe eines Genauigkeitsmaßes für die Einzelmessungen (Varianz bzw. Standardabweichung der Einzelmessung) und
c) Angabe eines Genauigkeitsmaßes für den Mittelwert (Standardabweichung des Mittelwertes, Vertrauensbereich für den Mittelwert, Messunsicherheit des Mittelwertes).

2. **Untersuchung der Fortpflanzung von zufälligen Messabweichungen bei einer "indirekten Messgröße", die von mehreren direkt gemessenen Größen abhängt (Gauß'sches Fehlerfortpflanzungsgesetz).**
3. **Bestimmung einer Ausgleichskurve, die sich den vorgegebenen Messpunkten in "optimaler" Weise anpasst.**

Neben den zufälligen Messabweichungen (zufällige Fehler), die durch die Einwirkung einer Vielzahl von unkontrollierbaren Störeinflüssen (z. B. Mängel an den Messinstrumenten (Temperatur-, Luftdruck- und Feuchtigkeitsänderungen), mechanische Erschütterungen, magnetische Felder) entstehen, können aber auch noch andere Messabweichungen auftreten.
Systematische Abweichungen (systematische Fehler) beruhen auf ungenauen Messmethoden und fehlerhaften Messinstrumenten. In vielen Fällen lassen sich jedoch systematische Abweichungen bei sorgfältiger Planung und Durchführung der Messung und unter Verwendung hochwertiger Messgeräte nahezu vermeiden oder zumindest auf ein vernachlässigbares Maß reduzieren.
Grobe Fehler, die durch fehlerhaftes Verhalten des Beobachters entstehen (z. B. falsches Ablesen von Messwerten oder Verwendung eines beschädigten Messinstrumentes), sind von vornherein vermeidbar.
Die beiden zuletzt genannten Messabweichungen sind im Wesentlichen vermeidbar und sind daher auch nicht Gegenstand von Fehler- und Ausgleichsrechnung.

16.1 Auswertung und Beurteilung einer Messreihe

Selbst bei größter Sorgfalt und Verwendung hochwertiger Messgeräte unterliegt jeder Messvorgang stets einer großen Anzahl völlig regelloser und unkontrollierbarer Störeinflüsse. Die bei Messungen beobachtbaren zufälligen Abweichungen (zufälligen Fehler) setzen sich additiv aus zahlreichen voneinander unabhängigen Einzelfehlern zusammen, von denen jedoch keiner dominant ist. Aus dem Zentralen Grenzwertsatz der Wahrscheinlichkeitsrechnung kann gefolgert werden, dass eine Messgröße X im Regelfall als eine (annähernd) normalverteilte Zufallsvariable (Gauß'sche Normalverteilung-Modellverteilung, die der Wirklichkeit oft sehr nahe kommt) aufgefasst werden kann, deren Wahrscheinlichkeitsdichte g(x) gegeben ist durch:

$$g(x) = \mathrm{dnorm}(x, \mu, \sigma) \qquad \mathrm{dnorm}(x, \mu, \sigma) = \frac{1}{\sqrt{2 \cdot \pi} \cdot \sigma} \cdot e^{-\frac{(x-\mu)^2}{2 \cdot \sigma^2}} \qquad x \in \mathbb{R} \,,\; \sigma > 0$$

Die Wahrscheinlichkeit dafür, dass ein Messwert in das Intervall [a, b] fällt, erhalten wir dann aus

$$G(x) = P(X \le x) = \mathrm{pnorm}(x, \mu, \sigma) \quad \textbf{mit} \quad \mathrm{pnorm}(x, \mu, \sigma) = \frac{1}{\sqrt{2 \cdot \pi} \cdot \sigma} \cdot \int_{-\infty}^{x} e^{-\frac{(\xi-\mu)^2}{2 \cdot \sigma^2}} \, d\xi \,.$$

μ ist der Erwartungswert (Mittelwert) der Grundgesamtheit (unendliche Grundgesamtheit, die aus allen möglichen Messwerten der Größe X besteht). Er wird auch häufig "wahrer" Wert der Messgröße genannt.
σ^2 ist die Varianz der Grundgesamtheit.
σ ist die Streuung (Standardabweichung) der Grundgesamtheit.
Diese Parameter sind jedoch unbekannt. Die Aufgabe der Fehlerrechnung besteht nun darin, aus den vorgegebenen Messwerten (Stichprobe) $x = (x_1, x_2, ..., x_n)$ möglichst gute Schätzwerte für diese Parameter zu bestimmen.

Mittelwert und Standardabweichung einer normalverteilten Messreihe:

Mittelwert $\bar{x}$ einer Messreihe x:

$\bar{x} :=$ mittelwert(x) $\qquad$ $\text{mittelwert}(x) = \frac{1}{n} \cdot \sum_{i=1}^{n} x_i$ $\qquad$ **Schätzwert für μ**

Standardabweichung s einer Messreihe x (ein Maß für die Streuungen der Einzelmessungen x_i):

s :=Stdev(x) $\qquad$ $\text{Stdev}(x) = \sqrt{\frac{1}{n-1} \cdot \sum_{i=1}^{n} \left(x_i - \bar{x}\right)^2}$ $\qquad$ **Schätzwert für σ**

Standardabweichung $s_{\bar{x}}$ des Mittelwertes $\bar{x}$ (Streuung der aus verschiedenen Messreihen erhaltenen Mittelwerte $\bar{x}$ um den "wahren" Mittelwert μ):

$s_{\bar{x}} := \frac{s}{\sqrt{n}}$ $\qquad$ **Schätzwert für** $\sigma_{\bar{x}} = \frac{\sigma}{\sqrt{n}}$

Messergebnis und Messunsicherheit:

Das Messergebnis einer aus n unabhängigen Messwerten gleicher Genauigkeit bestehenden normalverteilten Messreihe $x_1, x_2, ..., x_n$ wird in folgender Form angegeben:
$x = \bar{x} \pm \Delta x$

Δx wird als Messunsicherheit (absoluter Fehler) bezeichnet. Die Messunsicherheit errechnet sich aus:

$$\Delta x = t \cdot \frac{s}{\sqrt{n}}$$

Der Zahlenfaktor t, der noch von der Irrtumswahrscheinlichkeit α und der Anzahl n der Messwerte abhängig ist, wird mithilfe der t-Verteilung (Student-Verteilung) mit f = n - 1 Freiheitsgraden bestimmt.
Durch die Messunsicherheit werden die Grenzen eines Vertrauensbereichs festgelegt, in dem der unbekannte Erwartungswert μ (der "wahre" Wert der Messgröße X) mit der gewählten Wahrscheinlichkeit P = 1 - α (z. B. 90 %, 95 % oder 99 %) vermutet wird.

$\bar{x} - t \cdot \frac{s}{\sqrt{n}} \le \mu \le \bar{x} + t \cdot \frac{s}{\sqrt{n}}$ $\quad$ **bzw.** $\quad$ $\mu_{un} \le \mu \le \mu_{ob}$

$$\mu_{un} = \overline{x} - qt\left(1 - \frac{\alpha}{2}, n - 1\right) \cdot \frac{s}{\sqrt{n}} \qquad \mu_{ob} = \overline{x} + qt\left(1 - \frac{\alpha}{2}, n - 1\right) \cdot \frac{s}{\sqrt{n}}$$

Den t-Wert berechnen wir mit der Umkehrfunktion qt (α-Quantile) der t-Verteilung.

Die Angabe des Messergebnisses in der Form

$$x = \overline{x} \pm \Delta x = \overline{x} \pm t \,.\, s \,/\, \sqrt{n}$$

beruht auf der Voraussetzung, dass weder grobe Fehler noch systematische Abweichungen auftreten. In der Praxis jedoch lassen sich systematische Abweichungen nie ganz ausschließen. Werden diese als solche erkannt, so muss der arithmetische Mittelwert $\overline{x}$ durch ein Korrekturglied K berichtigt werden. Das endgültige Messergebnis lautet dann:

$$x = \overline{x}_k \pm \Delta x = (\overline{x} + K) \pm \Delta x$$

In der Fehlerrechnung wird noch zwischen absoluten, relativen und prozentualen Fehlern (Messabweichungen, Messunsicherheiten) unterschieden.

Zur Auswertung von Messdaten stehen in Mathcad noch weitere nützliche Funktionen zur Verfügung (siehe auch Anhang Funktionen) wie z. B.:

x := sort(x)	**Sortieren der Messdaten in aufsteigender Reihenfolge**
x := umkehren(sort(x))	**Sortieren der Messdaten in absteigender Reihenfolge**
ze := zeilen(x)	**Anzahl der Zeilen eines Feldvektors x**
sp := spalten(x)	**Anzahl der Spalten eines Feldvektors x**
l := länge(x)	**Länge eines Feldvektors x**
n := letzte(x)	**Größter Index eines Feldvektors x**
R := max(x) - min(x)	**Spannweite (Range)**
z := stapeln(x,y)	**Vektor y an Vektor x anhängen**
x := rnorm(m, μ, σ)	**Ergibt einen m-elementigen Vektor von normalverteilten Zufallszahlen**
f := hist(c,x)	**Ermittelt die absolute Häufigkeit der Einzelwerte x bezüglich der Klasseneinteilung c: f_j (j := 1...m) gibt die Anzahl der Stichprobenmesswerte x_i (i := 1...n) im Intervall [c_j, c_{j+1}[an. c_j (j := 1...m+1) stellt die gewählte Klasseneinteilung dar. m ist die gewählte Klassenzahl. Die Elemente in c müssen in aufsteigender Reihenfolge stehen. Mathcad ignoriert Datenpunkte, die kleiner als der erste oder größer gleich dem letzten Wert in c sind.**
H1:= Histogramm(Intv,x)	**Gibt eine Matrix mit zwei Spalten zurück. Die erste Spalte enthält die Mittelpunkte der n Teilintervalle des Bereichs zwischen min(x) und max(x) gleicher Länge. Die zweite Spalte ist identisch mit hist(c,x)**

Beispiel 16.1:

Es wird angenommen, dass n = 100 erhobene Messdaten einer normalverteilten Grundgesamtheit angehören. Diese Messdaten sollen mithilfe eines Zufallsgenerators simuliert und ausgewertet werden.

ORIGIN := 1

n := 100 Anzahl der Zufallszahlen

$\mu := 6$ $\sigma := 0.5$ Erwartungswert (Mittelwert) und Streuung (Standardabweichung) der Grundgesamtheit

x := rnorm(n, μ, σ) **Normalverteilte Messwerte (mit eingebautem Zufallsgenerator erzeugt)**

i := 1 .. n Bereichsvariable

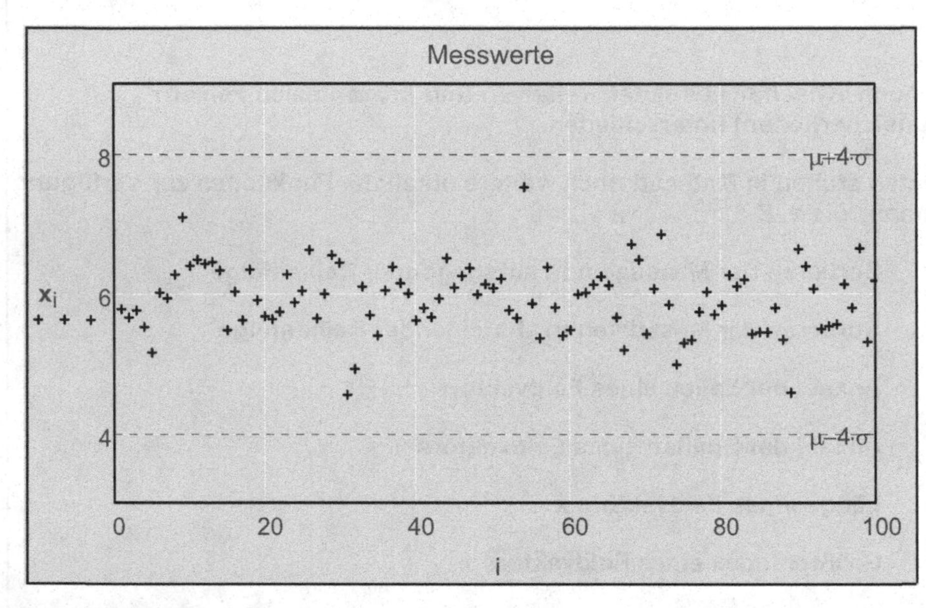

Achsenbeschränkung:
x-Achse: 0 bis 100
y-Achse: 3 bis 9
X-Y-Achsen:
Gitterlinien
Nummeriert
Automatische Skalierung
Markierung anzeigen
y-Achse: μ - 4 σ und μ + 4 σ
Automatische Gitterweite
Achsenstil:
Kasten
Spuren:
Spur 1
Symbol + und Typ Punkte
Beschriftungen:
Titel oben

Abb.16.1

Diese Daten können in eine ASCII-Datei MESSDATENNV.MD im aktuellen Verzeichnis geschrieben werden:

PRNSCHREIBEN("Messdatennv.MD") := **x**

Falls die normalverteilten Messdaten bereits in Form eines ASCII-Files vorliegen, können diese in Mathcad eingelesen werden (siehe auch Kapitel 19):

x := PRNLESEN("Messdatennv.MD") **Daten von Datei MESSDATENNV.MD einlesen**

$\mathbf{x}^T =$

	1	2	3	4	5	6	7	8	9	10
1	5.781	5.66	5.763	5.524	5.157	6.022	5.94	6.278	7.096	...

n := länge(**x**) n = 100 Bestimmung des tatsächlichen Datenumfangs

$$m(n) := \begin{vmatrix} \text{floor}(\sqrt{n}) \text{ if } n \le 400 \\ 20 \text{ if } n > 400 \end{vmatrix}$$

geeignete Klassenanzahl auswählen

m(n) = 10

$x_{min} := \mathrm{floor}(\min(\mathbf{x}))$ $x_{min} = 4$ kleinster (Minimum) und größter Wert (Maximum) der Daten gerundet

$x_{max} := \mathrm{ceil}(\max(\mathbf{x}))$ $x_{max} = 8$

$D := x_{max} - x_{min}$ $D = 4$ korrigierte Spannweite

$\Delta x := \frac{D}{m(n)}$ $\Delta x = 0.4$ Klassenweite

$j := 1 .. m(n) + 1$ $k := 1 .. m(n)$ Bereichsvariablen

$\mathbf{c}_j := x_{min} + \Delta x \cdot (j - 1)$ Intervallrandpunkte $[\, c_j , c_{j+1} [$ der Klassen

$\mathbf{m}_k := \mathbf{c}_k + \frac{\Delta x}{2}$ Intervallmitte (Balkenlage) der Klassen

$\mathbf{f} := \mathrm{hist}(\mathbf{c}, \mathbf{x})$ absolute Häufigkeiten (ermittelt mit der hist-Funktion)

$\mathbf{h} := \frac{1}{\sum \mathbf{f}} \cdot \mathbf{f}$ relative Häufigkeiten

$\mathbf{H}_k := \sum_{j=1}^{k} \mathbf{h}_j$ Summenhäufigkeit

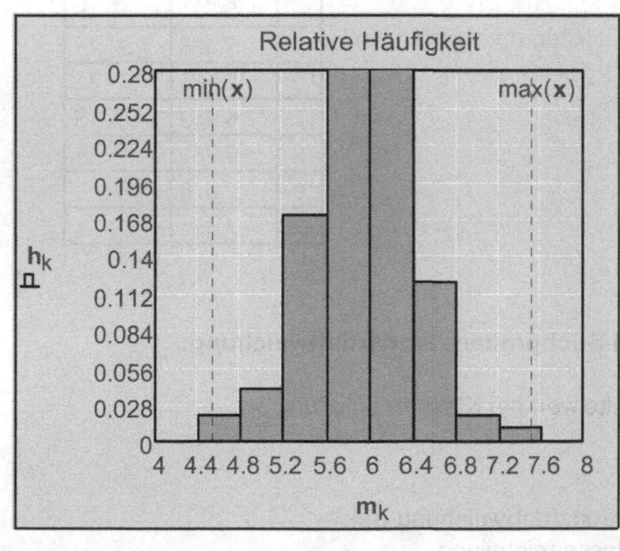

Abb.16.2

Achsenbeschränkung:
x-Achse: 4 bis 8
y-Achse: 0 bis 0.28
X-Y-Achsen:
Gitterlinien
Nummeriert
Automatische Skalierung
Markierung anzeigen
x-Achse: min(**x**) und max(**x**)
Anzahl der Gitterlinien: 10
Achsenstil:
Kasten
Spuren:
Spur 1
Typ Durchgezogene Linie
Beschriftungen:
Titel oben

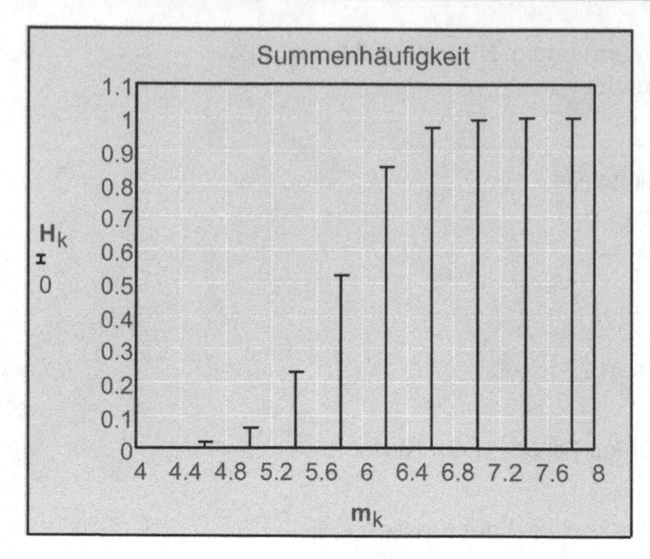

Achsenbeschränkung:
x-Achse: 4 bis 8
y-Achse: 0 bis 1.1
X-Y-Achsen:
Gitterlinien
Nummeriert
Automatische Skalierung
Anzahl der Gitterlinien: 10 bzw. 11
Achsenstil:
Kasten
Spuren:
Spur 1 und Spur 2
Typ Fehler
Beschriftungen:
Titel oben

Abb.16.3

Intervallmitte m, absolute Häufigkeit (Anzahl der Werte/Balken) f, relative Häufigkeit h und zum Vergleich mit der Histogramm-Funktion, die Klassenmitten und absoluten Häufigkeiten ermittelt (liefert die gleichen Werte, wenn oben x_{min} und x_{max} nicht mit floor und ceil gerundet werden):

m =

	1
1	4.2
2	4.6
3	5
4	5.4
5	5.8
6	6.2
7	6.6
8	7
9	7.4
10	7.8

f =

	1
1	0
2	2
3	4
4	17
5	29
6	33
7	12
8	2
9	1
10	0

h =

	1
1	0
2	0.02
3	0.04
4	0.17
5	0.29
6	0.33
7	0.12
8	0.02
9	0.01
10	0

Histogramm(m(n), **x**) =

	1	2
1	4.699	2
2	4.996	2
3	5.293	11
4	5.591	19
5	5.888	24
6	6.186	21
7	6.483	15
8	6.781	4
9	7.078	1
10	7.375	1

Schätzwerte für μ und σ aus Stichprobenmittelwert und Stichprobenstandardabweichung:

$\bar{x} := \sum_k (\mathbf{m}_k \cdot \mathbf{h}_k)$ $\quad \bar{x} = 5.944$ $\quad$ Mittelwert bei Klasseneinteilung

$s := \sqrt{\frac{n}{n-1} \cdot \sum_k \left[\mathbf{h}_k \cdot (\mathbf{m}_k - \bar{x})^2\right]}$ $\quad s = 0.497$ $\quad$ Standardabweichung bei Klasseneinteilung

$x := \mu - 4 \cdot \sigma, (\mu - 4 \cdot \sigma) + 0.01 \cdot \sigma .. \mu + 4 \cdot \sigma$ $\quad$ Bereichsvariable

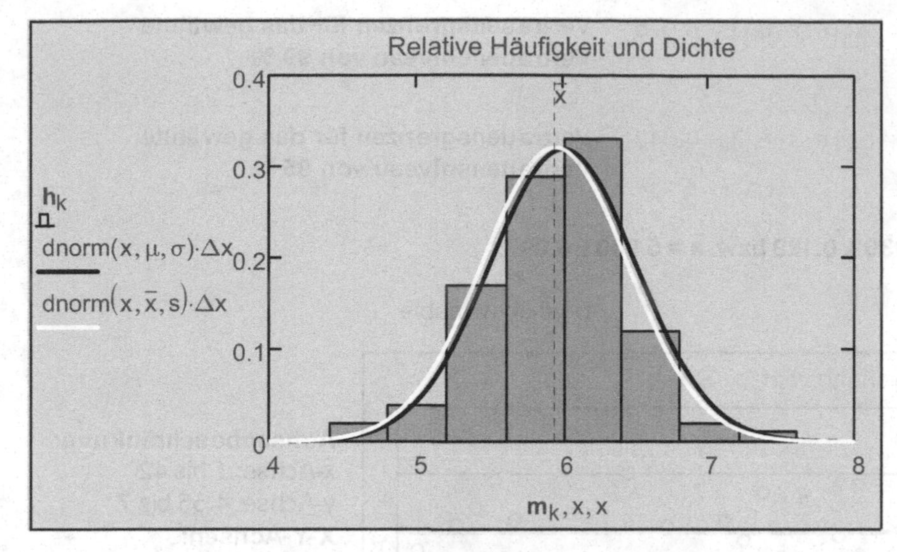

Abb.16.4

X-Y-Achsen:
Nummeriert
Automatische Skalierung
Markierung anzeigen:
x-Achse $\bar{x}$
Automatische Gitterweite
Achsenstil:
Kasten
Spuren:
Spur 1
Durchgezogene Linie
Spur 2 und Spur 3
Typ Linien
Beschriftungen:
Titel oben

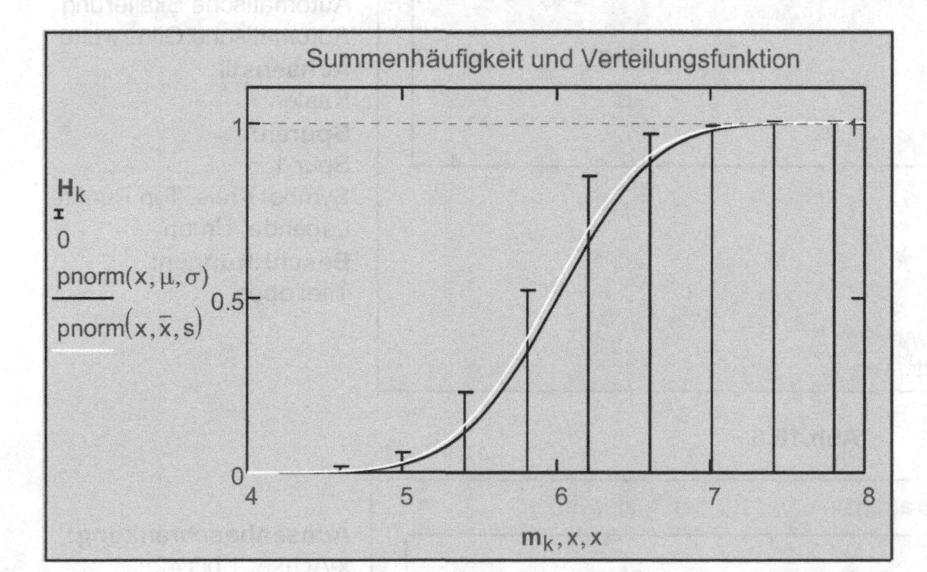

Abb.16.5

Achsenbeschränkung:
y-Achse: 0 bis 1.1
X-Y-Achsen:
Nummeriert
Automatische Skalierung
Markierung anzeigen:
y-Achse: 1
Automatische Gitterweite
Achsenstil:
Kreuz
Spuren:
Spur 1 und Spur 2
Typ Fehler
Spur 3 und Spur 4
Typ Linien
Beschriftungen:
Titel oben

Wie lauten die Vertrauensgrenzen für den "wahren" Mittelwert bei einer Irrtumswahrscheinlichkeit von $\alpha = 1$ % bzw. $\alpha = 5$ % :

$\alpha_1 := 0.01 \qquad \alpha_2 := 0.05$

Messunsicherheit:

$$\Delta x(n, s, \alpha) := qt\left(1 - \frac{\alpha}{2}, n - 1\right) \cdot \frac{s}{\sqrt{n}}$$

$\Delta x(n, s, \alpha_1) = 0.131 \qquad \Delta x(n, s, \alpha_2) = 0.099$

$\bar{x} - \Delta x(n, s, \alpha_1) = 5.813$ $\quad \bar{x} + \Delta x(n, s, \alpha_1) = 6.075$ **Vertrauensgrenzen für das gewählte Vertrauensniveau von 99 %**

$\bar{x} - \Delta x(n, s, \alpha_2) = 5.845$ $\quad \bar{x} + \Delta x(n, s, \alpha_2) = 6.043$ **Vertrauensgrenzen für das gewählte Vertrauensniveau von 95 %**

Das Messergebnis lautet: $\bar{x} = 5.939 \pm 0.129$ bzw. $\bar{x} = 5.939 \pm 0.097$.

$i := 1..n$ Bereichsvariable

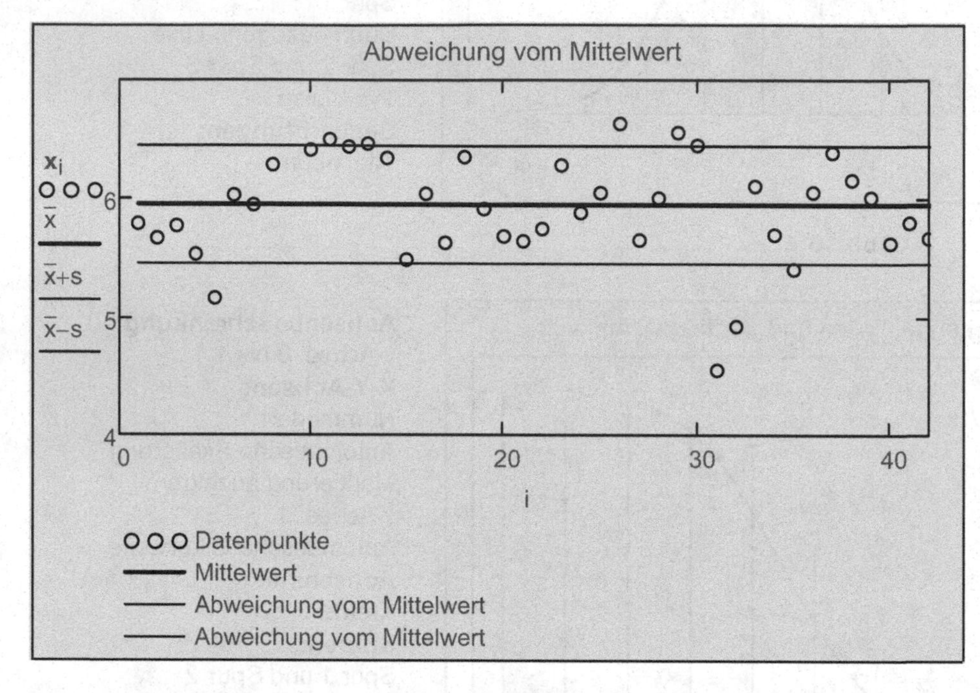

Achsenbeschränkung:
x-Achse: 1 bis 42
y-Achse: 4.55 bis 7
X-Y-Achsen:
Nummeriert
Automatische Skalierung
Automatische Gitterweite
Achsenstil:
Kasten
Spuren:
Spur 1
Symbol Kreis, Typ Punkte
Legende: Unten
Beschriftungen:
Titel oben

Abb.16.6

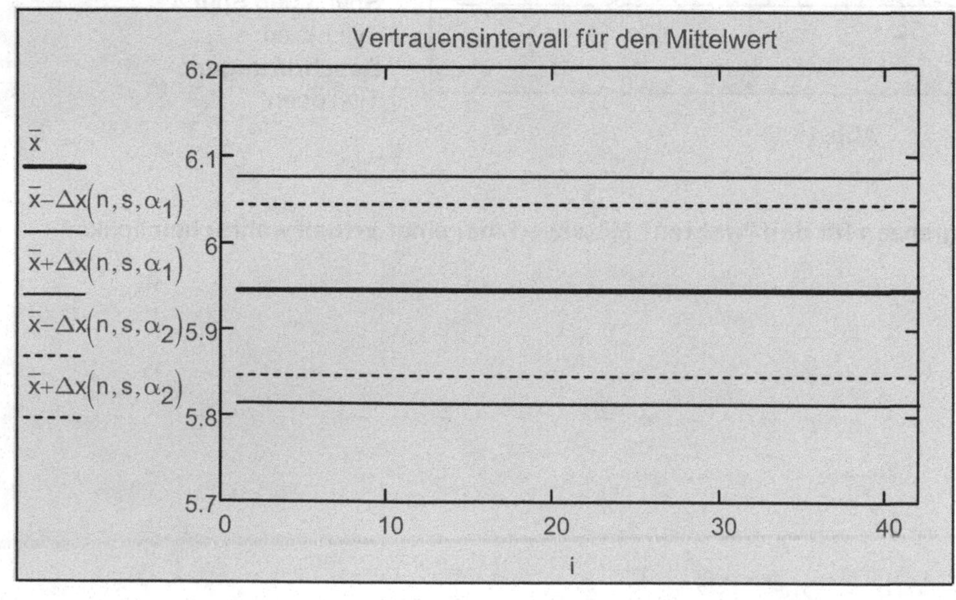

Achsenbeschränkung:
x-Achse: 1 bis 42
y-Achse: 5.7 bis 6.2
X-Y-Achsen:
Nummeriert
Automatische Skalierung
Automatische Gitterweite
Anzahl der Gitterlinien 5
Achsenstil:
Kasten
Spuren:
Spur 1 bis Spur 5
Typ Linien
Beschriftungen:
Titel oben

Abb.16.7

16.2 Untersuchung der Fortpflanzung von zufälligen Messabweichungen

Bei vielen Anwendungen stellt sich häufig das Problem, den Wert einer Größe Y zu bestimmen, die noch von mehreren weiteren voneinander unabhängigen und normalverteilten Größen $X_1, X_2, ..., X_n$ abhängig ist. Der funktionale Zusammenhang sei bekannt und in der Form $Y = f(X_1, X_2, ..., X_n)$ gegeben. Die dann ebenfalls normalverteilte Größe Y soll jedoch nicht direkt gemessen werden, sondern auf indirektem Wege aus den Messwerten $X_1, X_2, ..., X_n$ unter Verwendung der Funktionsgleichung $Y = f(X_1, X_2, ..., X_n)$ berechnet werden. Wir sprechen dann von einer "indirekten" Messgröße. Dabei sind $X_1, X_2, ..., X_n$ die Eingangsgrößen und Y die Ausgangs- oder Ergebnisgröße.

Der Mittelwert y_m der "indirekten" Messgröße $Y = f(X_1, X_2, ..., X_n)$ lässt sich aus den Mittelwerten $\bar{x}_1, \bar{x}_2, ..., \bar{x}_n$ der voneinander unabhängigen Messgrößen $X_1, X_2, ..., X_n$ berechnen aus:
$y_m = f(\bar{x}_1, \bar{x}_2, ..., \bar{x}_n)$.

Die Standardabweichung s_y der "indirekten" Messgröße $Y = f(X_1, X_2, ..., X_n)$ lässt sich aus den Standardabweichungen der Einzelmessungen $s_{x1}, s_{x2}, ..., s_{xn}$ der voneinander unabhängigen Messgrößen $X_1, X_2, ..., X_n$ mit dem Gauß'schen Fehlerfortpflanzungsgesetz (Gauß'sches Fehlerfortpflanzungsgesetz für die Standardabweichung der Einzelmessung, in der "quadrierten Form" auch als Variationsfortpflanzungsgesetz bezeichnet) berechnen:

$$s_y = \sqrt{\left[\frac{\partial}{\partial x_1}\left(f\left(\bar{x}_1, \bar{x}_2, ..., \bar{x}_n\right) \cdot s_{x_1}\right)\right]^2 + \left[\frac{\partial}{\partial x_2}\left(f\left(\bar{x}_1, \bar{x}_2, ..., \bar{x}_n\right) \cdot s_{x_2}\right)\right]^2 + ... + \left[\frac{\partial}{\partial x_n}\left(f\left(\bar{x}_1, \bar{x}_2, ..., \bar{x}_n\right) \cdot s_{x_n}\right)\right]^2}$$

Das Messergebnis für eine von n unabhängigen Größen $X_1, X_2, ..., X_n$ abhängige "indirekte" Messgröße $Y = f(X_1, X_2, ..., X_n)$ lautet:
$y = y_m \pm \Delta y$.
Dabei ist $y_m = f(\bar{x}_1, \bar{x}_2, ..., \bar{x}_n)$ der Mittelwert und $\Delta y = s_y$.

Für eine von n unabhängigen Größen $X_1, X_2, ..., X_n$ abhängige "indirekte" Messgröße $Y = f(X_1, X_2, ..., X_n)$ lautet das Messergebnis, wenn die direkt gemessenen Größen $X_1, X_2, ..., X_n$ in der oft üblichen Form $x_i = \bar{x}_i \pm \Delta x_i$ vorliegen:
$y = y_m \pm \Delta y$.
Dabei sind $\bar{x}_i$ die (arithmetischen) Mittelwerte und Δx_i die Messunsicherheiten der Größen x_i.
$y_m = f(\bar{x}_1, \bar{x}_2, ..., \bar{x}_n)$ ist der schon erwähnte Mittelwert der "indirekten" Messgröße Y.
Δy ist die erwartete Messunsicherheit von y und wird mit dem Gauß'schen Fehlerfortpflanzungsgesetz berechnet:

$$\Delta y = \sqrt{\left[\frac{\partial}{\partial x_1}\left(f\left(\bar{x}_1, \bar{x}_2, ..., \bar{x}_n\right) \cdot \Delta x_1\right)\right]^2 + \left[\frac{\partial}{\partial x_2}\left(f\left(\bar{x}_1, \bar{x}_2, ..., \bar{x}_n\right) \cdot \Delta x_2\right)\right]^2 + ... + \left[\frac{\partial}{\partial x_n}\left(f\left(\bar{x}_1, \bar{x}_2, ..., \bar{x}_n\right) \cdot \Delta x_n\right)\right]^2}$$

Beispiel 16.2:

Bestimmung der Wanddicke y eines Hohlzylinders mit Außendurchmesser D und Innendurchmesser d. Es wurden jeweils 5 Messungen durchgeführt.

ORIGIN := 1 ORIGIN festlegen

$$\mathbf{D} := \begin{pmatrix} 9.98 \\ 9.97 \\ 10.01 \\ 9.98 \\ 10.02 \end{pmatrix} \cdot cm \qquad \mathbf{d} := \begin{pmatrix} 9.51 \\ 9.47 \\ 9.50 \\ 9.49 \\ 9.52 \end{pmatrix} \cdot cm$$

$y(D, d) := \frac{1}{2} \cdot (D - d)$ $\quad \frac{\partial}{\partial D} y = \frac{1}{2}$ $\quad \frac{\partial}{\partial d} y = -\frac{1}{2}$ Wanddickefunktion und partielle Ableitungen

$D_m :=$ mittelwert$(\mathbf{D})$ $\quad D_m = 9.992 \cdot cm$ Mittelwert vom Außendurchmesser

$d_m :=$ mittelwert$(\mathbf{d})$ $\quad d_m = 9.498 \cdot cm$ Mittelwert vom Innendurchmesser

$s_D := \text{Stdev}(\mathbf{D})$ $\quad s_D = 0.022 \cdot cm$ Standardabweichung vom Außendurchmesser

$s_d := \text{Stdev}(\mathbf{d})$ $\quad s_d = 0.019 \cdot cm$ Standardabweichung vom Innendurchmesser

$\mathbf{D = D_m \pm s_D = (9.992 \pm 0.022)\ cm}$ $\qquad \mathbf{d = d_m \pm s_d = (9.498 \pm 0.019)\ cm}$

$y_m := \frac{1}{2} \cdot (D_m - d_m)$ $\quad y_m = 0.247 \cdot cm$ Mittelwert der Wanddicke

$\Delta y := \sqrt{\left(\frac{1}{2}\right)^2 \cdot s_D^2 + \left(-\frac{1}{2}\right)^2 \cdot s_d^2}$ $\quad \Delta y = 0.014 \cdot cm$ Messabweichung (absoluter Fehler)

$\mathbf{y = y_m \pm \Delta y = (0.247 \pm 0.014)\ cm}$ **Messergebnis**

Beispiel 16.3:

Bei einer Serienschaltung von zwei Widerständen und angelegter Gleichspannung wurden folgende Messergebnisse ausgewertet:

$U_0 := 220 \cdot V$ $\quad \Delta U := 3 \cdot V$ $\quad \mathbf{U = U_0 \pm \Delta U}$

$R_{10} := 78 \cdot \Omega$ $\quad \Delta R_1 := 1 \cdot \Omega$ $\quad \mathbf{R_1 = R_{10} \pm \Delta R_1}$

$R_{20} := 54 \cdot \Omega$ $\quad \Delta R_2 := 1 \cdot \Omega$ $\quad \mathbf{R_2 = R_{20} \pm \Delta R_2}$

Gesucht sind der absolute und relative Fehler des Stromes.

$I(U, R_1, R_2) := \frac{U}{R_1 + R_2}$ gegebene Funktion

$I_U(U, R_1, R_2) := \frac{\partial}{\partial U}\frac{U}{R_1 + R_2}$ $\quad I_U(U, R_1, R_2) \rightarrow \frac{1}{R_1 + R_2}$ partielle Ableitung von I nach U

$I_{R1}(U, R_1, R_2) := \frac{\partial}{\partial R_1}\frac{U}{R_1 + R_2}$ $\quad I_{R1}(U, R_1, R_2) \rightarrow -\frac{U}{(R_1 + R_2)^2}$ partielle Ableitung von I nach R1

$I_{R2}(U, R_1, R_2) := \frac{\partial}{\partial R_2}\frac{U}{R_1 + R_2}$ $\quad I_{R2}(U, R_1, R_2) \rightarrow -\frac{U}{(R_1 + R_2)^2}$ partielle Ableitung von I nach R2

$I(U_0, R_{10}, R_{20}) = 1.667\ A$ Mittelwert der indirekten Messgröße

$I_U(U_0, R_{10}, R_{20}) = 7.576 \times 10^{-3}\ \frac{1}{\Omega}$ partielle Ableitung nach U der indirekten Messgrößen

$I_{R1}(U_0, R_{10}, R_{20}) = -0.013 \cdot \frac{V}{\Omega^2}$ partielle Ableitung nach R1 der indirekten Messgrößen

$I_{R2}(U_0, R_{10}, R_{20}) = -0.013 \cdot \frac{V}{\Omega^2}$ partielle Ableitung nach R2 der indirekten Messgrößen

$$\Delta I_{abs} := \sqrt{I_U(U_0, R_{10}, R_{20})^2 \cdot \Delta U^2 + I_{R1}(U_0, R_{10}, R_{20})^2 \cdot \Delta R_1^{\ 2} + I_{R2}(U_0, R_{10}, R_{20})^2 \cdot \Delta R_2^{\ 2}}$$

$\Delta I_{abs} = 0.029 \cdot A$ absoluter Fehler

Oder etwas kürzer formuliert:

$$\Delta I_{abs}(U, R_1, R_2) := \sqrt{\left(\frac{\partial}{\partial U} I(U, R_1, R_2)\right)^2 \cdot \Delta U^2 + \left(\frac{\partial}{\partial R_1} I(U, R_1, R_2)\right)^2 \cdot \Delta R_1^{\ 2} + \left(\frac{\partial}{\partial R_2} I(U, R_1, R_2)\right)^2 \cdot \Delta R_2^{\ 2}}$$

$I(U_0, R_{10}, R_{20}) = 1.667 \cdot A$ Mittelwert des Stromes

$\Delta I_{abs}(U_0, R_{10}, R_{20}) = 0.029 \cdot A$ absoluter Fehler

$\Delta I_{rel} := \frac{\Delta I_{abs}(U_0, R_{10}, R_{20})}{I(U_0, R_{10}, R_{20})}$ relativer Fehler

$\Delta I_{rel} = 1.734 \cdot \%$

16.3 Bestimmung einer Ausgleichs- oder Regressionskurve

Mit den Methoden der Ausgleichsrechnung soll aus n gemessenen Wertepaaren (Messpunkten) (x_i ; y_i) (i = 1, 2,..., n) ein möglichst funktionaler Zusammenhang zwischen den Messgrößen X und Y gefunden werden.
Zuerst ist eine Entscheidung darüber zu treffen, welcher Funktionstyp der Ausgleichsrechnung zugrunde gelegt werden soll (Gerade, Parabel, Potenz- oder Exponentialfunktion usw.). Eine Entscheidungshilfe liefert dabei das Streuungsdiagramm, in dem die n Messpunkte durch eine Punktwolke dargestellt wird.
Als Maß für die Abweichung zwischen Messpunkt und Ausgleichskurve wählen wir die Ordinatendifferenz. Der Abstand des Messpunktes (x_i ; y_i) von der gesuchten aber noch unbekannten Ausgleichskurve y = f(x) beträgt damit y_i - f(x_i).
Eine objektive Methode zur Bestimmung der "optimalen" Kurve liefert die Gauß'sche Methode der kleinsten Quadrate. Danach passt sich diejenige Kurve mit den enthaltenen Parametern a, b, ... den vorgegebenen Messpunkten am besten an, für die die Summe S der Abstandsquadrate aller n Messpunkte ein Minimum annimmt:

$$S(a,b,....) = \sum_{i=1}^{n} \left(y_i - f(x_i)\right)^2 \quad .$$

Für Ausgleichskurven (Regressions- und Glättungskurven) stehen in Mathcad zahlreiche Funktionen wie achsenabschn, neigung, regress, loess, linie, linanp, genanp, expanp, potanp, loganp, lgsanp, lnanp, sinanp, medgltt, kgltt, strgltt, stdfehl u. a. m. zur Verfügung.
Siehe auch Anhang, Funktionen.

Es gibt für Mathcad auch noch zusätzlich das "Data Analysis Extension Pack", mit dem die Datenanalyse noch wesentlich erweitert werden kann.

Beispiel 16.4:

Gesucht ist die beste Gerade durch eine „Wolke" von 10 Messwerten ($x1_i$, $y1_i$).

ORIGIN := 1 — ORIGIN festlegen

Zuerst werden künstlich 10 Messwerte erzeugt:

$n := 10 \quad i := 1..n$ — Bereichsvariable

$\Delta x_i := rnd(0.2)$ — Fehler der Messwerte

$x1_i := i + \Delta x_i$

fehlerbehaftete Messdatenvektoren

$y1_i := i + (-1)^{floor(rnd(2))} \cdot rnd(1)$

MD := erweitern(**x1** , **y1**) — Messdaten zu einer Matrix zusammenfassen

$MD^T =$

	1	2	3	4	5	6	7	8
1	1.01	2.052	3.179	4.146	5.079	6.181	7.078	8.071
2	1.68	2.109	3.655	3.92	5.307	6.068	6.306	...

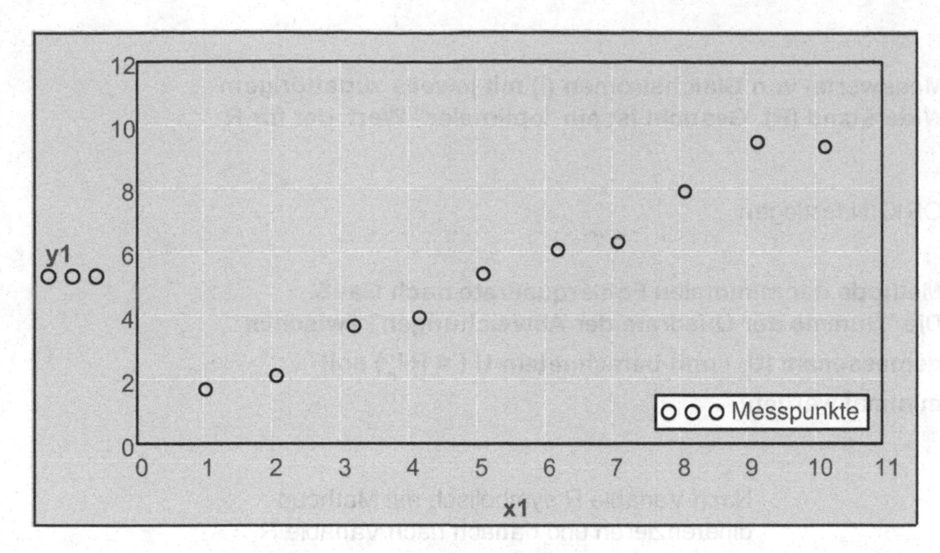

Achsenbeschränkung:
x-Achse: 0 bis 11
y-Achse: 0 bis 12
X-Y-Achsen:
Gitterlinien
Nummeriert
Automatische Skalierung
Anzahl der Gitterlinien:
11 bzw. 6
Achsenstil:
Kasten
Spuren:
Spur 1
Symbol Kreis, Typ Punkte
Legende: Unten-rechts

Abb.16.8

Zuerst wird mithilfe des Korrelationskoeffizienten geprüft, ob eventuell ein linearer Zusammenhang zwischen **x1** und **y1** vorliegt:

korr(**x1** , **y1**) = 0.99 Korrelationskoeffizient

stdfehl(**x1** , **y1**) = 0.408 Standardfehler (beschreibt die Güte der Anpassung)

Damit kann die Steigung und der Achsenabschnitt für eine Ausgleichsgerade gefunden werden:

$\begin{pmatrix} d \\ k \end{pmatrix}$:= linie(**x1** , **y1**) Berechnung der Steigung und des Achsenabschnittes

k = 0.899 Steigung der Ausgleichsgeraden

d = 0.532 Achsenabschnitt der Geraden

Alternative Möglichkeit zur Berechnung von k und d:

k **=** neigung(**x1** , **y1**) d **=** achsenabschn(**x1** , **y1**)

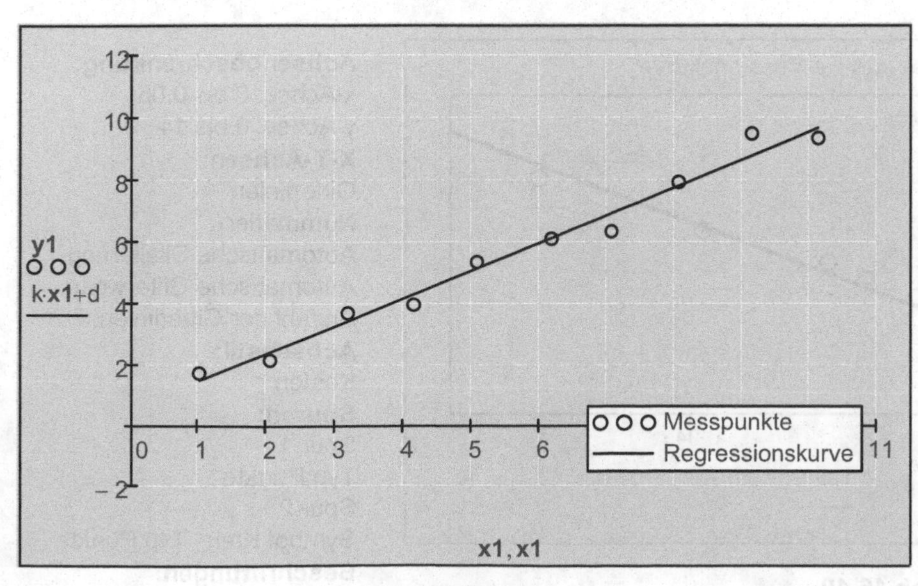

Achsenbeschränkung:
x-Achse: 0 bis 11
y-Achse: -2 bis 12
X-Y-Achsen:
Gitterlinien
Nummeriert
Automatische Skalierung
Anzahl der Gitterlinien:
11 bzw. 7
Achsenstil:
Kreuz
Spuren:
Spur 1
Symbol Kreis, Typ Punkte
Spur 2
Typ Linien
Legende: Unten-rechts

Abb.16.9

Beispiel 16.5:

Gegeben ist eine Messreihe (5 Messwerte) von Gleichströmen (I) mit jeweils zugehörigem Spannungsabfall (U) an einem Widerstand (R). Gesucht ist ein "optimaler" Wert, der für R angenommen werden soll.

ORIGIN := 1 ORIGIN festlegen

$$f(R) = \sum_{k=1}^{5} \left(U_k - R \cdot I_k\right)^2$$

Methode der minimalen Fehlerquadrate nach Gauß. Die "Summe der Quadrate der Abweichungen" zwischen gemessenem (U_k) und berechnetem U (= $R \cdot I_k$) soll minimal werden!

$$f(R) = \sum_{k=1}^{5} \left(U_k - R \cdot I_k\right)^2$$

Nach Variable R symbolisch mit Mathcad differenzieren und danach nach Variable R auflösen.

$$\frac{d}{dR}\sum_{k=1}^{5} \left(U_k - R \cdot I_k\right)^2 = 0 \text{ auflösen}, R \rightarrow \frac{I_1 \cdot U_1 + I_2 \cdot U_2 + I_3 \cdot U_3 + I_4 \cdot U_4 + I_5 \cdot U_5}{(I_1)^2 + (I_2)^2 + (I_3)^2 + (I_4)^2 + (I_5)^2}$$

$$\mathbf{U} := \begin{pmatrix} 5.2 \\ 6.0 \\ 6.7 \\ 8.1 \\ 10.4 \end{pmatrix} \cdot V \qquad \mathbf{I} := \begin{pmatrix} 0.023 \\ 0.027 \\ 0.030 \\ 0.040 \\ 0.053 \end{pmatrix} \cdot A$$

Messwerte

$$R := \frac{I_1 \cdot U_1 + I_2 \cdot U_2 + I_3 \cdot U_3 + I_4 \cdot U_4 + I_5 \cdot U_5}{(I_1)^2 + (I_2)^2 + (I_3)^2 + (I_4)^2 + (I_5)^2} \qquad R = 206.761\,\Omega$$

optimaler Widerstand

$I_1 := 0 \cdot A, 0.0002 \cdot A .. 0.06 \cdot A$ Bereichsvariable für den Strom

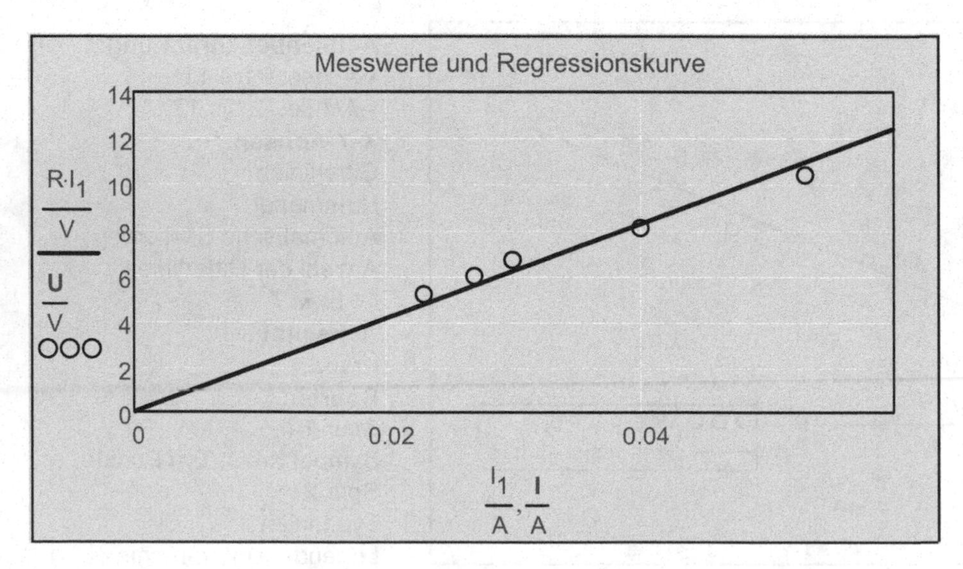

Abb.16.10

Achsenbeschränkung:
x-Achse: 0 bis 0.06
y-Achse: 0 bis 14
X-Y-Achsen:
Gitterlinien
Nummeriert
Automatische Skalierung
Automatische Gitterweite
Anzahl der Gitterlinien: 7
Achsenstil:
Kasten
Spuren:
Spur 1
Typ Punkte
Spur 2
Symbol Kreis, Typ Punkte
Beschriftungen:
Titel oben

Vorsicht beim Lösen dieses Ausgleichsproblems mit den zugehörigen Mathcadfunktionen:

$R := \text{neigung}(\mathbf{I}, \mathbf{U})$ $\quad R = 169.236\,\Omega$

$d := \text{achsenabschn}(\mathbf{I}, \mathbf{U})$ $\quad d = 1.424\,V$

Völlig unbrauchbare Ergebnisse!

Nur ein Ergänzen der Vektoren mit (0, 0)-Komponenten führt zu einem näherungsweise brauchbaren Ergebnis !

$\mathbf{U}_{100} := 0 \qquad \mathbf{I}_{100} := 0$

$R := \text{neigung}(\mathbf{I}, \mathbf{U})$ $\quad R = 206.587\,\Omega$

$d := \text{achsenabschn}(\mathbf{I}, \mathbf{U})$ $\quad d = 0.007 \cdot V$

Die Funktion "neigung" und "achsenabschnitt" berechnet die Steigung und den Achsenabschnitt nach der Methode der minimalen Fehlerquadrate nach Gauß.

Beispiel 16.6:

Die Spannungs-Strom-Kennlinie einer Glühlampe U = f(I) verläuft nichtlinear und lässt sich annähernd durch eine kubische Funktion vom Typ U = f(I) = a I^3+b I beschreiben. Für eine Glühlampe wurden folgende Messwerte ermittelt:

$\mathbf{I} := (0.1 \;\; 0.2 \;\; 0.3 \;\; 0.4 \;\; 0.5 \;\; 0.6)^T \cdot A$

$\mathbf{U} := (29 \;\; 51 \;\; 101 \;\; 174 \;\; 288 \;\; 446)^T \cdot V$

Messdaten

Die Parameter a und b der kubischen Funktion sollen aus den Messreihen I und U nach dem Prinzip der kleinsten Quadrate nach Gauß mithilfe der Funktion "Minimieren" und mithilfe des Lösungsblocks "Vorgabe und Suchen" (Lösung des inhomogenen Gleichungssystems) bestimmt werden.
Die Ausgleichsfunktion und die Messpunkte sollen grafisch dargestellt werden.

$\text{ORIGIN} := 1$ ORIGIN festlegen

Berechnung der Ausgleichskurve mithilfe der Funktion "Minimieren":

$U(I, a, b) := a \cdot I^3 + b \cdot I$ genäherte kubische Funktion

$n := \text{letzte}(\mathbf{I}) \qquad n = 6$ Anzahl der Messdaten

$$G1(a, b) := \sum_{k = \text{ORIGIN}}^{n} \left(\mathbf{U}_k - U(\mathbf{I}_k, a, b)\right)^2$$

G1 muss nach Gauß ein Minimum werden!

$a1 := \frac{2 \cdot V}{A^3} \qquad b1 := 20 \cdot \frac{V}{A}$ Startwerte für das Näherungsverfahren Minimieren

$\begin{pmatrix} a \\ b \end{pmatrix} := \text{Minimieren}(G1, a1, b1)$

Minimieren(G1, a1,b2) gibt die Werte a und b für U(I,a,b) zurück, so dass sich die Funktion optimal an die Messpunkte anpasst.

$a = 1504.079 \cdot \frac{V}{A^3} \qquad b = 200.464 \cdot \frac{V}{A}$ gesuchte Lösung für a und b

Berechnung der Ausgleichskurve mithilfe eines Lösungsblocks:

$$G1(a,b) := \sum_{k=1}^{n} \left[U_k - \left[a\cdot (I_k)^3 + b\cdot I_k\right]\right]^2$$

G1 muss nach Gauß ein Minimum werden, d. h., die ersten partiellen Ableitungen müssen verschwinden.

Zuerst werden die partiellen Ableitungen symbolisch gebildet:

$$\frac{\partial}{\partial a1}\sum_{k=0}^{n}\left[U_k - \left[a1\cdot (I_k)^3 + b1\cdot I_k\right]\right]^2 \quad \text{ergibt} \quad \sum_{k=0}^{n}\left[-2\cdot\left[U_k - a1\cdot (I_k)^3 - b1\cdot I_k\right]\cdot (I_k)^3\right]$$

$$\frac{\partial}{\partial b1}\sum_{k=0}^{n}\left[U_k - \left[a1\cdot (I_k)^3 + b1\cdot I_k\right]\right]^2 \quad \text{ergibt} \quad \sum_{k=0}^{n}\left[-2\cdot\left[U_k - a1\cdot (I_k)^3 - b1\cdot I_k\right]\cdot I_k\right]$$

Daraus erhalten wir das inhomogene Gleichungssystem, das nun mit **Vorgabe** und **Suchen** gelöst wird:

Vorgabe

$$\sum_{k=1}^{n}\left[-2\cdot\left[U_k - a1\cdot (I_k)^3 - b1\cdot I_k\right]\cdot (I_k)^3\right] = 0$$

$$\sum_{k=1}^{n}\left[-2\cdot\left[U_k - a1\cdot (I_k)^3 - b1\cdot I_k\right]\cdot I_k\right] = 0$$

$$\begin{pmatrix} a1 \\ b1 \end{pmatrix} := \text{Suchen}(a1, b1) \qquad a1 = 1504.079\cdot\frac{V}{A^3} \qquad b1 = 200.464\cdot\frac{V}{A}$$

gesuchte Lösungen für a und b

Berechnung der Ausgleichskurve mithilfe einer Matrizengleichung:

Das vorher angeführte Gleichungssystem kann durch Umformung wie folgt geschrieben werden:

$k := 1..n$ Bereichsvariable

$$a2\cdot\sum_{k}(I_k)^2 + b2\cdot\sum_{k}(I_k)^4 = \sum_{k}(U_k\cdot I_k)$$

$$a2\cdot\sum_{k}(I_k)^4 + b2\cdot\sum_{k}(I_k)^6 = \sum_{k}\left[U_k\cdot (I_k)^3\right]$$

bzw. als Matrixgleichung: $\mathbf{K}\cdot\begin{pmatrix} a2 \\ b2 \end{pmatrix} = \mathbf{c}$

Mithilfe der Koeffizientenmatrix **K** und Konstantenvektor **c** folgt durch Umformung die Lösung der Matrizengleichung:

$$\mathbf{K} := \begin{bmatrix} \sum_k \left(\frac{I_k}{A}\right)^2 & \sum_k \left(\frac{I_k}{A}\right)^4 \\ \sum_k \left(\frac{I_k}{A}\right)^4 & \sum_k \left(\frac{I_k}{A}\right)^6 \end{bmatrix} \qquad \mathbf{c} := \begin{bmatrix} \sum_k \frac{\mathbf{U}_k \cdot \mathbf{I}_k}{V \cdot A} \\ \sum_k \left[\frac{\mathbf{U}_k}{V} \cdot \left(\frac{\mathbf{I}_k}{A}\right)^3\right] \end{bmatrix} \qquad \begin{pmatrix} a2 \\ b2 \end{pmatrix} := \mathbf{K}^{-1} \cdot \mathbf{c} \qquad \begin{pmatrix} a2 \\ b2 \end{pmatrix} = \begin{pmatrix} 200.464 \\ 1504.079 \end{pmatrix}$$

Der Vergleich liefert eine exakte Übereinstimmung der Parameter a und b.

$I := 0 \cdot A, 0.001 \cdot A .. 0.7 \cdot A$ Bereichsvariable

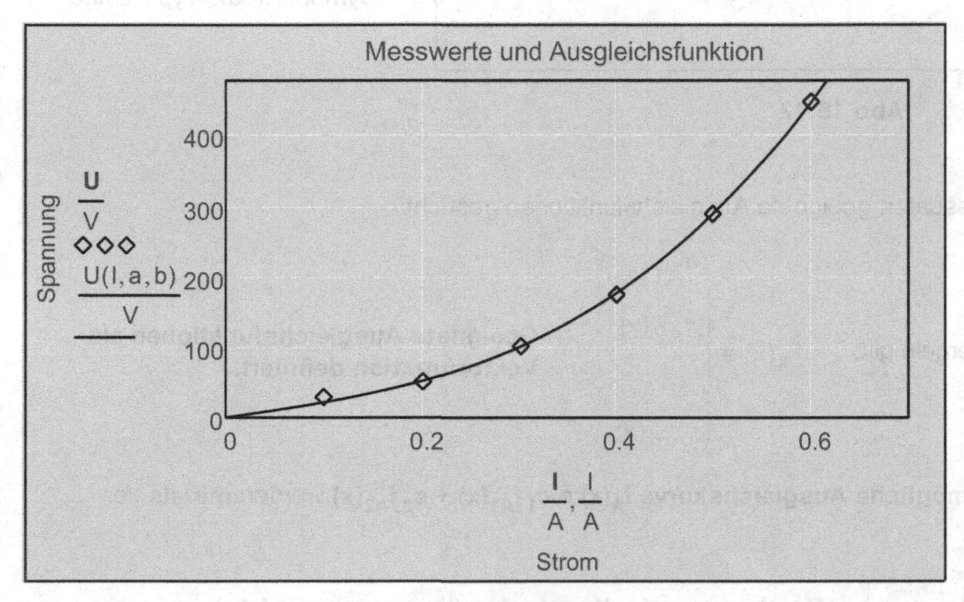

Achsenbeschränkung:
x-Achse: 0 bis max(**I**)+ 0.1 A
y-Achse: 0 bis max(**U**)+ 30 V
X-Y-Achsen:
Gitterlinien
Nummeriert
Automatische Skalierung
Automatische Gitterweite
Achsenstil:
Kasten
Spuren:
Spur 1
Symbol Raute, Typ Punkte
Spur 2
Typ Linien
Beschriftungen:
Titel oben

Abb.16.11

$m := 2$ Anzahl der gesuchten Parameter

$$s_t := \sqrt{\frac{1}{\text{länge}(\mathbf{I}) - m} \cdot \sum_{i=1}^{\text{länge}(\mathbf{I})} \left(\frac{\mathbf{U}_i}{V} - U\left(\frac{\mathbf{I}_i}{A}, \frac{a}{\frac{V}{A^3}}, \frac{b}{\frac{V}{A}}\right)\right)^2} \qquad s_t = 3.987$$

mittlerer quadratischer Fehler der Einzelwerte (Standardfehler oder Quadratwurzel der "Reststreuung")

<u>**Beispiel 16.7:**</u>

Es wurden Messdaten (x_i, y_i) aufgenommen, die zuerst ansteigen und dann eine Sättigung zeigen. Wir wählen zwei Ausgleichsfunktionen mit entsprechendem Verhalten: $f_1(x) = x / (1+x)$ bzw. $f_2(x) = 1 - e^{-2x}$. Gesucht ist dann jene Linearkombination $y_A(x) = c_1 f_1(x) + c_2 f_2(x)$, die am besten zu den Messpunkten passt (Ausgleichskurve y_A).

ORIGIN := 1 ORIGIN festlegen

$\mathbf{x} := (0\ \ 1\ \ 2\ \ 3\ \ 4\ \ 5)^T$ Messdaten

$\mathbf{y} := (0\ \ 0.52\ \ 0.75\ \ 0.88\ \ 0.92\ \ 0.98)^T$

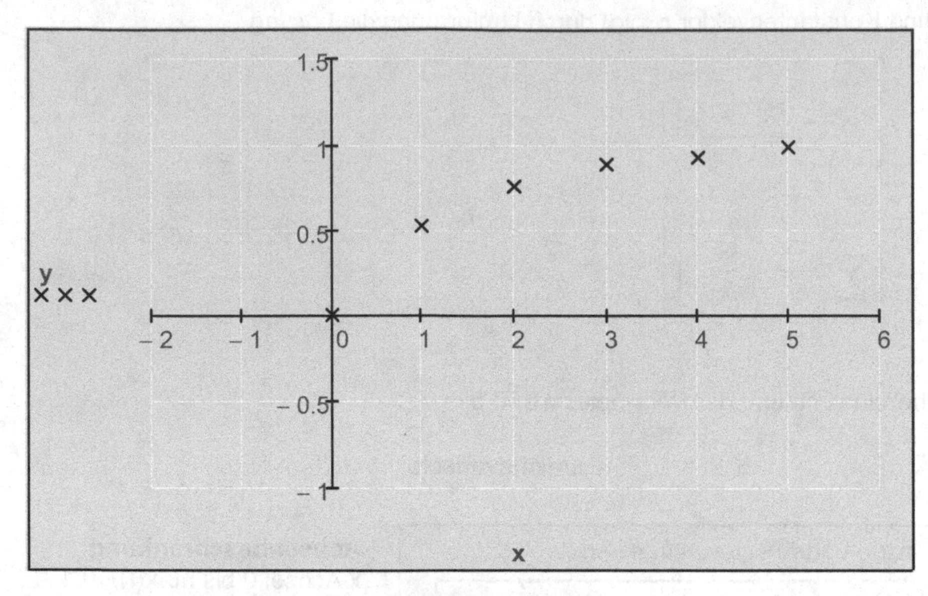

Achsenbeschränkung:
x-Achse: -2 bis 6
y-Achse: -1 bis 1.5
X-Y-Achsen:
Gitterlinien
Nummeriert
Automatische Skalierung
Anzahl der Gitterlinien:
8 bzw. 5
Achsenstil:
Kreuz
Spuren:
Spur 1
Symbol Kreuz, Typ Punkte

Abb.16.12

Zuerst werden anhand der Messdaten geeignete Ausgleichsfunktionen gesucht:

$\mathbf{f_A}(x) := \begin{pmatrix} \frac{x}{1+x} \\ 1 - e^{-2 \cdot x} \end{pmatrix}$ Allgemein gilt: $\mathbf{f_A}(x) = \begin{pmatrix} f_{A1}(x) \\ f_{A2}(x) \\ \ldots\ldots \\ f_{Am}(x) \end{pmatrix}$ **Geeignete Ausgleichsfunktionen als Vektorfunktion definiert.**

Die **Koeffizienten** für die **bestmögliche Ausgleichskurve $f_A(x) = c_1\, f_{A1}(x) + c_2\, f_{A2}(x)$** werden **mittels** der **Funktion linanp** bestimmt:

$\mathbf{c} := \text{linanp}(\mathbf{x}, \mathbf{y}, \mathbf{f_A})$ $\quad \mathbf{c} = \begin{pmatrix} 1.455 \\ -0.23 \end{pmatrix}$ **Bestimmung der Konstanten (linanp verwendet des Prinzip der kleinsten Quadrate nach Gauß)**

$y_A(x) := \mathbf{c} \cdot \mathbf{f_A}(x)$ **Dieses Skalarprodukt erzeugt die richtige Linearkombination $y_A(x) = c_1\, f_{A1}(x) + c_2\, f_{A2}(x)$.**
Allgemein: $f_A(x) = c_1\, f_{A1}(x) + c_2\, f_{A2}(x) + \ldots + c_m\, f_{Am}(x)$.

$i := 1 .. \text{länge}(\mathbf{x})$ Bereichsvariable

$\mathbf{x}_i =$

	1
1	0
2	1
3	2
4	3
5	4
6	5

$\mathbf{y}_i =$

	1
1	0.000
2	0.520
3	0.750
4	0.880
5	0.920
6	0.980

$y_A(i-1) =$

	1
1	0
2	0.529
3	0.744
4	0.862
5	0.934
6	0.982

$x := \min(\mathbf{x}), \min(\mathbf{x}) + 0.001 .. \max(\mathbf{x})$ Bereichsvariable

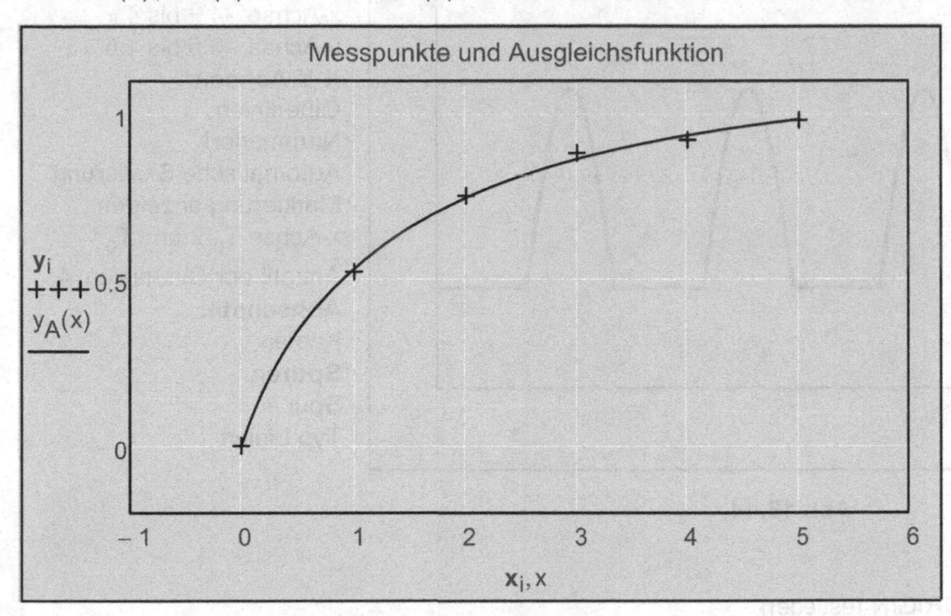

Achsenbeschränkung:
x-Achse: -1 bis 6
y-Achse: -0.2 bis 1.1
X-Y-Achsen:
Gitterlinien
Nummeriert
Automatische Skalierung
Anzahl der Gitterlinien: 7
Automatische Gitterweite
Achsenstil:
Kasten
Spuren:
Spur 1
Symbol Plus, Typ Punkte
Spur 2
Typ Linien
Beschriftungen:
Titel oben

Abb.16.13

Fehler bei der Regression:

$\Delta\mathbf{y}_i := \left|\mathbf{y}_i - y_A(\mathbf{x}_i)\right|$ Abweichungen

$\max(\Delta\mathbf{y}) = 0.018$ maximaler Fehler der Einzelwerte

$m := 2$ Anzahl der gesuchten Parameter

$s_t := \sqrt{\frac{1}{\text{länge}(\mathbf{x}) - m} \cdot \left[\sum_i (\Delta\mathbf{y}_i)^2\right]}$ $s_t = 0.0127$ mittlerer quadratischer Fehler der Einzelwerte (Standardfehler oder Quadratwurzel der "Reststreuung")

Beispiel 16.8:

Aus einem periodischen Signal sollen diskrete Daten gewonnen werden. Mit diesen Daten soll mithilfe eines trigonometrischen Polynoms eine optimale Ausgleichskurve gefunden werden.

$T_0 := 2 \cdot \pi$ gewählte Periode

$\omega_0 := \frac{2 \cdot \pi}{T_0}$ Kreisfrequenz

$u(t) := \text{wenn}\left[(t < 0.5 \cdot T_0), \sin(\omega_0 \cdot t), 0\right]$ gegebenes Signal über eine Periode

$p(t, T_0, u) := \begin{cases} u(\text{mod}(t, T_0) + T_0) & \text{if } \text{mod}(t, T_0) < 0 \\ u(\text{mod}(t, T_0)) & \text{otherwise} \end{cases}$ Funktion zur Bildung eines periodischen Signals

$t := -4 \cdot \pi, -3.99 \cdot \pi .. 4 \cdot \pi$ Bereichsvariable

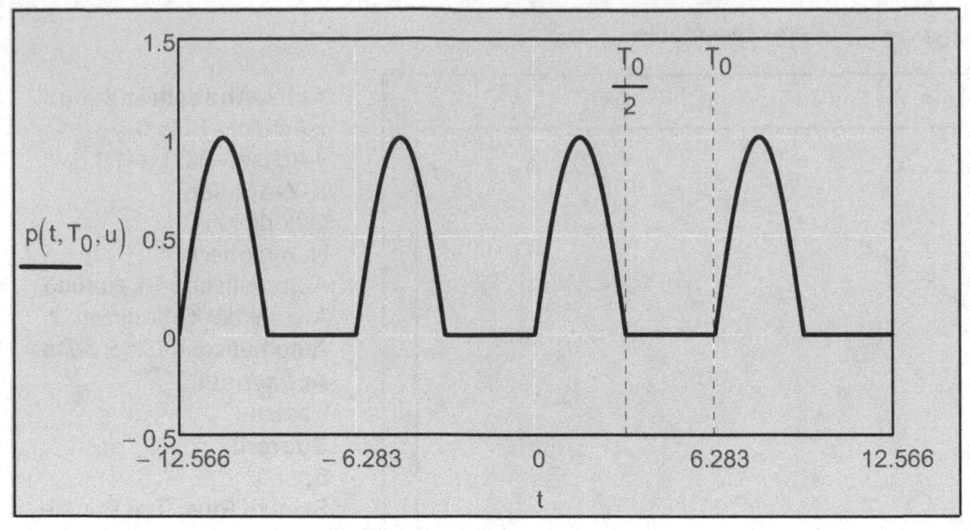

Achsenbeschränkung:
x-Achse: -4 π bis 4 π
y-Achse: -0.5 bis 1.5
X-Y-Achsen:
Gitterlinien
Nummeriert
Automatische Skalierung
Markierung anzeigen:
x-Achse $T_0/2$ und T_0
Anzahl der Gitterlinien: 4
Achsenstil:
Kasten
Spuren:
Spur 1
Typ Linien

Abb.16.14

$ORIGIN := 0$ ORIGIN festlegen

$i := 0..100$ Bereichsvariable für die diskreten Daten

$\mathbf{t}_i := -4 \cdot \pi + \frac{i}{100} \cdot 8 \cdot \pi$ diskreter Datenvektor der Zeitwerte

$\mathbf{y} := \overrightarrow{p(\mathbf{t}, T_0, u)}$ diskreter Datenvektor für die Funktionswerte

Geeignete Ausgleichsfunktionen als Vektorfunktion definiert:

$$\mathbf{F_A}(t) := (1 \quad \cos(t) \quad \sin(t) \quad \cos(2 \cdot t) \quad \sin(2 \cdot t) \quad \cos(3 \cdot t) \quad \sin(3 \cdot t) \quad \cos(4 \cdot t) \quad \sin(4 \cdot t))^T$$

$\mathbf{c} := \text{linanp}(\mathbf{t}, \mathbf{y}, \mathbf{F_A})$ **Bestimmung der Konstanten (linanp verwendet das Prinzip der kleinsten Quadrate nach Gauß)**

$\mathbf{c}^T =$

	0	1	2	3	4	5	6	7	8
0	0.317	-0.004	0.5	-0.214	0	-0.004	0	-0.044	0

$y_A(t) := \mathbf{c} \cdot \mathbf{F_A}(t)$ Ausgleichskurve (Fourierpolynom)

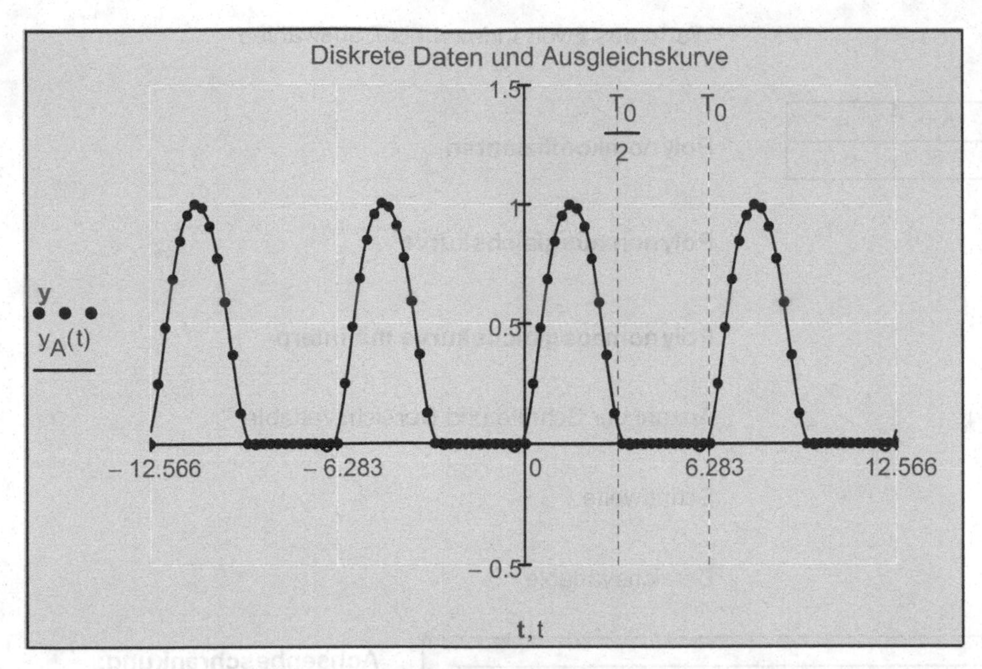

Achsenbeschränkung:
x-Achse: -4 π bis 4 π
y-Achse: -0.5 bis 1.5
X-Y-Achsen:
Gitterlinien
Nummeriert
Automatische Skalierung
Markierung anzeigen:
x-Achse $T_0/2$ und T_0
Anzahl der Gitterlinien: 4
Achsenstil:
Kreuz
Spuren:
Spur 1
Symbolstärke 3, Typ Punkte
Spur 2
Typ Linien
Beschriftungen:
Titel oben

Abb.16.15

$m := 9$ Anzahl der gesuchten Parameter

$$s_t := \sqrt{\frac{1}{\text{länge}(\mathbf{t}) - m} \sum_{i=0}^{\text{länge}(\mathbf{t})-1} \left(\mathbf{y}_i - y_A(\mathbf{t}_i)\right)^2} \qquad s_t = 0.019$$

mittlerer quadratischer Fehler der Einzelwerte (Standardfehler oder Quadratwurzel der "Reststreuung")

Beispiel 16.9:

Polynomanpassung mithilfe der Funktionen regress und interp:

ORIGIN := 1 ORIGIN festlegen

D := PRNLESEN("Polynomanp.prn") Daten von einem Textfile einlesen

$\mathbf{D}^T =$

	1	2	3	4	5	6	7	8	9	10
1	0	1	2	3	4	5	6	7	8	9
2	9.1	7.3	3.2	4.6	4.8	2.9	5.7	7.1	8.8	10.2

$\mathbf{x} := \mathbf{D}^{\langle 1 \rangle}$ $\quad \mathbf{y} := \mathbf{D}^{\langle 2 \rangle}$ Matrixspalten extrahieren

$n := \text{zeilen}(\mathbf{D})$ $\quad n = 10$ Anzahl der Datenpunkte

$k := 3$ gewählter Grad des anzupassenden Polynoms

$\mathbf{z} := \text{regress}(\mathbf{x}, \mathbf{y}, k)$ **Vektor zur Bestimmung der Polynomkoeffizienten und für die Funktion interp**

$\mathbf{z}^T =$

	1	2	3	4	5	6	7
1	3	3	3	9.298	-3.438	0.609	-0.024

$\mathbf{c} := \text{submatrix}(\mathbf{z}, 4, \text{länge}(\mathbf{z}), 1, 1)$ Werte aus **z** von Index 4 bis 7 auswählen

$\mathbf{c}^T =$

	1	2	3	4
1	9.298	-3.438	0.609	-0.024

Polynomkoeffizienten

$y_P(x) := \sum_{i=0}^{3} \left(c_{i+1} \cdot x^i\right)$ **Polynomausgleichskurve**

$y_A(x) := \text{interp}(\mathbf{z}, \mathbf{x}, \mathbf{y}, x)$ **Polynomausgleichskurve mit interp**

$n := 50 \qquad j := 1 .. n + 1$ Anzahl der Schritte und Bereichsvariable

$\Delta x := \dfrac{\max(\mathbf{x}) - \min(\mathbf{x})}{n}$ Schrittweite

$\mathbf{x1}_j := \min(\mathbf{x}) + (j - 1) \cdot \Delta x$ Bereichsvariable

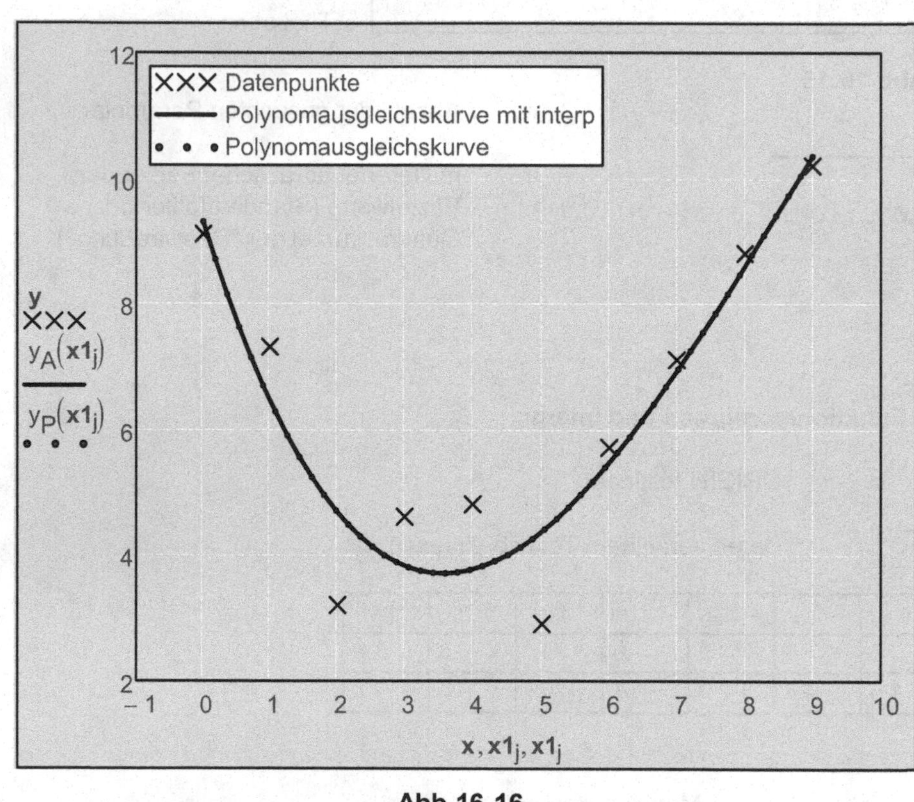

Abb.16.16

Achsenbeschränkung:
x-Achse:
min(x) - 1 bis max(x) + 1
X-Y-Achsen:
Gitterlinien
Nummeriert
Automatische Skalierung
Markierung anzeigen:
x-Achse: $T_0/2$ und T_0
Anzahl der Gitterlinien: 11
Automatische Gitterweite
Achsenstil:
Kasten
Spuren:
Spur 1
Symbol Kreuz, Typ Punkte
Spur 2
Typ Linien
Spur 3
Symbolstärke 2, Typ Punkte
Legende: Oben-links
Beschriftungen:
Titel oben

$m := 4$ Anzahl der gesuchten Parameter

$s_t := \sqrt{\dfrac{1}{\text{länge}(\mathbf{x}) - m} \cdot \sum_{i=1}^{\text{länge}(\mathbf{x})} \left(\mathbf{y}_i - y_A(\mathbf{x}_i)\right)^2} \qquad s_t = 1.071$

mittlerer quadratischer Fehler der Einzelwerte (Standardfehler oder Quadratwurzel der "Reststreuung")

Beispiel 16.10:

Funktionsanpassung mithilfe der Funktionen genanp (nichtlineare Ausgleichsrechnung):

ORIGIN := 0 ORIGIN festlegen

Daten :=

	0	1
0	-0.6	0.53
1	-0.5	0.37
2	-0.4	0.36
3	-0.3	0.29
4	-0.2	0.24
5	-0.1	0.22
6	0	0.23
7	0.1	0.22
8	0.2	0.22
9	0.3	0.22
10	0.4	0.21

gegebene Daten

$\mathbf{x} := Daten^{\langle 0 \rangle}$

extrahierte Datenvektoren

$\mathbf{y} := Daten^{\langle 1 \rangle}$

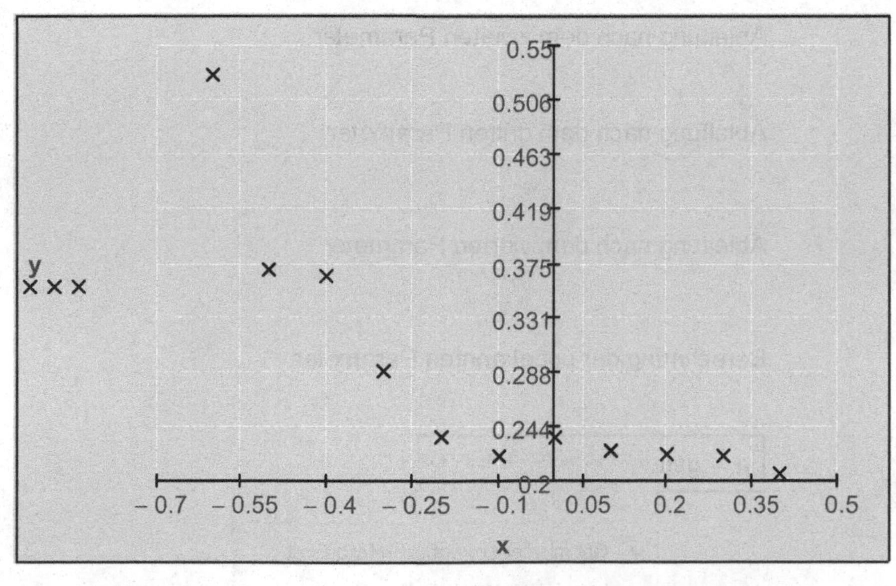

Abb.16.17

Achsenbeschränkung:
x-Achse: -0.7 bis 0.5
X-Y-Achsen:
Gitterlinien
Nummeriert
Automatische Skalierung
Anzahl der Gitterlinien: 8
Achsenstil:
Kreuz
Spuren:
Spur 1
Symbol Kreuz, Typ Punkte

$$g(x, a) := \frac{a_0 + a_1 \cdot x}{a_2 + a_3 \cdot x}$$

gewählte Anpassungsfunktion mit 4 unbekannten Parametern

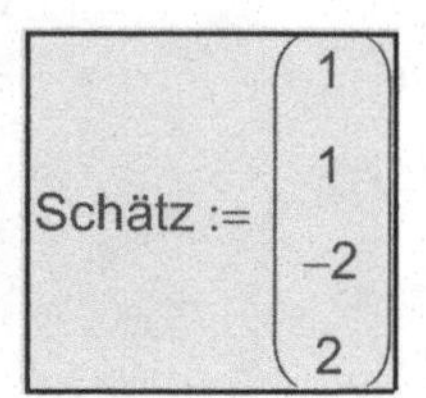

$$Schätz := \begin{pmatrix} 1 \\ 1 \\ -2 \\ 2 \end{pmatrix}$$

Vektor der Schätzwerte

$x := x$ Redefinition

$$\nabla_{\mathbf{a}} g(x,\mathbf{a}) \rightarrow \begin{pmatrix} \frac{1}{x \cdot a_3 + a_2} \\ \frac{x}{x \cdot a_3 + a_2} \\ -\frac{x \cdot a_1 + a_0}{(x \cdot a_3 + a_2)^2} \\ -\frac{x \cdot (x \cdot a_1 + a_0)}{(x \cdot a_3 + a_2)^2} \end{pmatrix}$$

die partiellen Ableitungen mithilfe des Nabla-Operators (siehe Kapitel 10)

$\mathbf{f}(x,\mathbf{a}) := \text{stapeln}\left(g(x,\mathbf{a}), \nabla_{\mathbf{a}} g(x,\mathbf{a})\right)$ Vektorfunktion

$$\mathbf{f}(x,\mathbf{a}) \rightarrow \begin{pmatrix} \frac{x \cdot a_1 + a_0}{x \cdot a_3 + a_2} \\ \frac{1}{x \cdot a_3 + a_2} \\ \frac{x}{x \cdot a_3 + a_2} \\ -\frac{x \cdot a_1 + a_0}{(x \cdot a_3 + a_2)^2} \\ -\frac{x \cdot (x \cdot a_1 + a_0)}{(x \cdot a_3 + a_2)^2} \end{pmatrix}$$

Modellierungsfunktion

Ableitung nach dem ersten Parameter

Ableitung nach dem zweiten Parameter

Ableitung nach dem dritten Parameter

Ableitung nach dem vierten Parameter

$\mathbf{a} := \text{genanp}(\mathbf{x}, \mathbf{y}, \text{Schätz}, \mathbf{f})$ Berechnung der unbekannten Parameter

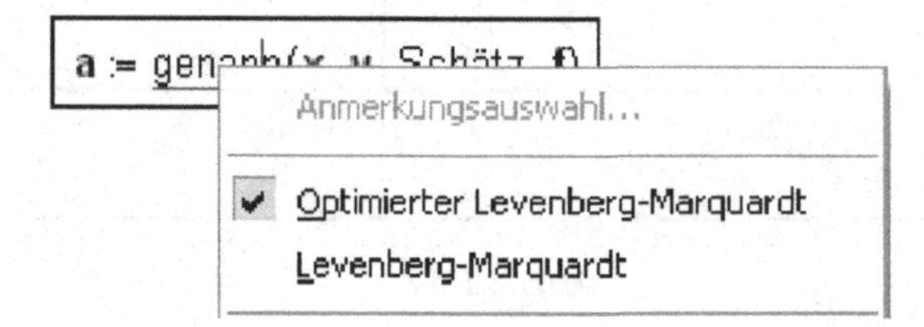

Aus dem Dialogfeld (mit rechter Maustaste auf genanp klicken) können zwei Berechnungsalgorithmen gewählt werden.

$x := \min(\mathbf{x}), \min(\mathbf{x}) + 0.01 .. \max(\mathbf{x})$ Bereichsvariable

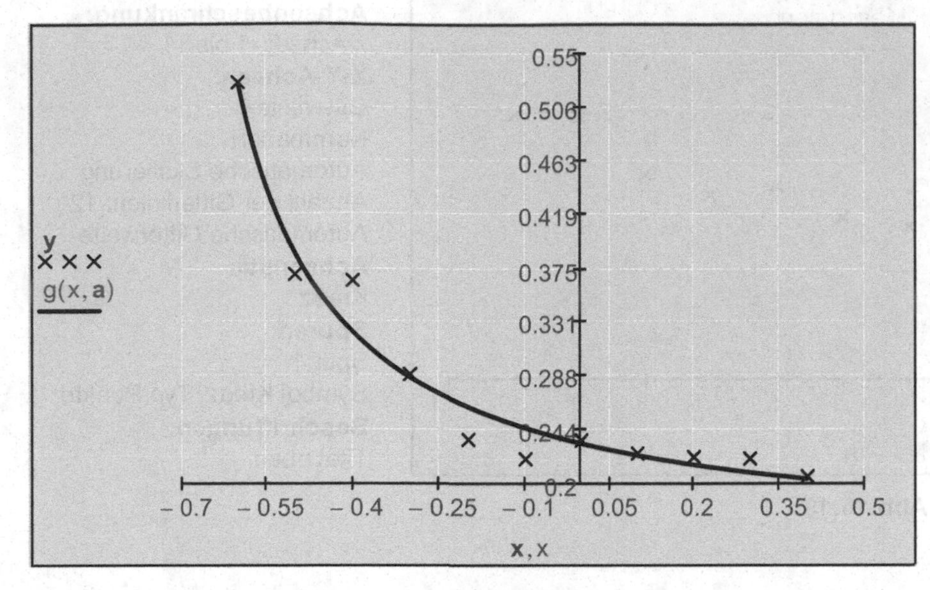

Achsenbeschränkung:
x-Achse: -0.7 bis 0.5
X-Y-Achsen:
Gitterlinien
Nummeriert
Automatische Skalierung
Anzahl der Gitterlinien: 8
Achsenstil:
Kreuz
Spuren:
Spur 1
Symbol Kreuz, Typ Punkte
Spur 2
Typ Linien

Abb.16.18

$m := 4$ Anzahl der gesuchten Parameter

$$s_t := \sqrt{\frac{1}{\text{länge}(\mathbf{x}) - m} \cdot \sum_{i=0}^{\text{länge}(\mathbf{x})-1} \left(\mathbf{y}_i - g(\mathbf{x}_i, \mathbf{a})\right)^2} \qquad s_t = 0.022$$

mittlerer quadratischer Fehler der Einzelwerte (Standardfehler oder Quadratwurzel der "Reststreuung")

Beispiel 16.11:

Logarithmische Regression der Form y_{ln1} = a ln(t+b) + c und y_{ln2} = a1 ln(t) + b1 mithilfe der Funktion loganp bzw. lnanp:

ORIGIN := 0 ORIGIN festlegen

D := Messdatentabelle

	0	1
0	1	4.18
1	2	4.67
2	3	5.3
3	4	5.37
4	5	5.45
5	6	5.74
6	7	5.65
7	8	5.84
8	9	6.36
9	10	6.38

$\mathbf{t} := \mathbf{D}^{\langle 0 \rangle}$ $\quad \mathbf{Y} := \mathbf{D}^{\langle 1 \rangle}$ extrahierte Datenvektoren

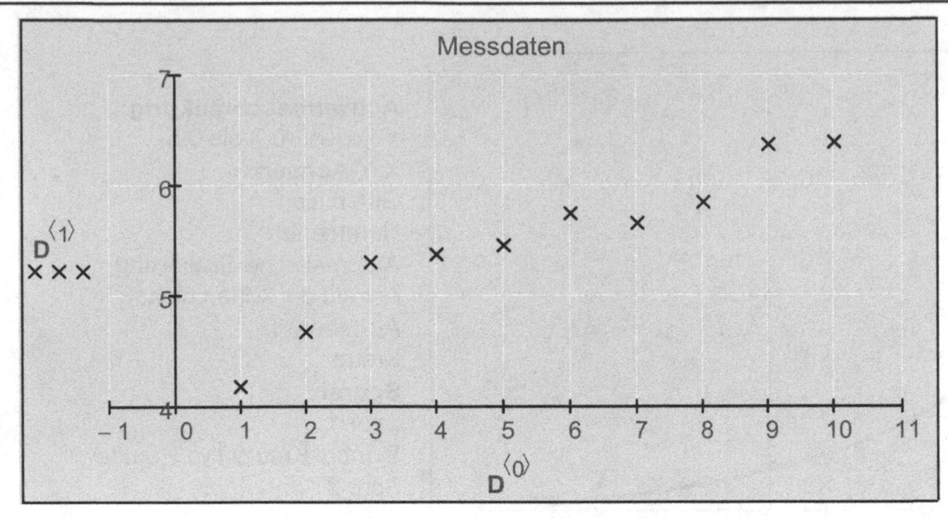

Achsenbeschränkung:
x-Achse: -1 bis 11
X-Y-Achsen:
Gitterlinien
Nummeriert
Automatische Skalierung
Anzahl der Gitterlinien: 12
Automatische Gitterweite
Achsenstil:
Kreuz
Spuren:
Spur 1
Symbol Kreuz, Typ Punkte
Beschriftungen:
Titel oben

Abb.16.19

$\mathbf{S} := \begin{pmatrix} 1 \\ 0 \\ 4 \end{pmatrix}$ Schätzvektor für die drei Koeffizienten a, b und c

$\begin{pmatrix} a \\ b \\ c \end{pmatrix} := \mathrm{loganp}(\mathbf{t}, \mathbf{Y}, \mathbf{S})$

$\begin{pmatrix} a \\ b \\ c \end{pmatrix} =$

	0
0	1.126
1	0.734
2	3.586

Koeffizientenvektor

$\begin{pmatrix} a1 \\ b1 \end{pmatrix} := \mathrm{lnanp}(\mathbf{t}, \mathbf{Y})$

$\begin{pmatrix} a1 \\ b1 \end{pmatrix} =$

	0
0	0.906
1	4.126

Koeffizientenvektor

$y_{ln1}(t) := a \cdot \ln(t + b) + c$ Anpassungsfunktion y_{ln1}

$y_{ln2}(t) := a1 \cdot \ln(t) + b1$ Anpassungsfunktion y_{ln2}

$t := 0, 0.01 .. \mathrm{länge}(\mathbf{t}) + 1$ Bereichsvariable

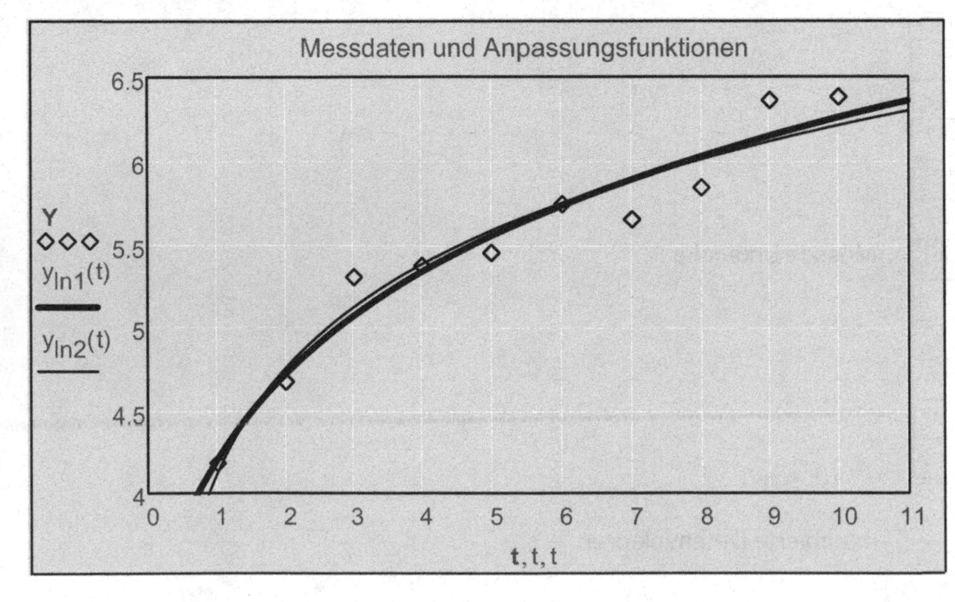

Achsenbeschränkung:
x-Achse: 0 bis 11
y-Achse: 4 bis 6.5
X-Y-Achsen:
Gitterlinien
Nummeriert
Automatische Skalierung
Anzahl der Gitterlinien: 11 bzw. 5
Achsenstil:
Kasten
Spuren:
Spur 1
Symbol Raute, Typ Punkte
Spur 3 und Spur 4
Typ Linien
Beschriftungen:
Titel oben

Abb.16.20

$m := 3$ Anzahl der gesuchten Parameter

$$s_t := \sqrt{\frac{1}{\text{länge}(\mathbf{t}) - m} \cdot \sum_{i=0}^{\text{länge}(\mathbf{t})-1} \left[\mathbf{Y}_i - \left(a \cdot \ln\left(\mathbf{t}_i + b\right) + c\right)\right]^2} \qquad s_t = 0.177$$

mittlerer quadratischer Fehler der Einzelwerte (Standardfehler oder Quadratwurzel der "Reststreuung") für y_{ln1}

$m := 2$ Anzahl der gesuchten Parameter

$$s_t := \sqrt{\frac{1}{\text{länge}(\mathbf{t}) - m} \cdot \sum_{i=0}^{\text{länge}(\mathbf{t})-1} \left[\mathbf{Y}_i - \left(a1 \cdot \ln\left(\mathbf{t}_i\right) + b1\right)\right]^2} \qquad s_t = 0.171$$

mittlerer quadratischer Fehler der Einzelwerte (Standardfehler oder Quadratwurzel der "Reststreuung") für y_{ln2}

Beispiel 16.12:

Für die nachfolgende Messtabelle soll eine geeignete Ausgleichskurve gefunden werden.

M :=

	0	1
0	0.14	0.11
1	0.33	0.27
2	0.52	0.55
3	0.71	0.51
4	0.89	0.63
5	1.09	0.57
6	1.28	0.46
7	1.45	0.44
8	1.67	0.32
9	1.85	0.31
10	2.03	0.2
11	2.22	0.14
12	2.4	0.1
13	2.61	0.03
14	2.81	0.04

Messdatentabelle

$\mathbf{x} := \mathbf{M}^{\langle 0 \rangle}$ $\qquad \mathbf{y} := \mathbf{M}^{\langle 1 \rangle}$ extrahierte Spaltenvektoren

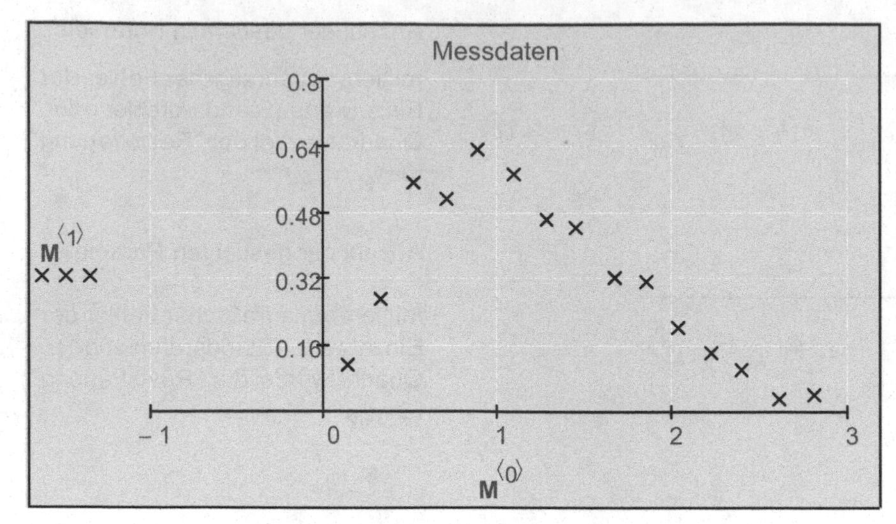

Achsenbeschränkung:
x-Achse: -1 bis 3
X-Y-Achsen:
Gitterlinien
Nummeriert
Automatische Skalierung
Automatische Gitterweite
Anzahl der Gitterlinien: 5
Achsenstil:
Kreuz
Spuren:
Spur 1
Symbol Kreuz, Typ Punkte
Beschriftungen:
Titel oben

Abb.16.21

$n := \text{letzte}(\mathbf{y}) \qquad i := 0..n$ Bereichsvariable

$y_A(x, a, b) := a \cdot b \cdot x^{b-1} \cdot \exp\left(-a \cdot x^b\right)$ angenommene Ausgleichskurve

$G1(a, b) := \sum_i \left(\mathbf{y}_i - y_A\left(\mathbf{x}_i, a, b\right)\right)^2$ **G1 muss nach Gauß ein Minimum werden!**

$a := 1 \qquad b := 1$ Schätzwerte für die unbekannten Koeffizienten a und b

Vorgabe

$G1(a, b) = 0$ Lösungsblock mit minfehl

$\begin{pmatrix} a \\ b \end{pmatrix} := \text{Minfehl}(a, b) \qquad \begin{pmatrix} a \\ b \end{pmatrix} = \begin{pmatrix} 0.551 \\ 1.901 \end{pmatrix}$ gesuchte Parameter

Anstatt der Funktion Minfehl könnte auch die Funktion Minimieren angewendet werden:

$\begin{pmatrix} a_1 \\ b_1 \end{pmatrix} := \text{Minimieren}(G1, a, b) \qquad \begin{pmatrix} a_1 \\ b_1 \end{pmatrix} = \begin{pmatrix} 0.551 \\ 1.901 \end{pmatrix}$ gesuchte Parameter

$x := 0.01, 0.1 .. 3.5$ Bereichsvariable

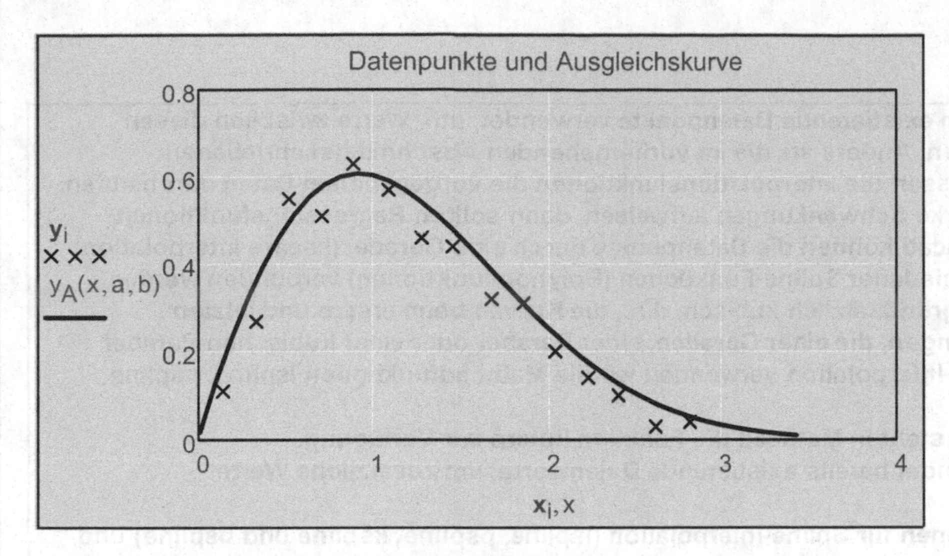

X-Y-Achsen:
Gitterlinien
Nummeriert
Automatische Skalierung
Automatische Gitterweite
Achsenstil:
Kasten
Spuren:
Spur 1
Symbol Kreuz, Typ Punkte
Spur 2
Typ Linien
Beschriftungen:
Titel oben

Abb.16.22

$m := 2$ Anzahl der gesuchten Parameter

$$s_t := \sqrt{\frac{1}{\text{länge}(\mathbf{x}) - m} \cdot \sum_{i=0}^{\text{länge}(\mathbf{x})-1} \left[\mathbf{y}_i - \left(y_A\left(\mathbf{x}_i, a, b\right)\right)\right]^2} \qquad s_t = 0.056$$

mittlerer quadratischer Fehler der Einzelwerte (Standardfehler oder Quadratwurzel der "Reststreuung") für y_A

16.4 Interpolation und Prognose

Bei der Interpolation werden existierende Datenpunkte verwendet, um Werte zwischen diesen Datenpunkten vorherzusagen. Anders als die im vorhergehenden Abschnitt beschriebenen Regressionsfunktionen, müssen die Interpolationsfunktionen die vorgegebenen Daten durchlaufen. Wenn aber die Daten zu starke Schwankungen aufweisen, dann sollten Regressionsfunktionen verwendet werden. Mit Mathcad können die Datenpunkte durch eine Gerade (lineare Interpolation) oder mit Abschnitten verschiedener Spline-Funktionen (Polynomfunktionen) verbunden werden. Die Spline-Interpolation ist grundsätzlich kubisch, d.h., die Kurven beim ersten und letzten Datenpunkt haben Krümmungen, die einer Geraden, einer Parabel oder einer kubischen Parabel entsprechen. Für die Spline-Interpolation verwenden wir die Mathcadfunktionen lspline, pspline, kspline oder bspline.
Für die lineare Interpolation steht in Mathcad die Funktion linterp zur Verfügung.
Die lineare Prognose verwendet bereits existierende Datenwerte, um zusätzliche Werte vorherzusagen.
Die von den Mathcadfunktionen für Spline-Interpolation (lspline, pspline, kspline und bspline) und die Regressionsfunktionen (regress und loess) zurückgegebenen Koeffizienten werden an die erste Komponente der interp-Funktion übergeben (interp gibt die interpolierten y-Werte für die vorgegebenen x-Werte zurück).

Beispiel 16.13:

Folgende Datenpaare sollen linear interpoliert werden (der Vektor x muss aufsteigend sortiert sein):

$\mathbf{x} := (1\ \ 2\ \ 3\ \ 4\ \ 5\ \ 6)^T \qquad \mathbf{y} := (4.00\ \ 4.54\ \ 3.98\ \ 4.00\ \ 3.83\ \ 3.15)^T$ gegebene Daten

$ORIGIN := 1$ ORIGIN festlegen

$y_{lin}(x) := linterp(\mathbf{x}, \mathbf{y}, x)$ lineare Interpolationsfunktion

$y_{lin}(3.5) = 3.99 \qquad y_{lin}(5.3) = 3.626$ Zwischenwerte

$i := 1..6$ Bereichsvariable

$x := 1, 1 + 0.002..6$ Bereichsvariable

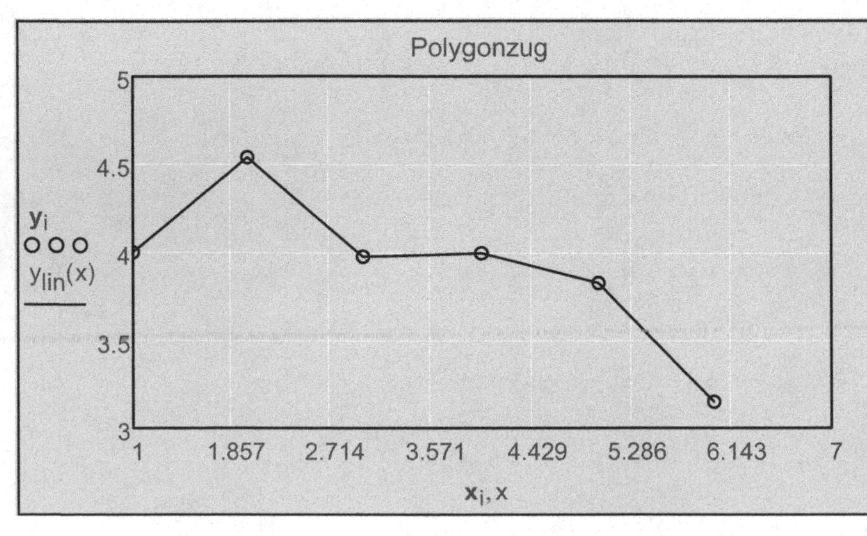

X-Y-Achsen:
Gitterlinien
Nummeriert
Automatische Skalierung
Anzahl der Gitterlinien: 7
Automatische Gitterweite
Achsenstil:
Kasten
Spuren:
Spur 1
Symbol Kreis, Typ Punkte
Spur 2
Typ Linien
Beschriftungen:
Titel oben

Abb.16.23

Beispiel 16.14:

Kubische Spline-Interpolation (mithilfe der Mathcadfunktionen kspline und interp):

ORIGIN := 1 — ORIGIN festlegen

D := PRNLESEN("Datensp.prn") — Daten einlesen

$\mathbf{D} := \text{spsort}(\mathbf{D}, 1)$ — Daten aufsteigend sortieren

$\mathbf{D}^T =$

	1	2	3	4	5	6	7	8	9	10
1	1	3	4	5	6	8	11	12	13	14
2	2.6	23.16	27.57	24.26	16.63	30.41	47.2	50.03	60.33	...

$\mathbf{x} := \mathbf{D}^{\langle 1 \rangle}$ $\quad \mathbf{y} := \mathbf{D}^{\langle 2 \rangle}$ — Daten extrahieren

$\mathbf{S} := \text{kspline}(\mathbf{x}, \mathbf{y})$ — **Vektor aus den zweiten Ableitungen für die Datenvektoren x und y**

$y_{ku}(x) := \text{interp}(\mathbf{S}, \mathbf{x}, \mathbf{y}, x)$ — **Kubische Anpassungsfunktion (Spline-Funktion ist an den Endpunkten kubisch)**

$y_{ku}(7) = 20.073 \quad y_{ku}(15) = 62.087$ — Zwischenwerte

$i := 1 .. \text{länge}(\mathbf{x})$ — Bereichsvariable

$n := 100 \quad j := 1 .. n + 1$ — Anzahl der Schritte

$\Delta x := \frac{\max(\mathbf{x}) - \min(\mathbf{x})}{n}$ — Schrittweite

$\mathbf{x1}_j := \min(\mathbf{x}) + (j - 1) \cdot \Delta x$ — Vektor von x-Werten

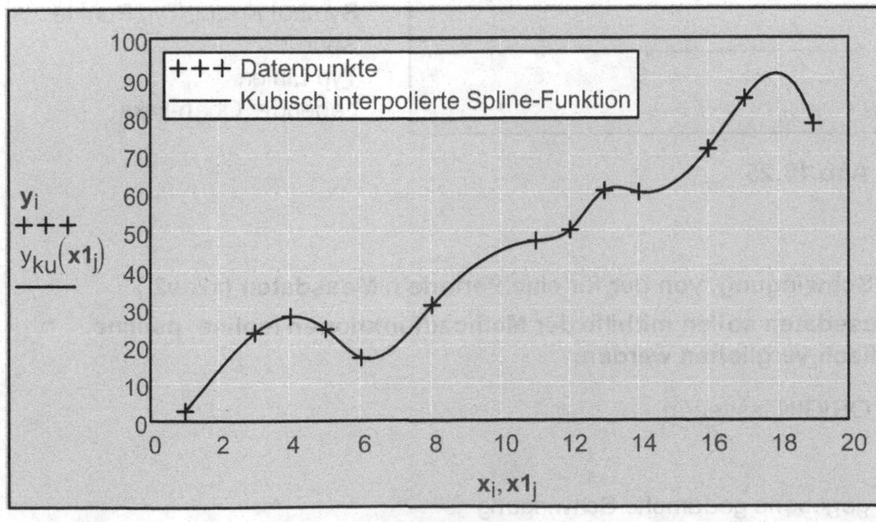

X-Y-Achsen:
Gitterlinien
Nummeriert
Automatische Skalierung
Anzahl der Gitterlinien: 10
Achsenstil:
Kasten
Spuren:
Spur 1
Symbol Kreuz, Typ Punkte
Spur 2
Typ Linien
Legende: Oben-links

Abb.16.24

Beispiel 16.15:

Spline-Interpolation mithilfe der Mathcadfunktionen lspline und interp:

$\mathbf{x} := (1\ \ 2\ \ 3\ \ 4\ \ 5\ \ 6)^T$ $\quad \mathbf{y} := (4.80\ \ 1.54\ \ 5.98\ \ 4.00\ \ 3.10\ \ 7.15)^T$ gegebene Daten

ORIGIN := 1 ORIGIN festlegen

$\mathbf{S} := \text{lspline}(\mathbf{x}, \mathbf{y})$ **Vektor aus den zweiten Ableitungen für die Datenvektoren x und y**

$y_l(x) := \text{interp}(\mathbf{S}, \mathbf{x}, \mathbf{y}, x)$ **kubische Anpassungsfunktion (Spline-Funktion ist an den Endpunkten linear)**

$y_l(1.5) = 2.225 \quad y_l(4.3) = 3.221$ Zwischenwerte

$i := 1 .. \text{länge}(\mathbf{x})$ Bereichsvariable

$n := 100 \qquad j := 1 .. n + 1$ Anzahl der Schritte und Bereichsvariable

$\Delta x := \dfrac{\max(\mathbf{x}) - \min(\mathbf{x})}{n}$ Schrittweite

$\mathbf{x1}_j := \min(\mathbf{x}) + (j - 1) \cdot \Delta x$ Vektor von x-Werten

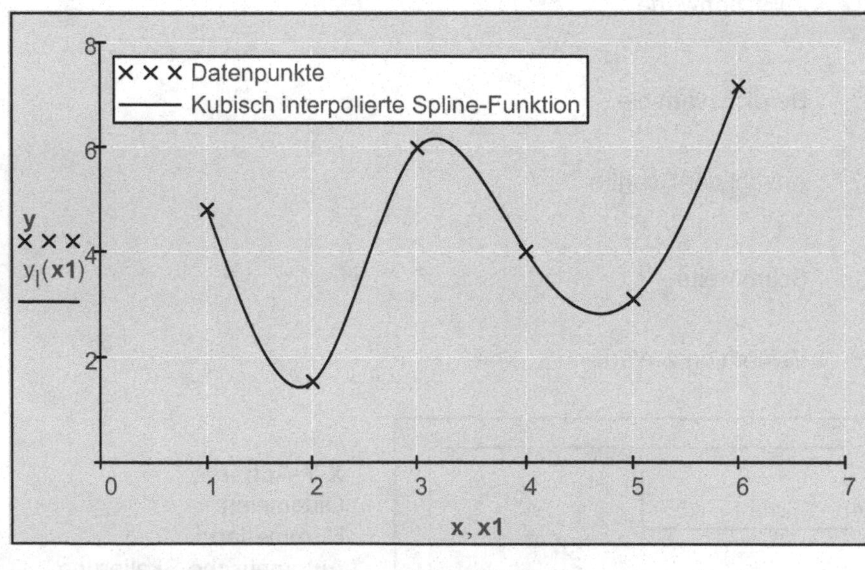

Achsenbeschränkung:
x-Achse: 0 bis 7
X-Y-Achsen:
Gitterlinien
Nummeriert
Automatische Skalierung
Anzahl der Gitterlinien: 7
Automatische Gitterweite
Achsenstil:
Kreuz
Spuren:
Spur 1
Symbol Kreuz, Typ Punkte
Spur 2
Typ Linien
Legende: Oben-links

Abb.16.25

Beispiel 16.16:

Betrachtet wird eine gedämpfte Schwingung, von der für eine Periode n Messdaten ($x2_i$, $y2_i$) aufgenommen wurden. Diese Messdaten sollen mithilfe der Mathcadfunktionen lspline, pspline und kspline interpoliert und grafisch verglichen werden.

ORIGIN := 0 ORIGIN festlegen

$f(x) := 2 \cdot e^{-\frac{x}{3}} \cdot \sin(x)$ gegebene gedämpfte Schwingung

$n := 5 \qquad i := 0 .. n$ Bereichsvariable

$\mathbf{x2}_i := i \cdot \frac{2 \cdot \pi}{n} \qquad \mathbf{y2}_i := f(\mathbf{x2}_i)$ erzeugte Messdaten

Kubische Spline-Interpolation:

$\mathbf{S_l} := \text{lspline}(\mathbf{x2}, \mathbf{y2})$

$\mathbf{S_p} := \text{pspline}(\mathbf{x2}, \mathbf{y2})$

$\mathbf{S_k} := \text{kspline}(\mathbf{x2}, \mathbf{y2})$

Vektoren aus den zweiten Ableitungen für die Datenvektoren x2 und y2

$y_l(x) := \text{interp}(\mathbf{S_l}, \mathbf{x2}, \mathbf{y2}, x)$

$y_p(x) := \text{interp}(\mathbf{S_p}, \mathbf{x2}, \mathbf{y2}, x)$

$y_{ku}(x) := \text{interp}(\mathbf{S_k}, \mathbf{x2}, \mathbf{y2}, x)$

kubische Anpassungsfunktionen (Spline-Funktion ist an den Endpunkten linear, parabolisch bzw. kubisch)

$x := 0, 0.01 .. 2 \cdot \pi$ Bereichsvariable

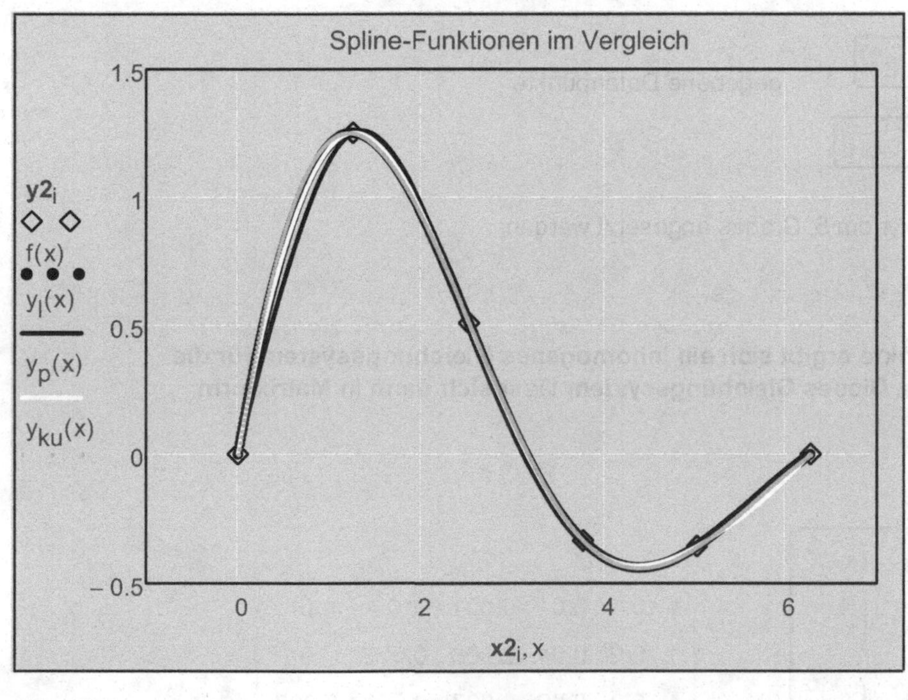

Abb.16.26

Achsenbeschränkung:
x-Achse: -1 bis 7
X-Y-Achsen:
Gitterlinien
Nummeriert
Automatische Skalierung
Automatische Gitterweite
Achsenstil:
Kasten
Spuren:
Spur 1
Symbol Raute, Typ Punkte
Spur 2
Symbolstärke 3, Typ Punkte
Spur 3
Typ Linien
Legende: Oben-links

Quadratischer Fehler im Vergleich:

$$\int_{x2_0}^{x2_n} \left(f(x) - y_l(x)\right)^2 dx = 0.014$$ Fehler mit Spline mit linearem Ende

$$\int_{x2_0}^{x2_n} \left(f(x) - y_p(x)\right)^2 dx = 0.001$$ Fehler mit Spline mit parabolischem Ende

$$\int_{x2_0}^{x2_n} \left(f(x) - y_{ku}(x)\right)^2 dx = 0.002$$ Fehler mit Spline mit kubischem Ende

Beispiel 16.17:

Durch n gegebene Punkte $P_i(x_i, y_i)$ ist ein Interpolationspolynom zu legen.
Wir vergleichen dieses Polynom mit einer kubischen Spline-Interpolation.

ORIGIN := 0 ORIGIN festlegen

$\mathbf{x} := (0.1\ \ 0.2\ \ 0.3\ \ 0.4\ \ 0.5\ \ 0.6)^T$

gegebene Datenpunkte

$\mathbf{y} := (29\ \ 51\ \ 101\ \ 174\ \ 288\ \ 446)^T$

Mit 6 Datenpunkten kann ein Polynom 5. Grades angesetzt werden:

$$p(x) = a_0 + a_1 \cdot x + a_2 \cdot x^2 + a_3 \cdot x^3 + a_4 \cdot x^4 + a_5 \cdot x^5$$

Durch Einsetzen der Datenpunkte ergibt sich ein inhomogenes Gleichungssystem für die Koeffizienten a_i des Polynoms. Dieses Gleichungssystem lässt sich dann in Matrixform K a = y zusammenfassen.

Koeffizientenmatrix K:

$$\mathbf{K} := \begin{pmatrix} 1 & x_0 & (x_0)^2 & (x_0)^3 & (x_0)^4 & (x_0)^5 \\ 1 & x_1 & (x_1)^2 & (x_1)^3 & (x_1)^4 & (x_1)^5 \\ 1 & x_2 & (x_2)^2 & (x_2)^3 & (x_2)^4 & (x_2)^5 \\ 1 & x_3 & (x_3)^2 & (x_3)^3 & (x_3)^4 & (x_3)^5 \\ 1 & x_4 & (x_4)^2 & (x_4)^3 & (x_4)^4 & (x_4)^5 \\ 1 & x_5 & (x_5)^2 & (x_5)^3 & (x_5)^4 & (x_5)^5 \end{pmatrix} \qquad \mathbf{K} = \begin{pmatrix} 1 & 0.1 & 0.01 & 0.001 & 0 & 0 \\ 1 & 0.2 & 0.04 & 0.008 & 0.002 & 0 \\ 1 & 0.3 & 0.09 & 0.027 & 0.008 & 0.002 \\ 1 & 0.4 & 0.16 & 0.064 & 0.026 & 0.01 \\ 1 & 0.5 & 0.25 & 0.125 & 0.063 & 0.031 \\ 1 & 0.6 & 0.36 & 0.216 & 0.13 & 0.078 \end{pmatrix}$$

Dieses Gleichungssystem ist nach dem Koeffizientenvektor a auflösbar, weil die Matrix K regulär ist:

$$|\mathbf{K}| = 3.456 \times 10^{-11}$$

Die Koeffizientenmatrix kann auch, wie nachfolgend gezeigt, in einfacherer Weise hergestellt werden:

$n := 6$ Anzahl der Datenpunkte

$i := 0 .. n-1$ Bereichsvariable

$K^{\langle i \rangle} := x^i$ **Erzeugung der Koeffizientenmatrix**

$a := K^{-1} \cdot y$

a =

	0
0	101
1	$-1.639 \cdot 10^3$
2	$1.238 \cdot 10^4$
3	$-3.733 \cdot 10^4$
4	$5.708 \cdot 10^4$
5	$-3.167 \cdot 10^4$

Aus der umgeformten Matrixgleichung ergeben sich die Koeffizienten des Polynoms.

$$p(x) := a_0 + \sum_{i=1}^{n-1} \left(a_i \cdot x^i \right)$$ **Interpolationspolynom**

Kubische Spline-Interpolation:

$S := \text{kspline}(\mathbf{x}, \mathbf{y})$ **Vektor aus den zweiten Ableitungen für die Datenvektoren x und y**

$y_{ku}(x) := \text{interp}(\mathbf{S}, \mathbf{x}, \mathbf{y}, x)$ **kubische Anpassungsfunktionen (Spline-Funktion ist an den Endpunkten kubisch)**

$x := 0.1, 0.1 + 0.001 .. 0.7$ Bereichsvariable

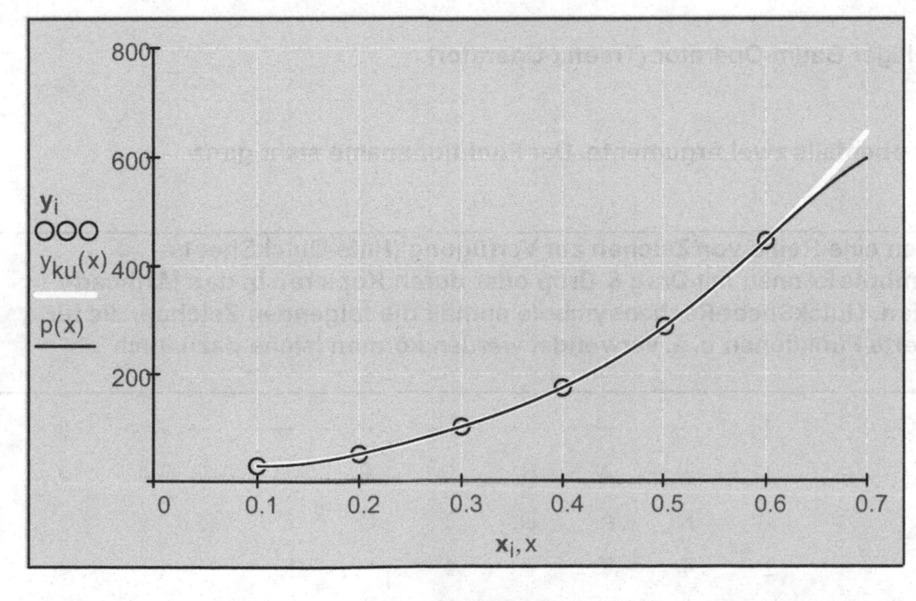

X-Y-Achsen:
Gitterlinien
Nummeriert
Automatische Skalierung
Anzahl der Gitterlinien: 7
Automatische Gitterweite
Achsenstil:
Kreuz
Spuren:
Spur 1
Symbol Kreis, Typ Punkte
Spur 2 und Spur 3
Typ Linien

Abb.16.27

17. Operatoren

Ein benutzerdefinierter Operator wird zuerst wie eine Funktion definiert. Mit einem Argument (unärer Operator) oder mit zwei Argumenten (binärer Operator). Zuerst geben wir den Namen des Operators ein, gefolgt von einem Klammernpaar, mit einem oder zwei Argumenten. Danach wird nach dem Zuweisungsoperator (:=) jener Ausdruck formuliert, der den Operanden enthält (die "Tätigkeit" beschreibt).

Mithilfe der Symbolleiste-Auswertung können benutzerdefinierte Operatoren ausgewählt werden.

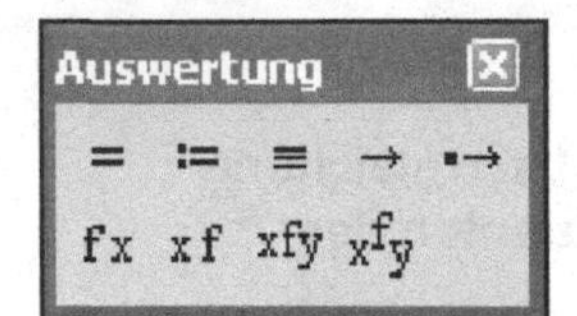

Abb. 17.1

 ■ ■ **Linksseitiger Präfix-Operator**

Der Präfix-Operator ist ähnlich der typischen Funktionsdefinition, ausgenommen der Funktionsklammer. Er hat zwei Platzhalter. Der erste Platzhalter ist für die Eingabe des Namens der Funktion, der zweite für den Namen des Funktionsarguments.

xf ■ ■ **Rechtsseitiger Präfix-(Postfix- oder Suffix-) Operator**

Der Postfix-Operator ist ähnlich dem Präfix-Operator. Funktionsname und Argument sind vertauscht.

xfy ■ ■ ■ **Zweiseitiger Infix-Operator**

Der Infix-Operator braucht zwei Argumente. Der Funktionsname steht zwischen den Argumenten x und y.

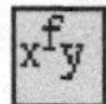  **Zweiseitiger Baum-Operator (Treefix-Operator)**

Der Baum-Operator braucht ebenfalls zwei Argumente. Der Funktionsname steht ganz oben im Baum.

Mathcad stellt für Operatoren eine Reihe von Zeichen zur Verfügung (Hilfe-QuickSheets-Rechensymbole). Diese Symbole können mit Drag & Drop oder durch Kopieren in das Mathcad-Arbeitsblatt eingefügt werden. QuickSheet-Rechensymbole enthält die folgenden Zeichen, die für Operatoren, benutzerdefinierte Funktionen u. ä. verwendet werden können (siehe dazu auch Kapitel 2, Abschnitt 2.1.1):

°C °F ‖ /°F /°C ∑ ∏ ↔ ↞ ↠ ↛ ↚ ↤ ↦ ⇒ ⇑

∀ ∃ ℒ Å ∝ ∅ *f* È Æ ℘ ℑ ℜ ö ð ⇓ ↵

⊆ ⊂ ∩ ∪ ⊃ ⊇ ∈ ℵ Þ Đ ϒ Œ ℤ ℧ ‡ ↨

∉ × ∝ ⊄ ≈ ÷ ± ♣ ♥ ♠ ♦ ^{1} ^{2} ^{3} ↡ ◁

∟ ⊲ ∠ ∡ ⊗ ⊕ ⊙ ▬ ↻ ↶ ∂ • √ : ▷ ⊸

£ ¥ $ € ¢ ¤ ₩ ∦ ∓ ∐ ∉ ∈ ∋ ■ ⟜ ∻

↔ ← → ↑ ↓ ⇔ ⇐ ⊣ ⊤ ⊥ ⊢ ⊨ ⊪ ⊫ ⊿ ⊾

Beispiel 17.1:

Präfix-Operator:
Sinusfunktion und Kosinusfunktion ohne Argumentklammer.

 ▪▪ **Operator aufrufen-Platzhalter ausfüllen (Name des Operators und Argument)**

$\sin(\pi) = 0$ $\cos(\pi) = -1$ $\sin(\pi) \to 0$ $\cos(\pi) \to -1$ Funktionsauswertung

$\sin \pi = 0$ $\cos \pi = -1$ $\sin \pi \to 0$ $\cos \pi \to -1$ auswerten mit dem **Präfix-Operator**

Beispiel 17.2:

Präfix-Operator:
Sinusquadrat- und Kosinusquadratfunktion ($\sin^2 x$, $\cos^2 x$).

$\sin^2(x) := \sin(x)^2$ Definition als Funktionen
Eingabe: sin <Umschalt>+<Strg>+<K>, <AltGr> 2 (x) <Umschalt>+<Strg>+<K>

$\cos^2(x) := \cos(x)^2$

$\sin^2\left(\frac{\pi}{4}\right) = 0.5$ $\cos^2(\pi) = 1$ Funktionsauswertung

$\sin^2 \frac{\pi}{4} = 0.5$ $\cos^2 \pi = 1$ auswerten mit dem **Präfix-Operator**

Beispiel 17.3:

Präfix-Operator:
Normalvektor in $\mathbb{R}^2$ (x- und y-Komponente vertauschen und bei einer Komponente das Vorzeichen wechseln).

ORIGIN := 1   ORIGIN festlegen

$$n_0(\alpha) := \begin{vmatrix} n_1 \leftarrow \alpha_2 \\ n_2 \leftarrow -\alpha_1 \\ n \end{vmatrix}$$

Definition einer Funktion (Unterprogramm-Symbolleiste Programmierung)

$$n_0\left(\begin{pmatrix} 3 \\ 1 \end{pmatrix}\right) = \begin{pmatrix} 1 \\ -3 \end{pmatrix}$$

Funktionsauswertung

$$n_0 \begin{pmatrix} 3 \\ 1 \end{pmatrix} = \begin{pmatrix} 1 \\ -3 \end{pmatrix}$$

auswerten mit dem **Präfix-Operator**

Beispiel 17.4:

Präfix-Operator:
Boole'sche Verneinung.

$NOT(z) := wenn(z = 0, 1, 0)$ **Definition eines Verneinungs-Operators als Funktion**

$x := 0$ Zuweisung

$NOT(x) = 1$ $NOT(0) \to 1$ Funktionsauswertung

$NOT\ x = 1$ $NOT\ 0 \to 1$ auswerten mit dem **Präfix-Operator**

Beispiel 17.5:

Präfix-Operator:

Logische Verneinungsfunktion ¬(p), mit der ein Bitmuster der Form p = (1 1 1 1 0 0 0 0) negiert werden kann.

$ORIGIN := 1$ ORIGIN festlegen

$q := (1\ \ 1\ \ 1\ \ 1\ \ 0\ \ 0\ \ 0\ \ 0)^T$

$$q1 := \begin{pmatrix} 1 & 0 & 1 \\ 1 & 1 & 0 \\ 1 & 0 & 0 \end{pmatrix}$$

Bitmuster in einem Vektor oder Matrix gespeichert

$\neg(p) := p = 0$ **Verneinungsoperator als logische Funktion definiert**

$i := 1..8$

Bereichsvariablen

$j := 1..3$ $k := 1..3$

$\neg(q_i) =$

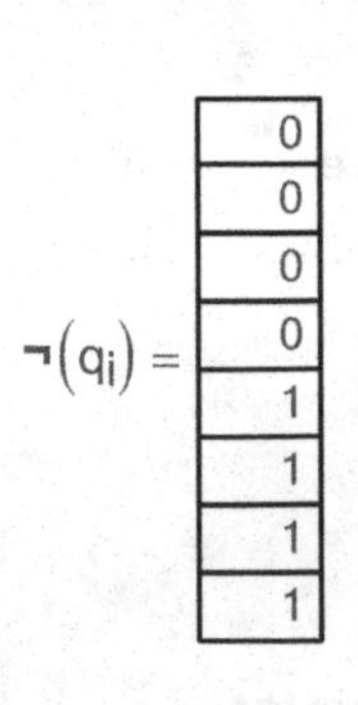

$\neg\ q_i =$

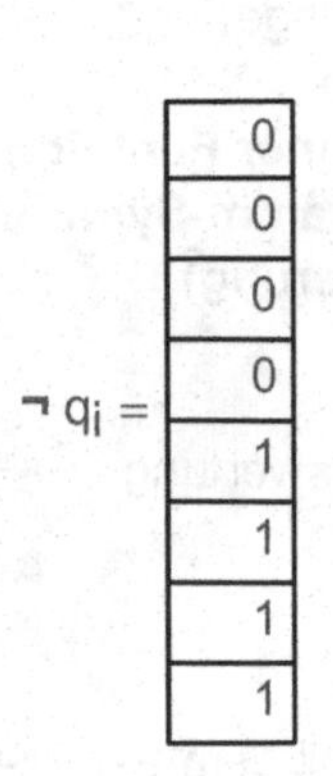

$$\neg(q1_{j,k}) = \begin{pmatrix} 0 \\ 0 \\ 0 \\ 1 \\ 0 \\ 1 \\ 0 \\ 1 \\ 1 \end{pmatrix} \qquad \neg\ q1_{j,k} = \begin{pmatrix} 0 \\ 0 \\ 0 \\ 1 \\ 0 \\ 1 \\ 0 \\ 1 \\ 1 \end{pmatrix}$$

Funktionsauswertung und auswerten mit dem **Präfix-Operator**

Beispiel 17.6:

Postfix-Operator:

Funktion, mit der die absolute Temperatur T in °C (und umgekehrt) umgewandelt werden kann.

$°K(T) := T - 273.15$ — **Funktion zum Umwandeln von K in °C**

$°C := 1$ — °C definieren

$°K(200) = -73.15 \cdot °C$ — Funktionsauswertung (°C im Einheitenplatzhalter einsetzen)

$200\ °K = -73.15 \cdot °C$ — auswerten mit dem **Postfix-Operator**

$°C(\vartheta) := (\vartheta + 273.15) \cdot K$ — **Funktion zum Umwandeln von °C in K**

$°C(-73.15) = 200\,K$ — Funktionsauswertung

$100\ °C = 373.15\,K$ — auswerten mit dem **Postfix-Operator**

Beispiel 17.7:

Postfix-Operator:
Grad in Radiant umwandeln.

 ∎ ∎ — **Operator aufrufen-Platzhalter ausfüllen (Argument und Name des Operators)**

$°(x) := \frac{x \cdot \pi}{180}$ — **Definition einer Funktion**

$°(90) = 1.571$ $°(90) \rightarrow \frac{\pi}{2}$

$°(180) = 3.142$ $°(180) \rightarrow \pi$

Funktionsauswertung

$90\ ° = 1.571$ $90\ ° \rightarrow \frac{\pi}{2}$

$180\ ° = 3.142$ $180\ ° \rightarrow \pi$

auswerten mit dem **Postfix-Operator**

Beispiel 17.8:

Infix-Operator:
Ganzzahlige Division.

 ▪ ▪ ▪ **Operator aufrufen-Platzhalter ausfüllen (Argument, Operator, Argument)**

$\div(x, y) := \text{floor}\left(\frac{x}{y}\right)$ **Definition einer Funktion**

$\div(180, 8) = 22$ $\div(180, 8) \rightarrow 22$ Funktionsauswertung

$180 \div 8 = 22$ $180 \div 8 \rightarrow 22$ auswerten mit dem **Infix-Operator**

Ein neuer Operator kann auch zur Definition weiterer Operatoren verwendet werden:

$\%(x, y) := x - y \cdot (x \div y)$ **Definition einer Modulo-Funktion.**

$\%(180, 8) = 4$

Funktionsauswertung

$8 \cdot \div(180, 8) + \%(180, 8) = 180$

$180 \;\%\; 8 = 4$

auswerten mit dem **Infix-Operator**

$8 \cdot (180 \div 8) + 180 \;\%\; 8 = 180$

Beispiel 17.9:

Infix-Operator:

Vereinigungsmenge von zwei Vektoren.

$\text{ORIGIN} := 0$ ORIGIN festlegen

```
Vereinigungsmenge(u, v) := | w ← sort(stapeln(u, v))
                           | r0 ← w0
                           | i ← 0
                           | for k ∈ 1 .. länge(w) − 1
                           |   if wk ≠ wk−1
                           |     | i ← i + 1
                           |     | ri ← wk
                           | r
```

Unterprogramm zum Bilden einer Vereinigungsmenge

$\cup(u, v) := \text{Vereinigungsmenge}(u, v)$ Funktionsdefinition

$a := \begin{pmatrix} 12 \\ -3 \end{pmatrix}$ $b := \begin{pmatrix} -3 \\ -5 \end{pmatrix}$ gegebene Vektoren

$$\cup(a,b) = \begin{pmatrix} -5 \\ -3 \\ 12 \end{pmatrix}$$ Funktionsauswertung

$$a \cup b = \begin{pmatrix} -5 \\ -3 \\ 12 \end{pmatrix}$$ auswerten mit dem **Infix-Operator**

Beispiel 17.10:

Baum-Operator:
Mehrstellige logische Verknüpfung.

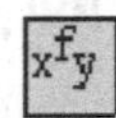 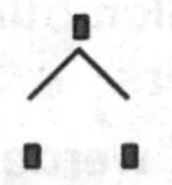 **Operator aufrufen-Platzhalter ausfüllen (Operator, Argument, Argument)**

UND(x1, x2) := wenn(x1 · x2, 1, 0)

UND- und ODER-Funktion

ODER(x1, x2) := wenn(x1 + x2, 1, 0)

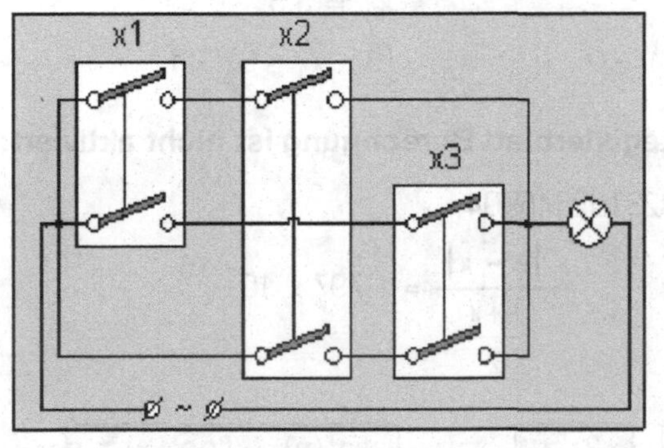

Abb. 17.2

Schaltung einer Lampe mit 3 Relais

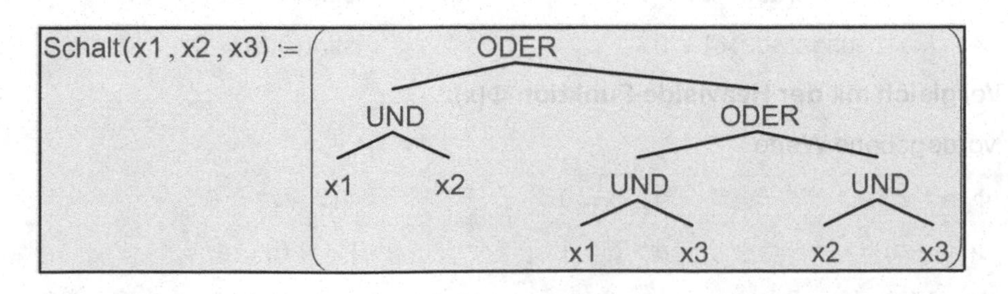

Logische Schaltung mithilfe von **Baum-Operatoren**

Schalt(0, 0, 0) = 0

Schalt(1, 0, 0) = 0

Schalt(0, 1, 0) = 0

Schalt(0, 0, 1) = 0

Lampe leuchtet nicht

Schalt(1, 1, 0) = 1

Schalt(1, 0, 1) = 1

Schalt(0, 1, 1) = 1

Schalt(1, 1, 1) = 1

Lampe leuchtet

18. Programmieren

18.1 Boolesche Ausdrücke und Funktionen

Logische Operatoren (Symbolleiste-Boolesch):

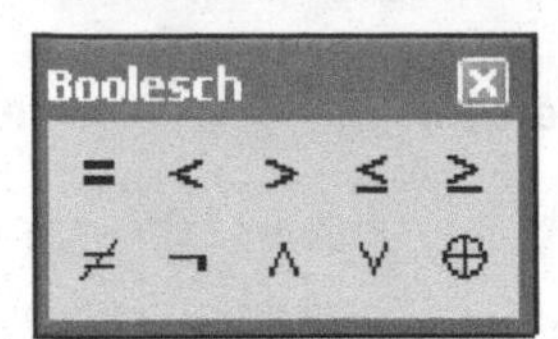

Abb. 18.1

Logische Vergleichsoperatoren:

$\blacksquare = \blacksquare$ $\blacksquare < \blacksquare$ $\blacksquare > \blacksquare$ $\blacksquare \le \blacksquare$ $\blacksquare \ge \blacksquare$ $\blacksquare \ne \blacksquare$

Verneinungsoperator und Verknüpfungsoperatoren:

$\neg\blacksquare$ $\blacksquare \wedge \blacksquare$ $\blacksquare \vee \blacksquare$ $\blacksquare \oplus \blacksquare$

Ein Boolescher Ausdruck kann nur den Wert "wahr" oder "falsch" annehmen. Mathcad verwendet für "wahr" den Wert 1 und für "falsch" den Wert 0.
Wenn die Option "Genaue Gleichheit für Vergleiche und Abbrüche verwenden" im Registerblatt Menü-Extras-Arbeitsblattoptionen-Berechnung aktiviert ist, gilt folgendes: Zwei Zahlen dürfen nur um weniger als die maximale Genauigkeit des Gleitkommaprozessors des Computers voneinander abweichen, um als gleich zu gelten. Zahlen zwischen -10^{-307} und 10^{-307} werden als 0 angesehen. Wenn diese Option nicht aktiviert ist, muss der Betrag der Differenz zwischen zwei Zahlen geteilt durch ihren Mittelwert $< 10^{-12}$ sein, damit sie als gleich gelten.

Beispiel 18.1:

Logische Vergleiche und Funktionen, die einen logischen Wert liefern:

$(2 = 3) = 0$ $(5 < 3) = 0$ $x := 2$ $x_1 := 3.5$

$(2 = 2) = 1$ $(3 < 5) = 1$ $(3 \le x \le 5) = 0$ $(3 \le x_1 \le 5) = 1$

Box im Registerblatt Berechnung ist aktiviert:

$x := 2.71828182845904$

$e = x = 0$ $\frac{|e - x|}{\frac{e+x}{2}} = 1.797 \times 10^{-15}$

Box im Registerblatt Berechnung ist nicht aktiviert:

$x := 2.71828182845904$

$e = x = 1$ $\frac{|e - x|}{\frac{e+x}{2}} = 1.797 \times 10^{-15}$

$\text{gerade}(n) := \text{mod}(n, 2) = 0$ $\text{ungerade}(n) := \text{mod}(n, 2) = 1$ $\text{istint}(n) := \text{floor}(n) = n$

$\text{gerade}(3) = 0$ $\text{ungerade}(-3) = 1$ $\text{istint}(10) = 1$

$\text{gerade}(6) = 1$ $\text{ungerade}(6) = 0$ $\text{istint}(3.5) = 0$

Vergleichsoperatoren im Vergleich mit der Heaviside-Funktion Φ(x):

$a := 2$ $b := -1$ vorgegebene Werte

$a \ge b = 1$ $\Phi(a - b) = 1$ $a \le b = 0$ $\Phi(b - a) = 0$

$a \ge a = 1$ $\Phi(a - a) = 0.5$ $a > b = 1$ $1 - \Phi(b - a) = 1$

$a < b = 0$ $1 - \Phi(a - b) = 0$

Beispiel 18.2:

Verknüpfung von logischen Ausdrücken:

$x := 4$ vorgegebener Wert

$[(3 \le x) \wedge (x \le 5)] = 1$ **UND-Verknüpfung**

$[(x < 3) \vee (x > 5)] = 0$ **nicht ausschließende ODER-Verknüpfung**

$a := 2$ $b := 5$ Vorgegebene Werte

logische Funktionen **((.) entspricht der UND-Verknüpfung)**

$l_{1a}(a,b,x) := (x > a) \cdot (x < b)$ $l_{1b}(a,b,x) := a < x < b$

$l_{1a}(a,b,3.5) = 1$ $l_{1b}(a,b,3.5) = 1$

$l_{1a}(a,b,1) = 0$ $l_{1b}(a,b,1) = 0$

logische Funktionen

$l_{2a}(a,b,x) := (x > a) \wedge (x < b)$ $l_{2b}(a,b,x) := \Phi(x-a) - \Phi(x-b)$

$l_{2a}(a,b,3.5) = 1$ $l_{2b}(a,b,3.5) = 1$

$l_{2a}(a,b,1) = 0$ $l_{2b}(a,b,1) = 0$

$\text{Matrixdimension}(A,B) := (\text{zeilen}(A) = \text{zeilen}(B)) \wedge (\text{spalten}(A) = \text{spalten}(B))$ Funktion zur Überprüfung zweier Matrixdimensionen

$\mathbf{A} := \begin{pmatrix} 1 & 2 \\ 3 & 4 \end{pmatrix}$ $\mathbf{B} := \begin{pmatrix} -2 & -4 \\ 3 & 8 \end{pmatrix}$ $\text{Matrixdimension}(\mathbf{A},\mathbf{B}) = 1$ Die Dimensionen stimmen überein.

Beispiel 18.3:

Vordefinierte logische Bedingungsfunktion "wenn":

g(x):= wenn(B, g_w (x), g_f(x)) Wenn die logische Bedingung **B** wahr ist, wird **g_w(x)** zugewiesen, sonst **g_f(x)**.

Verknüpfungen von B1 und B2:

UND Verknüpfung (B1 * B2) bzw. ($B1 \wedge B2$ **);**

Ausschließende ODER-Verknüpfung ($B1 \oplus B2$ **);**

Nicht ausschließende ODER-Verknüpfung ($B1 \vee B2$ **).**

$\text{maximum}(a,b) := \text{wenn}(a > b, a, b)$ $\text{minimum}(a,b) := \text{wenn}(a < b, a, b)$

$\text{maximum}(3, 3.25) = 3.25$ $\text{minimum}(3, 3.25) = 3$

$\text{int}(x) := \text{wenn}(x \geq 0, \text{floor}(x), \text{ceil}(x))$ $\text{dezimal}(x) := \text{mod}(x, 1)$

$\text{int}(12.368) = 12$ $\text{dezimal}(12.368) = 0.368$

parität(x) := wenn[(mod(x, 2) = 0), "gerade" , "ungerade"]

parität(1) = "ungerade" parität(4) = "gerade"

ZfLänge(S) := wenn(zflänge(S) = 14 , "gültig" , "ungültig")

x := "Betrag =" y := "120 €" z := 1000000

S := verkett(verkett(x, " "), y) S = "Betrag = 120 €" zflänge(S) = 14

S_1 := zahlinzf(z) S_1 = "1000000" zflänge(S_1) = 7

ZfLänge(S) = "gültig" ZfLänge(S_1) = "ungültig"

Boolesche Operatoren:

NOT (NICHT)-Operator (Logische Verneinung):

A	NOT A
0	1
1	0

Wahrheitstabelle

$not(a) := \Phi(0.5 - a)$ **mithilfe der Heaviside-Funktion Φ(x)**

$not(0) = 1 \qquad not(1) = 0$

$NOT(a) := wenn(a = 1, 0, 1)$ **mithilfe der wenn-Funktion**

$\neg 1 = 0$

$\neg 0 = 1$

siehe Symbolleiste Boolesch

$\mathbf{A} := \begin{pmatrix} 0 \\ 1 \end{pmatrix} \qquad \overrightarrow{NOT(\mathbf{A})} = \begin{pmatrix} 1 \\ 0 \end{pmatrix}$ **Vektorisierung des Ausdrucks**

$Not(a) := a = 0$ **mithilfe einer Vergleichsfunktion**

$Not(1) = 0 \qquad Not(0) = 1$

AND (UND)-Operator (Konjunktion):

A	B	A AND B
0	0	0
0	1	0
1	0	0
1	1	1

Wahrheitstabelle

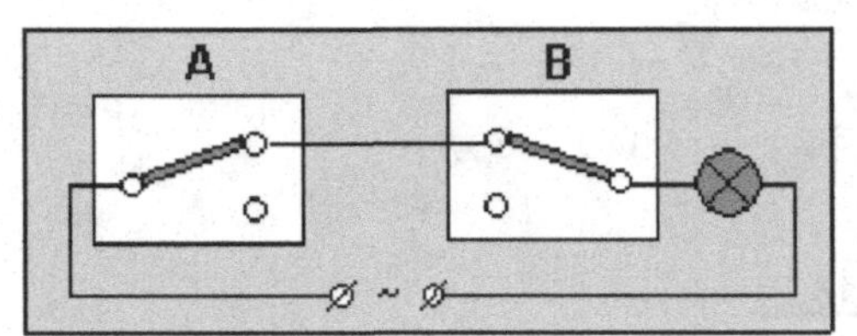

Abb. 18.2

$1 \wedge 1 = 1$ **siehe Symbolleiste-Boolesch UND-Verknüpfung**

$UND(a, b) := a \wedge b$

$UND(1, 0) = 0 \qquad UND(1, 1) = 1$

$and(a, b) := \Phi(a \cdot b - 0.5)$ **mithilfe der Heaviside-Funktion Φ(x)**

$and(1, 0) = 0 \qquad and(1, 1) = 1$

$AND(a, b) := (a = 1) \cdot (b = 1)$ **mithilfe der Multiplikation**

$\mathbf{A} := \begin{pmatrix} 0 \\ 0 \\ 1 \\ 1 \end{pmatrix} \qquad \mathbf{B} := \begin{pmatrix} 0 \\ 1 \\ 0 \\ 1 \end{pmatrix} \qquad \overrightarrow{AND(\mathbf{A}, \mathbf{B})} = \begin{pmatrix} 0 \\ 0 \\ 0 \\ 1 \end{pmatrix}$ **Vektorisierung des Ausdrucks**

$And(a, b) := wenn(a \cdot b, 1, 0)$ **mithilfe der wenn-Funktion und der Multiplikation**

$And(1, 0) = 0 \qquad And(1, 1) = 1$

OR (ODER)-Operator (Disjunktion):

A	B	A OR B
0	0	0
0	1	1
1	0	1
1	1	1

Wahrheitstabelle

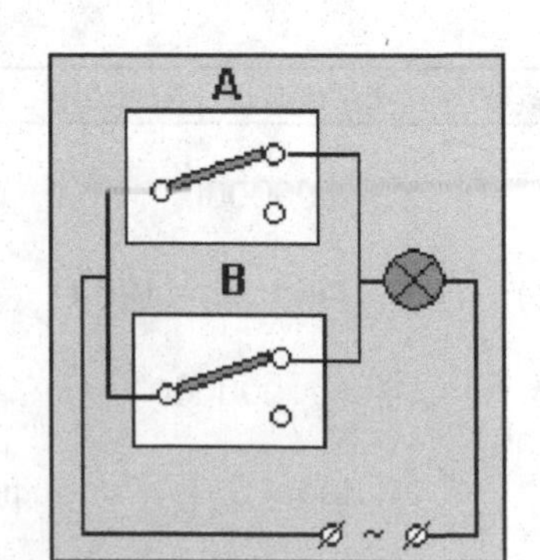

Abb. 18.3

$1 \vee 1 = 1$ siehe Symbolleiste-Boolesch ODER-Verknüpfung

$\mathrm{ODER}(a,b) := a \vee b$

$\mathrm{ODER}(0,1) = 1$ $\mathrm{ODER}(0,0) = 0$

$\mathrm{or}(a,b) := \Phi(a + b - 0.5)$ **mithilfe der Heaviside-Funktion Φ(x)**

$\mathrm{or}(0,1) = 1$ $\mathrm{or}(0,0) = 0$

$\mathrm{OR}(a,b) := \mathrm{ceil}\left[\frac{(a = 1) + (b = 1)}{2}\right]$ **mithilfe der Addition und der Rundungsfunktion ceil**

$\mathbf{A} := \begin{pmatrix} 0 \\ 0 \\ 1 \\ 1 \end{pmatrix}$ $\mathbf{B} := \begin{pmatrix} 0 \\ 1 \\ 0 \\ 1 \end{pmatrix}$ $\overrightarrow{\mathrm{OR}(\mathbf{A},\mathbf{B})} = \begin{pmatrix} 0 \\ 1 \\ 1 \\ 1 \end{pmatrix}$ **Vektorisierung des Ausdrucks**

$\mathrm{Or}(a,b) := \mathrm{wenn}(a + b, 1, 0)$ **mithilfe der wenn-Funktion und der Addition**

$\mathrm{Or}(0,1) = 1$ $\mathrm{Or}(0,0) = 0$

NAND (NOT(AND))-Operator (Anti-Konjunktion):

A	B	A NAND B	Wahrheitstabelle
0	0	1	
0	1	1	
1	0	1	
1	1	0	

$\neg(1 \wedge 1) = 0$ **siehe Symbolleiste-Boolesch NICHT- und UND-Verknüpfung**

$\mathrm{NichtUnd}(a,b) := \neg(a \wedge b)$

$\mathrm{NichtUnd}(0,0) = 1$ $\mathrm{NichtUnd}(1,1) = 0$

$\mathrm{nand}(a,b) := \mathrm{not}(\mathrm{and}(a,b))$ **mithilfe der bereits weiter oben definierten Operatoren**

$\mathrm{nand}(0,0) = 1$ $\mathrm{nand}(1,1) = 0$

$\mathrm{NAND}(a,b) := \mathrm{NOT}(\mathrm{AND}(a,b))$ **mithilfe der bereits weiter oben definierten Operatoren**

$\mathbf{A} := \begin{pmatrix} 0 \\ 0 \\ 1 \\ 1 \end{pmatrix}$ $\mathbf{B} := \begin{pmatrix} 0 \\ 1 \\ 0 \\ 1 \end{pmatrix}$ $\overrightarrow{\mathrm{NAND}(\mathbf{A},\mathbf{B})} = \begin{pmatrix} 1 \\ 1 \\ 1 \\ 0 \end{pmatrix}$ **Vektorisierung des Ausdrucks**

$\text{NAnd}(a,b) := \text{wenn}(a \cdot b, 0, 1)$ **mithilfe der wenn-Funktion bzw. des NOT-Operators und der Multiplikation**

$\text{NAnd}(0,0) = 1$ $\text{NAnd}(1,1) = 0$

$\text{NAnd}(a,b) := \neg(a \cdot b)$

$\text{NAnd}(0,0) = 1$ $\text{NAnd}(1,1) = 0$

IMP (Wenn-Dann)-Operator (Implikation) und AQV (Wenn-Dann und umgekehrt)-Operator (Äquivalenz):

A	B	IF A THEN B
0	0	1
0	1	0
1	0	1
1	1	1

Wahrheitstabelle

A	B	IF A THEN B und umgekehrt
0	0	1
0	1	0
1	0	0
1	1	1

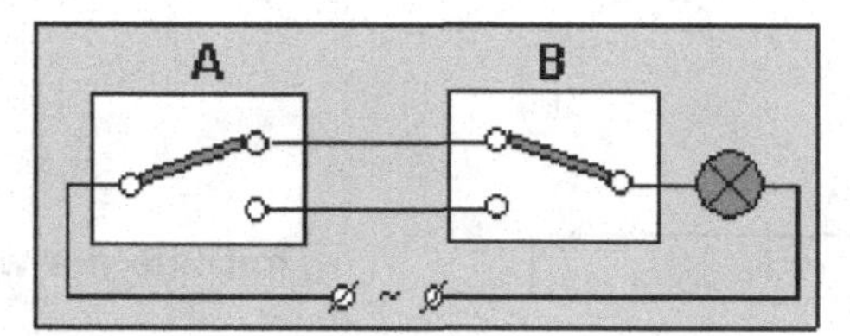

Abb. 18.4

$\neg(1) \vee 1 = 1$ **siehe Symbolleiste-Boolesch NICHT- und ODER-Verknüpfung**

$\Rightarrow(a,b) := \neg b \vee a$ **Implikation**

$\Rightarrow(0,0) = 1$ $\Rightarrow(1,0) = 1$

$\Leftrightarrow(a,b) := a = b$ **Äquivalenz**

$\Leftrightarrow(0,0) = 1$ $\Leftrightarrow(1,0) = 0$

$\text{IMP}(a,b) := \text{OR}(\text{NOT}(b), a)$ **mithilfe der bereits weiter oben definierten Operatoren (NOT B OR A)**

$$\mathbf{A} := \begin{pmatrix} 0 \\ 0 \\ 1 \\ 1 \end{pmatrix} \quad \mathbf{B} := \begin{pmatrix} 0 \\ 1 \\ 0 \\ 1 \end{pmatrix} \quad \overrightarrow{\text{IMP}(\mathbf{A},\mathbf{B})} = \begin{pmatrix} 1 \\ 0 \\ 1 \\ 1 \end{pmatrix}$$

Vektorisierung des Ausdrucks

$\text{Imp}(a,b) := \text{wenn}[(a = 0 \wedge b = 1), 0, 1]$ **mithilfe der wenn-Funktion und des UND-Operators**

$\text{Imp}(0,0) = 1$ $\text{Imp}(1,0) = 1$

XOR (Exklusives ODER)-Operator:

A	B	A XOR B
0	0	0
0	1	1
1	0	1
1	1	0

Wahrheitstabelle

$1 \oplus 1 = 0$ **siehe Symbolleiste-Boolesch ausschließendes ODER**

$\text{ExODER}(a,b) := a \oplus b$

$\text{ExODER}(0,0) = 0 \quad \text{ExODER}(0,1) = 1$

$\text{xor}(a,b) := \Phi(a + b - 2 \cdot a \cdot b - .5)$ **mithilfe der Heaviside-Funktion Φ(x)**

$\text{xor}(0,0) = 0 \quad \text{xor}(0,1) = 1$

$\text{XOR}(a,b) := \text{AND}(\text{OR}(a,b), \text{NAND}(a,b))$ **mithilfe der bereits weiter oben definierten Operatoren**

$\text{XOR}(0,0) = 0 \quad \text{XOR}(0,1) = 1$

$\text{Xor}(a,b) := a \neq b$ **mithilfe des Ungleichheitsoperators**

$\text{Xor}(0,0) = 0 \quad \text{Xor}(0,1) = 1$

$\mathbf{A} := \begin{pmatrix} 0 \\ 0 \\ 1 \\ 1 \end{pmatrix} \quad \mathbf{B} := \begin{pmatrix} 0 \\ 1 \\ 0 \\ 1 \end{pmatrix} \quad \overrightarrow{\text{xor}(\mathbf{A},\mathbf{B})} = \begin{pmatrix} 0 \\ 1 \\ 1 \\ 0 \end{pmatrix} \quad \overrightarrow{\text{XOR}(\mathbf{A},\mathbf{B})} = \begin{pmatrix} 0 \\ 1 \\ 1 \\ 0 \end{pmatrix}$ **Vektorisierung des Ausdrucks**

$\overrightarrow{\text{Xor}(\mathbf{A},\mathbf{B})} = \begin{pmatrix} 0 \\ 1 \\ 1 \\ 0 \end{pmatrix}$

NOR (Anti-Disjunktion)- Operator:

Wahrheitstabelle

A	B	A NOR B
0	0	1
0	1	0
1	0	0
1	1	0

$\text{NOR}(a,b) := \neg(a \vee b)$ **siehe Symbolleiste-Boolesch NOT und ODER**

$\text{NOR}(0,0) = 1 \quad \text{NOR}(0,1) = 0$

$\text{Nor}(a,b) := \neg a \wedge \neg b$ **siehe Symbolleiste-Boolesch NOT und UND**

$\text{Nor}(0,0) = 1 \quad \text{Nor}(0,1) = 0$

$\text{NOr}(a,b) := (a = 0) \cdot (b = 0)$ **mithilfe der Multiplikation**

$\text{NOr}(0,0) = 1 \quad \text{NOr}(0,1) = 0$

Beispiel 18.4:

Digitale Signale A, B und C sollen auf verschiedene Weise verknüpft werden:

$\mathbf{A} := (0\ 1\ 1\ 0\ 1\ 1\ 1\ 0\ 0\ 0\ 0\ 1\ 1\ 1\ 1)^T$

$\mathbf{B} := (1\ 1\ 1\ 1\ 0\ 0\ 1\ 0\ 1\ 0\ 0\ 1\ 0\ 1\ 1)^T$

$\mathbf{C} := (0\ 1\ 0\ 0\ 1\ 1\ 1\ 0\ 1\ 1\ 0\ 1\ 1\ 0\ 1)^T$

$\mathbf{D1} := \overrightarrow{\text{AND}(\mathbf{A}, \text{AND}(\mathbf{B},\mathbf{C}))}$ **D1 = A AND (B AND C)**

$k := 0 .. \text{länge}(\mathbf{A}) - 1$ Bereichsvariable

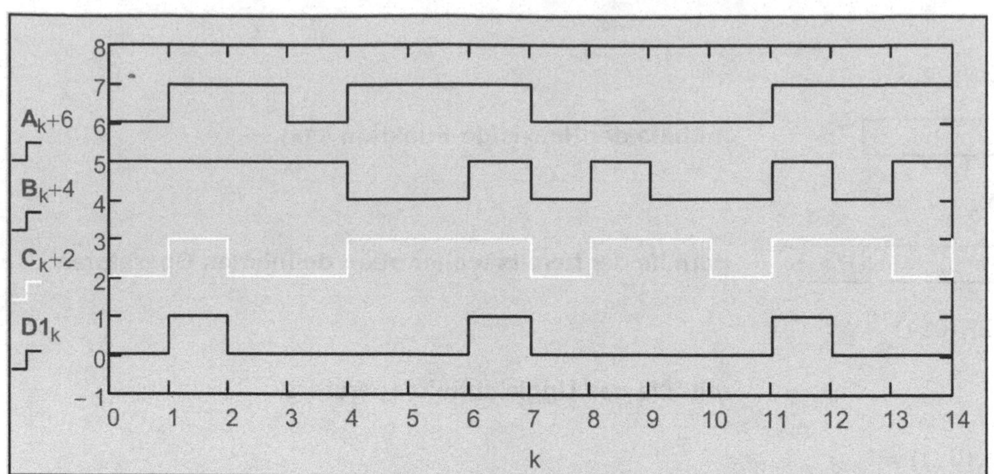

Achsenbeschränkung:
y-Achse: -1 bis 8
X-Y-Achsen:
Nummeriert
Automatische
Skalierung
Autom. Gitterweite
Anzahl der Gitterlinien:
14 bzw. 9
Achsenstil:
Kasten
Spuren:
Spur 1 bis Spur 4
Typ Schritt

Abb. 18.5

$\mathbf{D2} := \overrightarrow{\text{OR}(\mathbf{A}, \text{NAND}(\mathbf{B}, \text{OR}(\mathbf{C}, \text{NOT}(\mathbf{A}))))}$

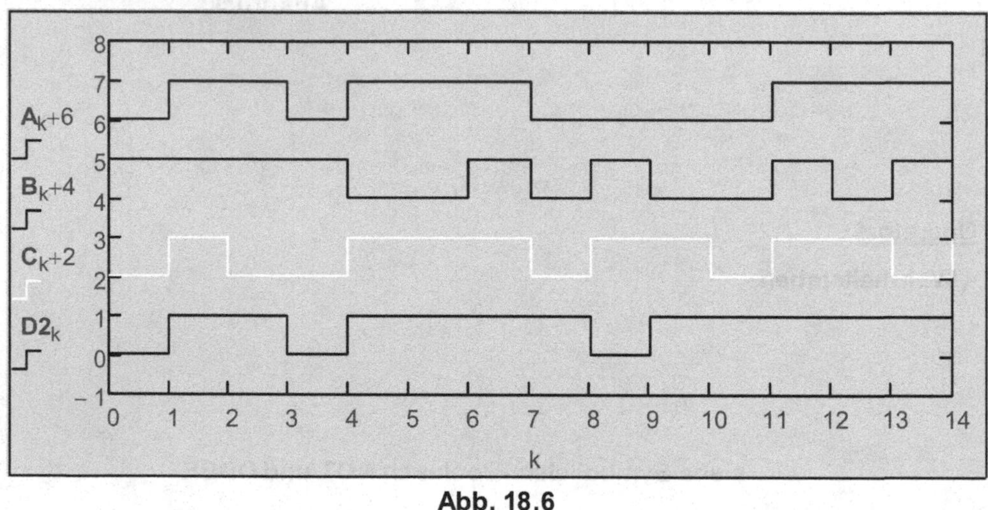

Achsenbeschränkung:
y-Achse -1 bis 8
X-Y-Achsen:
Nummeriert
Automatische Skalierung
Automatische Gitterweite
Anzahl der Gitterlinien:
14 bzw. 9
Achsenstil:
Kasten
Spuren:
Spur 1 bis Spur 4
Typ Schritt

Abb. 18.6

$\mathbf{D3} := \overrightarrow{\text{OR}(\mathbf{C}, \text{XOR}(\mathbf{A}, \text{OR}(\mathbf{C}, \mathbf{B})))}$

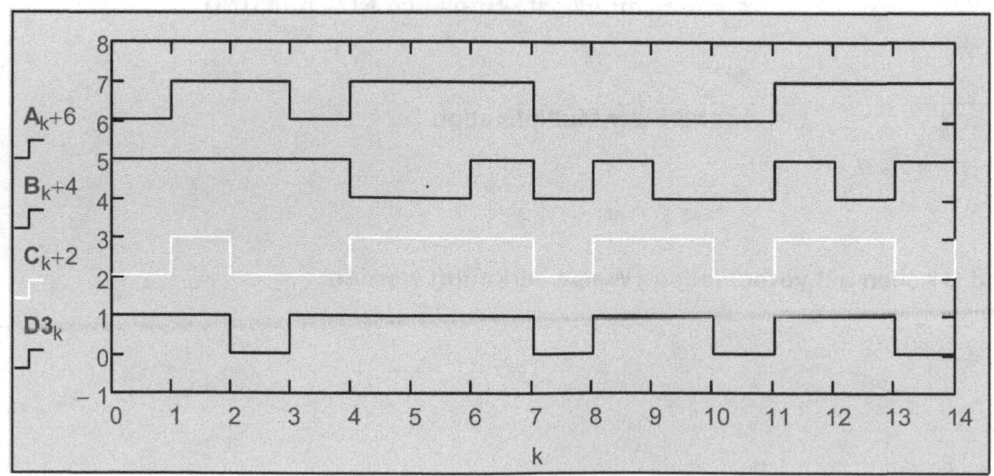

Achsenbeschränkung:
y-Achse: -1 bis 8
X-Y-Achsen:
Nummeriert
Automatische Skalierung
Automatische Gitterweite
Anzahl der Gitterlinien:
14 bzw. 9
Achsenstil:
Kasten
Spuren:
Spur 1 bis Spur 4
Typ Schritt

Abb. 18.7

18.2 Unterprogramme

In Mathcad können Unterprogramme (Funktionen) erstellt werden, die einen Wert zurückgeben. Der Wert kann ein Skalar, ein Vektor, ein Feld, ein verschachteltes Feld oder eine Zeichenfolge sein. Dafür stehen verschiedene Strukturen zur Verfügung: Sequenz, Verzweigung (if, case), Schleifen (bedingte Schleifen (while) und Zählerschleifen (for)). Zusätzlich verfügt die Programmierumgebung noch über die Anweisungen (Symbolleiste-Programmierung) otherwise, break, continue und return, wie sie aus der C-Programmierung bekannt sind. Eine Fehlerauswertung kann mit der Anweisung on error und der Funktion Fehler vorgenommen werden.

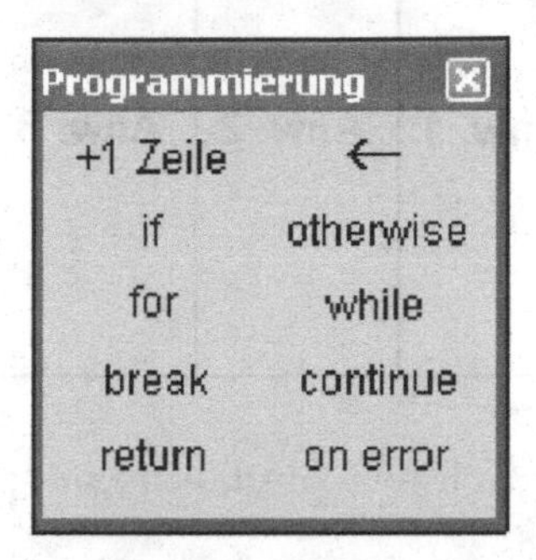

Abb. 18.8

Unterprogramme können auch verschachtelt oder rekursiv definiert werden. Ein Unterprogramm kann nicht nur numerisch, sondern auch symbolisch ausgewertet werden.
Die Mathcad-Oberfläche stellt quasi das Hauptprogramm dar, deren Anweisungen von oben nach unten (sequentiell) abgearbeitet werden. Binden wir mit Menü-Einfügen-Verweis eine Datei ein, die Unterprogramme enthält, dann erinnert dies an die Einbindung der Header-Dateien (# include <name.h>) in der C-Programmierung.
Um den Funktionsumfang von Mathcad zu erweitern, können auch eigene Funktionen und Benutzer DLL's in C oder C^{++} geschrieben und der Mathcad-Bibliothek hinzugefügt werden (siehe dazu Menü-Hilfe Developer's Reference).

Bei der Programmierung sind folgende Punkte zu beachten:

1. **Variablen, die innerhalb eines Unterprogramms definiert sind, gelten nur lokal im Unterprogramm.**
2. **Der Zuweisungsoperator ":=" darf in Unterprogrammen nicht verwendet werden. Dafür ist der Zuweisungsoperator " ← " (Siehe Symbolleiste-Programmierung) zuständig.**
3. **Der zurückgelieferte Wert eines Unterprogramms steht normalerweise als letzte Anweisung im Unterprogramm.**
4. **Mit der break-Anweisung kann eine while- oder for-Schleife unterbrochen werden. Wird break im Hauptzweig des Unterprogramms verwendet, gibt break das Ergebnis der letzten Anweisung zurück.**
5. **Mit der continue-Anweisung kann in einer while- oder for-Schleife die aktuelle Iteration unterbrochen werden, sodass mit der nächsten Iteration fortgesetzt werden muss.**
6. **Mit der return-Anweisung wird ein Unterprogramm beendet. Es kann aber auch ein spezieller Wert zurückgegeben werden anstelle jenes Wertes, der als letzte Anweisung im Unterprogramm steht.**
7. **Die in der Symbolleiste-Programmierung angeführten Namen dürfen nicht händisch eingegeben werden!**
8. **Rekursive Funktionsdefinitionen (Funktionen verweisen in ihrer Definition auf sich selbst) sind oft elegant und kurz formuliert, benötigen aber einen hohen Rechenaufwand.**

Zum Entwurf eines Programms bewähren sich die bekannten Nassi-Sneiderman-Struktogramme:

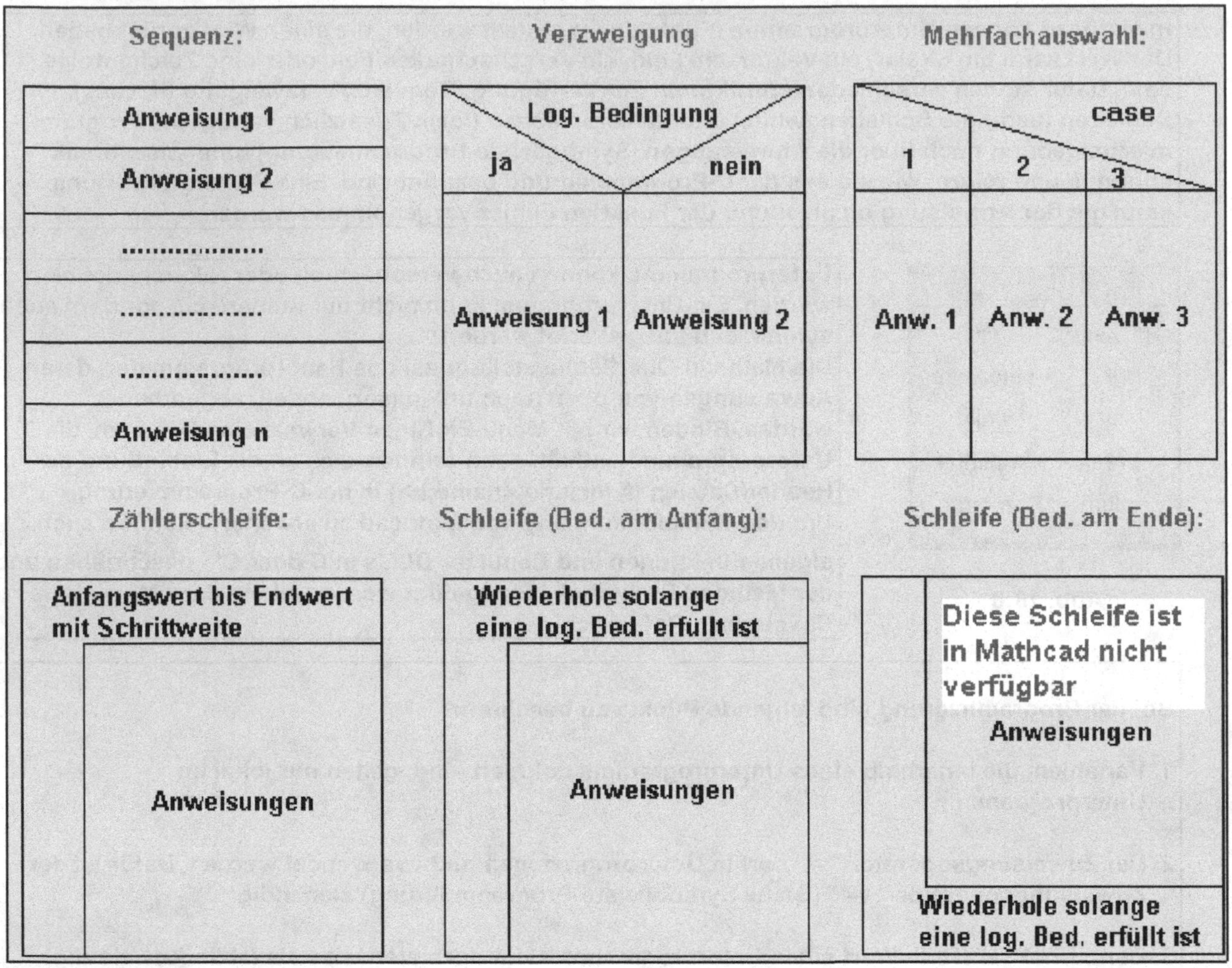

Sequenz:

Anweisung 1
Anweisung 2
....
....
....
Anweisung n

Verzweigung

Log. Bedingung
ja | nein
Anweisung 1 | Anweisung 2

Mehrfachauswahl:

case
1 | 2 | 3
Anw. 1 | Anw. 2 | Anw. 3

Zählerschleife:

Anfangswert bis Endwert
mit Schrittweite
Anweisungen

Schleife (Bed. am Anfang):

Wiederhole solange
eine log. Bed. erfüllt ist
Anweisungen

Schleife (Bed. am Ende):

Diese Schleife ist
in Mathcad nicht
verfügbar
Anweisungen
Wiederhole solange
eine log. Bed. erfüllt ist

Abb. 18.9

18.2.1 Sequenz (Abfolge)

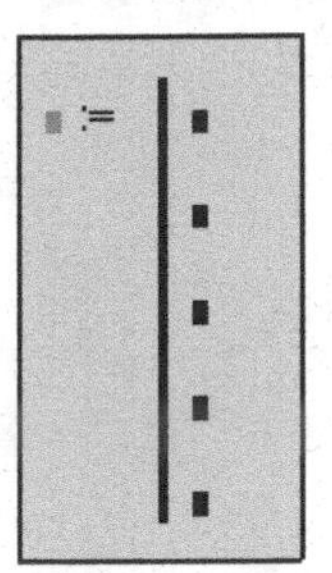

Zuweisungsoperator und Zeilenauswahl mit +1 Zeile

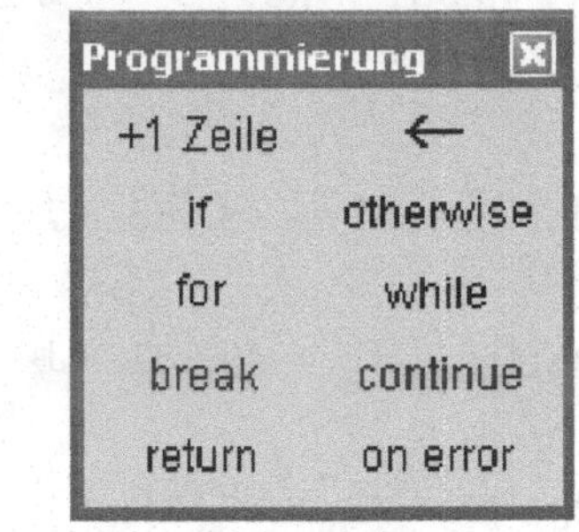

Abb. 18.10

Abb. 18.11

Beispiel 18.5:

Es soll für den freien Fall (ohne Luftwiderstand) die kinetische und potentielle Energie sowie die Gesamtenergie für einen beliebigen Zeitpunkt berechnet werden:

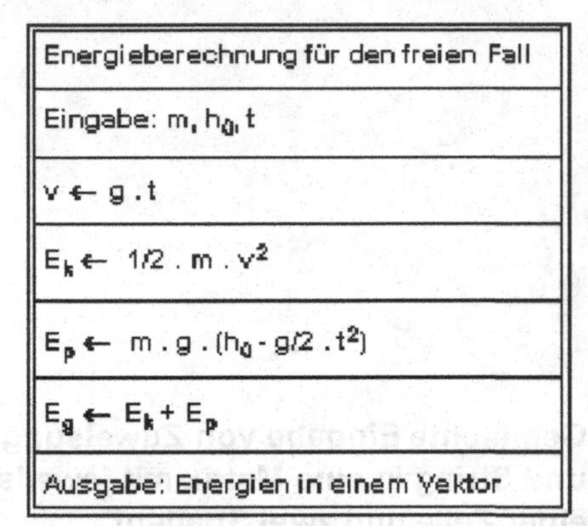

Abb. 18.12

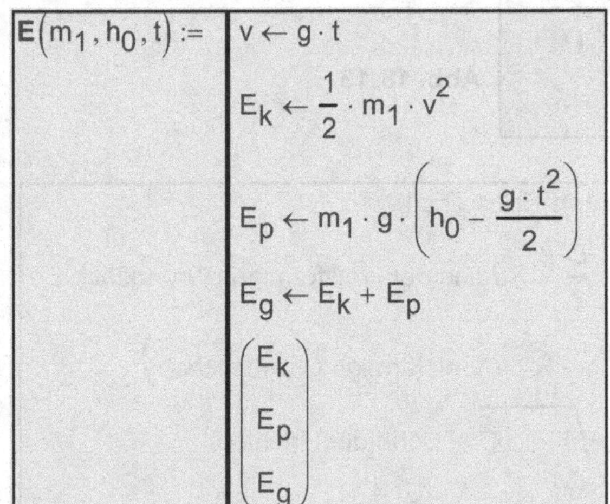

Diese Funktion liefert einen Vektor zurück.

Symbolische Auswertung:

$$\mathbf{E}(m_1, h_0, t) \text{ vereinfachen } \rightarrow \begin{bmatrix} \dfrac{g^2 \cdot m_1 \cdot t^2}{2} \\ g \cdot m_1 \cdot \left(h_0 - \dfrac{g \cdot t^2}{2}\right) \\ g \cdot h_0 \cdot m_1 \end{bmatrix}$$

Numerische Auswertung:

$kJ := 10^3 \cdot J$ Einheitendefinition

$m_1 := 10 \cdot kg$ Masse

$h_0 := 1000 \cdot m$ Fallhöhe

$t := 10 \cdot s$ Zeitdauer

$$\mathbf{E}(m_1, h_0, t) = \begin{pmatrix} 48.085 \\ 49.981 \\ 98.066 \end{pmatrix} \cdot kJ$$ Energievektor

$E_k := \mathbf{E}(m_1, h_0, t)_0$ $E_k = 48.085 \cdot kJ$ kinetische Energie

$E_p := \mathbf{E}(m_1, h_0, t)_1$ $E_p = 49.981 \cdot kJ$ potentielle Energie

$E_g := \mathbf{E}(m_1, h_0, t)_2$ $E_g = 98.066 \cdot kJ$ Gesamtenergie

Beispiel 18.6:

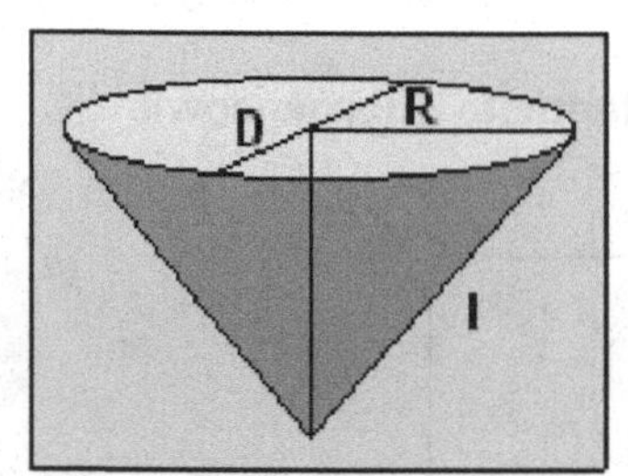

Für einen kegelförmigen Trichter mit Durchmesser D der Grundfläche A und Seitenlänge l sowie der Höhe h soll mithilfe eines Unterprogramms das Volumen berechnet werden:

Abb. 18.13

```
V1(D,l) := | "Volumen eines Trichters"
           | (R ← D/2   "Radius der kreisförmigen Grundfläche")
           | (A ← π · R^2   "kreisförmige Grundfläche")
           | (h ← √(l^2 − R^2)   "Höhe des Trichters")
           | 1/3 · A · h
```

Gemischte Eingabe von Zuweisung und String in eine Matrix mit jeweils einer Zeile und zwei Spalten!

$D := 20 \cdot m$ $l := 25 \cdot m$ $V1(D, l) = 2399.431 \cdot m^3$

Beispiel 18.7:

Ein String, der durch ein Komma und ein nachfolgendes Leerzeichen getrennt ist, soll ausgelesen werden:

```
Nachname(Name) := | Komma ← strtpos(Name, ",", 0)
                  | subzf(Name, 0, Komma)
```

Funktion zum Lesen des Nachnamens

```
Vorname(Name) := | Komma ← strtpos(Name, ",", 0)
                 | Anfang ← Komma + 2
                 | Slänge ← zflänge(Name) − Anfang
                 | subzf(Name, Anfang, Slänge)
```

Funktion zum Lesen des Vornamens

In den vorhergehenden Unterprogrammen werden von Mathcad bereitgestellte Stringbearbeitungsfunktionen benützt (siehe Hilfe und Anhang)!

$$\mathbf{Namen} := \begin{pmatrix} \text{"Riegler, Karl"} \\ \text{"Mayer, Rudolf"} \\ \text{"Zeilinger, Gert"} \\ \text{"Anselm, Robert"} \end{pmatrix}$$

Namen, in einem Vektor zusammengefasst.

$$\overrightarrow{\text{Vorname}(\mathbf{Namen})} = \begin{pmatrix} \text{"Karl"} \\ \text{"Rudolf"} \\ \text{"Gert"} \\ \text{"Robert"} \end{pmatrix} \qquad \overrightarrow{\text{Nachname}(\mathbf{Namen})} = \begin{pmatrix} \text{"Riegler"} \\ \text{"Mayer"} \\ \text{"Zeilinger"} \\ \text{"Anselm"} \end{pmatrix}$$

Auswertung mit Vektorisierungsoperator

$k := 0 .. \text{letzte}(\mathbf{Namen})$

Bereichsvariable

$\mathbf{VN}_k := \text{Vorname}(\mathbf{Namen}_k)$ $\quad$ $\mathbf{NN}_k := \text{Nachname}(\mathbf{Namen}_k)$

Komponentenweise Zuweisung

$$\mathbf{VN} = \begin{pmatrix} \text{"Karl"} \\ \text{"Rudolf"} \\ \text{"Gert"} \\ \text{"Robert"} \end{pmatrix} \qquad \mathbf{NN} = \begin{pmatrix} \text{"Riegler"} \\ \text{"Mayer"} \\ \text{"Zeilinger"} \\ \text{"Anselm"} \end{pmatrix}$$

Auswertung in Vektorform

18.2.2 Auswahlstruktur (Verzweigung)

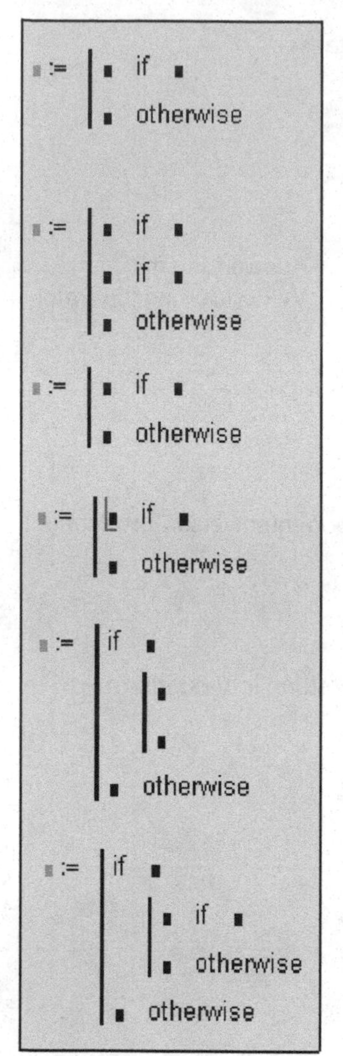

Zuweisungsoperator, Zeilenauswahl mit +1 Zeile, if und otherwise

Zuweisungsoperator, Zeilenauswahl mit +1 Zeile, if und otherwise

Zuweisungsoperator, Zeilenauswahl mit +1 Zeile, if und otherwise

Cursor auf Platzhalter stellen und Zeilenauswahl mit +1 Zeile wählen, ergibt dann die nachfolgende Darstellung

Zeilenauswahl mit +1 Zeile

if und otherwise

Abb. 18.14

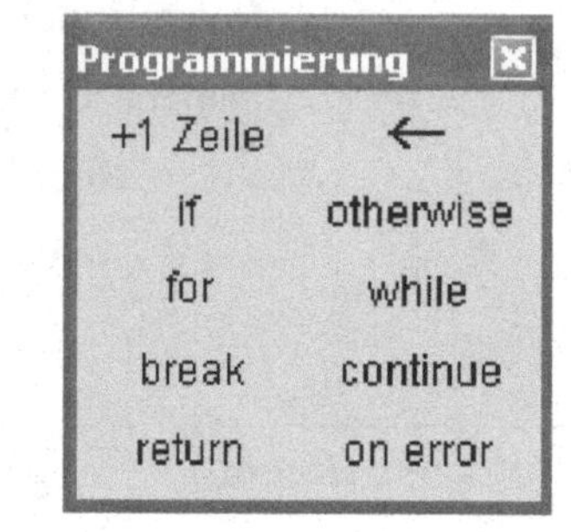

Abb. 18.15

Beispiel 18.8:

Definition unstetiger Funktionen (reelle Variable sollten nicht auf null abgefragt werden!):

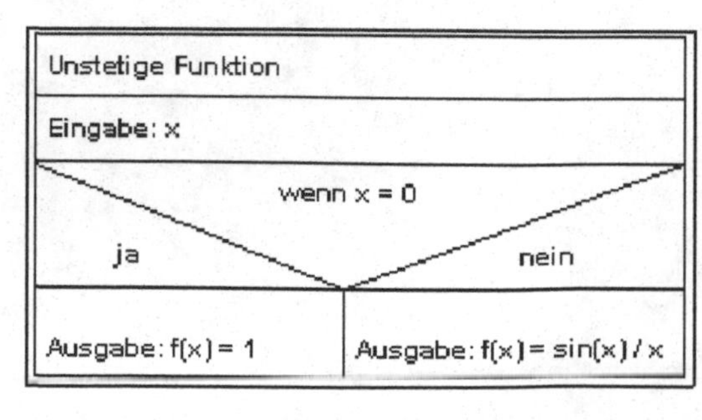

Abb. 18.16

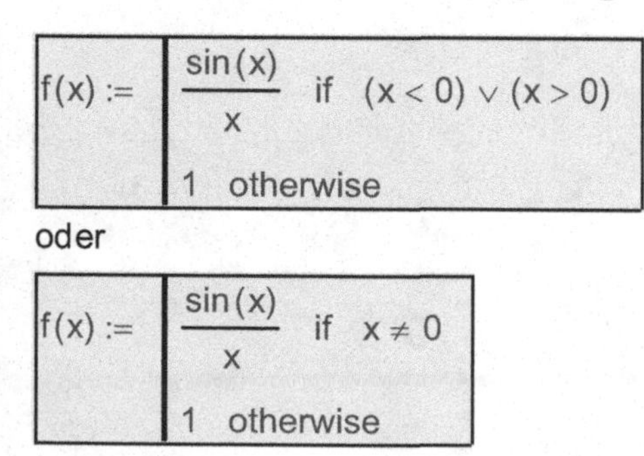

$$f(x) := \begin{cases} \dfrac{\sin(x)}{x} & \text{if } (x < 0) \vee (x > 0) \\ 1 & \text{otherwise} \end{cases}$$

oder

$$f(x) := \begin{cases} \dfrac{\sin(x)}{x} & \text{if } x \neq 0 \\ 1 & \text{otherwise} \end{cases}$$

$f(0) = 1$ $\qquad f(0) \to 1$

$f(2) = 0.455$ $\qquad f(2) \to \dfrac{\sin(2)}{2}$

Alternative:

$$g(x) := \text{wenn}\left((x < 0) + (x > 0), \frac{\sin(x)}{x}, 1\right)$$

$g(0) = 1$ $g(2) = 0.455$

Beispiel 18.9:

Funktionen mit Fehlermeldungen (Funktion "Fehler" und der Befehl "on error"):

$$h(x) := \begin{cases} \frac{1}{x} & \text{if } (x < 0) \lor (x > 0) \\ \text{Fehler("Sie dividieren durch Null !")} & \text{otherwise} \end{cases}$$

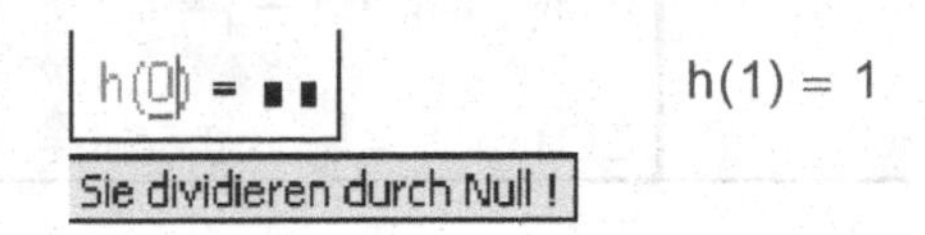

$h(1) = 1$

Alternative:

$$h1(x) := \text{wenn}\left((x < 0) \lor (x > 0), \frac{1}{x}, \text{"Sie diviieren durch Null !"}\right)$$

$h1(1) = 1$

$h1(0) =$ "Sie diviieren durch Null !"

$$\text{winkelxy}(x, y) := \begin{cases} 0 \text{ on error "Kein Winkel vorhanden"} \\ \text{winkel}(x, y) \quad \text{if } (x \neq 0) \land (y \neq 0) \end{cases}$$

$\text{winkelxy}(0, 0) =$ "Kein Winkel vorhanden"

$\text{winkelxy}(1, 1) = 0.785$

Klicken wir mit der rechten Maustaste bei einem auftretenden Fehler auf die Fehlermeldung, so kann aus dem erscheinenden Dialogmenü "Fehler zurückverfolgen" (Abb. 18.17) gewählt werden. Damit können im ganzen Arbeitsblatt Fehler zurückverfolgt werden.

Abb. 18.17

Beispiel 18.10:

Berechnen Sie den größten gemeinsamen Teiler ggT zweier positiver ganzer Zahlen mit einem Unterprogramm (siehe auch Mathcadfunktion gcd).

$$\text{ggT}(x, y) := \begin{cases} y & \text{if } x = 0 \\ \text{ggT}(\text{mod}(y, x), x) & \text{otherwise} \end{cases}$$

Rekursiver Aufruf im Unterprogramm!

$a := 146$ $b := 32$

$\text{ggT}(a, b) = 2$ $\text{ggT}(146, 32) = 2$

Größter gemeinsamer Teiler berechnet mit dem Euklid-Algorithmus:

$$GGT(x,y) := \begin{array}{|l} a \leftarrow \min\left(\begin{pmatrix} x \\ y \end{pmatrix}\right) \\ b \leftarrow \max\left(\begin{pmatrix} x \\ y \end{pmatrix}\right) \\ a \quad \text{if} \quad a \cdot \text{floor}\left(\frac{b}{a}\right) = b \\ GGT(a, b-a) \quad \text{otherwise} \end{array}$$

Rekursiver Aufruf im Unterprogramm!

$GGT(a,b) = 2 \qquad GGT(146,32) = 2$

Beispiel 18.11:

Für die nachfolgenden Messdaten soll zur Berechnung der Zwischenwerte eine kubische Spline-Interpolation durchgeführt werden. Die Zwischenwerte sollen mithilfe eines Unterprogramms mit Einheiten berechnet werden.

$\mathbf{x} := (70.0 \;\; 80.0 \;\; 100.0 \;\; 120.0 \;\; 140.0 \;\; 160.0 \;\; 180.0 \;\; 200.0)^T$

$\mathbf{y} := (0.29 \;\; 0.22 \;\; 0.18 \;\; 0.14 \;\; 0.104 \;\; 0.096 \;\; 0.09 \;\; 0.076)^T$

gegebene Messdaten

$$f(\rho, \mathbf{x}, \mathbf{y}) := \begin{array}{|l} \text{"Kubische Spline Interpolation mit Einheiten "} \\ \rho 1 \leftarrow \dfrac{\rho}{\dfrac{kg}{m^3}} \\ \text{Fehler("Fehler! ")} \quad \text{if} \quad \rho < 70 \cdot \dfrac{kg}{m^3} \vee \rho > 200 \cdot \dfrac{kg}{m^3} \\ \mathbf{k} \leftarrow \text{kspline}(\mathbf{x}, \mathbf{y}) \\ \text{"Die Ausgabe erfolgt in mg/Liter"} \\ \text{interp}(\mathbf{k}, \mathbf{x}, \mathbf{y}, \rho 1) \cdot \dfrac{10^{-6} \cdot kg}{L} \end{array}$$

Die Funktionen kspline und interp erlauben keine Eingabe von Einheiten!

$\rho := 160 \cdot \frac{kg}{m^3} \qquad f(\rho, \mathbf{x}, \mathbf{y}) = 0.096 \cdot \frac{mg}{L}$ berechneter Zwischenwert

$\rho := 70 \cdot \frac{kg}{m^3}, 71 \cdot \frac{kg}{m^3} .. 200 \cdot \frac{kg}{m^3}$ Bereichsvariable

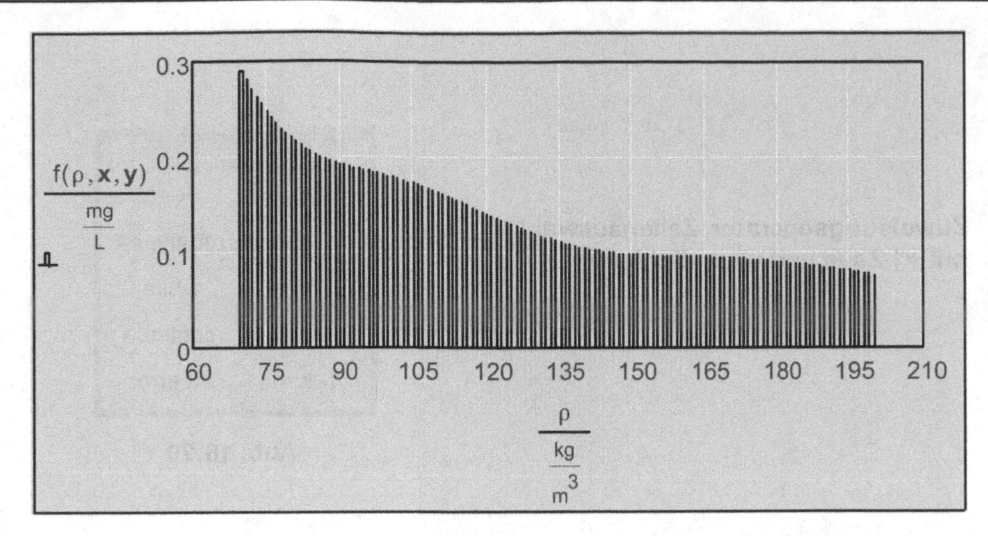

X-Y-Achsen:
Gitterlinien
Nummeriert
Automatische Skalierung
Anzahl der Gitterlinien: 15
Automatische Gitterweite
Achsenstil:
Kasten
Spuren:
Spur 1
Typ Säulen

Abb. 18.18

$$\int_{70\frac{kg}{m^3}}^{200\frac{kg}{m^3}} f(\rho, \mathbf{x}, \mathbf{y})\, d\rho = 0.018\,\frac{kg^2}{m^6}$$

berechnete Fläche zur Demonstration mit Einheiten

Beispiel 18.12:

Eine Fallabfrage könnte in Mathcad folgende Form haben:

$\text{Fall} := 2$

$$\begin{pmatrix} d_1 \\ d_2 \\ d_3 \end{pmatrix} := \left| \begin{array}{l} \begin{pmatrix} 200 \\ 8 \\ 22.5 \end{pmatrix} \cdot m \ \text{ if } \ \text{Fall} = 1 \\ \begin{pmatrix} 210 \\ 10 \\ 30 \end{pmatrix} \cdot m \ \text{ if } \ \text{Fall} = 2 \\ \begin{pmatrix} 225 \\ 15 \\ 35 \end{pmatrix} \cdot m \ \text{ if } \ \text{Fall} = 3 \end{array} \right.$$

$$\begin{pmatrix} d_1 \\ d_2 \\ d_3 \end{pmatrix} = \begin{pmatrix} 210 \\ 10 \\ 30 \end{pmatrix} m$$

$d_1 = 210 \cdot m$

$d_2 = 10 \cdot m$

$d_3 = 30 \cdot m$

$$k(h) := \left| \begin{array}{l} \text{return } 4.5 \ \text{ if } \ h \le 4.5 \cdot m \\ \text{return } 3.5 \ \text{ if } \ h \le 6.5 \cdot m \\ \text{return } 2.5 \ \text{ if } \ h \le 8.5 \cdot m \\ \text{return } 1.5 \ \text{ if } \ h \le 10.5 \cdot m \\ 0.5 \ \text{ otherwise} \end{array} \right.$$

$k(2.5 \cdot m) = 4.5$ $\qquad$ $k(5 \cdot m) = 3.5$

$k(9.3 \cdot m) = 1.5$ $\qquad$ $k(11 \cdot m) = 0.5$

18.2.3 Bedingte Schleifen

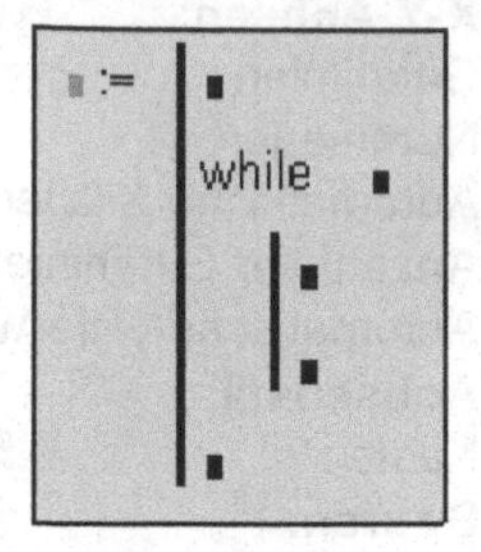

Abb. 18.19

Zuweisungsoperator, Zeilenauswahl mit +1 Zeile und while-Schleife

Abb. 18.20

Beispiel 18.13:

Algorithmen zur Nullstellenbestimmung:

a) Intervallhalbierung

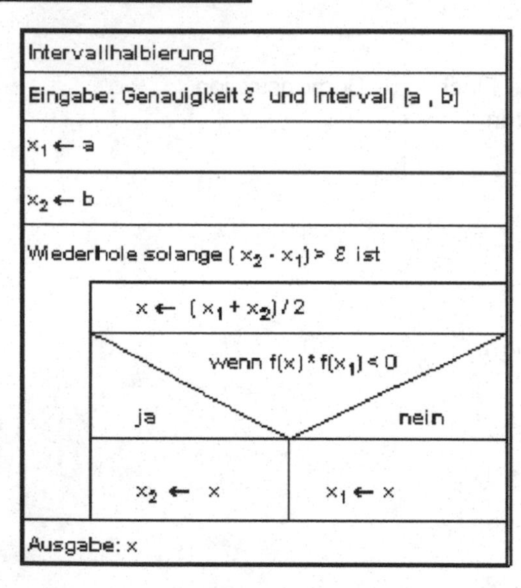

Abb. 18.21

$$
N_I(f, \varepsilon, a, b) := \begin{array}{|l}
x_1 \leftarrow a \\
x_2 \leftarrow b \\
\text{while } (x_2 - x_1) > \varepsilon \\
\quad \begin{array}{|l}
x \leftarrow \dfrac{x_2 + x_1}{2} \\
x_2 \leftarrow x \;\text{ if }\; f(x)\cdot f(x_1) < 0 \\
x_1 \leftarrow x \;\text{ otherwise}
\end{array} \\
x
\end{array}
$$

Berechnen Sie die reelle Nullstelle des Polynoms $y = x^3 + x - 5$ auf 3 Dezimalstellen genau.

$f(x) := x^3 + x - 5 \qquad x := -3, -3 + 0.01 .. 3$ gegebene Funktion und Bereichsvariable

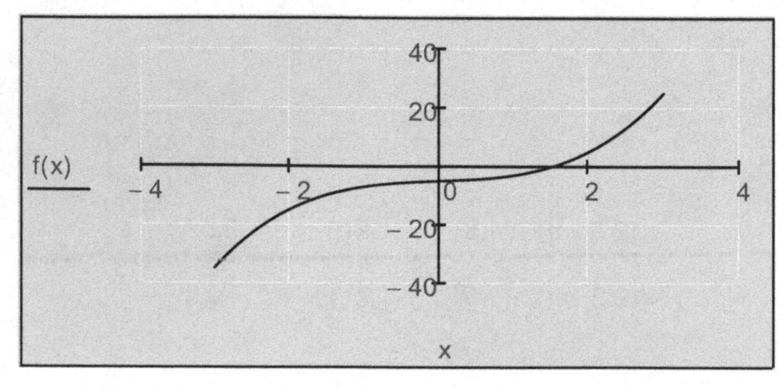

X-Y-Achsen:
Gitterlinien
Nummeriert
Automatische Skalierung
Automatische Gitterweite
Achsenstil:
Kreuz
Spuren:
Spur 1
Typ Linien

Abb. 18.22

$N_I(f, 0.0001, 1, 2) = 1.5159$ Näherungsverfahren $\qquad f(1.5159) = -0.001$ Probe

b) Sekantenmethode

Im Bereich P_1(a(fa)) und P_2(b,f(b)) wird die Funktion durch eine Gerade ersetzt (Sekante) und der Schnittpunkt der Geraden mit der x-Achse berechnet.

$$y - f(x) = \frac{f(x_2) - f(x_1)}{x_2 - x_1} \cdot (x - x1)$$ Gleichung der Sekante

$$x = x_1 - f(x_1) \cdot \frac{x_2 - x_1}{f(x_2) - f(x_1)}$$ Schnittpunkt mit der x-Achse (y = 0) liefert diese Näherung

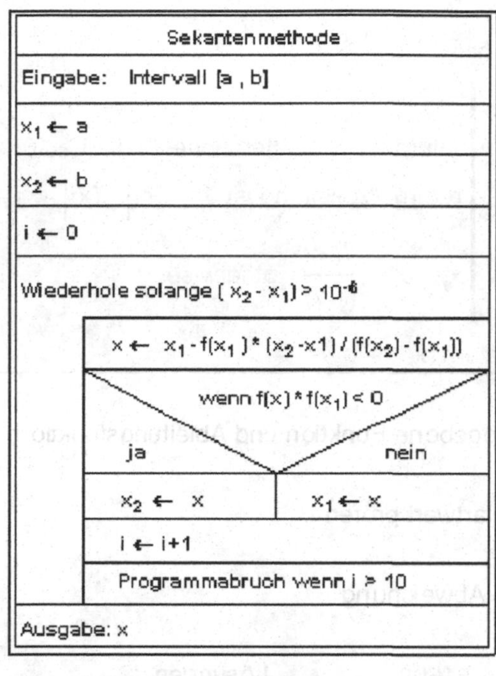

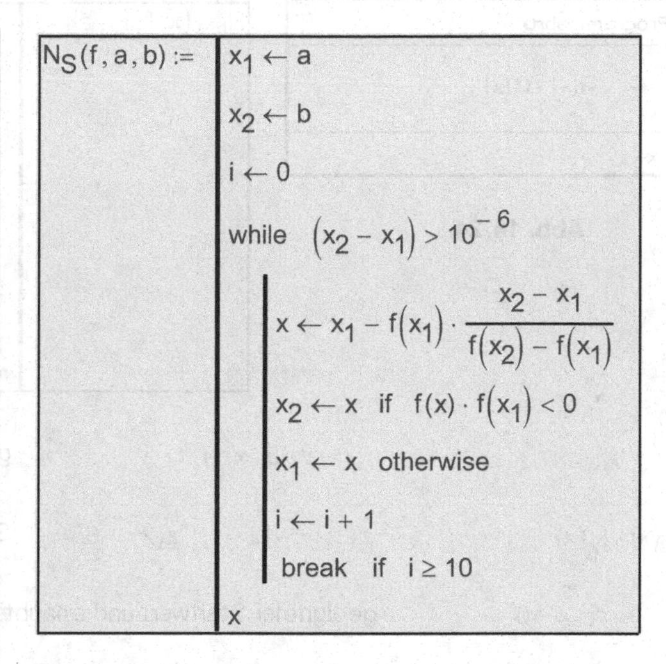

Abb. 18.23

Das Beispiel von oben mit der Sekantenmethode:

$f(x) := x^3 + x - 5$ gegebene Funktion

$N_S(f, 1, 2) = 1.516$ Näherungsverfahren

$f(1.516) = 0$ Probe

c) Tangentenmethode (Newton-Verfahren)

Wir gehen von einer Näherung a aus und legen im Punkte P(a|f(a)) an die Funktion f(x) eine Tangente.

$$y - f(x) = f_x(x_1) \cdot (x - x_1)$$ Gleichung der Tangente mit **f '(x) = f_x(x)**:

$$x = x_1 - \frac{f(x_1)}{f_x(x_1)}$$ Schnittpunkt mit der x-Achse (y = 0) liefert diese Näherung

Die Näherung sollte eine Verbesserung des Startwertes x_1 sein, d. h. wenn die Bedingung **f(x) . f '(x_1) > 0** erfüllt ist.

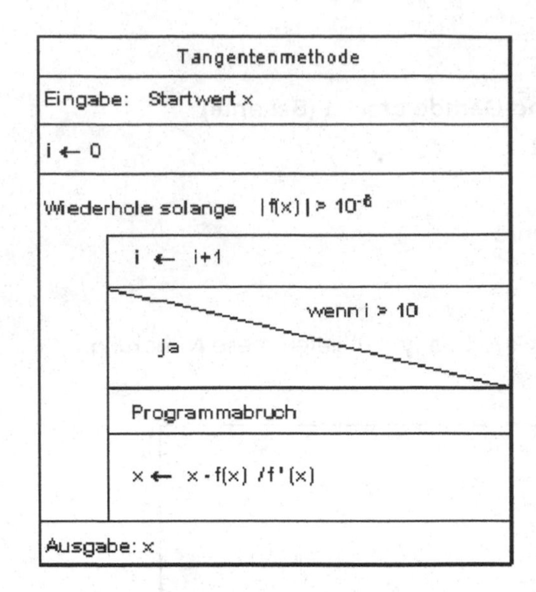

Abb. 18.24

$$N_N(x, f, f_x) := \left| \begin{array}{l} i \leftarrow 0 \\ \text{while } |f(x)| > 10^{-6} \\ \quad \left| \begin{array}{l} i \leftarrow i + 1 \\ \text{break if } i > 10 \\ x \leftarrow x - \dfrac{f(x)}{f_x(x)} \end{array} \right. \end{array} \right.$$

Hier wird nicht berücksichtigt, dass die Ableitung bei der Berechnung durchaus auch null werden kann!

Ein etwas abgeändertes Programm:

$$N_{N1}(x, f, f_x, \varepsilon) := \left| \begin{array}{l} i \leftarrow 0 \\ \text{while } |f(x)| > \varepsilon \\ \quad \left| \begin{array}{l} i \leftarrow i + 1 \\ \text{return "zuviele Iterationen" if } i \geq 10 \\ \text{return "Ableitung ist 0" if } |f_x(x)| < \varepsilon \\ x \leftarrow x - \dfrac{f(x)}{f_x(x)} \text{ otherwise} \end{array} \right. \\ \text{return } x \end{array} \right.$$

$f(x) := x^3 + x - 5$ $\quad$ $f_x(x) := 3 \cdot x^2 + 1$ $\quad$ gegebene Funktion und Ableitungsfunktion

$z(x) := f(x) \cdot f_x(x)$ $\quad$ $z(1) = -12$ $\quad$ $z(2) = 65$ $\quad$ Startwert prüfen

$x_1 := 2$ $\quad$ $\varepsilon := 10^{-6}$ $\quad$ geeigneter Startwert und erlaubte Abweichung

$N_N(x_1, f, f_x) = 1.51598$ $\quad$ oder $\quad$ $N_{N1}(x_1, f, f_x, \varepsilon) = 1.51598$ $\quad$ Lösungen

Vergleichswert mit wurzel-Funktion:

$TOL := 10^{-6}$ $\quad$ Konvergenztoleranz festlegen

$\text{wurzel}(f(x_1), x_1) = 1.51598$ $\quad$ angezeigte Genauigkeit mit 6 Stellen

Iterative Berechnung:

$ORIGIN := 1$ $\quad$ ORIGIN festlegen

$i := 1 .. 6$ $\quad$ Bereichsvariable

$\mathbf{x}_i := 2$ $\quad$ Startwert

$\mathbf{x}_{i+1} := \mathbf{x}_i - \dfrac{f(\mathbf{x}_i)}{f_x(\mathbf{x}_i)}$ $\quad$ Iterationsformel

$x_i =$

	1
1	2
2	1.615385
3	1.521293
4	1.515996
5	1.51598
6	1.51598

$f(x_i) =$

	1
1	5
2	0.830678
3	0.042071
4	$1.278875 \cdot 10^{-4}$
5	$1.193434 \cdot 10^{-9}$
6	0

$x_6 = 1.51598$ gesuchte Lösung

$f(x_6) = 0$ Probe

Beispiel 18.14:

Mit Fehlerabfrage:

```
qwurzel(a, ε) :=  return "Fehler : Zahl < 0 ! "  if  a < 0
                  x ← a
                  while |x^2 − a| ≥ ε
                     x ← 1/2 · (x + a/x)
```

qwurzel(−2, 0.00001) = "Fehler : Zahl < 0 ! "

```
qwurzel(a, ε) :=  Fehler("Die eingegebene Zahl ist negativ !" )  if  a < 0
                  x ← a
                  while |x^2 − a| ≥ ε
                     x ← 1/2 · (x + a/x)
```

qwurzel(13 , 0.00001) = 3.60555

$\sqrt{13} = 3.6055512755$

qwurzel(−2, 0.00001) = ▪ **Die Fehlermeldung erscheint nach Anklicken mit der Maus. Dialogfeld mit rechter Maustaste, um Fehler zurückzuverfolgen**

Abbruch einer Schleife mit break:

```
q1wurzel(a, ε) :=  x ← a
                   while  a > 0
                      x ← 1/2 · (x + a/x)
                      break  if  |x^2 − a| < ε
                   x
```

q1wurzel(24 , 0.00001) = 4.898979485597

18.2.4 Zählerschleifen

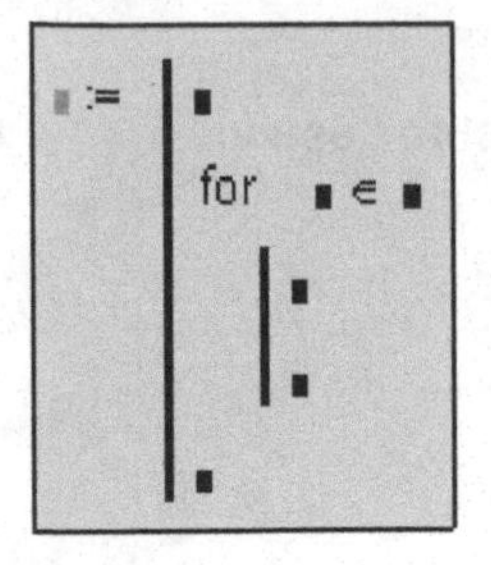

Abb. 18.25

Zuweisungsoperator, Zeilenauswahl mit +1 Zeile und for-Schleife

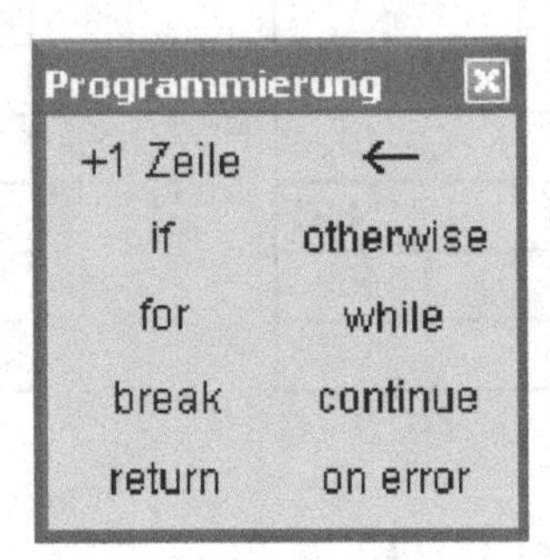

Abb. 18.26

Im Bereich einer for-Schleife rechts des Symbols Elemente aus (∈) kann eine Liste mit Skalaren, ein Vektor oder Vektoren stehen.

Beispiele für Zählerschleifen:

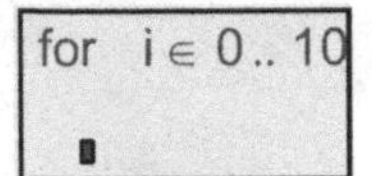

for $k \in 17, 3, -5, 9$

for $x \in 1, 1.2 .. 3$

for $w \in \begin{pmatrix} 2.3 \\ 1.5 \\ 0.1 \end{pmatrix}, 5, 8, -1, \begin{pmatrix} 16 \\ 10^2 \end{pmatrix}, (10 \quad 12 \quad 20)$

Beispiel 18.15:

Funktion zur Umwandlung einer Bereichsvariablen (Laufvariablen) in einen Vektor:

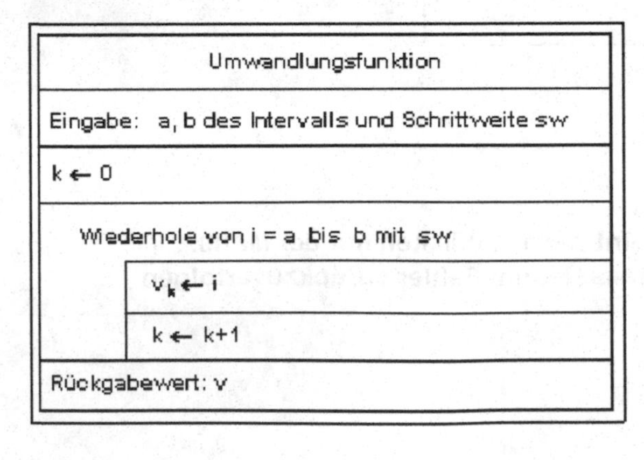


```
Lv_in_Vektor(a, b, sw) := | k ← ORIGIN
                          | for i ∈ a, a + sw .. b
                          |   | v_k ← i
                          |   | k ← k + 1
                          | v
```

Abb. 18.27

$n := 6$ Anzahl der Schritte-1

$a := 0$ Intervallanfang

$b := 5$ Intervallende

$\Delta x := \frac{b - a}{n}$ Schrittweite

$x := a, a + \Delta x .. b$ Bereichsvariable

$x_b := Lv\_in\_Vektor(a, b, \Delta x)$ Umrechnung der Daten der Bereichsvariablen in einen Vektor

x =

	1
1	0
2	0.833
3	1.667
4	2.5
5	3.333
6	4.167
7	5

$x_b =$

	1
1	0
2	0.833
3	1.667
4	2.5
5	3.333
6	4.167
7	5

Bereichsvariable in Tabellenform und in Vektorform

Beispiel 18.16:

Gesucht ist die Fläche zwischen der Funktion f(x) und der x-Achse in den Grenzen [a, b]. Zu diesem Zwecke wird dieser Bereich in n äquidistante Streifen geteilt und die Funktion f(x) im Teilintervall durch Interpolationspolynome approximiert. Dafür sollen einige Algorithmen zur numerischen Integration behandelt werden.
Um eine höhere Genauigkeit bei der numerischen Integration zu erreichen, gibt es prinzipiell zwei Möglichkeiten:
1. Verkleinerung der Schrittweite (höherer Rechenaufwand, Rundungsfehler);
2. Verbesserung des Verfahrens.

$f(x) := e^x$ Funktion

$n := 10$ Anzahl der Schritte-1

$a := 0$ Intervallanfang

$b := 3$ Intervallende

$h := \frac{b - a}{n}$ Schrittweite

a) Trapezregel

Zerlegung der Fläche im Integrationsintervall [a, b] in n gleich breite Trapeze mit der Höhe h = (b - a)/n.

$$I_T = \frac{h}{2} \cdot \sum_{k=0}^{n-1} [f(a + k \cdot h) + f[a + (k + 1) \cdot h]]$$ Trapezformel

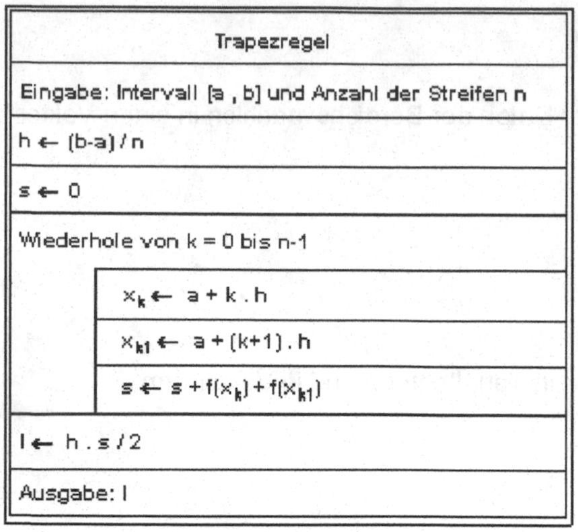

Trapezregel	
Eingabe: Intervall [a , b] und Anzahl der Streifen n	
h ← (b-a) / n	
s ← 0	
Wiederhole von k = 0 bis n-1	
	x_k ← a + k . h
	x_{k1} ← a + (k+1) . h
	s ← s + f(x_k) + f(x_{k1})
I ← h . s / 2	
Ausgabe: I	

```
I_T(f, a, b, n) :=  h ← (b − a)/n
                    s ← 0
                    for k ∈ 0..n − 1
                        x_k ← a + k·h
                        x_k1 ← a + (k + 1)·h
                        s ← s + f(x_k) + f(x_k1)
                    I ← h·s/2
                    I
```

Abb. 18.28

$I_T(f,a,b,n) = 19.228$ numerische Auswertung mit dem Unterprogramm

$$I_T := \frac{h}{2}\cdot\sum_{k=0}^{n-1}[f(a+k\cdot h)+f[a+(k+1)\cdot h]]$$ Trapezformel

$I_T = 19.228$ Auswertung mit der Trapezformel

b) Kepler- und Simpsonregel:

Zerlegung der Fläche im Integrationsintervall [a , b] in n gleich breite Streifen. Innerhalb eines Streifens ersetzen wir den Integranden durch eine Parabel $p(x) = a_0+a_1x+a_2x^2$ mit einer weiteren Stützstelle in der Mitte des Streifens.

$$I_K = \frac{b-a}{6}\cdot\left(f(a)+4\cdot f\left(\frac{a+b}{2}\right)+f(b)\right)$$ **Keplerformel**

Simpsonregel (Anwendung der Keplerregel auf alle Streifen des Intervalls):

$$I_S = \frac{h}{3}\cdot\left(f(a)+2\cdot\sum_{k=2,4...n-2}f(a+k\cdot h)+4\cdot\sum_{m=1,3...n-1}f(a+m\cdot h)+f(a+n\cdot h)\right)$$ **Simpsonformel**

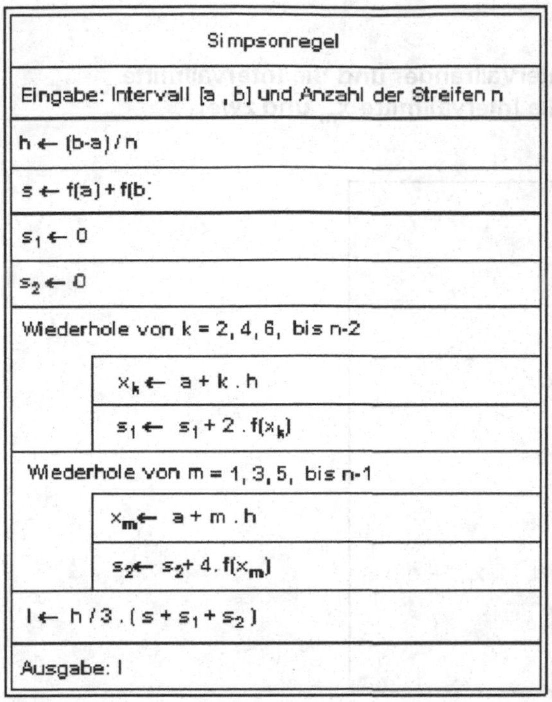

Simpsonregel	
Eingabe: Intervall [a , b] und Anzahl der Streifen n	
$h \leftarrow (b-a)/n$	
$s \leftarrow f(a) + f(b)$	
$s_1 \leftarrow 0$	
$s_2 \leftarrow 0$	
Wiederhole von k = 2, 4, 6, bis n-2	
	$x_k \leftarrow a + k \cdot h$
	$s_1 \leftarrow s_1 + 2 \cdot f(x_k)$
Wiederhole von m = 1, 3, 5, bis n-1	
	$x_m \leftarrow a + m \cdot h$
	$s_2 \leftarrow s_2 + 4 \cdot f(x_m)$
$I \leftarrow h/3 \cdot (s + s_1 + s_2)$	
Ausgabe: I	

$$
I_S(f, a, b, n) := \left|
\begin{array}{l}
h \leftarrow \dfrac{b-a}{n} \\
s \leftarrow f(a) + f(b) \\
s_1 \leftarrow 0 \\
s_2 \leftarrow 0 \\
\text{for } k \in 2, 2+2..n-2 \\
\quad \left| \begin{array}{l} x_k \leftarrow a + k \cdot h \\ s_1 \leftarrow s_1 + 2 \cdot f(x_k) \end{array} \right. \\
\text{for } m \in 1, 1+2..n-1 \\
\quad \left| \begin{array}{l} x_m \leftarrow a + m \cdot h \\ s_2 \leftarrow s_2 + 4 \cdot f(x_m) \end{array} \right. \\
I \leftarrow \dfrac{h}{3} \cdot (s + s_1 + s_2) \\
I
\end{array}
\right.
$$

Abb. 18.29

$I_S(f, a, b, n) = 19.086$ numerische Auswertung mit dem Unterprogramm

$k := 2, 4..n-2 \qquad m := 1, 3..n-1$ Bereichsvariablen

$$I_S := \frac{h}{3} \cdot \left(f(a) + 2 \cdot \sum_k f(a + k \cdot h) + 4 \cdot \sum_m f(a + m \cdot h) + f(a + n \cdot h) \right)$$ Simpsonformel

$I_S = 19.086$ Auswertung mit der Simpsonformel

$\int_0^3 e^x \, dx = 19.086$ numerische Integralauswertung

c) Numerische Integration nach Gauß (Gauß-Quadratur):

Während beim Keplerverfahren als Stützstellen die Intervallränder und die Intervallmitte verwendet werden, werden bei der Gauß-Quadratur die Intervallmitte x_m und zwei symmetrische Stützstellen $x_m + d$, $x_m - d$ verwendet.

```
I_G(f, a, b, n) :=  | h ← (b − a)/n
                    | s ← 0
                    | d ← (h/2) · √(3/5)
                    | for k ∈ 0..n − 1
                    |     | x_m ← a + (k + 1/2) · h
                    |     | s ← s + 5 · f(x_m − d) + 8 · f(x_m) + 5 · f(x_m + d)
                    | s · h/18
```

$I_G(f, a, b, n) = 19.086$ numerische Auswertung mit dem Unterprogramm

Beispiel 18.17:

Fourierreihenentwicklung:

Eine periodische Funktion f(t) mit Periodendauer T_0 soll in eine Fourierreihe entwickelt werden. Nachdem nur endlich viele Koeffizienten ausgerechnet werden können, wird die Fourierreihe bei der n_{max}-ten Harmonischen abgebrochen. Das so entstehende Fourierpolynom und die komplexen Fourierkoeffizienten c_n sollen mithilfe eines Unterprogramms über eine Periodendauer T_0 berechnet werden (siehe Abschnitt 13.2).

$ORIGIN := 0$ ORIGIN festlegen

```
c(f, n_max, T_0) :=  | for n ∈ 0..n_max
                     |     c_n ← (1/T_0) · ∫_0^T_0 f(t) · e^(−j·n·(2·π/T_0)·t) dt
                     | c
```

Dieses Unterprogramm liefert den komplexen Koeffizientenvektor.

Fourierpolynom einer Rechteckschwingung:

$T_0 := 2 \cdot \pi$ Periodendauer T_0

$f(t) := \Phi(t) - 2 \cdot \Phi\left(t - \frac{T_0}{2}\right)$ gegebene Zeitfunktion (Rechteckschwingung)

$n_{max} := 15$ höchste Harmonische

$\mathbf{C} := c(f, n_{max}, T_0)$ komplexe Fourierkoeffizienten

$n := ORIGIN .. n_{max}$ Bereichsvariable

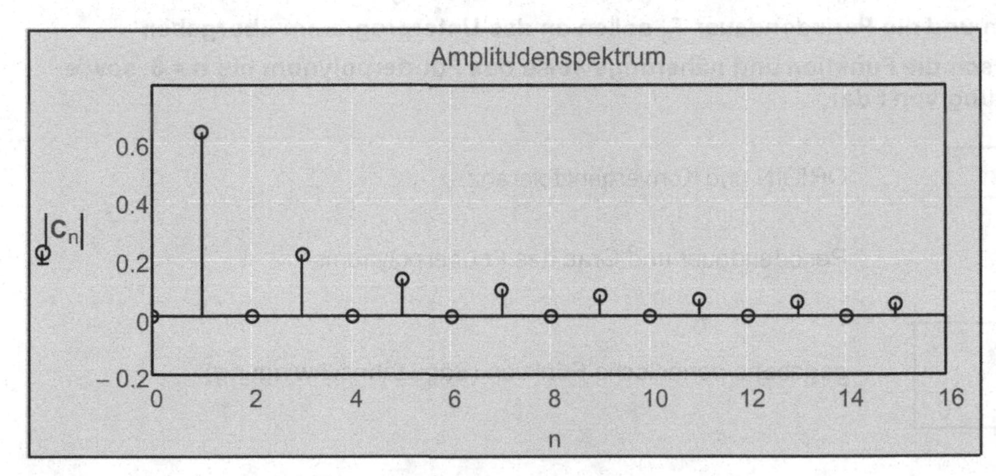

X-Y-Achsen:
Gitterlinien
Nummeriert
Automatische Skalierung
Anzahl der Gitterlinien: 16
Automatische Gitterweite
Achsenstil:
Kasten
Spuren:
Spur 1
Symbol Kreis, Typ Stamm
Beschriftungen:
Titel oben

Abb. 18.30

Vergleich des Fourierpolynoms $f_p(t)$ und der Zeitfunktion f(t):

$$f_p(t, \mathbf{C}, T_0, n_{max}) := \begin{array}{|l} \mathbf{s} \leftarrow \sum_{n=1}^{n_{max}} \left(\mathbf{C}_n \cdot e^{j \cdot n \cdot \frac{2\cdot\pi}{T_0} t} \right) \\ C_0 + \mathbf{s} + \overline{\mathbf{s}} \end{array}$$

Fourierpolynom als Unterprogramm definiert.

$t := 0, \frac{T_0}{400} .. T_0$ Bereichsvariable

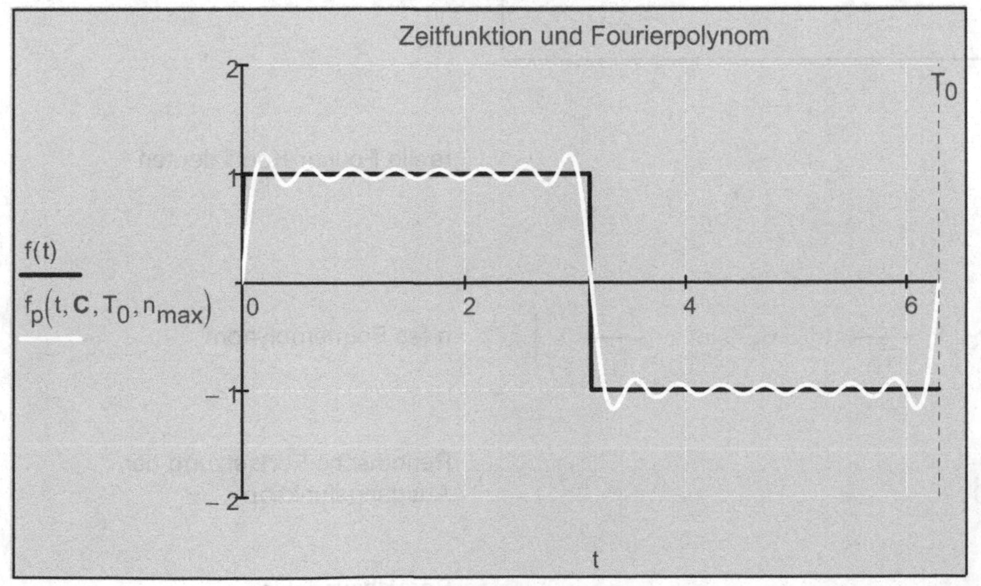

Achsenbeschränkung:
x-Achse: 0 bis T_0
y-Achse: -2 bis 2
X-Y-Achsen:
Gitterlinien
Nummeriert
Automatische Skalierung
Markierung anzeigen:
x-Achse T_0
Automatische Gitterweite
Achsenstil:
Kreuz
Spuren:
Spur 1
Typ Linien
Beschriftungen:
Titel oben

Abb. 18.31

Beispiel 18.18:

Fourierreihenentwicklung:

Erstellen Sie ein Unterprogramm mit dem n Fourierkoeffizienten für eine periodische Funktion ($f(t) = -t$, wenn $-T_0 \le t < 0$; $f(t) = -t + T_0$, wenn $0 \le t < T_0$) mit der Periode $T_0 = 2$ berechnet werden können. Die Funktion f, n und die Periodendauer T_0 sollen an das Unterprogramm übergeben werden. Stellen Sie grafisch die Funktion und näherungsweise das Fourierpolynom bis n = 6 sowie die periodische Fortsetzung von f dar.

$ORIGIN := 0$ $\quad TOL := 10^{-5}$ — ORIGIN und Konvergenztoleranz

$T_0 := 2 \qquad n := 6$ — Periodendauer und Grad des Fourierpolynoms

$$f(t) := \begin{cases} -t & \text{if } -T_0 \le t < 0 \\ -t + T_0 & \text{if } 0 \le t < T_0 \end{cases}$$

gegebene periodische Funktion (Sägezahnschwingung)

$$\text{Fourierk}(f, n, T) := \left| \begin{array}{l} \mathbf{C}^{\langle 0 \rangle} \leftarrow \begin{pmatrix} \dfrac{1}{2 \cdot T} \cdot \displaystyle\int_{-T}^{T} f(t)\, dt \\ 0 \end{pmatrix} \\ \text{for } k \in 1..n \\ \quad \mathbf{C}^{\langle k \rangle} \leftarrow \begin{pmatrix} \dfrac{1}{T} \cdot \displaystyle\int_{-T}^{T} f(t) \cdot \cos\left(k \cdot \dfrac{2 \cdot \pi}{T} \cdot t\right) dt \\ \dfrac{1}{T} \cdot \displaystyle\int_{-T}^{T} f(t) \cdot \sin\left(k \cdot \dfrac{2 \cdot \pi}{T} \cdot t\right) dt \end{pmatrix} \\ \mathbf{C}^T \end{array} \right.$$

Unterprogramm zur Berechnung der Fourierkoeffizienten.

Es gilt: $\omega = 2 \cdot \pi \cdot f = \dfrac{2 \cdot \pi}{T}$

$\mathbf{C} := \text{Fourierk}(f, n, T_0)$ — reelle Fourier-Koeffizienten

$\mathbf{a} := \mathbf{C}^{\langle 0 \rangle} \qquad \mathbf{b} := \mathbf{C}^{\langle 1 \rangle}$

$$p(t) := \mathbf{a}_0 + \sum_{k=1}^{n} \left(\mathbf{a}_k \cdot \cos\left(k \cdot \frac{2 \cdot \pi}{T_0} \cdot t\right) + \mathbf{b}_k \cdot \sin\left(k \cdot \frac{2 \cdot \pi}{T_0} \cdot t\right) \right)$$

n-tes Fourierpolynom

$$f_p(t) := f\left(t - T_0 \cdot \text{floor}\left(\frac{t}{T_0}\right)\right)$$

Periodische Fortsetzung der Ausgangsfunktion

$$t := -T_0, -T_0 + \frac{T_0}{50} .. 3 \cdot T_0$$

Bereichsvariable

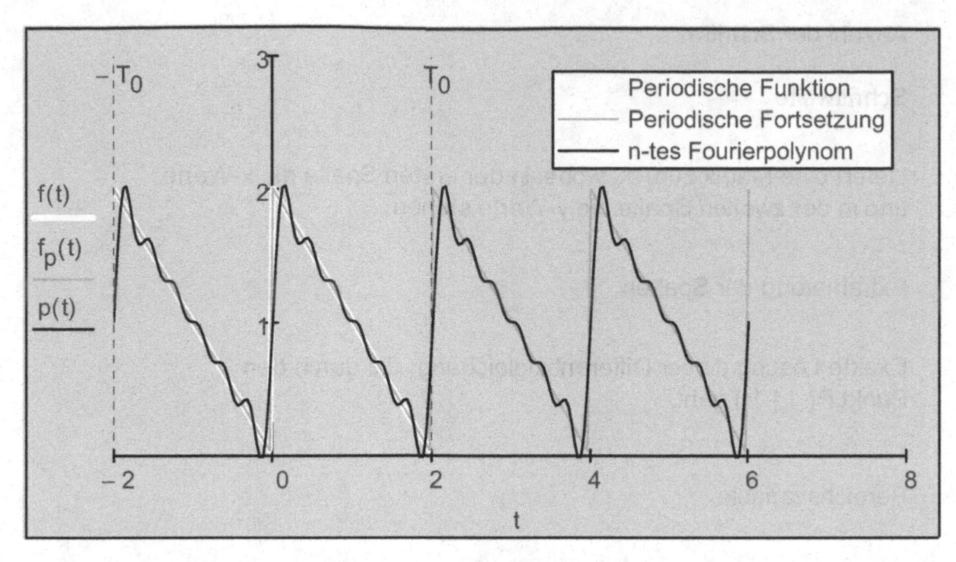

Achsenbeschränkung:
y-Achse: 0 bis 3
X-Y-Achsen:
Nummeriert
Automatische Skalierung
Markierung anzeigen:
x-Achse: $-T_0$ und T_0
Automatische Gitterweite
Achsenstil:
Kreuz
Spuren:
Spur 1 bis Spur 3
Typ Linien
Legende: Oben-rechts

Abb. 18.32

Beispiel 18.19:

Das numerische Lösungsverfahren nach Runge-Kutta mit der Funktion rkfest wurde bereits besprochen (siehe Kapitel 15). Es soll nun das Runge-Kutta-Verfahren 4. Ordnung als Funktion selbst definiert und auf die gegebene Differentialgleichung angewendet werden.

$x\,y' - 4\,y + 2\,x^2 + 4 = 0$ Gegebene implizite Differentialgleichung 1. Ordnung mit der Anfangsbedingung $x_0 = 1$ und $y_0 = 1$.

$$\frac{d}{dx}y(x) = \frac{4}{x}\cdot y(x) - 2\cdot x - \frac{4}{x}$$ gegebene explizit aufgelöste Differentialgleichung

$$f(x,y) := \frac{4}{x}\cdot y - 2\cdot x - \frac{4}{x}$$ rechts stehender Term als Funktion definiert

$x_0 := 1 \qquad y_0 := 1$ Anfangsbedingung

$$\text{rungekutta}(f, x_0, y_0, n, h) := \begin{array}{|l} \mathbf{x}_0 \leftarrow x_0 \\ \mathbf{y}_0 \leftarrow y_0 \\ \text{for } i \in 0..n-1 \\ \quad \begin{array}{|l} k_1 \leftarrow f(\mathbf{x}_i, \mathbf{y}_i) \\ k_2 \leftarrow f\left(\mathbf{x}_i + \frac{h}{2}, \mathbf{y}_i + h\cdot\frac{k_1}{2}\right) \\ k_3 \leftarrow f\left(\mathbf{x}_i + \frac{h}{2}, \mathbf{y}_i + h\cdot\frac{k_2}{2}\right) \\ k_4 \leftarrow f(\mathbf{x}_i + h, \mathbf{y}_i + h\cdot k_3) \\ \mathbf{x}_{i+1} \leftarrow \mathbf{x}_i + h \\ \mathbf{y}_{i+1} \leftarrow \mathbf{y}_i + \frac{h}{6}\cdot(k_1 + 2\cdot k_2 + 2\cdot k_3 + k_4) \end{array} \\ \mathbf{z} \leftarrow \text{erweitern}(\mathbf{x}, \mathbf{y}) \end{array}$$

$n := 10$ Anzahl der Schritte

$h := 0.1$ Schrittweite

$\mathbf{Z} := \text{rungekutta}(f, x_0, y_0, n, h)$ Liefert eine Matrix zurück, wobei in der ersten Spalte die x-Werte und in der zweiten Spalte die y-Werte stehen.

$\mathbf{x} := \mathbf{Z}^{\langle 0 \rangle}$ $\mathbf{y} := \mathbf{Z}^{\langle 1 \rangle}$ Extrahierung der Spalten

$y_1(x) := x^2 + 1 - x^4$ Exakte Lösung dieser Differentialgleichung, die durch den Punkt P(1 | 1) geht.

$i := 0 .. \text{länge}(\mathbf{x}) - 1$

Bereichsvariable

$x_1 := 1, 1 + 0.01 .. 2$

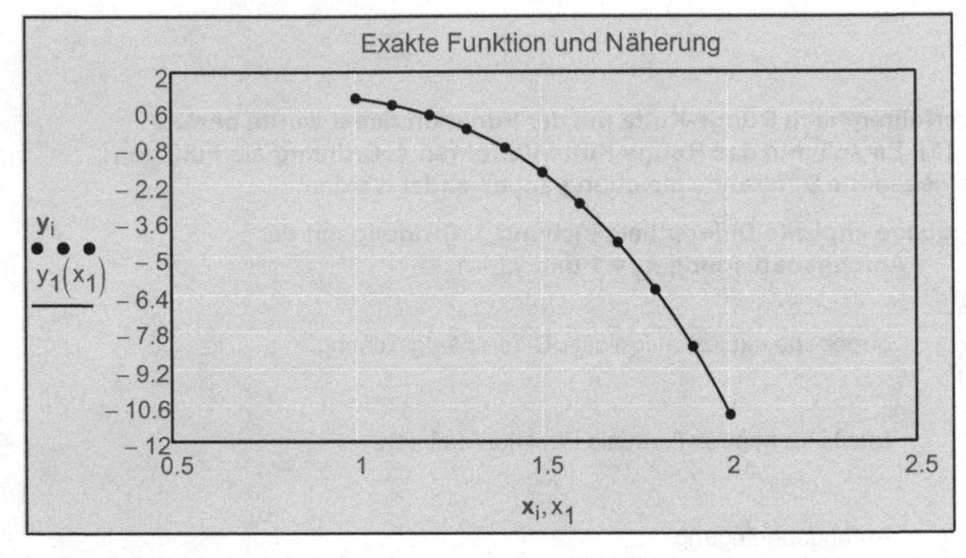

Achsenbeschränkung:
x-Achse: 0.5 bis 2.5
X-Y-Achsen:
Nummeriert
Automatische Skalierung
Markierung anzeigen:
x-Achse: $-T_0$ und T_0
Automatische Gitterweite
Anzahl der Gitterlinien: 10
Achsenstil:
Kasten
Spuren:
Spur 1
Symbolstärke 3,Typ Punkte
Spur 2
Typ Linien

Abb. 18.33

Vergleich der Funktionswerte:

$\mathbf{x}_i =$	$\mathbf{y}_i =$	$y_1(\mathbf{x}_i) =$
1	1	1
1.1	0.746	0.746
1.2	0.367	0.366
1.3	-0.166	-0.166
1.4	-0.881	-0.882
1.5	-1.812	-1.813
1.6	-2.993	-2.994
1.7	-4.461	-4.462
1.8	-6.256	-6.258
1.9	-8.42	-8.422
2	-10.998	-11

Beispiel 18.20:

In einer Matrix sollen die Positionen der größten und kleinsten Elemente gefunden werden. Außerdem sollen die Positionen jener Matrixelemente gefunden werden, die in einem vorgegebenen Bereich liegen.

ORIGIN := 1

$$\mathbf{M} := \begin{pmatrix} 1 & 5 & 9 \\ 3 & 9 & 4 \\ -5 & 2 & -9 \end{pmatrix}$$ gegebene Matrix

$f_{max}(x) := x = \max(\mathbf{M})$ logische Hilfsfunktion zum Auffinden der Maxima

$f_{min}(x) := x = \min(\mathbf{M})$ logische Hilfsfunktion zum Auffinden der Minima

$f_b(x) := x > 2 \wedge x < 7$ logische Hilfsfunktion zum Auffinden der Elemente in einem Bereich

```
Position(M, f) :=  | i ← 1
                   | for  m ∈ 1 .. zeilen(M)
                   |   for  n ∈ 1 .. spalten(M)
                   |     if  f(M_m,n) = 1
                   |       | L^⟨i⟩ ← (m, n)^T
                   |       | i ← i + 1
                   | L^T
```

Unterprogramm zum Auffinden der Position der Matrixelemente.

$$\mathbf{M} = \begin{pmatrix} 1 & 5 & 9 \\ 3 & 9 & 4 \\ -5 & 2 & -9 \end{pmatrix}$$ Ausgabe der gegebenen Matrix

$P := \text{Position}(\mathbf{M}, f_{max})$ $\quad P = \begin{pmatrix} 1 & 3 \\ 2 & 2 \end{pmatrix}$ Maxima bei den Elementen 1,3 und 2,2

$P := \text{Position}(\mathbf{M}, f_{min})$ $\quad P = \begin{pmatrix} 3 & 3 \end{pmatrix}$ Minimum beim Element 3,3

$P := \text{Position}(\mathbf{M}, f_b)$ $\quad P = \begin{pmatrix} 1 & 2 \\ 2 & 1 \\ 2 & 3 \end{pmatrix}$ Positionen der Elemente, die größer 2 und kleiner 7 sind.

Beispiel 18.21:

Mithilfe des Bubble-Sort-Algorithmus (Dreieckstausch) sollen in einem Vektor die Elemente aufsteigend und absteigend sortiert werden.

ORIGIN := 0 — ORIGIN festlegen

n := 20 — Anzahl der Daten-1

i := 0 .. n — Bereichsvariable

x_i := floor(rnd(100)) — Vektor mit Zufallszahlen von 0 bis 100 belegen

$\mathbf{x}^T =$

	0	1	2	3	4	5	6	7	8	9	10	11	12	13	14	15
0	0	19	58	35	82	17	71	30	9	14	98	11	0	53	60	...

```
sortauf(x, n) :=  b ← x
                  for i ∈ 0 .. n − 1
                     for k ∈ (i + 1) .. n
                        if b_i > b_k
                           c ← b_k
                           b_k ← b_i
                           b_i ← c
                  return b
```

```
sortab(x, n) :=   b ← x
                  for i ∈ 0 .. n − 1
                     for k ∈ (i + 1) .. n
                        if b_i < b_k
                           c ← b_k
                           b_k ← b_i
                           b_i ← c
                  return b
```

Sortierunterprogramme

x := sortauf(**x**, n)

$\mathbf{x}^T =$

	0	1	2	3	4	5	6	7	8	9	10	11	12	13	14	15
0	0	0	5	9	11	14	16	17	19	30	35	45	51	53	58	...

x := sortab(**x**, n)

$\mathbf{x}^T =$

	0	1	2	3	4	5	6	7	8	9	10	11	12	13	14	15
0	98	87	82	78	71	60	58	53	51	45	35	30	19	17	16	...

Beispiel 18.22:

Die Berechnung der Gitterpunkte im Bereich $-x_1 \le x \le x_1$ und $-y_1 \le y \le y_1$ für ein 3D-Diagramm einer Funktion f(x,y) soll durch ein Unterprogramm durchgeführt werden.

$ORIGIN := 0$ ORIGIN festlegen

$f(x,y) := x^2 \cdot \sin\left(\frac{1}{2} \cdot y\right) + y^2 \cdot \cos\left(\frac{1}{3} \cdot x\right)$ gegebene Funktion

$x_1 := 2 \cdot \pi$ $y_1 := 2 \cdot \pi$ x- und y-Bereich ($-x_1 \le x \le x_1$ und $-y_1 \le y \le y_1$)

$n := 30$ n+1 ist die Anzahl der darzustellenden x- und y-Werte

```
G(f, n, x1, y1) := | k ← 0
                   | for i ∈ 0..n
                   |   for j ∈ 0..n
                   |     | x ← −|x1| + (2·|x1|·i)/n
                   |     | y ← −|y1| + (2·|y1|·j)/n
                   |     | C^<k> ← (x, y, f(x, y))
                   |     | k ← k + 1
                   | C^T
```

Unterprogramm zur Berechnung der Gitterpunkte.

$\mathbf{M} := \mathbf{G}(f, n, x_1, y_1)$ Matrix der Gitterpunkte

$\mathbf{X} := \mathbf{M}^{\langle 0 \rangle}$ $\mathbf{Y} := \mathbf{M}^{\langle 1 \rangle}$ $\mathbf{Z} := \mathbf{M}^{\langle 2 \rangle}$ extrahierte Spalten der Matrix M

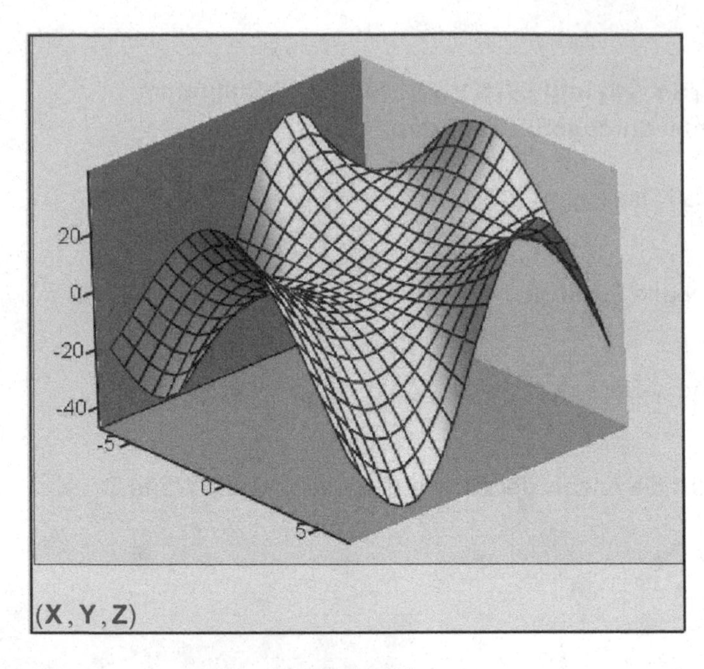

Abb. 18.34

Allgemein:
Achsenformat: Ecke
Bilder: Rahmen anzeigen
Diagramm 1: Flächendiagramm
Achsen:
Gitter: Automatische Gitterweite
Achsenformat: Nummeriert
Achsenbegrenzungen: Automatische Skalierung
Darstellung:
Füllungsoptionen: Fläche füllen, Gouraud Schattierung, Volltonfarbe
Linienoption: Drahtmodell, Volltonfarbe
Hintergrundebenen:
Hintergrundebene füllen

Bemerkung:

Eine zu lange Berechnung eines Ausdrucks am Arbeitsblatt kann mit der **<ESC>-Taste** unterbrochen werden. Zum Beispiel setzen wir oben n := 300, so dauert die Berechnung der Daten sehr lange. Unterbrechen wir den Berechnungsvorgang mit **<ESC>-Taste**, so erscheint die folgende Dialogbox:

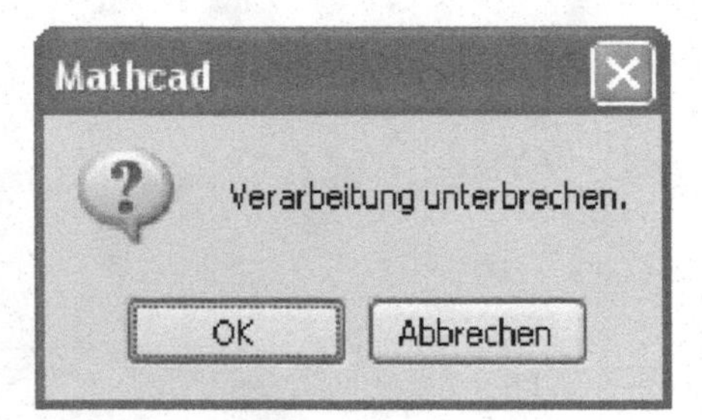

Abb. 18.35

18.3 Debugging

Zur Ablaufverfolgung und zum schrittweisen Abarbeiten von Programmschleifen steht auf Arbeitsblattebene und in Unterprogrammen ein Debugging-Modus zur Verfügung.
Dabei können mit den Funktionen

spur("format string", x, y, z, ...) ,
pause("format string", x, y, z, ...)

die Werte von lokalen Variablen untersucht werden.
Über Menü-Ansicht-Symbolleisten wird die Debugging-Symbolleiste eingeblendet (Abb. 18.27).
In dieser Symbolleiste wird zuerst das Verfolgungsfenster (Abb. 18.27) aktiviert und dann der Debugging-Modus ein- oder ausgeschaltet. Der Debugging-Modus kann aber auch über Menü-Extras-Debugging ein- bzw. ausgeschaltet werden.
Das Verfolgungsfenster wird normalerweise am unteren Rand des Arbeitsblattes eingeblendet. Es kann mit der Maus auch zum rechten Rand gezogen werden. Das Fenster kann durch Anklicken mit der Maus am oberen Rand bei gedrückter <Strg>-Taste verkleinert werden. Beim Verfolgungsfenster handelt es sich um ein Textfenster. Damit kann der Text im Fenster markiert, kopiert und irgendwo eingefügt werden (siehe auch das Kontextmenü, das durch einen Klick mit der rechten Maustaste erscheint).

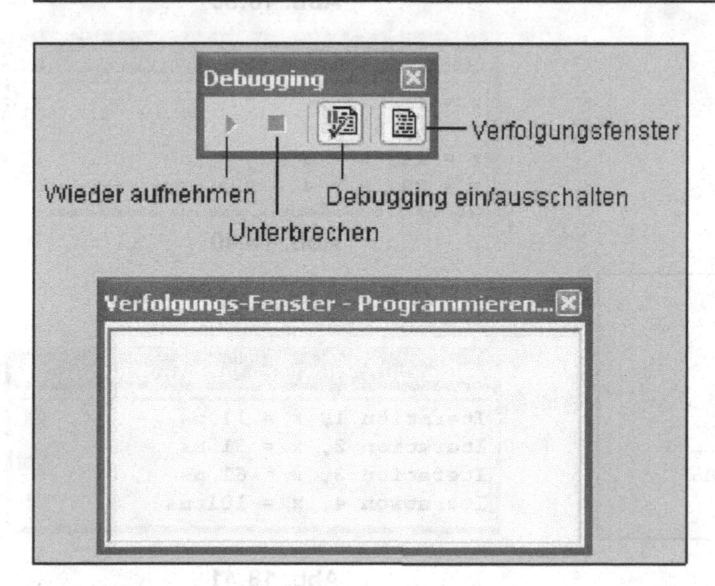

Abb. 18.36

Beispiel 18.23:

Debugging des Vektors x1:

ORIGIN = 0

$i := 0..3$

$\mathbf{x1}_i := 2 + i$ $\quad\quad \mathbf{x1} = \begin{pmatrix} 2 \\ 3 \\ 4 \\ 5 \end{pmatrix}$

spur("x1 = {0}" , **x1**) = 0

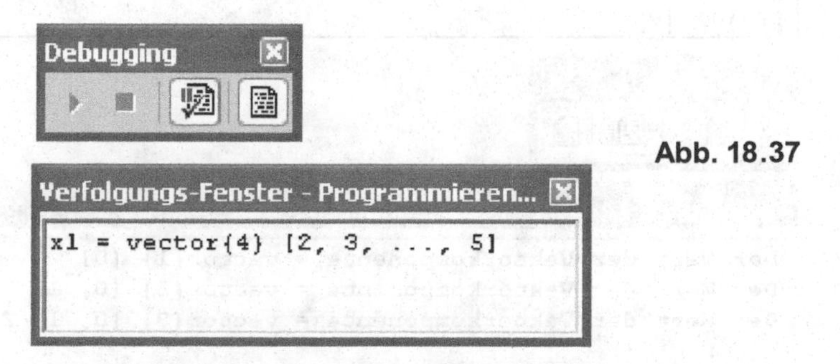

Abb. 18.37

Debugging-Modus einschalten und das Verfolgungsfenster aktivieren.
Den Cursor z. B. auf den Vektor x1 stellen und die <F9>-Taste drücken!

Beispiel 18.24:

Debugging von Unterprogrammen. Den Cursor z. B. auf die Zahl 30 bzw. 0.101 s bzw. 3.742 stellen und die <F9>-Taste drücken!

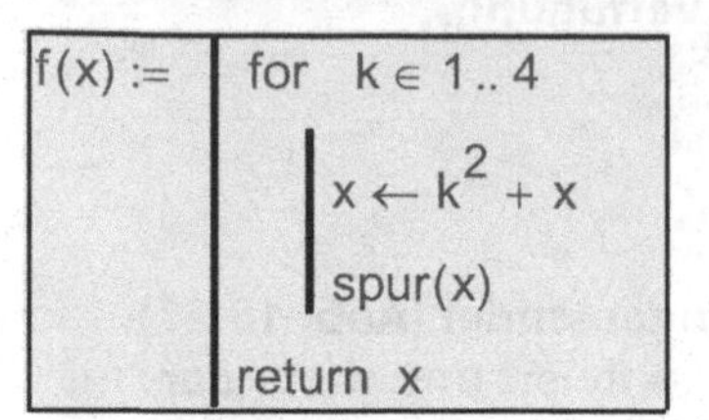

$f(0) = 30$

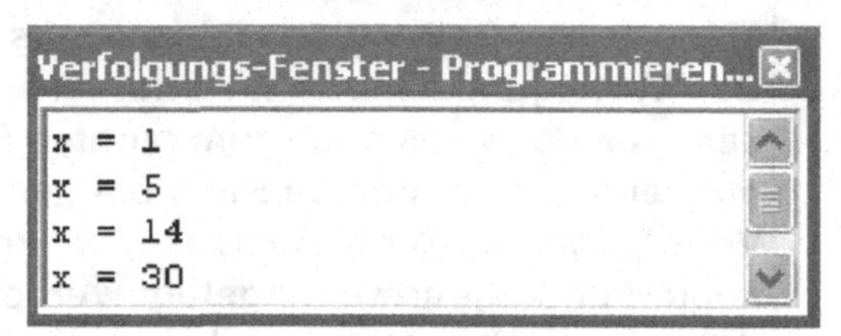

Abb. 18.38

```
g(x) := | for k ∈ 1..4
        |    | x ← k^2 + x
        |    | spur("x = {0}", x)
        | return x
```

$g(0) = 30$

```
Verfolgungs-Fenster - Programmieren...
x = 1
x = 5
x = 14
x = 30
```

Abb. 18.39

```
h(x) := | for k ∈ 1..4
        |    | x ← k^2 + x
        |    | spur("x = {0}, k = {1}", x, k)
        | return x
```

$h(0) = 30$

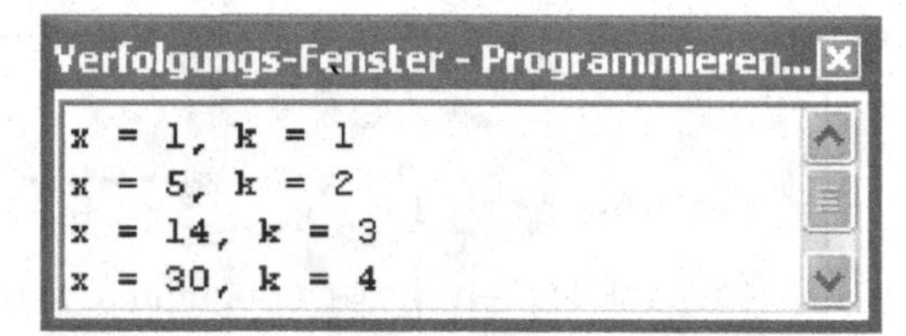

Abb. 18.40

```
f1(x) := | for k ∈ 1..4
         |    | x ← x + k/100 · s
         |    | spur("Iteration {1}, x = {0} ms", x/ms, k)
         | return x
```

$f_1(1 \cdot ms) = 0.101\ s$

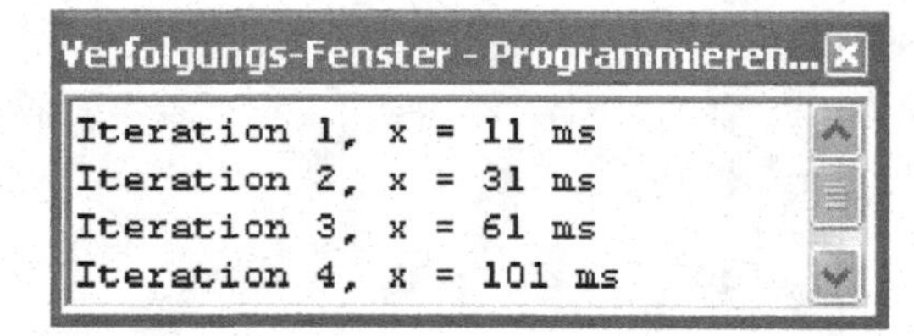

Abb. 18.41

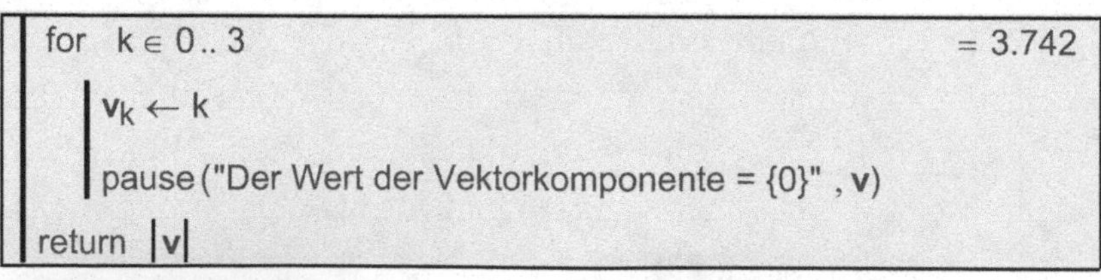

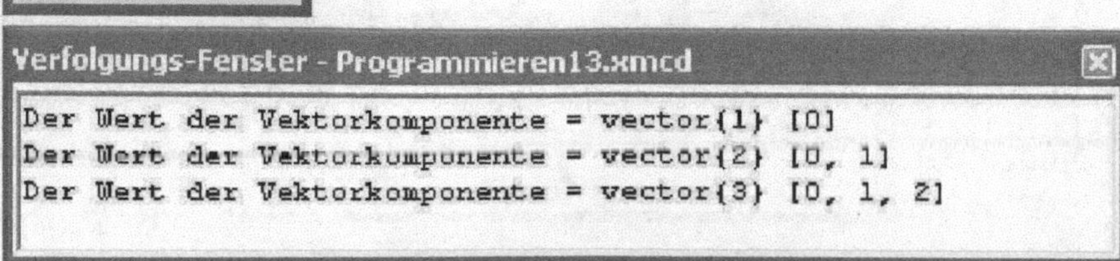

Abb. 18.42

Hier wird nach jedem Schleifendurchlauf an der pause-Funktion die Schleife angehalten. Eine Fortsetzung erfolgt über die "Wieder aufnehmen"-Taste in der Debugging-Symbolleiste.

19. Schnittstellenbeschreibung

19.1 Allgemeines

a) OLE

OLE (**OLE2**) Automation Interface steht für **Object Linking and Embedding.** Dahinter verbergen sich zwei recht unterschiedliche Verfahren, um auf Daten fremder Programme zuzugreifen. Damit werden **Drag & Drop** sowie die **Inplace-Aktivierung** (Menüs und Symbolleisten werden angezeigt) sowohl auf dem Client als auch auf dem Server möglich.

b) Server und Client

Client (Containerprogramm): Damit ist jenes Programm gemeint, das die aus einem anderen Programm stammenden Daten anzeigt.
OLE-Server: Damit ist jenes Programm gemeint, das die Daten zur Verfügung stellt und bearbeitet.

Manche Programme arbeiten als Server und als Client:
Zum Beispiel kann ein Excel-Diagramm in WinWord angezeigt werden (hier ist Excel der Server und WinWord der Client). Außerdem kann in eine Excel-Tabelle eine Corel-Draw-Grafik eingebettet werden (hier ist Excel der Client und Corel-Draw der Server). Auch in ein Mathcad-Arbeitsblatt kann eine Excel-Tabelle übernommen werden (hier ist Excel der Server und Mathcad der Client). Berechnungen in Mathcad können in einer Excel-Tabelle angezeigt werden (hier ist Mathcad der Server und Excel der Client).

c) Object Linking

Object Linking ermöglicht es, Teile einer großen Datenmenge (z. B. Tabellenfelder, Textabsätze usw.) in einem zweiten Programm anzuzeigen. Dazu werden im OLE-Server die betreffenden Daten markiert und in die Zwischenablage kopiert. Im Client werden diese Daten über das Kommando **BEARBEITEN-Inhalte Einfügen** wieder eingefügt (**nicht** mit dem normalen **EINFÜGEN**, das nur Daten statisch über die Zwischenablage einfügt!). Dies bewirkt, dass die Daten automatisch aktualisiert werden. Wenn Daten im Serverprogramm geändert werden, wird diese Änderung auch sofort im Client durchgeführt.

d) Object Embedding

Diese Form von OLE wird noch häufiger angewandt als Object Linking. Ein Objekt (z. B. eine mathematische Formel, ein Diagramm, eine Grafik usw.) wird als Ganzes in den Client eingelagert. Per Doppelklick auf das Objekt (oder über das Kontextmenü) können die Daten bearbeitet werden.
Die wichtigsten zwei Unterschiede gegenüber Objekt Linking:

- Die OLE-Daten sind eine abgeschlossene Einheit (also nicht Teil einer größeren Datenmenge)
- Die Daten müssen vollständig vom Client verwaltet werden. Das betrifft insbesondere das Speichern und Laden der Daten. Das OLE-Programm wird nur aufgerufen, wenn vorhandene Objekte geändert werden sollen (Bei Objekt Linking wird nur ein Verweis auf die Daten gespeichert).
  Die eigentlichen Daten werden vom Serverprogramm verwaltet und gespeichert.

Objekt Embedding wird in den Office-Programmen und auch in Mathcad über das Kommando **EINFÜGEN-Objekt** aufgerufen. Aus einer Liste mit allen registrierten OLE-Programmen kann dann eines eingefügt werden (z. B. in Mathcad kann ein Objekt zum Zeitpunkt des Einfügens angelegt oder eine Datei, die bereits existiert, eingefügt werden. Außerdem kann auch mit **Kopieren & Einfügen** oder mit **Drag & Drop** gearbeitet werden. Welche Methode wir verwenden, ist davon abhängig, ob das Objekt dynamisch angelegt werden sollte, ob das Objekt bereits existiert oder ob das Objekt als ganze Datei eingefügt werden sollte.

e) ActiveX Automation

ActiveX Automation bezeichnet den Mechanismus zur Steuerung externer Objekte bzw. ganzer Programme, sofern diese ActiveX Automation unterstützen, d. h. der Steuermechanismus, mit dem ein Programm die von einer anderen Komponente zur Verfügung gestellten Objekte-Methoden-Eigenschaften nutzt.

Es ist prinzipiell möglich, Objekte, die via OLE in ein Programm eingefügt wurden, anschließend via ActiveX Automation zu bearbeiten. Diese Variante macht OLE für die Visual-Basic-Programmierung interessant. Seit Visual-Basic 4.0 können aber auch ActiveX-Server selbst programmiert werden. Die Funktionen dieser Programme können sowohl von anderen VB-Programmen als auch von VBA-Programmen wie Excel oder Access genutzt werden.
Es kann auch ein selbstdefiniertes skriptfähiges Objekt aus jedem Objekt erstellt werden, das in ein Mathcad-Arbeitsblatt einfügt werden kann. So haben wir z. B. die Möglichkeit, Werte aus Mathcad an Lotus 1-2-3 zu senden, sie dort zu bearbeiten und die Ergebnisse dann zurück in das Mathcad-Arbeitsblatt zu übertragen.

f) Visual Basic (VB) und Visual Basic für Applikationen (VBA)

Bei Visual Basic (z. B. Version 6.0 oder höher) handelt es sich um eine compilerorientierte eigenständige objektorientierte Programmiersprache, mit der Windows-Programme erstellt werden können. Sie wird u. a. auch zur Komponenten-Programmierung (ActiveX) oder zur Datenbankprogrammierung eingesetzt.
VB und VBA haben nahezu dieselbe Syntax und dieselben Basiskommandos zur Bildung von Schleifen, zum Umgang mit Dateien etc. Beide Sprachen kennen Objekte, Methoden, Eigenschaften, Ereignisse.
VBA ist keine eigenständige Programmiersprache, sondern eine Makrosprache zur Steuerung des jeweiligen Anwenderprogramms (Word, Excel, Access usw.). Ein VBA-Programm ist damit fest mit der Anwendung verbunden.
VBA unterstützt nicht alle Features von VB. Beispielsweise ist es in VBA nicht möglich, ActiveX-Steuerelemente oder ActiveX-Server zu programmieren. Es können aber solche unter VB entwickelten Komponenten in VBA genutzt werden. In VBA existiert auch kein echter Compiler. Solche Programme sind daher langsamer. Das Problem in VBA ist das Verständnis der Objekthierachie und deren Methoden und Eigenschaften (Excel alleine kennt z. B. an die 150 Objekte, die wiederum durch ca. 1000 Eigenschaften und Methoden zu steuern sind). Die Formulare in VBA basieren auf der Microsoft-Forms-Bibliothek und einem eigenen Formular-Editor. Es gibt zwar viele Ähnlichkeiten zu VB-Formularen, aber auch eine Menge Inkompatibilitäten.
Interessant jedoch wird VBA für VB-Programmierer durch ActiveX Automation. Dieser Steuerungs-mechanismus ermöglicht es, fremde Programme zu steuern. Mit ActiveX Automation ist es beispielsweise möglich, dass ein VB-Programm auf die Objekte, Methoden und Eigenschaften von Excel oder Access zugreift.

g) Skriptsprachen

VBSCRIPT:
Microsoft **VBScript** und **VBA (Visual Basic for Application)** sind Bestandteile der Sprache **Visual Basic**. **VBA** kommt z. B. in Microsoft Excel, Project und Access zum Einsatz. VBScript ist als kleine und leichte interpretierte Sprache konzipiert; sie setzt also keine reinen Typen ein (nur Varianten). Da VBScript außerdem als sicherer Bestandteil der Sprache konzipiert ist, beinhaltet es keine Datei Ein-/Ausgabe und keinen direkten Zugriff auf das zugrunde liegende Betriebssystem.
VBScript wird zur clientseitigen Programmierung in Webseiten (nicht für Netscape Browser geeignet-nur JScript) und zur serverseitigen Programmierung (Active Server Pages, Internet Information Server), zur Batch-Programmierung (Windows Scripting Host (WSH ist integraler Bestandteil von Windows; Betriebssystem-Funktionszugriffe; Zugriff auf das Dateisystem; Zugriff auf die Registrierdatenbank etc.)) sowie zur Steuerung diverser Fremdprodukte (z. B. Mathcad) und Anpassung diverser Anwendungsprogramme, die VBScript als einfache Makro-Sprache integriert haben, eingesetzt. Weiters können mit Script-Control eigene VB-Programme so erweitert werden, dass auch sie extern durch VBScript gesteuert werden können.

JSCRIPT:
Microsoft JScript ist ein schneller, portabler und leichter Interpreter für den Einsatz in Anwendungen, die mit ActiveX-Controls, OLE-Automatisierungsservern und Java-Applets arbeiten. JScript ist direkt mit VBScript (nicht jedoch mit Java) vergleichbar. Wie VBScript ist JScript ein reiner Interpreter (Umsetzungsprogramm), der Quellcode verarbeitet und nicht zur Erstellung von Einzel-Applets verwendet werden kann.

Die oben genannten Scripting-Sprachen sind im Microsoft Internet Explorer enthalten. Neben den genannten Skript-Sprachen gibt es auch noch zahlreiche andere Sprachen.

Mehr Information über VBScript und JScript erhalten wir über: http://msdn.microsoft.com/scripting.

19.2 OLE-Objekte in Mathcad

Für die Objektbehandlung stehen in Mathcad folgende Möglichkeiten zur Verfügung:

- **Eine Bild-Datei kann über das Menü-Einfügen-Bild oder über das Symbol-Bild in der Symbolleiste-Matrix eingefügt werden.**
- **Ein benutzerdefiniertes Objekt kann in Mathcad mit Menü-Einfügen-Objekt (eine OLE2-kompatible Applikation), mit Kopieren & Einfügen sowie mit Drag & Drop erstellt werden.**
- **Über das Menü-Einfügen-Komponente bzw. dem Symbol "Komponente einfügen" in der Standard-Symbolleiste und über das Dialogfeld-Einfügen (Klick mit der rechten Maustaste auf das Arbeitsblatt) kann ein Komponentenassistent aufgerufen werden. Komponenten in Mathcad sind spezielle benutzerdefinierte OLE-Objekte, die es ermöglichen, innerhalb eines Mathcad-Arbeitsblattes auf die Funktionen anderer Applikationen (z. B. Excel, MATLAB) zugreifen zu können.**
- **In Mathcad lässt sich nicht nur ein benutzerdefiniertes Objekt, wie vorher beschrieben, anlegen. Die OLE-Automatisierungsschnittstelle von Mathcad stellt einen Mechanismus für den komplementären Prozess zur Verfügung, nämlich Mathcad als Automatisierungsserver in anderen Windows-Applikationen einzusetzen.**

19.2.1 Bildverarbeitung

Es können zwar keine Bilder in Mathcad gezeichnet, aber viele Grafiken, die in anderen Anwendungen erstellt wurden, in ein Mathcad-Arbeitsblatt importiert werden. Grafiken können entweder als Bitmaps oder als OLE-Objekte (siehe nächsten Abschnitt) importiert werden. Mithilfe der Bildverarbeitungsfunktionen können die Grafik-Bilder als Matrix importiert (Menü-Einfügen-Bild oder über das Symbol-Bild in der Symbolleiste-Matrix bzw. <Strg> + <t>), bearbeitet und dann wieder als Grafik-Bilddatei exportiert werden (siehe Funktionen Anhang).

Das Einfügen einer Bilddatei kann auf dreierlei Art und Weise erfolgen:

- **Den Namen einer Matrix in den Platzhalter eingeben. Angezeigt werden die Bilder in bis zu 256 Graustufen.**
- **Den Namen (oder auch mit Pfad) einer Windows BMP-, JPEG-, GIF-, PCX- und TGA-Datei als String in den Platzhalter eingeben.**
- **Die Namen von drei Matrizen gleicher Größe (durch Kommas voneinander getrennt) in den Platzhalter eingeben, in denen die einem Farbbild entsprechenden Rot-, Grün- und Blauwerte enthalten sind. Dadurch wird ein Farbbild angezeigt.**

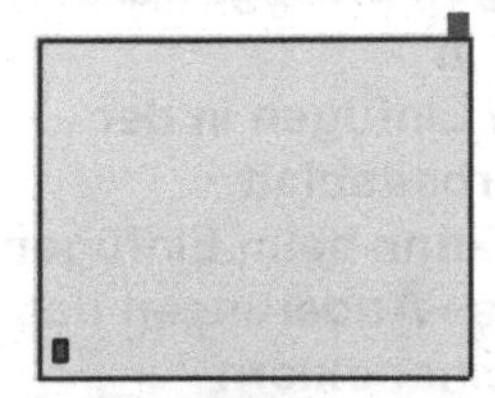

Platzhalter

M := BMPLESEN("lena.bmp")

M "lena.bmp"

Abb. 19.1

Die Bilder können über das Dialogfenster (Klick mit rechter Maustaste auf das OLE-Objekt) manipuliert werden. Mit der Bild-Symbolleiste (Klick mit der linken Maustaste auf das OLE-Objekt) können ebenfalls zahlreiche Bildmanipulationen vorgenommen werden (Abb. 19.2).

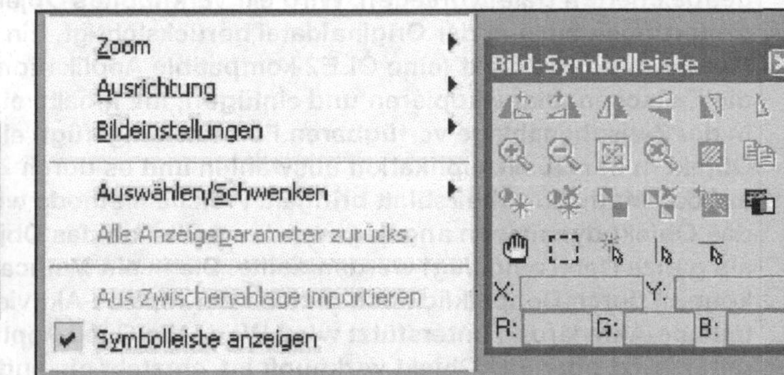

Abb. 19.2

Beispiel 19.1

ORIGIN = 0 — ORIGIN anzeigen

Bild := "C:\mathcad\Einführung\Beispiele\bilder\stifte.jpg " — **Pfad zu einer JPG-Datei setzen.**

RGB_Matrix := RGBLESEN(Bild) — **Mit RGBLESEN werden Rot-, Grün- und Blau-Anteil nebeneinander in eine Matrix geschrieben.**

ze := zeilen(**RGB_Matrix**) ze = 223

$sp := \frac{spalten(RGB\_Matrix)}{3}$ sp = 149

Mit den Funktionen "zeilen" und "spalten" können wir die Zeilen- und Spaltenanzahl bestimmen.

Nullmatrix N mit gleicher Dimension wie R-, G- und B-Anteile erzeugen:

$i := 0 .. ze - 1$ $j := 0 .. sp - 1$ Bereichsvariablen

$N_{i,j} := 0$ Nullmatrix

Anteile mit der Funktion submatrix extrahieren:

Rot := submatrix(**RGB_Matrix**, 0, ze − 1, 0, sp − 1) — Spalte 0 bis sp - 1 für Rot-Anteil

Grün := submatrix(**RGB_Matrix**, 0, ze − 1, sp, 2 · sp − 1) — Spalte sp bis 2 sp - 1 für Grün-Anteil

Blau := submatrix(**RGB_Matrix**, 0, ze − 1, 2 · sp, 3 · sp − 1) — Spalte 2 sp bis 3 sp - 1 für Blau-Anteil

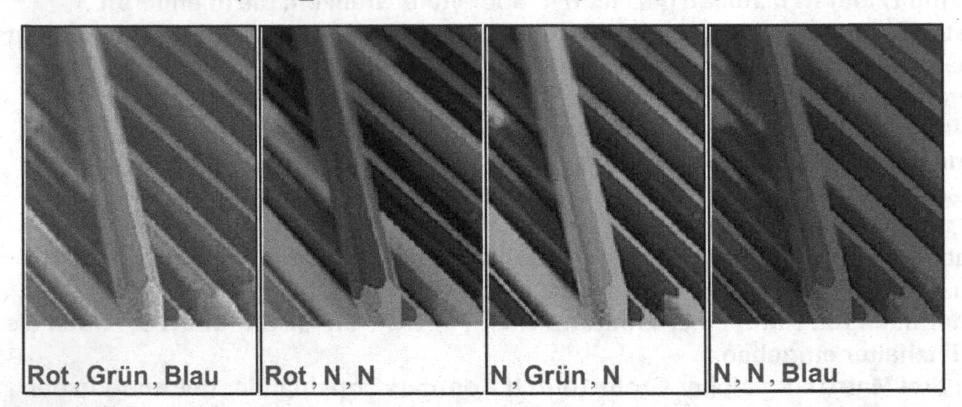

Abb. 19.3

19.2.2 Benutzerdefiniertes Objekt

Mit OLE2 in Microsoft Windows können Objekte, die in anderen Anwendungen erzeugt werden, eingefügt und bearbeitet werden. Solche Objekte können nicht nur statisch in Windows-Applikationen eingefügt werden, sondern können auch nach dem Einfügen in der jeweiligen Applikation bearbeitet werden. Ein Objekt kann in ein Mathcad-Arbeitsblatt eingebettet oder damit verknüpft werden. Ein Objekt, das eingebettet wird, kann beim Einfügen angelegt werden. Wird ein eingebettetes Objekt bearbeitet, so betreffen diese Änderungen das Objekt nur im Rahmen des Arbeitsblattes. Ein verknüpftes Objekt muss in einer extern gespeicherten Datei vorliegen. Wird ein verknüpftes Objekt verändert, werden alle diese Änderungen auch in der Originaldatei berücksichtigt. Ein Objekt wird in Mathcad über das Menü-Einfügen-Objekt (eine OLE2-kompatible Applikation) und mit Kopieren & Einfügen (über die Zwischenablage kopieren und einfügen; mit Inhalte einfügen wird das Objekt in einem der in der Zwischenablage verfügbaren Formate eingefügt) eingefügt. Wir können aber auch das Objekt in der Quell-Applikation auswählen und es durch Ziehen mithilfe der Maus (Drag & Drop) auf das Mathcad-Arbeitsblatt bringen. Welche Methode wir anwenden, ist davon abhängig, ob das Objekt dynamisch angelegt werden sollte, ob das Objekt bereits existiert, oder ob das Objekt als ganze Datei eingefügt werden sollte. Die in ein Mathcad-Arbeitsblatt eingefügten Objekte können durch Doppelklick und mithilfe der Inplace-Aktivierung bearbeitet werden, falls die Inplace-Aktivierung unterstützt wird. Wenn die Quell-Applikation die Inplace-Aktivierung nicht unterstützt oder das Objekt verknüpft ist, entsteht ein anderes Verhalten. Bei einem eingebetteten Objekt wird eine Kopie des Objekts in der anderen Applikation eingefügt. Ist das Objekt verknüpft, öffnet die Quell-Applikation die Datei mit dem Objekt.

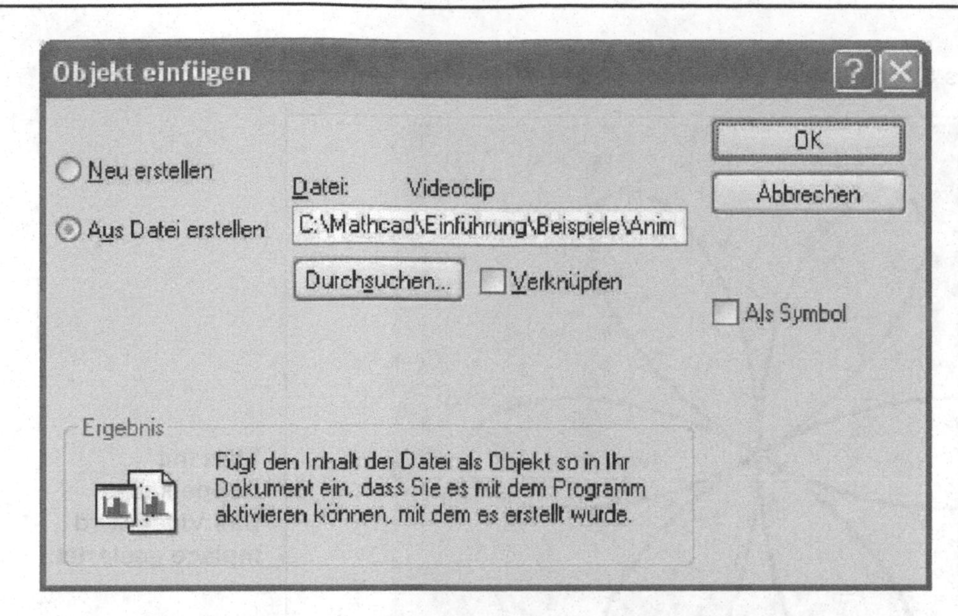

Mit der Einstellung "Verknüpfen" wird ein verknüpftes Objekt eingefügt.

Wird "Als Symbol" markiert, erscheint ein Icon anstatt des Objekts.

Wird "Verknüpfen" und "Als Symbol" nicht markiert, so wird das Objekt in Originalgröße eingebettet.

Abb. 19.4

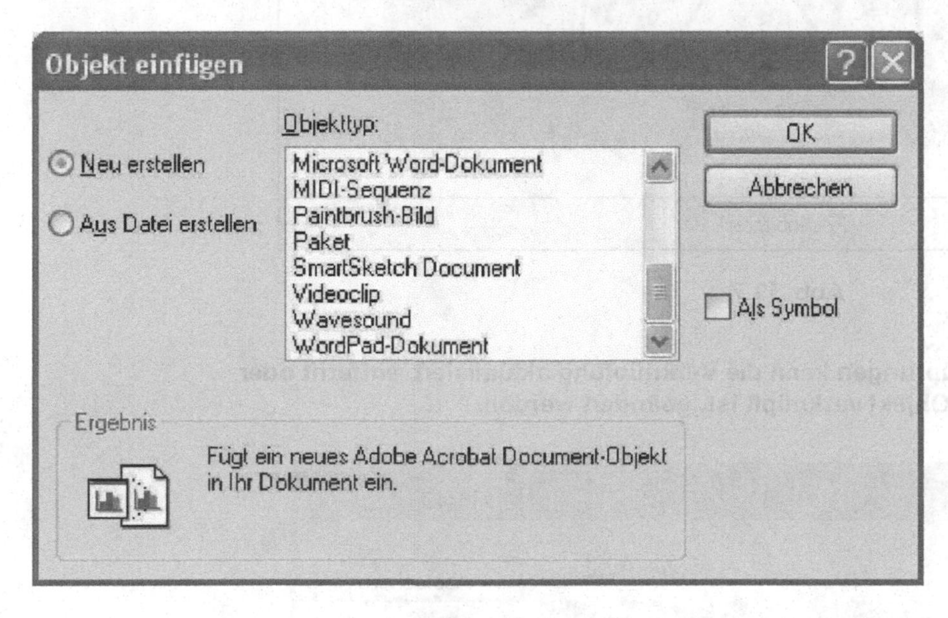

Die Objekttypen, die hier bereitgestellt werden, sind davon abhängig, welche Applikationen auf dem System installiert sind.

Abb. 19.5

Objekt "Videoclip" als Symbol einfügen:

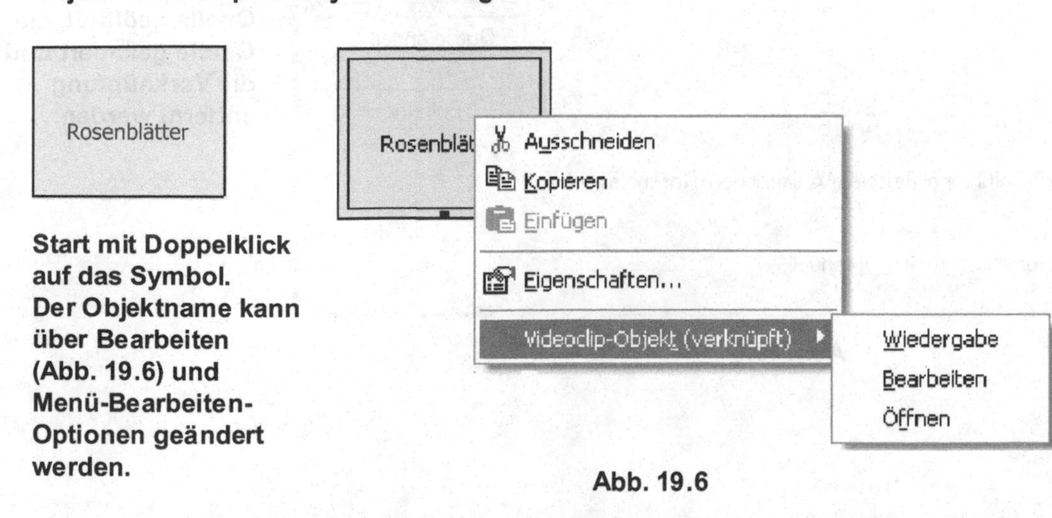

Start mit Doppelklick auf das Symbol. Der Objektname kann über Bearbeiten (Abb. 19.6) und Menü-Bearbeiten-Optionen geändert werden.

Mit einem Klick der rechten Maustaste auf das Symbol erscheint das nebenstehende Kontextmenü (oder über Menü-Bearbeiten-Videoclip-Objekt).

Abb. 19.6

Mit "Aus Datei erstellen" (als Symbol nicht aktivieren) Objekt "Videoclip" einfügen:

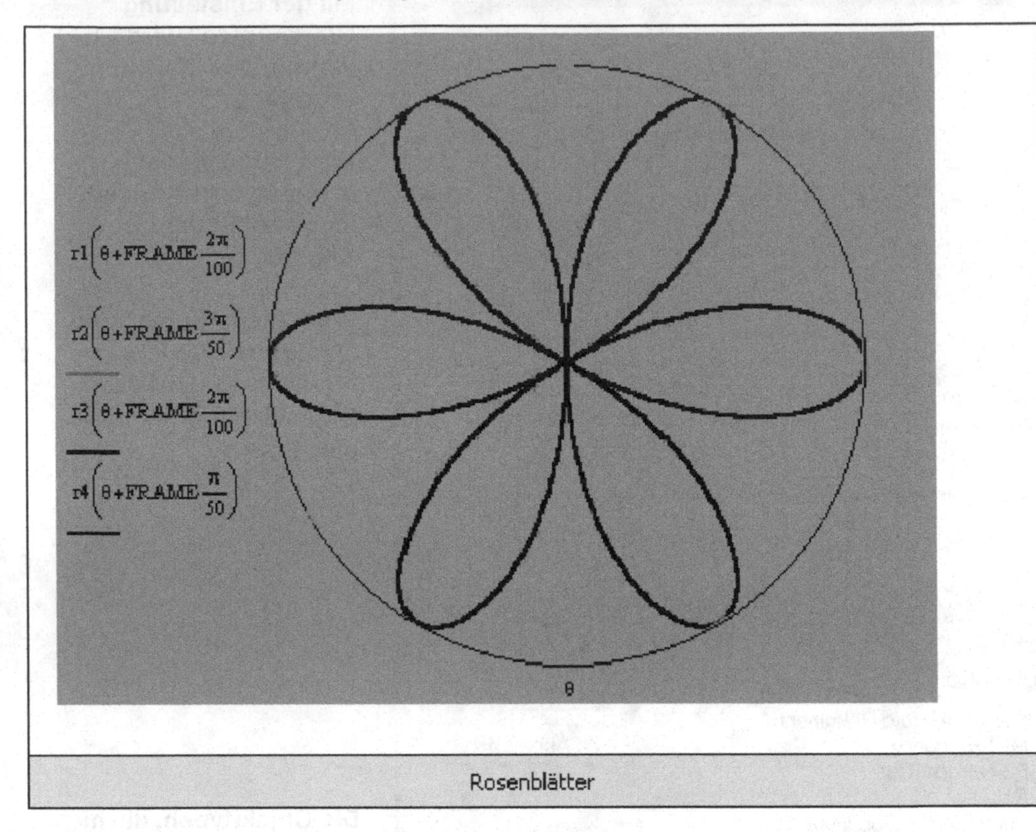

Start mit Doppelklick. Das Video wird Inplace gestartet.

Abb. 19.7

Mit Menü-Bearbeiten-Verknüpfungen kann die Verknüpfung aktualisiert, entfernt oder die Quell-Datei, mit der das Objekt verknüpft ist, geändert werden.

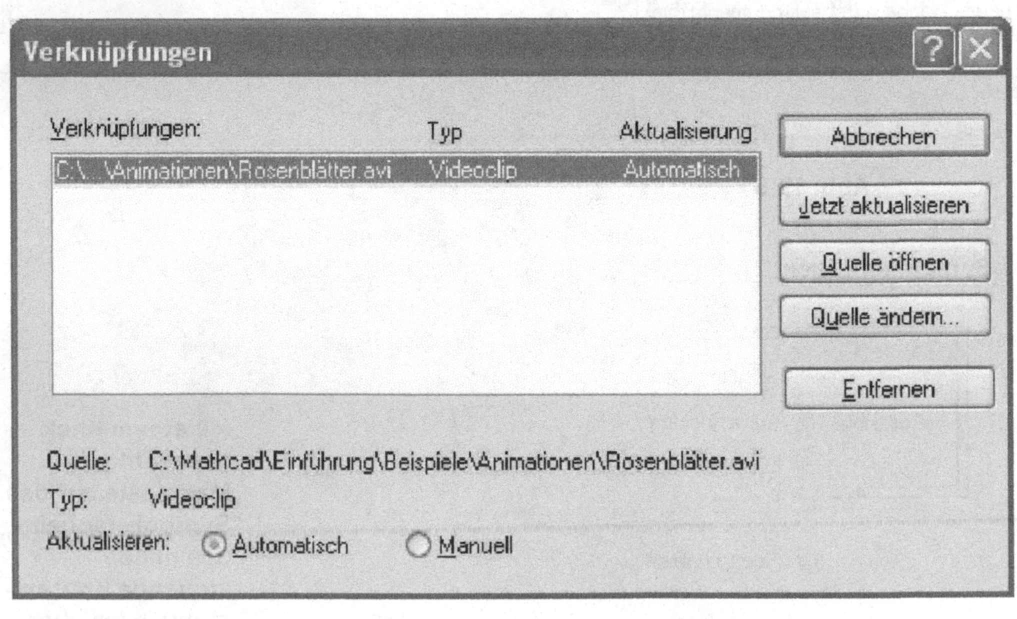

Die Verknüpfung kann aktualisiert, die Quelle geöffnet, die Quelle geändert und die Verknüpfung entfernt werden.

Abb. 19.8

Der einfachste Weg, um ein Microsoft Word-, WordPad- oder Corel WordPerfect-Dokument in Mathcad einzufügen, ist es zuerst zu kopieren und dann einzufügen. Soll eine Verknüpfung zu einem solchen Dokument gemacht werden, so wird dies, wie in Abb. 19.4 gezeigt, über "Verknüpfen" durchgeführt.

Auch eine PDF-Datei (z. B. mit Adobe Acrobat erstellt) kann in derselben Weise eingefügt werden.
Bei einer Verknüpfung wird beim Drucken des Mathcad-Dokuments nur die erste Seite der PDF-Datei gedruckt. Durch einen Doppelklick auf das verknüpfte Dokument kann die ganze PDF-Datei eingesehen werden.

Es können auch Datendateien in Mathcad eingefügt werden. Sie können z. B. einfach aus dem Explorer mit Drag & Drop auf das Arbeitsblatt gezogen werden. Durch einen Doppelklick auf das Symbol wird die Datei geöffnet, oder Sie werden gefragt, mit welcher Software Sie die Datei öffnen wollen.

19.2.3 Spezielle Objekte (Komponenten) in Mathcad

Komponenten in Mathcad sind spezielle OLE-Objekte, die es ermöglichen, innerhalb eines Mathcad-Arbeitsblattes auf die Funktionen anderer Applikationen (z. B. Excel, MATLAB) zuzugreifen. Anders als die oben angeführten Objekte, die in ein Arbeitsblatt eingefügt werden können, können statische Datendateien in unterschiedlichen Formaten importiert und exportiert werden. Außerdem kann eine Komponente Daten von Mathcad entgegennehmen, Daten an Mathcad weitergeben oder beides, indem es das Objekt dynamisch mit den Berechnungen in einem Arbeitsblatt verknüpft. Um eine Applikationskomponente nutzen zu können, muss die Applikation für diese Komponente auf dem eigenen System installiert sein, aber nicht notwendigerweise ausgeführt werden.
Komponenten enthalten Eingaben von einer oder mehreren Mathcad-Variablen, machen das, was spezifiziert worden ist mit diesen Daten, und geben in der Regel Ausgaben an andere Mathcad-Variablen weiter (einige Komponenten können nur Eingaben entgegennehmen oder Ausgaben senden). Eine Eingabevariable ist ein Skalar, ein Vektor oder eine Matrix, die auf dem Arbeitsblatt definiert worden ist. Ausgaben aus einer Komponente, ebenfalls ein Skalar, ein Vektor oder eine Matrix, werden einer Mathcad-Variablen zugewiesen. Diese Variable wird auch als Ausgabevariable bezeichnet.
Einige Komponenten können nur Eingaben entgegennehmen oder nur Ausgaben senden.
Das Einfügen einer Komponente erreichen wir in Mathcad mit Menü-Einfügen-Komponente bzw. mit dem Symbol "Komponente einfügen" in der Standard-Symbolleiste. Klicken wir mit der rechten Maustaste auf das Arbeitsblatt, so erscheint ein Kontextmenü, aus dem mit Einfügen-Komponente ebenfalls der Komponentenassistent (Abb. 19.9) aufgerufen werden kann.

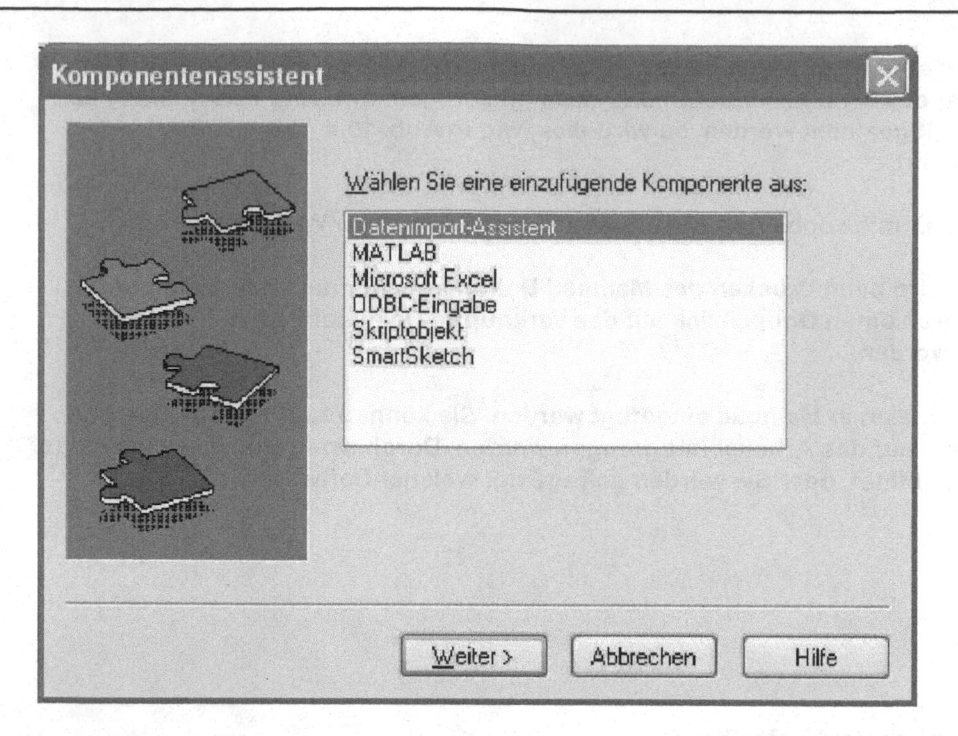

Abb. 19.9

Datenimport-Assistent:
Ermöglicht eine Verknüpfung mit Daten aus Textdateien, Exceldateien, Binärdateien, MATLAB-Dateien, PRN-Dateien, Lotus1-2-3-Dateien und dBase III-Dateien

MATLAB:
Mit dieser Komponente kann eine Verknüpfung zwischen einem Mathcad-Arbeitsblatt und einer MATLAB-Datei eingefügt werden.

Microsoft Excel: Mit dieser Komponente lässt sich eine Verknüpfung zwischen einem Mathcad-Arbeitsblatt und einer Excel-Datei herstellen. Dabei sind bis zu vier Ein- und Ausgabevariable erlaubt, die ihrerseits auch Vektoren oder Matrizen sein können.

ODBC lesen (Open Database Connectivity):
Ermöglicht eine direkte Verbindung zu Datenbanken. Diese Lesekomponente erlaubt das Lesen aus einer beliebigen ODBC-fähigen Datenbank, die SQL unterstützt.

Skriptobjekt:
Hiermit und mithilfe einer Skript-Sprache lässt sich eine benutzerdefinierte Komponente einfügen. Wir können mit der Scriptobjekt-Komponente eine selbstdefinierte Komponente für folgende Zwecke erstellen:
1. **Senden von Werten aus Mathcad an die Anwendung.**
2. **Verwenden der Anwendung zum Bearbeiten der Daten, ohne Mathcad zu verlassen.**
3. **Senden von Werten aus der anderen Anwendung zurück an Mathcad.**

Zum Erstellen einer Komponente für skriptfähige Objekte gelten folgende Voraussetzungen: Wir benötigen die Kenntnisse einer unterstützten Skript-Sprache (z. B. Visual Basic Script oder Java Script-im Microsoft Internet Explorer integriert), die im verwendeten System installiert ist; wir müssen wissen, wie OLE von der anderen Anwendung implementiert wurde; die andere Anwendung muss im System verfügbar sein.

SmartSketch:
Damit können CAD-Zeichnungen erstellt oder eingefügt werden, die mit Mathcad-Berechnungen verknüpft sind. Mit SmartSketch LE stehen nur 2D-Anwendungen zur Verfügung.

Bemerkung:
Um eigene Komponenten für die Mathcad-Arbeitsumgebung entwickeln zu können, steht ein SDK (Software Development Kit) zur Verfügung. Siehe dazu Menü-Hilfe Developer's Reference.

Prinzipielle Vorgangsweise:
1. Komponente Einfügen (mit Komponentenassistenten Menü-Einfügen-Komponente):
Jede Komponente hat ein bestimmtes Erscheinungsbild, doch alle haben einen oder mehrere Platzhalter für Eingabevariablen oder für Ausgabevariablen.

Beispiel: Excel-Komponente

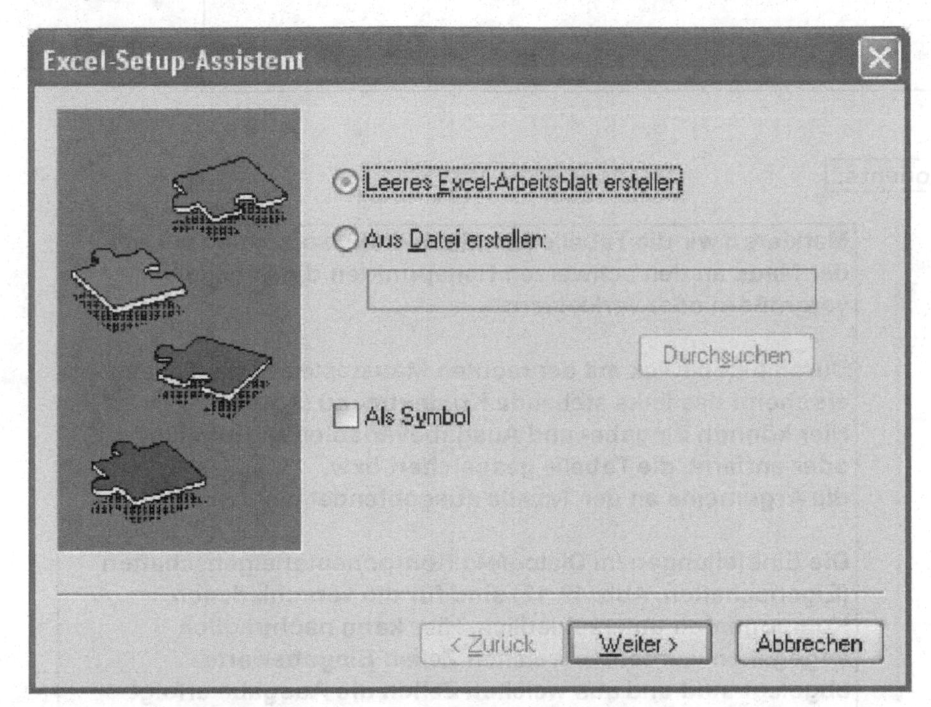

Abb. 19.10

Mit "Weiter>" erhalten wir:

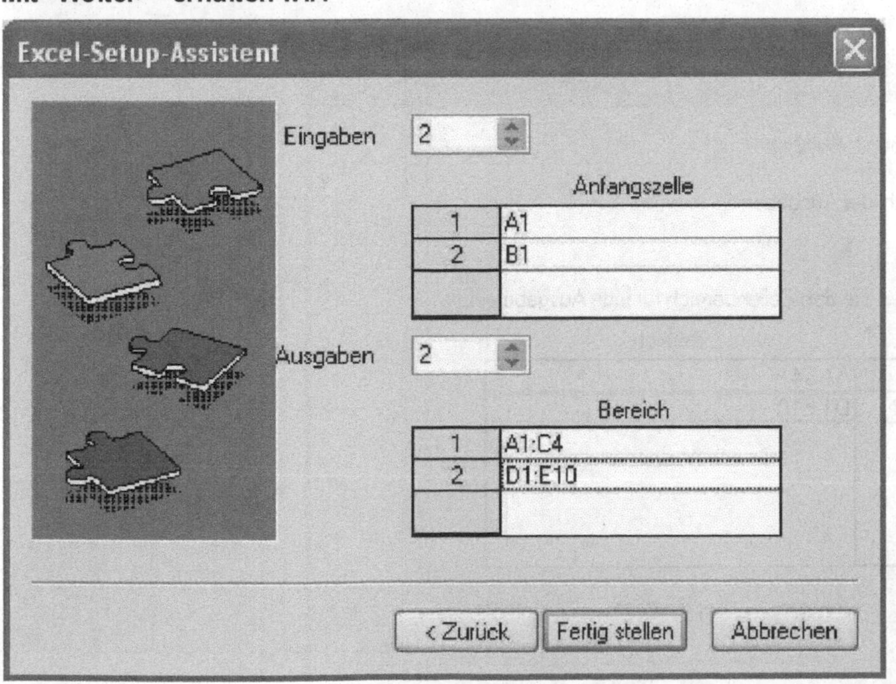

Hier ist die Startzelle im Excel-Arbeitsblatt anzugeben.

Hier ist der Bereich (in Excel-Schreibweise wie z. B. Tabelle1!A1:C4) zum Auslesen im Excel-Arbeitsblatt anzugeben.

Abb. 19.11

Mit "Fertig stellen" erhalten wir schließlich:

Ausgabevariablen

Eingabevariablen

2. Konfiguration einer Komponente:

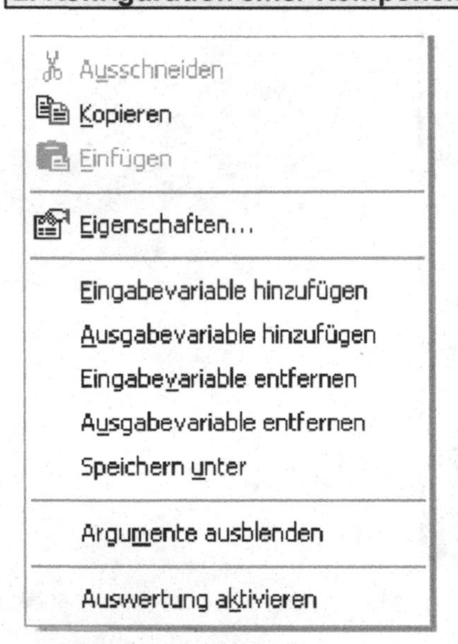

Abb. 19.12

Markieren wir die Tabelle (ein Mausklick), so können wir mit der Maus an den schwarzen Haltepunkten die Tabelle vergrößern oder verkleinern.

Durch einen Klick mit der rechten Maustaste auf die Tabelle erscheint das links stehende Kontextmenü (Abb. 19.12): Hier können Eingabe- und Ausgabevariablen hinzugefügt oder entfernt, die Tabelle gespeichert bzw. die Argumente an der Tabelle ausgeblendet werden.

Die Einstellungen im Dialogfeld Komponenteneigenschaften (Eigenschaften, Abb. 19.12) sind für die verschiedenen Komponenten unterschiedlich. Hier kann nachträglich angegeben werden, in welchen Zellen Eingabewerte abgelegt sind und aus welchen Zellen die Ausgabe erfolgt (siehe Abb. 19.13).

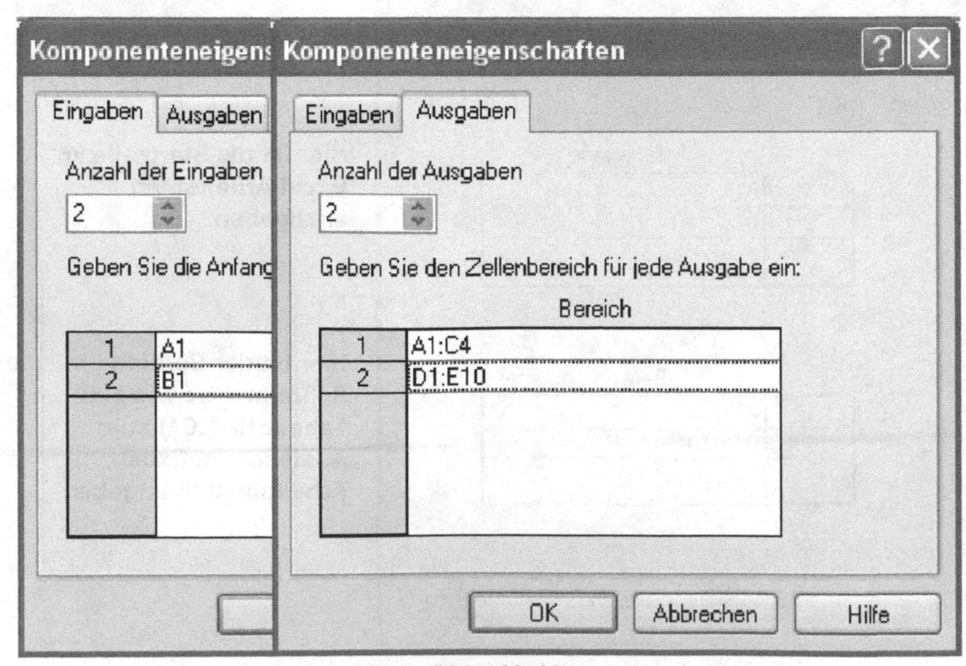

Abb. 19.13

3. Zugriff auf die Applikation:
   Wenn eine Applikationskomponente eingefügt wurde, kann durch einen Doppelklick auf die Komponente im Mathcad-Arbeitsblatt zugegriffen werden. Die Komponente wird Inplace aktiviert, und statt der Menüs und Symbolleisten von Mathcad werden die Menüs und Symbolleisten dieser Applikation angezeigt, falls sie installiert ist. Damit haben wir einen vollen Zugriff auf die Applikation, ohne Mathcad verlassen zu müssen.

4. Austausch von Daten:
   Nachdem außerhalb einer Komponente geklickt wird, erfolgt sofort eine Neuberechnung und der Datenaustausch. Ein Datenaustausch findet auch noch unter folgenden Bedingungen statt:
   a) Durch einen Klick auf die Komponente und durch Drücken der <F9>-Taste erfolgt eine Neuberechnung;
   b) Wenn im Menü-Extras-Berechnen die Option Automatische Berechnung aktiviert ist und eine Eingabevariable geändert wurde;
   c) Wenn im Menü-Extras-Berechnen die Option Arbeitsblatt berechnen gewählt wird.

Eine recht einfache Möglichkeit für den Datenimport für verschiedene Formate bietet auch die in Abschnitt 19.2.5 beschriebene Möglichkeit.

Zahlreiche Beispiele zu diesem Thema finden sich im Verzeichnis
Mathcad#\Qsheet\Samples
oder über
Menü-Hilfe-QuickSheets!

Mithilfe des Data Analysis Extension Pack, welches als add-on tool zusätzlich zu Mathcad erworben werden kann, können mit dem Data Import Wizard Daten in verschiedenen Formaten recht einfach importiert werden.

Mithilfe des Software Development Kit (SDK, siehe Menü-Hilfe Developer's Reference) können über eine C++ Programmierung eigene Komponenten programmiert werden.

19.2.3.1 Datenimport-Assistent

Mit dieser Komponente kann eine Verknüpfung zwischen dem Mathcad-Arbeitsblatt und Datendateien (Textdateien, Exceldateien, Binärdateien, PRN-Dateien, Lotus1-2-3-Dateien und dBase III-Dateien) hergestellt werden (Einfügen-Daten-Datenimport-Assistent). Eine Änderung dieser Dateien bewirkt auch eine Änderung der Daten im Mathcad-Arbeitsblatt.

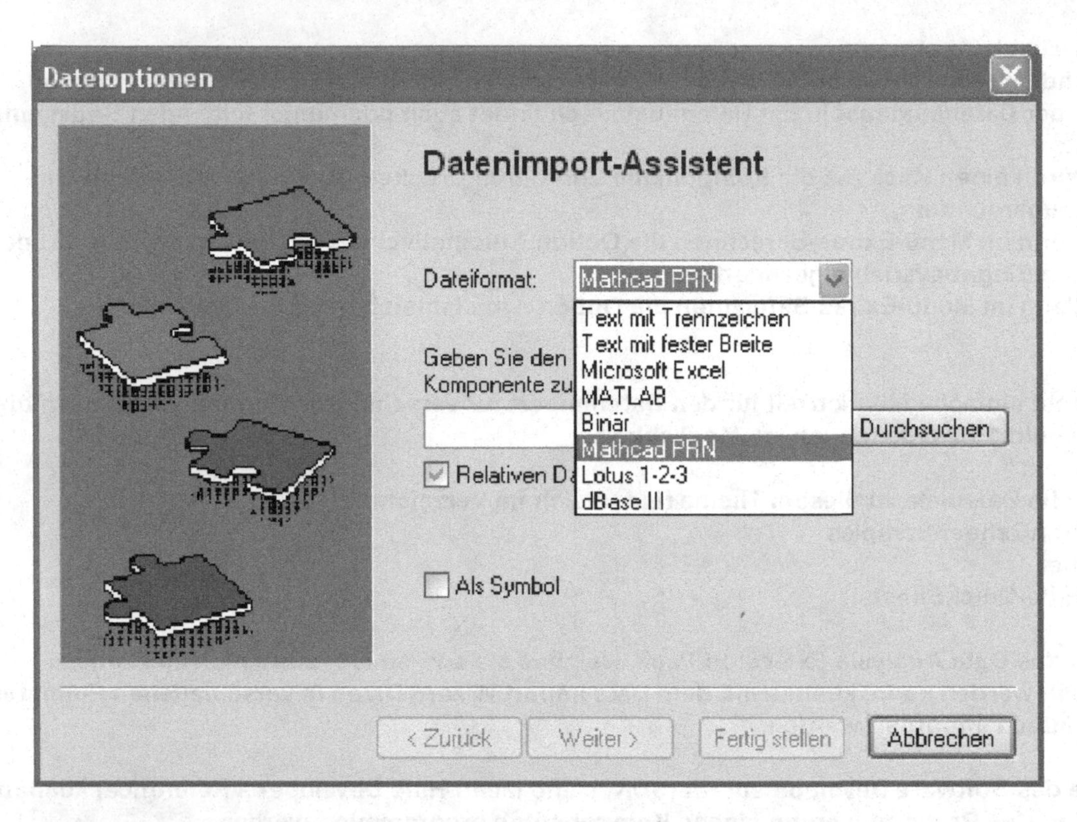

Abb. 19.14

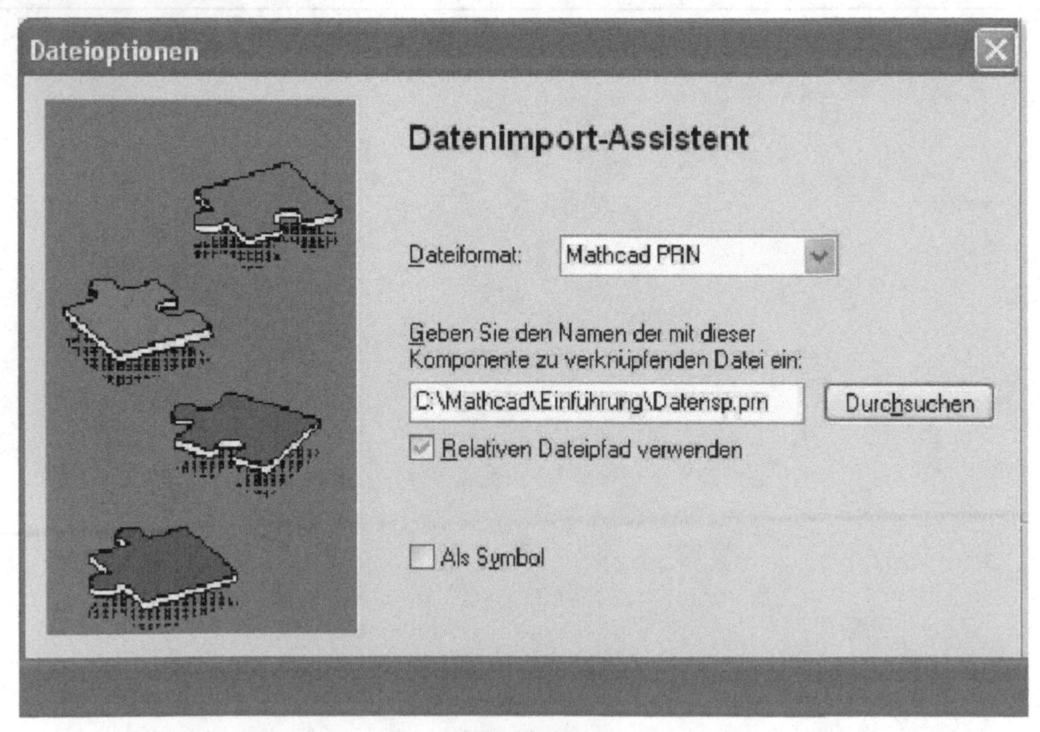

Abb. 19.15

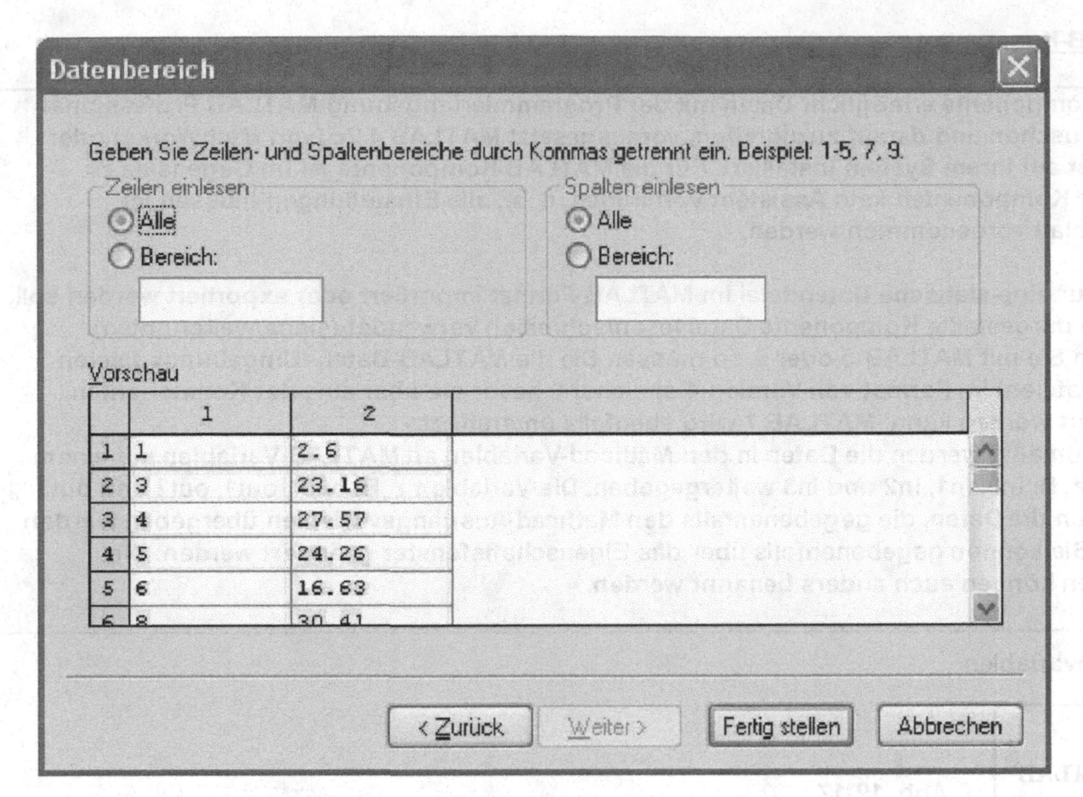

Abb. 19.16

Tab :=

	0	1
0	1	2.6
1	3	23.16
2	4	27.57
3	5	24.26
4	6	16.63
5	8	30.41
6	11	47.2
7	12	50.03
8	13	60.33
9	14	59.89
10	16	71.18
11	17	84.27
12	19	77.69

Importierte Daten aus einem Textfile

Über das Kontextmeü, dass durch einen Klick mit der rechten Maustaste auf die Tabelle erscheint, kann eine Eingabevariable hinzugefügt oder über "Eigenschaften" das Registerblatt "Komponenteneigenschaften" aufgerufen werden. Über dieses Registerblatt können zahlreiche Änderungen durchgeführt werden.

19.2.3.2 MATLAB-Komponente

Diese Komponente ermöglicht Daten mit der Programmierumgebung MATLAB Professional auszutauschen und darauf zuzugreifen, vorausgesetzt MATLAB 4.2c (von MathWorks) oder höher ist auf Ihrem System installiert. Für die MATLAB-Komponente ist im Gegensatz zu anderen Komponenten kein Assistent vorhanden, d. h., alle Einstellungen müssen im Arbeitsblatt vorgenommen werden.

Wenn nur eine statische Datendatei im MATLAB-Format importiert oder exportiert werden soll, wird die dargestellte Komponente Datei lesen/schreiben verwendet (siehe weiter unten). Arbeiten Sie mit MATLAB 5 oder 6, so müssen Sie die MATLAB-Daten-/Umgebungsdateien (.MAT-Dateien) im Format von Version 4 speichern, bevor sie über eine der Komponenten importiert werden kann. MATLAB 7 wird ebenfalls unterstützt.
Standardmäßig werden die Daten in den Mathcad-Variablen an MATLAB-Variablen mit einem Namen z. B. in0, in1, in2 und in3 weitergegeben. Die Variablen z. B. out0, out1, out2 und out3 definieren die Daten, die gegebenenfalls den Mathcad-Ausgangsvariablen übergeben werden sollen. Sie können gegebenenfalls über das Eigenschaftsfenster geändert werden. Die Variablen können auch anders benannt werden.

Ausgabevariablen

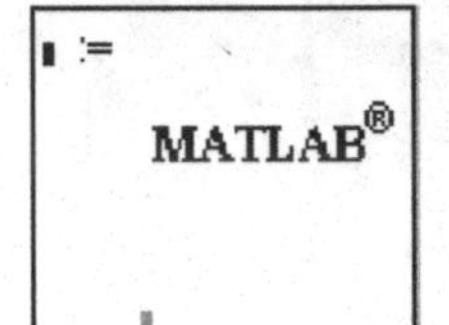

Abb. 19.17

Eingabevariablen

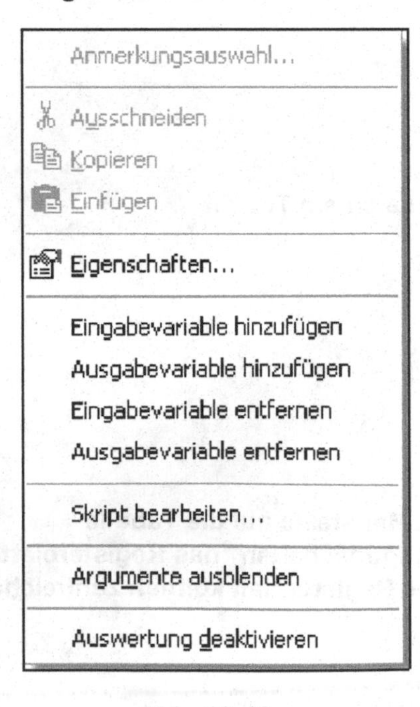

Mit einem Klick der rechten Maustaste auf das MATLAB-Symbol kann wieder ein Dialogfenster geöffnet werden. In diesem Menü werden die Ein- und Ausgabevariablen bearbeitet. Es kann auch der Skript-Editor aufgerufen werden, mit dem die auszuführenden MATLAB-Befehle geschrieben werden können.

Abb. 19.18

19.2.3.3 Excel-Komponente

Diese Komponente ermöglicht, Daten mit Microsoft Excel auszutauschen und auf seine Funktionen zuzugreifen. Wenn nur eine statische Datendatei im Excel-Format importiert oder exportiert werden soll, wird die weiter unten beschriebene Komponente Datei lesen/schreiben verwendet. Wie im Abschnitt 1.3 beschrieben, kann die Excel-Komponente auch aus der Standard-Symbolleiste abgerufen werden.

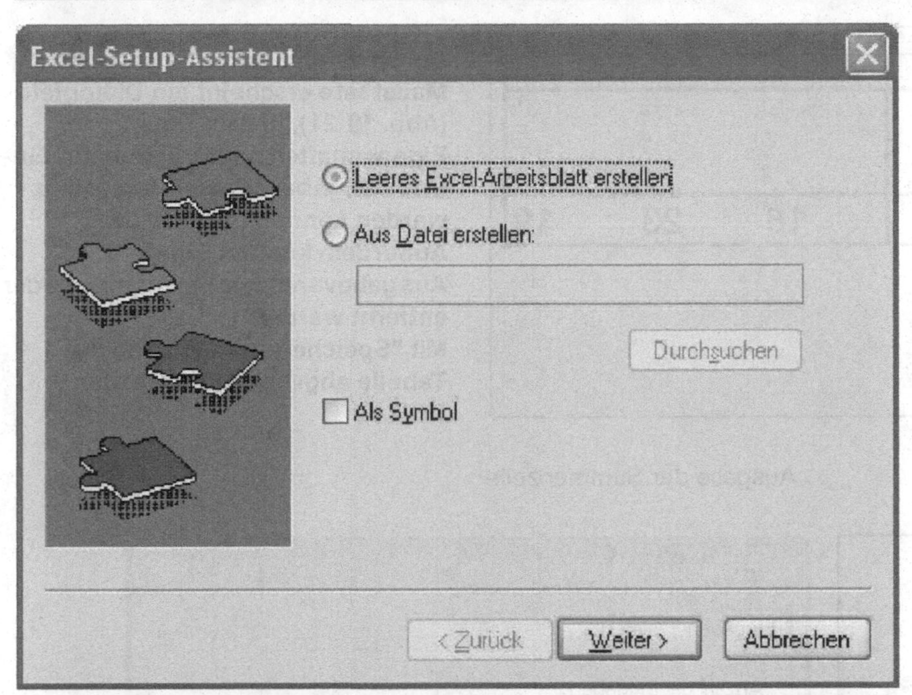

Abb. 19.19

Excel-Setup-Assistent

Eingaben 1

Anfangszelle

1	A1

Ausgaben 1

Bereich

1	A1:A1

< Zurück | Fertig stellen | Abbrechen

Die Startzelle und der Bereich der Ausgabe kann nachträglich eingestellt werden (siehe weiter unten).

Abb. 19.20

■ :=

Leere Excel-Tabelle mit Ein- und Ausgabevariable:

Eingabe der Ein- und Ausgabe-variablen z. B. M und Summe. Mit einem Doppelklick kann das Diagramm via Inplace-Aktivierung von Excel bearbeitet werden.

Beispiel 19.2:

$M := \begin{pmatrix} 10 & 12 & 15 \\ 4 & 6 & 3 \\ 2 & 5 & 1 \end{pmatrix}$ **Die Matrix wird an die Tabelle über die Eingabevariable übergeben.**

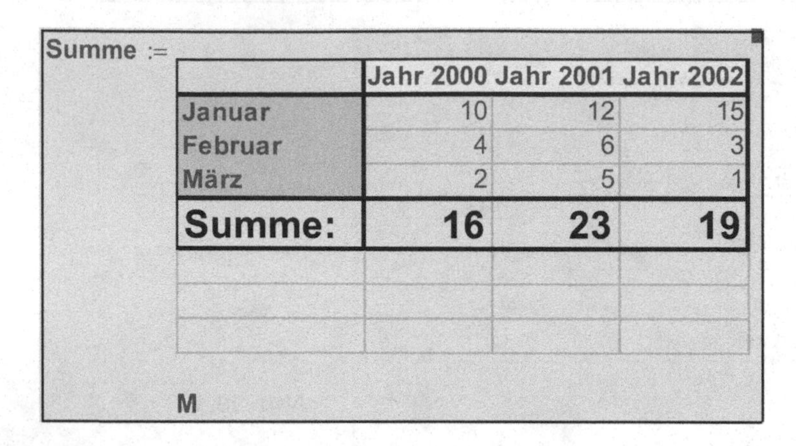
Summe :=

	Jahr 2000	Jahr 2001	Jahr 2002
Januar	10	12	15
Februar	4	6	3
März	2	5	1
Summe:	**16**	**23**	**19**

M

Durch einen Klick mit der rechten Maustaste erscheint ein Dialogfeld (Abb. 19.21), in dem über Eigenschaften nachträglich die Ein- und Ausgabevariablen festgelegt werden können (Abb. 19.22). Außerdem können Ein- und Ausgabevariablen hinzugefügt oder entfernt werden. Mit "Speichern unter" kann die Tabelle abgespeichert werden.

Summe = $(16 \;\; 23 \;\; 19)$ Ausgabe der Summenzeile

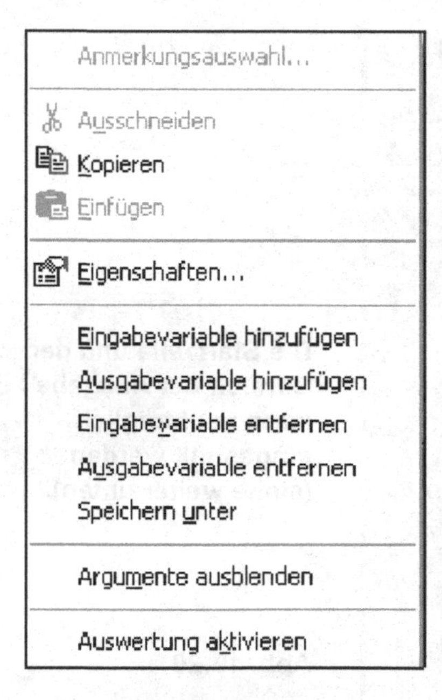

Abb. 19.21

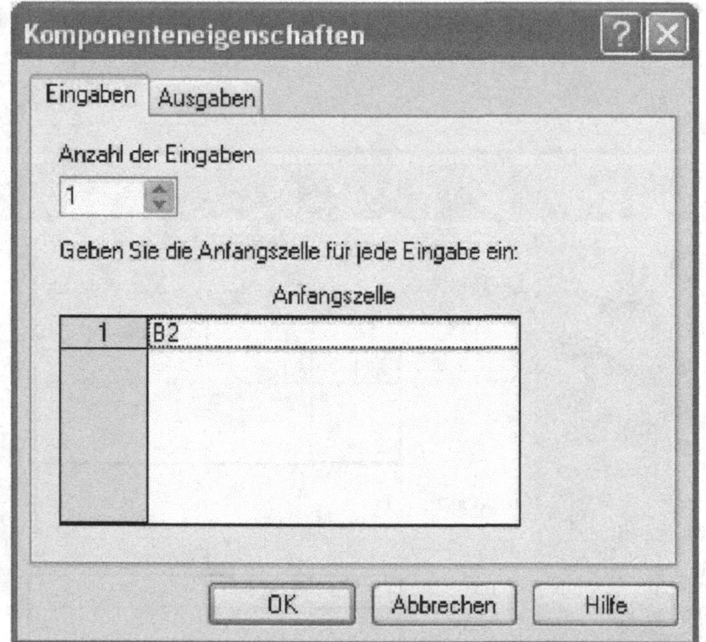

Abb. 19.22

Leere Excel-Tabelle mit Ein- und Ausgabevariable als Symbol (siehe Abb. 19.19 und Abb. 19.20):

Durch einen Doppelklick auf das Symbol mit der linken Maustaste wird Excel aktiviert, und die Tabelle kann bearbeitet werden. Wie bereits erwähnt, können durch einen Klick mit der rechten Maustaste auf das Excelblatt-Symbol die Ein- und Ausgabevariablen sowie über Eigenschaften die Ein- und Ausgabebereiche gewählt werden.

Summe = $(16 \;\; 23 \;\; 19)$ Ausgabe der Summenzeile

Beispiel 19.3:

Auslesen einer Zeile und einer Spalte:

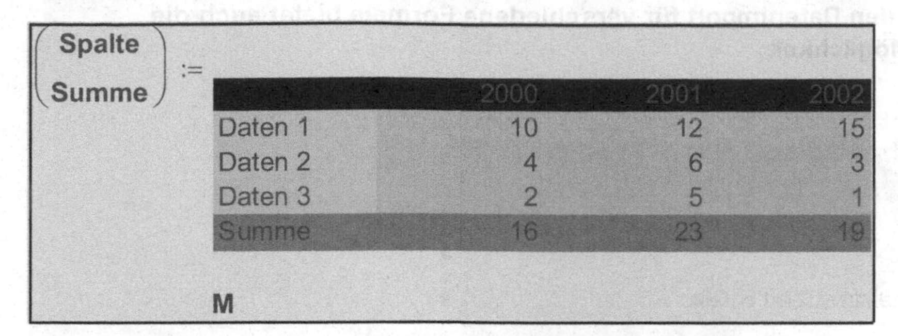

$\begin{pmatrix} Spalte \\ Summe \end{pmatrix} :=$

	2000	2001	2002
Daten 1	10	12	15
Daten 2	4	6	3
Daten 3	2	5	1
Summe	16	23	19

M

Durch einen Klick mit der rechten Maustaste erscheint ein Dialogfeld, in dem über Eigenschaften nachträglich die Ein- und Ausgabevariablen festgelegt werden können (Abb. 19.23).

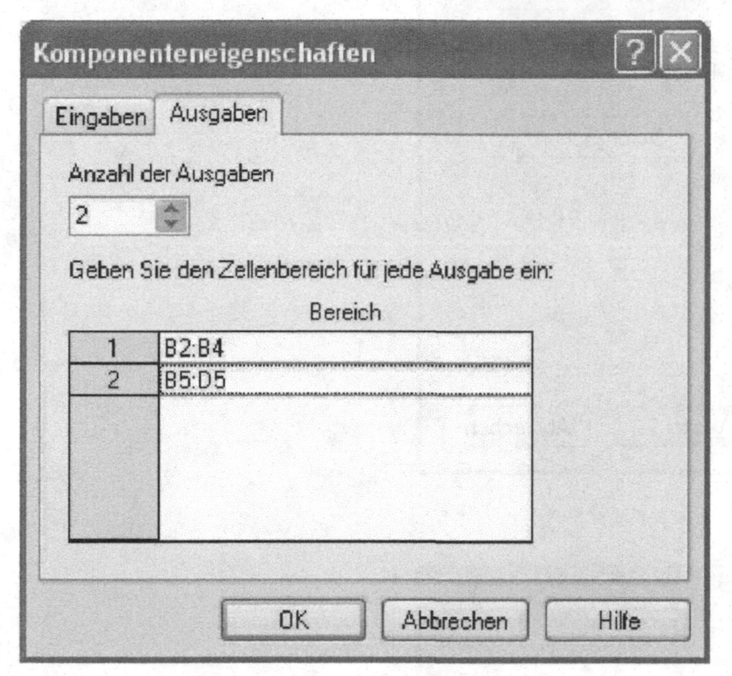

Abb. 19.23

$$\begin{pmatrix} Spalte \\ Summe \end{pmatrix} = \begin{bmatrix} \begin{pmatrix} 10 \\ 4 \\ 2 \end{pmatrix} \\ \begin{pmatrix} 16 & 23 & 19 \end{pmatrix} \end{bmatrix}$$

Ergebnisformat: Anzeige-Optionen-Verschachtelte Felder auffächern.

Summe =

	0	1	2
0	16	23	19

Spalte =

	0
0	10
1	4
2	2

Ausgaben

Beispiel 19.4:

Aus einer Excel-Tabelle Daten einlesen (Komponentenassistent, Abb. 19.9).
Eine recht einfache Möglichkeit für den Datenimport für verschiedene Formate bietet auch die im Abschnitt 19.2.5 beschriebene Möglichkeit.

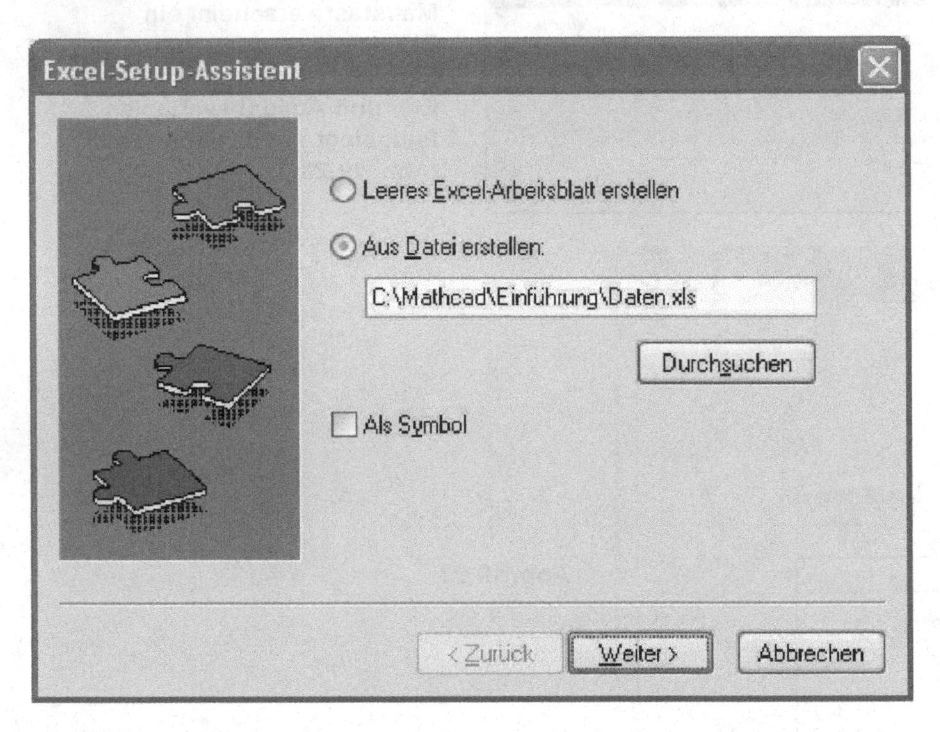

Abb. 19.24

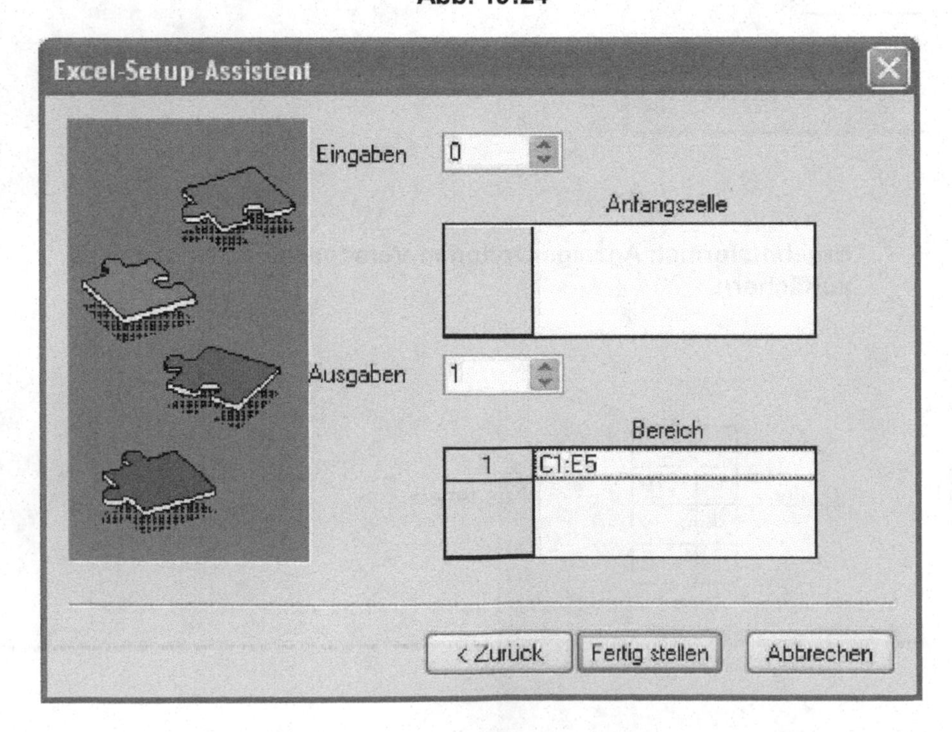

Abb. 19.25

ORIGIN = 0 **ORIGIN ist auf null gesetzt!**

D :=

130	140	160	180	Text
1	4	6	8	
-2	-6	-15,2	-18,9	
14	16	18	20	

D =

	0	1	2	3	4
0	160	180	"Text"		
1	6	8	0		
2	-15.2	-18.9	0		
3	18	20	...		

Die Bearbeitung erfolgt wieder über das Dialogfeld (siehe Abb. 19.21). Mathcad liest immer die ganze Datei ein. Ein Komma als Beistrich wird als Punkt ausgegeben. Bei der Ausgabe wird nur der Bereich C1:E5 gelesen. Nichtzahlenwerte werden als Texte unter Anführungszeichen (Strings) ausgegeben. Fehlende Zahlenwerte in Zellen werden durch die Zahl 0 ersetzt.

Bemerkung:
Mit "Inhalte einfügen ..." (Menü Bearbeiten oder Kontextmenü rechte Maustaste) und "Einfügen" Microsoft Office Excel-Arbeitsblatt kann jedes kopierte Datenfeld über die Zwischenablage als Objekt in ein Mathcadarbeitsblatt eingefügt werden.

160	180	Text
6	8	
-15,2	-18,9	
18	20	

Durch einen Doppelklick wird Excel Inplace aktiviert und das Objekt kann bearbeitet werden.
Das Komma als Beistrich wird hier nicht geändert!
Leerstellen werden nicht durch Nullen ersetzt!

Mit "Einfügen" kann das kopierte Datenfeld einer Variablen als Matrix zugeordnet werden.

$$D1 := \begin{pmatrix} 160 & 180 & \text{"Text"} \\ 6 & 8 & \text{""} \\ \text{"-15,2"} & \text{"-18,9"} & \text{""} \\ 18 & 20 & \text{""} \end{pmatrix}$$

Text und Leerstellen werden als String (Zeichenkette) angezeigt. Zahlen mit Komma als Beistrich werden ebenfalls nur als String erkannt.

Über Menü-Einfügen-Objekt und "Aus Datei erstellen" Microsoft Office Excel-Arbeitsblatt kann jede Excel-Datei als Objekt eingefügt werden. Mit "Neu erstellen" Microsoft Office Excel-Arbeitsblatt kann ein Excel-Datei neu erstellt werden. Hier können auch andere Objekttypen behandelt werden!

120	140	160	180
1	4	6	8
-2	-6	-15,2	-18,9
14	16	18	20

Durch einen Doppelklick wird Excel Inplace aktiviert und das Objekt kann bearbeitet werden.

19.2.3.4 ODBC-Komponente (Open Database Connectivity)

Mit ODBC-Komponente kann aus einer Datenbank gelesen werden, die in ihrem ODBC-Treiber SQL unterstützt.
Die ODBC-Treiber der Datenbankanwendungen müssen SQL unterstützen, wie dies bei Microsoft Access, dBase oder FoxPro der Fall ist. Einige Programme unterstützen SQL zwar innerhalb ihrer Anwendungen, aber nicht in ihren ODBC-Treibern. Dazu gehört z. B. Microsoft Excel.

Um eine ODBC-Lesen-Komponente nützen zu können, muss zuerst eine Verbindung zu einer Datenbank aufgebaut werden.

Dabei sollte folgende Vorgangsweise gewählt werden (Windows 2000 und XP):

1. **Öffnen der Systemsteuerung (Windows-Start Menü).**
2. **Öffnen des Ordners Verwaltung und Auswahl Datenquellen (ODBC).**
3. **Auswahl Benutzer-DSN Registerblatt:**
   Hinzufügen Benutzerdatenbank: z. B. Microsoft Access-Datenbank.
   Auswahl Microsoft Access-Treiber (*.mdb).
   Fertigstellen.
   Datenquellennamen (z. B. MathDB) eingeben und Datenbank auswählen
   (z. B. MCdb1.mdb im QSHEET\SAMPLES\ODBC Verzeichnis von der Mathcad-Installation).
4. **Aufruf der ODBC-Lesen-Komponente in Mathcad.**

Ist die Verbindung zur Datenbank hergestellt, so kann die Komponente eingefügt werden:

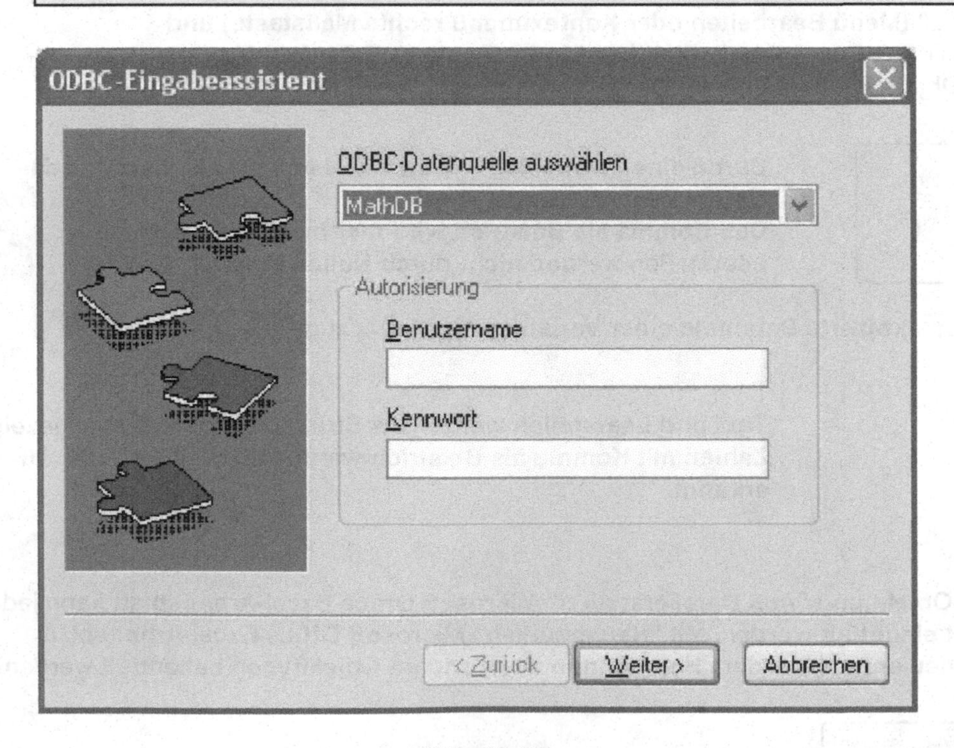

Abb. 19.26

Auf der zweiten Seite des Assistenten (Abb. 19.27) wird die Tabelle ausgewählt, aus der die Komponente Daten lesen soll. Nach der Auswahl der Tabelle können die zugehörigen Felder, die gelesen werden sollen, ausgewählt werden (mindestens eines ist auf jeden Fall auszuwählen). Es werden nur Felder mit den von Mathcad unterstützten Datentypen aufgeführt. Mit "Fertig stellen" wird der Assistent beendet.

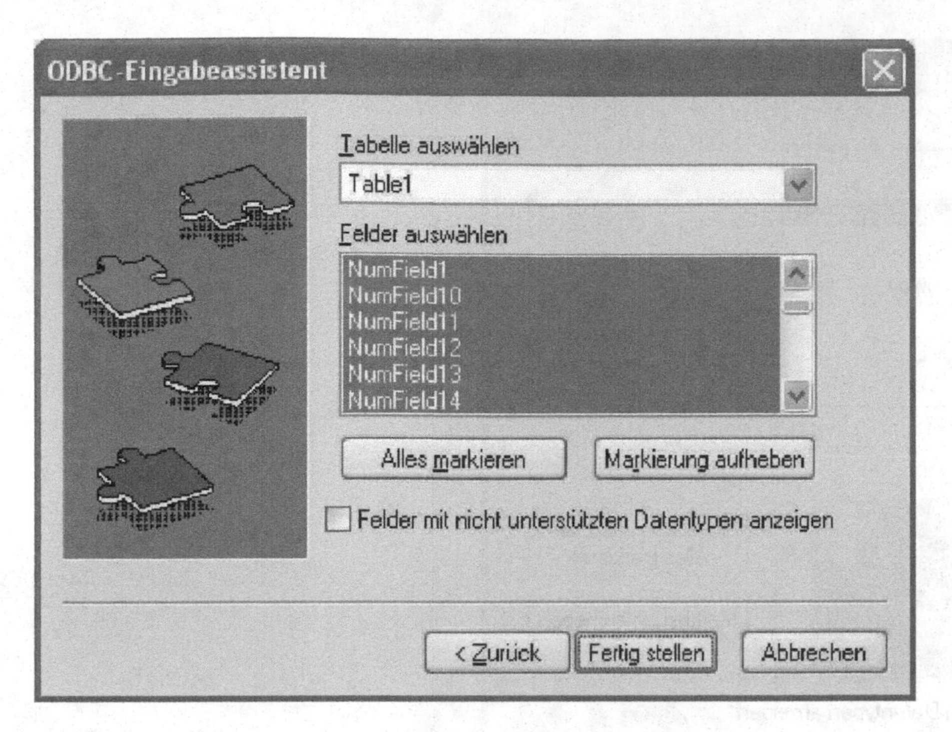

Abb. 19.27

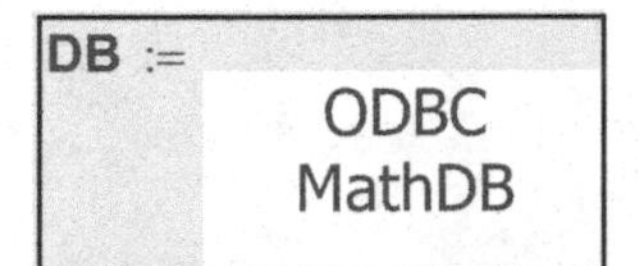

Zugriff auf die Datenbank

DB =

	0	1	2	3	4
0	1	10	11	12	13
1	23	2	2	0	3
2	0	0	0	4	4
3	0	0	0	0	0
4	0	0	0	0	0
5	0	0	0	460	0
6	0	0	4	0	0
7	0	60	64	0	...

Ausgabe der aus der Tabelle

und Felder ausgewählten Daten.

Klicken wir mit der rechten Maustaste auf das Symbol (ODBC MathDB), so erhalten wir über Eigenschaften ein umfangreiches Dialogfeld "Komponenteneigenschaften" (Abb. 19.28). Im Registerblatt "Datenquelle" können die Datenquelle, die Tabelle und die Felder neu ausgewählt werden. Weiters können die Daten vor dem Einlesen unter Verwendung der SQL-Anweisung "where" und geeigneter Boolescher Einschränkungen gefiltert werden. Die Einstellungen dazu erfolgen über die Registerkarte "Erweitert" (Abb. 19.29).

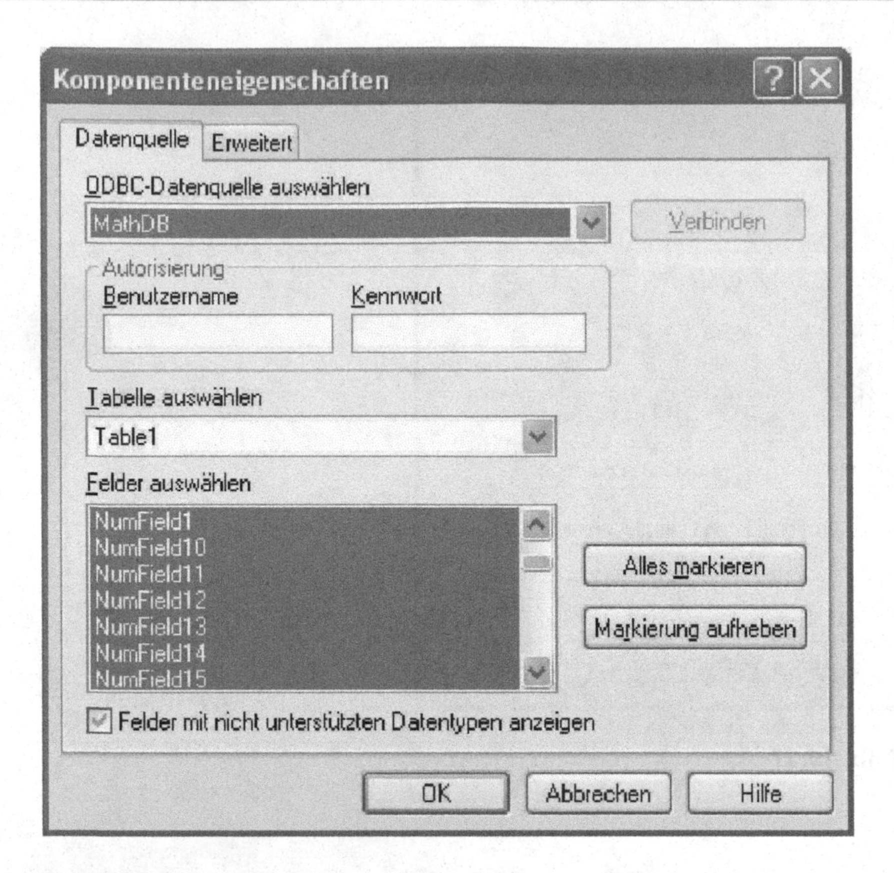

Abb. 19.28

Abb. 19.29

19.2.3.5 Skriptobjekt-Komponente

Zwischen Mathcad-Arbeitsblättern und anderen Applikationen, die OLE-Automation unterstützen, können die Daten auch dynamisch ausgetauscht werden, auch wenn es in Mathcad keine spezielle Komponente dafür gibt. Dazu wird die Komponente Skriptobjekt verwendet. Diese Komponente benützt die Microsoft ActiveX-Scripting Spezification. Näheres dazu siehe Menü-Hilfe-Developer's Reference.
Es kann prinzipiell aus jedem skriptfähigem Objekt, das in ein Mathcad-Arbeitsblatt eingefügt werden kann, ein benutzerdefiniertes skriptfähiges Objekt erzeugt werden.
Voraussetzungen: Die andere Applikation muss installiert sein. Wir müssen wissen, wie die andere Applikation OLE implementiert hat. VBScript oder JScript (siehe auch Mathcad-Hilfe und Menü-Hilfe Developer's Reference) muss installiert sein (VBScript und JScript sind im Microsoft Internet Explorer enthalten). Wir können diese Skriptsprachen auch kostenlos als Teil des Microsoft Windows-Skriptpakets unter der Adresse http:\\msdn.microsoft.com\scripting herunterladen.

Im Komponentenassistenten (Menü-Einfügen-Komponente) wird Skriptobjekt aufgerufen und es erscheint der Skripterstellungs-Assistent, in dem eine Reihe von skriptfähigen Objekten ausgewählt werden kann (Abb. 19.30):

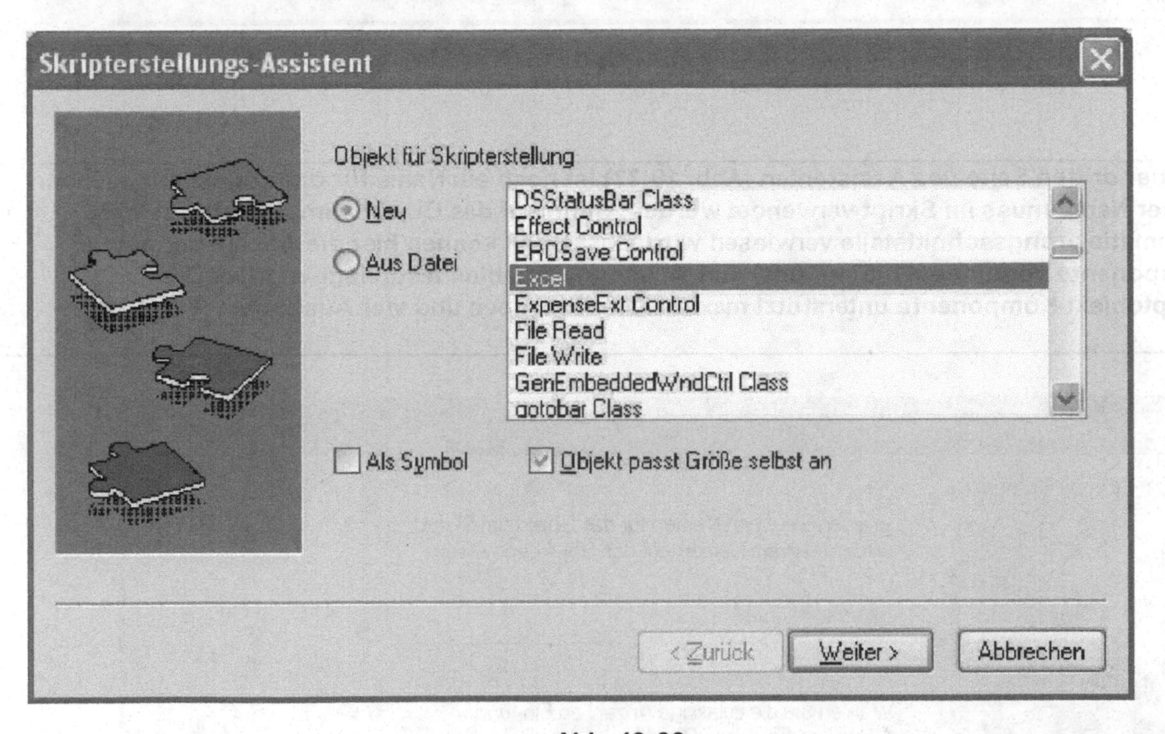

Abb. 19.30

Dieses Fenster (Abb. 19.30) zeigt die auf dem System installierten Applikationen an. Hier kann dann eine Applikation, die OLE2- Automatisierung unterstützt, ausgewählt oder eine existierende Datei gewählt werden.
Markieren wir das Kästchen "Als Symbol anzeigen", so wird anstatt des Objekts ein Icon auf dem Arbeitsplatz angelegt.
Auf der zweiten Seite des Assistenten (Abb. 19.31) kann die von der Komponente verwendete Skriptsprache ausgewählt werden. Von Mathcad werden nur zwei Skriptsprachen offiziell unterstützt: VBScript und JScript. Bei der Auswahl einer dieser Optionen erstellt Mathcad eine Skriptumgebung mit den entsprechenden Ereignis-Behandlern (event handler).

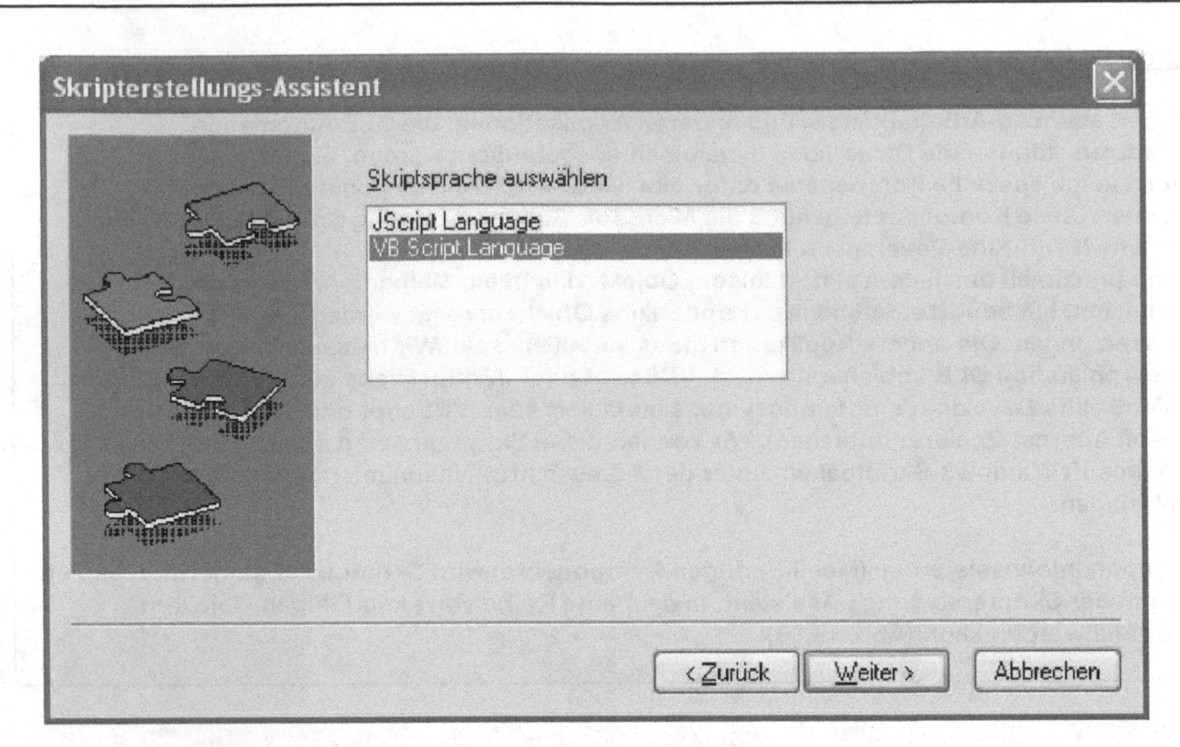

Abb. 19.31

Auf der dritten Seite des Assistenten (Abb. 19.32) ist noch ein Name für das Objekt anzugeben. Dieser Name muss im Skript verwendet werden, wenn auf das Objekt zum Aufrufen seiner Automatisierungsschnittstelle verwiesen wird. Zusätzlich können hier die Anzahl der mit der Komponente verbundenen Eingangs- und Ausgangsvariablen festgelegt werden. Die Skriptobjekt-Komponente unterstützt maximal vier Eingaben und vier Ausgaben.

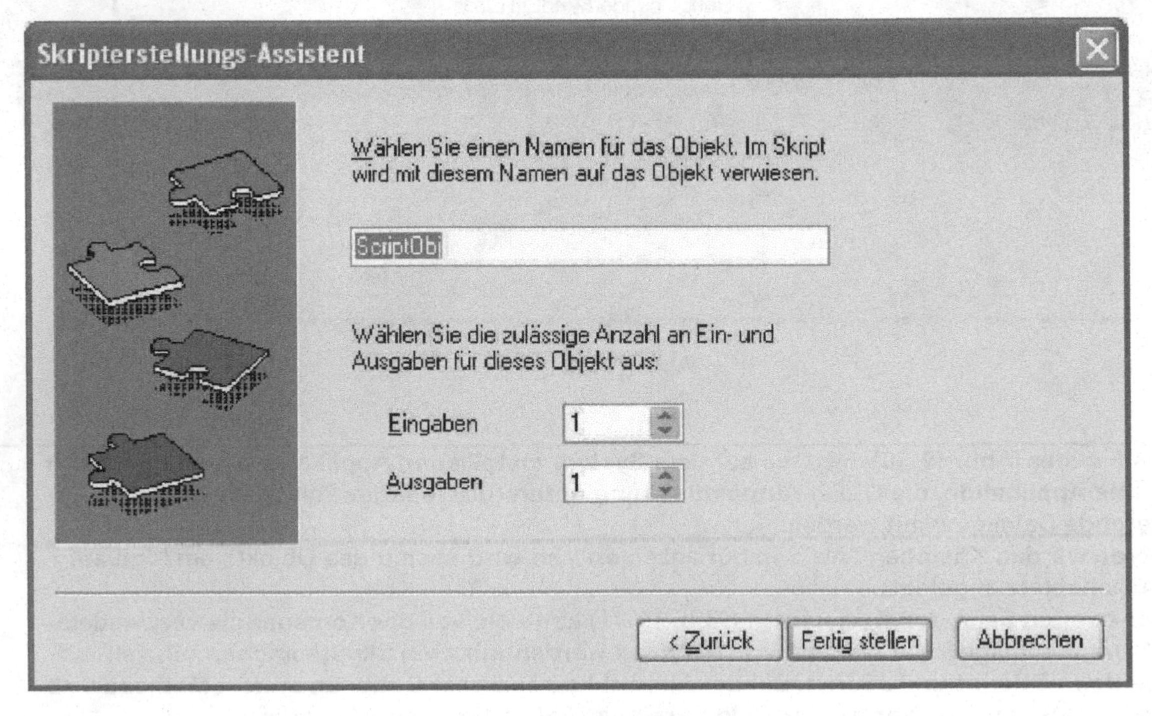

Abb. 19.32

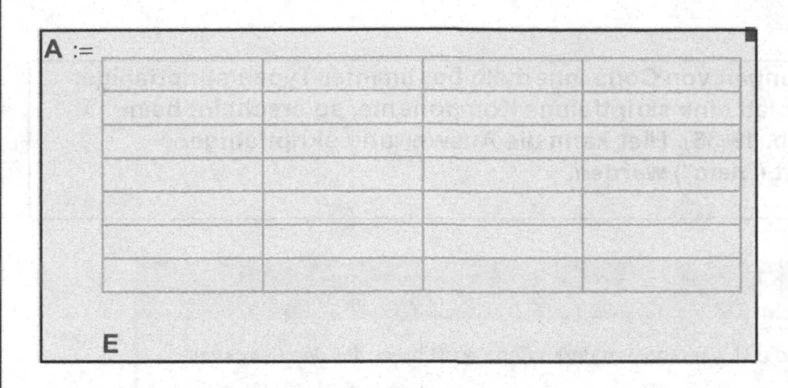

In den Platzhaltern werden die Ein- bzw. Ausgabevariablen eingetragen. Die Größe des Objekts kann wie bei allen Objekten durch Ziehen mit der Maus an den Randpunkten verändert werden.

Durch einen Klick mit der rechten Maustaste auf das Objekt erscheint wieder ein Kontextmenü (Abb. 19.33). Es können hier Ein- und Ausgabevariable hinzugefügt oder entfernt und das Skript bearbeitet werden. Mit "Arbeitsblatt Objekt" kann die Tabelle entweder via Inplace oder voll in Excel geöffnet werden. Über Eigenschaften (Abb. 19.34) können nachträglich die Anzahl der Ein- und Ausgaben und der Name für das Objekt verändert werden. Wenn der Name des Objektes geändert wird, muss auch im Skript der Name manuell geändert werden.

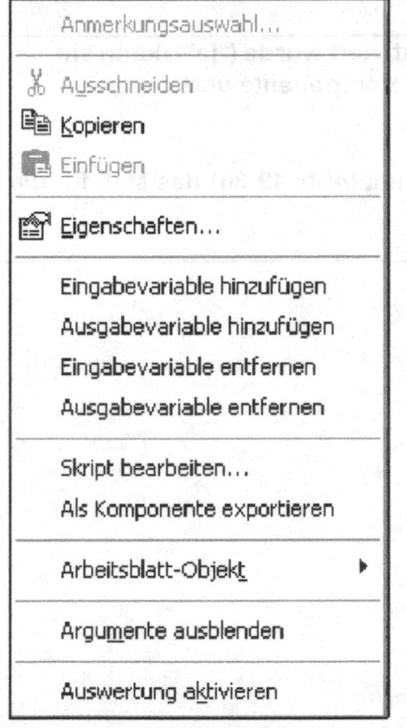

Abb. 19.33

Komponenteneigenschaften

Skripterstellung

Eingabenanzahl 1

Ausgabenanzahl 1

Für dieses Objekt im Skript verwendeter Name:

ScriptObj

Skript bearbeiten...

OK Abbrechen Hilfe

Abb. 19.34

Mit "Als Komponente exportieren" (Abb. 19.33) kann eine fertiggestellte Komponente mit einem Komponentennamen in ein Verzeichnis als Datei (Name.mcm) exportiert werden. Diese Komponenten können damit auch weitergegeben werden. Bei der Weitergabe ist jedoch darauf zu achten, dass auch das eingebettete Steuerelement zur Verfügung gestellt wird.

Üblicherweise speichern wir solche Komponenten im Verzeichnis Mathcad #\mcm. Nach dem Exportieren und einem Doppelklick auf die mcm-Datei erscheint dann eine solche Komponente nach dem Starten von Mathcad im Komponentenassistenten (siehe dazu auch Menü-Hilfe-Developer's Reference).

Mathcad schützt vor möglichen Beschädigungen von Code innerhalb bestimmter Typen skriptfähiger Komponenten. Enthält ein Mathcad-Arbeitsblatt eine skriptfähige Komponente, so erscheint beim Öffnen das nachfolgende Dialogfenster (Abb. 19.35). Hier kann die Auswertung skriptfähiger Komponenten deaktiviert ("ja") oder aktiviert ("nein") werden.

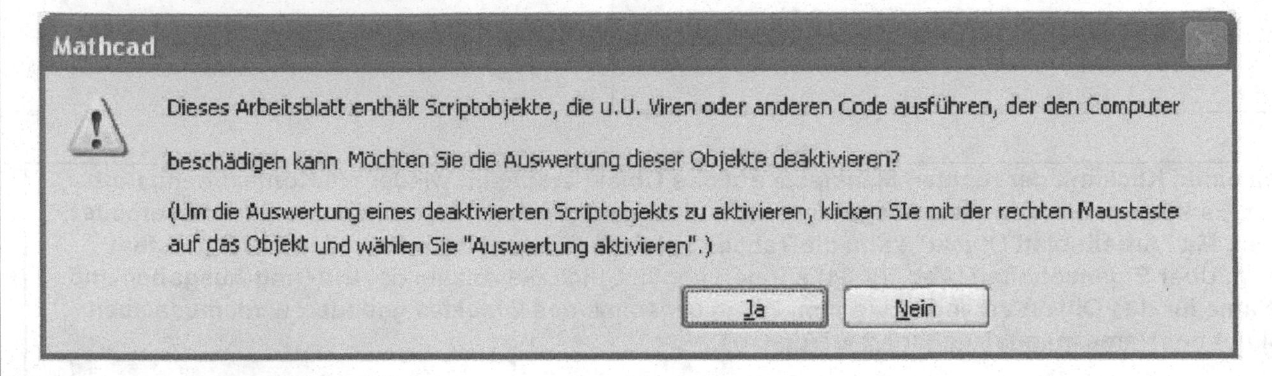

Abb. 19.35

Wenn beim Öffnen des Arbeitsblattes die skriptfähige Komponente deaktiviert wurde ("ja"), kann sie nachher über das Kontextmenü (Klick mit der rechten Maustaste auf die Komponente und "Auswertung aktivieren" (Abb. 19.33)) aktiviert werden.

Über das Menü-Extras-Einstellungen kann im Registerblatt-Skriptsicherheit (Abb. 19.36) das Maß für die Skriptsicherheit festgelegt werden:

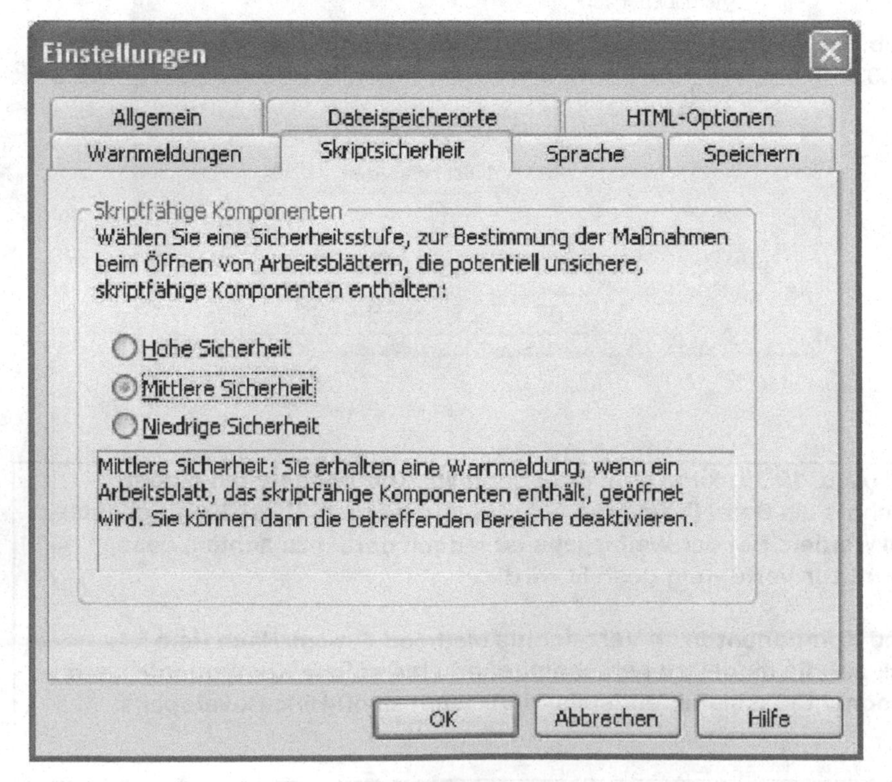

Abb. 19.36

Die Sicherheit wirkt sich auf die skriptfähige Objektkomponente und alle jene Skriptkomponenten aus, die als mcm-Dateien exportiert wurden.
Bei hoher Sicherheit werden beim Öffnen eines Arbeitsblattes alle Skriptkomponenten deaktiviert.
Bei mittlerer Sicherheit (dies ist die Standardeinstellung) erscheint beim Öffnen eines Arbeitsblattes das Dialogfenster (Abb. 19.35), wenn Skriptkomponenten vorhanden sind. Diese können dann aktiviert oder deaktiviert werden.
Bei geringer Sicherheit werden beim Öffnen eines Arbeitsblattes keine Vorkehrungen getroffen.

Das Skripting-Komponentenmodel beinhaltet vier Grundereignisse: Start, Exec, Stop und Click.

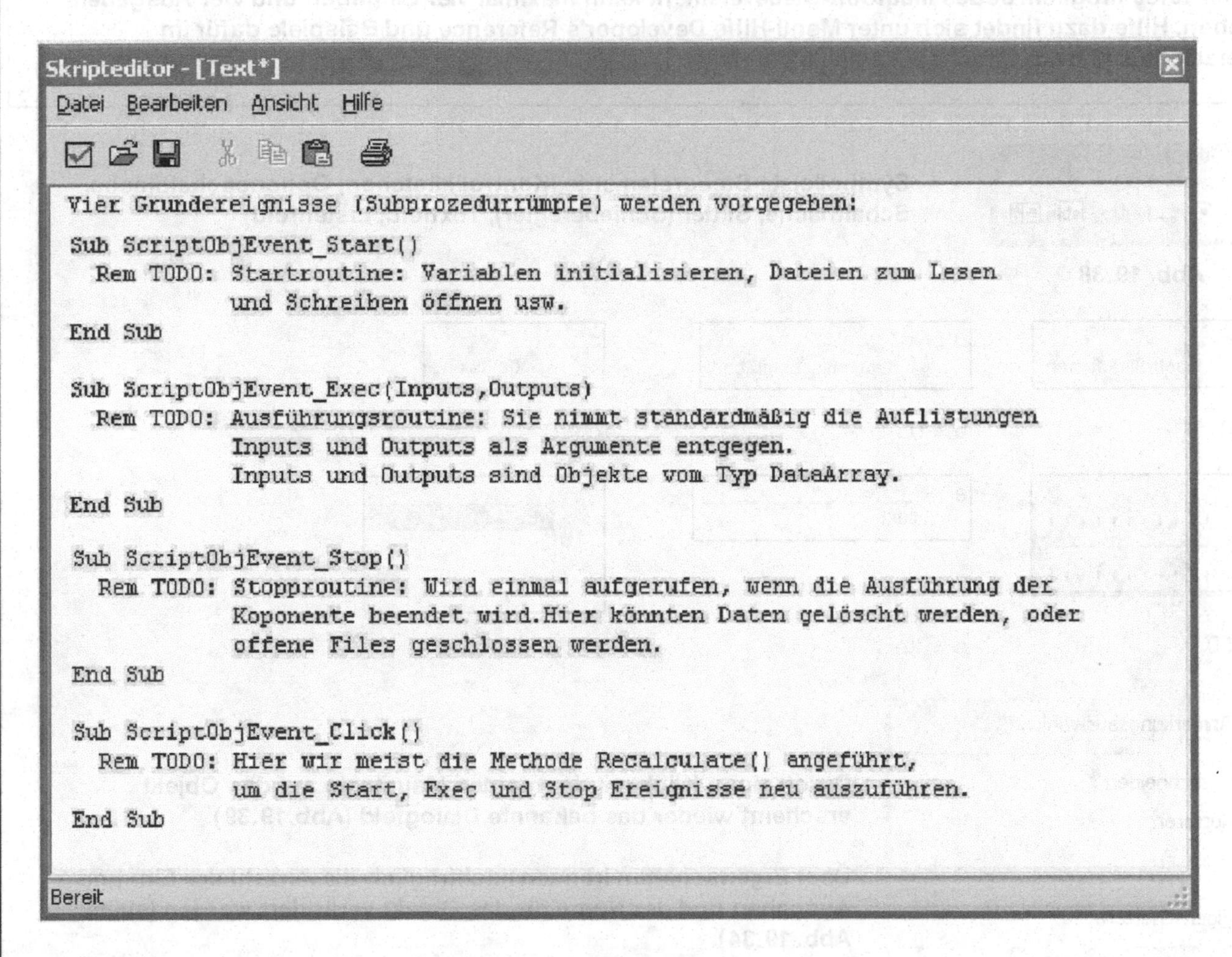

Abb. 19.37

Die in Abb. 19.37 angeführten Ereignisse beziehen sich auf VBSkript. In JSkript muss bei der Eingabe von Funktionen, Methoden und Eigenschaften die Groß- und Kleinschreibung berücksichtigt werden. In VBSkript dagegen nicht.
Außer dem hier gezeigten Skripteditor könnte auch ab Mathcad 13 Microsoft's Visual Studio .NET (Version 7 oder höher) und für ältere Versionen der professionelle Interdev-Debugger 6.0, eingesetzt werden.

Steuerelemente-Komponenten:

Mit den Mathsoft-Steuerelementen können eigene Formularsteuerelemente (ActivX-Control Komponenten) wie Kontrollkästchen (CheckBox), Optionsschaltfläche (RadioButton), Schaltfläche (PushButton), Schieberegler (Slider), Textfeld (TextBox) und Listenfeld (ListBox) eingefügt werden. Diese Komponenten arbeiten in ähnlicher Weise wie die Formularsteuerelemente von Microsoft (siehe Abb. 19.30), die als Skriptobjekt-Komponenten eingefügt werden können.
Ein Steuerelement kann entweder über Menü-Einfügen-Steuerelemente oder über die Symbolleiste-Steuerelemente (Menü-Ansicht-Symbolleisten-Steuerelemente) eingefügt werden.
Die Steuerelemente sind nach dem Einfügen sofort funktionstüchtig, weil bereits ein minimaler VBScript-Code vorgegeben ist. Eine Anpassung an individuelle Wünsche ist über das Kontextmenü Abb. 19.39 möglich. Jedes MathSoft-Steuerelement kann maximal vier Eingaben und vier Ausgaben haben. Hilfe dazu findet sich unter Menü-Hilfe Developer's Reference und Beispiele dafür im Verzeichnis Mathcad#\qsheet\samples\controls.

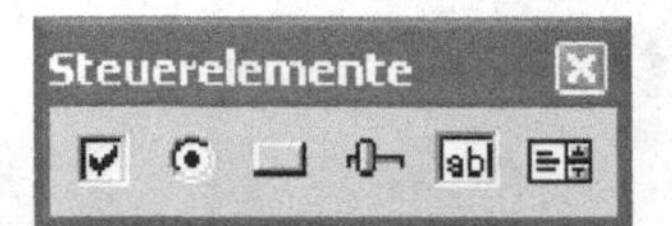

Symbolleiste-Steuerelemente (Kontrollkästchen, Optionsschaltfläche, Schaltfläche, Slider (Schieberegler), Textfeld, Listenfeld)

Abb. 19.38

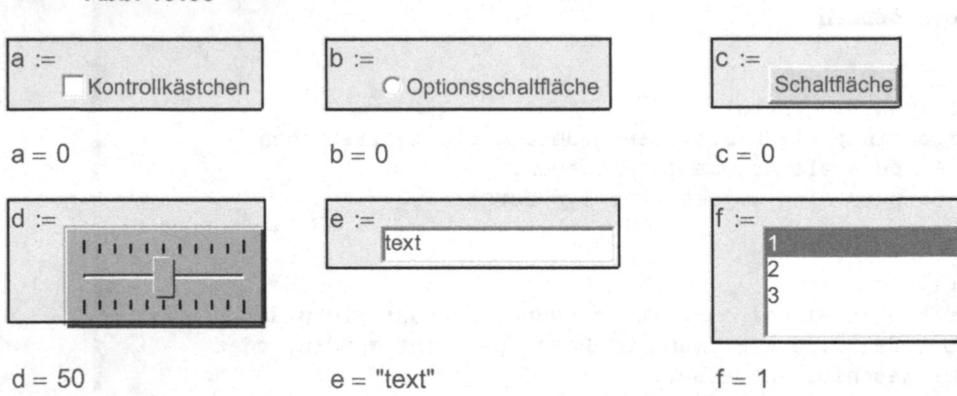

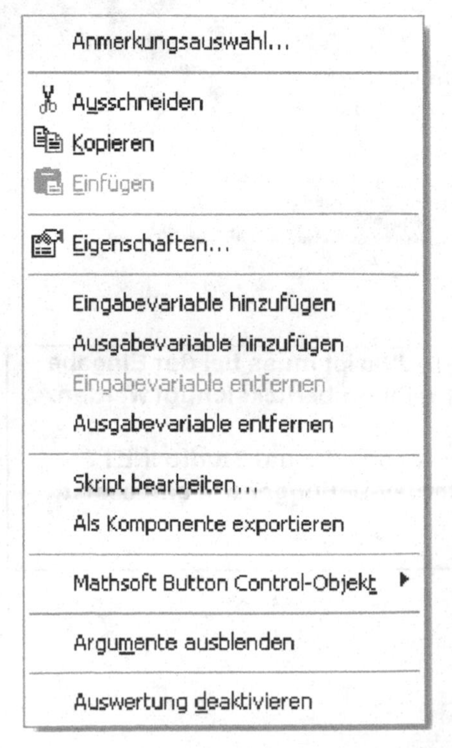

Durch einen Klick mit der rechten Maustaste auf das Objekt erscheint wieder das bekannte Dialogfeld (Abb.19.39).

Über Eigenschaften können nachträglich die Anzahl der Ein- und Ausgaben und der Name für das Objekt verändert werden (siehe Abb. 19.34).
Außerdem können Ein- und Ausgabevariable hinzugefügt oder entfernt und das Skript bearbeitet werden.
Mit "Mathsoft Button (Slider, TextBox oder ListBox) Control-Objekt" können noch Eigenschaften für das Objekt gewählt werden.

Haben wir ein Skript-Objekt eingerichtet, so können wir es als eigene Skript-Objekt-Komponente, wie schon weiter oben beschrieben, exportieren ("Als Komponente exportieren").

Abb. 19.39

Wenn das Aussehen eines Steuerelements ohne Skriptänderung verändert werden möchte, dann kann das z. B. über Mathsoft Button Control-Objekt Eigenschaften (Abb. 19.40) durchgeführt werden:

Abb. 19.40

<u>Beispiel 19.5</u>

In einem Koordinatensystem sollen die Funktionen y = k x + d, y = x², y = sin(x), y = cos(x) und y = exp(x) dargestellt werden. Die Auswahl einer Funktion, die Steigung und der Achsenabschnitt der Geraden sollen mithilfe von AktivX-Controls (Listenfeld, Textfeld und Slider) ausgeführt werden.

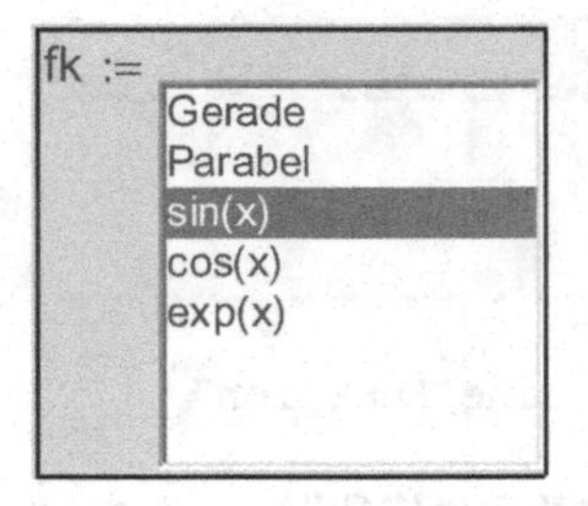

Listenfeld (Funktion durch Doppelklick auf einen Namen auswählbar)

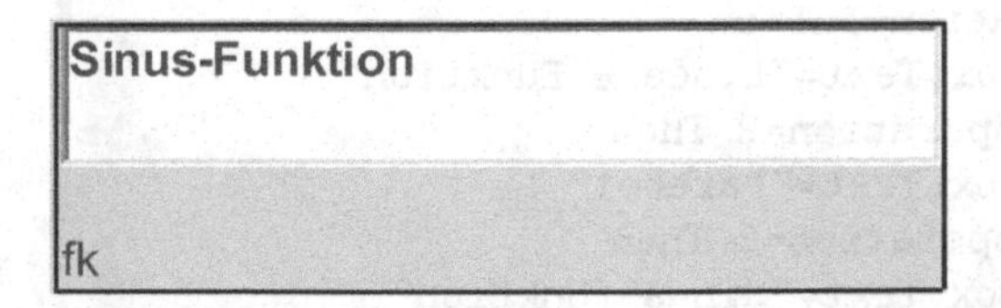

Dieses Textfeld zeigt den ausgewählten Namen

Mathsoft Slider Control-Objekt Eigenschaften (Abb. 19.39):
Minimum -10; Maximum 10
Teilstrichfähigkeit 1

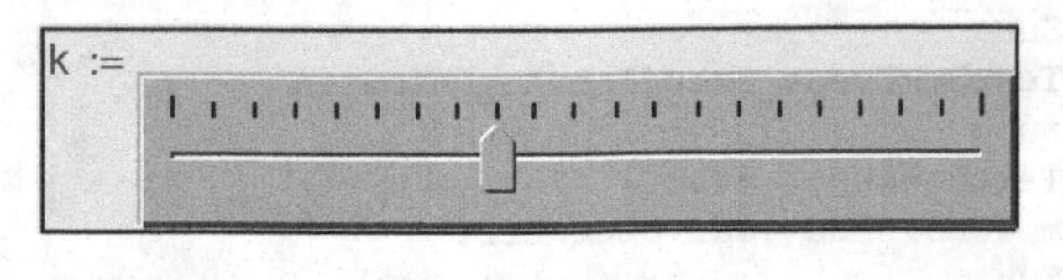

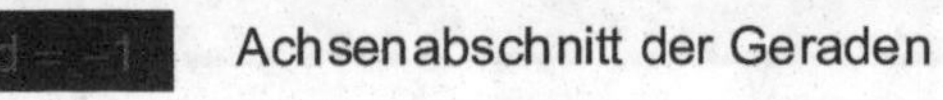

k = −2 Steigung der Geraden

d = −1 Achsenabschnitt der Geraden

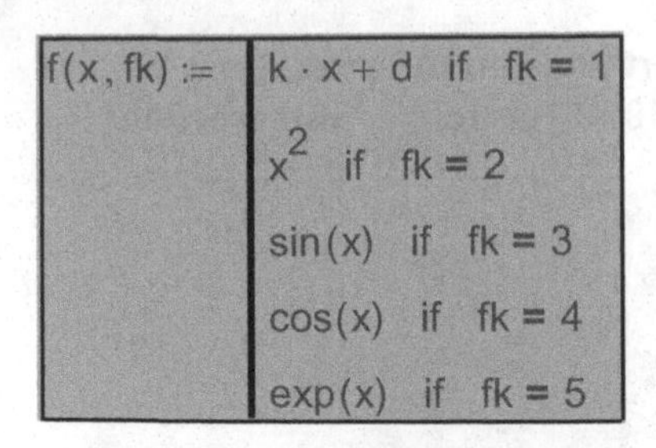

Ein Unterprogramm zur Auswahl der Funktion (siehe Kapitel 18)

$x := -5, -5 + 0.01 .. 5$ Bereichsvariable

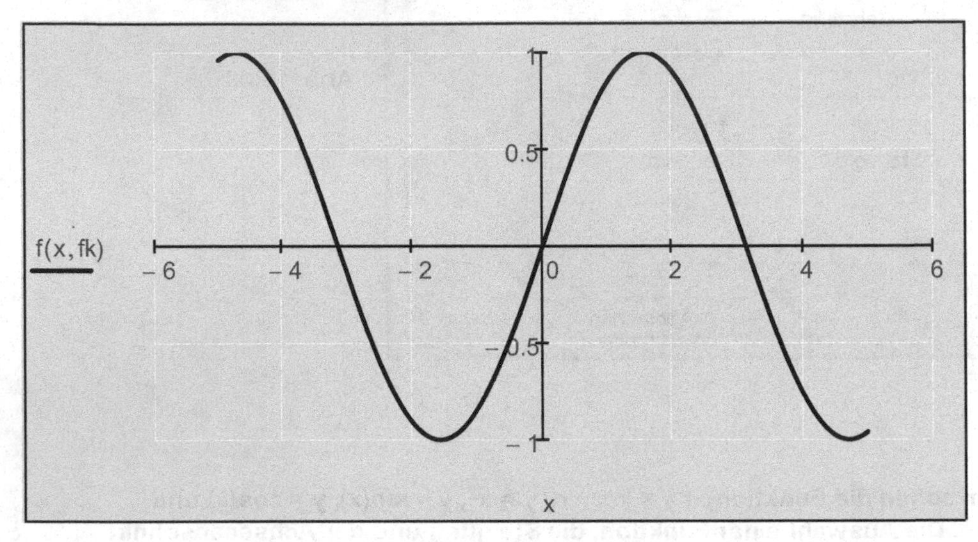

X-Y-Achsen:
Gitterlinien
Nummeriert
Automatische Skalierung
Automatische Gitterweite
Achsenstil:
Kreuz
Spuren:
Spur 1
Typ Linien

Abb. 19.41

Ansichten des Skripteditors für die oben angeführten Steuerelemente:

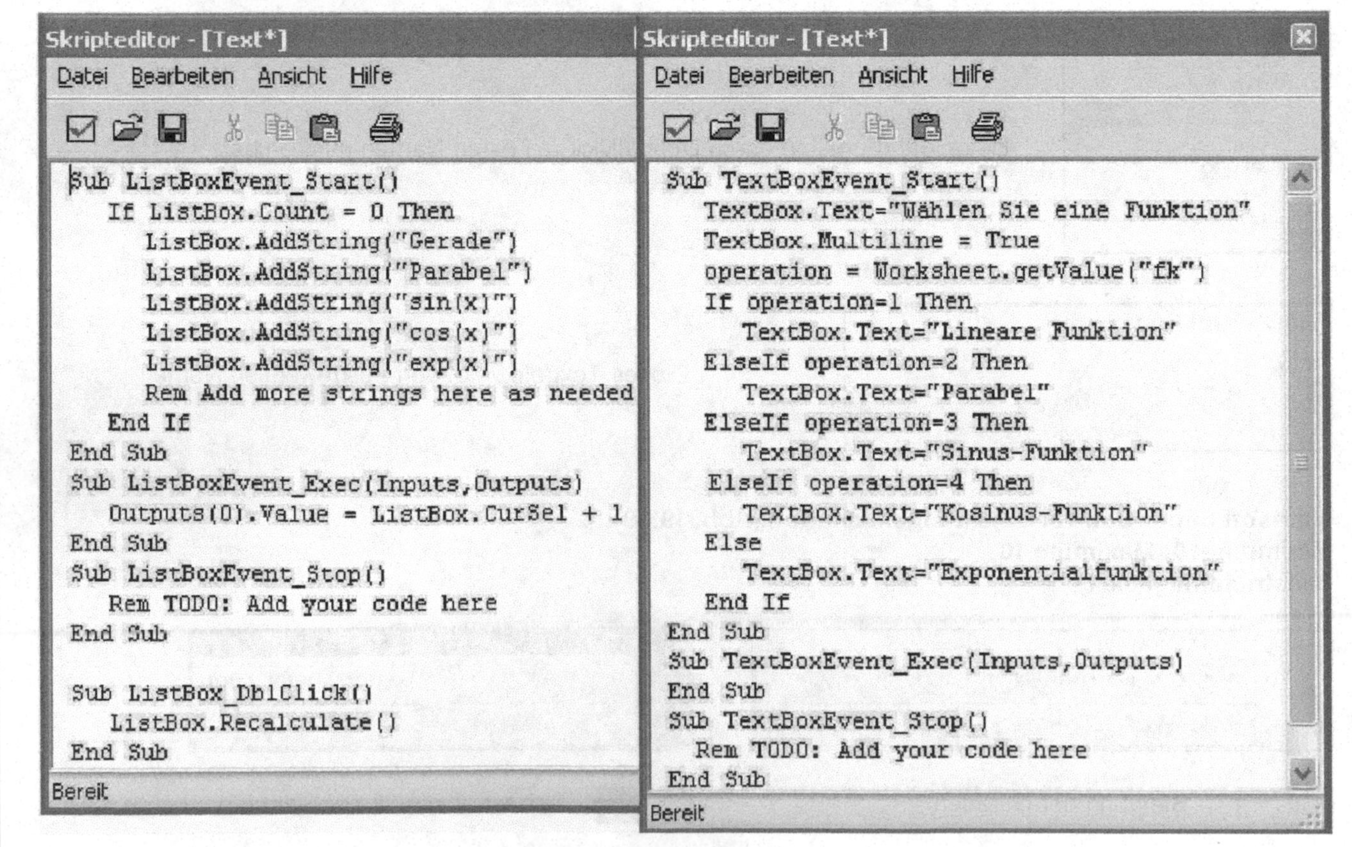

Abb. 19.42

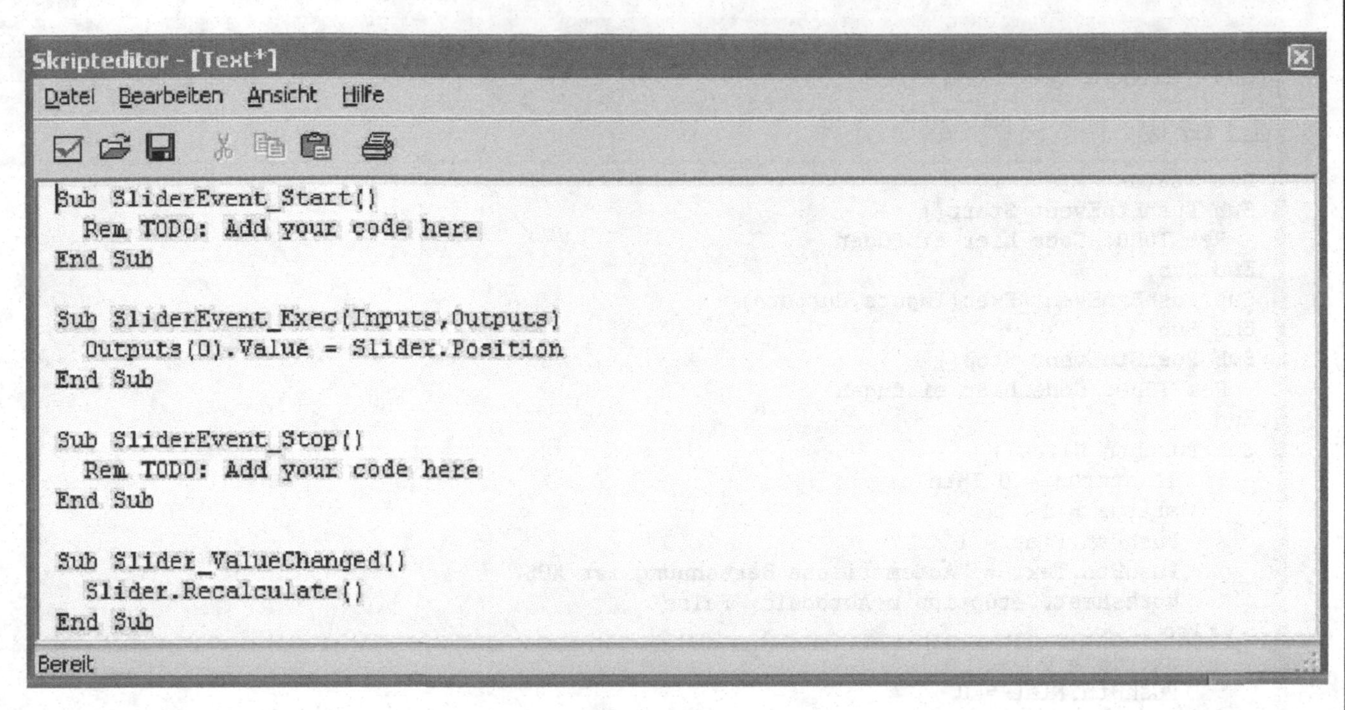

Abb. 19.43

Beispiel 19.6

Arbeitsblatt-Aktionen können mithilfe einer Schaltfläche automatisiert werden.
Ab der Version Mathcad 2001i wurde das Mathcad-Interface wesentlich erweitert auf das Mathcad-Worsheet-Interface (siehe dazu Menü-Hilfe-Developer's Reference)!

Automatische Berechnung des Arbeitsblattes:
Das Arbeitsblattobjekt unterstützt eine SetOption-Methode, die unter anderem über eine Option zum Aktivieren und Deaktivieren der automatischen Berechnung verfügt (Abb.19.44).

Automatische Berechnung ist EIN

Diese Schaltfläche aktiviert bzw. deaktiviert die automatische Berechnung (siehe **Menü-Extras-Berechnen**).

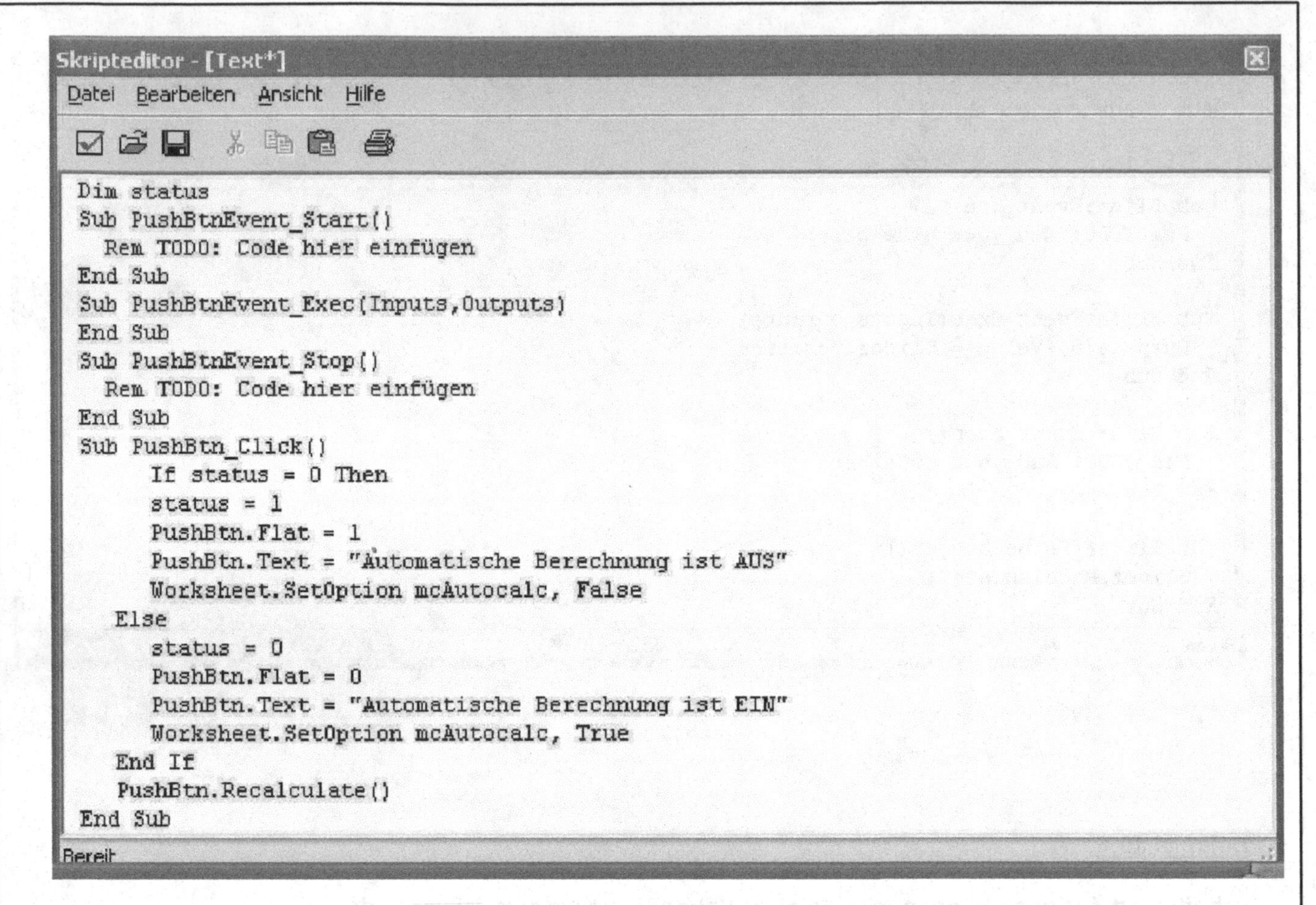

Abb. 19.44

Arbeitsblatt neu berechnen:

Arbeitsblatt neu berechnen

Durch Aktivierung dieser Schaltfläche wird das Arbeitsblatt neu berechnet (Abb.19.45).

Arbeitsblatt speichern:

Arbeitsblatt speichern

Durch Aktivierung dieser Schaltfläche wird das Arbeitsblatt gespeichert (Abb. 19.46).

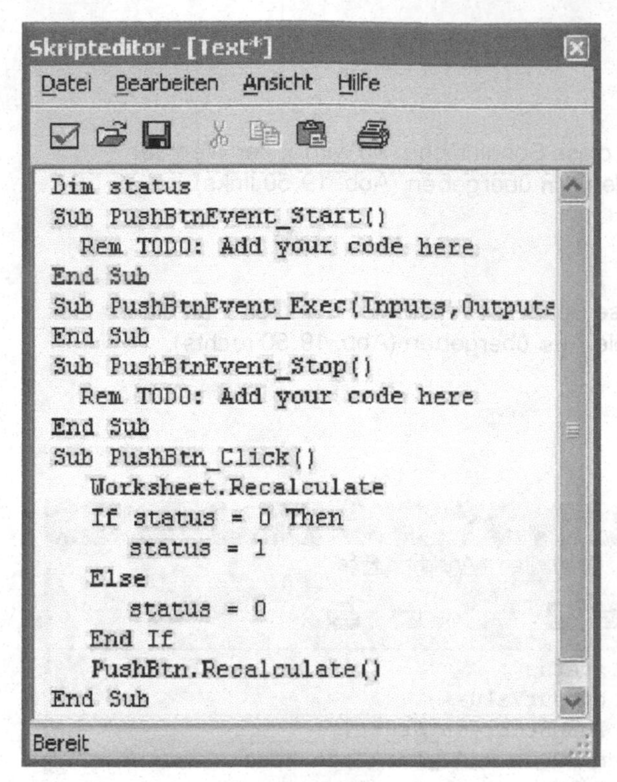

Abb. 19.45

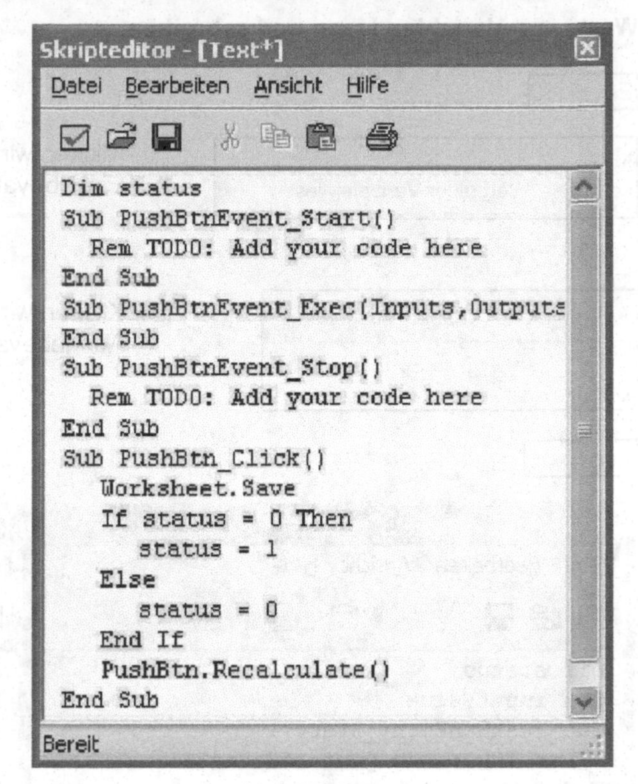

Abb. 19.46

Arbeitsblatt-Eigenschaften:

Schnittstellen14ORIGINAL.xmcd

Dieses Textfeld ruft die Eigenschaft "Name des Arbeitsblattes" ab und zeigt sie an.

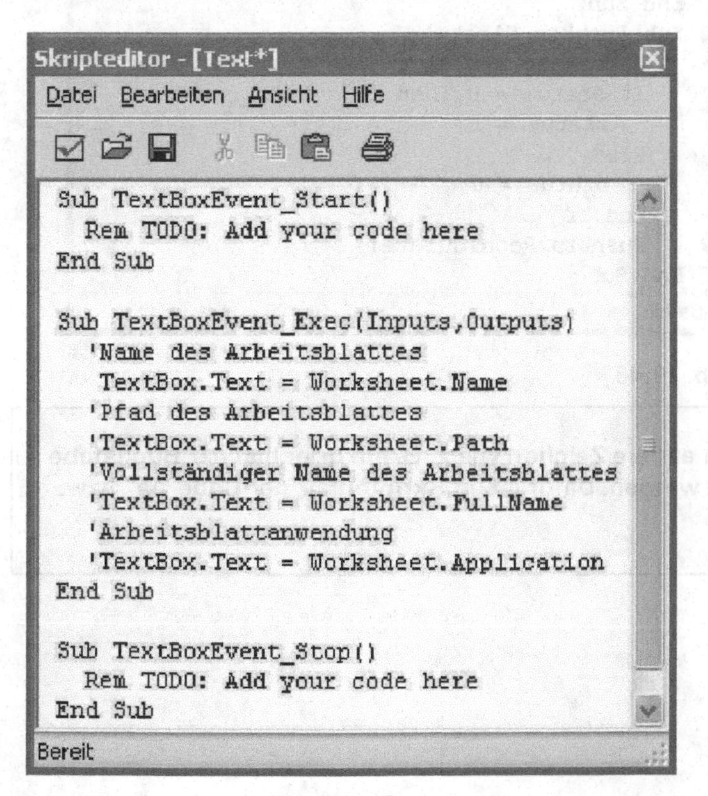

Alternativen sind hier im VBSkript-Code als Kommentare (einfaches Anführungszeichen) ausgewiesen.

Abb. 19.47

Werte von Variablen lesen und schreiben:

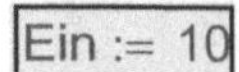

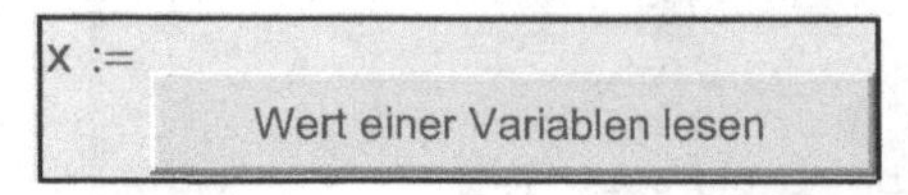

Klicken wir auf diese Schaltfläche, so wird **x** der Wert der Eingabevariablen **Ein** übergeben (Abb. 19.50 links).

x = 10

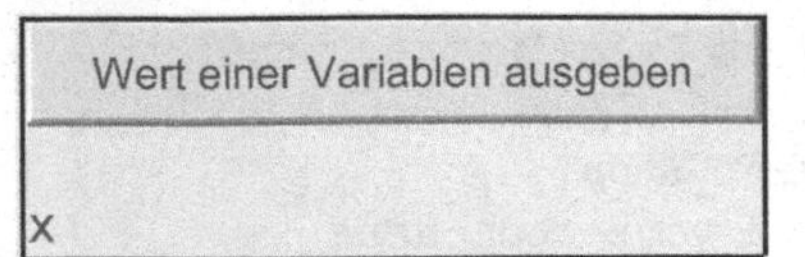

Klicken wir diese Schaltfläche, so wird der Wert **x** an die Ausgabevariable **Aus** übergeben (Abb. 19.50 rechts).

Aus = 0

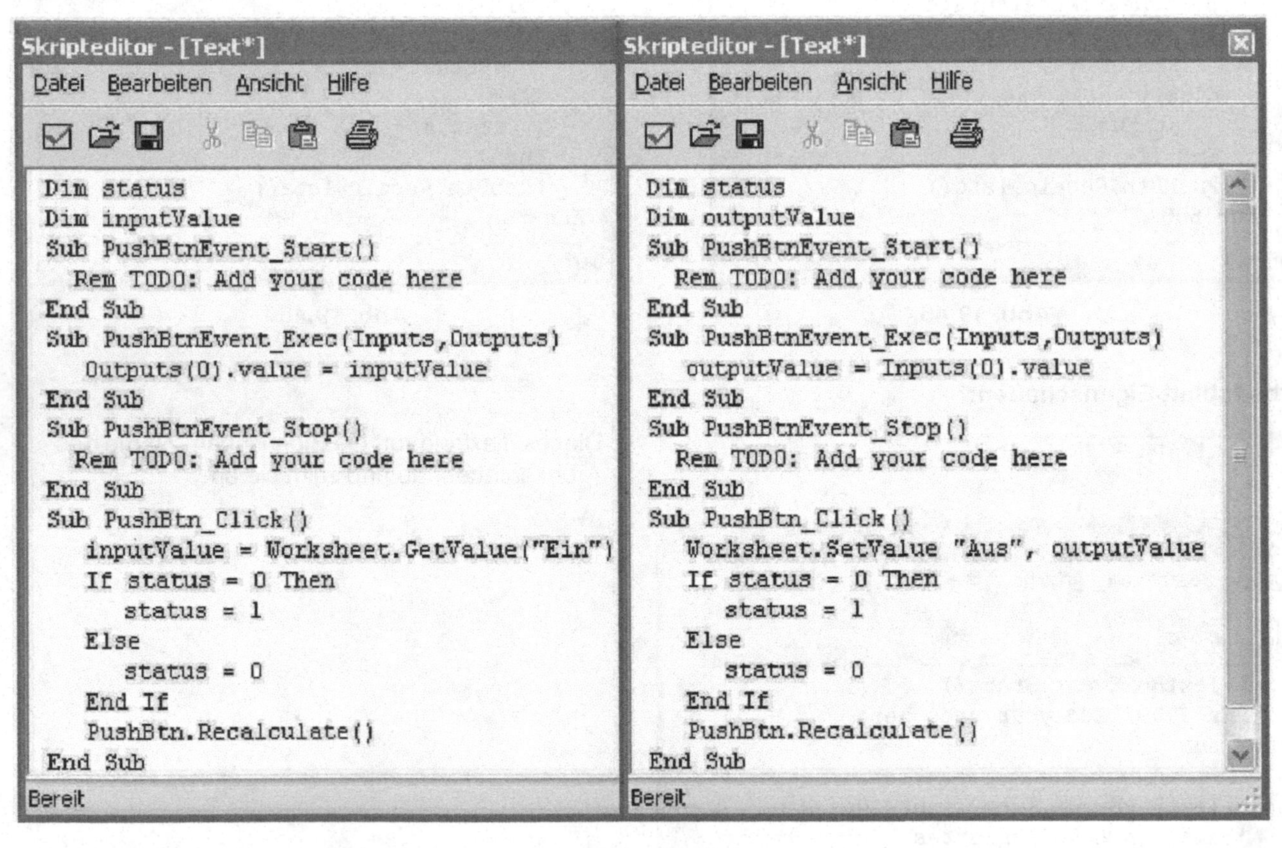

Abb. 19.48

<u>Bemerkung:</u>
Für die Variablen "Ein" bzw. "Aus" könnten auch andere Zeichen wie z. B. ein griechischer Buchstabe α oder ein Zeichen mit Literalindex A_1 verwendet werden. Dafür ist im Skripteditor der Code "\a" bzw. "A.1" einzugeben.

Web-Steuerelemente-Komponenten:

Über Menü-Einfügen-Steuerelement-Web-Steuerelement können Web-Steuerelemente eingefügt werden (Abb. 19.49). Web-Steuerelemente sind Mathsoft-Steuerelementen ähnlich. Sie arbeiten ohne Skripts und sind auf der Grundlage von Dialogfeldern zu steuern. Sie sind für Arbeitsblätter gedacht, die zur Verwendung mit dem Mathcad-Calculation-Server erstellt wurden. In einem Webbrowser werden sie als standardmäßige HTML-Formularsteuerelemente angezeigt. Mit einem Klick der rechten Maustaste auf das Steuerelement erscheint ein Kontextmenü, in dem über Eigenschaften die Komponenteneigenschaften geändert werden können (Abb. 19.50).

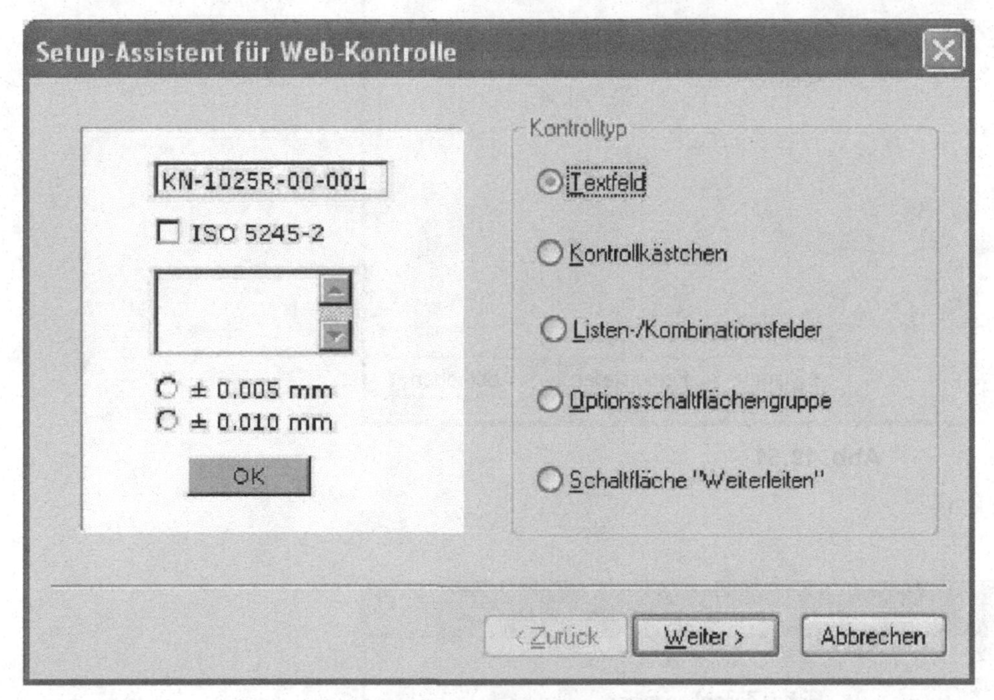

Abb. 19.49

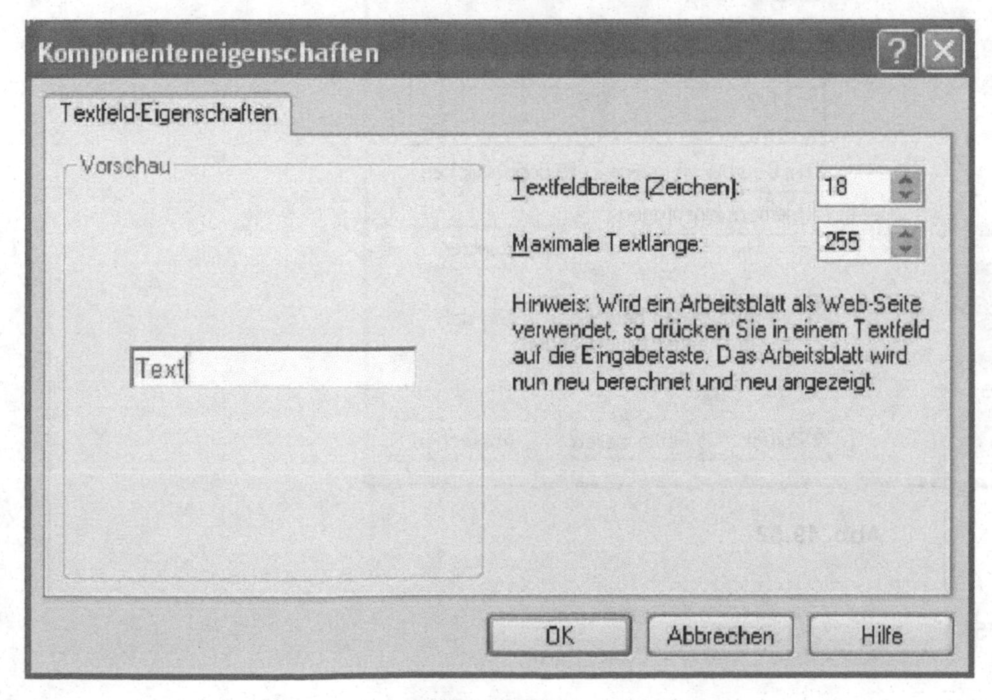

Abb. 19.50

a := Text

a = "Text"

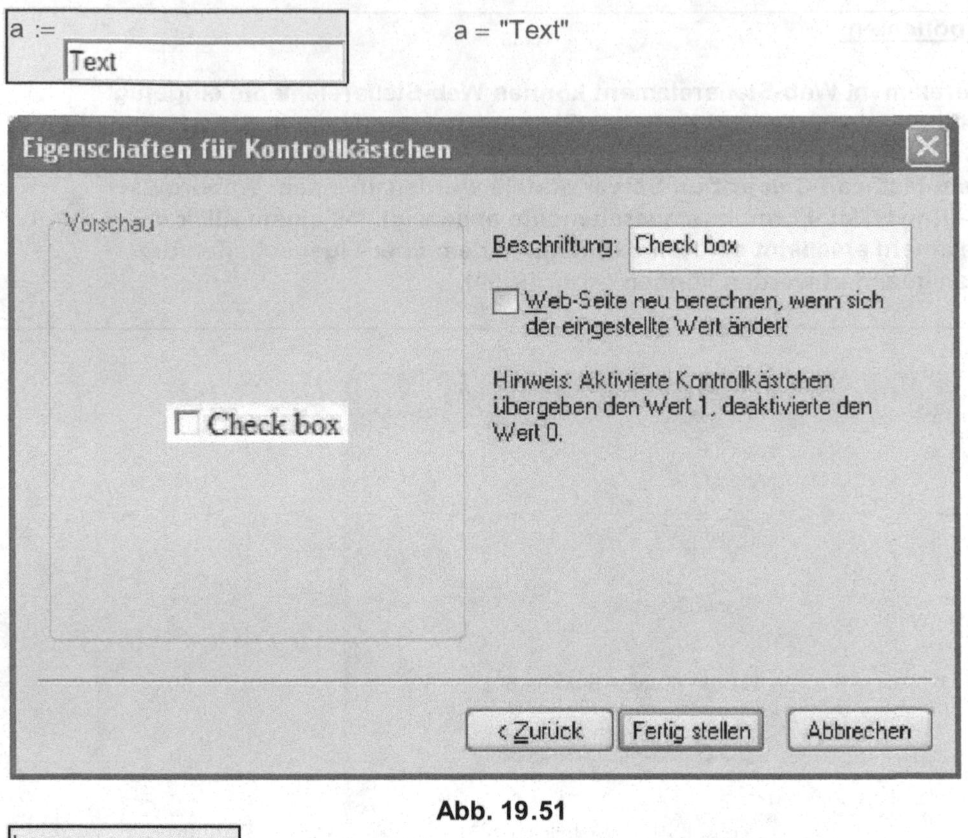

Abb. 19.51

b = 1

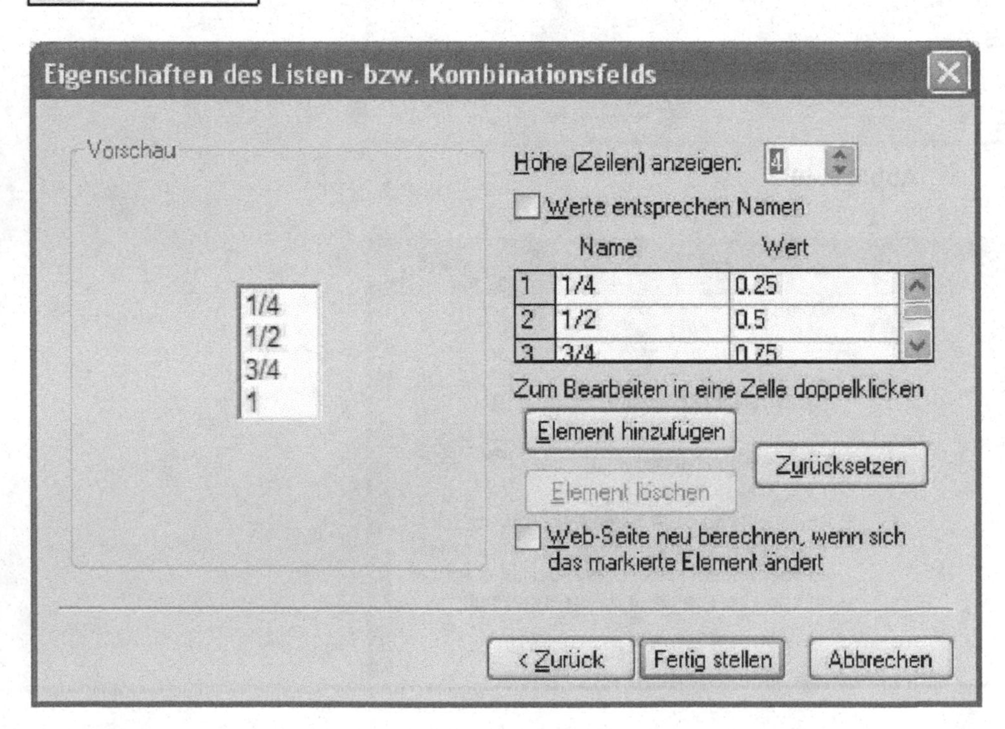

Abb. 19.52

c :=
1/4
1/2
3/4
1

c = 0.75

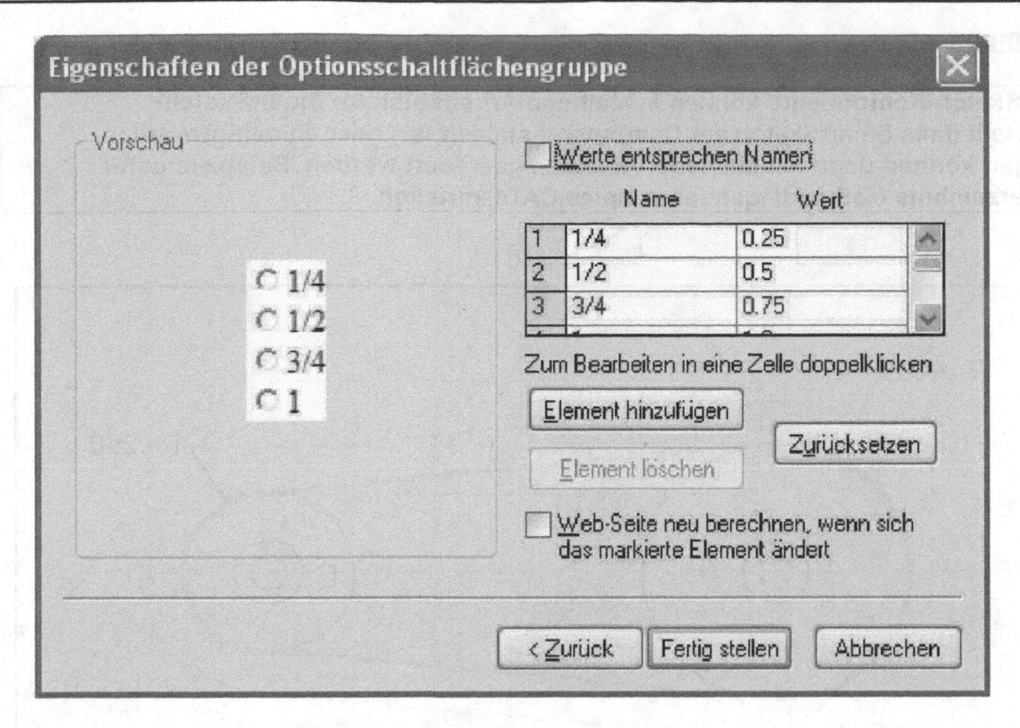

Abb. 19.53

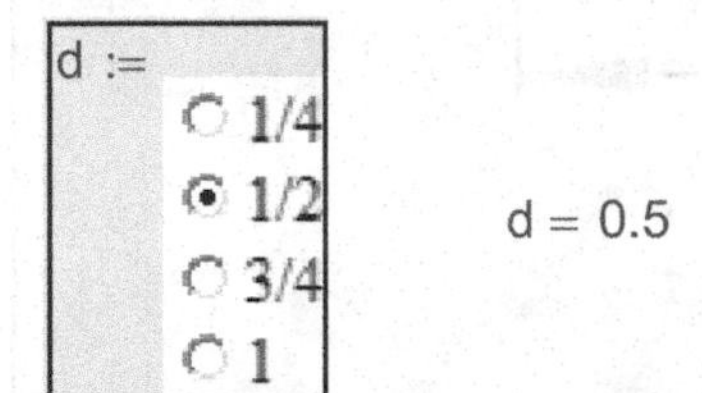

d = 0.5

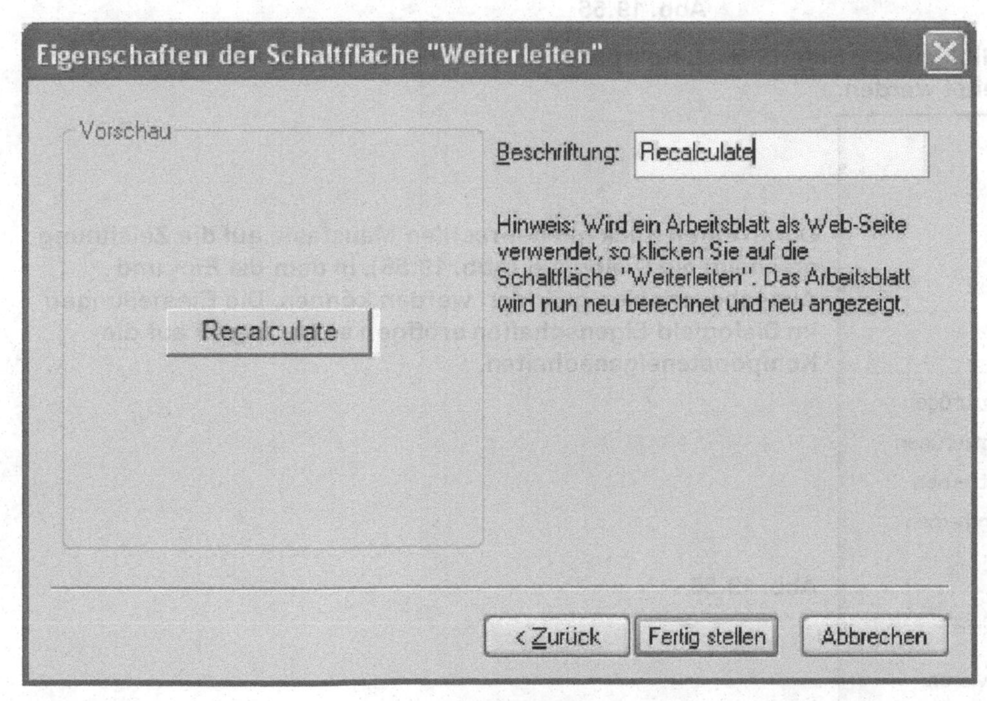

Abb. 19.54

e = 1

19.2.3.6 SmartSketch-Komponente

Durch die SmartSketch-Komponente können in Mathcad-Arbeitsblättern SmartSketch-Zeichnungen erstellt (falls SmartSketch am Computer installiert ist) oder eingefügt werden. Diese Zeichnungen können dann mit Mathcad-Variablen gesteuert werden. Beispiele dafür finden sich im Verzeichnis Mathcad#\qsheet\samples\CAD\smrtskch.

R := 0.4 m   r := 0.25 m   d := 1.5 m

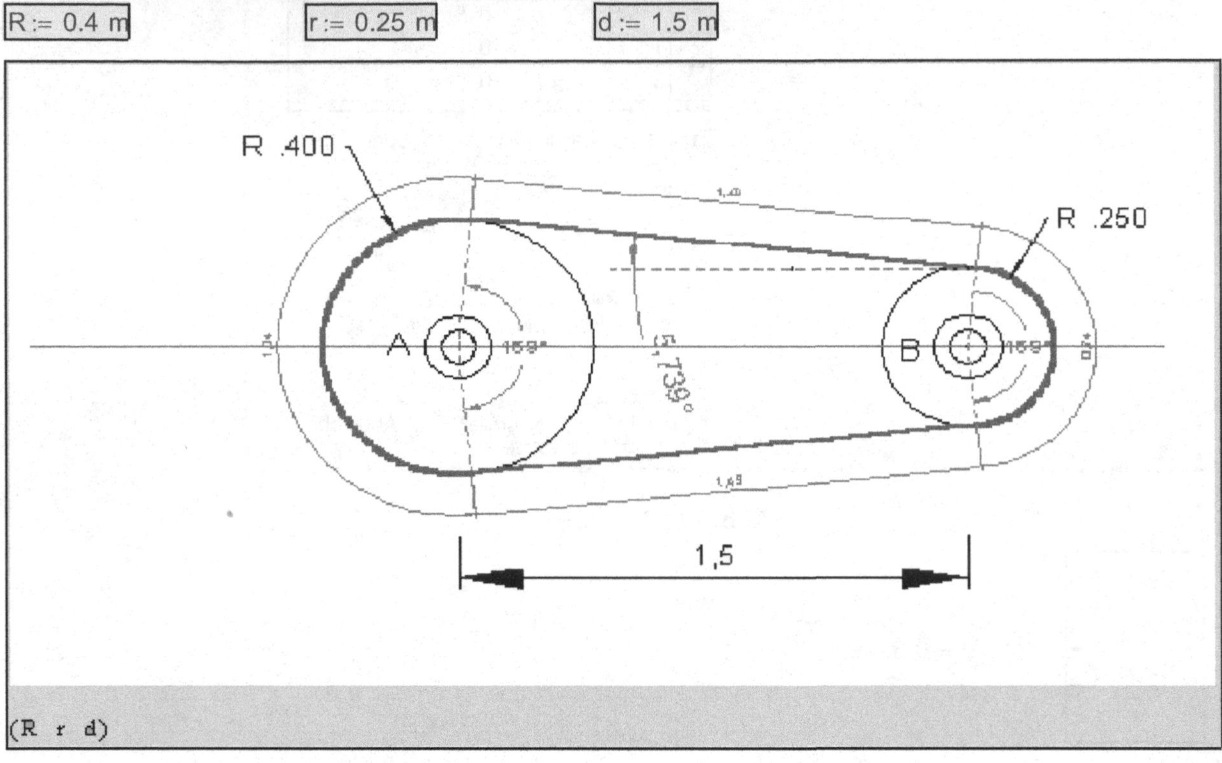

Abb. 19.55

Mit einem Doppelklick auf die SmartSketch-Komponente kann die Zeichnung via Inplace-Aktivierung bearbeitet werden.

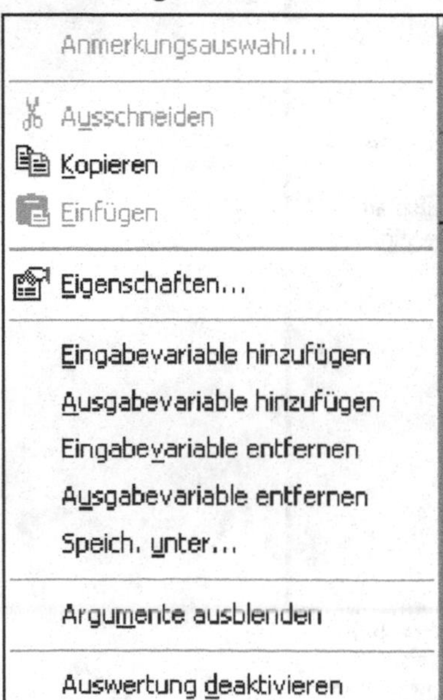

Durch einen Klick mit der rechten Maustaste auf die Zeichnung erscheint ein Dialogfeld (Abb. 19.56), in dem die Ein- und Ausgabevariablen geändert werden können. Die Einstellungen im Dialogfeld Eigenschaften eröffnen einen Zugriff auf die Komponeteneigenschaften.

Abb. 19.56

Beim Erstellen einer neuen SmartSketch-Zeichnung ist darauf zu achten, dass im Menü-Tools-Variablen die Variablen der Zeichnung und die Dimensionen festgelegt werden. Damit gewährleistet ist, dass Änderungen in den Bemaßungen einer Zeichnung nur in Relation zu anderen Änderungen vorgenommen werden, sollte im Menü-Tools die Option Beziehungen-Erhalten aktiviert sein.

19.2.4 Mathcad als OLE-Automatisierungsserver (OLE Automation Interface)

In Mathcad lässt sich nicht nur, wie vorher beschrieben, ein benutzerdefiniertes Objekt anlegen. Die OLE-Automatisierungs-Schnittstelle von Mathcad stellt einen Mechanismus für den komplementären Prozess zur Verfügung, nämlich Mathcad als Automatisierungsserver in anderen Windows-Applikationen einzusetzen. Damit können Daten dynamisch von einer anderen Applikation an Mathcad geschickt werden, Berechnungen und andere Datenmanipulationen in Mathcad vorgenommen werden und die Ergebnisse dann an die Ursprungsapplikation zurückgeschickt werden. Siehe dazu Beispiele im Ordner Mathcad#\qsheet\samples.
Damit die OLE-Automatisierungs-Schnittstelle genutzt werden kann, muss ein Programm in Visual Basic 5.0 oder höher oder in einer Applikation, die als Automatisierungs-Client eingesetzt werden kann (z. B. Excel 5.0 oder höher mit VBA), geschrieben werden.

Die in Mathcad definierten Variablen werden üblicherweise mit den Namen in0, in1, in2 usw. und die von Mathcad geladenen Variablen mit den Namen out0, out1, out2 usw. (max. 10) bezeichnet.

Mathcad enthält zwei Applikations-Schnittstellen (Application Interfaces (API's)):

1. API für eingebettete Objekte (embedded objects):

Es gibt für diese Schnittstelle vier Automatisierungsmethoden:

- **GetComplex(Name, RealPart, ImagPart) lädt komplexe Daten (Realteil und Imaginärteil vom Typ Variant) aus der Mathcad-Variablen Name (out0, out1, out2 usw.).**
- **SetComplex(Name, RealPart, ImagPart) weist der Mathcad-Variablen Name (in0, in1, in2 usw.) komplexe Daten zu.**
- **Recalculate( ) berechnet erneut das Mathcad-Dokument.**
- **SaveAs(Name) speichert das Mathcad-Dokument als Datei. Der Pfad wird in der Zeichenfolge Namen übergeben.**

Siehe dazu Menü-Hilfe-Developer's Reference
bzw. Beispiele im Ordner Mathcad #\doc\Help_DE\DevRef\DevRef.htm

Vorgangsweise:
- **Mathcad-OLE-Objekt bereitstellen (Menü-Einfügen-Objekt), mit dem kommuniziert werden kann.**
- **Client-Applikation so einrichten, dass sie Daten an Mathcad sendet und Daten an Mathcad übernimmt.**
- **Code schreiben, der bestimmt, welche Daten gesendet bzw. entgegengenommen werden sollten.**

Beispiel 19.7

Mathcad als OLE-Automatisierungsserver in Excel.
Es soll der Variablen in0 in einem Mathcad-OLE-Objekt ein Vektor mit reellen Zahlen (Anfangsgeschwindigkeit und Abschußwinkel) zugewiesen werden, die in den Zellen A4 bis A5 gespeichert sind. Mathcad soll dann eine Berechnung der x- und y-Werte durchführen und die Daten zu einer Matrix zusammenfassen. Die Daten sollen dann in der Mathcad-Variablen out0 gespeichert und an Excel zurückgeliefert werden (Zellen I5 bis J14).

- Mathcad-OLE-Objekt in eine Excel-Mappe einfügen (Menü-Einfügen-Objekt Mathcad-Dokument).
- Daten im Mathcad-Arbeitsblatt festlegen (vorher ein Doppelklick auf das Objekt).
- Daten in Excel einrichten, die an Mathcad übergeben und aus Mathcad übernommen werden.
- VBA-Makromodul schreiben (Abb. 19.58).

Bemerkung:
Um Mathcad nur reelle Daten zu übergeben, sollten die Imaginärteile auf null gesetzt werden!

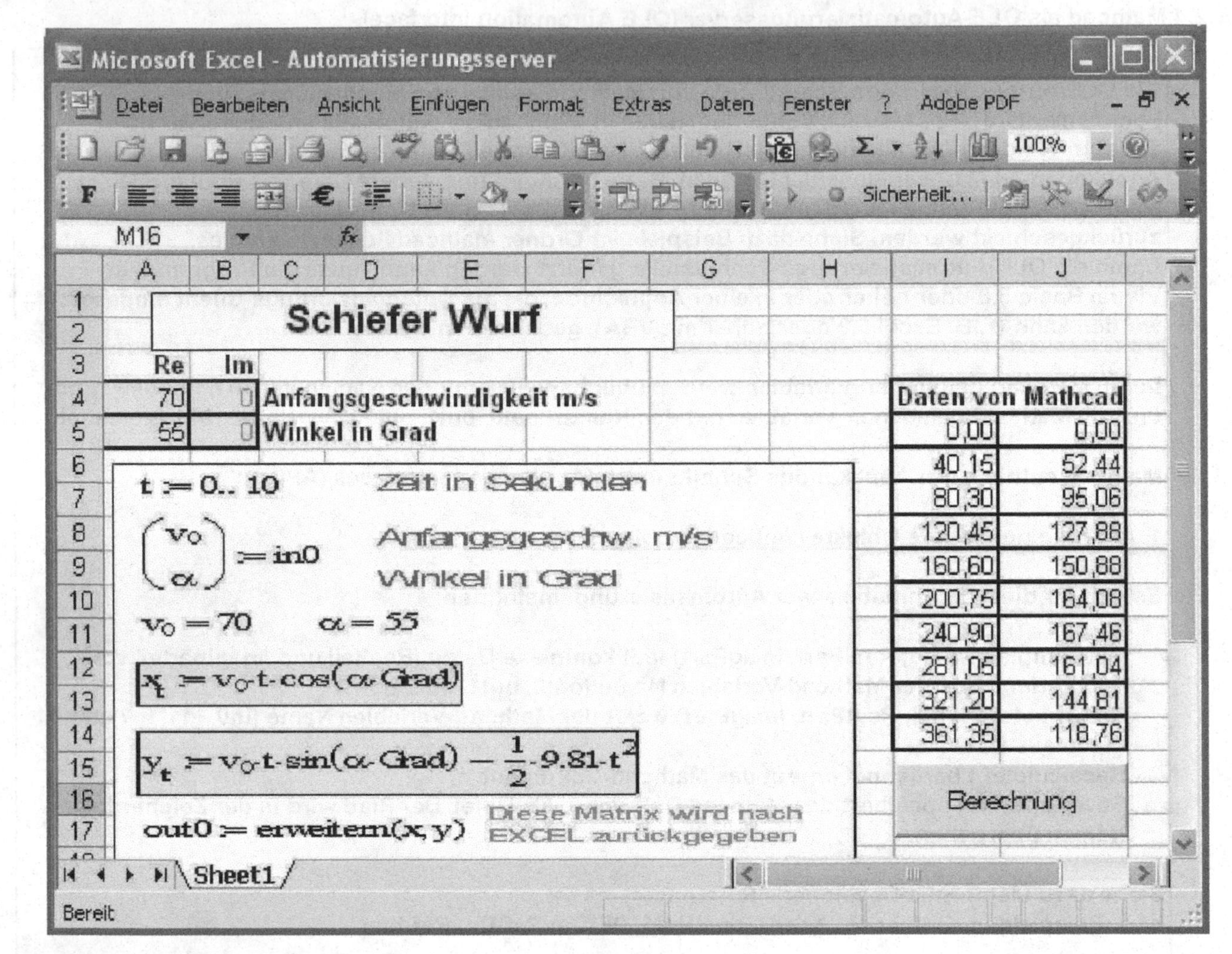

Abb. 19.57

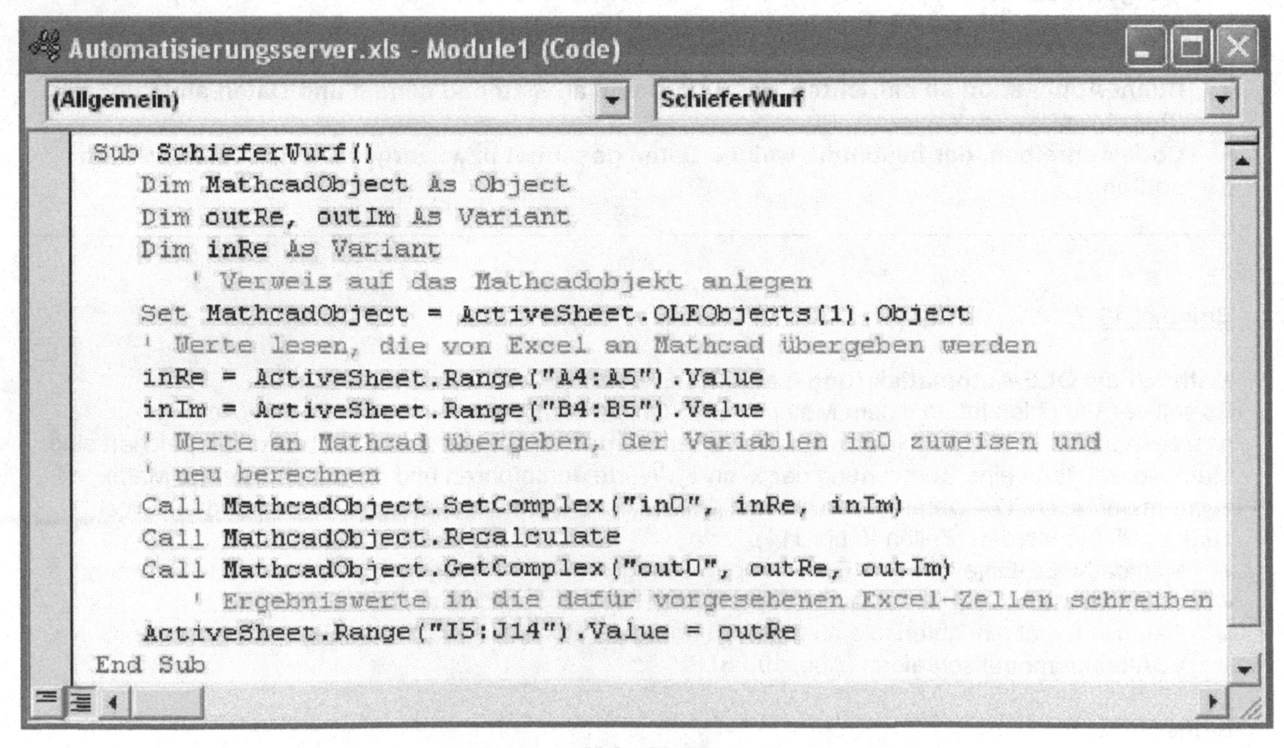

```
Sub SchieferWurf()
    Dim MathcadObject As Object
    Dim outRe, outIm As Variant
    Dim inRe As Variant
        ' Verweis auf das Mathcadobjekt anlegen
    Set MathcadObject = ActiveSheet.OLEObjects(1).Object
    ' Werte lesen, die von Excel an Mathcad übergeben werden
    inRe = ActiveSheet.Range("A4:A5").Value
    inIm = ActiveSheet.Range("B4:B5").Value
    ' Werte an Mathcad übergeben, der Variablen in0 zuweisen und
    ' neu berechnen
    Call MathcadObject.SetComplex("in0", inRe, inIm)
    Call MathcadObject.Recalculate
    Call MathcadObject.GetComplex("out0", outRe, outIm)
        ' Ergebniswerte in die dafür vorgesehenen Excel-Zellen schreiben
    ActiveSheet.Range("I5:J14").Value = outRe
End Sub
```

Abb. 19.58

Bemerkung:
Wie in Menü-Hilfe Developer's Reference beschrieben, können unter Benutzung der OLE-Automatisation z. B. auch Daten von LabVIEW nach Mathcad und umgekehrt gesendet werden. Auf der Homepage von National Instruments stehen dafür zahlreiche Beispiele und DLL's zum Download zur Verfügung: http://zone.ni.com/devzone.nsf unter Communicating with External Applications ActivX-General-Mathcad Interface VI's. Diese Schnittstelle wird in Zukunft nicht mehr unterstützt!

2. API für Automation (Scipting API):

Ab der Version Mathcad 2001i wurde das Mathcad-Interface wesentlich erweitert auf das Mathcad-Worsheet-Interface (siehe dazu Menü-Hilfe-Developer's Reference)! Es beinhaltet eine Hierarchie von Automatisationsklassen, jede mit ihren eigenen Eigenschaften, Methoden und Ereignissen.
Dieses API unterstützt ein erweitertes Objekt-Modell, welches die Kontrolle über das Aussehen eines Mathcad-Objektes und den Zugang zu den Aktionen von Steuerelementen ermöglicht (siehe dazu auch Abschnitt 19.2.3.5).
Siehe dazu auch Menü-Hilfe-Developer's Reference
bzw. Beispiele im Ordner Mathcad#\qsheet\samples.

Beispiel 19.8

Mathcad-Interface mit LabVIEW.
Dieses Beispiel zeigt, wie Mathcad als ActivX-Server (via Skriptobjekt-Komponente) ein LabVIEW-Programm steuert. Zuerst werden in Mathcad die folgenden Daten (Parameter) festgelegt:

$Amplitude := 1.6$ Amplitude

$steps := 30$ Anzahl der Schritte

$flow := 0.1$ minimale Frequenz

$fhigh := 10^4$ maximale Frequenz

VIname := "\examples\apps\freqresp.llb\Frequency Response.vi" Pfad zur LabVIEW-Datei (im LabVIEW-Verzeichnis) Frequency Response.vi setzen

Nach Drücken der Schaltfläche "Datenaustausch" wird LabVIEW geöffnet und die Daten über das LabVIEW Application Interface (API) übertragen. Die Datei Frequency Response.vi wird ausgeführt und zuvor das FrontPanel geöffnet. Die resultierenden Daten (in diesem Fall simuliert von einem Frequenzgenerator) werden über das gleiche API nach Mathcad übertragen.

Daten :=
Datenaustausch
VIname

Datenübertragung

$Daten^T =$

	0	1	2	3	4	5	6	7
0	-73.01	-66.139	-59.281	-52.442	-45.633	-38.875	-32.199	...

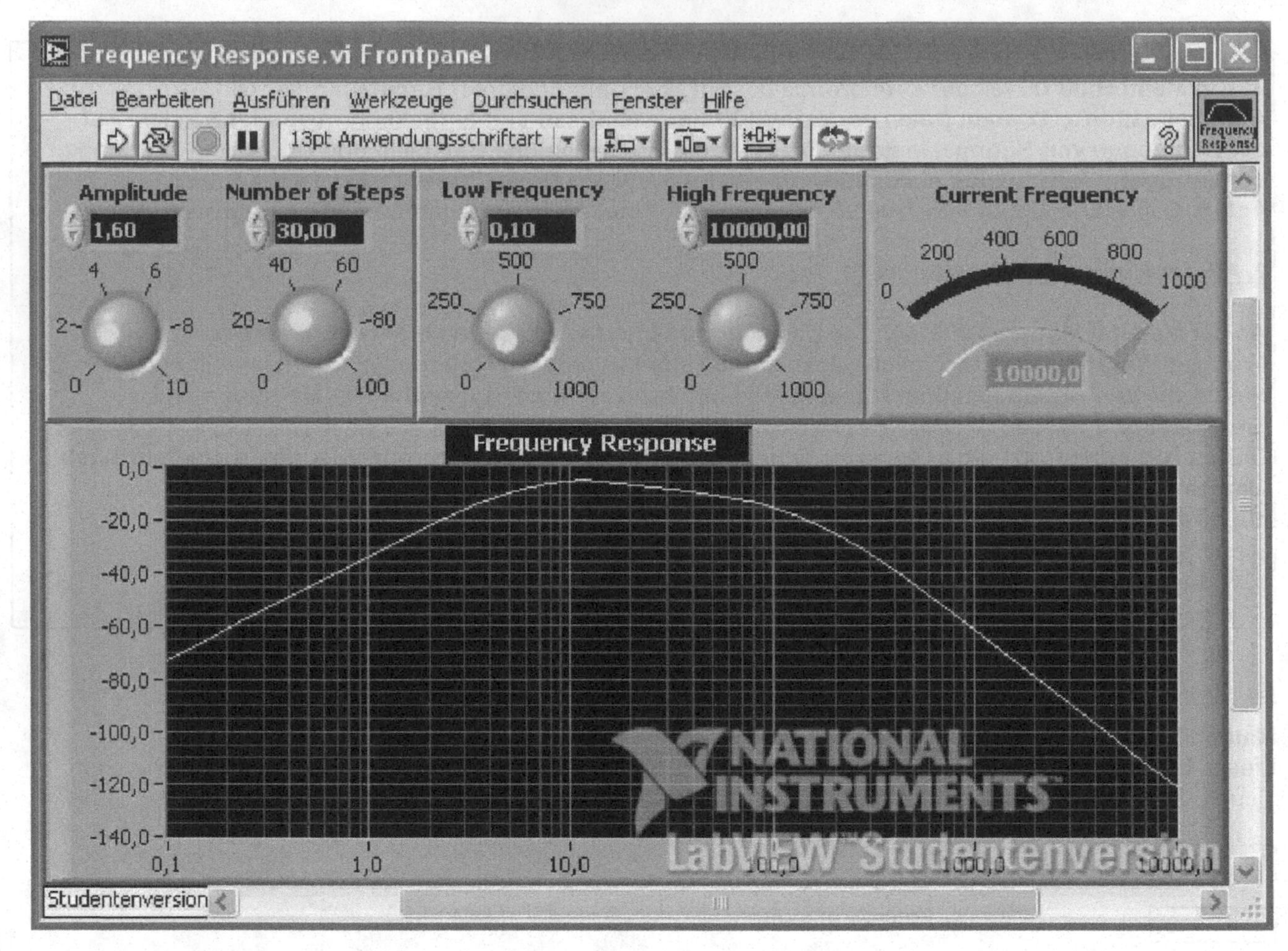

Abb. 19.59

Script-Code für die Schaltfläche:

```
Dim status
PushBtn.LeftText = 1
PushBtn.Text = "Datenaustausch"

Sub PushBtnEvent_Start()
End Sub

Sub PushBtnEvent_Exec(Inputs,Outputs)
    Dim lvapp
    Dim vi
    Dim paramNames(4), paramVals(4)
    Dim x,y
    If not(status = "") Then
        Set lvapp = CreateObject("LabVIEW.Application")
        viPath = lvapp.ApplicationDirectory + Inputs(0).value
                Set vi = lvapp.GetVIReference(viPath)   'Datei in den Speicher laden
        vi.FPWinOpen = True                     'LabView (front panel) öffnen
        ' Die Datei Frequency Response.vi hat
        ' 4 Eingaben - Amplitude, Anzahl der Schritte, kleinste Frequenz & höchste Frequenz und
        ' 1 Ausgabe - Response Graph.
        paramNames(0) = "Amplitude"
        paramNames(1) = "Number of Steps"
        paramNames(2) = "Low Frequency"
        paramNames(3) = "High Frequency"
        paramNames(4) = "Response Graph"
```

```
        'Eingabe-Variable zum vi initialisieren
        paramVals(0) = Worksheet.GetValue("Amplitude")
        paramVals(1) = Worksheet.GetValue("steps")
        paramVals(2) = Worksheet.GetValue("flow")
        paramVals(3) = Worksheet.GetValue("fhigh")
        'paramVals(4) beinhaltet die Variable Response Graph nach Ausführung des vi.

        'Ausführen des vi
        Call vi.Call(paramNames, paramVals)

        x = paramVals(4)(0)  ' x co-ordinates
                y = paramVals(4)(1) ' y co-ordinates

        'Worksheet.SetValue "LVdata",y
                Outputs(0).value = y

  End If
End Sub

Sub PushBtnEvent_Stop()
 Rem TODO: Code hier hinzufügen
End Sub

Sub PushBtn_Click()
        If status = 0 Then
                status = 1
        Else
                status = 0
        End If
        PushBtn.Recalculate()
End Sub
```

Auswertung der von LabView rückgelieferten Daten in Mathcad:

$i := 0 .. steps - 1$ Bereichsvariable

$f_i := flow \cdot \left(\frac{fhigh}{flow}\right)^{\frac{i}{steps-1}}$ Frequenzvektor erzeugen

$g(f) := interp(pspline(\mathbf{f}, \mathbf{Daten}), \mathbf{f}, \mathbf{Daten}, f)$ Interpolationskurve für die Daten

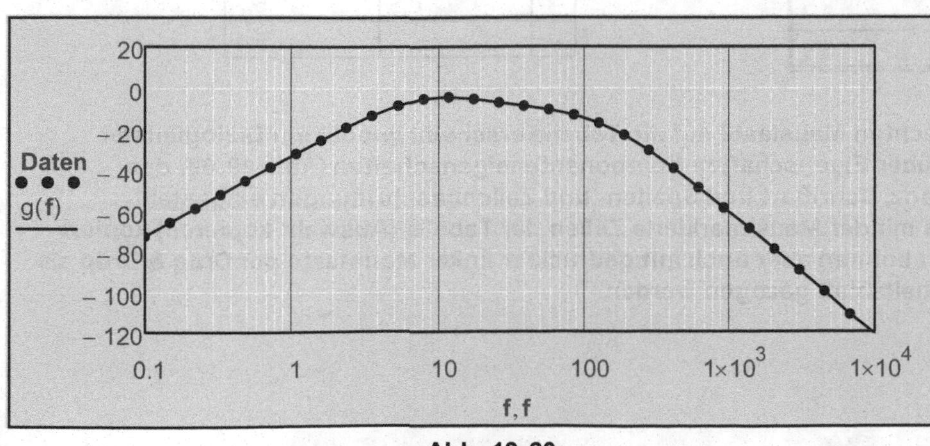

X-Y-Achsen:
Logarithmusskala: x-Achse
Gitterlinien
Nummeriert
Automatische Skalierung
Automatische Gitterweite
Anzahl der Gitterlinien: 7
Achsenstil:
Kasten
Spuren:
Spur 1
Symbolstärke 3
Spur 2
Typ Linien

Abb. 19.60

Bemerkung:

Weitere Beispiele zu LabVIEW (Mathcad-Interface VIs und Beispiele) finden sich unter der Web-Adresse http://www.ni.com/design/math.htm.

In ein mit Visual Basic (ab Version 5) geschriebenes Programm kann ebenfalls ein Mathcad-Objekt eingebettet werden. Siehe dazu Menü-Hilfe-Developer's Reference. Beispiele dazu finden Sie im Verzeichnis Mathcad#\qsheet\samples\vbasic.

Für verschiedene Anwendungen stehen spezielle Mathcad-Add-Ins zur Verfügung. Mithilfe eines Add-In kann ein Mathcad-Objekt in eine andere Anwendung wie Excel und VisSim eingefügt und bearbeitet werden. Verfügbare Mathcad-Add-Ins finden Sie im Download-Bereich auf der Mathcad-Website unter http:\\www.ptc.com.

Wenn wir auf ein in einer anderen Anwendung eingebettetes Mathcad-Objekt klicken, so werden in dieser Anwendung Mathcad-Menüs angezeigt, mit denen wir sogleich arbeiten können.

19.2.5 Weitere spezielle Objekte (Komponenten) in Mathcad

Das Einfügen einer Eingabetabelle-Komponente und Datendatei lesen- bzw. schreiben-Komponente erreichen wir über Menü-Einfügen-Daten bzw. über die rechte Maustaste Dialogfenster-Einfügen bzw. über die Symbole in der Standard-Symbolleiste (siehe Abschnitt 1.3).

19.2.5.1 Eingabetabelle-Komponente

Daten können direkt in eine Eingabetabelle geschrieben oder importiert werden und über eine Ausgabevariable gelesen (z. B. TAB) werden. Einheiten können natürlich nicht in die Tabelle eingegeben werden.
Angelegt wird eine Eingabetabelle über Menü-Einfügen-Daten-Tabelle bzw. über die rechte Maustaste Dialogfenster-Einfügen-Tabelle bzw. über das Symbol "Tabelle einfügen" in der Standard-Symbolleiste. Tabellen werden in Mathcad wie Matrizen behandelt!

ORIGIN := 1 ORIGIN festlegen

TAB :=

	1	2
1	"Spalte 1"	"Spalte 2"
2	0	5
3	0.3	6.7
4	5	5.4

TAB =

	1	2
1	"Spalte 1"	"Spalte 2"
2	0	5
3	0.3	6.7
4	5	5.4

Durch einen Klick der rechten Maustaste auf die Tabelle erscheint wieder ein Dialogfenster (Abb. 19.61). Hier kann über Eigenschaften-Komponenteneigenschaften (Abb. 19.62) das Zahlenformat, die Toleranz, Schriftart und Spalten- und Zellenbeschriftungen eingestellt werden. Weiters können mit der Maus markierte Zellen der Tabelle (Auswahl kopieren) kopiert werden. Markierte Zellen können aber auch mit gedrückter linker Maustaste per Drag & Drop als Matrix-Kopie auf das Arbeitsblatt gezogen werden.

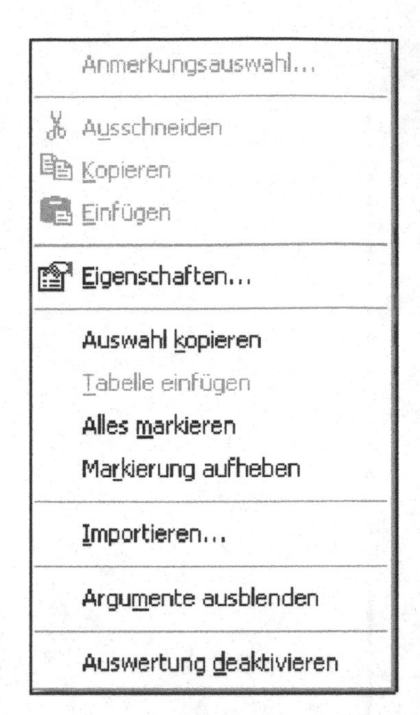

Abb. 19.61

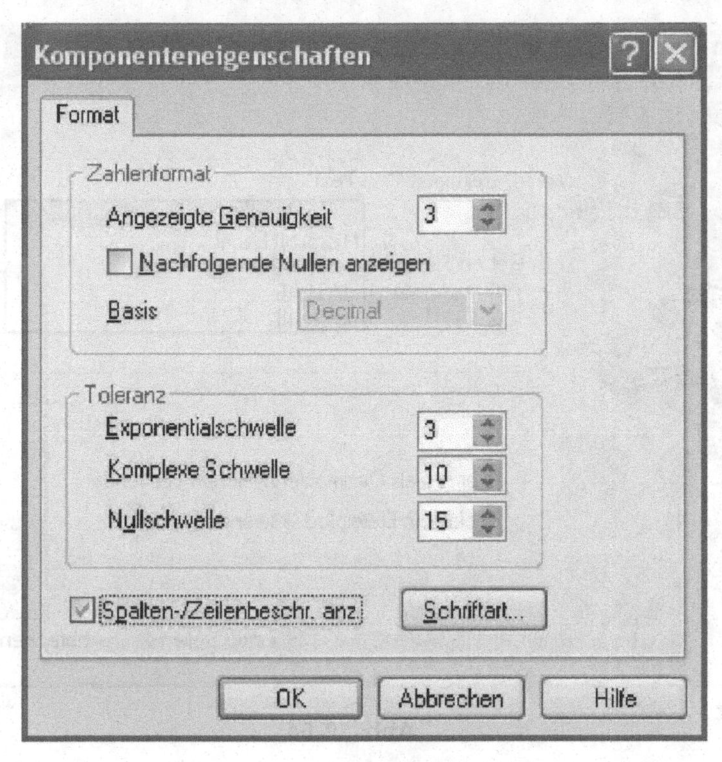

Abb. 19.62

Abb. 19.63

Klicken wir zuerst auf eine Zelle in der Tabelle und dann mit der rechten Maustaste auf diese Zelle, dann öffnet sich wieder ein Dialogfenster (Abb. 19.63).
Mit dem Eintrag-Importieren kann eine andere Datei (Text-Dateien, Excel-Dateien, Lotus-Dateien, MATLAB-Dateien und dBase-Dateien) einmalig eingelesen werden (Abb.19.64).
Die Daten werden hier beim Importieren nur einmal gelesen und nicht bei jeder Berechnung des Arbeitsblattes. Werden zu einem späteren Zeitpunkt im externen Datenfile Änderungen durchgeführt, hat das keine Auswirkungen auf das Mathcad-Dokument.
Außerdem können in der Tabelle Zellen hinzugefügt oder gelöscht werden.

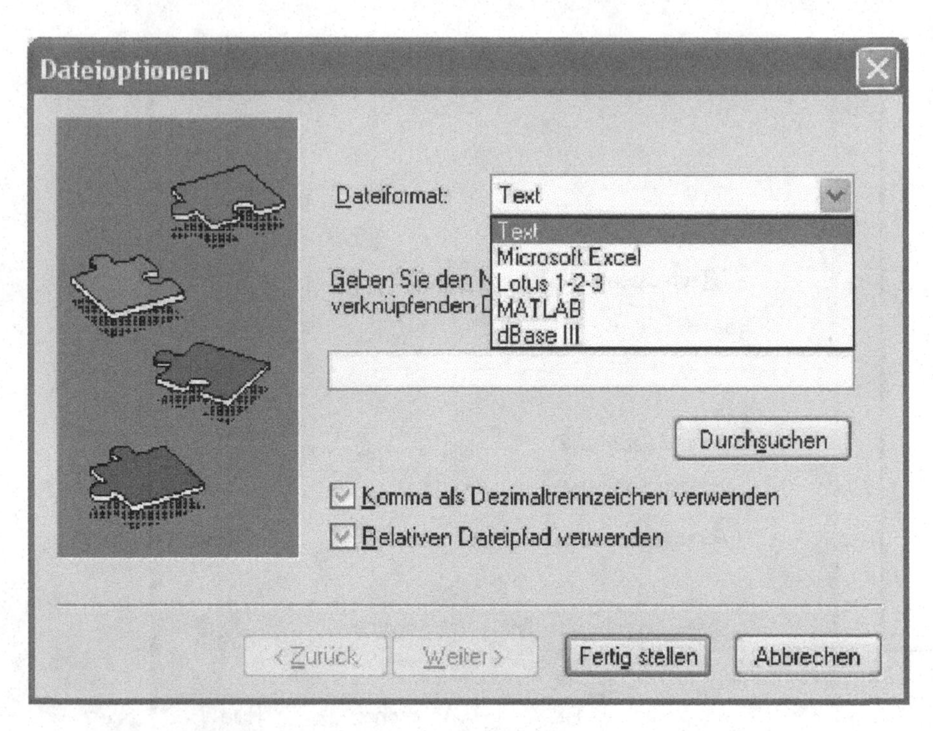

Abb. 19.64

Datei importieren:
Nach Auswahl des Dateiformates kann mit "Durchsuchen" eine Datei gewählt werden. Es ist darauf zu achten, ob ein Komma als Dezimaltrennzeichen verwendet wurde (siehe Abb. 19.64).

Wir können auch Daten aus Mathcad oder anderen Applikationen über das "Clipboard" kopieren und nach Klicken mit der rechten Maustaste in eine Zelle über "Tabelle einfügen" die Daten in die Tabelle einfügen. Dabei kann es sich auch um Daten in Textregionen handeln, die durch Zeilenvorschub oder Tabulator voneinander getrennt sind.
Beispielsweise können folgende Daten (das Dezimalzeichen muss ein Punkt sein, sonst werden die Daten als Zeichenkette eingefügt) wie beschrieben in eine leere Tabelle kopiert werden:

1.2	**2.3**	**5.4**	**3.9**
2.2	**3.7**	**4.8**	**2.4**

DAT :=

	1	2	3	4
1	1.2	2.3	5.4	3.9
2	2.2	3.7	4.8	2.4
3				

Ausgewählte Daten aus einer EXCEL-Tabelle können ebenfalls über das "Clipboard" als Matrix in Mathcad eingefügt werden!

19.2.5.2 Datendatei lesen- bzw. Datendatei schreiben-Komponente

Diese Komponente ist ähnlich dem wie im Abschnitt 19.2.3.2 beschriebenen Datenimport-Assistenten und ermöglicht das Importieren und Exportieren von Datendateien in einer Vielzahl von Formaten. Diese Komponente gibt nur eine eingeschränkte Kontrolle über die Daten im Vergleich zum Datenimport-Assistent.
Es werden Zeichenfolgen, numerische Werte, komplexe Zahlen oder leere Zellen übernommen.
Beim Lesen und Schreiben werden diverse Begrenzungszeichen wie Kommas, Semikolons, Tabulatoren und Sonderzeichen berücksichtigt.
Zu beachten ist, dass in einer Textdatei für das Komma ein Punkt gesetzt wird. In einer Excel-Tabelle kann auch ein Beistrich als Komma verwendet werden.

Dateien importieren (Lesen):
Es können Text-Dateien, Excel-Dateien, Lotus-Dateien, MATLAB-Dateien und dBase-Dateien gelesen werden, wie bereits in Abschnitt 19.2.5.1 beschrieben wurde.
Der Datenimport erfolgt über Menü-Einfügen-Daten-Dateieingabe bzw. über die rechte Maustaste Dialogfeld-Einfügen-Dateieingabe bzw. über das Symbol "Datendatei lesen" in der Standard-Symbolleiste.

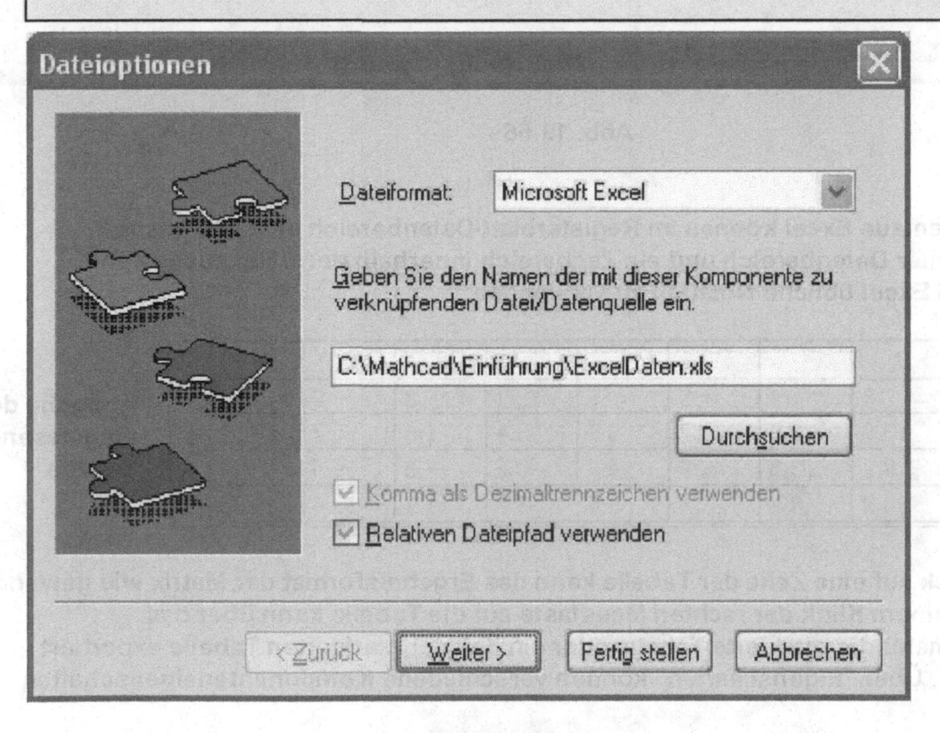

Abb. 19.65

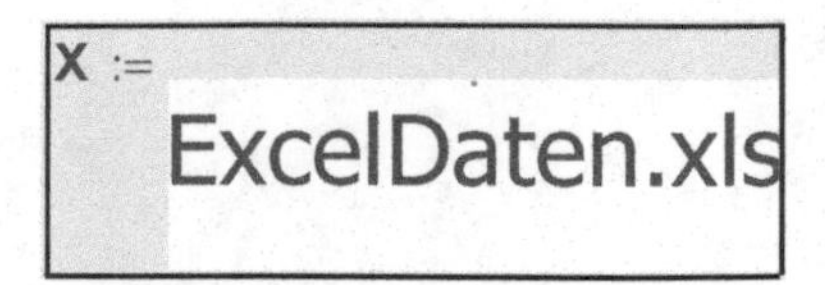

Standardmäßig liest Mathcad die gesamte Datendatei ein und legt ein Feld mit dem vorgesehenen Variablennamen an.
Die Daten werden hier beim Importieren und bei jeder Berechnung des Arbeitsblattes (mit <Strg>+<F9> und beim Öffnen des Arbeitsblattes) einmal gelesen. Werden zu einem späteren Zeitpunkt im externen Datenfile Änderungen durchgeführt, hat das natürlich dann Auswirkungen auf das Mathcad-Dokument.
Die Einstellungen im Dialogfeld Eigenschaften (Klick mit der rechten Maustaste auf das Diskettensymbol) eröffnen einen Zugriff auf die Komponenteneigenschaften (Abb. 19.66).

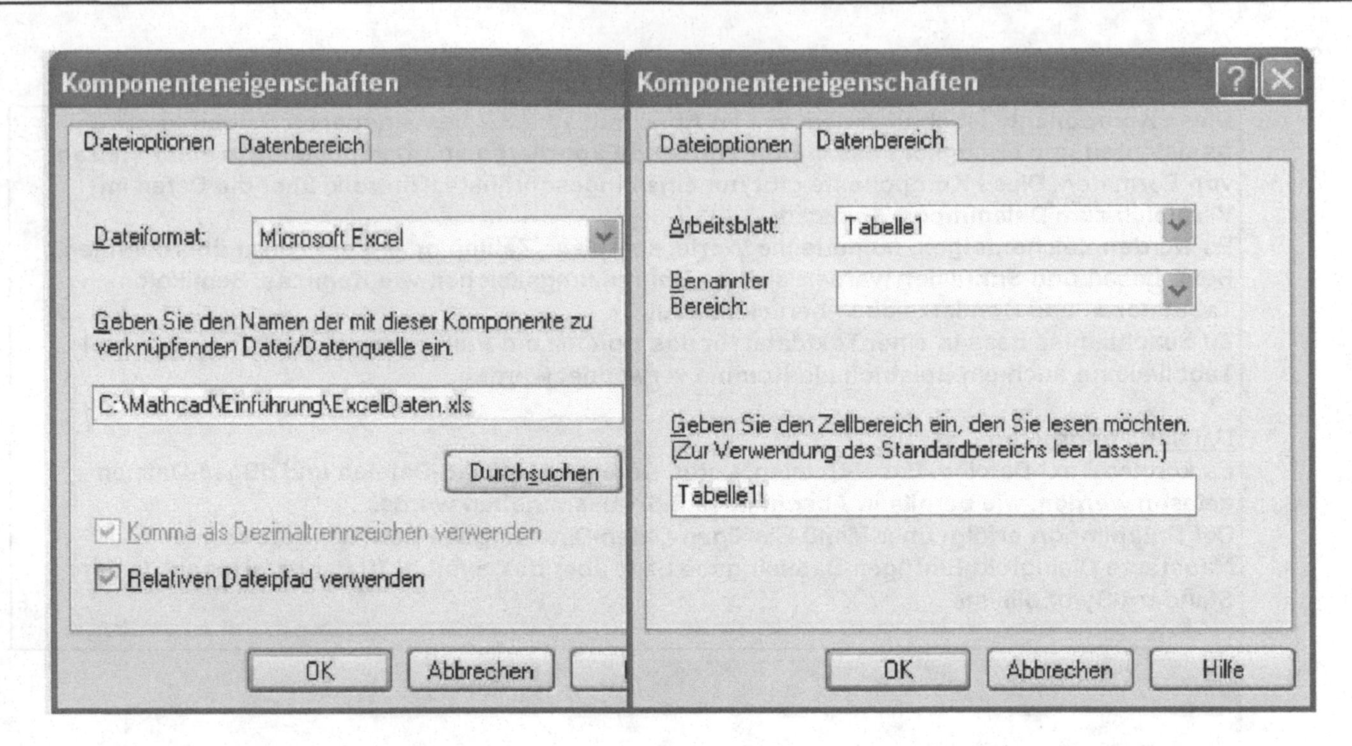

Abb. 19.66

Beim Einlesen von Daten aus Excel können im Registerblatt-Datenbereich ein spezifisches Arbeitsblatt, ein benannter Datenbereich und ein Zellbereich innerhalb der Datei ausgewählt werden. Dafür ist die in Excel übliche Notation zu verwenden.

X =

	1	2	3	4	5	6	7	8	9	10
1	1	2	3	4	5	6	7	8	9	10
2	14.2	12.4	10.6	8.8	7	5.2	3.4	1.6	-0.2	-2
3	27.4	22.8	18.2	13.6	9	4.4	-0.2	-4.8	-9.4	-14
4	40.6	33.2	25.8	18.4	11	3.6	-3.8	-11.2	-18.6	-26

Ausgabe der eingelesenen Tabelle

Durch einen Doppelklick auf eine Zelle der Tabelle kann das Ergebnisformat der Matrix wie gewohnt verändert werden. Mit einem Klick der rechten Maustaste auf die Tabelle kann über das erscheinende Kontextmenü die markierte Tabelle oder ein Teil der markierten Tabelle exportiert werden ("Exportieren"). Über "Eigenschaften" können verschiedene Komponenteneigenschaften festgelegt werden.

Dateien exportieren (Schreiben):

Es können Daten in formatierte-, Tab-begrenzte, Komma-begrenzte Textdateien, MS Excel-, Lotus 1-2-3-, MATLAB-, und dBase III-Dateien geschrieben werden.
Der Datenexport erfolgt über Menü-Einfügen-Daten-Dateiausgabe bzw. über die rechte Maustaste Dialogfeld-Einfügen-Dateieingabe bzw. über das Symbol "Datendatei schreiben" in der Standard-Symbolleiste.

Die nachfolgende Datenmatrix soll in eine Excel-Datei mit Namen DATEN.XLS exportiert werden:

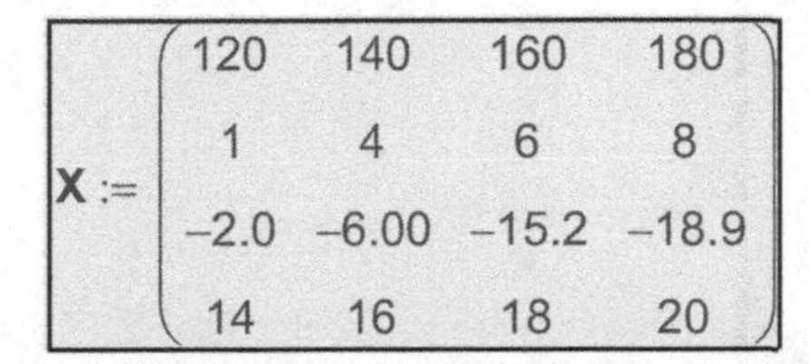

$$\mathbf{X} := \begin{pmatrix} 120 & 140 & 160 & 180 \\ 1 & 4 & 6 & 8 \\ -2.0 & -6.00 & -15.2 & -18.9 \\ 14 & 16 & 18 & 20 \end{pmatrix}$$

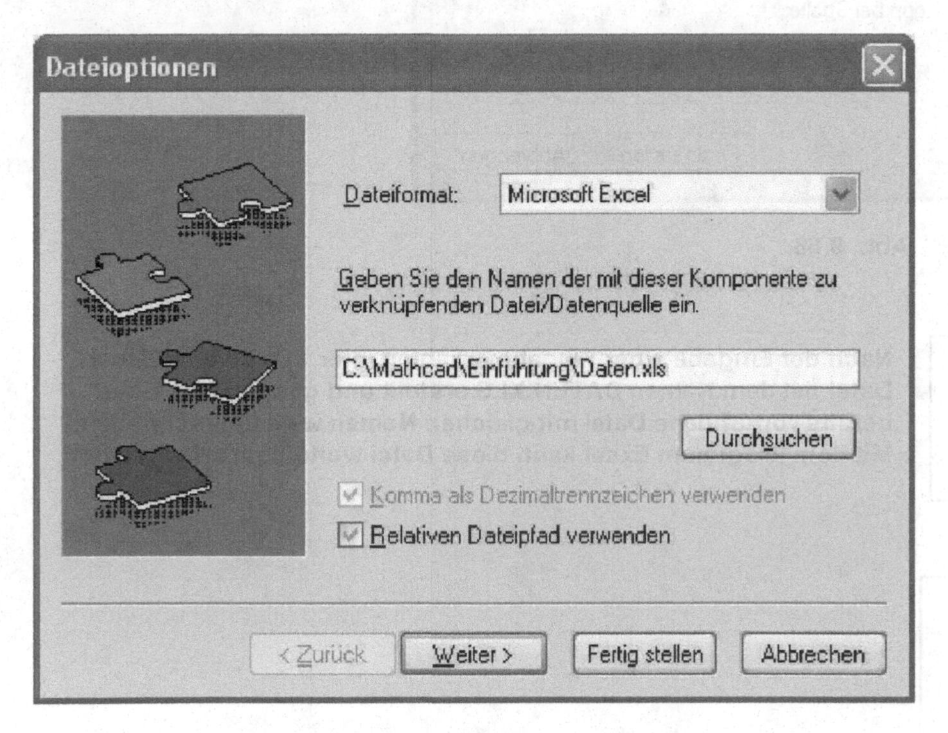

Abb. 19.67

Mit "Weiter>" kann die Anfangszelle, ab der die Daten eingetragen werden sollen, ausgewählt werden (Abb. 1.68):

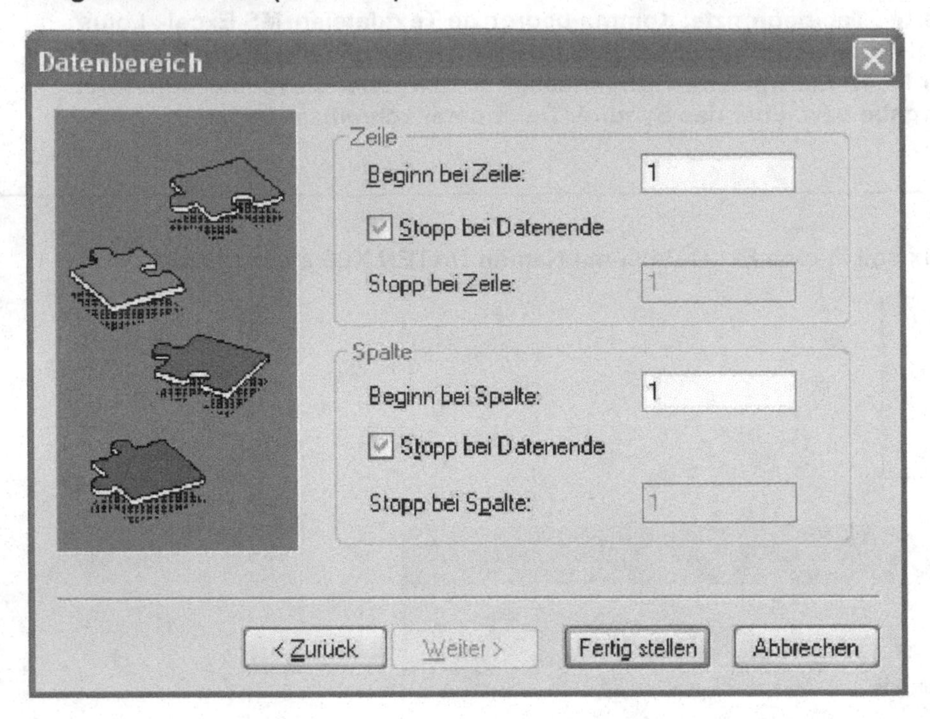

Abb. 9.68

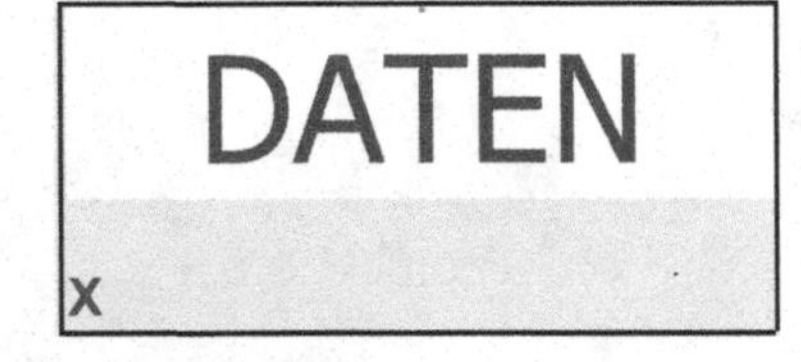

Nach der Eingabe einer Eingabevariablen (hier X) wird eine Excel-Datei mit dem Namen DATEN.XLS erstellt und gespeichert. Eine bereits vorhandene Datei mit gleichen Namen wird überschrieben! Mit dem Programm Excel kann diese Datei weiterbearbeitet werden.

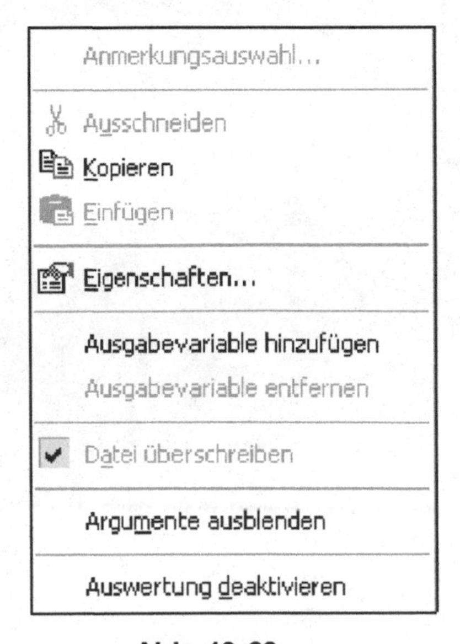

Abb. 19.69

Mit einem Klick der rechten Maustaste auf das Diskettensymbol kann über ein Kontextmenü (Abb. 19.69) jederzeit eine Ausgabevariable hinzugefügt werden. Über Eigenschaften erhalten wir das Fenster Komponenteneigenschaften (Abb. 19.70).

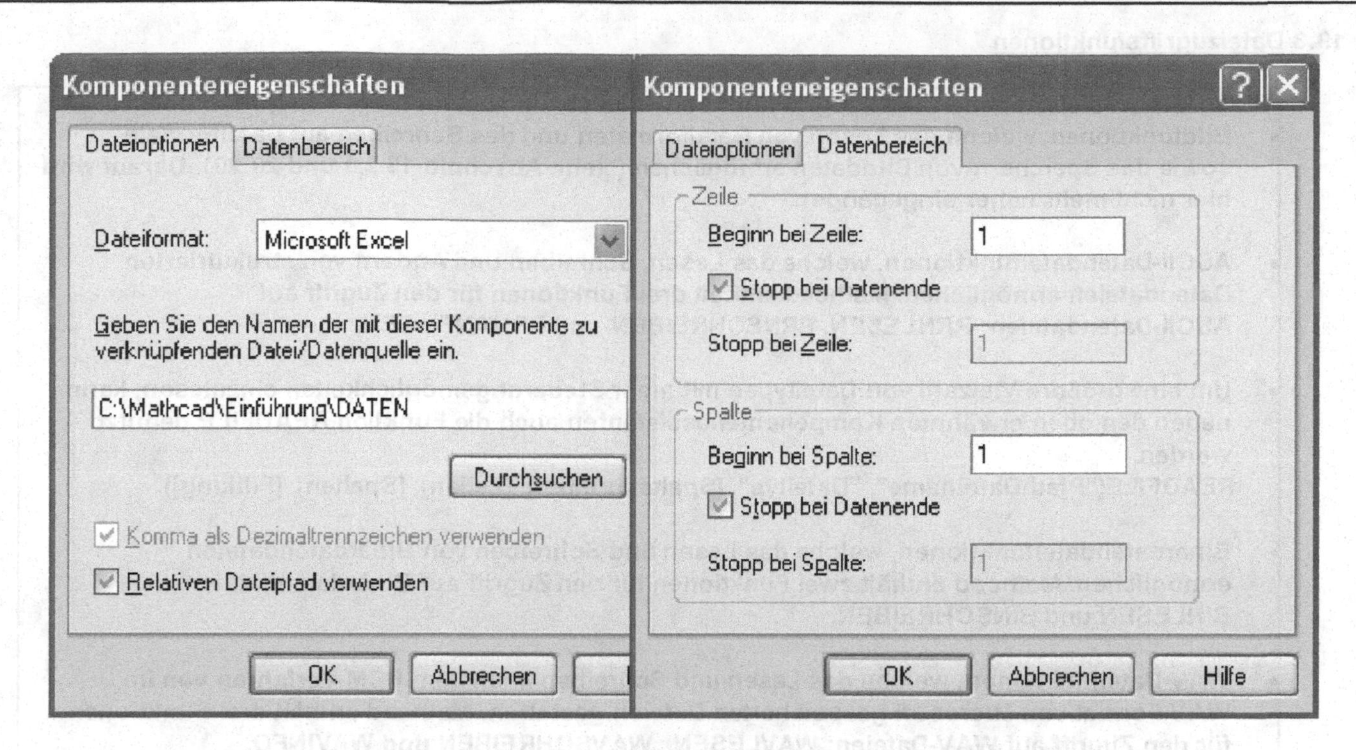

Abb. 19.70

In diesen beiden Registerblättern kann im Registerblatt-Dateioptionen nachträglich ein anderes Format und ein anderer Name für die Datei gewählt werden. Im Registerblatt-Datenbereich kann die Anfangszeile und Anfangsspalte für die Ausgabe gewählt werden.

19.3 Dateizugriffsfunktionen

Die in Mathcad enthaltenen Dateizugriffsfunktionen lassen sich in mehrere Kategorien unterteilen:

- Bildfunktionen, welche das Lesen von Dateiformaten und das Schreiben auf Dateiformate sowie das Speichern von Bilddaten ermöglichen (siehe Abschnitt 19.2.1 und 20.20). Darauf wird hier nicht mehr näher eingegangen.

- ASCII-Datendateifunktionen, welche das Lesen, Schreiben und Ändern von strukturierten Datendateien ermöglichen. Mathcad enthält drei Funktionen für den Zugriff auf ASCII-Datendateien: PRNLESEN, PRNSCHREIBEN und PRNANFÜGEN.

- Um eine größere Vielzahl von Dateitypen mit mehr Steuerungsmöglichkeiten einzulesen, kann neben den oben erwähnten Komponentenassistenten auch die Funktion READFILE benutzt werden.
  READFILE("Pfad\Dateiname", "Dateityp", [Spaltenbreiten], [Zeilen], [Spalten], [Füllung])

- Binärdatendateifunktionen, welche das Lesen und Schreiben von Binärdatendateien ermöglichen. Mathcad enthält zwei Funktionen für den Zugriff auf Binärdatendateien: BINLESEN und BINSCHREIBEN.

- WAV-Dateifunktionen, welche das Lesen und Schreiben nach dem PCM-Verfahren von im WAV-Format von Microsoft gespeicherten Dateien gestatten. Mathcad enthält drei Funktionen für den Zugriff auf WAV-Dateien: WAVLESEN, WAVSCHREIBEN und WAVINFO.

19.3.1 ASCII-Dateien bearbeiten

Hier soll noch eine andere Möglichkeit angegeben werden, wie in Mathcad strukturierte ASCII-Dateien (Textdateien) gelesen und gespeichert werden können.
Strukturierte ASCII-Dateien (Textdateien) können ebenfalls von vielen Programmen (z. B. Editor, EXCEL, WORD usw.) erzeugt und gelesen werden.
Dateien im ASCII-Format dürfen ausschließlich nur aus Zahlenwerten bestehen. Diese Zahlenwerte müssen ein bestimmtes Format besitzen:

- Datentypen:
  Ganze Zahlen: z. B. -2 , 4 , 19
  Reelle Zahlen: z. B. 111.16 , -0.011 (Fixkommaformat)
  z. B. 1.116e2 , -2.1e-5 (Gleitkommaformat)
  Komplexe Zahlen: z. B. 2.3+4i, -1.4-3.5i
  Zu beachten ist bei den Zahlen, dass sie nur Dezimalpunkte und keine Kommata, wie es oft bei Excel-Dateien üblich ist, enthalten.
- Trennzeichen zwischen den Zahlenwerten:
  Alle Zahlenwerte müssen durch ein Trennzeichen separiert sein. Als Separationszeichen sind zulässig: ein Komma, ein oder mehrere Leerzeichen, Tabulatorzeichen oder ein Zeilenvorschub.

<u>Strukturierte ASCII-Dateien einlesen:</u>

X := PRNLESEN("Pfad\NAME.Typ") X ... Datenmatrix
oder:
Datei:="Pfad\NAME.Typ" Dateistring zuerst auf eine Variable zuweisen
X := PRNLESEN(Datei)

Wenn kein Pfad angegeben wird, wird das aktuelle Arbeitsverzeichnis automatisch eingesetzt.
Die Anordnung der Daten in der Datei muss in Matrixform erfolgen (in jeder Zeile gleich viele Zahlenwerte).
Der Zeilenvorschub kann zwar auch als Trennzeichen verwendet werden, besitzt aber zusätzlich eine Sonderstellung.
Zeilen mit ASCII-Texten oder Leerzeilen werden beim Einlesen nicht berücksichtigt.

Beispiel 19.9:

ORIGIN := 1 — ORIGIN festlegen

X := PRNLESEN("Mess1.Dat") — Die Zahlenwerte werden aus der strukturierten Datei **Mess1.Dat (im aktuellen Verzeichnis und relative Pfadangabe**) gelesen. Die Anzahl der Zeilen und Spalten werden mit der **Zeilen-Funktion** und **Spalten-Funktion** bestimmt.

ze := zeilen(**X**)   ze = 5

sp := spalten(**X**)   sp = 3

$x := X^{\langle 1\rangle}$ $y := X^{\langle 2\rangle}$ $z := X^{\langle 3\rangle}$ — Auswahl der Spalten mit dem Spaltenoperator

$x^T =$

	1	2	3	4	5
1	1	2	3	4	5

$y^T =$

	1	2	3	4	5
1	1.33	2.23	0.45	5.01	6.3

$z^T =$

	1	2	3	4	5
1	7.1	7.25	8.33	2.95	4.2

Oder lesen der Textdatei mit READFILE:

READFILE("Mess1.Dat" , "fixed") =

	1	2	3
1	1	1.33	7.1
2	2	2.23	7.25
3	3	0.45	8.33
4	4	5.01	2.95

Mess1 - Editor

Datei Bearbeiten Format Ansicht ?

```
1     1.33     7.1
2     2.23     7.25
3     0.45     8.33
4     5.01     2.95
5     6.3      4.2
```

Abb. 19.71

Strukturierte ASCII-Dateien erstellen:

PRNSCHREIBEN("Pfad\NAME.Typ") := X   X ... Datenmatrix
Mit dieser Zuweisung wird versucht, eine Datei namens NAME.Typ im angegebenen Verzeichnis zu erstellen.
PRNANFÜGEN("Pfad\NAME.Typ") := Y   Y ... Datenmatrix
Die ANFÜGEN-Funktion verwenden wir, wenn Daten am Ende der Datei NAME.Typ im angegebenen Verzeichnis angefügt werden sollen.

Wenn kein Pfad angegeben wird, wird das aktuelle Arbeitsverzeichnis automatisch eingesetzt.
Existiert eine Datei gleichen Namens, so wird diese ohne Vorwarnung mit den neuen Daten überschrieben!
Beim strukturierten Schreiben in eine ASCII-Datei wird als Separator ein Leerzeichen verwendet.
Zusätzlich kann die Form der zu erstellenden Datei gesteuert werden (Menü-Extras-Arbeitsblattoptionen):
PRNCOLWIDTH bestimmt die Spaltenbreite (auf 8 Zeichen voreingestellt).
PRNPRECISION stellt die signifikante Stellenzahl dar (nicht die Anzahl der Nachkommastellen! Standardwert ist 4 Stellen). Siehe dazu Abschnitt 2.3.

Beispiel 19.10:

ORIGIN := 1 — ORIGIN festlegen

$m := 3$ $k := 1..m$ — Bereichsvariable für die Datenvektoren

$F(\omega) := 2\cdot s^{-1} + j\cdot\omega$ — komplexe Frequenzfunktion (mit Einheiten)

$\omega_k := 0.3\cdot s^{-1}\cdot k$ — Frequenzvektor

$a_k := F(\omega_k)$ — Vektor der komplexen Funktionswerte

$\omega = \begin{array}{|c|c|} \hline & 1 \\ \hline 1 & 0.3 \\ \hline 2 & 0.6 \\ \hline 3 & 0.9 \\ \hline \end{array} \cdot s^{-1}$ $\quad a = \begin{array}{|c|c|} \hline & 1 \\ \hline 1 & 2+0.3i \\ \hline 2 & 2+0.6i \\ \hline 3 & 2+0.9i \\ \hline \end{array} s^{-1}$ Vektorausgabe

$Z := \text{erweitern}(\text{erweitern}(\omega, \text{Re}(a)), \text{Im}(a))$ Datenvektoren mit der **erweitern-Funktion** zu einer Matrix zusammenfassen (Realteil und Imaginärteil werden getrennt).

$\text{PRNSCHREIBEN}(\text{"Komplex.Dat"}) := Z \cdot s$ Die Datei **Komplex.Dat** wird mit der **PRNSCHREIBEN-Funktion** erstellt (die Einheiten müssen gekürzt werden!).

$\omega 1_k := 0.9 \cdot s^{-1} + 0.3 \cdot s^{-1} \cdot k$ neuer Frequenzvektor

$a1_k := F(\omega 1_k)$ neuer Vektor der komplexen Funktionswerte

$Y := \text{erweitern}(\text{erweitern}(\omega 1, \text{Re}(a1)), \text{Im}(a1))$ Datenvektoren wieder mit der **erweitern-Funktion** zu einer Matrix zusammenfassen (Realteil und Imaginärteil werden getrennt).

$\text{PRNANFÜGEN}(\text{"Komplex.Dat"}) := Y \cdot s$ Ein zweite Datenmatrix **Y** kann mit **PRNANFÜGEN-Funktion** am Ende der strukturierten Datei angehängt werden (die Einheiten müssen gekürzt werden!).

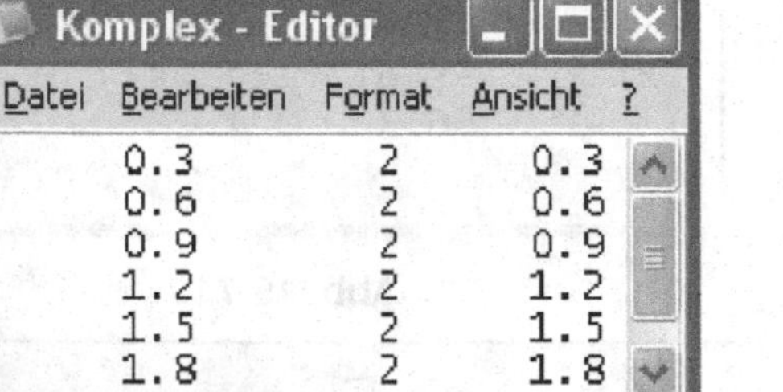

$Z = \begin{pmatrix} 0.3 & 2 & 0.3 \\ 0.6 & 2 & 0.6 \\ 0.9 & 2 & 0.9 \end{pmatrix} s^{-1} \qquad Y = \begin{pmatrix} 1.2 & 2 & 1.2 \\ 1.5 & 2 & 1.5 \\ 1.8 & 2 & 1.8 \end{pmatrix} s^{-1}$

Abb. 19.72

Schreiben, Anfügen und Lesen von komplexen Werten (Einheiten müssen gekürzt werden!):

$\text{PRNSCHREIBEN}(\text{"Komplextest.Dat"}) := a \cdot s$ komplexe Vektorkomponenten in eine Datei schreiben

$\text{PRNANFÜGEN}(\text{"Komplextest.Dat"}) := a1 \cdot s$ komplexe Vektorkomponenten an eine bestehende Datei anfügen

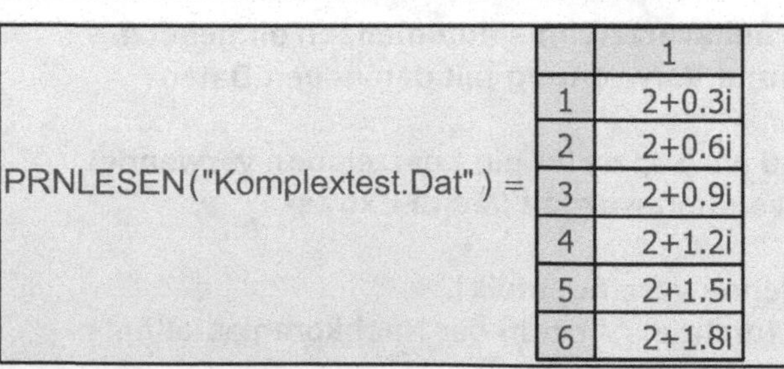

PRNLESEN("Komplextest.Dat") =

	1
1	2+0.3i
2	2+0.6i
3	2+0.9i
4	2+1.2i
5	2+1.5i
6	2+1.8i

ASCII-Datei Lesen

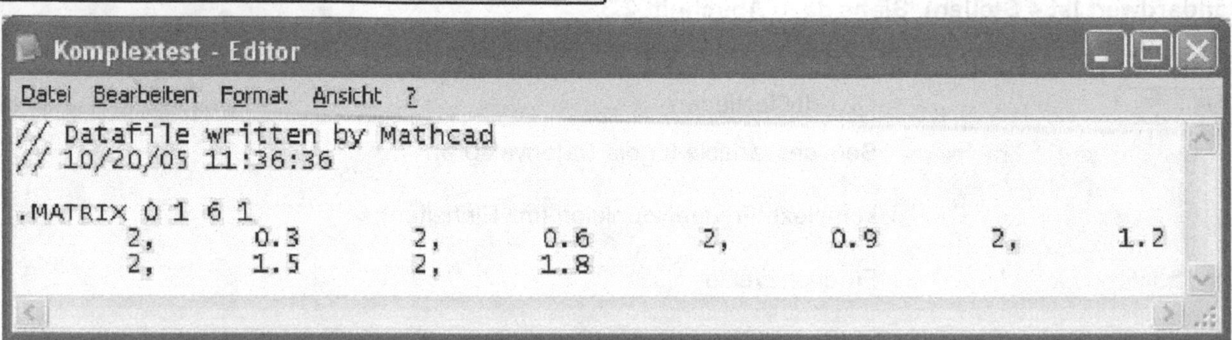

Abb. 19.73

19.3.2 Binär-Dateien bearbeiten

Binär-Datei erstellen:

BINSCHREIBEN("Pfad\NAME.BIN", Typ, Endian) := X X ... Datenmatrix
Mit dieser Zuweisung wird versucht, eine Datei namens NAME.BIN im angegebenen Verzeichnis zu erstellen.

Wenn kein Pfad angegeben wird, wird das aktuelle Arbeitsverzeichnis automatisch eingesetzt.
Typ:
Zeichenfolge (in Anführungszeichen), die den in der Datei verwendeten Datentyp angibt. Folgende Datentypen sind möglich: double (64-Bit-Gleitkomma), float (32-Bit-Gleitkomma), byte (8-Bit-Ganzzahl ohne Vorzeichen), uint16 (16-Bit-Ganzzahl ohne Vorzeichen), uint32 (32-Bit-Ganzzahl ohne Vorzeichen), int16 (16-Bit-Ganzzahl mit Vorzeichen) oder int32 (32-Bit-Ganzzahl mit Vorzeichen).
Endian:
Boolescher Ausdruck, der angibt, ob die Daten im Big-Endian-Format (höchstwertiges Bit zuerst) oder im Little-Endian-Format (geringstwertiges Bit zuerst) vorliegen. Big Endian wird durch eine 1 repräsentiert, Little Endian durch eine 0. Die Standardeinstellung ist immer 0.
Beim Big-Endian-Format werden die niederwertigen Bytes einer Mehr-Byte-Größe bei höheren Adressen und die höherwertigen Bytes bei niedrigeren Adressen abgelegt.
Beim Little-Endian-Format werden die höherwertigen Bytes einer Mehr-Byte-Größe bei höheren Adressen und die niederwertigen Bytes bei niedrigeren Adressen abgelegt.

Beispiel 19.11:

X =

	1	2	3
1	1	1.33	7.1
2	2	2.23	7.25
3	3	0.45	8.33
4	4	5.01	2.95
5	5	6.3	4.2

Datenmatrix von Beispiel 19.9

BINSCHREIBEN("Datenbinaer.bin" , "float" , 0) := X   Datenmatrix binär speichern

Binär-Datei einlesen:

X := BINLESEN("Pfad\NAME.BIN", Typ,[Endian], [Spalten], [Anzahl], [MaxZeilen]) X ... Datenmatrix

oder:
Datei:="Pfad\NAME.Typ" Dateistring zuerst auf eine Variable zuweisen
X := BINLESEN(Datei,Typ,[Endian], [Spalten],[Anzahl],[MaxZeilen])

Wenn kein Pfad angegeben wird, wird das aktuelle Arbeitsverzeichnis automatisch eingesetzt.
Typ:
Zeichenfolge (in Anführungszeichen), die den in der Datei verwendeten Datentyp angibt. Folgende Datentypen sind möglich: double (64-Bit-Gleitkomma), float (32-Bit-Gleitkomma), byte (8-Bit-Ganzzahl ohne Vorzeichen), uint16 (16-Bit-Ganzzahl ohne Vorzeichen), uint32 (32-Bit-Ganzzahl ohne Vorzeichen), int16 (16-Bit-Ganzzahl mit Vorzeichen) oder int32 (32-Bit-Ganzzahl mit Vorzeichen).
Endian:
Boolescher Ausdruck (optional), der angibt, ob die Daten im Big-Endian-Format (höchstwertiges Bit zuerst) oder im Little-Endian-Format (geringstwertiges Bit zuerst) vorliegen. Big-Endian wird durch eine 1 repräsentiert, Little-Endian durch eine 0. Die Standardeinstellung ist immer 0.

Spalten (optional):
Positive Ganzzahl (optional), welche die Anzahl der Spalten pro Zeile in der Eingabedatei angibt. Die Standardeinstellung ist 1.
Anzahl (Optional):
Positive Ganzzahl oder Null, welche die Anzahl der Bytes angibt, die am Anfang der Datei übersprungen werden sollen, bevor mit dem Lesen der Daten begonnen wird. Der Standardwert ist 0.
MaxZeile (Optional):
Positive Ganzzahl oder Null, die die Anzahl der Zeilen angibt, auf die die Eingabe beschränkt werden soll. Der Standardwert ist 0.

Beispiel 19.12:

X := BINLESEN("Datenbinaer.bin" , "float" , 0 , 3 , 0 , 5) binäre Datei lesen

X = Datenmatrix

	1	2	3
1	1	1.33	7.1
2	2	2.23	7.25
3	3	0.45	8.33
4	4	5.01	2.95
5	5	6.3	4.2

19.3.3 WAV-Dateien bearbeiten

In Mathcad können aus impulscode-modellierten Microsoft WAV-Dateien Formatinformationen abgerufen werden. Solche WAV-Dateien können gelesen und auch gespeichert werden.

Information über eine WAVE-Datei abrufen:

X := WAVINFO("Pfad\NAME.WAV") X ... Datenvektor
oder:
Datei:="Pfad\NAME.WAV" Dateistring auf eine Variable zuweisen
X := WAVINFO(Datei)

Wenn kein Pfad angegeben wird, wird das aktuelle Arbeitsverzeichnis automatisch eingesetzt.

Sampling-Rate (Abtastrate):
Sie bestimmt beim Digitalisieren von Musik oder Geräuschen, wie oft das anliegende Audiosignal pro Sekunde von der Soundkarte abgetastet werden soll. Bei einer Sampling-Rate von 44,1 kHz (Sampling-Rate einer Audio-CD) wird das Audiosignal pro Sekunde 44100-mal abgetastet. Generell gilt: Je höher dieser Wert ist, desto besser ist das gesampelte Ergebnis. Allerdings steigt der Speicherbedarf bei höherer Sampling-Rate immens an.
Sample:
Ein Sample ist das digitale Abbild eines akustischen Ereignisses, sei es ein Geräusch, Musik oder Sprache. Unter "Sampeln" verstehen wir die digitale Aufzeichnung.
Sampling-Tiefe:
Sie bestimmt zusammen mit der Sampling-Rate die Qualität einer Aufnahme. Je größer die Sampling-Tiefe ist, umso geringere Lautstärkeunterschiede werden erkannt. Dadurch erkennt die Soundkarte bei der Aufnahme auch leise Musikpassagen. Vor allem bei klassischer Musik ist das vorteilhaft. Die Sampling-Tiefe wird in Bit angegeben. Gebräuchliche Werte sind 8 oder 16 Bit. Moderne Soundkarten sollten 16 Bit Sampling-Tiefe besitzen.

Beispiel 19.13:

$\begin{pmatrix} AnzKanäle \\ Sampling\_Rate \\ Auflösung \\ DurchschnBytesProSek \end{pmatrix}$:= WAVINFO("C:\Mathcad\Einführung\startup.wav") Informationen über eine WAV-Datei (startup.wav) einlesen.

AnzKanäle = 1 Sampling_Rate = 22050

Auflösung = 8 DurchschnBytesProSek = 22050

Anhand dieser Informationen kann der Zeitvektor erstellt werden, der den von WAVELESEN eingelesenen Amplituden entspricht.

WAV-Dateien lesen:

X := WAVLESEN("Pfad\NAME.WAV") X ... Datenvektor
oder:
Datei:="Pfad\NAME.WAV" Dateistring auf eine Variable zuweisen
X := WAVLESEN(Datei)

Wenn kein Pfad angegeben wird, wird das aktuelle Arbeitsverzeichnis automatisch eingesetzt.

ORIGIN := 0 ORIGIN festlegen

WavDaten := WAVLESEN("C:\Mathcad\Einführung\startup.wav") Wave-Datei lesen

$n := 0 .. \text{länge}\left(\mathbf{WavDaten}^{\langle 0\rangle}\right) - 1$ Bereichsvariable

$\mathbf{WavDaten}^T =$

	0	1	2	3	4	5	6	7	8	9
0	130	131	136	138	140	143	148	150	153	...

$\mathbf{Time}_n := \dfrac{n}{Sampling\_Rate}$ Zeitschritte

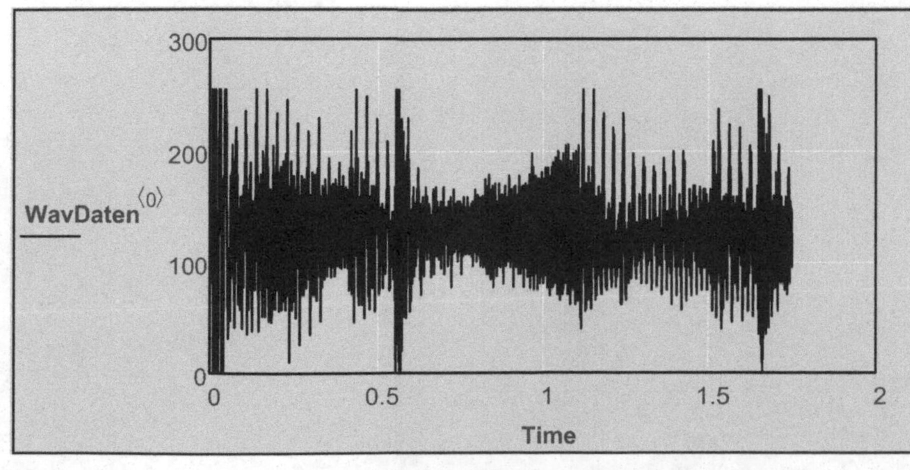

X-Y-Achsen:
Gitterlinien
Nummeriert
Automatische Skalierung
Automatische Gitterweite
Achsenstil:
Kasten
Spuren:
Spur 1
Typ Linien

Abb. 19.74

WAV-Dateien erstellen:

WAVESCHREIBEN("Pfad\NAME.WAV") := X X ... Datenvektor
Mit dieser Zuweisung wird versucht, eine Datei namens NAME.WAV im angegebenen Verzeichnis zu erstellen.
Wenn kein Pfad angegeben wird, wird das aktuelle Arbeitsverzeichnis automatisch eingesetzt.

Beispiel 19.14:

$$\text{WAVSCHREIBEN}(\text{"testwav.wav"}, \text{Sampling\_Rate}, \text{Auflösung}) := \frac{\text{WavDaten}}{2}$$

Neues Signal, basierend auf WavDaten.

$$\text{WAVINFO}(\text{"testwav.wav"}) = \begin{pmatrix} 1 \\ 22050 \\ 8 \\ 22050 \end{pmatrix}$$

Die neuen Dateiformatinformationen sind hier dieselben wie die ursprünglichen Informationen!

Gilt für die Bitauflösung ein Wert von 1 bis 8, werden die Daten als vorzeichenlose Byte-Daten in die Datei geschrieben. Die Grenzwerte für vorzeichenlose Byte-Daten sind 0 ... 256 (2^8). Bei einer Bitauflösung von 9 bis 16 werden Word-Daten (zwei Bytes) in die Datei geschrieben.
Die Grenzwerte für Word-Daten liegen bei –32768 und +32767 (2^{15} = 32768).

19.4 Mathcad-Arbeitsblätter für das Web

Wie bereits in Abschnitt 1.6.9 erwähnt, kann im Menü-Datei mit dem Befehl "Speichern unter" und der Dropdown-Liste "Dateityp" ein Arbeitsblatt auch als HTML-Datei gespeichert werden. Es kann aber auch ein Mathcad-Arbeitsblatt mit Menü-Datei-"Als Web-Seite speichern" gespeichert werden. Einfache, als HTML-Dateien gespeicherte Arbeitsblätter sind statische HTML-Dateien. Siehe Abb. 19.76.

Eine Beschreibung findet sich auch dazu im Menü-Hilfe Author's Reference.

Vor der Speicherung als Webseite sollten zuerst die Einstellungen im Registerblatt HTML-Optionen (Menü-Extras-Einstellungen) überprüft werden (Abb. 19.75):

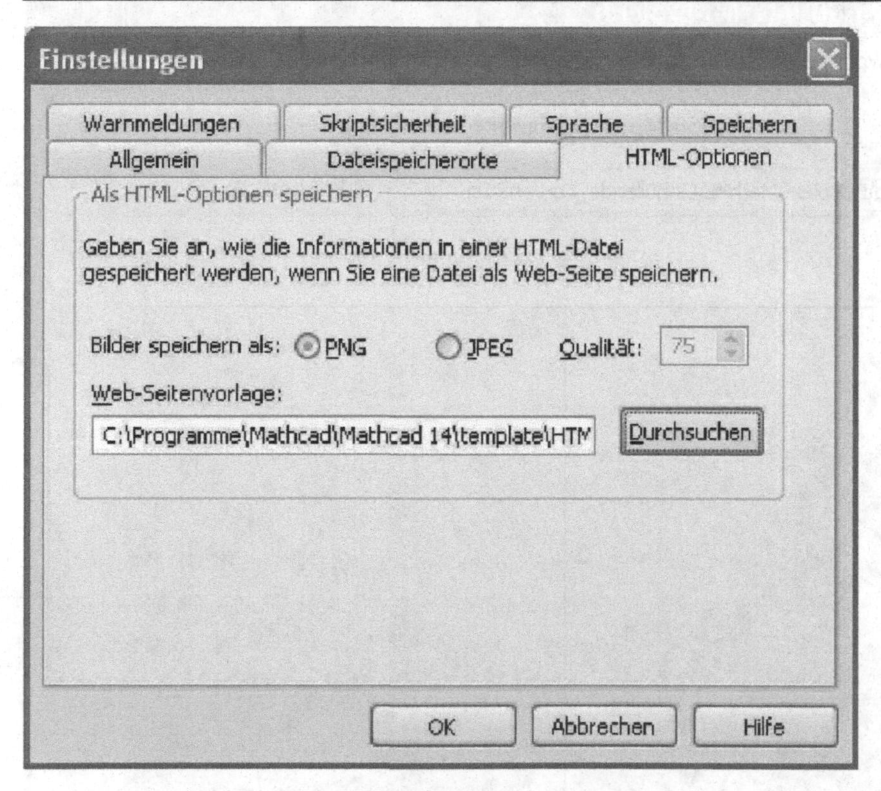

Abb. 19.75

Mithilfe dieser Registerkarte (Abb. 19.75) kann festgelegt werden, wie Mathcad-Dokumente in das HTML-Format exportiert werden sollen.

<u>Bilder speichern als:</u>

**Grafiken können entweder im JBG- oder PNG-Format exportiert werden.
PNG ist ein verlustfreies Format, d. h., es gehen keine Daten verloren. Aber die so gespeicherten Dateien sind größer. Bei Auswahl von JPEG können wir außerdem die Qualität der Kompression festlegen. Je höher dieser Wert ist, desto weniger werden die Bilder komprimiert und desto größer sind die so gespeicherten Bilddateien.**

<u>Web-Seitenvorlage:</u>

Die Arbeitsblätter können mithilfe von benutzerdefinierten HTML-Vorlagen exportiert werden, um eventuelle Formatanforderungen erfüllen zu können. Eine Webseiten-Vorlage erleichtert das Erstellen von Webseiten. Solche Vorlagen müssen mit der Dateityp-Erweiterung MLT gespeichert werden und dieselbe Struktur aufweisen wie die Vorlage im Verzeichnis Mathcad#\template\HTMLtemplate.mlt. Eine Beschreibung, wie eine solche Vorlage aufgebaut sein muss, findet sich unter Menü-Hilfe-Author's Reference.

Mathcad Calculation Server:

Neben der oben genannten statischen Webseite kann auch aus einem Mathcad-Arbeitsblatt eine dynamische Webseite erstellt und mit einem Webbrowser ausgeführt werden. Voraussetzung ist, dass sich die Webseite auf einem Mathcad Calculation Server befindet, der mit einem IIS Web Server (Internet Information Server) kommuniziert. Die schon im Abschnitt 19.2.3.5 beschriebenen Web-Steuerelemente werden dann zu HTML-Formular-Steuerelementen. Der Benutzer kann deren Werte ändern und das Arbeitsblatt auf dem Anwendungsserver neu berechnen. Siehe dazu auch Menü-Hilfe-Author's Reference und Abschnitt 19.5.

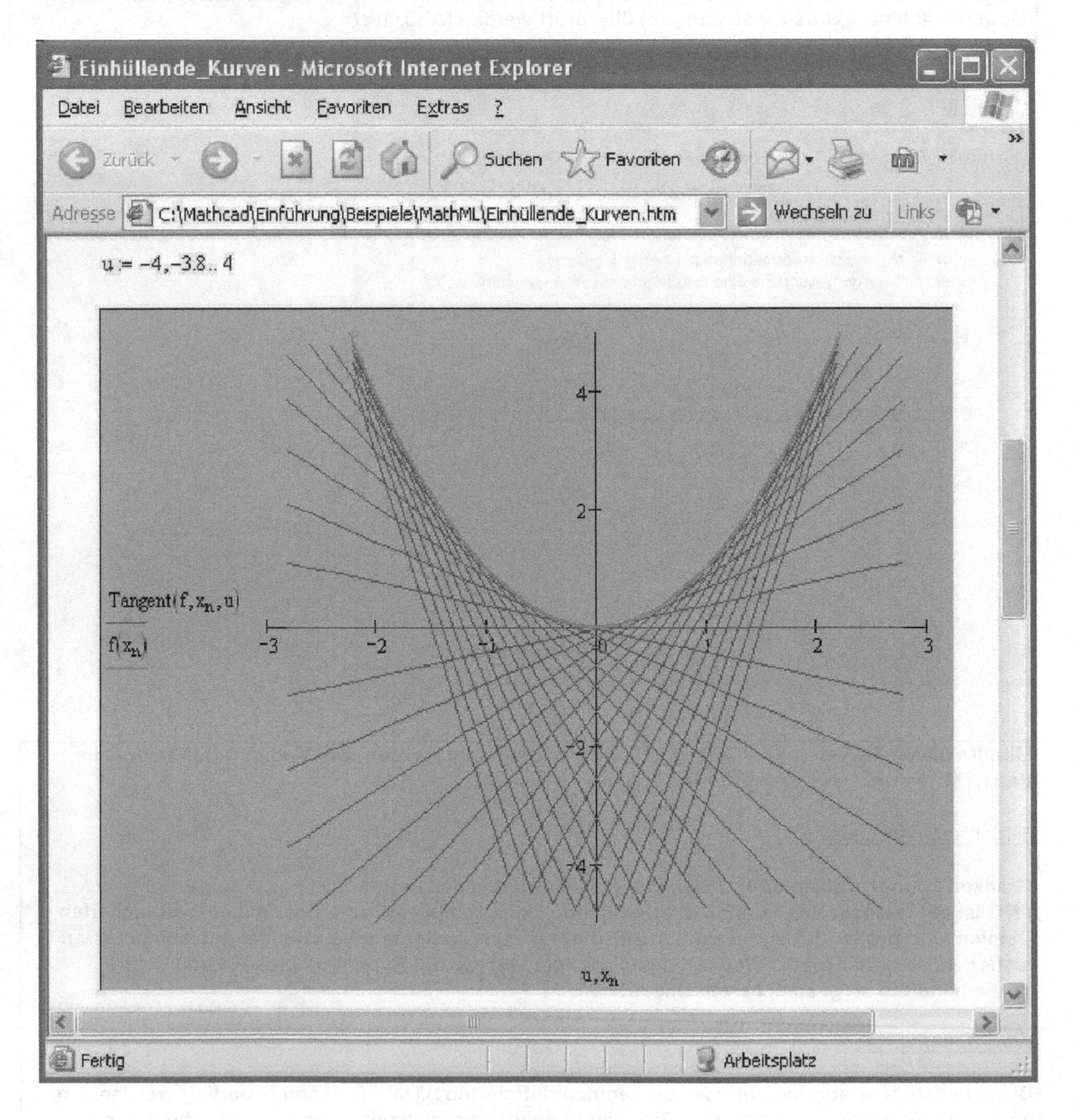

Abb. 19.76

Bemerkungen:

Für den Datenimport in Mathcad ist das Data Analysis Extension Pack eine große Hilfe. Dieses Paket enthält auch einen Datenimport-Wizard. Siehe dazu Näheres weiter unten.

Mathcad-Arbeitsblätter können zu einem elektronischen Buch (vergleiche Lernprogramme, Quick-Sheets und Verweistabellen) zusammengefasst werden. Diese Möglichkeit wird in Menü-Hilfe-Author's Reference näher erläutert.

Der Funktionsumfang und die Komponenten von Mathcad können mit Microsoft Visual Studio .NET oder mit dem SDK (Software Development Kit, beziehbar über http://www.ptc.com) wesentlich erweitert werden. Siehe dazu Menü-Hilfe-Developer's Reference.

19.5 Programmpakete von Mathcad

Mathcad und Mathcad Calculation Server (Mathcad Application Server) bilden die Schlüsselkomponenten. Ergänzt wird dieses Programmpaket durch mehrere Toolkits und Erweiterungspakete sowie durch verschiedene elektronische Bibliotheken.

Toolkits:

Publishing Toolkit:

Dieses Toolkit ermöglicht eine flexible Betrachtung und die Darstellung von XML-Daten (eXtensible Markup Language), generiert aus dem Programmpaket und transformiert in professionelle Geschäftsdokumente.

Customization Toolkit:

Eine Menge von APIs (Application Programming Interfaces) und ein Entwicklungswerkzeug, um das Programmpaket mit anderen Systemen und Prozessen zu integrieren.

Erweiterungspakete:

Data Analysis Extension Pack:

Dieses Analyse-Paket stellt Werkzeuge und Funktionen bereit, mit denen der Anwender Daten aus seinem Umfeld auswerten und anhand von Was-wäre-wenn-Szenarien mögliche Entwicklungen absehen kann. Anpassungsalgorithmen ermöglichen schnelle, gesicherte und präzise Ergebnisse. Mit diesem Paket erweitern Sie Mathcad um die Möglichkeit, auch umfängreiche Daten in verschiedenen Dateiformaten zu importieren. Eine Vorschau hilft beim korrekten Import komplizierter Formate. Außerdem gibt es Funktionen für die Suche und die Verwaltung von Matrizen.

Möglichkeiten der Datenverarbeitung:

Daten aus verschiedenen Systemen und in vielen Formaten bearbeiten;
Umfangreiche Datensätze mit inkonsistenten Spaltenformaten und Bezeichnungen verarbeiten;
Daten sehr kleinen und sehr großen Umfangs anpassen;
Daten mit Hunderten von verschiedenen Messwerten kompakt darstellen;
Daten mit fehlenden oder zu erwartenden Ausreißern darstellen;
Daten visuell und qualitativ einschätzen, um die optimale Analyse-Methode festzulegen (EDA);

Funktionen:

Datenimport-Assistent:

hilft beim Lesen von Dateien im ASCII-, Festbreiten-, Binär-, Excelformat und anderen Formaten;
erlaubt eine Inhalts-Vorschau;
selektiert Reihen und Spalten für den Import;
extrapoliert fehlende Messwerte;
spezifiziert Delimeter-Werte.

Matrix-Funktionen für die flexible Tabellensuche, Ddas aten-Ranking und die empirische Suche nach Maxima/Minima.
Statistische Funktionen für EDA, die Erkennung von Ausreißern und die Unterstützung von Fehlwerten (NaN=not a number).
Flexible nichtparametrische Anpassungsalgorithmen (Interpolation) unter Verwendung statistischer Methoden, um optimale Lösungen und Informationen über die Anpassung zu erhalten.
Funktionen für die allgemein parametrische, nichtlineare Anpassung unter Berücksichtigung von Relevanz und Bedingungen.
Principle Component Analysis (PCA)-Funktionen für multivariante Daten, die den Nipals-Algorithmus verwenden.
Wahrscheinlichkeits-Plots mit normalen und Weibull-Plots.
Datenausgabefunktionen, die in Programmschleifen verwendet werden können.
Vertrauensintervalle und Demonstration von ANOVA für angepasste Parameter.
Dokumentation mit Beispielen gängiger Analyse-Szenarien mit realen Daten.
Detaillierte Dokumentation der Mathcadfunktionen zur Datenanalyse in Verbindung mit Mathcad-Programmen und skriptfähigen Komponenten.

Komplette Bibliothek der Mathcadfunktionen:

Utilities: Funktionen zum Bearbeiten von Matrizen mit Rohdaten;
Statistik: Funktionen zur Berechnung statistischer Werte für Vektoren- und Datenmatrizen;
Ausreißer: Funktionen, die Daten-Ausreißer erkennen, markieren und für die Weiterbearbeitung aussortieren;
Regression: Funktionen, die Daten parametrisch anpassen oder Information über die Qualität der Anpassung bereitstellen;
Splines: Funktionen, die zwischen Datenpunkten interpolieren.

Signal Processing Extension Pack:

Bietet Ressourcen für die Analog- und Digitalsignalverarbeitung, Signalfilterung, Spektralanalyse, Zeit- und Frequenzanalyse und unterstützt Mehrkanal- und komplexe Signale sowie Fensterfunktionen für alle Filtersignale.

Dieses Paket enthält:

Classification of Signals, Complex Signal Analysis, Noise Generators, Quantising a Signal, Convolution&Correlation, Fast Fourier Transforms, Forward Transformation, Inverse Transformation, Lower-case Version, Highpass Filter Using FFT, Smoothing with FFT, Convolution in Two Dimensions, Defining Periodic Functions, Signal Windowing, Computing Fourier Coefficients, Spectral Analysis, Cepstrum Functions, Recenter Function, Chirp z-Transform, Filter Gain, Computing Response of Digital Filter, FIR Filter Design, IIR Filter Design, Interpolation&Resampling, Moving Average&Exponential, Smoothing, Linear Detrending, Linear Prediction Methods, Sample Correlation&Partial, The Hartley Transform, Sine&Cosine Transforms, Walsh Functions&Transform, Discrete Wavelet Transform, Hilbert Transform.

64 Signalverarbeitungsfunktionen:

Signalanalyse, Signalverarbeitung, Entwicklung von Algorithmen;
FIR und IIR Filter;
Erstellung und Auswertung von Tiefpass-, Hochpass-, Bandpassfilter, Bandsperre und Mehrbandfilter wie Butterworth, Chebyshev, Yule-Walker, Parks-McClellan und viele mehr;
Spektralanalyse;
Zeitreihenanalysen;
Funktionsgeber;
Transformationsanalyse;
Digitale Filterung;
Fenstertechnik;
Verwindung.

Transformationen:

Hartley Transformation;
Sinus- und Cosinus-Transformation;
Walsh Funktionen;
Diskrete Wavelet Transformation;
Hilbert Transformation;
Zweidimensionale Faltung und weitere.

Spektralanalyse:

Spektralanalyse;
Chirp Z-Transformation;
Rauschgenerator.

Zeitreihenanalyse:

Mobile Durchschnitt- und Exponential-Glättung;
Sample Korrelationen und Partial-Autokorrelationen;
Lineare Vorhersage-Methoden;
Faltung und Korrelation;
Interpolation und Resampling;
Quantisierung eines Signals.

Digitale Filterung:

Filterung von Gain und Response;
Fenster für FIR Filter Entwicklung;
FIR Filter Entwicklung;
FIR Filter Koeffizienten von Remez Exchange;
IIR Filter Entwicklung.

Wevelets Extension Pack:

Bietet eine neue Annäherung an die Signal- und Bildanalyse, Zeitreihenanalyse, statistische Signalschätzung, Datenkompressionsanalyse und an spezielle numerische Methoden. Durch die Integration von über 60 Schlüsselfunktionen erweitern die Wavelet-Funktionen Mathcad um die Bereiche Signalverarbeitung und Bildverarbeitung. Dabei werden u. a. fünf orthogonale und biorthogonale Waveletbereiche abgedeckt (Haar, Daubelts, Symmlets, Coiflets, Bspline).

Folgende Funktionen beinhaltet dieses Paket:

applybs, applytbl, basis_display, 2d, best_basic, bl, bspline, coiflet, cpt, create_level, daublet, define_filter, dfather, dfather2d, dmother, dmother2d, dwavelet, dwavelet2d, dwt, dwti, dwts, evalbs, evaltbl, extract_basis, extract_level2, d, father, father2d, free_filter, get_detail, get_detail2d, get_smooth, get_smooth2, get_subband, icpt, idwt, idwti, idwts, ilct, iwaveterp, iwaveterp2d, iwpt, iwpti, iwpts, lct, mother, mother2d, put_detail, put_detail2d, put_smooth, put_smooth2, put_subband, swaveterp, swaveterp2s, symmlet, wavebs, wavelet, wavelet2d, waveterp, waveterp2d, wpt, wpti, wpts.

Image Processing Extension Pack:

Die umfangreiche Sammlung bietet Lösungen und vorgefertigte Abläufe für iterative Untersuchungen und Bearbeitungen im Bereich der Bildverarbeitung. Mit über 140 Funktionen erlaubt dieses Extension Pack die genaue Analyse und Bearbeitung von Bildern und Fotos. Über 50 neue und erweiterte Funktionen für die Oberflächenbearbeitung, Filterung, Bildzerlegung, Flankenerkennung, Segmentation und Merkmalerkennung u. a. sind enthalten. Weiters ermöglicht ein interaktiver Bildbetrachter für einfache Änderungen der Bilder das Einlesen verschiedener Bildformate.

Enthalten sind auch Funktionsbeschreibungen zu:

Mathcad Electronic Books;
Einführung in Image Processing mit Mathcad;
Lesen und Schreiben von Bildern;
Mathcad Bildbetrachter.

Bildverarbeitungsfunktionen:

Bildmanipulation, Farbmanipulation in Bildern, Kombinieren von Bildern, geometrische Veränderungen, morphologische Verarbeitung, die Transform-Domain, Edge Finders für Kanten, Extraktionsfunktion und Bild-Segmentierung.

Beispiele:

Bildfilterung und Restauration, Bilderweiterung, Perspektive und Segmentierung, Visualisierung und synthetische Bilder.

Ressourcen:

Hilfreiche Mathcad-Konstruktionen, Schriftenverzeichnis, Index mit Beispiel-Bildern, Index für Funktionen, ersetzende Funktionen.

Solving and Optimization Extension Pack:

Dieses Zusatzpaket zu Mathcad ist der Experte für alle komplexen Solver-Aufgaben. Es ersetzt den in Mathcad integrierten Standardlöser und steigert die Berechnungsgeschwindigkeit sowie die Anzahl der definierbaren Variablen. Mit diesem Tool können u. a. lineare und nichtlineare Gleichungssysteme sowie lineare, quadratische und Mixed-Integer-Optimierungsprobleme gelöst werden.

Dieses Paket beinhaltet:

Finance:
- Choosing a Product Mix;
- Portfolio Optimization;
- Maximizing Profit;
- Simulating Stock Prices;
- Implied Volatility.

Operations Research:
- Inventory Analysis;
- Measuring Efficiency with Data Envelopment Analysis (DEA);
- A Hiring Model for a Hospital Medical Residency Program;
- Personnel Scheduling;
- Minimizing Distance.

Marketing:
- Prioritizating Software Development Goals;
- Apartmental Rental Pricing;
- Optimizing an Advertising Budget.

Mechanical, Structural and Civil Engineering:
- Column Design;
- Container Design;
- Design of Helical Spring;
- Choosing the Diamter of a Sewer Pipe.

Electrical Engineering:
- Choosing a Resistor.

Heat Transfer:
- Wall Construction Optimization;
- Heat Sink Optimization.

Nutrition:
- Dietary Choices.

Mathematics and Data Analysis:
- Least Squares Fitting;
- Using rool to Define an Inverse Function;
- Inscribing a Box in Ellipsoid Problem;
- Systemvoraussetzungen für Mathcad Solving.

Elektronische Bibliotheken:

Civil Engineering Library:

Diese elektronische Bibliothek, als Erweiterung für den Bereich Bauingenieurwesen, liefert die gebräuchlichsten Funktionen und Rechengänge, z. B. für statische Bauberechnungen. Mit dem kompletten Formelwerk des "Roark's", der Bibel für Ingenieure, mit den vier Teilgebieten Beams and Bars, Curved Beams, Plates und Shells.

Diese Bibliothek beinhaltet folgende Bücher:

1. Roark's Formular for Stress and Strain:

   Moments of Inertia, Plastic Section Moduli, Areas, Stress, Force and Deflection Calculations, Strain and Deformation for Axisymmetric and Eccentric Loading, Nonisotropic Material Stress Formulas, Stress Concentration, Collapse Loads, and much more.

2. Building Structual Design:
   Analysis of Beams; Structual Steel Beams; Reinforced Concrete Slabs and Beams; Reinforced Concrete Columns; Structual Steel Columns-ASD Design; Reinforced Concrete Flat Plates; Reinforced Concrete Columns and Wall Footings; Structual Steel Beams; Analysis of Beams; Structual Steel Beams.

3. Building Thermal Analysis:
   Steady-State Heat Conduction in Walls and Pipes; Transient Heat Conduction in Buildings; Analysis of Heat Conduction in Buildings with the Finite Difference Method; Periodic Heat Flow in Multilayered Walls; Convection and Infiltration in Rooms and Cavities; Radiation Heat Transfer in Buildings; Solar Radiation; Psychrometry and Thermal Comfort; Heating and Cooling Load Calculations; Building Thermal Control

Electrical Engineering Library:
Diese elektronische Bibliothek, als Erweiterung für den Bereich Elektrotechnik und Elektronik, vereinigt über 130 Abschnitte zum Thema Elektrotechnik und Elektronik.
Diese Bibliothek beinhaltet folgende Bücher:
1. Electrical and Electronic Engineering von Hicks:
   Direct-Current Circuit Analysis, Power System Short-Circuit Current, Transformer Characteristics and Performance, Electrical Measurement Analysis of Permanent Magnet Motors, Solid-State Device Evaluation, Reliability Analysis of Electronic Circuits, Equipment to Network Synthesis by Using an Operational Amplifier, Microwave Transmitter Analysis, and more.
2. Electrical Power Systems Engineering:
   Voltage Drop Calculations, Load Flow Calculations, Least-Cost Power Transformer Sizing, Power System Harmonic Analysis, Power Line Parameters, Impendance of Lines, Characteristics of Aluminium Cable, Power System Faults, Mid-Line Fault Calculations, Out-of-Step Protection, Induction Motor Start-up Protection, DC Motor Protection, System Transients, Transformer Energisation, Typical Transformer Impedances, Application of Surge Arresters.
3. Topics in Electrical Engineering

Mechanical Engineering Library:
Diese elektronoische Bibliothek, als Erweiterung für den Bereich Maschinenbau, fokussiert und schließt die Bestseller der elektronischen Handbücher von Mathsoft zusammen.
1. Roark's Formular for Stress and Strain:
   Moments of Inertia, Plastic Section Moduli, Areas, Stress, Force and Deflection Calculations, Stress, Strain and Deformation for Axisymmetric and Eccentric Loading, Nonisotropic Material Stress Analysis, Combined Stress Formulasm, Stress Concentration u. v. m.
2. Finite Element Beginnings:
   Introduction: Definition and Basic Concepts, The Process of Discretisation, Brief History of the Finite Element Method.
   The Discrete Approach: A Physical Interpretation: A Simple Elastic Spring, Assembling the Elements, How to Treat Boundary Conditions.
   Introduction to Finite Elements of Elastic Continua: Continuity of Elements in a Continuum, Basic Concepts, in three Dimensional Linear Elasticity.
   Element Interpolation and Shape Functions: The Essence of the Finite Element Method, Linear Interpolation in one Dimension.
   The Method of Weighted Residuals: Applying Galerkin's Method to Finite Elements.
3. Machine Design & Analysis from Hick's:
   Shaft, Torque, Horsepower and Driver Efficiency, Shaft Reactions and Bending Moments, Speeds of Gears and Gear Trains, Force Ratio of Geared Drives, Roller-Bearing Operating-Life Analysis, Shock-Mount Deflection and Spring Rate, Wear Life of Roller Surfaces, Cutting Speeds of Various Materials and more.

Die Benützung von Microsoft.NET macht es sehr einfach, XML-Dokumente (eXtensible Markup Language) zu erzeugen und zu lesen. Der System.XML-Namespace im Microsoft.NET Framework stellt auf Standards aufbauende Unterstützung für die XML-Verarbeitung bereit. Die unterstützten Standards sind:
XML 1.0, einschließlich DTD-Unterstützung;
XML-Namespaces, sowohl Streamebene als auch DOM;
XSD-Schemas;
XPath-Ausdrücke;
XSLT-Transformationen;
DOM (Document Object Model) Level 1 und 2;

Microsoft Produkte:	**Microsoft Technologien:**
- Microsoft Visual C#.NET	**- Common Language Runtime**
- Microsoft Visual C++.NET	**- Microsoft.NET Framework**
- Microsoft Visual Studio.NET 2003	**- Microsoft ASP.NET**
- Microsoft SQL Server 2000	

Microsoft.NET Framework ist das Programmiermodell für die .NET-Plattform. Die wichtigsten Komponenten von .NET Framework sind die Common Language Runtime (CLR) und die .NET Framework-Klassenbibliothek mit ADO.NET, ASP.NET und Windows Forms. .NET Framework stellt neben einer verwalteten Ausführungsumgebung eine vereinfachte Entwicklung und Weitergabe sowie die Integration einer großen Vielfalt von Programmiersprachen zur Verfügung.

XML (eXtensible Markup Language) ist die wohl wichtigste Neuentwicklung seit Einführung der Webtechnologie. Der offene Standard vereinfacht den Austausch von Daten zwischen zentralen Anwendungen, unabhängig von Plattform, Betriebssystem und Programmiersprachen-auch über Unternehmensgrenzen hinaus. Das .NET Framework bietet eine Reihe von Klassen zum Bearbeiten und Überprüfen von XML-Daten. Eine der herausragenden Eigenschaften von XML ist die Trennung von Inhalt und Darstellung. Diese Trennung vereinfacht die Verwendung von Datenfragmenten oder auch ganzen Dokumenten für unterschiedliche Plattformen, etwa für Internet-Browser, WAP oder andere Medien. Unternehmen können Dank XML beispielsweise ihre Produkte mit relativ geringem Aufwand für einen Online-Shop, einen traditionellen Katalog oder auch für den Austausch mit Lieferanten via Internet aufbereiten. XML ist so konzipiert, dass es die Ausgabe für alle erdenklichen Medien vereinfacht. Hier kommt XSLT (XML Style Language Transformation) ins Spiel. Die Technologie bereitet XML-basierte Dokumente für die verschiedenen Plattformen auf und definiert die Mechanismen, wie bestehende XML-Dokumente in neue Dokumente transformiert werden. Selbst die Sprachausgabe ist dabei denkbar. XML ist als offener Standard Basis von Web Services, also Anwendungen, die über das gesamte Internet verteilt sind. Die Applikationen können über die XML-Webservices-Daten gemeinsam nutzen sowie Funktionen anderer Anwendungen aufrufen-unabhängig davon, wie diese programmiert sind. Langfristiges Ziel ist die Integration von Anwendungen und Geschäftsprozessen zwischen Unternehmen weltweit. XML ist eine Metasprache, die anwendungsbezogen die inhaltliche Struktur und Daten beliebiger Natur beschreibt und auch der Entwicklung von spezifischen Markierungssprachen dient. Inzwischen gibt es eine Vielzahl an XML-basierten Protokollen und Formaten. Die Bandbreite reicht von Standards für die Zusammenarbeit an Web-Dokumenten oder den Datenabgleich über das Internet bis hin zur Kommunikation von Softwareobjekten über das Netz. Zu nennen sind hier etwa SyncML, SOAP, XHTML oder WML.

Mathcad Calculation (oder Application) Server wird auf einen Windows 2000 Server aufgesetzt und ermöglicht durch die Vorschaltung der MS Internet Information Services (IIS) die volle Kontrolle über Sicherheit und Zugriff auf die einzelnen Dokumente. Im Server-Paket enthalten sind .NET Runtime Services und MS DirectX 9 für das Rendering von Grafiken.
Mathcad Calculation Server enthält jetzt alle Mathcad Extension Packs und bietet umfassende Unterstützung für Mathcad-Arbeitsblätter, die Berechnungsfunktionen nutzen, welche nur in den Extension Packs verfügbar sind und nicht im Mathcad-Basisprodukt.
Beispiele für Berechnungen und Kalkulation mit Mathcad Calculation Server finden sich z. B. unter: http://mcs.ptc.com/mcs/.

20. Mathcadfunktionen

Vordefinierte Mathcadfunktionen können mit Menü-Einfügen-Funktionen (<Strg> + <e>) und dem f(x)-Symbol in der Symbolleiste eingefügt werden. Diese Funktionen können aber auch eingegeben werden. Eine Beschreibung der Funktionen findet wir in der Hilfe von Mathcad.

20.1 Rundungsfunktion

rund(z,n)
Gibt z gerundet auf n Dezimalstellen zurück. Wenn n nicht angegeben wird, wird z, gerundet auf die nächste ganze Zahl, zurückgegeben (n wird dabei 0 gesetzt). Wenn n < 0, wird z, gerundet auf n Stellen links des Dezimalzeichens, zurückgegeben.
Argumente:
z kann eine reelle oder eine komplexe Zahl sein (dimensionslos).
n muss eine ganze Zahl sein.
Rund(z,y)
Rundet z (reelle oder eine komplexe Zahl und dimensionslos) auf das nächstliegende Vielfache von y. y muss reell und ungleich null sein.

20.2 Abbruchfunktionen

floor(z)
Gibt die größte ganze Zahl ≤ z zurück.
Floor(z,y)
Gibt das größte Vielfache von y kleiner oder gleich z zurück. y muss reell und ungleich null sein.
ceil(z)
Gibt die kleinste ganze Zahl ≥ z zurück.
Ceil(z,y)
Gibt das kleinste Vielfache von y größer oder gleich z zurück. y muss reell und ungleich null sein.
trunc(z)
Gibt den ganzzahligen Teil von z zurück. Der Bruchteil wird entfernt.
Trunc(z,y)
Gibt den Wert von trunc(z/y)*y zurück. y muss reell und ungleich null sein.
Argumente:
z kann eine reelle oder eine komplexe Zahl sein (dimensionslos).
Hinweis:
Die Funktionen floor und trunc geben bei positiven Werten von z denselben Wert zurück. Bei negativen Werten von z unterscheiden sich die Ergebnisse. So ist floor(-2.6)=-3, aber trunc(-2.6)=-2.

20.3 Modulo- und Winkelberechnungsfunktion, ggT und kgV

mod(x, y)
Gibt x mod y zurück, den Rest aus der Division von x durch y. x und y sind reelle Zahlen.
winkel(x,y)
Winkel von der x-Achse zum Punkt (x,y). x und y sind reelle Zahlen.
gcd(A,B,C,...)
Gibt die größte ganze Zahl, die alle Elemente in den Feldern oder Skalaren A,B,C,... ohne Rest teilt, zurück (die Elemente von A,B,C... sind ganze Zahlen).
lcm(A,B,C,...)
Gibt die kleinste positive ganze Zahl, die ein Vielfaches aller Werte in den Feldern oder Skalaren A,B,C,... darstellt, zurück (die Elemente von A,B,C... sind ganze Zahlen).

20.4 Exponential- und Logarithmusfunktionen

exp(z) , e^z Exponetialfunktion.

log(z,a) Logarithmus z zur Basis a. Wenn a weggelassen wird, so ist es der Logarithmus z zur Basis 10.

ln(z) Natürlicher Logarithmus von z (Basis e).

Argumente:
z muss ein Skalar sein (reell, komplex oder imaginär).
z muss dimensionslos sein.
Für die Funktionen log und ln muss z größer null sein.
b ist ein optionales, positives Argument. b muss, wenn angegeben, ein Skalar sein. Wird b weggelassen, wird b gleich 10 gesetzt.
Bei komplexem z stammen die von den log-Funktionen zurückgegebenen Werte aus dem Hauptwert dieser Funktionen. Anders ausgedrückt gilt für den Hauptwert:
ln(z) = ln(|z|) + j arg(z)

20.5 Trigonometrische- und Arcusfunktionen

sin(z), cos(z), tan(z), cosec(z), sec(z), cot(z), sinc(z) = sin(z)/z.

Argumente:
z muss in Radiant angegeben werden.
z muss ein Skalar sein (reell, komplex oder imaginär).

asin(z), acsc(z), acos(z), asec(z), atan(z), acot(z), atan2(x,y)

Argumente:
z muss ein Skalar sein.
z muss dimensionslos sein.
x und y sind Skalare.

asin(z), atan(z), asec(z), acsc(z), acot(z) geben Winkelwerte in Radiant zwischen $-\pi/2$ und π zurück, wenn z reell ist.
atan2(x,y) gibt einen Winkel (in Radiant) zwischen $-\pi$ und π (aber nicht $-\pi$) von der x-Achse zu einer Geraden zurück, die den Ursprung (0,0) und den Punkt (x,y) enthält.
acos(z) gibt einen Winkelwert in Radiant zwischen 0 und π zurück, wenn z reell ist.
Die zurückgegebenen Werte stammen aus dem Hauptwert dieser Funktionen.

20.6 Hyperpolische- und Areafunktionen

sinh(z), cosh(z), tanh(z), coth(z), cosech(z), sech(z).

Argumente:
z muss in Radiant angegeben werden.
z muss ein Skalar sein.
z muss dimensionslos sein.

arsinh(z), arcosh(z), artanh(z), acoth(z), acsch(z), asech(z) .

Argumente:
z muss ein Skalar sein.
z muss dimensionslos sein
Die zurückgegebenen Werte stammen aus dem Hauptwert dieser Funktionen.

20.7 Funktionen für komplexe Zahlen

Re(z)
Gibt den Realteil von z zurück.

Im(z)
Gibt den Imaginärteil von z zurück.

arg(z)
Gibt das Argument von z, zwischen $-\pi$ und π, zurück.

csgn(z)
Gibt 0 zurück, wenn z = 0. Ist Re(z) > 0 oder (Re(z) = 0 und Im(z > 0), wird 1 zurückgegeben, andernfalls -1.

signum(z)
Gibt 1 zurück, wenn z = 0 und andernfalls z/|z|.

20.8 Bedingte (unstetige) Funktionen

wenn(cond, wwert, fwert)
Gibt wwert zurück, wenn cond zutrifft, sonst wird fwert ausgegeben.

bis(icond, x)
Übergibt x solange, bis icond (Ausdruck, der eine Bereichsvariable enthält) negativ ist.

δ(m, n)
Kronecker-Deltafunktion. Gibt 1 zurück, wenn m = n, andernfalls 0.

sign(x)
Vorzeichen einer Zahl. Gibt 0 zurück, wenn x = 0. Ist x > 0, wird 1 zurückgegeben, andernfalls -1.

ε(i,j,k)
Vollständig antisymmetrische Tensor-Funktion.

Φ(x)
Heaviside-Sprungfunktion. Gibt 0 zurück, wenn x < 0, andernfalls 1.

20.9 Zeichenfolgefunktionen

verkett(S1,S2,S3,...)
Hängt die Zeichenfolge S2 an das Ende von S1 an usw. Gibt eine Zeichenfolge zurück.

format(S, x1, x2, x3, ...)
Gibt eine Zeichenfolge zurück, die den Wert der Argumente x1, x2, x3, ... mit Druckreihenfolge und umgebendem Text, angegeben durch S, enthält.

Fehler(S)
Gibt die Zeichenfolge S als Fehlerbeschreibung aus.

zflänge(S)
Bestimmt die Anzahl der Zeichen in der Zeichenfolge S. Gibt eine ganze Zahl zurück.

subzf(S,n,m)
Extrahiert eine Subzeichenfolge von S, die mit dem Zeichen an Position n beginnt und höchstens m Zeichen aufweist. Die Argumente m und n müssen ganze Zahlen sein.

strtpos(S,SubS,x)
Sucht die Startposition der Subzeichenfolge SubS in S, die an Position x in S beginnt.

zfinzahl(S)
Wandelt eine Zahlen-Zeichenfolge S in eine Konstante um. Unterstützt auch hexadezimale und binäre Zeichenfolgen (Zahlen-Strings).

zahlinzf(x)
Wandelt die Zahl x in eine Zeichenfolge um.

zfinvek(S)
Wandelt eine Zeichenfolge S in einen Vektor aus Unicode-Zeichen um.

vekinzf(v)
Wandelt einen Vektor aus Unicode-Zeichen von 32 bis 127 bzw. 160 (128 bis 159 liefern leere Blocks oder Nullzeichen) und höher in eine Zeichenfolge um. ASCII-Steuerzeichen 2 bis 31 sind in Zeichenfolgenvariablen nicht zulässig und können auch nicht mehr durch die Funktion vekinzf erzeugt werden.

Spur("format string", x, y, z, ...)
Pause("format string", x, y, z, ...)
Wenn der Debugging-Modus eingeschaltet ist, drucken diese Funktionen eine Zeichenfolge in das Verfolgungs-Fenster.

20.10 Ausdruckstypfunktionen

IsScalar(x)
Gibt 1 zurück, wenn x ein Skalar ist, andernfalls 0.

IsArray(x)
Gibt 1 zurück, wenn x ein Vektor oder eine Matrix ist, andernfalls 0.

IsString(x)
Gibt 1 zurück, wenn x eine Zeichenfolge ist, andernfalls 0.

SIEinhVon(x)
Gibt die Einheiten von x zurück, andernfalls 1.

IsNaN(x)
Übergibt 1, wenn x eine NaN (Not a Number) ist. Ansonsten übergibt die Funktion 0.

IsPrime(n)
Übergibt 1, wenn n eine Primzahl ist. Ansonsten übergibt die Funktion 0. Kann nur symbolisch ausgewertet werden.

20.11 Vektor- und Matrixfunktionen

Verbinden von Feldern:

erweitern(A,B,C,...)
stapeln(A,B,C,...)

Teilfelder auswählen:

submatrix(M, ir, jr, ic, jc)

Spezielle Eigenschaften einer Matrix:

sp(M)
rg(M)
norm1(M)
norm2(M)
norme(M)
normi(M)
cond1(M)
cond2(M)
conde(M)
condi(M)

Erstellen von Feldern:

matrix(m,n,f)
ErstellenGitter(F,s0,s1,t0,t1,sgrid,tgrid,fmap)
ErstellenRaum(F,t0,t1,tgrid,fmap)

Größe eines Felds:

spalten(A)
zeilen(A)
länge(v)
letzte(v)

Extrema eines oder mehrerer Felder:

max(A,B,C,...)
min(A,B,C,...)

Spezielle Typen von Matrizen:

diag(v)
geninv(A)
zref(A)
einheit(n)
kronecker(M, N)

Jacob(F(x), x, k) (Jacobi-Matrix)

Vektoren aus log Datenpunkten:

logspace(min,max,npts)
logpts(minexp, dec, dnpts))

Eigenwerte und Eigenvektoren:

eigenwerte(M)
eigenvektoren(M), eigenvektoren(M,"L")
eigenvek(M,z)
genwerte(M,N)
genvektoren(M,N), genvektoren(M,N,"L")

Matrix-Zerlegung:

cholesky(M)
qr(A)
lu(M)
svd(A), svds(A), svd2(A)

Suchfunktionen:

verweis(A,B)
wverweis(z,A,r)
hlookup(z, A, c)
vergleich(z,A)

20.12 Sortierfunktionen

Mathcad verfügt über drei Funktionen zum Sortieren von Feldern und über eine Funktion, mit der die Reihenfolge der Elemente von Feldern umgekehrt werden kann:

sort(v)
Gibt einen Vektor mit den in aufsteigender Reihenfolge sortierten Werten in v zurück. Wenn v komplexe Elemente enthält, wird der Imaginärteil ignoriert.

spsort(A,n)
Gibt ein Feld zurück. Die Zeilen von A werden so umgestellt, dass die Spalte n in aufsteigender Reihenfolge sortiert werden kann. Wenn A komplexe Elemente enthält, wird der Imaginärteil ignoriert.

zsort(A,n)
Gibt ein Feld zurück. Die Zeilen von A werden so umgestellt, dass die Spalte n in aufsteigender Reihenfolge sortiert werden kann. Wenn A komplexe Elemente enthält, wird der Imaginärteil ignoriert.

umkehren(A)
Gibt ein Feld zurück, in dem die Elemente eines Vektors oder die Zeilen einer Matrix in umgekehrter Reihenfolge abgelegt sind.

20.13 Funktionen zur Lösung von Gleichungen

Suchen(x,y,...)
Lösen von Gleichungssystemen

Minfehl(x,y,...)
Näherungsweises Lösen von Gleichungssystemen

wurzel(f(z)z) bzw. wurzel(f(z),z,a,b)
Lösen genau einer Gleichung für genau eine Unbekannte

llösen(M,v)
Lösen von Gleichungssystemen

nullstellen(v)
Löst nach den Wurzeln des Polynoms auf, dessen Koeffizienten durch v definiert sind.

20.14 Funktionen zur Funktionsoptimierung

Minimieren(f, var1, var2,...)
Ermittelt die Werte, an denen eine Funktion ihren Minimalwert annimmt.

Maximieren(f, var1, var2,...)
Ermittelt die Werte, an denen eine Funktion ihren Maximalwert annimmt.

20.15 Kombinatorische Funktionen

combin(n,k)
Gibt die Anzahl der Kombinationen von n Objekten bei Auswahl von k Objekten zurück.

permut(n,k)
Gibt die Anzahl der Permutationen von n Objekten bei Auswahl von k Objekten zurück.

20.16 Statistische Funktionen

20.16.1 Datenanalysefunktionen

kvar(A,B)
Kovarianz der Elemente in den beiden aus m x n bestehenden Feldern A und B.

korr(A,B)
Pearsonscher Korrelationskoeffizient für die beiden aus m x n bestehenden Felder A und B.

correl(x,y)
Übergibt die Korrelation der Vektoren x und y.

correl2d(M,K)
Übergibt die 2D-Korrelation von Matrix M mit Kern K.

gmean(A,B,C,...)
Geometrischer Mittelwerte der Elemente der Felder oder Skalare A,B,C,... (alle Elemente reell und größer 0).

hmean(A,B,C,...)
Harmonischer Mittelwerte der Elemente der Felder oder Skalare A,B,C,... (alle Elemente reell und größer 0).

kurt(A,B,C,...)
Häufigkeitsgrad der Elemente der Felder oder Skalare A,B,C,....

median(A,B,C,...)
Median der Elemente der Felder oder Skalare A,B,C,...

mittelwert(A,B,C,...)
Arithmetischer Mittelwert der Elemente der Felder oder Skalare A,B,C,...

mode(A,B,C,...)
Modus der Elemente der Felder oder Skalare A,B,C,...

skew(A,B,C,...)
Asymmetrie der Elemente der Felder oder Skalare A,B,C,....

stdev(A,B,C,...) bzw.
Stdev(A,B,C,...)
Standardabweichung der Elemente der Felder oder Skalare A,B,C,... der Grundgesamtheit bzw. einer Stichprobe (Quadratwurzel der Varianz bzw. Quadratwurzel der Beispielvarianz).

var(A) bzw.
Var(v)
Varianz der Elemente der Felder oder Skalare A,B,C,... (Populationsvarianz bzw. Beispielvarianz).

hist(intervalle,daten)
Gibt Daten für ein Balkendiagramm zurück:

Wenn "intervalle" ein Vektor ist, wird ein Vektor zurückgegeben, dessen i-tes Element die Anzahl der Punkte in "daten" angibt, die zwischen dem i-ten und dem (i+1)ten Element von "intervalle" liegen.
Wenn "intervalle" ein Skalar ist, wird ein Vektor zurückgegeben, der die Anzahl der Punkte in "daten" anzeigt, die in die Zahl der gleichmäßigen Intervalle fallen, die durch "intervalle" repräsentiert wird.

Histogramm(n,Daten)
Gibt Daten für ein Balkendiagramm zurück. n ist die Anzahl der Klassen.
Die erste Spalte von Histogramm enthält die Mittelpunkte der Intervalle, während die zweite Spalte denselben Häufigkeitsvektor zurückgibt wie hist.

Argumente:
"intervalle" ist ein Skalar oder ein Vektor. Wenn es sich um einen Skalar handelt, stellt er die Anzahl der gleichmäßigen Intervalle dar, in die die Werte in "Daten" sortiert werden. Handelt es sich bei "intervalle" um einen Vektor aus reellen Werten in aufsteigender Reihenfolge, stellen die Werte die Intervalle dar, in die die Elemente von "Daten" sortiert werden.
"Daten" ist ein Vektor aus reellen Datenwerten.

20.16.2 Dichtefunktionen, Verteilungsfunktionen und Zufallszahlen

Wahrscheinlichkeitsdichten ergeben die Wahrscheinlichkeit, mit der eine Zufallsvariable einen bestimmten Wert annimmt.

Kumulative Wahrscheinlichkeitsverteilungen ergeben die Wahrscheinlichkeit, dass eine Zufallsvariable einen Wert annimmt, der geringer oder gleich einem festgelegten Wert ist. Sie ergeben sich aus der einfachen Integration (oder gegebenenfalls Summierung) der entsprechenden Wahrscheinlichkeitsdichte über einen geeigneten Zeitraum.

Umgekehrte Wahrscheinlichkeitsverteilungen erhalten eine Wahrscheinlichkeit als Argument und haben ein Ergebnis wie die Wahrscheinlichkeit, dass eine Zufallsvariable geringer oder gleich dem Wert ist (je nach der als Argument angegebenen Wahrscheinlichkeit).

BETA-VERTEILUNG:

dbeta(x,s1,s2)	**Gibt die Wahrscheinlichkeitsdichte für die Beta-Verteilung zurück.**
pbeta(x,s1,s2)	**Gibt die kumulative Wahrscheinlichkeitsverteilung zurück.**
qbeta(x,s1,s2)	**Gibt die inverse kumulative Wahrscheinlichkeitsverteilung zurück.**
rbeta(m,s1,s2)	**Gibt einen Vektor aus m Zufallszahlen zurück, die die Beta-Verteilung aufweisen.**

BINOMIALVERTEILUNG:

dbinom(k,n,p)	**Gibt die Wahrscheinlichkeitsdichte für die Binomialverteilung zurück.**
pbinom(k,n,p)	**Gibt die kumulative Wahrscheinlichkeitsverteilung zurück.**
qbinom(p,n,r)	**Gibt die inverse kumulative Wahrscheinlichkeitsverteilung zurück.**
rbinom(m,n,p)	**Gibt einen Vektor aus m Zufallszahlen zurück, die die Binomialverteilung aufweisen.**

CAUCHY-VERTEILUNG:

dcauchy(x,l,s)	**Gibt die Wahrscheinlichkeitsdichte für die Cauchy-Verteilung zurück.**
pcauchy(x,l,s)	**Gibt die kumulative Wahrscheinlichkeitsverteilung zurück.**
qcauchy(p,l,s)	**Gibt die inverse kumulative Wahrscheinlichkeitsverteilung zurück.**
rcauchy(m,l,s)	**Gibt einen Vektor aus m Zufallszahlen zurück, die die Cauchy-Verteilung aufweisen.**

CHI-QUADRAT-VERTEILUNG:

dchisq(x,d)	**Gibt die Chi-Quadrat-Verteilung zurück.**
pchisq(x,d)	**Gibt die kumulative Wahrscheinlichkeitsverteilung zurück.**
qchisq(p,d)	**Gibt die inverse kumulative Wahrscheinlichkeitsverteilung zurück.**
rchisq(m,d)	**Gibt einen Vektor aus m Zufallszahlen zurück, die die Chi-Quadrat-Verteilung aufweisen.**

EXPONENTIALVERTEILUNG:

dexp(x,r)	Gibt die Wahrscheinlichkeitsdichte für die Exponentialverteilung zurück.
pexp(x,r)	Gibt die kumulative Wahrscheinlichkeitsverteilung zurück.
qexp(p,r)	Gibt die inverse kumulative Wahrscheinlichkeitsverteilung zurück.
rexp(m,r)	Gibt einen Vektor aus m Zufallszahlen zurück, die die Exponentialverteilung aufweisen.

F-VERTEILUNG:

dF(x,d1,d2)	Gibt die Wahrscheinlichkeitsdichte für die F-Verteilung zurück.
pF(x,d1,d2)	Gibt die kumulative Wahrscheinlichkeitsverteilung zurück.
qF(p,d1,d2)	Gibt die inverse kumulative Wahrscheinlichkeitsverteilung zurück.
rF(m,d1,d2)	Gibt einen Vektor aus m Zufallszahlen zurück, die die F-Verteilung aufweisen.

GAMMA-VERTEILUNG:

dgamma(x,s)	Gibt die Wahrscheinlichkeitsdichte für die Gammaverteilung zurück.
pgamma(x,s)	Gibt die kumulative Wahrscheinlichkeitsverteilung zurück.
qgamma(p,s)	Gibt die inverse kumulative Wahrscheinlichkeitsverteilung zurück.
rgamma(m,s)	Gibt einen Vektor aus m Zufallszahlen zurück, die die Gammaverteilung aufweisen.

GEOMETRISCHE VERTEILUNG:

dgeom(k,p)	Gibt die Wahrscheinlichkeitsdichte für die geometrische Verteilung zurück.
pgeom(k,p)	Gibt die kumulative Wahrscheinlichkeitsverteilung zurück.
qgeom(p,r)	Gibt die inverse kumulative Wahrscheinlichkeitsverteilung zurück.
rgeom(m,p)	Gibt einen Vektor aus m Zufallszahlen zurück, die die geometrische Verteilung aufweisen.

HYPERGEOMETRISCHE VERTEILUNG:

dhypergeom(m,a,b,n)	Gibt die Wahrscheinlichkeitsdichte für die hypergeometrische Verteilung zurück.
phypergeom(m,a,b,n)	Gibt die kumulative Wahrschelnllchkeltsverteilung zurück.
qhypergeom(p,a,b,n)	Gibt die inverse kumulative Wahrscheinlichkeitsverteilung zurück.
rhypergeom(m,a,b,n)	Gibt einen Vektor von m Zufallszahlen zurück, die eine hypergeometrische Verteilung aufweisen.

LOGARITHMISCHE NORMALVERTEILUNG:

dlnorm(x, μ, σ) Gibt die Wahrscheinlichkeitsdichte für die logarithmische Normalverteilung zurück.

plnorm(x, μ, σ) Gibt die kumulative Wahrscheinlichkeitsverteilung zurück.

qlnorm(p, μ, σ) Gibt die inverse kumulative Wahrscheinlichkeitsverteilung zurück.

rlnorm(m, μ, σ) Gibt einen Vektor aus Zufallszahlen zurück, die eine logarithmische Normalverteilung aufweisen.

LOGISTISCHE VERTEILUNG:

dlogis(x,l,s) Gibt die Wahrscheinlichkeitsdichte für die logistische Verteilung zurück.

plogis(x,l,s) Gibt die kumulative Wahrscheinlichkeitsverteilung zurück.

qlogis(p,l,s) Gibt die inverse kumulative Wahrscheinlichkeitsverteilung zurück.

rlogis(m,l,s) Gibt einen Vektor aus m Zufallszahlen zurück, die die logistische Verteilung aufweisen.

NEGATIVE BINOMIALVERTEILUNG:

dnbinom(k,n,p) Gibt die Wahrscheinlichkeitsdichte für die negative Binomialverteilung zurück.

pnbinom(k,n,p) Gibt die kumulative Wahrscheinlichkeitsverteilung zurück.

qnbinom(p,n,r) Gibt die inverse kumulative Wahrscheinlichkeitsverteilung zurück.

rnbinom(m,n,p) Gibt einen Vektor aus m Zufallszahlen zurück, die die negative Binomialverteilung aufweisen.

NORMALVERTEILUNG:

dnorm(x,μ,σ) Gibt die Wahrscheinlichkeitsdichte für die Normalverteilung zurück.

pnorm(x, μ, σ) Gibt die kumulative Wahrscheinlichkeitsverteilung zurück.

knorm(x) Gibt die kumulative Wahrscheinlichkeitsverteilung mit dem Mittelwert 0 und der Varianz 1 zurück (knorm(x) = pnorm(x,0,1)).

qnorm(p,μ,σ) Gibt die inverse kumulative Wahrscheinlichkeitsverteilung zurück.

rnorm(m,μ,σ) Gibt einen Vektor aus m Zufallszahlen zurück, der die Normalverteilung aufweist.

fehlf(x) Gauß'sche Fehlerfunktion.

Argumente:
x ist ein reeller Skalar oder komplex.

Zwischen der Fehlerfunktion und der komplementären Fehlerfunktion besteht die folgende Beziehung:
erfc(x) := 1 - fehlf(x)

POISSON-VERTEILUNG:

dpois(k,λ) Gibt die Wahrscheinlichkeitsdichte für die Poisson-Verteilung zurück.

ppois(k, λ) Gibt die kumulative Wahrscheinlichkeitsverteilung zurück.

qpois(p, λ) Gibt die inverse kumulative Wahrscheinlichkeitsverteilung zurück.

rpois(m, λ) Gibt einen Vektor aus m Zufallszahlen zurück, die die Poisson-Verteilung aufweisen.

STUDENT-VERTEILUNG:

dt(x,d) Gibt die Wahrscheinlichkeitsdichte für die t-Verteilung zurück.

pt(x,d) Gibt die kumulative Wahrscheinlichkeitsverteilung zurück.

qt(p,d) Gibt die inverse kumulative Wahrscheinlichkeitsverteilung zurück.

rt(m,d) Gibt einen Vektor aus m Zufallszahlen zurück, die die Studentsche t-Verteilung aufweisen.

GLEICHMÄSSIGE VERTEILUNG:

dunif(x,a,b) Gibt die gleichmäßige Verteilung zurück.

punif(x,a,b) Gibt die kumulative Wahrscheinlichkeitsverteilung zurück.

qunif(p,a,b) Gibt die inverse kumulative Wahrscheinlichkeitsverteilung zurück.

rnd(x) Gibt eine gleichmäßig verteilte Zufallszahl zwischen 0 und x zurück.

runif(m,a,b) Gibt einen Vektor aus m Zufallszahlen zurück, die die gleichmäßige Verteilung aufweisen.

rnd(x) entspricht der Funktion runif(1,0,x).

WEIBULL-VERTEILUNG:

dweibull(x,s) Gibt die Wahrscheinlichkeitsdichte für die Weibull-Verteilung zurück.

pweibull(x,s) Gibt die kumulative Wahrscheinlichkeitsverteilung zurück.

qweibull(p,s) Gibt die inverse kumulative Wahrscheinlichkeitsverteilung zurück.

rweibull(m,s) Gibt einen Vektor aus m Zufallszahlen zurück, die die Weibull-Verteilung aufweisen.

20.16.3 Interpolation und Prognosefunktionen

In Mathcad stehen drei Interpolationsverfahren und ein Verfahren für die lineare Prognose zur Verfügung:

Lineare Interpolation: Verbinden von Punkten mit einer geraden Linie.

Kubische Spline-Interpolation: Verbinden von Punkten mit einem kubischen Abschnitt.

B-Spline-Interpolation: Verbinden von Punkten mit Polynomen eines bestimmten Grades an gegebenen Knoten.

Multivariable kubische Spline-Interpolation: Erstellen einer Fläche durch ein Punktgitter.

Lineare Prognose: Bestimmen von Werten über einen bestimmten Datensatz hinaus.

Lineare Interpolation:

linterp(vx,vy,x)
Gibt einen an x linear interpolierten Wert für die Datenvektoren vx und vy zurück.

Argumente:
vx ist ein Vektor aus reellen Datenwerten in aufsteigender Reihenfolge. Diese entsprechen den x-Werten.
vy ist ein Vektor aus reellen Datenwerten. Diese entsprechen den y-Werten. vy hat die gleiche Anzahl von Elementen wie vx.
x ist der Wert der unabhängigen Variable, an der ein Ergebnis interpoliert werden soll. Dieser Wert sollte innerhalb des von vx angegebenen Bereichs liegen.
Bei der linearen Interpolation verbindet Mathcad die vorhandenen Datenpunkte durch gerade Linien und interpoliert nach einem bestimmten Wert.

Kubische Spline-Interpolation:

kspline(vx,vy)
Gibt einen Vektor aus den zweiten Ableitungen für die Datenvektoren vx und vy zurück. Dieser Vektor wird als das erste Argument der Funktion interp verwendet. Die sich dabei ergebende Spline-Kurve ist an den Endpunkten kubisch.

pspline(vx,vy)
Wie kspline, die sich ergebende Spline-Kurve ist an den Endpunkten jedoch parabolisch.

lspline(vx,vy)
Wie kspline, die sich ergebende Spline-Kurve ist an den Endpunkten jedoch linear.

interp(vs,vx,vy,x)
Führt eine Spline-Interpolation von vy am Punkt x aus und gibt den sich dabei ergebenden Wert zurück.

Argumente:
vx ist ein Vektor aus reellen Datenwerten in aufsteigender Reihenfolge. Diese entsprechen den x-Werten.
vy ist ein Vektor aus reellen Datenwerten. Diese entsprechen den y-Werten. vy hat die gleiche Anzahl von Elementen wie vx.
vs ist ein Vektor, der von kspline, pspline oder lspline generiert wurde.
x ist der Wert der unabhängigen Variable, an der das Ergebnis interpoliert werden soll. Dieser Wert sollte innerhalb des von vx angegebenen Bereichs liegen.

Durch kubische Spline-Interpolation können Sie eine Kurve so über eine Reihe von Punkten legen lassen, dass die erste und die zweite Ableitung der Kurve bei jedem Punkt stetig ist. Die Kurve wird dadurch zusammengesetzt, dass ein kubisches Polynom über jeweils drei benachbarten Punkten konstruiert wird. Diese kubischen Polynome werden dann zusammengesetzt und ergeben die vollständige Kurve.

B-Spline-Interpolation:

bspline(vx,vy,u,n)
Gibt einen Vektor mit den Koeffizienten einer B-Spline n-ten Grades für die Daten in vx und vy zurück, wobei die Knoten, die durch die Werte in u angezeigt werden, gegeben sind. Der zurückgegebene Vektor wird zum ersten Argument der Funktion interp.

interp(vs,vx,vy,x)
Gibt einen B-Spline-interpolierten Wert von vy an einem Punkt x zurück, wobei vs das Ergebnis der Funktion bspline ist.

Argumente:
vx ist ein Vektor aus reellen Datenwerten in aufsteigender Reihenfolge. Diese entsprechen den x-Werten.
vy ist ein Vektor aus reellen Datenwerten. Diese entsprechen den y-Werten. vy hat die gleiche Anzahl von Elementen wie vx.
u ist ein reeller Vektor mit n-1 weniger Elementen als vx (wobei n 1, 2 oder 3 ist). Die Elemente in u müssen in aufsteigender Reihenfolge angeordnet sein. Die Elemente enthalten die Werte der Knoten für die Interpolation. Das erste Element in u muss kleiner gleich dem ersten Element in vx sein. Das letzte Element in u muss größer gleich dem letzten Element in vx sein.
n ist eine ganze Zahl gleich 1, 2 oder 3 und gibt den Grad der individuellen stückweisen linearen (n=1), quadratischen (n=2) oder kubischen (n=3) Polynomanpassungen an.
vs ist ein Vektor, der von bspline zurückgegeben wird.
x ist der Wert der unabhängigen Variable, an der ein Ergebnis interpoliert werden soll. Dieser Wert sollte innerhalb des von vx angegebenen Bereichs liegen.

Mit der B-Spline-Interpolation können Sie eine Kurve durch eine Reihe von Punkten laufen lassen. Diese Kurve wird berechnet, indem drei nebeneinander liegende Punkte als Grundlage genommen werden, durch die ein Polynom n-ten Grades geführt wird. Diese Polynome werden dann an den Knoten miteinander verbunden, sodass sie die endgültige Kurve bilden.

Multivariable kubische Spline-Interpolation:

Mit der zweidimensionalen kubischen Spline-Interpolation können wir eine Fläche so durch ein Raster von Punkten verlaufen lassen, dass die erste und die zweite Ableitung der Kurve an jedem Punkt stetig ist. Diese Fläche entspricht einem kubischen Polynom in x und y, bei dem die erste und zweite Ableitung in der entsprechenden Richtung an jedem Rasterpunkt stetig ist.

kspline(Mxy,Mz)
Gibt einen Vektor aus den zweiten Ableitungen für die Datenfelder Mxy und Mz zurück. Dieser Vektor wird als das erste Argument der Funktion interp verwendet. Die sich dabei ergebende Fläche ist an den Rändern des von Mxy abgedeckten Bereichs kubisch.

pspline(Mxy,Mz)
Wie kspline, die sich ergebende Fläche ist jedoch an den Rändern parabolisch.

lspline(Mxy,Mz)
Wie kspline, die sich ergebende Fläche ist jedoch an den Rändern linear.

interp(vs,Mxy,Mz,v)
Führt eine Spline-Interpolation von Mz an den in v angegebenen x- und y-Koordinaten aus und gibt den sich dabei ergebenden Wert zurück.

Argumente:
Mxy ist ein aus n x 2 Elementen bestehende Matrix, deren Elemente $Mxy_{i,0}$ und $Mxy_{i,1}$ die x- und y-Koordinaten entlang der Diagonalen eines rechtwinkligen Gitters angeben, über das interpoliert werden soll. Die Elemente von Mxy müssen in jeder Spalte aufsteigend sortiert sein.
Mz ist ein aus n x n Elementen bestehende Matrix, deren i-tes Element die z-Koordinate des Punktes mit $x = Mxy_{i,0}$ und $y = Mxy_{j,1}$ ist.
Mxy und Mz spielt dieselbe Rolle wie vx bzw. vy im eindimensionalen Fall.
vs ist ein Vektor, der von einer der Funktionen kspline, pspline oder lspline generiert wurde.
v ist ein Vektor, der die beiden x- und y-Werte für den Punkt enthält, an dem der interpolierte Wert für z ermittelt werden soll. Zugunsten der Ergebnisgenauigkeit sollten für x und y Werte gewählt werden, die im Bereich der Gitterpunkte liegen.

<u>Lineare Prognose:</u>

prognose(v,m,n)
Gibt einen Vektor aus n prognostizierten Werten auf der Grundlage von m aufeinanderfolgenden Elementen von v zurück.

Argumente:
v ist ein Vektor, dessen Werte Stichproben entsprechen, die in gleichen Intervallen entnommen wurden.
m und n sind ganze Zahlen.
Die Funktion prognose prognostiziert anhand der vorhandenen Daten Datenpunkte, die hinter den vorhandenen liegen. Sie verwendet einen linearen Prognosealgorithmus, der von großem Vorteil ist, wenn die Daten gleichförmig und oszillierend sind (aber nicht unbedingt periodisch sein müssen). Die lineare Prognose kann als eine Art Extrapolationsverfahren angesehen werden, ist jedoch nicht mit Linear- oder Polynomextrapolation zu verwechseln.

20.16.4 Datenglättungsfunktionen

Bei der Datenglättung wird auf der Grundlage eines Satzes von y- und möglicherweise x-Werten ein neuer Satz von y-Werten ausgegeben, der im Vergleich zum ursprünglichen Satz glatter ist.

medgltt(vy,n)
Gibt einen aus m Elementen bestehenden Vektor zurück, der durch Glätten von vy mit gleitenden Mittelwerten über einem Fenster der Breite n erstellt wird.
kgltt(vx,vy,b)
Gibt einen aus m Elementen bestehenden Vektor zurück, der durch Glätten mithilfe eines Gauß'schen Kerns erstellt wird, um gewichtete Mittel der Elemente in vy zurückzugeben.
strgltt(vx,vy)
Gibt einen aus m Elementen bestehenden Vektor zurück, der durch die stückweise Ausführung eines symmetrischen linearen MKQ-Anpassungsverfahrens unter Berücksichtigung des k am nächsten stehenden Nachbarn erstellt wird, wobei k der jeweiligen Situation angepasst wird.

20.16.5 Kurvenanpassungsfunktionen

Lineare Regression:

k = neigung(vx,vy) und d = achsenabschn(vx,vy) bzw. line(vx,vy) liefert einen Vektor mit k und d. Mit ihnen kann die Gerade y = k x + d ermittelt werden, die den Datenpunkten am ehesten entspricht.
medfit(vx,vy)
Liefert einen Vektor mit k und d für die Gerade y = k x + d, die die Daten über die Median-Median-Regression am besten darstellt.
stdfehl(vx,vy)
Standardfehler für die lineare Regression.

Polynomregression:

regress(Mxy,vz,k)
Ermittelt die PÜolynomfläche, die bestimmten Datenpunkten am ehestens entspricht.

loess(vx,vy,span)
Ermittelt die Polynome zweiten Grades, die bestimmten Umgebungen von Datenpunkten am ehesten entsprechen.

Multivariable Polynomregression:

regress(Mxy,vz,k)
Ermittelt die Polynomfläche, die bestimmten Datenpunkten am ehesten entspricht.

loess(Mxy,vz,span)
Ermittelt die Polynome zweiten Grades, die bestimmten Umgebungen von Datenpunkten am ehesten entsprechen.

Generalisierte Regression:

linanp(vx,vy,F)
Ermittelt die Koeffizienten, bei denen eine lineare Kombination von Funktionen bestimmten Datenpunkten am ehesten entspricht.

genanp(vx,vy,vg,F)
Ermittelt die Parameter, bei denen eine von Ihnen festgelegte Funktion bestimmten Datenpunkten am ehesten entspricht.

Spezielle Regression:

expanp(vx,vy,vg)
Gibt die Parameterwerte für die Exponentialkurve a * e^{b*x} + c zurück, die die Daten vx und vy am besten annähern. vg bestimmt die Schätzwerte für die unbekannten Parameter a, b und c.

lgspanp(vx,vy,vg)
Gibt die Parameterwerte für die logistische Kurve a/(1 + b * $e^{-b*x)}$ zurück, die die Daten vx und vy am besten annähern. vg bestimmt die Schätzwerte für die unbekannten Parameter a, b und c.

lnanp(vx,vy)
Gibt die Parameterwerte für die logarithmische Kurve a ln(x) +b zurück, die die Daten vx und vy am besten annähern.

loganp(vx,vy,vg) bzw. lnanp(vx,vy)
Gibt die Parameterwerte für die logarithmische Kurve a * ln(x+b) + c bzw. a * ln(x) + c zurück, die die Daten vx und vy am besten annähern. vg bestimmt die Schätzwerte für die unbekannten Parameter a, b und c.

pwranp(vx,vy,vg)
Gibt die Parameterwerte für die Potenzkurve a * x^b + c zurück, die die Daten vx und vy am besten annähern. vg bestimmt die Schätzwerte für die unbekannten Parameter a, b und c.

sinanp(vx,vy,vg)
Gibt die Parameterwerte für die Sinuskurve a * sin(x +b) + c zurück, die die Daten vx und vy am besten annähern. vg bestimmt die Schätzwerte für die unbekannten Parameter a, b und c.

20.17 Lösungsfunktionen für Differentialgleichungen

Lösen von gewöhnlichen Differentialgleichungen:

Gdglösen([Vektor], x, x_b, [Schritte]) mit Lösungsblock

Adams(aw,x_a, x_b,N,D,[tol]

rkfest(aw, x_a, x_b, N, D)

Rkadapt(aw, x_a, x_b, N, D)

Bulstoer(aw, x_a, x_b, N, D)

Steife Systeme:

BDF(aw, x_a, x_b, N, D, [J], [tol])

Radau(aw, x_a, x_b, N, D, [J], [M], [tol])

Stiffb(aw, x_a, x_b, N, D, AJ)

Stiffr(aw, x_a, x_b, N, D, AJ)

AdamsBDF(aw, x_a, x_b, N, D, [J], [tol]) ein Hybrid-Löser

Lösen von Zweipunktrandwertproblemen:

grwanp(v1,v2,x1,x2,xf,D,lad1,lad2,entspr) **lad(x1,v)** **entsp(x2,y)**

sgrw(v,x1,x2,D,lad1,lad2,entspr)

Lösen von partiellen Differentialgleichungen:

relax(a,b,c,d,e,f,S, f, r)

multigit(M,nz)

numol(x_{ep}, x_p, t_{ep}, t_p, n_{pd}, n_{pa}, pd_{funk}, p_{init}, bc_{funk})

tdglösen(u, x, x_Bereich, t, t_Bereich, [x_Punkte], [t_Punkte]) mit Lösungsblock

20.18 Besselfunktionen

Besselfunktionen:

J0(z) , J1(z), Jn(m,z), Y0(z), Y1(z), Yn(m,z)

Modifizierte Besselfunktionen:

I0(z), I1(z), In(m,z), K0(z), K1(z), Kn(m,z)

Hankelfunktionen:

H1(m,z), H2(m,z)

Airysche Funktionen:

Ai(z), DAi(z), Bi(z), DBi(z), Ai_{sc}(z), Bi_{sc}(z), DAi_{sc}(z), DBi_{sz}(z)

Bessel-Kelvin-Funktionen:

bei(m,x), ber(m,x)

Sphärische Besselfunktionen:

js(m,z), ys(m,z)

20.19 Fouriertransformationsfunktionen

Fouriertransformation reeller Daten:

fft(v) bzw. FFT(v)
Gibt die Fouriertransformation eines Vektors zurück.

ifft(u) bzw. IFFT(u)
Gibt die inverse Fouriertransformation analog zu fft bzw. FFT zurück.

Argumente:

v muss 2^m Elemente (m>2) haben.
Alle Elemente in v sind reell.
Hinweise:
Diese Funktionen verwenden einen hocheffizienten Algorithmus für die schnelle Fouriertransformation. Für Vektoren mit komplexen Werten oder einer beliebigen anderen Anzahl von Elementen sollte stattdessen cfft bzw. icfft verwendet werden.
Bei zweidimensionalen Fouriertransformationen sollte ebenfalls stattdessen cfft bzw. icfft verwendet werden.
Wenn fft verwendet wird, um zum Frequenzbereich zu gelangen, können wir nur mit ifft zum Zeitbereich zurückkehren.

Fouriertransformation komplexer Daten:

cfft(A) bzw. CFFT(A)
Gibt die Fouriertransformation eines Vektors oder einer Matrix zurück. Das Ergebnis hat dieselbe Anzahl von Zeilen und Spalten wie A.

icfft(A) bzw. ICFFT(A)
Gibt die inverse-Transformation analog zu cfft bzw. CFFT zurück.

Argumente:
A kann sowohl ein Vektor als auch eine Matrix sein.
Wenn A ein Vektor ist, der 2^m Elemente (m>2) hat, und alle Elemente im Vektor reell sind, sollte statt dessen fft verwendet werden. Bei solchen Vektoren ist die zweite Hälfte des Spektrums das Spiegelbild der ersten und braucht daher nicht berechnet zu werden.
Bei Matrixargumenten gibt cfft die zweidimensionale Fouriertransformation zurück.

Bemerkung:
FFT(v) ist Identisch mit fft(v), aber mit anderem Normierungsfaktor und anderer Zeichenkonvention.

CFFT(A) ist identisch mit cfft(v), aber mit anderem Normierungsfaktor und anderer Zeichenkonvention.

IFFT(u) ist Identisch mit ifft(v), aber mit anderem Normierungsfaktor und anderer Zeichenkonvention.

ICFFT(B) ist Identisch mit icfft(v), aber mit anderem Normierungsfaktor und anderer Zeichenkonvention.

Wavelet-Transformation:

wave(v)
Gibt die Wavelet-Transformation der Daten in v über den Daubechies-4-Koeffizienten-Wavelet-Filter zurück.

iwave(u)
Gibt die zu wave inverse diskrete Wavelet-Transformation für die Daten in u zurück.

Argumente:

v und u müssen 2^m Elemente haben, wobei m eine ganze Zahl ist.
Alle Elemente von v müssen reell sein.

20.20 Dateizugriffsfunktionen

DATEIZUGRIFFSFUNKTIONEN:

READFILE("Pfad\Dateiname", "Dateityp", [Spaltenbreiten], [Zeilen], [Spalten], [Füllung])
Übergibt eine Matrix aus dem Inhalt einer Datei des angegebenen Typs (mit Trennzeichen, feste Breite oder Excel).

PRNLESEN("datei")
Liest ein aus mehreren Werten bestehendes Feld aus einer Datendatei.

PRNSCHREIBEN("datei")
Schreibt ein aus mehreren Werten bestehendes Feld in eine Datendatei.

PRNANFÜGEN("datei")
Fügt einer bereits bestehenden Datendatei ein aus mehreren Werten bestehendes Feld hinzu.

RGBLESEN("datei")
Liest eine Farbbilddatei.

BMPLESEN("datei")
Liest eine Bilddatei als Graustufenbild.

RGBSCHREIBEN("datei")
Erstellt eine Farbbilddatei.

BMPSCHREIBEN("datei")
Erstellt eine Graustufenbilddatei.

WAVELESEN("datei")
Liest eine Audio - Videodatei.

WAVESCHREIBEN("datei",Samplingrate,Auflösung)
Erstellt eine Audio - Videodatei.

WAVEINFO("datei")
Liefert Information über eine Audio - Videodatei.

BILDLESEN("datei")
Übergibt eine Matrix mit einer Graustufendarstellung des BMP-, GIF-, JPG- oder TGA-Bildes in der Datei.

BINLESEN("Pfad\NAME.BIN", Typ, [Endian], [Spalten], [Anzahl], [MaxZeilen])
Gibt eine Matrix aus einer einformatigen binären Datendatei im Dateisystem zurück.

BINSCHREIBEN("Pfad\NAME.BIN", Typ, Endian)
Schreibt ein Feld in eine einformatige binäre Datendatei im Dateisystem.

SPEZIELLE FUNKTIONEN ZUM EINLESEN VON BILDDATEIEN:
Mit den unten aufgeführten speziellen Funktionen werden Bilder folgender Formate eingelesen: BMP, GIF, JPG und TGA.

HLSLESEN("datei"), HLS_HLESEN("datei"), HLS_LLESEN("datei"), HLS_SLESEN("datei")
Erstellt ein Feld, das die Farbinformationen in der Datei durch entsprechende Werte für Farbton, Helligkeit und Sättigung wiedergibt.

HLSSCHREIBEN("datei")
Schreibt eine gepackte Matrix mit den HLS-Komponenten.

HSVLESEN("datei"), HSV_HLESEN("datei"), HSV_SLESEN("datei"), HSV_VLESEN("datei"),
Erstellt ein Feld, das die Farbinformationen in der Datei durch entsprechende Werte für Farbton, Sättigung und Wert wiedergibt.

HSVSCHREIBEN("datei")
Schreibt eine gepackte Matrix mit den HSV-Komponenten.

RGB_BLESEN("datei")
Extrahiert aus einem Farbbild ausschließlich den Rotanteil.

RGB_GLESEN("datei")
Extrahiert aus einem Farbbild ausschließlich den Grünanteil.

RGB_BLESEN("datei")
Extrahiert aus einem Farbbild ausschließlich den Blauanteil.

FUNKTIONEN FÜR 3D-DIAGRAMME:

FarbschemaLaden("datei")
Gibt ein Feld mit den Werten der Farbtabelle "datei" zurück.

SpeichernFarbwerte("datei",M)
Erzeugt eine Farbtabellendatei mit den Werten aus dem dreispaltigen Feld M. Gibt die Anzahl der Zeilen zurück, die in datei geschrieben wurden.

Polyinfo(n)
Gibt einen Vektor mit dem Namen, dem dualen Namen und dem Wythoff-Symbol für das Polyeder zurück, dessen Zahlencode n lautet (n ganze Zahl kleiner als 81).

Polyeder(S)
Erzeugt einen einheitlichen Polyeder, dessen Name, Zahlencode oder Wythoff-Symbol als Zeichenfolge dargestellt wird.

FUNKTIONEN FÜR AUDIO-DATEIEN:

WAVLESEN(datei)
Erstellt eine Matrix, die die Signalamplituden in datei enthält. Jede Spalte steht für einen eigenen Datenkanal. Jede Zeile entspricht einer Stichprobe zu einem Zeitpunkt.

WAVSCHREIBEN("datei", s, b, [M])
Erstellt eine WAV-Signaldatei aus einer Matrix. Diese Funktion kann entweder auf der rechten oder der linken Seite einer Zuweisung verwendet werden. Wenn die Funktion auf der rechten Seite verwendet wird, müssen Sie mit dem Argument M den Namen der Matrix angeben, die in die Datei geschrieben werden soll. In diesem Fall übergibt die Funktion den Inhalt der Matrix. Wenn die Funktion auf der linken Seite verwendet wird, geben Sie das Argument M nicht dort, sondern auf der rechten Seite der Definition an.

WAV_INFO("datei")
Erstellt einen Vektor mit vier Elementen, die Informationen zu datei enthalten. Die Elemente entsprechen der Anzahl der Kanäle, der Abtastfrequenz, der Anzahl der Bits pro Abtastung (Auflösung) bzw. der durchschnittlichen Anzahl von Bytes pro Sekunde.

20.21 Spezielle Funktionen

Seed(x)
Die neue Seed-Funktion setzt den in Zufallszahlen und Zufallsverteilungsfunktionen verwendeten Rekursivwert in einem Mathcad-Arbeitsblatt dynamisch zurück. Sie kann auch in einem Programm zur Festlegung verschiedener Rekursivwerte für unterschiedliche Schleifen durch den Aufruf eines Zufallsgenerators verwendet werden.

time(z)
Übergibt die aktuelle Systemzeit. Der Wert z ist ein Mathcad-eigener Ausdruck, der keine Auswirkung auf die Übergabe hat.

Tcheb(n,x)
Tschebyscheffsches Polynom n-ten Grades der ersten Art

Ucheb(n,x)
Tschebyscheffsches Polynom n-ten Grades der zweiten Art

Her(n,x)
Hermitesches Polynom n-ten Grades

Jac(n,a,b,x)
Jacobisches Polynom n-ten Grades mit den Parametern a und b

Lag(n,x)
Laguerresches Polynom n-ten Grades

Leg(n,x)
Legendresches Polynom n-ten Grades

fhyper(a,b,c,x)
Gauß'sche hypergeometrische Funktion

mhyper(a,b,x)
Konfluente hypergeometrische Funktion

ibeta(a,x,y)
Unvollständige Beta-Funktion von x und y mit dem Parameter a

Γ(z)
Eulersche Gammafunktion

Γ(a,x)
Unvollständige Gammafunktion des Grades a

Psi(z)
Gibt die Ableitung des natürlichen Logarithmus der Gamma (Γ)-Funktion zurück.

Zuweisungsfunktionen:
Umwandlung diverser Koordinaten.

zyl2xyz(r,θ,z)	**Zylindrische Koordinaten in rechteckige Koordinaten umwandeln**
xyz2cyl(x,y,z)	**Rechteckige Koordinaten in zylindrische Koordinaten umwandeln**
sph2xyz(r,θ,φ)	**Sphärische Koordinaten in rechteckige Koordinaten umwandeln**
xyz2sph(x,y,z)	**Rechteckige in sphärische Koordinaten umwandeln**
xyinpol(x,y)	**Rechteckige Koordinaten in Kreiskoordinaten umwandeln**
polinxy(r,θ)	**Kreiskoordinaten in rechteckige Koordinaten umwandeln**

nummer(x)
Übergibt den Zähler des Bruchs oder des rationalen Ausdrucks x. Kann nur symbolisch ausgewertet werden.

denom(x)
Übergibt den Nenner des Bruchs oder des rationalen Ausdrucks x. Kann nur symbolisch ausgewertet werden.

20.22 Finanzmathematische Funktionen

verzper(zsatz, gw, zw)
Übergibt die Anzahl der Verzinsungsperioden, die bei gegebenem derzeitigem Wert und bei einem bestimmten Zinssatz pro Periode für einen bestimmten künftigen Ertrag aus der Kapitalanlage erforderlich sind.

fzins(nper, gw, zw)
Übergibt den festen Zinssatz pro Periode, der für eine Kapitalanlage zum gegenwärtigen Wert erforderlich ist, um einen angegebenen zukünftigen Wert nach einer Anzahl von Verzinsungsperioden zu erzielen.

kumzins(zsatz, nper, gw, start, ende, [typ])
Gibt die kumulativen Zinsen zurück, die zwischen einer Anfangs- und einer Endverzinsungsperiode bei festem Zinssatz für ein Darlehen gezahlt wurden, die Gesamtzahl der Verzinsungsperioden und den derzeitigen Wert des Darlehens.

kumtilg(zsatz, nper, gw, start, ende, [typ])
Gibt den kumulativen Tilgungsbetrag zurück, der zwischen einer Anfangs- und einer Endverzinsungsperiode bei festem Zinssatz für ein Darlehen gezahlt wurde, die Gesamtzahl der Verzinsungsperioden und den derzeitigen Wert des Darlehens.

eff(zsatz, nper)
Gibt den effektiven jährlichen Zinssatz (JZS) zurück, der sich aus dem nominalen Zinssatz und der Anzahl der jährlichen Verzinsungsperioden ergibt.

zw(zsatz, nper, zrate, [[gw], [typ]])
Gibt den zukünftigen Wert einer Kapitalanlage bzw. eines Darlehens über eine angegebene Anzahl von Verzinsungsperioden bei regelmäßigen Zahlungen und festem Zinssatz zurück.

zwzz(prin, v)
Berechnet den zukünftigen Wert eines Anfangskapitals, nachdem eine Reihe von Zinseszinssätzen angewendet wurde.

zwz(zsatz, v)
Gibt den zukünftigen Wert einer Reihe von regelmäßigen Zahlungen zurück, die einen bestimmten Zinssatz einbringen.

gesverz(zsatz, per, nper, [[zw], [typ]])
Übergibt die Gesamtverzinsung für eine Kapitalanlage oder ein Darlehen auf der Basis regelmäßiger konstanter Zahlungen über eine gegebene Zahl von Verzinsungsperioden mit einem festen Zinssatz und einem bestimmten gegenwärtigen Wert.

izf(v, [schätzwert])
Übergibt den internen Zinsfuß für eine Reihe regelmäßiger Zahlungen.

mizf(v, fin_satz, rein_satz)
Übergibt den modifizierten internen Zinsfuß für eine Reihe von regelmäßigen Zahlungen auf der Basis eines Finanzierungssatzes, der auf die geliehenen Zahlungen anfällt und eines Wiederanlagesatzes für die Geldzahlungen bei deren Wiederanlage.

nom(zsatz, nper)
Übergibt den nominalen Zinssatz auf der Basis des effektiven Zinssatzes und der Anzahl der Verzinsungsperioden pro Jahr.

nper(zsatz, zrate, gw, [[zw], [typ]])
Übergibt die Anzahl der Verzinsungsperioden für eine Kapitalanlage oder ein Darlehen auf der Basis regelmäßiger konstanter Zahlungen mit einem festen Zinssatz und einem bestimmten gegenwärtigen Wert.

gnw(zsatz, v)
Berechnet den gegenwärtigen Nettowert einer Kapitalanlage bei einem gegebenen Abzinsungsfaktor und regelmäßigen Zahlungen.

gw(zsatz, nper, zrate, [[zw], [typ]])
Gibt den gegenwärtigen Wert einer Investition oder einer Anleihe auf der Grundlage periodischer konstanter Zahlungen über eine Anzahl zusammenhängender Zeiträume an.

zrate(zsatz, nper, gw, [[zw], [typ]])
Übergibt die Zahlungsrate für eine Kapitalanlage oder ein Darlehen auf der Basis regelmäßiger konstanter Zahlungen über eine gegebene Zahl von Verzinsungsperioden mit einem festen Zinssatz und einem bestimmten gegenwärtigen Wert.

trate(zrate, per, nper, gw, [[zw], [typ]]
Übergibt die Tilgungsrate bzw. Kapitalrate für eine Kapitalanlage oder ein Darlehen auf der Basis regelmäßiger konstanter Zahlungen über eine gegebene Zahl von Verzinsungsperioden mit einem festen Zinssatz und einem bestimmten gegenwärtigen Wert.

zsatz(nper, zrate, gw, [[zw], [typ], [schätzwert]])
Übergibt den Zinssatz einer Kapitalanlage bzw. eines Darlehens pro Periode über eine angegebene Anzahl von Verzinsungsperioden bei regelmäßigen, konstanten Zahlungen und gegen Angabe eines aktuellen Werts der Anlage oder des Darlehens.

20.23 Spezielle Funktionen für symbolische Auswertungen

beta(x,y)
Betafunktion.

Chi(x)
Hyperbolische Kosinusintegralfunktion.

Ci(x)
Kosinusintegralfunktion.

dilog(x)
Dilogarithmusfunktion.

Δ(x)
Dirac-Delta-Funktion (Einheitsimpuls).

Δ(n,x)
n-te Ableitung der Dirac-Delta-Funktion.

Ei(x)
Exponentielle Integralfunktion (Cauchy-Hauptwert) führ eine reelle Zahl x.

Ei(n,x)
Verallgemeinerte exponentielle Integralfunktion für eine Ganzzahl n und die komplexe Zahl x.
−Ei(1, −x) gibt die komplexe exponentielle Integralfunktion zurück.
Es gilt: Ei(x) = −Re(Ei(1, −x)).

fact2(n)
Doppelfakultätsfunktion.

FresnelC(x)
Fresnel-Kosinusintegralfunktion.

FresnelS(x)
Fresnel-Sinusintegralfunktion.

hypergeom(n,d,x)
Hypergeometrische Funktion.

LambertW(x)
Lambert-W-Funktion.

LambertW(n,x)
n-ter Zweig der Lambert-W-Funktion. Es gilt: LambertW(x) = LambertW(0,x).

polylog(n,x)
Polylogarithmusfunktion.

Psi(x)
Digamma-Funktion.

Psi(n,x):
Polygamma-Funktion. Es gilt: Psi(x) = Psi(0,x).

Shi(x)
Hyperbolische Sinusintegralfunktion.

Si(x)
Sinusintegralfunktion.

Zeta(s)
Riemannsche Zetafunktion.

Verwenden Sie für die oben angeführten Funktionen das Schlüsselwort reell, um für diese Funktionen numerische Ergebnisse zu erhalten.

Nachfolgend sind einige elliptische Integralfunktionen angeführt, welche als Lösungen bei der symbolischen Auswertung von elliptischen Integralen erster, zweiter und dritter Art ermittelt werden.

EllipticK(m)

EllipticF(x, m)

EllipticE(m)

EllipticE(x, m)

EllipticPi(n, m)

EllipticPi(x, n, m)

Literaturverzeichnis

Dieses Literaturverzeichnis enthält einige deutsche Werke über Mathcad, Signalverarbeitung, Elektrotechnik, Regelungstechnik, Maschinenbau und Mathematik sowie Investitionsrechnung. Es soll dem Leser zu den Ausführungen dieses Buches bei der Suche nach vertiefender Literatur eine Orientierungshilfe sein.

BENKER, H. (1999). Mathematik mit Mathcad. Berlin, Heidelberg: Springer.

BENKER, H. (2001). Statistik mit Mathcad und Matlab. Berlin, Heidelberg: Springer.

BUCHMAYR, B. (2002). Werkstoff- und Fertigungstechnik mit Mathcad. Heidelberg: Springer.

DAVIS, A. (1999). Lineare Schaltungsanalyse. Bonn: mitp.

GEORG, O. (1999). Elektromagnetische Felder. Berlin: Springer.

GÖTZ, H. (1990). Einführung in die digitale Signalverarbeitung. Stuttgart: Teubner.

HENNING, G. (2004). Technische Mechanik mit Mathcad, Mathlab und Maple.Wiesbaden: Vieweg

HESSELMANN, N. (1987). Digitale Signalverarbeitung. Würzburg: Vogel.

HÖRHAGER, M., **PARTOL**, H. (1998). Mathcad 7. München: Addison-Wesley Publishing Company.

MAEYER, M. (1998). Signalverarbeitung. Braunschweig, Wiesbaden: Vieweg.

MATHSOFT ENGINEERING & EDUCATION INC. (1998, 1999, 2000, 2001, 2002, 2003, 2004, 2005). Mathcad 6, 7, 8, 2000, 2001, 2001i, 11, 12 Benutzerhandbuch. Berlin: Springer.

OCHKOV, V., **SOLODOV**, A. (2005). Differential Models - An Introduction with Mathcad. Berlin: Springer.

PFLAUMER, P. (2000). Investitionsrechnung. München: Oldenburg.

SAUERBIER, T., **VOSS**, W. (2000). Kleine Formelsammlung Statistik mit Mathcad 8. Leipzig: Carl Hanser.

SCHLÜTER, G. (2000). Digitale Regelungstechnik. Leipzig: Fachbuchverlag.

SPERLICH, V. (2002). Übungsaufgaben zur Thermodynamik mit Mathcad. Leibzig: Fachbuchverlag.

STEPHAN, W. (2000). Leistungselektronik. Leipzig: Carl Hanser.

TRÖLSS, J. (2002). Einführung in die Statistik und Wahrscheinlichkeitsrechnung und in die Qualitätssicherung mithilfe von Mathcad. Linz: Trauner.

TRÖLSS, J. (2008). Angewandte Mathematik mit Mathcad (Lehr- und Arbeitsbuch), Band 2: Komplexe Zahlen und Funktionen, Vektoralgebra und analytische Geometrie, Matrizenrechnung, Vektoranalysis. Wien: Springer.

TRÖLSS, J. (2008). Angewandte Mathematik mit Mathcad (Lehr- und Arbeitsbuch), Band 3: Differential- und Integralrechnung. Wien: Springer.

TRÖLSS, J. (2008). Angewandte Mathematik mit Mathcad (Lehr- und Arbeitsbuch), Band 4: Reihen, Transformationen, Differential- und Differenzengleichungen. Wien: Springer.

WAGNER, A. (2001). Elektrische Netzwerkanalyse. Norderstedt: BoD.

WEHRMANN, C. (1995). Elektronische Antriebstechnik. Wiesbaden: Vieweg.

Tastaturbefehle

Einige wichtige Tastaturbefehle in Mathcad:

Wenn auf dem Registerblatt-Allgemein im Menü-Extras-Einstellungen die Windows-Tastatur aktiviert wird, so stehen in Mathcad zahlreiche Standard-Tastaturbefehle von Windows zur Verfügung. Die Tastaturbefehle sind im Ressourcen-Fenster unter Lernprogramm "Funktionen ausführlicher betrachtet" beschrieben.

<↑> Fadenkreuz nach oben bewegen. Im Mathematikbereich: Bearbeitungszeile nach oben bewegen. Im Textbereich: Einfügemarke in die darüberliegende Zeile bewegen.

<↓> Fadenkreuz nach unten bewegen. Im Mathematikbereich: Bearbeitungszeile nach unten bewegen. Im Textbereich: Einfügemarke in die darunterliegende Zeile bewegen.

<←> Fadenkreuz nach links bewegen. Im Mathematikbereich: Linken Operanden auswählen. Im Textbereich: Einfügemarke um ein Zeichen nach links bewegen.

<→> Fadenkreuz nach rechts bewegen. Im Mathematikbereich: Rechten Operanden auswählen. Im Textbereich : Einfügemarke um ein Zeichen nach rechts bewegen.

Taste	Wirkung
<Bild ↑>	Um ein Viertel der Fensterhöhe nach oben scrollen.
<Bild ↓>	Um ein Viertel der Fensterhöhe nach unten scrollen.
<Umschalt>+<↑>	Im Mathematikbereich: Fadenkreuz über den Ausdruck bewegen. Im Textbereich: Von der Einfügemarke bis in die darüberliegende Zeile markieren.
<Umschalt>+<↓>	Im Mathematikbereich: Fadenkreuz unter den Ausdruck bewegen. Im Textbereich: Von der Einfügemarke bis in die darunterliegende Zeile markieren.
<Umschalt>+<←>	Im Mathematikbereich: Teile eines Ausdrucks links von der Einfügemarke markieren. Im Textbereich: Links von der Einfügemarke Zeichen für Zeichen markieren.
<Umschalt>+<→>	Im Mathematikbereich: Teile eines Ausdrucks rechts von der Einfügemarke markieren. Im Textbereich: Rechts von der Einfügemarke Zeichen für Zeichen markieren.
<Strg>+<↑>	Im Textbereich: Einfügemarke an den Anfang einer Zeile bewegen.
<Strg>+<↓>	Im Textbereich: Einfügemarke an das Ende einer Zeile bewegen.
<Strg>+<←>	Im Texbereich: Einfügemarke nach links an den Anfang eines Worts bewegen.
<Strg>+<→>	Im Textbereich: Einfügemarke nach rechts an den Anfang des nächsten Wortes bewegen.
<Strg>+<↵>	Direkten Seitenumbruch einfügen.

<Strg>+<Umschalt>+<↑>	Im Textbereich: Von der Einfügemarke an bis an den Anfang der darüberliegenden Zeile markieren.
<Strg>+<Umschalt>+<↓>	Im Textbereich: Von der Einfügemarke an bis an das Ende der aktuellen Zeile markieren.
<Strg>+<Umschalt>+<←>	Im Textbereich: Links von der Einfügemarke bis zum Anfang eines Wortes markieren.
<Strg>+<Umschalt>+<→>	Im Textbereich: Rechts von der Einfügemarke bis zum Anfang des nächsten Wortes markieren.
<Leertaste>	Zeigt die verschiedenen Zustände in der Statusleiste an
<Tab>	Im Textbereich: Bewegt die Einfügemarke zum nächsten Tabstop. Im Mathematikbereich oder Diagrammbereich: Zum nächsten Platzhalter bewegen.
<Umschalt>+<Tab>	Im Mathematikbereich oder Diagrammbereich: Bis zum vorherigen Platzhalter bewegen.
<Umschalt>+<Bild ↑>	Bis zum vorherigen Seitenumbruch bewegen.
<Umschalt>+<Bild ↓>	Bis zum nächsten Seitenumbruch bewegen.
<Pos1>	Bis zum Anfang des vorherigen Bereichs bewegen. Im Textbereich: Zum Anfang der aktuellen Zeile bewegen.
<Ende>	Zum nächsten Bereich bewegen. Im Textbereich: An das Ende der aktuellen Zeile bewegen.
<Strg>+<Bild ↑>	Im Textbereich: Einfügemarke an den Anfang des Textbereichs oder des Absatzes bewegen.
<Strg>+<Bild ↓>	Im Textbereich: Einfügemarke an das Ende des Textbereichs oder des Absatzes bewegen.
<↵>	Im Textbereich: Neue Zeile beginnen. Im Mathematikbereich oder Diagrammbereich: Fadenkreuz unter einen Bereich an den linken Rand bewegen.
<F1>	Hilfe aufrufen.
<Umschalt>+<F1>	Kontextabhängige Hilfe aufrufen.
<F2>	Selektierten Bereich in die Zwischenablage kopieren.
<F3>	Selektierten Bereich ausschneiden und in der Zwischenablage ablegen.
<F4>	Inhalt der Zwischenablage einfügen.
<Alt>+<F4>	Arbeitsblatt oder Vorlage schließen.
<Strg>+<F4>	Mathcad schließen.
<F5>	Arbeitsblatt oder Vorlage öffnen.

<Strg>+<F5>	Nach Text oder mathematischen Symbolen suchen.
<Umschalt>+<F5>	Text oder mathematische Symbole ersetzen.
<F6>	Aktuelles Arbeitsblatt speichern.
<Strg>+<F6>	Nächstes Fenster aktivieren.
<Strg>+<F7>	Fügt das Primsymbol ein.
<F7>	Neues Arbeitsblatt öffnen.
<F9>	Einen ausgewählten Bereich (Bidschirmbereich) neu berechnen.
<Strg>+<F9>	Arbeitsblatt neu berechnen.
<Strg>+<F10>	Leerzeilen entfernen.

Einige wichtige Windows-Tastaturbefehle:

Windows-Taste:

<WIN>+<r>	Datei ausführen.
<WIN>+<m>	Alle Programme minimieren.
<Umschalt>+<WIN>+<m>	Minimieren rückgängig machen.
<WIN>+<F1>	Hilfe.
<WIN>+<e>	Explorer starten.
<WIN>+<f>	Dateisuche.
<Strg>+<WIN>+<f>	Computer suchen.
<WIN>+<Tab>	Programmwechsel durch Task-Leiste.
<WIN>+<Pause>	Systemeigenschaften.

Allgemein (Explorer):

<F2>	Umbenennen.
<F3>	Suchen.
<Strg>+<x>,<c>,<v>	Ausschneiden, Kopieren, Einfügen.
<Umschalt>+<Entf>	Sofort löschen.
<Alt>+<↵>	Eigenschaften.

<Strg>+ Datei ziehen (mit der Maus)	Datei kopieren.
<Strg>+<Umschalt>+ Datei ziehen (mit der Maus)	Verknüpfung erstellen.
<F4>	(Explorer) Adressleiste.
<F5>	Aktualisieren.
<Strg>+<g>	Gehe zu.
<Strg>+<z>	Rückgängig.
<Strg>+<a>	Alles markieren.
<Rücktaste>	Übergeordneten Ordner öffnen.
< * >	(Zehnertastatur) Blendet alles unterhalb der Auswahl ein.
< + >	(Zehnertastatur) Blendet die Auswahl ein.
< - >	(Zehnertastatur) Blendet die Auswahl aus.
<→>	Blendet die aktuelle Auswahl ein.
<←>	Blendet die aktuelle Auswahl ein.

Eigenschaften-Fenster:

<Strg>+<Tab>	Wechsel Eigenschaftsregisterkarten.

Dialogfelder Öffnen/ Speichern:

<F4>	Klappt die Dropdown-Liste auf.
<F5>	Aktualisiert die Ansicht.
<Rücktaste>	Übergeordneter Ordner.

Allgemeine Befehle:

<F1>	Hilfe.
<F10>	Menümodus.
<Umschalt>+<F10>	Kontextmenü für das markierte Objekt.
<Strg>+>Esc>	Menü "START" aktivieren.
<Strg>+<Esc>	Fokus an die Schaltfläche "Start" übergeben.
<Alt>+<Tab>	Zwischen laufenden Programmen umschalten.
<Alt>+<Esc>	Vollbild, Programm zum Symbol verkleinern.
<Alt>+<Druck>	Aktuelles Fenster in die Zwischenablage.

<Shift>+<Druck>	**Sofortiger Ausdruck des Bildschirminhaltes.**
<Strg>+<Umschalt>+<Esc>	**Task-Manager aufrufen.**
<Strg>+<Alt>+<Entf>	**Workstation sperren; Passwortänderung; Computer niederfahren; Task-Manager aufrufen.**

Sachwortverzeichnis

A

Abbruch- und Rundungsfunktion 65, 66, 690
Ceil, ceil, Floor, floor, Trunc, trunc
Abgeleitete Einheiten 99
Ableitungen in impliziter Form 334
Ableitungen in mehreren Variablen 336
Ableitungen von Funktionen 315
Ableitungen von Integralen 357
Ableitungsoperator 315
Absatzformat 19
Absoluter Maximalfehler 345
Absoluter Wert 147
Abtastfrequenz 414
Abtasttheorem 414
Abtastwerte 420
achsenabschn 559
Achsenbegrenzungen 161
Achsenbeschriftungen 166
Achsenstil 163
ActiveX Automation 623
Adams 475
AdamsPDF 476
Adaptiv 351
Allgemeine Einstellungen 8
Allgemeine Hinweise 38
Amplitudengang 198, 201, 446, 454
Amplitudenspektrum 477
Animation 8, 232
Andere Umformungen 123
Anfangswertproblem 474
Anfangswerttheorem 447
Ansicht Menü 4
Antisymmetrischer Tensor 692
aperiodischer Fall 497
API für Automation 661
Arbeitsblattanalyse 45
Arbeitsblatt, Breite einer Seite drucken 12
Arbeitsblatt berechnen 38
Arbeitsblatt erstellen 12
Arbeitsblatt optimieren 8
Arbeitsblattoptionen 15, 16, 56, 57, 86
Arbeitsblatt schützen 8, 37
Arbeitsblatt speichern 2, 33
Arbeitsblattvorlage 12
Arbeitsblätter vergleichen 45, 46
Arbeitsintegrale 371
Arcusfunktionen 691
Areafunktionen 4691
arg 197, 692
ASCII-Dateien 675
Asymptoten 312
Asynchronmotor 326
atan 197
atan2 197
auflösen 242
Aufsummieren von Vektorelementen 148
Ausdrucktypfunktionen 693
IsArray, IsScalar, IsString, SIEinhVon, IsNaN, IsPrim
Ausgleichskurve 558
Auswahlstruktur 600
Auswertungsformat 9, 105
Auswertungsoperator 107
Automatische Berechnung 38
AutoSelect 240
AVI-Datei 235

B

Bandpassfilter 196
Basiseinheiten 99
Baum-Operator 582
BDF 476
Bearbeiten-Menü 3
Bearbeiten von Arbeitsblättern 17
Bedingte Funktionen 692
wenn, bis, δ, sign, ε, Φ
Bedingte Schleifen 604
Beenden 2
Beleuchtung 214
Benutzerdefinierte Zeichen 4
Benutzerdefiniertes Objekt 626
Benutzerhandbuch 47
Berechnung optimieren 8
Bereiche ausrichten 7, 18
Bereiche hervorheben 27
Bereichseigenschaften 7
Bereich schützen 37, 38
Bereichs-Tag 27
Beschleunigungsvektor 331
Bereichsvariable 63
Besselfunktion 706
DAi, Ai, DAi_{sc}, Ai_{sc}, bei, ber, DBi, Bi, DBi_{sc}, Bi_{sc}, H1, H2, I0, I1, In, J0, J1, Jn, js, K0, K1, Kn, Y0, Y1, Yn, ys
Bestimmtes- und unbestimmtes Integral 350
Betrag eines Vektors 147
Betragsungleichung 250
Bilder einfügen 24, 625
Bild-Symbolleiste 24, 625
Bildverarbeitung 625
Binärdateien 634, 677
Binärzahlen 77
Binomialkoeffizient 137

Binomischer Lehrsatz 136, 137
Bodediagramm 198, 453
Boolesche Ausdrücke und Operatoren 588
break 595
Breite einer Seite drucken 12
Bruchterme 116
Bubble Sort 618
Buchstaben, griechische 19, 52
Bulstoer 475

C

Calculation Server 682, 689
ceil 65
CheckBox 650
Charmap.exe 53
Chi-Quadrat-Verteilung 697
Civil Engineering Library 687
Cobweb 464
combin 695
continue 595
Cramer Regel 269, 273
CTOL 57, 240
Cursor 17

D

Darstellung von Vektordaten 191
Data Analysis Extension Pack 684
Datei lesen/schreiben 696
Dateieigenschaften 33, 34, 35
Dateien importieren 669
Datei-Menü 2
Dateien exportieren 671
Dateizugriffsfunktionen 674, 708
READFILE, BINLESEN, BINSCHREIBEN, BMPLESEN, BMPSCHREIBEN, HLSLESEN, HLSSCHREIBEN, HLS_HLESEN, HLS_LLESEN, HLS_SLESEN, HSVLESEN, HSVSCHREIBEN, PRNANFÜGEN, PRNLESEN, PRNSCHREIBEN, RGBLESEN, RGBSCHREIBEN, RGB_RLESEN, RGB_GLESEN, RGB_BLESEN, WAVLESEN, WAVSCHREIBEN, WAVINFO
Datenanalysefunktionen 695
Datenbereich 635
Datenglättungsfunktionen 704
medgltt, kgltt, strgltt
Datenimport Assistent 630, 634
dBASE 634
De L'Hospital 306
deaktivieren 22
Debugging 1, 621
Delta-Impuls 457
Determinante 147
Determinantenmethode 269
Diagramme 5, 23, 161
Diagrammformate 7
Diagrammformatierung 161-167, 212-216
Dichtefunktionen 697
Differentialgleichungen 472
Differentialgleichungen 1. Ordnung 481
Differentialgleichungen 2. Ordnung 494
Differentialgleichungen, Lösungsfunktionen 473, 475, 476, 480, 535, 705
Bulstoer, Gdglösen, Adams, AdamsBDF, BDF, grwanp, Radau, Rkadapt, rkfest, sgrw, Stiffb, Stiffr, statespace, relax, multigit, numol, tdglösen
Differentialgleichungen höhere Ordnung 510
Differentialgleichungssysteme 477, 519
Differenzengleichungen 298,300, 463
differenzierbar 317
Differenzieren von Summen und Produkten 318
Dirac Impuls 424, 425, 432, 440, 457
Divergenz 337, 339
DMS 95
Doppelintegral 374
Dopelt-Logarithmisches Papier 194
Drag & Drop 623
Drahtmodell 221
Dreidimensionale Diagramme 23, 211
Drehkörper 359
Drehzahlprofil 327, 328
Drehmomentenverlauf 328
Drehzylinder 378
Druckeinstellungen 12
dynamische Webseite 682

E

Ebene 224
Ebenes Polarkoordinatensystem 203
Effektivwert 361
Eigenvektoren 152
Eigenwerte 152
eindimensionale Wellengleichung 539
Einfache Integrale 352
Einfügen von Diagrammen und Grafiken 23
Einfügen-Menü 5
Eingabe von mathematischen Ausdrücken 21
Eingabetabelle 666
einheit 152
Einheit einfügen 87
Einheitensystem 15, 86
Einheitenvereinfachung 101
Einstellungen 102
Einweggleichrichtung 404
Electrical Engineering Library 688
Elektronische Bibliotheken 687

Elektronisches Buch 47, 687
Endliche Reihen 302
Endwerttheorem 447
Ergebnisformat 14, 60, 75, 77, 101, 103
ERR 279
Ersetzen 3, 20
erweitern 154
Erweiterungspakete 684
Euler'sche Beziehungen 411
Excel Komponente 631, 637
explizit 128
Exponentialfunktion 661
Extras-Menü 8
Extremstellen 322
Extremwertaufgaben 294
Excel 630
Exceldateien 634
Excel Komponente 631, 637

F

Fakultät 368
Fallabfrage 603
Fallhöhe 88
Fast-Fourier-Transformation (FFT) 414
CFFT, cfft, ICFFT, icfft, FFT, fft, IFFT, ifft
Fehlerabfrage 607
Feldindex 55
Fehlerabschätzung 345
Fehlerfortpflanzungsgesetz 555
Fehlermeldungen 71, 601
Fehler- und Ausgleichsrechnung 547
Fehler zurückverfolgen 601
Fehlerquadratfunktion 284
Fenster-Menü 10
FFT 414, 418
Filter 468
Finanzmathematische Funktionen 711
eff, fzins, gesverz, gnw, gn, izf, kumtilg, kumzins, nom, nper, trate, verzper, zrate, zsatz, zw, zwz, zwzz
Flächen 225
Fläche in Parameterform 228
Flächendiagramm 293
Flächenfüllungen 214
floor 65
Folgen 300
for 608
Formatierung einer Grafik 162, 163
Formatierungsleiste 1, 11
Format-Menü 7
Vormatvorlage 14
Fourieranalyse 408
Fourierintegral 393
Fourierkoeffizienten 406
Fourierpolynom 613
Fourierreihen 393, 406, 612
Fouriersynthese 410
Fouriertransformation 423
FRAME 232
Frequenzgang 526
Frequenzumsetzer 326
Frequenzspektrum 410, 421
Funktionen 49, 64, 65, 66, 690
Funktionen für Audio-Dateien 709
WAVLESEN, WAVESCHREIBEN, WAVE_INFO
Funktionen für 3D-Diagramme 709
FarbschemaLaden, SpeichernFarbe, Polyinfo, Polyeder
Funktionen für komplexe Zahlen 692
Re, Im, arg, csg, signum
Funktionen mit Summen und Produkten 137
Funktionen zum Lösen von Gleichungen 697
Suchen, Minfehl, wurzel, llösen, nullstellen
Funktionen zur Funktionsoptimierung 695
Minimieren, Maximieren
Funktionenreihen 380
Funktionsdarstellungen 161
Funktionswerte mit beliebigen Argumenten 150
F-Verteilung 698

G

Gamma-Verteilung 698
Gauß 284
Gaußfilter 433
Gauß'sches Fehlerfortpflanzungsgesetz 555
Gauß'sche Normalverteilung 547
Gauß-Quadratur 612
gcd 166, 690
Gdglösen 472, 473
gedämpfte Schwingung 180
genanp 241, 569
geninv 269, 274
Geometrische Verteilung 698
Geschachtelte Felder 159
Geschwindigkeitsvektor 331
Getriebe 326
Gleichmäßige Verteilung 700
Gleichung optimieren 8
Gleichungen 239, 242
Gleichungen und Ungleichungen 239
Gleichungsformat 13
Gleichungssysteme 239
Gleichungsformatvorlagen 7
Gleichstromkreis 274
Globale Einstellungen 39
Globale Variable 57, 58, 59
Grad 95
Gradient 337
Gradientenfeld 348

Gradientenverfahren 289
Grafik-Formatierung 162
Grafik-Region 1
Gravitationskraft 88
Grenzwert 300, 305
Grenzwertberechnung 305
Griechische Buchstaben 19, 52
grwanp 480
Gültige und ungültige Variablennamen 49
goniometrische Gleichung 246

H

Hauptsatz der Differential- und Integralrechnung 352
Heaviside-Sprungfunktion 177, 394, 437
Hexadezimal 77
Hex-Code 53
Hilfe-Menü 10
Hochpassfilter 199
Hochpunkt 322
Hospital 306
Höhere Ableitungen 315
HTML-Dateien 36, 682
HTML-Optionen 36
Hubwerk 326
Hyberbolische- und Areafunktionen 691
 arcosh, arcsch, arsech, arsinh,
 artanh, cosh, coth, sech, sinh, tanh
hyperbolische Differentialgleichung 542
Hypergeometrische Verteilung 698
Hyperlink bearbeiten 26
Hyperlink einfügen 3, 26
Hyperbolisches Paraboloid 212

I

icm 690
IFFT 419
if 600
Im 79, 692
Image Processing Extension Pack 686
implizite Ableitung 334
Indizierte Variablen 55, 60
Infix Operator 582
Inhalte einfügen 3, 51, 235
Inplace-Aktivierung 623
Integral 350
Integralfunktion 352
Integraltransformationen 436
Integrationsmethoden 239
interp 364
Interpolation 366
Interpolation und Prognose 366, 576, 577, 701
 bspline, interp, lspline,
 kspline, linterp, prognose, pspline
Interpolationspolynom 580
Intervallhalbierung 604
Inverse Matrix 145
Irrtumswahrscheinlichkeit 548

J

Jacobi 341, 343, 530
J0 706
J1 706
Jacob 694
Jn 706
js 706
JScript 624

K

Kardioide 207
Kartesisches Koordinatensystem 161
Kepler- und Simpsonregel 610
Koeffizienten 263
Koeffizientenmatrix 384
Koeffizientenvektor 263
Kolbenbeschleunigung 185
Kolbengeschwindigkeit 185
Kombinatorische Funktionen 695
 combin, permut
Komplexe Fourierreihe 226
Komplexe Zahlen und Funktionen 78, 692
 arg, csgn, Im, Re, signum
Komplexer Zeiger 172
Komponenteneigenschaften 61, 632
Komponenten 629
Komponenten in Mathcad 629
Komponente einfügen 628
Konjugiert komplexe Matrix 147
Konjugierte Gradienten-Verfahren 291
Konjugierte komplexe Zahl 78
konvergent 305
Konvergenzintervall 381
Konvergenzradius 381
Konvergenztoleranz 239
Koordinatenumwandlung 97, 98
 zylinxyz, xyzinzyl, sphinxyz,
 xyzinsph, xyinpol, polxy
korr 571, 573
Korrelationskoeffizient 559
Kopf- und Fußzeile 13
Kreisdiagramm 23, 203
Kreisfläche 358, 375
Kreuzcursor 17
Kriechfall 498
Kronecker Deltafunktion 66, 692
Krümmung 331
kspline 364, 577
Kubische Spline-Interpolation 462
 kspline, pspline, lspline, interp

Kugel 237
Kugel und Würfel 228
Kugelkoordinaten 237
Kugelvolumen 359
Kurvenanpassungsfunktionen 704
neigung, achsenabschn, regress, loess, linanp, genanp, expanp, lgspanp, lnanp, loganp, pwranp, sinanp
Kurvenintegral 351, 372

L

LabVIEW 663
länge 151
Laplace-Operator 337, 340
Laplacetransformation 435
Laurentreihen 380, 391
lcm 66
Leistung 328, 360
Lemniskate 206
Lernprogramm 47
letzte 151
Levenberg-Marquardt 240
L-förmiger Cursor 17
L'Hospital 306
linanp 564
Lineal einrichten 16
Lineares Gleichungssystem 264
Lineare Optimierung 295
Lineare Ungleichung 248
Linien- oder Kurvenintegrale 371
Links- und rechtsseitiger Grenzwert 309
Lissajous-Figur 188
ListBox 650
Listenfeld 650
Literalindex 54
Literaturverzeichnis 713
llösen 239
ln 71
lnanp 572
Lösungsblock 264, 245
log 71
loganp 572
Logarithmische Ausdrücke 119
Logarithmische Verteilungen 699
Logarithmisches Koordinatensystem 194
Logarithmusfunktionen 691
Logische Operatoren 588
Logische Vergleiche 588
Logistische Verteilung 699
Lokale Variable 58, 59
Lokale Minima und Maxima 287
Lotus 123 634
lspline 578

M

Markierungsanmerkung 43
Massenmittelpunkt 375
Mathcad-Arbeitsblatt 1
Mathcad-Arbeitsblätter für das Web 681
Mathcad beenden 2
Mathcad-Hilfe 10
Mathcad-Vorlage 12
Mathcad-Oberfläche 1
Mathcadfunktionen 690
Mathematik-Region 1
Mathematische Ausdrücke 21
Mathematische Textschriftart 166
MATLAB 630, 636
Matrix Anzeigeformat 60, 141
Matrix einfügen 5,95
max 151
Maxima 246, 287
Maximieren 239, 241, 287
Mechanical Engineering Library 688
mechanischer Oszillator 504
Mehrdimensionale Taylor-Approximation 389
Mehrfachintegrale 374
Menüleiste 1, 2
Messunsicherheit 548
Metadaten 42
Microsoft.NET Framework 689
Minima 246, 287
min 151
Minfehl 239, 241
Minimieren 239, 241, 287
Mittelwert 548
Mittelwertsatz 360
mod 394, 690
Modifikatoren 106, 107
multigit 535

N

Nabla-Operator 337, 570
Namensraum Operator 54
Nassi-Sneiderman Struktogramme 596
Näherungslösungen 251
Newton-Verfahren 605
Negative Binomialverteilung 699
neigung 559
Neues Arbeitsblatt 2
Nichtlineare Differentialgleichung 527
Nichtlineares Gleichungssystem 277
Nichtlineares Differentialgleichungssystem 527, 534
nicht vordefinierte Einheiten 99
Normaleinheitsvektor 331
NORMAL.MCT 12

Normalverteilung 185
Nullschwelle 93
Nullstellen 259, 322, 604
Numerische Ableitungen 320, 345
Numerische Auswertung von Summen und Produkten 133
Numerisches Ergebnisformat 7, 75
Numerische Integration 362, 612
Numerisches Lösen einer Gleichung 250
Numerische Methoden 239
Numerisches Rechnen 74
Numerische und symbolische Auswertung 81
Nyquist-Ortskurve 199

O

Oberfläche 1
Object Linking and Embedding 623
Objekt einfügen 6, 30, 627
Oktalzahlen 77
ODBC 630, 642
Offene Polygon 171
OLE 623
OLE-Automatisierungsserver 661
OLE-Objekte 625
on error 601
Operatoren 55
Operator, benutzerdefinierter 582
Optimierung 267
Optimierungsaufgaben 295
ORIGIN 57, 60
Ortskurven 199, 452
Ortsvektoren 172, 331
otherwise 595

P

Paraboloid 379
Parameterdarstellung 188
Parametergleichungen 257
Partialbruchzerlegung 116
Partialsummenfolge 302, 303
Partielle Ableitungen 315
Partielle Differentialgleichungen 535
pause 621
Pendel 529
Periodische Kraft 524
Periodische Signale 394
permut 695
Phasenanschnittsteuerung 405
Phasengang 198, 202, 446, 454, 526
Phasenverschiebung 507
Poisson-Verteilung 700
Poisson'sche Gleichung 535
Polarkoordinatendarstellung 203
Polyeder 709
Polyinfo 709
Polynome 108
Postfix-Operator 95
Potenzierungsoperator 103
Potenzgesetze 112
Potenzreihen 380, 381
Primsymbol 54
Prinzip zum Lösen von Differentialgleichungen 445
Prinzip zum Lösen von Differenzengleichungen 461
Präfix-Operator 96, 582
PRNANFÜGEN, PRNLESEN, PRNSCHREIBEN 674
Prognose 703
Programmierung 588, 595
Programmpakete von Mathcad 684
pspline 579

Q

Operatoren 49
Quadratischer Mittelwert 361
Quadratische Ungleichungen 249
Quasi-Newton 240
Quellen anzeigen 44
Quick-Plots 174, 205
Quicksheets 47, 633

R

rad 95
Radau 476
Raumkurve 371
Rampenfunktion 440
Randwertprobleme 480
räumliches kartesisches Koordinatensystem 211
Re 79, 692
Rechenbereiche in Text einfügen 20
Rechteckimpuls 398, 439
rechtseitiger Grenzwert 309
Region einfügen, sperren und ausblenden 25
Rechenbereich in Textbereich einfügen 20
Rechenbereiche 21
Rechnen mit Einheiten 54, 86
Rechnen mit beliebigen Zahlen und Einheiten 74
Rechnen mit komplexen Zahlen 78
Rechnen mit reellen Zahlen 74
Rechteckschwingung 416
Region Sperren 7, 25
Region Freigeben 7, 25
Region Ausblenden 7, 25
Region Erweitern 7, 25
Regression und Glättung 704
achsenabschn, expanp, genanp, kgltt, lgspanp, linanp, lnanp, loess, loganp, medgltt, neigung, pwranp, regress, sinanp, stdfehl, strgltt
Regressionskurven 558
Reguläre Matrix 269

Reihen 300
Rekursion 300, 465
relativer Fehler 345
relative Häufigkeit 551
relax 535
Restglied nach Lagrange 382
Residuensatz 436
Residuum 490, 491
Resonanzkurve 506
return 595
Richtungsfeld 481
Rkadapt 475
rkfest 474, 615
Romberg 351
Rotation 337
Rundungsfunktionen 690
rund, Rund
Runge-Kutta 475, 486

S

Satz von Schwarz 336
Sägezahnkurven 400, 408
Säulendiagramm 217
Schieberegler 650
Schlüsselwort 105, 239
Schnittstellenbeschreibung 623
Schrittweite 63
Schutz eines Arbeitsblattes 37
Schwerpunktsberechnung 360
SDK 631
Skript bearbeiten 181
Skripteditor 649
Skriptobjekt deaktivieren 648
Skriptobjekt Komponente 645
Seite einrichten 12
Seite umbrechen 7
Seitenende 20
Sekantenmethode 605
Sektorfläche von Leibnitz 359
Selbstdefinierte Einheiten 100
Selbstdefinierte Funktionen 67, 68
Selektieren von Spalten und Zeilen 142
Senkrechter Wurf 179, 260
Sequenz 579
Server und Client 623
sgrw 480
SI-Einheiten 86, 99
Signal Processing Extension Pack 685
Signumfunktion 176
Simpsonregel 366, 610
Skalarfeld 337
Skripterstellungsassistent 645
Skriptobjekt 630, 645
Skriptsicherheit 40
Skriptsprachen 393
Slider 281
SmartSketch 630, 660
Solving and Optimization Extension Pack 687
Sonderzeichen 51
sort 152
Sortierfunktionen 694
sort, spsort, zsort, umkehren
Sortierunterprogramme 618
sp 153
spalten 155
Spannungsübertragungsfunktion 196
Speichern als Mathcadvorlage 17
Speichern Arbeitsblatt 2
Speichern und schützen 32
Speicherung als Webseite 36
Spezielle Funktionen 710
fhyper, Her, ibeta, Jac, Lag, Leg, Γ
mhyper, Seed, Tcheb, Ucheb, time,
Psi, nummer, denom
Spezielle Objekte 629, 666
spur 621
Spiralfeder 229
Sprachauswahl 41
Sprungfunktion 425, 437
spsort 153
SQL 643
Stammfunktion 352
Standardbweichung 548
Standard-Symbolleiste 1, 11
stapeln 154
statespace 477, 479
Statistische Funktionen 549, 695
gmittel, gmean, hist, histogramm,
Histogramm, hmean, korr, correl,
correl2d, kurt, kvar, median,
mittelwert, skew, stdev,Var, var, Stdev
Statusleiste 1
Stetigkeit 308
Steuerelemente (ActivX Controls) 650
Stiffb 476, 531
Stiffr 476, 530
Streuungsdiagramm 293
Strichcursor 17
Strings 22, 599
Strukturierte ASCII-Dateien 675
Submatrix 153
Substitution 355
Suchen 239, 241
Suchen und Ersetzen 3, 19
Summen und Produkte 132
Summen von Integralen 357
Summenhäufigkeit 552
Symbolik-Menü 9
Symbolische Ableitungen 317, 319
Symbolische Auswertung von Summen und Produkten 135

Symbol °C 99
Symbolisches Differenzieren 318
Symbolische Integration 352
Symbolische Operatoren 43
Symbolische Optimierung 377
Symbolleisten 1, 4, 5
Symbolleiste anpassen 11
Symbolleiste Differential/Integral 315

T

Tabelle einfügen 6
Tag 27
Tangentenmethode 605
Tangentialeinheitsvektor 331
Tastaturbefehle 714
Tastaturoptionen 39
Taylorpolynome 383
Taylorreihen 380, 381
tdglösen 542
Textdateien 634
Tensor 692
Textbereich einfügen 6, 18
Texteingabe und Formatierung 18
Text formatieren 18, 19
Textfeld 650
Textformatvorlage 14
Textregion 1, 19
Thyristor 405
Tiefpassfilter 199
Tiefpunkt 322
TOL 57, 240
Toleranz 57
totales Differential 345
Transponieren 146
Trapezregel 365, 609
Trigonometrische und hyperbolische Ausdrücke 120
Trigonometrische- und Arcusfunktionen 691
acos, acsc, arcot, asec, asin, atan,
cos, cosec, cot, sec, sin, tan
trunc 66

U

Umfang eines Kreises 358
Umformen von Termen 105
umkehren 153
Umrissdiagramm 217
Umwandlung diverser Koordinaten 710
zyl2xyz, xyz2zyl, sph2xyz, xyz2sph,
xyinpol, polinxy
Unbestimmtes Integral 350
Uneigentliche Integrale 367
Unendliche Reihen 303
Ungleichungen 239, 242, 249
Ungültige Variablennamen 55
Überlappende Bereiche trennen 7
Übertragungsfunktion 445
Unterprogramme 595

V

Variablen 49
Variablennamen 49
Variablendefinition 57
VBScript 624
Vektoren und Matrizen 60, 141
Vektor- und Matrixfunktionen 151,693
cholesky, cond1, cond2, conde, condi,
diag, eigenvek, eigenvektoren, eigenwerte,
einheit, ErstellenGitter, ErstellenRaum,
erweitern, geninv, genvektoren, genwerte,
hlookup, länge, letzte, llösen, lu, matrix,
max, min, norm1, norm2, norme, normi,
qr, rg, rref, sp, spalten, stapeln, submatrix
svd, svds, sverweis, vergleich, verweis
wverweis, zeilen, zref, kronecker, logspace,
logpts, Jacob
Vektor- und Matrizenoperationen 142
Vektor und Matrixmultiplikation 143
Vektorfelddiagramm 220
Vektorisieren 148
Verarbeitung unterbrechen 620
Vereinigungsmenge 586
Verfolgungsfenster 390
Verknüpfungen 628
Verschachtelte Datenfelder 159
Verteilungsfunktionen 697
Vertrauensbereich 548
Verweis auf eine Datei 6, 28
Verzinsung 301
Verzweigung 600
Video 232
Videoclip 628
Visual Basic 624
Visual Studio 443
vordefinierte Einheiten 99
Vordefinierte Funktionen 65
Vordefinierte Variablen 57
Vorsilben und Einheiten 104

W

Waagrechter Wurf 331
Wahrscheinlichkeitsdichte 697
dbeta, dbinom, dcauchy, dchisq,
dexp, dF,dgamma, dgeom,
dhypergeom, dlnorm, dlogis,
dnbinom, dnorm, dpois, dt,
dunif, dweibull

Wahrscheinlichkeitsverteilung 697
knorm, pbeta, pbinom, pcauchy, pchisq, pexp, pF, pgamma, pgeom, phypergeom, plnorm, plogis, pnbinom, pnorm, ppois, pt, punif, pweibull, qbeta, qbinom, qcauchy, qchisq, qexp, qF, qgamma, qgeom, qhypergeom, qlnorm, qlogis, qnbinom, qnorm, qpois, qt, qunif, qweibull
Warnmeldungen 101, 102
Wavelet Extension Pack 542
Wavelet-Transformation 707
iwave, wave
WAV-Dateien 678
Wärmeleitungsgleichung 542
Wechselstromleistung 360
Wellengleichung 542
Wellenlinie 101
Weibull-Verteilung 700
Webseiten-Vorlage 36
Webseite speichern 35, 36
Web-Steuerelemente 657
Wendepunkte 322
wenn 394, 589
Wienglied 196
while 604
Winkelmaße 95
wurzel 251

X

X-Y-Koordinatensystem 161
X-Y-Diagramm 161
X-Y-Z-Diagramm 211
XMCDZ-Format 2, 33
XMCT-Format 2, 33
XML-Format 2, 33, 689,
XSLT-Transformation 689

Y

Y0 706
Y1 706
Yn 706
ys 706

Z

Zahlenformat 169
Zählerschleifen 608
Zeichenfolgefunktion 692
Fehler, strtpos, subzf, vekinzf, verkett, zahlinzf, zfinvek, zfinzahl, zflänge, zeilen, format, Spur, Pause
Zeichenfolgen 22
Zeichentabelle 50, 52, 53
Zeile einfügen 20
Zeile löschen 20
Zeilen und Spaltenbeschriftung 61
Zeilenumbruch von langen Ausdrücken 114
z-Transformation 435, 455
zsort 153
Zoom 167
Zufallszahlen 697, 698, 699, 700
rbeta, rbinom, rcauchy, rchisq, rexp, rF, rgamma, rgeom, rhypergeom, rlogis, rnbinom, rnd, rnorm, rpois, rt, runif, rweibull
Zweidimensionale Diagramme 23, 61
Zweimassenschwinger 520
Zylinder 229, 375